Hilfsbuch

Elektrotechnik.

Unter Mitwirkung von

Fink, Goppelsrœder, Pirani, v. Renesse
und **Seyffert**

bearbeitet und herausgegeben

von

C. Grawinkel und **K. Strecker.**

Mit zahlreichen Abbildungen.

Dritte vermehrte und verbesserte Auflage.

Springer-Verlag Berlin Heidelberg GmbH
1893

ISBN 978-3-662-39029-0   ISBN 978-3-662-40001-2 (eBook)
DOI 10.1007/978-3-662-40001-2

Softcover reprint of the hardcover 3rd edition 1893

Aus dem Vorwort zur ersten Auflage.

Das vorliegende Hilfsbuch verdankt sein Entstehen dem anerkannten Umstande, daß der auf den einzelnen Gebieten thätige Fachmann häufig eingehendere Angaben nothwendig hat, als solche in den alljährlich erscheinenden Kalendern und Taschenbüchern enthalten sein können, welche in Rücksicht auf den durch ihren Zweck bedingten mäßigen Umfang nur das Nothwendigste und dieses in gedrängtester Form zu bringen vermögen.

Es bleibt in solchen Fällen nur übrig, auf Specialwerke zurückzugehen, was nicht Jedem sofort möglich, immer aber mit Zeitverlust verbunden ist.

Die Herausgeber haben es daher unternommen, unter Mitwirkung der Herren Ingenieur H. Görz, Professor Dr. F. Goppelsroeder. Eisenbahn-Telegraphen-Inspector G. Loebbecke, Dr. E. Pirani und Ingenieur M. Seyffert ein Hilfsbuch für die Elektrotechnik zu bearbeiten, welches den Bedürfnissen aller Elektrotechniker thunlichst Rechnung trägt. Sie glauben mit diesem Werk nicht allein dem Interesse der bereits in der Praxis Stehenden zu dienen, sondern auch den Studierenden der Elektrotechnik und des Maschinenbaufaches ein willkommenes Handbuch für das Studium zu liefern.

Berlin, im Oktober 1887.

Die Herausgeber.

Aus dem Vorwort zur zweiten Auflage.

.... Um den bisherigen Umfang des Buches ungeachtet vielfacher Erweiterungen und Zusätze nicht zu überschreiten, ist von der Wiederaufnahme der rein mathematischen Hilfsmittel abgesehen worden; der ersparte Raum wurde benutzt, um die Abschnitte über Dynamomaschinen, Leitung und Vertheilung, Sammlerbatterien, Beleuchtung, Elektrolyse, Telegraphie, Telephonie, Eisenbahn-Telegraphen- und Signalwesen sowie über elektrische Uhren zu erweitern, und neue Abschnitte über elektrische Minenzündung, Feuerwehrtelegraphie, Haus- und Gasthofs-Telegraphie, sowie Registrirapparate hinzuzufügen. Auch die hier nicht erwähnten Abschnitte sind einer eingehenden Durch- und Umarbeitung unterworfen werden.

Von mehreren Seiten, so auch bei einer Besprechung in einer Zeitschrift ist die Ansicht hervorgetreten, daß das Hilfsbuch sich zu eingehend mit Telegraphie und Telephonie beschäftigte. Demgegenüber weisen wir darauf hin, daß das Hilfsbuch die **gesammte Elektrotechnik** umfassen soll und den ältesten, schwierigsten und bedeutsamsten Theil nicht vernachlässigen darf, um so weniger, als das Buch auch zahlreichen Telegraphenbeamten als Leitfaden dient.

Die Bearbeitung des Eisenbahn-, Telegraphen- und Signalwesens hat an Stelle unseres leider zu früh verstorbenen Mitarbeiters Loebbecke Herr Eisenbahn-Telegraphen-Inspector Fink übernommen, der Abschnitt über Minenzündung wurde von Herrn v. Renesse, Hauptmann und Compagnie-Chef im Pionier-Bataillon „von Rauch", bearbeitet. Das Verzeichniß der von den einzelnen Mitarbeitern verfaßten Theile findet sich hinter dem Vorwort.

Um den Gebrauch des Hilfsbuches zu erleichtern, haben wir ein ausführliches alphabetisch geordnetes Sachregister der zweiten Auflage hinzugefügt.

Berlin, im Februar 1891.

Die Herausgeber.

Vorwort zur dritten Auflage.

Die dritte Auflage des Hilfsbuches hat eine die neuesten Fortschritte der Elektrotechnik berücksichtigende Erweiterung und Umarbeitung erfahren. Neu hinzugefügt ist eine Abtheilung über magnetische Messungen (Seite 153), über Drehstrom oder Mehrphasensystem (Seite 279), über Verwendung von Inductionsrollen und Condensatoren in Wechselstromkreisen (Seite 323), ein Abschnitt über die Anwendung des Magnetismus in der Metallurgie (Seite 493), sowie eine Abtheilung über die Einwirkung elektrischer Leitungen aufeinander (Seite 553). Dem Abschnitt über Telegraphie und Telephonie wurde ferner das Gesetz über das Telegraphenwesen des deutschen Reiches hinzugefügt.

Die Abschnitte über Dynamomaschinen, Sammlerbatterien, Transformatoren, Leitung und Vertheilung, Elektrolyse, Telegraphie und Telephonie sind theils umgearbeitet, theils erweitert worden. Auch die übrigen Abtheilungen des Buches wurden einer eingehenden Durchsicht unterworfen.

Der Umfang des Hilfsbuches hat sich in Folge dessen um etwa 5 Bogen erweitert.

Aus der Zahl der Mitarbeiter ist Herr Ingenieur Görz, welcher für die beiden ersten Auflagen die Abtheilung Ausführungsarbeiten bei Hausbeleuchtungs-Anlagen bearbeitet hat ausgeschieden.

Berlin, im Oktober 1892.

Die Herausgeber.

Für die dritte Auflage haben bearbeitet:

1. Eisenbahn-Telegr.-Inspector **Fink** die Nrn. 724—742 einschl.
2. Prof. Dr. **Goppelsroeder** . . . . ,, ,, 582—584 ,,
   ,, ,, 587—590 ,,
   ,, ,, 613—630 ,,
3. Geheimer Postrath **Grawinkel** ,, ,, 78, 79 ,,
   ,, ,, 280—315 ,,
   ,, ,, 425—437 ,,
   ,, ,, 523 ,,
   ,, ,, 571—581 ,,
   ,, ,, 585, 586 ,,
   ,, ,, 591—612 ,,
   ,, ,, 631—723 ,,
   ,, ,, 743—771 ,,
   ,, ,, 786—793 ,,
4. Dr. **E. Pirani** . . . . ,, ,, 269—275 ,,
   ,, ,, 401—408 ,,
   ,, ,, 410—424 ,,
5. Hauptmann **A. v. Renesse**, Compagnie-Chef im Pionier-Bataillon „von Rauch" . . . . ,, ,, 772—785 ,,
6. Ingenieur **M. Seyffert** . . . . . ,, ,, 25— 37 ,,
7. Ober-Telegr.-Ingen. Dr. **K. Strecker** ,, ,, 1— 24 ,,
   ,, ,, 38— 77 ,,
   ,, ,, 80—268 ,,
   ,, ,, 276—279 ,,
   ,, ,, 316—400 ,,
   ,, ,, 409 ,,
   ,, ,, 438—522 ,,
   ,, ,, 524—570 ,,

Berichtigungen.

Seite 80 bedeuten in den Formeln für die Inductionscoefficienten n, n_1, n_2 die Windungszahlen für die Längeneinheit der Spulen; in beiden Formeln unter 2 ist rechts die Länge der Spule l als Factor zuzufügen. In der Formel für die gegenseitige Induction zweier paralleler gerader Drähte fällt das Glied $+\frac{\mu}{4}$ weg.

,, 205 Zeile 9 von unten lies **(316)** anstatt (315).
,, 222 unter Nr. 6 lies Pentangasflamme anstatt Patentgasflamme.

Inhaltsverzeichnifs.

I. Theil. Allgemeine Hilfsmittel.
I. Abschnitt. Rechnerische Formeln und Tabellen.

Nr.		Seite
1–9.	Rechnerische Hilfsmittel. Widerstandstabellen, Reductionstabellen, Maafse und Gewichte, Querschnitt von Drähten u. s. w.	4– 15

II. Abschnitt. Mechanik und Physik.

10–12.	Absolutes Maafs	16
13–38.	Mechanik: Dichte, Bewegung, Kraft, Drehungsmoment, statisches Moment, Arbeit, Leistung, Richtungskraft, Tragheitsmoment, Schwingungsdauer, Reibung, Elasticitäts- und Festigkeitslehre, Maschinen-Technisches, Verschiedene Formeln und Zahlen aus Mechanik und Physik	17– 35
39–45.	Optik: Fortpflanzung des Lichtes, Beleuchtung, Reflexion und Brechung des Lichtes	35– 37
46–52.	Wärmelehre: Wärmemenge, Specifische Wärme, Verbindungswarme, Thermometrie, Wärmeleitung	38– 44
53–72.	Magnetismus: Allgemeines, Aeufserungen der magnetischen Kraft, Theorie der Kraftlinien, Erdmagnetismus	44– 54
73–107.	Elektricität: Leiter, Nichtleiter, Ursachen elektromotorischer Kräfte, Elektrostatik, Elektrodynamik , ...	55– 71
108–140.	Elektromagnetismus und Induction: Mechanische Wirkung des Stromes auf einen Magnet, Mechanische Wirkung von Strömen aufeinander, Induction, Absolutes elektromagnetisches Maafs für die elektrischen Gröfsen	71– 86

II. Theil. Mefskunde.
I. Abschnitt. Elektrische Messungsmethoden und Mefsinstrumente.

141–155.	Hilfsmittel bei den Messungen: Allgemeines, Einige besondere Einrichtungen an Mefsinstrumenten, Hilfsbestimmungen . .	89– 96
156–182.	Galvanometer: Allgemeines, Absolute Galvanometer, Galvanometer für vergleichende Strommessungen, Galvanometer mit empirischer Scala, Differentialgalvanometer, Spiegelgalvanometer	96–110
183–186.	Dynamometer	110–111
187–193.	Voltameter: Wasser- bezw. Knallgasvoltameter, Metallvoltameter, Messung mit dem Voltameter	112–117
194.	Elektrometer	117–118

Inhaltsverzeichniß.

Nr.		Seite
195—200.	Aufzählung einiger neuerer Meſsapparate mit empirischer Theilung	118—120
201—211.	Aichung: Zurückführung auf absolutes Maaſs, Aichung mit dem Voltameter, Aichung mit einem Normalelement	121—126
212—216.	Graduirung	126—129
217—228.	Messung von Stromstärke, Elektricitätsmenge und Spannung: Strommessung, Messung einer Elektricitätsmenge, Spannungsmessung, Elektromotorische Kraft	129—137
229—250.	Widerstandsmessung Rheostaten, Methoden der Widerstandsmessung	137—151
251—254.	Inductionscoefficienten: Gegenseitige Induction, Selbstinduction	151—152
255 u. 256.	Capacität	152—153
257—260.	Magnetische Messungen	153—154

II. Abschnitt. Technische Messungen.

261—268.	Messungen von Dynamomaschinen	155—159
269—275.	Messungen an Wechselstromsystemen	159—167
276—279.	Messungen in Beleuchtungsanlagen	167—172
280—312.	Messungen an Kabeln, oberirdischen Leitungen und Erdleitungen: Allgemeine Formeln für die Untersuchung von oberirdischen und unterirdischen Leitungen, Bestimmung der Eigenschaften von Kabeln, Prüfung der Kabel während der Fabrication, Prüfung von Löthstellen, Prüfung während der Legung, Ortsbestimmung von Fehlern in Kabeln, Messungen an oberirdischen Leitungen, Ortsbestimmung von Fehlern in oberirdischen Leitungen, Messungen an Erdleitungen. Besondere Angaben von Maaſsverhältnissen, welche für den Betrieb wichtig sind	172—196
313—316.	Messungen von Elementen und Sammlern: Widerstand, Elektromotorische Kraft, Güteverhältniſs und Arbeitsleistung von Elementen und Batterien, Prüfung von Batterien, Ladung und Entladung der Sammler	196—207

III. Abschnitt. Photometrie.

317—325.	Photometer	208—216
326—332.	Hilfsmittel beim Photometriren	216—221
333—335.	Einheit der Leuchtkraft	221—225
336—337.	Gleichzeitige photometrische und galvanische Messungen	226—228
338.	Beleuchtung	228

III. Theil. Elektrotechnik.

I. Abschnitt. Dynamomaschinen.

339—341.	Allgemeines: Arten der Maschinen, Bezeichnungen für die Betriebsgröſsen, Betriebsverluste in Maschinen	231—233
342—366.	Gleichstrommaschine: Theoretisches, Das Ohm'sche Gesetz für Gleichstrommaschinen, Constructionsbedingungen, Anker, Feldmagnete, Polschuhe, Stromabgeber, Bürsten	233—253
367—371.	Graphische Theorie: Darstellung der verschiedenartigen Maschinen im Betrieb	253—255
372—385.	Theorie der Dynamomaschine nach Frölich: Grundgleichungen, Bestimmung der Anker- und Schenkelgröſsen, Untergeordnete Einflüsse, Verhalten der Maschinen im Betrieb, Wickelung der Maschinen	256—263

Inhaltsverzeichniß.

Nr.		Seite
386—387.	Vorherbestimmung der Charakteristik nach Hopkinson . . .	264—267
388—391.	Vorherbestimmung der Charakteristik nach Kapp	267—270
392-394.	Regulirung der Dynamomaschinen	271—273
395-398.	Nebeneinanderschalten von Gleichstrommaschinen	273—275
399.	Gleichstrommotoren	275
400.	Umlaufende Transformatoren	275
401—403.	Wechselstrommaschinen	276—278
404.	Wechselstrommotoren	278—279
405—408.	Drehstromsystem oder Mehrphasensystem	279—281
409.	Tabellen ausgefuhrter Dynamomaschinen	282—314

II. Abschnitt. Transformatoren.

410—418.	Wechselstromtransformatoren	315—323
419—423.	Inductionsrollen und Condensatoren	323—326
424.	Tabellen ausgefuhrter Transformatoren	326—328

III. Abschnitt. Galvanische Elemente.

425—437.	Primare Elemente: Zusammensetzung der gebräuchlichsten Elemente, Elektromotorische Kraft einiger Elemente. Angaben uber Behandlung, Gebrauch und Schaltung von Elementen .	329—338
438—456.	Sammler oder Accumulatoren, Sammler mit Gitterplatten, Sammler mit massiven Platten, Sammler mit Streifenplatten, Sammler mit halbfestem Elektrolyt, Eigenschaften der Sammler, Aufstellung und Bedienung einer Batterie	339—349
457.	Tabellen ausgefuhrter Sammler	350—356

IV. Abschnitt. Leitung und Vertheilung.

458—480.	Vertheilungssysteme, Directe Vertheilung, Systeme mit Sammlerbetrieb, Indirecte Vertheilung	357—375
481—525.	Herstellung elektrischer Beleuchtungsanlagen: Wahl des Vertheilungssystems, Maschinenanlage, Berechnung der Leitungen, Berechnung von Anlagen, Stromschlüssel, Ausfuhrungsarbeiten bei Hausbeleuchtungsanlagen, Leitungen aufserhalb der Hauser, Bewegliche Beleuchtungsanlagen, Tabellen uber Leitungsmaterial	375—419

V. Abschnitt. Widerstandsregulatoren.

526—534.	Regulirwiderstande im einfachen Stromkreise, Regulatoren fur Dynamomaschinen, Regulator tur Gluhlampen, Rheostat fur die Hauptleitung einer Centralanlage	420—429

VI. Abschnitt. Elektrische Beleuchtung.

535—549.	Lampen: Gluhlampen, Bogenlampen	430—441
550—557.	Beleuchtung: Berechnung der erforderlichen Leuchtkraft . .	442—446

VII. Abschnitt. Elektrische Kraftübertragung.

558—570.	Theorie, Anwendungen der elektrischen Kraftubertragung . .	447—456

VIII. Abschnitt. Anwendungen der Elektrolyse.

571	Stromarbeit, Elektrodenspannung und Zellenwiderstand bei elektrolytischen Processen	457—459

X   Inhaltsverzeichniß.

Nr.		Seite
572—581.	Elektrolytische Gewinnung von Metallen	460—465
582—589.	Elektrolyse bei chemischen Fabricationen	465—468
590—594.	Elektrolyse zu andern Zwecken	469—470
595—612.	Galvanoplastik und Galvanostegie: Allgemeines, Herstellung kupferner plastischer Abbilder (Galvanoplastik, Elektrotypie), Herstellung eines metallischen Ueberzuges auf andern Gegenständen (Galvanostegie)	470—481
613—627.	Anwendung der Elektrolyse zum Färben und Bleichen	482—492

IX. Abschnitt. Anwendung des Magnetismus in der Metallurgie.

628—630. Scheidung von Erzen, Abscheidung von Eisentheilen. . . . 493—494

X. Abschnitt. Telegraphie und Telephonie.

631—663. Bau der Linien und Leitungen: Leitungen ohne isolirende Hülle, Materialien, Herstellung der Linien und Leitungen, Belastung der Constructionen, Widerstandsfähigkeit der Constructionen; Leitungen mit isolirender Hülle, Herstellung einer unterirdischen Linie . . . . 495—528

664—723. Betriebsstellen: Apparate, Hilfsapparate, Stromquellen, Schaltungen für Einfachbetrieb, Schaltungen für Mehrfachbetrieb, Besondere Schaltungen; Verschiedene Betriebsangaben, Einwirkungen elektrischer Leitungen aufeinander. Gesetz über das Telegraphenwesen des Deutschen Reiches . . . . 528—565

XI. Abschnitt. Eisenbahn-Telegraphen- und -Signalwesen und Seesignalwesen.

724—742 Eisenbahn-Telegraphen- und Signalwesen: Umfang der Einrichtung, Ausführung der erforderlichen Anlagen . . . . . 566—594

743, 744. Seesignale 594

XII. Abschnitt. Feuerwehr- und Polizeitelegraphen.

745—748. Feuerwehrtelegraphen. . . . . 595—598
749—751. Polizeitelegraphen 598

XIII. Abschnitt. Haus- und Gasthofstelegraphen.

752—760. Haus- und Gasthofstelegraphen. . . . . 599—603

XIV. Abschnitt. Elektrische Uhren, Registrirapparate und Fernmelder.

761—767. Uhren, Zeitballstionen . . . . 604—610
768—771. Registrirapparate und Fernmelder . . . . 610—612

XV. Abschnitt. Elektrische Minenzündung.

772—785. Apparate, Zünder, Leitungsanlagen . . . . 613—621

XVI. Abschnitt. Blitzableiter.

786—793. Material, Auffangestangen, Leitungen . . . . 622—624

I. Theil.

ALLGEMEINE HILFSMITTEL.

I. Abschnitt.

Rechnerische Formeln und Tabellen.

———✻———

Rechnerische Formeln und Tabellen.

(1) Widerstand von
für Drahtdurchmesser von 0,05—4,0 mm und

Draht- durch- messer	Kupfer					Phosphor- und Siliciumbronce				
mm	0,016	0,017	0,018	0,019	0,020	0,025	0,030	0,04	0,05	0,06
0,05	8,14	8,65	9,16	9,67	10,19	12,73	15,3	20,4	25,5	30,6
0,10	2,04	2,16	2,29	2,42	2,55	3,18	3,8	5,1	6,4	7,6
0,15	0,91	0,96	1,02	1,08	1,13	1,41	1,70	2,26	2,83	3,4
0,20	0,51	0,54	0,57	0,60	0,64	0,80	0,95	1,27	1,59	1,91
0,25	0,33	0,35	0,37	0,39	0,41	0,51	0,61	0,81	1,02	1,22
0,30	0,226	0,240	0,255	0,269	0,283	0,354	0,424	0,566	0,707	0,849
0,35	0,166	0,177	0,187	0,198	0,208	0,260	0,312	0,416	0,520	0,624
0,40	0,127	0.135	0,143	0,151	0,159	0,199	0,239	0,318	0,398	0,477
0,45	0,101	0,107	0,113	0,120	0,126	0,157	0,189	0,252	0,314	0,377
0,50	0,081	0,087	0,092	0,097	0,102	0,127	0,153	0,204	0,255	0,306
0,55	0,067	0,072	0,076	0,080	0,084	0,105	0,126	0,168	0,210	0,253
0,60	0,057	0,060	0,064	0,067	0,071	0,088	0,106	0,141	0,177	0.212
0,65	0,048	0,051	0,054	0,057	0,060	0,075	0,090	0,120	0,151	0,181
0,70	0,042	0,044	0,047	0,049	0,052	0,065	0,078	0,104	0,130	0,156
0,75	0,036	0,038	0,041	0,043	0,045	0,057	0,068	0,091	0,113	0,136
0,80	0,0318	0,0338	0,0358	0,0378	0,0398	0,0497	0,060	0,080	0,099	0,119
0,85	0,0282	0,0299	0,0317	0,0335	0,0352	0,0441	0,053	0,070	0,088	0,106
0,90	0,0251	0,0267	0,0283	0.0299	0,0314	0,0393	0,047	0,063	0,079	0,094
0,95	0,0226	0,0240	0,0254	0,0268	0,0282	0,0353	0,042	0,056	0,071	0,085
1,00	0,0204	0,0216	0,0229	0,0242	0,0255	0,0318	0,038	0,051	0,064	0,076
1,1	0,0168	0,0179	0,0190	0,0200	0,0210	0,0263	0,0316	0,0421	0,0526	0,063
1,2	0,0141	0,0150	0,0159	0,0168	0,0177	0,0221	0,0265	0,0354	0,0442	0,053
1,3	0,0121	0,0128	0,0136	0,0143	0,0151	0,0188	0,0226	0,0301	0,0377	0,045
1,4	0,0104	0,0110	0,0117	0,0123	0,0130	0,0162	0,0195	0,0260	0,0325	0,039
1,5	0,0091	0,0096	0,0102	0,0108	0,0113	0,0141	0,0170	0,0226	0,0283	0,034
1,6	0,0080	0,0085	0,0090	0,0095	0,0099	0,0124	0,0149	0,0199	0,0249	0,0298
1,7	0,0071	0,0075	0,0079	0,0084	0,0088	0,0110	0,0132	0,0176	0,0220	0,0264
1,8	0,0063	0,0067	0,0071	0,0075	0,0079	0,0098	0,0118	0,0157	0,0196	0,0236
1,9	0,0056	0,0060	0,0064	0,0067	0,0071	0,0088	0,0106	0,0141	0,0176	0,0212
2,0	0,0051	0,0054	0,0057	0,0060	0,0064	0,0080	0,0095	0,0127	0,0159	0,0191
2,2	0,00421	0,00447	0,00473	0,00500	0,00526	0,0066	0,0079	0,0105	0,0132	0,0158
2,4	0,00354	0,00376	0,00398	0,00420	0,00442	0,0055	0,0066	0,0088	0,0111	0,0133
2,6	0,00301	0,00320	0,00339	0,00358	0,00377	0,0047	0,0057	0,0075	0,0094	0,0113
2,8	0,00260	0,00274	0,00292	0,00308	0,00325	0,0041	0.0049	0,0065	0,0081	0,0097
3,0	0,00226	0,00240	0,00255	0,00269	0,00283	0,0035	0,0042	0,0057	0 0071	0,0085
3,2	0,00199	0,00211	0,00224	0,00236	0,00249	0,00311	0,00373	0,00497	0,0062	0,0075
3,4	0,00176	0,00187	0,00198	0.00209	0,00220	0,00275	0,00330	0,00441	0,0055	0,0066
3,6	0,00157	0,00167	0,00177	0,00187	0,00196	0,00246	0.00295	0,00393	0,0049	0,0059
3,8	0,00141	0,00150	0,00159	0,00168	0,00177	0,00221	0,00265	0,00353	0,0044	0,0053
4,0	0,00127	0,00135	0,00143	0,00151	0,00159	0,00199	0,00239	0,00318	0,0040	0,0048

Rechnerische Formeln und Tabellen.

1 m Drath in Ohm.
für specifische Widerstände von 0,016—0,60.

Messing, Platin, Eisen				Neusilber etc.			Nickelin, Rheotan, Thermotan, Nickelkupfer		Drahtdurchmesser
0,07	0,08	0,10	0,15	0,20	0,25	0,30	0,40	0,50	0,60	mm
36	41	51	76	102	127	153	204	255	306	0,05
8,9	10,2	12,7	19,1	25,5	31,8	38	51	64	76	0,10
4,0	4,5	5,7	8,5	11,3	14,1	17,0	22,6	28,3	34	0,15
2,23	2,55	3,18	4,8	6,4	8,0	9,5	12,7	15,9	19,1	0,20
1,43	1,63	2,04	3,06	4,1	5,1	6,1	8,1	10,2	12,2	1,25
0,99	1,13	1,41	2,12	2,83	3,54	4,24	5,66	7,07	8,49	0,30
0,73	0,83	1,04	1,56	2,08	2,60	3,12	4,16	5,20	6,24	0,35
0,56	0,64	0,80	1,19	1,59	1,99	2,39	3,18	3,98	4,77	0,40
0,44	0,50	0,63	0,94	1,26	1,57	1,89	2,52	3,14	3,77	0,45
0,36	0,41	0,51	0,76	1,02	1,27	1,53	2,04	2,55	3,06	0,50
0,295	0,337	0,421	0,63	0,84	1,05	1,26	1,68	2,10	2,53	0,55
0,248	0,283	0,354	0,53	0,71	0,88	1,06	1,41	1,77	2,12	0,60
0,211	0,241	0,301	0,45	0,60	0,75	0,90	1,21	1,51	1,81	0,65
0,182	0,208	0,260	0,39	0,52	0,65	0,78	1,04	1,30	1,56	0,70
0,158	0,181	0,226	0,34	0,45	0,57	0,68	0,91	1,13	1,36	0,75
0,139	0,159	0,199	0,298	0,398	0,497	0,60	0,80	0,99	1,19	0,80
0,123	0,141	0,176	0,264	0,352	0,441	0,53	0,70	0,88	1,06	0,85
0,110	0,126	0,157	0,236	0,314	0,393	0,47	0,63	0,79	0,94	0,90
0,099	0,113	0,141	0,212	0,282	0,353	0,42	0,56	0,71	0,85	0,95
0,089	0,102	0,127	0,191	0,255	0,318	0,38	0,51	0,64	0,76	1,00
0,074	0,084	0,105	0,158	0,210	0,263	0,316	0,421	0,526	0,63	1,1
0,062	0,071	0,088	0,133	0,177	0,221	0,265	0,354	0,442	0,53	1,2
0,053	0,060	0,075	0,113	0,151	0,188	0,226	0,301	0,377	0,45	1,3
0,045	0,052	0 065	0,097	0,130	0,162	0,195	0,260	0,325	0,39	1,4
0,040	0,045	0,057	0,085	0,113	0,141	0,170	0,226	0,283	0,34	1,5
0,0348	0,0398	0,0497	0,075	0,099	0,124	0,149	0,199	0,249	0,298	1,6
0,0308	0,0352	0,0441	0,066	0,088	0,110	0,132	0,176	0,220	0,264	1,7
0,0275	0,0314	0,0393	0,059	0,079	0,098	0,118	0,157	0,196	0,236	1,8
0,0247	0,0282	0,0353	0,053	0,071	0,088	0,106	0,141	0,176	0,212	1,9
0,0223	0,0255	0,0318	0,048	0,064	0,080	0,095	0,127	0,159	0,191	2,0
0,0184	0,0210	0,0263	0,0395	0,0526	0,066	0,079	0,105	0,132	0,158	2,2
0,0155	0,0177	0,0221	0,0332	0,0442	0,055	0,066	0,088	0,111	0,133	2,4
0,0132	0 0151	0,0188	0,0283	0,0377	0,047	0,057	0,075	0,094	0,113	2,6
0,0114	0,0130	0,0162	0,0244	0,0325	0,041	0,049	0,065	0,081	0,097	2,8
0,0099	0,0113	0,0141	0,0212	0,0283	0,035	0,042	0,057	0,071	0,085	3,0
0,0087	0,0100	0,0124	0,0187	0,0249	0.0311	0,0373	0,0497	0,062	0,075	3,2
0,0077	0,0088	0,0110	0,0165	0,0220	0,0275	0,0330	0,0441	0,055	0,066	3,4
0,0069	0,0079	0,0098	0,0147	0,0196	0,0246	0,0295	0,0393	0,049	0,059	3,6
0,0062	0,0071	0,0088	0,0133	0,0177	0,0221	0,0265	0,0353	0,044	0,053	3,8
0,0056	0,0064	0,0080	0,0119	0,0159	0,0199	0,0239	0,0318	0,040	0,048	4,0

(2) Länge eines Drahtes von

für Drahtdurchmesser von 0,05—4,0 mm und

Draht- durch- messer	Kupfer					Phosphor- und Siliciumbronce				
mm	0,016	0,017	0,018	0,019	0,020	0,025	0,030	0,04	0,05	0,06
0,05	0,123	0,115	0,109	0,103	0,098	0,079	0,065	0,049	0,039	0,0327
0,10	0,49	0,46	0,44	0,41	0,39	0,314	0,262	0,196	0,157	0,131
0,15	1,11	1,04	0,98	0,93	0,88	0,71	0,59	0,44	0,35	0,295
0,20	1,96	1,85	1,75	1,65	1,57	1,26	1,05	0,79	0,63	0,52
0,25	3,07	2,89	2,73	2,58	2,45	1,96	1,64	1,23	0,98	0,82
0,30	4,4	4,2	3,9	3,7	3,5	2,83	2,36	1,77	1,41	1,18
0,35	6,0	5,7	5,3	5,1	4,8	3,85	3,21	2,41	1,92	1,60
0,40	7,9	7,4	7,0	6,6	6,3	5,03	4,19	3,14	2,51	2,09
0,45	9,9	9,3	8,8	8,4	8,0	6,36	5,30	3,98	3,18	2,65
0,50	12,3	11,5	10,9	10,3	9,8	7,85	6,54	4,91	3,93	3,27
0,55	14,9	14,0	13,2	12,5	11,9	9,5	7,9	5,9	4,8	4,0
0,60	17,6	16,6	15,7	14,9	14,1	11,3	9,4	7,1	5,7	4,7
0,65	20,7	19,5	18,4	17,4	16,6	13,3	11,1	8,3	6,6	5,5
0,70	24,0	22,6	21,4	20,2	19,2	15,4	12,8	9,6	7,7	6,4
0,75	27,6	26,0	24,6	23,2	22,1	17,7	14,7	11,0	8,8	7,4
0,80	31,4	29,6	28,0	26,4	25,1	20,1	16,8	12,6	10,1	8,4
0,85	35,4	33,3	31,5	29,8	28,4	22,7	18,9	14,2	11,4	9,5
0,90	39,8	37,4	35,4	33,5	31,8	25,4	21,2	15,9	12,7	10,6
0,95	44,3	41,7	39,4	37,3	35,4	28,4	23,6	17,7	14,2	11,8
1,00	49,1	46,2	43,6	41,3	39,3	31,4	26,2	19,6	15,7	13,1
1,1	59	56	53	50	48	38	31,7	23,8	19,0	15,8
1,2	71	66	63	59	57	45	37,7	28,3	22,6	18,8
1,3	83	78	74	70	66	53	44,2	33,2	26,5	22,1
1,4	96	90	86	81	77	62	51,8	38,5	30,8	25,7
1,5	110	104	98	93	88	71	58,9	44,2	35,3	29,5
1,6	126	118	112	106	101	80	67	50	40	33,5
1,7	142	133	126	119	113	91	76	57	45	37,8
1,8	159	149	141	134	127	102	85	64	51	42,4
1,9	177	166	158	149	142	113	95	71	57	47,3
2,0	196	185	175	165	157	126	105	79	63	52,4
2,2	237	223	211	199	190	152	127	95	76	63
2,4	283	266	251	238	226	181	151	113	90	75
2,6	332	312	295	279	265	212	177	133	106	88
2,8	385	362	342	324	308	246	205	154	123	103
3,0	442	416	393	372	353	283	236	177	141	118
3,2	503	473	447	423	402	322	268	201	161	134
3,4	567	534	505	478	454	363	303	227	182	151
3,6	637	598	565	535	509	407	339	254	204	170
3,8	708	666	630	596	567	454	378	284	227	189
4,0	785	738	698	660	628	503	419	314	251	209

1 Ohm Widerstand in Metern.

für specifische Widerstände von 0,016—0,60.

Messing, Platin, Eisen			Neusilber etc.				Nickelin, Rheotan, Thermotan, Nickelkupfer			Drahtdurchmesser
0,07	0,08	0,10	0,15	0,20	0,25	0,30	0,40	0,50	0,60	mm
0,0280	0,0245	0,0196	0,0131	0,0098	0,0079	0,0065	0,0049	0,0039	0,0033	0,05
0,112	0,098	0,079	0,052	0,039	0,0314	0,0262	0,0196	0,0157	0,0131	0,10
0,252	0,221	0,177	0,118	0,088	0,071	0,059	0,044	0,035	0,0295	0,15
0,45	0,39	0.314	0,209	0,157	0,126	0,105	0,079	0,063	0,052	0,20
0,70	0,61	0,49	0,327	0,245	0,196	0.164	0,123	0,098	0,082	0,25
1,01	0,88	0,71	0,47	0,35	0,283	0,236	0,177	0,141	0,118	0,30
1,37	1,20	0,96	0,64	0,48	0,385	0,321	0,241	0,192	0,160	0,35
1,80	1,57	1,26	0,84	0,63	0,503	0,419	0,314	0,251	0,209	0,40
2,27	1,99	1,59	1,06	0,80	0,636	0,530	0,398	0,318	0,265	0,45
2,80	2,45	1,96	1,31	0,98	0,785	0,654	0,491	0,393	0,327	0,50
3,4	2,97	2,38	1,58	1,19	0,95	0,79	0,59	0,48	0,40	0,55
4,0	3,53	2,83	1,88	1,41	1,13	0,94	0,71	0,57	0,47	0,60
4,7	4,15	3,32	2,21	1,66	1,33	1,11	0,83	0,66	0,55	0,65
5,5	4,81	3,85	2,57	1,92	1,54	1,28	0,96	0,77	0,64	0,70
6,3	5,52	4,42	2,95	2,21	1,77	1,47	1,10	0,88	0,74	0,75
7,2	6,3	5,0	3,35	2,51	2,01	1,68	1,26	1,01	0,84	0,80
8,1	7,1	5,7	3,78	2,84	2,27	1,89	1,42	1,14	0,95	0,85
9,1	8,0	6,4	4,24	3,18	2,54	2,12	1,59	1,27	1,06	0,90
10,1	8,9	7,1	4,73	3,54	2,84	2,36	1,77	1,42	1,18	0,95
11,2	9,8	7,9	5,24	3,93	3,14	2,62	1,96	1,57	1,31	1,00
13,6	11,9	9,5	6,3	4,8	3,8	3,17	2,38	1,90	1,58	1,1
16,2	14,1	11,3	7,5	5,7	4,5	3,77	2,83	2,26	1,88	1,2
19,0	16,6	13,3	8,8	6,6	5,3	4,42	3,32	2,65	2,21	1,3
22,0	19,2	15,4	10,3	7,7	6,2	5,13	3,85	3,08	2,57	1,4
25,2	22,1	17,7	11,8	8,8	7,1	5,89	4,42	3,53	2,95	1,5
28,7	25,1	20,1	13,4	10,1	8,0	6,7	5,0	4,0	3,35	1,6
32,4	28,4	22,7	15,1	11,3	9,1	7,6	5,7	4,5	3,78	1,7
36,4	31,8	25,4	17,0	12,7	10,2	8,5	6,4	5,1	4,24	1,8
40,5	35,4	28,4	18,9	14,2	11,3	9,5	7,1	5,7	4,73	1,9
44,9	39,3	31,4	20,9	15,7	12,6	10,5	7,9	6,3	5,24	2,0
54	48	38	25,3	19,0	15,2	12,7	9,5	7,6	6,3	2,2
65	57	45	30,2	22,6	18,1	15,1	11,3	9,0	7,5	2,4
76	66	53	35,4	26,5	21,2	17,7	13,3	10,6	8,8	2,6
88	77	62	41,1	30,8	24,6	20,5	15,4	12,3	10,3	2,8
101	88	71	47,1	35,3	28,3	23,6	17,7	14,1	11,8	3,0
115	101	80	54	40	32,2	26,8	20,1	16,1	13,4	3,2
130	113	91	61	45	36,3	30,3	22,7	18,2	15,1	3,4
145	127	102	68	51	40,7	33,9	25,4	20,4	17,0	3,6
162	142	113	76	57	45,4	37,8	28,4	22,7	18,9	3,8
180	157	126	84	63	50,3	41,9	31,4	25,1	20,9	4,0

(3) Reductionstabellen.

(a) Kupferwiderstände.

Ist der Widerstand bei irgend einer Temperatur gemessen $= r$ Ohm, so ist er bei einer um $t°$ C. höheren Temperatur $= r + 0{,}0037 \cdot r \cdot t$ Ohm. — Die Tabelle enthält die Producte $0{,}0037\, r\, t$.

Ohm	2°	4°	6°	8°	10°	12°	14°	16°	18°	20°	22°	24°	26°	28°	30°
2	0,015	0,030	0,044	0,059	0,074	0,089	0,104	0,118	0,133	0,148	0,163	0,178	0,192	0,207	0,222
4	0,030	0,059	0,089	0,118	0,148	0,178	0,207	0,237	0,266	0,296	0,326	0,355	0,385	0,414	0,444
6	0,044	0,089	0,133	0,178	0,222	0,266	0,311	0,355	0,400	0,444	0,488	0,533	0,577	0,622	0,666
8	0,059	0,118	0,178	0,237	0,296	0,355	0,414	0,474	0,533	0,592	0,651	0,710	0,770	0,829	0,888
10	0,074	0,148	0,222	0,296	0,370	0,444	0,518	0,592	0,666	0,740	0,814	0,888	0,962	1,036	1,110
12	0,09	0,18	0,27	0,36	0,44	0,53	0,62	0,71	0,80	0,89	0,98	1,07	1,15	1,24	1,33
14	0,10	0,21	0,31	0,41	0,52	0,62	0,73	0,83	0,93	1,04	1,14	1,24	1,35	1,45	1,55
16	0,12	0,24	0,36	0,47	0,59	0,71	0,83	0,95	1,07	1,18	1,30	1,42	1,54	1,66	1,78
18	0,13	0,27	0,40	0,53	0,67	0,80	0,93	1,07	1,20	1,33	1,47	1,60	1,73	1,86	2,00
20	0,15	0,30	0,44	0,59	0,74	0,89	1,04	1,18	1,33	1,48	1,63	1,78	1,92	2,07	2,22
22	0,16	0,33	0,49	0,65	0,81	0,98	1,14	1,30	1,47	1,63	1,79	1,95	2,12	2,28	2,44
24	0,18	0,36	0,53	0,71	0,89	1,07	1,24	1,42	1,60	1,78	1,95	2,13	2,31	2,49	2,66
26	0,19	0,38	0,58	0,77	0,96	1,15	1,35	1,54	1,73	1,92	2,12	2,31	2,50	2,69	2,89
28	0,21	0,41	0,62	0,83	1,04	1,24	1,45	1,66	1,86	2,07	2,28	2,49	2,69	2,90	3,11
30	0,22	0,44	0,67	0,89	1,11	1,33	1,55	1,78	2,00	2,22	2,44	2,66	2,89	3,11	3,33
35	0,26	0,52	0,78	1,04	1,3	1,6	1,8	2,1	2,3	2,6	2,8	3,1	3,4	3,6	3,9
40	0,30	0,59	0,89	1,18	1,5	1,8	2,1	2,4	2,7	3,0	3,3	3,6	3,8	4,1	4,4
45	0,33	0,67	1,00	1,33	1,7	2,0	2,3	2,7	3,0	3,3	3,7	4,0	4,3	4,7	5,0
50	0,37	0,74	1,11	1,48	1,8	2,2	2,6	3,0	3,3	3,7	4,1	4,4	4,8	5,2	5,5
55	0,41	0,81	1,22	1,63	2,0	2,4	2,8	3,3	3,7	4,1	4,5	4,9	5,3	5,7	6,1
60	0,44	0,89	1,33	1,78	2,2	2,7	3,1	3,6	4,0	4,4	4,9	5,3	5,8	6,2	6,7
65	0,48	0,97	1,44	1,93	2,4	2,9	3,4	3,9	4,3	4,8	5,3	5,8	6,3	6,8	7,2
70	0,52	1,04	1,55	2,07	2,6	3,1	3,6	4,1	4,7	5,2	5,7	6,2	6,7	7,3	7,8
75	0,55	1,11	1,66	2,22	2,8	3,3	3,9	4,4	5,0	5,5	6,1	6,7	7,2	7,8	8,3
80	0,59	1,18	1,78	2,37	3,0	3,6	4,1	4,7	5,3	5,9	6,5	7,1	7,7	8,3	8,9
85	0,63	1,26	1,89	2,52	3,1	3,8	4,4	5,0	5,7	6,3	6,9	7,5	8,1	8,8	9,4
90	0,67	1,33	2,00	2,66	3,3	4,0	4,7	5,3	6,0	6,7	7,3	8,0	8,7	9,3	10,0
95	0,70	1,41	2,11	2,81	3,5	4,2	4,9	5,6	6,3	7,0	7,7	8,4	9,1	9,8	1,06
100	0,74	1,48	2,22	2,96	3,7	4,4	5,2	5,9	6,7	7,4	8,1	8,9	9,6	10,4	1,11

Rechnerische Formeln und Tabellen.

(3) Reductionstabellen.

(b) Tabelle zur Reduction des Kupferwiderstands auf 15° C. bei Kabelmessungen.
(Frölich, El. u. Magn.).
Der bei $t°$ C. ermittelte Widerstand ist mit r zu multipliciren.

t	r	$\log r$	t	r	$\log r$
0	1,0578	0,02438	13	1,0075	0,00323
0,5	1,0558	0,02357	13,5	1,0056	0,00242
1,0	1,0538	0,02275	14,0	1,0037	0,00162
1,5	1,0518	0,02193	14,5	1,0019	0,00081
2,0	1,0498	0,02112	15,0	1,0000	0,00000
2,5	1,0479	0,02030	15,5	0,9981	9,99919
3,0	1,0459	0,01948	16,0	0,9963	9,99839
3,5	1,0439	0,01867	16,5	0,9944	9,99758
4,0	1,0420	0,01785	17,0	0,9926	9,99677
4,5	1,0400	0,01704	17,5	0,9908	9,99597
5,0	1,0381	0,01622	18,0	0,9889	9,99516
5,5	1,0361	0,01541	18,5	0,9871	9,99436
6,0	1,0342	0,01459	19,0	0,9853	9,99355
6,5	1,0322	0,01378	19,5	0,9834	9,99275
7,0	1,0303	0,01297	20,0	0,9816	9,99195
7,5	1,0284	0,01215	20,5	0,9798	9,99115
8,0	1,0265	0,01134	21,0	0,9780	9,99034
8,5	1,0245	0,01053	21,5	0,9762	9,98954
9,0	1,0226	0,00972	22,0	0,9744	9,98874
9,5	1,0207	0,00890	22,5	0,9726	9,98794
10,0	1,0188	0,00809	23,0	0,9708	9,98714
10,5	1,0169	0,00728	23,5	0,9690	9,98634
11,0	1,0150	0,00647	24,0	0,9673	9,98554
11,5	1,0131	0,00566	24,5	0,9655	0,98474
12,0	1,0112	0,00485	25,0	0,9637	9,98394
12,5	1,0094	0,00404			

(c) Neusilberwiderstände.

Die besseren Neusilbersorten, Nickelin, Rheotan, Patentnickel etc. haben Temperaturcoefficienten von 0,0002—0,00035; bei einigen Sorten von Widerstandsdrähten ist bei den gewöhnlichen vorkommenden Temperaturen der Einfluß der Temperaturänderung praktisch gleich Null.

Die Temperaturcorrectionen sind also in den gewöhnlich vorkommenden Fällen so klein, daß man sie vernachlässigen kann. 30—40° C. entsprechen etwa 1 %.

Bei genaueren Rechnungen benutzt man Tabelle (3a), indem man die Zahlen derselben dividirt durch:

beim Temperaturcoeff.	Divisor
0,00010	37
0,00015	25
0,00020	18
0,00025	15
0,00031	12
0,00037	10
0,00041	9

(3) Reductionstabellen.
(d) Guttaperchawiderstände.

Wenn ein Guttaperchawiderstand bei einer Temperatur zwischen 0° und 25° C. $= r$ gefunden wurde, so ist er innerhalb desselben Temperaturintervalls bei einer um $t°$ C. niedrigeren Temperatur $= \dfrac{r}{c_t}$, bei einer um $t°$ C. höheren Temperatur $= r \cdot c_t$.

t	c_t	t	c_t	t	c_t
0	1	9	3,3	18	10,9
1	1,14	10	3,8	19	12,4
2	1,30	11	4,3	20	14,2
3	1,49	12	4,9	21	16,1
4	1,70	13	5,6	22	18,5
5	1,94	14	6,4	23	21,0
6	2,21	15	7,3	24	24,0
7	2,53	16	8,3	25	27,5
8	2,88	17	9,5		

(e) Tabelle zur Reduction des Guttapercha-Widerstandes auf 15° C. bei Kabelmessungen.

(Frölich, El. u. Magn.).

Der bei $t°$ C. ermittelte Widerstand ist mit ϱ zu multipliciren.

t	ϱ	$\log \varrho$	t	ϱ	$\log \varrho$
0,0	0,1373	9,13782	12,5	0,7183	9,85630
0,5	0,1467	9,16656	13,0	0,7674	9,88508
1,0	0,1568	9,19530	13,5	0,8199	9,91378
1,5	0,1675	9,22404	14,0	0,8760	9,94252
2,0	0,1790	9,25278	14,5	0,9360	9,97126
2,5	0,1912	9,28151	15,0	1,0000	0,00000
3,0	0,2043	9,31025	15,5	1,068	0,02874
3,5	0,2183	9,33899	16,0	1,142	0,05748
4,0	0,2332	9,36773	16,5	1,220	0,08622
4,5	0,2492	9,39647	17,0	1,303	0,11496
5,0	0,2662	9,42521	17,5	1,392	0,14370
5,5	0,2844	9,45395	18,0	1,487	0,17244
6,0	0,3039	9,48269	18,5	1,589	0,20118
6,5	0,3247	9,51143	19,0	1,698	0,22992
7,0	0,3469	9,54017	19,5	1,814	0,25865
7,5	0,3706	9,56891	20,0	1,938	0,28739
8,0	0,3960	9,59765	20,5	2,071	0,31613
8,5	0,4230	9,62639	21,0	2,212	0,34487
9,0	0,4520	9,65513	21,5	2,364	0,37361
9,5	0,4829	9,68387	22,0	2,526	0,40235
10,0	0,5159	9,71261	22,5	2,698	0,43109
10,5	0,5512	9,74135	23,0	2,883	0,45983
11,0	0,5890	9,77008	23,5	3,080	0,48857
11,5	0,6292	9,79882	24,0	3,291	0,51731
12,0	0,6723	9,82756	24,5	3,516	0,54605
			25,0	3,757	0,57479

Rechnerische Formeln und Tabellen.

(4a) **Tabelle zur Umrechnung von Siemens-Einheiten in Ohm.**

	0	1	2	3	4	5	6	7	8	9
0		0,943	1,887	2,830	3,774	4,717	5,66	6,60	7,55	8,49
10	9,43	10,38	11,32	12,26	13,21	14,15	15,09	16,04	16,98	17,92
20	18,87	19,81	20,75	21,70	22,64	23,58	24,53	25,47	26,41	27,36
30	28,30	29,25	30,19	31,13	32,08	33,02	33,96	34,91	35,85	36,79
40	37,74	38,68	39,62	40,57	41,51	42,45	43,40	44,34	45,28	46,23
50	47,17	48,11	49,06	50,00	50,94	51,89	52,83	53,77	54,72	55,66
60	56,60	57,55	58,49	59,43	60,38	61,32	62,26	63,21	64,35	65,09
70	66,04	66,98	67,92	68,87	69,81	70,75	71,70	72,64	73,58	74,53
80	75,47	76,42	77,36	78,30	79,25	80,19	81,13	82,08	83,02	83,96
90	84,91	85,85	86,79	87,74	88,68	89,62	90,57	91,51	92,46	93,40

(4b) **Tabelle zur Umrechnung von Ohm in Siemens-Einheiten.**

	0	1	2	3	4	5	6	7	8	9
0		1,06	2,12	3,18	4,24	5,30	6,36	7,42	8,48	9,54
10	10,60	11,66	12,72	13,78	14,84	15,90	16,96	18,02	19,08	20,14
20	21,20	22,26	23,32	24,38	25,44	26,50	27,56	28,62	29,68	30,74
30	31,80	32,86	33,92	34,98	36,04	37,10	38,16	39,22	40,28	41,34
40	42,40	43,46	44,52	45,58	46,64	47,70	48,76	49,82	50,88	51,94
50	53,00	54,06	55,12	56,18	57,24	58,30	59,36	60,42	61,48	62,54
60	63,60	64,66	65,72	66,78	67,84	68,90	69,96	71,02	72,08	73,14
70	74,20	75,26	76,32	77,38	78,44	79,50	80,56	81,62	82,68	83,74
80	84,80	85,86	86,92	87,98	89,04	90,10	91,16	92,22	93,28	94,34
90	95,40	96,46	97,52	98,58	99,64	100,70	101,76	102,82	103,88	104,94

(5) **Tabelle der Werthe von** $\dfrac{a}{100-a}$ **zum Gebrauch für die Wheatstone'sche Brücke.**

D		0	1	2	3	4	D	5	6	7	8	9	D
10	0,013	0,111	0,124	0,136	0,149	0,163	0,014	0,176	0,190	0,205	0,220	0,235	0,015
20	0,016	0,250	0,266	0,282	0,299	0,316	0,017	0,333	0,351	0,370	0,389	0,408	0,019
30	0,021	0,429	0,449	0,471	0,493	0,515	0,024	0,538	0,562	0,587	0,613	0,639	0,026
40	0,028	0,667	0,695	0,724	0,754	0,786	0,032	0,818	0,852	0,887	0,923	0,961	0,037
50	0,042	1,000	1,041	1,083	1,128	1,174	0,048	1,222	1,273	1,326	1,381	1,439	0,057
60	0,06	1,50	1,56	1,63	1,70	1,78	0,08	1,86	1,94	2,03	2,13	2,23	0,10
70	0,12	2,33	2,45	2,57	2,70	2,85	0,16	3,00	3,17	3,35	3,55	3,76	0,21
80	0,26	4,00	4,26	4,56	4,88	5,25	0,4	5,67	6,14	6,69	7,33	8,09	0,7

(6) Tafel zur Berechnung von Leitungen.

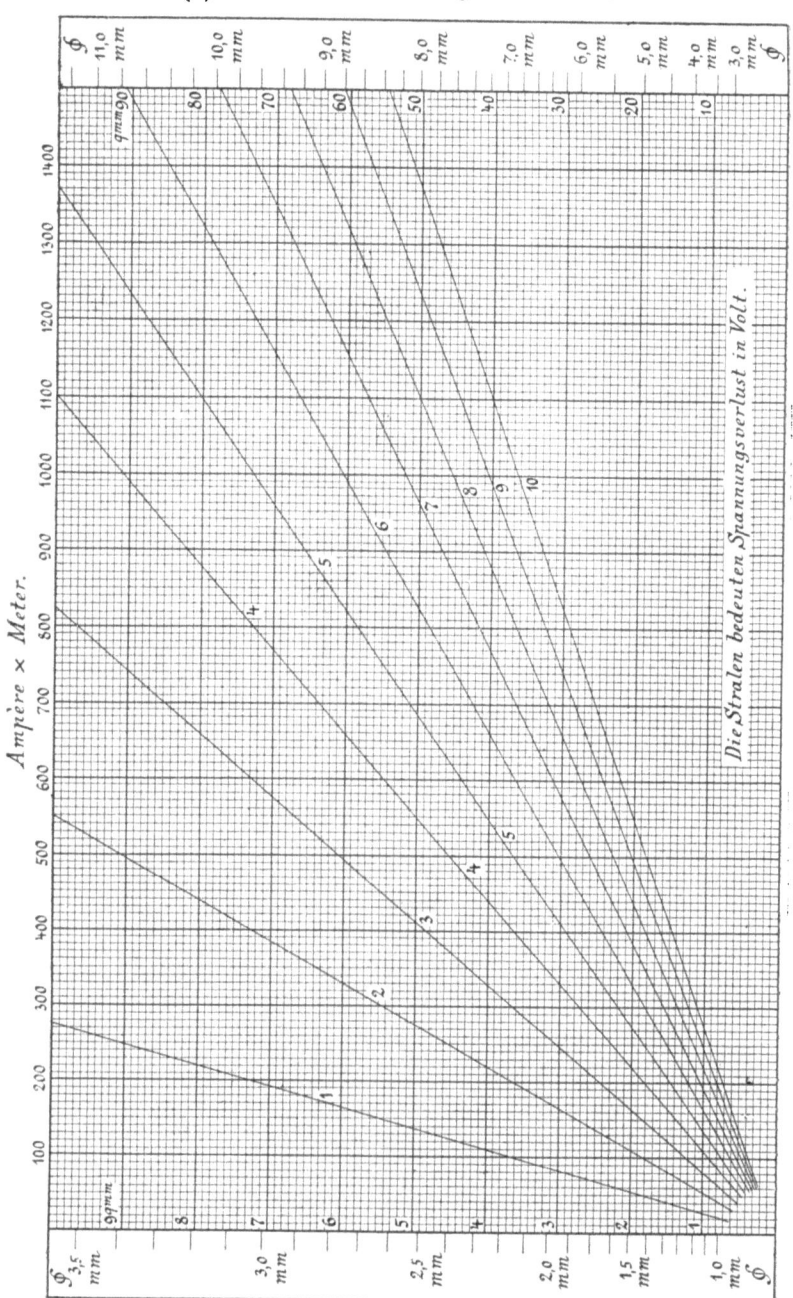

Fig. 1.

Gebrauch dieser Tafel vgl. III. Theil, Berechnung von Leitungen.

Rechnerische Formeln und Tabellen. 13

(7) Tabelle für ein Photometer von 300 cm Länge.

Links auf Null der Photometerbank die bekannte Lichtquelle J_l, rechts auf 300 die zu messende Lichtquelle J_r. Zu den Einstellungen des Photometerschirmes giebt die Tabelle das Verhältniß der Lichtquellen $J_r : J_l$.

	0	1	2	3	4	5	6	7	8	9
50	25,0	23,8	22,7	21,7	20,8	19,8	19,0	18,2	17,4	16,7
60	16,0	15,4	14,7	14,2	13,6	13,1	12,6	12,1	11,6	11,2
70	10,8	10,4	10,0	9,7	9,3	9,00	8,69	8,39	8,10	7,83
80	7,56	7,31	7,07	6,84	6,61	6,40	6,19	5,99	5,80	5,62
90	5,44	5,27	5,11	4,95	4,80	4,66	4,52	4,38	4,25	4,12
100	4,00	3,88	3,77	3,66	3,55	3,45	3,35	3,25	3,16	3,07
110	2,98	2,90	2,82	2,74	2,66	2,59	2,52	2,45	2,38	2,31
120	2,25	2,19	2,13	2,07	2,01	1,96	1,91	1,85	1,80	1,76
130	1,71	1,66	1,62	1,58	1,53	1,49	1,45	1,42	1,38	1,34
140	1,306	1,271	1,238	1,205	1,173	1,142	1,113	1,083	1,055	1,027
150	1,000	0,974	0,948	0,923	0,899	0,875	0,852	0,830	0,808	0,787
160	0,765	0,745	0,726	0,706	0,688	0,669	0,652	0,634	0,617	0,601
170	0,585	0,569	0,554	0,539	0,524	0,510	0,496	0,483	0,470	0,457
180	0,444	0,432	0,420	0,409	0,397	0,386	0,376	0,365	0,355	0,345
190	0,335	0,326	0,316	0,307	0,298	0,290	0,282	0,273	0,265	0,258
200	0,250	0,243	0,235	0,228	0,221	0,215	0,208	0,202	0,196	0,190
210	0,184	0,178	0,172	0,167	0,161	0,156	0,151	0,146	0,141	0,137
220	0,132	0,128	0,123	0,119	0,115	0,111	0,107	0,104	0,100	0,096
230	0,093	0,089	0,086	0,083	0,080	0,076	0,074	0,071	0,068	0,065
240	0,063	0,060	0,057	0,055	0,053	0,050	0,048	0,046	0,044	0,042

(8) Englisches Maſs und Gewicht.

Metermaſs in englisches Maſs.

Meter Qu.-M. Kub.-M.	Fuß	Zoll	Quadr.-F.	Quadr.-Z.	Kubik-F.	Kubik-Z.
1	3,2809	39,3708	10,7643	1550,06	35,3165	61025,8
2	6,5618	78,7416	21,5286	3100,12	70,6331	122051,7
3	9,8427	118,1124	32,2929	4650,18	105,9497	183077,5
4	13,1236	157,4831	43,0572	6200,24	141,2663	244103,3
5	16,4045	196,8539	53,8215	7750,30	176,5828	305129,1
6	19,6854	236,2247	64,5857	9300,35	211,8994	366155,0
7	22,9663	275,5955	75,3501	10850,41	247,2160	427180,8
8	26,2472	314,9663	86,1143	12400,47	282,5326	488206,6
9	29,5281	354,3371	96,8787	13950,53	317,8491	549232,5

Englisches Maſs in Metermaſs.

Fuß Quadr.-F. Kubik-F.	Meter	Quadr.-Meter	Kubik-Meter
1	0,304794	0,092900	0,028315
2	0,609589	0,185799	0,056630
3	0,914383	0,278699	0,084946
4	1,219178	0,371599	0,113261
5	1,523972	0,464498	0,141576
6	1,828767	0,557398	0,169891
7	2,133561	0,650298	0,198207
8	2,438356	0,743198	0,226522
9	2,743150	0,836097	0,254837
10	3,047945	0,929997	0,283152
11	3,352739	1,021897	0,311467

Zoll Quadr.-Z. Kubik-Z.	Centimeter	Quadr.-Cm.	Kubik-Cm.
1	2,5400	6,4513	16,386
2	5,0799	12,9027	32,773
3	7,6199	19,3540	49,158
4	10,1598	25,8054	65,544
5	12,6998	32,2567	81,930
6	15,2397	38,7081	98,317
7	17,7797	45,1594	114,703
8	20,3196	51,6108	131,089
9	22,8596	58,0621	147,475
10	25,3995	64,5135	163,861
11	27,9395	70,9648	180,247

1 yard = 3 engl. Fuß = 0,914 m.
Hohlmaß: 1 quarter = 8 bushels = 290,789 l.
Hohlmaß für Flüssigkeiten: 1 gallon = 4 quarts = 8 pints = 32 gills = 4,544 l.

Gewicht des Avoirdupois-Systems.

1 ton = 20 cwt, Hundredweights oder Centner.
1 cwt = 4 qrs, Quarters oder Viertel.
1 qr = 2 stones, Stein.
1 stone = 14 lbs, pounds, Pfund engl.
1 lb = 16 ozs, ounzes, Unzen.
1 oz = 16 drams, Drachmen.
1 dram = 30 grains, Gran.
    1 lb = 0,4536 kg.
    1 cwt = 50,80 kg.
    1 ton = 1016,0 kg.

1 pound troy = 373,242 g.

Rechnerische Formeln und Tabellen. 15

Birmingham-Lehre, B W G.

B W G No.	Durchmesser in mm	Querschnitt in qmm	B W G No.	Durchmesser in mm	Querschnitt in qmm	B W G No.	Durchmesser in mm	Querschnitt in qmm
0/2	9,65	73,1	10	3,40	9,08	21	0,81	0,515
0	8,63	58,5	11	3,04	7,26	22	0,71	0,396
1	7,62	45,6	12	2,76	5,98	23	0,68	0,363
2	7,21	40,8	13	2,41	4,56	24	0,55	0,238
3	6,57	33,9	14	2,04	3,27	25	0,50	0,196
4	6,04	28,7	15	1,82	2,60	26	0,45	0,165
5	5,58	24,5	16	1,65	2,14	27	0,40	0,126
6	5,15	20,8	17	1,47	1,70	28	0,37	0,108
7	4,57	16,4	18	1,24	1,21	29	0,33	0,086
8	4,19	13,8	19	1,06	0,88	30	0,31	0,076
9	3,75	11,0	20	0,88	0,61	31	0,26	0,053

(9) Querschnitt und Gewicht von Eisen- und Kupferdrähten.

Duchmesser mm	Querschnitt qmm	Gewicht von 1000 m		Durchmesser mm	Querschnitt qmm	Gewicht von 1000 m	
		Eisen kg	Kupfer kg			Eisen kg	Kupfer kg
0,05	0,002	0,02	0,02	1,6	2,01	15,6	17,8
0,10	0,008	0,06	0,07	1,7	2,27	17,7	20,1
0,15	0,018	0,14	0,17	1,8	2,54	19,8	22,6
0,20	0,031	0,24	0,28	1,9	2,84	22,1	25,1
0,25	0,049	0,38	0,44	2,0	3,14	24,4	27,9
0,30	0,071	0,55	0,63	2,2	3,80	29,6	33,7
0,35	0,096	0,75	0,85	2,4	4,52	35,2	40,0
0,40	0,126	0,98	1,12	2,6	5,31	41,3	47,0
0,45	0,159	1,24	1,41	2,8	6,16	47,9	54,7
0,50	0,196	1,53	1,74	3,0	7,07	55,0	62,5
0,55	0,238	1,85	2,11	3,2	8,04	63	72
0,60	0,283	2,20	2,51	3,4	9,08	71	81
0,65	0,332	2,58	2,95	3,6	10,18	79	90
0,70	0,385	2,99	3,42	3,8	11,34	88	100
0,75	0,442	3,43	3,90	4,0	12,57	98	112
0,80	0,503	3,9	4,5	4,2	13,85	108	123
0,85	0,567	4,4	5,0	4,4	15,21	118	132
0,90	0,636	4,9	5,7	4,6	16,62	129	147
0,95	0,709	5,5	6,3	4,8	18,10	141	160
1,00	0,785	6,1	7,0	5,0	19,63	153	174
1,1	0,950	7,4	8,4	5,2	21,24	165	189
1,2	1,131	8,8	10,0	5,4	22,90	178	202
1,3	1,327	10,3	11,8	5,6	24,63	192	218
1,4	1,539	12,0	13,7	5,8	26,42	205	234
1,5	1,767	13,7	15,6	6,0	28,27	220	251

II. Abschnitt.

Mechanik und Physik.

Absolutes Maſs.

(10) Die meisten physikalischen Größen und Constanten kann man vermittelst der physikalischen Gesetze auf die drei Grundmaße: Länge, Masse und Zeit zurückführen. Wenn für diese drei Größenarten die Maßeinheiten festgesetzt sind, so sind die Einheiten auch für alle anderen physikalischen Größen gegeben, die zu ihrer Definition nur dieser drei Grundgrößen bedürfen. Dieses zusammenhängende System der Maßeinheiten heißt das absolute Maßsystem.

Die Einheiten der Grundgrößen kann man ganz beliebig wählen. Es ist allgemein gebräuchlich, dieselben folgendermaßen festzusetzen.
Einheit der Länge ist das Centimeter,
Einheit der Masse ist das Gramm,
Einheit der Zeit ist die Secunde.

Die Einheiten des hierauf gegründeten Systems nennt man die Einheiten des absoluten Centimeter-Gramm-Secunde-Systems und bezeichnet dies durch (c. g. s).

(11) Dimension. Die physikalischen Gesetze geben den Zusammenhang der verschiedenen Größenarten unter einander an; die Formeln, welche den mathematischen Ausdruck dieser Gesetze bilden, kann man zum größten Theil auf eine solche Form bringen, daß sie eine zu definirende Größe G nur durch Länge, Masse und Zeit ausdrücken, also

$$G = C \; L^{a_1} M^{a_2} T^{a_3}$$

worin a_1, a_2, a_3 und C ganze oder gebrochene, positive oder negative Zahlen sind: z. B.

Stromstärke $i = 5{,}6 \; \text{cm}^{1/2} \, \text{g}^{1/2} \, \text{sec}^{-1}$.

Dann nennt man a_1 bezw. a_2 und a_3 die Dimensionen der Größe G in Bezug auf Länge, bezw. Masse und Zeit, den ganzen Ausdruck $L^{a_1} M^{a_2} T^{a_3}$ die Dimension der Größe G.

In allen Rechnungen mit physikalischen Größen ist die Dimension ein wichtiges Hilfsmittel zur Prüfung und zum Verständniß. Die beiden Seiten einer Gleichung, die Summanden eines mehrgliedrigen Ausdrucks, müssen in Bezug auf die drei Grundgrößen gleiche Dimension besitzen. Aus der Dimension kann man häufig auf die Natur einer Größe einen Schluß ziehen.

(12) Technisches Maßsystem. Die Einheiten des absoluten Maßsystems (c. g. s) sind nur zum Theil von solcher Größe, daß mit ihrer Hilfe die praktisch vorkommenden physikalischen Größen durch bequeme Zahlen ausgedrückt werden. In den meisten Fällen würden die Zahlenwerthe unbequem groß oder unbequem klein ausfallen. Man hat daher für technische Zwecke Einheiten eingeführt, die entweder aus dem absoluten (c. g. s) System abgeleitet sind, oder deren Beziehung zu den Einheiten (c. g. s) genau bekannt ist. Diese Einheiten werden in den Abschnitten (13) bis (140) angegeben.

Mechanik.

Dichte.

(13) Dichte ist das Verhältniß der Masse zum Volumen; Dimension $M L^{-3}$. Die Dichte 1 besitzt derjenige Körper, von dem 1 ccm 1 g Masse hat, das ist Wasser von $+4°$ C. Das specifische Gewicht ist das Verhältniß des Gewichtes eines Körpers zum Gewichte eines gleichen Volumens Wasser von $+4°$ C. Bei Gasen bezieht man das specifische Gewicht auf Luft bei $0°$ und 760 mm. Das specifische Gewicht ist eine unbenannte Zahl. Dichte (c. g. s) und specifisches Gewicht sind für feste und flüssige Körper dem Zahlenwerth nach gleich.

Tabelle der Dichte verschiedener Körper im (c. g. s)-System.
Metalle und Legirungen.

	Dichte		Dichte
Aluminium	2,6—2,8	Kupfer, elektrolyt. .	8,88—8,95
Antimon	6,7	Magnesium	1,7
Blei	11,2—11,4	Mangan	8,0
Bronce	8,8	Messing	8,3—8,7
Cadmium	8,6	Neusilber, Argentan, Blanca, Nikkelin u. s. f. . .	8,4—8,7
Eisen, reines . . .	7,86		
Schmiede- . .	7,82		
Stahl	7,60—7,80	Nickel, gegossen . .	8,9
Weiß. Guß- .	7,6—7,7	Platin	21,5
Grauer Guß-	7,0—7,1	Quecksilber 0° . . .	13,6
Gold	19,3	Silber	10,5
Kobalt	8,6	Wismuth	9,8
Kupfer, gegossenes .	8,83—8,92	Zink, gegossen . . .	7,1
Draht . . .	8,94	gewalzt	7,2
gehämmert	8,94	Zinn	7,3

Verschiedene Materialien.

	Dichte		Dichte
Alabaster	2,3—2,8	Braunkohle	1,2—1,4
Asbest	2,1—2,8	Steinkohle	1,3
Asphalt	1,1—1,2	Anthracit	1,5
Basalt	2,7—3,1	Gaskohle	1,9
Bleioxyd, — glätte	9,2—9,5	Coks	0,5
Bleisuperoxyd	8,9	Holzkohle, ca.	1,5
Braunstein	3,7—4,6	Kork	0,2
Cement, Portland	2,7—3,0	Kreide	2,3—2,7
Chlornatrium, Kochsalz	2,15	Kupfervitriol	2,3
Eis von 0°	0,917	Marmor	2,65—2,8
Elfenbein	1,8	Mennige	9,1
Glas, gewöhnlich und Spiegel-	2,5—2,7	Naphtalin	1,15
Flintglas	3,1—3.9	Paraffin	0,9
Glimmer	2,7—2,9	Pech	1,1
Guttapercha	0,97	Porphyr	2,6—2,9
Gyps, gegossen	0,97	Porzellan	2,2—2,5
Hartgummi	1,15	Sandstein	2,2—2,5
Kalk, gebrannter	2,3—3,2	Schiefer	2,6
Kalkstein	2,5—2,8	Serpentin	2,4—2,7
Kautschuk, nicht vulcanisirt	0,92—0,99	Speckstein	2,6
Kieselsäure, Quarz, Berg-Krystall	2,65	Stearin	1,0
Kohlenstoff:		Syenit	2,6—2,7
Diamant	3,5	Talg	0,97
Graphit	2,2—2,3	Theer	1,0
„ natürl.	1,8—2,2	Trachyt	2,7—2,8
		Wachs	0,96
		Wallrath	0,9
		Ziegel	1,4—2,0
		Zucker	1,6

Hölzer.

	Dichte		Dichte
Pockholz	1,3	Eichen	0,8
Ebenholz	1,26	Die meisten übrigen Laubhölzer	0,65—0,75
Buchsbaum	1,0		
Teak	0.9	Die meisten Nadelhölzer	0,40—0.60
Mahagoni	0,85		

Flüssigkeiten.

	Dichte		Dichte
Aether	0,73	Ligroin	0,7
Alkohol	0,79	Oele, Fette	0,91—0,94
Amylacetat	0,89	Petroleum	0,8—0,9
Benzin	0.7	Spiritus 80 %	0,84
Glycerin	1,26	Schwefelkohlenstoff	1,26

Mechanik.

Wässerige Lösungen von Säuren, Alkalien und Salzen.

Dichte bei 15° C.	Schwefel-säure H^2SO^4	Salpeter-säure HNO^3	Salz-saure HCl	Kali-lauge KHO	Natron-lauge $NaHO$	Chlor-natrium $NaCl$	Kupfer-vitriol $CuSO^4 +5H^2O$	Zink-vitriol $ZnSO^4 +7H^2O$
	100 Gewichtstheile der Lösung enthalten Gewichtstheile:							
1,05	7,5	8,2	10	6,1	4,3	6,9	7,8	8,5
1,10	14	17	20	12	8,7	14	15	17
1,15	21	25	30	17	13	20	28	24
1,20	27	32	40	22	18	26		31
1,25	33	40		27	22			37
1,30	39	47		31	27			44
1,4	50	65		39	37			55
1,5	60	91		47	46			
1,6	69			55	56			
1,7	77			63	66			
1,8	87							

Gase.

bei 0° und 760 mm	Chemische Formeln	Spec. Gew. Luft = 1	Dichte (c. g. s)
Luft			0,00129
Ammoniak	NH^3	0,59	0,00076
Chlor.............	Cl^2	2,45	0,00317
Chlorwasserstoff......	ClH	1,26	0,00163
Fluorwasserstoff......	FlH	0,69	0,00090
Grubengas	CH^4	0,55	0,00072
Kohlenoxyd.........	CO	0,97	0,00125
Kohlensäure	CO^2	1,52	0,00197
Sauerstoff..........	O^2	1,11	0,00143
Schweflige Säure	SO^2	2,21	0,00286
Schwefelwasserstoff....	H^2S	1,18	0,00152
Stickstoff	N^2	0,97	0,00126
Wasserdampf	H^2O	0,62	0,00080
Wasserstoff.........	H^2	0,069	0,000090

Umwandlung von Araeometergraden in specifisches Gewicht.

Araeometer nach	für Flüssigkeiten schwerer als Wasser	leichter als Wasser
Baumé 10° R. od. 12,5° C.	$\dfrac{145,88}{145,88 - n}$	$\dfrac{145,88}{135,88 + n}$
„ 14° R. od. 17,5° C.	$\dfrac{146,78}{146,78 - n}$	$\dfrac{146,78}{136,78 + n}$
Brix 12,5° R. od. 15,6° C.	$\dfrac{400}{400 - n}$	$\dfrac{400}{400 + n}$
Beck 10° R. od. 12,5° C.	$\dfrac{170}{170 - n}$	$\dfrac{170}{170 + n}$

n sind die Araeometergrade, die angegebenen Brüche geben das specifische Gewicht.

Mechanik.

Bewegung.

(14) Geschwindigkeit ist die in der Zeiteinheit erfolgende Veränderung der zurückgelegten Weglänge. Dimension $L^1 T^{-1}$.
Beschleunigung ist die in der Zeiteinheit erfolgende Veränderung der Geschwindigkeit. Dimension $L^1 T^{-2}$.

Kraft.

(15) Wirkt die Kraft f während der Zeit t auf einen Körper von der Masse m, so verändert sie die Geschwindigkeit dieses Körpers um die Größe $\frac{f}{m} \cdot t$, d. i. sie ertheilt dem Körper in der Zeiteinheit die Beschleunigung $a = \frac{f}{m}$. Hierdurch ist die Kraft f definirt als Product aus Masse und Beschleunigung, Dimension von f: $L^1 M^1 T^{-2}$.

Die Einheit der Kraft ist diejenige Kraft, welche der Masse 1 g in 1 Secunde die Beschleunigung 1 cm/sec² ertheilt; z. B. gleich der Kraft, mit welcher 1,020 mg unter 45° Breite von der Erde angezogen wird.

Diese absolute (c. g. s)-Einheit ist für die praktische Verwendung zu klein; man wählt als Krafteinheit die Anziehung der Erde auf bestimmte Massen, 1 g, 1 kg, d. i. also das Gewicht dieser Massen. Diese Einheit nennt man Gramm-Gewicht, Kilogramm-Gewicht; im Gebrauch wird der Zusatz „Gewicht" häufig weggelassen, wodurch sehr leicht Verwechslungen von Gewicht und Masse entstehen können. 1 Kilogramm-Gewicht = 981 000 absoluter (c. g. s)-Krafteinheiten.

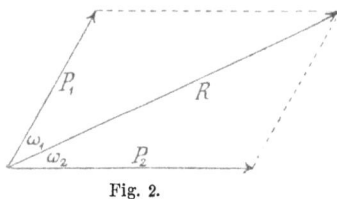

Fig. 2.

(16) Parallelogramm der Kräfte. Wirken zwei Kräfte gleichzeitig auf einen Körper ein, so vereinigen sich ihre Wirkungen zu einer gemeinsamen Wirkung. Die Richtung der letzteren fällt zwischen die Richtungen der beiden einzelnen Wirkungen.

$$R = \sqrt{P_1^2 + P_2^2 - 2 P_1 P_2 \cos \alpha}, \quad \alpha = \omega_1 + \omega_2$$

$$\sin \omega_1 = \frac{P_2}{R} \sin \alpha, \quad \sin \omega_2 = \frac{P_1}{R} \sin \alpha.$$

Die Betrachtung gilt gleichzeitig für die Zerlegung von R.

Drehungsmoment, statisches Moment.

(17) Wirkt die Kraft f cm g sec² am Hebelarm l cm, so ist das ausgeübte Drehungsmoment oder statische Moment $= f \cdot l$; Dimension $L^2 M^1 T^{-2}$. Das Drehungsmoment 1 entsteht also, wenn die Kraft 1 (z. B. Anziehung der Erde auf 1,02 mg) am Hebelarm 1 cm angreift.

(18) Wirken auf einen Körper gleichzeitig zwei oder mehrere Kräfte in einer und derselben Ebene ein, deren jede dem Körper eine Drehung zu ertheilen bestrebt ist, so addiren sich die Drehungsmomente der Einzelkräfte algebraisch zu einem resultirenden Drehungsmoment $D = D_1 + D_2 + \cdots$. Ist diese Summe gleich Null, so bleibt der Körper in Ruhe; wird sie für irgend eine Stellung des Körpers gleich Null, so nimmt der Körper diese Stellung ein und verharrt in derselben, so lange die Kräfte in ihrer Wirkung nicht geändert werden.

Arbeit.

(19) Legt ein Körper unter der Wirkung der Kraft f den Weg s zurück, so ist $f \cdot s$ die von der Kraft oder gegen die Kraft geleistete Arbeit; Dimension $L^2 M^1 T^{-2}$. Die Einheit der Arbeit ist diejenige Arbeit, welche von der Kraft 1 auf dem Wege 1 cm geleistet wird, z. B. gleich der Arbeit, welche geleistet wird, wenn die Masse 1,02 mg 1 cm hoch gehoben wird. — Das Kilogrammeter ist gleich 98,1 Millionen absoluter (c. g. s) Einheiten, das englische Fußpfund ist $= 0,1369$ kgm $= 13,4$ Millionen (c. g. s).

Leistung.

(20) Wird die Arbeit $f \cdot s$ in der Zeit t geleistet, so ist die Leistung (Effect) $= \dfrac{fs}{t}$; Dimension $L^2 M^1 T^{-3}$. Die Einheit ist die Leistung, welche z. B. 1,02 mg in 1 sec. 1 cm hoch hebt. Die Pferdekraft, 1 P, ist gleich der Leistung von 75 kgm in 1 sec., d. i. gleich 7360 Millionen absol. (c. g. s) Leistungseinheiten.

Richtungskraft.

(21) Wenn die Summe der Drehungsmomente, die verschiedene Kräfte auf einen Körper ausüben, für irgend eine Lage des Körpers gleich Null wird, so ist diese Lage eine Gleichgewichtslage des Körpers (18). Ist die Gleichgewichtslage stabil, so wird der Körper in jeder nahe benachbarten Lage mit einer Kraft $K \cdot \varphi$ nach seiner Gleichgewichtslage hingedrängt, wobei φ der Winkel ist, um den sich der Körper aus der Gleichgewichtslage entfernt hat; φ wird im Bogenmaß gemessen (Einheit 57,3°). Dann heißt K die Richtungskraft, Dimension wie die des Drehungsmoments.

Trägheitsmoment.

(22) Eine Masse m besitzt in Bezug auf eine Drehungsaxe, welche die Entfernung l von der Masse besitzt, das Trägheitsmoment $l^2 \cdot m$. Bei größeren Massen muß man die Trägheitsmomente der einzelnen Massentheilchen addiren, um das Trägheitsmoment der ganzen Masse zu erhalten.

Mechanik.

Bedeutet T_1 das Trägheitsmoment auf eine bestimmte Axe, z. B. eine solche, die durch den Schwerpunkt des Körpers geht, so ist das Trägheitsmoment auf eine andere, zu der ersteren parallele Axe gleich

$$T = T_1 + a^2 m,$$

wenn a der Abstand der Axen, m die Masse des Körpers ist.

Die Einheit des Trägheitsmomentes besitzt die Masse 1 g (welche auf sehr kleinem Raum concentrirt ist), welche von ihrer Drehungsaxe 1 cm entfernt ist.

Anmerkung. Man verwechsele nicht Masse und Gewicht; in $l^2 \cdot m$ hat man für m den mit Wage und Gewichtsstücken gefundenen Werth einzusetzen, nicht den letzteren Werth durch 981 zu dividiren.

Trägheitsmomente homogener Körper,
bezogen auf eine durch den Schwerpunkt gehende Axe.
$m =$ Masse des Körpers in g, Abmessungen in cm.

Gestalt des Körpers	Schwerpunktaxe	Trägheitsmoment in (c. g. s)
Parallelepipedum Kanten a, b, c	parallel der Kante a	$\frac{1}{12} m (b^2 + c^2)$
Cylinder, Halbmesser r, Länge l	mit der Cylinderaxe zusammenfallend	$\frac{1}{2} m r^2$
	senkrecht zur Cylinderaxe	$m \left(\frac{l^2}{12} + \frac{r^2}{4} \right)$
Hohlcylinder, Ring: äußerer Halbmesser R, innerer r, Länge l	mit der Ringaxe zusammenfallend	$\frac{1}{2} m \cdot (R^2 + r^2)$
	senkrecht zur Ringaxe	$m \left(\frac{l^2}{12} + \frac{R^2 + r^2}{4} \right)$
Flacher Ring	senkrecht zur Ringaxe	$\frac{1}{4} m (R^2 + r^2)$
Dünnwandige Röhre, Ring von geringer Ringbreite $R + r = 2 \cdot r'$	mit der Ringaxe zusammenfallend	$m r'^2$
Langer dünner Stab oder Röhre, Länge l	senkrecht zur Stabaxe	$\frac{1}{12} m l^2$

Mechanik.   23

Schwingungsdauer.

(23) Hat sich der Körper um den kleinen Winkel φ aus der Gleichgewichtslage entfernt, so wird er mit der Kraft $K \cdot \varphi$ dahin zurückgetrieben; unter dem Einfluß dieser Kraft kommt er in Schwingungen um seine stabile Gleichgewichtslage. Die Schwingungsdauer ist für kleine Schwingungen genau, für größere Schwingungen nahezu unabhängig von der Schwingungsweite.

Das Trägheitsmoment T des schwingenden Körpers, seine Schwingungsdauer t und die Richtungskraft K folgen für kleine Schwingungsweiten der Gleichung:

$$t = \pi \cdot \sqrt{\frac{T}{K}}$$

für größere Bogen wird (α = ganzer Bogen der Schwingung)

$$t = \pi \cdot \sqrt{\frac{T}{K}} \left(1 + \frac{1}{4}\left(\sin\frac{\alpha}{4}\right)^2 + \frac{9}{64}\left(\sin\frac{\alpha}{4}\right)^4 + \cdots\right).$$

Beobachtet man die Schwingungsdauer t bei nicht zu großer Schwingungsweite, so ist die Schwingungsdauer bei unendlich kleinem Bogen

$$t_0 = t\left(1 - \frac{1}{4}\left(\sin\frac{\alpha}{4}\right)^2 - \frac{5}{64}\left(\sin\frac{\alpha}{4}\right)^4 - \cdots\right)$$

(vgl. Kohlrausch, Leitf. d. pr. Phys. § 53 und Tab. 21); statt dessen kann man auch schreiben

$$t_0 = t(1 - 0{,}0000048\,\alpha^2).$$

Die Gleichungen gelten für die Schwingungen eines Pendels, eines Magnets oder eines bifilar aufgehängten Körpers. Beim Pendel ist $\dfrac{T}{K} = \dfrac{l}{981}$.

(24) Fallbeschleunigung g und Länge L des Secundenpendels

an der Erdoberfläche in verschiedenen Breiten. — (c. g. s).

Breite	0°	20°	40°	60°	80°	90°
g	978,0	978,7	980,2	981,9	983,0	983,2
L	99,10	99,17	99,31	99,48	99,60	99,63

Reibung.

(25) Wenn zwei Körper auf einander gleiten, rollen oder wälzen, so ist dabei ein die Bewegung hemmender Widerstand zu überwinden, die Reibung W, deren Größe innerhalb gewisser Grenzen abhängig ist von dem senkrecht zur Berührungsfläche auftretenden Druck N, sowie von der Oberflächenbeschaffenheit

Tabelle des Reibungscoefficienten μ.

Material	Reibung der Ruhe, Flächen trocken	Reibung der Bewegung. Zustand der auf einander gleitenden Flächen				Zapfenreibung	
		trocken	mit Wasser benetzt	mit trockner Seife eingerieben	mit Fett oder Ool geschmiert	Flächen trocken	Flächen geschmiert
Holz auf Holz	0,45—0,70	0,20—0,48	0,25	0,16	0,1		
Metall auf Metall . . .	0,13—0,19	0,18—0,44	0,31	0,20	0,06—0,11	0,19—0,25	0,07
Holz auf Metall	0,60	0,20—0,62	0,24	0,20	0,05—0,10	0,18—0,19	0,02—0,09
Hanf auf Holz	0,80	0,45	0,33				0,09—0,12
Leder zu Liderungen auf Holz oder Gußeisen	0,43—0,62	0,30—0,54	0,25—0,36		0,14		
Lederriemen auf Holz-(Eisen-)trommeln	0,47 (0,28)	0,28 (0,56)					
Stein auf Stein . . .	0,50—0,75						
Schmiedeeisen auf Stein	0,42—0,49						
Hirnholz auf Stein .	0,60—0,64						

Eiserne Radreifen auf eis. Schienen   0,21—0,11 ⎫
„   „   „ Stahlschienen   0,24—0,03 ⎬ mit zunehmender Geschwindigkeit
Gusseis. Bremsklötze auf Stahlräd.   0,33—0,07 ⎭
„ Hanf-Stopfbüchsen . . . .   0,06—0,11
Gesamttreibungscoeff. für Locomotiven   0,01
„   „   „ Eisenbahnwagen . .   0,004

Mechanik. 25

und Härte der Körper; unabhängig dagegen von der Größe der berührenden Flächen und von der Geschwindigkeit der Bewegung. Es ist

$$W = \mu N \text{ kg-Gewicht.}$$

Die Zahl μ nennt man den Reibungscoefficienten. Ein auf einer geneigten Ebene befindlicher Körper wird am Hinabgleiten durch Reibung verhindert, so lange der Neigungswinkel der Ebene eine gewisse Grenze, den Reibungswinkel ϱ, nicht überschreitet. Es ist

$$tg\ \varrho = \mu.$$

Nach neueren Versuchen wächst die Reibung bei hohen Werthen des Druckes schneller als dieser, vermindert sich dagegen bei großer Geschwindigkeit der gegenseitigen Bewegung.

Anmerkung. Für die im Maschinenbau zulässige Größe auf einander gleitender Flächen sind der auf die Einheit der Berührungsflächen entfallende Druck, sowie die durch die Reibungsarbeit erzeugte Wärme und Materialabnutzung maßgebend.

Bei Körpern, welche auf Spitzen oder Schneiden schwingen, ist nach Coulomb die Reibung nicht nur vom Druck abhängig, sondern auch von der Zuspitzung des Stiftes oder der Schneide. Je nach dem Drucke nehme man den Convergenzwinkel zwischen 10 und 90°. Bei Magnetnadeln 10—12°, bei leichten Wagen 30°, bei schweren bis 90°. Das günstigste Material für Schneiden und Spitzen ist Granat; dann folgt Achat, Bergkrystall, Glas, Stahl.

Elasticitäts- und Festigkeitslehre.

(26) **Elasticität** nennt man die Fähigkeit eines Körpers, der durch äußere Kräfte eine Formänderung erlitten hat, nach deren Verschwinden seine ursprüngliche Form wieder anzunehmen. Die dabei wirkenden inneren Kräfte, die Spannungen, sind bis zur Elasticitätsgrenze der Formänderung proportional.

Elasticitätsgrenze (Tragmodul) ist die größte Kraft in kg-Gewicht, mit welcher 1 qmm des Querschnitts eines Körpers beansprucht werden darf, ohne daß der Körper eine bleibende Formänderung von $^1/_{2000}$ einer Abmessung erfährt. Dimension $L^{-1}M^1T^{-2}$.

Elasticitätsmodul ε ist das Verhältniß der Spannung eines Körpers für die Querschnittseinheit zu der ihr entsprechenden Ausdehnung der Längeneinheit, oder die Kraft in kg-Gewicht, welche erforderlich ist, um einen Stab vom Querschnitt 1 qmm um seine eigene Länge auszudehnen. Dimension $L^{-1}M^1T^{-2}$.

Festigkeit nennt man den Widerstand, den ein Körper dem Aufheben des Zusammenhanges seiner Theile entgegensetzt.

Festigkeitsmodul (Bruchbelastung) ist die kleinste Kraft in kg-Gewicht, welche den Zusammenhang der Theile eines Körpers vom Querschnitt 1 qmm aufhebt. Dimension $L^{-1}M^1T^{-2}$.

Festigkeitscoefficienten in kg-Gewicht auf das qmm.

Material	Elasticitätsmodul kg/qmm	Schubelasticitätsmodul kg/qmm	Bruchbelastung Zug kg/qmm	Bruchbelastung Druck kg/qmm	Elasticitätsgrenze Zug kg/qmm	Elasticitätsgrenze Druck kg/qmm	Zulässige Spannung in kg/qmm auf Zug $\varkappa_z$ a	b	c	Druck $\varkappa$ a	b	Biegung $\varkappa_b$ a	b	c	Schub $\varkappa_s$ a	b	c	Drehung $\varkappa_d$ a	b	c
Schweißeisen	20 000	7 700	38	38	16	16	9	6	3	9	6	9	6	3	7,2	4,8	2,4	3,6	2,4	1,2
Flußeisen	21 500	8 300	37—44		20	20	11	7	3,5	11	7	11	7	3,5	8,4	5,6	2,8	7,2	4,8	2,4
Flußstahl	22 000	8 500	55—90		30	30	14	9	4,5	14	9	14	9	4,5	11	7,2	3,6	11	7	3,5
Tigelgußstahl (geh.)	25 000	9 400	80		65—150								43							
Gußeisen	10 000	4 000	13	75		2,75	3	2	1	9	6	4,5	3	1,5	3	2	1	1,5	1	0,5
Kupferblech	11 000	4 000	22	41	3															
Kupferdraht	12 100		42		12															
Messingblech	6 400	1 400	12	7	4,8															
Messingdraht	9 870		36		13															
Zink	9 500	3 600	5,3		2,3															
Blei	500	180	1,3	5,1	1															
Bleidraht	700	260	2,2		0,5															
Zinn	4 000	1 500			4,4															
Silber	7 300		29		11															
Gold	8 000		27		13															
Platin	16 000		34		27															
Aluminium	7 300		20																	
Holz in Richtung der Fasern	1 100		6,5	4,8	1,8															
Hanfseile			5																	
Drahtseile			33																	
Lederriemen	7,3		2,9																	
Ziegelmauerwerk				0,4																
Glas	7 000			7,5																

Anmerkung. Man nehme die zulässigen Spannungen unter:

a für ruhende Belastung,
b für Spannungen wechselnd zwischen 0 und dem Höchstwerth,
c für Spannungen wechselnd zwischen einem negativen und positiven Höchstwerth.

Die Bruchsicherheit sei im Allgemeinen für

Holz	Metall	Stein	Mauerwerk	Seile
10	6	10	20	3—5

Mechanik. 27

Die durch die Kraft P kg-Gewicht in einem Stabe von der Länge L mm und dem Querschnitt F qmm hervorgerufene Verlängerung beträgt
$$l = \frac{P \cdot L}{F \cdot \varepsilon} \text{ mm}.$$

Sicherheit (Sicherheitsmodul), und zwar Tragsicherheit (Bruchsicherheit) nennt man die Zahl, welche angiebt, um wievielmal die höchste, in einem ausgeführten Constructionstheil auftretende Spannung (berechnet aus der angreifenden Kraft in kg-Gewicht getheilt durch den Querschnitt in qmm) kleiner ist, als die Elasticitätsgrenze (Bruchbelastung), also:

$$\text{Tragsicherheit} = \frac{\text{Elasticitätsgrenze}}{\text{höchste Spannung}};$$

$$\text{Bruchsicherheit} = \frac{\text{Bruchbelastung}}{\text{höchste Spannung}}.$$

Biegungsfestigkeit. Für jeden Querschnitt eines auf Biegung beanspruchten Körpers ist das Biegungsmoment M_b, d. h. das Product aus der Last P kg-Gewicht mal der Entfernung x ihres Angriffspunktes von dem betrachteten Querschnitt, gleich der in dem Querschnitt hervorgerufenen Spannung $\varkappa$ mal dem Trägheitsmoment I des Querschnittes, bezogen auf die neutrale Axe, getheilt durch den Abstand a der von dieser Axe am weitesten entfernten Faser, also: $M_b = Px = \frac{\varkappa I}{a}$. Der Querschnitt, für welchen Px ein Maximum wird, heißt der gefährliche Querschnitt. Für ihn muß sein $Px \gtreqless \frac{\varkappa_b I}{a}$. (Werthe von I und $\frac{I}{a}$ s. Tabelle S. 28.)

Knickfestigkeit. Die Kraft P kg-Gewicht, welche einen auf Knickung beanspruchten Körper zum Bruch bringt, ist wenn

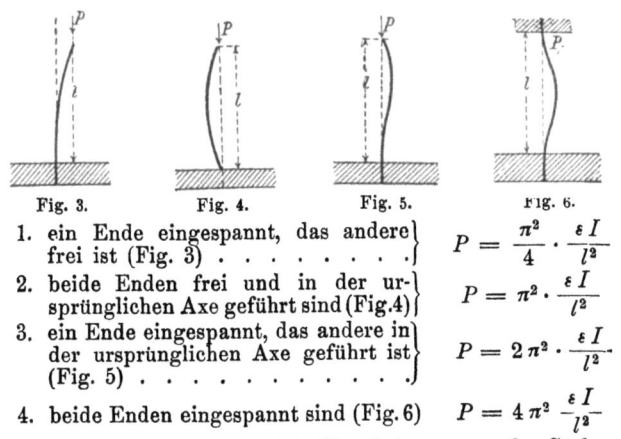

Fig. 3. Fig. 4. Fig. 5. Fig. 6.

1. ein Ende eingespannt, das andere frei ist (Fig. 3) . . . . } $P = \frac{\pi^2}{4} \cdot \frac{\varepsilon I}{l^2}$

2. beide Enden frei und in der ursprünglichen Axe geführt sind (Fig. 4) } $P = \pi^2 \cdot \frac{\varepsilon I}{l^2}$

3. ein Ende eingespannt, das andere in der ursprünglichen Axe geführt ist (Fig. 5) . . . . } $P = 2\pi^2 \cdot \frac{\varepsilon I}{l^2}$

4. beide Enden eingespannt sind (Fig. 6) $P = 4\pi^2 \cdot \frac{\varepsilon I}{l^2}$

wobei I das kleinste äquatoriale Trägheitsmoment des Stabquerschnittes in cm⁴ bedeutet.

Tabelle der äquatorialen und polaren Trägheitsmomente.

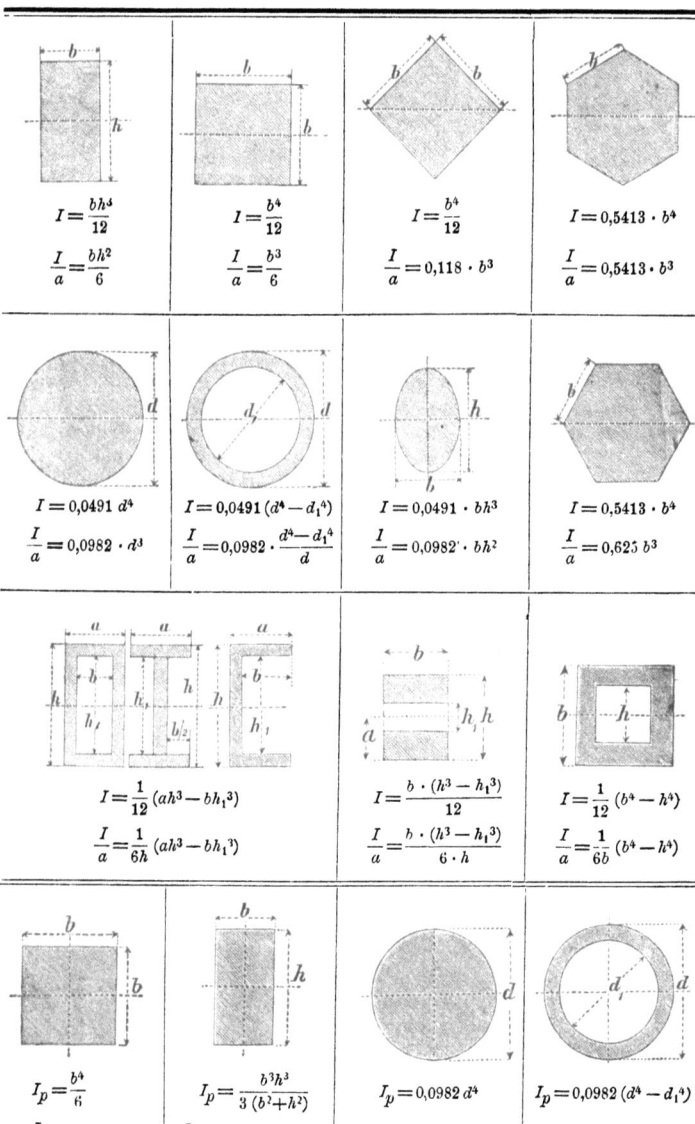

$I = \dfrac{bh^3}{12}$

$\dfrac{I}{a} = \dfrac{bh^2}{6}$

$I = \dfrac{b^4}{12}$

$\dfrac{I}{a} = \dfrac{b^3}{6}$

$I = \dfrac{b^4}{12}$

$\dfrac{I}{a} = 0{,}118 \cdot b^3$

$I = 0{,}5413 \cdot b^4$

$\dfrac{I}{a} = 0{,}5413 \cdot b^3$

$I = 0{,}0491\, d^4$

$\dfrac{I}{a} = 0{,}0982 \cdot d^3$

$I = 0{,}0491\, (d^4 - d_1^4)$

$\dfrac{I}{a} = 0{,}0982 \cdot \dfrac{d^4 - d_1^4}{d}$

$I = 0{,}0491 \cdot bh^3$

$\dfrac{I}{a} = 0{,}0982 \cdot bh^2$

$I = 0{,}5413 \cdot b^4$

$\dfrac{I}{a} = 0{,}625\, b^3$

$I = \dfrac{1}{12}(ah^3 - bh_1^3)$

$\dfrac{I}{a} = \dfrac{1}{6h}(ah^3 - bh_1^3)$

$I = \dfrac{b \cdot (h^3 - h_1^3)}{12}$

$\dfrac{I}{a} = \dfrac{b \cdot (h^3 - h_1^3)}{6 \cdot h}$

$I = \dfrac{1}{12}(b^4 - h^4)$

$\dfrac{I}{a} = \dfrac{1}{6b}(b^4 - h^4)$

$I_p = \dfrac{b^4}{6}$

$\dfrac{I_p}{a} = \dfrac{b^3}{4{,}2426}$

$I_p = \dfrac{b^3 h^3}{3\,(b^2 + h^2)}$

$\dfrac{I_p}{a} = \dfrac{b^2 h^2}{3\sqrt{b^2 + h^2}}$

$I_p = 0{,}0982\, d^4$

$\dfrac{I_p}{a} = 0{,}1963 \cdot d^3$

$I_p = 0{,}0982\, (d^4 - d_1^4)$

$\dfrac{I_p}{a} = 0{,}1963\, \dfrac{(d^4 - d_1^4)}{d}$

Mechanik.

Zug- und Druckfestigkeit. Die Last P kg-Gewicht, welche ein auf Zug oder Druck beanspruchter Körper vom Querschnitt F qmm sicher zu tragen vermag, ist $P = F\varkappa$, wo $\varkappa$ die zulässige Spannung des Materials bedeutet (siehe Tabelle).

Scheerfestigkeit: $P = F\varkappa_s$. Der Elasticitätsmodul für Schub ist im allgemeinen $= 0{,}4 \; \varepsilon$. Die Elasticitätsgrenze für Schub ist $= {}^4\!/_5$ des kleineren Werthes der Elasticitätsgrenze für Zug oder Druck.

Drehungsfestigkeit. Ebenso wie bei der Biegung wähle man das Drehungsmoment $M_d = Pl \gtreqless \dfrac{\varkappa_d I_p}{a}$, wo l der Hebelarm der Kraft P, I_p das polare Trägheitsmoment $= I_1 + I_2$ sind, wenn I_1 und I_2 äquatoriale Trägheitsmomente desselben Querschnitts an zwei zu einander rechtwinkligen Schwerlinien bezeichnen.

Zusammengesetzte Festigkeit. Ist ein Körper sowohl auf Biegung wie auf Drehung beansprucht, so ist, wenn M_b und M_d sein Biegungs- resp. Drehmoment bedeuten, das sog. ideelle Biegungsmoment $M_i = {}^3\!/_8 M_b + {}^5\!/_8 \sqrt{M_b{}^2 + M_d{}^2}$.

Maschinen-Technisches.

(27) Keile. 1. für ruhende Belastung nehme man

$$d_1 = 1{,}33 \; d$$

$$s = 0{,}5 \; d_1$$

$$h_1 \cong 0{,}75 \; h$$

$$h_2 = h_1$$

$$h = d \sqrt{\dfrac{3\pi \varkappa_z}{2\varkappa_b}}$$

$$b = 0{,}25 \; d_1$$

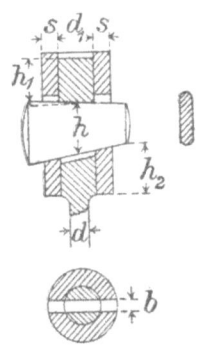

Fig. 7.

2. für wechselnde Belastung lege man der Berechnung von d die 1,25 fache zu übertragende Kraft zu Grunde. Dem Keil giebt man abgerundete Kanten.

(28) Niete. Beanspruchung auf Scheerfestigkeit. $\dfrac{\pi d^2}{4} \varkappa_s = Ssd$

wo S die Pressung auf 1 qmm Querschnitt zwischen Niet und Nietlochwand bedeutet. Bei eisernen Nieten nehme man für:

Mechanik.

1. Gefäße mit hohem innerem Druck:

$$d \gtreqless 2{,}4 s \text{ mm} \gtreqless \sqrt{50 s} - 4 \text{ mm}; \quad b = \frac{5}{4s} \cdot \frac{\pi d^2}{4} \text{ mm}; \quad d_{max} = 26 \text{ mm};$$

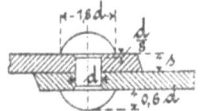

$$t = b + d \text{ mm}; \quad a = 0{,}8 d \sqrt{\frac{d}{s}} \text{ mm};$$

2. Gefäße mit geringem Druck (Wasserbehälter):

$$t = 3 d + 5 \text{ mm};$$

3. Verbindungsnieten:

a) bei stets gleichgerichteter **Kraft** d und a wie unter 1;

$$b = \frac{1}{s} \cdot \frac{\pi d^2}{4} \text{ mm}; \quad t > 2{,}5 d \text{ mm};$$

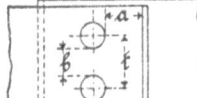

Fig. 8.

b) bei wechselnder Kraftrichtung ist die durch ein kalt eingezogenes Niet aufzunehmende größte Kraft $P \gtreqless 4 d s$; $d = 1{,}6 s$; bei warm einzuziehenden Nieten nimmt man ein Viertel bis höchstens die Hälfte von P an.

Whitworth'sche Schraubenscala.

Bolzendurchmesser		Kerndurchmesser		Anzahl der Gewindegänge		Zulässige Belastung in kg-Gewicht	Höhe der Mutter in mm abgerundet	Kopfhöhe in mm abgerundet	Schlüsselweite in mm abgerundet
in Zoll engl.	in mm	in Zoll engl.	in mm	auf 1 Zoll engl.	auf die Länge d				
d	d	d_1	d_1	n	n_1	$P = 3 d^2$	h	h_1	D
1/4	6,3	0,186	4,72	20	5	120	6	4	13
5/16	7,9	0,241	6,09	18	5 5/8	185	8	6	16
3/8	9,5	0,295	7,36	16	6	270	10	7	19
7/16	11,1	0,346	8,64	14	6 1/8	370	11	8	21
1/2	12,7	0,393	9,91	12	6	485	13	9	23
5/8	15,9	0,509	12,92	11	6 7/8	760	16	11	27
3/4	19,0	0,622	15,74	10	7 1/2	1080	19	13	33
7/8	22,2	0,733	18,54	9	7 7/8	1490	22	15	36
1	25,4	0,840	21,33	8	8	1940	25	18	40
1 1/8	28,6	0,942	23,87	7	7 7/8	2450	29	20	45
1 1/4	31,7	1,067	26,92	7	8 3/4	3010	32	22	50
1 3/8	34,9	1,162	29,46	6	8 1/4	3650	35	24	54
1 1/2	38,1	1,287	32,68	6	9	4350	38	27	58
1 5/8	41,3	1,369	35,28	5	8 1/8	5120	41	29	63
1 3/4	44,4	1,494	37,84	5	8 3/4	5910	44	32	67
1 7/8	47,6	1,591	40,88	4 1/2	8 7/16	6800	48	34	72
2	50,8	1,716	43,43	4 1/2	9	7780	51	36	76
2 1/4	57,1	1,930	49,02	4	9	9780	57	40	85
2 1/2	63,5	2,180	55,37	4	10	12100	64	45	94
2 3/4	69,8	2,384	60,45	3 1/2	9 5/8	14600	70	49	103
3	76,2	2,634	66,80	3 1/2	10 1/2	17400	76	53	112

Mechanik. 31

(29) Schrauben. Die Last P, welche eine schweißeiserne Schraube mit Sicherheit zu tragen vermag, ist unter Zugrundelegung der Formel:

$$P = \frac{\pi d_1^2}{4} \varkappa_z$$

1. für Schrauben, welche mit der Last angezogen werden:

$$P = 1{,}8 d^2 \text{ bis } 2{,}25 d^2;$$

2. für Schrauben, welche nicht mit der Last angezogen werden:

$$P = 2{,}4 d^2 \text{ bis } 3 d^2.$$

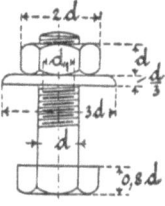

Fig. 9.

Metrisches Gewindesystem, angenommen vom Vereine deutscher Ingenieure. (Aufgestellt von Delisle.)

Kantenwinkel = 53° 8′ (Winkel an der Spitze des in das Quadrat eingezeichneten gleichschenkligen Dreiecks).

Bolzen- durchmesser d mm	Ganghöhe h mm	Gangtiefe t mm	Kern- durchmesser d_1 mm	Schlüssel- weite w mm
5	1,0	0,75	3,5	11
6	1,0	0,75	4,5	11
7	1,2	0,9	5,2	14
8	1,2	0,9	6,2	14
9	1,4	1,05	6,9	18
10	1,4	1,05	7,9	18
12	1,6	1,2	9,6	22
14	1,8	1,35	11,3	25
16	2,0	1,5	13,0	28
18	2,2	1,65	14,7	31
20	2,4	1,8	16,4	34
22	2,8	2,1	17,8	37
24	2,8	2,1	19,8	40
26	3,2	2,4	21,2	43
28	3,2	2,4	23,2	46
30	3,6	2,7	24,6	49
32	3,6	2,7	26,6	52
36	4,0	3,0	30,0	58
40	4,4	3,3	33,4	64

(30) Zapfen. Bedeutet
P den Zapfendruck in kg,
d den Durchmesser des Zapfens in mm,
l die Länge des Zapfens in mm,
n die Umdrehungszahl,
$\varkappa$ den zulässigen Flächendruck,
$\varkappa_b$ die zulässige Biegungs-Spannung (s. S. 26),

32 Mechanik.

so ist bei Tragzapfen mit Rücksicht auf Festigkeit: für Vollzapfen $Pl/2 = 0,1 \varkappa_b d^3$; für Hohlzapfen $Pl/2 = 0,1 \varkappa_b \dfrac{d_2{}^4 - d_1{}^4}{d_2}$; mit Rücksicht auf die Flächenpressung $P = \varkappa l d$, woraus

$$\frac{l}{d} = \sqrt{\frac{0,2 \varkappa_b}{\varkappa}};$$

mit Rücksicht auf Erwärmung ist $l \lessgtr \dfrac{P \cdot n}{3000 A}$, wo A je nach der Abkühlung $^5/_4$ bis $^1/_2$ ist.

Der Flächendruck

$\varkappa$ ist für Gußstahl auf Bronze oder Gußstahl 0,5 bis 1,5,
 „ „ „ Gußeisen oder Schmiedeeisen auf Bronze 0,3 bis 0,4,
 „ „ „ Schmiedeeisen auf Gußeisen oder Holz 0,25.

Für ebene Spurzapfen ringförmige Spurzapfen
ist $P = 0,8 \varkappa d^2$ $\qquad P = 0,8 \varkappa (d_2{}^2 - d_1{}^2)$

$$d \gtreqless \frac{Pn}{6000 A} \qquad d_2 - d_1 \gtreqless \frac{Pn}{6000 A}$$

A für gehärteten Stahl auf Bronze 0,67.

(31) Wellen. Bedeutet M das verdrehende Moment (Product aus der Kraft [in kg-Gew.] mal dem Hebelarm [in mm], an welchem die Kraft eingreift),

N die Anzahl der zu übertragenden Pferdekräfte,
n die Umdrehungszahl,
d den Wellendurchmesser in mm,

so ist $M = {}^1/_5 \varkappa_d d^3$ (resp. $^1/_5 \varkappa_d \dfrac{d_2{}^4 - d_1{}^4}{d_2}$ für die Hohlwelle) $= \alpha\, d^3$

$$\text{und } d = \sqrt[3]{\frac{3600000 N}{\varkappa_d n}}, = \beta \sqrt[3]{\frac{N}{n}}$$

daraus folgt, je nach der Art der Beanspruchung:

	α		β	
für Tiegel-Gußstahl	0,8 bis 0,4		95 bis 122	
„ Schweißeisen (Schmiedeisen)	0,48 „ 0,24		114 „ 145	
„ Gußeisen	0,20 „ 0,10		153 „ 193.	

Die Entfernung von Mitte Lager zu Mitte Lager sei bei Wellen von 30 bis 100 mm Durchmesser 2 bis 4 m.

Eindrehungen für Halslager sind zu vermeiden; statt dessen sind Stellringe, deren Breite $b = 0,3 d + 10$ mm und deren Stärke $0,75 b$ ist, zu benutzen.

Mechanik.

(32) **Riemen.** Kraftübertragung mit Riemenbetrieb ist mit Erfolg angewandt bis zu 500 P. Lederriemen sind denen aus Baumwolle oder Kautschuk vorzuziehen. Die Riemengeschwindigkeit sei < 25 m/sec, der untere Theil der treibende. Die Breite b von Lederriemen geht für einfache Riemen bis 600 mm, für doppelte, deren Breite 0,7 des berechneten einfachen Riemens ist, bis 1200 mm; die Riemendicke s ist 4,5 bis 8 mm.

Die durch einen Riemen übertragbare Kraft ist $P = \varkappa b s$, b und s in mm;

für offene Lederriemen ist $\varkappa = 0{,}10$ bis $0{,}125$

für Gummi- oder Baumwollenriemen $\varkappa = 0{,}08$ bis $0{,}10$.

Sind mit einer Scheibe von D m Durchmesser N Pferdestärken bei n Umdrehungen zu übertragen, so ist $75\,N = \varkappa b s \pi D \dfrac{n}{60}$

oder

$$bD = \frac{4500}{\varkappa \pi s} \frac{N}{n}.$$

(33) **Riemscheiben.** Riemscheiben mache man nicht kleiner als den 6 fachen Wellendurchmesser. Bei Benutzung von Spannrollen ist das lose Ende zu spannen. Bei Betrieb mit geschränktem Riemen sei die Entfernung beider Scheiben größer als der doppelte Durchmesser der größeren. Voll- und Leerlaufscheiben erhalten keine Wölbung, die Halbmesser R und R_1 wähle man so, daß

$$\frac{b}{R} < \frac{0{,}7}{1 + \dfrac{R}{R_1}} \quad \text{oder} \quad \frac{R R_1}{R + R_1} \lessgtr 1{,}43\,b \text{ ist.}$$

Radkranz: Breite $^5/_4\,b$ mm, Wölbungshöhe $^1/_{20}\,b$ mm,

Dicke am Rande $b/80 + 2$ mm, Dicke in der Mitte $0{,}075\,b + 4$ mm,

Anzahl der Radarme $s = 1/2 \left(5 + \dfrac{R}{6}\right)$,

Wanddicke der Nabe $w = \dfrac{d}{6} + \dfrac{R}{50} + 10$ mm,

Länge der Nabe $2{,}5\,w$ mm,

Keilbreite $\dfrac{d}{5} + 4$ mm, Keildicke $\dfrac{d}{10} + 4$ mm.

(34) **Hanf- und Baumwollseile.** Die zulässige Belastung ist $P \leqq 0{,}6$ bis $0{,}8 d^2$, wo d den Seildurchmesser in mm bedeutet. Die von einem in keilförmiger Rille laufenden Seil übertragbare Kraft ist $0{,}03 d^2$ bis $0{,}05 d^2$. Bei Verwendung von n Seilen ergiebt sich für die Anzahl der zu übertragenden Pferdestärken $n d^2 = 1500\,\dfrac{N}{v}$ bis $2500\,\dfrac{N}{v}$.

Die Kraft erreicht ihren Höchstwerth bei $v = 25$ m i. d. Sec. Gebräuchliche Seilstärken sind 25 bis 55 mm.

Mechanik.

Den Rollendurchmesser D (bis Seilmitte) wähle man bei Winden und Flaschenzügen

für lose geschlagene leicht biegsame Seile $D \geqq 7d$
„ fest geschlagene   „ $D \geqq 10d$
„ stark gebrauchte Förderseile . . . . $D \geqq 40d$

(35) Drahtseile. Die durch ein Drahtseil zu übertragende Umfangskraft ist unter mittleren Verhältnissen $P = d^2$, wo d den Durchmesser des Seiles in mm bedeutet. Daraus folgt für die Anzahl der zu übertragenden Pferdestärken $d^2 = \dfrac{300\,N}{4v}$, sie wird am größten bei $v = 45$ m i. d. Sek.

Den Durchmesser der Seilscheibe nehme man für Transmissionsdrahtseile $D \cong 200d$, für Förderseile mit 1,4 bis 2,8 mm starken Drähten $D \geqq 1000d$, für Kabelseile $D \cong 400d$, für Haspelseile $D = 300$ bis $500d$.

(36) Ketten. Die zulässige Belastung ist
für Dampfwindenketten . . . . $P = 5d^2$
„ häufig benutzte Ketten . . . $P = 8d^2$
„ neue Ketten . . . . $P = 10d^2$
wo d die Ketteneisenstärke in mm bedeutet. Den Kettentrommeldurchmesser nehme man $\geqq 20d$.

Für große Lasten ($> 10\,000$ kg) finden vielfach Gallsche Ketten Anwendung.

(37) Fundamente. Länge und Breite richten sich nach der Grundplatte der auf dem Fundament ruhenden Maschine. Die Tiefe sei bei Dampfmaschinen gleich dem 5 bis 9 fachen des Cylinderdurchmessers. Als Material nehme man beste harte Ziegelsteine und Cementmörtel. Besser noch ist Stampfbeton (1 Theil Portlandcement, 3 Theile Flußsand, 4 Theile Kies), wobei die Löcher für die Fundamentanker gleich beim Aufbau durch Kernstücke ausgespart werden müssen und Steinschrauben zu vermeiden sind.

Dynamomaschinen werden von dem Fundament durch einen Holzrahmen isolirt, welcher mit heißem Leinöl getränkt oder getheert und durch Schrauben mit versenkten Muttern mit dem Fundamentklotz verbunden wird. Um Erschütterungen nicht auf die Umgebung zu übertragen, wird der Raum zwischen dem Fundament und der umgebenden Erde mit lockerem Sand angefüllt. Die Kraft P kg-Gewicht, welche ein Grundanker zu übertragen vermag, ist $P = 0{,}9d^2$ bis $1{,}5d^2$. Den Durchmesser der Unterlagsplatte nehme man etwa $= 6d$; d in cm. (Skizzen zu Fundamenten für Dynamomaschinen s. im Abschnitt Dynamomaschinen.)

(38) Verschiedene Formeln und Zahlen aus Mechanik und Physik.

Der Druck einer Atmosphäre ist gleich 1,033 kg-Gewicht auf 1 qcm = 1,01 Millionen absoluter (c. g. s)-Krafteinheiten auf 1 qcm.

Reduction eines bei $t°$ C. abgelesenen Barometerstandes auf Quecksilber von $0°$: von der abgelesenen Länge in mm zieht man $0{,}135 \cdot t$ mm ab; liegt die Beobachtungstemperatur unter 0, so ist die Correction zu addiren.

Mechanik.

Tabelle für 0,135 t.

t	Corr. mm	t	Corr. mm	t	Corr. mm
2	0,3	12	1,6	22	3,0
4	0,5	14	1,9	24	3,3
6	0,8	16	2,2	26	3,5
8	1,1	18	2,4	28	3,8
10	1,4	20	2,7	30	4,0

Siedetemperatur T des Wassers bei verschiedenen Barometerhöhen (b_0):

$b_0 =$ 740   745   750   755   760   765   770
$T =$ 99,3   99,4   99,6   99,8   100,0   100,2   100,4.

Reduction eines Gasvolumens von der Temperatur $t°$ C. und dem Druck b mm Quecksilber auf 0° und 760 mm:

$$\text{Volumen bei } 0° = \text{Volumen bei } t° \times \frac{273}{273+t} \cdot \frac{h}{760}$$
$$= \text{Volumen bei } t° \times 0{,}359 \cdot \frac{h}{273+t}.$$

Geschwindigkeit des Schalles in trockener Luft bei 0° 330 $\frac{m}{sec}$.

Geschwindigkeit des Lichtes 300 000 000 $\frac{m}{sec}$.

Schwingungszahl des Tones a^1 (Stimm-A), Pariser Stimmung = 435 Schwingungen in der Secunde.

Optik.

Fortpflanzung des Lichtes. Beleuchtung.

(39) Das Licht pflanzt sich von einem leuchtenden Punkte nach allen Seiten gleichmäßig fort.

Die Beleuchtung, welche ein unendlich kleines Flächenelement von einem leuchtenden Punkte empfängt, ist proportional der Leuchtkraft des Punktes, umgekehrt proportional dem Quadrat des Abstandes des Punktes von der Fläche und proportional dem Cosinus des Einfallswinkels der Strahlen, (d. i. des Winkels, den die Strahlen mit dem Loth zur Fläche machen).

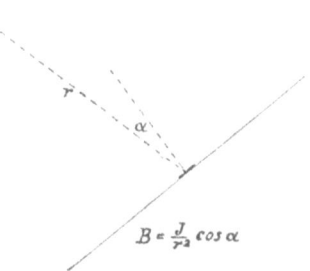

Fig. 10.

Eine leuchtende ebene Fläche, welche normal zu ihrer Ebene die Leuchtkraft J besitzt, hat unter dem Ausstrahlungswinkel β die Leuchtkraft $J \cos \beta$.

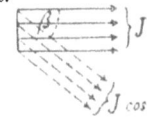

Fig. 11.

Optik.

(**40**) Die Beleuchtung irgend einer Fläche durch einen leuchtenden Körper oder Fläche kann nur durch umständliche Rechnung genau gefunden werden; für größere Entfernungen, welche die linearen Abmessungen der Flamme und der beleuchteten Fläche weit übertreffen, kann man die Lichtquelle als einen Punkt ansehen und auch für die beleuchtete Fläche große Vereinfachungen in die Rechnung einführen; der Einfallswinkel der Strahlen muß indeß stets berücksichtigt werden. Die Ausstrahlung einer Flamme ist gewöhnlich nach verschiedenen Richtungen verschieden.

Wenn eine Fläche durch zwei Lichtquellen gleich stark beleuchtet wird, so verhalten sich die Leuchtkräfte der Lichtquellen wie die Quadrate ihrer Abstände von der beleuchteten Fläche.

Wie viel von der Beleuchtung, welche eine Fläche **empfängt**, von derselben **zurückstrahlt**, hängt von der Beschaffenheit der Fläche ab. Die zurückgestrahlte Beleuchtung macht die Körper sichtbar; sie ist proportional der empfangenen Beleuchtung, d. i. proportional der Leuchtkraft der Lichtquelle und umgekehrt proportional dem Quadrate ihrer Entfernung, außerdem abhängig von den Winkeln der Strahlen mit der Fläche.

(**41**) **Maſs der Leuchtkraft, der Beleuchtung.** Ein absolutes Maß giebt es dafür nicht; das Licht kann nur gemessen werden unter Zuhilfenahme des Auges, die Einheit der Leuchtkraft ist demnach diejenige Leuchtkraft, welche einen bestimmten Einheits-Eindruck auf das Auge hervorbringt. Diese Einheits-Leuchtkraft besitzt die „Normalkerze", welche eine ebene kleine Fläche im Abstand von 1 m bei senkrechtem Einfall der Strahlen mit der Stärke von 1 Meterkerze beleuchtet. (Weiteres im Absch. Photometrie.)

Reflexion und Brechung des Lichtes.

(**42**) **Reflexion.** Der einfallende Strahl, das Einfallsloth und der austretende Strahl liegen in einer und derselben Ebene; der Einfallswinkel ($\sphericalangle$ Strahl und Loth) ist gleich dem Austrittswinkel.

(**43**) **Brechung.** Der einfallende Strahl, das Einfallsloth und der gebrochene Strahl liegen in einer Ebene; der Sinus des Einfallswinkels steht zum Sinus des Brechungswinkels in einem Verhältniß, welches Brechungsverhältniß oder Brechungsexponent genannt wird und nur von der Natur der aneinander grenzenden Körper abhängig ist.

Tritt das Licht aus einem optisch dünneren Medium (Luft) in ein optisch dichteres (Wasser), so wird der Strahl **zum Lothe hin** gebrochen, im umgekehrten Falle **vom Lothe weg**.

(**44**) **Spiegel und Linsen.** Spiegel und Linsen entwerfen von den Gegenständen, von welchen sie Licht empfangen, Bilder; entstehen die letzteren durch gegenseitiges Schneiden der Lichtstrahlen, so nennt man das Bild reell; schneiden sich die Strahlen nicht, so ist das Bild virtuell.

Brennpunkt ist der Vereinigungspunkt der Strahlen, welche den Spiegel oder die Linse parallel treffen; derselbe ist reell bei Hohlspiegeln und Convexlinsen, virtuell bei Convexspiegeln und Concavlinsen. Die vom Brennpunkt ausgehenden Strahlen werden durch Spiegel oder Linse parallel gerichtet.

Ebener Spiegel. Derselbe erzeugt von den vor ihm gelegenen Gegenständen virtuelle Bilder, welche zu den Gegenständen symmetrisch hinter der Spiegelfläche liegen.

Kugelspiegel. Brennweite = dem halben Krümmungsradius.

Convexspiegel. Erzeugt von den vor ihm gelegenen Gegenständen virtuelle verkleinerte aufrechte Bilder, welche hinter der spiegelnden Fläche liegen.

Hohlspiegel. Liegt der Gegenstand außerhalb der doppelten Brennweite, so liegt das reelle verkleinerte umgekehrte Bild zwischen der einfachen und der doppelten Brennweite. Liegt umgekehrt der Gegenstand in diesem letzteren Intervall, so befindet sich ein reelles vergrößertes umgekehrtes Bild außerhalb der doppelten Brennweite. Liegt der Gegenstand innerhalb der einfachen Brennweite, so hat er ein virtuelles vergrößertes aufrechtes Bild hinter dem Spiegel.

Concavlinse, auch Zerstreuungslinse. Dieselbe erzeugt von einem Gegenstande ein auf derselben Seite näher an der Linse liegendes virtuelles verkleinertes aufrechtes Bild.

Convexlinse, auch Sammellinse. Erzeugt von einem Gegenstand, der weiter als die doppelte Brennweite von der Linse absteht, ein reelles umgekehrtes verkleinertes Bild auf der anderen Seite der Linse, dessen Abstand zwischen der einfachen und der doppelten Brennweite beträgt. Umgekehrt: liegt der Gegenstand zwischen der einfachen und doppelten Brennweite, so hat er ein reelles umgekehrtes vergrößertes Bild auf der anderen Seite der Linse, jenseits der doppelten Brennweite. Liegt der Gegenstand innerhalb der einfachen Brennweite, so besitzt er auf derselben Seite der Linse ein virtuelles vergrößertes aufrechtes Bild, das von der Linse weiter absteht als der Gegenstand.

Bezeichnet a die Entfernung des Gegenstandes von der Linse, b die des Bildes von der Linse, f die Brennweite der Linse, so ist

$$\frac{1}{f} = \frac{1}{a} + \frac{1}{b}$$

worin f für convexe Linsen positiv, für concave Linsen negativ.

---

(45) Farbiges Licht. Die Wellenlängen der sichtbaren Strahlen liegen zwischen 0,00076 mm am rothen und 0,00039 mm am violetten Ende des Spectrums. Die Folge der Farben im Spectrum ist Roth, Orange, Gelb, Grün, Blau, Indigo, Violett. Die Strahlen der größeren Wellenlängen werden weniger stark gebrochen, als die der kleineren Wellenlängen; man nennt deßhalb die Strahlen nach dem rothen Ende zu die weniger brechbaren, die nach dem violetten Ende hin die brechbareren. Die nicht sichtbaren Strahlen jenseits des rothen Endes des Spectrums, deren Wellenlängen über 0,00076 mm betragen, heißen ultrarothe Strahlen (analog: ultraviolette Str.).

Wärmelehre.

Wärmemenge.

(46) Die Wärmemenge ist gleichwerthig einer Arbeitsmenge; Dimension $L^2 M^1 T^{-2}$. Die absolute (c. g. s.)-Einheit der Wärmemenge ist demnach diejenige Wärmemenge, welche der Arbeitseinheit gleichwerthig ist. Die praktisch gebrauchte Wärmeeinheit wird mit Hilfe des hunderttheiligen Thermometers und der Erwärmung des Wassers definirt und gehört streng genommen nicht in das absolute System; sie kann indeß durch Messung darauf zurückgeführt werden. 1 Kilogramm-Calorie (bezw. Gramm-Calorie) ist diejenige Wärmemenge, welche 1 Kilogramm (bezw. 1 Gramm) Wasser von 0 auf 1° C. erwärmt. 1 kg-Cal. = 430 kgm = 42 000 Millionen absoluter (c. g. s)-Arbeitseinheiten.

Specifische Wärme.

(47) Die Erhöhung der Temperatur (d) eines Körpers ist proportional der zugeführten Wärmemenge (W) und umgekehrt proportional der Masse des Körpers (M). Diejenige Wärmemenge, welche nöthig ist, um die Einheit der Masse um 1° C. zu erwärmen, heißt specifische Wärme σ:

$$d = \frac{W}{\sigma \cdot M}, \quad \sigma = \frac{W}{M \cdot d}$$

Die Größe σ gehört nicht ins absolute Maßsystem, d. h. es giebt keine absolute Einheit dafür, keine solche, die sich nur auf Länge, Masse und Zeit zurückführen ließe.

Specifische Wärme fester und flüssiger Körper.

Aether	0,5	Nickel	0,11
Alkohol	0,6	Platin	0,03
Aluminium	0,21	Quarz	0,19
Antimon	0,05	Quecksilber	0,03
Blei, fest	0,031	Schwefel	0,17
flüssig	0,040	Schwefelkohlenstoff	0,24
Bleiglätte	0,05	Schwefelsäure, conc.	0,33
Chloroform	0,23	Silber	0,056
Eis	0,5	Terpentinöl	0,4
Eisen bei 0°	0,112	Wismuth	0,03
100°	0,114	Zink	0,095
300°	0,127	Zinn	0,055
Stahl 20—100°	0,118		
Schmiedeeisen 20°	0,108	Atmosphärische	
Glas	0,19	Luft, Kohlensäure,	
Gold	0,03	Sauerstoff und	
Kohle, Gaskohle	0,2—0,3	Stickstoff	
Holzkohle	0,16—0,20	bezogen auf gleiche	
Graphit 0°	0,15	Masse Wasser	
200°	0,30	bei constantem	
Kupfer	0,095	Druck	0,23
Magnesium	0,25	bei constantem	
Messing	0,095	Volumen	0,17

Wärme.

(48) Verbindungswärme.
(Wärmetönung, Aequivalentwärme.)

Chemische Vorgänge sind in der Regel von Wärmeerscheinungen begleitet; z. B. erzeugt die Verbindung von Kohle mit Sauerstoff eine bestimmte Wärmemenge.

Dieselbe Wärmemenge, welche durch Verbindung zweier Körper erzeugt wird, ist auch erforderlich, um die entstandene Verbindung wieder zu zerlegen. Unter besonderen Umständen tritt ein Theil der bei der Verbindung frei werdenden Energie nicht als Wärme, sondern als Elektricität auf, bezw. kann man die zur Zerlegung erforderliche Energiemenge als Elektricität zuführen. Das erstere ist der Fall bei den galvanischen Elementen und den Sammlerbatterien, das letztere bei der Elektrolyse. Die Größe der Wärmemenge, welche bei einem chemischen Vorgang erzeugt wird, wenn dabei nur Wärme auftritt, heißt die Wärmetönung bezw. Aequivalentwärme.

Die Wärmetönung giebt an, welche Wärmemenge in g-cal. entwickelt (+) oder verbraucht (−) wird, wenn die Mengen in g der an einer Reaction theilnehmender Körper den Atomgewichten gleich sind.

Z. B. $C, 2O : +96960$.

12 g Kohlenstoff entwickeln bei der Verbrennung mit 32 g Sauerstoff zu Kohlensäure 96960 g-cal. Die wichtigsten Zahlen für die Wärmetönungen sind in der Tabelle auf S. 40 u. 41 vereinigt.

Thermometrie.

(49) Schmelz- und Siedepunkte s. Seite 43.

(50) Temperaturdifferenz. Die Temperatur ist eine Größe, die man nicht auf Länge, Masse und Zeit allein zurückführen kann, die also nicht in das absolute Maßsystem gehört. Als Einheit der Temperaturdifferenz definirt man einen bestimmten Theil der Differenz zwischen der Temperatur des siedenden Wassers und der des schmelzenden Eises; nach Celsius den 100., Réaumur den 80., Fahrenheit den 180. Theil. Die gebräuchlichen Beziehungen für die Temperatur eines Körpers geben lediglich Differenzen der Temperatur gegen beliebig gewählte Fundamentalpunkte. Der Nullpunkt der Scalen von Celsius und Réaumur liegt bei der Temperatur des schmelzenden Eises, der von Fahrenheit ist auf eine zufällige strenge Winterkälte begründet; der „absolute Nullpunkt" liegt bei −273° C., −218° R., −459° F.

Vergleichung der Temperaturscalen nach Celsius, Réaumur, Fahrenheit.

$n°$ Celsius $= n - \dfrac{2}{10} \cdot n°$ Réaumur $\left[\dfrac{8}{10}n\right]$

$n°$ Réaumur $= n + \dfrac{1}{4} n°$ Celsius $\left[\dfrac{10}{8}n\right]$

$n°$ Celsius $= 2n - \dfrac{2}{10}n + 32°$ Fahrenheit $\left[\dfrac{9}{5}n + 32\right]$

40 Wärme.

Tabelle der
nach Naumann's Lehr- und

Metalloide.	Reaction in Atomgewicht in g	Wärmetönung in g-cal.	
		Verbindung	in Wasser
Wasserstoff mit Sauerstoff	$2H,O$	68360	78020
Kohlenstoff mit Sauerstoff	$C,2O$	96960	102840
„ „ „	CO,O	68370	74250
Schwefel mit Sauerstoff ..	$S,3O$	103230	—
„ „ „ ..	$S,4O,2H$	192910	210760

Metalle	Verbindung mit Sauerstoff		Verbindung mit Chlor			
	Reaction in Atomgewicht in g	Wärmetönung in g-cal.	Reaction in Atomgewicht in g	Verbindung	Lösung in Wasser	Reaction in wässeriger Lösung
			Wärmetönung in g-cal.			
Kalium ...	Ka_2,O,aq	164560	Ka_2,Cl_2	211220	— 8880	202340
Natrium ..	Na_2,O,aq	155260	Na_2,Cl_2	195380	— 2360	193020
Magnesium	Mg,O,H_2O	148960	Mg,Cl_2	151010	+ 35920	186930
Aluminium.	Al_2,O_3,aq	388800	Al_2,Cl_2	321870	+153690	475560
Mangan ..	Mn,O,H_2O	94770	Mn,Cl_2	111990	+ 16010	128000
„ ..	Mn,O_2,H_2O	116280	—	—	—	—
Zink	Zn,O,H_2O	82680	Zn,Cl_2	97210	+ 15630	112840
Eisen	Fe,O,H_2O	68280	Fe,Cl_2	82050	+ 17900	99950
„	Fe_2,O_3,aq	191130	Fe_2,Cl_6	192060	+ 63360	255420
Chrom ...	Cr_2O_3,O_3,aq	18900	—	—	—	—
Nickel ...	Ni,O,H_2O	60840	Ni,Cl_2	74530	+ 19170	93700
Kupfer ...	Cu,O,H_2O	37520	—	—	—	—
„ ...	Cu,O	37160	Cu,Cl_2	51630	+ 11080	62710
Blei.....	Pb,O	50300	Pb,Cl_2	82770	— 6800	75970
Zinn	Sn,O,H_2O	68090	Sn,Cl_2	80790	+ 350	81140
„	Sn,O_2,H_2O	133490	Sn,Cl_4	127240	+ 29920	157160

Wärme.

Wärmetönungen,
Handbuch der Thermochemie.

Metalloide	Reaction in Atomgewicht in g	Wärmetönung in g-cal.	
		Verbindung	in Wasser
Stickstoff mit Sauerstoff..	N_2,O_5,aq	—	29820
„ „ „ ..	N,O_3,H	41510	49090
Stickstoff mit Wasserstoff.	N,H_3	11890	20330
„ „ „ .	NH_3,HCl	41910	12270*)
„ „ „ .	N,H_4,Cl	75800	—

Verbindung mit Schwefel		Verbindung mit Schwefelsäure		Verbindung mit Salpetersäure	
Reaction in Atomgewicht in g	Wärmetönung in g-cal.	Reaction in Atomgewicht in g	Wärmetönung in g-cal.	Reaction in Atomgewicht in g-cal.	Wärmetönung in g-cal.
Ka_2,S,aq	113260	Ka_2,O,SO_3aq	195850	Ka_2,O,N_2O_5aq	192100
Na_2,S,aq	103960	Na_2,O,SO_3aq	186640	Na_2,O,N_2O_5aq	182620
Mg,S	79600	Mg,O,SO_3aq	180180	Mg,O,N_2O_5aq	176480
Al_2S_3	124400	$Al_2,O_3,3SO_3aq$	451770	—	—
Mn,S,aq	46370	Mn,O,SO_3aq	121250	Mn,O,N_2O_5aq	117720
—	—	—	—	—	—
Zn,S,aq	41550	Zn,O,SO_3aq	106090	Zn,O,N_2O_5aq	102510
Fe,S,aq	23750	Fe,O,SO_3aq	93200	Fe,O,N_2O_5aq	89670
—	—	$Fe_2,O_3,3SO_3aq$	224880	—	—
—	—	—	—	—	—
Ni,S,aq	19370	Ni,O,SO_3aq	86950	Ni,O,N_2O_5aq	83420
—	—	Cu,O,SO_3aq	55960	Cu,O,N_2O_5aq	52410
Cu_2,S	20240	—	—	—	—
Pb,S	20400	Pb,O,SO_3aq	73800	Pb,O,N_2O_5aq	68070
—	—	—	—	—	—
—	—	—	—	—	—

*) Die Componenten sind vor der Reaction aufgelöst worden.

Wärme.

$$n° \text{Fahrenheit} = \frac{n}{2}\left(1 + \frac{1}{10} + \frac{1}{100} + \ldots\right) - 17{,}8° \text{Celsius} \left[\frac{5}{9}(n-32)\right]$$

$$n° \text{Réaumur} = 2n + \frac{1}{4}n + 32° \text{Fahrenheit} \left[\frac{9}{4}n + 32\right]$$

$$n° \text{Fahrenheit} = 4n\left(\frac{1}{10} + \frac{1}{100} + \ldots\right) - 14{,}2° \text{Réaumur} \left[\frac{4}{9}(n-32)\right]$$

(51) Ausdehnung durch die Wärme. Erwärmt man einen Körper, dessen Länge l ist, um $t°$ C., so wird die Länge $l(1 + \gamma t)$; γ ist der lineare Ausdehnungscoefficient. Eine Fläche vergrößert sich um $2\gamma t$, ein Volum um $3\gamma t$. Flüssigkeiten und Gase besitzen keinen linearen, sondern nur den cubischen Ausdehnungscoefficient.

Lineare Ausdehnungscoefficienten fester Körper bezogen auf Celsiusgrade.

Blei	0,000028	Kupfer	0,000017
Bronze	0,000018	Messing	0,000019
Eisen und Stahl	0,000012	Neusilber	0,000018
		Nickel	0,000013
Glas	0,000007—0,000010	Platin	0,000009
Hartgummi	0,00008	Platin-	
Holz, quer	0,00003—0,00006	Iridium	0,000009
„ längs	0,000003—0,000010	Silber	0,000019
Kohle, Gaskohle	0,000005	Zinn	0,000023
Graphit	0,000008	Zink	0,000030

Cubische Ausdehnungscoefficienten von Flüssigkeiten und Gasen, bezogen auf Celsiusgrade.

Atmosphärische Luft, Sauerstoff, Stickstoff, Wasserstoff, Kohlensäure	0,0037
Aether, flüssig	0,0021
Alkohol „	0,0012
Quecksilber	0,00018
„ in Glas, scheinbar	0,00015
Wasser 4—25°, Mittel	0,0001

Wärmeleitung.

(52) Innere Wärmeleitung. Wenn im Innern eines Stabes zwei gleiche Querschnitte von q qcm die Temperaturdifferenz $d°$ C. haben, während der Abstand derselben l cm beträgt, so geht in t sec. von dem einen zum anderen die Wärmemenge

$$w = \varkappa \cdot \frac{d}{l} \cdot q \cdot t \text{ Gramm-Calorien}$$

über; $\varkappa$, das innere Leitungsvermögen, ist gleich derjenigen

(49) Schmelz- und Siedepunkte.

Metalle	Schmelzpunkt	Siedepunkt	Legirungen					Schmelzpunkt	Siedepunkt
					Gewichtstheile				
					Cd	Sn	Pb	Bi		
Aluminium	600—850°		Lipowitz		3	4	8	15	60—65,5°	
Blei	326°	1450—1600°	Wood		1	1	2	4	65,5—70°	
Eisen, rein	1600°		Rose		—	3	5	8	95°	
Roheisen	1100—1200°									
Stahl	1300—1400,°		**Organische Körper**							
Gold	1100—1250°		Alkohol							78,5°
Kobalt	1500—1800°		Amylacetat (zur Hefnerlampe)							138°
Kupfer	1100—1300°		Aether							35,0°
Magnesium	500—750°	etwa 1100°	Benzin							90—110°
Nickel	1400—1600°		Ligroin							110—120°
Platin	1800—2200°		Paraffin, weich						38—52°	350—390°
Quecksilber	—40°	357°	„ hart						52—56°	390—430°
Silber	etwa 1000°	etwa 1000°	Schmalz, Talg, Wachs						40—65°	
Zink	410—420°		Terpentinöl							160°
Zinn	228°	1450—1600°	Wallrath						44—44,5°	

Landolt u. Börnstein, Tabellen.

Wärmemenge, welche durch 1 qcm Querschnitt in 1 sec. hindurchtritt, wenn die Temperatur des Stabes für jedes Centimeter längs der Axe um 1° C. fällt.

Probleme der Wärmeleitung in Körpern, deren drei Dimensionen von gleicher Größenordnung sind, lassen sich nur mit Aufwand von beträchtlichem mathematischen Apparat lösen.

Bei dünnen Platten, welche die trennende Wand zwischen Körpern von verschiedener Temperatur bilden, kann man die Formel $w = \varkappa \cdot \dfrac{d}{l} \cdot q \cdot t$ anwenden, wenn jede der beiden Oberflächen der Platten in allen Theilen dieselbe Temperatur besitzt.

Inneres Wärmeleitungsvermögen einiger Körper, bezogen auf qcm, cm, ° C., g-cal.

Blei	0,08	Messing	0,2—0,3
Eisen	0,16	Neusilber	0,07—0,10
Glas	0,0005	Paraffin	0,0001
Hartgummi	0,0002	Quecksilber	0,02
Kohle	0,0003 / —0,0004	Schiefer	0,0008
		Silber	1,1
Kupfer	0,7—1,0	Zinn	0,14
Luft	0,00005	Zink	0,30
Marmor	0,001—0,002		

Landolt u. Bornstein, Tabellen. Tab. 78.

Aeußere Wärmeleitung. Berühren zwei Körper einander, deren Temperaturdifferenz an der Berührungsfläche d ist, so geht von dem wärmeren zum kälteren in der Zeit t Secunden die Wärmemenge

$$w = \lambda \cdot d \cdot q \cdot t \text{ g-cal.},$$

worin q die Größe der Berührungsfläche in qcm angiebt. Für λ kennt man wenig Werthe. Für metallische Oberflächen gegen Luft ist $\lambda = 0{,}00026 - 0{,}00030$.

Magnetismus.

(53) Die hauptsächlichsten magnetischen Körper sind: Magneteisenstein (Fe_3O_4), Stahl, Eisen, in geringerem Maße Nickel und Kobalt. — Magneteisenstein und Stahl werden oder sind im Wesentlichen dauernd (permanent) magnetisch, Eisen wird vorübergehend (temporär) magnetisch. Dem dauernden Magnetismus der ersteren kann noch vorübergehender Magnetismus zugefügt werden; das Eisen zeigt gewöhnlich auch einen schwachen dauernden Magnetismus.

(54) **Vertheilung des Magnetismus.** An jedem Magnet sind zwei Orte von hervorragend starker Wirkung nach außen; diese nennt man Pole, ihre Verbindungslinie die magnetische Axe. Die Pole

haben ziemlich geringe Ausdehnung und liegen bei stab- und hufeisenförmigen Magneten in der Regel nahe den Enden. Den mittleren Theil des Magnets, der nach außen fast keine Wirkung zeigt, nennt man Indifferenzzone. — Bei vielen Betrachtungen und Berechnungen darf man sich einen Magnet ersetzt denken durch zwei starr verbundene Punkte, welche an den Orten der Magnetpole liegen und in denen der ganze freie Magnetismus concentrirt ist. Der Polabstand ist gleich $5/6$ der Länge eines stabförmigen, bezw. des Durchmessers eines kreisscheiben- oder ringförmigen Magnets.

Die Vertheilung des Magnetismus im Innern des Magnets ist der des freien Magnetismus entgegengesetzt; an den Polen hat der im Innern vorhandene Magnetismus ein Minimum, in der Indifferenzzone ein Maximum.

(55) **Herstellung der Magnete.** Einfacher Strich. Man streicht den zu magnetisirenden Stahlstab mit dem einen Pole eines Magnets seiner ganzen Länge nach mehrmals in derselben Richtung oder mit beiden Polen abwechselnd von der Mitte aus nach entgegengesetzten Richtungen.

Getrennter Strich. Auf die Mitte der Stabes werden zwei Magnete aufgesetzt, der eine mit seinem Nordpol, der andere mit seinem Südpol; die Magnete werden so gehalten, daß jeder mit dem Stab einen Winkel von 25—30° bildet. Dann streicht man mit den beiden Magneten nach entgegengesetzten Richtungen über den untergelegten Stab und zieht die Magnete über die Enden des Stabes ab. Dies wird mehrmals und auf verschiedenen Seiten des zu magnetisirenden Stabes wiederholt.

Doppelstrich. Die Magnete werden ganz ebenso aufgesetzt, wie beim getrennten Strich; beim Streichen werden sie aber beide nach derselben Richtung gezogen, ohne daß an ihrer gegenseitigen Lage etwas geändert wird. Man zieht von der Mitte zum einen Ende, dann zurück bis zum anderen Ende, mehrmals hin und her und hebt schließlich in der Mitte ab. Auch dieser Strich wird auf verschiedenen Seiten des Stabes vorgenommen.

Bei Hufeisenmagneten befolgt man genau dieselben Methoden.

Von besonderem Vortheil ist es, den zu magnetisirenden Stab zum mittleren Theil eines Magnets zu machen, indem man ihn durch Stücke von weichem Eisen oder durch Magnete verlängert; einem zu magnetisirenden Hufeisen wird ein „Anker" aus weichem Eisen vorgelegt, der beide Pole des Hufeisens gleichzeitig berührt. Man streicht dann über die aneinander gefügten Theile immer in derselben Richtung (Kreisstrich).

Starke Magnete stellt man aus einer größeren Zahl von schwächeren Magneten dar. Man verwendet möglichst harten Stahl.

Magnetisirung durch den Strom. Man legt den Stab in eine Drahtspule von vielen Windungen und schickt durch dieselbe einen kräftigen Strom; dabei erschüttert man den zu magnetisirenden Stab einige Mal. Einwirkungen von $1/2$ Minute genügen gewöhnlich.

Haltbare Magnete. Um Magnete herzustellen, deren Magnetismus lange Zeit constant bleibt, behandelt man dieselben in folgender Weise: Nach dem ersten Magnetisiren werden sie in den Dampf von siedendem Wasser gebracht und bleiben längere Zeit darin ($^1/_2$ Stunde etwa); nach dieser Zeit läßt man sie abkühlen und magnetisirt sie wieder; darauf wiederholt man das Erwärmen wie vorher, magnetisirt wieder u. s. f.

Aeufserungen der magnetischen Kraft.

(56) **Magnetische Vertheilung.** Nähert man einem Magnet ein Stück Stahl oder Eisen, oder berührt man denselben mit einem solchen Stück, so wird das letztere ebenfalls zu einem Magnet; jeder Pol des ersteren Magnets erzeugt in den ihm am nächsten liegenden Theilen des genäherten Körpers einen ihm ungleichnamigen Pol, in den entfernteren Theilen einen gleichnamigen Pol.

(57) **Tragkraft der Magnete.** Ein Magnetpol hat die Eigenschaft, weiches Eisen anzuziehen und mit einer gewissen Kraft festzuhalten; diese Kraft heißt die Tragkraft des Magnetes; dieselbe wird gemessen durch das Gewicht, das gerade ausreicht, um ein angezogenes und festgehaltenes Stück Eisen vom Magnetpol loszureißen. Zwischen der erreichbaren Tragkraft T und der Masse Q des Magnetes besteht folgende Beziehung

$$T = 10 \cdot \sqrt[3]{Q^2} \text{ kg-Gew.,}$$

worin Q in kg gemessen wird. Die Formel gilt für Stab- und Hufeisenmagnete, ist indeß nur eine Annäherung.

(58) **Anziehung und Abstofsung.** Eisen und nicht magnetisirter Stahl werden von beiden Polen angezogen. — Für Magnetpole untereinander gilt der Satz: Gleichnamige Pole stoßen einander ab, ungleichnamige Pole ziehen einander an.

(59) **Gesetze der magnetischen Fernewirkung.** Die Kraft, mit welcher ein Magnetpol einen anderen anzieht, bezw. abstößt, ist gerichtet nach der Verbindungslinie der beiden Pole und unabhängig von der Natur des zwischenliegenden Mittels, wenn dasselbe unmagnetisch ist. Sie ist proportional den wirkenden Magnetismen und umgekehrt proportional dem Quadrate der Entfernung der Pole von einander:

$$f = \frac{m_1 \cdot m_2}{R^2}.$$

(60) Maß des Magnetismus eines Poles. Die Einheit des Magnetismus besitzt derjenige Pol, der einen gleichstarken 1 cm entfernten ungleichnamigen Pol mit der Einheit der Kraft anzieht, d. i. nahezu mit derselben Kraft, mit der die Masse von 1 mg von der Erde angezogen wird. Dimension $= L^{3/2} M^{1/2} T^{-1}$.

(61) Magnetisches Moment. Praktisch kommen niemals vereinzelte Pole sondern immer Magnete, d. i. Paare von ungleichnamigen Polen vor. Die Pole eines Magnetes sind in der Regel gleich stark; besitzt der eine Nordmagnetismus von der Stärke p, also $+p$, so hat der andere Südmagnetismus von der Stärke p, d. i. $-p$. Das Product aus dem Magnetismus eines Poles in den Polabstand heißt das magnetische Moment des Magnetes. Dimension $= L^{5/2} M^{1/2} T^{-1}$.

(62) Wirkung eines Magnetes auf einen anderen. Ein Magnetstab (vom Moment M) liege fest an einer Stelle einer horizontalen Ebene, in der eine Magnetnadel (vom Moment M'), welche z. B. auf einer Spitze aufgestellt ist, sich drehen kann. Der Stab übt auf die Nadel eine drehende Kraft aus, welche bestrebt ist, die magnetische Axe der Nadel in eine bestimmte Stellung zu bringen. Diese Kraft wird gemessen durch das hervorgebrachte Drehungsmoment des Stabes auf die Nadel, welches proportional ist den beiden magnetischen Momenten und umgekehrt proportional der dritten Potenz des Abstandes der Magnete R, und welches außerdem abhängt von den Richtungen der magnetischen Axen der beiden Magnete gegen die Verbindungslinie der Mittelpunkte der Magnete.

Erste Hauptlage. Die Nadel liegt in der Verlängerung der magnetischen Axe des Stabes und steht senkrecht zur letzteren.

Drehungsmoment
$$P_1 = 2 \cdot \frac{M \cdot M'}{R^3} \text{ (c.g.s)}.$$

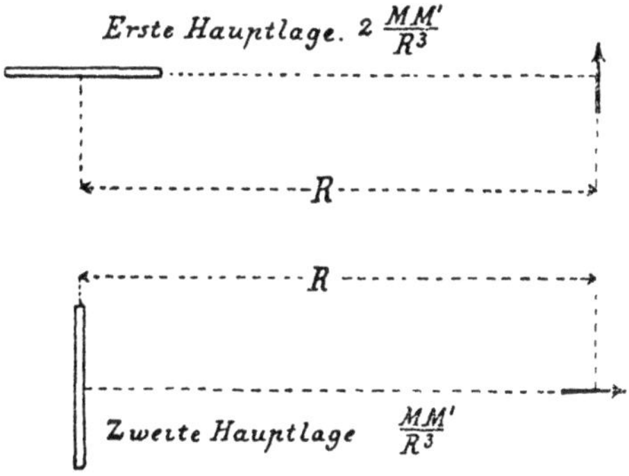

Zweite Hauptlage. Die Nadel liegt in der Senkrechten auf der Mitte der magnetischen Axe des Stabes und steht senkrecht zur letzteren.

Erste Hauptlage. $2\frac{MM'}{R^3}$

Zweite Hauptlage $\frac{MM'}{R^3}$

Fig. 12.

Drehungsmoment $P_2 = \dfrac{M \cdot M'}{R^3}$ (c. g. s).

Zwischenlagen. Bildet die Nadel mit der Richtung von R den Winkel φ, so sind die obigen Ausdrücke noch mit $\cos \varphi$ zu multipliciren. Macht der Stab mit R den Winkel ψ, so kann man ihn ersetzt denken durch zwei Stäbe, von denen der eine mit dem Moment $M \cos \psi$ aus der ersten, der andere mit dem Moment $M \sin \psi$ aus der zweiten Hauptlage wirkt.

Diese Gesetze gelten nur für Entfernungen, die so groß sind, daß die Quadrate der Magnetlängen gegen das Quadrat des Abstandes der Magnete von einander verschwinden.

(63) Maß des Stabmagnetismus oder des magnetischen Momentes. Ein Magnet, welcher die Einheit des Momentes besitzt, übt in der zweiten Hauptlage aus der (großen) Entfernung R auf einen anderen, gleich starken Magnet das Drehungsmoment $1/R^3$ aus, welches also so groß ist, als wenn an dem letzteren Magnet im Abstand 1 cm von der Drehungsaxe ein Zug gleich der Kraft $1/R^3$, d. i nahe gleich dem Gewicht von $1/R^3$ mg (R in cm gemessen) angreift. Dimension $L^{5/2}M^{1/2}T^{-1}$.

Beispiel. Zwei Stahldrähte von 6 mm Durchmesser und 10 cm Länge (ca. 100 g schwer) seien kräftig magnetisirt; sie werden in einer Entfernung von 2 m von einander aufgestellt, der eine fest, der andere drehbar, und zwar wie oben in der zweiten Hauptlage. Sei auf irgend eine Weise (etwa mit Hilfe einer Spiralfeder) gefunden worden, daſs der drehenden Kraft gerade das Gleichgewicht gehalten wird, wenn an dem drehbaren Magnet in der Entfernung 1 cm von der Drehungsaxe ein Zug gleich dem Gewicht von 2,04 mg wirkt. Demnach ist das ausgeübte Drehungsmoment $= 2$; nach der obigen Gleichung ist

$$P_2 = 2 = \frac{M \cdot M^1}{R^3},$$

worin $R = 200$ (cm); es wird demnach

$$M \cdot M^1 = 2 \cdot 200^3 = 16 \cdot 10^6.$$

Da die beiden Stahldrähte gleich sind, so ist anzunehmen, daſs sie auch gleich stark magnetisirt sind; dann ist der Stabmagnetismus eines jeden

$$M = \sqrt{16 \cdot 10^6} = 4 \cdot 10^3 = 4000;$$

dies ist eine bei den obigen Abmessungen der Stäbe wohl erreichbare Gröſse des Momentes.

(64) Specifischer Magnetismus ist der Quotient aus dem magnetischen Moment durch die Masse des Magnetes. Dimension $L^{5/2}M^{-1/2}T^{-1}$.

Der specifische Magnetismus ist bei guten Stahlmagneten etwa $= 40$ (c. g. s), bei besonders gestreckter Form bis 100 (c. g. s). Elektromagnete aus sehr gutem weichem Eisen erreichen einen specifischen Magnetismus von 200 (c. g. s).

Die in (63) beschriebenen Magnete vom Moment 4000 (c. g. s) und Masse 100 g haben einen specifischen Magnetismus von $\frac{4000}{100} = 40$ (c. g. s).

Stärke der Magnetisirung J nennt man das Moment für die Volumeneinheit oder die Polstärke für die Querschnittseinheit des Magnetes. Dimension $L^{-1/2}M^{1/2}T^{-1}$.

(65) Magnetisches Feld. Die Umgebung eines Magnetpoles, eines Magnetes oder einer Vereinigung von Magneten heißt deren magnetisches Feld. Man denkt sich dasselbe durchzogen von Kraftlinien, welche für jeden Punkt des Feldes die Richtung der resultirenden magnetischen Kraft angeben; diese Linien nehmen im Allgemeinen ihren Weg strahlenartig von einem Pol zum nächsten ungleichnamigen Pol.

Um den Verlauf der Kraftlinien in einem magnetischen Feld zu untersuchen, kann man sich einer kurzen Magnetnadel bedienen, die sich um zwei zur magnetischen Axe senkrechte Axen drehen kann; dieselbe stellt sich überall in die Richtung der Kraftlinien ein. Die Richtung, nach welcher der Nordpol der kleinen Magnetnadel zeigt, rechnen wir als **positive Richtung der Kraftlinien**. — Oder man bringt in das zu untersuchende

Feld eine Papier- oder Glastafel, die mit Eisenfeilspähnen bestreut ist; die Eisentheilchen ordnen sich bei leisem Klopfen in die Richtung der Kraftlinien ein; sie können in der Stellung, welche sie eingenommen haben, leicht festgehalten werden, indem man sie mit Gummi- oder Schellaklösung bestäubt.

Wirkung auf eine Magnetnadel. Ist die Stärke des magnetischen Feldes $= H$, das magnetische Moment der Nadel $= M$ und schließt die magnetische Axe der letzteren mit der Richtung der Kraftlinien den Winkel φ ein, so erfährt die Nadel ein Drehungsmoment von der Größe $H \cdot M \cdot \sin \varphi$.

Maß der Stärke des magnetischen Feldes. Im magnetischen Feld von der Stärke 1 erfährt eine Magnetnadel vom Moment 1, deren magnetische Axe senkrecht zu den Kraftlinien das Drehungsmoment 1. Dimension der Feldstärke $= L^{-1/2} M^{1/2} T^{-1}$.

Ein Magnet vom Moment 1 (c. g. s) kann eine kleine Nadel von 30 bis 40 mg Masse sein; diese erfährt also in einem magnetischen Feld von der Stärke 1 (c. g. s) eine drehende Kraft, welche eben so groſs ist, als wenn in der Entfernung von 1 cm von der Drehungsaxe der Nadel eine Zugkraft gleich dem Gewichte von 1 mg angebracht wäre. Einer der in (63) betrachteten Magnete vom magnetischen Moment 4000 erfährt in einem Feld von der Stärke 0,2 (c. g. s) (wie z. B. unter dem Einfluſs der horizontalen Componente des Erdmagnetismus), wenn er senkrecht zu den Kraftlinien steht, das Drehungsmoment $4000 \cdot 0{,}2 = 800$ (c. g. s), welches ersetzt werden könnte durch den Zug eines Gewichtes von 816 mg in der Entfernung von 1 cm von der Drehungsaxe.

(66) **Magnetische Induction.** Die magnetische Kraft oder die Stärke des magnetischen Feldes H an irgend einer Stelle erzeugt die magnetische Induction B. Wirkt H auf einen magnetischen Körper, welcher durch seine Magnetisirung Pole erhält, so ist im Innern des Magnets

$$B = H + 4\pi J$$

H und $4\pi J$ haben im Allgemeinen verschiedene Richtung, so daß sie nach dem Parallelogramm der Kräfte zu B zusammenzusetzen sind. In dem hier wichtigsten Falle, im Eisen, gilt die obige einfache Formel.

Das Verhältniß $\dfrac{B}{H} = \mu$ heißt Permeabilität oder Durchlässigkeit, $\dfrac{J}{H} = \varkappa$ Susceptibilität oder Aufnahmevermögen; $\mu = 1 + 4\pi\varkappa$.

Dimension: B, H und J: $L^{-1/2} M^{1/2} T^{-1}$; μ und $\varkappa$ sind Zahlen. μ ist für Luft $= 1$, $\varkappa$ für Luft $= 0$.

Der Pol von der Stärke 1 sendet 4π Kraftlinien, der Magnet von der Magnetisirungsstärke J $4\pi Jq$ Kraftlinien aus; $q =$ Querschnitt.

Die magnetische Kraft H im Innern einer Spule, welche auf die Längeneinheit n Windungen enthält und vom Strome i A durchflossen wird, ist $^{4}/_{10} \pi n i$ *).

(67) **Magnetische Eigenschaften verschiedener Eisensorten.** Stellt man den Zusammenhang zwischen der magnetisirenden Kraft und der erzeugten Induction B oder der Magnetisirungsstärke J durch eine Curve dar, so erhält man ein Bild, wie es Fig. 13 zeigt. Vom unmagnetischen Zustand im Nullpunkt der Coordinaten ausgehend

---

*) Der Factor $^{1}/_{10}$ rührt daher, dafs der Strom in Ampère gemessen wird; vgl. (108) u. (134).

wächst B oder J bei schwachen magnetisirenden Kräften erst ganz langsam, dann bedeutend rascher und nähert sich schließlich einem Maximum (strichpunktirte Linie); läßt man in irgend einem Punkte dieser Curve, z. B. bei a die magnetisirende Kraft wieder abnehmen, so entsprechen dem neuen Werthe derselben andere B oder J wie beim Zunehmen des Stromes.

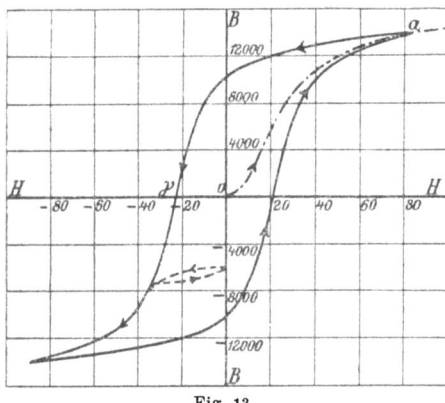

Fig. 13.

Ist die magnetisirende Kraft Null geworden, so haben B oder J noch ganz erhebliche Werthe, um dann aber in derselben Weise abzufallen, wie sie vorher im steilsten Theil der Curve angestiegen sind. Die Ordinate $O\gamma$ heißt Coercitivkraft γ (Hopkinson). Die ausgezogene Curve stellt einen vollen Wechsel der Magnetisirung von einem hohen Werthe von B oder J in der einen zu einem gleich großen Werthe in der entgegengesetzten Richtung und wieder zurück dar. Geht man während der allmäligen Aenderung der magnetisirenden Kraft von einer Zunahme zur Abnahme oder umgekehrt über, so bemerkt man, daß der Magnetismus ein Beharrungsvermögen hat, so daß er bei einem Wechsel im Sinne der Aenderung der magnetisirenden Kraft hinter der letzteren zurückbleibt; Fig. 13 zeigt links unten den Verlauf einer Aenderung von H von einem höheren negativen Werth zu Null und wieder zurück.

Für weiches Eisen liegen beide Theile dieser Curve nahe an der Ordinatenaxe, die auf- und absteigenden Zweige sind steil, die Biegungen von diesen Zweigen zu den flach verlaufenden Theilen stark ausgesprochen. Für Stahl sind die parallelen Zweige weniger steil, die Biegungen (Kniee) weniger stark ausgesprochen.

Für sehr geringe magnetisirende Kräfte ist μ klein, wächst dann rasch auf einen hohen Werth (1000 bis 3000) und sinkt bei sehr hohen magnetisirenden Kräften wieder auf ganz kleine Werthe. μ und $\varkappa$ sind für Stahl kleiner als für Eisen.

(68) Magnetische Hysteresis. Die Eigenschaft der magnetischen Körper, mit dem Magnetismus hinter der magnetisirenden Kraft zurückzubleiben, nennt man Hysteresis.

Eine einmalige Magnetisirung durch eine Kraft, welche von Null ansteigt, von einem maximalen Werth wieder abnimmt, die Richtung wechselt, und in der entgegengesetzten Richtung einen ebensogroßen maximalen Werth erreicht, und dann zu Null zurückkehrt, nennt man einen vollen Magnetisirungswechsel. Nach mehreren solchen Wechseln sind die magnetischen Größen genau cyklisch, d. h. jeder folgende Wechsel verläuft wie der vorhergehende.

Das Flächenstück, welches von der Curve umschlossen wird, welche B oder J als Function von H darstellt, gibt diejenige Arbeitsmenge an, welche bei dem magnetischen Wechsel in Wärme verwandelt worden ist (Verlust durch Hysteresis). Auch für unvollständige Wechsel, wie in Fig. 13 links unten durch die punktirte Curve dargestellt, gilt dieser Satz.

Mißt man H, B und J im (c. g. s)-System, so ist die in Wärme verwandelte Arbeitsmenge für 1 ccm Eisen für einen vollen Wechsel

$$= \int J dH \text{ oder } = \frac{1}{4\pi} \int B dH, \text{ gleichfalls in (c. g. s).}$$

Nach Steinmetz*) kann man die durch Hysteresis verbrauchte Arbeitsmenge darstellen durch $\eta \cdot B^{1,6}$, worin die Werthe von η zwischen 0,002 und 0,025 liegen. Die geringsten Werthe von η besitzt weiches Eisen als Draht und Blech, 0,002 bis 0,0045; dann folgt weicher Stahl und geglühter Gußstahl mit 0,0026 bei sehr geringem Kohlenstoffgehalt, bis 0,008 bei größerem Kohlenstoffgehalt, weiter Gußeisen mit etwa 0,016, schließlich gehärteter Stahl und Gußstahl mit 0,010 bis 0,025.

Der Werth von $\int J dH$ für einen vollen Wechsel bei starker Magnetisirung ist für weiches Eisen etwa 10 000 (c. g. s), für härteres Eisen 16 000, Gußeisen 30 000—40 000, in weichem Stahl bis 60 000, in hartem Stahl bis 120 000, in Wolfram- und Chromstahl noch höher, bis über 200 000.

(69) Der magnetische Kreis. Die magnetischen Kraftlinien werden erzeugt von der magnetomotorischen Kraft, d. i. derjenigen Kraft, welche das vorher unmagnetische Eisen (oder Stahl) magnetisch gemacht hat. Die Zahl der erzeugten Kraftlinien ist der magnetomotorischen Kraft proportional. Die Kraftlinien durchziehen das Feld in geschlossenen Curven; ihre Richtung ist die Richtung der Kraft, ihre Dichte die magnetische Feldstärke an.

Die magnetische Capacität K des Weges, der sich den Kraftlinien darbietet, ist bestimmend für die Gesammtzahl Z der Kraftlinien, welche von der magnetomotorischen Kraft P erzeugt werden:

$$Z = P \cdot K.$$

Hierin ist $Z = B \cdot q$; für einen vollständig bewickelten Eisenring ist $P = H \cdot l$; wenn die Magnetisirungsspule von der Länge L nur einen Theil des magnetischen Kreises einschließt, so ist $P = H \cdot L$.

Die magnetische Capacität K hängt von den Abmessungen und der materiellen Beschaffenheit des Weges für die Kraftlinien ab.

Dimensionen: Zahl der Kraftlinien $L^{3/2} M^{1/2} T^{-1}$;
Dichte der Kraftlinien $L^{-1/2} M^{1/2} T^{-1}$;
magnetische Capacität L;
magnetomotorische Kraft $L^{1/2} M^{1/2} T^{-1}$.

---

*) Steinmetz, El. Ztschr. 1892.

Anmerkung. Den reciproken Werth der magnetischen Capacität hat man bisher magnetischen Widerstand genannt; da die Kraftlinien, nachdem sie erzeugt worden sind, ruhen und demnach keinen Widerstand mehr finden, so ist eine derartige Benennung unzutreffend. Der Vorgang der Magnetisirung kann viel eher mit dem Laden eines Condensators oder einem anderen in der Aufspeicherung von Energie bestehenden Vorgange verglichen werden; es ist demzufolge auch die passendere Benennung der magnetischen Capacitat gewählt worden.

Die magnetische Capacität eines Körpers, der gleichmäßig von parallelen Kraftlinien durchzogen wird, ist proportional dem Querschnitt q und umgekehrt proportional der Länge dieses Körpers; sie hängt außerdem von der natürlichen Beschaffenheit des Körpers ab

$$K = \mu \cdot \frac{q}{l}.$$

Dieser einfachste Fall wird mit großer Annäherung verwirklicht durch einen Eisen- oder Stahlstab von gleichmäßigem Querschnitt, welcher der Länge nach magnetisirt wird, und durch planparallele Platten von Luft und anderen unmagnetischen Körpern, welche zwischen gleich großen ebenen und parallelen Eisenflächen eingeschlossen sind, und deren Dicke gegen ihren Querschnitt gering ist. μ ist für Luft = 1, für noch nicht oder schwach magnetisches weiches Eisen etwa 400—2000; bei stark zunehmender Magnetisirung nimmt der Werth von μ für Eisen ab.

Für andere einfache und häufig vorkommende Fälle werden nachstehend die Formeln abgeleitet. Die Figuren zeigen Durchschnitte durch zwei durch Luft getrennte Eisenstücke (Eisen schraffirt); die punktirten Linien geben den angenommenen Weg der Kraftlinien an; die Annahme ist möglichst der Wirklichkeit entsprechend so gewählt, daß die Rechnung einfach wird.

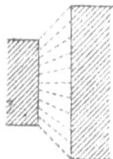
Fig. 14.

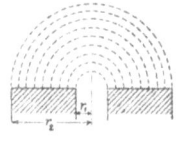
Fig. 15.

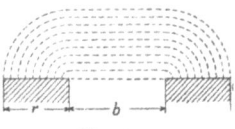
Fig. 16.

Zwei parallele Eisenflächen von annähernd gleicher Größe. Magnetische Capacität des Luftraumes = Mittel der beiden Flächen, dividirt durch ihren Abstand.	Zwei in einer Ebene nebeneinander liegende Eisenflächen; die Dimension senkrecht zur Ebene der Zeichnung = a.		
	Magnetische Capacität	Magnetische Capacität
	$K = a \int_{r_1}^{r_2} \frac{dr}{\pi r} =$	$K = a \int_{0}^{r} \frac{dr}{\pi r + b} =$
	$\frac{a}{\pi} \log \text{nat} \frac{r_2}{r_1}$	$\frac{a}{\pi} \log \text{nat} \left(1 + \frac{\pi r}{b}\right)$

Alle Maße in cm bezw. qcm. Ist der Zwischenraum zwischen den Eisenflächen mit Eisen statt mit Luft gefüllt, so hat man die angegebenen Werthe noch mit der magnetischen Durchlässigkeit μ des Eisens zu multipliciren.

Diese Methode, welche von Forbes angegeben wurde, ist mit Vorsicht zu verwenden; es hängt hier so viel von der Anschauung des Rechners ab, daß man nicht mit voller Sicherheit auf richtige Resultate zählen kann.

Wenn die Kraftlinien auf ihrem Wege von mehreren verschieden bemessenen oder beschaffenen Körpern von den magnetischen Capacitäten k_1, k_2, k_3 u. s. f. aufgenommen werden, so berechnet sich die gesammte Capacität K des Weges nach der Formel

$$\frac{1}{K} = \frac{1}{k_1} + \frac{1}{k_2} + \frac{1}{k_3} + \cdots = \Sigma \frac{1}{k}.$$

Wenn den Kraftlinien mehrere Wege neben einander geboten werden, so ist die gesammte Capacität der neben einander liegenden Wege gleich der Summe der Capacitäten der einzelnen Wege.

Einfluß des weichen Eisens auf die Kraftlinien. Der Verlauf der Kraftlinien in einem magnetischen Feld wird durch die Gegenwart von Eisen und anderen magnetisirbaren Körpern beeinflußt; diese Körper besitzen eine besonders große Aufnahmefähigkeit für magnetische Kraftlinien, vor Allem und in weitaus dem stärksten Maße weiches Eisen. Die Kraftlinien werden aus ihrer Richtung abgelenkt und in großer Zahl und Dichte durch das Eisen geführt (magnetische Schirmwirkung des Eisens).

(70) Erdmagnetismus. Die Erde ist ein sehr großer Magnet, dessen Südpol beim geographischen Nordpol, dessen Nordpol beim geographischen Südpol liegt.

Der Nordpol einer durchaus frei beweglichen Magnetnadel zeigt nahezu nach dem geographischen Norden, und die magnetische Axe der Nadel macht mit der Horizontalen einen bestimmten Winkel. Die Abweichung von der geographischen Nord-Südrichtung heißt Declination, sie ist in Deutschland westlich und beträgt etwa 10°. Der Winkel der magnetischen Axe mit dem Horizont heißt Inclination; der Nordpol zeigt nach unten, der Inclinationswinkel beträgt bei uns etwa 66°.

An den Magnetnadeln, die sich nur in der horizontalen Ebene frei bewegen können, z. B. in vielen Meßinstrumenten, beobachtet man nur das Bestreben, die magnetische Nord-Südrichtung einzunehmen; diese Richtung wird der magnetische Meridian genannt. Solche Nadeln stehen nicht unter der Einwirkung der ganzen Stärke des Erdmagnetismus, sondern nur unter demjenigen Theile desselben, der als horizontale Componente wirksam ist; man nennt diesen Theil auch Horizontalstärke, H.

In Gebieten von beschränkter Ausdehnung, in Beobachtungsräumen, Laboratorien u. dgl. darf man die Kraftlinien des erdmagnetischen Feldes als parallel und gradlinig ansehen, sofern sie nicht durch vorhandene Eisenmassen oder Magnete gestört werden. In solchen Räumen darf man auch die Stärke des magnetischen Feldes als constant ansehen; die Feldstärke wird durch vorhandene Eisen- oder Magnetmassen nicht in dem Maße beeinflußt, wie die Richtung der Kraftlinien.

Betrachtet man größere Gebiete, so ändert sich die Horizontalstärke mit der geographischen Lage des Ortes (s. folg. Tab.).

Magnetismus.

Horizontale Stärke des Erdmagnetismus. 1893.
(Nach einer von Herrn Geh. Adm.-Rath Neumeyer mitgetheilten Karte; vgl. Kirchoff, Anleitung z. deutsch. Landes- u. Volksforschung. 1889.)
Für 1 Jahr ist zu addiren 0,00016.

Westen			Osten
	Kiel ... 0,178	Greifswald .. 0,180	Tilsit... 0,181
	Hamburg 0,181	Rostock . 0,180	Gumbinnen ... 0,183
	Lüneburg 0,182	Schwerin 0,181	Königsberg .. 0,181
	Bremen . 0,182	Stettin .. 0,184	Danzig. . 0,182
Kleve... 0,185	Hannover 0,185	Berlin .. 0,186	Kolberg. 0,182
Osnabrück 0,185	Magdeburg .. 0,187	Frankfurt a. O. ... 0,188	Elbing .. 0,182
Dortmund 0,187	Göttingen 0,189	Halle a.S. 0,190	Thorn .. 0,187
Düsseldorf 0,188	Cassel .. 0,190	Leipzig . 0,191	Posen .. 0,189
Aachen .. 0,189	Erfurt .. 0,192	Dresden . 0,193	Görlitz. . 0,194
Köln ... 0,189	Gießen.. 0,192	Karlsbad 0,196	Breslau . 0,195
Bonn ... 0,190	Frankfurt a. M. ... 0,194	Prag ... 0,198	Glatz.... 0,197
Trier ... 0,194	Bamberg 0,196	Pilsen .. 0,198	Oppeln . 0,197
Darmstadt 0,195	Würzburg 0,196	Regensburg .. 0,201	Brünn .. 0,203
Heidelberg 0,197	Nürnberg 0,198	Ingolstadt 0,201	Wien... 0,207
Metz ... 0,197	Stuttgart 0,200	Passau .. 0,204	Ofen-Pest 0,212
Straßburg 0,200	Tübingen 0,201	München. 0,204	
Karlsruhe 0,198	Ulm ... 0,202	Linz ... 0,205	
Freiburg . 0,202	Augsburg 0,203	Salzburg. 0,206	
Basel ... 0,204	Lindau.. 0,205	Gastein . 0,209	Graz ... 0,211
Zürich .. 0,205	Innsbruck 0,208	Klagenfurt... 0,212	Marburg . 0,214
Bern ... 0,206	Chur ... 0,208		
	Bozen .. 0,211		
	Mailand . 0,214	Triest .. 0,217	

(71) **Schwingungsdauer einer Magnetnadel im erdmagnetischen Feld.** Die Richtungskraft ist gleich dem Product aus dem magnetischen Moment der Nadel M(c. g. s) und der horizontalen Intensität H(c. g. s), also $= MH$(c. g. s); Trägheitsmoment T(c. g. s), nach (22) berechnet.

Schwingungsdauer (23) $t = \pi \cdot \sqrt{\dfrac{T}{MH}}$ sec.

(72) **Wirkung eines Magnetstabes auf eine Magnetnadel**, die im erdmagnetischen Feld horizontal aufgestellt ist, (vgl. Fig. 8). Erste Hauptlage: der Stab liegt östlich oder westlich der Nadel; die Nadel erfährt die Ablenkung φ; dann ist

$$H \cdot M' \sin \varphi = 2 \cdot \frac{M \cdot M'}{R^3} \cos \varphi \text{ oder } M = \frac{R^3}{2} H \operatorname{tg} \varphi \text{ (c.g.s).}$$

Zweite Hauptlage: der Stab nördlich oder südlich der Nadel:

$$HM' \sin \varphi = \frac{MM'}{R^3} \cos \varphi \text{ oder } M = R^3 \cdot H \text{ tg } \varphi \text{ (c. g. s)}.$$

abgesehen von einer geringen Berichtigung wegen der Längen von Stab und Nadel.

Elektricität.

(73) **Leiter und Nichtleiter.** Die nachfolgende Tabelle giebt eine Stufenleiter vom besten bis zum schlechtesten Leiter, von denen der erstere der Bewegung der Elektricität noch immer einen, wenn auch geringen Widerstand entgegensetzt, während auch der schlechteste Leiter dieselbe nicht ganz verhindert.

Metalle.
Kohle, Graphit.
Säuren, Salzlösungen, Wasser in natürlichem
 Vorkommen, Schnee.
Lebende Pflanzen und Thiere.
Lösliche Salze.
Leinen und Baumwolle.
Alkohol, Aether.
Glaspulver, Schwefelblumen.
Marmor.
Trockenes Holz, Papier, Stroh.
Eis bei 0°.
Trockene Metalloxyde.
Fette, Oele.
Asche.
Eis bei — 25°.
Phosphor.
Kalk, Kreide.
Bärlappsamen.
Kautschuk.
Kampher.
Aetherische Oele.
Porcellan.
Getrocknete Vegetabilien, Leder, Pergament,
 trockenes Papier, Federn, Haare, Wolle, Seide.
Edelsteine, Glimmer, Glas, Agat.
Wachs, Schwefel, Harze, Bernstein, Schellak.
Trockene Luft.

Ursachen elektromotorischer Kräfte.

(74) Jeder unelektrische Körper enthält beide Elektricitäten in gleichen und unbegrenzten Mengen; dieselben sind aneinander gebunden und neutralisiren einander; durch das Auftreten elektromotorischer Kräfte werden sie geschieden und nach entgegengesetzten Richtungen auseinander getrieben.

(75) Reibung. Wählt man aus der nachfolgenden Tabelle zwei Körper aus und reibt sie gegeneinander, so wird der in der Tabelle vorn stehende positiv, der nachstehende negativ elektrisch.

+ Haare
   Wolle, Baumwolle, Seide
   Glas
   Holz
   Lack
   Metalle
− Schwefel.

Da die Metalle gute Leiter sind, so kann man sie nur elektrisch machen, wenn sie an einer isolirenden Handhabe befestigt sind.

(76) Influenz. Nähert man einen elektrischen Körper einem anderen isolirten Körper (nicht bis zur Berührung), so wird der letztere auch elektrisch, und zwar enthält er am zugewandten Ende die entgegengesetzte, am abgewandten die gleiche Elektricität wie der genäherte Körper.

Die Menge der influenzirten ist abhängig von der Menge der genäherten Elektricität, vom Abstande der beiden Körper und dem Mittel, welches die Körper trennt. Erfüllt man den Zwischenraum der Körper nacheinander mit verschiedenen Isolationsmitteln, während der Abstand der Körper derselbe bleibt, so verhalten sich die von einer und derselben Elektricitätsmenge, die auf den einen Leiter gebracht wird, auf dem andern Leiter influenzirten Elektricitätmengen wie folgende Zahlen:

Dielektricitätsconstanten.

Ist das Isolationsmittel	so ist die influenzirte Elektricitätsmenge
Luft	1
Petroleum, Paraffin, Wallrath	2
Ozokerit	2
Terpentinöl	2
Ebonit, Kautschuk	2,5
Guttapercha	4,0—4,2
Schwefel	3
Schellack, Colophonium	3
Olivenöl	3
Klauenöl	3
Glas, verschieden	2—8
Ricinusöl	5

(77) Berührung chemisch verschiedener Körper. Bringt man zwei Platten aus verschiedenen Metallen, welche an isolirenden Handhaben befestigt sind, zur Berührung, so sind dieselben nach der Berührung elektrisch. Jedes Metall der folgenden Reihe wird in Berührung mit einem der nachfolgenden positiv, in Berührung mit einem vorhergehenden negativ.

Elektricität.

Spannungsreihe.

+	Zink	0,70
	Blei	0,45
	Zinn	0,40
	Eisen	0,25
	Kupfer	0,10
	Silber	0,06
	Platin	0,05
−	Gold	0

Spannungsgesetz: Die EMK zweier Glieder der Reihe ist gleich der Summe der elektromotorischen Kräfte der Zwischenglieder, z. B.

Zink / Eisen = Zink / Blei + Blei / Zinn + Zinn / Eisen.

Die beigefügten Zahlen geben Maße für die EMK der einzelnen Metalle gegeneinander (in Volt); die elektromotorische Kraft zweier Glieder der Reihe ist gleich der Differenz der beigesetzten Zahlen, z. B.

Zink / Kupfer = 0,60 Volt. Eisen / Silber = 0,19 Volt.

Die Oberflächenbeschaffenheit der Metalle, sowie geringe Beimengungen sind auf die Stellung der Glieder in der Reihe von Einfluß, so daß die obige Zusammenstellung nicht allgemein gilt und keinen Anspruch auf Genauigkeit machen kann.

(78) In ähnlicher Weise treten bei der Berührung von Metallen mit leitenden nichtmetallischen Flüssigkeiten (Säuren, Alkalien, Salzlösungen) EMKräfte auf; die Flüssigkeiten lassen sich aber nicht in die Spannungsreihe der Metalle einordnen, sie gehorchen nicht dem Spannungsgesetz.

Nach Pfaff werden in Salzlösungen getauchte Metalle im Allgemeinen ebenso elektrisch geladen, als wenn sie mit dem Metall, welches die Basis des Salzes bildet, in Berührung stehen.

Die Untersuchungen von Buff und Pfaff haben für folgende vielfach benutzte Flüssigkeiten und Metalle ergeben:

Bei Berührung mit	werden
reinem Wasser	Metalle − Zn stark − Pt schwach −
verd. Schwefelsäure	Zn, Fe, Cu − Au, Pt +
verd. Salpetersäure	Zn, Fe − Pt, Au + Cu indifferent
concentr. Salpetersäure	Zn − Pt, Fe, Au, Cu +
concentr. Zinkvitriollösung	Zn, Cu − Pt +
Kalilauge	Metalle −
Ammoniak	Zn, Sn, Pb, Ag, Fe, Cu −
Salmiaklösung	Sn, Pb, Bi, Ag, Cu, Fe + Zn, Pt −

(79) Elektromotorisches Verhalten einiger Metalle in Flüssigkeiten, bei Eintauchung.

(Der Strom geht im Verbindungsdraht von dem folgenden zum vorhergehenden Metall über.)

Wasser (Fechner)	Verdünnte Schwefelsäure (Poggendorf)	Verdünnte Salpetersäure (Faraday)	Concentrirte Salpetersäure (Faraday)
—	—	—	—
Zn	Zn	Zn	Cd
Pb	Cd	Cd	Zn
Sn	Fe	Pb	Pb
Fe	Sn	Sn	Sn
Sb	Pb	Fe	Fe
Bi	Al	Ni	Bi
Cu	Ni	Bi	Cu
Ag	Sb	Sb	Sb
Au	Bi	Cu	Ag
$+$	Cu	Ag	Ni
	Ag	$+$	$+$
	Pt		
	$+$		

Sind die EMKräfte zweier verschiedener Metalle gegen ein drittes Metall in derselben Flüssigkeit bestimmt, so ist die EMK der beiden ersteren gleich der Differenz ihrer EMKräfte gegen das dritte Metall.

(80) Leiter erster und zweiter Classe. Diejenigen Leiter, welche dem Spannungsgesetz gehorchen, nennt man Leiter erster Classe; es sind außer den Metallen noch Kohle, Bleisuperoxyd und Mangansuperoxyd. Die Leiter, welche dem Spannungsgesetz nicht gehorchen, werden Leiter zweiter Classe genannt.

Die Verbindung von Leitern erster Classe unter einander zu einem in sich zurücklaufenden Leiter oder zu einem offenen Leiter, dessen Enden aus demselben Metall bestehen, liefert keine freie Elektricität (ausgenommen in Folge von Temperaturunterschieden). Die Verbindungen von Leitern erster Classe mit solchen zweiter Classe nennt man Elemente, Batterien, Säulen, Ketten; dieselben sind Quellen freier Elektricität.

Die EMK solcher Quellen ist von derselben Größenordnung, wie die der EMK durch Berührung von Leitern erster Classe allein. (Vgl. d. Weit. Abschn. Elemente).

(81) Die Berührung von Flüssigkeiten unter einander und von Metallen mit Gasen liefert ebenfalls EMKräfte, zum Theil von erheblicher Größe.

Elektricität. 59

(82) Ungleichheit der Temperatur in einem zusammengesetzten metallischen Leiter. Wenn in einem Leiter, der aus zwei oder mehreren verschiedenen Metallen (oder aus physikalisch verschieden beschaffenen Stücken desselben Metalls, z. B. einem harten und einem weichen Draht) besteht, die Verbindungsstellen der Metalle ungleiche Temperaturen besitzen, so entsteht eine EMK. Diese Kraft ist von der Natur der in Berührung gebrachten Metalle abhängig und wächst im Allgemeinen mit der Temperaturdifferenz der Berührungsstellen. Bei sehr starken Erhitzungen (der einen Verbindungsstelle, während die andere abgekühlt bleibt) wird indeß für viele Combinationen von Metallen die EMK wieder geringer, ja sie kann ganz verschwinden und bei noch weiter gehender Erhitzung von Neuem, aber mit entgegengesetzter Richtung auftreten.

Die Metalle und Metallegirungen lassen sich in eine thermoelektrische Spannungsreihe ordnen, welche zunächst nur für mäßige Erhitzungen gilt. Die Stellung der einzelnen Metalle in dieser Reihe ist aber zum Theil in hohem Maße von geringen Beimengungen, welche dieselben enthalten können, abhängig. Dieser Umstand soll in der nachfolgend mitgetheilten Spannungsreihe dadurch ausgedrückt werden, daß eine Anzahl von Metallen, welche in der Reihe hintereinander stehen sollten, als auf gleicher Linie stehend aufgezählt sind; einzelne Metalle dieser Gruppe können sich innerhalb der Gruppe verschieben, wenn man verschiedene käufliche Metallsorten nimmt.

Die positive Elektricität erhält die Richtung von dem in der Reihe vorn stehenden Metalle durch die warme Verbindungsstelle zu dem nachfolgenden Metall.

Wismuth
Nickel
Platin, Kupfer, Messing, Quecksilber,
Blei, Zinn, Gold, Silber
Zink
Eisen
Antimon

Die thermo-elektromotorischen Kräfte sind sehr gering gegen die durch Berührung verschiedenartiger Körper hervorgerufenen EMKräfte; z. B. Kupfer-Eisen, für 100° Unterschied der Verbindungsstellen kleiner als 0,01 Volt.

(83) Induction. Tritt in irgend einer Combination von Magneten und Leitern oder in einer Combination von Leitern allein, von denen wenigstens einer von Elektricität durchströmt wird, irgend eine räumliche Verschiebung oder eine Veränderung der elektrischen oder magnetischen Zustände ein, so wird in allen Leitern, welche zu dieser Combination gehören (oder gerechnet werden können), eine EMK erregt. Dieser Vorgang heißt Induction, die EMK wird durch die vorgegangene Veränderung inducirt.

Elektrostatik.

(84) Wenn die Elektricität an der Ausbreitung und dem Ausgleich mit ungleichnamiger Elektricität gehindert ist, so gelten folgende Gesetze:

Enthält ein Körper gleichviel positive und negative Elektricität, so heißt er unelektrisch oder neutral; besitzt ein Körper mehr positive als negative Elektricität, so ist er positiv elektrisch, überwiegt die negative Elektricität, so ist er negativ elektrisch.

(85) Anziehende und abstofsende Kräfte zwischen elektrischen und unelektrischen Körpern.

1. Ein elektrischer und ein unelektrischer Körper ziehen einander an.
2. Ein positiv elektrischer und ein negativ elektrischer Körper ziehen einander an.
3. Zwei positiv elektrische Körper oder zwei negativ elektrische Körper stoßen einander ab.
4. Zwischen unelektrischen Körpern findet weder Anziehung noch Abstoßung statt.

(86) Mafs der Elektricität. Die Größe der abstoßenden oder anziehenden Kraft dient als Maß der Stärke des vorhandenen elektrischen Zustandes oder der Menge der vorhandenen Elektricität. Anziehung bezw. Abstoßung ist proportional den auf einander wirkenden Elektricitätsmengen und umgekehrt proportional dem Quadrate des Abstandes dieser Mengen. $f = \dfrac{E_1 E_2}{R^2}$.

(87) Einheit der Elektricitätsmenge ist diejenige Menge, welche auf eine gleich große in der Einheit des Abstandes die Einheit der Kraft ausübt, oder in praktischen Maßen: Wenn zwei sehr kleine Körper, deren Abstand von einander 1 cm beträgt, der eine mit positiver, der andere mit negativer Elektricität geladen sind, wenn beide Elektricitätsmengen gleich groß und so groß sind, daß sich die beiden kleinen Körper unter dem Einfluß ihrer Ladungen mit derselben Kraft anziehen, mit welcher die Masse 1,02 mg von der Erde angezogen wird, so ist die Ladung jedes der beiden Körper gleich der Einheit der Elektricitätsmenge. Dimension der Elektricitätsmenge, mechanisch gemessen, $L^{3/2} \cdot M^{1/2} \cdot T^{-1}$. (Elektromagnetisches Maß vgl. (135).)

(88) Dauer des elektrischen Zustandes. Eine Folge der Ausbreitung der Elektricität auf allen Körpern ist die verhältnißmäßig kurze Dauer des elektrischen Zustandes. Die Elektricität verbreitet sich von dem elektrischen Körper in kürzerer oder längerer Zeit auf alle benachbarten Körper, schließlich auf der ganzen Erde. Dies kommt einer vielmillionenfachen Verdünnung der Elektricität auf dem zuerst elektrischen Körper gleich, und man bemerkt deshalb bald nichts mehr von Elektricität auf demselben.

Das Abfließen der Elektricität von einem Körper auf andere wird besonders durch Spitzen, Kanten und starke Hervorragungen der Oberfläche begünstigt. („Wirkung der Spitzen.")

Elektricität.

(89) Elektricitätsmenge, Potential und Capacität. Die Elektricität im Zustand der Ruhe ist bestimmt durch zwei Größen: Elektricitätsmenge und Potential, welche man vergleichen kann mit Masse und verfügbarer Fallhöhe oder mit Wärmemenge und Temperatur. Wenn irgend ein isolirt aufgestellter Leiter mit Elektricität geladen wird, so stehen Elektricitätsmenge und Potential auf demselben in einem bestimmten Verhältniß, welches eine Eigenschaft des geladenen Körpers ist und Capacität genannt wird:

$$\frac{\text{Elektricitätsmenge}}{\text{Potential}} = \text{Capacität}.$$

Körper, auf welche diese Formel häufig angewandt wird, sind die Ansammlungsapparate (Franklin'sche Tafel, Leydener Flasche), die Condensatoren, Elektrometer und lange Kabelleitungen. Diese alle bestehen aus zwei Leitern der Elektricität, die mit mehr oder minder großer Fläche und geringem Abstand, von einander isolirt, einander gegenüberstehen. Nach (76) wird auf dem einen Leiter Elektricität durch Influenz erzeugt, wenn der andere von einer Elektricitätsquelle aus geladen wird; diese Elektricitäten halten einander durch gegenseitige Anziehung fest. Die Capacität der angeführten Vorrichtungen ist von der Dielektricitätsconstante des Isolationsmittels abhängig.

(90) Werthe von Capacitäten.

	Capacität.
Freistehende Kugel vom Radius r	r
Freistehender Cylinder „ „ „ für die Längeneinheit	r
Kugel vom Radius r, die von einer Kugelschale vom Radius r_1 umgeben ist	$\dfrac{r_1 - r}{r \cdot r_1}$
Cylinder vom Radius r, der von einem Cylinder vom Radius r_1 umgeben ist, für die Längeneinheit (Telegraphenkabel)	$\dfrac{1}{2 \log \operatorname{nat} \dfrac{r_1}{r}}$
Zwei im Abstande d einander gegenüberstehende parallele Flächen von der Größe S (Leydener Flasche, Condensatoren)	$\dfrac{S}{4\pi d}$
Eine zwischen zwei parallelen Flächen liegende dritte Fläche (Condensatoren)	$\dfrac{S}{4\pi} \cdot \left(\dfrac{1}{d_1} + \dfrac{1}{d_2}\right)$

Maße der Längen und Flächen in cm und qcm; die Formeln geben die Capacität im elektrostatischen Maße; um Mikrofarad zu erhalten, hat man noch durch $9 \cdot 10^5$ zu dividiren.

(91) Energie eines Condensators. Die in einem Condensator von der Capacität C aufgespeicherte Elektricitätsmenge M stellt eine Energiemenge $M^2/2C$ oder $1/2 MV$ dar, wenn V das Potential bedeutet.

Elektrodynamik.

Gesetze des constanten Stromes.

(92) Die Bewegung der Elektricität auf oder in einem Leiter nennt man einen elektrischen Strom. Die Vorgänge während dieser Bewegung und die Wirkungen derselben sind charakterisirt durch drei Größen. Zwei derselben beziehen sich auf die strömende Elektricität: Potentialdifferenz bezw. elektromotorische Kraft E und Stromstärke J, die dritte ist eine Eigenschaft des durchströmten Leiters, der Widerstand R. Dimension, elektromagnetisch gemessen, vgl. (134), (136), (137).

Elektromotorische Kraft $L^{3/2}M^{1/2}T^{-2}$ 1 Volt $= 10^8$ (c.g.s)
Stromstärke $L^{1/2}M^{1/2}T^{-1}$ 1 Ampère $= 10^{-1}$ (c.g.s)
Widerstand $L \cdot T^{-1}$ 1 Ohm $= 10^9$ (c.g.s).

Diese drei Größen sind verbunden durch

(93) Das Ohm'sche Gesetz: $E = JR$

Das Ohm'sche Gesetz gilt in dieser einfachen Form für den Fall, daß nur eine EMK und ein einfacher Stromleiter vorhanden ist; für verzweigte Stromleiter, und wenn mehrere EMKräfte vorhanden sind, tritt an seine Stelle ein erweitertes Gesetz:

(94) 1. Satz von Kirchhoff: $\Sigma E = \Sigma JR$

In jeder verzweigten Strombahn ist für jeden in sich selbst zurückführbaren Weg die Summe der EMKräfte gleich der Summe der Producte aus Stromstärke und Widerstand für jeden Leitungstheil; die EMKräfte und Stromstärken sind hierbei mit dem ihrer Richtung entsprechenden Vorzeichen zu nehmen.

(95) 2. Satz von Kirchhoff: $\Sigma J = 0$.

In jedem Verzweigungspunkte ist die Summe der von diesem Punkte wegfließenden Ströme gleich der Summe der hinzufließenden.

(96) **Folgerungen.** *a)* In einem einfachen Stromkreis ist die Stromstärke überall dieselbe.

b) Bei einer Verzweigung eines Stromleiters vertheilen sich die Stromstärken auf die einzelnen Zweige umgekehrt proportional den Leitungswiderständen der Zweige, während die Summe der Theilströme gleich dem ungetheilten Strom bleibt. — Dies gilt nur, wenn keiner der Zweige eine besondere elektromotorische Kraft enthält.

c) Für einen Leiter vom Widerstand r, der von einem Strom von der Stärke i durchflossen wird, ist das Product ir gleich der Potentialdifferenz, oder Spannung des elektrischen Stromes zwischen den Enden dieses Leiters; in vielen Fällen kann man mit dieser berechneten Spannung ebenso rechnen, wie mit einer EMK.

Elektricität.

(97) Beispiele über Anwendung des Ohm'schen Gesetzes.

I. An ein Galvanometer sei eine Abzweigung angelegt worden. Der Widerstand des Abzweigungsdrahtes sei $= r$, der des Galvanometers $= g$, der des zugefügten Rheostaten $= R$, die Stromstärke im Hauptstromkreis $= J$, im Abzweigungsdraht $= i$, im Galvanometer $= j$. Die letztere kann gemessen werden, r, g und R sind bekannt. Wie groß ist das Verhältniß $J:j$?

$J = i + j$ \ nach der zweiten Folgerung
$i:j = g + R : r$ / des Ohm'schen Gesetzes.

Setzt man $\dfrac{g+R}{r} = n$, so erhält man

$$i = n \cdot j.$$
$$J = j + n \cdot j = j \cdot (n+1)$$
$$J : j = n + 1.$$

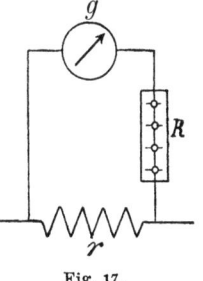

Fig. 17.

II. Zu einer Beleuchtungsanlage gehört ein zu beleuchtender Raum, welcher von den Maschinen l m entfernt ist; dort sind im Ganzen n Lampen installirt, von denen jede e V und i A verbraucht. Wie dick muß die Leitung gewählt werden, damit bei vollem Betrieb, wenn die Maschine mit e_1 Volt geht, an den Lampen die vorgeschriebene Spannung herrscht? ($e_1 - e =$ Spannungs-Verlust.)

Der noch unbekannte Widerstand der kupfernen Leitung sei $r = \dfrac{1}{55} \cdot \dfrac{2l}{q}$, worin q gesucht.

Bei vollem Betrieb ist die Stromstärke $n \cdot i$, demnach die Spannung an den Enden der Leitung (Hin- und Rückleitung zusammen)

$$n \cdot i \cdot \frac{1}{55} \cdot \frac{2l}{q}$$

und dies soll sein $= e_1 - e$

Daraus $q = \dfrac{1}{27,5} \cdot \dfrac{n \cdot i \cdot l}{e_1 - e}.$

Beispiel: $i = 0,53$; $e = 100$
$e_1 = 107,5$; $n = 40$; $l = 240$ m
$q = \dfrac{1}{27,5} \cdot \dfrac{40 \cdot 0,53 \cdot 240}{7,5} = 24,6$ qmm. entsprechend einem Durchmesser von 5,6 mm.

Leitungswiderstand.

(98) Den Widerstand eines Leiters, dessen Länge sehr groß ist gegen die Abmessungen seines Querschnittes, kann man berechnen. Ist die Länge des Leiters $= l$ m und sein Querschnitt $= q$ qmm, ist der letztere an allen Stellen gleich groß, so ist der Widerstand des Leiters

$$r = \varrho \cdot \frac{l}{q} \text{ Ohm.}$$

In dieser Formel bedeutet ϱ eine von der Natur des leitenden Körpers abhängige Constante, welche der specifische Widerstand des Körpers genannt wird.*)

―――
*) Gewöhnlich mit dem Zusatz: bezogen auf Ohm; dies ist nicht die Zahl, welche den spec. W. der Körper mit dem des Quecksilbers vergleicht.

64   Elektricität.

(**99**) Bei Leitern von kleinem, aber veränderlichem Querschnitt kann man eine Berechnung des Widerstandes ausführen, indem man den Leiter in kleine Stücke zerlegt, in denen der Querschnitt sich nur wenig ändert; diese kann man als Cylinder oder als Kegelstumpfe ansehen. Für Cylinder gilt die obige, für Kegelstumpfe folgende Formel:

$$r = \varrho \cdot \frac{l^2}{v} \cdot \left(1 + \frac{1}{12} \cdot \frac{(q_1 - q_2)^2}{q_1 q_2}\right)$$

worin l die Länge, v das Volumen und $q_1\, q_2$ die beiden Endquerschnitte des Kegelstumpfes bedeuten.

Ist eine solche Zerlegung nicht mehr möglich oder hat eine Dimension des Querschnitts eine erhebliche Größe, so daß man sie nicht mehr klein gegen die Länge des Leiters nennen kann, so ist eine Berechnung nach einfachen Formeln nicht mehr ausführbar; in einzelnen Fällen erhält man noch Schätzungswerthe, doch verliert die Anwendung der obigen Formel ihre Berechtigung. Das einzige Mittel ist dann die Messung.

Für flüssige nichtmetallische Leiter kann man den Widerstand auch bei großem Querschnitt und geringer Länge noch berechnen, wenn die Stromzuführungen aus starken großen gutleitenden Platten von Metall oder Kohle gebildet werden und die Flüssigkeitsmasse zwischen beiden Platten eine einfache Gestalt hat; doch erhält man durch Anwendung der Formel gewöhnlich zu geringe Werthe, weil man den Widerstand beim Uebergang von der Elektrode zur Flüssigkeit nicht berücksichtigt.

(**100**) Das Leitungsvermögen oder die Leitungsfähigkeit eines Körpers ist der Gegensatz seines Leitungswiderstandes. Bezeichnen wir das erstere mit v, so ist

$$v = \frac{1}{r}.$$

(**101**) Der Widerstand eines metallischen Leiters nimmt bei Erhöhung der Temperatur zu, der Widerstand der nichtmetallischen Leiter und der Kohle, sowie einiger Manganlegirungen wird geringer.

(**102**) **Werthe des specifischen Widerstandes fester und flüssiger Körper.** Für schnell auszuführende Rechnungen merke man folgende Zahlen:

$$\text{Kupfer } \varrho = \frac{1}{55}$$

$$\text{Messing, Eisen, Platin, Zink, Zinn } \varrho = \frac{1}{10}$$

$$\text{Neusilber und neusilberähnliche Legirungen } \varrho = \frac{1}{4} \text{ bis } \frac{1}{2}$$

$$\text{Kohle veränderlich zwischen } \varrho = 100 \text{ und } \varrho = 1000.$$

Dies sind nur Näherungswerthe; allein der specifische Widerstand eines Metalles ist so sehr von Beimengungen abhängig, daß genaue Zahlen, die man für die ganz reinen Metalle kennt, oder Beispiele von Werthen für verunreinigte Metalle oder für Legirungen hier nur verhältnißmäßig geringen Werth haben.

Elektricität.

Specifischer Widerstand.

Metalle, Legirungen, Kohle. Zimmertemperatur: $r = \varrho \cdot \dfrac{l}{q}$; r in Ohm. l in Metern, q in Quadratmillimetern. $\triangle \varrho$ = Aenderung von ϱ für 1 Grad in Theilen des Ganzen für Temperaturen zwischen 0° und 30°, bei Metallen Zunahme, bei Kohle Abnahme von ϱ bei steigender Temperatur.

(z. Theil nach Landolt u. Börnstein, Tabellen, berechnet.)

	ϱ	$\triangle \varrho$
Aluminium	0,03—0,05	+ 0,0039
Aluminiumbronze	0,12	+ 0,001
Antimon	0,5	+ 0,0041
Blei	0,22	+ 0,0041
Cadmium	0,07	+ 0,0041
Eisen	0,10—0,12	+ 0,0045
Gold	0,02	+ 0,0038
Kupfer	0,018—0,019	+ 0,0037
Magnesium	0,04	+ 0,0039
Messing	0,07—0,08	+ 0,0015
Neusilber*)	0,15—0,51	+ 0,00022 bis + 0,0007
Nickel	0,15	+ 0,0037
Nickelin**)	0,43	+ 0,00022
Nickelkupfer***)	0,50—0,52	zwischen + 0,0001 und − 0,0001
Nickelmangankupfer***)	0,475	= 0 bei 8°
Mangankupfer I***)	0,43	= 0 bei 17°
Mangankupfer II***)	1,07	sehr gering
Patentnickel***)	0,335	+ 0,0002
Platin	0,12—0,16	+ 0,0024 bis 0,0035
Quecksilber	0,95	+ 0,00091
Rheotan**)	0,50	+ 0,00022
Silber	0,016—0,018	+ 0,0034 bis 0,0040
Stahl	0,10—0,25	+ 0,0052
Thermotan**)	0,58	− 0,00002
Wismuth	1,2	+ 0,0037
Zink	0,06	+ 0,0042
Zinn	0,10	+ 0,0042
Kohle	100—1000	− 0,0003 bis − 0,0008

*) Dazu gehören die verschiedenen Sorten, als: Argentan, Blanca etc., welche in ihrem specifischen Widerstand sehr verschieden sind. Legirungen gleichen Namens, von verschiedenen Fabricanten bezogen, haben verschiedene specifische Widerstände; im Allgemeinen gilt die Regel: Je weifser die Legirung, desto gröfser ist der specifische Widerstand und desto kleiner der Temperaturcoefficient $\triangle \varrho$.

**) aus Dr. Geitner's Argentan-Fabrik in Auerhammer bei Aue (Sachsen).

***) Patentnickel und Nickelkupfer (Constantan) von Basse und Selve in Altena (Westfalen). Nickelmangankupfer und Mangankupfer nach den Untersuchungen der Physikalisch-technischen Reichsanstalt. Patentnickel: 25 % Ni, 75 Cu; Nickelkupfer: 35—55 % Ni, 65—45 % Cu. Für Nickelmangankupfer (3,4 % Ni, 84 Cu, 12 Mn) wird die Abhängigkeit des Widerstandes von der Temperatur dargestellt durch $w_t - w_0 \cdot (1 + 0{,}00015\, t - 0{,}0000009\, t^2)$; für Mangankupfer I (90 Cu, 10 Mn) durch $w_t = w_0 \cdot (1 + 0{,}000020\, t - 0{,}0000006\, t^2)$; Mangankupfer II (70 Cu, 30 Mn).

Elektrolyte. 18° C. — $r = \varrho \cdot \dfrac{l}{q}$; r in Ohm, l in Centimetern, q in Quadratcentimetern. Für 1° Temperaturerhöhung nimmt der Widerstand um ca. 2,5 % ab. Der Procentgehalt bedeutet Gewichtstheile der wasserfreien Verbindung in 100 Gewichtstheilen der Flüssigkeit.

Procentgehalt	Salpetersäure HNO^3	Salzsäure HCl	Schwefelsäure H^2SO^4	Kupfersulfat $CuSO^4$	Magnesiumsulfat $MgSO^4$	Zinksulfat $ZnSO^4$	Silbernitrat $AgNO^3$
5	3,9	2,6	4,8	53	38	53	41
10	2,2	1,6	2,6	30			22
15	1,6	1,4	1,9	24	21	24	15
20	1,4	1,3	1,5				12
25	1,3	1,4	1,4		24	21	10
30	1,3	1,5	1,4				
35	1,3	1,7	1,4				
40	1,4	2,0	1,5				
50	1,6		1,9				
60	2,0		2,7				5
70	2,6		4,7				
80	3,8		9,9				

(103) **Verschiedene Schaltungsweise der Leiter.** Zwei oder mehrere Leiter kann man so mit einander verbinden, daß der Endpunkt des ersten an den Anfangspunkt des zweiten, der Endpunkt des zweiten an den Anfangspunkt des dritten u. s. w. stößt, Hintereinanderschaltung, Reihen- oder Serienschaltung. Oder man kann alle Anfangspunkte mit einander und alle Endpunkte mit einander verbinden, Nebeneinanderschaltung, Zweig- oder Parallelschaltung. Im ersten Fall erhält man einen einfachen, im letzteren einen verzweigten Stromleiter.

Beide Schaltungen kann man auch vereinigen, indem man eine Zahl von nebeneinandergeschalteten Leitern als einen Leiter auffaßt und mit anderen Leitern in Reihe schaltet, oder indem man mehrere Reihen von Leitern in Zweigschaltung zu einander setzt.

Der Leitungswiderstand W eines einfachen Stromleiters ist gleich der Summe der Widerstände w seiner Theile.

$$W = w_1 + w_2 + w_3 + \cdots$$

Der Widerstand R einer Anzahl in Zweigen geschalteter Leiter läßt sich aus den Widerständen r der Theile berechnen:

$$R = \dfrac{1}{\dfrac{1}{r_1} + \dfrac{1}{r_2} + \dfrac{1}{r_3} + \cdots}.$$

Verbindet man n Leiter, welche an Widerstand einander nahe gleich sind, in Reihenschaltung, so ist der Widerstand der ganzen Reihe

$$W = nw_1 + \Sigma d,$$

wenn w_1 der Widerstand irgend eines der Leiter und Σd die algebraische Summe der Unterschiede der übrigen Widerstände gegen w_1 bedeutet. Schaltet man die n Leiter parallel, so wird

$$R = \frac{w_1}{n} + \frac{\Sigma d}{n^2}.$$

Zerlegt man einen Leiter vom Widerstand W in n nahezu gleiche Theile und schaltet dieselben parallel, so ist

$$R = \frac{W}{n^2}$$

Anwendung. Herstellung sehr kleiner Widerstände.

Aufgabe: einen Widerstand von 0.01 Ohm herzustellen.

Losung: 2,25 m eines Neusilberdrahtes von etwa 1 mm Durchmesser sei = 1 Ohm; man schneide von diesem Draht 10 Stücke von 245 mm, löthe diese Stücke mit jedem Ende in starken Kupferdraht ein, so dafs genau 225 mm Neusilberdraht zwischen den Lothstellen übrig bleiben, und verbinde alle 10 Stücke in Zweigschaltung. Die 10 Stücke von 225 mm hinter einander sind = 2,25 m = 1 Ohm; also sind sie parallel $= \frac{1}{10^2} = \frac{1}{100}$ Ohm. Geringe Ungleichheiten des Drahtes haben auf das Resultat keinen Einflufs.

Um 0,001 Ohm aus einem Draht herzustellen, von dem 1 Ohm = 6,75 m lang ist (ca. 2 mm ⌀), rechne man $0{,}001 = \frac{x}{n^2}$ und setze etwa $n = 14$; dann wird $x = 0{,}196$ Ohm = 1,323 m, $\frac{1{,}323}{14} = 0{,}0945$; d. h. man nehme 14 Stücke von je 94,5 mm freier Länge. Ebenso für $n = 16$: $x = 1{,}728$ m, d. i. 16 Stücke von 108 mm.

(104) Erwärmung des Leitungsweges durch den Strom. Wird ein Leiter vom Widerstand r Ohm von einem Strome durchflossen, dessen Stärke $= i$ Ampère ist, so wird während der Zeit t Secunden in dem Leiter eine Wärmemenge F erzeugt, welche sich berechnet zu:

Joule's Gesetz: $F = 0{,}240 \cdot i^2 r t$ **g-cal.**

In einem Leiter, der aus einem Material vom specifischen Widerstand ϱ hergestellt ist, dessen Querschnitt = q qmm und Querschnittsumfang = u mm ist, bringt der Strom i A eine Temperaturerhöhung T hervor, und es ist

$$T = C \cdot \frac{i^2 \cdot \varrho}{q \cdot u}$$ Celsiusgrade Temperaturdiffer. gegen die Umgebung.

Hierin bedeutet C eine Constante, welche von den äußeren Umständen, in denen der Leiter sich befindet, abhängt; der Werth von C liegt zwischen 25 und 50. Die Länge des Leiters ist ohne Einfluß.

Um die Erwärmung möglichst gering zu machen, kann man zunächst den Querschnitt q groß wählen; dies ist aber der Kosten wegen oft praktisch unzulässig. Demnächst sorgt man für einen möglichst großen Umfang des Querschnittes; aus diesem Grunde sind stärkere Drähte (über 2 mm Durchmesser) sehr ungünstig; weit besser sind schon Leiter von rechteckigem Querschnitt, am besten dünnes Blech oder Gewebe aus schwachem Draht. Ferner ist von großer Bedeutung das Ausstrahlungsvermögen, das bei blankem glänzendem Material sehr viel geringer ist, als bei mattem. Durch geeignete Lüftungseinrichtungen wird in vielen Fällen für gute Kühlung zu sorgen sein.

68 Elektricität.

Für runde Drähte ist

$$T = C \cdot \frac{i^2 \cdot \varrho}{d^3}$$ Celsiusgrade Temperaturdiffer. gegen die Umgebung.

$d =$ Durchmesser des Drahtes in mm.

Den Werth von C hat man je nach äußeren Umständen verschieden, für die gewöhnlichen Arten der Drahtverlegung zwischen 10 und 20 anzunehmen.

Für blanke Dräthe, die in Luft horizontal ausgespannt sind, nehme man $C = 16$.

Isolirte Dräthe werden weniger stark erwärmt als blanke; der Unterschied wurde von Oehlschläger zu etwa 30 % gefunden. Aus den Beobachtungen des Genannten läßt sich eine Formel für Guttaperchadrähte, die in Luft ausgespannt sind, berechnen:

$$0{,}03 \cdot \frac{J^2}{d^3} \cdot \left(d_1 - d + 10 \cdot \frac{d}{d_1} \right) \text{ Celsiusgrade,}$$

worin d den Durchmesser des blanken Drahtes, d_1 den des mit Guttapercha isolirten bedeutet; d und d_1 in mm, J in Ampère.

Kennt man für einen Draht bei bestimmter Art der Führung und Isolation die Stromstärke, welche eine gewisse Temperaturerhöhung hervorbringt, so kann man berechnen, wie groß für andere Stromstärken der Querschnitt des Drahtes zu nehmen ist, oder wie viel Strom andere Drähte zu leiten im Stande sind, wenn die Temperaturerhöhung dieselbe bleiben sollte. Es ist dann

$$d_1 : d_2 = \sqrt[3]{i_1{}^2} : \sqrt[3]{i_2{}^2}$$

(105) Wirkung des Stromes in einem Leiter zweiter Classe. Die Leiter zweiter Classe [Elektrolyte], erleiden beim Stromdurchgang eine chemische Zersetzung [Elektrolyse]; die Producte dieser Zersetzung [die Ionen] erscheinen an den Zuführungen des elektrischen Stromes zur Flüssigkeit [den Elektroden). An der (mit dem positiven Kupfer- oder Kohle-Pole der Elektricitätsquelle verbundenen) positiven Elektrode [Anode] scheiden sich der Sauerstoff und andere Metalloïde, sowie die Säure aus, während an der negativen Elektrode [Kathode] die Metalle und Wasserstoff auftreten.

Die Zersetzung geht häufig bis auf die Grundbestandtheile der durchströmten Leiter; manchmal erhält man zusammengesetzte Körper als Ergebniß der Zersetzung; in vielen Fällen treten die ausgeschiedenen Bestandtheile während der Zersetzung mit der noch unveränderten Flüssigkeit in sog. secundäre Action, d. h. in eine weitere, vom Vorgang der Elektrolyse unabhängige chemische Umsetzung.

Gesetz von Faraday: $M = c \cdot \alpha \cdot i \cdot t$.

Die in einem Leiter zweiter Classe zersetzten oder ausgeschiedenen Mengen sind proportional der Zeit t und der Stromstärke i oder, was dasselbe ist, der durchgeflossenen Elektricitätsmenge $i \cdot t$. Die in einem Leiter an den beiden Elektroden oder die in verschiedenen Leitern zersetzten oder ausgeschiedenen Mengen sind einander chemisch äquivalent.

Elektricität.

Bedeutet α das chemische Aequivalent eines zersetzten oder ausgeschiedenen Körpers, bezogen auf Wasserstoff $= 1$ (zu berechnen aus Atomgewicht und Werthigkeit), i die Stromstärke in Ampère, t die Zeit in Secunden, oder $i \cdot t$ die Elektricitätsmenge in Coulomb, so wird von dem betreffenden Körper eine Menge M mg zersetzt oder ausgeschieden gleich

$$M = 0{,}010386 \cdot \alpha \cdot i \cdot t \text{ mg.}$$

Die Einheit für i ist in der Regel das Ampère; will man die Zeit nach Minuten oder Stunden messen, den Niederschlag nach g oder kg erhalten, so hat die Constante der vorigen Formel folgende Werthe:

		t nach sec.	min.	h.
M nach	mg	0,01039	0,623	37,4
	g	0,00001039	0,000623	0,0374
	kg		0,000000623	0,000374

Der Vorgang der Elektrolyse wird dazu benutzt, Stromstärken zu messen; vgl. Voltameter.

Atomgewichte.

Element	Zeichen	Atomgewicht	Element	Zeichen	Atomgewicht
Aluminium	Al	27,0	Mangan ..	Mn	54,8
Antimon ..	Sb	120	Natrium ..	Na	23,0
Blei.....	Pb	206,4	Nickel ...	Ni	58,8
Brom	Br	79,8	Phosphor .	P	31,0
Cadmium..	Cd	112	Platin.....	Pt	194,3
Calcium ..	Ca	40,0	Quecksilber	Hg	199,8
Chlor	Cl	35,4	Sauerstoff .	O	15,96
Eisen	Fe	55,9	Schwefel..	S	32,0
Gold	Au	196,2	Silber....	Ag	107,7
Iod	I	126,6	Stickstoff .	N	14,01
Kalium ...	Ka	39,0	Wasserstoff	H	1
Kobalt ...	Co	58,8	Wismuth..	Bi	207,5
Kohlenstoff	C	11,97	Zink	Zn	64,9
Kupfer ...	Cu	63,2	Zinn	Sn	117,5
Magnesium	Mg	23,9			

(106) **Polarisation.** Bei der Zerlegung eines Leiters zweiter Classe muß im Allgemeinen die Kraft der chemischen Verwandtschaft der Bestandtheile durch die EMK der Stromquelle überwunden werden; diese beiden Kräfte wirken einander entgegen, und eine Zersetzung des Leiters ist nur möglich, wenn die Kraft der chemischen Verwandtschaft seiner Theile durch die EMK der Stromquelle überwunden werden kann.

70   Elektricität.

Die chemische Verwandtschaft der Zersetzungsproducte bringt eine EMK hervor, deren Sitz die Zersetzungsstelle ist, und welche der zersetzenden EMK entgegenwirkt. Nach dem Aufhören der Zersetzung kann die Zelle, wenn sie in einen geschlossenen Stromkreis gebracht wird, im letzteren einen Strom hervorbringen, welcher von entgegengesetzter Richtung ist, als der vorhergegangene Zersetzungsstrom (Accumulatoren, Sammler).

Die durch die Zersetzung hervorgebrachte EMK nennt man Polarisation.

In einer Reihe von Fällen ist mit der Zersetzung keine oder nur geringe Polarisation verbunden, nämlich wenn die beiden Elektroden, durch welche der zersetzende Strom in den zersetzbaren Leiter ein- bezw. aus demselben austritt, aus demselben Metall bestehen und wenn die Flüssigkeit die Lösung von einem Salze dieses Metales ist.

Tabelle der Größe der Polarisation bei einigen Körpern.*)

Flüssigkeit	Elektroden	Volt
Salpetersäure	Platinplatten	1,22
Schwefelsäure (6Th. auf 100Th. Wasser)	Platinplatten	2,70
desgl.	Amalg. Zinkplatten	0,50
desgl.	Kupferplatten	1,08
desgl.	Zinnplatten	0,72
desgl.	Eisenplatten	0,16
Concentrirte Salpetersäure	Graphitplatten	0,63
Salpetersäure	Amalg. Zink	0,014
desgl.	Kupfer	0,0043
Kupfervitriollösung	Kupferplatten	0,032

(**107**) **Elektrische Arbeitsfähigkeit chemischer Vorgänge.** Wenn ein chemischer Vorgang dazu benutzt wird, Elektricität zu erzeugen, so geht nicht die ganze bei der chemischen Umsetzung frei werdende Energiemenge in Elektricität über, sondern nur ein Theil derselben.

Schreibt man die Formel eines chemischen Vorganges in Aequivalentgewichten und bedeutet zugleich das Aequivalentgewicht die Masse jedes Körpers in Grammen, so entsprechen dem Vorgang die aus den Wärmetönungen (48) durch Division durch die Werthigkeit erhaltenen Aequivalentwärmen in Gramm-Calorien. Der in Elektricität verwandelbare Theil dieser Aequivalentwärme heißt die Arbeitsfähigkeit (β); das Verhältniß der Arbeitsfähigkeit zur Aequivalentwärme ist der elektrische Wirkungsgrad des chemischen Vorganges.

Wirkt der Strom J während der Zeit t und besitzt die Stromquelle, in welcher sich nur ein einfacher chemischer Vorgang abspielen soll, z. B $Ag \,/\, AgI \,/\, I \,/\, C$, die EMK E, so ist die geleistete Arbeit EJt Volt-Coulomb $= 0{,}102\ EJt$ kgm (140). Zugleich

---

*) Vorstehende Angaben enthalten die wesentlichen Resultate der Versuche von Lenz und Sawelljeff (vergl. Ferrini, Technol. der El. S. 310).

wird nach dem Faraday'schen Gesetz die Menge $0{,}000010386\alpha Jt$ g aufgelöst; wenn der Vorgang die Arbeitsfähigkeit β besitzt, so entspricht dieser Auflösung der Verbrauch von $0{,}000010386\beta Jt$ g-cal. $= 0{,}43 \cdot 0{,}000010386\beta Jt$ kgm. Setzt man dies dem vorher gefundenen Ausdruck gleich, so ergibt sich

$$E = 0{,}000043\beta \text{ Volt.}$$

Spielen sich in einem Elemente gleichzeitig zwei chemische Vorgänge ab, von denen der eine Energie liefert, während der andere Energie verbraucht, so ist für β die Differenz der Arbeitsfähigkeiten zu setzen.

Arbeitsfähigkeit chemischer Vorgänge, ausgedrückt in Calorien für 1 Aequivalent*).

	Cl	Br	$1/2(SO_4)$	NO_3	J
$1/2\,Zn$	49 000	42 000	44 000 — 34 000	40 000 — 32 000	30 000
$1/2\,Cd$	30 000	35 000	36 000 — 26 000	33 000 — 25 000	24 000
$1/2\,Fe$	38 000		34 000 — 24 000		
$1/2\,Pb$		30 000		30 000 — 21 000	
$1/2\,Cu$	23 000	16 000	19 000 — 9 000	18 000 — 10 000	
Ag	24 000	21 000			15 000
Hg	24 000	16 000			12 000
$1/4\,Pt$	10 000				
$1/3\,Au$	6 000				

Die Acetate sind wahrscheinlich den Nitraten nahe gleich.

Nach derselben Formel erhält man das Maximum der EMK, welches erforderlich ist, um in einer elektrolytischen Zelle eine Zersetzung auszuführen.

Beispiele: Das Element $Zn\,/\,ZnCl_2\,/\,AgCl\,/\,Ag$ hat eine EMK $= 0{,}000043 \cdot (49000 - 24000) = 1{,}09$ Volt. Zur Zerlegung von $AgCl$ gebraucht man höchstens $0{,}000043 \cdot 24000 = 1{,}04$ Volt.

Elektromagnetismus und Induction.

Mechanische Wirkung eines Stromes auf einen Magnet.

(108) Wirkung auf einen einzelnen Pol. (Biot-Savart.) Das unendlich kleine Element ds eines Leiters, der vom Strom i Ampère durchflossen wird, übt auf einen Magnetpol vom Magnetismus m (c. g. s) in der Entfernung r cm eine Kraft aus von der Größe

---

*) nach F. Braun, El. Ztschr. 1891. S. 673.

72   Elektromagnetismus und Induction.

$$df = \frac{1}{10} \cdot ds \frac{im}{r^2} \sin \omega \; (\text{c. g. s}) *)$$

worin ω den Winkel bezeichnet, den das Element ds mit der Verbindungslinie mit dem Magnet einschließt ($\omega = 0$, wenn das Element in der Verlängerung dieser Verbindungslinie liegt; $\omega = 90°$, wenn das Element zur Verbindungslinie senkrecht steht). Die unendlich kleine Länge ds hat man sich in cm gemessen zu denken, so daß nach Ausführung einer Integration die Leiterlängen in cm einzusetzen sind.

Die Richtung dieser Kraft ist senkrecht zu der Ebene, welche durch das Stromelement ds und die Verbindungslinie desselben mit dem Magnetpole gelegt wird. Für die Bestimmung, nach welcher Seite diese Ebene die Kraft wirkt, gilt die

Ampèresche Schwimmerregel: Denkt man sich im Stromleiter schwimmend, so daß die Richtung von den Füßen zum Kopf des Schwimmers die der positiven Elektricität ist, und daß man den Magnetpol ansieht, so wird der letztere nach links getrieben, wenn er ein Nordpol ist (nach rechts, wenn er ein Südpol ist).

(109) Wirkung auf einen Magnet mit zwei Polen von gleicher Stärke p und dem Polabstand l cm, dem magnetischen Moment $lp = m$ (c. g. s). Die Wirkungen auf die einzelnen Pole setzen sich zusammen aus einem Kräftepaar, welches den Magnet senkrecht zu stellen sucht zu der Ebene, welche man durch das Stromelement und den Magnet legt.

Auf einen Pol wirkt die Kraft df mit dem Hebelarm $\frac{l}{2}$ cm; demnach ist das Drehungsmoment des Kräftepaares, wenn die Entfernung des Stromelements von der Mitte des Magnetes $= r$ cm ist:

$$= 2 \cdot df \cdot \frac{l}{2} = \frac{1}{10} \cdot \frac{ids}{r^2} \cdot pl \cdot \sin \omega$$

oder
$$= \frac{1}{10} \cdot ds \frac{im}{r^2} \sin \omega \; (\text{c. g. s}).$$

Voraussetzung ist, daß l gegen r sehr klein ist.

Kreisstrom und Magnet. (Tangentenbussole.) In der Axe eines Kreisstromes befindet sich ein kleiner Magnet vom Moment m (c. g. s). Der Radius des Kreises sei $= R$ cm, die Entfernung des Magnets von der Ebene des Kreisstromes, zu welcher er parallel steht, sei x cm. Dann ist die Wirkung eines Elementes des Kreisstromes auf den Magnet

$$\frac{1}{10} \cdot \frac{im \, ds}{R^2 + x^2} \sin \omega \; (\text{c. g. s})$$

worin ω für alle Elemente $= 90°$, $\sin \omega = 1$ ist; von dieser

---

*) Die technischen Einheiten Volt, Ampère, Ohm sind Vielfache der absoluten (c. g. s)-Einheiten; da im Folgenden wesentlich nach den technischen Einheiten gemessen werden soll, so sind die erforderlichen Factoren, in der obigen Formel $\frac{1}{10}$, gleich zugesetzt. Es bedeuten dann i, e, w die in Ampère, Volt, Ohm gemessenen Größen; die mechanischen und magnetischen Größen werden dagegen im (c. g. s)-System gemessen.

Wirkung kommt nur die zur Axe des Kreises parallele Componente zur Geltung, d. i.
$$\frac{1}{10} \cdot \frac{im\,ds}{R^2 + x^2} \cdot \frac{R}{\sqrt{R^2 + x^2}} \text{ (c. g. s)}.$$

Demnach das gesammte Drehungsmoment
$$D = \int_0^{2R\pi} \frac{1}{10} \cdot \frac{im\,ds \cdot R}{(R^2+x^2)^{3/2}} = \frac{\pi}{5} \cdot \frac{im\,R^2}{(R^2+x^2)^{3/2}} \text{ (c. g. s)}.$$

Specielle Fälle. Ist $x = o$, so befindet sich der Magnet im Mittelpunkt des Kreises. $D = \frac{\pi}{5} \cdot \frac{im}{R}$ (c. g. s). Für $x = \frac{1}{2}R$ wird $D = \frac{\pi}{7} \cdot \frac{im}{R}$ (c. g. s) (genauer 6,99 statt 7).

In diesen Formeln sind Ergänzungsglieder weggelassen, welche von räumlichen Ausdehnungen des Magnets und des Leiters herrühren. Die Abmessungen des Leiterquerschnitts und der Magnetnadel müssen klein sein gegen R; im Fall $x = 0$ darf die Länge der Magnetnadel höchstens $^1/_{12}\,R$, im Falle $x = ^1/_2\,R$ höchstens $^1/_4\,R$ betragen, wenn die Rechnung nach der einfachen Formel auf 1 % richtig sein soll.

Ist die Magnetnadel bereits aus der Ebene des Kreisstroms abgelenkt, so ist das nach obigen Formeln berechnete D noch zu multipliciren mit dem Cosinus des Winkels, den die Magnetnadel mit der Ebene des Kreisstromes bildet.
$$D' = \frac{\pi}{5} \cdot \frac{im\,R^2}{(R^2+x^2)^{3/2}} \cos \varphi \text{ (c. g. s)}$$
bezw. $\frac{\pi}{5} \frac{im}{R} \cos \varphi$ und $\frac{\pi}{7} \cdot \frac{im}{R} \cos \varphi$.

Leiter von beliebiger Gestalt und Magnet.

Die Größe des Drehungsmomentes kann nur durch Integralrechnung unter Zugrundelegung der Formel in (108) gefunden werden. Die Richtung der Kraft wird allgemein nach der Ampère'schen Schwimmerregel (108) bestimmt, welche auch umgekehrt zur Bestimmung der Richtung des Stromes dient: dieselbe lautet kurz ausgesprochen: **Schwimmt man mit dem positiven Strom und blickt den Magnet an, so liegt der abgelenkte Nordpol links.**

(110) Stromstofs. Ist der elektrische Strom nur von sehr kurzer Dauer, wie z. B. bei raschen Entladungen von Condensatoren, bei einzelnen Stromstößen (Induction) u. dgl., so erhält die Magnetnadel nicht eine dauernde Ablenkung, sondern nur einen einzelnen Antrieb zur Bewegung, welcher eine Schwingung der Nadel hervorbringt; die Größe des Ausschlages ist der ganzen Elektricitätsmenge, die durch den Leiter geflossen ist, proportional; vgl. (224).

(111) Drehungserscheinungen. Unter bestimmten Verhältnissen übt ein vom Strom durchflossener Leiter auf einen Magnet (oder umgekehrt) eine solche Wirkung aus, daß der drehbare Leiter oder Magnet eine fortdauernde Drehung ausführt.

74 Elektromagnetismus und Induction.

1. Ein geschlossener Stromkreis und ein außerhalb des Leitungsweges befindlicher Magnet können keine Drehungserscheinung hervorbringen.

2. Vielmehr muß der Magnet selbst einen Theil des Leitungsweges ausmachen, oder mit einem Theil des Leitungsweges fest verbunden sein. In diesem Falle erhält man eine Drehung, wenn

a) beide Verbindungspunkte des festen und des drehbaren Theiles der Leitung in der Axe des Magnets, der eine zwischen den Polen, der andere außerhalb des Magnetes liegen,

b) einer der Verbindungspunkte in der Axe, der andere außerhalb der Axe,

c) beide Verbindungspunkte außerhalb der Axe liegen.

In den Fällen b) und c) kann indessen auch die Drehung je nach der Lage der Verbindungspunkte ganz unterbleiben.

(112) Magnetisirung durch den Strom, Elektromagnete, vgl. (55). Führt man um einen Eisen- oder Stahlstab einen Strom, so wird der Stab zu einem Magnet, der Stahlstab dauernd, der Eisenstab nur so lange der Strom währt. Ein Eisenmagnet (Elektromagnet) behält nach dem Aufhören der magnetisirenden Kraft einen geringen Theil seines Magnetismus zurück (remanenter Magnetismus), je weicher das Eisen, desto weniger. Die Lage des Nordpols läßt sich nach der Ampère'schen Schwimmerregel bestimmen in der Form: **Schwimmt man mit dem positiven Strom und blickt den Magnet an, so liegt der erzeugte Nordpol links.**

Das magnetische Moment des erzeugten Elektromagnetes ist abhängig von der magnetisirenden Kraft, d. i. dem Product aus der Windungszahl der Magnetisirungsspirale und der magnetisirenden Stromstärke, dagegen (fast) unabhängig von der Weite der Windungen. Das Moment ist bei geringer Stromstärke proportional der Stromstärke, bei wachsender Stärke des Stromes weicht es von der Proportionalität immer mehr ab und nähert sich endlich einem Maximum (Sättigung), welches bei weichem Eisen erreicht wird bei einem specifischen Magnetismus von 200 (c. g. s) (64). Bis zur Hälfte dieses maximalen Momentes ist das Moment der Stromstärke proportional; man kann bis zu dieser Größe für weiches Eisen setzen

$$M = 0{,}135 \cdot \sqrt{l^3 d} \cdot ni \text{ (c. g. s)}$$

i in Ampère, l und d in cm.

Polschuhe erhöhen das Moment sehr beträchtlich.

Bei elektrischen Maschinen kommt es nicht auf das magnetische Moment der Elektromagnete an, sondern es handelt sich um die Stärke des magnetischen Feldes, welche der magnetisirenden Kraft proportional ist, indessen von den Abmessungen und der magnetischen Sättigung der Eisenmassen und den trennenden Lufträumen zwischen Anker und Polschuh abhängt. (vgl. Abschn. Dynamomaschinen.)

Elektromagnetismus und Induction.

(113) Abhängigkeit des magnetischen Momentes von den Abmessungen des Eisenkernes.
Satz von Sir W. Thomson. Zwei einander ähnliche Eisenstäbe, welche in ähnlicher Weise mit Draht bewickelt sind, deren lineare Abmessungen und Windungszahlen im Verhältniß $1:n$ stehen, üben bei gleicher magnetisirender Stromstärke auf Entfernungen, die im Verhältniß $1:n$ stehen, gleiche Kräfte aus. Die Entfernungen werden dabei vom mittleren Querschnitt der Magnete aus gerechnet.

Demnach verhalten sich die magnetischen Momente solcher Stäbe wie die Massen derselben.

Dieser Satz gilt auch für die Stärke des magnetischen Feldes ähnlicher Stäbe, sowie beliebig gestalteter ähnlicher Elektromagnete.

Die übrigen bisher gefundenen Sätze über den Einfluß der Abmessungen auf das magnetische Moment haben eine zu sehr beschränkte Gültigkeit, als daß ihre Aufführung sich verlohnte.

Mechanische Wirkung von Strömen auf einander.

(114) Solenoide. Einen Stromleiter, welcher in Windungen (meist kreisförmigen, auch beliebig gekrümmten, viereckigen etc.) um eine gerade oder gebogene (vorhandene oder nur gedachte) Axe geführt ist, nennt man ein Solenoid. Solche Solenoide sind z. B. Drahtspiralen, Spiralfedern, Galvanometerwindungen, Schenkelwickelung an Dynamomaschinen etc.

Solenoide welche von einem Strom durchflossen werden, verhalten sich genau wie Magnete; sie stoßen einander (ebenso wie Magnete) ab, ziehen einander an, nehmen unter dem Einfluß der erdmagnetischen Kraft eine bestimmte Richtung an. Sie werden wie Magnete aus dieser Richtung abgelenkt. Dies beobachtet man sowohl an Solenoiden aus vielen Windungen, wie auch schon an einer einzigen Windung.

(115) Für alle diese Erscheinungen kann man sich ein Solenoid ersetzt denken durch einen Magnet, dessen magnetische Axe zusammenfällt mit der Axe des Solenoides, der also bei einer einzelnen Windung senkrecht zur Ebene der letzteren steht. Die Pole dieses Magnetes lassen sich nach der Ampère'schen Schwimmerregel bestimmen, wenn man dieselbe ein wenig abändert: **Schwimmt man mit der positiven Elektricität und blickt nach der Axe des Solenoids, so liegt der Nordpol des Ersatzmagnetes links.** Für Wirkungen auf größere Entfernungen kann man auch die Stärke des Ersatzmagnetes ausrechnen. Bedeutet f die Fläche, um welche der Strom geführt wird, während er durch das Solenoid fließt, i die Stärke des Stromes, so ist das magnetische Moment des Ersatzmagnetes

$$M = \frac{1}{10} f \cdot i,$$

wobei f in qcm, i in Ampère gemessen werden; dann erhält man M im absoluten (c. g. s)-Maße. Die Genauigkeit, mit der diese

76   Elektromagnetismus und Induction.

Ersetzung geschehen kann, ist von den geometrischen Verhältnissen abhängig; strenge gilt dieselbe nur für eine einzige in sich geschlossene ebene Windung, sie wird also um so ungenauer, je mehr und je weiter hintereinander liegende Windungen das Solenoid besitzt, und je geringer der Abstand ist, auf den hin die Wirkung bestimmt werden soll.

Beliebige Leiter.

(116) Hauptsatz. Zwei parallele und gleichgerichtete Ströme ziehen einander an, zwei parallele und entgegengesetzt gerichtete Ströme stoßen einander ab.

Erweiterungen und Folgerungen:

1. Zwei sich kreuzende Ströme ziehen einander an, wenn beide nach dem Scheitel des Winkels, den die Leiter bilden, hin- oder wenn beide von demselben wegfließen. Sie stoßen einander ab, wenn der eine zu-, der andere abfließt. Ist einer derselben drehbar beweglich, so wird er so gedreht, daß in beiden Leitern die Ströme gleich gerichtet sind. (Elektrodynamometer.)

2. Zwei Theile desselben Stromkreises, die unter irgend einem Winkel an einander grenzen (also nicht sich kreuzen), stoßen einander ab; ist der eine um den Scheitel des Winkels drehbar beweglich, so sucht er sich in die Verlängerung des festen Theiles zu stellen.

(117) 3. Zwei Theile eines Stromweges, die in einem Punkte zusammentreffen, und von denen der eine nur bis zu diesem Punkte, der andere aber darüber hinaus führt, üben eine Kraft auf einander aus, welche längs des unbegrenzten Leiters gerichtet ist; macht man den begrenzten Leiter beweglich, so wird er parallel mit sich selbst verschoben; macht man ihn eine Axe drehbar, so wird er gedreht. Giebt man dem unbegrenzten Leiter Kreisform und nimmt den begrenzten Leiter zum Radius mit einer Drehaxe im Mittelpunkt, so erhält man dauernde Drehung des begrenzten Leiters; der unbegrenzte Leiter erhält dann die Gestalt einer mit Quecksilber gefüllten kreisförmigen Rinne. Die Drehungsrichtung läßt sich aus den vorigen Sätzen leicht erkennen.

(118) Die Größe der wirkenden Kräfte läßt sich nicht mit einfachen Mitteln berechnen. Für zwei Leiter von bestimmter Gestalt und bestimmter Lage gegeneinander wächst die Kraft proportional den beiden Stromstärken; sie nimmt bei wachsender Entfernung der beiden Leiter von einander etwa mit dem Cubus der Entfernung ab; außerdem ist sie von etwaigen Drehungen der Leiter abhängig.

(119) **Magnetisches Feld der stromdurchflossenen Leiter.** Jeder stromdurchflossene Leiter besitzt ein magnetisches Feld, das von magnetischen Kraftlinien durchzogen wird; die Richtung der letzteren ist bedingt durch die Gestalt des Leiters; im Allgemeinen bilden die Kraftlinien Ringe, welche den erzeugenden Leiter umgeben; ein drahtförmiger gradliniger Leiter ist von Kraftlinien in Form von Kreisen, deren Mittelpunkte in der Axe des Leiters liegen, und deren Ebenen auf dieser Axe senkrecht stehen, umgeben. (Die Kraftlinien im Felde eines Magnetes verlaufen im

Gegensatz hierzu im Wesentlichen strahlenförmig von einzelnen Punkten.) Die magnetische Stärke des Feldes eines Leiters ist von Ort zu Ort wechselnd und von der Gestalt des Leiters und der Stromstärke abhängig.

Bei einem Solenoide setzen sich die Kraftlinien der einzelnen Windungen so zusammen, daß die resultirenden Linien ähnlich verlaufen, wie die eines Magnetes, dessen Axe mit der Axe des Solenoides zusammenfällt.

Induction.
Gesetze der bewegten und der veränderlichen Ströme.

(120) Leiter im magnetischen Feld. Wenn in irgend einem magnetischen Felde, welches durch Magnete, oder durch stromdurchflossene Leiter, oder Magnete und Leiter erzeugt wird, sich ein beliebiger Leiter bewegt, so wird in letzterem eine EMK inducirt. Ist der bewegte Leiter geschlossen, so entsteht in ihm ein Strom.

Dasselbe findet statt, wenn nicht eine Bewegung des Leiters, sondern allein eine Aenderung in der Stärke oder Stärkevertheilung des Feldes eintritt; eine solche kann verursacht werden durch eine Bewegung eines oder mehrerer der erzeugenden Magnete und Stromleiter und durch Aenderungen in der Stärke des Magnets und der Ströme. Bei jeder dieser Aenderungen wird in jedem zum Feld gehörigen Leiter (die Magnete als Metallstücke eingerechnet) eine EMK inducirt, welche in geschlossenen Strombahnen Ströme erzeugt.

(121) Gesetz der Induction. Bewegt sich ein Stromelement ds mit der Geschwindigkeit $\dfrac{dx}{dt}$ an einer Stelle eines magnetischen Feldes, wo die Stärke $= H$ (c. g. s) ist, bildet das Element ds mit der Richtung der Kraftlinien dieses Feldes den Winkel φ und erfolgt die Bewegung in der Richtung, welche senkrecht steht auf der Ebene, die durch das Element ds und eine das Element schneidende Kraftlinie gelegt wird, so ist die in ds inducirte EMK

$$E = 10^{-8} H \cdot ds \cdot \frac{dx}{dt} \cdot \sin\varphi \,\text{Volt}.$$

Macht dagegen die Richtung der Bewegung mit der eben angegebenen den Winkel ψ, so kommt noch der Factor $\cos\psi$ zu $\dfrac{dx}{dt}$ hinzu.

$$E = 10^{-8} H \cdot ds \cdot \frac{dx}{dt} \cos\psi \cdot \sin\varphi \,\text{Volt}.$$

Einfachster Fall. Bewegt sich ein gradliniger Leiter von der Länge l cm in einem gleichförmigen magnetischen Felde von der Stärke H (c. g. s), steht der Leiter senkrecht zu den Kraftlinien und erfolgt die Bewegung mit gleichförmiger Geschwindigkeit u cm/sec in einer Richtung, welche senkrecht steht zur Längsrichtung des Leiters und der Kraftlinien, so wird in dem Leiter eine EMK

$$E = 10^{-8} l \cdot H \cdot u \,\text{Volt}$$

erzeugt.

Die Richtung der EMK findet man nach folgender Regel: Denkt man sich im magnetischen Felde befindlich, so daß die Kraftlinien nach ihrer positiven Richtung (65) beim Fuße ein- und beim Kopf austreten, blickt man ferner nach der Richtung, nach welcher sich der Leiter bewegt, so ist die im Leiter inducirte Kraft stets nach rechts gerichtet.

Die Induction ist unabhängig von dem Material und dem Querschnitt der Leiter und dem Mittel, das sich zwischen den Magneten und Leitern befindet, vorausgesetzt, daß dasselbe nicht selbst magnetisch ist.

(122) Geschlossener Leiter im magnetischen Feld. Wenn sich in einem magnetischen Felde ein Leiter befindet, der eine bestimmte Fläche umschließt, sonst aber beliebig gestaltet ist, so wird bei einer Bewegung eine EMK inducirt, welche die algebraische Summe ist aller Kräfte, welche in den Elementen des Leiters inducirt werden. Diese Summe kann unter Umständen auch Null sein.

Durch die vom Leiter umschlossene Fläche tritt eine gewisse Zahl z von Kraftlinien: wenn der Leiter sich bewegt, so wird die Zahl z im Allgemeinen sich ändern; es ist dann die inducirte EMK

$$e = \frac{dz}{dt}$$

d. i. gleich der Geschwindigkeit, mit der sich die Zahl der Kraftlinien ändert oder gleich der Aenderung der Zahl der Kraftlinien in 1 sec.

Hat man ein gleichmäßiges magnetisches Feld, so ist die inducirte EMK bei jeder Bewegung der Geschwindigkeit proportional, mit der sich die Größe der Projection der umschlossenen Fläche auf eine zur Richtung der Kraftlinien senkrechte Ebene ändert.

Für die Richtung der inducirten EMK gilt folgende Regel: Blickt man die vom Leiter umschlossene Fläche in der Richtung an, welche für die Kraftlinien die positive ist (65), so sucht die EMK, welche bei einer Verminderung der Zahl der Kraftlinien (bezw. im Falle des gleichmäßigen Feldes Verkleinerung der Projection der Fläche) inducirt wird, einen Strom hervorzubringen, der die Fläche in der Richtung der Uhrzeigerbewegung umkreist.

(123) Induction in Dynamomaschinen. Der Anker besteht aus Leitern, welche ebene Flächen umschließen. Jede dieser Flächen steht in einer Lage des Ankers senkrecht zu den Kraftlinien (neutrale Lage, Induction = 0), in einer anderen parallel zu den Kraftlinien (maximale Wirkung). Bezeichnet H die mittlere Feldstärke zwischen Polschuh und Anker, F die Größe der Fläche, in der sich Polschuh und Anker gegenüberstehen, so bedeutet das Product $F \cdot H$ die „Zahl der Kraftlinien", welche vom Pol zum Anker übertreten, und die also auch durch die umschlossene Fläche des Ankerdrahtes gehen. Im Trommelanker gehen sie ungetheilt durch die Fläche, im Rinkanker in zwei Hälften. Die EMK einer Umdrehung ist im Mittel gleich dem Vierfachen der ganzen bezw. halben „Zahl der Kraftlinien",

Elektromagnetismus und Induction. 79

dividirt durch die Zeit einer Umdrehung oder multiplicirt mit
der Zahl der Umdrehungen in 1 sec. $\left(\frac{n}{60}\right)$. D. h.

$$e = 10^{-8} \cdot 4 \cdot FH \cdot \frac{n}{60} \text{ bezw. } 10^{-8} \cdot 2 \cdot FH \cdot \frac{n}{60} \text{ Volt.}$$

Ist die Zahl der wirksamen Drähte auf dem Anker $= 2N$,
also die Windungszahl beim Trommelanker N, beim Ringanker
$2N$. von denen je die Hälfte hintereinander geschaltet werden,
so wird die ganze EMK des Ankers in jedem Fall dargestellt durch

$$10^{-8} \cdot 2 \cdot HF \cdot N \cdot \frac{n}{60} \text{ Volt.}$$

(124) **Selbstinduction. Extrastrom.** Da jeder Leiter sich in seinem
eigenen magnetischen Felde befindet, so muß jede Aenderung
der Stromstärke, das Entstehen und das Verschwinden des
Stroms, welche je von analogen Veränderungen des Kraftfeldes
begleitet sind, die Veranlassung bilden zu einer Induction in
dem Leiter. Diese Erscheinung nennt man Selbstinduction, den
erzeugten Strom Extrastrom.

Der Extrastrom ist in allen Fällen der erzeugenden Strom-
änderung entgegengesetzt, und ist bestrebt, dieselbe zu hemmen;
das Entstehen des Stromes, das Anwachsen und Abnehmen wird
durch den Extrastrom verlangsamt, bei Stromunterbrechungen
wird ein, oft sehr heftig verlaufender Strom inducirt, welcher
Funken verursacht. Besonders stark tritt der Oeffnungsstrom und
-Funke auf, wenn die Leitung, in der die Selbstinduction stattfindet, aus vielen eng aneinanderliegenden Windungen besteht,
und wenn sie noch einen Kern aus weichem Eisen enthält.

Die Selbstinduction wirkt ähnlich wie ein Widerstand; sie
wird bei den Dynamomaschinen als scheinbare Vermehrung des
Ankerwiderstandes wahrgenommen. Noch stärker macht sie sich
bei Wechselstrommaschinen und Transformatoren geltend.

(125) **Coefficient der Selbstinduction** ist diejenige
EMK, welche inducirt wird, wenn die Stromstärke in der Zeiteinheit um die Einheit wächst; er ist eine Eigenschaft des Leiters
vermöge der Form und der Magnetisirbarkeit des letzteren und
der in der Nähe befindlichen Eisenmassen und in sich geschlossenen
Leiter. Dimension L.

Bedeutet L den Coefficient der Selbstinduction eines Leiters,
n die Zahl der vollen Stromwechsel (Perioden) in 1 sec, R den
thatsächlichen, bei constantem Strom gemessenen Leitungswiderstand, so ist der scheinbare Widerstand des Leiters

$$R^1 = \sqrt{R^2 + (2\pi n L)^2}$$

In Drähten, welche „bifilar" gewunden sind, und in gerade
und frei ausgespannten Drähten von mäßiger Länge ist die Selbstinduction Null oder praktisch zu vernachlässigen. Vgl. unter
Rheostaten. In langen Leitungen, besonders wenn dieselben aus
Eisendraht bestehen (Telegraphenleitungen, Ueberlandleitungen
für den Fernsprechverkehr), ist die Selbstinduction ziemlich erheblich.

Elektromagnetismus und Induction.

Selbstinductionscoefficient

1. eines geraden, fern von allen Leitern ausgespannten Drahtes von der Länge L und dem Radius r

$$L = -2l\left(\log \operatorname{nat} \frac{2l}{r} - 1 + \frac{\mu}{4}\right)$$

μ = magnetische Durchlässigkeit des Drahtes.

2. einer langen Spule, welche die Fläche S umschließt und eine Lage von n Windungen besitzt:

$$L = 4\pi\, n^2\, S$$

3. einer langen Spule von der Länge l, welche n Windungen in mehreren Lagen enthält, wenn der innere Radius r und die Dicke der Wickelung radial gemessen $= d$ ist:

$$L = 4\pi^2\, n^4\, l\, d^2\, r^2\left(1 + \frac{d}{r} + \frac{d^2}{3r^2}\right)$$

4. Enthält die Spule noch einen Weicheisenkern vom Radius a, so wird

$$L = 4\pi^2\, n^4\, l\, d^2\, r^2\left(1 + 4\pi\,\varkappa\,\frac{a^2}{r^2} + \frac{d}{r} + \frac{d^2}{3r^2}\right)$$

$\varkappa$ ist das magnetische Aufnahmevermögen (66); das Glied $4\pi\,\varkappa\left(\frac{a}{r}\right)^2$ ist sehr groß gegen die übrigen. Ist d gegen r klein, so können die Glieder $\frac{d}{r}$ und $\frac{d^2}{3r^2}$ weggelassen werden. Näherungsweise ist $L = 16 \cdot \pi^3\,\varkappa \cdot n^4\, l\, a^2\, d^2$ oder auch $= 4\pi^2\,\mu\, n^4\, l\, a^2\, d^2$.

Die Formeln geben das Maximum an, da sie die Wirkung der Enden nicht berücksichtigen. Um L in Quadranten zu erhalten, sind die obigen Werthe durch 10^9 zu dividiren.

(126) Coefficient der gegenseitigen Induction eines Leiters auf einen anderen ist die EMK, welche in dem zweiten Leiter inducirt wird, wenn die Stromstärke in dem ersten in der Zeiteinheit sich um die Einheit ändert. Dimension L.

Coefficienten der gegenseitigen Induction

1. zweier parallelen geraden Drähte von der Länge l und dem gegenseitigen Abstande d

$$M = -2l\cdot\left(\log \operatorname{nat} \frac{2l}{d} - 1 + \frac{\mu}{4}\right)$$

μ = magnetische Durchlässigkeit des zwischen den Drähten befindlichen Mittels, für Luft = 1 (66).

2. zweier einfachen Drahtlagen, welche mit den Windungszahlen n_1 und n_2 auf denselben Cylinder gewickelt sind, und welche die Fläche S umschließen

$$M = 4\pi\, n_1\, n_2\, S$$

3. zweier coaxialen Drahtspulen, die über einander gewickelt sind, und deren innere Radien r_1 und r_2, deren Windungszahlen n_1 und n_2 sind und deren Wickelungsräume die radiale Dicke d_1 und d_2 haben:

$$M = 4\pi^2\, n_1^2\, n_2^2\, l\, d_1\, d_2\, r_1^2\left(1 + \frac{d_1}{r_1} + \frac{d_1^2}{3\, r_1^2}\right)$$

Elektromagnetismus und Induction.

4. Enthalten die beiden Spulen noch einen Weicheisenkern vom Radius a, so wird

$$M = 4\pi^2 n_1{}^2 n_2{}^2 l \, d_1 \, d_2 \, r_1{}^2 \left(1 + 4\pi \varkappa a^2 + \frac{d_1}{r_1} + \frac{d_1{}^2}{3 r_1{}^2}\right)$$

Wegen Kürzung der Formel s. d. Vorige.

(127) Inductionsapparate. Eine besonders kräftige Induction erhält man, wenn zwei Leiter, von einander gut isolirt, auf großer Länge oder in vielen Windungen nebeneinander liegen, und die Wirkung wird noch verstärkt, wenn die Drähte auf einen weichen Eisenkern, am besten ein Bündel von dünnen Drähten, aufgewunden sind. In dem einen, dem primären Leiter, läßt man einen Strom entstehen und verschwinden und erhält im secundären die Induction.

In den Inductionsapparaten für Laboratorien und ärztliche Zwecke hat man einen primären Stromkreis, der von der Stromquelle, Batterie oder Maschine gespeist wird, aus starkem Draht und nicht vielen Windungen; derselbe ist mit einem Selbstunterbrecher verbunden, welcher veranlaßt, daß der Strom jedesmal, wenn er entsteht, sich auch wieder selbst unterbricht. Jedes Entstehen und jedes Aufhören verursacht eine Induction im secundären Leiter, der aus sehr vielen dünndrähtigen Windungen besteht. Die durch Stromschluß inducirte EMK ist weit schwächer als die durch das Oeffnen hervorgerufene; in vielen Fällen hat man es nur mit dem letzteren zu thun. — Die inducirte EMK ist den Windungszahlen beider Spulen proportional und wächst mit der verwendeten primären EMK, wenn der Widerstand der Stromquelle gegen den der primären Spule gering ist.

Die Richtung des inducirten Stromes ergiebt sich nach folgender Regel: Der entstehende oder anwachsende Strom ruft einen inducirten Strom von entgegengesetzter Richtung, der abnehmende oder verschwindende Strom einen inducirten Strom von gleicher Richtung hervor.

Transformatoren. Statt den primären Strom des Inductionsapparates zu unterbrechen, kann man die Stromesrichtung in demselben häufig umkehren lassen; man erhält dann in der secundären Spule ebenfalls Wechselströme. Man nimmt für Beleuchtungstransformatoren meist in der primären Spule viele Windungen dünndrähtiger, in der secundären eine geringere Zahl starkdrähtiger Windungen. Statt der Ströme von wechselnder Richtung kann man auch den Strom ohne Richtungsänderung in seiner Stärke zu- oder abnehmen lassen. Dies geschieht in den Mikrophontransformatoren, deren primäre Spule geringen und deren secundäre Spule hohen Widerstand besitzt.

(128) Induction in körperlichen Leitern. In einem massiven Metallstück von größeren Abmessungen werden durch dieselben Vorgänge, wie die im Vorigen betrachteten, EMKräfte inducirt; diese suchen sich ihre Bahnen in dem Körper und finden gewöhnlich sehr gut leitende Wege zur Bildung von Inductionsströmen (Foucault'sche Ströme, auch Wirbelströme genannt). In den Dynamomaschinen sucht man die letzteren meistens, wenigstens im Anker und in den Polschuhen, zu vermeiden, indem man das Eisen zertheilt und den Strömen die Bahn abschneidet. In den neuen Telephonkabeln und den inductionsfreien Spulen wird die Erscheinung

82   Elektromagnetismus und Induction.

der Induction in körperlichen Leitern benutzt, um der starken wechselseitigen Induction entgegenzuwirken.

In Meßapparaten verwendet man häufig zur Dämpfung der Schwingungen der Magnete ein massives Kupfergehäuse; die Ströme, welche in diesem inducirt werden, sind so gerichtet, daß sie der verursachenden Bewegung der Magnete in jedem Augenblick entgegenwirken. (149).

(129) Unipolare Induction. Unter denselben Bedingungen, unter denen nach (111) ein Strom den Umlauf eines Magnets oder eines beweglichen Stromleiters verursacht, erhält man umgekehrt durch den Umlauf des Magnetes oder beweglichen Stromleiters einen Strom.

(130) Wechselstrom. Fließt in einem Stromkreise ein veränderlicher Strom, so gilt statt des Ohm'schen Gesetzes

$$E = L \cdot \frac{dJ}{dt} + JR$$

($L =$ Selbstinductions-Coefficient).

Wenn man annehmen kann, daß die EMK sich darstellen läßt als

$$E = E_0 \sin 2\pi \frac{t}{T}$$

worin E_0 der Höchstwerth (Amplitude) der EMK, T die Zeit eines ganzen Wechsels (Periode) und t die veränderliche Zeit ist, so gilt zugleich

$$J = J_0 \sin 2\pi \left(\frac{t}{T} - \varphi\right)$$

worin

$$\operatorname{tg} 2\pi\varphi = \frac{2\pi}{T} \cdot \frac{L}{R} \text{ und } J_0 = \frac{E_0}{\sqrt{R^2 + (2\pi n L)^2}}$$

Ist i (bezw. e) der mit dem Dynamometer oder Calorimeter gemessene Werth, so ist $J_0 = i\sqrt{2}$ (bezw. $E_0 = e\sqrt{2}$).

Die Leistung ist $= \frac{E_0 \cdot J_0}{2} \cos 2\pi\varphi$.

Die in einer Halbperiode bewegte Elektricitätsmenge ist $\frac{T}{\pi} \cdot \frac{E_0}{\sqrt{R^2 + (2\pi n L)^2}}$ und die in derselben Zeit erzeugte Wärmemenge $\frac{T \cdot E_0^2 R}{4 [R^2 + (2\pi n L)^2]}$.

(131) Veränderlicher Strom, Stromstofs. Wirkt die EMK E im Kreise vom Selbstinductions-Coefficienten L und Widerstand R, so ist kurz nach dem Stromschluß

$$J = \frac{E}{R}\left(1 - e^{-\frac{tR}{L}}\right).$$

Die Stromstärke E/R wird auf $1/n$ erreicht in der Zeit

$$t_n = \frac{L}{R} \log \operatorname{nat} n.$$

Elektromagnetismus und Induction.

Wird in einem Stromkreise, in dem der Strom J herrscht, die EMK unterdrückt, ohne daß der Stromkreis geöffnet wird, so ist

$$J = \frac{E}{R} \cdot e^{-\frac{tR}{L}}$$

Wird der Kreis unterbrochen, so ist die entstehende EMK

$$E = \frac{LJ}{t'},$$

worin t' angibt, welche Zeit zur Unterbrechung gebraucht wurde.

(132) Ladung und Entladung eines Condensators. Wird ein Condensator von der Capacität C mit den Polen einer Stromquelle verbunden, so ist das Potential seiner Ladung zur Zeit t:

$$v = E\left(1 - e^{-\frac{t}{CR}}\right),$$

und der Ladestrom

$$i = C \cdot \frac{dv}{dt} = \frac{E}{R} \cdot e^{-\frac{t}{CR}}$$

worin R den Widerstand des Stromkreises bei Kurzschluß des Condensators bedeutet. Die Ladung ist auf $1/n$ vollständig nach der Zeit $CR \log \text{nat } n$.

Bei der Entladung eines Condensators kommt es auf den Werth von $CR^2 - 4L$ an; ist dieser positiv, so erhält man eine einfache Entladung. Ist $CR^2 - 4L$ negativ, so erhält man eine oscillirende Entladung von der Schwingungsdauer

$$T = 4\pi L \cdot \sqrt{\frac{C}{4L - CR^2}}.$$

Die Entladung ist auf $\frac{1}{n}$ vollständig nach der Zeit $\frac{2L}{R} \log \text{nat } n$;

die Zahl der Schwingungen bis zu dieser Zeit $\frac{1}{2\pi R} \cdot \sqrt{\frac{4L}{C} - R^2} \cdot \log \text{nat } n$.

(133) Condensator neben einem Widerstand. Die Vereinigung eines Widerstandes R und eines demselben parallel geschalteten Condensators wirkt entgegengesetzt wie eine Selbstinduction CR^2, nicht in jedem Zeitelement, aber in kleinen endlichen Zeiträumen. Besitzt ein Stromkreis an und für sich die Selbstinduction L, so wird nach Einschaltung des Widerstandes mit Condensator seine scheinbare Selbstinduction $L - CR^2$ sein.

Ein Telegraphenkabel, welches für die Einheit der Länge den Widerstand R, die Capacität C und die Selbstinduction L besitzt, das die Länge l hat und an dessen Ende ein Apparat vom Widerstande r eingeschaltet ist, hat die scheinbare Selbstinduction

$$L \cdot l - \frac{C}{3R}\left[(Rl + r)^3 - r^3\right].$$

Elektromagnetismus und Induction.

Absolutes elektromagnetisches Mafs für die elektrischen Gröfsen.

(134) **Stromstärke.** Fließt der Strom von der Stärke 1 (c. g. s) durch einen kreisförmigen Leiter vom Radius R cm (Reif einer Tangentenbussole), in dessen Mittelpunkt eine kurze Magnetnadel vom Moment 1 (c. g. s) sich befindet, deren magnetische Axe in der Ebene des Kreisleiters liegt, so übt der Strom auf die Nadel das Drehungsmoment $\frac{2\pi}{R}$ (c. g. s) aus.

Dimension: $L^{1/2} M^{1/2} T^{-1}$.

Der Strom 0,1 (c. g. s) heifst 1 Ampère: 1 Ampère bringt in der Tangentenbussole vom Radius R cm das Drehungsmoment $\frac{\pi}{5R}$ (c. g. s) auf die Nadel hervor.

(135) **Elektricitätsmenge.** Wenn in einem Leiter der Strom 1 (c. g. s) herrscht, so fließt in 1 sec. durch einen bestimmten Querschnitt die Elektricitätsmenge 1 (c. g. s) (elektromagnetisch gemessen, verschieden von der in (87) mechanisch definirten).

Dimension: $L^{1/2} M^{1/2}$.

Die Elektricitätsmenge 0,1 (c. g. s) welche von der Stromstärke 0,1 (c. g. s) oder 1 Ampère in 1 sec. befördert wird, **heifst 1 Coulomb.**

1 Coulomb zersetzt 0,0933 mg Wasser, bezw. scheidet 0,328 mg Kupfer, 1,118 mg Silber, 0,337 mg Zink aus.

(136) **Elektromotorische Kraft.** Das Inductionsgesetz lautet für den in (121) bezeichneten einfachen Fall im absoluten System

$$E = lHu \text{ (c. g. s)}.$$

Die Einheit der EMK im (c. g. s)-Maße entsteht, wenn sich ein geradliniger Leiter von der Länge 1 cm in einem gleichförmigen magnetischen Felde von der Stärke 1 (c. g. s) bewegt, so daß der Leiter senkrecht zu den Kraftlinien steht und die Bewegung mit der gleichförmigen Geschwindigkeit von 1 cm/sec erfolgt in einer Richtung, welche senkrecht steht zur Längsrichtung des Leiters und der Kraftlinien.

Dimension: $L^{3/2} \cdot M^{1/2} \cdot T^{-2}$.

Im mittleren Deutschland ist die Stärke der ganzen erdmagnetischen Kraft (in der Richtung der Inclinationsnadel, 66° unter dem Horizont nach Norden) = 0,45 (c. g. s). In einem Draht von 1 m Länge, den man mit der Geschwindigkeit von 1 m/sec parallel mit sich selbst senkrecht zur Inclinationsrichtung (24° unter dem Horizont nach Süden) bewegt, wird die EMK $100 \cdot 0{,}45 \cdot 100 = 4500$ (c. g. s) erzeugt.[*]

---

[*] Vgl. F. Kohlrausch, Leitfaden der prakt. Physik S. 321.

Elektromagnetismus und Induction.

Die elektromotorische Kraft 10^8 (c. g. s) heifst 1 Volt.
(137) Widerstand. Nach dem Ohm'schen Gesetz ist

$$r = \frac{e}{i}.$$

Die Einheit des Widerstandes im absoluten (c. g. s)-Maße besitzt derjenige Leiter, in welchem die elektromotorische Kraft 1 (c. g. s) den Strom 1 (c. g. s) erzeugt. Dimension $L \cdot T^{-1}$.

Der Widerstand 10^9 (c. g. s) heist 1 Ohm. Die elektromotorische Kraft 1 Volt erzeugt im Widerstand von 1 Ohm die Stromstärke 1 Ampère.

Die Siemens'sche Quecksilber-Widerstandseinheit beruht auf einer physikalisch-geometrischen Definition; die Einheit des Widerstandes besitzt eine Säule Quecksilbers von 0°, welche 1 m lang ist und einen Querschnitt von 1 qmm hat.

Das Verhältniß des Ohm zur Siemens'schen Quecksilbereinheit ist von vielen Forschern bestimmt und nahezu = 1,06 gefunden worden; deßhalb wurde auf der Pariser internationalen Conferenz 1884 ein „legales Ohm" festgesetzt, welches dargestellt wird durch den Widerstand einer Säule Quecksilbers von 0°, welche 106 cm lang ist und einen Querschnitt von 1 qmm besitzt. An dieser Größe wird zunächst festgehalten, obgleich es nach den neuesten Bestimmungen nicht zweifelhaft ist, daß das Ohm um 2—3 Tausendstel größer ist, als das „legale Ohm".

(138) Capacität. Ein Condensator von der Capacität 1 nimmt, von der elektromotorischen Kraft 1 geladen, die Elektricitätsmenge 1 auf. Dimension $L^{-1} \cdot T^2$.

Die Capacität 10^{-9} (c. g. s) heifst 1 Farad; der millionte Theil von 1 Farad ist **1 Mikrofarad** $= 10^{-15}$ (c. g. s). Ein Condensator von der Capacität 1 Farad nimmt, von der elektromotorischen Kraft 1 Volt geladen, die Elektricitätsmenge 1 Coulomb auf.

(139) Selbstinductionscoefficient. Wenn in einem Leiter vom Selbstinductionscoefficient 1 die Stromstärke in 1 Secunde um 1 (c. g. s) wächst, so wird in dem Leiter die EMK 1 (c. g. s) inducirt. Dimension L.

Der Selbstinductionscoefficient 10^9 (c. g. s), welcher bald Quadrant, bald Secohm, bald Henry genannt wird und hier mit Q bezeichnet werden soll, ist die in das technische Maßsystem passende Einheit: Wenn in einem Leiter vom Selbstinductionscoefficient 1 Quadrant die Stromstärke in 1 Secunde um 1 Ampère wächst, so wird in dem Leiter die elektromotorische Kraft 1 Volt inducirt.

Die gegenseitige Induction wird in derselben Einheit wie die Selbstinduction gemessen.

(140) Arbeit, Leistung, Effect. Der Strom 1 leistet im Potentialgefälle 1 während der Zeit 1 die Arbeit 1. Dimensionen:

Elektrische Arbeit: Stromstärke $\times$ Elektromotorische Kraft $\times$ Zeit:
Dimension: $L^2 M T^{-2}$.

Elektrische Leistung: Stromstärke $\times$ Elektromotorische Kraft:
Dimension: $L^2 M T^{-3}$.

Elektromagnetismus und Induction.

Die technischen Einheiten dieser Größen sind:

Elektrische Arbeit: das Secunden-Voltampère oder Voltcoulomb
$= 10^8 \cdot 10^{-1}$ (c. g. s) $= 10^7$ (c. g. s)

1 kgm nach (19) $= 9{,}81 \cdot 10^7$ (c. g. s).

1 Secunden-Voltampère $= 0{,}102$ kgm,

elektrische Leistung: das Voltampère oder Watt
$= 10^8 \cdot 10^{-1}$ (c. g. s) $= 10^7$ (c. g. s)

1 Pferd nach (20) $= 736 \cdot 10^7$ (c. g. s)

1 Pferd $\quad\quad = 736$ Watt.

Wärmeerzeugung. Die elektrische Arbeit, welche in einem Widerstand geleistet wird, besteht in Wärmeerzeugung. 1 Voltampère-Secunde (Joule) $= 10^7$ (c. g. s); 1 g-cal $= 42 \cdot 10^6$ (c. g. s). Daher

1 Voltampère-Secunde $= 0{,}240$ g-cal.

Tafel der technischen Einheiten für die elektrischen Größen.

Größenart	Der Einheit			Dimension	
	Name	Bezeichnung	Werth in (c. g. s)		
Stromstärke	Ampère	A	10^{-1}	$L^{1/2}M^{1/2}T^{-1}$	1 A in 1 sec. oder 1 C zersetzt 0,0933 mg H^2O, scheidet 0,328 mg Cu, 1,118 mg Ag, 0,337 mg Zn aus.
Elektricitätsmenge	Coulomb	C	10^{-1}	$L^{1/2}M^{1/2}$	
Elektromotorische Kraft	Volt	V	10^8	$L^{3/2}M^{1/2}T^{-2}$	EMK des Clark'schen Normalelements: 1,438 − 0,0010 $(t-15)$ V.
Widerstand	Ohm	O	10^9	$L\,T^{-1}$	1 legales Ohm: $\frac{1{,}06\,\text{m}}{1\,\text{qmm}} Hg$ von 0°. 1 Ohm $= 1{,}06$ SE.
Capacität	Farad	F	10^{-9}	$L^{-1}T^2$	1 Mikrofarad $(\mu F) = 10^{-15}$ (c. g. s).
Coefficient der Selbst- und gegenseitigen Induction	Quadrant (Henry) (Secohm)	Q	10^9	L	
Arbeit	Volt-Coulomb	VC	10^7	L^2MT^{-2}	1 VC $= 0{,}102$ kgm $= 0{,}240$ g-cal.
Leistung	Watt	W	10^7	L^2MT^{-3}	1 W $= 1/736$ P.

II. Theil.

MESSKUNDE.

I. Abschnitt.

Elektrische Messungsmethoden und Meſsinstrumente.

Hilfsmittel bei den Messungen.

Allgemeines.

(141) Genauigkeit. Alle Messungen führt man vermittels der physikalischen Gesetze auf die Beobachtung von Längen zurück; der Ausschlag eines Galvanometers, einer Wage, die Bewegung des Uhrzeigers u. s. w. werden durch Längenmessung erhalten. Aus den beobachteten Längen berechnet man die Größe, deren Kenntniß gewünscht wird. In den meisten Fällen sind mehrere solche Längenmessungen zu einem gemeinsamen Ergebniß durch Rechnung zu vereinigen. Immer, auch wenn die Rechnung durch ein empirisches Verfahren ersetzt wird, besteht die Messung außer der Ablesung noch aus der physikalisch-mathematischen Berechnung des allgemeinen Falles, bezw. der Prüfung einiger Voraussetzungen der Messungsmethode, und der arithmetischen Berechnung des vorliegenden Falles; immer, auch bei einer empirischen Graduirung, muß man diesen drei Punkten die volle Aufmerksamkeit zuwenden. Es ist dabei nicht möglich, was dem einen dieser drei Theile an Genauigkeit fehlt, durch größere Sorgfalt bei einem anderen zu ersetzen, so besonders nicht bei einer theoretisch mangelhaften Methode durch sorgfältige Ablesungen oder bei unsicheren Ablesungen durch Berechnung mit vielen Ziffern eine größere Genauigkeit zu erreichen. Vielmehr gilt als allgemeine Regel, daß die drei Theile einer jeden Messung gleiche Genauigkeit besitzen sollen; wünscht man demnach eine Genauigkeit von $1\,^0/_0$, so müssen die Methode und die Meßinstrumente hiernach gewählt werden, während die arithmetische Rechnung mit höchstens 4 Ziffern geführt, das Schlußergebniß nur mit 3 Ziffern mitgetheilt wird; feinere Instrumente als nöthig zu verwenden, mit mehr als 4 Ziffern zu rechnen, wäre als eine Zeitverschwendung anzusehen.

90   Hilfsmittel bei den Messungen.

(142) Sind zu einem Ergebnisse mehrere Einzelmessungen erforderlich, so müssen dieselben so angestellt werden, daß der bei jeder einzelnen möglicherweise zu begehende Fehler für alle denselben Einfluß auf das Schlußergebniß hat; diese Fehler können sich addiren, sie können sich auch gegenseitig aufheben; kennt man die möglichen Einzelfehler, so kennt man auch den möglichen Gesammtfehler. Stellt man viele Beobachtungen an, so ist der Fehler des Mittels erheblich kleiner, als der des einzelnen Ergebnisses; bei einer größeren Zahl von Beobachtungen darf man rechnen, daß der Fehler des Mittels der Quadratwurzel der Zahl der Beobachtungen umgekehrt proportional sei. — Es ist nicht erlaubt, aus der Zahl der erhaltenen Ergebnisse solche wegzustreichen, welche besonders große Abweichungen vom Mittel aufweisen, es sei denn, daß bei der Messung irgend ein gröberes Versehen begangen worden ist. Denn die Vertheilung der Beobachtungsfehler ist eine solche, daß unter einer größeren Zahl von Beobachtungen auch einige mit besonders großen Abweichungen sich befinden müssen, und man würde einen fehlerhaften Mittelwerth erhalten, wenn man diese nicht berücksichtigen wollte.

(143) Ergänzungs- oder Berichtigungsgrößen. Jede Messung erfordert neben der Bestimmung der wesentlichen Größen noch je nach der gewünschten Genauigkeit die Ermittelung einer kleineren oder größeren Zahl von Ergänzungsgrößen.

Wünscht man z. B. den Widerstand eines Kupferdrahtes zu wissen, so kann man zunächst, als rohe Annäherung, Länge und Durchmesser bestimmen und nach der Formel $\frac{1}{55}\frac{l}{q}$ rechnen; oder man schaltet den Draht in die Wheatstone'sche Brücke ein und bestimmt den Widerstand in bekannter Weise, wobei man unter Verwendung eines ausgespannten Drahtes als Rheostaten nur eine Lange mifst. Soll der Widerstand bei einer bestimmten Temperatur mit einer vorgeschriebenen Genauigkeit, z. B. von 1%, bestimmt werden, so ist aufser der schon erwähnten Länge an der Wheatstone'schen Brücke der etwaige Caliberfehler des Brückendrahtes zu bestimmen und noch ein Thermometer abzulesen, allerdings nur auf ca. 2°; als Temperaturcoefficienten nimmt man die gewöhnlich gebrauchte Zahl 0,004 oder 0,0037. Steigert sich der Anspruch an die Genauigkeit noch weiter, so müssen nicht nur die Mefsapparate feiner werden, sondern es ist auch noch erforderlich, den Temperaturcoefficienten des betreffenden Stückes Kupferdraht zu bestimmen. Als wesentliche Gröfse ist nur die beobachtete Länge an der Wheatstone'schen Brücke anzusehen. Die Bestimmung der Caliberfehler des Drahtes, der Temperatur und des Temperaturcoefficienten sind Ergänzungsgrófsen.

Die Ergänzungsgrößen haben immer nur einen untergeordneten Einfluß auf das Ergebniß; sie werden deshalb auch immer nur mit weniger großer Genauigkeit bestimmt als die wesentlichen Größen. In den Formeln, nach denen die beobachteten Werthe zum Schlußergebniß vereinigt werden, müssen die Ergänzungsgrößen stets durch ein zu 1 addirtes oder von 1 subtrahirtes Glied dargestellt werden, wie z. B. der Temperatureinfluß in der Formel

$$r_t = r_o (1 + \alpha t).$$

Auf solche Ergänzungsglieder wendet man die Regeln für das Rechnen mit kleinen Größen an.

Hilfsmittel bei den Messungen. 91

Näherungsformeln für das Rechnen mit kleinen Größen.

d und δ bedeuten gegen 1 bezw. φ sehr kleine Größen,
$(1 \pm d)^m = 1 \pm md$, für jedes reelle m.

$$\sin \delta = \delta - \frac{1}{6} \delta^3 \qquad \sin(\varphi + \delta) = \sin \varphi + \delta \cos \varphi$$

$$\cos \delta = 1 - \frac{1}{4} \delta^2 \qquad \cos(\varphi + \delta) = \cos \varphi - \delta \sin \varphi$$

$$\operatorname{tg} \delta = \delta + \frac{1}{3} \delta^3 \qquad \operatorname{tg}(\varphi + \delta) = \operatorname{tg} \varphi + \frac{\delta}{\cos \varphi^2}$$

$$a^d = 1 + d \log \operatorname{nat} a \qquad \log \operatorname{nat}(1 \pm d) = \pm d - \frac{1}{2} d^2.$$

Einige besondere Einrichtungen an Mefsinstrumenten.

(**144**) **Spiegelablesung.** Kleine Drehungswinkel mißt man mit Spiegel und Scale. Senkrecht zur Ruhelage des Spiegels (Fig. 18) wird eine Richtung FS entweder durch die Visirlinie eines Fernrohrs oder durch das von einer Lampe durch einen Spalt gesandte Lichtbündel festgelegt; in der Nähe des Fernrohrs oder des lichtsendenden Spaltes wird die Scale befestigt.

Während der Ruhe des Spiegels sieht man im Fernrohr einen bestimmten mittleren Theilstrich m, bezw. wird derselbe von dem zurückgestrahlten Bilde des Spaltes beleuchtet.

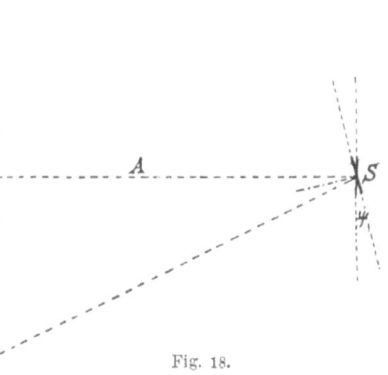

Fig. 18.

Bei einer Drehung des Spiegels um den Winkel φ tritt eine Verschiebung ein, welche das Maß der Drehung bildet. Es ist

$$\frac{n}{A} = \operatorname{tg} 2\varphi.$$

Bei kleinen Winkeln kann man für $\operatorname{tg} 2\varphi$ den Bogen 2φ setzen; bei $\varphi = 3°$ wird der Fehler erst $1/2\,°/_0$, bei $\varphi = 5°$ $1\,°/_0$. Innerhalb dieser Grenzen ist

$$\operatorname{tg} \varphi = \varphi = \frac{n}{2A}.$$

Allgemein ist $\varphi = \frac{1}{2} \operatorname{arctg} \frac{n}{A} = \frac{1}{2}\left(\frac{n}{A} - \frac{1}{3} \frac{n^3}{A^3} + \frac{1}{5} \frac{n^5}{A^5} - \cdots\right).$

Es genügt gewöhnlich, zwei Glieder dieser Reihe zu berechnen.

92   Hilfsmittel bei den Messungen.

Will man nicht φ, sondern $\operatorname{tg}\varphi$ haben, so ist

$$\operatorname{tg}\varphi = \frac{n}{2A}\left[1 - \left(\frac{n}{2A}\right)^2\right]$$

in derselben Weise kann man auch die Formeln für andere Functionen von φ ableiten.

A ist die Entfernung von Spiegel und Scale; der Ort des Fernrohrs bezw. Spaltes ist ziemlich gleichgültig, nur die **Richtung** AS und die Entfernung A sind maßgebend.

(145) **Aufstellung von Fernrohr, Scale und Spiegelinstrument.** In der gewünschten Entfernung A von einander stellt man Spiegelinstrument und Scale auf; gewöhnlich ist die Scale am Fernrohrstativ befestigt, so daß auch das Fernrohr hierdurch schon seine Stellung hat. Die Scale muß gut beleuchtet sein, der Spiegel und das Fernrohr bedürfen keiner Beleuchtung.

Die Scale soll möglichst nahe am Fernrohr, wagrecht und zur Visirlinie senkrecht stehen, der Mittelpunkt der Scale senkrecht über oder unter dem Fernrohr.

Das Fernrohr stellt man zunächst so ein, daß man einen um $2A$ (bezw. Entfernung Fernrohr-Spiegel plus Spiegel-Scale) vom Fernrohr entfernten Gegenstand gut sieht und richtet es nach dem Augenmaß auf den Spiegel, den man jetzt natürlich nicht erblickt. Man sucht nun das Bild der Scale im Spiegel zunächst mit bloßem Auge, regulirt gegebenen Falles an der Stellung der Scale oder dreht den Spiegel, bis die Scale dem Auge, das **neben** dem Fernrohr vorbei visirt, sichtbar ist; erst dann blickt man durch das Fernrohr, richtet ein wenig nach und wird sogleich die Scale im Gesichtsfeld erscheinen sehen; durch kleine Verschiebungen bringt man noch den mittleren Theilstrich der Scale mit dem Fadenkreuz des Fernrohrs zum Zusammenfallen. Einstellung des Fernrohrs siehe auch „Parallaxe" (147).

Um eine möglichst sichere und unveränderliche Aufstellung zu erhalten, stellt man das Galvanometer auf ein Consol, das an der Wand befestigt ist, und zwar auf festgekittete Fußplatten. Scalenabstand und -Richtung werden durch ein langes Fadenpendel, das von der Decke herabhängt, und dessen Faden durch eine kleine an der Scale angeschraubte Oese und Hülse hindurchgeht, und eine an der Wand angebrachte Visirmarke geprüft und danach constant erhalten. (Vgl. W. Kohlrausch. El. Zschr. 1886.

(146) **Stromwender.** Die Aufstellung eines Galvanometers und dgl. kann oft nach Augenmaß nicht mit der gewünschten Genauigkeit ausgeführt werden; um die hierdurch entstehenden Fehler zu verringern, verwendet man Stromwender, welche bestimmte Vertauschungen in der Aufstellung ermöglichen. Sind die Fehler an und für sich klein, so werden sie durch geeignete Vertauschungen praktisch vollkommen ausgeglichen.

Die Contacte der Stromwender werden meistens durch Quecksilbernäpfe hergestellt; dieselben sind bei vorsichtiger Behandlung am zuverlässigsten; in das Quecksilber tauchen starke Kupferdrähte, deren Enden man vorher in eine Auflösung von Quecksilber in Salpetersäure eingetaucht und tüchtig abgerieben hat; dieses Verquicken muß von Zeit zu Zeit wiederholt werden.

Ein großer Uebelstand dieser Contacte ist das Verspritzen des Quecksilbers; für technische Apparate sind Quecksilbercontacte deshalb schlecht zu gebrauchen.

Wo es auf den Widerstand der Contacte weniger ankommt, verwende man federnde Contacte aus Kupfer oder Messingblech, die von Zeit zu Zeit mit Smirgel gereinigt werden.

(147) **Parallaxe.** Liest man die Stellung einer Nadel oder eines Zeigers an einer Theilung, den Quecksilberfaden vor der Thermometertheilung u. s. w. ab, so ist es nothwendig, immer in derselben Richtung, am besten senkrecht, auf die Theilung zu blicken; andernfalls macht man Fehler, die um so größer werden, je weiter der Zeiger von der Theilung entfernt ist. Man macht also diese letztere Entfernung zunächst möglichst gering und versichert sich der senkrechten Visirrichtung noch durch einfache Hilfsmittel; als solches ist besonders die Anbringung eines kleinen Spiegels zu empfehlen, dessen spiegelnde Fläche parallel zur Theilung angelegt wird; häufig werden die Theilungen schon aus Spiegelglas angefertigt oder von vorn herein Spiegel neben den Theilungen angebracht.

Bei der Ablesung mit dem Fernrohr muß man diesem Punkte große Aufmerksamkeit schenken; man stellt so ein, daß bei Verschiebungen des Auges vor dem Ocular, mit Ausschluß der Randstrahlen, Fadenkreuz und Scalenbild sich nicht gegeneinander verschieben.

(148) **Dämpfung und Beruhigung.** Will man Einstellungen der Meßinstrumente ablesen, so braucht man dazu viel Zeit, wenn man die abgelenkte Nadel sich selbst überläßt. Magnetnadeln kann man durch geeignetes Nähern und Entfernen eines Magnetstabes leicht zur Ruhe bringen; der Hilfsstab wird während der Ablesungen, um störende Einflüsse auszuschließen, entfernt von der Nadel in gleicher Höhe mit letzterer und senkrecht aufgestellt.

Bequemer ist es, das Instrument mit einer besonderen dämpfenden Vorrichtung zu versehen; eine solche Dämpfung muß aus einem Widerstande bestehen, der sich der Bewegung der Nadel entgegenstellt, der aber verschwindet, sobald die Nadel zur Ruhe kommt. Das Verhältniß zweier aufeinander folgender Schwingungsbogen nennt man das Dämpfungsverhältniß.

(149) **Kupferdämpfung.** Ein schwingender Magnet inducirt in einer benachbarten Kupfermasse Ströme, welche die Bewegung des Magnets aufzuhalten suchen. Der Kupferdämpfer soll bis nahe an den Magnet reichen, er soll aus ganz reinem Kupfer bestehen und recht massiv sein; vor Allem sorge man, daß den Inductionsströmen nicht durch Zertheilung des Kupfers die Bahn abgeschnitten werde. Geringe Verunreinigungen des Kupfers verringern seine Dämpfungsfähigkeit recht erheblich; Eisengehalt ist auch wegen des Magnetismus schädlich. Die Dämpfung ist dem Quadrate des Momentes der schwingenden Nadel proportional.

(150) **Flüssigkeitsdämpfung.** Mit dem beweglichen Theil des Meßinstrumentes wird ein Flügel verbunden, der in eine Flüssigkeit eintaucht; die Bewegung erfährt hierdurch einen Widerstand, der als Dämpfung wirkt. Der Stiel, an welchem der Flügel sitzt, muß bei der Durchtrittstelle durch die Oberfläche

der Flüssigkeit möglichst dünn sein und sich gut benetzen, weil sonst störende Einflüsse ins Spiel treten können. Eine besondere Art der Flüssigkeitsdämpfung besteht darin, daß man auf die Drehungsaxe des sich drehenden Theiles einen mit Flüssigkeit gefüllten hohlen Blechring setzt; vgl. Frölich, Elektrotechnische Zeitschr. 1886, S. 195.

(151) Luftdämpfung. Dieselbe ist ähnlich der vorigen; der mit der Magnetnadel oder dgl. verbundene Flügel bewegt sich in einer Kammer, wobei er die vor ihm befindliche Luft zusammendrückt, die hinter ihm befindliche ausdehnt; die Luft fließt daher durch die engen Zwischenräume zwischen den Rändern des Flügels und den Wänden der Kammer, der Bewegung des Flügels entgegen, und dämpft die letztere; ähnlich kann man auch fortschreitende Bewegung dämpfen, wie z. B. bei dem Federgalvanometer von F. Kohlrausch.

Gute Dämpfung erleichtert das Arbeiten mit Meßapparaten ungemein; die meisten der gebräuchlichen technischen Strom- und Spannungsmesser besitzen leider gar keine oder nur geringe Dämpfung, obgleich es oft sehr einfach wäre, solche anzubringen.

(152) **Bifilare Wickelung.** Wenn ein stromdurchflossener Leiter keine Wirkung auf ein Meßinstrument, sowie keine Selbstinduction haben darf, führt man ihn so, daß die eine Hälfte des Leiters die gleiche und entgegengesetzte Wirkung hat, wie die andere. Gewöhnlich wird dies dadurch erzielt, daß man den Draht von der Mitte aus aufspannt oder aufwickelt, so daß beide Hälften des Drahtes genau neben einander liegen, z. B. bei den Widerstandsrollen der Stöpselrheostaten. Aehnliche Einrichtungen sind auch nöthig für die Abzweigungs-Widerstände der Galvanometer.

Hilfsbestimmungen.

(153) **Torsionsverhältnifs.** Wenn die abzulenkende Magnetnadel an einem Faden aufgehängt ist, so übt dieser Faden während der Ablenkung ein Moment auf die Nadel aus, welches unter Umständen erheblich wird; dieses Torsionsmoment ist dem Torsionswinkel proportional. Das Drehungsmoment, welches die Nadel von Seiten des Erdmagnetismus erfährt, ist proportional dem Sinus des Ablenkungswinkels $H \cdot m \cdot \sin \varphi$, bei kleinen Drehungen nahe proportional dem Winkel selbst. In diesen Grenzen stehen demnach die beiden Drehungsmomente in constantem Verhältniß, dem Torsionsverhältniß v; bei einer Ablenkung summirt sich ihre Wirkung auf die Nadel, so daß man bei allen Instrumenten, in denen Fadenaufhängung verwandt wird, in den im Folgenden gegebenen Formeln statt H, der erdmagn. horizontalen Stärke, zu setzen hat $H \cdot (1 + v)$; dabei wird v in folgender Weise ermittelt: man mißt die Veränderung der Ruhelage der Nadel, welche durch eine Drillung des Fadens um den Winkel α hervorgebracht wurde; am bequemsten ist es, $\alpha = 360°$ oder einem Vielfachen von 360° zu nehmen; man dreht entweder den Magnet oder den Aufhängestift herum. Aendert sich durch

Hilfsmittel bei den Messungen.

die Drillung die Ruhelage der Magnetnadel um den Winkel φ, so ist
$$v = \frac{\varphi}{\alpha - \varphi}$$
oder meist genügend genau
$$v = \frac{\varphi}{\alpha}$$
φ wird mit Spiegel und Scala bestimmt.

Zur Messung von α tragen viele Instrumente eine Theilung am oberen Ende der Aufhängungsröhre.

Um ein geringes Torsionsverhältniß zu bekommen, wähle man einen sehr dünnen Aufhängefaden und einen leichten Magnet nebst Spiegel, auch mache man den Faden möglichst lang. Am besten sind ungedrehte Coconfäden; die direct abgespulten Fäden lassen sich leicht in zwei Theile spalten; am feinsten sind die inneren Fäden eines Cocons.

Schwerere Magnete werden an Fadenbündeln aufgehängt. In manchen Fällen benutzt man feine Metalldrähte zur Aufhängung.

(154) **Bestimmung der horizontalen Stärke des Erdmagnetismus.** Nach (23) und (71) ist die Schwingungsdauer einer Magnetnadel $t = \pi \cdot \sqrt{\frac{T}{MH}}$ sec. Ein Magnetstab in der großen Entfernung R lenkt die Magnetnadel um den Winkel φ ab, und es ist (62), (72)

für die erste Hauptlage $\operatorname{tg} \varphi_I = \dfrac{2M}{R^3 H}$

für die zweite Hauptlage $\operatorname{tg} \varphi_{II} = \dfrac{M}{R^3 H}$

Zur Bestimmung von H verwendet man die erstere Gleichung und eine der beiden letzteren; es ist nämlich

$$MH = \frac{\pi^2 \cdot T}{t^2} \text{ und } \frac{M}{H} = \frac{R^3 \operatorname{tg} \varphi_I}{2} \text{ bezw. } R^3 \operatorname{tg} \varphi_{II}; \text{ daraus}$$

$$H = \frac{\pi}{t} \sqrt{\frac{2T}{R^3 \operatorname{tg} \varphi_I}} \text{ bezw. } \frac{\pi}{t} \cdot \sqrt{\frac{T}{R^3 \operatorname{tg} \varphi_{II}}}$$

t wird durch Abzählung einer größeren Zahl von Schwingungen bei kleiner Schwingungsweite bestimmt und nach (23) berichtigt. T ergiebt sich nach (22); der Stab muß eine sorgfältig hergestellte geometrisch-genaue Gestalt besitzen; φ wird an einer Bussole mit Kreistheilung und kleiner Nadel bestimmt. R muß groß sein gegen die Länge des ablenkenden Stabes; dann würde man aber nicht mehr gut meßbare Ausschläge, 30—50°, erhalten; man beobachtet statt dessen aus zwei verschiedenen kleineren Abständen und setzt:

$$R^3 \operatorname{tg} \varphi = \frac{R_1^5 \operatorname{tg} \varphi_1 - R_2^5 \operatorname{tg} \varphi_2}{R_1^2 - R_2^2}.$$

Der größeren Genauigkeit wegen lege man den Magnetstab in der ersten Hauptlage östlich und westlich, bezw. in der zweiten Hauptlage nördlich und südlich, drehe ihn auch nach der ersten Messung in einer Lage um 180°, um den Ausschlag der Nadel nach der anderen Seite zu bekommen; beide Spitzen der Nadel werden abgelesen; aus 8 zusammengehörigen Ablesungen nimmt man das Mittel.

(155) **Nachprüfung von** H. Wenn man H aus der Tab. (70) entnimmt, so wird man wünschen, sich zu vergewissern, ob die horizontale Stärke am Aufstellungsort dem Werthe der Tabelle gleich ist, oder man wird die Abweichung vom letzteren Werthe feststellen wollen. Um dies auszuführen, bestimmt man die Schwingungsdauer einer Magnetnadel am Aufstellungsort und im Freien, weit entfernt von allen Eisenmassen. Beträgt die Schwingungsdauer am Aufstellungsort t_1 sec, im Freien t_2 sec, und ist H der aus Tab. (70) entnommene Werth, so ist H^1 für den Aufstellungsort gleich

$$H + \frac{2H(t_2 - t_1)}{t_1}.$$

Bei den Bestimmungen von t_2 und t_1 achte man auf gleiche und geringe Schwingungsweite der Nadel.

Galvanometer.

(156) Das Galvanometer mißt die Stärke von Strömen an der Einwirkung derselben auf Magnete oder Stücke weichen Eisens.

Allgemeine Regel. Bei allen Galvanometern wird die Ebene der Wickelung in den magnetischen Meridian gestellt. Einstellung mit Stromwender (159).

Absolute Galvanometer

sind diejenigen, bei welchen die Wirkung des Stromes auf einen Magnet aus der Stromstärke und den Abmessungen des Galvanometers im absoluten Maße berechnet werden kann (bei denen also eine Aichung, Voltameterversuch und ähnliches nicht erforderlich ist).

Tangentenbussole.

(157) Das gewöhnlich gebrauchte absolute Galvanometer ist die Tangentenbussole, ein kreisförmig gebogener Stromleiter, in dessen Mittelpunkt ein kleiner Magnet horizontal drehbar entweder auf einer Spitze aufgestellt oder an einem Coconfaden aufgehängt ist. Nach (109) ist das Drehungsmoment, welches der Strom dem Magnet ertheilt $= \frac{\pi}{5} \frac{im}{R} \cos \varphi$. Zugleich übt die erdmagnetische Kraft H (horizontale Stärke) das Drehungsmoment $m \cdot H \cdot \sin \psi$ auf den Magnet aus (65). Hierin bedeuten:

i die Stromstärke in Ampère,
R den Radius des Stromreifens in cm,
m das magnetische Moment des kleinen Magnetes im (c. g. s)-Maße,
φ und ψ die Winkel, welche die magnetische Axe des Magnets mit der Ebene des Stromreifens und mit dem magnetischen Meridian einschließt; richtet man den Stromreifen in den magnetischen Meridian, so wird $\varphi = \psi$.

Galvanometer.

Die beiden Drehungsmomente sind im Gleichgewicht, wenn bei $\varphi = \psi$

$$\frac{\pi}{5} \frac{im}{R} \cos \varphi = mH \sin \varphi,$$

daraus folgt

$$i = \frac{5}{\pi} \cdot RH \cdot \operatorname{tg} \varphi.$$

Der Magnetismus der Nadel ist ohne Einfluß auf das Ergebniß.

Die Länge der Nadel muß gering sein gegen den Durchmesser des Reifens. Will man Fehler von 1 % vermeiden, so muß die Nadellänge kleiner als $1/_{12}$ des Reifendurchmessers sein; beträgt die Länge der Nadel $1/_{20}$ des Reifendurchmessers, so kann der Fehler noch $1/_2$ % ausmachen. Der Einfluß der Nadellänge verschwindet, wenn $\varphi = 26{,}6°$ ist; für Winkel unter 50° ist der Fehler sehr klein und kann unter den angegebenen Verhältnissen von Nadellänge und Reifendurchmesser als unmerklich angesehen werden.

(158) **Aufstellung.** Die Tangentenbussole wird an einem Orte aufgestellt, an dem man den Werth der horizontalen Stärke des Erdmagnetismus kennt. Entweder bestimmt man denselben nach (154), oder man entnimmt ihn aus Tab. (70); er ist für denselben Ort mit der Zeit etwas veränderlich. Der Aufstellungsort darf nicht in der Nähe bedeutender Eisenmassen liegen; weniger beträchtliche und ziemlich gleichmäßig nach allen Seiten vertheilte Eisenmengen in größerer Entfernung vom Instrument sind ohne Einfluß; senkrechte Eisenstangen, wie an Fenstergittern und eisernen Thoren, sind in der Regel magnetisch, sie besitzen unten einen Nordpol, oben einen Südpol; hierauf ist vorkommenden Falles Rücksicht zu nehmen. Während der Messungen dürfen die in der Nähe befindlichen Eisentheile, auch sehr kleine, nicht bewegt werden, weil durch diese Bewegungen die Nullage des Galvanometers geändert wird.

(159) In der Nähe der Tangentenbussole dürfen stärkere Ströme nicht vorübergeführt werden, ohne daß man sich sorgfältig vergewissert hat, daß keine Einwirkung derselben auf die Magnetnadel bemerkbar ist. Die Zuleitungen zur Tangentenbussole müssen ganz dicht nebeneinander und möglichst senkrecht zum magnetischen Meridian geführt werden.

Die Ebene des Stromreifens ist in den magnetischen Meridian einzustellen. Kleine Einstellungsfehler haben einen sehr erheblichen Einfluß auf das Ergebniß, zumal bei größeren Winkeln. Man kann dieselben durch Verwendung eines Stromwenders mit 4 Contacten ausgleichen; wo das Umlegen bei den Messungen zu umständlich ist, benutzt man den Stromwender zur genauen Einstellung der Tangentenbussole in den Meridian; die Ausschläge müssen noch bei 70—80° nach beiden Seiten gleich sein. Der Aufstellungsort muß von Erschütterungen frei sein.

(160) **Günstiger Ausschlag.** Ein Fehler in der Ablesung der Stellung des Zeigers auf dem Theilkreis hat bei einem Ausschlag von 45° den geringsten Einfluß auf das Messungsergebniß.

98 Galvanometer.

Die Ablesefehler wirken um so empfindlicher, je näher man den Grenzen 0° und 90° kommt. Ausschläge unter 15° und über 75° liefern unsichere Ergebnisse, für zuverlässige Messungen soll man nur das Intervall zwischen 20° und 70° benutzen.

(161) Empfindlichkeit. Mit einem und demselben Instrument kann man noch Ströme messen, die im Verhältniß tg 20° zu tg 70° oder 1 : 7,5 stehen; reicht dieser Bereich nicht aus, so muß man eins der im Folgenden angegebenen Hilfsmittel anwenden.

Zur Messung schwacher Ströme verwendet man mehrere Drahtwindungen; dieselben müssen so angeordnet werden, daß die Abmessungen des Gesammtquerschnittes klein bleiben gegen den Durchmesser des Reifens; man wählt einen rechteckigen Querschnitt und nimmt die Breite desselben (gemessen parallel der Axe des Reifens) = $4/5$ der Höhe (gemessen in der Richtung des Radius des Reifens). Für eine Tangentenbussole mit n Windungen erhält man die Formel

$$i = \frac{5}{n\pi} RH \cdot \mathrm{tg}\,\varphi\ \mathrm{A}.$$

Auch durch Verkleinerung des Reifendurchmessers erhöht man die Empfindlichkeit. Aus Rücksicht auf die Berichtigung wegen der Nadellänge wird man als kleinsten verwendbaren Durchmesser 25 cm annehmen.

Zur Messung starker Ströme vergrößert man den Durchmessers des Reifens. Mit einer Bussole von 40 cm Reifendurchmesser (F. Kohlrausch. Wied. Ann. 1882. Bd. 14. S. 552. El. Ztschr. 1884. S. 13) kann man Ströme bis zu 20 A messen. Viel größere Durchmesser wird man selten anwenden, um nicht unbequeme Instrumente zu erhalten.

Zur Messung sehr starker Ströme, wenn der einfache Stromreifen nicht mehr ausreicht, oder wenn man beabsichtigt, den Messungsbereich eines gegebenen Instrumentes zu erweitern, legt man eine Abzweigung an. Vgl. darüber (97), (207), (219), (221).

Spiegelablesung bei der Tangentenbussole anzuwenden, ist für technische Messungen nicht empfehlenswerth; ausgenommen sind die Fälle, wo man durch die geringe Stärke des zu messenden Stromes und unzureichende Empfindlichkeit der Bussole gezwungen ist, die directe Ablesung zu verlassen.

(162) Einige besondere Ausführungen der Tangentenbussole.

Tangentenbussole von Gaugain und von Helmholtz. Stellt man die Nadel der Tangentenbussole um $1/2\,R$ von der Kreisebene entfernt, in der Axe des Kreises auf, so ist nach (109) und ebenso wie in (157)

$$i = \frac{7}{n\pi} \cdot RH\,\mathrm{tg}\,\varphi\ \mathrm{A}.$$

Diese Ausführung des Instrumentes hat den Vortheil, daß die Nadellänge einen geringeren Einfluß auf die Angaben des Instrumentes hat, als bei der gewöhnlichen Tangentenbussole. Ein

Fehler von 1 % kann erst entstehen, wenn die Nadellänge = $^1/_4$ des Kreisdurchmessers wird; schon bei $^1/_8$ ist der Fehler so gut wie Null. Man kann also hier auch den Reifendurchmesser kleiner als 25 cm wählen, was zur Messung kleiner Stromstärken bequem ist. — Giebt man dem Instrumente mehrere Windungen, so werden dieselben auf ein Stück des Mantels eines Kegels von 63° 26′ Oeffnung aufgewunden.

Die Bedingung, daß der Abstand der Nadel von der Kreisebene = $^1/_2 R$ ist, muß genau erfüllt sein; kleine Abweichungen aus der richtigen Lage geben zu Fehlern Veranlassung. Es empfiehlt sich deshalb, nicht einen Stromreifen zu nehmen, sondern zwei, deren Abstand = dem Radius R ist; dieselben müssen gleich und parallel sein und fest mit einander verbunden werden. In die Mitte zwischen beiden kommt die Magnetnadel zu stehen; in diesem Falle ist eine geringe Verschiebung der Nadel aus der Mittelebene ohne Einfluß.

(163) Die **Tangentenbussole von Kessler***) ist der Gaugain'schen ähnlich construirt. Während die Entfernung der Magnetnadel von der Ebene des Stromreifens (x cm) nahezu = $^1/_2 R$ ist, wählt man die Größe von R so, daß der ganze Ausdruck, welcher in der Gleichung

$$i = \frac{5}{n\pi} \cdot \frac{(R^2 + x^2)^{3/2}}{R^2} \cdot H \operatorname{tg} \varphi \ \text{A}$$

vgl. (109), den Factor von $\operatorname{tg}\varphi$ bildet, gleich einer Potenz von 10 wird. Da dieser Factor die Größe H enthält, welche nach Ort und Zeit veränderlich ist, so macht man auch x veränderlich. Dadurch ist man im Stande, an jedem Orte und zu jeder Zeit die Nadel in einer solchen Entfernung von der Reifenebene aufzustellen, daß

$$\frac{5}{n\pi} \cdot \frac{(R^2 + x^2)^{3/2}}{R^2} \cdot H$$

genau gleich 0,1 oder 1 oder 10 u. s. w. wird. Bei einem Reifendurchmesser von 43 cm beträgt die Aenderung von x, welche einer Differenz von H um 1% entspricht, 2 mm; dieselbe kann am Instrument mit genügender Genauigkeit eingestellt werden. Die Grenzen der Regulirbarkeit sind so gewählt, daß man den Factor $\left(\frac{R^2 + x^2}{R^2}\right)^{3/2}$ um 25% verändern kann, entsprechend dem Bereich der Werthe von H in Mitteleuropa.

Die Nadel bewegt sich über einer Tangententheilung; sie ist an einem Coconfaden aufgehängt, dessen Einfluß man unter Umständen berücksichtigen muß (153). Das Instrument besitzt nur einen Stromreifen, deshalb muß die Entfernung der Magnetnadel von der Kreisebene sehr sorgfältig eingestellt werden, besonders ist das Galvanometer genau nach den angebrachten Libellen aufzustellen.

---

*) Centrbl. El. 1886, S. 266, 626.

(164) Tangentenbussole von Edelmann.[*]) Bei diesem Instrument ist der Abstand x der Nadel vom Stromreifen innerhalb sehr weiter Grenzen veränderlich gemacht worden, indem der Reifen längs seiner Axe verschoben werden kann. Derselbe wird so eingestellt, daß der zu messende Strom einen passenden Ausschlagswinkel hervorbringt, dessen Tangente an der Theilung abgelesen wird. Dann ist

$$i = \frac{5}{n\pi} \cdot \frac{(R^2 + x^2)^{3/2}}{R^2} H \operatorname{tg} \varphi \text{ A.}$$

Die Rechnung nach dieser Formel wird mit Hilfe von Tabellen vereinfacht.

Das Instrument ist bequem und in weiten Grenzen zu gebrauchen, es besitzt 3 auswechselbare Rollen mit verschiedener Bewickelung: die erste, mit vielen feindrähtigen Windungen, dient bis 0,05 A, z. B. bei Spannungsmessungen; die zweite, mit stärkerem Drahte, ist bis 2 A zu gebrauchen, während die dritte, ein massiver Kupferring, bei dem kleineren Modell des Instruments bis 100 A, beim größeren bis 1000 A zu messen gestattet.

Die beschriebene Einrichtung leidet an dem Uebelstande, daß nur auf der einen Seite der Nadel ein Stromreifen sich befindet; ein Fehler in x von 1% giebt bei größerem x in der Stromstärke einen solchen von 3%. Die Formel enthält keine Correction wegen der Länge der Nadel und des Querschnitts der Windungen; bei kleinem x kann dies wohl einen Fehler verursachen. Für die gewöhnlichen Zwecke ist die erzielte Genauigkeit ausreichend, indeß wohl nicht so groß, als a. a. O. behauptet wird.

(165) Tangentenbussole von Obach. Macht man den Stromreifen auch um eine horizontale Axe drehbar, so kann man mit derselben Bussole in sehr viel weiteren Grenzen arbeiten. Es ist dann erforderlich, der Nadel eine solche Aufstellung oder Aufhängung zu geben, daß sie am Umkippen verhindert wird; man befestigt sie an einer senkrechten Axe, die entweder in Lagern läuft, oder aufgehängt und unten beschwert ist. Die Formel lautet

$$i = \frac{5}{n\pi} \cdot R \cdot H \cdot \frac{\operatorname{tg}\varphi}{\cos\alpha} \text{ A}$$

worin α der Winkel, den die Reifenebene mit der Senkrechten macht. Für ein bestimmtes Instrument und einen bestimmten Werth des Erdmagnetismus kann man sich solche Winkel α berechnen, daß $5RH/n\pi\cos\alpha$ eine zur Rechnung bequeme Zahl wird; z. B. für $R = 11$ cm, $H = 0{,}197$, $n = 4$ ist,

für $\alpha = 30°$: $5RH/n\pi \cos\alpha = 1$
„ $\alpha = 64{,}5°$: „ $= 2$
während „ $\alpha = 0$: „ $= 0{,}862$.

In der Nähe von 60° bedeutet ein Fehler in α von 1° bereits 3%, bei 70° sogar 4% Fehler der Strommessung.

---

[*]) Centrbl. El. 1887, S. 86.

Fügt man dem Instrument einen stellbaren Richtmagnet bei, so kann man die Grenzen noch erweitern; dann läßt sich aber der Reductionsfactor nicht mehr berechnen, sondern ist nach (202) flg. für jede Stellung des Magnets wiederholt zu bestimmen.

(**166**) **Voraussetzungen, welche vom Mechaniker bei Herstellung der Tangentenbussole zu erfüllen sind, und auf die bei Auswahl eines Instrumentes zu achten ist.**

1. In der Nähe der Magnetnadel darf Eisen oder Stahl nicht angebracht werden; die stählerne Spitze, auf der man häufig die Nadel aufstellt, muß möglichst klein und sehr genau centrirt sein. Eiserne Schrauben dürfen in der mechanischen Construction des Apparates nicht verwendet werden.

2. Die Zuführungen zu dem Stromreifen bilden immer eine Fehlerquelle; dieselben müssen so construirt werden, daß die Form eines geschlossenen Kreises, der vom Strome durchflossen wird, möglichst nahe erreicht wird; solche Constructionen, bei denen die Zuleitungen zu beiden Seiten eines starken Holzstieles einander diametral gegenüber angebracht sind, geben zu groben Fehlern Veranlassung. Vom Kreise ab, bis in einige Entfernung vom Instrument, müssen die Zuführungen ganz nahe bei einander geführt werden.

3. Der Reifen muß wirklich kreisförmig sein und die Magnetnadel muß sich wirklich im Mittelpunkt des Kreises befinden. Deshalb soll auch der Reifen hinreichend kräftig sein und durch geeignete Versteifungen bezw. Streben unterstützt werden, damit er nicht so leicht verbogen werden kann. Der Querschnitt des Leiters, aus dem der Reifen besteht, soll klein sein gegen den Durchmesser des Reifens; man nehme Draht von rundem oder nahezu quadratischem Querschnitt; Blechreifen sind zu verwerfen.

4. Die Magnetnadel muß klein sein gegen den Durchmesser des Reifens. Man kann zwar den Fehler, der durch eine zu große Nadel entsteht, in Rechnung setzen und berichtigen (vgl F. Kohlrausch, Leitfaden § 67) allein die Anwendung der Formeln ist in der Regel zu umständlich.

5. Ist die Magnetnadel auf einer Stahlspitze aufgestellt, so ist zu prüfen, ob dadurch nicht zu große Reibung entsteht. Bei Verwendung eines Cocons muß die Länge des Fadens genügend groß, der Faden selbst möglichst fein sein. Vgl. Torsionsverhältniß (153).

6. Die Kreistheilung muß genau ausgeführt sein und leicht abgelesen werden können; von Vortheil ist es, wenn unmittelbar neben oder unter der Theilung ein zur getheilten Fläche paralleler Spiegelstreifen angebracht wird, oder wenn die Theilung selbst auf einem Spiegel oder auf schwarzem Spiegelglas geätzt wird. Vgl. Parallaxe (147). Die Magnetnadel trägt lange leichte Zeiger aus Aluminiumblech oder Glasfäden.

(167) Galvanometer für vergleichende Strommessungen

sind entweder solche, für die das Gesetz, nach dem sich der Ausschlag mit der Stromstärke ändert, mathematisch abgeleitet werden kann, oder solche, bei denen das Gesetz der Abhängigkeit des Ausschlags von der Stromstärke nur sehr unvollkommen bekannt ist.

Zu der ersteren Classe gehören Sinusbussole, Torsionsgalvanometer, Spiegelgalvanometer; durch eine einzige Aichung (Voltameterversuch oder Vergleichung mit einem geaichten Instrument) kann man die Angaben dieser Apparate auf absolutes Maß zurückführen.

(168) **Sinusbussole.** Ein beliebiger Multiplicator wirkt auf eine beliebige Magnetnadel; während der Messungen werden die beiden immer in dieselbe gegenseitige Stellung gebracht. Der Multiplicatorrahmen ist um eine verticale Axe drehbar, welche zugleich auch die Drehaxe der Magnetnadel ist; diese selbst kann sich im Innern des Rahmens oder auch außerhalb befinden. Bringt man Rahmen und Nadel durch Drehen des ersteren immer in dieselbe gegenseitige Lage, so ist das Drehungsmoment der stromdurchflossenen Wickelung auf die Nadel der Stromstärke und dem Moment der Nadel proportional $= Gmi$; das Drehungsmoment des Erdmagnetismus ist $= mH \sin \varphi$, wenn φ die Ablenkung aus dem magnetischen Meridian und also auch die Drehung des Rahmens bedeutet. Hat die Nadel unter der Einwirkung beider Momente eine bestimmte Lage angenommen, so ist $Gmi = mH \sin \varphi$ oder

$$i = \frac{H}{G} \sin \varphi = \text{Const.} \sin \varphi.$$

Die Constante enthält die horizontale Stärke des Erdmagnetismus, ist also mit der Zeit langsam veränderlich, wie bei der Tangentenbussole; vom Moment der Nadel ist die Messung unabhängig. Die Form des Multiplicators, Gestalt und Länge der Nadel sind gleichgültig.

(169) Als Sinusbussole wird häufig die **Tangentenbussole** nebenbei eingerichtet; der Stromreifen ist über einer Theilung drehbar; man dreht ihn bei der Messung so lange, bis die Nadel immer wieder auf denselben Strich ihres Theilkreises (der mit dem Stromreifen fest verbunden ist) zeigt, als welchen man sowohl den Nullpunkt der Theilung als auch jeden beliebigen anderen Theilstrich wählen kann. Der Winkel φ wird am Theilkreis des Reifens abgelesen und immer vom magnetischen Meridian aus gezählt.

Das **Universalgalvanometer** von Siemens kann als Sinusbussole dienen. Das Instrument wird so aufgestellt, daß stromlos die Nadel auf Null zeigt, mit den Endklemmen der Galvanometerwindungen (II und IV) in die Leitung eingeschaltet, und der verschiebbare Contact vom Platindraht weggezogen. Will man einen Strom messen, der das Instrument durchfließt, so wird das Galvanometer mit der Schieferplatte gedreht, bis die Nadel wieder auf Null zeigt und die Drehung an der Theilung für den Platindraht, die in Bogengraden ausgeführt ist, abgelesen; als Index dient die Marke an dem Gleitcontact, welche zum Zwecke größerer

Sicherheit mit der Fußplatte des Instrumentes durch geeignete Klemmen verbunden werden kann. Mit dem Universalgalvanometer als Sinusbussole kann man unmittelbar nur sehr schwache Ströme (etwa 0,00002—0,00016 A) messen; dasselbe läßt sich durch Zufügen großer Widerstände und durch Abzweigung leicht zum Messen von Spannungen und von starken Strömen einrichten. — Durch Einsetzen des Stöpsels zwischen den Klemmen III und IV schaltet man den Platindraht dem Galvanometer parallel.

(170) **Torsionsgalvanometer.** Auch bei diesem Instrument werden Magnet und Multiplicator immer in dieselbe gegenseitige Stellung gebracht, doch bleibt der Rahmen hier fest stehen, während die Magnetnadel |nach einer Ablenkung mit Hilfe der Torsionsfeder des Instrumentes zurückgedreht wird. Das Drehungsmoment der Feder ist dem Drehungswinkel proportional $= c \cdot \varphi$, dasjenige des Rahmens (wie im vorigen Abschnitt) $= G \cdot mi$, woraus

$$i = \text{Const} \cdot \varphi.$$

Die Constante enthält nicht die horizontale erdmagnetische Stärke, wohl aber den Magnetismus der Nadel. D. h. die Stärke des magnetischen Feldes ist gleichgültig, dagegen kommt es sehr auf das Moment der Nadel an. Es ist demnach möglich, mit dem Torsionsgalvanometer auch in verhältnißmäßig geringen Entfernungen von Maschinen und starken Strömen zu messen, vorausgesetzt, daß diese nicht den Magnetismus des Galvanometermagnetes verändern, und daß zu jeder Zeit das stromlose Instrument auf Null zeigt. Das Torsionsgalvanometer wird so gebaut, daß der Factor der obigen Formel eine Potenz von 10 wird; mit der Zeit und durch kleine Versehen im Gebrauch ändert sich der Factor und zwar meistens in dem Sinne, daß man dem beobachteten Ausschlag eine positive Berichtigung zufügen muß.

(171) **Spiegelgalvanometer.** Dieselben dienen zur genauen Messung klein'er Ausschläge. Bei kleinen Ausschlägen ist die Tangente des Ablenkungswinkels der Stromstärke proportional: bis zu welchem Winkel das Tangentengesetz gilt, hängt von den Größenverhältnissen des Instrumentes ab. Vgl. (172).

Der Abstand von Spiegel und Scale sei $= A$, der beobachtete Ausschlag:

bei Beobachtung nach nur einer Seite (Ablesung der Ruhelage und einer abgelenkten Lage) $= n$;

bei Beobachtung nach beiden Seiten (bei Gebrauch eines Stromwenders) $= N$.

A und N bezw. n werden in demselben Maße gemessen, am geeignetsten in Millimetern.

Die Stromstärke kann proportional dem beobachteten Scalenausschlag (statt der Tangente des Winkels) gesetzt werden:

bis $N = \frac{1}{4} A$ bezw. $n = \frac{1}{8} A$ mit einem Fehler von höchstens $\frac{1}{2}\%$,

„ $N = \frac{1}{2} A$ „ $n = \frac{1}{4} A$ „ „ „ „ „ 1%.

Bei größeren Ausschlägen dienen zur Umrechnung des abgelesenen Ausschlages N bezw. n auf die trigonometrische Tangente des Ausschlagswinkels die Gleichungen

$$\operatorname{tg}\varphi = \frac{N}{4A} \cdot \left(1 - \left(\frac{N}{4A}\right)^2\right)$$

und

$$\operatorname{tg}\varphi = \frac{n}{2A} \cdot \left(1 - \left(\frac{n}{2A}\right)^2\right).$$

Der Abstand A wird in der Regel in die Constante des Instrumentes aufgenommen. Dann hat man für die Stromstärke die Formeln

$$i = G \cdot N \cdot \left(1 - \left(\frac{N}{4A}\right)^2\right) = GN - \frac{GN^3}{16A^2}$$

und ähnlich für n. Der Factor C enthält die horizontale magnetische Stärke und den Abstand A; er ändert sich dem letzteren umgekehrt proportional.

Bei der Aufstellung des Galvanometers kann man sich so einrichten, daß G eine zur Rechnung bequeme Zahl wird. Die Berichtigung $GN^3/16A^2$ kann mit Hilfe einer kleinen Tabelle oder einer graphischen Darstellung rasch gefunden werden.

Beispiel. Die Aichung habe ergeben: 0,001000 A bringt einen Ausschlag von 296,2 mm (doppelseitig) hervor; Abstand $A = 2$ m. Nach der Formel ist:

$$0{,}001000 = G \cdot 296{,}2 - \text{Berichtigung}$$

G ist nahe $= \frac{1}{3} \cdot \frac{1}{10^5}$; um es genau auf diesen Werth zu bringen, muſs der Abstand A etwas vergröſsert werden; durch eine Vergröſserung von A auf $A + d$ würde bewirkt werden, daſs demselben Strom 0,001 A nicht mehr der Ausschlag 296,2, sondern $296{,}2 \cdot \frac{A+d}{A}$ entspricht, während das Berichtigungsglied von der geringfügigen Aenderung von A nicht beeinfluſst wird. Damit der neue Factor den bequemen Werth $\frac{1}{3} \cdot \frac{1}{10^5}$ erhält, muſs

$$296{,}2 \cdot \frac{A+d}{A} = 300$$

sein, also $d = \frac{3{,}8}{296{,}2} \cdot A = 25{,}6$ mm: die Scale muſs um 25,6 mm vom Galvanometer weiter entfernt werden. Weder zur Aichung noch für diese Berichtigung braucht man A genauer als auf 2—5 % zu kennen.

Das Glied $GN^3/16A^2$ der obenstehenden Formel, welches dazu dient, den beobachteten Scalenausschlag auf eine der Stromstärke proportionale Größe zurückführen, berechnet man für einige Werthe von N und trägt die Ergebnisse in ein Coordinatennetz ein, in dem die Ablenkung N die Abscissen, die berechneten Werthe des Berichtigungsgliedes die Ordinaten sind. Durch Verbindung der berechneten Punkte erhält man eine Curve, welche bei geeigneter Bezifferung der Ordinatenaxe ohne Weiteres den Werth der Berichtigung in Millimeter des Ausschlages ergiebt. Den Werth von A braucht man hierzu nur bis auf etwa 2—5 % genau zu kennen.

Beobachtet man mit einseitigem Ausschlag, so ist
$$i = Gn - \frac{Gn^3}{4A^2}$$
und für diese Formel gilt genau das für die andere schon Gesagte.

(172) Grenzen der Geltung des Tangentengesetzes für das Spiegelgalvanometer. Um zu prüfen, ob man das Tangentengesetz für die ganze Scale annehmen darf, verfährt man folgendermaßen: Man bildet einen Stromkreis, welcher eine constante Stromquelle (Daniell- oder Meidinger-Elemente, Accumulatoren), das Galvanometer und einen Rheostaten enthält; während man die EMK ungeändert läßt, verändert man den Widerstand des Stromkreises so, daß man zuerst Ausschläge von dem größten möglichen Betrag, dann eine Anzahl immer kleinerer Ausschläge erhält; ist man dergestalt bis auf einen kleinen Ausschlag von etwa 50 mm oder 20 mm gekommen, so stellt man dieselben Beobachtungen noch einmal an in umgekehrter Folge; ergeben sich bei gleichen Widerständen nahe dieselben Ausschläge, so nimmt man die Mittelwerthe. Erforderlich ist, daß die Stromquelle einen kleinen Widerstand besitzt, der höchstens gleich dem 1000sten Theil des Widerstandes des ganzen Kreises sein darf. Die Constanz des Elementes prüft man durch öftere Wiederholung einer bestimmten Beobachtung. — Ist das Element nicht sehr constant, so muß die Beobachtungsreihe als untauglich verworfen werden.

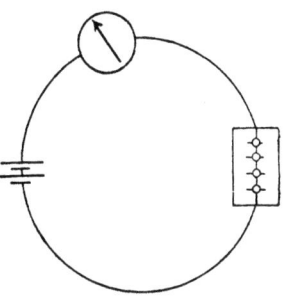

Fig. 19.

Die beobachteten Ausschläge, welche nach dem Vorigen auf Größen, die den Tangenten der Winkel proportional sind, reducirt wurden, müssen sich umgekehrt verhalten, wie die Widerstände des Stromkreises; dabei achte man genau auf die Temperaturen des Galvanometers und der Rheostaten und beobachte zu einer Zeit, in der sich diese Temperaturen nicht ändern.

So weit die eben gestellte Forderung erfüllt ist, gilt das Tangentengesetz; findet man, daß die reducirten Ausschläge in anderem Verhältniß als umgekehrt proportional zu den Widerständen sich ändern, so kann man entweder die Größe der Abweichung vom Tangentengesetz für die verschiedenen Ausschläge feststellen und bei den Messungen in Rechnung setzen, oder man wählt den Scalenabstand so groß, daß die ganze Scale in den Winkel fällt, in dem das Tangentengesetz gilt.

(173) Aufstellung des Spiegelgalvanometers. Hier gilt das für die Tangentenbussole Gesagte (157)—(159), außerdem die Anweisungen aus (145).

Spiegelgalvanometer von veränderlicher Empfindlichkeit. Man besitzt mehrere Mittel, die Empfindlichkeit eines Galvanometers zu verändern:

Galvanometer.

(174) Aenderung der Windungszahl: viele Spiegelgalvanometer besitzen mehrere Windungslagen, die man einzeln und hintereinander gebrauchen kann, oder von denen eine aus vielen Windungen dünnen Drahtes, eine andere aus wenigen Windungen stärkeren Drahtes besteht u. s. f. Häufig ist es auch üblich, die Galvanometerspulen auswechselbar zu machen und dem Galvanometer einen Satz von Rollen verschiedener Windungszahlen beizugeben.

(175) Aenderung des Abstandes der Galvanometerrollen von der Nadel, Wiedemann'sches Galvanometer. Die Empfindlichkeit ändert nahezu umgekehrt proportional mit der dritten Potenz des Abstandes. Meist erhält das Wiedemann'sche Galvanometer auch auswechselbare Rollen nach (174).

(176) Richtmagnet, künstlich verstärktes magnetisches Feld. Ist das Instrument zu empfindlich, so legt man einen Dauermagnet, mit dem Südpol nach Norden unter das Galvanometer, so daß die Magnetnadel über der Mitte des Hilfsmagnetes schwebt; die Empfindlichkeit des Galvanometers ist dann von der Stärke und der Entfernung dieses Magnetes abhängig. Ist der Richtmagnet sehr kräftig, so muß die Nadel des Instrumentes auf eine feste Axe gesetzt werden. Der Richtmagnet kann auch über der Galvanometernadel, auch auf den Seiten derselben angebracht werden; besonders zu empfehlen ist ein gebogener Magnet, der an einer Stange verschiebbar über dem Galvanometer angebracht wird. Instrumente mit Richtmagneten können nur bei genügender Vorsicht zu absoluten Messungen verwendet werden. Sie besitzen den Vortheil, daß sie durch magnetische Störung in der Umgebung viel weniger beeinflußt werden, als Instrumente ohne kräftigen Richtmagnet.

Ist das Galvanometer zu wenig empfindlich, so gebraucht man das Mittel der Astasirung oder der Compensation.

(177) Astasirung. Wenn man die Nadel des Galvanometers aus zwei gleich starken Magneten zusammensetzt, die mit entgegengesetzt gerichteten Polen starr verbunden werden (astatische Doppelnadel), so ist die Richtkraft des Erdmagnetismus auf dieses Paar fast oder ganz aufgehoben; als Richtkraft bleibt nur ein schwacher resultirender Magnetismus und die Kraft des Aufhängefadens. Die eine Nadel schwingt im Multiplicator, die andere außerhalb. Eine solche Nadel wird z. B. im Universalgalvanometer von Siemens verwendet.

(178) Compensation. Wo sich eine Doppelnadel nicht anbringen läßt, wendet man das Verfahren der Compensation der erdmagnetischen Kraft durch einen feststehenden Hilfsmagnet an. Derselbe wird in geeigneter Entfernung von der Nadel unter- oder oberhalb derselben angebracht und zwar so, daß er mit seinem Nordpol nach Norden liegt, während die Mitte der Nadel sich über oder unter der Mitte des Stabes befindet. Ein derart compensirtes Instrument ist in hohem Grade empfindlich gegen Störungen von außen.

Umgiebt man das Galvanometer mit ganz weichem Eisen, so erzielt man eine große Empfindlichkeit, ohne daß die Störungen von außen stärker werden, als bei einem nicht compensirten Instrument. Das Galvanometer nach F. Braun, ein Spiegelgalvanometer Wiedemann'scher Form, besitzt einen verstellbaren Eisenring. Dieterici (Verhandl. physik. Ges. Berlin 1886. S. 115.) empfiehlt, das Galvanometer auf eine Eisenplatte zu stellen und die Windungen mit zwei conaxialen Eisen-Hohlcylindern zu umgeben; letztere kann man leicht aus den im Handel vorkommenden Eisenröhren ausschneiden lassen. Es ist wesentlich, daß die Eisenmassen ganz weich sind und keinen dauernden Magnetismus besitzen. In die Eisenmäntel schneidet man passende Oeffnungen, um die Durchsicht nach dem Spiegel frei zu machen. Statt massiver Eisenröhren kann man nach Uppenborn auch Ringe aus vielen Windungen gut ausgeglühten Eisendrahtes verwenden.

Für absolute Strommessungen sind astasirte oder compensirte Instrumente nicht zu gebrauchen; Aichungen derselben sind von sehr zweifelhaftem und vergänglichem Werthe. Dagegen verwendet man sie mit Vortheil zu Nullmethoden.

Galvanometer mit empirischer Scale.

(179) Außer den Instrumenten, für welche der Zusammenhang von Stromstärke und Ausschlag gesetzmäßig bekannt ist, giebt es eine zahlreiche Classe von Instrumenten, für welche das Gesetz nicht allgemein ermittelt werden kann.

Diese Instrumente besitzen entweder eine Kreis- bezw. Millimetertheilung, oder sie werden mit einer empirischen Scale versehen. Dazu gehören fast alle technischen Strom- und Spannungsmesser.

Die Galvanometer dieser Classe zeichnen sich durch Einfachheit in der Handhabung, Leichtigkeit der Aufstellung, Bequemlichkeit der Messung aus. Zudem sind sie in der Regel wohlfeiler als die im Vorhergehenden besprochenen Galvanometer. Dagegen sind die Ergebnisse, die man mit denselben erhalten kann, weniger genau, auch in vielen Fällen weniger zuverlässig; man darf sie nur unter solchen Bedingungen verwenden, wo Ablesungsfehler u. ähnl. von ein bis mehreren Procenten zulässig sind.

Differentialgalvanometer.

(180) In denjenigen Fällen, wo man die Gleichheit zweier Ströme untersuchen, oder eine geringe Ungleichheit derselben mit großer Schärfe messen will, verwendet man ein Galvanometer mit zwei gleichen getrennten Rollen, durch die man die zu vergleichenden Ströme in entgegengesetzten Richtungen sendet. Der Ausschlag ergiebt die Differenz der zu vergleichenden Ströme, wenn man die Angaben des Instrumentes in absolutem Maße kennt; dazu ist erforderlich, daß man das Galvanometer als einfaches Instrument mit nur einer von beiden Windungslagen untersucht, graduirt und aicht.

Methoden, bei denen das Differentialgalvanometer verwendet werden kann, werden hierdurch meist sehr bequem und geben bei richtig gewählter Anordnung sehr genaue Resultate.

108 Galvanometer.

Als Differentialgalvanometer kann man jede beliebige Form des Galvanometers benutzen, wenn man demselben zwei gleiche Wickelungen giebt.

(181) Prüfung eines Differentialgalvanometers. Verbindet man die beiden Windungen hinter- und gegeneinander, so muß die Nadel auch bei den stärksten Strömen, die bei der Verwendung des Instrumentes vorkommen, in Ruhe bleiben. Ist diese Bedingung nicht erfüllt, so erhält man das Maß der Ungleichheit in folgender Weise: man setzt die hinter- und gegeneinander geschalteten Windungen mit einer geeigneten constanten Stromquelle in Verbiudung (ein oder mehrere Daniellsche Elemente) (Fig. 20) und beobachtet den Ausschlag; der Widerstand des ganzen Stromkreises sei bekannt und $= r$.

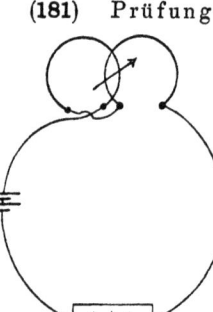

Fig 20.

Dann schalte man die beiden Windungslagen des Galvanometers hinter- und miteinander (Fig. 21) und füge so viel Widerstand R zu, daß derselbe Ausschlag wie vorher entsteht, während die elektromotorische Kraft ungeändert bleibt. Dann verhalten sich die Wirkungen der beiden Windungen wie $1:1+\dfrac{2r}{R}$. Ist $\dfrac{2r}{R}$ gegen 1 sehr klein, so wird man das Galvanometer als genügend richtig ansehen. Kann man die Rollen verschieben, oder an den Windungen selbst ein wenig ändern, so ist es leicht, die Wirkungen bis auf den erforderlichen Betrag gleich zu machen. Ist keine Berichtigung möglich und die Ungleichheit zu groß, so verwendet man einen Stromwender mit 8 Contacten von der Anordnung XII.

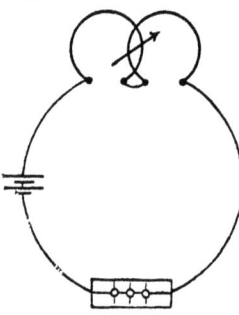

Fig. 21

Statt zwei Wickelungen von gleicher Wirkung zu nehmen, kann man auch solche Multiplicatoren verwenden, deren Wirkungen in einem bekannten Verhältniß stehen.

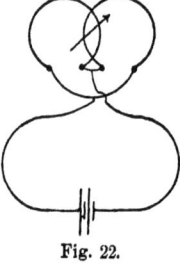

Fig. 22.

Häufig tritt neben der Forderung gleicher Wickelung auch die nach gleichem Widerstand beider Windungen auf; man prüft das Galvanometer in Betreff dieses Punktes, indem man die Windungen gegen- und nebeneinander schaltet: dann darf, Gleichheit der Wickelung vorausgesetzt, die Nadel keinen Ausschlag geben. Ist ein geringer Unterschied der Widerstände vorhanden, so fügt man äußerlich Widerstand zu; bei Verwendung des Stromwenders werden geringe Unterschiede ausgeglichen.

Spiegelgalvanometer oder Nadelgalvanometer?

(182) Sehr häufig entsteht die Frage, welches von beiden Instrumenten man am passendsten zur Messung benutzt. Man wünscht sowohl eine genaue als eine bequeme Ablesung und Berechnung der Ergebnisse.

Die Genauigkeit der Ablesung pflegt beim Spiegelgalvanometer größer zu sein, als beim Nadelgalvanometer; allein damit ist noch nicht die Genauigkeit der Messung bestimmt. Es kommt zunächst darauf an, ob die am Spiegelgalvanometer abgelesene Ablenkung auch wirklich die Größe darstellt, als welche man sie ansieht, ob z. B. der Ausschlag nur durch den die Windungen durchfließenden Strom und nicht gleichzeitig auch durch andere, nicht zum Galvanometer gehörige Stromzweige oder durch sonstige magnetische Störungen hervorgebracht wird. Gerade in dieser Hinsicht ist aber das Spiegelgalvanometer sehr empfindlich; es kann bei geringerer Uebung und Erfahrung des Beobachters trotz aller Sorgfalt in der Ablesung die trügerischsten Zahlen geben, es kann aber auch den sichersten Beobachter auf eine empfindliche Geduldsprobe stellen, wenn man in einem nicht ganz geeigneten Raume mißt. Im Uebrigen hat man es durch Wahl geeigneter Methoden der Messung häufig in der Hand, genaue Ergebnisse auch bei weniger feinen Instrumenten und geringerem Aufwande an Mühe und Zeit zu erhalten, so daß man häufig genug mit den bequemen und sicheren Nadelinstrumenten auskommen kann. Die bei technischen Fragen geforderte Genauigkeit läßt sich mit Nadelgalvanometern fast immer erreichen.

Der große Vorzug der Spiegelgalvanometer besteht darin, daß man ihre Empfindlichkeit in weiten Grenzen verändern kann, und daß man fast nicht zu rechnen hat, wenn man mit dem Spiegelgalvanometer mißt. Diese Vorzüge, besonders die Umgehung der Rechnung, sucht man neuerdings auf verschiedene Weise auch für die Nadelgalvanometer zu gewinnen: vgl. Tangentenbussole von Kessler (163), directe Strommessung mit dem Torsionsgalvanometer von W. Kohlrausch (218). Die technischen Galvanometer sind ja immer mit einer empirischen Scala versehen, welche alle Rechnungen erspart. Auch für jedes andere Instrument, das nur eine Kreis- bezw. Millimetertheilung besitzt, kann man leicht mit Hilfe einer Graduirung und einer Aichung eine Scala anfertigen, die bereits alle Rechnungen, die man bei Benutzung der ursprünglichen Scale noch auszuführen haben würde, in sich enthält.

Nachtheile des Spiegelgalvanometers sind vor Allem die Kosten an Geld und Raum, die man aufzuwenden hat; der Aufstellungsort muß erschütterungs- und störungsfrei, zudem hell und luftig sein. Wo man nicht alle Anforderungen genügend erfüllen kann, unterlasse man die Verwendung von Spiegelgalvanometern, wenigstens gebrauche man sie nicht zur Messung von Ausschlägen; bei Nullmethoden, manchmal auch bei Differentialmethoden, kann man auch an weniger guten Plätzen Spiegelgalvanometer verwenden.

Auf Nadelgalvanometer wirken magnetische Störungen nicht so empfindlich ein, wie auf Spiegelgalvanometer; denn wenn eine störende Ursache die Magnetnadeln solcher Instrumente um gleich viel, z. B. $^1/_4°$ dreht, so macht dies beim Spiegelgalvanometer, das selbst nur mit kleinen Winkeln, vielleicht 5—10° mißt, weit mehr aus, als beim Nadelgalvanometer, dessen Ausschläge meist zwischen 20° und 70° liegen werden.

Berücksichtigt man noch, daß das Spiegelgalvanometer weit größere Ansprüche an die Geschicklichkeit und Umsicht des Beobachters stellt, als das Nadelgalvanometer, so kommt man zu dem Schluß, daß es in sehr vielen Fällen nicht zu rathen ist, mit dem Spiegelgalvanometer zu messen, sondern daß man oft leichter zu genauen und sicheren Ergebnissen kommt, wenn man gute Nadelgalvanometer, vor Allem das Torsionsgalvanometer, verwendet.

Dynamometer.

(183) Das Dynamometer mißt die Stärke eines Stromes durch die Größe der Abstoßung bezw. Anziehung stromdurchflossener Leiter.

Diese elektrodynamischen Kräfte kann man unter bestimmten Umständen aus den Größenverhältnissen und Abständen der Leiter und den Stromstärken im absoluten Maße berechnen und mit der Wage messen; daraus erhält man absolute Elektrodynamometer, wie die elektrodynamische Wage von Lord Rayleigh und die von Pellat.[*]

Die absoluten Dynamometer sind für technischen Gebrauch wohl meist zu umständlich. Als Normalinstrumente können sie gute Dienste leisten, da sie vom Einfluß des Erdmagnetismus frei sind.

(184) Zwei für den technischen Gebrauch bestimmte Stromwagen sind neuerdings angegeben worden:

Stromwage von W. Thomson. Die Enden eines Wagebalkens laufen in horizontal stehende Reifen von einer oder mehreren Windungen aus; der zu messende Strom durchfließt die Reifen hintereinander, die Zuführung wird durch eine größere Zahl feiner Drähte bewirkt. Jeder Reifen befindet sich zwischen zwei festen Spulen, die gleichfalls vom Hauptstrome durchflossen werden; die Stromrichtung ist so gewählt, daß die Wirkungen der vier festen Spulen auf die zwei beweglichen sich addiren. Dieser Wirkung wird das Gleichgewicht gehalten durch besonders abgeglichene Gewichte, die auf einer mit dem Wagebalken verbundenen Scale verschoben werden.

Diese Stromwagen werden als Spannungs- und Strommesser gebaut; der Messungsbereich geht von 0,02 bis 0,5 A für die kleinste Wage, von 0,1 bis 2,5 A, von 1 bis 25, 4 bis 100, 20 bis 500 A für die größeren Wagen. (Telegraphic Journal and Electrical Review, Bd 20, S. 537; vgl. Fortschr. d. Elektrotechnik 1887, Nr. 1847).

Stromwage von Guinand. Ueber einer flachen Spule, deren Windungsebene horizontal steht, ist am kurzen Arm eines ungleich-

---

[*] Lord Rayleigh, Phil. trans. II. 1884, S. 412. — A. Heydweiller, Vergleichende absolute Strommessungen, Inaug.-Dissertation, Würzburg 1886. — L'électrodynamomètre balance de M. Pellat. Lum. él. Bd. 23, S. 151.

armigen Wagebalkens eine der ersteren gleiche Spule aufgehängt, so daß sie mit ihrer unteren Fläche auf der feststehenden Spule aufliegt. Durch ein Laufgewicht am längeren Wagebalken wird der beweglichen Spule das Gleichgewicht gehalten. Die Stromzuführung zur aufgehängten Spule geschieht durch Quecksilbernäpfe. Fließt der zu messende Strom durch die beiden Spulen, so muß ein zweites Laufgewicht verschoben werden, um die aufgehängte Spule von der feststehenden abzureißen; ist die hierzu nöthige Kraft $= k$, so ist $i = G\sqrt{k}$. (Elektr. Ztschr. 1887, S. 282; vgl. Fortschr. d. Elektrotechnik 1887, Nr. 1879).

(**185**) Bei den gewöhnlich gebrauchten Dynamometern verwendet man zwei mit den Axen senkrecht zu einander stehende Spulen, welche von dem zu messenden Strome hintereinander durchflossen werden.

Die eine Spule ist fest, die andere drehbar; diese sucht sich nach (116) zu jener parallel zu stellen, und zwar so, daß in beiden Spulen der Strom in gleichem Sinne kreist.

So lange die Spulen dieselbe gegenseitige Lage behalten, ist die Kraft der Abstoßung bezw. Anziehung dem Quadrat der Stromstärke proportional.

Wird die bewegliche Spule, welche an einem oder zwei Fäden aufgehängt ist, um einen kleinen Winkel, der mit Spiegel und Scale gemessen wird, aus ihrer Lage abgelenkt, so ist die Stromstärke der Wurzel aus dem beobachteten Ausschlag proportional. Wünscht man die Angaben in absolutem Maß, so ist eine Aichung erforderlich.

(**186**) Bei dem Torsions-Dynamometer von Siemens wird die bewegliche Spule, welche nur aus einer Windung besteht, durch die Kraft einer Torsionsfeder nach jeder Ablenkung in die ursprüngliche Lage zurückgeführt, in der sie senkrecht zur festen Spule steht. Muß zu diesem Zweck die Feder um $\varphi°$ gedreht werden, so ist die Stromstärke

$$i = G \cdot \sqrt{\varphi}$$

Die Constante G wird durch Aichung bestimmt. Dieses Dynamometer dient zur Messung von Strömen zwischen 3 und 45 A.

Der Einfluß des Erdmagnetismus auf die bewegliche Windung ist gering; man stellt die feste Spule in den Meridian, doch sind Fehler durch ungenaue Einstellung nicht zu befürchten. Dagegen darf man nicht in der Nähe starker Maschinen mit dem Dynamometer messen.

Die Einstellung des Instrumentes ist etwas unsicher durch die Reibung der Enden der beweglichen Windung im Quecksilber der Näpfe und wegen der Zähigkeit der Oberfläche des letzteren; man hilft nach durch einen Tropfen schwacher Salpetersäure, den man auf das Quecksilber der Näpfe bringt, und durch fortwährendes leises Klopfen während der Ablesungen. Bei constanten Strömen läßt sich gut mit dem Instrument arbeiten, aber bei Schwankungen der Stromstärke ist das Einstellen unmöglich oder sehr schwierig. besonders bei großen Drehungswinkeln von 200 bis 300°. Das Dynamometer erlaubt Wechselströme zu messen. Vgl. (269) flg.

Voltameter.

(187) Das Voltameter mißt die Stärke der Ströme an der Einwirkung derselben auf zersetzbare Leiter.

Fließt der Strom i Ampère während t Secunden durch einen zersetzbaren Leiter, wobei die Masse $M\,g$ zersetzt, ausgeschieden, aufgelöst wird, so ist, wenn α das Aequivalentgewicht bedeutet, nach (105)

$$i = \frac{M}{c\alpha t} \text{ A.}$$

M wird entweder als Masse mit der Wage bestimmt, oder das Volumen der Masse ermittelt; zur Messung von t braucht man eine zuverlässige Uhr (mit Secundenzeiger). $c = 0{,}00001039$.

Die nach der letzten Gleichung bestimmte Stromstärke ist die mittlere Stärke in der Zeit t der Beobachtung. Das Product it ist die durch das Voltameter geflossene Elektricitätsmenge.

Das Voltameter wird nicht zur eigentlichen Strommessung benutzt; es dient vielmehr zur Aichung anderer Strommesser und wird sonst zur Bestimmung der durch eine Leitung geflossenen Elektricitätsmenge verwendet.

Wasser- bezw. Knallgasvoltameter.

(188) Als Zersetzungsflüssigkeit dient verdünnte Schwefelsäure vom specif. Gew. 1,14 (1 Gew.-Theil reine Schwefelsäure auf 4 Gew.-Theile Wasser oder 1 Raumtheil Schwefelsäure auf 7,5 Raumtheile Wasser). Die Elektroden aus Platin führen in ein calibrirtes Rohr, welches das gebildete Knallgas aufnimmt. Will man nur den Wasserstoff auffangen, indem man nur die eine Elektrode in ein Rohr führt, so erhält man ein Voltameter von hohem Widerstand. Statt das Volumen zu messen, kann man auch die Menge des zersetzten Wassers wägen.

(189) Wasservoltameter von F. Kohlrausch. Dasselbe eignet sich in der Größe, wie es in der El. Ztschr. 1885, S. 190 (Fig. 23) beschrieben wurde, zur Messung von Strömen bis zu 30 Ampère; es besitzt einen Widerstand von 0,03 Ohm. Die Schwefelsäure bleibt in dem Apparat, das Füllen des Meßrohrs wird durch einfaches Umkehren des ganzen Voltameters bewirkt; hierdurch ist die Handhabung des Instrumentes sehr bequem. Zu messen sind: Barometerstand, Temperatur und der Unterschied im Stande der Flüssigkeit im Meßrohr und im unteren Gefäß. Der Stöpsel des letzteren ist bei der Messung herauszunehmen. Berechnung vgl. (193).

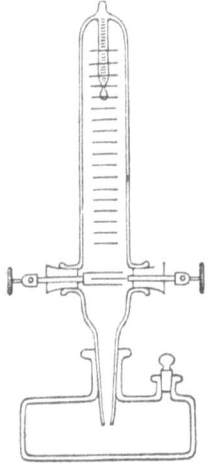

Fig. 23.

Metallvoltameter.

Man gebraucht als solche das Silbervoltameter, welches bei sorgfältiger Behandlung die sichersten Ergebnisse liefert, aber nur bei schwächeren Strömen angewendet werden kann, und das Kupfervoltameter, das bei stärkeren Strömen gebraucht wird, bei dem man aber gewisse Vorsichtsmaßregeln zu beobachten hat.

(**190**) Als **Silbervoltameter** benutzt man einen Silber- oder Platintiegel, der mit Silberlösung (1 Gewichtstheil reines salpetersaures Silber auf 5 Gewichtstheile Wasser) gefüllt auf eine blanke Kupferplatte gestellt wird. Letztere ist mit einer Klemmschraube verbunden, bei welcher der Strom austritt. In den Tiegel taucht von oben als Anode eine Silberstange, ohne den Boden oder die Wände des Tiegels zu berühren. Damit von der Silberstange nicht Theilchen, die sich absondern, in den Tiegel fallen, wird die erstere mit einem Mulläppchen umwickelt; oder man bringt unter der Stange im Tiegel ein kleines Glasschälchen an, das an einigen Glasstäbchen angeschmolzen ist und vermittels der letzteren in den Tiegel eingehängt wird. Statt des Platintiegels kann man auch ein Platinblech verwenden, das in irgend einem passenden Gefäß einem Silberblech gegenübergestellt wird. Die Kathode wird auf diese Weise leichter und billiger. Die Ränder des Bleches biegt man etwas nach der von der Anode abgewandten Seite um. An der Kathode bilden sich leicht lange nadelförmige oder verästelte Silberkrystalle, welche Neigung haben, bis zur Anode herüberzuwachsen. Auf 1 qdm wirksame Kathodenfläche darf man bis 1 A rechnen.

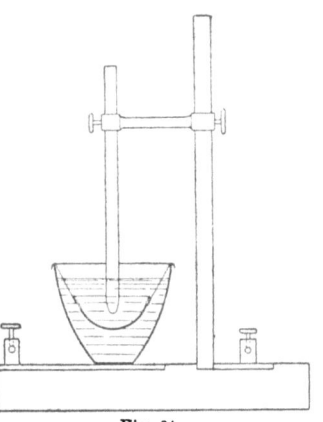

Fig. 24.

Um einen guten, festhaftenden Metallniederschlag zu erzielen, kühle man die Zersetzungszelle möglichst stark ab.

Reinigung der Kathode. Die Kathode muß vor den Wägungen stets sorgfältig gereinigt und getrocknet werden. Platinblech oder -tiegel kann man mit einem Horn- oder Beinmesser von den angesetzten Krystallen reinigen; man vermeide den Gebrauch von metallenen Schabern, da das Platin zu weich ist. Durch Behandlung mit verdünnter Salpetersäure in der Wärme kann man das Silber leicht auflösen und vollständige Reinigung erzielen; die Salpetersäure muß ganz rein und chlorfrei sein. Beim Gebrauch eines Silbertiegels schabt man nur von Zeit zu Zeit die vorstehenden Silberkrystalle ab. Vor der Wägung spült man die schon gereinigte Kathode mit Aether ab, kocht sie in destillirtem Wasser und trocknet sie durch gelindes Erwärmen in einem Luftbade. Es ist rathsam, die Wägung der

Kathode nach 10—12 Min. zu wiederholen, um etwaige Aenderungen des Gewichtes, die durch Verdunsten von Wasser hervorgebracht werden können, zu erkennen.

(191) Beim **Kupfervoltameter** verwendet man als Anode jedenfalls ein mit elektrolytisch gefälltem Kupfer überzogenes oder aus solchem dargestelltes Blech; als Kathode stellt man demselben ein Kupferblech, oder noch besser ein Platinblech, gegenüber. — Um die Kathode auf beiden Seiten zu benützen, nimmt man als Anode zwei Kupferbleche, die man parallel schaltet und zwischen denen die Kathode sich befindet (Fig. 25). Die Ebenen der drei Bleche seien möglichst parallel, die Bleche ziemlich nahe einander gegenübergestellt, um den Widerstand zu verringern, doch nicht so nahe, daß das sich ausscheidende Kupfer von einem Blech zum andern herüberwachsen kann. Als Flüssigkeit dient eine Lösung von reinstem Kupfervitriol, die nicht so concentrirt sein darf, daß bei einer etwaigen Abkühlung um mehrere Grad oder bei längerem Stehenbleiben an der Luft durch Verdunstung sich Krystalle ausscheiden.

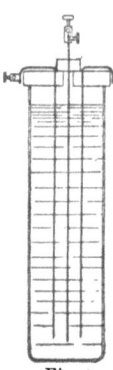

Fig. 25.

Verwendet man als Kathode eine Kupferplatte, so ist Rücksicht darauf zu nehmen, daß an der Stelle, wo das Kupfer durch die Flüssigkeitsoberfläche tritt, unter Mitwirkung der atmosphärischen Luft eine langsame Lösung des Kupfers vor sich geht; man niete deßhalb an die Kupferplatte einen Draht an und überziehe denselben mit Schellak oder Siegellack. Die langsame Oxydation bemerkt man auch am Rande des Kupferniederschlages auf einer Platinkathode.

Abkühlung des Voltameters ist zur Erzielung eines guten Niederschlages sehr zu empfehlen.

Die Reinigung und Trocknung der Kathode geschieht ähnlich wie beim Silbervoltameter. Der Kupferniederschlag muß sehr sorgfältig getrocknet werden; man preßt ihn zunächst (ohne zu reiben!) zwischen Fließpapier, erwärmt ihn darauf gelinde; es ist von Vortheil, ihn auch unter die Glocke einer Luftpumpe zu bringen, wo man das Wasser mit voller Sicherheit entfernen kann. Wo man indeß keine Luftpumpe zur Verfügung hat, muß man sich darauf beschränken, die Wägung der Platte in Zwischenräumen von etwa 10 Minuten zu wiederholen.

Stromdichte. Auf 1 qdm wirksame Kathodenfläche rechnet man 2,5 A. Bei zu geringer Stromdichte bildet sich neben Kupfer auch Kupferoxydul auf der Kathode. Nach Shaw (Phil. Mag. Ser. 5. Bd. 23, S. 138) ist von 2,5 bis 13 A auf 1 qdm Elektrodenfläche die niedergeschlagene Kupfermenge nicht merklich von der Stromdichte abhängig; bei geringerer Stromdichte als $2\,\dfrac{A}{qdm}$ ist die erzielte Menge etwas zu gering. Ist d die Zahl der Ampère auf 1 qdm, so ist bis $d = 0{,}14$ herab die gefundene Masse zu multipliciren mit $1 + \dfrac{0{,}002}{d}$, um sie auf die Verhältnisse der Dichten zwischen 2,5 und 13 zurückzuführen.

Voltameter. 115

Messung mit dem Voltameter.

(192) **Verbindung im Stromkreis.** Die Kathode, an der das Metall niedergeschlagen wird, ist beim Gebrauch von Elementen mit dem Zink, beim Gebrauch von Accumulatoren mit dem Bleipol (neg. Pol) zu verbinden. Die Stromrichtung wird mit einer Magnetnadel nach (108) geprüft.

Der Stromkreis muß einen Schlüssel enthalten, mit dem man den Strom rasch und leicht schließen und öffnen kann.

Zeitdauer. Der Stromschluß soll nicht weniger als 1 Minute dauern; das Oeffnen und Schließen nach dem Schlag der Uhr wird von weniger geübten Beobachtern nicht mit großer Genauigkeit ausgeführt, so daß Fehler von $^1/_2$ sec leicht vorkommen können; dauert der Schluß 1 Minute, so kann also dieser Fehler noch etwa 1 % betragen. In vielen Fällen wird man zur Erzielung einer genügend großen zersetzten Menge ohnedies längere Zeit gebrauchen.

Zersetzte Menge. Bei Verwendung von Metallvoltametern suche man mindestens 0,5 g Metallniederschlag zu erzielen, vorausgesetzt, daß die Wage noch 1—2 mg sicher zu wägen gestattet. Bei Wasservoltametern sei die Länge der zu messenden Gassäule mindestens = 100 mm; das Rohr, in dem das Gas aufgefangen wird, muß gut graduirt sein. Erheblich größere Mengen, z. B. mehr als das Doppelte der angegebenen Massen bezw. Volumina, zu erzielen, ist für die erstrebte Genauigkeit nicht erforderlich, im Gegentheil wegen des meist damit verbundenen Zeitaufwandes zu verwerfen.

(193) **Berechnung.** Wasservoltameter von Kohlrausch. Die Umrechnung der in einem Versuche erhaltenen Cubikcentimeter Knallgas auf Stromstärke in Ampère geschieht nach folgender Regel.

Die Zahl der in 1 Secunde ausgeschiedenen Cubikcentimeter Knallgas wird mit 5 multiplicirt, um die Stromstärke in Ampère zu erhalten.

Hierbei ist das Gas im feuchten Zustand, sowie es über der Zersetzungsflüssigkeit steht, zu messen. Die Regel verlangt noch eine Berichtigung, die unter Umständen bis zu 10 % betragen kann. Bedeutet in der nachstehenden Tafel

p den Druck, unter dem das Knallgas steht, d. h. Barometerstand [reducirt auf Quecksilber von 0° C (38)] minus dem 12. Theil der Höhe der Flüssigkeitssäule über der Säure im äußeren Gefäß, in mm

$$p = b_0 - \frac{1}{12} h$$

t die Temperatur in Celsiusgraden,

so ist dem beobachteten Volumen V die Größe $d \cdot V$ zuzufügen. d wird mit seinem Vorzeichen aus der Tafel entnommen. Dieselbe ist so eingerichtet, daß man auf $^1/_2$ % genau ohne Interpolation rechnen kann; der Druck p muß auf ca. 4 mm, die Temperatur auf 1° genau gemessen werden.

8*

Voltameter.

t	p = 700 mm	705 mm	710 mm	715 mm	720 mm	725 mm	730 mm	735 mm	740 mm	745 mm	750 mm	755 mm	760 mm
t = 10°	+0,009	+0,016	+0,024	+0,031	+0,038	+0,045	+0,053	+0,060	+0,068	+0,075	+0,082	+0,089	+0,097
11	+0,005	+0,012	+0,019	+0,026	+0,033	+0,040	+0,048	+0,055	+0,063	+0,070	+0,078	+0,085	+0,093
12	+0,001	+0,008	+0,015	+0,022	+0,029	+0,036	+0,044	+0,051	+0,059	+0,066	+0,073	+0,080	+0,088
13	−0,004	+0,003	+0,010	+0,017	+0,024	+0,031	+0,039	+0,046	+0,054	+0,061	+0,069	+0,076	+0,083
14	−0,008	−0,001	+0,006	+0,013	+0,020	+0,027	+0,035	+0,042	+0,049	+0,056	+0,064	+0,071	+0,078
15°	−0,013	−0,006	+0,002	+0,009	+0,016	+0,023	+0,030	+0,037	+0,044	+0,051	+0,059	+0,066	+0,073
16	−0,017	−0,010	−0,003	+0,004	+0,011	+0,018	+0,026	+0,033	+0,040	+0,047	+0,054	+0,061	+0,068
17	−0,022	−0,014	−0,007	+0,000	+0,007	+0,014	+0,021	+0,028	+0,035	+0,042	+0,049	+0,056	+0,063
18	−0,026	−0,019	−0,012	−0,005	+0,002	+0,009	+0,016	+0,023	+0,030	+0,037	+0,045	+0,052	+0,059
19	−0,031	−0,024	−0,017	−0,010	−0,003	+0,004	+0,011	+0,018	+0,026	+0,033	+0,040	+0,047	+0,054
20°	−0,035	−0,028	−0,021	−0,014	−0,007	−0,000	+0,007	+0,014	+0,021	+0,028	+0,035	+0,042	+0,049
21	−0,040	−0,033	−0,026	−0,019	−0,012	−0,005	+0,002	+0,009	+0,016	+0,023	+0,030	+0,037	+0,044
22	−0,044	−0,037	−0,031	−0,024	−0,017	−0,010	−0,003	+0,004	+0,011	+0,018	+0,025	+0,032	+0,039
23	−0,049	−0,042	−0,035	−0,028	−0,022	−0,015	−0,008	−0,001	+0,006	+0,013	+0,020	+0,027	+0,034
24	−0,054	−0,047	−0,040	−0,033	−0,026	−0,019	−0,012	−0,005	+0,001	+0,008	+0,015	+0,022	+0,029
25°	−0,058	−0,051	−0,045	−0,038	−0,031	−0,024	−0,017	−0,010	−0,004	+0,003	+0,010	+0,017	+0,024

Beispiel für den Gebrauch dieser Tabelle El. Ztschr. 1885, S. 192.

Die obigen Regeln kann man auch auf **Wasservoltameter anderer Construction** anwenden. Fängt man nur den Wasserstoff auf, so ist es am einfachsten, durch Multiplication der erhaltenen Zahl von Cubikcentimetern mit 1,5 das äquivalente Knallgasvolumen zu berechnen.

Gewichtsvoltameter. Die mittlere Stromstärke während der Beobachtungsdauer ist

$$i = \frac{M}{c\alpha t} \text{ Ampère.}$$

M werde in mg ausgedrückt. Dann bekommt man folgende Zahlenwerthe für $c\alpha$:

	t in Sec.			t in Min.		
	$c\alpha$	$1/c\alpha$	$\log c\alpha$	$c\alpha$	$1/c\alpha$	$\log c\alpha$
Wasser, bezw. verdünnte Schwefelsäure	0,0933	10,72	8,96988	5,598	0,1786	0,74803
Kupfer	0,328	3,049	9,51587	19,68	0,05081	1,29403
Silber	1,118	0,894	0,04856	67,10	0,01490	1,82672

Elektrometer.

(194) Das Elektrometer mißt die Kräfte, welche isolirte ruhende Elektricitätsmengen auf einander ausüben. Diese Kräfte sind gewöhnlich sehr klein; in Folge dessen sind die Elektrometer von sehr empfindlicher Construction, sie müssen meist mit Spiegel und Scale beobachtet werden und erfordern große Umsicht und peinliche Sorgfalt in der Behandlung. Sie eignen sich deßhalb mehr zu Instrumenten für wissenschaftliche Laboratorien als für technische Messungen. Aus diesem Grunde mag hier ein kurzer Abriß der Schaltungen und Messungsmethoden genügen.

Das Quadrantelektrometer enthält vier isolirte Quadranten (schachtel- oder scheibenförmig), von denen je zwei gegenüberliegende leitend verbunden werden; über oder innerhalb der Quadranten schwebt eine leichte Nadel von der Form einer 8 (Biscuit genannt), welche von den Quadranten isolirt ist und nur mit einem isolirten Gefäß, welches sich unten am Elektrometer befindet, und welches 60proc. Schwefelsäure enthält, leitend verbunden ist durch einen 0,1 mm starken Platindraht.

Messung von Potentialen.
Kleine Potentiale.

1. Die Nadel wird vermittels einer Leydener Flasche, Wasserbatterie oder dgl. auf ein hohes Potential gebracht, das

eine Quadrantenpaar zur Erde abgeleitet, das andere auf das zu messende Potential gebracht. Die Nadel erfährt eine Ablenkung, welche dem zu messenden Potential nahezu proportional ist.

2. Die beiden Quadrantenpaare werden auf entgegengesetzt gleiches Potential gebracht, z. B. das eine Paar mit dem positiven, das andere mit dem negativen Pole einer Batterie von $2n$ Elementen verbunden; die Stelle zwischen dem n^{ten} und dem $(n+1)^{\text{ten}}$ Element ist zur Erde abgeleitet. Die Nadel wird auf das zu messende Potential gebracht. Die Ablenkungen der Nadel sind dem letzteren proportional.

Große Potentiale.

3. Das eine Quadrantenpaar wird zur Erde abgeleitet, das andere Paar und die Nadel auf das zu messende Potential gebracht. Die Ablenkungen der Nadel sind dem Quadrate des letzteren proportional.

Will man Potentialdifferenzen (elektromotorische Kräfte, Spannungen) messen, so verbindet man den einen Pol mit der Erdleitung des Elektrometers und bestimmt das Potential des anderen Poles nach dem Vorigen.

Zu technischen Zwecken hat Sir W. Thomson ein Elektrometer construirt, mit dem man Spannungen von 400—10 000 Volt messen kann. (Telegraphic Journal and Electrical Review, Bd. 20, S. 500; vgl. Fortschritte der Elektrotechnik 1887, No. 1847.)

Voller mißt mit einem besonders construirten Quadrantenelektrometer Spannungen bis 5000 Volt. (Centralbl. f. Elektrotechnik 1888, S. 250, 284; vgl. Fortschr. d. El. 1887, No. 4282.)

Aufzählung einiger neuerer Meſsapparate

mit empirischer Theilung zum Gebrauche für die Technik.

(195) **Stromwagen.** Federstromwage von F. Kohlrausch. Für starke Ströme (Hartmann u. Braun) mit weichem Eisen. Luftdämpfung, aperiodische Einstellung. Beim Gebrauch ist dafür zu sorgen, daß vor einer Reihe von Messungen und vor den Aichungen die Röhre durch einen starken Strom tief in die Spule gezogen wird. Man kann auch die Röhre durch Druck auf den Zeiger in die stromdurchflossene Spule tauchen. Grenzen der Messung fast beliebig; mit einem bestimmten Instrument vom ein- bis etwa achtfachen; für Ströme unter 0,5 Am wird die Wickelung etwas kostspielig; für sehr starke Ströme wird das Solenoid aus einem Kupferrohr gefräst. Instrumente für 1000 Am haben drei ineinander gesteckte gefräste Kupferspiralen. Die engen oberen und unteren Theilstriche der Scale sind zu genauen Messungen uugeeignet. Die Einstellung auf den Nullpunkt kann durch Hinaufziehen der Feder berichtigt werden. (El. Ztschr. 1884, .S 13.) — Für schwache Ströme mit Stahlmagnet; Grenzen der

Messung: 0,001 Am bis 0,015 Am ohne Nebenschluß, mit Nebenschluß gut bis 1,5 Am. Beim Gebrauch dieselbe Vorsichtsmaßregel wie bei der vorigen. (El. Ztschr. 1887, S. 160.)

Hebelwagen. Bei den neueren Strommessern von Siemens und Halske befindet sich im Innern einer Stromspule ein Paar von zur Solenoidaxe parallelen Eisenstäbchen. Dieselben sind mittels Hebelarms an einer Axe aufgehängt; zwei an besonderen Armen angebrachte verschiebbare Gewichte halten der Anziehung durch den Strom das Gleichgewicht. Das Instrument zeigt eine gute Dämpfung.

Die dem vorigen ähnlichen Apparate der Allgemeinen Elektricitätsgesellschaft (v. Dolivo-Dobrowolsky) enthalten nur einen ganz dünnen Eisendraht, der in die Stromspule hineingezogen wird.

(196) Solenoid und drehbarer weicher Eisenkern. In dem Hummel'schen Galvanometer (Schuckert) wird ein kleines in der Spule excentrisch aufgehängtes Eisenstück nach der Mitte der Spule gezogen. Das Instrument besitzt keine oder nur sehr geringe Dämpfung, so daß der Zeiger oft große Schwankungen macht. Das Instrument wird als Strom- und Spannungsmesser für beliebige Größen gebaut; mit einem bestimmten Instrument kann man mit der erforderlichen Genauigkeit etwa vom ein- bis dreifachen messen. — Das Galvanometer von Hartmann und Braun enthält einen halben Cylindermantel, der um die Cylinderaxe schwingen kann und concentrisch dazu zwei Stücke eines größeren Cylindersegmentes, welche feststehen; die letzteren wirken anziehend auf das bewegliche Stück. (El. Rdsch. 1887, S. 27; vgl. Fortschr. d. Elektrot. 1887, No. 1859, 3155; 1888, No. 2092.) Im Uebrigen gilt von diesem Instrument dasselbe wie von dem vorigen. — Das Edelmann'sche Galvanometer enthält innerhalb der Spule zwei Eisenstücke; eines der Eisenstücke ist fest, das andere ruht auf einer Schneide und liegt im stromlosen Instrument an dem festen Stück; unter der Wirkung des Stromes stoßen die beiden Eisenstücke sich ab. — Die Abstoßung zweier Eisenkerne innerhalb eines Solenoides wird noch in dem Galvanometer von Imhoff benutzt (D. R. P. Kl. 21 No. 38944; vgl. Fortschr. d. Elektrot. 1887, No. 1862). — Ein Stromzeiger von Siemens und Halske besteht aus einer dicken, kurzen kupfernen Windung, in welche von oben das eine Ende eines dünnen eisernen, um seinen Mittelpunkt drehbaren Ringsegmentes hineinragt, welches am unteren Ende mit einem verstellbaren Gegengewicht verbunden ist.

Der ältere Strom- und Spannungsmesser von v. Dolivo-Dobrowolsky (fabricirt von der Allgemeinen Elektricitäts-Gesellschaft) enthält ein Bündel feiner Eisendrähte, die von einer Drehungsaxe strahlenförmig nach zwei entgegengesetzten Richtungen ausgehen, innerhalb eines Solenoides. Die Eisendrähte machen mit der Axe des Solenoides nahezu einen rechten Winkel. An der Axe sitzt ein Zeiger. Der Strom sucht die Drähte der Axe parallel zu stellen. (Fortschr. d. Elektrot. 1888, No. 2901.)

(197) Spule mit Stahlmagnet. Für elektrolytische Anlagen stellen Siemens und Halske einen Spannungsmesser her, der einen gewöhnlichen Glockenmagnet auf einer Spitze enthält. Der Magnet

120   Aufzählung einiger technischer Meßapparate.

befindet sich im Felde eines geraden, vom constanten Hauptstrom durchflossenen Leiters, und wird von einer Wickelung umgeben; die letztere ist mit den Punkten, zwischen denen die Spannung gemessen wird, zu verbinden. Abweichungen des Hauptstromes vom regelmäßigen Werth lassen sich in Rechnung setzen.

(198) **Erwärmung eines Drahtes.** Spannungsmesser von Cardew. In einer 0,9 m langen Röhre ist ein feiner Platindraht (0,064 mm stark) ausgespannt, der von dem hindurchgehenden Strome erwärmt wird; die Verlängerung des Fadens wird an einen Zeiger übertragen. Das den Draht enthaltende Rohr nehme man horizontal; denn bei verticaler Stellung übt die Abkühlung einen unregelmäßigen Einfluß aus. Das Rohr ist aus Eisen und Messing zusammengesetzt, um den Einfluß der Temperatur der Umgebung zu beseitigen. Der Widerstand des Drahtes ist der Erwärmung wegen von der Stromstärke abhängig, worauf bei der Aichung zu achten. — Das Instrument kann zum Messen von Wechselstrom benutzt werden, (269) flg.

(199) **Zeigerwerk für grofse Anlagen** von Siemens und Halske. Ein als Spannungsmesser geschalteter Elektromagnet wirkt auf seinen Anker, der den Magnet in Gestalt eines drehbaren Ringes umgiebt; mit dem Ringe ist eine Zunge verbunden, welche je nach der Stellung des Ringes den einen oder den anderen von zwei Contacten schließt, oder, bei einer bestimmten Stromstärke im Elektromagnet, zwischen den beiden Contacten schwebt. In einen zweiten Nebenstromkreis sind zwei Solenoide hintereinander eingeschaltet, die ihre Eisenkerne anziehen; die letzteren hängen an den Enden einer Schnur über einer Rolle. So lange die oben genannte Zunge zwischen den beiden Contacten schwebt, sind beide Solenoide eingeschaltet; legt sich aber bei einer Aenderung der Spannung die Zunge an den einen Contact, so wird durch Vermittelung eines Relais' das eine der Solenoide kurz geschlossen, und der Eisenkern des anderen Solenoides in das letztere hineingezogen; dabei dreht sich die Schnurrolle, und ein mit der letzteren verbundener Arm schaltet so lange Widerstand in den Stromkreis des zuerst genannten Elektromagnetes ein oder aus, bis die bestimmte Stromstärke im letzteren wieder erreicht ist. Mit dem Arm, der den Widerstand einschaltet, ist ein weithin sichtbarer Zeiger verbunden, der auf einer Kreistheilung mit sehr großen Theilen die Spannung anzeigt.

(200) **Registrirapparate.** Huber benutzt ein Solenoid mit beweglichem Eisenkern, der durch eine Hebelübersetzung den Schreibstift bewegt. Der letztere befindet sich vor einer Papiertafel, die von einem Laufwerk gedreht wird, oder vor einem geradlinig bewegten Papierstreifen. Die Triebkraft für das Werk liefert entweder eine Uhrfeder oder der elektrische Strom. (Centrbl. El. 1885, S. 521. — Ztschr. Ver. dtsch. Ing. Bd. 29. S. 1020. — El. Ztschr. 1885, S. 464.)

Der Hummel'sche Strom- und Spannungsmesser (s. oben) wird ebenfalls als Registrirapparat eingerichtet.

Aichung.

Zurückführung auf absolutes Mafs, d. h. auf Ampère.

(201) Bei einer richtig gebauten Tangentenbussole genügt die Ausmessung des Stromreifens und die Kenntniß der horizontalen Stärke des Erdmagnetismus, um aus den beobachteten Ausschlägen die Stromstärke in Ampère berechnen zu können. Bei der Sinusbussole (Universalgalvanometer u. ähnl. als Sinusbussole), dem Torsionsgalvanometer und dem Spiegelgalvanometer bedarf man eines besonderen Versuches unter Benutzung eines Voltameters, um den Factor festzustellen, mit dem die berechnete Function des Winkels (Sinus oder Tangente) oder der Winkel selbst zu multipliciren ist, um die Stromstärke in Ampère anzugeben (Aichung). Statt einer Aichung kann man auch eine Vergleichung mit einem geaichten Instrument vornehmen.

Bei allen Galvanometern, bei welchen mit Ausschlägen gemessen werden soll, die nicht in bekannter Weise von der Stromstärke abhängen, muß zuerst die Form dieser Abhängigkeit durch eine besondere Untersuchung festgestellt werden (Graduirung). Um die Messungen auf absolutes Maß zurückzuführen, bedarf es dann noch eines Voltameterversuches oder der Vergleichung mit einem absoluten Strommesser. Zu dieser Classe gehören alle gewöhnlichen Nadelgalvanometer, Galvanoskope, die meisten technischen Strom- und Spannungsmesser.

Aichung mit dem Voltameter.

(202) Im einfachen Stromkreise. Das zu aichende Instrument, ein Voltameter und eine geeignete Stromquelle werden hintereinander geschaltet. Der Stromkreis enthalte einen Stromschlüssel. Nach dem Schlage einer guten Secundenuhr schließt man den Strom; darauf beobachtet man das zu aichende Instrument in regelmäßigen Zeiträumen und öffnet den Kreis wieder auf den Schlag der Uhr, wenn die im Voltameter zersetzte Menge eine geeignete, gut meßbare Größe erreicht hat. Vgl. (192).

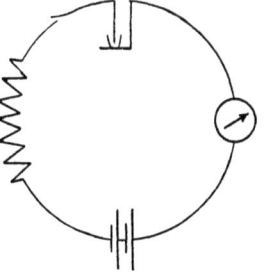

Fig. 26.

Instrumente für schwache Ströme aicht man mit dem Silbervoltameter; diese Messungen sind bei einiger Vorsicht und Erfahrung am zuverlässigsten, aber zeitraubend. Kommt es weniger auf die äußerste Genauigkeit an, sondern mehr auf ein rasches Verfahren, so wähle man die Methode unter (208). Dieselbe giebt für technische Zwecke mehr als ausreichend genaue Resultate.

Bei stärkeren Strömen verwende man ein Kupfervoltameter oder ein Wasservoltameter. Beim ersteren achte man auf die richtige Stromdichte, 2,5 A/qdm.

(203) Im verzweigten Stromkreise. [Das Galvanometer bekommt einen bestimmten Nebenschluß, der für alle Messungen ungeändert bleibt. Ueber Veränderungen dieses Widerstandes s. (208) und (219)].

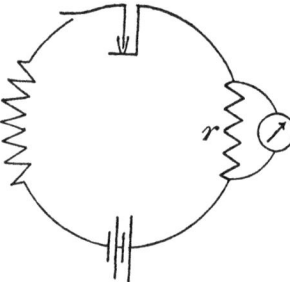

Fig. 27.

Der Hauptstromkreis enthalte das Voltameter, einen Widerstand r, einen Rheostat, einen Stromschlüssel und eine Stromquelle, welche in diesem Kreise einen Strom von geeigneter Stärke hervorbringen kann. Das Galvanometer liegt im Nebenschluß zu r. Die Theile des Hauptstromkreises entferne man thunlichst weit vom Galvanometer, damit sie auf dasselbe keine Einwirkung haben. Das Verfahren der Messung ist im Uebrigen genau wie unter (202); je nach der Stärke des Stammstromes verwendet man ein Silber-, Kupfer- oder Wasservoltameter.

(204) Beobachtung des Galvanometers. Das zu aichende Instrument lese man während des Versuches in regelmäßigen, vor dem Versuch festgesetzten Zeiträumen ab. Kurze Versuchsdauer kann man nur bei Instrumenten anwenden, die rasch zur Ruhe kommen. Man sorge dafür, daß man mindestens 6—10 Ablesungen bekomme. Die Verwendung eines Stromwenders ist zu empfehlen; bei der Aichung im einfachen Stromkreise ist Stromunterbrechung oder Kurzschluß des Galvanometers beim Umlegen des Stromwenders thunlichst zu vermeiden. Im verzweigten Stromkreis ist dieser Punkt weniger empfindlich, doch ist es erforderlich, die Verhältnisse genau darauf zu prüfen, ob das Umlegen des Stromwenders einen merklichen Einfluß auf den Widerstand des ganzen Stromkreises hat.

Bei Messungen im verzweigten Stromkreis sind die Temperaturen der Widerstände zu beobachten.

(205) Berechnung. Das Voltameter giebt nach den Formeln unter (193) die mittlere Stromstärke während der Beobachtungsdauer an. Diese mittlere Stromstärke entspricht dem mittleren Ausschlag des Galvanometers. Sind die Abweichungen der beobachteten Ausschläge unter einander beträchtlich, so kann hierdurch das Mittel sehr unsicher werden; es ist dann geboten, die ganze Beobachtung zu verwerfen.

Der mittlere Ausschlag. Bei Beobachtung nach einer Seite (z. B. beim Torsionsgalvanometer) ist der mittlere Ausschlag bei nicht zu großen Abweichungen gleich dem Mittel der in gleichen Zeitintervallen beobachteten Ausschläge. Bei Beobachtungen nach zwei Seiten (Stromwender) führt man eine ungerade Anzahl von Ablesungen mit gleichen Zeitintervallen aus, indem die erste und die letzte Ablesung auf derselben Seite liegen; man nimmt das Mittel der Ablesungen für jede Seite und bildet die Differenz; die halbe Differenz ist der einseitige Ausschlag n, die ganze Differenz der doppelseitige Ausschlag N, vgl. (171).

Aichung.

Formeln. Für die Messung des Stromes i im unverzweigten Theile des Stromkreises hat man:

Tangenten- bussole	Sinus- bussole	Torsions- galvanometer	Spiegel- galvanometer
$i = G_1 \cdot \text{tg}\,\varphi$	$G_2 \cdot \sin\varphi$	$G_3 \cdot \varphi$	$G_4 \cdot p$.

In diesen Formeln bedeuten φ und p die Ablesungen bei der Messung, und zwar p den nach (171) reducirten Scalenausschlag, G den Reductionsfactor, der durch die Aichung bestimmt wird. Ist n das Mittel der bei der Aichung beobachteten Werthe, — und zwar für die Tangentenbussole das Mittel der Tangenten der beobachteten Winkel, für die Sinusbussole das Mittel der Sinus der beobachteten Winkel, für das Torsionsgalvanometer das Mittel der abgelesenen Grade, für das Spiegelgalvanometer das Mittel der beobachteten Scalenausschläge, — ist J die mittlere Stromstärke während der Aichung, so ist in jedem der obigen vier Fälle

$$G = \frac{J}{n}.$$

(206) Einfluſs der Temperatur bei Messungen mit Stromverzweigung. Ist g der Galvanometerwiderstand, w der zugeschaltete Widerstand im Galvanometerkreis, r der Abzweigungswiderstand, alle gemessen bei den Temperaturen, welche sie bei der Aichung hatten; bedeutet für einen dieser Widerstände t_0 die Temperatur bei der Aichung, t die Temperatur bei einer späteren Messung irgend einer Stromstärke i, α den Temperaturcoefficienten, und bezeichnet man das Product $\alpha\,(t-t_0)$ für einen der Widerstände, z. B. für g mit $t\,(g)$, analog $t\,(w)$ und $t\,(r)$, so war das Verhältniß des Stammstromes zum Galvanometerstrom bei der Aichung

$$\frac{w+g+r}{r}$$

und bei späteren Messungen ist es

$$\frac{w+g+r}{r}\left[1 - \frac{w\,[t\,(r)-t\,(w)] + g\,[t\,(r)-t\,(g)]}{w+g+r}\right]$$

Man findet, daß dieses Verhältniß bis auf einen kleinen Betrag constant ist; bezeichnet man

$$\frac{w\,[t\,(r)-t\,(w)] + g\,[t\,(r)-t\,(g)]}{w+g+r} \text{ mit } \triangle\,(w,g,r),$$

so wird der Einfluß der Temperatur auf die Messung in Rechnung gesetzt, indem man die nach den vorigen Formeln (205) berechnete Stromstärke i noch mit

$$1 - \triangle\,(w,g,r)$$

multiplicirt.

Für Neusilberwiderstände ist die Temperaturberichtigung $\triangle$ meist verschwindend klein, so daß das ganze Ergänzungsglied $\triangle$ weggelassen werden kann, wenn g, w und r aus Neusilber bestehen. Diese Einrichtung empfiehlt sich demnach am meisten. Ist g gegen w sehr klein, so fällt die Temperaturberichtigung auch dann noch weg, wenn g aus Kupfer besteht, was meistens der Fall ist. Unbequem ist eine Anordnung, bei der der Abzweigungswiderstand oder alle drei Widerstände aus Kupfer bestehen, weil man die Temperaturen derselben mit größerer Genauigkeit bestimmen muß, als bei Verwendung von Neusilber, und weil sich die Temperaturberichtigungen nicht herausheben, da die drei Widerstände im Allgemeinen verschiedene Temperaturen besitzen. — Die drei Widerstände brauchen bei der hier beschriebenen Anordnung nur angenähert bekannt zu sein.

(207) Eine leicht herstellbare Form für einen Abzweigungswiderstand hat W. Kohlrausch in der Elektrot. Ztschr. 1886, S. 273 beschrieben. Zwischen den Hölzern a, a (Fig. 28) sind starke Kupferstäbe b, b verschraubt, auf deren angelötheten Ansätzen

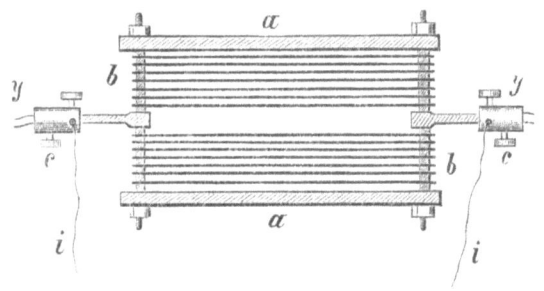

Fig. 28.

die Klemmen c, c verlöthet sind; um die Kupferstäbe wird ein blanker Neusilberdraht von etwa 1 mm Durchmesser gewickelt und überall an den Kupferstäben gut verlöthet; auf jeden einfachen Draht von 1 mm Durchmesser rechnet man 1 A.

(208) **Indirecte Aichung.** Wenn ein Instrument für schwache Ströme geaicht werden soll, so braucht man meist sehr lange Zeit, um bei einem Voltameterversuch die genügende zersetzte Menge zu erhalten; in diesem Falle schaltet man dasselbe wie in Fig. 27, indem man nöthigenfalls dem Galvanometer noch Widerstand w zufügt. Es gilt dann die oben (206) gegebene Formel

$$j = J \cdot \frac{r}{w + g + r}$$

worin J mit dem Voltameter, die Widerstände mit der Brücke bestimmt werden; bei der letzteren Messung wird [im Gegensatz zu der Bemerkung in (206)] große Genauigkeit gefordert.

Wurde bei der Aichung der mittlere Ausschlag n beobachtet, so ist der Reductionsfactor des Galvanometers

$$G = \frac{J}{n} \cdot \frac{r}{w + g + r}$$

für directe Strommessung. Hierbei ist genaue Kenntniß der Widerstände w, g und r erforderlich

Ein in dieser Weise geaichtes Galvanometer kann man zur Messung starker Ströme mittels Abzweigung benutzen, wenn man demselben verschiedene Nebenschlüsse vorlegt; vgl. (219).

(**209**) **Bequeme Aichung des Torsionsgalvanometers mit dem Voltameter.**
Kupfervoltameter. Man verwendet ein Voltameter, das 3 A
verträgt, also von ca. 1,2 qdm Elektrodenfläche; dazu braucht man
ein Platinblech von 8×8 cm Größe, welches bei 0,1 mm Stärke
etwa 13,4 g wiegt. Dem Torsionsgalvanometer giebt man einen
Nebenschluß von $1/3$ Ohm aus Neusilber (Nickelin, Rheotan, Thermotan oder dgl.) mit großer Oberfläche. Dieser Widerstand muß
genau gemessen werden; besitzt man keine besondere Vorrichtung
zur genauen Messung kleiner Widerstände — die gewöhnlichen
Brückenaufstellungen geben bei $1/3$ Ohm häufig nicht die nöthige
Genauigkeit — so läßt man den Widerstand aus mehreren nahezu
gleichen Theilen bestehen, die man für die Messung des Widerstandes hintereinander, für den Gebrauch als Abzweigungswiderstand parallel schaltet. Vgl. (103). Den Strom liefert ein
großes Bunsen- oder Daniell-Element oder ein Accumulator: die
Stromstärke muß nahezu 3 A betragen. Der Widerstand des
Torsionsgalvanometers ist 100 Ohm, bezw. wird zu 100 Ohm ergänzt; besteht derselbe aus Kupfer, so nehme man wegen der
Temperatur die erforderlichen Rücksichten; man messe den Widerstand bei 20° und bringe für den Unterschied der Temperatur bei
den Beobachtungen gegen 20° eine Berichtigung von 0,37 Ohm für
1° C. in Rechnung.
Bei den gewählten Verhältnissen bekommt man am Torsionsgalvanometer einen Ausschlag von nahezu 100° und erzielt in
10 Minuten etwa 600 mg Kupfer, was zu einer guten Bestimmung
sehr wohl ausreicht; auch kann man ohne Mühe jede halbe Minute
ablesen, so daß man leicht 19 Beobachtungen erhält.
Bei Verwendung des Wasservoltameters von Kohlrausch
wende man einen Strom von 5—10 A an; der Abzweigungswiderstand wird entsprechend zwischen 0,2 und 0,1 Ohm gewählt;
man bekommt in einigen Minuten (1 bis 3) 100—150 ccm Knallgas.
Berechnung. Ist der beobachtete Ausschlag n (nahe 100°),
die mittlere Stromstärke des Stammstromes nach dem Voltameter
(193) $=J$, der dem Torsionsgalvanometer vorgelegte Abzweigungswiderstand r (zwischen 0,1 und 0,3 Ohm), der Widerstand des
Torsionsgalvanometers g (nahe $=100$ Ohm), so ist der Reductionsfactor des Instrumentes:

$$G = J \cdot \frac{1}{n} \cdot \frac{r}{r+g}, \text{ nahezu } = 10^{-4}.$$

Bekommt man bei der Aichung einen anderen Werth als genau
10^{-4}, z. B. $1{,}008 \cdot 10^{-4}$, so beträgt die Berichtigung des Galvanometer $+ 0{,}8\,^0/_0$ für alle Ausschläge.
Vorsichtsmaßregel. Man bringe das Torsionsgalvanometer
thunlichst weit vom Hauptstromkreis weg.

(**210**) **Nachprüfung eines geaichten Galvanometers durch ein Thermoelement.**
(W. Kohlrausch, Elektrot. Ztschr. 1886, S. 273.) Der Reductionsfactor eines Spiegelgalvanometers, einer Tangenten- oder Sinusbussole ist dem Erdmagnetismus proportional; er wird durch die
Aichung nur für den während der letzteren geltenden Werth der
horizontalen Stärke des Erdmagnetismus ermittelt; um sich von
etwaigen Aenderungen der letzteren unabhängig zu machen, ist
es erforderlich, daß man zu jeder Zeit einen Strom von bekannter

Stärke durch das Instrument senden kann. Einen solchen Strom liefert ein Thermoelement; die EMK wird für eine bestimmte Temperaturdifferenz einmal mit dem nach dem Voltameter geaichten Spiegelgalvanometer ermittelt und auf Grund dieser Messung bei späteren Messungen aus der Temperaturdifferenz der Löthstellen berechnet.

Die Methode ist für ein dauernd aufgestelltes abgezweigtes Spiegelgalvanometer geeignet, das als Normalinstrument dienen soll; sie findet Verwendung, wenn man große Genauigkeit (einige Zehntelprocent) verlangt. Außerdem kann man sie benutzen, um die häufige Wiederholung der Voltameterversuche entbehrlich zu machen. — Das Nähere ist am angegebenen Orte nachzulesen.

Aichung mit einem Normalelement.

(211) Wenn an die Genauigkeit der Aichung nur mäßige Ansprüche gestellt werden, kann man eine Methode verwenden, welche sehr rasch zum Ziele führt; bildet man aus einem (oder einigen) Elementen von bekannter EMK (Daniell, Bunsen; Accumulatoren), dem Galvanometer und einem Rheostaten einen Stromkreis, so kann man die Stromstärke in demselben nach dem Ohmschen Gesetz berechnen und in dieser Weise unmittelbar den Reductionsfactor des Galvanometers feststellen. Man wird indeß kaum mehr als eine Genauigkeit von 5 % erreichen können.

Mit einem Clark'schen Normalelement, dessen Widerstand man vorher gemessen hat, kann man Galvanometer für schwache Ströme mit großer Genauigkeit aichen. Vgl. (223).

Graduirung.

d. i. Ermittelung des Zusammenhangs zwischen Ausschlag und Stromstärke bei beliebigen Galvanometern.

Die bequemste Methode ist, das zu graduirende Instrument mit einem bekannten zu vergleichen. Giebt das letztere die Stromstärken in absolutem Maße an, so ist dies um so vortheilhafter.

(212) **Vergleichung im einfachen Stromkreise.** Dieselbe ist ausführbar, wenn beide Instrumente in gleichen Intervallen der Stromstärken gebraucht werden. Die beiden Galvanometer (oder vorkommenden Falles eine größere Zahl zu graduirender Apparate und ein Normalinstrument) werden hinter einander geschaltet; dann sind die Stromstärken in allen Instrumenten gleichzeitig gleich.

(213) **Vergleichung im verzweigten Stromkreise.** Diese Methode wird angewandt, wenn die Instrumente von sehr ungleicher Empfindlichkeit oder die Widerstände derselben für Hintereinanderschaltung zu groß sind. Die Methode erfordert im Allgemeinen die Kenntniß mehrerer Widerstandsverhältnisse im Stromkreise und die Anwendung der Kirchhoff'schen Sätze. In der praktischen Ausführung gestaltet sich die Sache meist sehr einfach.

(214) **Graduirung mit dem Spiegelgalvanometer.** W. Kohlrausch. Elektrotechn. Ztschr. 1886, S. 279. Sind die Angaben eines Spiegelgalvanometers in absolutem Maße bekannt, so kann man

Graduirung. 127

durch Einfügung passender Widerstände im Galvanometerzweig die Umrechnung der Beobachtung sehr erleichtern.

Soll mit dem in (171) behandelten Galvanometer die Graduirung von Spannungsmessern bei ungefähr 80—120 Volt ausgeführt werden, so schaltet man das Galvanometer, dessen Widerstand auf 100 000 Ohm ergänzt wurde, parallel mit den zu graduirenden Instrumenten. Dann hat man den erhaltenen (und berichtigten) Scalenausschlag nur durch 3 zu dividiren, um die Spannung in Volt zu bekommen. Sollen Spannungen zwischen 20 und 30 Volt gemessen werden, so kann man zu ähnlichem Zweck den Widerstand des Galvanometerzweiges auf 30 000 Ohm bringen, um für 1 Volt 10 mm Ausschlag, oder 60 000 Ohm, um für 1 Volt 5 mm zu erhalten. Rechnet man sich die geeignete Größe des Widerstandes vorher aus, so ist also die Messung sehr einfach zu erledigen. — Den Widerstand des Galvanometers einschließlich der Zuleitungen wähle man klein.

Bei der Graduirung von Stromzeigern verfährt man ähnlich; das Spiegelgalvanometer vom bekannten (und kleinen) Widerstand g wird mit einem Rheostaten R verbunden zu dem sehr kleinen Widerstand r in Abzweigung geschaltet. Je nach der gewünschten Empfindlichkeit des Galvanometers ändert man R. Die zu graduirenden Strommesser kommen in den Hauptstromkreis, sie werden mit r in Reihe geschaltet. Wenn man z. B. bei der vorhergegangenen Aichung des Spiegelgalvanometers gefunden hatte, daß dem Strom 1 A im Hauptstromkreis bei $R + g$ = 102 Ohm ein Ausschlag von 16,32 mm entsprach, so wird man den Widerstand R soweit ändern [Formeln (vgl. 219)], daß $R + g$ = 166,5 Ohm beträgt; in diesem Fall hat man für 1 A 10 mm, was eine sehr einfache Rechnung ergiebt; verträgt r auch sehr starke Ströme, so kann man bei der Messung von 60—80 A $R + g$ = 833,5 Ohm machen, um für 1 A 2 mm zu erhalten und so fort. Die Werthe von R, welchen die verschiedenen Empfindlichkeiten entsprechen, ordnet man in eine Tabelle. Für größere Genauigkeit ist Rücksicht auf die Temperaturen der Widerstände zu nehmen. Hat man die in (210) erwähnte Prüfeinrichtung für das Spiegelgalvanometer angebracht, so richtet man die Tabelle für R demgemäß ein, wie es in der Elektrot. Ztschr. 1886, S. 279 beschrieben ist.

Vorsichtsmaßregel: Alle Leiter, durch welche starke Ströme fließen, müssen vom Spiegelgalvanometer möglichst weit entfernt sein.

(215) **Graduirung mit dem Torsionsgalvanometer.** Wie im Vorigen das Spiegelgalvanometer, kann man auch das Torsionsgalvanometer zu Graduirungen verwenden; bei häufig wiederkehrenden Graduirungen an vielen Instrumenten ist es zu empfehlen, sich nach folgenden Regeln zu richten.

Normalinstrument. An einem störungsfreien hellen Platz wird ein Torsionsgalvanometer aufgestellt, das nur zu Aichungen und Graduirungen, nicht aber zu Messungen gebraucht wird. Man halte streng darauf, daß dieses Galvanometer nicht einmal von seinem Platz entfernt werde. Durch öftere Aichungen nach (209) sichert man sich die Kenntniß des Reductionsfactors.

128 Graduirung.

Zwischeninstrument. Es ist zu empfehlen, nicht das Normalinstrument selbst zu den häufig wiederkehrenden Graduirungen zu verwenden; meistens ist man in der Lage, ein auch zu sonstigen Messungen gebrauchtes Torsionsgalvanometer zu Hilfe

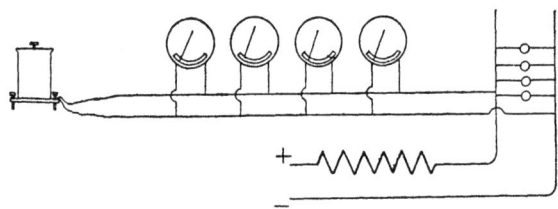

Fig. 29.

nehmen zu können, das man kurz vor der Ausführung der Graduirungen mit dem Normalgalvanometer vergleicht; diese Vergleichung braucht sich nur auf einen oder zwei Punkte der Theilung zu erstrecken. Zu den Graduirungen wird dann das Zwischeninstrument benutzt. Zweck dieser Einrichtung ist Schonung des Hauptgalvanometers.

Graduirung der Spannungsmesser. Das Torsionsgalvanometer (Haupt- oder Zwischeninstrument) und die zu graduirenden Spannungszeiger werden parallel geschaltet (Fig. 29). Um die Spannung bequem verändern zu können, schaltet man die sämmtlichen Galvanometer parallel zu einem Widerstande, z. B. einigen Glühlampen, und schaltet vor diesen verzweigten Theil noch einen Rheostaten. Mit letzterem kann man die Spannung an den Lampen verändern.

Graduirung der Strommesser. Das abgezweigte Torsionsgalvanometer, die zu graduirenden Apparate und ein passender Rheostat (Lampenbatterie) werden hintereinander in den Stromkreis eingeschaltet (Fig. 30). Je nach dem erforderlichen Messungsbereich wählt man den Widerstand des zum Torsionsgalvanometer gehörigen Rheostaten.

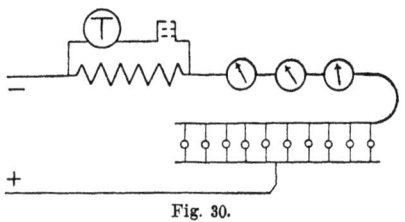

Fig. 30.

Vorsichtsmaßregel vgl. (209). Temperaturberichtigung vgl. (206) u. (221).

(216) **Graduirung mit Hilfe des Rheostaten.** I. Im einfachen Stromkreise. Kann man nicht eine Vergleichung mit einem schon bekannten Instrumente vornehmen, so verfährt man in folgender Weise: man bildet einen Stromkreis aus einer constanten Stromquelle, einem Rheostaten R und dem zu untersuchenden Instrument, dessen Widerstand $= g$ sei (Fig. 19, S. 105); der Widerstand der Stromquelle sei unbeträchtlich. R wird

verändert und das Galvanometer beobachtet. Ist die elektromotorische Kraft (nicht etwa die Klemmenspannung) der Stromquelle thatsächlich constant — was an der öfteren Wiederholung einer und derselben Beobachtung erkannt wird, — so verhalten sich die Stromstärken umgekehrt wie die Widerstände $R + g$. Hiernach kann man zu den beobachteten Ausschlägen leicht die Stromstärken in einer noch unbestimmten Maßeinheit ausrechnen; fügt man noch einen Voltameterversuch (Aichung) hinzu, so kennt man die Angaben des Instrumentes in absolutem Maße.

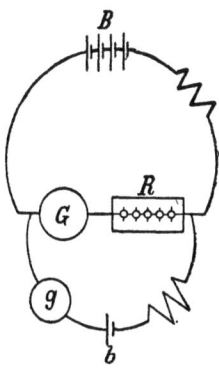

Fig. 31.

II. **Im verzweigten Stromkreise** (Grotrian, vgl. Fortschr. d. Elektrot. 1887, No. 1845), (Fig. 31). Das zu graduirende Galvanometer G vom Widerstande G wird mit einem Rheostaten R in Reihe in den Stromkreis der Batterie B eingeschaltet. Im Nebenschluß zu dem Galvanometer und dem Rheostat liegt eine schwächere Batterie b und ein Galvanoskop g. Durch Veränderung der Widerstände bringt man den Strom in g zum Verschwinden; dann ist die Spannung zwischen den Enden von $G + R$ gleich der EMK der Batterie b.

Eine vorhergegangene Aichung habe ergeben, daß der Stromstärke J der Ausschlag n entspricht; man findet nun, daß bei demselben Ausschlag n des Galvanometers G im Rheostaten der Widerstand R eingeschaltet werden muß, damit das Galvanoskop g auf Null zeigt; ferner findet man, daß bei dem Ausschlag n_1 im Rheostaten der Widerstand R_1 einzuschalten ist. Dann ist die zu n_1 gehörige Stromstärke $J_1 = J \cdot \dfrac{G + R}{G + R_1}$.

Die Batterien B und b müssen constant sein.

Messung von Stromstärke, Elektricitätsmenge und Spannung.

Strommessung.

(127) Einschaltung des Galvanometers oder Dynamometers in den Hauptstromkreis. Dieses Verfahren ist das einfachste und sicherste, weil man auf die Widerstände im Stromkreise nicht zu achten hat; auch fällt gewöhnlich alle Rechnung weg.

Häufig kann man ein Instrument, das sich wegen zu dünnen Drahtes der Bewickelung oder durch zu große Empfindlichkeit nicht zur unmittelbaren Messung starker Ströme eignet, durch Zufügung einiger Windungen starken Drahtes, die entweder am Galvanometer selbst oder in passender Entfernung davon angebracht werden, auch für starke Ströme einrichten. Dies ist z. B. geschehen bei der Methode von W. Kohlrausch, Centralbl. El. 1886, S. 813:

130 Messung v. Stromstärke, Elektricitätsmenge u. Spannung.

(218) Messung starker Ströme mit dem Torsionsgalvanometer ohne Nebenschluſs. In der Mitte zwischen zwei genau gleichen Spulen aus starkem Draht, deren Axen in derselben Horizontalen liegen, wird das Torsionsgalvanometer aufgestellt. Durch Wahl der Windungszahlen, des Windungsdurchmessers und der gegenseitigen Entfernung der Spulen kann man der Vorrichtung jede beliebige Empfindlichkeit geben. Kohlrausch gebraucht drei Spulenpaare zur Messung von Strömen von einigen Hundert Ampère bis etwa 30 Ampère:

Messung bis . . . . 1,5 A   8 A   30 A
Windungszahl einer Spule 320   80   36
Drahtdurchmesser . . . . 1,2 mm   2,5 mm   4,5 mm
Aeußerer Durchmesser des Spulenrohrs.   32 mm
Abstand der Spulenmitten . . . . . 247 mm   240 mm   306 mm

Die Pole des Glockenmagnetes des Torsionsgalvanometers liegen etwa 10—12 mm von den Enden desselben entfernt; dieselben sind in die Höhe der Spulenaxe zu bringen. Die ganze Vorrichtung wird so aufgestellt, daß das Torsionsgalvanometer auf Null zeigt, während eine durch den Nullpunkt der Theilung*) und die Axe des Instrumentes gehende Ebene den Ebenen der Spulen parallel steht. Dieser Parallelismus braucht nur annähernd erreicht zu werden, da erst 4° Einstellungsfehler das Ergebniß um $1/4\,^0/_0$ beeinflussen. Die Zuleitungen zu den Spulen müssen wegen der möglichen Einwirkung auf das Galvanometer parallel geführt werden. Der Abstand der Spulen muß genau constant sein. Das Torsionsgalvanometer wird in der Mitte zwischen beiden Spulen aufgestellt, wobei indeß große Genauigkeit nicht gefordert wird; ein kleiner Fehler in diesem Punkte hat auf das Ergebniß keinen merklichen Einfluß.

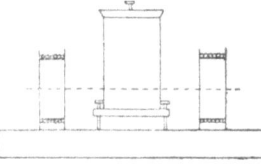
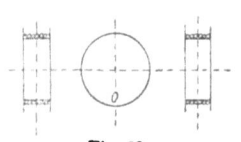

Fig. 32.

Sind die Spulen auf ihrer Unterlage befestigt, das Torsionsgalvanometer richtig aufgestellt, so kann man die ganze Vorrichtung aichen. Man wird dabei suchen, dem Reductionsfactor des Torsionsgalvanometers einen für die Rechnung bequemen Werth zu geben; dies kann man erreichen, wenn man die Aichung durch Vergleichung mit einem anderen Galvanometer ausführt, dessen Angaben in absolutem Maße bekannt sind, und wenn man eine der Spulen ein wenig verstellbar macht; ist der richtige Abstand der Spulen gefunden, so befestigt man auch die bewegliche Spule genügend, um den Abstand constant zu erhalten.

Das Torsionsgalvanometer kann weggenommen und wieder an seine Stelle gesetzt werden, ohne die Sicherheit der Messung zu beeinflussen. Die ausgeführte Aichung und Abgleichung gilt genau nur für das eine Instrument; soll ein anderes Torsions-

---

*) Oder einen anderen Theilstrich, der aber bei allen Messungen derselbe sein muſs.

Messung v. Stromstärke, Elektricitätsmenge u. Spannung. 131

galvanometer verwendet werden, so ist eine neue Aichung erforderlich.

Die Anordnung wird von Hartmann und Braun ausgeführt.

(219) **Messung mit Abzweigung**, wenn die Angaben des Galvanometers in absolutem Maße bekannt sind. Wünscht man Ströme zu messen, die nicht ungetheilt durch das Instrument geleitet werden dürfen, so bringt man eine Abzweigung von bekanntem Widerstandsverhältniß an. Entweder bestimmt man das letztere durch galvanische Messung der beiden Widerstände, des Galvanometers und des vorgelegten Nebenschlusses, oder ohne solche durch geeignete Wahl der Längen und Querschnitte; das letztere Mittel erfordert einige Vorsicht. Der vorgelegte Abzweigungswiderstand muß so großen Querschnitt haben, daß er sich beim Stromdurchgang nicht erwärmt; auch muß er so angebracht werden, daß der ihn durchfließende Strom keine Einwirkung auf das Galvanometer zeigt. Die Abzweigungsdrähte, welche zum Galvanometer führen, müssen an dem Abzweigungswiderstand sehr sorgfältig festgelöthet (nicht festgeschraubt) werden. Durch passende Wahl verschiedener Abzweigungen, sowie durch Zufügen von Widerstand zu dem des Galvanometers kann man die Grenzen der Messung beliebig erweitern.

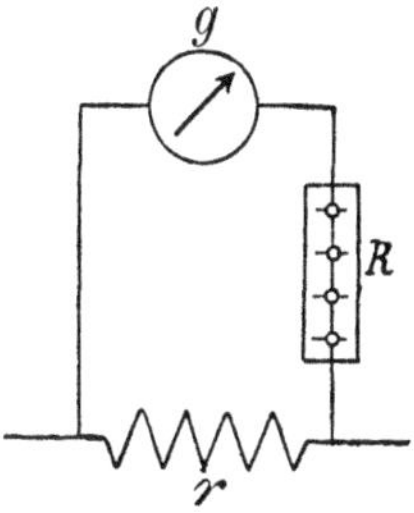

War bei der Aichung der mittlere Ausschlag $= n$, der Rheostatenwiderstand $= R$, so ist der Reductionsfactor des Galvanometers

$$G = \frac{J}{n}$$

für den Rheostatenwiderstand R, und

$$G = \frac{J}{n} \cdot \frac{R_1 + g}{R + g}$$

für den Rheostatenwiderstand R_1.

Verwendet man einen anderen Nebenschluß r_1, so wird

Fig. 33.

$$G = \frac{J}{n} \cdot \frac{R_1 + g}{R + g} \cdot \frac{r}{r_1}.$$

Man hat hier die in (206) angegebene Temperaturberichtigung anzubringen.

Diese Einrichtung zur Messung von Stromstärken ist sehr gebräuchlich und bequem.

(220) **Abzweigung für eine Tangentenbussole** nach F. Kohlrausch. El. Ztschr. 1884, S. 13. Mehrere (n) gleich lange Kupferdrähte von demselben Querschnitt werden parallel in den zu messenden Strom eingeschaltet und die Stromstärke in einem der Drähte gemessen, nachdem von dem Draht soviel weggeschnitten worden, als dem Widerstand des eingeschalteten Strommessers entspricht; der ganze Strom ist dann das $n$fache des gemessenen.

(221) **Messung starker Ströme mit dem Torsionsgalvanometer in Abzweigung.** Der Abzweigungswiderstand muß bekannt sein; man verfertigt sich denselben etwa nach (207, Fig. 28) aus Nickelindrähten von

132 Messung v. Stromstärke, Elektricitätsmenge u. Spannung.

etwa 1 mm Durchmesser, deren jedem man nicht mehr als 1 A zumuthet. Statt der Drähte kann man auch dünnes Blech nehmen, 0,2 bis 0,3 mm stark, bei dem man auf ca. 3 mm Breite 1 A rechnen darf. Häufig werden ein Kupferseil von 0,001 Ohm oder Messingsiebwiderstände verwendet.

Temperaturberichtigung. Ist die Ablesung am Torsionsgalvanometer (nach Berücksichtigung der für das Instrument ausgegebenen Berichtigungstafel) $= n°$, die Temperatur der Kupferrollen desselben $= t°$, und ist der Widerstand g der letzteren genau 100 Ohm bezw. 1 Ohm bei 20° C., ist im Rheostat der Widerstand R eingeschaltet, so ist dem abgelesenen n noch hinzuzufügen $n \cdot \dfrac{0{,}0037 \cdot (t-20)\,g}{R+g}$; dies ergiebt folgende Berichtigungstafeln:

Galvanometer für stärkere Ströme $g = 1$ Ohm		Galvanometer für schwächere Ströme $g = 100$ Ohm	
Empfindlichkeit	Berichtigung	Empfindlichkeit	Berichtigung
1° = 0,001 Volt	$n \cdot 0{,}0037 \cdot (t-20)$	1° = 0,01 Volt	$n \cdot 0{,}0037 \cdot (t-20)$
0,01 „	$n \cdot 0{,}00037 \cdot (t-20)$	0,1 „	$n \cdot 0{,}00037 \cdot (t-20)$
0,1 „	} zu vernachlässigen	1 „	} zu vernachlässigen
1 „		10 „	
10 „			

Taf. für $0{,}0037\,n\,(t-20)$

$t-20=$	2	4	6	8	10	12
$n=$ 20	0,2	0,3	0,4	0,6	0,7	0,9
40	0,3	0,6	0,9	1,2	1,5	1,8
60	0,4	0,9	1,3	1,8	2,2	2,7
80	0,6	1,2	1,8	2,4	3,0	3,5
100	0,7	1,5	2,2	3,0	3,7	4,4
120	0,9	1,8	2,7	3,5	4,4	5,3
140	1,0	2,1	3,1	4,1	5,2	6,2
160	1,2	2,4	3,5	4,7	5,9	7,1
180	1,3	2,7	4,0	5,3	6,7	8,0

Taf. für $0{,}00037\,n\,(t-20)$

$t-20=$	2	4	6	8	10	12
$n=$ 20	0,0	0,0	0,0	0,1	0,1	0,1
40	0,0	0,1	0,1	0,1	0,2	0,2
60	0,0	0,1	0,1	0,2	0,2	0,3
80	0,1	0,1	0,2	0,2	0,3	0,4
100	0,1	0,2	0,2	0,3	0,4	0,4
120	0,1	0,2	0,3	0,4	0,4	0,5
140	0,1	0,2	0,3	0,4	0,5	0,6
160	0,1	0,2	0,4	0,5	0,6	0,7
180	0,1	0,3	0,4	0,5	0,7	0,8

Eine praktische Anordnung, die man auch transportabel machen kann, ist die folgende:

Mit einem Torsionsgalvanometer von 100 Ohm Widerstand, das für 0,01 A 100° Ausschlag ergiebt, sollen Ströme von allen Stärken bis 250 A gemessen werden. Man berechnet sich einen Widerstand von 0,1 Ohm, der 40 A ohne erhebliche Erwärmung vertragen kann, also etwa ein Nickelinblech von 0,25 mm Stärke, 12 cm Breite und 7,5 m Länge. Der genau berechneten Länge fügt man noch 16 cm zu und zerschneidet das Blech in 4 gleiche Theile (von nahezu 2 m Länge).

Messung v. Stromstärke, Elektricitätsmenge u. Spannung. 133

An den entstandenen 8 Enden löthet man beiderseits 2 cm breite, 2—4 mm starke Kupferblechstreifen von 12 cm Länge auf der ganzen Breite des Bleches als Elektroden auf; diese Elektroden werden zugleich mit einer Anzahl Klemmschrauben versehen. Das Blech befestigt man nun auf einem Holzgerüst, wobei man leicht eine Anordnung treffen kann, daß der ganze Apparat eine geringe Ausdehnung erhält. Die 8 Enden der Theile des Bleches müssen so nebeneinander liegen, daß man vermittels der erwähnten Klemmen und passender Kupferspangen die 4 Theile beliebig neben- und hintereinander schalten kann.

Abgleichung des Bleches. Man wird gewöhnlich wünschen, einen zur Rechnung bequemen Reductionsfactor zu erhalten; dann muß man an dem hergestellten Widerstand noch eine Berichtigung vornehmen; man berechnet aus einer Aichung den Widerstand des Bleches oder mißt denselben direct und fügt entweder in der Breite noch etwas zu, oder schneidet einige Millimeter weg.

Beispiel der Berechnungen. Die erste Aichung nach der Herstellung möge ergeben haben: Voltameter: mittlere Stromstärke 8,50 A; Torsionsgalvanometer: berichtigte Ablesung 82,5; das Blech war in 4 Theilen hintereinander geschaltet = r Ohm. 1° des Torsionsgalvanometers = 0,0001 A

$$8{,}50 = \frac{100 + r}{r} \cdot 0{,}00825; \quad r \text{ nahe} = 0{,}1$$

$$r = \frac{0{,}00825}{8{,}50} \cdot 100{,}1 = 0{,}0972$$

r ist zu klein; deshalb muſs die Breite des Bleches (120 mm) verringert werden um 120 · 0,028 = 3,4 mm

Nachdem die Aenderung vorgenommen, stellt man denselben Voltameterversuch nochmals an und wird in der Regel das gewünschte Ergebniß erhalten.

Dann hat man folgende Tabelle für den Gebrauch des Bleches, wenn der Widerstand der 4 hinter einander geschalteten Theile 0,1 Ohm beträgt:

zu messende Stromstärke Ampère	Schaltung des Bleches	Reductionsfactor
bis 15	4 Theile hintereinander	0,1
„ 30	2 „ „	0,2
„ 60	1 Theil allein	0,4
„ 120	2 Theile parallel	0,8
„ 180	3 „ „	1,2
„ 250	4 „ „	1,6

Die beschriebene Einrichtung ist passend für das Normalinstrument zu den Aichungen der Strommesser (215); macht man den Abzweigungswiderstand transportabel, so besitzt man damit ein Mittel, die starken Ströme der Hauptleitungen von Centralstationen genau zu messen und danach die dort angebrachten Stromzeiger (Lampenzähler) zu aichen oder zu prüfen.

Bei Verwendung des Torsionsgalvanometers von 1 Ohm Widerstand, welches für 0,01 A 10° Ausschlag giebt, kommt man mit dem zehnten Theil der Länge des Bleches aus.

134 Messung v. Stromstärke, Elektricitätsmenge u. Spannung.

In beiden Fällen hat man die Temperatur nach dem Vorigen zu berücksichtigen.

(222) Messung mit Abzweigung bei unbekanntem Verhältniß der Widerstände oder wenn die Angaben des Galvanometers in absolutem Maße nicht bekannt sind. Das Galvanometer wird mit dem vorgelegten Nebenschluß zusammen als ein Instrument betrachtet. Aichung vgl. (202); Aenderung der Empfindlichkeit (219); Temperaturberichtigung (206); Formeln (205).

(223) Messung nach der Compensationsmethode. Wenn durch den bei A (Fig. 34) befindlichen Widerstand von R Ohm der Strom J Ampère fließt, so erhält man an den Klemmen von R die Spannung $R \cdot J$ Volt. Wenn nun diese Klemmen durch den zweipoligen Umschalter mit den Kurbeln k_1 und k_2 verbunden sind, während in die Verbindungsleitung das Galvanoskop G eingeschaltet ist, so kann man den Strom in G zum Verschwinden bringen, wenn man die Kurbeln k_1 und k_2 an geeignete Punkte des Stromkreises $E W_1 W_2 W_3 W_4$, der eine EMK enthält, anlegt.

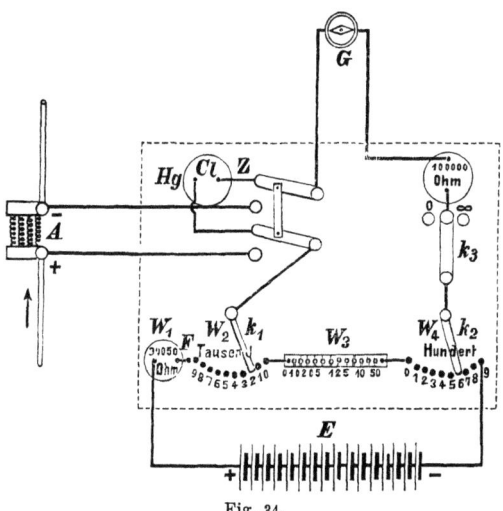

Fig. 34.

Die Figur stellt eine von der physikalisch-technischen Reichsanstalt angegebene Anordnung dar (Ztschr. f. Instrumentenkunde 1890). Hg/Z ist ein Clark'sches Normalelement, dessen EMK $= 1{,}438 - 0{,}0010\,(t-15)$ oder $= 0{,}001 \cdot (1453 - t)$ ist. E ist eine Hilfsbatterie; am meisten empfiehlt sich eine Accumulatorenbatterie, jedenfalls muß man Elemente nehmen, die sich wenig polarisiren. W_1 bis W_4 sind Rheostaten; als W_1 ist hier ein Widerstand von 90050 Ohm angegeben; für die Rechnung bequemer ist es, statt dessen einen Rheostaten von zusammen 100000 Ohm zu nehmen. W_2 und W_4 sind Kurbelrheostaten, W_3 ist ein Stöpselrheostat. Zur Messung schaltet man zunächst so, wie die Figur

Messung v. Stromstärke, Elektricitätsmenge u. Spannung. 135

angiebt; darauf bringt man den Widerstand zwischen den beiden Kurbeln k_1 und k_2 auf $1453 - t$ Ohm, wobei t die Temperatur des Normalelementes bedeutet; durch Reguliren am Rheostat W_1 bringt man G auf Null; zur feineren Einstellung dreht man zuletzt k_3 auf den Contact 0 und regulirt in W_1 nach. Bringt man jetzt an die Klemmen, die in der Fig. 34 nach A führen, irgend eine Potentialdifferenz, schaltet sie durch den zweipoligen Umschalter auf das Galvanoskop und die Kurbeln k_1 und k_2, und verschiebt die letzteren so lange, bis G keinen Strom angiebt, so ist der zwischen k_1 und k_2 befindliche Widerstand, durch 1000 getheilt, gleich der in A angeschalteten Potentialdifferenz in Volt. Ist der Widerstand bei $A = 0{,}1$ Ohm, so wird die Stromstärke gefunden, wenn man den zwischen k_1 und k_2 befindlichen Widerstand durch $1000 \cdot 0{,}1$ oder 100 theilt, u. s. f.

Man kann auch die zu messende Spannung an die Stelle von E bringen und dieselbe durch 100 000 Ohm schließen. Ist dann (Schaltung nach Fig. 34 vorausgesetzt) das Galvanoskop auf Null, wenn zwischen k_1 und k_2 der Widerstand w eingeschaltet ist, so hat man $\dfrac{E}{100\,000} \cdot w = 0{,}001 \cdot (1453 - t)$ oder $E = \dfrac{100 \cdot (1453 - t)}{w}$. Für den letzteren Fall kann W_1 wie in der Figur ein Widerstand von 90 050 Ohm sein.

Das Normalelement darf in den letzten 24 Stunden vor der Messung Temperaturschwankungen von höchstens 5° C. durchgemacht haben; die Temperatur soll zwischen $+ 10°$ und $+ 25°$ liegen. Die Rheostaten müssen genau abgeglichen sein, so daß jeder Einzelwiderstand auf 0,001 seines Werthes richtig ist. Die Messung ist genau auf 0,1 %; der Apparat gestattet, Stromstärken von 0,0001 bis 1000 Ampère und Spannungen von 0,014 bis 1400 Volt zu messen. — Die Methode besitzt die Vorzüge einer Nullmethode. Dieselbe läßt sich vorzüglich zu Graduirungen und Aichungen von Strom- und Spannungsmessern gebrauchen.

Messung einer Elektricitätsmenge.

(224) **Messung eines Stromstoßes**, d. i. eines Stromes von sehr kurzer Dauer, vgl. (110). Wird ein Condensator oder dgl. durch ein sehr empfindliches Galvanometer entladen, oder schickt man einen rasch verlaufenden Inductionsstrom durch dasselbe, so läßt sich die gesammte Elektricitätsmenge [nicht Stromstärke], welche das Galvanometer durchströmt hat, folgendermaßen bestimmen: entspricht einem constanten Strom von i A ein Galvanometerausschlag $n = \dfrac{i}{G}$ (G = Reductionsfactor), ist die Schwingungsdauer der Nadel $= t$ sec (groß gegen die Dauer des Stromstoßes), und bringt die zu messende Elektricitätsmenge Q den Ausschlag α (gemessen wie n) hervor, so ist

$$Q = G \cdot \frac{t}{\pi} \cdot \alpha \text{ Coulomb.}$$

Die Galvanometernadel sei dabei nicht gedämpft, der Ausschlag α darf nur klein sein.

136 Messung v. Stromstärke, Elektricitätsmenge u. Spannung.

Gedämpfte Nadel. Wenn zwei aufeinander folgende Ausschläge der Nadel in dem Verhältniß $k:1$ zu einander stehen (Dämpfungsverhältniß $k > 1$), so hat man für geringe Dämpfung

$$Q = G \cdot \frac{t}{\pi} \cdot \alpha \cdot \sqrt{k}$$

dies ist auf $1/2\,°/_0$ genau bis $k=1{,}2$ und auf $1\,°/_0$ genau bis $k=1{,}3$. Für stärkere Dämpfung wird

$$Q = G \cdot \frac{t}{\pi} \alpha \cdot k^{\frac{1}{\pi}\operatorname{arctg}\frac{\pi}{l}}$$

worin $l = \log\operatorname{nat} k$.

Tafel der Werthe von $k^{\frac{1}{\pi}\operatorname{arctg}\frac{\pi}{l}}$ s. Kohlrausch, Leitfaden d. prakt. Physik 6. Aufl. Tab. 21 b.

(225) Die Elektricitätsmenge, welche während einer längeren Zeit durch einen Leiter strömt, wird mit dem Voltameter gemessen. Aus der niedergeschlagenen bezw. aufgelösten Menge kann man mit Hilfe des elektrochemischen Aequivalentes ohne Weiteres die Elektricitätsmenge in Coulomb berechnen.

Mittelbar kann man die durchströmte Menge bestimmen, wenn man die Stromstärke häufig beobachtet; dies geschieht z. B. beim Laden und Entladen der Accumulatoren u. a. m. Zu demselben Zweck benutzt man häufig registrirende Meßinstrumente.

Die von elektrischen Centralstationen an die Abnehmer gelieferten Elekricitätsmengen werden mit besonderen Instrumenten gemessen, vgl. (279).

Spannungsmessung.

Mit dem Elektrometer. Vgl. (194).

(226) **Mit dem Galvanometer.** Wenn die zu messende Spannung e Volt in einem Kreise vom Widerstande r Ohm die Stromstärke i Ampère hervorbringt, so ist

$$e = ir.$$

Diese Methode, die Spannung aus Stromstärke und Widerstand zu bestimmen, wird fast ausschließlich angewandt. Voraussetzungen sind

a) daß das Anlegen des Zweiges, der das Spannungsgalvanometer enthält, in der Vertheilung der Ströme und den Stromstärken keine merkliche Aenderung hervorbringt; denn andernfalls wäre die zu messende Spannung vor und nach dem Anlegen des Galvanometers verschieden von derjenigen, welche während der Messung herrscht. Dagegen kann man die Spannung zwischen zwei Punkten mit jedem ständig angelegten Galvanometer richtig messen, wenn der Widerstand des letzteren und die Angaben in Ampère bekannt sind;

b) daß der Widerstand des Galvanometerzweiges constant, vor Allem von der Temperatur möglichst unabhängig ist; andernfalls müßte man denselben bei jeder Messung erst bestimmen, oder eine umständliche Temperaturberichtigung anbringen. Man sehe deßhalb darauf, daß der zur Bewickelung der Spannungsmesser bestimmte Draht auch durch die stärksten vorkommenden Ströme nur mäßig erwärmt werde.

(227) Mit jedem Galvanometer, dessen Angaben in absolutem Maße bekannt sind, ist es möglich, Spannungen zu messen. Ist der Widerstand des Instruments allein zu gering, so daß die Stromstärke, welche durch die zu messende Spannung hervorgebracht wird, zu groß werden würde, so fügt man dem Galvanometer Widerstand zu, wie es z. B. beim Torsionsgalvanometer geschieht. Durch das Zufügen verschiedener Widerstände macht man ein Instrument für verschieden große Spannungen brauchbar.

Häufig entsteht die Aufgabe, einen vorhandenen Spannungsmesser, der eine nach Volt getheilte Scale besitzt, für die Messung höherer Spannungen geeignet zu machen: soll z. B. ein Spannungsmesser, dessen Scale bis 120 Volt reicht, zur Messung bis 300 Volt eingerichtet werden, so füge man noch einen Widerstand gleich dem doppelten Widerstand des Galvanometers zu: die Angaben des ergänzten Instrumentes sind dann mit 3 zu multipliciren.

Immer gilt die Regel: Die zu messende Spannung ist gleich dem Producte der Stromstärke in den gesammten Widerstand des Zweiges, der das Galvanometer enthält.

Elektromotorische Kraft.

(228) Gewöhnlich bestimmt man die EMK aus der Potentialdifferenz an den Polen der Elektricitätsquelle, der Klemmen- oder Polspannung, welche nach dem Vorigen ermittelt wird. Der gemessenen Größe ist das Product aus dem inneren Widerstand der Stromquelle und der Stromstärke zuzufügen, bezw. beim Laden von Accumulatoren und beim Betrieb elektrischer Motoren davon abzuziehen, um die gesuchte EMK zu erhalten.

Widerstandsmessung.

(229) **Berechnung aus den Abmessungen.** Diese Methode kann angewandt werden, wo nur geringe Genauigkeit gefordert wird. Die Drahtdicke muß sehr sorgfältig an mehreren Stellen gemessen werden; aus den erhaltenen Werthen nimmt man das Mittel. Die Länge braucht nur halb so genau (procentisch) bekannt zu sein; da man die Drahtdicke bei geringeren Durchmessern oft nur auf 2—3% genau ermitteln kann, so genügt bei der Längenmessung eine Genauigkeit von ca. 5%; das Ergebniß kann unter Umständen auf 10% ungenau sein. — Zu den Berechnungen benutze man die Tabelle (1).

Galvanische Messung. Dieselbe geschieht unter Zugrundelegung des Ohm'schen und der Kirchhoff'schen Gesetze mit Hilfe bekannter Widerstände, Rheostaten.

Rheostaten.

Rheostaten aus metallischen Leitern.

(230) Für schwache Ströme. Die Widerstandsdrähte werden aus einem Material verfertigt, das einen hohen specifischen Widerstand mit geringem Temperaturcoefficienten verbindet; dazu empfehlen sich die verschiedenen Neusilbersorten, besonders Nickelin, Rheotan und Thermotan, ferner Patentnickel, Nickelkupfer, Nickelmangankupfer und Mangankupfer, vgl. S. 65. Die isolirten Drähte werden auf Rollen aufgespult und in einem Kasten vereinigt. Die Drähte der Spulen endigen in starken Messingklötzchen, welche auf dem (Hartgummi-) Deckel des Kastens sitzen; durch Stöpsel kann man zwei benachbarte Klötze verbinden, so daß der Strom durch den Stöpsel und nicht durch den Widerstand geht; zieht man den Stöpsel heraus, so ist der zugehörige Widerstand in den Stromkreis eingeschaltet.

Die Spulen werden inductionsfrei, bifilar, gewickelt (152); man sorge, daß nicht zu starke Ströme hindurchgeschickt werden, da die Seideisolation der Drähte leicht verkohlt. Häufig erhalten die Spulen einen Ueberzug aus Paraffin, der als Schutzmittel gegen Feuchtwerden und Verschieben der Drähte wirkt. Widerstandsdrähte in eine größere Masse von Paraffin einzubetten, hat keinen Zweck.

Der Rheostatenkasten besitzt eine Oeffnung, um ein Thermometer einzuführen.

Die Stöpselung der Rheostaten wird verschieden eingerichtet. Die ursprüngliche Anordnung (Siemens u. Halske) ist die oben angedeutete, bei der jedem Widerstand ein Stöpsel entspricht. Neuerdings werden an solchen Rheostaten außerdem besondere Bohrungen in den einzelnen Klötzen angebracht, um Abzweigungen ansetzen zu können, was bei manchen Arbeiten, besonders aber beim Calibriren der Rheostaten, von großem Vortheil ist. Außer dieser Anordnung giebt es noch eine solche, bei der man nur einen Stöpsel gebraucht: die Dekadenwiderstände enthalten 10 gleiche hintereinandergeschaltete Widerstände, von denen man durch den Stöpsel eine beliebige Zahl einschalten kann; bei jeder Aenderung des Rheostatenwiderstandes unterbricht man durch das Versetzen des Stöpsels den Strom, was oft sehr störend ist; durch Verwendung von zwei Stöpseln kann man dies vermeiden.

Die Stöpsel und Stöpsellöcher müssen peinlich rein gehalten werden, weil man sonst ganz unberechenbare Fehler begeht, welche erstaunliche Beträge erreichen können. Die Stöpsel sind häufig mit gewöhnlichem rauhen Papier fest abzureiben, von Zeit zu Zeit auch mit feinstem Smirgelpapier; nach der Behandlung mit letzterem wischt man die Stöpsel mit einem reinen Tuche oder Papier ab. Die Löcher reibt man mit einem passend gedrehten conischen Stöpsel aus hartem Holz aus; Smirgel und andere Putz- und Polirmittel dürfen zur Reinigung der Stöpsellöcher nicht verwendet werden.

Auch die rein gehaltenen Stöpsel und Stöpsellöcher verursachen noch immer kleine Fehler; wenn man den Stöpsel immer mit leisem Druck drehend einsetzt, sind diese Fehler für die gewöhnlich erstrebte Genauigkeit verschwindend. Man beachte dabei, daß das Ausziehen eines Stöpsels oft die benachbarten

Widerstandsmessung. 139

Stöpsel lockert, vor Allem aber, daß der Hartgummideckel bei Erwärmung sich stärker ausdehnt als das Messing; vor jeder endgültigen Messung sind demnach sämmtliche Stöpsel anzuziehen.

Nach dem Gebrauche des Rheostaten lockere man alle Stöpsel wieder; denn bei einer geringen Abkühlung des Rheostaten zieht sich der Hartgummi zusammen und preßt die Klemmklötze und Stöpsel so stark gegeneinander, daß Lockerungen der ersteren wohl eintreten können.

(231) Genauigkeit. Die Stöpselrheostaten werden gegenwärtig mit großer Genauigkeit hergestellt; man darf sich auf die Richtigkeit derselben bei Bezug von guten Firmen verlassen. Man sehe indessen bei der Auswahl eines Rheostaten immer die Schrauben nach, welche (im Innern des Kastens) die Enden der Widerstandsdrähte halten; dieselben sollen fest angezogen sein, da sonst die Drähte sich lockern können. Das Bedürfniß einer Berichtigung (Calibrirung) wird bei einem Stöpselrheostaten nur in den seltensten Fällen eintreten; es mag deßhalb hier der Hinweis auf F. Kohlrausch, Leitfaden der praktischen Physik, § 71d genügen.

Bei sehr genauen Widerstandsmessungen ist noch die Verbindung der Rheostatenrollen mit den Klemmklötzen zu beachten. Die Einrichtung bei den gewöhnlichen Stöpselrheostaten, daß je zwei benachbarte Rollen eine gemeinsame Zuführung zu einem Klemmklotz haben, ist nicht zu empfehlen; die Widerstandsdrähte sollen an jedem Ende eine besondere Zuführung zum Klemmklotz haben.

(232) Herstellung eines Rheostaten. Zu den verschieden großen Widerständen verwendet man Drähte von verschiedener Stärke, mit Seide doppelt umsponnen. Die sehr großen Widerstände verfertigt man aus dem dünnsten Draht, den man aufspulen kann; Widerstände zwischen 1000 und 100 Ohm etwa stellt man aus Drähten von 0,2 bis 0,5 mm Durchmesser her; die kleineren Widerstände aus Drähten von 0,5 bis 1 mm. Man sucht, nicht zu geringe Längen der Drähte zu erhalten, welche die Arbeit der Abgleichung erschweren würden.

Von jeder Sorte ist die Länge für das Ohm vorher bestimmt worden; man kann sich somit die erforderliche Länge für die Spule ausrechnen. Die Hälfte dieser Länge wird auf eine Rolle von 1 m Umfang aufgespult, indem man die Umdrehungen der letzteren zählt; darauf faßt man die Mitte der ganzen Drahtlänge, welche auf diese Weise zugänglich gemacht wurde, und spult von der großen Scheibe und der Drahtrolle die gleichen Längen auf die hierzu bestimmte Rheostatenrolle ab.

Nach dieser nur rohen Abgleichung der Widerstände muß man dieselben mit Hilfe einer der in (237) u. flg. angegebenen Meßverfahren durch allmäliges Verkürzen der Drähte auf die vorgeschriebenen Werthe bringen (abgleichen, justiren).

Große Widerstände mit sehr vielen Windungen zeigen eine nicht unerhebliche Unbeständigkeit in Folge der von der isolirenden Seide aufgenommenen Feuchtigkeit. Es ist zu empfehlen, dieselben gut zu trocknen, zu erwärmen und in geschmolzenes Paraffin einzutauchen [s. oben (230)].

140   Widerstandsmessung.

(**233**) **Methode der Abgleichung von Nippoldt.** Elektrot. Rundschau, 1887, S. 28, 42. Bei der Herstellung von kleinen Widerständen hat man auf die Verbindung des Drahtes mit den Einschaltevorrichtungen des Rheostaten besondere Rücksicht zu nehmen. Die bei größeren Widerständen übliche Klemmung würde hier zu erheblicher Unsicherheit führen können, da Klemmverbindungen selbst einen merklichen Widerstand besitzen, besonders aber, weil dieselben sich lockern können. Man verlöthet daher den Widerstandsdraht mit den Klemmbacken im Innern des Rheostaten, indem man alle Widerstände etwas größer macht, als sie später sein sollen und dieselben durch Parallelschalten anderer Drähte auf den geforderten Werth bringt; zur Befestigung dieser Nebenschlußdrähte dient dann die Klemmvorrichtung des Rheostaten. Soll ein Widerstand R hergestellt werden, so macht man ihn zunächst $= (1 + d) R$ und schaltet später den Widerstand x parallel; dann ist gefordert $\dfrac{1}{R} = \dfrac{1}{(1+d) R} + \dfrac{1}{x}$, woraus

$$x = R \cdot \frac{1+d}{d}.$$

Hiernach ist es leicht, sich die Größe von x auszurechnen. Man sieht zugleich aus der Gleichung, daß man R nicht um einen sehr geringen Betrag, sondern um mehrere Procent zu groß machen muß, um nicht zu beträchtliche Längen von x, das aus dünnem Draht hergestellt wird, zu erhalten. Die Abgleichung des Nebenschlußdrahtes kann nach irgend einer empfindlichen Methode der Widerstandmessung bei kleinen Widerständen vorgenommen werden. Man vergleicht zuerst eine Einheit des Rheostaten mit einer Normaleinheit und berichtigt die erstere. Darauf vergleicht man die Widerstände des Rheostaten untereinander, indem man die Nebenschlußdrähte dem Erforderniß entsprechend abgleicht.

Bei großen Widerständen, wo man die Verbindungen durch Klemmen mit genügender Sicherheit herstellen kann und über größere Drahtlängen verfügt, ist dieses Verfahren nicht angezeigt.

(**234**) **Rheostaten für starke Ströme.** Hier eignet sich das Stöpselverfahren nicht mehr; man verwendet vielmehr Rheostaten mit continuirlicher Verschiebung oder solche, bei denen das Aus- und Einschalten von Widerstand durch das Verschieben eines Kurbelcontactes auf den Contactstücken, zwischen welchen die Theile des Rheostaten angebracht sind, bewirkt wird.

Erwärmung. Bei diesen Rheostaten hat man besondere Rücksicht auf die Erwärmung der Drähte zu nehmen; der Querschnitt muß entsprechend gewählt, der Leiter selbst möglichst frei in der Luft ausgespannt werden. Vgl. (104).

Die geeignetsten Leiterformen für Rheostaten zu starken Strömen sind: dünne Drähte in Parallelschaltung, Drahtgewebe, auch Blechband. Drähte über 1,6—2 mm Durchmesser sind ungünstig. Drähte von 0,5 mm an windet man zu Spiralen auf; auch Blechstreifen lassen sich als Spiralen verwenden.

Eintheilung. Die Rheostaten werden meist für ganz bestimmte Zwecke hergestellt, durch welche das Verhältniß der Widerstände der einzelnen einzuschaltenden Theile vorgeschrieben

Widerstandsmessung. 141

ist; zugleich ergiebt sich auch die Stromstärke, welche jeder Theil zu leiten hat; aus dieser ist dann der Querschnitt zu berechnen.

Rheostaten mit continuirlicher Verschiebung bedürfen keiner Eintheilung; wohl aber hat man den an jeder Stelle erforderlichen Querschnitt zu berechnen, wenn nicht die Construction einen constanten Querschnitt voraussetzt; im letzteren Falle kann man nur mit dem der maximalen Stromstärke entsprechenden Querschnitt rechnen.

Ueber die Berechnung von Regulatoren für bestimmte Zwecke vgl. im III. Theil.

(235) **Rheostaten aus Kohle und Graphit.** In derselben Weise wie die metallischen Leiter kann man auch Kohlenstäbe und -platten verwenden. Ein sehr häufig gebrauchter Rheostat dieser Gattung ist die sog. Lampenbatterie, eine Zahl parallel geschalteter Glühlampen, die man in Gruppen oder einzeln aus- und einschalten kann.

Sehr große Widerstände stellt man aus Graphit dar; die von Siemens und Halske verfertigten Graphitwiderstände bestehen aus einer mit Graphit sorgfältig eingeriebenen Nuth in einem Hartgummicylinder, der durch einen Metallmantel nach außen geschützt wird; diese Widerstände sind von der Temperatur wenig abhängig und verändern sich langsam mit der Zeit.

Graphitwiderstände auf Glas nach Cohn und Arons. Wied. Ann. Bd. 28, S. 454. Auf ein nicht allzu feines mattes Glas werden mit einem Bleistift Striche und größere Kreise wie nebenstehend gezogen; die Striche bilden die Widerstände, während die ausgefüllten Kreise für die Zuleitungen verwendet werden; auf diese Kreise werden gut abgeschliffene Glasröhrchen sauber aufgekittet.

Fig. 35.

Letztere bilden, mit Quecksilber gefüllt, die Elektroden, welche constant mit anderen Quecksilbernäpfen verbunden werden; erst an den letzteren werden die erforderlichen Umschaltungen vorgenommen. Die Graphitwiderstände werden in kleine Holzkästchen eingesetzt, aus denen nur die Enden der erwähnten Glasröhrchen hervorragen; im übrigen sind die Kästchen gut verschlossen. Dieselben dürfen nicht bewegt werden. — Die Graphitstriche kann man nicht durch einen Lacküberzug schützen.

(236) **Flüssigkeitswiderstände.** Aus leitenden Flüssigkeiten lassen sich große Widerstände herstellen. Am meisten empfiehlt sich als Flüssigkeit eine schwache Zinkvitriollösung; die Elektroden bestehen aus reinem, mit reinem Quecksilber verquicktem Zink; dieselben befinden sich in zwei Gefäßen von passender Größe, und diese letzteren werden durch eine enge Röhre von passend gewählten Abmessungen verbunden. Während des Gebrauchs wechselt man von Zeit zu Zeit die Stromesrichtung.

Kleine regulirbare Widerstände für starke Ströme kann man nach zwei verschiedenen Methoden erhalten; einen sehr kleinen Widerstand bekommt man durch Gegenüberstellen von zwei großplattigen Elektroden mit geringem Abstand; zwischen den Elektroden verschiebt man eine Glasscheibe, ein Holzbrett oder dgl., um den Querschnitt der leitenden Flüssigkeit zu verändern. Größere Widerstände erhält man in cylinderförmigen hohen Gefäßen, in denen man eine Elektrode an den Boden legt, während man die andere gegen jene in der Höhe verschiebt. — Diese Art der Flüssigkeitsrheostaten ist nicht für dauernde Einschaltung zu empfehlen.

Wenn es sich darum handelt, größere Mengen elektrischer Energie in Wärme zu verwandeln, so kommt es weniger auf das Material des Widerstandes als auf gute Kühlung, d. h. schnelle Fortschaffung der erzeugten Wärme an. Entweder nimmt man Metallröhren, durch welche Wasser fließt, oder man taucht einen aus dünnen Drähten oder Blech hergestellten Leiter in ein großes Petroleumbad, welches durch eine aus der Wasserleitung gespeiste Kühlschlange kühl erhalten wird. In vielen Fällen ist es bequemer, die Leiter sich stark erhitzen zu lassen; man nimmt aussortirte (d. h. zur Beleuchtung nicht verwendbare) Glühlampen oder Eisendrähte.

Methoden der Widerstandsmessung.

(237) **Vertauschung im einfachen Stromkreise.** Man bildet einen einfachen Stromkreis aus dem zu messenden Widerstand, einem Galvanoskop oder Galvanometer, einem Rheostat, einer constanten Batterie und einem Stromschlüssel. Man beobachtet die Ablenkung des Galvanometers, schaltet den zu messenden Widerstand aus und so viel Rheostatenwiderstand dafür ein, daß der Galvanometerausschlag wieder derselbe wird. Da in beiden Fällen Stromstärke und elektromotorische Kraft der Batterie dieselben sind, so müssen auch die Widerstände gleich sein, d. h. der zu messende Widerstand ist gleich dem für ihn eingeschalteten Rheostatenwiderstand. — Man wähle nur eine wirklich constante Batterie, beobachte rasch und schließe den Strom nicht länger, als zur Ablesung nöthig.

Die Methode findet Verwendung zur Messung großer Widerstände, besonders für Isolationsbestimmungen an Leitungen, Maschinen etc.

Manchmal kommt man bei solchen Isolationsmessungen in die Lage, daß die Vergleichswiderstände nicht ausreichen; man muß dann ein Galvanometer verwenden, dessen Ausschläge in ihrer Abhängigkeit von der Stromstärke bekannt sind, z. B. Tangenten- oder Sinusbussole mit vielen Windungen, das Universalgalvanometer als Sinusbussole, das Torsionsgalvanometer, am besten ein Spiegelgalvanometer. Man schließt einmal den Strom der constanten Batterie durch einen sehr großen Widerstand R und das Galvanometer, und erhält den Ausschlag n_1; dann verbindet man die Batterie und das Galvanometer mit den Leitern, deren Isolation zu untersuchen ist und erhält den Ausschlag n_2; der Isolationswiderstand ist $= R \cdot n_1/n_2$ (bezw. je nach dem Galvanometer $\operatorname{tg}\varphi_1/\operatorname{tg}\varphi_2$ und $\sin\varphi_1/\sin\varphi_2$ statt n_1/n_2).

Widerstandsmessung. 143

Wird mit einer und derselben Batterie n_1 sehr groß, n_2 sehr klein, so nehme man zur Ermittelung von n_1 nur einen Theil der (gleichen) Elemente der Batterie und verstärke die letztere zur Bestimmung von n_2; man hat dann die Aenderung der elektromotorischen Kraft in Rechnung zu setzen. Unter denselben Umständen kann man auch für die Bestimmung von n_1 das Galvanometer abzweigen.

Bei Installationsarbeiten gebraucht man gewöhnlich eine Einrichtung zur Widerstandmessung, welche auf der angegebenen Methode beruht; eine Anzahl Trockenelemente (oder Leclanché-El.) sind in einem Kästchen untergebracht, auf dem oben ein Galvanoskop mit Kreistheilung sitzt; der eine Pol der Batterie ist mit dem Anfang der Galvanometerwindungen verbunden, der andere Pol und das Ende der Windungen endigen in Klemmen. Manchmal ist auch schon nach dem zehnten Theil der Windungen ein Draht abgezweigt, um bei verschiedenen Empfindlichkeiten messen zu können. Das Instrument muß mit einem Rheostat geaicht, die Aichung von Zeit zu Zeit wiederholt werden. Der Messungsbereich soll von etwa 500 Ohm bis 100000 Ohm gehen. Die Messungen sind für den Zweck des Instrumentes genau genug, auch wenn man nicht sehr genau abliest.

Messung mit Stromverzweigung bei Kabeln vgl. (282).

(**238**) **Messung mit dem Differentialgalvanometer.** Verbindet man den zu messenden Widerstand d und den bekannten Rheostatenwiderstand c nach beistehender Figur mit den beiden Windungen des Galvanometers und mit der Säule, so sind die Widerstände c und d gleich, wenn das Galvanometer keinen Ausschlag zeigt. Bedingung ist dabei, daß die Windungen des Galvanometers gleiche Widerstände und gleiche Wirkung auf die Nadel haben. Dies läßt sich nach (181) prüfen bezw. abgleichen.

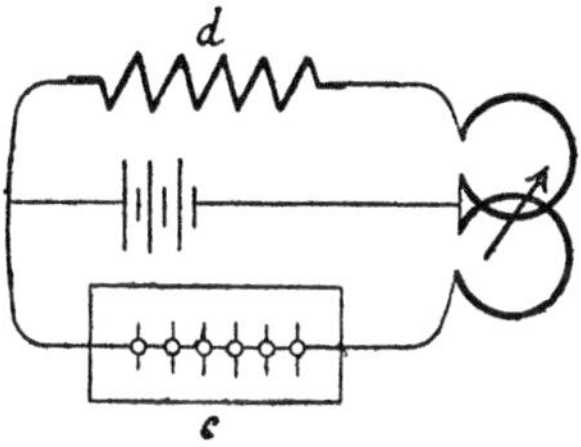

(**239**) Die Verbindung nach Fig. 37 ist besonders bei kleineren Widerständen von Vortheil, sowie in solchen Fällen, wo d und c nicht nahe bei einander liegen; sie erlaubt auch, Widerstandsverhältnisse zu bestimmen. c und d werden hintereinander verbunden und jedem derselben eine Galvanometerhälfte parallel geschaltet; in die eine oder in beide Hälften fügt man Rheostaten ein. Sind die Widerstände der Galvanometerhälften G_1 und G_2, die etwa zugefügten Rheostaten-

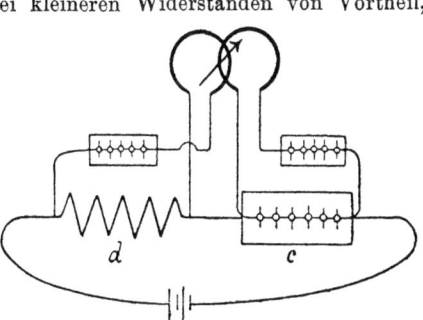

Fig. 36.

Fig. 37.

widerstände r_1 und r_2, so zeigt das Galvanometer keinen Ausschlag, wenn
$$c : d = (G_2 + r_2) : (G_1 + r_1).$$
Fügt man zu $G_1 + r_1$ noch R_1, und stellt durch Zufügen von R_2 zu $G_2 + r_2$ das Gleichgewicht wieder her, so ist
$$c : d = R_2 : R_1$$
im letzteren Falle werden die Verbindungswiderstände sämmtlich eliminirt.

Die Methode empfiehlt sich zur Bestimmung von Widerstandsänderungen von d, z. B. zur Messung von Temperaturcoefficienten, oder der Erwärmung durch den Strom. Ist etwa das Verhältniß von d und c bei gewöhnlicher Temperatur bestimmt durch
$$d : c = (r_1 + G_1) : (r_2 + G_2)$$
und wenn d eine andere Temperatur besitzt, durch
$$d' : c = (r'_1 + G_1) : (r_2 + G_2)$$
so ist
$$d' : d = (r'_1 + G) : (r_1 + G)$$
und
$$\frac{d' - d}{d} = \frac{r'_1 - r_1}{r_1 + G}$$
$(d' - d)/d$ ist die procentische Widerstandszunahme von d, und diese wird in manchen Fällen verlangt.

Fertige Zusammenstellungen zur Messung des Widerstandes von Kohlenstäben für Bogenlampen nach dieser Methode werden von Hartmann und Braun ausgegeben.

Die Widerstände, welche verglichen werden, sind die zwischen den Abzweigstellen nach dem Galvanometer gelegenen Stücke. Das verbindende Stück zwischen den Widerständen kann beliebig lang sein.

Beide Methoden sind frei von der Größe und den Schwankungen der elektromotorischen Kraft der Meßbatterie.

(240) **Wheatstone'sche Brücke.**
4 Widerstände a, b, c, d werden in einer geschlossenen Reihe hintereinander verbunden; man kann diese Verbindung als ein Viereck ansehen, dessen Diagonalen AD und BC sind. Bringt man in die eine Diagonale eine Stromquelle, in die andere ein Galvanometer, so fließt durch das letztere kein Strom, wenn sich verhält
$$a : b = c : d.$$
Kennt man einen dieser Widerstände (c) und das Verhältniß von zwei anderen derselben ($a : b$), so kann man den vierten (d) bestimmen.

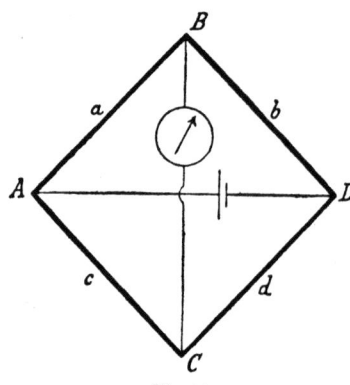

Fig. 38.

Widerstandsmessung. 145

(**241**) **Verzweigungsrheostat.** Zwei Widerstände von bekanntem Verhältniß kann man auf verschiedene Arten erhalten. Entweder entnimmt man dieselben zweien Rheostaten; manche Widerstandskästen sind dementsprechend eingerichtet, so die Universal-Meßbrücken und die Stöpsel-Rheostaten mit Paaren zu 1, 10, 100, 1000, 10 000 Ohm; oder die beiden Widerstände sind Theile eines ausgespannten Drahtes, den man vermittels eines Contactes in zwei Theile von veränderlichem Verhältniß zerlegen kann. In letzterem Falle setzt man für das Widerstandsverhältniß das Verhältniß der Längen in der Voraussetzung, daß der Draht durchaus gleichmäßig gezogen sei. Für genauere Messungen muß man die Fehler des Calibers bestimmen und in Rechnung setzen.

Den als bekannt vorausgesetzten Widerstand c entnimmt man entweder einem Rheostaten, oder man verwendet einen Einzelwiderstand, wie besonders eine Normaleinheit. Im letzteren Falle werden die Widerstände a und b von einem ausgespannten Draht genommen.

Prüfung und Calibrirung eines ausgespannten Drahtes. Wenn der Draht überall gleich wäre, so müßte einer bestimmten Länge desselben überall der gleiche Widerstand entsprechen, und wenn der Draht von einem constanten Strom durchflossen würde, müßten die Enden dieser Länge überall die gleiche Spannung zeigen. Das letztere kann man auf folgende Weise prüfen: An einem Holzklotz befestigt man zwei isolirte Metallschneiden in unveränderlichem Abstand von einander; jede Schneide wird mit einer Klemme eines empfindlichen Galvanometers von großem Widerstande verbunden. Das Schneidenpaar setzt man auf den Rheostatendraht auf, während der letztere von einem constanten Strome durchflossen wird; das Galvanometer zeigt einen Ausschlag der nicht zu klein sein darf, wenn man eine sichere Prüfung zu haben wünscht. Verschiebt man die Schneiden längs des Drahtes, so sollte sich der Ausschlag nicht ändern, wenn der Draht überall gleich wäre; letzteres ist indeß gewöhnlich nicht der Fall; mißt man den Ausschlag des Galvanometers für verschiedene Stellen des Drahtes, so verhalten sich die abgegrenzten Widerstände wie die Ausschläge. — Die Constanz des Stromes muß geprüft werden, indem man dieselbe Stelle des Drahtes wiederholt einschaltet. — Mit einem Differentialgalvanometer von großem Widerstande und zwei Schneidenpaaren von gleichem Abstand der Schneiden kann man die Ungleichheit verschiedener Theile des Rheostaten noch sicherer untersuchen. — Leicht ist folgende Prüfung auszuführen: Wenn die Brückencombination zur Messung bereit aufgestellt ist, mißt man zuerst eine Anzahl vorher bekannter Rheostatenwiderstände nach; der aus der Beobachtung abgeleitete und der schon bekannte Werth sollen übereinstimmen; thun sie dies nicht, so kann man die Berichtigung ohne Schwierigkeiten feststellen.

Meist wird man die Verwendung einer Berichtigungstafel umgehen wollen; man wählt dann eine Anzahl frisch ausgezogener Drähte, so wie sie vom Drahtzug kommen, spannt dieselben einen nach dem anderen aus und prüft sie in einer der angegebenen Arten; den besten behält man für den Rheostaten.

(**242**) **Interpolation.** Wenn man nicht eine ununterbrochene Aenderung der Widerstände ausführen kann, z. B. bei

Verwendung von Stöpselrheostaten, wird man das Widerstandsverhältniß, bei dem das Galvanometer gerade stromlos ist, gewöhnlich nicht genau erreichen; man beobachtet dann bei zwei dem richtigen nahe gelegenen Verhältnissen, welche jenes zwischen sich enthalten, und interpolirt. Ist das Verhältniß der Widerstände $a:b = 1:10$, c ein bekannter Widerstand aus einem Rheostat, d gesucht, so findet man

z. B $c = 37{,}3$ Galv. nach rechts $3{,}0°$
      $c = 37{,}4$ „   „   links $1{,}5°$
      Diff. $0{,}1$ entspricht $4{,}5°$

daher das richtige $c = 37{,}4 - \dfrac{1{,}5}{4{,}5} \cdot 0{,}1 = 37{,}4 - 0{,}033 = 37{,}37$,

folglich $d = 37{,}37 \cdot 10 = 373{,}7$.

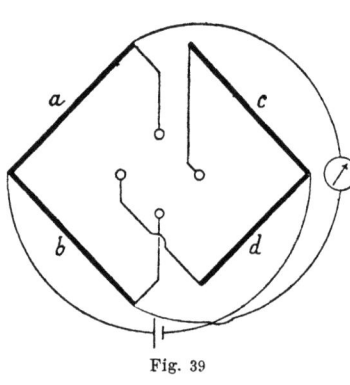

Fig. 39

Stromwender. Ungleichmäßigkeiten des Rheostaten werden beseitigt oder wenigstens vermindert durch Verwendung eines Stromwenders mit 4 Contacten.

Die Verbindungsdrähte der Rheostaten und des Stromwenders müssen sehr geringe Widerstände besitzen; während des Umlegens des 4 contactigen Stromwenders sei der Batterieweg offen, da man sonst heftige Ablenkungen des Galvanometers erhält.

Die Verwendung des Stromwenders empfiehlt sich besonders, wenn die Widerstände der Combination paarweise gleich sind ($a = b$). Bei Messungen mit dem ausgespannten Draht ist der Stromwender auch bei anderen Verhältnissen von Vortheil, indem er die Fehler, welche durch Ungleichmäßrgkeiten des Drahtes entstehen, vermindert.

(243) **Empfindlichkeit.** Es ist am vortheilhaftesten, die 4 Widerstände a, b, c, d, sowie den des Galvanometers und den der Batterie thunlichst einander gleich zu machen. Beim ausgespannten Drahtrheostaten suche man durch die Wahl des Widerstandes c möglichst nahe der Mitte des Drahtes zu kommen.

Die Methode ist frei von der Größe und den etwaigen Schwankungen der elektromotorischen Kraft der Meßbatterie.

Störungen in der Messung entstehen durch thermoelektrische Kräfte, sowie durch Selbstinduction in den zu messenden Widerständen. Die ersteren sind meist klein; ist der Batteriezweig offen und schließt man den Galvanometerzweig allein, so zeigt sich das Vorhandensein einer thermoelektrischen Kraft an einem Ausschlag; die neue Einstellung der Nadel darf man als Nullage betrachten, wenn die thermoelektrischen Kräfte während der Messung constant sind; dadurch werden die letzteren eliminirt. Bei der Messung von Magnetisirungsspulen und anderen Solenoiden erhält man kräftige Inductionswirkungen; in diesem Falle schließt man zuerst nur den Batteriezweig und erst einige Zeit später den Galvanometerzweig.

(**244**) **Einige praktische Ausführungen der Wheatstone'schen Brücke.**
Das Universalgalvanometer von Siemens; der Rheostatendraht ist auf dem Umfang einer kreisförmigen Schieferplatte aufgespannt, welcher in Bogengrade eingetheilt ist; die Mitte des Drahtes entspricht der Null der Theilung und die Länge des Rheostaten umfaßt nach jeder Seite 150 Grade. Dann ist bei irgend einer Ablesung α das Verhältniß $a : b = \dfrac{150 + \alpha}{150 - \alpha}$ oder umgekehrt $\dfrac{150 - \alpha}{150 + \alpha}$. Der Vergleichswiderstand (c) wird einem Rheostaten entnommen und ist entweder 1 oder 10 oder 100 SE oder Ohm. Für die Werthe von $\dfrac{150 + \alpha}{150 - \alpha}$ und $\dfrac{150 - \alpha}{150 + \alpha}$ hat man ausgerechnete Tabellen. Schaltung: Batterie an Klemme I und II, zu messender Widerstand an III und II bezw. bei den neueren Instr. an III und V; Stöpsel zwischen III und IV eingesteckt, ein passender Vergleichswiderstand eingeschaltet. Ist der zu messende Widerstand inductionsfrei, so beobachtet man am sichersten, ob beim Niederdrücken oder Loslassen des im Batteriezweige befindlichen Schlüssels (zwischen II und V) die Galvanometernadel einen Ausschlag zeigt. — Das Contactröllchen functionirt manchmal nicht ganz sicher, deßhalb ist Vorsicht bei der Beobachtung zu empfehlen. Stöpsel und Stöpsellöcher sind rein zu halten, vgl. (230).

Das Universalgalvanometer wird von Siemens und Halske zu Bestimmungen des Leitungsvermögens von Kupferdrähten in folgender Weise eingerichtet: Als Vergleichswiderstand dient ein Kupfer-Normaldraht; von dem zu messenden Draht wird genau 1 m eingespannt und der Widerstand gemessen, darauf das Stück, nachdem es genau am inneren Klemmenrande abgeschnitten worden, auf Centigramm genau gewogen. Die gefundene Masse m, die Länge und die bekannte Dichte (δ) ergeben den Querschnitt; der letztere, die Länge (l m) und der gemessene Widerstand (r Ohm) den specifischen Widerstand oder das Leitungsvermögen.

$\varrho = \dfrac{r \cdot m}{\delta \cdot l^2}$, und wenn $l = 1$, so ist $\varrho = \dfrac{rm}{\delta}$.

Statt mit einem Galvanometer kann man die Form des Universalgalvanometers auch mit dem Telephon gebrauchen. (Telephonbrücke s. unten.)

Der Universalwiderstandskasten von Siemens und Halske läßt sich genau zu denselben Messungen verwenden, wie das vorige Instrument, enthält aber kein Galvanometer. Zu den Messungen von Drahtwiderständen schaltet man die Theile desselben zu einer Wheatstone'schen Brücke, wobei die Theile B und C den Verzweigungs-, A den Meßrheostaten bilden.

Walzenrheostat von F. Kohlrausch. Derselbe enthält eine beträchtliche Drahtlänge auf geringem Raum vereinigt; bequeme Handhabung und Aufstellung zeichnen ihn aus.

Meßbrücke von Hartmann und Braun. Der Meßdraht ist über einer Theilung ausgespannt, welche nach erfolgter Einstellung sogleich das Verhältniß der zu vergleichenden Widerstände abzulesen gestattet. Derselbe ist leicht transportabel und für rasche Messungen von mäßiger Genauigkeit äußerst bequem.

Meßbrücke von Edelmann. Der größere Theil des Meßdrahtes ist aufgespult, so daß man den Schleifcontact nur auf dem mittleren Stück verschieben kann; dadurch erzielt man große Empfindlichkeit bei kleinem Raumerforderniß. Der Draht ist über einer Millimetertheilung ausgespannt.

Die Telephonbrücke. Statt des constanten Batteriestromes in der einen Diagonale verwendet man einen Inductionsstrom (Wechselstrom) oder unterbrochenen Gleichstrom; in der zweiten Diagonale wird statt des Galvanometers ein Telephon eingeschaltet. Die Telephonbrücke ist besonders zu empfehlen bei der Messung polarisirbarer Widerstände (Sammler, Batterien, Erdleitungen, Zersetzungszellen); dagegen ist sie nicht zu gebrauchen bei der Messung von Widerständen mit erheblicher Selbstinduction oder Capacität.

(245) Verallgemeinerte Wheatstone'sche Brücke. (Frölich). In dem Wheatstone'schen Viereck gilt die Proportion der Widerstände $a : b = c : d$, wenn sich die Stromstärke des einen Diagonalzweiges nicht ändert, während man den anderen Diagonalzweig öffnet und schließt; dieser Satz gilt auch, wenn in allen oder in einem Theil der sechs Zweige der Brücke beliebige elektromotorische Kräfte wirken.

Während man nach den bisher aufgeführten Methoden in vielen Fällen nicht die reinen Leitungswiderstände mißt, sondern die letzteren vermehrt (oder vermindert) um einen sog. scheinbaren Widerstand, der von irgend welcher elektromotorischen Gegenkraft herrührt, giebt die allgemeine Form der Brücke Aufschluß über den Leitungswiderstand allein.

Die Methode läßt sich verwenden zur Bestimmung von Batteriewiderständen, Widerstand von Elektrolyten, im Betrieb befindlicher Dynamomaschinen, des Lichtbogens, Isolation von langen Kabeln u. s. w. Durch Einschalten von elektromotorischen Kräften von geeigneter Größe und Richtung in die verschiedenen Zweige der Wheatstone'schen Combination kann man in allen Fällen die Stromstärke im Galvanometerzweig gering machen; die bekannte Proportion der Widerstände gilt dann in dem Fall, daß das Schließen und Oeffnen im anderen Diagonalzweig den Ausschlag des Galvanometers nicht beeinflußt.

Methoden für die Messung kleiner Widerstände.

(246) Methode von Matthiesen und Hockin. Sind in der nebenstehenden Figur d der zu messende Widerstand und c der Vergleichswiderstand, ab ein

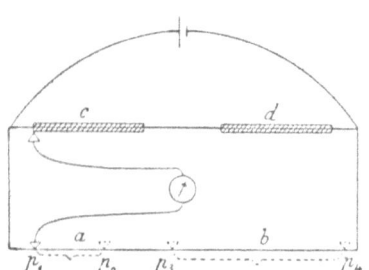

Fig. 40.

ausgespannter Drahtrheostat, so sucht man mit den verschiebbaren Contactklötzen, mit welchen das Galvanometer verbunden ist, zu den beiden Endpunkten von c und von d die Punkte gleichen Potentials auf ab; während die eine Schneide am Ende von c aufliegt, verschiebt man die andere auf a, bis das Galvanometer stromlos ist, der gefundene Punkt hat gleiches Potential mit dem Endpunkt von c. Seien auf diese Weise p_1, p_2, p_3, p_4 gefunden, so ist

$$c : d = \overline{p_1\, p_2} : \overline{p_3\, p_4}.$$

(**247**) **Thomson'sche Brücke.** c und d haben dieselbe Bedeutung wie im Vorigen. Die beiden w sind einander gleich, ebenso die beiden W. w und W seien groß gegen c und d. Ein Contact auf c ist verschiebbar und wird so eingestellt, daß das Galvanometer stromlos bleibt. Dann ist d gleich dem abgegrenzten Stück von c.

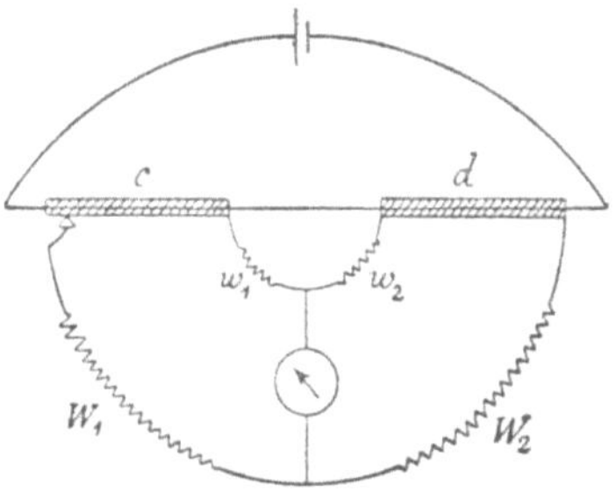

Macht man $w_1 = W_1$ und $w_2 = W_2$, während $W_2 = n W_1$ ist (Ausführung der Brücke von Siemens u. Halske und von Edelmann), so erhält man keinen Ausschlag am Galvanometer, wenn

Fig. 41.

$$d : c = W_2 : W_1 = n : 1.$$

Beide Methoden eliminiren die Verbindungswiderstände und sind frei von der Größe und den Schwankungen der elektromotorischen Kraft der Meßbatterie.

(**248**) **Indirecte Widerstandsmessung.** In Fällen, in denen keine der angeführten Methoden verwendbar ist, kann man sich oft dadurch helfen, daß man die Spannung an den Enden des zu bestimmenden Widerstandes mißt, während derselbe von einem Strome von bekannter Stärke durchflossen wird; der fragliche Widerstand ist dann $= \dfrac{e}{i}$. Diese Methode verwendet man besonders bei der Bestimmung des Widerstandes leuchtender Glühlampen, häufig auch zur Messung kleiner Widerstände.

Widerstand von zersetzbaren Leitern.

(**249**) In Folge der auftretenden Polarisation sind die für Metall-Widerstände angegebenen Methoden hier nicht ohne Weiteres zu gebrauchen.

Mit Gleichstrom kann man den Widerstand eines Elektrolyten in folgender Weise nach der Vertauschungsmethode (237) ermitteln: Man schaltet zunächst zwischen die Elektroden nur ein kurzes Stück des zersetzbaren Leiters ein und beobachtet den Ausschlag des Galvanometers. Darauf vergrößert man den Abstand der Elektroden und schaltet so viel Rheostatenwiderstand aus, daß der Ausschlag ebenso groß wird, wie vorher. Der ausgeschaltete Rheostatenwiderstand ist gleich der Vermehrung des Widerstandes des Elektrolyten, welche durch die Verschiebung der Elektroden erzielt wurde.

Wechselstrom. Die Verwendung von Wechselstrom vermeidet das Entstehen einer Polarisation; den Wechselstrom erzeugt man durch einen Inductionsapparat oder eine kleine Wechselstrommaschine. Man verwendet die Wheatstone'sche Brücke, indem man das Galvanometer durch ein Elektrodynamometer oder ein Telephon (letzteres bei den gewöhnlichen Ansprüchen genügend) ersetzt.

Von dem Elektrodynamometer schaltet man nur die bewegliche Rolle in den Brückenzweig, die feste Rolle in den Zweig, der die Wechselstromquelle enthält.

Die Einstellung geschieht so, daß entweder das Dynamometer keinen Ausschlag giebt oder das Telephon verstummt.

(**250**) Da es meistens auf den specifischen Leitungswiderstand abgesehen ist, so gebraucht man zu den Bestimmungen ein Gefäß, welches die Berechnung des Widerstandes aus den Abmessungen erlaubt, am besten eine Glasröhre, welche einen möglichst constanten Querschnitt besitzt. In derselben lassen sich die Elektroden (Platin, platinirtes Silber) bequem verschieben. Tritt bei Gleichstrom Gasentwickelung ein, so verwendet man ein U förmiges Glasrohr und als Elektroden Drahtnetze oder Spiralen.

Will oder kann man das Gefäß, in welchem die Bestimmung vorgenommen werden soll, nicht geometrisch ausmessen, so bestimmt man in demselben Gefäß den Widerstand eines Leiters von bekanntem specifischem Widerstand und vergleicht den der zu untersuchenden Flüssigkeit damit. Als Vergleichsflüssigkeiten benutzt man:[*]

Vergleichsflüssigkeit.	Widerstandscoefficient, bezogen auf Ohm: $w = \sigma \cdot \dfrac{l}{q}$, l in cm, q in qcm.
Wässerige Schwefelsäure, 30,4 % reine Säure enthaltend; spec. Gew. 1,224	$\sigma = 1{,}36\ [1 - 0{,}016\ (t - 18)]$
Gesättigte Kochsalzlösung, 26,4 % $ClNa$ enthaltend; spec. Gew. 1,201	$\sigma = 4{,}68\ [1 - 0{,}022\ (t - 18)]$
Magnesiumsulfatlösung von 17,3 % $MgSO^4$ (wasserfrei) spec. Gew. 1,187	$\sigma = 20{,}5\ [1 - 0{,}026\ (t - 18)]$
Essigsäurelösung von 16,6 % $C_2H_4O_2$ spec. Gew. 1,022	$\sigma = 62{,}1\ [1 - 0{,}018\ (t - 18)]$

---

[*] Vgl. F. Kohlrausch, Leitf. d. pr. Phys. 6. Aufl. S. 244.

Hat man in demselben Gefäß einmal den Widerstand R einer der Vergleichsflüssigkeiten, und dann den Widerstand r der zu untersuchenden Flüssigkeit bestimmt, so ist der gesuchte specifische Widerstand der letzteren $= c \cdot \dfrac{R}{r}$.

Widerstand von Elementen s. (309).

Inductionscoefficienten.

Gegenseitige Induction.

(251) **Vergleichung von Inductionscoefficienten unter einander.** Der Coefficient der gegenseitigen Induction der Rollen A und a sei bekannt und $= M$; derjenige der Rollen A' und a' sei unbekannt ($= M'$); M' soll mit M verglichen werden. — A und A' werden in den Kreis einer Batterie geschaltet; a und a' werden so hintereinander verbunden, daß die Inductionen, welche in a und a' durch Schließen oder Oeffnen des Batteriekreises erzeugt werden, gleichgerichtet sind; in den Kreis, der a und a' enthält, schaltet man veränderliche inductionsfreie Widerstände ein. An die Verbindungsleitungen zwischen a und a' werden die Zuführungen des Galvanometers angelegt und die Widerstände so abgeglichen, daß beim Stromschluß oder beim Oeffnen das Galvanometer in Ruhe bleibt. Dann ist

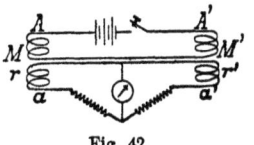

Fig. 42.

$$M : M' = r : r',$$

wenn r und r' die Widerstände links und rechts von der Galvanometerleitung sind.

(252) **Vergleichung eines Inductionscoefficienten mit einer Capacität.** Der Coefficient M der gegenseitigen Induction der beiden Spulen S_1 und S_2 soll mit der Capacität C eines Condensators verglichen werden. Man stellt die Verbindungen nach dem nebenstehenden Schema her: die Batterie wählt man von sehr kleinem inneren Widerstande b: alle Verbindungsdrähte nimmt man stark und kurz, so daß ihre Widerstände vernachlässigt werden können. R_1 und R_2 sind Widerstände aus zwei inductionsfreien Rheostaten, G, S_1, S_2 sind die Widerstände des Galvanometers und der beiden Spulen. Wenn $(S_2 + R_2) : G = S_1 : (S_1 + b)$ und wenn gleichzeitig das Galvanometer beim Schließen oder Oeffnen des Stromes in Ruhe bleibt, so ist $M = C \cdot (S + R_2) \cdot R_1$ Q.

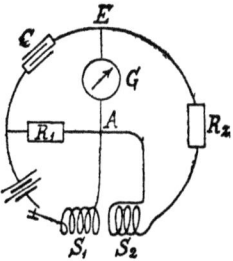

Fig. 43.

Capacität.

Selbstinduction.

(253) Vergleichung eines Selbstinductionscoefficienten mit einer Capacität.
Der zu untersuchende Leiter wird als einer der vier Zweige in eine Wheatstone'sche Brücke eingeschaltet, deren übrige Zweige inductionsfrei sind. Im gegenüberliegenden Zweig schaltet man einen Condensator parallel zu einem Theil des Widerstandes dieses Zweiges; dieser Theil wird so abgeglichen, daß bei Stromschluß die Nadel in Ruhe bleibt. Das Galvanometer muß eine große Schwingungsdauer haben.

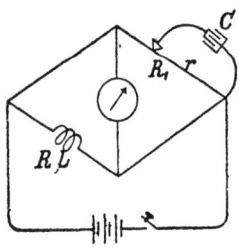

Fig. 44.

Ist C die Capacität des Condensators in Farad, R der Widerstand und L der Selbstinductionscoefficient der Spule, R_1 der ganze Widerstand des gegenüberliegenden Zweiges, r der Theil, zu dem der Condensator im Nebenschluß liegt, so ist $L = Cr^2 \cdot R/R_1$ Q.

Die zu messende Selbstinduction L kann man auch in den Zweig R_1 der Figur 44 vor den Theil r schalten; dann hat man den in (133) angegebenen Fall. Ist die scheinbare Selbstinduction $= 0$, so ist $L = C \cdot r^2$.

Statt der Taste im Batteriezweig kann man einen umlaufenden Unterbrecher verwenden, welcher zuerst den Galvanometerzweig, dann den Batteriezweig schließt, darauf den Galvanometerzweig und schließlich den Batteriezweig öffnet und bei jeder Umdrehung das Spiel wiederholt. Die Geschwindigkeit des Unterbrechers und die Dauer der Stromschlüsse braucht man nicht zu kennen.

Will man statt des Galvanometers ein Telephon verwenden, so muß man in Fig. 44 $r = R_1$ nehmen, was in der Abgleichung größere Schwierigkeiten macht.

(254) Aus dem scheinbaren Widerstand. Wenn die zu messende Spule von einem Wechselstrom durchflossen wird, so erfährt ihr Widerstand eine scheinbare Vermehrung. War der Widerstand, mit constantem Strom gemessen $= R$, bei Wechselstrom $= R'$, so ist $L = \dfrac{1}{2n\pi} \cdot \sqrt{R'^2 - R^2}$; n ist die Zahl der vollen Wechsel in der Secunde.

Capacität.

(255) Vergleichung von Capacitäten. Die beiden Condensatoren, Kabel u. dgl. werden mit einander verbunden, um sie auf gleiches Potential zu bringen; sie werden geladen und von einander getrennt. Darauf entlädt man sie nacheinander durch ein Galvanometer von großer Schwingungsdauer (224). Die Ausschläge des Galvanometers geben das Verhältniß der Capacitäten an.

(256) Absolute Messung. Lädt man einen Condensator mit einer Säule von bekannter elektromotorischer Kraft E Volt, und ent-

lädt ihn durch ein Galvanometer nach (224), so ist nach (89), wenn C die Capacität bedeutet,
$$Q = C \cdot E$$
und nach (224)
$$Q = G \cdot \frac{t}{\pi} \cdot \alpha$$
folglich
$$C = \frac{G}{E} \cdot \frac{t}{\pi} \cdot \alpha.$$

Um E und G aus der Formel zu eliminiren, kann man die Säule, einen großen Widerstand R und das Galvanometer hintereinander verbinden; dann erhält man einen constanten Ausschlag α_0. Es ist
$$i = G \cdot \alpha_0 = \frac{E}{R}, \text{ woraus } C = \frac{t}{R\pi} \cdot \frac{\alpha}{\alpha_0}.$$

Besitzt das Galvanometer eine bemerkbare Dämpfung, so ist in den obigen Formeln nach (224) für α zu setzen $\alpha \sqrt{k}$ oder
$$\alpha \cdot k^{\frac{1}{\pi} \operatorname{arctg} \frac{\pi}{l}}.$$

Magnetische Messungen.

(257) Bestimmung eines magnetischen Momentes. Der zu untersuchende Magnet wird in dem großen Abstande R von einer Bussole mit Kreistheilung oder Spiegelablesung in der ersten oder zweiten Hauptlage (62) aufgestellt und die Ablenkung der Bussole beobachtet, wenn man den Magnet um 180° dreht; die Hälfte dieses Winkels sei $= \varphi$. Die horizontale Stärke des Erdmagnetismus H entnimmt man aus der Tafel Seite 54 oder bestimmt sie nach (154). Es ist dann nach (72) $M = \frac{1}{2} R^3 H \operatorname{tg} \varphi$ oder $= R^3 H \operatorname{tg} \varphi$, je nachdem man die erste oder die zweite Hauptlage gewählt hat; in beiden Formeln ist ein Glied weggelassen, welches das Verhältniß der Magnetlänge zu R enthält; sollen die Formeln auf 1 °/₀ genau sein, so muß der Abstand R 6 mal so groß sein wie die Länge des Magnetes; ist R nur 3 mal so groß wie diese Länge, so beträgt der Fehler etwa 4 °/₀. Genauere Formeln s. Kohlrausch, Praktische Physik. s. auch (154).

Bei langen Stäben kann man eine andere Methode verwenden. Im Abstand R von der Bussole wird der Stab senkrecht aufgestellt, und zwar der eine Pol in der Höhe der Nadel, der andere enfernt von der letzteren; man verschiebt den Magnet in der Axenrichtung, bis der Ausschlag φ ein Maximum wird. Dann ist
$$M = R^2 H \operatorname{tg} \varphi.$$
Soll die Formel auf 1°/₀ genau sein, so darf der Abstand R nicht unter $\frac{1}{5}$ der Magnetlänge betragen: ist $R = \frac{1}{3}$ der Magnetlänge, so beträgt der Fehler etwa 4 °/₀.

154 Magnetische Messungen.

Werden Eisenstäbe untersucht, welche durch einen Strom magnetisirt werden, so ist die Wirkung der Magnetisirungsspule zu berücksichtigen; dies geschieht am besten durch Ausgleichung indem man eine vom magnetisirenden Strome durchflossene Hilfsspule der Bussole so gegenüberstellt, daß sie die Wirkung der Magnetisirungsspule ohne Eisenstab genau aufhebt.

(258) **Die Stärke der Magnetisirung** J wird gefunden, indem man das nach dem Vorigen bestimmte Moment durch den Querschnitt dividirt.

(259) **Messung der Induction.** Auf den zu untersuchenden Eisenstab schiebt man zwei enganliegende Spulen, einer pimäre und eine secundäre. Die erstere wird aus einer constanten Quelle mit Strom versorgt, die letztere wird mit einem Galvanometer von großer Schwingungsdauer verbunden. Die Enden des Probestabes werden durch ein geeignetes Schmiedeeisenstück von großem Querschnitt verbunden. Eine Aenderung des primären Stromes verursacht einen Ausschlag des Galvanometers. Es ist dann die Aenderung der Zahl der magnetischen Kraftlinien in dem Probestab

$$Z = \frac{r_2}{n_2} \cdot G \cdot \frac{t}{\pi} \cdot \alpha \cdot k^{\frac{1}{\pi} \operatorname{arctg} \frac{\pi}{l}}$$

worin r_2 und n_2 Widerstand des ganzen secundären Kreises und Windungszahl der secundären Spule sind, während die Bedeutung der übrigen Größen sich nach (224) ergiebt.

Die Aenderung des primären Stromes erzeugt man nach einem der folgenden Verfahren.

1. Man schickt anfänglich einen sehr schwachen Strom in die primäre Spule und verstärkt denselben schrittweise, ohne ihn dazwischen abnehmen oder Null werden zu lassen. Die Zahl der Kraftlinien für die augenblickliche Stromstärke ist proportional der Summe aller vorangegangenen Ausschläge. Zum Schluß unterbricht man den Strom, wobei man prüfen kann, ob der erhaltene Ausschlag gleich der Summe der früheren ist.

2. Der constant gewordene primäre Strom wird durch einen Stromwender umgekehrt; die Hälfte des beobachteten Ausschlages ist das α der obigen Formel.

3. Man läßt den primären Strom constant werden und unterbricht ihn dann.

Die Differenz der Ausschläge nach 2 und 3 giebt den remanenten Magnetismus, welcher der jeweiligen magnetisirenden Kraft entspricht.

Die Induction B wird gefunden, indem man Z durch den Querschnitt des Eisens dividirt. Zu H, μ, $\varkappa$ vgl. die Formeln in (66).

(260) **Entmagnetisiren von Eisenproben.** Bei der Ermittelung der magnetischen Eigenschaften eines Eisenstabes ist es sehr wichtig, von einem völlig unmagnetischen Zustand auszugehen. Diesen erreicht man durch wechselnde Magnetisirungen mit abnehmender Stromstärke, indem man in die Magnetisirungsspule einen Wechselstrom schickt und durch Einschalten von Widerstand allmälig schwächt, oder indem man Gleichstrom verwendet und gleichzeitig einen Stromwechsler und einen Rheostaten benutzt.

II. Abschnitt.
Technische Messungen.

Messungen an Dynamomaschinen.

(261) Die von einer Maschine aufgenommene mechanische Leistung.
Wirkt an dem Umfang der Riemenscheibe eine Kraft P kg-Gewicht, ist der Radius der Riemenscheibe R m, die Umlaufzahl in der Minute $= n$, so ist die mechanische Leistung

$$L = \frac{P \cdot R \cdot n}{716} \text{ Pferd.}$$

Dynamometer von v. Hefner-Alteneck. (El. Ztschr. 1881' S. 230). Dasselbe wird unmittelbar an dem Riemen angebracht; die räumlichen Verhältnisse der Transmission sind dabei ohne Einfluß, da der Riemen durch das Instrument selbst die erforderliche Richtung und Symmetrie der Theile erhält.

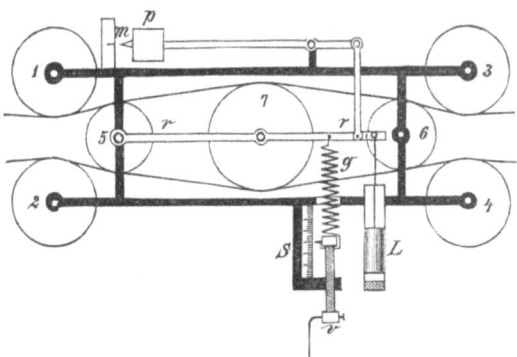

Fig. 45.

Das Instrument wird auf den Riemen aufgebracht, indem man die eine Seitenwand wegnimmt, den Riemen so einlegt, daß der ziehende Theil auf der Seite der Feder g sich befindet, dann die Seitenwand wieder einsetzt; darauf befestigt man den Apparat an einem festen Holzgestell, welches ein Umkippen und Abwerfen der Riemen ausschließt. Das Gegengewicht p hält in jeder Lage der Rolle 7 das Gleichgewicht; der mit p verbundene Zeiger muß dann auf die Marke m einspielen.

Wenn der Riemen läuft, wird die Rolle 7 in die Höhe gedrückt: durch Spannung der Feder g bringt man sie wieder in die frühere Lage, so daß der Zeiger wieder auf m weist. Dann giebt die Scale S den Druck P in kg-Gewicht an; gewöhnlich erhält man für 1 kg-Gewicht 1 mm Verschiebung an der Scale. L ist eine Dämpfungsvorrichtung.

Nimmt man R und n an der getriebenen Scheibe, so erhält man die übertragene Arbeit ohne den durch Gleiten des Riemens verursachten Verlust; setzt man die Werthe von R und n für die treibende Scheibe ein, so mißt man die Arbeit einschließlich des genannten Verlustes.

Prüfung. Der Zeiger an der Scale wird auf Null gestellt; dann muß der Zeiger bei p in jeder Stellung des Apparates auf die Marke m einspielen. Es ist erforderlich, durch fortgesetztes Klopfen mit einem Holzhammer die Reibungswiderstände des Instrumentes zu lösen. Ist die erwähnte Einstellung nicht erfüllt, so verstellt man den Zeiger an der Feder oder das Laufgewicht p.

Darauf bringt man das Instrument in eine nahezu senkrechte Lage und zieht zwei Schnüre oder Riemen durch dasselbe, die gerade so laufen müssen, wie der Riemen bei der Messung. Die durchgezogenen Schnüre werden an der Decke befestigt und unterhalb des Arbeitsmessers verschieden belastet. Der Zeiger an der Scale muß die Differenz der Gewichte in kg-Gewicht angeben; trifft dies nicht zu, so fertigt man sich eine Berichtigungstabelle. Auch bei dieser Untersuchung ist das Klopfen mit dem Holzhammer nöthig.

(262) **Die von einem Motor erzeugte mechanische Leistung.** Dieselbe wird entweder nach dem Vorigen durch das Hefner-Alteneck'sche Dynamometer gemessen oder mit dem Prony'schen Zaum. Bei dem letzteren wird die ganze Leistung des Motors durch Reibung verzehrt. Die Riemenscheibe wird zwischen zwei Backen eingeklemmt, an denen sich ein langer Hebelarm befindet; der letztere trägt an seinem äußersten Ende eine Vorrichtung zum Anhängen von Gewichten. Ist das statische Moment des Zaumes sammt angehängten Gewichten bezogen auf die Axe der Riemenscheibe $= M$, so ist in dem Fall, daß der Hebel zwischen den beiden Anschlägen a wagrecht und frei schwebt, die Leistung des Motors

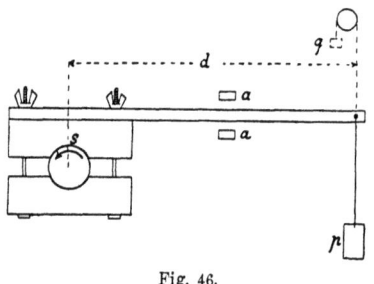

Fig. 46.

$$L = \frac{M \cdot n}{716} \text{ Pferd.}$$

M ist der Hauptsache nach $= p \cdot d$ (vgl. Fig. 46). Das statische Moment der Klemmvorrichtung und des Hebels bestimmt man dadurch, daß man den Zaum bei s auf eine Schneide legt und den Hebel durch das Gewicht q nach oben ziehen läßt, bis derselbe horizontal steht; dann hat man

$$M = (p+q)\,d \text{ und}$$
$$L = \frac{(p+q)\,d \cdot n}{716}\text{ Pferd.}$$

p und q in kg-Gewicht, d in m.

Während des Bremsversuches muß man durch Benetzen der Klemmbacken mit Wasser (am besten Seifenwasser) dafür sorgen, daß dieselben nicht zu heiß werden.

In vielen Fällen ist es bequem, am Ende des Hebelarms statt eines Gewichtes eine Spiralfeder anzubringen, deren Ausdehnung und Spannung an einer Scale abgelesen wird und die nach kg-Gewicht geaicht ist. Eine solche Feder vermag der etwas wechselnden Leistung besser zu folgen, als das einmal aufgelegte Gewicht, doch bleibt dabei der Hebelarm nicht ganz wagrecht. — Oder man befestigt an der Spiralfeder bezw. einem Dynamometer ein Metallband, windet dieses um die Riemenscheibe und belastet es so stark, daß es gut angespannt ist; vgl. Fig. 47.

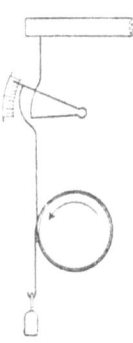

Fig. 47.

(263) **Drehnngsgeschwindigkeit.** Die Umlaufszahl wird mit einem einfachen Zählwerk, dem Umlaufszähler, Tourenzähler, gemessen; wenn man nach dem Schlag einer Uhr genau eine Minute das Zählwerk mitlaufen läßt, kann man leicht noch Fehler von $1/2$ bis 1% begehen; sollen die Bestimmungen genauer sein, so muß man mehrere Minuten mitlaufen lassen. Das Zählwerk muß ziemlich fest in die Bohrung der Maschinenaxe eingedrückt werden, damit es auch sicher mitgenommen wird.

Das Tachometer von Buss-Sombart dient zur eigentlichen Geschwindigkeitsmessung; es giebt die augenblickliche Geschwindigkeit der Maschine, ausgedrückt in Umläufen für die Minute, an. Dasselbe wird häufig durch einen Riemen mit der Maschine verbunden; diese Methode ist nicht ganz sicher; besser ist es, die Maschinenaxe und die Axe des Tachometers durch einen Mitnehmer zu kuppeln. — Das Tachometer wird durch eine größere Zahl sorgfältiger Versuche mit dem Umlaufszähler geaicht.

Das Tachometer wird auch in einer Form hergestellt, in der es sich für den Handgebrauch eignet; es wird dann in derselben Weise wie der Umlaufszähler mit der drehenden Axe verbunden.

Tachograph. Um die Geschwindigkeit der drehenden Axe zu registriren und etwa eingetretene Schwankungen nachträglich feststellen zu können, verbindet man das Tachometer mit einer geeigneten Schreibvorrichtung, sowie mit einer Uhr. Bei dem von Buss-Sombart hergestellten Apparat schreitet der Papierstreifen in der Minute je nach dem Uebersetzungsverhältniß um 5—20 mm fort, während die größte Ordinate der Curve 40—45 mm beträgt. (El. Ztschr. 1886, S. 126.)

Die Tachometer und Tachographen von Horn sind kleine Magnetmaschinen.

158   Messungen an Dynamomaschinen.

(**264**) **Zugkraft eines Elektromotors.** Man befestigt an der Ankeraxe einen zur letzteren senkrecht stehenden Arm, an welchem eine Feder oder andere Kraft angreift, um die Drehung des Ankers zu verhindern, wenn dem Motor die zu seinem Betrieb bestimmten Ströme zugeführt werden. Die Kraft, welche erfordert wird, um den Anker festzuhalten, mißt den Zug.

(**265**) **Prüfung einer Dynamomaschine.** Eine Dynamomaschine wird durch einen mehrstündigen Probebetrieb geprüft. Vor Beginn desselben mißt man die Widerstände des Ankers und der Schenkel, wobei die Voraussetzung gemacht wird, daß die Maschine die Temperatur der Umgebung habe. Diese Widerstände müssen die durch die Construction vorgeschriebene Größe besitzen. Außerdem wird die Isolation der Maschine bestimmt: Anker gegen seine Axenlager, Anker gegen Schenkelbewickelung, Anker und Schenkel gegen Erde (237). Darauf läßt man die Maschine mit der vorgeschriebenen Geschwindigkeit laufen und schaltet sie auf einen solchen äußeren Widerstand, daß die geforderte maximale Stromstärke erreicht wird; dann soll also auch die Klemmenspannung den vorgeschriebenen Werth besitzen; gewöhnlich wird man die Umlaufszahl so weit ändern, daß das letztere der Fall ist. Die Probe bezieht sich auf das ganze Verhalten, besonders die Erwärmung der Maschine bei dauerndem Betrieb; letztere darf nicht so groß werden, daß die Sicherheit des Betriebes darunter leidet; um dies festzustellen, wird von Zeit zu Zeit, zuerst etwa von Stunde zu Stunde, später auch in kürzeren Zwischenräumen, der Betrieb unterbrochen und der Widerstand von Anker und Schenkeln von Neuem bestimmt; dies wird so lange fortgesetzt, bis Constanz eingetreten. 25—30% Zunahme des Ankerwiderstandes werden allgemein für zulässig gehalten; die Schenkelwiderstände sollen weniger stark zunehmen.

Weitere Prüfungen der Maschine, die erst ausgeführt werden, wenn die Hauptprobe zufriedenstellend ausgefallen ist, gelten den Betriebsverhältnissen, besonders also der Aenderung der Klemmenspannung mit dem Strom der Maschine. Die durch solche Messungen zu erhaltenden Diagramme werden in (367) flg. dargestellt, auch die Bedingungen der Messungen dort angegeben.

(**266**) **Schädliche Einflüsse, Verluste etc.** Einfluß der Ankerströme auf das Feld. Erregt man einmal die Schenkel der Maschine von einer besonderen Elektricitätsquelle und das andere mal in der gewöhnlichen Weise durch die Maschine selbst, und mißt man in beiden Fällen die EMK, so wird dieselbe für die gleiche erregende Stromstärke und gleiche Umlaufszahl im letzteren Falle geringer sein, als im ersteren, vgl. (370). Bei der Nebenschlußmaschine kann man die besondere Elektricitätsquelle entbehren, indem man bei constanter Umlaufszahl und voller Klemmenspannung [oberer Ast der Curve in (371)] den äußeren Widerstand verändert und den Schenkelstrom durch einen Regulator constant hält. Die EMK müßte dann dieselbe sein, ob der äußere Stromkreis offen ist, oder ob die Maschine mit vollem Strom arbeitet; in der That erhält man eine Abweichung wie in der Curve der Maschine mit Sondererregung (369).

Erwärmung des Ankereisens. Man erregt die Maschine mit der vorgeschriebenen magnetisirenden Kraft und läßt sie mit der richtigen Geschwindigkeit laufen, doch ohne Strom im Anker; nach längerem Betrieb zeigt sich (entweder durch Messung des Ankerwiderstandes oder nach dem Temperaturgefühl der Hand), ob das Ankereisen sich beträchtlich erwärmt.

Abnorme Reibungswiderstände an Bürsten, in Lagern etc. werden durch Messen der Leerlaufsarbeit aufgedeckt; häufig findet man sie auch schon, wenn man die Maschine längere Zeit ohne Betrieb laufen läßt, an der Erwärmung der reibenden Theile. Der letztere Versuch bildet regelmäßig die erste Probe beim Inbetriebsetzen einer neuen Anlage.

(**267**) **Unzureichende Betriebsmaschine.** Um eine Dynamomaschine, deren Leistung größer ist, als die der vorhandenen Betriebsmaschine, bei voller Leistung zu untersuchen, führt man den von der zu prüfenden Maschine erzeugten Strom einer zweiten Maschine zu, die als Elektromotor die empfangene Energie an die Antriebswelle zurückgiebt. Man kann auf diese Weise Dynamomaschinen untersuchen, deren Leistung mehr als das Doppelte derjenigen der Betriebsmaschine beträgt.

(**268**) **Wirkungsgrad.** 1. Vergleichung zweier gleichgebauter Dynamomaschinen. Die Ankeraxen werden gekuppelt, und die eine Maschine mit der Stromstärke J gespeist, so daß sie als Motor für die zweite dient. Die zweite Maschine liefert ihren Strom in einen Kreis von regulirbarem Widerstand, der so abgeglichen wird, daß der Strom der zweiten Maschine dem der ersteren gleich ist. Der Wirkungsgrad der ganzen Vorrichtung ist gleich dem Verhältniß der Klemmenspannungen E_1/E_2; bei gleichen Maschinen ist der Wirkungsgrad einer derselben $=\sqrt{E_1/E_2}$.

2. Bestimmung der Verluste. Man läßt die Maschine mit voller Erregung und der vorgeschriebenen Geschwindigkeit als Elektromotor laufen und bestimmt den Verbrauch; dieser giebt den Verlust durch Reibung und Wirbelströme. Hierzu addirt man den berechneten Verlust durch Wärmeerzeugung. (Rechniewski, Fortschr. d. Elektrot. 1890, Nr. 1355).

Messungen an Wechselstromsystemen.

(**269**) Bei Messungen an Wechselstromsystemen können drei Arten von Instrumenten angewendet werden: Calorimeter, Elektrometer, Elektrodynamometer.

Calorimeter sind zu technischen Messungen sehr wenig geeignet, sie sind gegen den Einfluß der äußeren Lufttemperatur nur schwer zu schützen und nur an sehr geeigneten Orten und unter besonderen Vorsichtsmaßregeln verwendbar. Eine technisch gebräuchliche Art ist der Cardew'sche Spannungsmesser, vgl. (198).

Die Elektrometer haben vor allen anderen Instrumenten den Vortheil daß sie bei offenem Kreise messen; dagegen ist ihre Empfindlichkeit eine sehr geringe und die Folge davon ist, daß derartige Instrumente in sehr exacter Weise ausgeführt sein müssen und sich selten für die Praxis eignen.

Man mißt mit ihnen den Mittelwerth des Quadrates der Spannung an den Punkten, an welchen man die zwei Belegungen anlegt. Ist der Widerstand R zwischen beiden Punkten bekannt und ist der Ausschlag α, so ist der Mittelwerth der Quadrate der Stromstärke, welche durch R fließt

$$J^2 = C \frac{\alpha}{R^2}$$

wo C die Constante des Instruments ist.

(**270**) Das Elektrodynamometer mißt wie das Calorimeter den Mittelwerth der Quadrate der hindurchfließenden Stromstärke. Die gebräuchlichste Form zur Stromstärkemessung ist das Torsions-Elektrodynamometer von Siemens und Halske (186). Ist bei demselben α der abgelesene Torsionswinkel, so giebt

$$J^2 = C\alpha$$

den Mittelwerth der Quadrate der Stromstärken, welche die Rollen durchfließen.

Die Constante C wird durch Aichung oder Vergleich mit anderen Instrumenten unter Anwendung von Gleichstrom gewonnen. Vgl. (201) flg.

Zur Messung von Spannungen dienen ähnliche Instrumente, deren Spulen mit feinerem Draht bewickelt sind. Bei solchen Messungen muß die Selbstinduction des Instrumentes berücksichtigt werden.

Besitzt das Dynamometer den Widerstand r und den Selbstinductions-Coefficienten L, welcher bei jedem Instrument angegeben sein muß, ist W ein vorgeschalteter Widerstand und P die zu messende Spannung, während $2n$ die Anzahl der Wechsel in der Secunde ist (also z. B. bei einer Wechselstrommaschine mit 16 Spulen und 600 Umläufen in der Minute $2n = 160$), so ist

$$P = c\sqrt{\alpha}\sqrt{R^2 + (2n\pi)^2 L^2}$$

wo c die mit Gleichstrom bestimmte Constante des Instruments und $R = (W + r)$ ist.

Ist das Instrument empfindlich genug, daß man R ca. 10 mal größer als $2n\pi L$ machen kann, so wird die Formel einfach wie bei Gleichstrom

$$P = c\sqrt{\alpha}\,R = JR.$$

Es darf übrigens bei Anwendung der gemessenen Werthe nicht vergessen werden, daß dieselben nur einen Mittelwerth darstellen. Wenn die Spannung die Form $p = P_0 \sin \alpha$ hat, wo P_0 also der Maximalwerth ist, welchen die Spannung erreichen kann, so ist die gemessene Größe $P^2 = \frac{P_0^2}{2}$. Vgl. (130).

Der Werth P wird als wirksame (effective) Spannung P_{eff} bezeichnet, ebenso wird der Werth $J = \frac{J_0}{\sqrt{2}}$ als wirksame (effective) Stromstärke J_{eff} bezeichnet. Der Werth $\sqrt{R^2 + (2n\pi)^2 L^2}$ wird scheinbarer Widerstand (Impedance) genannt.

Es hat also das Elektrometer bei Spannungsmessungen vor den anderen Instrumenten den Vorzug, ohne weitere Bedingung den Mittelwerth der Quadrate derselben zu geben, während beim Calorimeter einerseits die Zunahme des Widerstandes mit der Stromstärke berücksichtigt, und beim Dynamometer die scheinbare Zunahme des Widerstands des Instrumentes in Folge der Selbstinduction in Rechnung gezogen werden muß.

Während nun beim Calorimeter die Veränderung des Widerstandes ein für allemal empirisch mit Gleichstrom bestimmt werden kann, muß beim Dynamometer außer der Selbstinductionsconstante des Instruments auch die Umlaufszahl der Maschine berücksichtigt werden. Es ist dies ein Nachtheil, dem man allerdings im Allgemeinen dadurch abzuhelfen vermag, daß man empfindliche Instrumente nimmt und, wie vorher angegeben wurde, passende inductionsfreie Widerstände vorschaltet, so daß der Einfluß der Selbstinduction des Instrumentes verschwindet.

Hat man dies erreicht, so ist der Gebrauch des Dynamometers vorzuziehen, um so mehr als dasselbe es zugleich ermöglicht, in bequemer Weise Energiemessungen auszuführen, die, wie im Folgenden gezeigt werden wird, bei Wechselstromsystemen unerläßlich sind.

(271) **Energie-Messungen.** Um die Arbeit zu messen, welche durch Wechselstrom zwischen zwei Punkten eines Kreises geleistet wird, kann man im Allgemeinen nicht dieselben Methoden anwenden, welche bei Gleichstrom gebräuchlich sind. Besonders darf man nicht die aufgewendete Energie gleich dem Product der einzeln gemessenen Spannung P und Stromstärke J annehmen.

Es liegt dies daran, daß die Selbstinduction des Kreises eine Verzögerung der Stromstärke gegenüber der EMK verursacht. Vgl. (130).

Die erzeugte Energie wird dargestellt durch

$$\int e i\, dt = \int R i^2\, dt + \frac{1}{2} L i^2 = E_{\mathit{eff}} \cdot J_{\mathit{eff}} \cdot \cos 2\pi\varphi$$

der erste Theil der rechten Seite stellt die im Kreise zur Wärmeentwickelung aufgewendete Arbeit dar, während der zweite Theil die zur Ueberwindung der Selbstinduction aufgewendete Energie angiebt.

Stellt man den Verlauf der Größen E, J, EJ und RJ^2 für einen bestimmten Fall graphisch dar, so gewinnt man ein Bild der complicirten Verhältnisse, welche bei Wechselstrom-Messungen berücksichtigt werden müssen.

Es sei z. B. ein Kreis gegeben, dessen elektomotorische Kraft die Form hat

$$e = 100 \sin 500 \cdot t \text{ Volt*})$$

und dessen Gesammtwiderstand R nur 2,5 Ohm beträgt, während der Selbstinductionscoefficient den Werth $L = 0,005\ Q$ hat.

---

*) Dies würde einem meſsbaren Mittelwerth von $E \cdot \sqrt{\dfrac{1}{2}} =$ etwa 71 Volt entsprechen

Wir erhalten für $J = 28{,}3$ Ampère, und für die Verzögerung $2\pi\varphi = 45°$. d. h. $\varphi = {}^1/_8$.

Mit Hilfe dieser Größen erhalten wir folgende Curven:

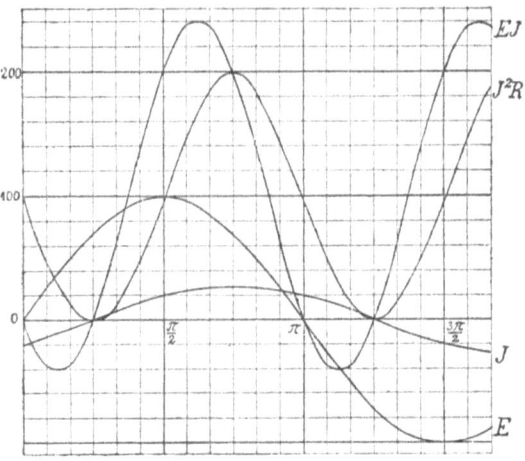

Fig. 48.

Die Abscissen sind gleiche Zeittheile der Periode, welche in 360° eingetheilt ist. Die Ordinaten geben bei E die EMK in Volt, bei J die Stromstärke in Ampère, bei EJ die erzeugte Energie, bei J^2R die als Wärme aufgewendete Energie, beide in Zehntel-Watt.

Die Curven zeigen deutlich, wie verkehrt es wäre, Stromstärke und Spannung einzeln zu messen und aus den so erhaltenen Mittelwerthen die Energie ausrechnen zu wollen.

In der That würde man durch Multiplication symmetrischer Werthe von J und E — also ohne Berücksichtigung der Verzögerung — einen Werth JE erhalten, der um 41 % größer ist als der, welcher sich durch Multiplication zusammengehöriger Werthe von J und E ergiebt, und welcher durch die Curve dargestellt wird.

Die Curve J^2R stellt die wirklich im Kreise durch Wärmeentwickelung verbrauchte Energie dar. Dieselbe ist für den vorliegenden Fall nur um ca. 1 % geringer als JE.

Die Curve der JE zeigt noch die Eigenthümlichkeit, daß ein kleiner Theil davon negativ ist. Es ist dies so zu deuten, daß während jener Zeit die Wechselstrom-Maschine durch die während der übrigen Zeit im Kreise aufgesammelte Energie ohne äußeren Aufwand von Energie getrieben wird.

Aus alledem folgt deutlich die Nothwendigkeit, die Energie nicht aus den einzeln gemessenen Mittelwerthen von J und E zu bestimmen, sondern durch besondere Energiemessung.

Derartige Messungen lassen sich sowohl mit dem Elektrometer als auch mit dem Elektrodynamometer ausführen.

Messungen an Wechselstromsystemen.

(272) Messung der Energie mit dem Elektrometer. Die Methode ist eine Verallgemeinerung derjenigen, nach welcher die einfachen Spannungsmessungen ausgeführt werden.

Die allgemeine Formel für das Elektrometer ist

$$\alpha = k(P_1 - P_2)\left(P_q - \frac{P_1 + P_2}{2}\right),$$

wo P_1 und P_2 die Potentiale der Quadrantenpaare, P_q das Potential der Nadel, k eine Constante ist.

Für den Fall der Spannungsmessung wird die Nadel auf sehr hohes constantes Potential gebracht, so daß $\dfrac{P_1 + P_2}{2 P_q}$ verschwindet. Dann ist

$$\alpha = k(P_1 - P_2) P_q = K'(P_1 - P_2),$$

also der Ausschlag proportional der Spannungsdifferenz zwischen den Quadranten.

Für elektrotechnische Zwecke ist es geeigneter, die Nadel mit einem der Quadrantenpaare zu verbinden; also $P_q = P_2$ zu setzen. Es ist dann

$$\alpha = k\frac{(P_1 - P_2)(P_2 - P_1)}{2} = \frac{k}{2}(P_1 - P_2)^2$$

also der Ausschlag proportional dem Quadrat der zu messenden Potentialdifferenz.

Bei Strommessungen mißt man die Potentialdifferenz an einem bekannten Widerstand.

Zur Messung von Energieen muß man zwei Messungen in schneller Aufeinanderfolge ausführen.

Sei ABC der fragliche Stromkreis; zwischen AB befindet sich die Maschine, zwischen B und C ein inductionsloser Widerstand von bekannter Größe (R), zwischen C und A der Arbeitskreis. A, B, C bedeuten zugleich die Potentiale an den drei Punkten.

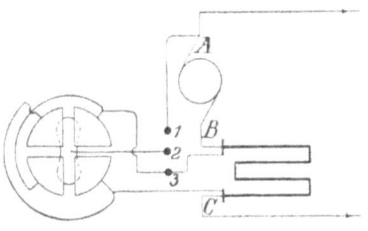

Fig. 49.

Es werden zuerst B und C mit den Quadranten, A mit der Nadel verbunden (1, 2). Dann ist

$$\alpha = k(C - B)\left(A - \frac{C - B}{2}\right).$$

Wird nun auch die Nadel an B gelegt (2, 3), so ist

$$\beta = k(C - B)\left(B - \frac{C - B}{2}\right).$$

Subtrahirt man beide Gleichungen, so erhält man

$$(\beta - \alpha) = k(C - B)(B - A).$$

11*

Nun ist $C - B$ die Potentialdifferenz zwischen C und B, d. h.

$$C - B = RJ$$

und entsprechend ist $B - A$ die Polspannung P also

$$PJ = \frac{\beta - \alpha}{kR}$$

Man kann also aus zwei aufeinanderfolgenden Messungen sowohl die Nutzleistung als die Stromstärke im Kreise bestimmen. Dieser an sich sehr eleganten Methode haften aber einige Uebelstände an. Es muß, damit die Messung unter günstigen Umständen stattfindet, die Spannung $B-C$ eine nicht zu geringe sein. Da nun der betreffende Widerstand genau bekannt und absolut inductionsfrei sein muß, so kann man selten Theile des vorhandenen Kreises dazu verwenden, man muß vielmehr ziemlich hohe, künstliche Widerstände einschalten, welche die Stromvertheilung meist nicht unbedeutend verändern und außerdem umständlich herzustellen sind, und meist ein theures Hilfsmittel darstellen.

Außerdem bringt der Umstand, daß zwei Messungen auszuführen sind, es mit sich, daß mehrere Beobachter mitwirken müssen, und daß es oft schwer wird, den Gang der Maschine so constant zu halten, daß die sonstigen Verhältnisse bei beiden Messungen übereinstimmen.

Im Allgemeinen bedarf eine derartige Energiemessung mit Elektrometern ziemlich umständlicher Vorbereitungen und entspricht demgemäß selten den Ansprüchen auf Einfachheit und Schnelligkeit der Technik.

Es darf nicht vergessen werden, daß die Aichung des Elektrometers selbst schon ziemliche Vorbereitungen und Vorarbeiten erfordert, um so mehr, als es rathsam ist, zur Aichung Spannungen derselben Ordnung zu gebrauchen, wie die bei der eigentlichen Messung vorkommenden, da sonst Reductionsfactoren berücksichtigt werden müßten, deren Bestimmung nicht immer leicht ist.

(273) Energiemessungen mit dem Elektrodynamometer. Es ist zunächst eine Aichung des Instrumentes nothwendig; dieselbe wird für praktische Zwecke am besten in folgender Weise vorgenommen:

Durch einen Widerstand, dessen Größe nicht bekannt zu sein braucht, welcher aber inductionsfrei sein muß (also zickzackförmig aufgespannte Drähte aus beliebigem Metall — außer Eisen — oder Kohlenwiderstände, am besten Glühlampen, die mit ihrer richtigen Spannung brennen) wird ein gleichgerichteter Strom gesendet und der Ausschlag gemerkt, welchen derselbe in T am Torsionsdynamometer für starke Ströme hervorbringt.

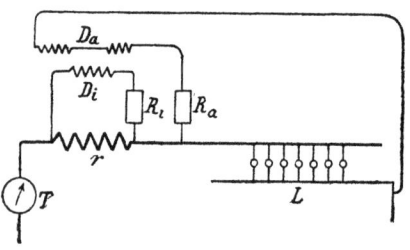

Fig. 50.

Zugleich werden mit dem Torsionsgalvanometer die Stromstärke J und die Spannung P in gewöhnlicher Weise gemessen. Das Product $JP = A$ giebt die in den Lampen aufgewendete Energie. Nunmehr wird durch Wechselstrom in demselben Kreis dieselbe Stromstärke erzeugt; dies ist erreicht, wenn T denselben Ausschlag wie vorher bei Gleichstrom giebt. Es werden nun die festen Rollen D_a des Dynamometers parallel zu den Lampen — als Spannungsmesser — geschaltet, während die bewegliche D_i parallel zu einem kleinen, passend gewählten, inductionsfreien Widerstand r geschaltet wird.

In den beiden Meßkreisen werden noch passende, bifilar gewickelte Widerstände R_a, R_i vorgeschaltet (gewöhnliche Widerstandskästen) um einen günstigen Ausschlag zu erhalten.

Nennen wir $D_a + R_a = r_a$ und $D_i + R_i = r_i$, so giebt der Ausschlag α am Elektrodynamometer mit der Constante C des Instrumentes multiplicirt das Product zweier Ströme $i_a = \dfrac{P}{r_a}$ und $i_i = \dfrac{Jr}{r_i}$, d. h. es ist

$$C = \frac{PJr}{\alpha \, r_a r_i}.$$

Für gute Instrumente gilt die so gefundene Constante innerhalb weiter Grenzen des Ausschlags. Im übrigen ist es leicht, durch passende Wahl der drei Widerstände den Ausschlag stets in der Nähe einer einmal gewählten Größe zu halten.

Die Werthe der Widerstände sind am besten so zu wählen, daß die Stromstärken im festen und im beweglichen Kreis annähernd dieselben sind, womit die Bedingung eines gleichbleibenden Ausschlags leicht zu verbinden ist.

Ist die Umlaufszahl der Wechselstrommaschine stets dieselbe (auch bei der Aichung), so gilt die Methode unter allen Umständen. Ist die Geschwindigkeit nicht constant oder eine andere wie bei der Aichung, so gilt die Methode nur unter der Bedingung, daß für beide Meßkreise in dem Ausdruck $\sqrt{R^2 + (2\pi n L)^2}$, wo $R = r_i$ beziehentlich r_a ist und L der Selbstinductionscoefficient der betreffenden Dynamometer-Rolle, die Glieder $(2\pi n L)^2$ gegen R^2 vernachlässigt werden können.

Für den Kreis der beweglichen Rolle ist dies immer der Fall, da der Selbstinductionscoefficient L_i derselben stets sehr gering ist, bei den festen Rollen trifft es meist auch zu, da die praktisch zu messenden Spannungen hoch sind und die Empfindlichkeit der Instrumente eine Vorschaltung ziemlich hoher Widerstände nothwendig macht.

(274) **Messung von Phasenunterschieden.** Wenn in zwei Stromkreisen Sinusströme kreisen, welche dieselbe Wellenlänge haben, so kann man den Phasenunterschied beider Ströme durch drei

166 Messungen an Wechselstromsystemen.

Dynamometermessungen bestimmen. Seien a, b, c die drei Constanten der drei Dynamometer und

$$i_1 = J_1 \sin 2\pi n t$$
$$i_2 = J_2 \sin 2\pi n (t + \varphi)$$

die Form der beiden Ströme.

Man lasse den Strom i_1 durch beide Spulen des ersten Dynamometers gehen, ebenso den Strom i_2 durch beide Spulen des zweiten Dynamometers, schalte aber die zwei Spulen des dritten Dynamometers eine in den ersten Stromkreis die andere in den zweiten.

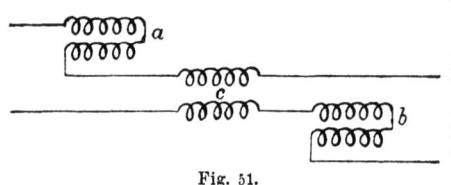

Fig. 51.

Es mögen die drei Apparate die Ausschläge α, β, γ geben, so ist

$$a \cdot \alpha = J_1^2$$
$$b \cdot \beta = J_2^2$$
$$c \cdot \gamma = J_1 J_2 \cos 2\pi \varphi$$

so daß daraus

$$(\cos 2\pi \varphi)^2 = \frac{c^2 \cdot \gamma^2}{a \cdot b \cdot \alpha \cdot \beta}.$$

Im Allgemeinen erhält man den Phasenunterschied φ zwischen zwei Größen jedesmal, wenn man sowohl beide Größen, als ihr Product mißt. Wenn also in einem Wechselstromkreis Stromstärke J, Spannung P und Energie W gemessen wird, so ergiebt sich der Phasenunterschied φ zwischen Stromstärke und Spannung aus

$$\cos 2\pi \varphi = \frac{W}{JP}.$$

Messungen an Transformatoren.

(275) Die an Transformatoren auszuführenden Messungen bezwecken, die Stromstärke, die Klemmenspannung und die Polleistung für beide Kreise, sowie das Güteverhältniß des Systems zu bestimmen.

Die Messung der Stromstärken und Spannungen ist aus dem Früheren ohne Weiteres klar. Die Messung der Polleistung ist in (272) und (273) behandelt worden.

Was das Güteverhältniß anbetrifft, so ist man bei den Transformatoren in der glücklichen Lage, durch Division der secundären Polleistung durch die primäre direct eine Größe zu erhalten, welche sämmtliche Verluste des Systems enthält und welche also dem Wirkungsgrad einer Dynamomaschine entspricht.

Will man einen deutlichen Vergleich mit Gleichstromverhältnissen haben, so kann man einen Transformator als ein System zweier zusammengekuppelter Dynamomaschinen ansehen, deren eine secundär getrieben wird, während die andere — die tertiäre — Energie abgiebt (Gleichstromtransformatoren). Der Werth

$$\frac{P_3 J_3}{P_2 J_2}$$

würde der Wirkungsgrad des Systems sein und enthält die Verluste durch Reibung, Wirbelströme, Magnetisirung des Anker-Eisens etc. in sich. In der That verhält sich ein solches Gleichstromsystem gänzlich wie ein Transformator.

Kommt es, wie meist, nicht darauf an, die primäre und secundäre Energie einzeln zu messen, sondern nur deren Quotienten — den Wirkungsgrad — so sucht man für beide Größen ähnliche Ausschäge zu erhalten. Ist n das Uebersetzungsverhältniß des Transformators, so erreicht man dies beim Elektrodynamometer dadurch, daß man den Widerstand des Spannungskreises bei Messung der primären Energie n mal so groß wählt, als bei Messung der secundären und die Nebenschlußwiderstände, welche zur Strommessung dienen, im Verhältniß $\frac{N_1}{N_2} = n$ wählt, ohne den Widerstand im Strommeßkreise des Instrumentes zu ändern. Es giebt dann das Verhältniß der Ausschläge direct den Wirkungsgrad.

Es mag noch einmal darauf aufmerksam gemacht werden, daß sämmtliche Widerstände, welche zu den Messungen dienen, inductionslos sein müssen, d. h. die für stärkere Ströme bestehen aus zickzackförmig aufgespannten Drähten oder Gazestreifen, und die für schwächere Ströme seien bifilar gewickelt nach Art der Widerstandskästen. Der Gebrauch von Eisendraht oder Eisengaze ist zu vermeiden, da der Widerstand desselben für Wechselstrom keine constante Größe ist, sondern von der Anzahl der Wechsel und von der Stärke des Stromes abhängt.

Messungen in Beleuchtungsanlagen.

(276) **Leitung und Isolation.** Hat man auch bei der Ausführung einer Anlage die Wahl des Querschnittes der Leiter und der Beschaffenheit der Isolation so getroffen, daß voraussichtlich den Anforderungen in diesen Punkten genügt wird, so sind immerhin beim Verlegen der Leitungen Irrthümer möglich, es können auch Verletzungen der Leitungen eintreten, so daß sowohl während der Arbeit als auch besonders am Schluß eine sorgfältige Prüfung der ganzen Anlage nothwendig ist. Vgl. hierüber den Abschnitt „Leitung und Vertheilung."

Bei einer im Betriebe befindlichen Anlage muß besonders die Isolation fortwährend geprüft werden. Regelmäßige Messungen während der Betriebspausen, sowie auch Prüfung während des Betriebes sind unerläßlich. Die ersteren werden nach (237) ausgeführt. Für die letzteren gebraucht man einen besonderen Isolationsprüfer, gewöhnlich Erdschlußanzeiger genannt.

168 Messungen in Beleuchtungsanlagen.

Derselbe besteht aus einer Leitung, welche einen stromanzeigenden Apparat enthält, und deren eines Ende an Erde, (Wasserleitung), deren anderes Ende an einem Pol der Maschine angelegt wird.

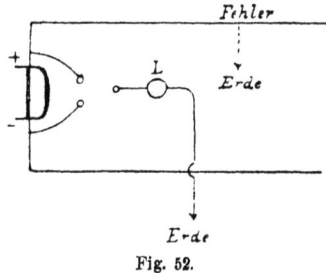

Fig. 52.

Bedeutet in der Figur D die Dynamomaschine, L eine Lampe, welche den Strom in der Leitung anzeigen und zugleich als erheblicher Widerstand dienen soll, ist ferner in der positiven Leitung ein Isolationsfehler, so wird die Lampe glühen, wenn die Erdleitung mit Hilfe des angegebnen Umschalters mit dem negativen Pol der Maschine verbunden wird, dagegen wird sie nicht in Gluth kommen, wenn man die Erdleitung mit dem positiven Pol verbindet. Der Grad des Glühens zeigt außerdem den Widerstand des Erdschlusses an. Will man den letzteren messen, so genügt es, den Strom in der Leitung zu bestimmen, während man sowohl die gesammte Spannung, als auch den Widerstand der glühenden Lampe kennt.

Schaltet man statt der Lampe eine Bleisicherung ein, so erhält man bei der Stellung des Umschalters, bei der die Lampe glühte, einen Kurzschluß der Maschinenpole durch die Erdleitung und die fehlerhafte Leitung; ist der Bleidraht in L schwächer als der, welcher die fehlerhafte Leitung schützt, so schmilzt ersterer aus; nimmt man für L immer stärkere Bleidrähte, so kommt man schließlich zu einer solchen Stärke, daß der Schutzdraht der fehlerhaften Leitung schmilzt und die letztere damit ausgeschaltet ist; dann ist auch der Erdschluß verschwunden. — Diese Methode der Entfernung und zugleich Auffindung eines Erdschlusses darf indeß nur mit Vorsicht gebraucht werden.

(**277**) **Strom- und Spannungsmessung.** Während des Betriebes muß fortwährend die Stromstärke gemessen werden. In kleineren Anlagen braucht man ein oder zwei Instrumente, in größeren ist für jede Maschine und für jeden Hauptleitungstrang ein Strommesser anzubringen. Man benutzt dazu nach Ampère oder nach Lampenstrom geaichte Apparate, die magnetischen Einflüssen von außen nicht unterworfen sein dürfen.

Auch die Spannung muß während des Betriebes fortwährend gemessen werden. Man braucht für kleinere Anlagen einen Spannungsmesser, welcher fortwährend die an einem bestimmten Punkte der Leitung herrschende constant zu haltende Spannung anzeigt. In größeren Anlagen (beim Parallelschaltungssystem) verbindet man den Spannungsmesser vermittels Umschalters der Reihe nach mit den einzelnen Maschinen und den einzelnen von den Vertheilungskästen herkommenden Meßleitungen. In Bogenlampen-Stromkreisen (Hintereinanderschaltung) verwendet man für jede Reihe von Bogenlampen einen Strommesser und für jede Maschine oder Gruppe von parallelgeschalteten Maschinen einen Spannungsmesser.

Als Strom- und Spannungsmesser für Beleuchtungsanlagen empfehlen sich die meisten der in (195) und (196) angeführten Apparate.

(278) Signalapparate. In der Regel ist entweder die Spannung oder die Stromstärke constant zu halten. Dies kann vermittels der an anderen Stellen des Buches besprochenen Regulatoren

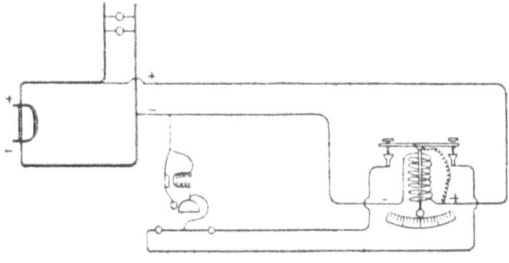

Fig. 53.

nach Angabe der Meßinstrumente geschehen. Es ist indeß wünschenswerth, bei eintretenden Aenderungen die Aufmerksamkeit zu erregen; dazu dienen Apparate mit optischer und akustischer Signalgebung. Man braucht zu solchen Strom- oder Spannungsmesser, deren schwingende Theile erhebliche Trägheit und gute Dämpfung besitzen. Signalapparate dieser Art sind von Brückner, Roß und Consorten, von Fein und von der Allgemeinen Elektricitäts-Gesellschaft angegeben worden. Die Schaltung erfolgt nach dem Schema der Fig. 53.

An dem Zeigerarm des Apparates befinden sich zwei Contacte, welche bei bestimmten Ausschlägen des Intrumentes entweder links oder rechts den Strom durch eine der Lampen L und das Klingelwerk schließen. Das letztere wird am besten so geschaltet, daß keine Unterbrechung des Stromes, sondern Kurzschluß der Elektromagnete eintritt. Wenn ein solcher Apparat in Folge seiner großen Eisenmasen durch magnetische Störungen in der Nähe stark beeinflußt wird, so ist es nothwendig, den Meßapparat selbst weit von den Maschinen weg zu setzen; das Reguliren geschieht dann nur nach den Angaben der Lampen. Die Contacte am Apparat sind häufig nachzusehen und zu reinigen.

Will man einen Spannungsmesser zum Signalisiren bei verschiedenen Spannungen gebrauchen, so schaltet man einen Rheostat vor, dessen Widerstände entsprechend abgeglichen sind. Ist der Apparat allein für 95 Volt eingerichtet, und wünscht man ihn bei 96, 97 u. s. w. Volt zu gebrauchen, so schaltet man Widerstände von $\dfrac{W}{95}$, $\dfrac{2W}{95}$ u. s. w. vor; W der Widerstand des Spannungsmessers. Signalisirenden Strommessern legt man zu gleichem Zwecke Nebenschließungen von größerem Widerstand vor.

(279) Verbrauchsmessung. Der Stromverbrauch der Abnehmer wird entweder (bei Bogenlampen) durch Zählen der Stunden festgestellt oder durch geeignete Meßapparate. Dieselben messen entweder die verbrauchte Strommenge oder die verbrauchte Arbeitsmenge; im ersteren Falle muß die Spannung, unter welcher der Strom geliefert wurde, anderweit bekannt sein.

Aron's Elektricitätszähler.

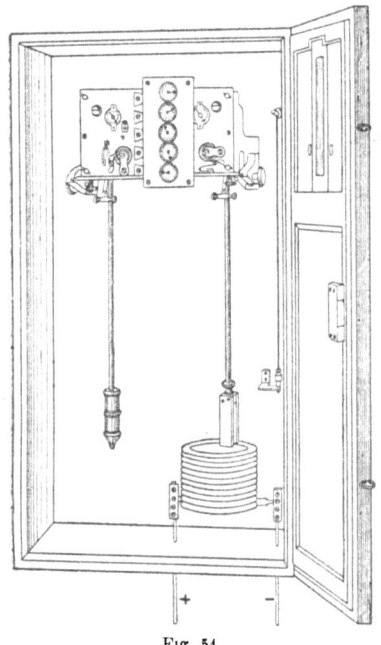

Fig. 54.

Der Apparat besteht, wie beistehende Figur zeigt, im Wesentlichen aus zwei Pendeln; dieselben sind auf gleiche Schwingungsdauer abgeglichen. Das linke Pendel ist ein gewöhnliches, das rechte trägt am unteren Ende als schweren Körper einen Stahlmagnet. Die Pendel werden durch je ein Uhrwerk, das durch Federkraft getrieben wird, im Gang erhalten und wirken auf ein gemeinschaftliches Zählwerk, welches die Differenz ihrer Schwingungen zählt. Solange kein Strom die im Apparat unter dem magnetischen Pendel angebrachte Rolle durchfließt, schwingen beide Pendel gleich. Wenn jedoch der Strom wirkt, wird das magnetische Pendel in seiner Schwingungsdauer beeinflußt und zwar ist die Stromrichtung so gewählt, daß das magnetische Pendel voreilt; die Voreilung ist der durchgeflossenen Elektricitätsmenge proportional. Das Zählwerk registrirt die Voreilung des magnetischen Pendels. Ein Factor, der durch Aichung bestimmt ist, giebt die gelieferte Elektricitätsmenge.

Das Uhrwerk zum Betrieb der Pendel geht ca. 40 Tage, braucht also bei genügender Reserve nur monatlich aufgezogen zu werden. Die Uhrwerke sind leicht so gut zu reguliren, daß die etwaigen Abweichungen bei stromlosem Gang für die Richtigkeit der Angaben ohne Belang sind.

Die Apparate werden in verschiedenen Abstufungen gebaut.

No.	Ia	IIa	IIIa	IVa	Va	VIa	VIIa	VIIIa	IXa	Xa	
Benutzbar bis	12	25	50	75	100	150	200	300	400	500	Am

Der Spannungsverlust durch die Einschaltung des Elektricitätszählers ist bei der Kleinheit des Widerstandes in der Zählerrolle außerordentlich gering; so beträgt er z. B. bei einem Zähler bis

Messungen in Beleuchtungsanlagen. 171

100 Ampère bei Maximalbelastung desselben, also bei 100 Am etwa 0,01 Volt.

Beispiel einer Messung.

Zähler No. 4285 für 50 Am. 1 Strich = 1,07 Ampère-Stunden.

Datum	Stand des Zählers	Differenz	Ampère-Stunden	zu zahlen M. | Pf.	Bemerkungen
2. März	0				
		119	127,3		
3. April	119				
		278	297,5		
1. Mai	397				
		704	753,3		
2. Juni	1101				
		897	959,8		
30. Juni	1998				
		1231	1317,2		
2. August	3229				

Die älteren Elektricitätszähler von Aron haben nur ein magnetisches Pendel und ein gewöhnliches Uhrwerk, dessen Voreilung unter dem Einfluß des Stromes durch Vergleichung mit einer gewöhnlichen Uhr ausgeführt wird.

Der Elektricitätsmesser für das Dreileitersystem unterscheidet sich von dem vorigen nur dadurch, daß die beiden Magnete, die den Körper des magnetischen Pendels bilden, weiter von einander abstehen, und daß jeder derselben über einer besonderen Stromspule schwebt; die beiden Stromspulen sind je in eine der Hauptleitungen des Systems eingeschaltet.

Zur Messung der verbrauchten elektrischen Arbeit bei wechselnder Spannung und Stromstärke dient der Volt-Coulomb-Zähler, bei dem der schwere Körper des Pendels durch eine als Spannungsmesser geschaltete horizontale Spule mit feinem Draht gebildet wird; diese Spule schwingt coaxial im Innenraum eines vom Hauptstrom durchflossenen Solenoides. Dieser Apparat ist auch für Wechselstrom benutzbar.

Die beiden zuletzt genannten Apparate werden ebenfalls in verschiedenen Größen, der erstere bis zu 2 × 400, der letztere bis zu 500 Am ausgeführt.

Der Aron'sche Zähler hat neuerdings auch eine für Drehstrom geeignete Form erhalten; vgl. Elektrot. Ztschr. 1892, S. 193.

Wechselstromzähler von Shallenberger. Der zu messende Strom durchfließt eine Spule ohne Eisenkern, welche aus zwei nebeneinandergestellten Hälften besteht, um eine Drehungsaxe durchzulassen. Im Innenraum dieser Spule befindet sich eine kleinere, aus einigen in sich zurücklaufenden starken Windungen bestehende Spule, deren Windungsebene gegen die der äußeren Spule verstellt werden kann.

172 Messungen a. Kabeln, oberird. Leitungen u. Erdleitungen.

Im Innenraume der inneren Spule entsteht ein Drehfeld, weil der zu messende und der durch Induction in der inneren Spule erzeugte Strom in Phase und Richtung verschieden sind. In diesem Drehfeld befindet sich eine eiserne Scheibe; sie ist an der vorhin angedeuteten Axe befestigt, welche am einen Ende ein Windflügelrad trägt, am andern Ende in ein Zählwerk eingreift. Der Zähler registrirt die durch die Leitung geflossene Elektricitätsmenge.

Energiemesser von El. Thomson. Der zu messende Strom durchfließt wie in dem eben beschriebenen Apparat die beiden Hälften einer eisenfreien Spule. In dem von letzteren erzeugten Felde dreht sich ein eisenloser Trommelanker mit 8 Spulen. Durch einen Commutator wird immer eine Spule dieses Ankers nebst einem vorgelegten inductionsfreien Widerstand in den Nebenschluß zu der zu speisenden Leitung geschaltet. Auf der Ankeraxe, welche zwischen den beiden schwächsten Stromspulen hindurchtritt, sitzt einerseits ein Zählwerk, anderseits eine massive Kupferscheibe, welche sich zwischen den Polen mehrerer Stahlmagnete dreht. Der Apparat mißt die verbrauchte Energiemenge sowohl für Gleich- wie für Wechselstrom.

Eine ausführliche kritische Beschreibung älterer und neuerer Elektricitätsmesser ist von Hospitalier im Bulletin de la société internationale des électriciens 1888 und in L'Électricien (Paris) 1888, sowie als besonderes Heft bei Masson in Paris veröffentlicht worden. Eine bis zum Jahre 1891 reichende Sammlung von Beschreibungen enthält der 43. Band der elektrotechnischen Bibliothek von Hartleben: de Fodor, Die elektrischen Verbrauchsmesser.

Messungen an Kabeln, oberirdischen Leitungen und Erdleitungen.

Allgemeine Formeln für die Untersuchungen von oberirdischen und unterirdischen Leitungen.

(280) Für die Untersuchung besteht entweder die Möglichkeit, von beiden Endämtern aus oder nur von einem Endamte aus das Ergebniß von Widerstandsmessungen zu verwerthen. Ausführbare Messungen sind:
1. die Bestimmung des Widerstandes, wenn das ferne Ende der Leitung isolirt ist;
2. dieselbe Bestimmung, wenn das ferne Ende mit Erde verbunden ist;
3. dieselbe Bestimmung, wenn auf dem fernen Ende zwischen Erde und Leitung ein bekannter Widerstand eingeschaltet ist.

Es bezeichne:
a) w_i und u_i den von je einem Endamte bei isolirtem fernen Ende gemessenen Widerstand;
b) w_1 und u_1 den von je einem Endamte gemessenen Widerstand, wenn das ferne Ende an Erde liegt;

Messungen a. Kabeln, oberird. Leitungen u. Erdleitungen. 173

c) w_2 und u_2 den von je einem Endamte gemessenen Widerstand, wenn am fernen Ende ein Widerstand r zwischen Leitung und Erde eingeschaltet ist;
d) z den Widerstand des Fehlers;
e) x und y die Widerstände der Strecken bis zum Fehler;
f) l den bekannten Widerstand der fehlerfreien Leitung, so daß

$$l = x + y.$$

Dann bestehen folgende Gleichungen:

I. bei den Messungen von Endamt I aus:

$$w_i = x + z$$
$$w_1 = x + \frac{y z}{y + z}$$
$$w_2 = x + \frac{z(y+r)}{y+z+r}.$$

II. bei den Messungen vom Endamt II aus:

$$u_i = y + z$$
$$u_1 = y + \frac{x z}{x + z}$$
$$u_2 = y + \frac{z(x+r)}{z+x+r}.$$

Zwischen diesen 6 ausführbaren Messungen bestehen folgende von der Lage und der Beschaffenheit des Fehlers unabhängige Beziehungen:

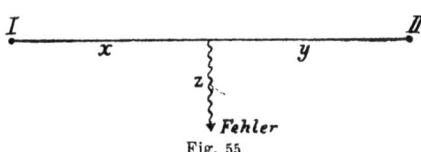

Fig. 55.

$$\frac{u_i}{u_1} = \frac{w_i}{w_1}; \quad \frac{w_i}{r} = \frac{u_i - u_2}{u_2 - u_1}; \quad \frac{u_i}{r} = \frac{w_i - w_2}{w_2 - w_1}.$$

Es lassen sich von den 6 Messungen also nur drei beliebig ausgewählte zur Bestimmung der unbekannten benutzen.

Hiernach gestaltet sich die Untersuchung in folgender Weise:

A. **Die Messungen lassen sich von beiden Endämtern ausführen.**

1. $l = x + y$ bekannt, w_i und u_i gemessen:

$$x = \frac{1}{2} l + \frac{w_i - u_i}{2}$$
$$y = \frac{1}{2} l - \frac{w_i - u_i}{2}$$
$$z = \frac{w_i + u_i}{2} - \frac{1}{2} l.$$

2. l ist unbekannt, w_i, u_i, w_1 gemessen.

$$x = w_i - \sqrt{u_i(w_i - w_1)}$$
$$y = u_i - \sqrt{u_i(w_i - w_1)}$$
$$z = \sqrt{u_i(w_i - w_1)}$$

B. Die Messungen lassen sich nur von einem Endamt ausführen.

1. $l = x + y$ ist bekannt, w_i und w_1 gemessen:

$$x = w_1 - \sqrt{(w_i - w_1)(l - w_1)}$$
$$y = l - w_1 + \sqrt{(w_i - w_1)(l - w_1)}$$
$$z = w_i - w_1 + \sqrt{(w_i - w_1)(l - w_1)}$$

2. l ist unbekannt, w_i, w_1, w_2 gemessen:

$$x = w_i - \sqrt{\frac{r(w_i - w_2)(w_i - w_1)}{w_2 - w_1}}$$
$$y = r\frac{w_i - w_2}{w_2 - w_1} - \sqrt{\frac{r(w_i - w_2)(w_i - w_1)}{w_2 - w_1}}$$
$$z = \sqrt{\frac{r(w_i - w_2)(w_i - w_1)}{w_2 - w_1}}.$$

Die Summe der für x und y gefundenen Werthe ergiebt dann den Widerstand l.

Bestimmung der Eigenschaften von Kabeln.*)

(281) Leitungswiderstand. Die gesuchten Widerstände der Adern seien $a_1 a_2 a_3$ u. s. w. Auf dem Endamt wird aus je zwei Adern durch Verbindung derselben eine Schleife gebildet, während auf dem Meßamt die beiden Enden der Schleife an die Brücke gelegt werden. Die übrigen Adern werden auf beiden Aemtern isolirt gehalten. Meßinstrument: Spiegelgalvanometer. Die gefundenen Werthe seien $p_1 p_2 p_3$ u. s. w.

Mit einem 7 adrigen Kabel nimmt man folgende Messungen vor:

$$p_1 = a_1 + a_7 \quad | \quad p_2 = a_2 + a_7 \quad | \quad p_3 = a_3 + a_7$$
$$p_4 = a_4 + a_7 \quad | \quad p_5 = a_5 + a_7 \quad | \quad p_6 = a_6 + a_7$$
$$p_7 = a_1 + a_4 \quad | \quad p_8 = a_2 + a_5 \quad | \quad p_9 = a_3 + a_6$$

woraus folgt:

$$a_7 = \frac{p_1 + p_4 - p_7}{2} = \frac{p_2 + p_5 - p_8}{2} = \frac{p_3 + p_6 - p_9}{2}.$$

Das Mittel aus diesen Werthen ist der Widerstand von a_7 und hieraus werden die Widerstände von a_1 bis a_6 unter Zuhilfenahme der früheren Gleichungen berechnet.

---

*) Nach den Vorschriften der Deutschen Reichs-Telegraphen-Verwaltung.

Messungen a. Kabeln, oberird. Leitungen u. Erdleitungen. 175

Bei einem 4 adrigen Kabel benutzt man:
$$p_1 = a_1 + a_2$$
$$p_2 = a_1 + a_3$$
$$p_3 = a_1 + a_4$$
$$p_4 = a_2 + a_3.$$

Bei einem 3 adrigen Kabel
$$p_1 = a_1 + a_2$$
$$p_2 = a_1 + a_3$$
$$p_3 = a_2 + a_3.$$

Die ermittelten Widerstände müssen zunächst auf die Normaltemperatur umgerechnet werden.

Zu diesem Zwecke ist der Factor f zu bestimmen, mit dem die gefundenen Widerstandswerthe $a_1 \ldots a_7$ zu multipliciren sind. Es sei der in der Fabrik bestimmte Normalwiderstand (bei 15° C.) aller Adern zusammen $= N$. Dann ist der Factor:
$$f = \frac{N}{a_1 + a_2 + \cdots \cdot a_7}.$$

Aus der Tabelle über die Widerstände des Kupfers bei verschiedenen Temperaturen [vgl. (3), S. 9] läßt sich hiernach u. U. durch eine Interpolation die zugehörige Temperatur bestimmen. Die letztere Bestimmung giebt mit Hilfe der Tabelle über die Widerstände der Guttapercha bei verschiedenen Temperaturen das Mittel, um auch den Isolationswiderstand auf die Normaltemperatur umzurechnen. Diese Bestimmungen sind möglichst genau zu machen.

Da bei Messung des Kupferwiderstandes der Schleife nicht der Widerstand der Kupferseele, sondern in Folge des Stromüberganges durch die Isolationshülle ein geringerer Widerstand gemessen wird, so geht in die Temperaturbestimmung ein Fehler ein. Da bei Landkabeln Temperaturunterschiede auf einzelnen Strecken vorkommen, so ergiebt sich eine Durchschnittstemperatur. Ferner ist der Einfluſs der Temperatur auf die Isolationshülle je nach Qualität derselben und dem durch das Kabellager bedingten Zustand nicht für alle Kabel derselbe. Auch aus diesem Grunde können Ungenauigkeiten entstehen.

(282) **Isolationswiderstand.** Zur Messung wird ein Spiegelgalvanometer mit Zweigwiderständen benutzt, außerdem ein großer Vergleichswiderstand (gewöhnlich 100 000 SE oder Ohm), sowie eine starke Batterie (100 Meidinger- oder Callaud-Elemente).

Vor der eigentlichen Messung und nach derselben wird die Vergleichsconstante bestimmt, d. h. die Batterie wird durch den großen Widerstand und das mit einem Zweigwiderstand versehene Galvanometer geschlossen.

Die bemerkte Ablenkung sei A. Aus den Messungen mit beiden Polen wird das Mittel genommen.

Dann wird jede einzelne Ader unter Einschaltung des mit passendem Zweigwiderstand versehenen Galvanometers an die Batterie gelegt. Der zweite Batteriepol liegt an Erde. Während der Untersuchung liegen die anderen Adern am Meßort an Erde, am Endpunkt sind sie isolirt.

Die Ablenkungen am Instrument werden erst eine Minute nach Eintritt des Stromes abgelesen, wobei die Vorsicht gebraucht wird, daß man beim ersten Eintritt des Stromes in die Ader das Instrument ausschaltet und einige Zeit nachher einschaltet.

176 Messungen a. Kabeln, oberird. Leitungen u. Erdleitungen.

Ist W der Vergleichswiderstand;
A die Ablenkungsconstante;
a die Ablenkung bei einer Ader;
$\frac{1}{Z}$ der bei Ermittelung von A benutzte Zweigwiderstand (gew. $1/999$);
$\frac{1}{z}$ der bei Ermittelung von a benutzte Zweigwiderstand ($1/9$ oder $1/99$);
so ist der Isolationswiderstand

$$w_i = \frac{Z+1}{z+1} \cdot \frac{A}{a} W.$$

Bezeichnet f den ermittelten Factor für die Leitungsfähigkeit bei der Normaltemperatur;
n die Länge der Adern in Kilometern,
so ist der Werth von w_i auf 1 km berechnet

$$\frac{Z+1}{z+1} \cdot \frac{A}{a} f n W$$

oder da $W = 100\,000$ Einheiten gewählt wird:

$$w_i = \frac{1}{10} \cdot \frac{Z+1}{z+1} \cdot \frac{A}{a} f n \text{ Millionen Einheiten.}$$

(283) Ladungscapacität. Sämmtliche Adern werden am Endpunkt isolirt, am Meßort an Erde gelegt und entladen.

Zum Messen wird ein Condensator von bekannter Capacität ($1/2$—1 Mikrofarad) und eine kleine Batterie (gew. 10 Elemente), sowie ein Sabinescher Entladungsschlüssel benutzt.

Vor und nach der Messung der Adern wird die Vergleichsconstante bestimmt, d. h. die Ablenkung C, welche die Entladung des Condensators für sich unter Einschaltung des Galvanometers giebt. Der benutzte Zweigwiderstand sei $1/Z$.

Dann wird jede Ader geladen und entladen. Die Ablenkungen bei der Entladung seien c, der dabei benutzte Zweigwiderstand $1/z$. Die Entladung mittels des Schlüssels darf erst erfolgen, wenn die Batterie mindestens 1 Minute gearbeitet hat.

Ist c die gesuchte Capacität, c_1 die des Condensators, so ist

$$c = \frac{z+1}{Z+1} \cdot \frac{c}{C} \cdot c_1 \text{ (vgl. 255).}$$

Prüfung der Kabel während der Fabrikation.

(284) Widerstandsbestimmungen für die Kupferseele. Der Widerstand jedes einzelnen Drahtringes muß nach einer der angegebenen Methoden zur Widerstandsmessung (237 ff.) genau bestimmt werden.

Leitungsfähigkeit der Kupferseele.

Ist m die Masse eines Stückes Draht von l Meter in g, r der Widerstand in SE bei der Temperatur t, α der Temperaturcoefficient, δ das spec. Gewicht, so ist die Leitungsfähigkeit bei 0° C., verglichen mit Quecksilber, $\lambda = \dfrac{\delta l^2 (1+\alpha t)}{r m}$. Vgl. (244).

Messungen a. Kabeln, oberird. Leitungen u. Erdleitungen. 177

Für σ ist der Werth 8,96 zu benutzen. Die Leitungsfähigkeit des chemisch reinen Kupfers im Verhältniß zum Quecksilber bei 0° C. ist = 59,0 anzunehmen. Zur Bestimmung von r läßt sich bequem die Meßbrücke für kleine Widerstände von Siemens benutzen (vergl. 247).

Isolationswiderstand.

Nachdem die Kupferlitzen mit der Isolationshülle umgeben sind, werden sie auf hölzerne Trommeln aufgerollt und in Wasserbottiche versenkt, worin sie 24 Stunden bei einer Temperatur von 25° C. belassen werden.

Es wird dann sowohl der Leitungswiderstand als auch der Isolationswiderstand, bezw. auch der specifische Isolationswiderstand nach den angegebenen Methoden bestimmt [vgl. (281), (282)].

Auch die zu einem Bündel verseilten Adern werden in dieser Art behandelt. Endlich wird das fertige Kabel in derselben Weise wie vorhin für die Adern angegeben, geprüft.

Prüfung von Löthstellen.

(285) Zur Prüfung einer Löthstelle wird die mit derselben versehene Ader in einen mit Wasser gefüllten gut isolirten Trog gebracht, in dem sich eine Kupferplatte befindet, die mit einer Belegung eines Condensators verbunden ist, während die andere Belegung an Erde liegt. Das Kabel, dessen Ende isolirt ist, wird mit einer starken Batterie geladen. Nach einigen Minuten wird die mit der Kupferplatte verbundene Condensatorbelegung mit dem zur Erde abgeleiteten Galvanometer verbunden, sodaß etwa durch die Löthstelle in den Condensator übergegangene Elektricität nunmehr durch das Galvanometer abfließt. Nimmt man nun anstatt der Ader mit der Löthstelle ein gut isolirtes Aderstück und macht den gleichen Versuch, so kann man durch den Entladungsstrom des Condensators das Verhältniß der in beiden Fällen übergegangenen Elektricitätsmengen feststellen.

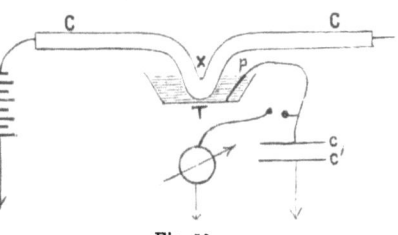

Fig. 56.

Prüfungen während der Legung.

(286) Die Prüfungen während der Legung erstrecken sich zunächst auf die Isolationsmessung der auszulegenden Kabelstücke, sowie der eben abgerollten Stücke, auf die Prüfung der gefertigten Löthstellen und endlich auf Messungen des Kupferwiderstandes, der Isolation und der Capacität.

178 Messungen a. Kabeln, oberird. Leitungen u. Erdleitungen.

Die Messungen werden sowohl von der Strecke aus als auch von demjenigen Amte aus, in welches das Kabel bereits eingeführt ist, nach den angegebenen Methoden bewirkt.

Als Meßinstrument dient ein leicht transportables Spiegelgalvanometer, als Batterie erweist sich zweckmäßig eine solche von 200 Siemens'schen Pappelementen.

Ortsbéstimmung von Fehlern in Kabeln.

Nebenschliefsungen.

(**287**) Nebenschluß in einem einadrigen Kabel durch Widerstandsmessungen.

x und y Widerstände der Theilstrecken, } vergl. Fig. 55.
z Widerstand des Fehlers } S. 173.

Es werden 3 Messungen ausgeführt:
I. Kabel in Amt II isolirt, von Amt I aus gemessen. Ergebniß w_i
II. Kabel in II zur Erde gelegt. Ergebniß der Messung von I w_1
III. Kabel in II zur Erde gelegt unter Einschaltung eines bekannten Widerstandes r. Ergebniss w_2.

Die Formel für x ergiebt sich aus (280).

(**288**) **Methode von Dresing.** (El. Rev. vom 15. Nov. 1889.) Der Widerstand der am fernen Ende mit Erde verbundenen Ader wird mit der Brücke bestimmt. Man findet dadurch (Fig. 55, S. 173)

$$R_1 = x + \frac{yz}{y+z}.$$

Dann schaltet man parallel zur Ader am Meßort einen Widerstand zur Erde, während das ferne Ende isolirt wird, läßt aber den bei der ersten Messung gestöpselten Widerstand R_1 ungeändert und verändert den parallel geschalteten Widerstand so lange, bis Gleichgewicht eintritt. Dann ist

$$R_1 = \frac{P(x+z)}{P+(x+z)},$$

wenn P den Parallelwiderstand bedeutet. Ist nun der Widerstand der unbeschädigten Ader bekannt als $R = x + y$, so findet sich

$$x = R_1 \left(1 - \sqrt{\frac{R - R_1}{P - R_1}}\right).$$

(**289**) Nebenschluß in einem einadrigen Kabel durch Potentialmessungen (Clark's Methode). (Näheres vgl. Kempe, El. Messungen.)

Voraussetzung ist, daß die Nebenschließung eine unvollkommene ist, sodaß das Potential an der Fehlerstelle nicht = Null sein kann (also auch nicht Null am fernen isolirten Ende).

Messungen a. Kabeln, oberird. Leitungen u. Erdleitungen. 179

Auf dem Amt A wird zwischen Kabelende und Batterie b ein Widerstand W eingeschaltet, auf dem Amt B bleibt das Kabel isolirt.

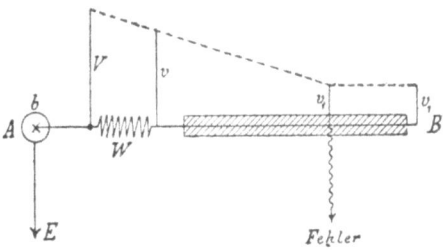

Fig. 57.

Die Potentiale in A am Batteriepol und am Ende des Widerstandes seien V und v, das Potential am fernen isolirten Ende v_1 (= dem der Fehlerstelle),

$$x = W \frac{v - v_1}{V - v}.$$

Die Potentiale bestimmt man an beiden Enden unter Zuhilfenahme eines Normalelementes in folgender Weise:

Auf den Aemtern A und B wird ein Condensator mit einem Normalelement geladen. Die Entladung p giebt ein Maß für das Potential. Hierauf wird die Batterie an den mit dem Kabel verbundenen Widerstand gelegt, die mit dem Condensator beobachtete Entladung sei P.

Dann wird das Element hinter den Widerstand an das Kabel gelegt, die beobachtete Ablenkung sei Q. Am fernen Ende möge die Entladung P_1 sein, während mit dem Element und einem Condensator die Ablenkung bei der Entladung r war. Dann ist

$$V = \frac{P}{p}; \quad v = \frac{Q}{p}; \quad v_1 = \frac{P_1}{r}$$

in Einheiten des Normalelementes.

(**290**) **Siemens' Methode des Gleichgewichtes** (gleicher Potentialdifferenzen). Die Methode beruht darauf, daß bei der Einwirkung von zwei entgegengesetzt geschalteten Batterien auf die beiden Enden des Kabels unter Zuhilfenahme der Veränderung der elektromotorischen Kraft der Batterien oder der Einschaltung von Widerständen zwischen Kabel und Batterie das Potentialgefälle derart bemessen werden kann, daß dasselbe gerade an der Fehlerstelle Null ist (bei graphischer Darstellung eine Gerade wird und das Kabel im Fehlerpunkte schneidet).

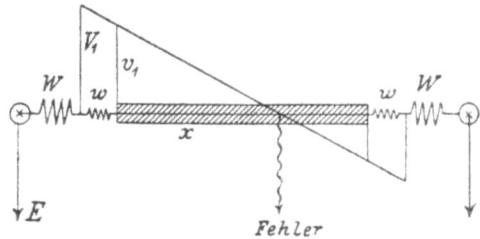

Fig. 58.

180 Messungen a. Kabeln, oberird. Leitungen u. Erdleitungen.

Bei praktischer Ausführung verfährt man in folgender Weise: Auf beiden Aemtern werden die Spiegelgalvanometer unter Einwirkung eines Normalelementes und Einschaltung eines Normalwiderstandes auf gleiche Empfindlichkeit gebracht und dann mit den Batterien, den regulirbaren Widerständen W und den hoch bemessenen, **gleichen** Widerständen w, welche auch die Galvanometer enthalten, verbunden. Auf den Aemtern wird W so lange verändert, bis die Galvanometer gleichen Ausschlag zeigen, d. h. bis auf beiden Seiten die Potentialdifferenzen der Widerstände w gleich sind ($V_1 - v_1 = V_2 - v_2$). Ist dies auf beiden Aemtern erreicht, so ist auch

$$V_1 : v_1 = w + x : x; \quad x = w \frac{v_1}{V_1 - v_1}.$$

Man schaltet nun die Galvanometer aus und mißt V_1 und v_1. Zweckmäßig ist es, w so zu wählen, daß es **annähernd** $= x$ ist, da dann das Ergebniß der Messung am zuverlässigsten wird.

Die beschriebene Methode eignet sich sowohl für ein einadriges, als auch für ein mehradriges Kabel.

Bei einem einadrigen Kabel schaltet man am Kabelende eine Taste und einen Condensator in eine Abzweigung ein, so daß beim Niederdrücken der Taste ein kleiner Theil der Ladung des Kabels in den Condensator übergeht, wodurch das Spiegelinstrument jedesmal einen Ausschlag zeigt und Verständigung möglich wird.

(**291**) **Nebenschluß in einem mehradrigen Kabel.**

Hier benutzt man, falls noch fehlerfreie Adern zu Gebote stehen, am besten die Schleifenmessungen (loop test); vergleiche die frühere Bestimmung der Eigenschaften eines Kabels.

Unter Zuhilfenahme der Brücke und des Spiegelgalvanometers bestimmt man aus den verschiedenen Schleifenmessungen die Widerstandswerthe der Adern.

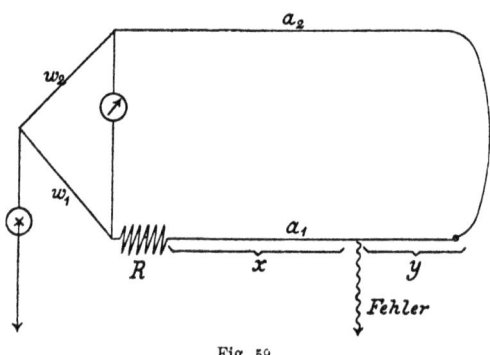

Fig. 59.

Man findet z. B. bei einem dreiadrigen Kabel, dessen Ader a_1 einen Nebenschluß zeigt

$$a_1 + a_2 = p_1$$

als Mittelwerth aus den Messungen mit dem Kupfer- und Zinkpol der Brückenbatterie, ebenso die Werthe:
$$a_1 + a_3 = p_2; \quad a_2 + a_3 = p_3$$
woraus
$$a_1 = \frac{1}{2}(p_1 + p_2 - p_3); \quad a_2 = \frac{1}{2}(p_1 + p_3 - p_2); \quad a_3 = \frac{1}{2}(p_2 + p_3 - p_1).$$

Legt man nun a_1 und a_2 nochmals unter Einschaltung von R an die Brücke, jedoch die Batterie mit einem Pol an Erde, sodaß die Fehlerstelle einen Eckpunkt der Brücke bildet, so ist beim Gleichgewicht
$$w_1(a_2 + y) = w_2(x + R)$$
$$x + y = a_1$$
woraus
$$x = \frac{w_1(a_1 + a_2) - w_2 R}{w_1 + w_2}.$$

Da $a_1 + a_2 = p_1$ gefunden wurde
$$x = \frac{w_1 p_1 - w_2 R}{w_1 + w_2}.$$

Ist l die gesuchte Länge bis zur Fehlerstelle, L die bekannte Länge des Kabels, so ist, da
$$l : L = x : a_1$$
und
$$a_1 = \frac{1}{2}(p_1 + p_2 - p_3)$$
$$l = \frac{xL}{\frac{1}{2}(p_1 + p_2 - p_3)}$$
und nach Einsetzung von x
$$l = \frac{L(w_1 p_1 - w_2 R)}{(w_1 + w_2)\frac{(p_1 + p_3 - p_3)}{2}}.$$

Aus mehreren Messungen wird das Mittel genommen. Ist auf dem anderen Amt auch y bestimmt und sind die gefundenen Werthe A und B größer als die Länge des Kabels L, so liegt die Stelle bei
$$\frac{A + B - L}{2}$$
oder vom Meßort bei x ausgerechnet, ist der Widerstand bis zum Fehler:
$$w = \frac{a_1 + x - y}{2}.$$

In der angegebenen Weise kann man bei jedem mehradrigen Kabel unter Verwendung von zwei fehlerfreien Adern die Fehlerstelle bestimmen.

(**292**) **Bestimmung des Nebenschlusses** in einem mehradrigen Kabel, wenn nur eine Ader zur Verfügung steht, durch

182 Messungen a. Kabeln, oberird. Leitungen u. Erdleitungen.

das Verhältniß der Widerstände zweier Adern. Ist das Verhältniß der Widerstände der Adern in normalem Zustande bekannt, so daß z. B.

$$\frac{a_3}{a_1} = v$$

ist, so erhält man durch die Schleifenmessung

$$a_1 + a_3 = p_2$$
$$a_1 (1 + v) = p_2$$

und es ist

$$l : L = x : a_1$$
$$l : L = x : \frac{p_2}{1 + v}.$$

Setzt man hierin den Werth ein

$$x = \frac{w_1 p_2 - w_2 R}{w_1 + w_2},$$

der aus der Messung von a_1 und a_3 ermittelt wird, wenn der Fehler zum Eckpunkt der Brücke gemacht wurde, so erhält man die gesuchte Länge l.

(293) Berührung zweier Adern ohne gleichzeitigen Nebenschlufs. Sind noch fehlerfreie Adern vorhanden, so kann die Messung leicht in der Weise vorgenommen werden, daß man durch Erdverbindung der einen in Berührung befindlichen Ader (an beiden Enden) die Berührung zum Nebenschluß macht. Ist nur eine fehlerfreie Ader verfügbar, so muß nach der Methode (289) auf das bekannte Verhältniß der Widerstände zurückgegriffen werden. Ist dagegen keine fehlerfreie Ader mehr verfügbar, so werden die am fernen Ende isolirten Adern mittels der Brücke gemessen.

Ist das Ergebniß der Messung R, sind x_1 und x_2 die Widerstände der Adern, z die Berührungsstelle, so ist

$$R = x_1 + x_2 + z$$

und falls z, wie meistens angenommen werden kann, sehr klein, ferner $x_1 = x_2$ ist,

$$x = \frac{R}{2} \text{ (näherungsweise).}$$

Vom entfernten Amt aus wird dieselbe Messung wiederholt, und der Ort des Fehlers ziemlich genau bestimmt, wozu auch noch das bekannte Verhältniß der Widerstände der beiden Adern dienen kann, falls dieselben nicht nahezu gleichen Widerstand haben.

Ist die Berührung zweier Adern mit gleichzeitigem Nebenschluß verbunden, so kann man dieselben an beiden Enden miteinander verbinden und sie als eine einzige schadhafte Ader behandeln.

(294) Unterbrechung von Adern. Ist die Unterbrechung einer Kabelader eine vollkommene, so läßt sich der Fehler nur durch Ladungsmessungen bestimmen, vorausgesetzt, daß die Ladungscapacität für das Kilometer in normalem Zustande genau bekannt ist.

Ist ein mehradriges Kabel an einer Stelle vollständig unterbrochen (durchschnitten), so legt man jedesmal 2 Adern zur Schleife an die Brücke, mißt den Widerstand und wiederholt in allen möglichen Combinationen diese Messung.

Ist x der Widerstand bis zur Fehlerstelle, z der Widerstand an der Unterbrechungsstelle, R das erhaltene Ergebniß, so ist für alle Messungen

$$R = 2x + z.$$

Falls z sehr klein ist, muß

$$x = \frac{R}{2}$$

sein. Das Ergebniß kann vom anderen Ende aus geprüft werden.

In anderer Weise kann man den Fehler näherungsweise bestimmen, wenn man als einen Zweig der Schleife eine Ader, als zweiten zuerst zwei mit einander verbundene Adern, dann 3, 4 u. s. w. anlegt, unter gleichzeitiger Einschaltung eines Widerstandes r in den letzten Zweig.

Sind die beiden anderen Brückenarme einander gleich gemacht und nur r veränderlich, so ergeben die Messungen für die gedachten Fälle:

1. wenn 2 Adern verbunden einen Schleifenzweig bilden:

$$x = \frac{x}{2} + r_1,$$

2. wenn 3 Adern den einen Zweig der Schleife bilden:

$$x = \frac{x}{3} + r_2,$$

3. wenn 4 Adern den Zweig der Schleife bilden:

$$x = \frac{x}{4} r_3$$

u. s. w., woraus

$$x = 2r_1, \quad x = \frac{3}{2} r_2, \quad x = \frac{4}{3} r_3$$

u. s. w., so daß ein Näherungswerth erzielt werden kann.

Messungen an oberirdischen Leitungen.

(295) Leitungswiderstand. Der Leitungswiderstand wird entweder mittelst eines Differentialgalvanometers oder der Wheatstone'schen Brücke bestimmt. Mißt man unter Verwendung der Erde, so wird die Messung ungenau.

Genauere Ergebnisse erhält man, wenn drei Leitungen zur Verfügung stehen, die am entfernten Ende abwechselnd zu Schleifen verbunden werden. Dann findet man an der Brücke:

$$l_1 + l_2 = R_1$$
$$l_1 + l_3 = R_2$$
$$l_2 + l_3 = R_3.$$

184 Messungen a. Kabeln, oberird. Leitungen u. Erdleitungen.

$\dfrac{R_1 + R_2 + R_3}{2}$ muß hiernach = der Summe der Widerstände der 3 Leitungen sein. Subtrahirt man daher $R_1 = l_1 + l_2$ von dieser Summe, so erhält man l_3, in ähnlicher Weise auch l_2 und l_1.

(296) Messung unter Berechnung des Widerstandes der Erdleitung.

Sind zwei Leitungen l_1 und l_2 vorhanden, so verbindet man sie am entfernten Ende zu einer Schleife und mißt mit der Brücke

$$l_1 + l_2 = R.$$

Darauf mißt man l_1 und l_2, jede Leitung für sich unter Verwendung der Erdleitung, so ist

$$l_1 = R_1$$
$$l_2 = R_2.$$

In den Werthen R_1 und R_2 ist der Widerstand der Erde mit enthalten, so daß

$$\dfrac{R + R_1 + R_2}{2}$$

= ist der Summe $l_1 + l_2$ + Widerstand der Erdleitung. Davon $R = l_1 + l_2$ subtrahirt, ergiebt den Werth des Widerstandes der Erdleitung. Subtrahirt man von der Summe

$$\dfrac{R + R_1 + R_2}{2}$$

den Werth R_1 (d. i. l_1 + Widerstand der Erdleitung), so erhält man den Werth für l_2 unter Ausschluß des Erdleitungswiderstandes.

(297) Näherungsformel zur Berechnung des Widerstandes unter Berücksichtigung etwaiger Erdströme.

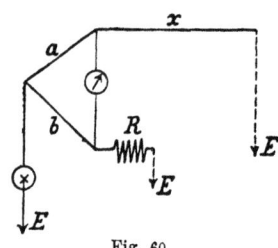

Fig. 60.

Die Leitung wird mittels der Brücke gemessen, jedoch einmal mit dem Zinkpol, das zweite Mal mit dem Kupferpol.

Die beiden festen Brückenarme seien a und b, der veränderliche R. Es werde einmal Gleichgewicht erhalten, wenn

$$R = P$$

und dann, wenn $R = Q$ ist. Für x erhält man den Näherungswerth

$$x = \dfrac{a}{b}\sqrt{PQ}\;.$$

Die vorbeschriebenen Messungen sind auch für Kabel verwendbar.

(298) Isolationswiderstand. Der Isolationswiderstand kann ebenfalls mittels des Differentialgalvanometers oder der Brücke bestimmt werden, jedoch wird es nothwendig, im ersteren Falle zu derjenigen Windung des Galvanometers, an welcher der Rheostat liegt, einen bekannten Nebenschluß anzubringen, da der Widerstand meistens einen sehr hohen Werth erreicht.

Messungen a. Kabeln, oberird. Leitungen u. Erdleitungen. 185

Ortsbestimmung von Fehlern in oberirdischen Leitungen.

(299) Gewöhnliche Methoden. In den seltensten Fällen werden Rechnungen, die auf Grund von Messungen möglich sind, verwendet, weil die Leitungen technischer Verhältnisse halber an einzelnen Strecken aus Drähten von verschiedenen Durchmessern bestehen.

In der Praxis findet man den Fehler durch fortgesetzte Theilung der Leitung an den sog. Untersuchungsstationen und durch Untersuchung dieser einzelnen Theile von dem Beobachtungsamt aus mittels eines guten Galvanometers.

Die Untersuchungsstationen gestatten in einfacher Weise die Isolirung der Leitung nach jeder Seite, ebenso die Erdverbindung jedes Zweiges. Zu diesem Zwecke ist an einer Stange eine eiserne Console mit zwei Isolationsvorrichtungen befestigt; an jeder der letzteren endet ein Leitungszweig.

In normalem Zustande sind die Zweige durch Hilfsdrähte mittels einer aufgesetzten Klemme verbunden. Eine bis zur Höhe der Console geführte Erdverbindung ermöglicht nach Lösung der Klemme zwischen den Hilfsdrähten die Erdverbindung.

Ist eine Leitung stromlos, so wird z. B. in der Mitte die Leitung nach beiden Seiten mit Erde verbunden und von beiden Endpunkten Strom gesendet. Die nicht stromfähige Strecke wird weiter untersucht, bis sich bei Erdverbindung auf einer Untersuchungsstation Strom zeigt. Damit ist der Fehler dann zwischen den beiden letzten benutzten Untersuchungsstationen eingegrenzt.

Beim Eintreten eines Nebenschlusses wird entsprechend isolirt, Strom gesendet und der Fehler zwischen zwei Untersuchungsstationen eingegrenzt. Bei Berührungen ohne Erdschluß wird die eine Leitung an einem Ende isolirt, am andern Ende mit Erde verbunden und dadurch die Berührung zu einem Nebenschluß gemacht. Besteht die Leitung auf der ganzen Strecke aus gleichem Material, so lassen sich Messungen anwenden.

(300) Messung bei Nebenschliefsungen. a) Es steht nur die fehlerhafte Leitung zu Gebote.

Wird von beiden Seiten aus (falls die Endämter auf einem Umwege in Verbindung treten können) der Widerstand der Isolation gemessen, so hat man

von A aus (Leitung in B isolirt)

$$w = x + f$$

von B aus (Leitung in A isolirt)

$$w_1 = y + f$$

außerdem

$$L = x + y$$

daraus

$$x = \tfrac{1}{2}(L + w - w_1)$$
$$y = \tfrac{1}{2}(L - w + w_1).$$

b) Wird von einem Amt aus Widerstand bei Isolation und bei Erdverbindung auf dem anderen Amt gemessen, so erhält man die in (280) für oberirdische Leitungen angegebenen Formeln.

c) Es steht eine zweite Leitung zur Verfügung. Alsdann wird am zweckmäßigsten mittels der Wheatstoneschen Brücke die Schleifenprobe gemacht.

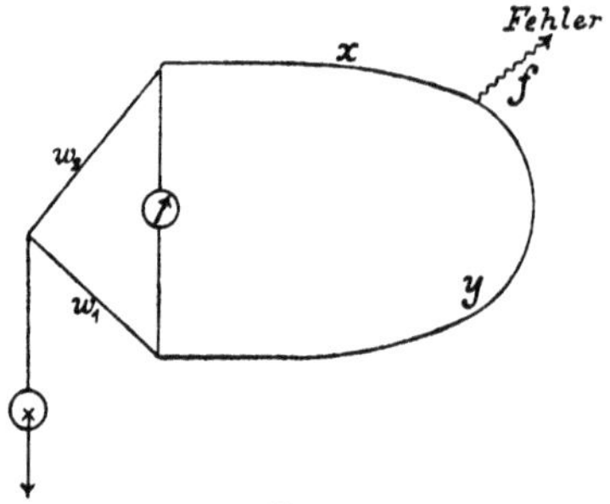

Es ist beim Gleichgewicht

$$w_1 x = w_2 y$$

und $\quad x + y = L_1 + L_2$

woraus

$$x = \frac{w_2}{w_1 + w_2}(L_1 + L_2)$$

$$y = \frac{w_1}{w_1 + w_2}(L_1 + L_2).$$

Wird $w_1 = w_2$ gemacht und auf dem Meßamt ein regulirbarer Widerstand in y eingeschaltet, so ist, wenn bei Regulirung dieses Widerstandes R Gleichgewicht eintritt

Fig. 61.

$$x = y + R$$

und da

$$x + y = L_1 + L_2$$

$$x = \tfrac{1}{2}(L_1 + L_2 + R)$$

$$y = \tfrac{1}{2}(L_1 + L_2 - R).$$

(301) **Berührung zweier Leitungen.** a) Man läßt die Leitungen auf dem entfernten Amt isoliren und legt beide Leitungen an ein Differentialgalvanometer.

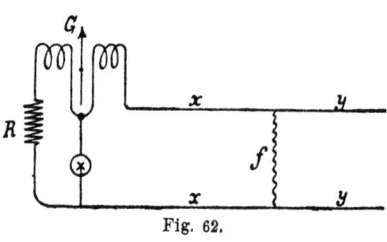

Fig. 62.

Steht die Nadel auf Null nach Einstellung von R, so ist

$$R = 2x + f$$

und von dem anderen Amt gemessen

$$R_1 = 2y + f$$

woraus

$$R + R_1 = 2(x + y) + 2f$$

und da

$$x + y = L$$

$$f = \frac{R + R_1 - 2L}{2}$$

$$x = \tfrac{1}{4}(R - R_1) + \frac{L}{2}$$

$$y = \tfrac{1}{4}(R_1 - R) + \frac{L}{2}.$$

Messungen a. Kabeln, oberird. Leitungen u. Erdleitungen. 187

Die Methode ist natürlich nur dann brauchbar, wenn beide Leitungen gleich lang sind und an beiden Endpunkten in dieselben Meßämter einmünden.

b) Ist vorstehende Voraussetzung nicht zutreffend und münden die Leitungen am entfernten Ende nicht in dasselbe Meßamt ein, so läßt man sie jenseits der Fehlerstelle auf einem Amt isoliren, mißt den Widerstand, wenn Isolation herrscht, und wenn die Leitungen verbunden sind, von demselben Amt aus.

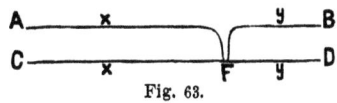

Fig. 63.

Es ist dann
bei Isolation
$$w_i = 2x + f$$
bei Verbindungen zwischen den Endpunkten
$$w_v = 2x + \frac{2yf}{f + 2y}$$
und
$$L = x + y$$
woraus
$$w_v = 2x + \frac{(w_i - 2x)(2L - 2x)}{(w_i - 2x) + (2L - 2x)}$$
$$x = \frac{w_v}{2} - \tfrac{1}{2}\sqrt{(w_v - w_i)(w_v - 2L)}.$$

(**302**) **Unterbrechung.** Der Ort der Unterbrechung kann nur durch Zuhilfenahme der Verbindungen bei den Untersuchungsstationen (fortgesetzte Theilung der Strecke) bestimmt werden. Eine Bestimmung durch Ladungsmessungen ist bei sehr langen und aus gleichem Material bestehenden oberirdischen Leitungen zwar ausführbar, jedoch sehr unsicher.

Messungen an Erdleitungen.

(**303**) Die Messungen des Widerstandes von Erdplatten sind von großer Wichtigkeit nicht allein bei Blitzableitern, sondern auch bei Erdleitungen von Telegraphenämtern, da die letzteren ebenfalls zur Abführung atmosphärischer Elektricität dienen müssen.

Die Messungen können entweder mit Hilfe gleichgerichteter Ströme oder mit Wechselströmen vorgenommen werden.

Verwendet man Gleichstrom, so nimmt man zweckmäßig eine recht starke Batterie und führt jede Messung auch mit umgekehrter Stromrichtung aus; verwendet man Wechselstrom, so bietet das Telephon in Verbindung mit der Brücke ein sehr zweckmäßiges Mittel.

(**304**) **Methoden von Schwendler und Ayrton.** Je 7 bis 10 m weit von der zu untersuchenden Erdplatte entfernt, werden 2 andere

188 Messungen a. Kabeln, oberird. Leitungen u. Erdleitungen.

Platten in die Erde eingegraben. Die drei Platten seien E, E_1, E_2 und deren Uebergangswiderstand x, y, z. Je zwei dieser Platten werden an die Wheatstone'sche Brücke gelegt, und der Gesammtübergangswiderstand mittels einer kräftigen Batterie gemessen, wobei jede Messung auch mit umgekehrter Stromesrichtung ausgeführt und das arithmetische Mittel genommen wird. Das Resultat der Messung zwischen

E und E_1 sei a, E_1 und E_2 sei b, E und E_2 sei c.

Dann ist
$$x + y = a,\ y + z = b,\ x + z = c$$
und daraus
$$x = \frac{1}{2}(a + c - b)$$
$$y = \frac{1}{2}(a + b - c)$$
$$z = \frac{1}{2}(b + c - a)$$

Dieselbe Methode unter **Anwendung des Telephons** an Stelle des Galvanometers im Diagonalzweige der Brücke.

Wegen der polarisirenden Wirkung der Erdplatten bei Anwendung gleichgerichteter Ströme ist die Messung bei Anwendung von Wechselströmen vortheilhafter. In den Diagonalzweig der Brücke wird ein Telephon eingeschaltet.

Eine Batterie wird mit einem Unterbrecher und einem Inductorium in der in der nebenstehenden Figur bezeichneten Weise mit der Brücke verbunden (vgl. auch Blitzableiterprüfungen).

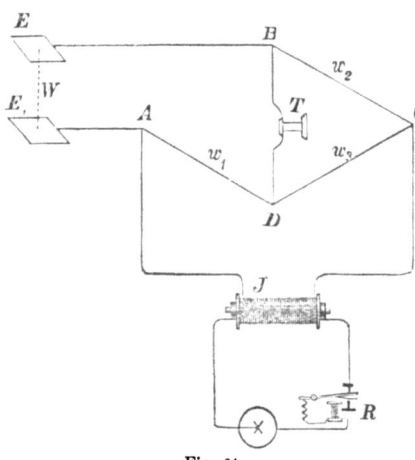

Fig. 64.

Diese Messungen lassen sich nach einer ähnlichen Anordnung sehr bequem mit der kleinen Telephonbrücke von Hartmann und Braun ausführen.

(305) **Methode von Nippoldt.** Um den Ausbreitungswiderstand x einer Erdleitung zu bestimmen, sucht man in der Nachbarschaft, aber in mindestens 10 m Entfernung von der zu prüfenden Erdleitung den freien Spiegel des Grundwassers zu erreichen, legt

Messungen a. Kabeln, oberird. Leitungen u. Erdleitungen. 189

horizontal auf denselben eine Hilfsplatte P und ermittelt die Summe a der Widerstände beider Erdleitungen. Darauf ersetzt man die Hilfsplatte P durch eine andere kleinere q von beiläufig halb so großen Abmessungen und mißt abermals die Summe b der beiden Widerstände. Hat der benutzte Leitungsdraht den Widerstand w (welcher indessen in den meisten Fällen vernachläßigt werden kann) und ist das Verhältniß des Ausbreitungswiderstandes der Platte p zu dem der Platte $P = n$, welches ein- für allemal bestimmt werden muß, so ist

$$x = \frac{an - b}{n - 1} - w$$

und bei sehr geringem Werthe von w

$$x = \frac{an - b}{n - 1}.$$

Die Messungen werden am zweckmäßigsten mittels der vorhin erwähnten Telephonbrücke ausgeführt.

(**306**) **Methode von Frölich.** Dieselbe beruht auf dem von Frölich gefundenen Satz, daß im Stromschema der Wheatstoneschen Brücke die Proportion $w_1 w_4 = w_2 w_3$ herrscht, wenn auch in allen Zweigen elektromotorische Kräfte wirken; es muß dann nur in dem einen Diagonalzweige der gleiche Strom herrschen, wenn der andere geöffnet oder geschlossen wird.

Es wird die Messung nach dem Schema (Figur 64) unter Anwendung einer oder zweier Hilfsplatten P_1 [vgl. (304)] angestellt in der Weise, daß bei geöffnetem Zweige ac (c ist ein Laufcontact) im Galvanometer derselbe Strom herrscht, wie bei der Schließung von ac. Die Batterie ist so zu wählen, daß ohne Schluß des Diagonalzweiges der Strom im Galvanometer möglichst ruhig bleibt; im Zweige ac muß möglichst viel Widerstand sein.

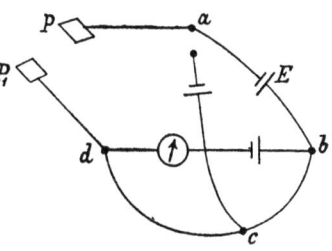

Fig. 65.

Man erhält dann den Ausbreitungswiderstand PP_1 ausgedrückt durch den Widerstand von E; ersetzt man PP_1 durch einen Rheostaten, so giebt dieser direct PP_1 an (vgl. Elektrot. Ztschr. 1886, S. 486).

Besondere Angabe von Maſsverhältnissen, welche für den Betrieb wichtig sind.

(**307**) **Widerstand einer Telegraphenleitung, die an allen Isolationspunkten bei gleichmäſsiger Vertheilung derselben Fehler von gleicher Ableitungsfähigkeit besitzt.** Es bezeichne ϱ den Leitungswiderstand für die Längeneinheit, ϱ_1 den Isolationswiderstand für die Längeneinheit, l die

Länge der Leitung, so beträgt der Isolationswiderstand der am fernen Ende isolirten Leitung

$$W_i = \frac{\varrho}{m} \frac{e^{ml} + e^{-ml}}{e^{ml} - e^{-ml}}$$

wenn $\dfrac{\varrho}{\varrho_1} = m^2$, also $m = \sqrt{\dfrac{\varrho}{\varrho_1}}$ ist.

Der Widerstand der Leitung, wenn das ferne Ende mit Erde verbunden wird, beträgt:

$$W_e = \frac{\varrho}{m} \frac{e^{ml} - e^{-ml}}{e^{ml} + e^{-ml}}.$$

Aus dem Product $W_i \cdot W_e$ ergiebt sich die Beziehung

$$W_i \cdot W_e = \frac{\varrho^2}{m^2} = \varrho \varrho_1 = \varrho l \cdot \frac{\varrho_1}{l}.$$

Die Größen W_i und W_e lassen sich durch Messungen von jedem Ende der Leitung aus bestimmen; durch Division der Gleichungen für W_i und W_e erhält man die weiteren Beziehungen

$$\varrho l = \frac{1}{2} \sqrt{W_e W_i} \log \text{nat} \frac{\sqrt{W_i} + \sqrt{W_e}}{\sqrt{W_i} - \sqrt{W_e}}$$

$$\frac{\varrho_1}{l} = \frac{2 \sqrt{W_e \cdot W_i}}{\log \text{nat} \dfrac{\sqrt{W_i} + \sqrt{W_e}}{\sqrt{W_i} - \sqrt{W_e}}}.$$

Damit ist der wahre Widerstand ϱl und der wahre Isolationswiderstand $\dfrac{\varrho_1}{l}$ durch meßbare Größen gegeben. (Ann. télég. 1888, S. 385.)

Ist das Verhältniß $\dfrac{\varrho}{\varrho_1}$, wie für die Praxis in der Regel zutrifft, sehr klein, so erhält man als Näherungswerthe

$$\varrho l = W_e + \frac{W_e^2}{3 W_i}$$

$$\frac{\varrho_1}{l} = W_i - \frac{W_e}{3}.$$

Hieraus ergiebt sich, daß der wahre Leitungswiderstand eines Kabels den gemessenen Widerstand um die Größe $\dfrac{W_e^2}{3 W_i^2}$ übersteigt, der gemessene Isolationswiderstand dagegen um den Betrag $\dfrac{W_e}{3}$ zu hoch befunden worden ist.

Messungen a. Kabeln, oberird. Leitungen u. Erdleitungen. 191

(308) Verhältnifs des ankommenden Stromes zum abgehenden Strom, wenn die Fehler gleichmäfsig vertheilt sind und gleiche Ableitungsfähigkeit besitzen.
Bezeichnet J_a den abgehenden, J_e den am fernen Ende ankommenden Strom und gelten sonst die vorigen Bezeichnungen, so ist

$$\frac{J_e}{J_a} = \frac{2}{e^{ml} + e^{-ml}}.$$

Da nach (307) sich ergiebt

$$\sqrt{\frac{W_e}{W_i}} = \frac{e^{ml} - e^{-ml}}{e^{ml} + e^{-ml}}$$

so erhält man durch Berechnung der Werthe e^{ml} und e^{-ml} aus dieser Gleichung und Einführung derselben in die Gleichung für $\frac{J_e}{J_a}$ den Werth

$$\frac{J_e}{J_a} = \sqrt{1 - \frac{W_e}{W_i}}.$$

In dieser Formel wird das Verhältniß des ankommenden zum abgehenden Strom durch die meßbaren Größen W_e und W_i bestimmt; die Formel ist jedoch nur genau, wenn der gesammte Widerstand der Zuleitungen (einschl. des Widerstandes der Meßbatterie des Meßinstrumentes und der Erdleitung) auf dem Meßamt gleich dem gesammten Widerstand der Zuleitung vom Endpunkt der Leitung bis zur Erde auf dem fernen Amte ist. Bei anzustellenden Messungen läßt sich dies mit genügender Annäherung stets erreichen, kleine Unterschiede bedingen keinen wesentlichen Einfluß.

(309) Beurtheilung des Zustandes einer Leitung aus dem Verhältnifs des ankommenden Stromes zum abgehenden Strom. Die vorhergehenden Formeln beruhen auf der Annahme, daß die Fehler gleichmäßig über die Leitung vertheilt sind und gleiche Ableitungsfähigkeit bezw. gleichen Widerstand besitzen. Bei oberirdischen Leitungen ist dies annähernd nur der Fall, wenn die Leitungen gut gebaut sind, gut unterhalten werden und an keiner Stelle, außer an den Doppelglocken, mit fremden Körpern in Berührung stehen. Bei Kabeln trifft die Voraussetzung mit erheblich größerer Genauigkeit zu.

Das Verhältniß $\frac{J_e}{J_a}$ bleibt bei einer guten Leitung dasselbe gleichgültig, ob von dem einen oder dem andern Endamt Strom gesendet wird und ob der abgehende Strom mehr oder weniger stark ist. Stellt man daher von beiden Endämtern aus den Werth des Verhältnisses fest, so erlangt man ein Urtheil über den Zustand der Leitung. Stehen Differentialgalvanometer zur Verfügung, so kann man folgenden Weg einschlagen: Die mit einer Windung des Galvanometers verbundenen Meßbatterien setzt man auf beiden Aemtern aus einer gleichen Zahl gut unterhaltener Kupferelemente zusammen, deren Widerstand bestimmt worden ist.

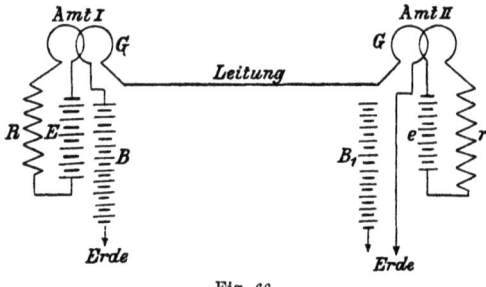

Fig. 66.

Das Amt I sendet aus der Batterie B den Strom J_a, auf dem Amt II kommt der Strom i_e an; die Nadeln beider Galvanometer werden nun durch Regulirung der Rheostaten R und r auf den Nullpunkt gebracht. Besitzt die Meßbatterie des Amtes I die EMK E, die Meßbatterie des Amtes II die EMK e, so ist

$$J_a = \frac{E}{R_1}; \quad i_e = \frac{e}{r_1}; \quad \frac{i_e}{J_a} = \frac{R_1}{r_1} \cdot \frac{e}{E}$$

wenn in R_1 und r_1 die Widerstände der Meßbatterieen und einer Galvanometerwindung mit enthalten sind und wenn $E = e$ ist

$$\frac{i_e}{J_a} = \frac{R_1}{r_1}.$$

Nunmehr sendet das Amt II mittels der Batterie B_1 den Strom i_a, nachdem Amt I die Batterie B ausgeschaltet hat, das Amt II erhält einen Strom J_e. Werden die Galvanometer durch Regulirung der Widerstände r_2 und R_2 der Meßkreise auf den Nullpunkt gebracht, so ist

$$\frac{J_e}{i_a} = \frac{r_2}{R_2}.$$

Ergeben die Messungen, daß

$$\frac{R_1}{r_1} = \frac{r_2}{R_2}$$

ist, so sind die Fehler gleichmäßig über die Leitung vertheilt und besitzen gleiche Ableitungsfähigkeit, zeigen sich die Werthe verschieden, so ist die Leitung an einer oder mehreren Stellen fehlerhaft. Je mehr sich der Werth des Verhältnisses der Einheit nähert, desto besser ist der Zustand der Leitung, je weiter der Werth unterhalb 1 liegt, desto ungünstiger sind die Isolationsverhältnisse.

(310) Grenzwerth für den ankommenden Strom. (Ferrini, Technologie d. El. und d. Magnet.) Bei beliebiger Batteriestärke erreicht J_e den Grenzwerth Null, wenn

$$nl = 4r,$$

wo n die Zahl der Isolatoren, l die Länge der Leitung, r den mittleren Widerstand eines Isolators bedeutet.

Messungen a. Kabeln, oberird. Leitungen u. Erdleitungen. 193

(311) Berechnung des Isolationswiderstandes.

a) Ist nach (309) festgestellt, daß
$$\frac{R_1}{r_1} = \frac{r_2}{R_1},$$
so liefert der Werth dieses Verhältnisses v und der des gemessenen Leitungswiderstandes W_e ein Mittel zur Berechnung des Isolationswiderstandes. Da nämlich
$$v = \sqrt{1 - \frac{W_e}{W_i}}$$
so folgt
$$W_i = \frac{W_e}{1 - v^2}.$$

Bei den Messungen mit dem Differentialgalvanometer ist jedoch Sorge zu tragen, daß die Zuleitungen bis einschl. der Erdleitung auf beiden Aemtern annähernd gleichen Widerstand besitzen; vgl. (308).

b) **Bemessung des Isolationswerthes zweier Leiter durch die Ladung.**

Sei

Q der Entladungsstrom eines geladenen isolirten Leiters,

R_i der Isolationswiderstand des Leiters,

α der Scalenausschlag

und zwar Q und α unmittelbar nach der Trennung der Ladungsbatterie vom Kabel, dagegen

Q_1 und β der Entladungsstrom und der Ausschlag, nachdem die Zeit t seit Trennung der Batterie verflossen ist, so giebt
$$Q - Q_1$$
den in der Zeit t stattgefundenen Stromverlust.

Bedeuten q, q_1, γ und δ die ähnlichen Größen für den zweiten Leiter mit dem Isolationswiderstand r_i, so ist, da
$$R_i : r_i = q - q_1 : Q - Q_1,$$
$$\frac{R_i}{r_i} = \frac{q}{Q} \frac{\alpha}{\gamma} \frac{(\gamma - \delta)}{(\alpha - \beta)}.$$

c) **Verhältniß des Isolationswiderstandes zu den Abmessungen eines Kabels.**

Ist D der äußere Durchmesser der Ader,

d der Durchmesser der Seele,

L die Länge in Kilometern,

so ist der angenäherte Widerstand bei 15° C., wenn die Hülle aus Guttapercha besteht:
$$W = 2358{,}5 \text{ Millionen } \frac{\log \frac{D}{d}}{L} \text{ Ohm.}$$

194 Messungen a. Kabeln, oberird. Leitungen u. Erdleitungen.

d) **Berechnung des Isolationswiderstandes eines Kabels aus dem Ladungsverlust.** (Nach Siemens.)

Ist A das Maß für die Entladung, wenn dieselbe momentan bewirkt wird, a das Maß für die weitere Entladung nach t Minuten (Ladungsrest) und $\varkappa$ die Capacität in Mikrofarad, so ist der Isolationswiderstand

$$w = 26{,}33 \frac{t}{\varkappa \,(\log A - \log a)} \text{ Millionen Ohm.}$$

Ladung und Capacität.

a) **Messung der Ladung eines Kabels.** (Nach Thomson.)

Eine Batterie wird durch den Widerstand $w_1 + w_2$ geschlossen. An dem Widerstand ist ein Erdcontact verschiebbar (e), wodurch man den Endpunkten a und b verschiedene und entgegengesetzte Potentiale ertheilen kann.

Verbindet man a mit p, b mit q, so werden die beiden Condensatoren (Kabel) $c_1\ c_2$ geladen. Hebt man die Verbindungen auf, und stellt diese zwischen p und m, q und n her, so neutralisiren sich die Ladungen bis auf einen Rest, dessen Größe man durch Verbindung von r mit s, d. h. durch Entladung im Galvanometer g messen kann. Der Erdcontact e wird so eingestellt, daß das Galvanometer nach der Neutralisirung bei der Entladung keinen Ausschlag mehr zeigt. Dann verhalten sich die Capacitäten umgekehrt wie die Widerstände

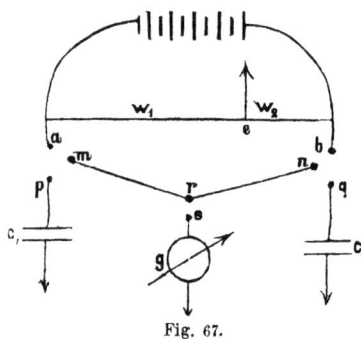

Fig. 67.

$$\varkappa_1 : \varkappa_2 = w_2 : w_1.$$

b) **Ladungsverlust eines Kabels.**

Q die Ladung zu Anfang,
Q_1 „ „ nach T_1 Minuten,
q „ „ „ t „ .

Dann ist

$$T_1 \log \frac{Q}{q} = t \log \frac{Q}{Q_1}.$$

Die Hälfte der Ladung verschwindet in der Zeit

$$t = T_1 \frac{\log 2}{\log \dfrac{Q}{Q_1}}.$$

c) **Ladungsperioden eines Kabels.**

Es sei r der Widerstand für die Längeneinheit, $\varkappa$ der Werth für die Capacität für die Längeneinheit, L die Länge des Kabels, V_0 das

Potential an einem Ende, wenn dasselbe mit einer Batterie verbunden wird, V_1 das gleich darauf am anderen Ende auftretende Potential, V_2 der Grenzwerth, welchen das Potential V_1 erreichen muß, um den Apparat in Thätigkeit zu setzen, t_2 die Zeit, nach welcher der Grenzwerth V_2 erreicht wird, so ist:

$$t_2 = \frac{\varkappa r L^2}{(\log \text{nat}\, V_0 - \log \text{nat}\, V_1)^2} \cdot \frac{V_2 - V_1}{V_1}.$$

Ist $\varkappa_1$ die Capacität der ganzen Leitung, R der Widerstand, so ist zu setzen:

$$t_1 = \varkappa_1 R \frac{V_2 - V_1}{V_1 \log \text{nat}\, \frac{V_0}{V_1}}.$$

d) **Capacität eines Telegraphenkabels.**

Bezeichnet L die Länge des Kabels in Centimetern, K die Dielektricitätsconstante, $\frac{D}{d}$ das Verhältniß des äußeren Durchmessers der Isolationshülle zum Durchmesser der Seele, so ist

$$\varkappa = \frac{KL}{2\log \text{nat}\, \frac{D}{d}} = \frac{0{,}4343\, KL}{2\log \frac{D}{d}}$$

in elektrostatischen Einheiten.

Für das Kilometer ergiebt diese Formel den Werth

$$\varkappa = 0{,}024\, \frac{K}{\log \frac{D}{d}}\ \text{Mikrofarad}.$$

Beträgt der durchschnittliche Werth von K für Guttapercha 4,2, so erhält man für 1 km eines solchen Kabels

$$\varkappa = \frac{0{,}1}{\log \frac{D}{d}}\ \text{Mikrofarad}.$$

e) **Capacität einer einzeln ausgespannten oberirdischen Leitung.**

Bezeichnet L die Länge, d die Entfernung des Drahtes von der Erde, r den Halbmesser (alles in Centimetern), so ist

$$\varkappa = \frac{L}{2\log \text{nat}\, \frac{2d}{r}} = \frac{0{,}4343\, L}{2\log \frac{2d}{r}}$$

in elektrostatischen Einheiten.

Für das Kilometer ergiebt die Formel den Werth

$$\varkappa = \frac{0{,}024}{\log \frac{2d}{r}}\ \text{Mikrofarad}.$$

(312) **Einfluſs der Selbstinduction.** Bedeutet t die Zeit, L den Coefficienten der Selbstinduction, E die elektromotorische Kraft, R den Widerstand des ganzen Kreises, so ist zur Zeit t der Strom

$$J = \frac{E}{R}(1 - e^{-\frac{R}{L}t}),$$

sodaß $\frac{E}{R}e^{-\frac{R}{L}t}$ den Werth des Extrastromes bei Stromschluß zur Zeit t ausdrückt. Diese Formel ist nur anwendbar, wenn die Capacität vernachlässigt werden kann und Ableitungen nicht in Frage kommen, für oberirdische Leitungen, daher auch nur als Näherung.

Messungen an Elementen und Sammlern.

Widerstand.

(313) Der innere Widerstand eines Elementes hängt nicht nur von den Abmessungen, der Beschaffenheit der Elektroden, der benutzten Füllung, der Temperatur und den chemischen Vorgängen im Element ab, sondern ändert sich auch mit der Stromstärke. Wie Frölich nachgewiesen hat (Elektrot. Ztschr. 1888, S. 148 und 1891, S. 370), erhält man bei allen Methoden, die zur Messung zwei verschiedene Ströme (den Strom Null mit gerechnet) benutzen, einen Widerstand u, der sich vom wahren Widerstand w unterscheidet. Die Größe des Unterschiedes hängt davon ab, wie sich EMK und Widerstand des Elementes mit der Stromstärke ändern. Widerstandsmessungen ergeben daher nur mehr oder weniger angenäherte, niemals genaue und constante Werthe.

Die nachstehende Zusammenstellung beschränkt sich lediglich auf die in der Praxis am meisten verwendeten Methoden der Messung für constante Elemente.

Methode von Discher. Die Messung wird unter Benutzung eines Differentialgalvanometers, eines Ausschalters und eines Rheostaten ausgeführt. Die Schaltung zeigt die Figur, wobei zu bemerken ist, daß die Umwindungen des Galvanometers so an die Batterie gelegt werden müssen, daß der Strom beide in gleichem Sinne durchfließt. Vor der Batterie wird eine Taste eingeschaltet. Zuerst bleibt der Ausschalter geöffnet, so daß der Strom nur die eine Windung durchläuft. Dann ist

$$J = \frac{E}{w + u}.$$

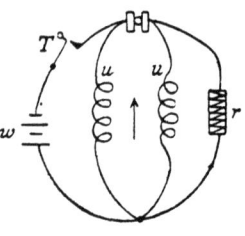

Fig. 68.

Nachdem die Verbindung im Ausschalter hergestellt ist, wird im Zweige des Rheostaten so viel Widerstand eingeschaltet, bis die Nadel gleiche Ablenkung hat, wie zuvor. Der Gesammt-

Messungen an Elementen und Sammlern.

strom in beiden Galvanometerumwindungen ist dann

$$J_1 = \frac{2\,Er}{2\,rw + wu + ru}$$

und da $J = J_1$ sein muß,

$$w = r.$$

Der zugesetzte Widerstand, der nach Herstellung der Stromverzweigung die Nadel auf gleiche Ablenkung brachte, ergiebt unmittelbar den gesuchten Widerstand. Genaue Messungen sind mit der Methode nicht zu erzielen, jedoch bildet dieselbe für Näherungswerthe das **einfachste** Verfahren.

Methode von Kohlrausch. Bei derselben werden rasch wechselnde Ströme entgegengesetzter Richtung und ein Elektrodynamometer für schwache Ströme oder ein Telephon benutzt.

Das zu messende Element wird in einen Zweig der Wheatstone-Brücke eingeschaltet. Als Stromerzeuger für die Brücke dient die secundäre Rolle eines Inductionsapparates mit rascher Stromunterbrechung. [Meßinstrument im Diagonalzweig: ein Kohlrausch'sches oder Siemens'sches Elektrodynamometer (249).]

Wird keine große Genauigkeit der Messung beansprucht, so benutzt man an Stelle des Elektrodynamometers ein Telephon im Diagonalzweige und verändert die Widerstände der Brücke so lange, bis das Telephon stumm wird [vergl. Messungen an Erdleitungen (304, 305)].

Beide Methoden sind nur zu empfehlen, wenn das Element nicht zu kleine Elektrodenflächen besitzt.

Methode von Mance. Die Anordnung ergiebt sich aus der Figur. Die Widerstände der Brücke werden so abgeglichen, daß die Ablenkung im Galvanometer beim Heben und Senken der Taste dieselbe bleibt. Es ist dann

$$w = \frac{ad}{b}.$$

Wählt man $a = b$ und ändert nur d ab, so ergiebt der letztere Werth unmittelbar w.

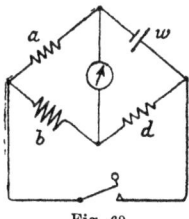

Fig. 69.

Methode von Lutteroth (Frölich). Die Methode gründet sich auf das verallgemeinerte Gesetz der Wheatstone'schen Brücke, daß das bekannte Verhältniß der Widerstände herrscht, wenn auch in allen Zweigen und den beiden Diagonalen sich elektromotorische Kräfte befinden, vorausgesetzt, daß in dem Galvanometerzweige stets gleicher Strom herrscht, wenn die zweite Diagonale geschlossen oder unterbrochen ist (vergl. Elektrot. Zeitschr. 1886, S. 483). Die Methode bildet eine Erweiterung der Methode von Mance in der Weise, daß eine zweite Batterie in die Diagonale gelegt wird, welche die Taste enthält. Da hierdurch der Strom im Galvanometerzweig fast vollständig ausgeglichen werden kann, so lassen sich sehr empfindliche Galvanometer verwenden. Anordnung sonst wie bei der Methode von Mance.

Methode von v. Waltenhofen und Beetz. (Ausgleichungsmethode).
Die Anordnung geht aus der Figur hervor. T ist eine Doppeltaste, R ein Rheostat mit kleinen Widerständen, AB ein Normaldraht von bekanntem Widerstande mit Schleifcontact C, W die zu messende Batterie, H eine Hilfsbatterie von geringerer elektromotor. Kraft als W. Bei der gezeichneten Lage der Taste sind beide Batterien nicht geschlossen. Contact 1 ist mit dem Rheostaten verbunden, der untere Contact aber isolirt. Drückt man die Taste nieder, so wird zuerst W über den Contact 1 geschlossen, kurz darauf auch H über den Contact 2. C wird so lange verschoben, bis die Ablenkung in G verschwindet. Die Taste darf stets nur kurze Zeit gedrückt werden. Ist die Ablenkung bei der Stellung C verschwunden, so ändert man mit Hilfe von R den gesammten Widerstand zwischen D und B ab und verschiebt so lange, bis ein Punkt C_1 erreicht wird, bei dem ebenfalls keine Ablenkung stattfindet.

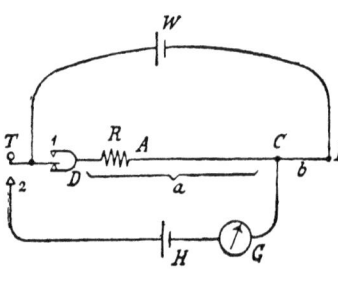

Fig. 70.

Im ersten Fall sei

  der Widerstand zwischen D und $C = a$
  „ „ „ C „ $B = b$

im zweiten Fall

  der Widerstand zwischen D und $C_1 = a_1$
  „ „ „ C_1 „ $B = b_1$

während der Widerstand der Zuleitungsdrähte von W den Werth R hat, dann ist

$$w = \frac{ab_1 - a_1 b}{a_1 - a} - R.$$

Findet sich bei dem Versuche kein Punkt C_1 für den Nullpunkt in G, so schaltet man auch zwischen B und C einen Rheostaten.

Soll der Widerstand der Batterie während der Schließung ermittelt werden, so wird die Verbindung zwischen Rheostat und dem unteren (sonst isolirten) Contact bei D der Taste hergestellt; diese Nebenschließung hebt sich dann durch Drücken der Taste auf.

Methode von Frölich. Bei der nachstehend angegebenen Methode (eine Abänderung derjenigen von Kohlrausch) läßt sich der Widerstand eines einzelnen Elementes oder einer Batterie messen, dabei der im Element herrschende Strom beliebig ändern. Die Methode beruht auf der verallgemeinerten Wheatstone'schen Brücke.

Messungen an Elementen und Sammlern. 199

E ist das zu untersuchende Element, w_2 ein fester Widerstand, der dem Widerstand des Elementes ungefähr gleich ist, v ein veränderlicher Widerstand, w_3 und w_4 sind so zu wählen, daß, wenn v sehr groß oder der v enthaltende Zweig geöffnet ist, die Stromstärke des Elementes gering bleibt, w_3 ist ein fester, w_4 ein veränderlicher Widerstand, der zur Herstellung des Gleichgewichtes dient, der Widerstand g_1 ist dem des Torsionsgalvanometers g gleich zu machen. Bei der Messung wird g_1 eingeschaltet, nach dieser statt g_1 das Torsionsgalvanometer g und bei arbeitender Batterie B der Strom im Torsionsgalvanometer abgelesen. Die Widerstandsmessung ergiebt den „gemessenen" Widerstand des Brückenzweiges, hieraus folgt durch Rechnung der Widerstand des Theilzweiges, in dem das Element sich befindet und der Widerstand des Elementes selbst. Durch Aenderung von v erhält man verschiedene Stromstärken, aus diesen als Abcissen und den Widerständen ergiebt sich die Curve des gemessenen Widerstandes und ein Urtheil über die Abhängigkeit des Widerstandes von der Stromstärke. Für jeden Punkt der Curve läßt sich der entsprechende wahre Widerstand berechnen. (Elektrot. Ztschr. 1891, S. 370.)

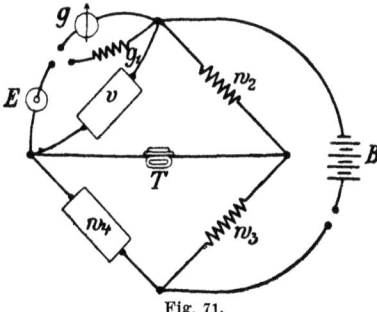

Fig. 71.

Elektromotorische Kraft.

Die elektromotorische Kraft von Elementen und Batterien bleibt beim Stromschluß in Folge der inneren Vorgänge und der Stromstärke niemals gleich. Die Bestimmungsmethoden, welche einen auch noch so kurz andauernden Stromschluß bedingen, liefern deßhalb keine genauen Werthe, solche erhält man nur durch elektrostatische Messungen mittelst eines Elektrometers für Elemente mit isolirten Polen oder bei Anwendung eines Condensators.

Elektrostatische Methode. Anzuwenden ist ein Quadrantenelektrometer, dessen beide isolirte Quadrantenpaare mit den beiden isolirten Polen der Batterie verbunden werden. Die Ablenkung sei n. Darauf wird ein Normalelement in gleicher Weise gemessen. Die Ablenkung sei n_1. Ist die bekannte elektromotorische Kraft des Normalelementes E_1, so ist

$$E = E_1 \frac{n}{n_1}.$$

Methode mit Condensator. Man ladet einen Glimmercondensator mit dem zu untersuchenden Element und sendet die Entladung durch ein Spiegelgalvanometer; in derselben Weise verfährt man mit einem Normalelement. Dann verhalten sich

$$E : E_1 = n : n_1,$$

200 Messungen an Elementen und Sammlern.

wenn n und n_1 die Ausschläge des Galvanometers bedeuten. Ist E des Normalelementes in Volt bekannt, so kann E_1 daraus berechnet werden.

Methode mit Torsionsgalvanometer. Ein Torsionsgalvanometer für schwache Ströme (Wickelung 100 Ohm) wird in den Stromkreis des Elementes geschaltet. Beträgt der innere Widerstand des Elementes r Ohm und der Torsionswinkel $n°$, so ist

$$E = \frac{n}{100}\left(1 + \frac{r}{100}\right) \text{Volt}.$$

Hat man EMKräfte von mehr als 1,7 Volt zu messen, so schaltet man in den Stromkreis einen Widerstand w ein; für die Rechnung ist es bequem, wenn w ein Vielfaches von 100 Ohm (gewöhnlich 900 oder 9900) ist. Dann ist

$$E = \frac{n}{100}\left(1 + \frac{r+w}{100}\right).$$

Steht nur ein Torsionsgalvanometer für starke Ströme (Wickelung 1 Ohm) zur Verfügung, so bemißt man W auf 9 oder 99 Ohm. Es ist dann

$$E = \frac{n}{1000}(1 + w + r).$$

Methode von Fechner. Schließt man zwei zu vergleichende Elemente nacheinander durch einen sehr großen Widerstand und ein empfindliches Galvanometer, so verhalten sich die elektromotorischen Kräfte wie die Stromstärken

$$E : E_1 = i : i_1.$$

Wendet man ein Spiegelgalvanometer an, so kann man für i und i_1 die abgelesenen Ausschläge setzen.

Methode von Poggendorf und Du Bois Reymond. Ein Element von höherer elektromotorischer Kraft E_0 als das zu messende E wird in der schematisch dargestellten Weise durch den Schlittenwiderstand mn geschlossen und der Contact p so lange verschoben, bis die Nadel im Galvanometer Null zeigt. Da E gegen E_0 wirkt, so ist E gleich und entgegengesetzt der Potentialdifferenz zwischen den Punkten m und p, also gleich dem Verhältniß der Widerstände mp und mnE_0m. Bedeutet in Fig. 72

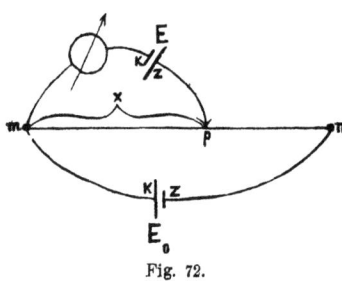

Fig. 72.

x den Widerstand mp,
R den Widerstand des Kreises mnE_0m (einschließlich des Widerstandes von E_0),
r den Widerstand des Schlittendrahtes mn,

so ist

$$E = E_0 \frac{x}{R}.$$

Um die Bestimmung des inneren Widerstandes von E_0 (dessen Werth in R enthalten) zu umgehen, schaltet man eine Tangentenbussole zuerst in den abgetrennten Kreis mnE_0m und darauf unter Weglassung von $mn=r$ ein. Es ist

$$\frac{J_1}{J} = v = \frac{R}{P} = \frac{P+r}{P},$$

wenn P den Widerstand des Theiles mE_0n bedeutet. Hieraus

$$R = \frac{v}{v-1}r$$

und

$$E = E_0 \frac{x(v-1)}{rv}.$$

Durch eine zweite Messung, bei der an Stelle von E ein Normalelement eingeschaltet wird, ergiebt sich ein einfacheres Verfahren.

Die erste Messung mit E ergab

$$E = E_0 \frac{x}{R},$$

die zweite mit dem Normalelement E_1

$$E_1 = E_0 \frac{x_1}{R},$$

woraus

$$\frac{E}{E_1} = \frac{x}{x_1}.$$

Die Schaltung mit dem Siemens'schen Universalgalvanometer zeigt das Schema.

Die Widerstände des Rheostaten n werden durch Stöpselung ausgeschaltet, die Stöpsel zwischen Klemme III und IV sind herauszunehmen. Wenn α die Ablesung beim Gleichgewicht, vom Nullpunkt der Schlittenscale ab, bedeutet, so ist der Werth von x

auf der A-Seite $150 - \alpha$,
„ „ B- „ $150 + \alpha$.

Die Vergleiche von E mit einem Normalelement E_1 unter Zuhilfenahme des Elementes E_0 ergeben

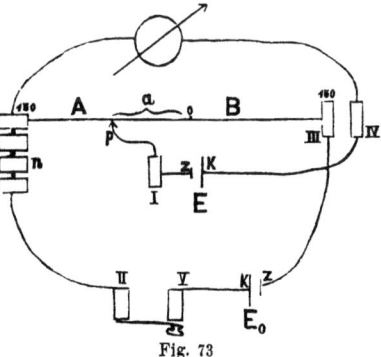

Fig. 73

$$E = E_0 \frac{150 \mp \alpha_1}{R}$$

$$E_1 = E_0 \frac{150 \mp \alpha_2}{R}$$

$$\frac{E}{E_1} = \frac{150 \mp \alpha_1}{150 \mp \alpha_2}.$$

Für die Messung ist es vortheilhafter, die Taste zwischen I und IV zu legen, II und V zu verbinden.

Methode von Clark. Die Einrichtung erfordert außer der zu messenden Batterie zwei Vergleichsbatterien und zwei Galvanometer. mn ist ein Schlittenwiderstand. Die Verbindung der Batterie E mit dem Schlitten wird aufgehoben und der Widerstand r so lange geändert, bis G_1 keinen Strom mehr anzeigt. Nun wird E an den Schlitten gelegt und der Contact so lange verschoben, bis G_2 keinen Strom zeigt. Es ist dann

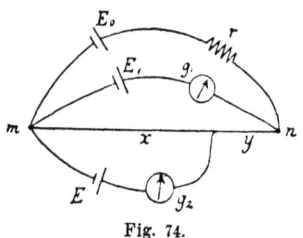

Fig. 74.

$$E = E_1 \frac{x}{x+y}.$$

Ist E_1 ein Normalelement, so ergiebt sich der Werth in Volt.

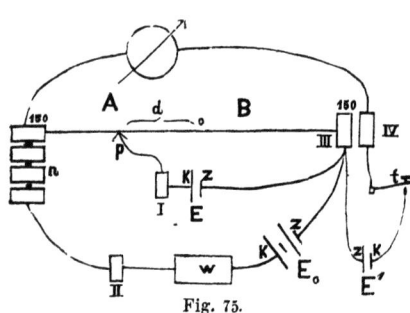

Fig. 75.

Mit dem Siemens'schen Universalgalvanometer läßt sich die Messung ohne Benutzung eines zweiten Galvanometers praktisch nach folgendem Schema einrichten:

Es sei

E das zu messende Element,

E_1 das Normalelement,

E_0 die Hilfsbatterie

t eine Taste.

Man löst den an Klemme I geführten Draht und verändert w so lange, bis das Galvanometer stromlos ist, dann wird die gelöste Verbindung mit I hergestellt und der Arm mit dem Schlitten so lange verschoben, bis wieder Gleichgewicht eintritt. Es ist

$$E = E_1 \frac{150 - \alpha}{300} \quad \text{(für die } A\text{-Seite)}$$

$$E = E_1 \frac{150 + \alpha}{300} \quad \text{(für die } B\text{-Seite)}.$$

Meßbedingung bei der Clark'schen Schaltung ist, daß der Schlittenwiderstand einen Bruchtheil des Widerstandes des Galvanometers betrage, jedoch muß

$$x + y > \frac{w_0 + r}{\frac{E_0}{E_1} - 1},$$

wo w_0 den Widerstand des Elementes E_0 bezeichnet.

Messungen an Elementen und Sammlern.

Ist der Schlittendraht in sehr viele Theile getheilt und wird ein empfindliches Galvanometer verwendet, so wird mit der Clarkschen Methode eine sehr große Genauigkeit erzielt. Ueber einen Compensationsapparat für derartige Messungen vgl. auch (223).

(314) Güteverhältnifs und Arbeitsleistung von Elementen und Batterien.

1. Das Güteverhältniß. Der innere Widerstand einer Batterie bedingt das Güteverhältniß. Bezeichnet R den Nutzwiderstand, r den innern Widerstand, so ist das Güteverhältniß

$$G = \frac{R}{R+r} = 1 - \frac{Jr}{E},$$

G nähert sich mit abnehmenden r oder mit zunehmenden R dem Maximum. Dann wird die Leistung ein Minimum; ist sie ein Maximum, so wird $G = \frac{1}{2}$ oder 50% (vergl. unter 2).

2. Die Arbeitsleistung. Die Bestimmung der Leistung im äußeren Stromkreis einer Batterie erfolgt durch Messung der an den Polen herrschenden Potentialdifferenz (Klemmenspannung) K und der in der Verbindungsleitung herrschenden Stromstärke J. Das Product

$$KJ$$

ergiebt die Leistung in Watt. In der Secunde ist die Leistung gleichwerthig

$$\frac{KJ}{9{,}81} \text{ kgm} \quad \text{oder} \quad \frac{KJ}{736} \text{ P} \quad \text{oder} \quad 0{,}24 \, KJ \text{ g-cal.}$$

Weil die Maximalleistung eintritt, wenn der innere Widerstand $r =$ dem äußeren R ist (wodurch $K = \frac{1}{2} E$), so ist das Maximum der Leistung

$$KJ_{\max} = \frac{1}{4} \frac{E^2}{r} \text{ Watt}$$

und in der Secunde

$$\frac{E^2}{39{,}24 \, r} \text{ kgm} \quad \text{oder} \quad 0{,}06 \frac{E^2}{r} \text{ g-cal.}$$

Da die Leistung der Batterie den Werth $\frac{E^2}{39{,}24 \, r}$ kgm/sec nicht übersteigen kann, so ergiebt sich für eine Batterie, welche auf Maximalleistung ($r = R$) in Anspruch genommen werden und A kgm in der Secunde leisten soll, näherungsweise

$$E = 2 \sqrt{10 A \cdot R}.$$

Bezeichnet e die elektromotorische Kraft eines Elementes und w dessen Widerstand, so sind

$$\frac{E}{e} = \frac{2}{e}\sqrt{10A \cdot R}\ \text{Elemente hintereinander}$$

und

$$\frac{2w}{e}\sqrt{\frac{10A}{R}}\ \text{Elemente nebeneinander}$$

zu schalten, während die Zahl der Elemente

$$z = \frac{40A \cdot w}{e^2}$$

beträgt. Hiernach läßt sich jeder Batteriebetrieb aus dem Durchschnittswerth von e und w für die gewählten Elemente berechnen, wenn der äußere Widerstand R und die verlangte Leistung in Watt (1 W in der Sec. = 0,102 kgm) gegeben sind.

Ist die Leistung einer Batterie ein Maximum, so wird das Güteverhältniß 50%. Die längere Zeit andauernde Beanspruchung einer Batterie auf Maximalleistung ist nicht zweckmäßig, weil sehr bald eine Erschöpfung eintritt und die Leistung dann schnell sinkt; man darf die Maximalleistung daher nur für kurze Perioden eintreten lassen. In der Regel richtet man die Schaltungen so ein, daß bei geringerer Leistung ein hohes Güteverhältniß erzielt wird. (Vergl. Schaltungen der Elemente).

(315) Prüfung von Batterien.

Bei der Prüfung von Elementen ist es zweckmäßig, dieselbe sowohl auf ihre Brauchbarkeit im Allgemeinen, d. h. bei Einschaltung verschiedener Widerstände, als auch bei längerer Einschaltung eines für die beabsichtigte Verwendung des Elementes bestimmten Widerstandes vorzunehmen, sowie die gelieferte Strommenge zu bestimmen.

a) **Prüfung bei Einschaltung verschiedener Widerstände.** Zunächst bestimmt man die elektromotorische Kraft des Elementes oder mehrerer hintereinander geschalteter Elemente und den inneren Widerstand r. Darauf werden nach einander die verschiedenen Widerstände eingeschaltet und zwar jeder während eines solchen Zeitraumes, daß man eine hinlängliche Reihe von Messungen der Werthe K und J, am besten in gleichen Zeitabschnitten ausführen kann. Die nach einander einzuschaltenden Widerstände läßt man vom Vielfachen des innern Widerstandes bis nahezu zum Kurzschluß sich ändern. Aus jeder Reihe von Messungen construirt man ein Diagramm, indem die Zeiten als Abscissen und die Werthe K, I und KI als Ordinaten aufgetragen werden. Die Diagramme geben einen Ueberblick über das Verhalten bei Einschaltung der einzelnen Widerstände.

Nach Beendigung einer jeden Reihe von Messungen und Ausschaltung des benutzten Widerstandes bestimmt man jedesmal vor Beginn der folgenden Meßreihe die elektromotorische Kraft. Aus dem Ergebniß dieser zwischen je zwei Reihen liegenden Beobachtungen erhält man die Curve der elektromotorischen Kraft (Widerstände als Abscissen).

Diese Werthe von E in Verbindung mit den gleich darauf unter Einschaltung des neuen Widerstandes bei der ersten Beobachtung ermittelten Werthen von K und I geben ferner einen Maßstab dafür, ob und um wie viel der innere Widersand r während der vorher stattgefundenen Messungsreihe sich verändert hat. Zu diesem Zwecke dient das Verhältniß $\dfrac{E-K}{I} = r$.

Bei einem zweiten gleichartigen Element werden die Widerstände in abnehmender Reihe rasch hintereinander eingeschaltet; nach jedesmaliger Einschaltung wird E, K und I sowie r gemessen. Aus den Meßwerthen wird ein Diagramm hergestellt; als Abscissen dienen die Widerstände.

Bei der Messung von r benutzt man Wechselstrom und ein Telephon [vgl. (249)], damit die Elemente nicht jedesmal außergewöhnlich in Anspruch genommen werden.

b) Prüfung bei Einschaltung eines für bestimmte Betriebsverhältnisse passenden Widerstandes. Vor der Einschaltung geschieht die Messung von E und r wie vorhin angegeben. Der gewählte Widerstand R (bei der Prüfung auf Maximalleistung $= r$) wird je nach den in Aussicht genommenen Betriebsverhältnissen längere Zeit oder mit Unterbrechungen eingeschaltet gehalten. Nach gleichen Zeitabschnitten wird K, I und KI bestimmt. Ebenso wird von Zeit zu Zeit nach Ausschaltung des Widerstandes E bestimmt und durch die Werthe der darauf folgenden Messung von K und I der Werth r gewonnen. Für die Diagramme werden die Zeiten als Abscissen genommen. Nach Beendigung der Versuche wird der Widerstand R ausgeschaltet, der Werth E bestimmt und dann in gleichen Zeiträumen eine Beobachtung über das Ansteigen von E bei dem in Ruhe gelassenen Element angestellt.

Für den Betrieb von Morse- und Hughes-Apparaten berechnet sich der einzuschaltende Widerstand aus der Formel

$$x = 77\,E - r.$$

E die EMK, r der Widerstand der ganzen Batterie.

c) Die gelieferte Strommenge wird für eine bestimmte Zeit mittels eines Kupfervoltameters (genauer durch ein Silbervoltameter) gemessen (192, 193).

Bei den unter a und b erwähnten Versuchen benutzt man ein Torsionsgalvanometer und eine Tangentenbussole, letztere mit sehr geringem Widerstande.

Ladung und Entladung der Sammler (Accumulatoren).

(315) Die elektrischen Größen der Sammler werden genau ebenso gemessen wie die der primären Elemente.

Die von einer Sammlerbatterie während der Ladung aufgenommene, sowie die bei der Entladung abgegebene elektrische Energie wird bestimmt durch fortwährende Messung von Klemmenspannung und Stromstärke. Ist die erstere e, die letztere i, bedeutet E die EMK und r den inneren Widerstand, so ist

während der Ladung $\quad e_1 = E + ri,$
„ „ Entladung $e_2 = E - ri.$

206 Messungen an Elementen und Sammlern.

Wenn E, r und i während der Ladung und Entladung gleich oder nahe gleich bleiben, so ist $e_2 = e_1 - 2ri$ und das Güteverhältniß näherungsweise im Maximum

$$\frac{e_2}{e_1} = 1 - \frac{2ri}{e_1},$$

wenn man von den Verlusten durch secundäre chemische Vorgänge absieht.

Zur genauen Bestimmung ist es erforderlich, folgende Messungen zu machen:

Während der Ladung beobachtet man in regelmäßigen Zeiträumen die Klemmenspannung und Stromstärke; von Zeit zu Zeit bestimmt man außerdem den inneren Widerstand, entweder nach einer der im Vorhergehenden angegebenen Methoden oder aus der EMK und Klemmenspannung $\left(r = \dfrac{e - E}{i}\right)$. Die EMK ermittelt man am bequemsten mit dem Torsionsgalvanometer. Zu empfehlen ist, das specifische Gewicht der Schwefelsäure an mehreren Zellen der Batterie zu messen. Man bildet die Producte der gleichzeitig beobachteten e und i, nimmt das Mittel $[ei]$ und multiplicirt mit der Zeit t der Entladung in Stunden; dann ist aufgenommen:

$[ei] \cdot t$ Stunden-Watt $= 367\,[ei] \cdot t$ kgm.

Dieselben Größen mißt man in derselben Weise auch während der Entladung; r ist hier $= \dfrac{E - e}{i}$. Diese Formel liefert am Ende der Entladung sehr unsichere, u. U. sogar ganz falsche Ergebnisse. Entladen wurde ebenso wie im Vorigen

$[ei]' \cdot t'$ Stunden-Watt.

Das Güteverhältniß ist dann, vorausgesetzt, daß man wieder auf denselben Zustand der Sammler gekommen ist, von dem man ausgegangen, gleich dem Verhältniß der entladenen Energie zu der bei der Ladung aufgewendeten

$$\frac{[ei]' \cdot t'}{[ei] \cdot t}.$$

Vorausgesetzt wird, daß Klemmenspannung und Stromstärke während der Messungen in nicht allzu weiten Grenzen schwanken. Bei größeren Schwankungen muß man die Energiemengen für solche Zeiträume, in denen e und i annähernd constant blieben, getrennt berechnen. Will man zuverlässige Werthe erhalten, so muß man die Ladung und Entladung unter gleichen Verhältnissen mehrmals wiederholen, bis die eingeladenen und herausgenommenen Mengen in den aufeinander folgenden Versuchen merklich gleich sind. Als Kennzeichen der Beendigung der Ladung ist das stärkere Auftreten der Gasentwickelung und stärkeres Ansteigen der Spannung anzusehen; man lade nicht zu lange, da die Gasentwickelung einen Energieverlust bedeutet. Die Entladung ist als beendet anzusehen, wenn die Spannung beginnt, rascher abzufallen; dies tritt ein, wenn die Spannung der einzelnen Zelle etwa 1,8 Volt beträgt.

Die Messungen trägt man der Uebersicht wegen in ein Coordinatennetz ein, dessen Abscissen die Zeit darstellen. Ladung und zugehörige Entladung zeichnet man auf dasselbe Blatt.

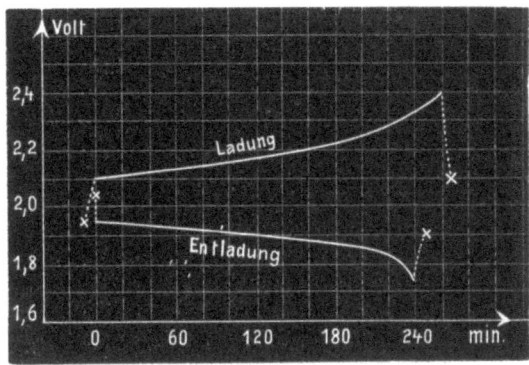

Fig. 76.

Vorstehende Figur giebt ein Beispiel für die Beobachtungen an einem Huber'schen Sammler (vgl. W. Kohlrausch, Elektrot. Ztschr. 1887, S. 228); Ordinaten sind die Spannungen, welche vor, während und nach der Ladung bezw. Entladung beobachtet wurden. In ähnlicher Weise zeichnet man auch die Stromstärke in ein Netz ein.

Die bei der Entladung ermittelte Größe $[i]' \cdot t'$, ausgedrückt in Ampère-Stunden (AS) giebt die Capacität des Sammlers. Mißt man dieselbe mit dem Voltameter, so findet man für 1 AS

0,336 g Wasser bezw. verdünnte Schwefelsäure,
oder
1,18 g Kupfer.

Das zersetzte Knallgas nach dem Volumen zu messen, geht nicht wohl an, da das letztere zu groß wird.

Die Ermittelung des specifischen Gewichtes der Säure giebt einen Aufschluß über die noch erforderliche Ladezeit, bezw. über den noch vorhandenen Vorrath an Elektricität. (Vgl. im Abschn. Accumulatoren).

III. Abschnitt.
Photometrie.

Photometer.

(317) Bei den gewöhnlich gebrauchten Photometern vergleicht man die Beleuchtung zweier nebeneinander erscheinender Flächen, welche von den zu vergleichenden Lichtquellen erhellt werden. Es ist nothwendig, daß man die beiden Flächen gleichzeitig sieht, daß man die Beleuchtung derselben bis zur Gleichheit regulirt, und daß man mit ausreichender Genauigkeit die von den Flächen empfangene Beleuchtung berechnen kann.

(318) Das Bunsen'sche Photometer. Dies ist der bei Weitem am meisten gebrauchte Apparat; eine Scheibe von ungleicher Durchlässigkeit für das Licht (Papier mit einem Fettfleck, zwei oder mehrere übereinander gelegte Papiere, in deren eines eine Oeffnung ausgeschnitten ist u. dgl.) wird von beiden Lichtquellen beleuchtet, von jeder nur auf einer Seite; die Beleuchtung ist gleich, wenn die Scheibe von beiden Seiten gleich aussieht. Die beiden Lichtquellen stehen mit der Mitte der Scheibe in einer Geraden, die Fläche der Scheibe steht zu dieser Geraden senkrecht. Gewöhnlich befindet sich hinter der Scheibe ein Paar Spiegel, in denen man die beiden Seiten der Scheibe gleichzeitig erblickt; man stellt so ein, daß der Fettfleck in beiden Spiegelbildern gleich viel dunkler erscheint als das umgebende Papier; manchmal benutzt man statt der Spiegel einen Prismenapparat, der denselben Zweck hat. — Die beiden Lichtquellen bleiben gewöhnlich an ihrem Platz, der Schirm wird zwischen denselben verschoben, um die Beleuchtung der beiden Seiten zu reguliren.

Joly und neuerdings Elster verwenden als photometrischen Körper anstatt des Fettfleckpapiers einen parallelepipedischen Körper aus Paraffin, der durch ein eingelegtes dünnes Metallblatt in zwei Hälften zerlegt wird; jede der letzteren erhält ihr Licht nur von einer der zu vergleichenden Quellen.

Hat man Gleichgewicht der Beleuchtung erzielt, und sind die Abstände der beiden Lichtquellen von der Scheibe l_1 und l_2, so ist das Verhältniß der beiden Leuchtkräfte

$$J_1 : J_2 = l_1{}^2 : l_2{}^2.$$

Genauigkeit dieses Gesetzes. Die einfache Formel gilt streng nur für punktförmige Lichtquellen und für solche beleuchtete Flächen, welche Stücke der Oberfläche einer Kugel

Photometrie. 209

sind, in deren Mittelpunkt die Lichtquelle sich befindet. Deßhalb muß man beim Photometriren darauf achten, daß man der Erfüllung dieser Voraussetzungen möglichst nahe kommt; die Ungenauigkeit, die man begehen kann, ist als sehr gering anzusehen, sobald die Entfernung der Lichtquelle vom Photometerschirm mindestens 5 mal so groß ist, als die größte Abmessung der Quelle und als der Durchmesser des Fettflecks; sie kann völlig vernachlässigt werden, wenn dieses Verhältniß $= 10:1$ ist; vorausgesetzt ist, daß die Mitte der Lichtquelle in der Senkrechten zum Photometerschirm liegt.

Berechnungen. In der Regel macht man die Summe $l_1 + l_2$ constant $(= A)$; dann ist

$$J_1 : J_2 = l_1{}^2 : (A - l_1)^2$$

entweder giebt die Theilung des Photometers dies Verhältniß der Quadrate an, oder man muß es sich aus der Ablesung l_1 berechnen. Ist $A = 300$ cm, so kann man sich bei dieser Berechnung der Tab. (7) bedienen.

Bei einigen Formen des Bunsenphotometers wird der Abstand der einen Lichtquelle constant gemacht, indem dieselbe mit dem Träger des Photometerschirmes fest verbunden ist; wenn nicht die Photometerbank selbst eine Theilung trägt, an der man das Verhältniß der Quadrate ablesen kann, so benutzt man zu der erforderlichen Rechnung eine geeignete Tafel der Quadratzahlen. — Bei einer dieser Formen wird die Beleuchtung der einen Seite des Photometerschirmes constant gehalten, während die zu vergleichenden Lichtquellen nach einander die zweite Seite des Photometerschirmes beleuchten; für diesen Fall bedeuten l_1 und l_2 der obigen Formeln wieder die Entfernungen der beiden Lichtquellen von dem Schirm, ihre Summe ist indessen nicht constant; die Beobachtung wird so ausgeführt, daß man den Photometerschirm auf das Verschwinden des Fettflecks einstellt.

Berechnung mit Hilfe des Rechenschiebers.

Seien die vier Theilungen des Rechenschiebers bezeichnet wie folgt: die obere, von 1 bis 100 gehende I_l für die des Lineals, I_s für die des Schiebers, die untere, von 1 bis 10 gehende II_l bezw. II_s. Die eine der zu vergleichenden Lichtquellen hat die bekannte Leuchtkraft J_1 (z. B. $= 1$ NK), die andere J_2 soll gemessen werden; die beobachteten Abstände sind l_1 bezw. l_2. Nach der obigen Gleichung ist

$$J_2 = J_1 \cdot \left(\frac{l_2}{l_1}\right)^2.$$

Ausführung: Suche l_1 auf II_s und l_2 auf II_l, stelle die entsprechenden Theilstriche einander gegenüber, so findet sich dem auf I_s aufgesuchten Theilstrich für J_1 der zu berechnende Werth von J_2 gegenüber auf I_l.

Genauigkeit der Beobachtung. Eine einzelne Messung mit dem Bunsen'schen Photometer kann im Allgemeinen auf etwa 3% genau ausgeführt werden; ein geübter Beobachter erzielt auch eine etwas höhere Sicherheit. Die Beurtheilung der Gleichheit der beiden gespiegelten Bilder des Photometerschirmes

Grawinkel-Strecker, Hilfsbuch. 3. Aufl. 14

Photometrie.

muß ziemlich rasch erfolgen, längeres Hinschauen und Prüfen erhöht die Genauigkeit nicht, sondern ermüdet nur das Auge. — Größere Genauigkeit erreicht man durch Wiederholung der Beobachtungen; von Vortheil sind dabei Vertauschungen der zu vergleichenden Lichtquellen.

Aufstellung des Photometers. Es ist dazu ein vollkommen dunkler, mattschwarz angestrichener und am besten an der Seite, wo das Photometer steht, in der Höhe des letzteren mit einem Streifen mattschwarzen Stoffes ausgeschlagener Raum nothwendig. Das Ueberhängen des Photometers mit schwarzen Vorhängen, um es auch in einem erleuchteten Raum aufstellen zu können, ist nicht zu empfehlen, die Vorhänge verhindern die Lüftung; bei fortgesetzten Beobachtungen wirkt die Hitze und verdorbene Luft nachtheilig auf den Beobachter und die von ihm ermittelten Zahlen, sowie vorkommenden Falles auf die Lichtquellen, welcher einer Luftzufuhr bedürfen.

(319) **Photometer von Lummer und Brodhun.** Der Fettfleck des Bunsen'schen Photometers wird durch zwei aneinander gepreßte rechtwinklige Prismen ersetzt (A, B, Fig. 77). Die Hypotenusenfläche des einen Prismas ist bis auf einen ebenen mittleren Theil durch eine Kugelfläche ersetzt, der gebliebene ebene Kreis rs wird an die Hypotenusenfläche des anderen Prismas angedrückt.

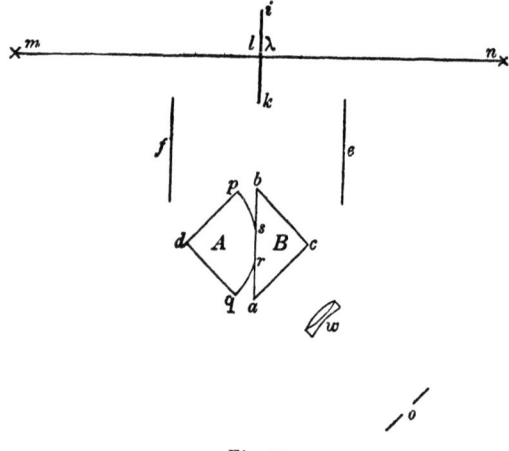

Fig. 77.

Die beiden zu vergleichenden Lichtquellen m und n beleuchten die beiden Seiten des weißen undurchsichtigen Schirmes ik; f und e sind zwei Spiegel, welche das von l und λ diffus zurückgeworfene Licht senkrecht auf die Kathetenflächen dp und bc leiten. Das durch dp eingetretene Licht geht ungeschwächt durch die Fläche rs; das durch bc kommende Licht wird bei rs vollkommen durchgelassen, während der übrige Theil von ab das dort auffallende Licht vollkommen zurückwirft. Es erscheint so ein Kreis, der nur von der Lichtquelle m Licht erhält, in einem

Felde, das nur von n beleuchtet wird. Die Fläche $arsb$ wird von o aus durch die Lupe w betrachtet; die Einstellung geschieht wie beim Bunsen'schen Photometer auf gleiche Helligkeit des Kreises und des Feldes. Die Ränder des ersteren verschwinden vollkommen. Die Genauigkeit der Messung ist größer als beim Bunsen'schen Photometer.

Um die Empfindlichkeit dieses Photometers noch weiter zu steigern, drückt man die beiden Prismen mit ebenen Hypotenusenflächen aneinander und bedeckt die nach p liegende Hälfte der Kathetenfläche dp sowie die nach c liegende Hälfte von bc mit durchsichtigen Glasplatten, welche einen Theil des Lichtes absorbiren. Die Hypothenusenflächen werden demnach in zwei ungleich beleuchtete Hälften getheilt. Aetzt man nun aus diesen Flächen geeignete Figuren heraus, so daß die Hypotenusenflächen theils vollkommen durchsichtig sind, theils vollkommen zurückwerfen, so erhält man eine Einstellung auf gleiche Helligkeitsunterschiede wie beim Bunsen'schen Photometer mit Spiegeln (Contrastphotometer).

Im Uebrigen gilt für die Messung mit diesem Photometer Alles im Vorhergehenden Gesagte.

Das Photometer von Wild ist dem vorigen sehr ähnlich; man hat nur in Fig. 77 das Prismenpaar durch einen Glasplattensatz, dessen Ebene in der Verlängerung der Scheibe ik liegt, und die Lupe durch ein Polariskop zu ersetzen. In letzterem erhält man Interferenzstreifen, auf deren Verschwinden eingestellt wird.

(320) Photometer von Leonh. Weber. Dasselbe besteht aus zwei innen geschwärzten Röhren, in denen sich Milchglasplatten befinden. Die Röhren stehen auf einander senkrecht; die eine, wagrechte, steht fest, die andere kann in einer senkrechten Ebene um die Axe der feststehenden Röhre gedreht werden.

Die Milchglasplatten in den Röhren werden von den zu vergleichenden Lichtquellen beleuchtet. Die Platte in der wagrechten Röhre ist verschiebbar; ihre Entfernung von der sie beleuchtenden kleinen Benzinflamme kann außen am Rohre abgelesen werden. Am Ende der beweglichen Röhre ist die zweite Platte befestigt, welche von der zu messenden Lichtquelle beleuchtet wird. Da diese Röhre in der senkrechten Ebene gedreht werden kann, so erlaubt das Photometer, unter beliebigen Winkel zu messen. Die feststehende Platte wird direct angesehen, die bewegliche, welche senkrecht zu jener steht, erscheint durch Spiegelung in einem totalreflectirenden Prisma neben jener.

Die Einstellung geschieht durch Verschieben der beweglichen Platte bis auf gleiche Helligkeit der beiden Theile des Gesichtsfeldes. Dabei wird ein gefärbtes Glas vor das beobachtende Auge geschoben, so daß man nur die Stärke einer bestimmten Farbe in beiden Lichtern vergleicht. Hat man den Abstand der beiden Lichtquellen von den Milchglasplatten $= l_1$ und l_2, so ist wie oben

$$J_1 : J_2 = l_1^2 : l_2^2.$$

l_2 wird am Apparat abgelesen; für l_1, die Entfernung der zu messenden Lichtquelle von der feststehen Platte, hat man eine zur Rechnung bequeme Größe, z. B. 1 m, 2 m, gewählt; dann ist die Rechnung wesentlich dieselbe, wie bei der zuletzt beschriebenen Form des Bunsen-Photometers.

Das Photometer muß mit einer Einheitslampe geaicht werden, da die Benzinlampe nur als Zwischenglied benutzt werden kann. Die Flammenhöhe der letzteren kann abgeglichen und an einem kleinen Maßstab abgelesen werden.

Die Vergleichung bestimmter Theile der beiden Lichter, z. B. der rothen Strahlen, würde bei ungleichfarbigen Lichtquellen noch kein Urtheil über das wirkliche Verhältniß der Leuchtkräfte geben; deßhalb muß man durch einen besonderen Versuch ermitteln, welches Verhältniß der Gesammtleuchtkräfte stattfindet, wenn die Stärken des rothen Lichtes in beiden Lichtarten gleich sind. Dazu benutzt Weber die Definition, daß zwei Beleuchtungen gleich stark sind, wenn man gleichfeine Unterschiede von Zeichnungen gleich deutlich erkennt.

Um nach dieser Definition gleich starke Beleuchtungen herzustellen, dient eine Milchglasplatte mit Zeichnungen concentrischer Kreise in immer feinerer Wiederholung. Man beleuchtet (senkrechten Einfall der Strahlen vorausgesetzt) so, daß man gerade eine bestimmte Feinheit noch erkennt, einmal mit der Einheitskerze aus dem Abstand l, das andere Mal mit der zu messenden Lichtquelle, z. B. einer Bogenlampe, aus dem Abstand L. Nun bringt man zuerst die Einheitskerze im Abstand l und darauf die Bogenlampe im Abstand L der festen Milchglasplatte des Photometers gegenüber und findet bei Betrachtung durch das rothe Glas das Verhältniß der beiden nach der Definition gleich starken Beleuchtungen

[durch Einheitskerze] : [durch Bogenlampe] $= k$.

Vergleicht man bei einer späteren Beobachtung nur die rothen Strahlen der beiden Lampen und findet das Verhältniß Bogenlampe : Einheitskerze $= N : 1$, oder mit anderen Worten, findet man die Leuchtkraft der Bogenlampe unter Verwendung des rothen Glases zu N Kerzen, so ist die Gesammtleuchtkraft $= N \cdot k$ Kerzen. — Das Verhältniß k ist für jeden bestimmten Unterschied der Farben nur einmal zu ermitteln. Da der Farbenunterschied häufig nicht constant ist — bei Bogen- und noch mehr bei Glühlampen hängt die Farbe von der Stromstärke ab —, so muß die Beobachtung der gleichen Deutlichkeit feiner Zeichnungen recht häufig angestellt werden; sie ist aber ziemlich ungenau nnd sehr ermüdend und anstrengend.

Wenn man bei gleichbleibendem Farbenunterschied eine größere Zahl von Messungen zu machen hat, so ist das Webersche Photometer wohl zu verwenden.

Zur Aufstellung braucht man nur einen nicht ganz hellen Raum; künstliche Verdunkelung und Schwärzung der Wände können meist unterbleiben.

Ueber die Messung der zurückgestrahlten Beleuchtung (338). Neuerdings wird dieses Photometer auch mit dem Prisma von Lummer und Brodhun (319) versehen; die Empfindlichkeit ist dabei indeß nicht größer.

(321) **Photometer von Rousseau.** Dasselbe dient zur Vergleichung der Leuchtkraft einer Lampe nach verschiedenen Richtungen; eine Messung nach Normalkerzen in einer bestimmten Richtung muß nach einer anderen Methode vorgenommen werden. Die Einrichtung ist aus Figur 78 zu ersehen.

Zwei mit Theilung versehene Schienen bilden die Schenkel eines Winkels; sie sind in der senkrechten Ebene um den Scheitel des Winkels drehbar. Auf jeder Schiene kann ein kleiner Spiegel e, e' verschoben werden, dessen Ebene senkrecht steht zur Längsrichtung der Schiene. Im Scheitel des Winkels befindet sich eine weiße Scheibe d, welche senkrecht steht zur Ebene der Schienen und vermittels der aus der Figur ersichtlichen Führung immer senkrecht zur Halbirungslinie des Winkels der Schienen erhalten wird. Im Scheitel des Winkels, hinter dem in der Figur angedeuteten undurchsichtigen Schirm, wird die Bogenlampe aufgehängt, die Schiene a wagrecht gerichtet (wenn man vorher die Leuchtkraft der Lampe in Normalkerzen in der Wagrechten gemessen hat) und die Schiene b unter dem gewünschten Winkel

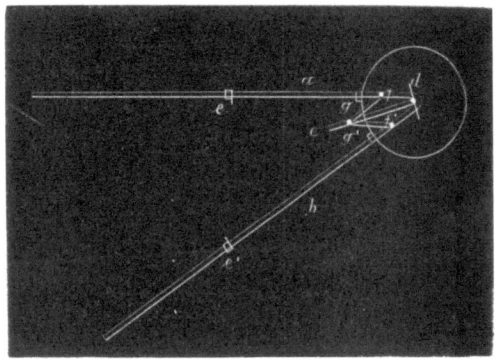

Fig. 78.

gegen a eingestellt. Die beiden kleinen Spiegel reflectiren nun das empfangene Licht auf die Scheibe d und entwerfen dort Schatten von den beiden Stäbchen f und f'; die Spiegel, welche der Gleichheit der Absorption wegen aus einem Stücke geschnitten sind, werden so eingestellt, daß die beiden Schatten gleich sind; dann findet die bekannte einfache photometrische Proportion statt. — Der Vortheil der Methode ist, daß man nur bei der einen Messung der Lampe, wenn die Leuchtkraft in der Horizontalen in NK gesucht wird, mit andersfarbigem Licht zu vergleichen hat.

(322) **Winkelphotometer von Elster.** Dasselbe ist ein Bunsen'sches Photometer, in welchem das ganze Photometergehäuse geneigt werden kann, um das Licht zu messen, welches von den Lichtquellen nach unten ausgesandt wird. Durch eine geeignete Theilung an der Photometerbank oder durch ausgerechnete Tabellen werden die umständlichen Berechnungen der Beobachtungen vermieden.

(323) **Compensationsphotometer von Krüfs.** Von den beiden Seiten des Fettfleckpapiers im Bunsen-Photometer wird die eine in gewöhnlicher Weise von der starken Lichtquelle unmittelbar beleuchtet, während die andere mit Hilfe eines geeignet angebrachten Spiegels von derselben Lichtquelle einen berechenbaren Bruchtheil der Beleuchtung der ersten Seite empfängt. Es werden

Photometrie.

also beide Seiten des Fettfleckpapiers von derselben Lichtquelle beleuchtet, aber die zweite Seite weniger stark wie die erste; um Gleichgewicht herzustellen, beleuchtet man die zweite Seite außerdem noch mit der zweiten Lichtquelle (Fig. 79).

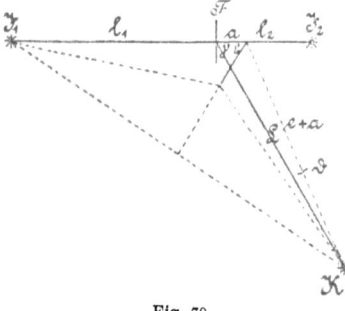

Fig. 79.

Die beiden Lichtquellen J_1 und J_2 stehen auf der Photometerbank; F bedeutet das Fettfleckpapier; neben demselben ist der Spiegel S angebracht, mit der spiegelnden Fläche der stärkeren Lichtquelle und dem Schirme F zugewandt; er ist drehbar um ein Scharnier, dessen Abstand von F, parallel zur Photometerbank gemessen, $= a$ ist. Der Winkel zwischen Spiegel und Photometerbank ist ε.

Die Mitte von F wird von den directen Strahlen der Lichtquelle J_1 von links getroffen, von rechts von dem gespiegelten Lichte, welches von einer Lichtquelle K herzukommen scheint. Die letztere hat den Abstand L von der Mitte von F, die Strahlen machen mit dem Loth auf F den Winkel γ; man erhält hieraus, wenn σ den gespiegelten Bruchtheil (0,6 bis 0,9) von J_1 angiebt,

$$J_1 = J_2 \cdot \left(\frac{l_1}{l_2}\right)^2 \cdot \frac{1}{1 - \left(\frac{l_1}{L}\right)^2 \sigma \cos \gamma},$$

wofür man auch annähernd setzen kann:

$$J_1 = J_2 \cdot \left(\frac{l_1}{l_2}\right)^2 \cdot \frac{K}{1 + \frac{p}{l_1}}.$$

$K = \dfrac{1}{1 + \sigma \cos 2\varepsilon}$ und p werden aus der folgenden Tafel entnommen.

ε	$\alpha = 0{,}60$		$\alpha = 0{,}65$		$\alpha = 0{,}70$		$\alpha = 0{,}75$		$\alpha = 0{,}80$		$\alpha = 0{,}85$		$\alpha = 0{,}90$	
	p	K	p	K	p	K	p	K	p	K	p	K	p	K
60°	7,5	1,43	8,5	1,48	9,5	1,54	10,6	1,60	11,7	1,67	13,0	1,74	14,4	1,82
65°	16,6	1,63	19,0	1,72	21,6	1,82	24,6	1,93	28,0	2,06	31,9	2,21	36,3	2,37
70°	27,8	1,85	32,4	1,99	37,7	2,16	45,1	2,35	51,7	2,58	60,9	2,87	72,4	3,22
75°	38,7	2,08	46,1	2,29	55,1	2,54	66,4	2,86	80,8	3,26	99,8	3,79	126,4	4,53

Die Formel und die Tafel gelten für nachstehende beide Abmessungen: die Drehungsaxe des Spiegels ist von der Mitte des Fettfleckpapiers wagrecht gemessen (a) 10,2 cm, senkrecht gemessen 3,85 cm entfernt; ε muß zwischen 60 und 75° liegen und die Entfernung der zu messenden Lichtquelle größer als 100—150 cm sein. Man wähle für ε nur die vier bestimmten Werthe, welche die obige Tabelle enthält; wenn σ für den

Photometrie. 215

Spiegel des Photometers bestimmt ist, so interpolire man aus der obigen Tabelle die 4 Werthe für p und K; mit der erhaltenen kleinen Tabelle und der oben angegebenen Formel kann man dann alle Rechnungen an dem betreffenden Photometer ausführen.

(324) Mischungsphotometer von Grofse. (Ztschr. f. Instrumentenkunde 1888, S. 95, 129, 347.) Bei diesem Photometer wird eine Vereinigung von Glas- und Kalkspathprismen benutzt. Die Strahlen, welche von den rechts und links stehenden Lichtquellen herkommen, erleuchten matte Glastafeln; das von letzteren diffus ausgestrahlte Licht wird durch rechtwinklige Glasprismen in die Senkrechte zur Photometeraxe abgelenkt; in dieser Einrichtung hat man ein gewöhnliches Photometer, ähnlich dem von Ritchie. Durch geeignete Zufügung anderer Prismen aus Glas- und Kalkspath erreicht man, daß bestimmbare Theile des von der einen Seite kommenden Lichtes demjenigen auf der anderen Seite beigemischt werden; auch kann man auf jeder Seite des Gesichtsfeldes Licht von beiden Seiten in bestimmtem Verhältniß haben. Dadurch ist es möglich, wie mit dem Compensationsphotometer Lichtquellen von sehr verschiedener Helligkeit zu vergleichen und außerdem die Färbungsunterschiede zu beseitigen oder zu mildern. Das Gesichtsfeld wird in den beiden Anordnungen, in denen eine Mischung des Lichtes erfolgt, entweder mit bloßem Auge oder unter Zwischenschaltung eines Nicol'schen Prismas angesehen. Für die einzelnen Fälle gelten die nachfolgenden Formeln zur Ermittelung des Verhältnisses der Leuchtkräfte. Es ist $J_1 : J_2 =$

Mischung	einseitig	zweiseitig
ohne Nicol	$\left(\dfrac{l_1}{l_2}\right)^2 (1-k)$	$\left(\dfrac{l_1}{l_2}\right)^2$
mit „	$\left(\dfrac{l_1}{l_2}\right)^2 (1-k\,\mathrm{tg}\,\varphi)^2$	

k giebt den einseitig beigemischten Bruchtheil der einen Lichtquelle an; es kann durch Vergleichung zweier Lichtquellen ohne Nicol mit einseitiger und darauf mit zweiseitiger Mischung gefunden werden. φ ist der Drehungswinkel des Nicols. Die Entfernungen l_1 und l_2 werden von den matten Glasplatten des Photometers ab gerechnet.

(325) Einige einfache Photometer, die man für weniger genaue Beobachtungen sich selbst leicht herstellen kann:

Photometer von Bouguer. Zwei innen geschwärzte Röhren sind an ihrem einen Ende offen, an dem anderen Ende mit durchscheinendem Papier geschlossen. Richtet man die offenen Enden nach den Lichtquellen, während die geschlossenen Enden neben einander dem Beobachter gegenüber stehen, so empfängt jede der Papierflächen ihre Beleuchtung nur von einer der Lichtquellen, und die Strahlen stehen senkrecht auf den beleuchteten Flächen, weil letztere zur Richtung der Röhren senkrecht gemacht sind. Durch Veränderung der Abstände der Lichtquellen von den Röhren erzielt man gleiche Stärke der Beleuchtung, die man nach der Erleuchtung der Papiere an den geschlossenen Röhrenenden beurtheilt.

216 Photometrie.

Photometer von Lambert, gewöhnlich Rumford'sches Photometer genannt. Vor einer weißen Tafel wird ein undurchsichtiger Stab aufgestellt; die beiden Lichter werden so angebracht, daß sie von diesem Stabe zwei Schatten auf die Tafel werfen, und daß diese Schatten neben einander erscheinen. Jeder von diesen Schatten empfängt nur von einer der beiden Lichtquellen Strahlen, da die andere für ihn verdeckt ist; regulirt man die Abstände der Lichter so, daß die beiden Schatten gleich stark beleuchtet sind, so kann man das Verhältniß der Leuchtkräfte berechnen; hierbei hat man noch dafür zu sorgen, daß die Strahlen in den beiden Schatten unter demselben Winkel einfallen. Die Abstände sind von der beleuchteten Fläche, nicht von dem davor stehenden Stabe, zu messen. — Eine von fremdem Licht herrührende gleichmäßige Beleuchtung der Fläche thut der Richtigkeit der Messung keinen Eintrag.

Photometer von Ritchie. Zwei Spiegel werden unter rechtem Winkel so verbunden, daß die spiegelnden Flächen zwei Außenseiten eines Würfels bilden; ihre Kante wird senkrecht gestellt. Bringt man diese verbundenen Spiegel so zwischen die beiden Lichter, daß die Halbirungsebene des Winkels senkrecht steht gegen die Verbindungslinie der Lichtquellen, so erblickt ein Auge, das sich in der genannten Halbirungsebene befindet und in die Spiegel schaut, beide Lichter gerade vor sich. Hält man nun zwischen das Auge und die Spiegel eine transparente Scheibe, etwa durchscheinendes Papier, so werden die beiden Hälften dieses Papiers jede nur von einer Lichtquelle beleuchtet. Die Abblendung des störenden Lichts wird dadurch bewirkt, daß man die ganze Vorrichtung in eine geschwärzte Röhre bringt, deren Enden offen sind, so daß jeder Spiegel allein von der Lichtquelle, die ihm gegenübersteht, beleuchtet wird. Durch eine passende Oeffnung in der Wand dieser Röhre kann man die transparente Scheibe beobachten; es wird empfohlen, in diese Oeffnung eine Convexlinse einzusetzen.

Hilfsmittel beim Photometriren.

(326) **Zerstreuungslinsen** (Dispersions-, concave Linsen). Bei der Messung sehr starker Lichtquellen reicht oft der vorhandene Raum nicht hin, um allein durch Vergrößerung des Abstandes der Lichtquelle vom Photometerschirm die Beleuchtung des letzteren abzugleichen. Man schaltet dann zur Abschwächung in den Gang der Strahlen eine Zerstreuungslinse ein.

Ist $-p$ die Brennweite der Linse, und zwar p der absolute Werth derselben, l_1 der Abstand der Lichtquelle vom Photometerschirm, d der Abstand der Linse von demselben, ist l_2 der Abstand der anderen Lichtquelle vom Photometerschirm, so ist

$$J_1 : J_2 = \left[l_1 + \frac{d}{p}(l_1 - d) \right]^2 : l_2^2$$

oder
$$= \left[\frac{l_1}{l_2}\right]^2 \cdot \left[1 + \frac{d}{p} \cdot \frac{l_1 - d}{l_1} \right]^2.$$

Die Linse hat die größte Wirkung, wenn $d = \frac{1}{2} l_1$.

Photometrie.

Bestimmung von p (beim Bunsenphotometer). Man braucht dazu zwei Lichtquellen, deren Verhältniß constant ist, zwei gute Petroleumrundbrenner, besser noch zwei parallel oder hintereinander geschaltete Glühlampen; es ist von Vortheil, wenn die Lichtstärken gleich sind. Die eine derselben wird am einen Ende der Photometerbank fest aufgestellt, in angemessener Entfernung davon der Photometerschirm, ebenfalls fest. Die zweite Lichtquelle wird auf der anderen Seite des Schirmes verschoben. Bei einer Messung seien die Einstellungen folgende: erste Lampe fest auf 0 der Photometerbank; Photometerschirm auf 100 (l_1); zweite Lampe auf 197 (A_1). Nun bringt man die zu bestimmende Linse in die Mitte zwischen die erste Lampe und den Schirm, im angegebenen Beispiel also auf 50; um wieder Gleichheit der Beleuchtung zu erhalten, muß man die verschiebbare Lampe von dem Schirm entfernen, z. B. bis auf 256 (A_2). Dann ist

$$p = \frac{l_1}{4} \frac{A_1}{A_2 - A_1}$$

im Beispiel $= \frac{100}{4} \cdot \frac{97}{59} = 41$; Brennweite $= -41$ cm.

Lichtverlust. Bei der Messung mit Dispersionslinsen geht ein Bruchtheil des Lichtes an den beiden Flächen der Linsen verloren; um dies auszugleichen, bringt man auf der anderen Seite des Photometers ein einfaches Spiegelglas an.

(327) **Spiegel.** Bei der Messung einer Lichtquelle unter verschiedenen Winkeln bedient man sich häufig eines Spiegels. In diesem Spiegel erscheint die Lichtquelle um so viel hinter der spiegelnden Fläche, als sie in der That vor derselben sich befindet; zu der Entfernung des Spiegels vom Photometerschirm muß man also noch die der Lampe vom Spiegel addiren. Außerdem findet bei der Spiegelung ein Lichtverlust statt, der vom Einfallswinkel nahezu unabhängig ist und bei guten Spiegeln zwischen 10 und 40% beträgt. Das Verhältniß der reflectirten zur einfallenden Lichtstärke nennt man Schwächungscoefficient; derselbe liegt gewöhnlich zwischen 0,6 und 0,9. Die mit Hilfe des Spiegels gefundene Zahl für die Leuchtkraft einer Lampe ist mit dem Schwächungscoefficient zu dividiren, um den Verlust am Spiegel in Rechnung zu setzen.

Schwächungscoefficient σ. Um denselben zu bestimmen, verwende man zwei ebensolche Lampen, wie unter (326) angegeben.

Die eine derselben wird auf 0 der Photometerbank fest aufgestellt, vgl. Fig. 80. Die andere wird während der Messung einmal auf den Punkt N der Bank, dann seitwärts auf ein Stativ gestellt, auf letzterem aber so, daß ihre Entfernung vom Punkte S dieselbe bleibt. Den Platz der

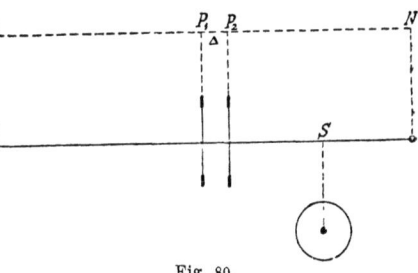

Fig. 80.

Lampe auf dem Stativ bezeichnet man sehr genau. Wenn die Lampe in N steht, stellt man das Photometer ein und erhält die Stellung P_1; bringt man die Lampe auf ihren Platz auf dem Stativ und den Spiegel nach S, so erhält man die Einstellung P_2. Wird die Differenz $P_2 - P_1$ mit $\it\Delta$ bezeichnet, so ist

$$\sigma = 1 - \left(\frac{\it\Delta \cdot N}{P_2(N-P_1)}\right)^2.$$

Je größer σ, desto genauer kann es bestimmt werden; die Beobachtungen müssen mit großer Sorgfalt ausgeführt und mehrmals wiederholt werden, wenn man σ mit genügender Sicherheit erhalten will.

Winkel α, den die Strahlen der gespiegelten Lampe mit der Horizontalen einschließen. Besitzt der Spiegel zwei Axen, eine senkrechte und eine wagrechte, und liest man an der ersteren den Winkel v, an der letzteren den Winkel h ab, so wird α gefunden aus den Gleichungen

$$\alpha = 90° - \beta$$
$$\cos 2\beta = \cos v \cdot \cos h.$$

Dabei wird vorausgesetzt, daß v und h gleich Null sind, wenn die Spiegelfläche zur Photometeraxe senkrecht steht. — Besitzt der Spiegel nur eine wagrechte Drehungsaxe, zu der die spiegelnde Fläche in einem Winkel von 45° geneigt ist, so muß die Lampe sich in einer bestimmten verticalen Ebene befinden; für die Rechnung ist dieser Fall am einfachsten, der Winkel der Lampenstrahlen gegen die Horizontale kann leicht an einem verticalen Theilkreis abgelesen werden.

Entfernung der Lampe vom Spiegel. Man kann dieselbe entweder direct mit dem Maßstab messen, oder in vielen Fällen bequemer aus einem gemessenen Abstande und dem Winkel α berechnen. Formel dazu vgl. (329).

(328) Prüfung eines Photometerschirmes. Fettfleckpapiere und ähnliche Vorrichtungen sind häufig einseitig; zur näheren Untersuchung eines solchen Photometerschirmes bringt man denselben in die Mitte der Photometerbank und stellt nahe hinter der Bank eine Lichtquelle auf. Zwischen letztere und das Photometer kommt ein undurchsichtiger Schirm, um die Strahlen der Lichtquelle von dem Photometer sicher abzuhalten. An beide Enden der Photometerbank setzt man zwei von demselben Stück geschnittene Spiegel, welche das von der Lichtquelle ausgestrahlte Licht in die Axe der Bank reflectiren. Der Photometerschirm empfängt demnach von beiden Seiten gleiche Beleuchtung, wenn er in der Mitte der Bank steht; ist er ungleichseitig, so erscheinen seine beiden Seiten erst gleich, wenn man ihn um den Abstand d aus der Mitte der Bank verschoben hat. Ist A die Länge der Bank (Abstand der beiden Spiegel), c der Abstand der Lichtquelle von der Axe der Bank, so ist das Maß der Ungleichheit der beiden Seiten des Photometerschirmes

$$\frac{4d}{A\left(1+\dfrac{c^2}{A^2}\right)} \quad \text{oder annähernd} \quad \frac{4d}{A}.$$

Photometrie.

Man wird mehrere Schirme prüfen und nur einen solchen nehmen, für welchen der Werth $4d/A$ gering genug, 0,01 bis 0,02 ist. Um die Ungleichseitigkeit für die Beobachtung unschädlich zu machen, ist eine Vertauschung der zu vergleichenden Lichtquellen oder eine Umkehrung des Photometerschirmes zu empfehlen.

(329) Aufhängung der Bogenlampen zum Photometriren. Um unter allen Winkeln messen zu können, ist es vortheilhaft, die Lampe in einer der folgenden Arten aufzuhängen:

Abstand der Lampe vom Spiegelconstant.

Bedeutet in der Figur S den Spiegel auf der Photometerbank und B die Bogenlampe, so sei A die Axe, um welche sich der Arm H drehen kann; an letzterem ist die Bogenlampe B befestigt mit einer Schnur, deren Länge gleich dem Abstand AS ist; der Abstand der Lampe vom Spiegel ist dann constant $= H$.

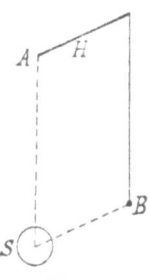

Fig. 81

Abstand der Lampe vom Spiegel nach einer einfachen Formel zu berechnen. Die Bogenlampe hängt an einer Aufzugsvorrichtung, mittels deren sie auf und ab verstellt werden kann; ein eiserner Ring, durch den der obere Theil der Lampe hindurchtreten kann, dient als Gegengewicht. Die Aufzugsvorrichtung kann auf einem ausgespannten Draht verschoben werden. Die Entfernung der Lampe vom Spiegel ist (Fig. 82)

$$R = \frac{a}{\cos \alpha}.$$

(330) Halter für Glühlampen. Um Glühlampen unter verschiedenen Winkeln zu messen, braucht man keinen Spiegel zu

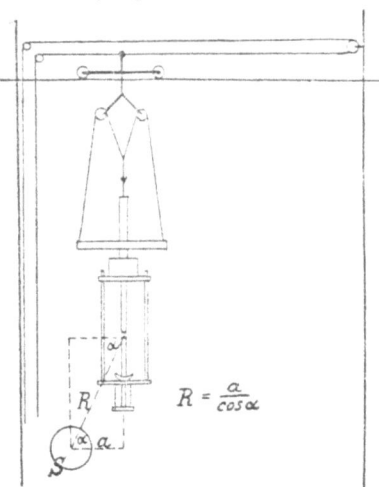

Fig. 82.

verwenden, sondern kann einen dazu geeigneten Halter benutzen. Ein solcher muß eine wagrechte und eine senkrechte drehbare Axe und zwei Theilkreise besitzen. Heim hat in der Elektrot. Ztschr. 1886, S. 384 ein sehr bequemes Stativ für diesen Zweck beschrieben und abgebildet; an demselben lassen sich alle erforderlichen Einstellungen und Messungen ausführen.

(331) Räumliche Vertheilung der Lichtstärke. Dieselbe ist bei vielen Glühlampen und bei allen Bogenlampen sehr ungleichmäßig, so daß man die Lichtquellen unter verschiedenen Winkeln ausmessen muß. Bei Bogenlampen liegt ein Maximum der Leuchtkraft zwischen 30 und 60° Neigung gegen die Horizontale. Die Kohlen der Bogenlampen brennen meistens schief ab, so daß die Helligkeit nach verschiedenen Seiten verschieden ist; man nimmt als Leuchtkraft unter einem bestimmten Winkel gegen die Horizontale das Mittel aus zwei gleichzeitigen Messungen unter diesem Winkel auf gegenüberliegenden Seiten der Lampe. Wenn die Helligkeit einer Bogenlampe angegeben wird, so ist immer nothwendig, hinzuzufügen, auf welche Weise die Zahl erhalten wurde, ob man in der Richtung der maximalen Helligkeit gemessen hat, ob ein Mittel genommen wurde etc.

Um die mittlere räumliche Lichtstärke zu finden, hat man zunächst zu ermitteln, wie groß die Beleuchtung ist, welche eine mit dem Radius r um die Lichtquelle construirte Kugelfläche empfängt. Theilt man diese Kugelfläche wie die Erdoberfläche durch Meridiane und Parallelkreise, so empfangen die Punkte eines Meridianes im Allgemeinen verschiedene Beleuchtungen; die in irgend einem Meridian (senkrechte Ebene) unter den verschiedenen Winkeln gemessenen Leuchtkräfte trägt man nach Figur 83 in ein Netz auf, welches von 5 zu 5° Strahlen und außerdem concentrische Kreise enthält, deren Radien die Leuchtkräfte angeben. Für praktische Zwecke wünscht man meist nur die mittlere Leuchtkraft in der unteren Halbkugel, deren eine Hälfte Figur 83 darstellt; die Rechnung wird für diesen Fall geführt. Die Punkte eines und desselben Parallelkreises erhalten dagegen gleiche Beleuchtung. Demnach ist die Beleuchtung eines

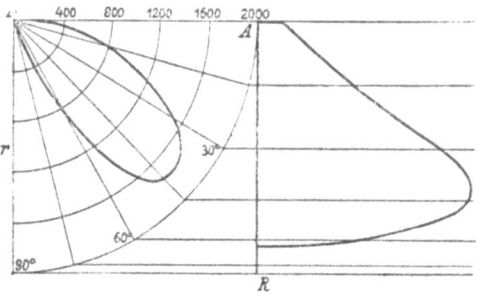

Fig. 83.

Punktes der Kugeloberfläche nach der Curve der Figur 83 bestimmt, wenn man weiß, auf welchem Parallelkreis derselbe liegt. Die Einheit der Fläche auf dem α^{ten} Parallelkreis erhält die Beleuchtung i_α/r^2; die Fläche des α^{ten} Parallelkreises, als Kugelzone von der Winkelbreite $d\alpha$ gedacht, ist gleich $2r^2\pi \cos\alpha\, d\alpha$: also empfängt diese Kugelzone die Beleuchtung $2\pi i_\alpha \cos\alpha\, d\alpha$, und die Halbkugel

$$2\pi \int_0^{\pi/2} i_\alpha \cos\alpha\, d\alpha.$$

Beleuchtet man dieselbe Kugelfläche von ihrem Mittelpunkte aus mittels einer Lichtquelle, die nach allen Seiten die gleiche Leuchtkraft i besitzt, so empfängt die Halbkugel die Lichtmenge

$$\frac{i}{r^2} \cdot 2\,r^2\pi = 2\,\pi i;$$

setzt man dies dem obigen gleich, so erhält man als mittlere Leuchtkraft

$$i = \int_0^{\pi/2} i_\alpha \cos\alpha\, d\alpha.$$

Um das Integral construiren und graphisch berechnen zu können, schreibt man es in der Form

$$\frac{1}{r} \int i_\alpha\, d(r\sin\alpha);$$

trägt man $r\sin\alpha$ als Abscisse von A nach R aus auf und mißt das zugehörige i_α als Ordinate ab, was mittelst einer sehr einfachen Construction auszuführen ist, so giebt die Fläche zwischen der Curve und der Geraden AR den Werth des Integrals zwischen $\pi/2$ und 0: dieser Flächeninhalt ist dann noch durch r zu dividiren, um i zu erhalten.

Vorraussetzung ist hierbei, daß die räumliche Vertheilung des Lichtes in jeder Meridianebene dieselbe sei; ist dies nicht der Fall, so muß man den Mittelwerth von i_α für jedes α suchen (vgl. die Bemerkung weiter oben) und die Construction mit diesen Mittelwerthen ausführen.

(332) **Verschiedenfarbige Lichtquellen** kann man photometrisch nicht richtig vergleichen. Die praktisch vorkommenden Lichtquellen enthalten meistens alle Farben, während eine bestimmte besonders vorwiegt, man darf sie als gefärbtes Weiß auffassen und in diesem Sinne vergleichen. Es entstehen freilich noch erhebliche Schwierigkeiten der Einstellung, welche in vielen Fällen die Genauigkeit der Messung beeinträchtigen; beim Vergleich einer Bogenlampe und einer Petroleumlampe erscheint das eine Bild des Fettflecks gelbroth, das andere blau; man hilft sich in diesem Falle, indem man auf gleiche Deutlichkeit der Ränder des Fleckes einstellt, was etwa der Weber'schen Definition von der Gleichheit der Beleuchtung (320) entspricht.

Einheit der Leuchtkraft.

(333) **Platineinheit von Violle.** Nach den Beschlüssen der Pariser internationalen Conferenz 1884 wurde festgesetzt:

Die praktische Einheit des weißen Lichtes ist die Lichtmenge, welche in senkrechter Richtung von einem Quadratcentimeter der Oberfläche von geschmolzenem Platin bei der Erstarrungstemperatur ausgegeben wird.

Diese Einheit ist schwierig herzustellen, sie hat deßhalb in der Praxis keine Aufnahme gefunden. Ueber die Siemens'sche Platineinheit s. nachstehend unter 7.

222   Photometrie.

Einheitskerzen und -Lampen. Für praktische Zwecke gebraucht man Kerzen und Lampen, die man jederzeit und an jedem Orte sich beschaffen oder herstellen kann. Solche Einheitsbrenner sind:

1. Die französische Carcellampe, eine Runddocht-Lampe; Durchmesser des Dochtes 30 mm, Flammenhöhe 40 mm, Verbrauch 42 g gereinigtes Rüböl in der Stunde.

2. Englische Normalkerze (London spermaceti candle), Wallrathkerze, Flammenhöhe wird verschieden angegeben, 43 bis 45 mm (Krüß: 44,5 mm). Verbrauch 7,77 g (120 grains) in der Stunde.

3. Deutsche Vereinskerze, Paraffinkerze von 20 mm Durchmesser. Flammenhöhe 50 mm. 12 Kerzen = 1 kg.

4. Münchener Stearinkerze, Flammenhöhe 52 mm, Verbrauch 10,4 g in der Stunde.

5. Amylacetatlampe von v. Hefner-Alteneck. Dieselbe besitzt die mittlere Leuchtkraft einer englischen Normalkerze bei 43 mm Flammenhöhe. Die Lampe ist reproducirbar. Ihre Definition lautet (vgl. El. Ztschr. 1886, S. 139): „Als Einheit der Lichtstärke dient die frei, in reiner und ruhiger Luft brennende Flamme, welche sich aus dem horizontalen Querschnitt eines massiven, mit Amylacetat gesättigten Dochtes erhebt. Dieser Docht erfüllt vollständig ein kreisrundes Neusilberröhrchen, dessen lichte Weite 8 mm, dessen äußerer Durchmesser 8,3 mm beträgt, und welches eine freistehende Länge von 25 mm besitzt. Die Höhe der Flamme soll, vom Rande der Röhre bis zur Spitze gemessen, 40 mm betragen. Die Messungen sollen erst 10 Minuten nach der Entzündung der Flamme beginnen." — Bei einer Flammenhöhe l von 40—60 mm ist die Leuchtkraft $= 1 + 0{,}025 \cdot (l - 40)$; ist l kleiner als 40, so ist die Leuchtkraft $= 1 - 0{,}03 \cdot (40 - l)$. Das Amylacetat soll öfters fractionirt werden (Siedepunkt 138°).

6. Harcourts Patentgasflamme besitzt die Leuchtkraft der englischen Normalkerze. Ueber einem Gefäß von der Form der einfachsten Spirituslampen erhebt sich ein senkrechtes Rohr mit mehrfacher Wand, in welches der Docht aus dem unteren Gefäß hineinreicht; derselbe führt das flüssige Pentan in die Höhe und bringt es zur Verdampfung; die Flamme selbst brennt erst am oberen Rande des Rohrs, mehrere Centimeter über dem Docht, und erhält eine ziemlich große Steifigkeit durch ein als Kamin übergesetztes Rohr, in welches die Spitze der Flamme hineinschlägt; zwei Schlitze in diesem Rohre dienen als Flammenmaß. Die Flamme selbst erzeugt die Wärme, die zur Verdampfung des Pentans nöthig ist. Es kommt auf sehr constante Temperatur in dem Verdampfungsrohr an. Leuchtkraft = 1 NK. (Pentan wird erhalten durch Destillation von amerikanischem Petroleum bei 50° C.)

7. Die Siemens'-Platineinheit beruht auf einer ähnlichen Definition wie die von Violle (s. oben). Sie ist die Leuchtkraft, welche 0,1 qcm schmelzenden reinen Platins senkrecht zur Oberfläche ausstrahlt. Um diese Einheit für praktische Zwecke herzustellen, wird ein Streifen sehr dünnen Platinbleches im Innern eines geschlossenen Metallkästchens

Photometrie.

parallel der senkrechten Vorderwand ausgespannt; in die Vorderwand ist eine Oeffnung von genau 0,1 qcm eingeschnitten, so daß man von dem in sehr geringem Abstande dahinter befindlichen Platinblech genau 0,1 qcm Fläche sieht. Der Streifen wird durch den Strom erhitzt und giebt in dem Augenblicke, in dem er schmilzt, die definitionsgemäße Leuchtkraft. Diese wurde von Liebenthal zu 1,76 Kerzen (Amylacetatlampe = 1) bestimmt.

8. **Gasbrenner** (auch der Giroud'sche Einheitsbrenner) sind nach neueren Untersuchungen sehr unsicher und nicht zu empfehlen.

Die Leuchtkraft der angeführten Lampen wird großentheils beeinflußt durch die Beschaffenheit der Luft im Beobachtungsraum. — Die Flammen der Kerzen sind sehr empfindlich gegen Luftzug, oft auch gegen Erschütterungen.

Vergleichung einiger Leuchtkräfte.

nach Violle	Violle'sche Platineinheit	Carcelbrenner	Englische Normalkerze von 45 mm	Deutsche Vereinsparaffinkerze	Amylacetatlampe
Violle'sche Platineinheit	1	2,08	18,5	16,4	19,5
Carcelbrenner .	0,48	1	8,9	7,9	9,4
Englische Normalkerze von 45 mm	0,054	0,112	1	0,89	1,05
Deutsche Vereinsparaffinkerze	0,061	0,127	1,13	1	1,19
Amylacetatlampe	0,051	0,106	0,95	0,84	1

Die Deutsche Vereinskerze ist nach Lummer und Brodhun = 1,16 Kerzen (Amylacetatlampe = 1); die Lichtmeßcommission des Vereins der Gas- und Wasserfachmänner hat dasselbe Verhältniß zu 1,224 und das Verhältniß der durchschnittlichen englischen Wallrath-Normalkerze zur Amylacetatlampe zu 1,151 ermittelt.

(334) Messung der Flammenhöhe der Kerzen. Dieselbe geschieht am einfachsten mit einem Zirkel oder zwei horizontalen Drähten, deren Abstand gleich der gewünschten und vorgeschriebenen Flammenhöhe ist; man wartet mit der Messung, bis die Flamme diese Höhe gerade besitzt. Das Flammenmaß wird verschiebbar an einer verticalen Stange am Kerzenhalter befestigt.

Bei dieser Methode muß man mit dem Gesicht der Flamme ziemlich nahe kommen; häufig stört man durch die Bewegung des Körpers und den Athem die Flamme

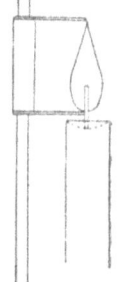

Fig. 84.

im ruhigen Brennen; auch leitet man durch die Zirkelspitzen sehr viel Wärme ab und es ist nicht unwahrscheinlich, daß dies auf die Leuchtkraft der Flamme von Einfluß ist. Deßhalb ist zum Messen der Flammenhöhe zu empfehlen

das optische Flammenmaß von Krüß. Dasselbe besteht aus einer convexen Linse, welche von der Flamme ein Bild auf einer matten Glastafel erzeugt; an einer Theilung, die auf dieser Tafel eingeätzt ist, kann die Flammenhöhe abgelesen werden. Die Linse von der Brennweite f wird in der Entfernung $2f$ von der Flamme aufgestellt; die matte Glastafel ist in der Entfernung $2f$ mit der Linse fest verbunden. Es entsteht dann auf der letzteren ein reelles umgekehrtes Bild der Flamme, welches genau ebenso groß ist, wie die Flamme selbst. Scharfe Einstellung ist erforderlich.

Bei der Amylacetatlampe wird die Constanz der Flamme geprüft durch Visiren an zwei kurzen Schneiden, die von der Flamme selbst ziemlich weit entfernt sind; hat man ein schwaches Fernrohr oder ein Opernglas zur Verfügung, so kann man sich die Visirvorrichtung noch bequemer und sicherer machen. Das optische Flammenmaß von Krüß läßt sich an der Lampe selbst befestigen. — Die Flammenhöhe läßt sich reguliren.

Im Photometer von Leonh. Weber wird als Normalflamme ein Benzin- oder Amylacetatlämpchen verwendet, welches, in einem Gehäuse eingeschlossen, nahe vor einer verticalen Millimetertheilung brennt; neben dieser Theilung befindet sich ein Spiegel; der tiefste und der höchste Punkt der Flamme werden mit Zuhilfenahme des Spiegelbildes abgelesen und ergeben so die Flammenhöhe; die letztere kann von außen regulirt werden.

(335) **Zwischenlichter.** Es ist nicht immer möglich, meist auch nicht zu empfehlen, die zu messenden Lampen unmittelbar mit Einheitsbrennern zu vergleichen. Die letzteren sind vor Allem gegen Störungen von außen zu empfindlich; auch ist häufig das Verhältniß der zu messenden Lampe zu der Einheitslampe zu sehr von 1 verschieden; man vergleicht dann die Lichteinheit zuerst mit einer Lampe, deren Leuchtkraft eine mittlere Größe hat, und mit letzterer erst die zu messende Lampe. Als solche Zwischenglieder der Messung empfehlen sich Petroleumrundbrenner, Siemens-Regenerativbrenner und für bestimmte Zwecke Glühlampen.

Messung der Bogenlampen. Hierbei wird die Einschaltung von mindestens zwei Zwischenlichtern nothwendig, wenn man die Bogenlampe mit der Einheitskerze vergleichen will. Es ist gut, die Stärke dieser Lampen in geometrischer Proportion zu wählen. Große Petroleumrundbrenner (mit Kaiseröl gespeist) können bis 80 und 100 Normalkerzen geben; zwischen diese und die Einheitslampe schaltet man noch eine Petroleumlampe von ca. 10—12 Normalkerzen. Wenn solche Lampen rein gehalten werden, so brennen sie einige Zeit nach dem Anzünden und Aufstellen an ihrem Platz ohne bedeutendere Schwankungen (nach Krüß 1—2% in einer Stunde). Soll die stärkere der beiden Zwischenlampen eine höhere Leuchtkraft als 100 NK besitzen, so verwendet man einen Regenerativgasbrenner von Siemens; die größere Sorte hat eine Leuchtkraft von ca. 300 NK; die Constanz

Photometrie.   225

ist fortwährend zu prüfen. Als Zwischenlichter werden auch Argandbrenner empfohlen; doch sind alle Gasflammen in Folge des veränderlichen Gasdruckes mehr oder minder unsicher.

Die Zwischenlichter werden häufig so verwendet, daß zwei Photometerbänke im Winkel zu einander aufgestellt werden; das größere Zwischenlicht kommt in den Scheitel des Winkels, das kleinere an das Ende des einen, die zu messende Lampe ans Ende des anderen Schenkels zu stehen. Diese Aufstellung erfordert viel Platz. Es ist leicht, auch mit einer Bank auszukommen. Das Verfahren ist dann folgendes: Am einen Ende der Photometerbank befindet sich das stärkere Zwischenlicht Z, am anderen Ende die zu messende Lampe L; beide sind durch Schirme s_1 s_2 verdeckt. Fig. 85.

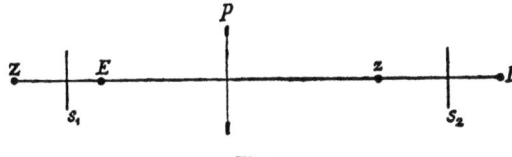

Fig. 85.

Am Ende bei Z wird vor dem Schirm s_1 der Einheitsbrenner E aufgestellt, auf der anderen Seite des Photometerschirmes P das schwächere Zwischenlicht z. Zuerst vergleicht man E und z miteinander; darauf entfernt man E und s_1 und vergleicht z und Z; schließlich bringt man auch z und s_2 weg, und führt dann die eigentlichen Messungen von L aus. Das Zurückgehen auf die Einheit wird von Zeit zu Zeit wiederholt.

Bei der Messung von Glühlampen gebraucht man am bequemsten als Zwischenglieder Glühlampen, welche nahezu dieselbe Leuchtkraft besitzen, wie die zu untersuchenden Lampen. Die zum Zwischenglied benutzte Lampe behält ihre Constanten längere Zeit ungeändert bei; man kann sie in diesem Sinne einen Etalon nennen. Hat man die Messungen an Glühlampen häufig auszuführen, so stellt man sich durch einmalige sorgfältige Messung und Vergleichung mit dem Einheitsbrenner einen passenden Hauptetalon her, mit dem man nach dem Verfahren unter (336) eine Anzahl von Gebrauchsetalons bestimmt; man kann in diesem Falle lange Zeit photometriren, ohne des Zurückgehens auf eine Einheitskerze zu bedürfen.

Als sehr constante Vergleichslichter empfiehlt Uppenborn die im Handel vorkommenden Benzinlämpchen in Form von Kerzenleuchtern mit Cylindern.

Bei Verwendung von Accumulatorenstrom und genauer Regelung constanter Stromstärke lassen sich nach Lummer und Brodhun auch Glühlampen verwenden; es sind dazu aber etwas umständliche besondere Einrichtungen erforderlich.

226 Photometrie.

Gleichzeitige photometrische und galvanische Messungen.

(336) Bogenlampen. Die Spannung der Lampe wird möglichst zwischen einem Punkte der oberen und einem der unteren Kohle gemessen; weniger gut zwischen den Zuleitungsklemmen der Lampe. Spannungs- und Strommesser müssen sich rasch einstellen, damit man den Schwankungen der Lampe folgen kann. — Die Bogenlampen brennen fast nie constant; wenn man den Mechanismus noch so gut regulirt hat, wenn die Kohlen auch ganz regelmäßig abbrennen, so bemerkt man doch am Photometer und an dem Spannungs- und dem Strommesser fortwährende Schwankungen. Es werden mehrere Mittel angegeben, richtige Werthe zu erhalten; das beste dürfte wohl sein, bei ungeänderter Stellung der Lampe länge Zeit zu beobachten und eine Reihe von Messungen anzustellen, aus denen man dann das Mittel nimmt. Vorausgesetzt wird immer, daß die Lampe so constant brennt, als immer zu erreichen ist; ein Hilfsmittel dabei ist die Verwendung einer weit größeren elektromotorischen Kraft, als die Lampe allein gebraucht, und Vorschalten großer Drahtwiderstände. — Die Messungen der Leuchtstärke werden unter verschiedenen Winkeln angestellt, mit Zuhilfenahme eines Spiegels, mit dem Elster'schen oder mit dem Weber'schen Photometer; vgl. (320)—(323), (327).

(337) Glühlampen. Man kann die galvanischen Messungen in derselben Weise ausführen wie bei der Bogenlampe; zum Reguliren der Spannung braucht man einen Rheostaten. Die Spannung an den zu messenden Glühlampen muß sehr genau constant gehalten werden, weil sich die Leuchtkraft sehr viel stärker ändert als die Spannung.

Hat man für eine Glühlampe die zusammengehörigen Werthe für Leuchtkraft, Spannung und Strom in Normalkerzen, Volt und Ampère ermittelt, so kann man diese Lampe als Etalon zu weiteren Messungen an ähnlichen Glühlampen verwenden; man vergleicht dann die gleichartigen Größen einer zu messenden Lampe und des Etalons, mißt aber nicht diese Größe selbst, sondern nur die Beträge, um welche sich die zu vergleichenden beiden Lampen hinsichtlich der Spannung und des Stromes unterscheiden. Da man auf diese Weise von den gesuchten Größen nur mehr einen kleinen Theil wirklich mißt, so würde ein Fehler in dieser Messung sich im Schlußergebniß ebenfalls nur mit einem kleinen Betrage bemerkbar machen. Man kann also nach dieser Methode Spannung und Strom der zu untersuchenden Lampe mit derselben Genauigkeit bestimmen, mit der diese Größen für den Etalon bekannt sind, ohne an die Messungen, welche thatsächlich ausgeführt werden müssen, nur annähernd so hohe Forderungen zu stellen.

Die zu verwendende Methode beruht auf folgender Voraussetzung:

Innerhalb gewisser Grenzen gelten für die Aenderung der Glühlampen in Leuchtkraft, Spannung und Strom für alle Exemplare desselben Systems und für verschiedene Systeme dieselben Gesetze.

Die Methode ist beschränkt auf die Messung verhältnißmäßig geringer Unterschiede; man wird wohl daran thun, im äußersten Falle noch Größen zur Vergleichung zu bringen, die im Verhältniß 4 : 5 stehen.

Aufstellung. Der Etalon und die zu untersuchende Lampe werden auf dem Photometer aufgestellt, um das Verhältniß der Leuchtkräfte zu bestimmen; die beiden Lampen werden nach beistehendem Schema in den Stromkreis eingeschaltet.

D ist die Stromquelle, Maschine oder Batterie, E die Etalonlampe, deren regelmäßige Spannung $= e_1$ ist; bei dieser Spannung habe die Lampe die Leuchtstärke J_1 und die Stromstärke i_1, L die zu messende Lampe, deren Spannung e_2, Leuchtstärke J_2, Stromstärke i_2.

R und W sind regulirbare Widerstände, Rheostaten. Die mit ϱ bezeichneten Stücke stellen Drähte von bekanntem, ziemlich kleinem Widerstande ϱ vor.

Die durch Kreise angegebenen beiden Galvanometer sind: das mit den Buchstaben ω, γ bezeichnete ein Galvanometer von großem Widerstand ω, an dem man

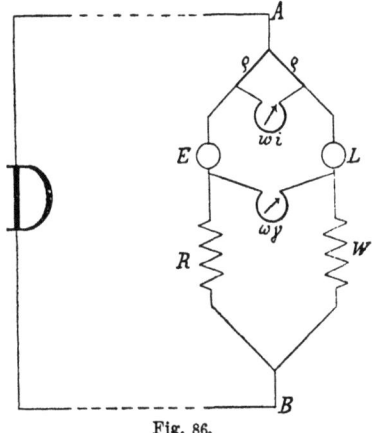

Fig. 86.

die Stromstärke γ in Ampère ablesen kann; das mit w, i bezeichnete ein Galvanometer von mäßig hohem Widerstande w, an dem die Stromstärke i in Ampère abgelesen werden kann.

Bei der Messung von Lampen mit hohem Widerstande legt man die Widerstände ϱ, wie gezeichnet, nach der Klemme A während die Regulatoren W und R auf der anderen Seite der Lampen eingeschaltet sind. Bei der Messung von Lampen mit geringem Widerstand legt man umgekehrt die beiden Drähte ϱ nach der Klemme B, mit den beiden Regulatoren W und R auf dieselbe Seite der Lampen.

Beobachtung und Rechnung. Hat man die beiden Glühlampen auf dem Photometer mit Hilfe der Regulatoren W und R auf die gewünschten Verhältnisse gebracht — z. B. auf gleiche Leuchtkraft —, so liest man die Stromstärken γ und i ab. Dann hat man

$$e_2 = e_1 + \omega\gamma$$

$$i_2 = i_1 + i\left(\frac{w}{\varrho} + 2\right)$$

wobei das Vorzeichen der Stromstärken γ und i zu beobachten ist. Die Widerstände ϱ müssen sehr genau gleich gemacht werden; w ist groß gegen ϱ zu wählen, z. B. $= 98\,\varrho$, damit $w/\varrho + 2 = 100$ ist; es ist gut, in den Kreis w noch einen Rheostat einzuschalten.

Der Widerstand ω, das Verhältniß w/ϱ werden nur mit geringerer Genauigkeit bestimmt; die Aichungen der Galvanometer, an denen i und γ abzulesen sind, brauchen ebenfalls nicht mit erheblicher Genauigkeit ausgeführt zu werden. Kennt man jede der vier Größen, ω, w/ϱ, i, γ mit einer Sicherheit von etwa 2 % im absoluten Maße, so wird man auch in ungünstigen Fällen nicht 1 % Fehler haben, wenn die zu vergleichenden Größen im Verhältniß 4 : 5 stehen.

Die Etalonlampe hat bei der Messung die Spannung e_1; sie wird nach den Angaben eines gewöhnlichen guten Spannungszeigers bis auf etwa 2 % genau auf dieser Spannung gehalten; selbst Abweichungen von 5 % von der normalen Größe werden kaum erhebliche Fehler hervorrufen.

Beleuchtung.

(338) **Messung.** Das Weber'sche Photometer dient zur Messung der zurückgestrahlten Beleuchtung [(40), (41)] nach Meterkerzen. Beleuchtet man eine vollkommen weiße Fläche bei senkrechtem Einfall der Strahlen mit der Leuchtkraft von 1 Kerze aus 1 m Entfernung (d. i. mit 1 Meterkerze), so ist die zurückgestrahlte Beleuchtung ebenfalls 1 Meterkerze; richtet man auf diese Fläche das Photometer, nachdem die feststehende Milchgasplatte entfernt worden, so findet man die Stellung der verschiebbaren Platte, welche die Beleuchtung von 1 Meterkerze anzeigt. Mit diesem Versuch wird das Photometer geaicht und kann nun zur Bestimmung von Beleuchtungen gebraucht werden; gegebenen Falles muß der Factor k ebenso bestimmt werden, wie (320) angegeben.

Angaben über Beleuchtungsstärken. Nach Cohn liest man bei 50 Meterkerzen so schnell wie bei Tageslicht; 10 Meterkerzen ist das hygienische Minimum für Arbeiten mit den Augen. Die meist übliche Straßenbeleuchtung ist nach Wybauw ungefähr 0,1 MK; für Hauptstraßen fordert man 1 MK.

III. Theil.

ELEKTROTECHNIK.

I. Abschnitt.
Dynamomaschinen.

Allgemeines.

Arten der Maschinen.

(339) I. Das magnetische Feld wird erzeugt durch

Stahlmagnete — Magnetmaschinen.

Elektromagnete, welche von einer besonderen Stromquelle erregt werden } Maschinen mit Sondererregung.

Elektromagnete, welche den erregenden Strom von der Maschine, zu der sie gehören, empfangen } (gewöhnliche) Dynamomaschinen, Wechselstrommaschinen mit Selbsterregung.

II. Bezüglich der magnetischen Anordnung des Feldes unterscheidet man:

a) hinsichtlich der Zahl der Pole.

Einfaches, nahe gleichmäßiges Feld, zwei Magnetpole, zweipolige Maschine.

Mehrfache Wiederholung des einfachen Feldes, zusammengesetztes Feld, mehrere Paare von Polen, mehrpolige Maschinen.

Ungleichmäßiges, an Richtungssinn und Stärke von Ort zu Ort rasch wechselndes Feld, große Zahl von Polen, vielpolige Maschinen.

b) hinsichtlich der gegenseitigen Stellung der Feldmagnete und des Ankers.

Der Anker bewegt sich im Zwischenraum der Polschuhe oder der Feldmagnete: gewöhnliche Anordnung.

Der Anker schließt die Feldmagnete ein: Innenpolmaschinen.

III. Hinsichtlich der Ankerbewickelung unterscheidet man:

die Bewickelung umgiebt einen einzigen Eisenkern von einfacher Gestalt:

1. Anker, deren Bewickelung einen zusammenhängenden Stromleiter bildet, worunter

a) Ringanker (Gramme, Schuckert),
b) Trommelanker (v. Hefner-Alteneck, Edison).

232 Allgemeines.

2. Anker, deren Bewickelung aus mehreren getrennten Stromleitern besteht, worunter
    a) Ringanker (Brush),
    b) Trommelanker (Thomson-Houston),
die Bewickelung zerfällt in eine Anzahl räumlich getrennter Spulen, mit oder ohne Eisenkerne; die letzteren werden manchmal zu einem Stück zusammengesetzt:

3. Anker, bei denen die Axen der Spulen senkrecht zur Drehungsaxe des Ankers stehen, Polanker,

4. Anker, bei denen die Axen der Spulen parallel zur Drehungsaxe des Ankers stehen, Spulenanker,
die Bewickelung bildet keine Spule:

5. Anker, bei denen die Drähte auf einer Scheibe angeordnet sind, Scheibenanker.

IV. Bezüglich der Schaltung von Anker- und Schenkelbewickelung unterscheidet man bei selbsterregenden Maschinen:

Schaltung:

Hauptstrommaschinen   Anker — Schenkel — äuß. Kreis — Anker

Nebenschlußmaschinen $\left\{ \begin{array}{c} \text{Anker} \\ \text{Schenkel} \end{array} \right\rangle$ äußerer Kreis $\left\langle \begin{array}{c} \text{Anker} \\ \text{Schenkel} \end{array} \right.$

Maschinen mit gemischter Wickelung $\left\{ \begin{array}{l} \begin{array}{c} \text{Anker} \\ \text{Nebenschluß-} \\ \text{wickelung} \end{array} \rangle \begin{array}{c} \text{dir. Wickel.-} \\ \text{äuß. Kreis} \end{array} \langle \begin{array}{c} \text{Anker} \\ \text{Nebenschluß-} \\ \text{wickelung} \end{array} \\ \text{Ank.} - \text{dir.Wickel.} \langle \begin{array}{c} \text{äußerer Kreis} \\ \text{Nebenschlußwickel.} \end{array} \rangle \text{Anker} \end{array} \right.$

---

(340) Bezeichnungen für die Betriebsgröfsen.

Zeichen	Bedeutung	Maßeinheit
E	Elektromotorische Kraft	Volt
I	Stromstärke im Anker	Ampère
e	Klemmenspannung	Volt
i	Stromstärke im äußeren Kreis	Ampère
EI	gesammte elektrische Leistung	Voltampère oder Watt
ei	elektrische Nutzleistung	Voltampère oder Watt
$G = \dfrac{ei}{EI}$	elektrisches Güteverhältniß	absolute Zahl

Gleichstrommaschine. 233

Die elektrische Leistung von 736 Watt heißt 1 elektrische Pferdekraft.

Werden von dem Motor, welcher die elektrische Maschine treibt, an letztere A mechanische Pferdekräfte abgegeben, so ist

$$g = \frac{ei}{736} \cdot \frac{1}{A} \text{ der mechanische Wirkungsgrad,}$$

dieser ist kleiner, als das elektrische Güteverhältniß; der mechanische Wirkungsgrad beträgt in guten Maschinen 0,80 bis 0,90, d. h. eine vom Motor an die elektrische Maschine übertragene Pferdekraft liefert eine elektrische Nutzleistung, die in guten Maschinen bis zu 600—660 Watt beträgt.

Betriebsverluste in Maschinen.

(341) Kurze Zusammenstellung der Gründe, aus welchen Verluste entstehen:

Wärmeerzeugung durch den Strom
1. Leitungswiderstand der Anker- und Schenkelbewickelung.
2. Kurzschluß der Ankerabtheilungen durch die Bürsten.
3. Induction von Strömen im Eisen des Ankers und der Schenkel und in anderen Metalltheilen der Maschine.

Magnetische Arbeit
4. Verluste durch Hysteresis, bei Gleichstrommaschinen meist sehr gering.

Fehler in der Construction oder Ausführung
5. Isolationsfehler oder ungenügende Isolation der Bewickelungen.
6. Magnetischer Kurzschluß bezw. Ableitung der Kraftlinien durch benachbartes Eisen. (Beeinträchtigt die Leistungsfähigkeit der Maschine.)

Mechanische Verluste
7. Lager-, Zapfen- und Bürstenreibung, Luftwiderstand.

Gleichstrommaschine.

Nahezu gleichmäßiges magnetisches Feld.

Theoretisches.

(342) $B =$ mittlere Stärke des magnetischen Feldes (magnetische Induction) der Maschine zwischen Polfläche und Ankereisen im absoluten (c. g. s)-Maße.

$F =$ Größe der Fläche, mit der ein Pol dem Anker gegenübersteht, in qcm.

$2N =$ Zahl der wirksamen Ankerdrähte auf dem ganzen Anker; danach Windungszahl beim Trommelanker im Ganzen N, beim Ringanker $2N$.

$n =$ Umlaufszahl für die Minute.

Gleichstrommaschine.

Die mittlere EMK ist dann (123)

$$E = 2N \cdot F \cdot B \cdot \frac{n}{60} \quad \text{(c. g. s)}$$

$$= \frac{2}{60} \cdot \frac{1}{10^8} \cdot N \cdot F \cdot B \cdot n \text{ Volt.}$$

(343) Die Größe B bezw. FB, der wirksame Magnetismus, ist:

a) bei Maschinen mit Stahlmagneten im Wesentlichen constant; werden die Ströme im Anker sehr stark, so können sie bei nicht sehr großen Stahlmagneten eine merkliche Verminderung von B herbeiführen.

b) bei Maschinen mit Elektromagneten proportional der Windungszahl der Magnete und der magnetisirenden Stromstärke und abhängig von der Magnetisirungsfähigkeit und Sättigung des Eisens. Werden die Ankerströme sehr stark, so beeinflussen sie das Feld wie im vorigen Fall.

Außerdem ist B abhängig:
  von der Gestalt und Masse des Eisens in den Feldmagneten und im Anker,
  von der Form der Polschuhe,
  von der Art der Bewickelung.

Einflüsse untergeordneter Bedeutung sind:
  Rückwirkungen des Ankerstromes auf den Magnetismus des Feldes,
  remanenter Magnetismus des Eisens,
  Ströme im Eisen der Schenkel und des Ankers,
  Selbsinduction in den Bewickelungen.

---

(344) Das Ohm'sche Gesetz für Gleichstrom-Maschinen.

Besitzen E, J, e, i, G, g die in (340) angegebenen Bedeutungen und ist

  i' die Stromstärke im Nebenschluß,
  R_a der Ankerwiderstand,
  R_d der Widerstand der directen Wickelung,
  R_n der Widerstand der Nebenschlußwickelung,
  r der Widerstand des äußeren Stromkreises,

so bestehen folgende Beziehungen:

Gleichstrommaschine.

	Magnetmaschine und Maschine mit Sondererregung	Hauptstrommaschine	Nebenschlußmaschine	Maschinen mit gemischter Wickelung; Nebenschluß parallel zum Anker	Maschinen mit gemischter Wickelung; Nebenschluß parallel zum äußeren Kreis
J	$= \dfrac{E}{R_a + r}$ $= \dfrac{e}{r}$ $= i$	$= \dfrac{E}{R_a + R_d + r}$ $= \dfrac{e}{r}$ $= i$	$= \dfrac{E}{R_a + \dfrac{r R_n}{r + R_n}}$ $= \dfrac{e}{r}\left(1 + \dfrac{r}{R_n}\right)$ $= i + \dfrac{e}{R_n}$	$= \dfrac{E}{R_a + \dfrac{(r + R_d) R_n}{r + R_d + R_n}}$ $= \dfrac{e}{r}\left(1 + \dfrac{r + R_d}{R_n}\right) + \dfrac{e}{R_n}$ $= i\left(1 + \dfrac{R_d}{R_n}\right) + \dfrac{e}{R_n}$	$= \dfrac{E}{R_a + R_d + \dfrac{r R_n}{r + R_n}}$ $= \dfrac{e}{r}\left(1 + \dfrac{r}{R_n}\right)$ $= i + \dfrac{e}{R_n}$
i	$= \dfrac{e}{r}$	$= J$	$= \dfrac{e}{r}$	$= \dfrac{e}{r}$	$= \dfrac{e}{r}$
i			$= \dfrac{e}{R_n}$	$= \dfrac{e + i R_d}{R_n}$	$= \dfrac{e}{R_n}$
E	$= e + J R_a$ $= e\left(1 + \dfrac{R_a}{r}\right)$	$= e + J(R_a + R_d)$ $= e\left(1 + \dfrac{R_a + R_d}{r}\right)$	$= e + J \cdot R_a$ $= e\left(1 + \dfrac{R_a}{R_n} + \dfrac{R_a}{r}\right)$	$= e + J R_a + i R_d$ $= e\left(1 + \dfrac{R_d + R_a}{r} + \dfrac{R_a \cdot \dfrac{r + R_d}{r}}{R_n}\right)$	$= e + J(R_a + R_d)$ $= e\left(1 + \dfrac{r + R_n}{r R_n}(R_a + R_d)\right)$
G	$= \dfrac{e}{E}$ $= 1 - \dfrac{J \cdot R_a}{E}$ $= \dfrac{1}{1 + \dfrac{R_a}{r}}$	$= \dfrac{e}{E}$ $= 1 - \dfrac{J \cdot (R_a + R_d)}{E}$ $= \dfrac{1}{1 + \dfrac{R_a + R_d}{r}}$	$= \dfrac{ei}{EJ}$ $= 1:\left[1 + \dfrac{R_a}{r} + \dfrac{r}{R_n}\left(1 + \dfrac{R_a}{R_n}\right) + 2 \cdot \dfrac{R_a}{R_n}\right]$	$= \dfrac{ei}{EJ}$ $= 1:\left[1 + \dfrac{R_a + R_d}{r} + \dfrac{r}{R_n}\left(1 + \dfrac{R_d}{r}\right)^2 + \left(1 + \dfrac{R_a}{R_n} + 2 \cdot \dfrac{R_a}{r + R_d}\right)\right]$	$= \dfrac{ei}{EJ}$ $= 1:\left[1 + \dfrac{R_a + R_d}{r}\left(1 + \dfrac{r}{R_n}\right)^2 + \dfrac{r}{R_n}\right]$

Constructionsbedingungen.

(345) Allgemeines. Bei allen Constructionen ist besonders die Rücksicht im Auge zu behalten, daß die ganze Maschine wie auch alle ihre Theile leicht zugänglich gemacht und ausgebessert, bezw. ausgewechselt werden können.

Von der Anker- und Schenkelbewickelung verlangt man im Allgemeinen die Rücksickt auf geringen Leitungswiderstand bei geringem Materialaufwand, zwei Dinge, die einander gerade entgegengesetzt sind und zu einem günstigen Ergebniß gegeneinander abgewogen werden müssen. Ferner sieht man auf geringe Erwärmung und gute Lüftung, sowie besonders beim Anker auf sorgfältige mechanische Construction, symmetrische Wickelung und gute genaue Lagerung.

In den Magneten und dem Ankerkern verwendet man eine große Menge Eisen, um ein möglichst starkes magnetisches Feld zu erhalten; in diesem Falle darf man der Ankerbewickelung eine ziemlich kleine Windungszahl geben, was sowohl in Bezug auf den Widerstand des Ankers, als in Betreff der Stärke des magnetischen Feldes, der Einwirkung des Ankerstromes und -Magnetismus auf das letzere und der störenden Inductionswirkungen vortheilhaft ist. Die Schenkel sollen magnetisch weit stärker sein als der Anker.

Die Magnete erhalten häufig Polschuhe, die passend geformt sind, um den Anker zwischen sich aufzunehmen; man suche die Ankerbewickelung so nahe als möglich an die Polflächen zu bringen, auch wo keine Polschuhe vorhanden.

Man achte darauf, daß die magnetischen Kraftlinien nicht durch magnetisches Material in der Nähe von ihrem vorgezeichneten Weg abgezogen werden. Sind die Polschuhe die untersten Theile der Magnete, so ist diese Gefahr am größten, da dann die Kraftlinien verhältnißmäßig nahe an den Eisenconstructionen des zur Aufstellung der Maschine dienenden Unterbaues verlaufen. Man stellt dann die Polschuhe zunächst auf eine magnetisch isolirende Platte, gewöhnlich Zink, und mit dieser erst auf Eisen. Aus gleichen Gründen ist es wichtig, die entgegengesetzten Magnetpole und Theile der zugehörigen Polschuhe einander nicht zu nahe zu bringen; maßgebend ist hier die Größe der Entfernung zwischen Polfläche und Ankereisen; die geringste Entfernung der Pole soll bedeutend größer sein, als der genannte Abstand.

Ein Verlust an Kraftlinien ist nicht ganz zu vermeiden; auch bei guter Anordnung des Eisengerüstes geht ein Theil der Kraftlinien, welche in den Schenkeln erzeugt werden, durch den Luftraum und nicht durch den Anker. Man bezeichnet diesen Verlust als Kraftlinienzerstreuung, auch kurz als Streuung. Bei der bekannten Lahmeyer'schen Maschine beträgt die Zerstreuung etwa 15%, bei anderen gut construirten Maschinen meist 30—40%.

Da durch die Feldmagnete mehr Kraftlinien gehen, als durch den Anker, so ist der Querschnitt der ersteren größer zu nehmen, als der des letzteren. Nach Esson nimmt man bei schmiedeisernen Schenkelkernen den Querschnitt derselben $1^1/_3$ bis $1^1/_2$ mal, bei gußeisernen Schenkelkernen $2^1/_2$ bis 3 mal so groß als den des Ankers.

An Kupferdraht werden in den meisten Maschinen 4 bis 9 g für 1 W gebraucht; eine bezügliche Zusammenstellung findet man in den Fortschr. d. Elektrotechnik 1888, No. 9.

Auf die Isolation der Drähte der Bewickelung ist vorzügliche Sorgfalt zu verwenden; dieselbe muß auch die ziemlich starke Erwärmung der Maschine im Betrieb auf die Dauer gut aushalten.

Anker.

(346) Grundlage der Construction. Die Größe der Maschine und aller ihrer Theile hat sich in erster Linie nach der Leistung zu richten, die man von derselben verlangt. Das Product der geforderten Spannung und Stromstärke giebt an der Hand der Vergleichung mit schon vorhandenen Maschinen ein annäherndes Urtheil über die Abmessungen der zu bauenden Maschine.

Die besondere Ankerconstruction muß man unter Berücksichtigung der vorliegenden Verhältnisse wählen; man vergleiche hierzu (354). Nachdem eine Wahl getroffen, handelt es sich um die Festsetzung der Maße für die Construction. Soll die Maschine möglichst gut ausgenützt werden, so muß für die gewählte Ankerconstruction hinsichtlich der Erwärmung und Lüftung die zulässig größte Stromdichte, hinsichtlich der Festigkeit der Bewickelung die zulässig größte Umlaufszahl festgestellt werden. Bei directer Kuppelung der Maschinen ist man an die zulässig größte Geschwindigkeit der Betriebsmaschinen gebunden; man wird dann in der Regel nicht über 200 Umläufe für die Minute gehen; vgl. hierzu die Tabellen unter (409).

Beide Größen zusammen: Stromdichtigkeit in der Bewickelung und Umlaufszahl bestimmen mit den zu erfüllenden Forderungen an die Leistungen der Maschine den Wickelungsraum des Ankers zwischen Ankereisen und Polschuhen. Bedeutet E die geforderte EMK in Volt, $2N$ die Zahl der wirksamen Drähte des Ankers, n die Umlaufszahl für die Minute, $F \cdot B$ die Zahl der Kraftlinien im (c. g. s)-Maße, so ist die Zahl der wirksamen Ankerdrähte nach (123);

$$2N = 60 \cdot 10^8 \cdot \frac{E}{2 \cdot F \cdot B \cdot n}.$$

N giebt beim Trommelanker die ganze Windungszahl, beim Ringanker die Hälfte dieser Zahl an.

Darf man im Ankerdraht i A auf 1 qmm Querschnitt nehmen, und hat die Maschine J A zu liefern, so wird der nutzbare Wickelungsraum in beiden Ankerarten

$$2N \cdot \frac{J}{i} = 60 \cdot 10^8 \cdot \frac{E}{2 \cdot F \cdot B \cdot n} \cdot \frac{J}{i} \text{ qmm}$$

abgesehen von dem, was für Isolation der Drähte noch zuzurechnen ist.

In dieser Formel ist $E \cdot J$, die Leistung der Maschine, gegeben; n und i werden durch den Versuch ermittelt; $F \cdot B$ muß erst noch bestimmt werden und hängt zum Theil von der Größe des Ankerquerschnittes, zum Theil von der Größe der Feldmagnete ab. B kann bei mäßiger magnetischer Sättigung des Eisens etwa 10000 (c. g. s) betragen. Silv. Thompson verlangt für 16000 (c. g. s) 1 qcm Eisen.

Den Wickelungsraum sucht man in radialer Richtung möglichst dünn zu machen; dies wird unterstützt durch die Wahl eines großen Durchmessers des Ankers. Silv. Thompson giebt an], daß man in neueren Maschinen die Stärke der Bewickelung etwa $= {}^1/_{10}$ des Kerndurchmessers macht. Zugleich ist für große Anker auch die Fläche F groß. Diesen beiden Vortheilen großer Ankerdurchmesser steht der Nachtheil gegenüber, daß große Anker größeren Widerstand der Bewickelung und verhältnißmäßig weniger wirksamen Draht haben; die beiden letzteren Punkte sind indeß nicht von besonderer Bedeutung; vgl. (351).

Die obigen Gleichungen geben einige Beziehungen, mit deren Hilfe man durch Probiren passende Werthe von N, F, B, n, i, auffinden kann. In welcher Weise sich die Untersuchungen der Gebrüder Hopkinson und von Kapp zur Berechnung der Maschinen verwerthen lassen, wird in (386) — (391) gezeigt. Nachstehend soll noch eine Anzahl Regeln gegeben werden, welche bei der Construction der Theile der Maschine zu befolgen sind.

(347) **Erwärmung. Stromdichte.** Die Stromdichte im Anker nimmt man so hoch, als in Rücksicht auf die Erwärmung angeht; Uppenborn giebt für dicke Drähte 2 A, für dünne 3 A für 1 qmm an; in England nimmt man 3—5 A für 1 qmm. Kapp schlägt vor, für jedes Watt $[i^2 \cdot w]$, das im Anker in Wärme verwandelt wird, 5—7 qcm Oberfläche des Ankers zu rechnen, 10—15 m/sec Umfangsgeschwindigkeit und gute Lüftung vorausgesetzt.

Die zulässige Erwärmung einer Maschine richtet sich wesentlich nach dem Einfluß der Temperatur auf die Eigenschaften der Drahtisolation. Uppenborn fand, daß die Isolation von Drähten, wie sie zur Bewickelung von Maschinen verwendet werden, bei einer Erwärmung von 17° auf 60° auf den 15. bis 30. Theil fiel; bei einer Drahtprobe wurde eine noch viel stärkere Abnahme der Isolation beobachtet.

Lüftung. Um den Wickelungsraum möglichst gut ausnutzen, d. i. die zulässige Stromdichte möglichst hoch heraufsetzen zu können, muß man für eine gute Lüftung des Ankers sorgen. Eine solche ist demnach für die Leistungsfähigkeit der Maschine von außerordentlich großer Bedeutung.

Beim Ringanker ist die abkühlende Oberfläche verhältnißmäßig größer, als beim Trommelanker; beim letzteren sucht man auch die Innenseite der Oberfläche des Ankereisens für die Lüftung nutzbar zu machen, indem man zwischen dem Ankereisen und der Welle des Ankers einen hohlen Raum herstellt, durch den die Maschine selbst Luft saugt. Die Saugwirkung wird dadurch erzielt, daß der innere Luftraum Oeffnungen hat, welche nahe der Axe, und solche, welche an der Peripherie des Ankers, weit von der Axe entfernt, in den äußeren Raum münden; es entsteht also eine Art Centrifugalpumpe.

Nach demselben Princip verfährt man auch bei den Ringankern, indem man im Eisenkern entsprechende Luftcanäle herstellt.

Auch die Riemenscheibe läßt sich durch geeignete Gestaltung der Speichen als Ventilator ausbilden.

(348) **Zahl der Ankerabtheilungen.** Die Rücksichten auf die Isolation der Abtheilungen des Stromabgebers und auf verschiedene

Vorgänge im Anker verlangen eine möglichst große Zahl der Abtheilungen; auf der anderen Seite geben Rücksichten auf die mechanische Ausführung und auf die Kosten eine obere Grenze dieser Zahl an, die allerdings nicht ein für allemal festgesetzt werden kann, sondern von der Wichtigkeit der gegeneinander abzuwägenden Gründe der elektrischen und magnetischen Anforderungen einerseits und der mechanischen und pecuniären Rücksichten andererseits abhängt.

Isolation. Benachbarte Drähte der Ankerbewickelung und benachbarte Stäbe des Stromabgebers dürfen keinen zu großen Spannungsunterschied besitzen; für beide richtet sich das zulässige Maximum nach der Güte der Isolation. Während als höchste Spannung zwischen benachbarten Theilen des Stromabgebers häufig 20 V angegeben wird, findet man bei der neuen Maschine von Ganz & Co. mit Innenpolen 27 V.

Schwankungen der EMK. Die Zahl der Ankerabtheilungen bestimmt die Zahl und Größe der Schwankungen der EMK und des Stromes; denn beide Größen verändern sich während des Zeitraums, in dem ein einzelner Theil des Stromabgebers unter der Bürste hindurchgeht. Zahl und Stärke der Schwankungen lassen sich mit Hilfe eines Elektromagnets untersuchen, den man in den Stromkreis einschaltet; derselbe beginnt zu tönen. Statt dessen verwendet man auch ein Telephon. — Die Stärke der Schwankungen der EMK berechnet Silv. Thompson in folgender Tabelle:

Zahl der Abtheilungen	2	4	10	15	20	30	40	90
Schwankungen in %	50	14	2,4	1,1	0,61	0,29	0,14	0,03

(349) Kurzschluß der Spulen durch die Bürsten. Durch die Bürstenstellung muß dafür gesorgt werden, daß Abtheilungen des Ankers nur in solcher Lage kurz geschlossen werden können, wenn die Drehung gerade keine EMK in ihnen inducirt; andernfalls entstehen mehr oder minder heftige Funken, welche Bürsten und Stromsammler beschädigen. Bei einer gewissen Regulirungsmethode werden die Bürsten absichtlich in solche Stellungen gebracht, in welchen heftige Funken entstehen; u. U. werden die letzteren durch besondere Vorrichtungen wieder ausgeblasen.

Während des Ueberganges einer Ankerabtheilung von einer Seite auf die andere erfolgt auch bei richtiger Bürstenstellung eine kräftige Selbstinduction in dieser Abtheilung, welche, so lange der Kurzschluß dauert, einen Strom in derselben erzeugt; dies bedeutet einen Verlust, da der inducirte Strom nutzlos zur Wärmeerzeugung verwandt wird (prop. $i^2 \cdot n$). Neuerdings versucht man, diese Induction dadurch aufzuheben, daß man in den Ankerdrähten an der Stelle, wo der Kurzschluß und die Stromumkehrung erfolgen, einen besonderen Hilfsmagnet gegenüberstellt.

Ist die Selbstinduction bereits abgelaufen, wenn die Bürste vom betreffenden Stab des Stromabgebers abgleitet, so bilden sich an den Bürsten keine Funken, wohl aber im anderen Falle. Die Selbstinduction ist proportional der Länge der Abtheilung, also umgekehrt proportional der Zahl der Abtheilungen; Vermehrung der letzteren bedeutet Verminderung der Selbstinduction einer

240 Gleichstrommaschine.

Abtheilung. Die Selbstinduction der kurz geschlossenen Abtheilung wirkt auf die thätigen Abtheilungen des Ankers inducirend ein, indem sie die gesammte EMK schwächt; also ist auch aus diesem Grunde eine Vermehrung der Ankerabtheilungen zu wünschen.

Unter allen Umständen ist dafür zu sorgen, daß der Kurzschluß der Spulen nur kurze Zeit daure; werden des besseren Contactes wegen zwei oder mehrere parallele Bürsten verwendet, so müssen dieselben sorgfältig eingestellt werden, damit sie den Kurzschluß nicht verlängern,

Der Kurzschluß der Abtheilungen hat eine Verminderung das Ankerwiderstandes zur Folge, da während desselben bei jeder Bürste eine Ankerabtheilung ausgeschaltet ist; der Widerstand des Ankers schwankt demnach um so stärker, je weniger Abtheilungen er enthält. Die Widerstandsänderungen beeinflussen den Strom der Maschine und rufen störende Inductionen hervor, die man gerne (durch Vermehrung der Abtheilungen) auf ein möglichst geringes Maß herabdrückt.

Der Vermehrung der Ankerabtheilungen steht entgegen die Rücksicht, daß dadurch die Herstellung des Stromabgebers schwierig und kostspielig, auch die Verbindung der Ankerdrähte mit den Stäben des Stromabgebers zu umständlich wird. Man kann die Breite eines Stabes nicht unter einem gewissen Betrag wählen, müßte dann also, wenn die Zahl der Stäbe groß sein soll, auch einen entsprechend großen Stromabgeber verwenden, was einen bedeutend vergrößerten Aufwand an Kosten für Material und Arbeit verursachen würde.

Bei Ankern, deren Bewickelung nicht aus einer einzigen geschlossenen Leitung, sondern aus mehreren getrennten Leitern besteht, können die Kurzschlüsse der Spulen mit ihren Folgen und Nachtheilen vermieden werden; man verwendet bei solchen Ankern nur wenige Spulen und bekommt dadurch einen dauerhaften und billigen Stromabgeber. Der Anker der Thomson-Houston-Maschine hat 3 Abtheilungen, der der Brushmaschine 4 bis 6 Spulenpaare. Diese geringe Spulenzahl veranlaßt starke Schwankungen der EMK.

(350) **Ankereisen.** Der eiserne Kern des Ankers soll aus möglichst weichem Eisen bestehen; zur Vermeidung der Inductionsströme wird dieses Eisen geschlitzt oder zertheilt und zwar stehen die Theilungsebenen parallel zur Richtung der Kraftlinien und parallel zur Richtung der Drehung, senkrecht zur Richtung der Drahttheile, in denen die Induction hauptsächlich stattfindet, vgl. (120) flg.

Ring-Anker von Schuckert: concentrische Eisenbandreifen oder Eisenbandspirale, nicht Eisenblechringe. Ebenso Brush. — Trommel- und Cylinderringanker: Scheiben bezw. Ringe aus Eisenblech. — Gülcher verwendet Draht, weil der Polschuh den Anker von drei Seiten umfaßt. — Fischinger verwendet in ähnlichem Falle Bleche, die aber in verschiedenen Theilen des Querschnittes nach verschiedenen Richtungen gestellt sind. — Die Ausnutzung des Raumes ist bei Eisenblech ca. 90%, bei Draht 65—75%. Es ist vortheilhaft, das Eisen in der Magnetisirungsrichtung nicht zu unterbrechen; letzteres geschieht häufig durch die Verwendung von Draht.

In neueren Maschinen wird die Bewickelung häufig in das Ankereisen gelegt. Entweder verwendet man Blechscheiben mit Löchern in der Nähe des Randes oder Ankerkerne mit Nuthen, in welche die Drähte eingelegt werden; im letzteren Falle erhält der Anker oft nach der Bewickelung mit Kupfer noch einen Mantel aus Eisendraht; der Eisendraht wird senkrecht zum Kupferdraht gewickelt. [Brown (Oerlikon), Lahmeyer u. Andere.] — Die Allgemeine Elektricitäts-Gesellschaft umgiebt den Anker ihrer kleineren Maschinen mit einem feststehenden, an den Polstücken befestigten Cylindermantel aus etwa fingerstarkem Eisen. — Fritsche verwendet in seiner Radankermaschine kein Kupfer im Anker; die Bewickelung wird, wie dies auch früher schon vorgeschlagen worden ist, aus nackten Eisenstäben gebildet. — Um den Querschnitt des Raumes zwischen Polschuhen und Anker möglichst zu vergrößern, kann man den Anker mit vorspringenden Eisenringen umgeben, die sich in passenden Ausschnitten der Polschuhe drehen.

Zur Isolation der Scheiben, Reifen oder Drahtwindungen des Ankereisens verwende man nichtleitende Substanzen, dagegen nicht unmagnetische Metalle, wie Zink. Das einfache Oxydiren der Eisenstreifen und Drähte, auch das Lackiren und Asphaltiren scheint nicht zu genügen; man verwendet isolirten Eisendraht und trennt die Scheiben und Streifen durch dünnes Papier, auch Asbestpappe.

Das Ankereisen wird während der Drehung ummagnetisirt; die Zahl der Polwechsel bestimmt sich aus der Polzahl der Maschine und der Umdrehungsgeschwindigkeit. Aus der Zahl der Polwechsel und der Masse des Eisens läßt sich die durch Hysteresis (68) verlorene Energie berechnen. Dieselbe stellt einen Betriebsverlust und eine störende Wärmequelle dar, ist also nach Möglichkeit einzuschränken.

Um den Eisentheilen, aus denen sich der Ankerkern zusammensetzt, den nöthigen Halt zu geben und dieselben mit der Axe zu verbinden, construirt man zunächst ein Gerüst, das je nach der übrigen Ankerconstruction aus Eisen oder aus nichtmagnetischem Metall hergestellt wird. Man wählt die Abmessungen dieser Metalltheile möglichst so, daß nur geringe Inductionsströme darin entstehen können.

(351) **Ankerbewickelung.** Die Bewickelung des Ankers wird aus bestleitendem Kupferdraht hergestellt; die Isolation desselben besteht aus einer doppelten, manchmal einer dreifachen Baumwollbespinnung, welche gut mit Schellacklösung getränkt wird. Ueber die Dicke dieser Bespinnung giebt es verschiedene Angaben, wovon wohl die praktischste diejenige von Uppenborn ist; dieselbe bezieht sich auf eine doppelte Bespinnung. Bedeutet d den Durchmesser des blanken Drahtes, so ist die Dicke der Ueberspinnung $2D = 0,43 + 0,07 \cdot d$.

Dicke in mm						
des blanken Drahtes	1	2	3	4	5	6
übersponnenen Drahtes	1,5	2,6	3,6	4,7	5,8	6,9
der Bespinnung	0,5	0,6	0,6	0,7	0,8	0,9

Dreifache Umspinnung ist unter Umständen erforderlich, wenn der Draht scharfe Biegungen macht; an solchen Stellen kommt selbst bei sehr starker Bespinnung häufig das Kupfer des Drahtes hervor.

Große Querschnitte des Ankerdrahtes werden aus viereckigen Kupferdrähten oder -Barren hergestellt, welche nur durch Luft isolirt sind; die Leiter werden dann durch einzelne Stücke von festem Isolationsmaterial auseinandergehalten. Man verwendet auch Bänder die durch zwischengelegte Streifen von Isolationsmaterial getrennt werden; es ist dann praktisch, das Band von seiner Mitte aus aufzuwickeln, um die Enden bequem zur Verbindung zu haben. Statt einzelner sehr dicker Drähte nimmt man oft lieber mehrere dünnere Drähte, welche zusammen einen ebenso großen Querschnitt ergeben, weil die letzteren sich weit besser wickeln lassen; in diesem Falle ist es nothwendig, die Drähte passend zu kreuzen, damit die parallel geschalteten Drähte einer Ankerabtheilung gleiche Länge und gleichen Widerstand erhalten. Bei dieser Herstellung des Leiters aus parallelen Drähten verfährt man häufig so, daß man die Drähte zusammendrillt und ihnen durch Druck eine passende Querschnittsform giebt.

Die Drähte, Bänder u. s. w. müssen so geführt werden, daß niemals größere Potentialdifferenzen zwischen benachbarten Windungen auftreten können. (Diese Vorschrift ist beim Weston-Anker nicht erfüllt.) — Manche Fabrikanten stellen die Bewickelung für sich her und schieben sie auf den fertigen Ankerkern auf.

Der Widerstand des Ankers soll nur ein kleiner Theil vom Widerstand des ganzen Stromkreises sein; die Berechnung des letzteren aus Spannung und Stromstärke der Maschinen kann nach den Formeln (344) erfolgen, in denen er mit r bezeichnet ist. Man wählt deßhalb für den Anker eine Form, bei welcher eine möglichst große Fläche F von möglichst kleinem Umfang umschlossen wird, so daß die Drahtlänge ein Minimum wird; außerdem sucht man, die nicht zur Induction beitragenden Theile des Ankerdrahtes möglichst zu verringern. In dieser Beziehung ist der Trommelanker dem Ringanker überlegen; Kittler berechnet zwei Beispiele, in deren einem vom Drahte des Ringankers 45 %, von dem des Trommelankers 65 % wirksam ausgenutzt waren. Die Rücksicht auf diesen Punkt wird indeß oft übertrieben; in einer gut berechneten Maschine ist der Ankerwiderstand nur ein kleiner Theil des gesammten Widerstandes und die Ersparnisse am Widerstand, die man noch etwa machen kann, sind nicht von wesentlicher Bedeutung. — Nach Sir W. Thomson nehme man in Hauptstrommaschinen den Widerstand des Ankers ein wenig größer als den der Feldmagnete, in Nebenschlußmaschinen nach der Regel: $r = R_n : R_a$ (344).

Die Ausbesserung beschädigter Ankerbewickelungen ist beim Ringanker ziemlich leicht, da man die einzelnen Abtheilungen leicht ab- und wieder aufwickeln kann. Bei Trommelankern wird neuerdings empfohlen, an der beschädigten Stelle die Drähte durchzuschneiden und aufzubiegen; die Isolation des Kernes kann dann ausgebessert werden, die Drähte verbindet und isolirt man wieder und bringt sie an ihre Stelle (Bohnenstengel, Fortschritte der Elektrotechnik, 1888, No. 3408).

Gleichstrommaschine.

(352) Schaltung der Ankerabtheilungen. Diese ist wesentlich verschieden, je nachdem es sich um Anker handelt, die aus einem einzigen, in sich zurücklaufenden Leiter, oder aus mehreren getrennten Leitern bestehen.

Bei der ersteren Art von Ankern sind alle Abtheilungen im Kreise hintereinander verbunden (Gramme, Hefner-Alteneck); durch die Bürsten wird die Ankerbewickelung in zwei Hälften getheilt und diese parallel geschaltet.

Ist ein zusammengesetztes Feld vorhanden (mehrpolige Maschinen), so braucht man für jedes Paar von Polen auch ein Bürstenpaar. Durch besondere Verbindungen geeigneter Punkte der geschlossenen Ankerbewickelung kann man die Zahl der Bürsten wieder auf 2 herabsetzen, die dann im Allgemeinen einander nicht mehr diametral gegenüberstehen.

Schaltung von Mordey. (Fig. 87.) Man verbindet alle symmetrisch zum Felde gelegenen Segmente des Stromabgebers untereinander (Parallelschaltung). Z. B. bei 2 Polpaaren zwei gegenüberliegende, bei 3 Paaren drei um 60° auseinanderliegende Segmente. (Abbild. Kittler, Handbuch I. S. 91. 92. vgl. Silv. Thompson. Dynamo-electric machinery. 3. Aufl. dtsch. Uebersetz., S. 163.)

Mordey.   Andrews.   Bürgin.

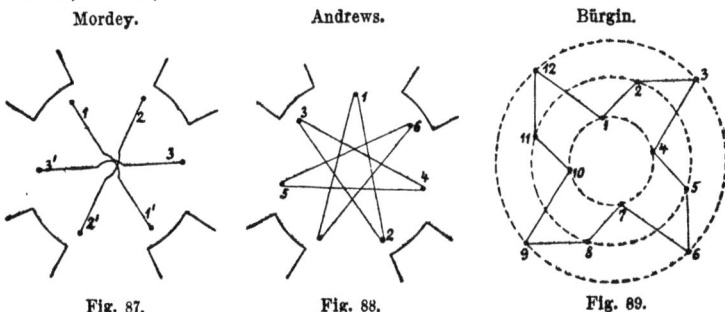

Fig. 87.   Fig. 88.   Fig. 89.

Schaltung von Andrews (Perry). (Fig. 88.) Man verbindet die zum Felde nahezu symmetrisch gelegenen Abtheilungen des Ankers hintereinander; hierzu ist nöthig, daß die Zahl der Abtheilungen ungerade ist. (Abbild. Kittler, Handbuch I. S. 533. Silv. Thompson S. 163.)

Die Schaltung von Mordey ermöglicht größere Stromleistung, die von Andrews größere Spannung.

Im Bürgin-Anker, (Fig. 89.) der aus mehreren auf einer Welle hintereinander befestigten Gramme'schen Ringen besteht, sind die Spulen in der Weise hintereinander geschaltet, daß auf eine Spule des ersten Ringes die benachbarte des zweiten, darauf die des dritten u. s. f. folgt. Vom letzten Ring geht die Verbindung zum ersten zurück, um mit einer zweiten Spule dieses Ringes beginnend wieder alle Ringe zu durchlaufen. (Abbildung Kittler, Handbuch I. S. 511.)

Spulen- und Polanker werden selten angewendet.

Bei der zweiten Art von Ankern, in den Maschinen von Brush und von Thomson-Houston wird die Schaltung der

Spulen durch den Stromabgeber bewirkt. Es werden während einer Umdrehung bestimmte Spulen zeitweise ausgeschaltet, die anderen werden theils hintereinander, theils parallel verbunden. Sehr ausführliche Beschreibungen mit Abbildungen findet man: Kittler, Handbuch I. S. 627—656. Silv. Thompson, Dynamomaschine. 3. Aufl. dtsch. Uebers., S. 209—228. Schellen, Die magnet- und dynamoelektrischen Maschinen. 3. Aufl. S. 158—169.

(353) **Mechanische Anforderungen.** Der Anker soll bezüglich seiner Drehungsaxe gut ausbalancirt sein; die Drähte der Bewickelung sind so zu befestigen, daß sie während der Drehung nicht verbogen, verschoben oder gar herausgeschleudert und zerbrochen werden. Häufig sucht man die letztere Bedingung dadurch zu erfüllen, daß man den fertig gewickelten Anker an mehreren Stellen mit Bindedraht fest umwickelt; diese Umwickelung aus blankem dünnen Messingdraht bekommt eine Unterlage, am besten aus dünnem Glimmer; die 10—20 Windungen, welche dicht nebeneinander gelegt werden, kann man zum Schluß mit einander verlöthen, was die Festigkeit vermehrt. Von Vielen wird für besser gehalten, vom Ankereisen aus einige Reihen von Zähnen vorspringen zu lassen, welche zur Aufnahme der Ankerdrähte geeignete Nuthen bilden. Die Ankerdrähte haben die ganze Zugkraft, die am Ankerumfang angreift, auszuhalten; daher ist auf ihre Befestigung sehr große Sorgfalt zu verwenden. Sehr wesentlich ist, daß der Anker vollkommen symmetrisch gewickelt und gelagert wird, weil sonst sehr empfindliche Störungen und Verluste, Funkenbildung u. s. w., auftreten.

(354) **Vergleichung der verschiedenen Ankerarten.** Trommel- und Ringanker. Die wirksame Drahtlänge ist beim ersteren größer; dieser Vortheil ist indeß nur von untergeordneter Bedeutung, insofern auf dem Anker überhaupt nur wenig Draht und geringer Widerstand vorhanden ist. Wichtiger ist, daß die radiale Tiefe des Ankereisens im Trommelanker größer ist, als im Ringanker; die größere Stärke des Eisens wirkt günstig auf die Stärke des magnetischen Feldes; dazu kommt, daß der Ring des Ringankers ein magnetisches Feld von allerdings geringer Stärke umgiebt, das nicht ausgenutzt wird, während bei Trommelanker alle Kraftlinien, die in das Ankereisen eintreten, auch vollkommen ausgenutzt werden.

Dagegen sind die Drähte des Trommelankers viel mehr der Centrifugalkraft ausgesetzt und ihre Befestigung ist weit schwieriger, als beim Flachringanker; der Cylinderring hat in dieser Beziehung vor der Trommel nichts voraus. Man kann deßhalb einen Trommel- (oder Cylinderring-) Anker nicht mit derselben Umfangsgeschwindigkeit sich drehen lassen, wie einen gleich großen Flachringanker. Kittler bezeichnet als äußerste Grenze der Umfangsgeschwindigkeit für Trommel- und Cylinderringanker 15 m/sec, während er glaubt, daß man bei Flachringmaschinen bis zu 20 m/sec gehen kann. — Die erforderliche Umfangsgeschwindigkeit wird beim Ringanker mit geringerer Umlaufszahl erreicht, als beim Trommelanker.

Außer der Centrifugalkraft wirken die wechselseitigen Anziehungen der Ströme und Magnete auf den Ankerdraht und suchen ihn zu verbiegen; auch in diesem Punkte zeigt sich der Flachring günstiger als Trommel- und Cylinderring.

Gleichstrommaschine. 245

In Bezug auf die Lüftung bietet der Ringanker Vortheile; wenigstens ist eine gute Lüftung des Ankers hier viel leichter, als beim Trommelanker zu erreichen.

Mehrpolige Maschinen haben den Vorzug, daß bei derselben Umdrehungsgeschwindigkeit eine höhere Leistung erreicht werden kann.

Feldmagnete.

(355) Das **beste Material** für die Magnetkerne ist ganz weiches Schmiedeisen; leichter herzustellen sind Kerne aus Gußeisen, die mit der Grundplatte aus einem Stück gegossen werden können; man braucht davon aber mehr an Gewicht, als von Schmiedeisen (etwa die Hälfte mehr), und muß des größeren Umfangs der Kerne wegen auch verhältnißmäßig mehr Kupfer aufwickeln. Schmiedeisenkerne können im Guß mit einer Grundplatte aus Gußeisen vereinigt werden. Großen Vortheil soll die Verwendung des Mitisgusses (Eisen mit wenig Aluminium) bieten; nach Silv. Thompson beträgt die Magnetisirbarkeit desselben 13 000 Kraftlinien auf 1 qcm. Jede Trennungsfläche im Eisen, auch wenn die Endflächen der zu verbindenden Stücke gut bearbeitet sind, verringert die magnetische Capacität; es wird angegeben, daß die Verringerung durch eine Trennungsfläche ebenso groß ist, als wenn der Weg der Kraftlinien im Eisen um 20 cm verlängert würde; der Einfluß einer solchen Trennungsfläche soll aber durch die Erschütterungen, welche der Gang der Maschine mit sich bringt, wieder bedeutend herabgemindert werden.

Form. Man wählt jetzt meist kurze, gedrungene Formen für die Magnetschenkel aus Rücksicht auf die magnetische Capacität. Scharfe Kanten und Ecken vermeide man, weil dort besonders leicht eine Zerstreuung der Kraftlinien eintritt. Das Joch nehme man von größerem Querschnitt als die Schenkel.

(356) Der **beste Querschnitt** für die Schenkelkerne ist der kreisförmige, weil derselbe den geringsten Umfang besitzt; doch kann man auch nicht beliebig dicke Kerne in dieser Form verwenden, weil dieselben sich nicht mehr genügend durchmagnetisiren. Man verwendet dann ovale oder rechteckige Querschnitte; auch werden in solchen Fällen manchmal mehrere Magnetkerne nebeneinandergestellt. Die letztere Art der Ausführung giebt zu mehreren Bedenken Anlaß; man braucht mehr Draht, wenn man mehrere getrennte, als wenn man einen einzigen Kern von demselben Gesammtquerschnitt vorwendet, auch wenn der letztere eine Form hat, die bezüglich der Wickelung weniger ökonomisch ist, als der Kreis; dazu kommt, daß die magnetisirenden Wirkungen der Drahtspulen, die sehr nahe nebeneinanderstehen, sich zu einem Theil aufheben; man hat also doppelten Verlust: größeren Aufwand an Kupfer, verbunden mit Vermehrung des Schenkelwiderstandes und Schwächung der magnetisirenden Wirkung durch die gegenseitige Störung der einzelnen magnetischen Kräfte.

An der Hand der nachfolgenden Tabelle kann man sich ein Urtheil über die zu wählende Querschnittsform bilden, wenn man durch den Versuch festgestellt hat, wie dick man das Eisen nehmen darf, ohne seine Magnetisirbarkeit zu beeinträchtigen. — Dabei ist zu bemerken, daß man die Ecken an rechteckigen

Kernen abstumpft, um scharfe Biegungen des Drahtes bei der Bewickelung zu vermeiden. Vgl. (351).

Umfang verschieden gestalteter Querschnitte.

Die Umfänge gleich großer Querschnitte von nachstehend angegebener Form verhalten sich wie die beigesetzten Zahlen (Kreisumfang = 1 gesetzt):

Kreis		1	Oval: 1 Quadrat, 2 Halbkreise	1,09
Quadrat		1,13	„ 2 „ 2 „	1,21
Rechteck	2:1	1,20	2 Kreise, getrennt	1,41
	3:1	1,30	3 „ „	1,73
	4:1	1,41	4 „ „	2,00
	10:1	1,96	8 „ „	2,82

Das Eisen der Feldmagnete nehme man massiv; man will hierdurch Inductionsströmen, welche durch Aenderungen und Schwankungen der Umlaufszahl, des Ankerstromes u. s. w. während des Betriebes entstehen, Gelegenheit zur Entwickelung bieten, da dieselben die Einwirkung rasch verlaufender kleiner Geschwindigkeitsänderungen und ähnlicher Störungen der Maschine auf das magnetische Feld verlangsamen, verzögern oder ganz verhindern. Der Magnetismus starker, massiver Eisenkerne ist nicht so leicht veränderlich, wie der von gleich starken Bündeln dünner Stäbe. Silv. Thompson berichtet von einem Magnet, der 10 Min. brauchte, um den Magnetismus zu erreichen, welcher der magnetisirenden Stromstärke entsprach; ein solcher Magnet folgt natürlich auch den Aenderungen der magnetisirenden Kraft mit großer Trägheit.

Besitzt das Eisen **faserige Structur**, so nehme man die Faser zur Richtung der magnetischen Kraftlinien; auch lasse man die Flächen der Polenden die Faserrichtung senkrecht schneiden.

(357) Magnetisirende Kraft und Eisenquerschnitt. Der Werth von B für den Raum zwischen Polen und Anker wird nach (346) ermittelt. Daraus ergiebt sich die Gesammtzahl der durch den Anker gehenden Kraftlinien, zu welchen noch die durch Zerstreuung verlorenen (345) zu addiren sind, um die ganze zu erzeugende Zahl zu finden. Das für die Schenkelkerne zu verwendende Eisen muß in seinen magnetischen Eigenschaften [(66)—(68), (257)—(260)] bekannt sein. Es kommt nun darauf an, mit welcher magnetischen Induction des Eisens, d. h. an welcher Stelle der Magnetisirungscurve des Eisens die Maschine arbeiten soll; man geht bis zu Werthen von etwa 10—12 000 (c. g. s); hieraus ergiebt sich der Querschnitt des Schenkeleisens. Die Länge der Schenkel bemißt man nach der Erfahrung so, daß die Magnetisirungsspulen genügenden Platz finden; trifft man bei der ersten Durchrechnung noch nicht das passendste Maß, so ändert man nachträglich und rechnet von Neuem. Die Länge des Joches wird durch den Abstand der Axen der Schenkelkerne bestimmt. Aus den Abmessungen der Maschine erhält man die magnetische Capacität nach (69); die erforderliche magnetisirende Kraft wird gefunden, indem man die in den Schenkeln zu erzeugende Gesammtzahl der Kraftlinien durch die Capacität dividirt.

Gleichstrommaschine.

Hospitalier giebt folgendes praktische Verfahren an, um die magnetisirende Kraft P in Ampère-Windungen zu erhalten. Bedeutet B die Induction (Kraftliniendichte) in den verschiedenen Theilen des magnetischen Kreises, l die Länge der Kraftlinien in diesen Theilen in cm, H die magnetische Kraft, welche erforderlich ist, um die Induction B hervorzubringen, so ist

$$P = l_1 H_1 + l_2 H_2 + l_3 H_3 + \cdots$$

H erhält man aus der nachfolgenden Tafel.

B	H			B	H		
	Luft	Gufseisen	Weiches Eisen		Luft	Gufseisen	Weiches Eisen
1 000	800	—	—	9 000	7 200	101,6	3,2
2 000	1 600	—	—	10 000	8 000	150,4	4,0
3 000	2 400	—	—	11 000	—	233,6	5,2
4 000	3 200	4	—	12 000	—	—	6,8
5 000	4 000	8	1,6	13 000	—	—	9,6
6 000	4 800	17,2	1,95	14 000	—	—	13,6
7 000	5 600	33,6	2,3	16 000	—	—	41,6
8 000	6 400	64,0	2,7	18 000	—	—	160

Benutzt man statt dieser Tafel die Curven für die magnetische Durchlässigkeit (vgl. z. B. Fig. 98, S. 268), so ist

$$P = l_1 \cdot \frac{B_1}{\mu_1} + l_2 \cdot \frac{B_2}{\mu_2} + \cdots \text{ (c. g. s.)}$$

$$= \frac{10}{4\pi} \cdot \left(l_1 \cdot \frac{B_1}{\mu_1} + l_2 \cdot \frac{B_2}{\mu_2} + \cdots \right) \text{Ampère-Windungen.}$$

(358) Sind die magnetisirende Kraft P in Ampèrewindungen und der Querschnitt der Schenkelkerne q in qmm gefunden, so kann man nach Kapp (vgl. Fortschr. d. Elektrot. 1890, Nr. 1360) zur angenäherten Bestimmung der Abmessungen des Wickelungsraumes (l Länge in mm, d radiale Tiefe in mm) und der Masse des Drahtes in kg die folgenden Formeln benutzen. Es sind hierbei zwei Fälle zu unterscheiden:

1. vorgeschrieben die zulässige Temperaturerhöhung; auf 1 Watt, das in der Bewickelung verbraucht wird, sollen 16 qcm Oberfläche der Spule kommen; dies entspricht einer Temperaturerhöhung von 20—25° C. Es wird

$$P = k_1 \cdot l \sqrt{d}$$

$$m = k_2 \cdot \frac{u}{l} \left(\frac{P}{1000} \right)^2.$$

Hierin sind k_1 und k_2 Zahlenfactoren, u der äußere Umfang der Spule. Will man eine andere Erwärmung der Spule zulassen, und bemißt man die Oberfläche der letzteren so, daß auf ein 1 Watt

248 Gleichstrommaschine.

in der Spule verbrauchte Energie nicht 16, sondern q qcm Oberfläche kommen, so tritt zu k_1 der Factor $\dfrac{4}{\sqrt{q}}$ und zu k_2 der Factor $q/16$.

2. Vorgeschrieben die in den Schenkelspulen zu verbrauchende Energie W in Watt; es ist

$$P = k_3 \cdot \sqrt{\dfrac{W \cdot l \cdot d}{u}}$$

$$m = k_4 \cdot \dfrac{u_2}{W} \cdot \left(\dfrac{P}{1000}\right)^2.$$

Die Werthe der verschiedenen k sind vom Drahtdurchmesser abhängig. Kapp hat dieselben experimentell bestimmt; die nachfolgende Tafel ist aus seinen Zahlen abgeleitet.

Drahtdicke D	k_1	k_2	k_3	k_4
mm				
1	4,05	0,225	163	0,0000137
2	4,15	0,230	165	0,0000140
3	4,22	0,236	168	0,0000144
4	4,34	0,256	172	0,0000154
5	4,43	0,277	177	0,0000172

Hat man sich hiernach für bestimmte Abmessungen der Spule entschieden, so ist es leicht, die erforderliche Drahtstärke und länge zu berechnen.

(359) Erwärmung. Die magnetisirende Kraft leistet magnetische Arbeit nur während des Angehens der Maschine und in geringem Maße während der Schwankungen im Betriebe; im Uebrigen hat sie den Magnetismus nur aufrecht zu erhalten, und ihre Arbeitsleistung während dessen besteht darin, daß der magnetisirende Strom Wärme erzeugt, welche für den Betrieb nutzlos, für die Leistung der Maschine schädlich ist.

Die Erhitzung der Feldmagnete vermindert die Magnetisirbarkeit des Eisens; sie vergrößert zugleich den Leitungswiderstand der Schenkelbewickelung, weßhalb man bei einer Nebenschlußbewickelung dafür sorgen muß, daß die Stromstärke den ursprünglichen Werth beibehält (Regulator). Man rechnet auf den Feldmagneten 1,5 bis 2 A auf 1 qmm Kupferquerschnitt. Kapp schlägt vor, für 1 W, das in der Schenkelbewickelung in Wärme verwandelt wird, 10—12 qcm Oberfläche der Schenkel zu rechnen; die Oberflächen der Rückplatte und der Polschuhe dürften nicht mit ihrem vollen Betrage in Rechnung gesetzt werden.

(360) Die Bewickelung der Feldmagnete. Der Widerstand der Bewickelung ist innerhalb gewisser Grenzen gegeben; bei Hauptstrommaschinen muß er sehr klein gegen den Widerstand des äußeren Kreises sein, man wählt ihn passend etwas kleiner als den Ankerwiderstand; bei Nebenschlußmaschinen ist der Widerstand der Feldmagnetbewickelung verhältnißmäßig sehr groß.

Gleichstrommaschine. 249

Ueber die Berechnung der erforderlichen magnetisirenden Kraft s. (357). — Die Theorie von Frölich erlaubt, für einen gegebenen Anker die Schenkelbewickelung su berechnen.

Die Bewickelung bringe man hauptsächlich auf der Mitte der Schenkel, nicht nahe den Enden an; dies befördert die Trägheit des Magnetismus, wogegen eine Bewickelung, die hauptsächlich auf den Enden sitzt, wie im Telephon, einen leicht veränderlichen und allen Schwankungen folgenden Magnetismus erzeugt. Die Magnetbewickelung wird gewöhnlich auf einen Rahmen gebracht und der fertige Rahmen auf den Kern des Magnetes geschoben. In Fällen, wo dies nicht ausführbar ist, kann man den (runden) Magnetkern mit einem der Länge nach in zwei Hälften getheilten Cylindermantel umgeben und diesen auf dem Kerne drehen, so daß der Draht sich auf den Cylindermantel aufwickel. Auch wird vorgeschlagen, das Eisengerüst der Maschine in einem Stück zu gießen, dann in passender Weise zu zersprengen, die Bewickelungen aufzuschieben und die Theile wieder zusammenzufügen.

(361) Vergleichung der verschiedenen Erregungsarten der Dynamomaschinen.

Die Polarität der Haupstrommaschine ist umkehrbar, die der Nebenschlußmaschine nicht, wenigstens nicht durch die von selbst eintretenden Aenderungen der Betriebsverhältnisse; deßhalb ist die Hauptstrommaschine wenig geeignet für den Betrieb elektrolytischer Bäder und zum Laden von Accumulatoren.

Die Hauptstrommaschine giebt Strom erst von einer gewissen Umlaufszahl (todte Umlaufszahl) an; auch geht sie nur an, wenn der Widerstand des äußeren Kreises nicht zu groß ist. Aehnlich die Nebenschlußmaschine, welche nur angeht, wenn der äußere Widerstand nicht zu klein ist. Bei Kurzschluß im äußeren Kreis wächst die EMK und der Strom der Hauptstrommaschine sehr stark, die Nebenschlußmaschine wird rasch stromlos.

Verhalten gegen kleine rasch verlaufende Aenderungen der Umlaufszahl oder des Widerstandes.

Bei der Hauptstrommaschine ändern sich Ankerstrom und magnetisirende Kraft in gleichem Sinne, bei der Nebenschlußmaschine gewöhnlich im entgegengesetzten Sinne.

Bei der Hauptstrommaschine ändert sich die Stromstärke in der Schenkelwickelung gleichzeitig mit der im Anker, bei der Nebenschlußmaschine dagegen erfährt die Aenderung in den Schenkeldrähten durch die große Selbstinduction eine Verzögerung.

Tritt eine Aenderung der Umlaufszahl ein, so findet bei der Hauptstrommaschine gleichzeitig Aenderung der magnetischen Feldstärke statt. Eine Erhöhung der Geschwindigkeit ergiebt somit aus doppeltem Grund eine Vergrößerung der EMK und, da der Widerstand constant geblieben, ebenso auch der Stromstärke. Diese beträchtlich erhöhte Leistung der Maschine widerstrebt der Erhöhung der Geschwindigkeit, die eintretenden Unregelmäßigkeiten finden demnach in ihren Folgen eine Dämpfung. Bei der Nebenschlußmaschine erfolgt die Aenderung der Stärke des Feldes nicht sofort; die Leistung der Maschine wird zwar auch verändert, aber in weniger starkem Grade, wie bei der

Hauptstrommaschine. Diesem Verlauf im ersten Augenblick folgt sodann die Aenderung des Feldes, welche im gleichen Sinne stattfindet, wie die vorherige Aenderung des Ankerstromes. Liegt eine Erhöhung der Umlaufszahl vor, so ist das erste eine Vergrößerung der EMK und des Stromes im Anker, der sofort auch eine Vergrößerung der magnetisirenden Kraft der Schenkel folgt. Die Wirkungen der Geschwindigkeitsänderung sind also zeitlich mehr auseinandergezogen; wenn die im Motor liegende Ursache bereits verschwunden ist, können die Folgen an der Nebenschlußmaschine noch dauern und auf jenen zurückwirken.

Eine Schwankung im äußeren Widerstand bei constanter Umlaufszahl verändert bei der Hauptstrommaschine wieder Stromstärke und magnetische Feldstärke zugleich und im selben Sinne, bewirkt also eine erhebliche Aenderung der Leistung der Maschine; hierdurch wirkt sie in hohem Maße auf den Motor, der bei Erhöhung der Leistung für den Augenblick seinen Gang verlangsamen, bei Erniedrigung derselben ihn beschleunigen wird; in vielen Fällen wird die Ursache der Störung, die Widerstandsänderung, bereits verschwunden sein, wenn die Wirkung auf die Umlaufszahl eintritt, so daß dann jeder Schwankung des Widerstandes eine entgegengesetzt wirkende Schwankung der Drehungsgeschwindigkeit folgt. Bei der Nebenschlußmaschine ändert sich in solchem Fall im ersten Augenblick nur die Stromstärke, während die Feldstärke noch ungeändert ist; die Schwankung in der Leistung der Maschine ist deßhalb im ersten Augenblick weniger stark wie bei der Hauptstrommaschine. Die Einwirkung auf das magnetische Feld folgt erst ein wenig später und außerdem langsam; zudem ist ihr Sinn dem der Aenderung des Ankerstromes entgegengesetzt. Bei Erhöhung des äußeren Widerstandes findet demnach zuerst nur eine Abnahme des Stromes, gleich darauf auch eine Zunahme der magnetisirenden Kraft und des Feldes statt, so daß im Ganzen die Leistung der Maschine nicht sehr stark verändert wird; hier wirkt also die Betriebsschwankung nur schwach auf den Motor ein, während die Aenderung an der Dynamomaschine in Folge der großen Selbstinduction einen verhältnißmäßig langsamen Verlauf nimmt, sich also nicht sehr bemerklich macht.

Polschuhe.

(362) Die Polschuhe sollen einen Theil des Ankers umfassen; sie sind aus weichem Eisen und möglichst kräftig zu nehmen; es ist empfehlenswerth, die Polschuhe zu schlitzen nach Ebenen, welche senkrecht stehen zu den Strömen, welche durch Induction des Ankerstromes in den Polschuhen entstehen können.

Ob das Einbiegen der Polschuhe in das Innere des Ankers, wie beim Ringanker manchmal üblich, von Vortheil ist, muß zweifelhaft erscheinen; die damit erzielten Ergebnisse sprechen nicht dafür. In manchen Ringankermaschinen werden noch feststehende innere Magnete angebracht, welche das Feld verstärken sollen.

Die Gestalt der Polschuhe ist von Einfluß auf die Gleichmäßigkeit des magnetischen Feldes und auf die Vertheilung der EMK des Ankers auf die einzelnen Abtheilungen. Man kann mit einiger Annäherung annehmen, daß die Kraftlinien auf der ganzen dem Ankereisen gegenüberstehenden Polfläche gleichmäßig austreten, wenn der Zwischenraum zwischen beiden Eisenmassen überall gleich ist. Die Enden der Polschuhe bei Hufeisenmagneten dürfen nicht zu geringen Querschnitt besitzen, damit nicht die Vertheilung des Feldes unsymmetrisch wird; ist das Feld auf der dem Joch zugewandten Seite des Ankers stärker als auf der anderen Seite, so wird ein einseitiger Druck auf die Ankeraxe ausgeübt; bei Ringankern wird auch die Induction unsymmetrisch. Um den steilen Abfall der Feldstärke an den Enden der Polschuhe zu beseitigen, wird neuerdings der Zwischenraum zwischen Anker und Polschuh in der Mitte am kleinsten, an den Rändern der Polschuhe am größten (z. B. dort 3, hier 12 mm) genommen. — Kanten und Ecken an den Polschuhen sind möglichst zu vermeiden.

Stromabgeber (Commutator). Bürsten.

(363) **Die Theile des Stromabgebers** werden entweder aus einem rohrförmigen Metallstück geschnitten oder jeder Theil einzeln gegossen oder geschmiedet und durch mechanische Bearbeitung in die genaue Form gebracht. Die Theile werden, von der Axe und unter einander sorgfältig isolirt, zusammengefügt und durch passende Verschraubungen festgehalten; neuerdings schiebt man noch einen metallenen Ring isolirt auf, um die Festigkeit der Construction zu vermehren.

Als Isolationsmaterial für die Theile wählt man gerne Glimmer und vulcanische Fiber; Asbest ist weniger gut, da er sehr porös ist und leicht Wasser und andere Flüssigkeiten aufnimmt. Das beste Isolirmittel ist indessen die Luft; bei Luftisolation ist man zu besonderer Vorsicht genöthigt, um zu verhindern, daß der Kupferstaub von den Bürsten in die trennenden Luftzwischenräume komme und sich dort festsetze. Besteht die Bewickelung der Maschine aus sehr starken Leitern, so kann man diese bei geeigneter Anordnung abdrehen und als Stromabgeber verwenden (I-Maschine von Siemens und Halske, Radankermaschine von Fritsche.)

(364) **Die Bürsten** bestehen aus Drähten, dünnen Blechen, die flach oder hochkantig liegen, Litzen aus dünnen Drähten, auch mehrere dieser Arten gemischt, oder aus Drahtgewebe. Neuerdings werden bei Elektromotoren mit Vortheil Kohlescheiben und Kohleblöcke als Bürsten verwendet. Es ist zu empfehlen, Bürsten und Stromabgeber nicht aus einerlei Material zu nehmen, besonders nicht Kupfer auf Kupfer schleifen zu lassen. Die Bürsten sollen fest anliegen und verstellbar sein; dies wird durch gute mechanische Construction des Bürstenhalters erreicht, welcher die Bürsten in dem unveränderlichen, durch die Schaltung des Ankers bedingten Abstand hält und dieselben vermittels einer Feder sicher und mit genügender Kraft andrückt. Liegen die Bürsten zu leicht an, so hüpfen sie und verursachen Funken; liegen sie zu hart an, so fressen sie Spuren in den Stromabgeber.

Die Bürsten schleifen entweder tangential oder sie stehen schräg oder steil am Stromabgeber; sie sollen mit letzterem guten Contact haben und müssen deßhalb an möglichst vielen Stellen aufliegen. Man verwendet deßhalb gerne parallele Bürsten, so daß an jeder Contactstelle zwei oder mehrere Bürsten aufliegen;

dies bietet noch den weiteren Vortheil, daß man behufs kleiner Ausbesserungen an den Bürsten dieselben einzeln auch während des Betriebes vom Stromabgeber abheben kann.

Die Behandlung der Bürsten und des Stromabgebers an im Betriebe befindlichen Maschinen ist ein Punkt, auf den man viel Aufmerksamkeit verwenden muß.

Während des Betriebes spritzt von der Maschinenaxe Oel ab, wovon ein Theil auch den Stromabgeber trifft. Von letzterem und den Bürsten wird fortwährend feiner Kupferstaub abgerieben. Hierdurch und durch den noch hinzutretenden Staub verschmutzen der Stromabgeber und die Bürsten rasch, und es ist deßhalb zu rathen, öfter während des Betriebes mit einem Tuch oder mit Putzwolle den Stromabgeber zu reinigen; bei Schluß des Betriebes ist es von Vortheil, bei abgehobenen Bürsten und während der Anker noch umläuft, gegen den Stromabgeber ein größeres Stück Smirgelleinwand anzudrücken, wodurch eine blanke Oberfläche hergestellt wird. Der in den Bürsten sich festsetzende Staub wird durch Auskratzen entfernt; es empfiehlt sich, diese Reinigung täglich vorzunehmen. Durch das Verschmutzen wird bei nicht genügender Sorgfalt eine deutliche Zunahme des zwischen den Bürsten gemessenen Ankerwiderstandes hervorgerufen; da diese Widerstandsvermehrung ihren Sitz zwischen Bürsten und Stromabgeber hat, so wird dort eine Wärmemenge erzeugt, die den Stromabgeber unnöthig erwärmt. Außerdem trägt diese Verunreinigung auch zum Entstehen von Funken an den Bürsten bei. Behandelt man den Stromabgeber mit französischer Kreide statt des Oels, so wird die Verunreinigung sich weniger festsetzen können.

Bei nicht sehr sorgfältigem Betrieb wird der Stromabgeber in Folge der Funken rauh; die erste Abhilfe ist das eben erwähnte Ablaufenlassen gegen Smirgelpapier; bei stärkeren Unebenheiten wird man sich zuerst einer Feile bedienen, schließlich aber zu vollständigem Abdrehen des Ankers schreiten. Zur Vermeidung stärkerer Einwirkungen der Reibung an bestimmten Stellen des Stromabgebers ertheilt man entweder den Bürsten oder dem Anker eine langsam hin- und hergehende Bewegung.

Die Bürsten verbrauchen sich im Betrieb ebenfalls; tangential stehende Bürsten kann man umdrehen, wenn sie auf einer Seite zu stark angeschliffen sind. Zum Abschneiden der verbrauchten Enden klemmt man die Bürsten in eine geeignete Spannvorrichtung (vgl. v. Gaisberg, Taschenbuch für Monteure). Neue Bürsten läßt man bei leerlaufender Maschine sich richtig abschleifen.

(365) Die Befestigung der Ankerdrähte an den Stromabgebertheilen geschieht durch Schrauben oder Löthen. Das erstere hat den Vortheil, daß es bequemer ist und der Anker leichter ausgebessert werden kann; doch werden die Schrauben im Betrieb manchmal locker und es können starke Verluste und Beschädigungen in Folge dessen entstehen. Das Löthen ist in dieser Beziehung weit sicherer. Löthwasser und Säure sollten dabei vermieden, nur Borax, Colophonium, Paraffin verwendet werden, weil die ersteren Stoffe nicht leicht von den Ankerdrähten zu entfernen sind und Ursache zu Zerstörungen der Isolation und der Löthstellen werden können. Es empfiehlt sich, die dem Angriff durch die Bürsten ausgesetzten Theile des Stromabgebers besonders aufzuschrauben, so daß sie ausgewechselt werden können, ohne daß an den Drahtverbindungen etwas geändert wird.

(366) Stellung der Bürsten. Die Bürsten sollen an den Punkten des Stromabgebers anliegen, deren Spannungsdifferenz die größte ist; bei zweipoligen Maschinen sind dies die Enden eines Durchmessers, bei mehrpoligen Maschinen hat man andere Stellungen, je nach der Zahl der Pole, bei vier Polen 90°, bei sechs Polen 60° Abstand. Die Stellung der Bürsten ließe sich hiernach aus der Wickelung des Ankers und der Symmetrieebene der ganzen Maschine ableiten; indeß wird durch den Einfluß des Ankerstromes und des hierdurch erzeugten Magnetismus die Richtung der Kraftlinien im Feld und damit auch die Lage der Punkte größter Spannungsdifferenz verändert. Ist der Winkel überhaupt, auch für starke Ankerströme, klein, so können seine Veränderungen fast vernachlässigt werden und die Bürstenstellung ist nahezu constant; dies ist der Fall, wenn der Magnetismus der Schenkel groß ist gegen den des Ankers. Trifft das letztere nicht zu, so ist der Winkel sehr veränderlich, und die Bürsten müssen im Betrieb bei wechselnder Stromstärke sehr häufig verstellt werden. Von wesentlichem Einfluß auf die Constanz der Bürstenstellung ist der Sättigungsgrad, in dem sich Schenkel- und Ankereisen befinden; wachsen beide Magnetismen in gleicher Weise, sind beide im gleichen Sättigungspunkt, so bleibt die Bürstenstellung unverändert; ist dagegen der Anker schon gesättigt, während der Magnetismus der Schenkel noch wächst, oder wird der Magnetismus der Schenkel constant gehalten, während der des Ankers noch wächst, so ist die Bürstenstellung veränderlich.

Die Bürsten werden stets so eingestellt, daß möglichst wenig Funken zu bemerken sind; zu letzteren können Veranlassung geben (außer dem Fall, daß nicht die Punkte größter Potentialdifferenz getroffen worden sind): starke Selbstinduction, unsymmetrische Wickelung, unrunder Stromabgeber.

Graphische Darstellung des Verhaltens der Maschinen.

(367) Darstellung der drei Größen: Potential - Differenz oder elektromotorische Kraft (E, e), Stromstärke J und Widerstand R.

Trägt man J als Abscisse und E als Ordinate auf, so ergiebt eine angestellte Versuchsreihe (bei constanter Geschwindigkeit) irgend eine Linie, z. B. wie in Fig. 90. Für irgend einen Punkt P dieser Curve ergiebt sich demnach: die elektromotorische Kraft $= AP$, die Stromstärke $= OA$, und der Widerstand

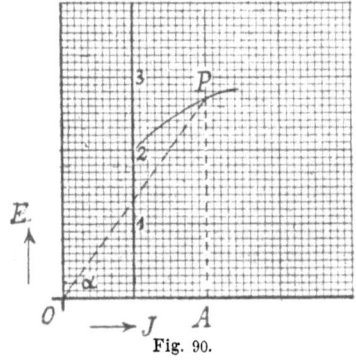

Fig. 90.

254 Graphische Darstellung des Verhaltens der Maschinen.

des ganzen Stromkreises $= \dfrac{E}{J} = \dfrac{AP}{OA} = \operatorname{tg} \alpha$. Zieht man in bekanntem Abstande von der Ordinatenaxe eine Parallele zur letzteren, so kann man an dieser unmittelbar die Widerstände ablesen, z. B. bedeutet in der Figur 1 mm sowohl 1 V, als auch ein A, so ist für den Punkt P: $E = 27\,\mathrm{V}$; $J = 20\,\mathrm{A}$; $R = 1{,}35\,\mathrm{O}$.

Den letzteren Werth kann man an der zur Ordinatenaxe parallelen Graden ablesen.

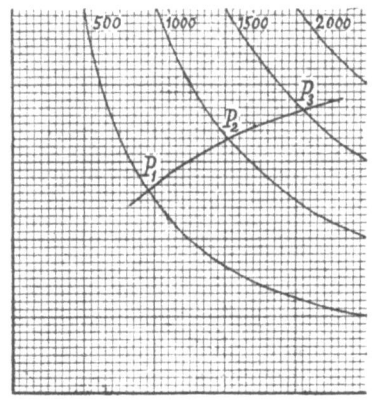

Fig. 91.

(368) Elektrische Leistung. In vielen Fällen ist es wünschenswerth, nicht nur E und J, sondern auch deren Product aus der graphischen Darstellung der Beobachtungen zu erkennen; man fügt dann dem Netz aus geraden Linien noch eine Schaar von gleichseitigen Hyperbeln zu, welche alle diejenigen Orte des Netzes verbinden, für welche EJ denselben Werth hat. Es ist praktisch, die Hyperbeln für $EJ = 500, 1000, 1500 \ldots$ W zu zeichnen, weil diese Werthe nahezu 1, 2, 3 P an aufzuwendender mechanischer Energie entsprechen, während gleichzeitig ihr theoretischer Energiewerth $\dfrac{2}{3}$, $\dfrac{4}{3}$, 2 P beträgt.

Der Punkt P_1 der Curve entspricht also 500 W, P_2 1000, P_3 1500 W.

Verhalten der verschiedenartigen Maschinen im Betrieb.

Bei constanter Umlaufszahl. E Ordinate, J Abscisse.

(369) Magnetmaschine und Maschine mit besonderer Erregung. Die EMK ist constant; sie wird dargestellt durch eine Parallele zur Abscissenaxe (punktirt). Der Spannungsverlust im Anker wird dargestellt durch eine Gerade, welche durch den Coordinatenanfang geht und mit der Abscissenaxe einen Winkel α einschließt, so daß $\operatorname{tg} \alpha = w =$ Widerstand des Ankers ist. Trägt man die Größen der Ordinaten dieser Linie von denen der Geraden für die EMK ab, so erhält man die Klemmenspannung, dargestellt durch eine Gerade, welche mit der Geraden für die EMK den Winkel α macht.

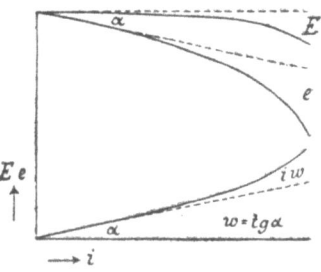

Fig. 92.

Graphische Darstellung des Verhaltens der Maschinen. 255

Die Beobachtung zeigt in den ausgezogenen Curven Abweichungen von dieser einfachen Theorie. Der Ankerstrom magnetisirt den Anker und zwar in dem Sinne, daß die Stärke des Feldes verringert wird; deßhalb und weil die Selbstinduction im Anker wächst, nimmt die EMK bei starkem Strom ab. Der Strom erwärmt den Anker, deßhalb wächst der Widerstand des Ankers bei steigendem Strom und der Verlust ist größer als durch die punktirte Linie angegeben. Beide Abweichungen addiren sich zu der Abweichung der Klemmenspannung von der Geraden.

(370) **Hauptstrommaschine.** Die EMK bei offenem äußeren Kreis, wenn die Maschine von einer anderen Quelle erregt wird, zeigt denselben Verlauf, wie die Curve des Magnetismus (obere Curve). Bei Selbsterregung zeigt sich der Einfluß des Ankerstromes (Schwächung des Feldes, Selbstinduction) in einer ziemlich beträchtlichen Abweichung von der oberen Curve, vgl. die zweite Curve. Auf dieselbe Weise, wie bei der Magnetmaschine erhält man Verlust im Anker und Klemmenspannung. Der Bereich des praktischen Betriebes erstreckt sich auf die Gegend des Knies der zweiten Curve, während die Theile, wo die Curve steil ansteigt, und wo sie wieder abfällt, meistens außerhalb der Betriebsgrenzen liegen. — Bei Maschinen, deren Eisenmassen ungenügend sind, fällt die Charakteristik sehr stark ab.

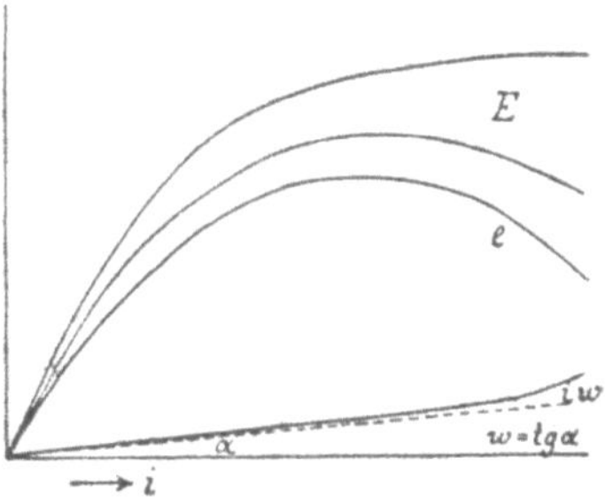

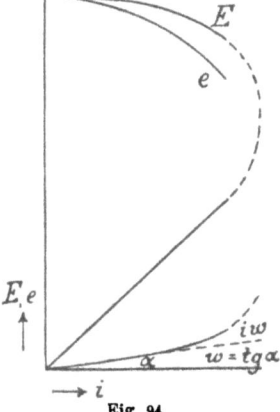

Fig. 93.

(371) **Nebenschlufsmaschine.** Die Curve der EMK besteht aus zwei übereinanderliegenden Theilen, da sich die Curve zurückbiegt; der untere Ast entspricht dem Angehen bei geringem Widerstand, während der obere Ast die regelmäßigen Betriebsverhältnisse wiedergiebt. EMK und Klemmenspannung sind innerhalb weiter Grenzen nicht sehr veränderlich; im praktischen Betrieb fügt man in den Nebenschluß noch einen Widerstandsregulator, durch den die Klemmenspannung genau constant gehalten wird.

Fig. 94.

Theorie der Dynamomaschine nach Frölich.

(372) Bezeichnungen.

E = elektromotorische Kraft in V.
P = Polspannung, Klemmenspannung in V.
J = Stromstärke, J_a im Anker, J_n im Nebenschluß, in A.
M = Magnetismus im relativen Maß; der „wirksame Magnetismus" Frölichs ist im Wesentlichen die magnetische Feldstärke oder auch die Kraftlinienzahl. Als Einheit dient das Maximum des Magnetismus, so daß M den Grad der Sättigung bedeutet.
v = Drehungsgeschwindigkeit, Zahl der Umläufe in 1 Minute.
a, d, n, u = Widerstände von Anker, directer Wickelung, Nebenschluß, äußerem Kreis, in O. Der Ankerwiderstand ist nicht constant, sondern von der Geschwindigkeit v abhängig (380).
W = gesammter Widerstand = $a + d + u$ bei directer Wickelung,
$\quad\quad = a + \dfrac{un}{u+n}$ bei Nebenschlußwickelung.
$w = \dfrac{un}{u+n}$ = Widerstand der parallel geschalteten n und u.
m = Windungszahl, m_d der directen Wickelung u. s. w.
i_s = Stromdichte im Schenkel, gewöhnlich $1{,}5 \dfrac{\mathrm{A}}{\mathrm{qmm}}$.
μ = Magnetisirungsconstante = dem Magnetismus, welcher im gegebenen Magnetkern durch die Stromstärke 1 für 1 Windung erregt wird; dieselbe ist um so kleiner, je größer der Magnetkern.
c = Widerstand einer Windung mittlerer Länge vom Querschnitt 1 qmm in O.

Grundgleichungen.

(373) Die elektromotorische Kraft ist bei gleichbleibendem Magnetismus proportional der Geschwindigkeit

$$E = f \cdot M \cdot v.$$

f = Ankerconstante = dem Verhältniß der EMK zur Geschwindigkeit, wenn der Magnetismus im Maximum (= 1) ist. Es ist nicht festgestellt, ob f von der Bürstenstellung unabhängig ist; nach Messungen von Frölich an einer Maschine der Firma Siemens und Halske blieb f ungeändert, während die Bürsten um 34° verschoben wurden. Nach dem augenblicklichen Stande unserer Kenntnisse ist es zu empfehlen, alle Versuche, welche zu Bestimmungen nach der Theorie von Frölich dienen sollen, bei derselben Stellung der Bürsten gegen den Stromabgeber vorzunehmen.

Theorie der Dynamomaschine nach Frölich.

(374) Abhängigkeit des Magnetismus von der Stromstärke. In den Grenzen des praktischen Betriebes und so lange es sich um technische Fragen handelt, darf man den wirksamen Magnetismus darstellen durch die Formel

$$M = \frac{J}{a+b\cdot J} = \frac{\mu\cdot m_s\cdot J_s}{1+\mu\cdot m_s\cdot J_s},$$

$\mu\, m_s\, J_s$ heißt Magnetismus der Schenkelwindungen.

(375) Elektromotorische Kraft E, Stromstärke J, gesammter Widerstand des Stromkreises W, hängen durch **das Ohm'sche Gesetz** zusammen:

$$E = J\cdot W.$$

Bei constanter Geschwindigkeit der Maschine stellt sich nach Ablauf des sog. Angehens das dynamoelektrische Gleichgewicht her; in diesem Zustand gilt folgende Gleichung:

$$J = f\frac{Mv}{W}.$$

(376) Jede einfache elektrische Größe, Stromstärke, EMK und Polspannung ist gleich der Differenz zweier Größen derselben Art, wovon die erste (Minuend) nur vom Anker abhängt und der Erregung beim Maximum des Magnetismus entspricht, während die zweite (Subtrahend) nur von den Schenkeln abhängt und der Erzeugung eines Magnetismus von der halben Stärke des Maximums entspricht.

Ankerstrom $J_a = [J_a]_1 - (J_a)_{1/2}$,

die anderen einfachen Größen unterscheiden sich von J_a nur durch constante Factoren.*)

Bestimmung der Anker- und Schenkelgröfsen.

Die Frölich'sche Theorie, welche für Trommel- und Ringankermaschinen gilt, liefert, sowohl für die getriebene als die treibende Maschine, für jede einfache Wickelungsart (direct, Nebenschluß) eine Hauptgleichung, durch welche eine elektrische Größe (Stromstärke, Polspannung) in Abhängigkeit von der Geschwindigkeit und dem Gesammtwiderstande ausgedrückt wird. Diese Hauptgleichungen werden zur Bestimmung der Anker- und Schenkelgrößen benutzt.

(377) **Maschine mit directer Wickelung, Stromcurve.**

$$J = \frac{fMv}{W} = \frac{fv}{W}\cdot\frac{\mu\, m_s J}{1+\mu\, m_s J}\text{ woraus }J = F\!\left(\frac{fv}{W}\right)$$

$$J = f\cdot\frac{v}{W} - \frac{1}{\mu\, m_s}$$

nach (376) $\qquad = [J]_1 - (J)_{1/2}$

---

*) Die Bezeichnung $[J_a]_1$ statt des Frolich'schen $\overline{J_a}$ für den Ankerstrom beim Maximum der Magnetisirung ist hier gewählt worden, weil der $^-$ in dem Zeichen $\overline{J_a}$ im Druck leicht verschwindet.

258 Theorie der Dynamomaschine nach Frölich.

Abscisse $\frac{v}{W}$, Ordinate J giebt die Stromcurve als Gerade.

Die Stromcurve dient zur Ermittelung der Anker- und der Schenkelgröße, f und $(J)_{1/2}$; der Weg der Rechnung ist entweder geometrisch oder algebraisch. Um die Stromcurve zu erhalten, stellt man einige Messungen an der Maschine an bei verschiedenen Geschwindigkeiten in den Grenzen des praktischen Betriebes und macht bei jeder dieser Geschwindigkeiten Versuche mit verschiedenen äußeren Widerständen, die ebenfalls aus dem Bereich des praktischen Betriebes zu wählen sind. Gleichzeitige Beobachtungen von Geschwindigkeit und Stromstärke ist erforderlich, am besten durch zwei Beobachter. Mehrfache Ablesung der Instrumente bei jeder Messung; Bürstenstellung unverändert, am besten die für den praktischen Betrieb normale. — Die Formel für die Stromcurve stellt nur den geradlinigen Theil derselben richtig dar; derselbe entspricht indeß dem Bereich der praktischen Anwendung.

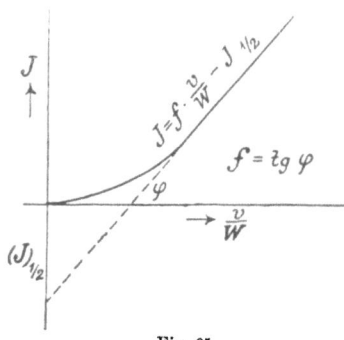

Fig. 95.

Maschine mit Nebenschlußwickelung, **Polspannungscurve.**

Bezeichnet w den Widerstand der parallel geschalteten Zweige: äußerer Widerstand $= u$ und Widerstand der Nebenschlußwickelung $= n : w = \frac{un}{u+n}$, wofür beim gewöhnlichen Betrieb u gesetzt werden kann, so ist die Polspannung

$$P = fv\frac{w}{W} - \frac{n}{\mu m_s} = fv\frac{w}{W} - P_{1/2}.$$

Abscisse $v \cdot \frac{w}{W}$, Ordinate P giebt die Polspannungscurve als Gerade.

Dieselbe dient zur Ermittelung von f und $P_{1/2}$. Bei Bestimmung der Geraden durch Messungen ist es am bequemsten, den äußeren Stromkreis zu öffnen; dann wird $P = f \cdot v - P_{1/2}$, Abscisse die beobachtete Geschwindigkeit, Ordinate die beobachtete Polspannung. Für die Messungen gilt das im Vorigen Gesagte.

Maschine mit gemischter Wickelung für constante Polspannung.

Dies ist eine Nebenschlußmaschine, der eine directe Wickelung von geringer Kraft zugefügt ist; die constant zu haltende Polspannung ist dieselbe, welche bei offenem äußeren Stromkreis der Maschine auftritt.

Theorie der Dynamomaschine nach Frölich. 259

Man bestimme die Constanten f, $J^{1}/_{2}$ und $P/_{2}$ der Maschine, indem man sie einmal als Nebenschluß-, das andere Mal als Maschine gemischter Wickelung in Betrieb setzt; die Constante für die directen Windungen berechnet man mit Hilfe der in (382) aufgeführten Formeln.

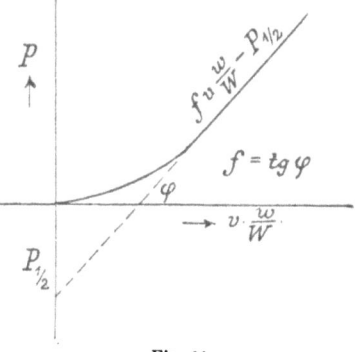

Fig. 96.

Eine experimentelle Vergleichung der Schenkelconstanten für die directe und die Nebenschlußwickelung kann man nach W. Kohlrausch dadurch ausführen, daß man bei constanter Geschwindigkeit des Ankers einmal durch die directe Wickelung allein und einmal, indeß mit nahezu der gleichen Zahl von Windungsampère durch die Nebenschlußwickelung allein erregt. Die beobachteten Spannungen am Anker ergeben das Verhältniß der Constanten μ für beide Wickelungen. (Centrbl. El. 1887, S. 411.)

(378) **Bestimmung der Anker- und Schenkelgrößen bei Elektromotoren.** Bei Elektromotoren sind die den Gleichungen der Strom- und der Spannungscurve für den Stromerzeuger entsprechenden Hauptgleichungen:

directe Wickelung: $\quad \dfrac{1}{J} = \dfrac{f}{J^{1}/_{2}} \cdot \dfrac{v}{E} - \dfrac{1}{J^{1}/_{2}}$

Nebenschlußwickelung: $\dfrac{1}{P} = \dfrac{f}{P/_{2}} \cdot \dfrac{v}{E} - \dfrac{1}{P/_{2}}$.

$\dfrac{1}{J}$ und $\dfrac{1}{P}$ können als Functionen von $\dfrac{v}{E}$ gezeichnet und aus den Curven die Werthe von f, $J^{1}/_{2}$ und $P/_{2}$ abgeleitet werden.

(379) **Vorausberechnung der Constanten der Frölich'schen Formeln aus den Abmessungen der Maschine.** Für eine Reihenmaschine ist

$E = [E]_1 \cdot \dfrac{J}{J + J^{1}/_{2}}$; hierin ist $[E]_1 = \dfrac{2}{60} \cdot \dfrac{1}{10^8} \cdot N \cdot F \cdot [B]_1 \cdot n$ Volt

(342), worin $[B]_1$ die maximale magnetische Induction in dem Ankereisen bedeutet. $J^{1}/_{2}$ kann mit Hilfe der Hopkinson'schen Gleichung (386) berechnet werden; setzt man dort $i_s = J^{1}/_{2}$ und sucht die Werthe von $f\left(\dfrac{z}{q}\right)$ zur halben maximalen Induction aus der Magnetisirungscurve des Eisens (vgl. Fig. 97), so wird:

$$J^{1}/_{2} = \dfrac{10}{4\pi N_s} \cdot \left[l_1 \cdot f\!\left(\dfrac{[B]_1}{2}\right) + l_2 \cdot f\!\left(\dfrac{v\,[B]_1}{2} \cdot \dfrac{q_1}{q_2}\right) + l_3 \cdot \dfrac{[B]_1}{2} \cdot \dfrac{q_1}{q_3} \right].$$

Zickler hat in der Zeitschrift für Elektrotechnik 1888, S. 5, 51, 53, 150 eine Vorausberechnung auf anderer Grundlage ausgeführt; er erhielt eine ziemlich gute Uebereinstimmung zwischen Rechnung und Messung. Ob die Methode allgemein anwendbar ist, steht noch nicht fest.

Untergeordnete Einflüsse.

(380) Veränderung des Ankerwiderstandes mit der Geschwindigkeit. Bedeutet a_0 den Widerstand des ruhenden Ankers bei der Temperatur gemessen, welche er während des Versuches hat, a den Widerstand des umlaufenden Ankers, γ einen Coefficienten, so ist in erster Annäherung

$$a = a_0 (1 + \gamma \cdot v).$$

Diesen Werth von a hat man oben in den Werthen von W einzuführen.

Aus Beobachtungen von Meyer und Auerbach berechnete Frölich für eine alte Gramme'sche Maschine $\gamma = 0{,}0023$. Für Siemens'sche Maschinen hat Frölich die Aenderung bestimmt; aus den Messungen kann man γ berechnen und findet: für eine ältere Maschine gF_5 zu 0,0003, für eine Maschine H_6 zu 0,0004, für eine Maschine H_5 zu 0,0010.

(381) Einflufs des Ankerstromes bei Nebenschlufsmaschinen. In der Formel für M in (374) hat man von $\mu m_n J_n$ noch $\alpha \cdot J_a/P_{1/2}$ abzuziehen, worin α ein Coefficient ist; es wird dann

$$M = \frac{\mu \cdot m_n \cdot J_n - \alpha J_a/P_{1/2}}{1 + \mu \cdot m_n \cdot J_n - \alpha J_a/P_{1/2}}.$$

Für eine Maschine der Deutschen Edison-Gesellschaft (100 V, 240 A) fand Frölich $\alpha = 0{,}03$ bis $0{,}05$.

Auch in der Formel für P in (377) läßt sich der Einfluß des Ankerstromes ausdrücken, indem man schreibt:

$$P = fv \frac{w}{W} - \frac{P_{1/2}}{1 - \dfrac{\beta}{w}}.$$

β war für eine Schuckert'sche Maschine $JL\,3 = 0{,}03\,P_{1/2}$.

Verhalten der Maschinen im Betrieb.

(382) Die Constanten f, $J_{1/2}$, $P_{1/2}$ als bekannt vorausgesetzt, geben die nachfolgenden Gleichungen das Verhalten der Maschinen an:

Theorie der Dynamomaschine nach Frölich.

	Hauptstrom-Maschine	Nebenschluß-Maschine	Maschine gemischter Wickelung; Nebenschluß parallel zum Anker	Maschine gemischter Wickelung; Nebenschluß parallel zum äußeren Kreis
1. bei gleichbleibender Geschwindigkeit:				
Stromstärke im Anker	$f \cdot \dfrac{v}{W} - J_{1/2}$	$\dfrac{P}{w}$	$\dfrac{fw}{W} - \dfrac{u+d}{w^1} \cdot \dfrac{J_{1/2}}{P_{1/2} + (u+d)J_{1/2}} P_{1/2}$	$\dfrac{fw}{W} - \dfrac{J_{1/2}}{P_{1/2} + w J_{1/2}} P_{1/2}$
" im Nebenschluß		$\dfrac{P}{n}$	$J_a \cdot \dfrac{w}{n}$	$J_a \cdot \dfrac{w}{n}$
" im äußeren Kreis		$\dfrac{P}{u}$	$J_a \cdot \dfrac{w}{u+d}$	$J_a \cdot \dfrac{w}{u}$
Polspannung	"	$f \cdot v \cdot \dfrac{w}{W} - P_{1/2}$	$J_a \cdot w$	$J_a \cdot w$
Magnetismus	$\dfrac{J}{J + J_{1/2}} = \dfrac{J}{[J]_1} = \dfrac{[J]_1 - J_{1/2}}{[J]_1}$	$\dfrac{P}{P + P_{1/2}} = \dfrac{P}{[P]_1} = \dfrac{[P]_1 - P_{1/2}}{[P]_1}$	$M = \dfrac{M_n(1 - M_d) + M_d(1 - M_n)}{1 - M_n \cdot M_d}$	
2. bei veränderlicher Geschwindigkeit:				
todte Umläufe $= v_0$	$J_{1/2} \cdot \dfrac{W}{f}$	$P_{1/2} \cdot \dfrac{W}{fv}$	$J_{1/2} = \dfrac{1}{\mu \, m d}$	
			$P_{1/2} = \dfrac{n}{\mu \, m_n}$	
Stromstärke	$\dfrac{f}{W}(v - v_0)$	"		
Polspannung		$f \cdot \dfrac{w}{W}(v - v_0)$	$w = \dfrac{un}{u+n}, \quad W = a + d + w$	
Magnetismus	$\dfrac{v - v_0}{v}$	$\dfrac{v - v_0}{v}$	$w^1 = \dfrac{(u+d)n}{u+d+n}, \quad W = a + w^1$	

Wickelung der Maschinen.

(383) Wenn das Eisengerüst der Maschine und der fertig gewickelte Anker vorhanden und ferner die Maximalgeschwindigkeit des Ankers und die maximalen Werthe der Stromdichte in der Anker- und in der Schenkelwickelung gegeben sind, so sind die Schenkelwickelung, der Magnetismus und die elektrische Energie, überhaupt alle Eigenschaften der Maschine bestimmt, wenn man die Bedingung erfüllt, daß die in der Schenkelwickelung verloren gehende Energie im Verhältniß zu der vom Anker umgesetzten Energie ein Minimum sei. Eine Maschine befindet sich im Normalzustand, wenn sie nach dieser Vorschrift gebaut und in Betrieb gesetzt wird.

Von den hierbei als gegeben angenommenen Größen sind sämmtliche als durch verschiedene Umstände bestimmt und aus Versuchen bekannt anzunehmen mit Ausnahme der Ankerwickelung. Legt man für eine bestimmte Maschine eine bestimmte Ankerwickelung zu Grunde, so lassen sich die im Normalzustand geltenden Eigenschaften der Maschine sämmtlich berechnen, ebenso für jede andere Ankerwickelung und ferner auch, wenn alle Abmessungen in demselben Maße verändert werden, für eine Maschine desselben Modells, aber anderer Größe.

Normalzustand.

Directe Wickelung.   Nebenschlußwickelung.

$$d = \frac{a}{J \cdot \sqrt{\frac{\mu \cdot a}{c \cdot i_s}}} \qquad n = \frac{w^2}{a} \cdot J_a \cdot \sqrt{\frac{\mu a}{c i_s}}$$

$$q_d = \frac{J}{i_s} \qquad q_n = \frac{a}{w i_s} \cdot \frac{1}{\sqrt{\frac{\mu a}{c i_s}}}$$

$$m_d = \frac{1}{\mu} \sqrt{\frac{\mu a}{c \cdot i_s}} \qquad m_n = w \cdot \frac{J_a}{c i_s}$$

$$M = \frac{a}{a+d} \qquad M = \frac{J_a \sqrt{\frac{\mu a}{c i_s}}}{1 + J_a \cdot \sqrt{\frac{\mu a}{c i_s}}}$$

$$EJ = fvMJ \qquad EJ_a = fvMJ_a.$$

Wickelt man eine bestimmte Maschine mit demselben Anker einmal als Hauptstrom-, das andere Mal als Nebenschlußmaschine, so bleibt die nützliche Leistung und der Verlust derselbe; bei der directen Wickelung ist die Stromstärke etwas höher, die Klemmenspannung entsprechend niedriger, als bei der Nebenschlußwickelung.

Theorie der Dynamomaschine nach Frölich.

(384) Wickelung und Abgleichung der Gleichspannungsmaschine. Man giebt der vorherrschenden Nebenschlußwickelung den Normalzustand und wählt die untergeordnete directe Wickelung nach dem zu erreichenden Zweck.

Man muß dazu μ und c kennen; wenn die directen Windungen dieselben Theile der Schenkel bedecken, wie die Nebenschlußwickelung, so hat μ denselben Werth, wie für die letztere. Zu wählen ist der Querschnitt der directen Wickelung oder die Stromdichte der letzteren. Es wird dann:

Nebenschluß parallel zum Anker: $m_d = \dfrac{fv}{P_{1/2}} \cdot \dfrac{a}{\dfrac{u}{m_n} - \dfrac{c}{q_d}\left(\dfrac{fv}{P_{1/2}}-1\right)}$

„   „   „ äußer. Kreis: $m_d = \dfrac{a}{\dfrac{P_{1/2}^2}{\mu f v} - \dfrac{c}{q_n}}$.

$P_{1/2}$ und f sind mit der Nebenschlußwickelung allein schon bestimmt.

(385) Aenderung der Bewickelung und der Maschinenmafse. Bei Aenderung der Bewickelung des Ankers einer Maschine, bei gleichbleibendem Wickelungsraum, ändert sich die EMK proportional der Windungszahl, die Stromstärke proportional dem Querschnitt des Ankerdrahtes.

Für eine andere Ankerbewickelung muß auch eine neue Schenkelbewickelung (Normalzustand) hergestellt werden; Winddungszahl und Querschnitt werden in demselben Verhältniß wie im Anker verändert.

Bei Maschinen, die einander ähnlich sind, d. s. verschieden große Ausführungen desselben Modells, muß der Frölich'sche Werth des Magnetismus (im relativen Maße) denselben Werth haben [vgl. den Satz von Sir W. Thomson (113)]. Die Constante μ ändert demnach im Verhältniß $1:n^2$, wenn die linearen Abmessungen im Verhältniß $1:n$ geändert werden. Die Ankerconstante f ist proportional der Windungszahl, der wirksamen Drahtlänge einer Ankerwindung und dem Radius der Ankerwindungen, sowie dem Maximum des Magnetismus.

Die von einer Maschine umsetzbare Arbeit wächst im Allgemeinen rascher als das Gewicht der Maschine. Deprez und Silv. Thompson geben an, daß bei einer Vergrößerung der linearen Abmessungen im Verhältniß $1:n$ die umgesetzte Arbeit wie $1:n^5$ wachse, während das Gewicht nur wie $1:n^3$ zunehme. Frölich berechnet statt $1:n^5$ nur $1:n^4$, wenn vorausgesetzt wird, daß die Umlaufszahl für die größere Maschine dieselbe sei. Indessen muß aus mechanischen Rücksichten bei größeren Maschinen die Geschwindigkeit geringer sein, als bei kleineren. Immerhin bleibt eine etwas größere Leistungsfähigkeit, wie auch ein größeres elektrisches Güteverhältniß zu Gunsten der großen Maschinen.

Hierzu kommt noch, daß die großen Maschinen zwar proportional ihrem Gewicht auch theurer an Materialkosten sind, daß hingegen die Kosten der bei der Herstellung aufzuwendenden Arbeit nicht in demselben Verhältniß wachsen.

Vorherbestimmung der Charakteristik nach Hopkinson.

(386) Für jeden einzelnen Theil des magnetischen Kreises wird eine Magnetisirungscurve ermittelt (vgl. Fig. 97), wo die Abscissen die magnetisirenden Kräfte, die Ordinaten die erzeugten Kraftlinien darstellen. Geht man von den einzelnen Theilen auf den ganzen magnetischen Kreis über, so hat man die Kräfte,

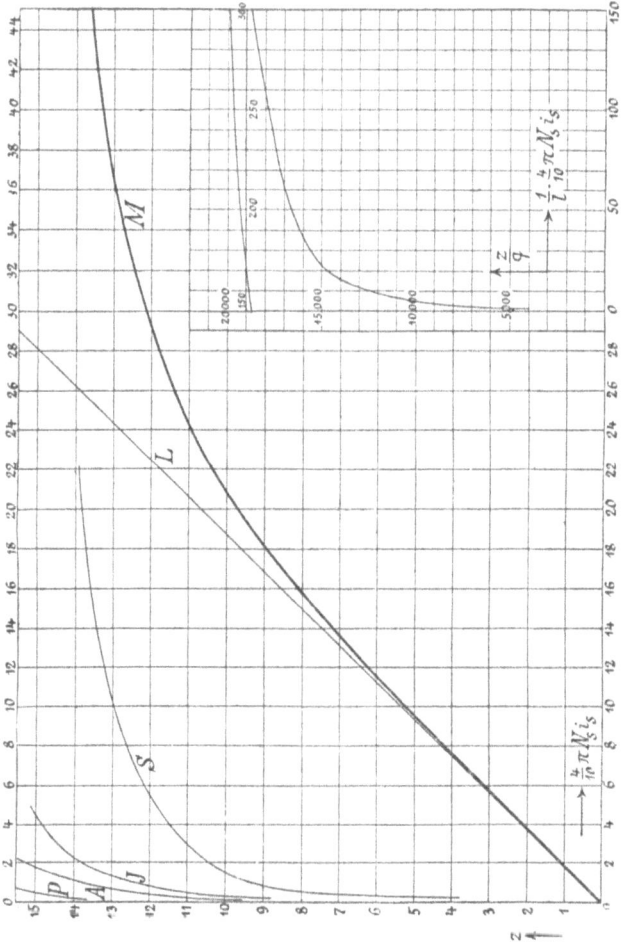

welche für die Theile erforderlich sind, zu addiren, um die Kraft für den ganzen Kreis zu erhalten. Nennt man die letztere

Vorherbestimmung der Charakteristik nach Hopkinson. 265

$P = {}^4/_{10} \pi N_s i_s$ im absoluten Maße, sind l und q die Längen und die Querschnitte der verschiedenen Theile des magnetischen Kreises in cm und qcm, so ist

$$\frac{4}{10} \pi N_s i_s = l_1 \cdot f\left(\frac{Z'}{q_1}\right) + l_2 \cdot f\left(\frac{Z}{q_2}\right) + l_3 \cdot \frac{Z}{q_3},$$

worin Z' die Kraftlinienzahl im Anker Z die im Schenkel bedeutet, während die Indices 1 dem Anker, 2 den Schenkeln und 3 dem Luftraum zwischen Anker und Polschuhen gelten. l_3 ist das doppelte zwischen dem Anker und dem Polschuh. Das Verhältniß der Gesammtzahl der erzeugten Kraftlinien zu Zahl, welche durch den Anker geht Z/Z' heißt Zerstreuung oder Streuung v (vgl. 387).

f bezeichnet den experimentell für die betreffende Eisensorte festgestellten Zusammenhang zwischen Kraftlinienzahl und magnetisirender Kraft, den man nach (259) ermittelt; die Werthe der Induction $B = \frac{Z}{q}$, die man zu den verschiedenen Werthen der magnetischen Kraft $H = \frac{1}{l} \frac{4\pi}{10} \cdot N_s \cdot i_s$ gefunden hat, trägt man in ein Coordinatennetz ein, wie in Fig. 97 unten rechts geschehen.

Dieses Diagramm erlaubt, für jedes Eisenstück der untersuchten Sorte, dessen Länge und Querschnitt bekannt ist, die zu einer bestimmten Kraftlinienzahl gehörige magnetisirende Kraft zu bestimmen; für die Eisenstücke des magnetischen Kreises ist das im nachfolgenden Beispiel geschehen.

Für Luft erhält man als Magnetisirungslinie eine Gerade.

Der Querschnitt des Luftraumes zwischen Polschuhen und Anker ist nicht gleich dem geometrisch gemessenen Querschnitt, sondern etwas größer, weil auch von den Seiten der Polschuhe her noch Kraftlinien zum Anker übertreten; diese Vergrößerung des Querschnitts kann man durch Zeichnung und Rechnung finden; man bedient sich dabei der in (69) angegebenen Methode, den Verlauf der Kraftlinien darzustellen; es bleibt dabei nichts übrig, als sich bei guter und genauer Zeichnung der Größenverhältnisse der Eisenconstruction von der Anschauung und dem Gefühl leiten zu lassen; da es sich nur um eine Berichtigung handelt, die allerdings nicht unbeträchtlich ist, so werden die Ergebnisse immerhin noch befriedigend ausfallen.

(387) Beispiel einer Berechnung.

Edison-Hopkinson-Maschine.

Luftraum. Die ausgebohrten Flächen der Polschuhe schließen Winkel von 129° ein, der Durchmesser der Bohrung ist 27,5 cm, die Breite eines Polschuhes beträgt 48,3 cm, der Querschnitt demnach 1513 qcm; dazu werden noch 190 qcm für die Ausdehnung des Feldes zugefügt, welche entsteht, indem auch von den Seiten des Polschuhes Kraftlinien in den Anker übertreten. Der doppelte Abstand von Polschuh und Ankereisen ist 3 cm.

Anker. Länge des Kernes 50,8 cm, davon ab 3,9 cm für Isolirmaterial zwischen den Scheiben: äußerer Durchmesser 24,5 cm,

266 Vorherbestimmung der Charakteristik nach Hopkinson.

Höhlung 7,6 cm, daher Dicke des Eisens 16,9 cm, Querschnitt $= 46{,}9 \times 16{,}9 = 790$ qcm; die Stahlaxe des Ankers vermehrt den Querschnitt noch etwas, so daß 810 qcm angenommen werden. — Die kürzeste Entfernung zwischen den Polschuhen beträgt 12,6 cm, die mittlere Länge der Kraftlinien im Ankereisen wird etwas größer, $= 13{,}0$ cm angenommen.

Schenkel. Querschnitt des Eisens $= 930$ qcm; Länge des Weges der Kraftlinien 91,4 cm.

Joch. Querschnitt des Eisens $= 1120$ qcm; Länge des Weges der Kraftlinien 49 cm.

Polschuhe. $q = 1230$. $l = 11$.

v wurde zu 1,32 bestimmt.

Construction der einzelnen Magnetisirungslinien.

Luftraum zwischen Polschuhen und Anker. $p_1 = l_1 \cdot Z/q_1$. Dies ist eine Gerade, welche mit der Abscissenaxe den Winkel φ macht, so daß tg $\varphi = Z/q_1 = q_1/l_1$; um die Gerade zeichnen zu können, wählt man den Maßstab für p_1 500mal so groß, wie für Z; dann ist tg $\varphi = \dfrac{1}{500} \cdot \dfrac{1600}{3} = 1{,}067$; $\varphi = 46{,}9°$, Gerade L in Fig. 97; die in Betracht kommenden Werthe von Z zählen nach Millionen (c. g. s) die Werthe von p nach Tausenden (c. g. s).

Anker. Es werden nach der Formel $p_2 = l_2 \cdot f\left(\dfrac{Z}{q_2}\right)$ die Werthe

von p_2 gesucht zu $Z =$	5.10^6	10.10^6	12.10^6	14.10^6	15.10^6
$\dfrac{Z}{q_2}$ wird entsprechend $=$	$6{,}2.10^3$	$12{,}4.10^3$	$14{,}8.10^3$	$17{,}3.10^3$	$18{,}5.10^3$
hierzu giebt die Curve in Fig. 97 rechts die Werthe von $\dfrac{1}{l}\dfrac{4}{10}\pi N_s i_s =$	2	10	20	70	140
multiplicirt mit $l_2 : p_2 . =$	26	130	260	910	1820

dies giebt die Curve A.

Schenkel. Zu denselben Werthen von Z, der Kraftlinienzahl im Anker, sind die erforderlichen Werthe der magnetisirenden Kraft für den Schenkel zu bestimmen.

$Z =$	5.10^6	10.10^6	12.10^6	14.10^6	15.10^6
in den Schenkeln ist die Zahl $= v Z = Z \ldots =$	$6{,}6.10^6$	$13{,}2.10^6$	$15{,}8.10^6$	$18{,}5.10^6$	$19{,}8.10^6$
divid. durch 930 (qcm): $\dfrac{Z}{q_3} =$	$7{,}1.10^3$	$14{,}2.10^3$	$17{,}0.10^3$	$19{,}9.10^3$	$21{,}3.10^3$
die Curve giebt $\dfrac{1}{l}\dfrac{4}{10}\pi N_s i_s =$	3	17	60	ca. 280	
multiplicirt mit $91{,}4 : p_3 =$	275	1550	5500	ca. 25500	

dies giebt die Curve S.

Für Joch und Polschuhe sind in derselben Weise die Curven J und P construirt worden.

Darauf sind sämmtliche zu gleichen Ordinaten gehörige Abscissen der Curven A, P, J, S und der Geraden L addirt worden, wodurch man die Curve M, die Magnetisirungscurve für die Maschine, erhält. Die Magnetisirungscurve für Eisen ist von der in Fig. 97 rechts gezeichneten etwas verschieden; je nachdem man mit ansteigendem oder mit absteigendem Magnetismus beobachtet, erhält man etwas andere Werthe, vgl. (67); hier wurde der Einfachheit des Beispiels wegen nur eine bestimmte Curve gewählt. Bei der praktischen Ausführung ist diesem Umstande Rechnung zu tragen. Im vorliegenden Beispiel ist der Bequemlichkeit wegen vorausgesetzt, daß für Anker und Schenkel dieselbe Curve gilt; auch dies wird bei praktischen Ausführungen nicht immer zutreffen. Außerdem gilt die gezeichnete Curve selbstverständlich nur für eine ganz bestimmte Eisensorte.

Vorherbestimmung der Charakteristik nach Kapp.

(388) In dem magnetischen Kreise: Schenkel und Joch, Luftzwischenraum, Ankereisen wirkt die magnetisirende Kraft $P = \frac{4\pi}{10} N_s i_s$, worin N_s die Windungszahl, i_s die Stromstärke in der Schenkelbewickelung bedeutet. Dieselbe bringt eine magnetische Induction hervor, welcher eine Gesammtzahl von Z Kraftlinien entspricht. Letztere ist abhängig von der magnetischen Capacität des Kreises, welche nach der Formel

$$K = \mu \cdot \frac{q}{l}$$

berechnet wird. Hierin ist l die Länge des Weges der Kraftlinien in cm, q der Querschnitt, den die Kraftlinien erfüllen, in qcm. μ ist die magnetische Durchlässigkeit derjenigen Körper, in welchen die Kraftlinien verlaufen.

Die Durchlässigkeit ist abhängig von dem Sättigungsgrade; für diese Abhängigkeit hat Kapp eine empirische Formel angegeben. Da aber nach neueren Untersuchungen eine vollkommene magnetische Sättigung nicht möglich ist, und da auch die Kappsche Formel die Versuchsergebnisse nicht genau genug darstellt, so ist es vorzuziehen, die Durchlässigkeit des Eisens, welches man verwenden will, bei verschiedenen Inductionen zu ermitteln und mit Hilfe dieser Werthe weiter zu rechnen (s. Fig. 98).

(389) Die Zahl der Kraftlinien, welche den Anker durchsetzen müssen, damit die Maschine die vorgeschriebene EMK liefert, ist nach (342)

$$Z = \frac{E \cdot 60 \cdot 10^8}{2 \cdot N \cdot n} = F \cdot B.$$

Hieraus kann man sowohl Z, als auch B ermitteln. Zu dem Werthe von B nimmt man aus den vorher angestellten Messungen das zugehörige μ und berechnet die Capacität des Ankers.

268 Vorherbestimmung der Charakteristik nach Kapp.

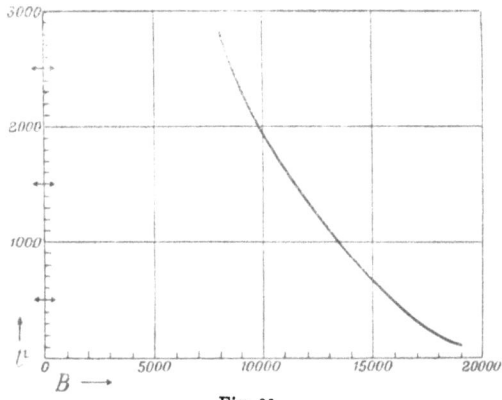

Fig. 98.

Ist die letztere $= K_a$, die Capacität des Zwischenraumes zwischen dem Anker und einem Polschuh $= K_l$, so ist die Capacität zwischen den äußersten Flächen der Polschuhe =

$$\frac{K_a \cdot K_l}{K_l + 2 K_a} = \frac{K_l}{2 + K_l / K_a}$$

Dieser Werth, in die Zahl Z' der denselben Raum durchsetzenden Kraftlinien dividirt, giebt die magnetische Potentialdifferenz an den Polschuhen: p_1.

Außer den Kraftlinien, welche in den Anker eintreten, geht eine Zahl derselben von Pol zu Pol durch die Luft und am Anker vorbei. Die Zahl derselben ist der magnetischen Potentialdifferenz an den Polschuhen proportional, im Uebrigen von der Construction der Maschine, Form der Polschuhe u. dgl. abhängig. Die letztere Abhängigkeit ist für alle Größen einer bestimmten Construction durch einen Versuch zu ermitteln; es ergiebt sich, daß die magnetische Capacität k der Luftstrecke proportional ist den linearen Abmessungen der Maschine; es genügt also die Bestimmung von k an einer Größe der fraglichen Maschinengattung. In (69) Fig. 8, 9, 10 wird die Berechnung von k aus den Abmessungen der Maschine gezeigt. k als bekannt vorausgesetzt ergiebt sich nun die Zahl der verlorenen Linien als

$$z = p_1 \cdot k$$

und daher die ganze Zahl der Kraftlinien

$$Z = Z' + z.$$

Die Zahl Z ergiebt durch den Vergleich mit den Abmessungen der Magnete die Induction im Schenkeleisen, woraus man wie oben die magnetische Durchlässigkeit bestimmt und die magnetische Capacität der Schenkel berechnet. Die letztere in Z dividirt giebt p_2; es ist dann die gesammte magnetisirende Kraft

$$P = p_1 + p_2.$$

Die Rechnung wird für mehrere willkürlich gewählte Werthe von Z' ausgeführt.

Voherbestimmung der Charakteristik nach Kapp.

(390) Beispiel einer Berechnung nach Kapp.

Die Charakteristik derselben Maschine, welche in (387) beschrieben wurde, soll berechnet werden.

$Z' =$	$8 \cdot 10^6$	$10 \cdot 10^6$	$11 \cdot 10^6$	$12 \cdot 10^6$	$13 \cdot 10^6$
$B_a = \dfrac{Z'}{q_a}$ .... $=$	$9{,}9 \cdot 10^3$	$12{,}4 \cdot 10^3$	$13{,}6 \cdot 10^3$	$14{,}8 \cdot 10^3$	$16{,}1 \cdot 10^3$
μ_a *) .... $=$	$2{,}0 \cdot 10^3$	$1{,}24 \cdot 10^3$	$0{,}95 \cdot 10^3$	$0{,}70 \cdot 10^3$	$0{,}41 \cdot 10^3$
$\dfrac{1}{K_a} = \dfrac{1}{\mu_a} \cdot \dfrac{13}{810}$ **) .. $=$	$0{,}8 \cdot 10^{-5}$	$1{,}3 \cdot 10^{-5}$	$1{,}7 \cdot 10^{-5}$	$2{,}3 \cdot 10^{-5}$	$3{,}9 \cdot 10^{-5}$
$2/K_l$ **) .... $=$	$176 \cdot 10^{-5}$	$176 \cdot 10^{-5}$	$176 \cdot 10^{-5}$	$176 \cdot 10^{-5}$	$176 \cdot 10^{-5}$
$1/K_1 = 1/K_a + 2/K_l$ **) $=$	$176{,}8 \cdot 10^{-5}$	$177{,}3 \cdot 10^{-5}$	$177{,}7 \cdot 10^{-5}$	$178{,}3 \cdot 10^{-5}$	$179{,}9 \cdot 10^{-5}$
$p_1 = Z'/K_1$ .... $=$	$14{,}2 \cdot 10^3$	$17{,}7 \cdot 10^3$	$19{,}6 \cdot 10^3$	$21{,}4 \cdot 10^3$	$23{,}4 \cdot 10^3$
$K = 0{,}2 \cdot 10^3;\ Z = p_1 K$ ***) $=$	$2{,}8 \cdot 10^6$	$3{,}5 \cdot 10^6$	$3{,}9 \cdot 10^6$	$4{,}3 \cdot 10^6$	$4{,}7 \cdot 10^6$
$Z = Z' + z$ .... $=$	$10{,}8 \cdot 10^6$	$13{,}5 \cdot 10^6$	$14{,}9 \cdot 10^6$	$16{,}8 \cdot 10^6$	$17{,}7 \cdot 10^6$
B_s ****) .... $=$	$11{,}4 \cdot 10^3$	$14{,}2$	$15{,}6$	$17{,}1$	$18{,}5$
B_j .... $=$	$9{,}5$	$11{,}8$	$13{,}0$	$14{,}2$	$15{,}4$
B_p .... $=$	$8{,}6$	$10{,}7$	$11{,}8$	$12{,}9$	$14{,}0 \cdot 10^3$
μ_s .... $=$	$1{,}5 \cdot 10^3$	$0{,}82$	$0{,}55$	$0{,}30$	$0{,}15$
μ_j .... $=$	$2{,}1$	$1{,}4$	$1{,}1$	$0{,}82$	$0{,}59$
μ_p .... $=$	$2{,}5$	$1{,}7$	$1{,}4$	$1{,}1$	$0{,}87 \cdot 10^3$
$1/K_s$ .... $=$	$6{,}5 \cdot 10^{-5}$	$12{,}2$	$17{,}6$	33	66
$1/K_j$ .... $=$	$0{,}02$	$0{,}03$	$0{,}04$	$0{,}05$	$0{,}07$
$1/K_p$ .... $=$	$0{,}00$	$0{,}01$	$0{,}01$	$0{,}01$	$0{,}01 \cdot 10^{-5}$
$1/K_2$ .... $=$	$6{,}52 \cdot 10^{-5}$	$12{,}2 \cdot 10^{-5}$	$17{,}7 \cdot 10^{-5}$	$33{,}1 \cdot 10^{-5}$	$66{,}1 \cdot 10^{-5}$
$p_2 = Z/K_2$ .... $=$	$0{,}7 \cdot 10^3$	$1{,}7 \cdot 10^3$	$2{,}6 \cdot 10^3$	$5{,}4 \cdot 10^3$	$11{,}6 \cdot 10^3$
p_1 .... $=$	$14{,}2 \cdot 10^3$	$17{,}7 \cdot 10^3$	$19{,}6 \cdot 10^3$	$21{,}4 \cdot 10^3$	$23{,}4 \cdot 10^3$
$P = \dfrac{4\pi}{10} N_s i_s$ ...... $=$	$14{,}9 \cdot 10^3$	$19{,}4 \cdot 10^3$	$22{,}2 \cdot 10^3$	$26{,}8 \cdot 10^3$	$35{,}0 \cdot 10^3$
$N_s \cdot i_s$ .... $=$	$11{,}9 \cdot 10^3$	$15{,}5 \cdot 10^3$	$17{,}7 \cdot 10^3$	$21{,}3 \cdot 10^3$	$28{,}0 \cdot 10^3$

*) Die Durchlässigkeit μ wird für dieselbe Eisensorte, welche in Fig. 97 angenommen ist, durch die Curve Fig. 98 dargestellt.

**) s. (388).

***) Die Capacität zwischen den Polschuhen, K_1, läfst sich aus der Capacität des Ankers, K_a, und der des Luftraumes, K_l, nach der in (389) angegebenen Formel berechnen. Da mit K_1 in Z' dividirt werden mufs, so ist es bequemer, $1/K_1 = 1/K_a + 2/K_l$ zu bilden

$$K_l = \dfrac{1{,}5}{1703};\ \dfrac{2}{K_l} = \dfrac{3{,}0}{1703} = 176 \cdot 10^{-5}.$$

****) Die Induction B in Schenkeln, Joch und Polschuhen wird gefunden, indem man die Zahl der Kraftlinien durch den Querschnitt des Eisens dividirt. Die zugehörige Durchlässigkeit ergiebt wie vorhin die Curve Fig. 98.

270   Vorherbestimmung der Charakteristik nach Kapp.

Die nach dieser Rechnung gefundenen Punkte geben nahezu dieselbe Curve, wie die Rechnung nach Hopkison.

Da man zu jedem Werthe von Z' die EMK der Maschine aus $E = \dfrac{2}{60 \cdot 10^8} \cdot N \cdot n \cdot Z'$ Volt kennt, so kann man die Ergebnisse der Berechnung in ein Coordinatennetz eintragen.

In der Fig. 99 ist dies für ein anderes als das im Vorigen berechnete Beispiel ausgeführt worden. Die Charakteristik wird durch die vier Punkte:

$N_s i_s$	Z'
3 740	$4 \cdot 10^6$
8 850	$8 \cdot 10^6$
10 820	$9 \cdot 10^6$
15 800	$10 \cdot 10^6$

bestimmt. Die Zahlen am rechten Rande sind noch mit $\dfrac{2Nn}{60 \cdot 10^8}$ zu multipliciren, um für eine Hauptstrommaschine die EMK in Volt zu finden.

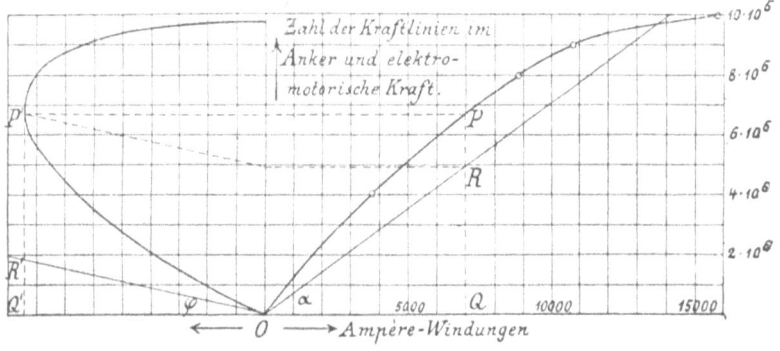

Fig. 99.

(391) Für eine Nebenschlußmaschine muß man die Charakteristik erst construiren, was nach Silv. Thompson in der Fig. 99 links ausgeführt wurde. Ist der Widerstand der Nebenschlußbewickelung $= r_s$, die Zahl der Windungen n_s, so mache man tg $\alpha = r_s/n_s$; betrachtet man einen Punkt P der Curve und zieht von da ein Loth, so ist für P die Abscisse $OQ = n_s \cdot i_s$, wobei i_s die Stromstärke in den Schenkeln bedeutet. Ferner ist $RQ = OQ \cdot \text{tg } \alpha = n_s \cdot i_s \cdot r_s/n_s = r_s i_s = e$ (Klemmenspannung). $PQ = E$ (EMK). Man ziehe nun nach links eine Gerade, so daß tg $\varphi = a$ (Widerstand des Ankers). Für die Charakteristik (linke Seite) ist $E - e = a \cdot J$, demnach $E = e + aJ = e + J \cdot \text{tg } \varphi = RQ + OQ \cdot \text{tg } \varphi = R'P + R'Q' = P'Q'$; der, wie in der Figur gezeigt, gefundene Punkt P' ist ein Punkt der Characteristik.

Regulirung der Dynamomaschinen.

(392) Im Betriebe der Dynamomaschinen handelt es sich immer darum, entweder die Spannung oder die Stromstärke auf demselben Werthe zu halten; das erstere ist der Fall bei der Parallelschaltung, das letztere bei der Reihenschaltung.

Die Ursachen, welche Aenderungen der constant zu haltenden elektrischen Größe herbeiführen, sind von zweierlei Art. Die einen kommen von der Triebmaschine: starker Wechsel in der Belastung bei ungenügendem Regulator, Unregelmäßigkeiten in der Bedienung; Störungen des Betriebes aus dieser Ursache können vermieden werden; indeß ist es nothwendig, das Vorkommen derselben zu berücksichtigen. Die anderen gesetzmäßigen Ursachen liegen im elektrischen Betriebe selbst. Wenn eine Nebenschlußmaschine stärkeren Strom liefert, so sinkt ihre Spannung, theils weil im Anker mehr verloren wird, theils weil der verstärkte Ankerstrom das Feld mehr schwächt. Eine Hauptstrommaschine, in deren Kreis einige Lampen gelöscht werden, zeigt das Bestreben, ihre Stromstärke zu vergrößern, weil der äußere Widerstand sich vermindert hat. Zugleich wirkt die Aenderung im elektrischen Betrieb noch in anderer Art auf die Maschinen; wird von der Dynamomaschine plötzlich mehr verlangt, so sucht sie ihren Gang zu verlangsamen; die Dampfmaschine folgt in demselben Sinne, bis ihr Regulator wirkt und die eingetretene Verlangsamung wieder ausgleicht. Das Umgekehrte tritt bei plötzlicher Verminderung der Belastung ein. Die aus solchen Ursachen herstammenden Aenderungen der constant zu haltenden Größen erfordern besondere Regulatoren.

(393) Die Mittel, auf die EMK und auf die Stromstärke der Maschine einzuwirken, sind sehr mannigfach.

Zunächst kann man durch geeignete Wickelung der Maschine eine Selbstregulirung in gewissen Grenzen erzielen; Maschinen mit sehr geringem Ankerwiderstand, deren Feldmagnete eine Nebenschluß- und eine geeignet gewählte Hauptstrombewickelung haben, liefern bei einer bestimmten Drehungsgeschwindigkeit bei jeder Belastung dieselbe Spannung.

Weitere wichtige Regulirungsmittel sind:

Einwirkung auf die Triebmaschine.
Bürstenverschiebung.
Einschalten von Widerstand.
Aenderung der Windungszahl auf den Feldmagneten.

Treten Aenderungen der constant zu haltenden Größe auf, so kann man je nach dem gewählten Regulirungsmittel entweder die Triebmaschine rascher oder langsamer laufen lassen, oder an der Dynamomaschine selbst eine Aenderung vornehmen. Durch Verschieben der Bürsten ändert man die EMK; dies geschieht bei Maschinen für constanten Strom, bei denen die EMK immer dem Widerstand proportional bleiben muß. Bei Nebenschlußmaschinen pflegt man in den Schenkelkreis einen Rheostaten einzuschalten, mit dessen Hilfe die Stromstärke in der Magnetbewickelung so abgeglichen wird, daß die Klemmenspannung an der Maschine oder an einem bestimmten Punkte der Leitung constant bleibt; diesen Regulator benutzt man auch bei Maschinen mit gemischter Wickelung, um etwaige Ungleichmäßigkeiten in der Geschwindigkeit und besonders die Wirkung der Erwärmung der Feldmagnete auszugleichen. Die Aenderung der Windungszahl auf den Feldmagneten empfiehlt sich für Maschinen, welche constanten Strom liefern sollen; durch Aus- und Einschalten eines Theiles der Windungen ändert man die magnetisirende Kraft und kann so die EMK dem Widerstand proportional erhalten.

Die Regulirung kann entweder nach den Angaben des Meßinstrumentes mit der Hand ausgeführt werden, oder man kann selbstthätige Apparate zu diesem Zwecke herstellen. Die erstere Art verwendet man vorzugsweise in ganz großen Anlagen, wo genügendes Personal vorhanden ist. Kleinere Anlagen, die nicht unter fortdauernder Aufsicht stehen, versieht man mit selbstthätigen Regulatoren.

(394) Die selbstthätigen Regulatoren kann man nach zweierlei Art der Wirkung einrichten. Entweder wartet man ab, bis die constant zu haltende Spannung oder Stromstärke sich um einen gewissen, nicht allzu hohen Betrag geändert hat; oder man benutzt schon das Eintreten der Ursache einer Aenderung, um die letztere zu verhindern.

Die erstere Art der Regulirung könnte man die nacheilende nennen; sie hat den Vorzug, bei eintretenden Störungen nicht auf die Ursachen, sondern nur auf die Wirkung Rücksicht zu nehmen. Bei constant zu haltender Spannung legt man eine Spule mit vielen dünndrähtigen Windungen in den Nebenschluß, bei constant zu haltender Stromstärke eine Spule mit wenigen dickdrähtigen Windungen in den Hauptstromkreis. Der bewegliche Eisenkern dieser Spule, oder der Anker des Elektromagnets, dessen Bewickelung die Spule bildet, wird von einer Feder oder einem Gewichte gegen die Anziehung des Stromes gehalten; weicht die Stärke dieser Anziehung vom vorgeschriebenen Maße ab, so bewegt sich der Eisenkern oder der Anker in der einen oder der anderen Richtung; diese Bewegungen werden zur Auslösung des Regulirmechanismus verwendet; der letztere wird gewöhnlich von der Dampfmaschine getrieben und bringt nach den Angaben des auslösenden Apparates die Regulirung hervor. Da die Empfindlichkeit der beschriebenen Einrichtung begrenzt ist, können die Abweichungen vom constant zu haltenden Betrage der Spannung oder Stromstärke nicht ganz gering sein; die Spannung bezw. Stromstärke wird also nicht constant gehalten, sondern sie schwankt in engen Grenzen um den vorgeschriebenen Werth.

Die zweite Art der Regulirung ist die vorbeugende. Bei constant zu haltender Spannung liegt die Spule im Hauptstrom, bei constant zu haltender Stromstärke im Nebenschluß zum äußeren Kreis. Im Augenblick, wo im ersteren Falle der Strom, im zweiten die Spannung durch Vorgänge im äußeren Stromkreise geändert wird, und ehe die hierdurch entstehende Mehr- oder Minderbelastung den Gang der Dynamomaschine beeinflußt, erfolgt schon die Bewegung des Eisenkernes der Spule oder des Ankers; diese Bewegung kann man benutzen, um auf die Triebmaschine oder auch auf die Dynamomaschine einzuwirken, so daß eine Aenderung der constant zu haltenden Größe völlig vermieden wird. Als Beispiel zur Erläuterung dieser Regulirungsweise diene folgender Fall: Eine Maschine für 100 Volt speist 250 Lampen in Parallelschaltung; die Regulirungsspule liegt im Hauptstrom; es werden plötzlich 50 Lampen hinzugeschaltet. Ohne elektrischen Regulator würde die Dynamomaschine und demnächst die Dampfmaschine ihren Gang verlangsamen; die Spannung würde wegen des größeren Spannungsverlustes im Anker, wegen der Verstärkung des Ankerstromes und wegen der Verlangsamung der Dampfmaschine fallen. Der Regulator dagegen wirkt, noch ehe eine erhebliche Verlangsamung des Ganges der Maschinen eintreten konnte, durch ein Gestänge unmittelbar auf die Drosselklappe der Dampfmaschine, öffnet dieselbe weiter, und sorgt dafür, daß die Maschine einmal soviel mehr leisten kann, als von der Dynamomaschine verlangt wird, und außerdem, daß die Geschwindigkeit um so viel wächst, daß die Spannungsverluste durch Widerstand und Ankerstrom wieder ausgeglichen werden.

Diese Regulirungsweise hat den Nachtheil, daß sie nur die Störungen, die eine bestimmte Ursache haben, beseitigt. Man kann aber die beiden Arten vereinigen und so die gesetzmäßigen Aenderungen vorbeugend, die zufälligen Abweichungen nacheilend reguliren.

Nebeneinanderschalten von Gleichstrommaschinen.

(395) Reihenmaschinen. Man verbindet die gleichnamigen Bürsten und die äußeren Enden der Magnetbewickelung nach Fig. 100. Soll eine Maschine (Nr. 3) zu anderen (Nr. 1 und 2) schon im Betriebe befindlichen hinzugeschaltet werden (A und S bei 1 und 2 geschlossen), so giebt man ihr zunächst die richtige Drehungsgeschwindigkeit, schließt bei offenem Anker die Magnetbewickelung bei S und erst dann den Anker bei A.

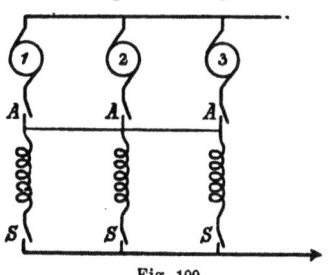

Fig. 100.

(396) Nebenschlußmaschinen. Man verbindet die gleichnamigen Bürsten (Fig. 101). Um eine Maschine (Nr. 3) zu anderen (Nr. 1 und 2) schon im Betriebe befindlichen hinzuzuschalten (A und s bei 1 und 2 geschlossen), schließt man den Schenkelkreis derselben bei s und läßt den Anker mit der richtigen Geschwindigkeit laufen, bis er dieselbe Spannung an den Klemmen zeigt, wie die anderen Maschinen Nr. 1 und 2); darauf schließt man auch den Ankerkreis bei A. Zwischen jeder Maschine

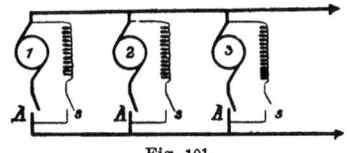

Fig. 101.

274 Nebeneinanderschalten von Gleichstrommaschinen.

und der Sammelleitung muß ein Strommesser eingeschaltet werden, welcher erkennen läßt, ob die parallel geschalteten Maschinen ihrer Größe entsprechend an der Stromlieferung betheiligt sind. Werden ungleich große Maschinen nebeneinander geschaltet, so sollen die Ankerwiderstände den geforderten Stromstärken umgekehrt proportional sein. — Bei großen Anlagen benutzt man zum Ein- und Ausschalten neuer Maschinen die „Lampenbatterie", einen Widerstand aus parallel geschalteten Glühlampen oder Drahtspulen, Fig. 102. Sind die Maschinen 1 und 2 im Betrieb (A und s bei 1 und 2 geschlossen

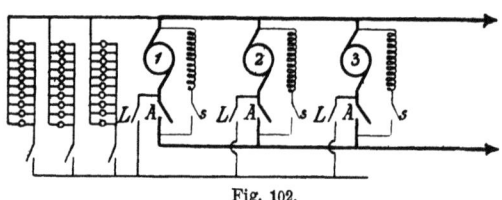

Fig. 102.

L bei 1 und 2 offen), und soll Nr. 3 hinzugeschaltet werden, so schließt man zunächst s_3 und läßt die neue Maschine mit der richtigen Geschwindigkeit laufen; dann schließt man L_3 und schaltet in der Lampenbatterie allmälig soviel Lampen ein, daß die Maschine voll belastet ist; die letztere wird nun so regulirt, daß sie dieselbe Spannung besitzt, wie Nr. 1 und 2; darauf schließt man auch A_3. Nun beginnt man in der Lampenbatterie allmälig wieder die Lampen auszuschalten, und wenn dies geschehen ist, öffnet man L_3 wieder.

(397) Maschinen mit gemischter Wickelung. Man verbindet die gleichnamigen Bürsten und die äußeren Enden der Magnetbewickelung, Fig. 103. Seien wieder Nr. 1 und 2 im Betrieb (A und s für 1 und 2, sowie P_1 geschlossen), und es soll Nr. 3 hinzugeschaltet werden. Zunächst schließt man s_3, darauf P_2 und wenn die Maschine ihre volle Geschwindigkeit angenommen hat, A_3. Werden ungleich große Maschinen nebeneinander geschaltet, so sollen die Widerstände der Anker und der Hauptstromwickelungen den geforderten Stromstärken umgekehrt proportional sein.

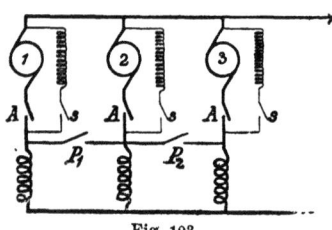

Fig. 103.

(398) Ausschalten. Soll von mehreren nebeneinander geschalteten Maschinen eine ausgeschaltet werden, so hat man die oben angegebenen Maßregeln in umgekehrter Folge vorzunehmen.

Zuerst wird der Anker der auszuschaltenden Maschine durch Aenderung der Klemmenspannung der letzteren möglichst entlastet, d. i. stromlos gemacht, dann der Schlüssel bei A und später der bei s, S, P geöffnet. Bei Verwendung der Lampenbatterie wird zunächst die auszuschaltende Maschine mit der

Batterie verbunden und in letzterer so viel Lampen eingeschaltet, daß die auszuschaltende Maschine noch stark belastet ist, wenn man bei A unterbricht; nachdem letzteres geschehen, schaltet man die Lampen der Batterie allmälig wieder aus und unterbricht schließlich bei s und A.

Gleichstrommotoren.

(399) Construction. Dieselbe ist im Allgemeinen die gleiche wie für Stromerzeuger.

Verhalten der Elektromotoren im Betrieb, **Regulirung,** u. dgl. s. im Abschnitt: Elektrische Kraftübertragung.

Umlaufende Transformatoren.

(400) Die Vereinigung eines Gleichstrommotors, der von einer äußeren Stromquelle gespeist wird, und einer von diesem Motor angetriebenen Dynamomaschine zur Erzeugung von Gleichstrom nennt man Gleichstromtransformator.

Benutzt man zum Antrieb einen Wechselstrommotor, als Stromerzeuger eine Gleichstrommaschine, so erhält man den Wechselstrom-Gleichstrom-Transformator. Aehnlich ist die Benennung Gleichstrom-Wechselstrom-Transformator u. a. zu verstehen.

Die Vereinigung des Motors mit dem Stromerzeuger geschieht meist durch directe Kuppelung; eine durchgehende Axe auf 3 Lagern dient zur Befestigung der beiden Anker. Die Wickelung des Motors richtet sich nach der Art der Stromquelle, die des Stromerzeugers nach der Verwendung des Stromes.

Gleichstromtransformatoren hat man auch mit zwei getrennten Ankern in einem gemeinsamen Feld, oder mit einem Anker mit zwei Bewickelungen hergestellt; in diesem Falle verhalten sich die Spannungen am Motor und am Stromerzeuger nahezu wie die Windungszahlen.

Ein Gleichstrom-Wechselstrom- oder Drehstrom-Transformator kann auf einfachste Weise aus einer Gleichstrommaschine erhalten werden, indem man auf die Axe der letzteren Schleifringe aufsetzt und diese mit geeigneten Punkten der Ankerwickelung fest verbindet.

Abbildungen

von Gleichstrommaschinen und Motoren nebst Angaben der Hauptabmessungen, soweit dieselben für die Aufstellung der Maschinen nöthig sind, findet man Seite 282 bis 314.

Wechselstrommaschinen.

Die Wechselstrommaschine ist die einfachste Form der Dynamomaschine. Eine Rolle in einem magnetischen Felde von periodisch veränderter wirksamer Stärke bildet eine Wechselstrommaschine.

Historische Formen sind der Siemens'sche Magnetinductor mit Doppel-T-Anker, die Alliancemaschine, und die alten Formen von Siemens, Lontin, Gordon, Gramme.

(**401**) **Theoretisches.** Die Schwierigkeit in der Theorie der Wechselstrommaschine liegt in der Berücksichtigung der Form der elektromotorischen Kraft. Dieselbe ist bedingt durch die Anordnung der Magnetfelder, diese aber hängt ab von der Form der Feldmagnete, ihrer Lage, ihrer Stärke und der Rückwirkung des Ankerstromes, sodaß es kaum möglich ist, eine allgemein haltbare Annahme zu machen.

Bei Maschinen, deren Ankerspulen kein Eisen einschließen, ist die elektromotorische Kraft eine einfache Sinusfunction der Zeit (Versuche von Joubert); bei solchen, welche Eisen im Anker haben, ist dies nur dann annähernd der Fall, wenn das Eisen weit vom Sättigungspunkt ist (Versuche von Searing und Hoffmann über Westinghouse-Maschinen); bei den meisten ist die Curve der EMK ganz eigenthümlicher Form (Versuche von Warren, B. Lewis).

Unter Annahme der einfachen Sinusform gelten die in (130) angegebenen Beziehungen für die elektrischen Größen.

(**402**) **Betrieb und Schaltung.** Der Betrieb einer Wechselstrommaschine ist äußerst einfach, da der Commutator, der empfindlichste Theil der Gleichstrommaschine, bei ihr nicht nothwendig ist.

Das magnetische Feld kann durch besondere Stromquellen (Gleichstrommaschinen oder Sammler) erzeugt werden, oder aber durch Umwandlung eines Theiles des erzeugten Wechselstroms in Gleichstrom zu diesem Zwecke. Maschinen, welche in letzterer Weise sich selbst erregen, erfordern einen Commutator, welcher noch weit empfindlicher ist als jene der Gleichstrommaschinen.

Die Regulirung der Wechselstrommaschine geschieht meist durch Einwirkung auf den Erregerstrom. Es kann dies selbstthätig durch den Arbeitsstromkreis bewirkt werden; und zwar schaltet man, bei besonderer Erregungsmaschine, Elektromagnete in den Hauptstromkreis, welche den Widerstand des Erregerkreises verändern; bei selbsterregenden Wechselstrommaschinen schaltet man die primäre Wickelung eines Transformators in den Hauptstromkreis und fügt dessen secundäre Wickelung in den Kreis der zur Erregung dienenden Spulen.

Die Parallelschaltung von Wechselstrommaschinen ist im Allgemeinen zulässig. Die Schwierigkeiten sind meist mechanischer Natur.

Wenn eine Wechselstrommaschine, welche dieselbe Periodicität hat, wie die schon arbeitenden Wechselstrommaschinen, so eingeschaltet wird, daß ihre Phase coincidirt und daß ihre EMK absolut gleich der Stationsspannung ist, so wird sie weder Strom aufnehmen noch geben. Wird ihr nun von der Dampfmaschine mehr Kraft zugeführt, so fängt sie an vorzueilen und nimmt dadurch den übrigen Strom ab; durch diesen Strom wird nun das Feld geschwächt, es muß also gleichzeitig die Erregung verstärkt werden, wenn die neue Wechselstrommaschine wirklich arbeiten soll.

Zur Erkennung des Augenblicks, in welchem die zwei Wechselströme gleiche Phasen haben, bedient man sich des Phasenindicators. Derselbe besteht im Wesentlichen aus zwei Transformatorenwickelungen, welche auf dem gleichen Kern aufgewunden sind. Jeder der Wechselstromkreise speist eine der primären Wickelungen. Die beiden secundären bilden sammt zwei passenden Glühlampen einen eigenen Kreis. Haben die zwei zu untersuchenden Kreise gleiche Phase, so unterstützen sich ihre secundären Wicklungen und die Glühlampen brennen hell. Sind die Phasen verschieden, so brennen die Glühlampen unruhig oder garnicht.

Die Hauptschwierigkeit bei der Parallschaltung liegt in der vollkommen symmetrischen Form der Maschinen und in der genauen Regulirung der Dampfmaschinen; es ist bei letzteren nicht nur gleiche Drehungsgeschwindigkeit nothwendig, sondern auch gleichartiger Kolbengang, gleiche Empfindlichkeit für die Belastung etc.

Anwendung. Die Wechselstrommaschinen werden meist mit Transformatoren zu Beleuchtungszwecken und neuerdings auch zur Kraftübertragung benutzt. Ihre Vortheile sind die Dauerhaftigkeit, welche durch das Fehlen des Stromwenders bedingt ist, und die Leichtigkeit, mit der man hohe Spannungen mit einer einzigen Maschine ohne bedeutende Isolationsschwierigkeiten erzeugen kann. Da kein Stromwender nothwendig ist, kann man leicht den Anker feststehen lassen, indem man dafür die Elektromagnete sich drehen läßt; dies bietet den Vortheil, daß die sich drehenden Theile nur niedrig gespannten Strom führen und daß die Isolirung des festen Ankers leichter auszuführen ist.

Nachtheile sind der Umstand, daß Wechselstrom keine nennenswerthe elektrolytische Arbeit leistet, daß ferner Wechselstrommotoren sich noch sehr mangelhaft bewähren und besonders ungeeignet zum Gebrauch in Vertheilungsnetzen sind, da sie bei jeder Belastungsveränderung den Betrieb der angeschlossenen Lampen stören. Auch führen die Wechselstrom-Bogenlampen einige grundsätzlichen Nachtheile mit sich, als die gleichmäßige Vertheilung von Licht nach oben und unten und die Unstetigkeit des Lichtes, welche z. B. in Werkstätten mit sich drehenden Maschinen etc. oft unangenehm wirkt.

Der Hauptvortheil ist ohne Zweifel darin zu sehen, daß Wechselstrom eine Umformung durch Apparate ohne jegliche mechanische Bewegung zuläßt, der Hauptnachtheil darin, daß Sammler keine Verwendung finden können.

(403) **Maschinenformen.** Seit der Entwickelung der Transformatoren hat die Wechselstrommaschine wesentliche Umarbeitung gefunden. Die alten Formen hatten schlechten Wirkungsgrad und waren in einer Zeit entstanden, wo man das Wesen der Wechselströme schlecht kannte. Die neueren Formen können in Ring-, Trommel-, Scheiben- und Speichen-Maschinen (vgl. 339) eingetheilt werden. Zur ersten Gruppe gehören hauptsächlich die Gramme-Maschinen; zur zweiten die Stanley-Westinghouse-

Maschine; zur dritten die alte Siemens'sche Form, die Ferranti-Maschine, jene von Gordon und von Mordey; zur letzten Gruppe gehören die Lontin-Maschine, jene von Zipernowsky-Ganz, die neuere Siemens'sche Form, sowie zahlreiche andere.

In allen neuen Wechselstrommaschinen ist es gelungen, durch Verwendung von Kernen aus Eisenblechen in den Ankerspulen, sowie im Allgemeinen durch Verwendung getheilten Eisens, besseren Wirkungsgrad zu erreichen.

Was die allgemeinen Constructionsbedingungen anbetrifft, so gilt das bei der Gleichstrommaschine (345) ff. Gesagte.

Bemerkenswerth ist an der Mordey-Maschine das Elektromagnetsystem, welches aus einem einzigen Magnetkern mit einer Spule besteht. Die Polenden laufen sternförmig in parallelen Ebenen aus, sodaß der axiale Schnitt des Systemes ein doppeltes Hufeisen mit gegeneinander gebogenen Polenden bildet. Die sehr schmalen Schlitze zwischen den Polenden bilden die magnetischen Felder, welche die Ankerspulen umfassen. Diese Spulen kommen also nicht, wie bei allen anderen Wechselstrommaschinen, durch magnetische Felder von abwechselnd umgekehrter Polrichtung hindurch, sondern durch ein Feld von stets gleichbleibender Richtung, dessen Stärke jedoch periodisch wechselt. Wie bei den Maschinen von Ganz und Siemens dreht sich auch bei Mordey der Schenkelstern. Neuerdings wird auch die einzige Elektromagnetspule festgehalten, sodaß nur die Eisentheile des Elektromagnetes sich drehen.

Eine andere Maschine, bei welcher nur die Eisentheile umlaufen, ist die von Kingdon. Bei derselben besteht der feststehende Theil aus einem Kranze mit zahlreichen nach innen ragenden Speichen, deren Wickelungen abwechselnd eine im Erregerkreise, die andere im inducirten Kreise sich befinden; erstere bilden somit die Elektromagnete und zwar abwechselnd einen Nord- und einen Südpol. Vor diesen Speichen bewegen sich nun die eigentlichen Anker aus Eisenblechen, und schließen die magnetischen Kreise der inducirten Spulen einmal nach einem Nordpol, einmal nach einem Südpol hin, dadurch Wechselströme erzeugend. In neuster Zeit hat Tesla zu seinen Untersuchungen über Ströme sehr hoher Wechselzahl Versuchsmaschinen, welche derartige Ströme geben, construirt, welche im übrigen keine besonderen constructiven Merkmale haben.

Zeichnungen einiger Wechselstrommaschinen:
Helios S. 304, Ganz S. 307 und Mordey S. 314.
Ferranti: Elektrot. Ztschr. 1889, S. 30 und 1890 S. 189.
Westinghouse: El. Ztsch. 1888, S. 45.

Wechselstrommotoren.

(**404**) Die bisher construirten einphasigen Wechselstrommotoren sind noch nicht genügend sicher in ihrem Betriebe. Sie leiden an folgenden Mängeln: sie gehen nicht immer selbständig an, sie können nicht mit voller, ja nicht einmal mit einem größeren Theile der Belastung angehen, sie bleiben bei plötzlicher Mehrbelastung und bei Ueberlastung leicht stehen.

Die zahlreichen vorgeschlagenen Formen sind entweder von der Construction gewöhnlicher Gleichstrommaschinen oder Wechselstrommaschinen. Erstere leiden trotz aller Vertheilung der Eisenmassen an außerordentlich bedeutender Erwärmung der Eisentheile und Feuern am Commutator. Da man wegen der hohen Selbstinduction nur wenig Windungen um die Elektromagnete legen kann, so muß man starke Ströme verwenden, um die nöthige magnetisirende Kraft zu erzeugen.

Die Wechselstrommaschinen-Form ist hauptsächlich durch den Ganz'schen Motor vertreten, der bisher übrigens auch die einzige Form bildet, welche technisch in nachweisbarer Weise Verwendung gefunden hat. Der Ganz'sche Motor ist eine Umkehrung einer selbsterregenden Wechselstrommaschine mit umlaufendem Schenkelstern und feststehendem Ankerkranz. Durch eine besondere Bürstenanordnung, welche die Schenkelwickelungen in dem Moment des Stromwechsels kurz schließt, ist es gelungen, das Feuer an den Bürsten sehr zu verringern. Um das selbstthätige Angehen zu ermöglichen, muß dann am Anfang das eine Bürstenpaar zurückgehoben werden.

Bei beiden Arten kann die Verwendung von Condensatoren von Vortheil sein; bei ersterer um die Wirkung der Selbstinduction zu vermindern und dadurch geringere Stromstärke zu ermöglichen, bei letzterer zur besseren Wahrung des Synchronismus.

Drehstromsystem oder Mehrphasensystem.

(405) **Allgemeines.** Das Mehrphasensystem ist durch das Bestreben entstanden, brauchbare Wechselstrommotoren zu erhalten. Es geht aus der Umkehrung des Foucault'schen Versuches hervor. Dreht man eine Kupferscheibe in einem magnetischen Felde, so leistet sie wegen der in ihr auftretenden Inductionsströme der drehenden Kraft Widerstand. Dreht man umgekehrt das magnetische Feld um die Axe der Scheibe, so folgt aus demselben Grunde die Scheibe der Drehung.

Drehfeld. Es handelt sich also darum, ein sich drehendes magnetisches Feld zu erzeugen, in welchem dann jeder geschlossene Leitungskreis sich drehen wird. Statt das sich drehende Feld durch mechanische Drehung von Elektromagneten zu erzeugen, kann man in einem festen magnetisirten Eisenring die Pole zur periodischen Drehung bringen. Dies könnte man durch Gleichstrom in ähnlicher Weise erreichen, wie im alten Kravogl'schen Motor (Müller-Pouillet, Physik), doch ist dann immer ein Stromwender nothwendig. Die Verwendung von Wechselströmen erlaubt, jeden Stromwender zu entbehren.

Denkt man sich vier Spulen A, B, C, D symmetrisch auf einem Ringe vertheilt und läßt man durch A und C einen Wechselstrom gehen, durch B und D einen andern von gleicher Periode, aber mit um eine Viertelperiode verschobener Phase, so wird, wenn der Strom in A und C am stärksten ist, in B und D die Stromstärke 0 sein, und so weiter, so daß die Pole des Ringes während jeder Periode eine volle Umdrehung zurücklegen werden.

280   Drehstromsystem oder Mehrphasensystem.

Umkehrung. Würde man umgekehrt den Eisenring sammt den vier Spulen in einem magnetischen Feld umdrehen, so würden A und C einerseits und B und D anderseits zwei um eine Viertelperiode verschobene Wechselströme geben. Letztere Anordnung gäbe einen Zweiphasenstromerzeuger, erstere einen Zweiphasenstrommotor.

Mehrphasenstrom. Statt vier Spulen, die zu je zwei verbunden sind, kann man jede einzeln verwenden und zwar mit vier um eine Viertelperiode verschobenen Wechselströmen; oder eine beliebige Anzahl n gleichmäßig vertheilter Spulen mit um $1/n$ Periode verschobenen Wechselströmen. Man kann dann das Ende jeder Spule mit dem Anfang der nächsten verbinden, wodurch n Leitungen erspart werden; oder aber man kann die Enden aller Spulen mit einander verbinden; man hat dann $(n + 1)$ Leitungen. Erstere Anordnung ist die Ringanordnung, letztere die Sternanordnung.

Aehnlich wie der Ring kann jedes Magnetsystem behandelt werden, als die Trommel, das Speichenrad etc.

(406) Mehrphasenstromerzeuger. Jede Gleichstrom- oder Wechselstrommaschine kann als Mehrphasenstromerzeuger gebraucht werden. Die Gleichstrommaschinen eignen sich wegen ihres geschlossenen Ankerkreises zur Ringanordnung, indem man eine beliebige Anzahl von Ableitungen an festen, symmetrisch gelegenen Punkten der Ankerwickelung nimmt. Die Wechselstrommaschinen eignen sich mehr zur Sternanordnung.

Der Mehrphasenstromerzeuger von Brown, welcher zur Lauffener Kraftübertragung diente, gehört im Wesentlichen zur Classe der Wechselstrommaschinen mit Trommelanker und hat Sternanordnung. Da der Anker feststehen soll, so ist die Trommel hohl; die Wickelung besteht aus Kupferstäben, welche in's Eisen gebettet sind und drei ineinander greifende Wechselstromkreise bilden; das sich drehende Magnetsystem bietet viel Aehnlichkeit mit der Mordey'schen Anordnung; es besteht, wie dort, aus einem einzigen Elektromagnet mit sternförmigen Polschuhen, deren Strahlen jedoch sich nicht gegenüberstehen, sondern derart ineinandergreifen, daß sie eine Trommelfläche bilden, welche abwechselnd aus Nord- und Südpolen besteht.

Der Mehrphasenstromerzeuger von Schuckert gehört zur Classe der Gleichstrommaschinen mit Ringanker und Ringanordnung. Die geschlossene Ringwickelung hat vier Ableitungen und giebt vier um 90° verschobene Wechselströme.

Die ursprünglichen Tesla'schen Stromerzeuger hatten die in (405) beschriebene Anordnung.

(407) Mehrphasenstrommotoren oder Drehfeldmotoren. Ein Mehrphasenstrommotor besteht aus einem umlaufenden magnetischen Feld, welches im Wesentlichen die Umkehrung des Ankers des Stromerzeugers ist und welches mechanisch unbewegt ist. Der bewegte Theil kann entweder, wie in den früheren Apparaten von Ferraris und Tesla, einfach aus einer Kupfer- oder Eisenmasse bestehen, oder aber, wie bei den neueren Maschinen von Oerlikon und Dobrowolsky aus einer in sich geschlossenen Ankerwickelung, welche durch Inductionsströme polarisirt wird und der Drehung des magnetischen Feldes mechanisch folgt.

Der Anker eines solchen Motors sucht sich synchron mit dem erregenden Drehstrom zu drehen; dadurch, daß man in die Ankerwickelung veränderlichen Widerstand einschaltet, kann man die Umdrehungsgeschwindigkeit des Motors abändern.

Phasenanzahl. Je größer die Anzahl der in ihrer Phase verschiedenen Ströme, ein desto gleichmäßigeres magnetisches Feld ist im Motor zu erreichen, desto regelmäßiger ist daher auch seine Bewegung. Die Tesla'schen Motoren hatten nur zwei Ströme (zweiphasig), die von Dobrowolsky und Oerlikon drei Ströme (dreiphasig), andere haben vier (vierphasig) und auch mehr Ströme (mehrphasige) verwendet; da aber mit der Anzahl der Ströme auch die Anzahl der Leitungen zwischen Generator und Motor zunimmt, so haben nur solche Systeme mit wenig Leitungen eine technische Wichtigkeit. Aber auch mit wenigen Stromkreisen kann man gleichmäßigeres Feld erhalten, indem man die Sternanordnung mit der Ringanordnung vereinigt, man kann dann z. B. mit dreiphasigen Strömen einen Ring in 9 symmetrischen Abtheilungen bewickeln u. s. w.

(408) Anwendung. Der größte Werth der mehrphasigen Ströme liegt in dem Umstand, daß die Motoren gänzlich ohne Commutator sein können, oder daß wenigstens nur Schleifringe nothwendig sind. Dabei können diese Motoren mit ziemlich großer Belastung — etwa $1/3$ der Vollbelastung — angehen. Im übrigen lassen die mehrphasigen Ströme auch alle sonstigen Verwendungen der Wechselströme zu und zwar mit denselben Vortheilen und Nachtheilen.

Besonders wichtig ist es, daß die Mehrphasenströme wie gewöhnliche Wechselströme durch Transformatoren beliebig umgewandelt werden können. Nachtheilig scheint es dabei allerdings, daß man die Eisenmassen nur wenig magnetisch beanspruchen darf, so daß im Allgemeinen die Ausnutzung der Masse gering ist. Man wird freilich durch höhere Wechselzahlen dem abhelfen können, doch sind dabei die Ladungserscheinungen und Aehnliches zu befürchten.

(409) Tabellen ausgeführter Dynamomaschinen.

Siemens & Halske, Berlin.

Zweipolige Trommelmaschine, Modell LH.

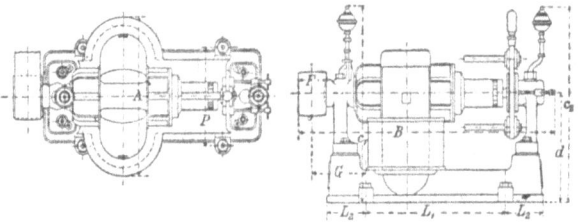

Fig. 104.

Be-zeich-nung	Strom bei 65 V A	Strom bei 110 V A	Umläufe in 1 Minute	Riemen-geschwin-digkeit m/sec	Ge-wicht kg	Maße in Millimetern								
						A	B	c_1	c_2	d	F	G	L_1	L_2	P
LH 4	22	13	1900	12	190	420	760	590	585	310	80	135	450	92,5	270
LH 4B	35	21	1635	12	290	490	910	645	635	355	100	190	485	137,5	320
LH 5	53	31	1450	12	425	560	990	710	690	406	120	220	505	157,5	360
LH 6	91	54	1275	16	610	630	1110	830	785	462	160	230	600	145	395
LH 7	141	83	1120	16	880	710	1330	890	840	515	200	270	725	167,5	425
LH 8	215	127	980	16	1320	840	1490	980	930	588	250	310	810	182,5	465
LH 14	354	210	830	16	2020	960	1620	1170	1100	706	300	355	845	200	552
LH 17	646	382	710	20	3290	1130	1790	1300	1220	823	400	400	920	195,5	605
LH 19	923	545	650	20	4360	1240	2090	1400	1300	880	450	430	1140	197,5	750
LH 20	1230	727	600	20	5610	1360	2310	1500	1400	975	500	530	1150	273	820

Innenpolmaschine, Modell I, ohne besonderen Commutator.

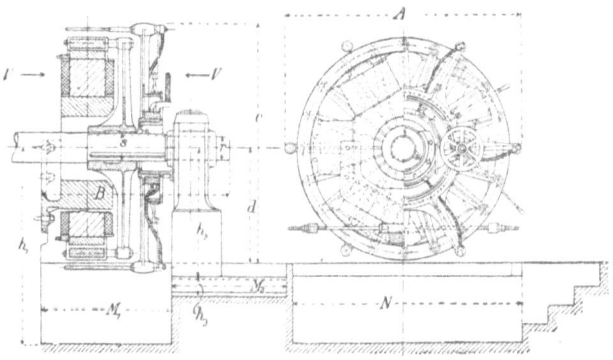

Fig. 105.

Tabellen ausgeführter Dynamomaschinen. 283

Bezeichnung	Kraftbedarf P	Leistung in 1000 W	Umläufe in 1 Min.	\multicolumn{11}{c}{Maße in Millimetern}
				A	B	d	h_1	h_2	h_3	M_1	M_2	N	r	s	v
I 32 normal	50	30	520	1025	968	500	1000	570	100	665	620	900	80	80	330
I 32 verbreit.	56	33,5	520	1025	1048	500	1000	570	100	680	620	900	80	80	360
I 36 normal	62	41	450	1115	1025	500	1100	630	110	740	620	1000	80	80	350
I 40 normal	83	55	400	1220	1125	600	1100	700	120	800	700	1100	90	90	400
I 46 normal	98	65	360	1352	1210	650	1100	750	120	900	710	1200	100	100	425
I 51 normal	167	110	320	1465	1400	650	1200	800	120	950	800	1500	110	110	500
I 58 normal	210	140	280	1640	1500	700	1470	850	150	1030	1000	1650	130	130	550
I 76 normal	240	160	215	2000	1500	750	1650	1100	200	1000	1240	1600	145	160	550
I 76 verbreit.	280	185	215	2000	1550	750	1650	1100	200	1050	1240	1600	145	160	550
I 81 normal	340	235	200	2130	1790	800	2000	1100	200	1230	1270	1800	160	190	550
I 93 normal	450	315	175	2400	2080	900	2000	1260	250	1300	1400	2200	200	240	650
I 99 normal	550	380	160	2550	2070	900	2200	1300	250	1390	1400	2400	203	250	710
I 110 normal	850	585	145	2845	2200	900	2500	1500	260	1390	1700	3000	320	350	800
I 136 normal	980	680	125	3306	2000	900	3000	1600	260	1400	1400	3000	280	340	650
I 136 verbreit.	1050	720	100	3306	2200	1000	3000	1650	300	1510	2000	3200	343	390	850

c und d sind je nach Umständen veränderlich.

Die Maschinen werden auch mit besonderem Commutator gebaut. Sie können dann für höhere Spannungen verwandt werden. Ihre Maximal-Leistung ist etwas geringer.

Kleinere, für directe Kupplung eingerichtete Dynamomaschinen.

Modell O: Außenpol-Ringmaschinen, besonders für directen Antrieb. Auf einer Seite des Ringankers zwei senkrechte Feldmagnete, deren gemeinschaftliche Polschuhe den Anker oben und unten umfassen.

Modell I: s. Fig. 105. verschm. = verschmälert. Die I-Maschinen besitzen hier besonderen Commutator.

Bezeichnung	Betriebskraft in P	Umdrehungen in 1 Minute	\multicolumn{3}{c}{Leistung}	Gewicht netto	Bezeichnung	Betriebskraft in P	Umdrehungen in 1 Minute	\multicolumn{3}{c}{Leistung}	Gewicht netto
			V	A	W	kg				V	A	W	kg
O 16	2	1100	65	15	975	75	I 32 verschm.	8	200	65	68	4420	1100
O 20	-	500	65	15	975	150	O 24	10	1000	65	86	5590	300
O 24	-	300	-	-	-	300	O 28	-	650	-	-	-	450
O 20	3	600	65	25	1625	150	O 32	-	420	-	-	-	600
O 24	-	400	-	-	-	300	I 32 verschm.	-	230	-	-	-	1100
O 28	-	270	-	-	-	450	O 25	12	730	65	104	6760	450
O 20	4	800	-	35	2275	150	O 32	-	480	-	-	-	600
O 24	-	500	-	-	-	300	I 32 verschm.	-	240	-	-	-	1100
O 28	-	330	-	-	-	450	I 32 normal	-	175	-	-	-	1200
O 32	-	220	-	-	-	600	O 32	16	600	65	142	9230	600
O 20	6	1100	-	50	3250	150	I 32 verschm.	-	310	-	-	-	1100
O 24	-	650	-	-	-	300	I 32 normal	-	230	-	-	-	1200
O 28	-	400	-	-	-	450	I 36 -	-	160	-	-	-	1600
O 32	-	280	-	-	-	600	I 32 verschm.	20	390	65	184	11960	1100
O 24	8	800	65	68	4420	300	I 32 normal	-	290	-	-	-	1200
O 28	-	500	-	-	-	450	I 36 -	-	200	-	-	-	1600
O 32	-	340	-	-	-	600	I 40 -	-	125	-	-	-	1850

Tabellen ausgeführter Dynamomaschinen.

Wechselstrommaschine, Modell R.

Umlaufende Schenkel; Ankerring aus getheilten Eisen mit kurzen, breiten, nach innen gerichteten Zähnen. Auch als Drehstromerzeuger gebaut.

Bezeichnung	Umläufe in 1 Minute	Zahl der Polpaare	Leistung in 1000 W	Kraftverbrauch ohne die Erregung P	Kraftverbrauch Erregung allein in 1000 W	Gewicht ohne Welle in t	Mafse in Millimetern Länge einschl. Lager	Mafse in Millimetern Breite einschl. Träger	Mafse in Millimetern Höhe
R 260/133	75	40	2070	3000	40	118	3000	8000	6400
R 260/90			1380	2000	28	88	2400	-	-
R 260/50			690	1000	14	57	1900	-	-
R 195/64	100	30	690	1000	14	45	1800	6200	5000
R 195/36			345	500	8	29,4	1400	-	-
R 130/56	150	20	345	500	8	23,1	1700	4600	3700
R 130/27			138	200	4	12,2	1350	-	-
R 97/36	200	15	138	200	4	10,4	1350	3200	2400
R 97/21			69	100	2,5	6,6	1200	-	-
R 65/58	300	10	138	200	4	8,8	1550	2300	1560
R 65/32			69	100	2,5	5,2	1280	-	-
R 39/62	500	6	69	100	2,2	5,1	2200	1200	1450
R 39/35			34,5	50	1,2	3,3	1800	-	-
R 26/54	750	4	33	50	1,3	2,7	2100	900	1150
R 26/30			16,5	25	0,8	1,7	1600	900	1100

Wechselzahl 50 für die Secunde. Die Maschinen werden für directe Kuppelung, bei 500 und 750 Umläufen auch für Riemenbetrieb eingerichtet.

Gleichstrom-Transformatoren, Modell DLH.

Zwei LH-Maschinen, direct miteinander gekuppelt, drei Axlager.

Bezeichnung	Verbrauch der secundären Maschine 1000 W	Leistung der tertiären Maschine 1000 W	Umlaufszahl in einer Minute ungefähr	Mafse in Millimetern Länge	Mafse in Millimetern Breite	Mafse in Millimetern Höhe
DLH 5	4	3	1760	1620	560	710
DLH 6	7	5,4	1550	1790	630	810
DLH 7	10,7	8,5	1350	2130	710	880
DLH 8	16	13,0	1190	2310	840	980
DLH 14	27	22,4	1010	2520	960	1150
DLH 17	50	42,5	860	2660	1130	1300
DLH 19	70	60,9	790	3120	1240	1400
DLH 20	93	82,8	720	3440	1360	1500

Tabellen ausgeführter Dynamomaschinen.

Elektromotoren Modell, K und LH.

K: ein Feldmagnet mit wagrechter Axe, zwei ausladende Polschuhe, Ringanker.
LH: wie oben, Fig. 104.

Bezeich-nung	Gröfste Leistung des Motors bei constanter Geschwindigkeit	Gröfste Leistung des Motors bei variabler Geschwindigkeit	Riemen-geschwin-digkeit m/sec	Riemen-breite mm	Unge-fähre Um-laufszahl für 1 Min.	Höchster Wir-kungs-grad %	Gewicht in kg ca.
K 1	1/15 P	1/10 P	4	20	2500	50	8
K 2	1/6 „	1/5 „	5	30	2000	60	18
K 3	1/3 „	1/2 „	6	40	1500	70	36
K 4	1 „	1 „	6	60	1300	80	56
LH 4	2 „	2 „	12	60	1700	80	175
LH 4b	3 „	3 „	12	80	1400	80	290
LH 5	5 „	5 „	12	100	1200	85	425
LH 6	9 „	9 „	16	140	1200	85	585
LH 7	14 „	14 „	16	180	1100	85	870
LH 8	20 „	20 „	16	230	900	90	1290
LH 14	34 „	34 „	16	280	800	90	2000
LH 17	60 „	60 „	20	370	650	90	3290
LH 19	90 „	90 „	20	420	650	90	4220
LH 20	120 „	120 „	20	470	600	92	5610

Elektromotoren

für den Betrieb von Krähnen und Ventilatoren mit senkrechter Axe.

Modell SK und DK wie K, s. das Vorige, Anker und Schenkel hintereinander geschaltet.

Bezeich-nung	Dauernde gröfste Leistung P	Höchste zulässige Spannung	Geringste Riemen-geschwin-digkeit m/sec	Riemen-breite mm	Ungefähre Umlaufs-zahl für 1 Minute	Höchster Wir-kungs-grad %	Gewicht in kg
SK 1	0,15	120	4	20	2500	50	23
SK -	0,07	60	2	-	1250	40	-
SK 2	0,3	150	5	30	2200	60	50
SK -	0,15	75	2,5	-	1100	50	-
SK -	0,07	38	1,3	-	550	40	-
SK 3	1	250	6	40	2000	70	100
SK -	0,5	125	3	-	1000	75	-
SK -	0,2	65	1,5	-	500	60	-
SK -	1	125	6	-	2000	70	-
SK -	0,5	65	3	-	1000	75	-
SK -	0,2	35	1,5	-	500	60	-
SK 4	2,5	400	8	60	1600	75	170
SK -	1,2	200	4	-	800	70	-
SK -	0,5	100	2	-	400	65	-
SK -	2,5	200	8	-	1600	75	-
SK -	1,2	100	4	-	800	70	-
SK -	0,5	50	2	-	400	65	-
SK 5	5	500	10	80	1300	80	260
SK -	2,3	250	5	-	650	75	-
SK -	1	125	2,5	-	325	70	-
SK -	5	250	10	-	1300	80	-
SK -	2,3	125	5	-	650	75	-
SK -	1	65	2,5	-	325	70	-
SK 6	7,5	600	12	100	1000	82	350
SK -	3,5	300	6	-	500	78	-
SK -	1,4	150	3	-	250	74	-

Tabellen ausgeführter Dynamomaschinen.

Elektromotoren.

Bezeichnung	Dauernde größte Leistung P	Höchste zulässige Spannung	Geringste Riemengeschwindigkeit m/sec	Riemenbreite mm	Ungefähre Umlaufszahl für 1 Minute	Höchster Wirkungsgrad %	Gewicht in kg
SK 6	7,5	300	12	100	1000	82	350
SK -	3,5	150	6	-	500	78	-
SK -	1,4	75	3	-	250	74	-
SK 7	10	800	16	100	850	84	570
SK -	4,8	400	8	-	425	80	-
SK -	2	200	4	-	210	76	-
SK -	10	400	16	-	850	84	-
SK -	4,8	200	8	-	425	80	-
SK -	2	100	4	-	210	76	-
DK 7	18	800	16	120	850	84	760
DK -	9	400	8	-	425	80	-
DK -	4	200	4	-	210	76	-
DK -	18	400	16	-	850	84	-
DK -	9	200	8	-	425	80	-
DK -	4	100	4	-	210	76	-

Allgemeine Elektricitäts-Gesellschaft, Berlin.

Vier- und sechspolige Trommelmaschine, Modell G.

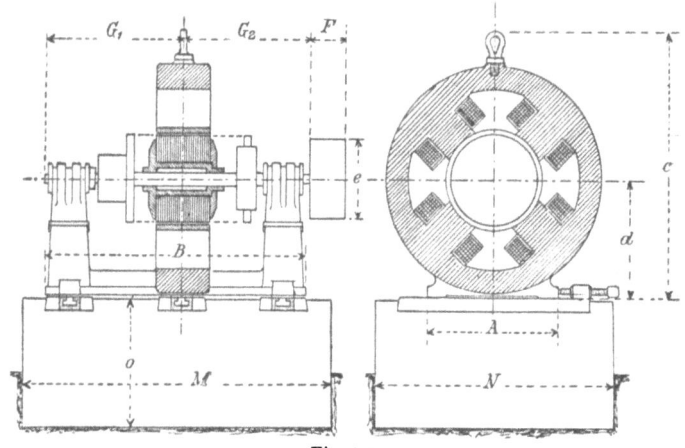

Fig. 106.

Bezeichnung	Kraftbedarf P	Strom bei 65 V A	Strom bei 120 V A	Umläufe in 1 Min. bei 65 V	Umläufe in 1 Min. bei 120 V	Gewicht in kg	Maße in Millimetern A	B	c	d	e	F	G_1	G_2	M	N	o
G 150	28	277	150	930	920	1500	600	1140	1170	512	420	200	640	526	1580	1500	800
G 200	36	370	200	720	820	2120	620	1335	1250	560	470	250	745	620	1745	1500	800
G 300	50	525	300	680	750	2370	650	1410	1280	550	540	300	780	625	1810	1500	800
G 450	82		450	600	3500		700	1575	1400	600	640	400	900	690	2050	1570	840
G 600*)	108		600		510	4400	800	1550	1540	700	730	550	872,5	670	2050	1570	840

*) sechspolig.

Tabellen ausgeführter Dynamomaschinen.

Zweipolige Trommelmaschine, Modell NG.

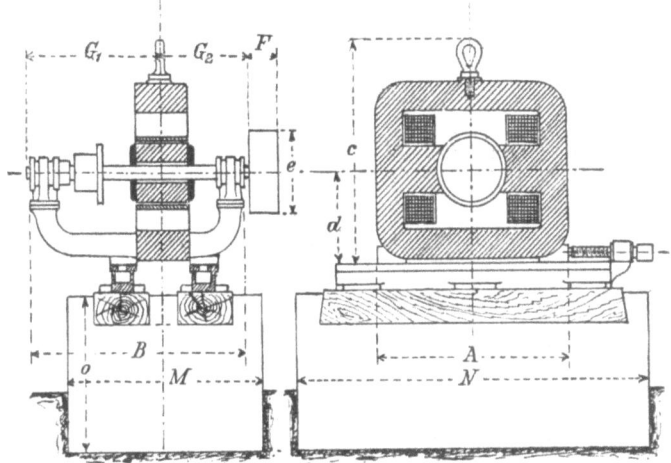

Fig. 107.

Bezeichnung	Kraftbedarf P	Strom bei 65 V A	Strom bei 110 V A	Umläufe in 1 Min. bei 65V	Umläufe in 1 Min. bei 110V	Gewicht in kg	Mafse in Millimetern A	B	c	d	e	F	G_1	G_2	M	N
NG 15	3,2	25	15	1700	1640	260	460	670	510	200	200	70	410	300	600	1160
NG 25	5	50	30	1500	1400	440	530	740	695	270	220	80	448	330	600	1160
NG 50	10	100	60	1400	1280	640	537	892	700	270	220	110	543	395	850	1250
NG 75	13	125	75	1060	970	750	660	990	735	300	250	150	607	425	800	1400
NG 100	17	180	100	980	950	1140	725	1087	815	345	280	180	675	440	810	1400

Zweipolige Trommelmaschine, Modell S.

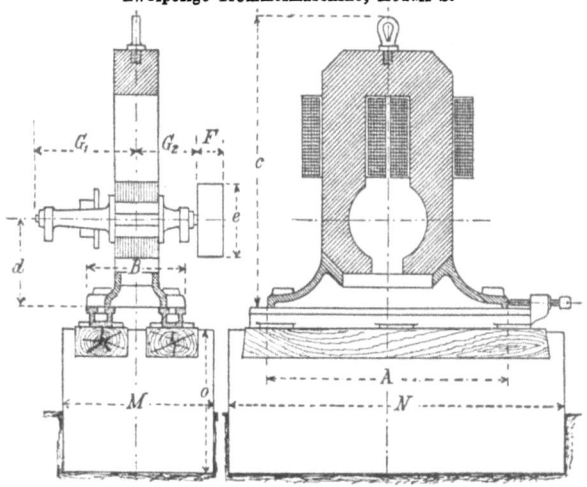

Fig. 108.

Tabellen ausgeführter Dynamomaschinen.

Bezeichnung	Kraftbedarf	Strom bei 65 V	Strom bei 110 V	Umläufe in 1 Min. bei 65 V	Umläufe in 1 Min. bei 110 V	Gewicht in	Maße in Millimetern									
	P	A	A			kg	A	B	c	d	e	F	G_1	G_2	M	N	o
S 15	3	25	15	2030	1930	153	500	300	595	148	115	60	255,5	165			
S 20	3,8	34	20	1440	1550	267	620	350	750	230	130	80	332	185	650	1380	650
S 30	5,5	50	30	1420	1310	332	680	360	788	250	150	100	354	198	700	1380	650
S 50	9	85	50	1030	1150	410	740	436	842	265	190	120	451	317	800	1380	650

Elektromotoren.

Die Formen G, NG und S werden auch als Motoren gebaut; Maße und Gewichte bleiben die vorher angegebenen; nach Modell S werden noch kleine Motoren gebaut.

Modell G.

Bezeichnung	Leistung	Strom bei 120 V	Strom bei 210 V	Umläufe in 1 Min. bei 120 V	Umläufe in 1 Min. bei 210 V
	P	A	A		
G 150	20	150	77	790	800
G 200	34	237	124	760	680
G 300	44	306	157	630	610
G 450	66	450	230	550	540
G 600*)	88	600	—	440	—

Modell NG.

Bezeichnung	Leistung	Strom bei 120 V	Strom bei 210 V	Umläufe in 1 Min. bei 65 V	Umläufe in 1 Min. bei 105 V
	P	A	A		
NG 15	2	29	18	1600	1400
NG 25	3,3	49	30	1130	1110
NG 50	7	94	60	1090	1060
NG 75	9,5	125	77	880	870
NG 100	12	158	98	860	740

*) sechspolig.

Bezeichnung	Leistung	Strom bei 60 V	Strom bei 105 V	Umläufe in 1 Min. bei 60 V	Umläufe in 1 Min. bei 105 V	Gewicht	Maße in Millimetern						
	P	A	A			kg	A	B	c	d	e	F	G_1	G_2
S1 Ankerlage oberhalb	1/16	1,75	1	1120	1120	13,7	220	120	240	200	75	42	109	50
S2 Ankerlage oberhalb	1/5	5,8	2,5	780	720	23	270	140	296	250	80	42	130	83
S 3	1/4	5,1	2,9	2100	1950	32	300	150	410	102	80	30	141,5	88
S 5	1/2	9	5	1900	1800	50	350	180	436	108	90	40	188	107
S 10	1	17	9,8	1750	1650	81	400	230	515	120	100	50	208	128
S 15	1½	25,5	14,5	1580	1480									
S 20	2	33	19	1160	1280	\} vgl. die Tabelle zu Fig. 108.								
S 30	3	47	26,5	1200	1110									
S 50	5	74	42	850	980									

Tabellen ausgeführter Dynamomaschinen. 289

Schuckert & Co., Nürnberg.

Zweipolige Ringanker-Maschinen.

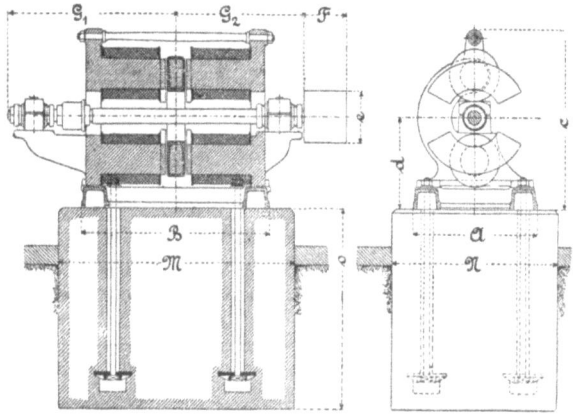

Fig. 109.

Be-zeich-nung	Kraft-bedarf P	Volt	Ampère	Umlaufe in 1 Minute	Maße in Millimetern									
					A	B	c	d	e	F	G_1	G_2	M	N	o
NN $^1/_3$	0,25	4	30	1300				130	60	40	280	210			
NN $^1/_2$	1	4	130	1150	300	460	440	230	100	70	450	310	650	500	500
NN 1	1,8	4	250	850	410	580	540	290	150	100	560	380	750	600	600
NN 2	3,7	6	350	800	450	680	630	350	150	120	680	450	900	650	650
GN $^1/_2$	0,9	2	220	1150	300	460	440	230	100	70	450	310	650	500	500
GN 1	1,6	2	450	850	410	580	540	290	150	100	560	380	750	600	600
GN 2	3,8	4	550	850	450	680	630	350	150	120	680	450	900	650	650
GN 3	7,5	8		800											
JL $^1/_3$	0,25	50	3,0	1800				130	60	40	280	210			
JL $^1/_2$	1,5	110	7,5	1400	320	420	245	450	100	70	390	290	650	550	500
JL 1	3	110	15	1250	390	590	295	550	150	100	490	380	800	600	600
JL 2	4,3	110	22	1150	460	690	340	660	150	120	600	440	900	650	650
JL 3	7	110	37	1100	460	750	350	660	180	150	650	480	950	650	750
JL 4	9,5	110	52	1050	520	800	370	720	210	180	710	540	1000	700	800
JL 5	13,5	110	75	850	560	940	440	840	240	220	830	640	1150	800	900
TL $^1/_2$	1,5	100	8	1300	320	360	245	450	100	70	360	260	600	500	500
TL 1	2,2	150	8	1150	390	570	295	550	150	100	480	370	750	600	600
TL 2	2,8	200	8	900	460	590	340	660	150	120	550	390	800	650	650
TL 3	4,2	300	8	850	460	710	340	600	180	150	630	460	900	650	750
TL 4	6,8	500	8	800	520	760	370	720	210	180	690	520	950	700	800
TL 5	10	750	8	740	560	800	440	840	240	220	760	570	1000	800	900
TL 6	16	600	16	700	670	850	580	1040	330	250	810	590	1050	900	1000

Grawinkel-Strecker, Hilfsbuch. 3. Aufl.

290 Tabellen ausgeführter Dynamomaschinen.

Vier- und mehrpolige Ringanker-Maschinen.

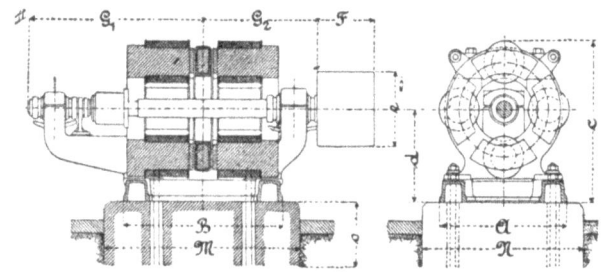

Fig. 110.

Bezeichnung	Kraftbedarf P	Volt	Ampère	Umläufe in 1 Minute	Maße in Millimetern									
					A	B	c	d	e	F	G_1	G_2	M	N	o
JL 6	20	110	112	780	580	770	700	400	330	250	800	590	1000	800	1000
JL 6a	26,5	110	150	720	600	890	780	460	360	270	915	610	1100	850	1100
JL 7	39	110	225	630	720	900	860	490	400	320	980	640	1100	900	1250
JL 8	60	110	350	550	820	1060	970	550	500	350	1130	690	1300	1050	1400
JL 9	93	110	550	450	1090	1220	1120	630	750	450	1365	750	1450	1350	1600
JL 10	134	110	800	350	1160	1270	1410	750	1000	550	1430	820	1500	1450	1900
JL 11	200	110	1200	300	1500	1500	1820	970	1350	650	1730	1100	1800	1800	2200

Deutsche Elektricitäts-Werke. Aachen (Garbe, Lahmeyer & Co.)

Zweipolige Trommelmaschine, Modell G.

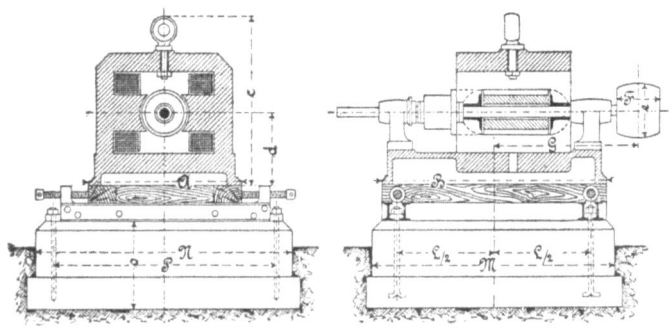

Fig. 111.

Tabellen ausgeführter Dynamomaschinen.

Bezeichnung	Kraftbedarf P	Strom bei 100 V A	Strom bei 65 V A	Umläufe in 1 Minute	Gewicht kg	Maße in Millimetern											
						A	B	c	d	e	F	G	L	M	N	o	P
o	2	10	16	2000	200	330	490	330	160	96	90	300	564	814	570	530	270
I	3	15	25	1550	250	380	586	347	177	148	105	345	660	910	620	530	370
II	4,7	24	40	1400	350	440	710	430	235	180	130	440	605	900	1100	450	835
III	6,6	36	60	1250	460	525	800	440	250	200	150	455	635	950	1200	450	860
IIIa	8,8	45	80	1250	630	585	850	500	255	230	180	526	715	1000	1200	450	920
IV	12,5	70	120	1200	950	647	940	560	305	238	210	580	785	1100	1350	500	1030
V	18	110	180	1100	1280	660	1085	580	320	278	250	670	920	1250	1400	600	1100
Va	24	150	250	1000	1500	780	1205	610	310	300	250	730	1015	1300	1400	600	1100
VI	34	200	350	1000	2000	805	1425	670	340	306	300	745	1425	1535	1525	700	1225
VII	48	300	500	900	3000	970	1427	750	382	360	350	910	1210	1510	1700	700	1390
VIII	65	400	700	800	3500	1000	1490	860	400	406	400	980	1350	1600	1450	800	1200
IX	96	600	1000	500	6100	1140	1630	1010	440	650	400	1000| 1500	1750	1600	800	1340

Vierpolige Trommelmaschinen, Modell PC.

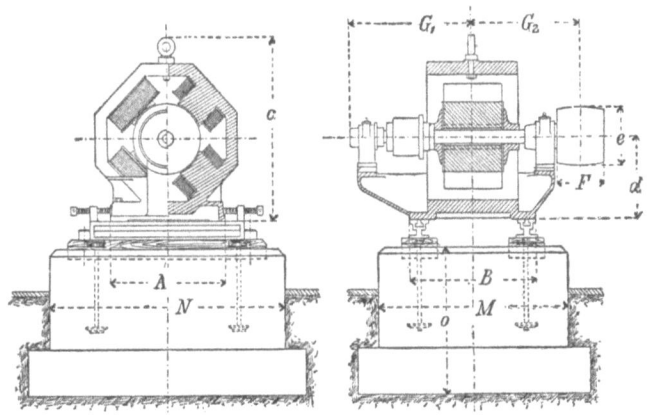

Fig. 112.

Bezeichnung	Kraftbedarf P	Strom bei 110 V A	Strom bei 65 V A	Umläufe in 1 Minute	Gewicht kg	Maße in Millimetern										
						A	B	c	d	e	F	G_1	G_2	M	N	o
PC o	$3^{1}/_{3}$	16	27	1350	200	228	331	443	187	150	110	328	280	650	1170	550
PC I	$5^{1}/_{3}$	28	46	1200	350	400	430	460	240	180	150	371	367	780	1170	550
PC II	$7^{1}/_{3}$	38	65	1050	440	420	450	645	270	200	180	493	437	780	1170	550
PC III	$9^{3}/_{4}$	53	90	950	560	465	505	675	291	225	210	503	471	845	1170	550
PC IIIa	$14^{3}/_{4}$	82	140	900	700	495	525	750	315	240	210	483	466	910	1230	550
PC IIIb	16	90	155	850	825	540	550	820	350	250	255	535	514	910	1230	550
PC IV	21	123	210	750	1300	595	620	900	390	275	250	604	575	1040	1300	550
PC V	$29^{1}/_{2}$	175	300	700	1600	640	670	990	420	300	260	673	588	1040	1300	550
PC Va	36	215	360	650	2000	680	730	1050	450	340	300	782	710	1170	1430	550
PC VI	45	275	460	600	2800	700	800	1130	485	380	300	830	726	1170	1430	550
PC VIII	66	410	700	525	4200	850	1612	Die größeren Maschinen PC VIII bis PC IX weichen in der Form von den kleineren ab.								
PC IX	80	500	850	500	5000	1050	2330									

Tabellen ausgeführter Dynamomaschinen.

Zweipolige Dynamomaschinen für Metallniederschläge, Modell K.

Be-zeichnung	Kraft-bedarf P	Strom bei 2 V A	4 V A	8 V A	Um-läufe in 1 Min.	Ge-wicht kg	Maße in Millimetern				
							Länge	Breite	Höhe	Riemenscheibe Durchmesser	Breite
K I	$1/3$	70	40	—	1500	50	400	270	270	80	60
K II	1	200	125	—	1300	90	550	300	310	100	80
K III	$1^1/3$	—	180	—	1100	170	700	340	380	120	100
K IV	2	—	250	150	1000	255	780	400	420	150	110
K V	$2^3/4$	—	—	200	850	410	900	450	560	175	130
K VI	$4^1/4$	—	—	300	800	570	1000	500	580	200	150

Zweipolige Elektromotoren.

Be-zeichnung	Leis-tung P	Verbrauch Watt	normale Spannung bis zu V	Um-läufe in 1 Min.	Ge-wicht kg	Maße in Millimetern.				
						Länge	Breite	Höhe	Riemenscheibe Durchmesser	Breite
I	$1/5$	250	100	1500	35	400	270	270	80	60
II	$2/3$	740	110	1400	80	550	300	310	100	80
III	1	1000	125	1300	160	650	340	380	120	100
IV	$1^3/4$	1700	150	1250	250	730	400	420	150	110
V	$3^1/4$	3000	200	1200	400	870	450	560	175	130
VI	$4^1/2$	4100	250	1150	560	940	500	580	200	150
VII	$5^1/2$	5000	250	1100	700	1030	590	590	225	170
VIII	$6^1/2$	5700	250	1050	760	1050	600	600	240	180
IX	9	7700	300	1000	1000	1200	650	700	250	210
X	$13^1/2$	11200	400	950	1300	1300	710	730	280	230
XI	19	15500	500	900	1800	1450	770	780	300	250
XII	24	19500	500	800	2400	1600	790	800	350	280
XIII	30	24200	500	800	2600	1800	860	870	375	300
XIV	40	32000	500	750	3600	1900	970	900	400	350

Diese Motoren werden auch für andere Spannungen gebaut.

Vierpolige Elektromotoren.

Be-zeichnung	Leis-tung P	Ver-brauch Watt	Um-läufe in 1 Min.	Ge-wicht kg	Maße in Millimetern			
					Länge	Breite	Höhe	Riemenscheibe Durchmesser	Breite
I	2,5	2400	1400	200	720	230	380	150	110
II	4	3800	1150	350	790	400	470	180	150
III	5,5	5000	1050	440	950	435	520	200	180
IV	7,5	6750	1000	560	1050	465	560	225	210
V	10,5	9100	900	700	1090	495	610	240	210
VI	14	11800	880	825	1190	540	680	250	250
VII	19	16000	800	1300	1300	600	760	275	250
VIII	25	20600	700	1600	1420	640	820	300	260
IX	32	26500	650	2000	1660	680	870	340	300
X	42	34000	550	2800	1900	900	940	380	300
XI	55	44500	550	4200	2300	1000	1050	450	350
XII	70	56000	520	5000	2480	1050	1100	500	400

Spannung beliebig.

Tabellen ausgeführter Dynamomaschinen. 293

Berliner Maschinenbau-Actien-Gesellschaft vorm. L. Schwartzkopff, Berlin.

Sechspolige Ringmaschine, Modell L.

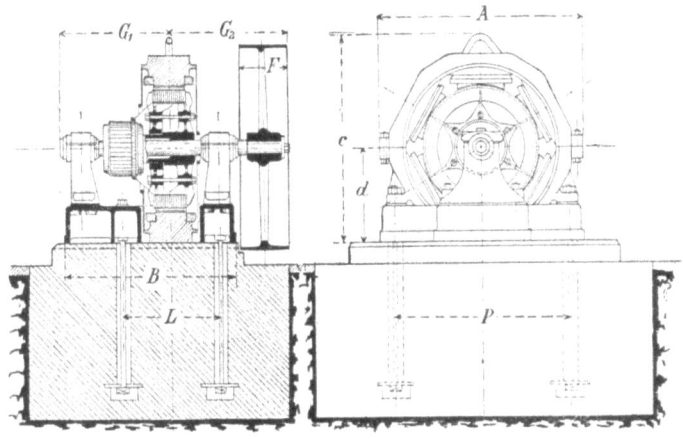

Fig. 113.

Vierpolige Ringmaschine, Modell S.

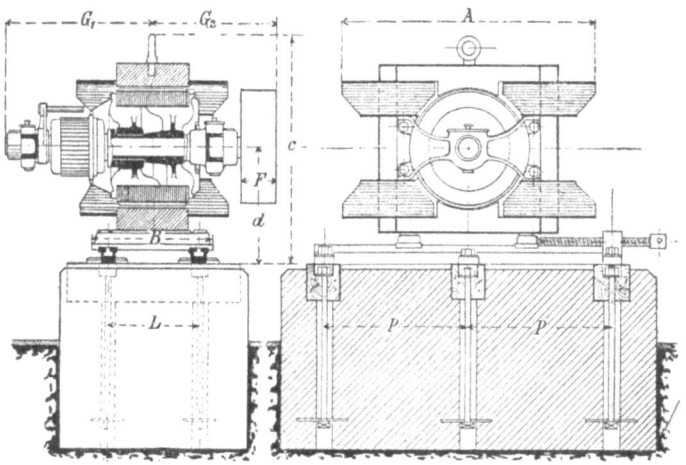

Fig. 114.

Tabellen ausgeführter Dynamomaschinen.

Zweipolige Trommelmaschine, Modell G.

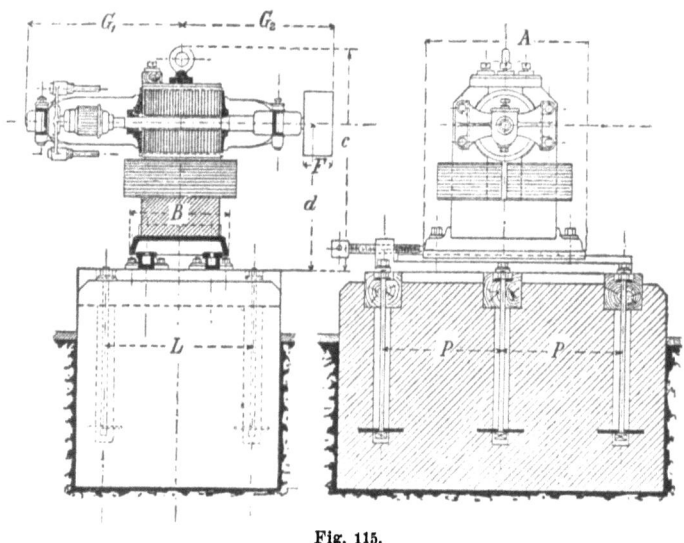

Fig. 115.

Modell	Bezeichnung	Spannung V	Stromstärke A	Umläufe in 1 Min.	Riemengeschw. m/s	Polzahl	Gewicht kg	Maße in Millimetern									
								A	B	c	d	F	G_1	G_2	L	P_1	P_r

a. Schnelllaufende Dynamos.

G	R 3	100	15	1500	8	2	140	300	250	563	423	70	264	320	370	160	150
G	R 5	100	25	1300	12	2	342	375	270	610	410	80	425	410	400	330	330
G	R 10	100	50	1100	15	2	364	485	250	632	432	100	400	420	420	360	360
L	R 15	110	75	1050	17	4	460	640	460	747	372	120	350	375	680	400	400
L	R 20	110	100	950	17	4	630	730	560	875	425	140	550	475	482	400	400
L	R 30	110	150	900	17	4	905	810	550	955	455	180	540	550	624	500	500
L	R 35	110	200	800	20	4	1210	860	680	1080	530	180	675	575	595	645	660
L	R 60	120	300	750	20	4	1820	940	720	1140	580	270	600	700	546	645	660
L	R 90	120	450	550	20	4	2780	990	720	1205	605	320	725	675	620	645	660
L	R110	120	600	450	20	6	4140	1575	1130	1520	720	420	900	950	1175	490	400

b. Langsamlaufende Dynamos.

L	L 10	110	50	750	12	4	460	640	460	747	372	130	350	375	680	400	400
L	L 20	110	100	650	12	4	905	780	550	940	465	200	450	550	830	500	500
L	L 30	110	160	450	12	4	1820	940	720	1140	580	250	600	700	545	645	660
L	L 50	120	230	400	16	4	2780	990	720	1205	605	270	725	675	620	645	660
L	L 60	120	300	260	16	6	4140	1575	1130	1520	720	320	900	950	1175	490	400
L	L 90	120	500	175	16	6	7080	1900	1560	1830	830	400	1050	1050	940	820	820

Tabellen ausgeführter Dynamomaschinen.

c. Elektromotoren.

Modell	Bezeichnung	P Leistung	Umläufe in 1 Min.	Riemengeschw. m/s	Polzahl	Gewicht kg	Mafse in Millimetern									
							A	B	c	d	F	G_1	G_2	L	P_l	P_r
S	S 3	3	600	8	4	235	430	304	582	312	80	390	320	420	330	330
S	S 5	5	470	10	4	370	600	320	633	333	100| 400	350	260	400	400
G	G 1/2	0,5	1600	5	2	92	310	240	455	320	40	245	230	420	360	360
G	G 1	1	1400	7	2	224	300	250	437	297	70	264	320	370	160	150
G	G 2	2	1100	7	2	242	400	330	588	423	80	325	350	440	212	193
G	G 3	3	1000	9	2	365	375	270	610	410	80	425	410	400	330	330
G	G 5	5	950	9	2	410	485	250	632	432	90	400	420	—	—	—

Die mit P bezeichneten Fundamentmafse sind nicht bei allen Maschinengröfsen einander gleich; P_l ist P links, P_r rechts in der Figur.

d. Dampfdynamomaschinen (directe Kuppelung).

Dampfmaschine	Dynamomaschine			Umläufe in 1 Min.	Gesammt-Gewicht in kg	Mafse in Millimetern		
	Modell	Spannung V	Strom A			Länge	Breite	Höhe
stehend, eincylindrisch		65	28	480	250	890	560	750
		65	50	480	410	1040	560	1050
		65	80	450	630	1160	640	1100
		65	100	300	2021	1950	880	1560
		100	100	300	3100	2280	980	2100
		120	230	280	7200	2900	1300	2400
stehend, zweifache Expansion		65	150	270	4013	2500	890	1625
		65	200	300	4020	2540	890	1630
		65	300	300	5520	2970	960	1830

Gebrueder Naglo, Berlin.
Zweipolige Trommelmaschine, Modell T.

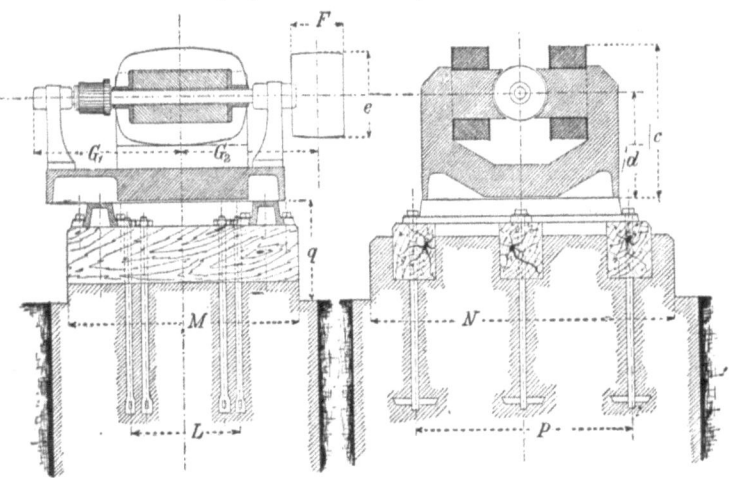

Fig. 116.

296 Tabellen ausgeführter Dynamomaschinen.

Bezeichnung	Kraftbedarf P	Leistung W	Umläufe in 1 Min.	Maße in Millimetern									
				c	d	e	F	G_1	G_2	L	M	N	P	q
T 30b	4,0	2310	1300	366	286	235	90	455	375	240	670	1050	720	375
T 50b	6,5	3850	1200	401	315	255	115	480	407	280	700	1070	720	375
T 75b	9,4	5775	1200	427	340	255	125	528	424	320	890	1170	830	375
T 100b	12,5	7700	1100	425	340	278	170	550	467	400	860	1180	830	395
T 150b	18,5	11550	900	510	410	339	210	605	560	450	950	1250	880	395
T 200b	25	15400	800	565	450	382	270	672	625	500	1050	1340	940	395
T 250b	30	19250	800	565	450	382	280	672	625	500	1050	1340	940	395
T 300b	36	23100	700	671	534	436	300	756	740	580	1300	1300	900	395
T 350b	43	26950	650	671	534	470	300	760	740	580	1300	1300	900	395
T 400b	48	30800	600	676	535	510	330	820	775	600	1150	1465	1000	395
T 500b	60	38500	500	735	560	610	400	933	891	700	1350	1500	1020	395
T 600b	70	45000	500	735	560	610	420	933	891	700	1350	1500	1020	395

Diese Maschinen können für verschiedene Spannungen gebaut werden.

Innenpolmaschine.

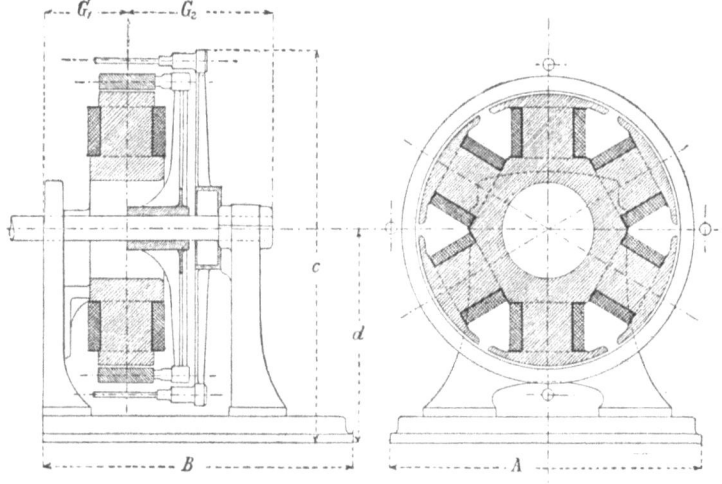

Fig. 117.

Bezeichnung	Kraftbedarf P	Leistung W	Umläufe in 1 Min.	Maße in Millimetern				
				A	B	c	d	G_1	G_2
Ri 450	50	32000	200	1400	1465	1710	950	405	720
Ri 600	70	45000	350	1000	1401	1374	773	582	730
Ri 900	100	64000	200	1690	1695	2020	1110	460	785

Tabellen ausgeführter Dynamomaschinen.

Aufsenpolmaschinen mit Ringanker.

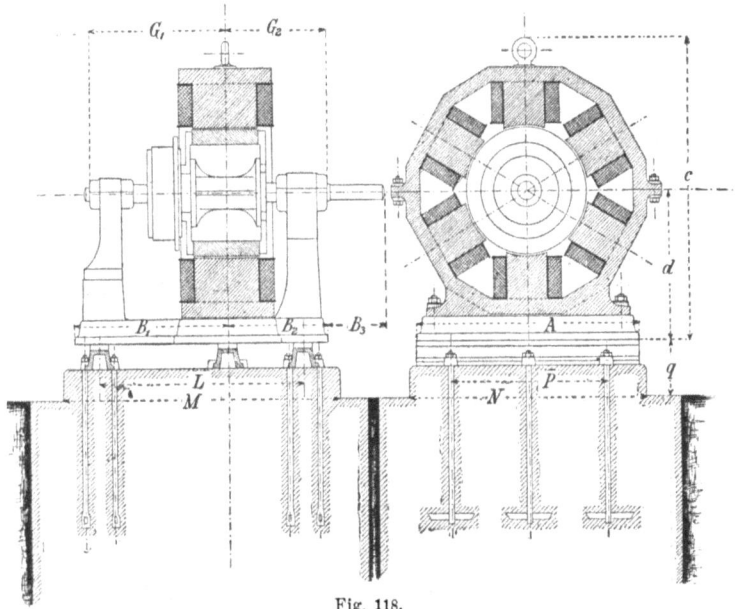

Fig. 118.

Bezeichnung	Kraftbedarf P	Leistung W	Umläufe in 1 Min.	Mafse in Millimetern											
				A	B_1	B_2	B_3	c	d	G_1	G_2	L	M	N	P	q
R 750	95	60000	500													
R 1000	114	72000	300	1490	1030	670	400	1940	950	919	682	1400	1900	1600	1060	360

Elektromotoren.

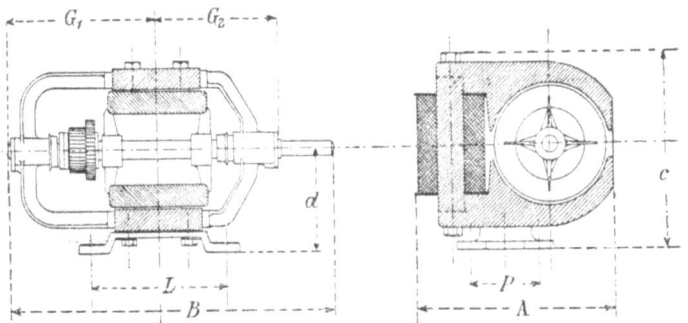

Fig. 119.

Tabellen ausgeführter Dynamomaschinen.

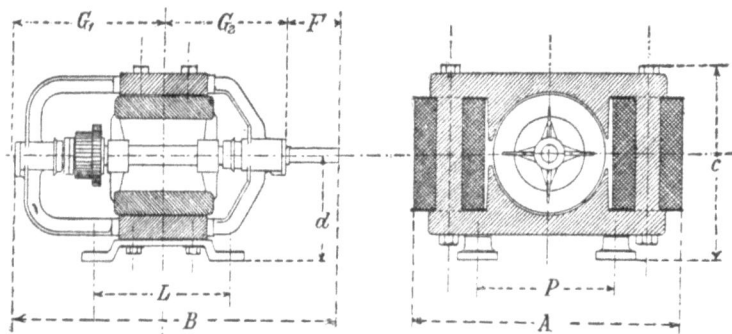

Fig. 120.

Nr.	Leistung in P	Verbrauch in W	Umläufe in 1 Minute	Mafse in Millimetern								
				A	B	c	d	G_1	G_2	L	P	
1.	0,1	130	2500	244	394	192	136	198	143	190	70	⎫ mit 1 Magnet-
2.	0,15	185	2500	244	394	192	136	198	143	190	70	⎪ schenkel
3.	0,25	300	2200	315	440	250	167	218	160	218	95	⎬ Fig. 119.
4.	0,5	560	1800	358	533	290	187	265	190	260	140	⎪
5.	0,75	825	1600	398	568	320	202	278	204	260	140	⎭
6.	1,0	990	1400	424	651	315	200	298	246	280	285	⎫ mit 2 Schenkeln
7.	1,6	1520	800	622	651	315	200	298	246	280	285	⎬ Fig. 120.
8.	2	1840	1100	622	651	315	200	298	246	280	285	⎭

Motoren für gröfsere Leistung nach Fig. 116.

C. und E. Fein, Stuttgart.

Zweipolige Trommelmaschine mit gemischter Wickelung.

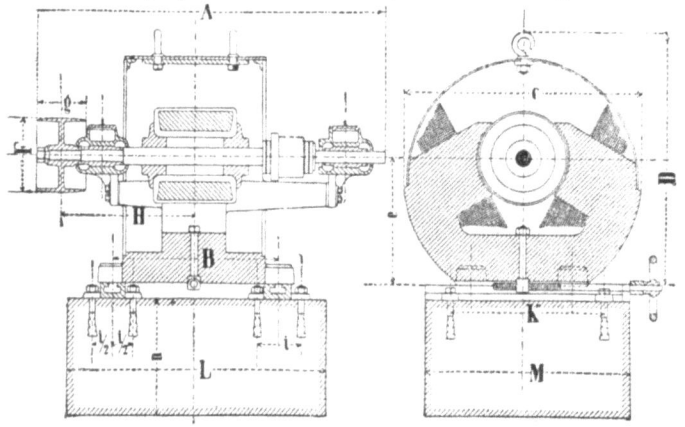

Fig. 121.

Tabellen ausgeführter Dynamomaschinen. 299

Bezeichnung	Kraftbedarf P	Spannung V	Strom A	Umläufe in 1 Min.	Gewicht in kg	Mafse in Millimetern											
						A	B	C	D	e	F	g	H	i	K	L	M	n
NC I	1,2	65	9,2	1700	90	560	270	380	390	190	75	50	220	270	160	650	600	600
NC II	1,7	65	14	1500	120	610	310	410	420	205	100	65	235	310	180	700	600	600
NC III	2,8	65	23	1300	170	720	325	460	470	235	125	80	250	120	450	810	850	650
NC IV	4,0	110	22	1200	250	800	370	520	530	265	150	100	290	120	450	850	850	650
NC V	6,0	110	33	1100	360	920	405	570	580	310	175	120	330	150	450	900	850	650
NC VI	8,5	110	50	1000	530	1020	500	660	670	355	200	140	375	150	535	1000	950	650
NC VII	12,0	110	73	950	720	1150	520	740	750	390	250	190	385	190	560	1000	1000	800
NCVIII	18,0	110	110	825	1010	1320	575	820	840	425	300	225	500	190	650	1230	1260	1000
NC IX	27,0	110	164	700	1440	1450	650	900	935	475	350	275	650	190	750	1400	1400	1000

Vierpolige Trommelmaschine mit gemischter Wickelung.

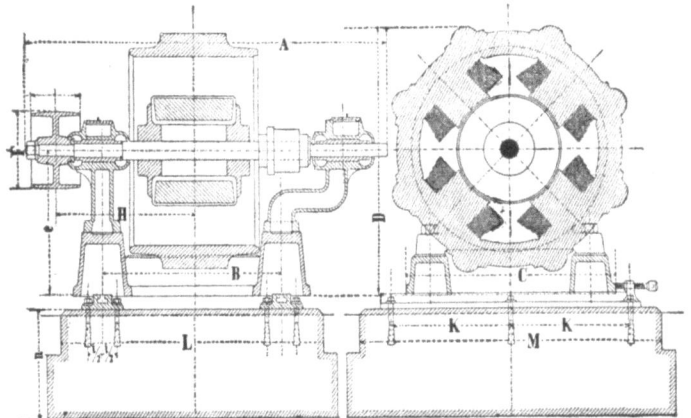

Fig. 122.

Bezeichnung	Kraftbedarf P	Spannung V	Strom A	Umläufe in 1 Min.	Gewicht in kg	Mafse in Millimetern											
						A	B	C	D	e	F	g	H	i	K	L	M	n
MP I	11,5	110	65	950	800	1050	500	600	800	420	250	190	400	150	350	950	900	850
MP II	15,5	110	90	850	1000	1150	650	650	840	450	300	225	475	150	400	1150	950	900
MP III	24	110	136	800	1300	1320	800	700	880	550	350	270	550	190	450	1300	1000	1000
MP IV	38	110	218	650	1800	1500	950	800	920	600	425	325	625	190	500	1450	1050	1200
MP V	55	110	327	500	2200	1700	1150	900	980	700	525	400	700	220	550	1600	1100	1400
MP VI	85	110	490	350	2800	1850	1250	1000	1040	850	700	540	800	220	600	1800	1200	1600

300 Tabellen ausgeführter Dynamomaschinen.

Innenpolmaschine mit gemischter Wickelung.

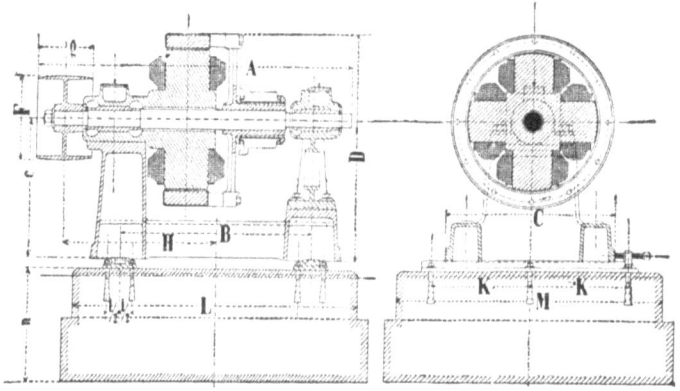

Fig. 123.

Bezeichnung	Kraftbedarf P	Spannung V	Strom A	Umläufe in 1 Min.	Gewicht in kg	Maſse in Millimetern												
						A	B	C	D	e	F	g	H	i	K	L	M	n
JP III	23,0	110	136	500	1300	1320	810	670	850	500	300	250	660	190	375	1050	1000	900
JP IV	33,0	110	200	425	1800	1600	900	850	970	560	430	320	800	190	450	1140	1150	1000
JP V	48,0	110	295	350	2100	1660	960	990	1040	640	550	400	830	190	500	1240	1300	1200
JP VI	70,0	110	420	280	2600	1720	1160	1190	1240	750	600	450	860	220	600	1450	1550	1400

Elektrotechnische Fabrik J. Einstein & Co., München.

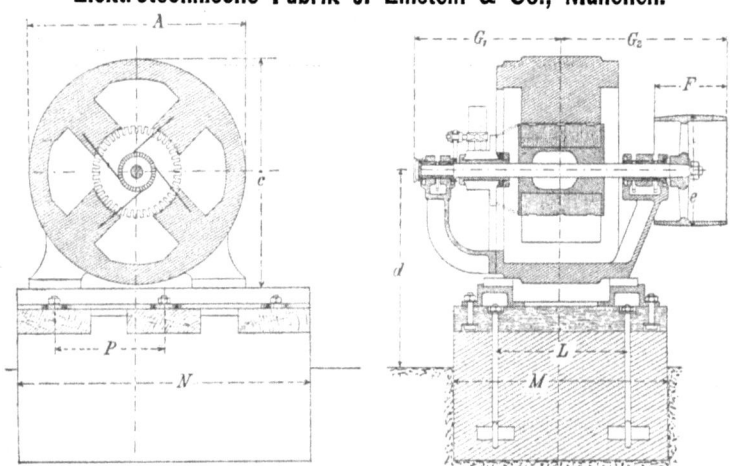

Fig. 124.

Tabellen ausgeführter Dynamomaschinen.

Bezeichnung Nr.	Zahl der Pole	Kraftbedarf P	Leistung W	Umläufe in 1 Min.	Gewicht kg	Zahl der Befestigungsschwellen	Mafse in Millimetern									
							A	c	d	e	F	G_1	G_2	L	M	N	P
1/10	2	0,2	100	2400	60		180	255									
1/4	2	0,5	250	2000	100		250	295									
1/2	2	1	500	1600	180		315	370									
1	2	2,5	1200	1450	280		400	480									
2	2	4,5	2500	1100	350	2	400	430	665	160	150	370	385	540	850	750	500
4	2	7,5	4500	900	500	2	500	520	730	190	150	425	450	650	950	750	500
7	2	11,5	7000	800	800	3	625	660	720	250	180	530	545	850	1150	950	365
9	4	14,5	9000	800	850	3	740	745	665	250	250	500	575	460	800	900	355
15	4	24	15000	600	1400	3	860	870	705	400	280	615	680	580	950	1000	375
22	4	34	22000	420	2200	3	925	930	740	500	300	630	735	625	1100	1280	490
30	4	47	30000	350	3500	3	1185	1195	870	600	350	775	850	645	1100	1280	490
40	6	60	40000	300	4600	4	1300	1500	860	900	400	920	1460	600	2300	1400	870
55	6	85	55000	200	6000	4	1420	1630	1100	1300	480	1170	1920	835	3000	1600	1100

O. L. Kummer & Co., Dresden.
Maschinen für Riemenbetrieb, Modell Delta.

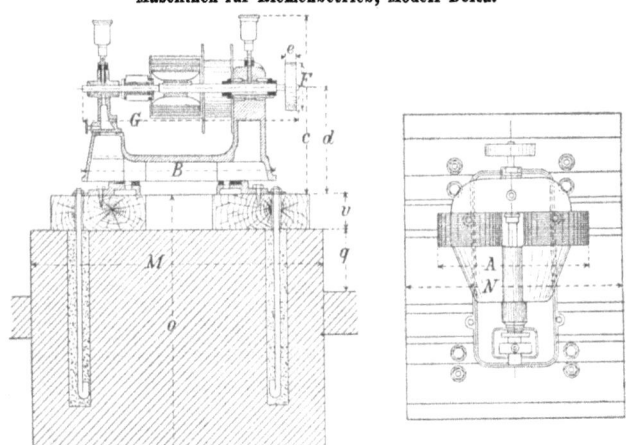

Fig. 125.

Berichtigung: Das Mafs o soll nur die Fundamenttiefe angeben, nicht wie in der Zeichnung Fundamenttiefe und Schwellenhöhe.

Bezeichnung	Kraftbedarf P	W Leistung	Umläufe in 1 Minute	Riemengeschwindigkeit m/sec	Mafse in Millimetern										
					A	B	c	d	e	F	G	M	N	o	q	v
Ar	2,9	1600	1490	12	539	670	605	362	60	152	775	1020	850	738	238	120
Br	4,3	2500	1320	12	594	750	656	406	60	172	860	1100	850	794	194	120
Cr	5,9	3500	1175	13	614	845	704	442	60	210	940	1140	850	758	158	120
Dr	9,2	5600	1050	13	720	950	797	498	80	235	1060	1200	920	807	107	120
Er	12,8	8100	950	15	790	1040	850	539	100	300	1160	1250	920	800	50	120

Gröfsere Maschinen für Riemenbetrieb nach Modell Epsilon.

302 Tabellen ausgeführter Dynamomaschinen.

Dampf-Dynamomaschinen Epsilon, Modell Fc—Mc.
Nach dieser Form werden auch Eincylinder-Dampf-Dynamomaschinen, Modell De—Ge, sowie grofse 2- oder 3 cylindrige Dampf-Dynamomaschinen, Modell N—T, gebaut.

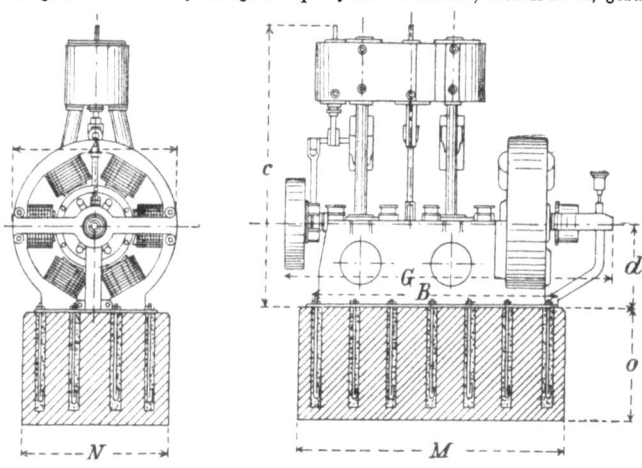

Fig. 126.

Bezeichnung	schnell laufend			langsam laufend			Mafse in Millimetern							
	Kraft-bedarf P	Leistung in 1000 W	Umläufe in 1 Min.	Kraft-bedarf P	Leistung in 1000 W	Umläufe in 1 Min.	A	B	c	d	G	M	N	o
Fc	11	6	450	7,5	4	300	860	1260	1350	460	1750	1500	1000	900
Gc	16,5	9,5	450	11,5	6,3	300	1000	1404	1500	510	1975	1680	1020	900
Hc	24	14,5	450	16,4	9,6	300	1020	1500	1598	575	2190	1770	1070	900
Jc	39	24	400	28	17	275	1265	1705	1885	638	2445	2000	1200	900
Kc	56	36	400	40	25	275	1265	1850	2055	640	2660	2120	1270	900
Lc	73	48	400	50	33	275	1450	1916	2200	735	2780	2100	1270	900
Mc	90	60	350	68	44	250	1450	2100	2375	735	2900	2360	1320	900

Klein-Motoren, Modell Delta.

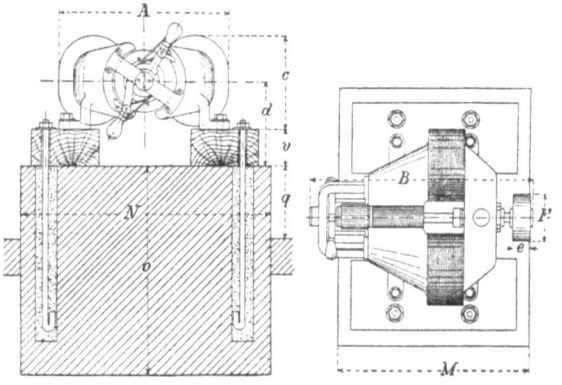

Fig. 127.

Tabellen ausgeführter Dynamomaschinen.

Bezeichnung	Leistung P	Umläufe in 1 Min.	Riemengeschwindigkeit m/sec	Mafse in Millimetern									
				A	B	c	d	e	F	M	N	o	q	v
1.	0,16	1800	6	230	317	139	140	40	64	300	350	300	100	70
2.	0,33	1500	7	286	380	170	168	50	90	350	480	400	120	80
3. {	0,53	1200	8	}350	470	207	198	60	128	400	540	500	150	90
	0,8	1800	12											
4. {	1,5	1000	10	}464	611	276	245	60	190	500	700	600	150	100
	2,4	1500	12						154					
5.	2,7	900	10	522	682	300	280	70	210	650	900	700	200	120
5a.	4,0	1400	12	584	761	314	282	70	164	650	900	700	200	120

Als gröfsere Motoren werden die Maschinen Ar—Er (s. oben) benutzt.

„Helios", Actiengesellschaft für elektrisches Licht und Telegraphenbau, Köln-Ehrenfeld.

Gleichstrommaschine.

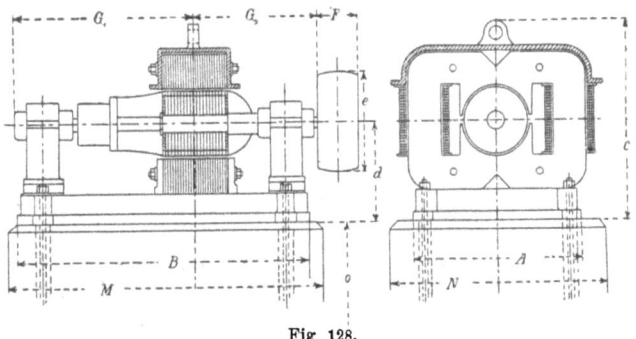

Fig. 128.

Bezeichnung	Kraftbedarf P	Spannung V	Strom A	Umläufe in 1 Minute	Mafse in Millimetern								
					A	B	c	d	e	F	G_1	G_2	M	N	o
B I	4	110	25	1500	330	570	460	230	140	90	340	243	800	625	750
B II	6	110	37	1250	330	630	460	230	140	90	370	273	900	640	700
B III	10	110	60	1100	370	840	590	290	270	130	520	365	1100	700	950
B IV	16,5	110	100	1000	370	980	590	290	270	130	600	420	1300	700	950
B V	24,5	110	150	950	435	1030	690	335	400	200	650	455	1300	860	1100
B VI	33	110	200	900	435	1170	690	335	400	200	710	515	1600	860	1100
B VII	50	110	300	800	480	1415	760	485	450	260	880	600	1650	780	1300
B VIII	62	110	400	700	580	1645	760	485	500	260	1005	700	1950	780	1500
B IX	100	110	600	600	1780	1950	1680	850	900	500	1140	800	2350	2200	1700
B X	160	110	1000	500	1780	2150	1680	850	900	600	1240	900	2550	2200	1700

B X ist eine vierpolige Ringmaschine. (Langsamlaufende Maschinen für 70—100 Umdrehungen nach besonderer Construction.)

Tabellen ausgeführter Dynamomaschinen.

Wechselstrommaschine mit Erregermaschine.

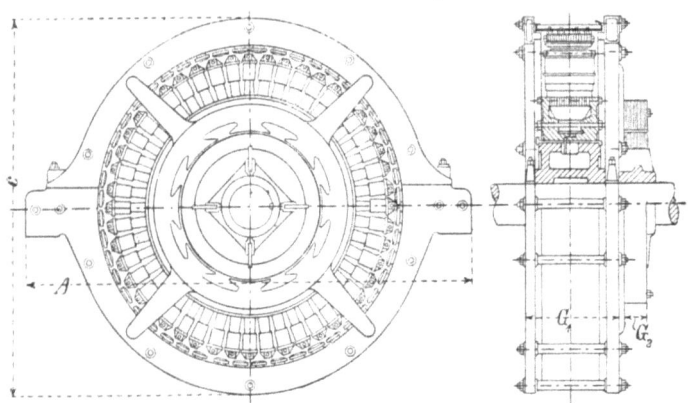

Fig. 129.

Bezeichnung	Kraftbedarf	Spannung V	Strom A	Umläufe in 1 Min.	Zahl der Pole	Maße in Millimetern			
						A	c	G_1	G_2
A 6	120	2000	40	85	72	4290	3540	750	200
A 6	120	2000	40	250	24	1810	2100	745	150
A 6	120	2000	40	360	16	—	1915	860	—
A 7	300	2000	100	85	72	4400	5250	770	230
A 7	300	2000	100	170	36	2810	3620	870	200
A 8	600	2000	200	85	72	5050	6110	880	230
A 8	600	2000	200	125	48	3630	4500	1020	200
A 9	1200	2000	400	85	72	6800	7800	980	300

W. Lahmeyer & Co., Frankfurt a. Main.

Gleichstrommaschine: 2- und mehrpolige Trommelanker-Maschine. Leistung bis 200 000 W. Spannung bis 2000 V.

— **Dampfdynamomaschinen:** 12 polig, 120 Umdrehungen in 1 Minute. 660 V, 168 000 W, 250 P.

Zweispannungsmaschine. Anker mit 2 Wickelungen zur gleichzeitigen Erzeugung von Gleichstrom niederer und hoher Spannung.

Gleichstrommotoren für niedere Spannung wie die zuerst erwähnten Stromerzeuger Für hohe Spannung mit Fremderregung oder Nebenschlußwickelung.

Gleichstromumformer und **Drehstrom-Gleichstrom-Umformer** empfangen h hgespannten Gleich- oder Drehstrom und liefern niedrig gespannten Gleichstrom.

Fernleitungs-Umformer. Gleichstromumformer zur Regulirung in den Hauptleitungen von Centralen.

Umformer-Motor (Kraft-Licht-Maschine) empfängt hochgespannten Gleichstrom oder Drehstrom und giebt gleichzeitig mechanische Kraft und niedrig gespannten Gleichstrom.

Fernleitungsmaschinen zur Regulirung in Centralen.

Drehstromerzeuger mit feststehendem Anker und umlaufenden Magneten oder feststehenden Magneten und umlaufendem Anker.

Drehstrom-Gleichstrom-Maschine zur gleichzeitigen Lieferung von niedrig gespanntem Gleich- und niedrig oder hoch gespanntem Drehstrom.

Drehstrom-Umsetzer feststehend ohne bewegliche Theile.

Drehstrommotoren, synchron und asynchron.

Tabellen ausgeführter Dynamomaschinen.

Gebr. Fraas, Wunsiedel.

Flachringmaschinen. Nebenschluſs- und gemischte Wickelung.

Be- zeich- nung	Kraft- bedarf P	Strom bei 65 V A	Strom bei 110 V A	Um- läufe in 1 Min.	Ge- wicht kg	Riemen- geschwin- digkeit m/sec	Mafse in Millimetern			
							Länge	Höhe	Breite	Breite d. Riemen- scheibe
C I	0,3	2,4		3800	14	9	380	270	160	36
C II	0,6	4,6	2,8	2900	23	9	425	295	185	36
C III	0,75	6	3,6	2400	38	10	510	335	235	48
C IV	0,9	7,7	4,5	2200	50	10	570	385	250	55
C V	1,2	10	6	2000	62	10	600	440	280	65
C VI	1,65	13	7,7	1600	90	10	675	500	300	75
C VII	2,0	16	10	1550	110	11	810	510	315	90
C VIII	3,0	25	15	1280	170	11	1080	580	345	110
C IX	4,7	40	24	1150	270	11	1200	620	400	130
C X	6,6	60	36	1050	600	13				150
C XI	8,8	80	45	980	630	15				180
C XII	9,7	95	56	900	670	15				180
C XIII	12,5	130	76	820	950	15				210
C XIV	18	200	118	760	1280	16				250
C XV	24	270	160	700	1500	16				250
C XVI	34	370	218	640	2000	16				300
C XVII	40	450	265	600	2500	17				300
C XVIII	48	540	320	570	3000	17				350

Elektromotoren, Modell M.

Nr.	1	2	3	4	5	6	7	8	9
Leistung in kgm/sec	10	20	30	40	50	75	100	150	225
Stromverbrauch in W	130	300	390	500	650	850	1050	1600	2600
Gewicht in kg	15	25	40	52	65	90	110	170	270

Galvanische Maschinen

A. für Vernickelung, Spannung 4—6 V.

Bezeich- nung	Kraft- bedarf P	Waaren- fläche qdm	Strom A	Umläufe in 1 Min.	Ge- wicht kg	Mafse in Millimetern		
						Länge	Höhe	Breite
3/0 N	0,12	24	12	2800	14	380	270	160
2/0 N	0,23	50	25	2400	23	425	295	185
0/A N	0,35	80	40	1950	38	510	335	235
0 N	0,49	120	60	1700	50	570	385	250
1/2 N	0,64	160	80	1500	65	675	440	280
1 N	0,9	240	120	1250	110	810	500	310
2 N	1,6	440	220	1050	170	1080	580	345
3 N	2,4	720	360	900	270	1200	620	400

Grawinkel-Strecker, Hilfsbuch. 3. Aufl.

Tabellen ausgeführter Dynamomaschinen.

B. für Verkupferung, Versilberung, Vergoldung u. s. w., 2—3 V.

Be-zeich-nung	Kraft-bedarf P	Waarenfläche Verkup-ferung qm	Waarenfläche Versil-berung qm	Strom A	Umläufe in 1 Minute
3/0 G	0,11	0,5	1	20	2800
2/0 G	0,18	1	2	40	2400
0/A G	0,31	1,75	3,5	70	1950
0 G	0,45	2,5	5	100	1700
1/2 G	0,6	3,75	7,5	150	1500
1 G	0,9	6	12	240	1250
2 G	1,5	10	20	400	1050
3 G	2	15	30	600	900

C. für chemische Laboratorien, 20 V.

Be-zeich-nung	Kraft-bedarf P	Strom A	Umläufe in 1 Minute	Ge-wicht kg
3/0 L*)	0,26	5	3500	14
2/0 L*)	0,5	10	2700	23
0/A L	0,7	15	2200	38
0 L	0,85	20	2000	50
1/2 L	1,1	26	1800	62
1 L	1,55	40	1550	88
2 L	2,4	65	1300	165
3 L	3,3	100	1100	250

*) 3/0 L und 2/0 L Nebenschluſs-, die übrigen mit gemischter Wickelung.

D. für Vergoldung von leonischen Drähten, 10 V.

Bezeich-nung	Kraft-bedarf P	Strom A	Umläufe in 1 Minute
1/2 V	0,6	30	1500
1 V	0,9	50	1250
2 V	1,5	80	1050

Zu 3/0 N—0 N, 3/0 G—0 G, 3/0 L—0/A L giebt es Maschinengestelle für Handbetrieb.

Ganz & Co., Budapest.

Gleichstrommaschine, Modell △.

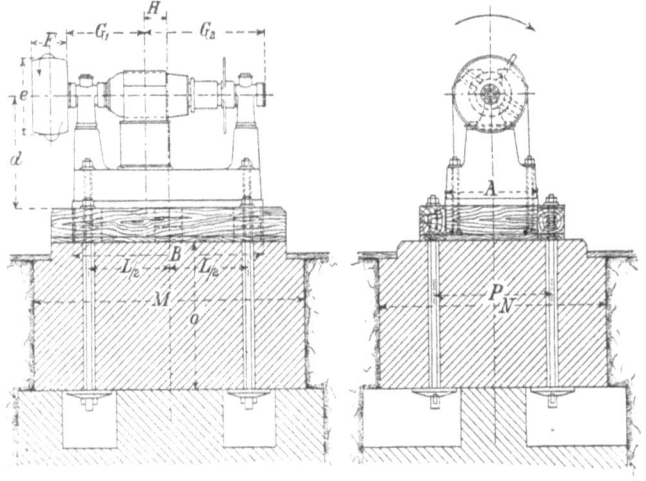

Fig. 130.

Tabellen ausgeführter Dynamomaschinen.

Bezeich-nung	Gewicht in kg	Maße in Millimetern											
		A	B	d	e	F	G_1	G_2	H	L	M	N	o	P
△00	150	240	350	192	130	80	200	260	60	350	—	—	—	285
△0	250	350	680	376	160	100	296	440	84	575	1000	900	844	450
△1	490	435	800	480	270	130	327	510	95	680	1200	1070	770	550
△2	860	520	1055	575	400	200	430	660	120	880	1500	1250	760	650
△3	1200	570	1180	640	500	200	475	710	120	950	1550	1300	1030	700
△3½	1700	680	1315	710	580	220	530	750	125	1050	1650	1400	1050	800
△4	2150	720	1390	740	650	250	570	830	140	1120	1700	1400	1000	800
△4½	2800	900	1680	865	680	300	665	960	162,5	1325	2400	1600	1400	1000
△5	5000	1000	1825	970	700	350	730	1000	127	1434	2600	1740	1100	1140

Bezeich-nung	Stromerzeuger				Motor	
	Strom bei || Umläufe in 1 Min.	Span-nung	Strom	Umläufe in 1 Min.	Leis-tung	Umläufe in 1 Min.
	60 V A	110 V A		V	A		P	

Bezeich-nung	60 V A	110 V A	Umläufe in 1 Min.	Spannung V	Strom A	Umläufe in 1 Min.	Leistung P	Umläufe in 1 Min.
△00	15	8	1500					
△0	30	15	1500	165	9	1500	1,5	1500
△1	60	30	900	220	11	950	2,5	950
△2	120	60	750	275	22	750	6,5	750
				500	12	900	7,2	900
△3	180	100	600	385	22	650	9,3	650
				500	20	750	12,0	750
△3½		150	550	500	30	650	18,5	650
				1000	12	850	17,0	850
△4		200	500	550	40	550	25,0	550
				1000	20	750	22,5	750
△4½		300	450	550	60	500	37,5	500
				1000	30	650	33,8	650
△5		400	400	550	80	450	50,5	450
				660	66	450	50,0	450
				1000	40	500	45,5	500

Die Maschinen für 60 und 100 V besitzen Nebenschlußwickelung, △0 bis △3 auch gemischte Wickelung. △0 bis △3 werden auch für Elektrolyse benutzt. Die Maschinen für höhere Spannung werden auch als Hauptstrommaschinen, die Maschinen für 1000 V nur als Hauptstrommaschinen gebaut. △2, △3, △3½ bei 500 V nur als Motoren.

Wechselstrommaschine.

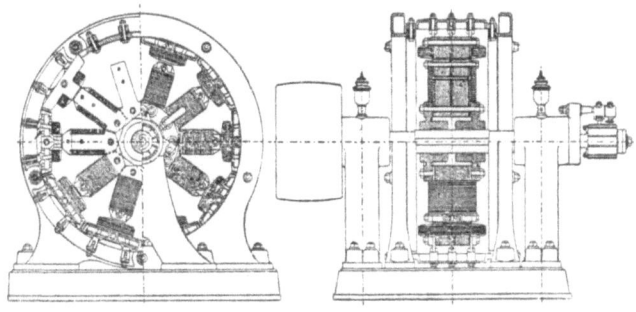

Fig. 131.

308 Tabellen ausgeführter Dynamomaschinen.

Be-zeich-nung	Kraft-bedarf P	Leis-tung 1000 W	höchste Span-nung V	Umläufe in 1 Min.	Zahl der Pol-paare	Ge-wicht t	Mafse in Millimetern				
							A	B	c	e	F
A 1	15,6	10	1000	830	3	0,85	1020	610	900	400	200
A 2	29,8	20	2000	830	3	1,15	1020	760	900	400	300
A 3	44,1	30	3000	625	4	1,65	1220	790	1055	500	300
A 4	65	40	3000	500	5	2,29					
A 5	76	50	4000	500	5	3,07	1500	1370	1480	600	450
A 6	120	80	4000	360	7	6,20	2130	2700	2075	900	560
A 6/20	150	100	4000	250	10	9,00					
A 7	233	200	5000	170	15	13,00	} nur direct gekuppelt.				
A 8	550	400	5000	125	10	24,00					

A = Breite der Grundplatte,
B = Länge der Grundplatte,
c = Höhe der Maschine vom Boden.
e = Durchmesser } der Riemenscheibe.
F = Breite

Zur Magnetisirung sind etwa 3%/₀ der Leistung mit 110 V zu rechnen

Wechselstrommotoren.

Bezeich-nung	Verbrauch		Umläufe in 1 Min.	Leistung P
	V	A		
B ½	100	6	1250	0,5
B 1	100	11	1250	1
B 3	100	25	1250	2,5
B 5	100	50	1250	5
M 10	2000	5	830	10
M 20	2000	10	830	20
M 30	2000	15	625	30
M 45	2000	21	625	45

R. Alioth u. Co., Basel.

Maschinen zu 110 Volt mit Riemenspanner.

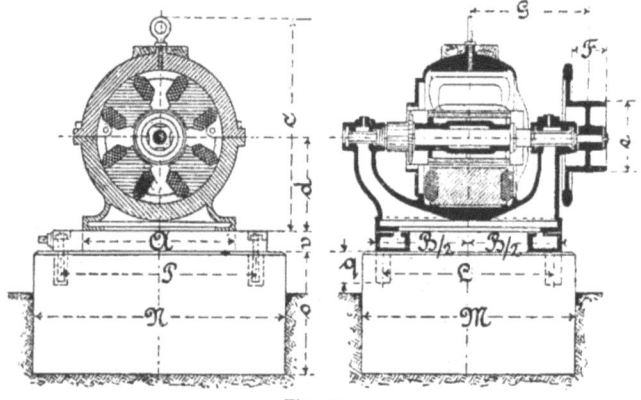

Fig. 132.

Tabellen ausgeführter Dynamomaschinen.

Bezeichnung	Ampère	Umläufe in 1 Min.	Gewicht * in kg	Maße in Millimetern											
				A	B	c	d	e	F	G	*L	M	*N	*o	*P	q	v
H	3,5	2200	62	240	300	340	150	60	50	190	150	360	500	590	360	110	40
J	5	1950	90	280	350	400	175	70	60	205	180	430	550	600	400	110	45
K	7,5	1700	140	330	400	450	200	80	70	247	210	480	610	610	450	110	50
L	10	1500	210	370	450	510	225	100	80	280	240	530	670	620	500	110	55
M	15	1350	280	420	500	560	250	120	90	305	260	580	720	630	540	130	60
N	20	1200	385	470	560	620	275	140	100	350	300	640	780	640	590	130	65
O	30	1100	510	520	620	680	300	160	110	395	330	700	840	650	640	150	70
P	40	1000	670	570	690	750	330	200	120	435	380	780	910	660	690	150	75
Q	60	900	890	630	770	820	360	250	140	490	430	860	980	670	750	170	80
R	80	800	1200	710	850	910	400	300	160	540	500	940	1070	680	830	170	90
S	120	720	1550	780	930	1020	450	350	180	600	860	1100	1240	690	990	190	100
T	160	640	2200	900	1030	1130	500	400	200	664	950	1200	1350	700	1100	190	110
U	240	570	3000	1000	1150	1270	560	500	250	705	1060	1320	1460	710	1200	210	120
V	320	510	4300	1120	1300	1400	620	600	300	820	1170	1450	1590	720	1320	240	130
W	480	450	6400	1320	1540	1630	700	750	350	935	1440	1680	1730	760	1450	280	140
X	640	400	9100	1450	1700	1800	800	900	400	1090	1580	1880	1940	820	1660	320	150
Y	960	320	12800	1600	2030	2020	900	1100	450	1225	1890	2200	2120	900	1820	360	160
Z	1280	280	18200	1800	2300	2200	950	1400	500	1400	2120	2500	2340	980	2000	400	170

Maschinen für hohe Spannungen mit Riemenspanner.

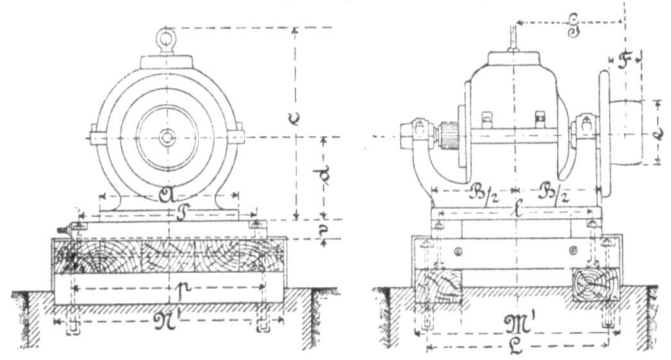

Fig. 133.

Bezeichnung	Leistung W	Umläufe in 1 Min.	Gewicht * in kg	Maße in Millimetern											
				A	B	c	d	e	F	G	L	*l	M'	*N'	*P	*p	v
M	1650	1250	280	420	500	560	250	120	90	305	560	260	660	750	540	540	60
N	2200	1100	385	470	560	620	275	140	100	350	620	300	720	800	590	590	65
O	3300	1000	510	520	620	680	300	160	110	395	680	330	780	870	640	640	70
P	4400	910	670	570	690	750	330	200	120	435	760	380	850	930	690	690	75
Q	6600	830	890	630	770	820	360	250	140	490	840	430	940	1000	750	750	80
R	8800	740	1200	710	850	910	400	300	160	540	940	500	1040	1100	830	830	90
S	13200	670	1550	780	930	1020	450	350	180	600	1040	560	1160	1200	990	990	100
T	17600	600	2200	900	1030	1130	500	400	200	664	1160	950	1280	1300	1100	1100	110
U	26400	520	3000	1000	1150	1270	560	500	250	705	1280	1060	1440	1400	1200	1200	120
V	35200	460	4300	1120	1300	1400	620	600	300	820	1400	1180	1600	1500	1320	1320	130
W	52800	400	6400	1320	1540	1630	700	750	350	935	1600	1150	1750	1650	1450	1450	140
X	70400	350	9100	1450	1700	1800	800	900	400	1090	1850	1280	2000	1900	1660	1660	150
Y	105600	320	12800	1600	2030	2020	900	1100	450	1225	2100	1740	2300	2100	1820	1820	160
Z	140800	280	18200	1800	2300	2200	950	1400	500	1400	2400	1920	2600	2300	2000	2000	170

Die Maschinen werden auch ohne Riemenspanner geliefert; dann ändern sich die mit * bezeichneten Maße nach den folgenden Angaben, während das Maß v ganz wegfällt.

310 Tabellen ausgeführter Dynamomaschinen.

Maschinen zu 110 Volt ohne Riemenspanner.

Bezeich- nung	Gewicht in kg	Maße in Millimetern				Bezeich- nung	Gewicht in kg	Maße in Millimetern			
		L	N	o	P			L	N	o	P
H	50	225	320	630	180	R	1040	650	800	770	520
J	75	260	360	640	210	S	1430	710	940	790	600
K	120	300	410	660	250	T	2040	800	1060	810	700
L	180	340	450	670	280	U	2800	900	1160	830	800
M	240	380	500	690	310	V	4000	1000	1280	850	900
N	330	430	550	700	350	W	6000	1240	1500	900	1070
O	440	480	600	720	390	X	8500	1380	1620	950	1180
P	580	530	660	730	430	Y	12000	1630	1750	1000	1200
Q	770	590	720	750	470	Z	17000	1840	2000	1050	1400

Maschinen für hohe Spannung ohne Riemenspanner.

Bezeich- nung	Gewicht in kg	Maße in Millimetern				Bezeich- nung	Gewicht in kg	Maße in Millimetern			
		l	N	P	p			l	N	P	p
M	240	380	500	310	420	T	2040	800	1000	700	900
N	330	430	560	350	470	U	2800	900	1120	800	1000
O	440	480	600	390	520	V	4000	1000	1240	900	1120
P	580	530	660	430	570	W	6000	1150	1400	1000	1200
Q	770	590	620	470	630	X	8500	1380	1600	1180	1380
R	1040	650	800	520	710	Y	12000	1600	1840	1360	1560
S	1430	710	880	600	780	Z	17000	1820	2080	1580	1800

Züroher Telephongesellschaft, Zürich.

Zweipolige Trommelmaschine, Modell M.

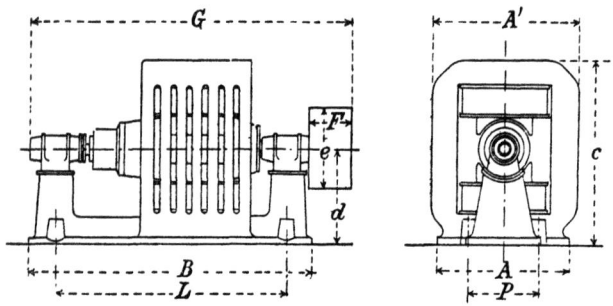

Fig. 134.

Tabellen ausgeführter Dynamomaschinen.

Bezeichnung	Kraftbedarf P	Strom bei 110 V A	Umläufe in 1 Min.	Gewicht*) in kg	Maße in Millimetern								
					A	A'	B	c	d	e	F	G	L	P
M 3	23	125	800	1400	620	660	1275	773	396,5	380	180	1440	1045	332
M 4	16,5	90	900	950	520	560	1175	670	345	320	140	1290	955	280
M 5	11	60	980	700	455	510	975	612	316	270	130	1080	815	240
M 6	6,6	35	1250	430	370	425	840	515	265	220	120	920	690	220
M 7	4,2	20	1350	250	360	400	753	487	250	180	110	850	623	212
M 8	2,5	10	1500	160	340	370	680	440	230	150	110	800	580	200

*) Gewicht ohne Grundplatte.

Vierpolige Ringankermaschine, Modell D.

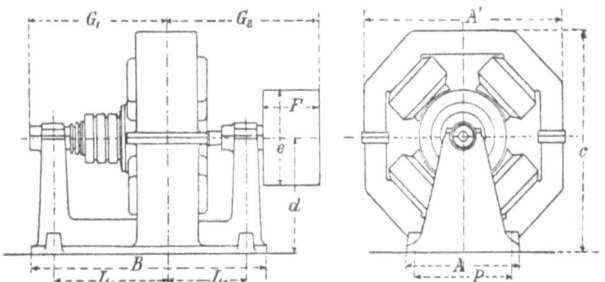

Fig. 135.

Bezeichnung	Kraftbedarf P	Strom bei 110 V A	Umläufe in 1 Min.	Gewicht*) in kg	Maße in Millimetern									
					A	A'	B	c	d	e	F	G_1	G_2	L_1	L_2	P
D 1	30	170	750	1600	520	890	1125	835	490	410	140	625	610	520	380	444
D 2	37	220	680	2150	600	1010	1180	1055	550	434	170	650	680	528	405	525
D 3	50	300	600	2900	630	1100	1305	1150	600	510	220	800	805	630	430	550
D 4	70	430	560	3700	710	1210	1380	1300	680	545	300	820	1020	680	465	625
D 5	93	560	520	4600	810	1330	1400	1450	760	595	390	860	1070	740	500	725
D 6	112	700	480	5500	900	1485	1402	1610	840	635	450	765	1100	610	530	800

D 6 sechspolig.

*) Gewicht ohne Grundplatte.

Maschinenfabrik Oerlikon, Oerlikon bei Zürich.

Zwei- und vierpolige Trommelmaschine für 70 und 120 V.

I—IV zweipolig, V—XII vierpolig.

Größe Nr.	Kraftbedarf P	Leistung in 1000 W	Umläufe in 1 Min.	Riemenscheibe Durchmesser mm	Breite mm	Größe Nr.	Kraftbedarf P	Leistung in 1000 W	Umläufe in 1 Min.	Riemenscheibe Durchmesser mm	Breite mm
I	3,9	2,4	1300	200	100	VII	45	30	800	400	280
II	7,6	4,8	1200	220	120	VIII	63	42	700	480	350
III	12	8	1100	250	140	IX	81	54	600	550	400
IV	18,5	12	1000	275	170	X	91	66	500	650	450
V	25,5	17	950	300	200	XI	122	84	450	800	540
VI	34,5	23	900	350	240	XII	158	115	400	950	650

Wechselstrom-Maschinen.

1000 und 2000 Volt.

Größe	Leistung P	Umläufe in 1 Min.	Gewicht kg
I	50	750	2400
II	100	600	3600
III	150	550	5000
IV	200	500	6000
V	250	300	12000
VI	300	200	19000

Drehstrom-Erzeuger.

Drehfeld, ruhender Anker, 110 Volt, 45—50 Wechsel in 1 Sec.

Größe	Leistung P	Wirkungsgrad %	Umläufe in 1 Min.	Gewicht kg
I	50	90	600	2800
II	100	92	400	4500
III	200	94	300	7500
IV	300	95	200	11000
V	500	96	200	17000
VI	1000	96	200	30000

Drehstrom-Motoren.

110 Volt, 45—50 Wechsel in 1 Sec.

Größe	Leistung P	Wirkungsgrad %	Umläufe in 1 Min.	Gewicht kg
1.	1	75	1400	80
2.	3	80	1400	160
3.	6	85	1400	280
4.	10	88	1400	420
5.	20	89	950	800
6.	35	89	720	1300
7.	50	90	600	1800
8.	75	90	600	2500
9.	100	91	480	3200

Tabellen ausgeführter Dynamomaschinen. 313

The Anglo-American Brush Electric Light Corporation, London.

Bogenlichtmaschine nach Brush.

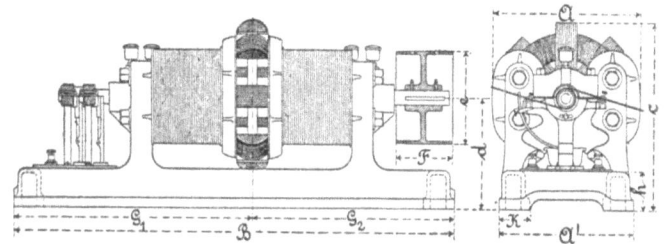

Fig. 136.

Bezeich-nung	Strom A	Span-nung V	Umläufe in 1 Minute	Mafse in Millimetern									
				A	A'	B	c	d	e	F	G_1	G_2	h	K
5 L	10	500	1100	470	403	1295	559	327	254	127	727	568	86	76
6 L	10	800	1000	559	508	1613	635	368	356	165	927	686	127	114
7 L	10	1250	900	610	565	1841	737	432	356	241	1000	841	152	127
8 L	10	2750	800	838	737	2388	952	540	508	317	1321	1067	197	130

Glühlichtmaschine (Victoria).

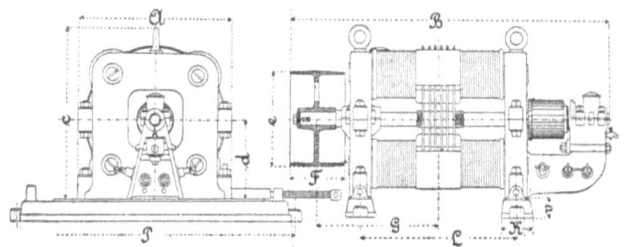

Fig. 137.

Bezeich-nung	Span-nung P	Strom A	Umläufe in 1 Min'	Mafse in Millimetern								
				A	B	c	d	e	F	G	K	L	P	v
AA 2	65	23	2000	216	594	264	127	114	63	222	70	378	152	—
A 2	65	46	1500	305	800	375	165	152	102	297	102	495	235	—
B 2	65	108	1200	457	970	457	203	191	127	354	83	483	984	51
C 2	65	185	1200	578	1181	565	260	305	178	416	89	565	1124	63
D 2	65	280	1100	625	1311	650	305	381	229	497	127	638	1137	76
E 2	110	227	700	781	1499	813	381	508	254	576	146	765	1353	76
F 2	110	327	550	838	1830	854	394	559	279	665	178	867	1378	76

AA 2 und A 2 weichen in der Construction ein wenig von der in Fig. 137 dargestellten ab.

314 Tabellen ausgeführter Dynamomaschinen.

Wechselstrommaschine (Mordey alternator).

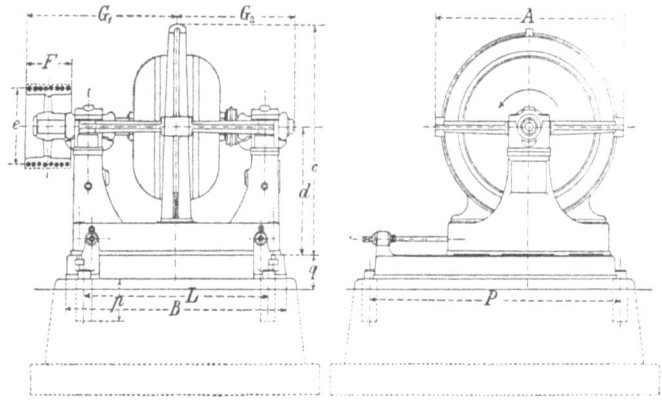

Fig. 138.

Bezeichnung	Leistung 1000 W	Umläufe in 1 Minute	Stärke der Seile mm	Mafse in Millimetern											
				A	B	c	d	e	F	G_1	G_2	L	P	p	q
A 7	25	850	22	1130	1337	1311	740	381	305	937	670	1121	1622	203	222
A 9	37,5	650	25	1267	1337	1441	806	502	330	1007	695	1121	1622	203	222
A 10	50	600	29	1461	1695	1635	921	546	356	1168	933	1422	1943	254	241
A 12	75	500	32	1689	1784	1876	1054	648	394	1245	968	1454	2222	305	260
A 14	100	430	38	1905	1949	2118	1200	762	470	1391	1035	1581	2432	305	279

Zahl der Uebertragungsseile: 8.

II. Abschnitt.
Wechselstromtransformatoren.

(410) Allgemeines und Geschichtliches. Ein Transformator ist im Wesentlichen eine Wechselstromaschine, bei welcher jedoch nicht der Anker vor bleibend gleicherregten Magneten gedreht wird, sondern bei feststehendem Anker die Polarität der Magnete wechselt. Dieser periodische Wechsel der Polarität der Magnete wird dadurch erreicht, daß man sie durch Wechselstrom erregt.

Die älteste praktisch ausgeführte Form des Transformators ist der Ruhmkorff'sche Apparat; während jedoch bei diesem starke Ströme von geringer Spannung in schwache Ströme von hoher Spannung umgesetzt werden, bezweckt man bei den heutigen Transformatoren meist das Umgekehrte, s. (416).

Die erste technisch verwerthete Form von Transformatoren waren die Secundärgeneratoren von Gaulard und Gibbs. Sie bestanden aus einem Eisenkern, um welchen geschlitzte Scheiben aus dünnem Kupferblech aufgebaut waren; dieselben waren durch dünne Papierscheiben von einander isolirt und wurden an hervorragenden Ansätzen schneckenartig so verbunden, daß sie zwei ineinander greifende Spiralen bildeten.

Zipernowsky-Déri-Bláthy suchten durch möglichst vollkommene Schließungen des magnetischen Kreises die zur Erregung nothwendige Energie zu vermindern.

Nach ihnen schlugen sämmtliche Constructeure dieselbe Richtung, mit geringen Veränderungen constructiver Natur, ein.

Neuerdings machte Swinburne darauf aufmerksam, daß durch den geschlossenen Eisenkreis zwar weniger Energie im Kupfer verloren geht, aber dafür mehr im Eisen und daß daher bei vorzugsweise geringer Belastung ein Transformator mit wenig Eisen und offenem magnetischen Kreis ökonomischer sein kann.

Seinem Beispiel folgten viele Constructeure, indem sie die Eisenmengen verringerten und theilweise auch die Continuität des magnetischen Kreises lockerten.

(411) Construction. Für den Bau von Transformatoren gelten dieselben Regeln wie für den Bau von Dynamomaschinen. Die Drähte müssen für die betreffenden Stromstärken berechnet werden, die Stromdichte wechselt mit den Systemen, sie ist aber meist gering, da die Lüftung der Spulen sehr gering ist. Der

316   Transformatoren.

Verlust durch Erwärmung der Drähte darf nur etwa 2% der Gesammtleistung betragen. Die Abkühlungsfläche muß etwa 20 qcm für 1 Watt Energieverlust betragen. Das Eisen muß möglichst vertheilt sein, um die Entstehung von inducirten Strömen darin nach Möglichkeit zu hindern. Der Verlust durch Hysteresis darf nur etwa 3% der Maximalleistung betragen. Die primären und secundären Wickelungen sind sehr gut von einander und vom Eisen zu isoliren.

(412) **Theoretisches.** Theorie ohne Berücksichtigung der Vorgänge im Eisen. Wenn man annimmt, daß die magnetische Durchläßigkeit des Eisenkernes constant ist, d. h. daß er nicht magnetisch übersättigt ist, ferner daß keine Hysteresis vorhanden sei, so lassen sich ziemlich einfache theoretische Betrachtungen anwenden. Seien bei maximaler Belastung die meßbaren elektrischen Größen an einem Transformator

$$P_{1\mathit{eff}} \quad P_{2\mathit{eff}} \quad J_{1\mathit{eff}} \quad J_{2\mathit{eff}}$$

und die Constructionsgrößen

$$r_1 \quad r_2 \quad q \quad l \quad w_1 \quad w_2$$

wo q der mittlere Querschnitt des Eisenkreises in qcm und l die mittlere Länge desselben; r_1 r_2 die Widerstände, w_1 w_2 die Windungszahlen, n die Anzahl voller Perioden in einer Secunde. Es sind dann $P_{1\mathit{eff}}$ etc. Mittelwerthe [siehe (130), (270)] aus denen die Maximalwerthe P_1 etc. durch Multiplication mit $\sqrt{2}$ hervorgehen.

Wenn im äußeren secundären Kreise keine Selbstinduction vorhanden ist, so gilt

$$E_2 = (P_{2\mathit{eff}} + J_{2\mathit{eff}} r_2) \sqrt{2}.$$

Daraus ergiebt sich die maximale magnetische Induction

$$B = \frac{E_2 \, 10^8}{2 \pi n w_2}.$$

Für die magnetomotorische Kraft des secundären Kreises erhalten wir

$$F_2 = J_2 w_2$$

und für die primäre magnetomotorische Kraft

$$F_1 = J_1 w_1.$$

Immer unter der Annahme, daß keine Hysteresis vorhanden ist, läßt sich aus den beiden Größen die resultirende magnetomotorische Kraft F zusammensetzen als:

$$F = \sqrt{F_1^2 - F_2^2}.$$

Der Winkel ψ, welcher durch

$$\operatorname{tg} \psi = \frac{F}{F_2}$$

gegeben ist, liefert den Phasenunterschied zwischen primärer und secundärer Stromstärke.

Transformatoren. 317

Aus F und B können wir Aufschluß über den Zustand des Eisens erhalten. In der That ist die magnetische Capacität des Eisens gegeben durch

$$K = \frac{B}{F}.$$

Andererseits ist

$$\frac{1}{K} = \frac{l}{q\,\mu}$$

wo μ die magnetische Durchlässigkeit ist, sodaß wir sowohl K als μ berechnen können.

Die primäre EMK ist

$$E_1 = J_1\,r_1.$$

E_1 ist eine Größe, welche sich ergiebt aus der äußeren EMK, das ist die primäre Klemmenspannung P_1, und der Gegenkraft der Induction der primären Wickelung. Letztere ist

$$E_i = \frac{w_1}{w_2} E_2$$

und ihre Maxima fallen zusammen mit denen des secundären Stromes und der secundären EMK.

Anderseits fallen die Maxima von E_1 mit denen von J_1 und F_1 zusammen. Es ist also der Phasenunterschied zwischen E_1 und E_i gleich $180 - \psi$.

Bildet man ein Dreieck aus E_1, E_i und P_1, so daß der Winkel zwischen E_1 und E_i gleich $180 - \psi$ ist, so giebt der Winkel φ, den E_i mit P_1 bildet, den Phasenunterschied zwischen der äußeren EMK und der secundären EMK. Es folgt daraus, daß zwischen primärer Stromstärke und primärer Klemmenspannung der Phasenunterschied $(\psi - \varphi)$ vorhanden ist.

Die dem Transformator zugeführte Energie ist also

$$W_1 = J_{1\,\mathit{eff}} \cdot P_{1\,\mathit{eff}} \cos(\psi - \varphi).$$

Die vom Transformator abgegebene Energie, an den secundären Klemmen gemessen, ist

$$W_2 = J_{2\,\mathit{eff}} \cdot P_{2\,\mathit{eff}}$$

so daß der Wirkungsgrad sich ergiebt als

$$G = \frac{W_2}{W_1} = \frac{J_{2\,\mathit{eff}} \cdot P_{2\,\mathit{eff}}}{J_{1\,\mathit{eff}} \cdot P_{1\,\mathit{eff}} \cos(\psi - \varphi)}.$$

Hysteresis. Will man die Vorgänge im Eisenkern berücksichtigen und ihre Wirkung in Rechnung ziehen, so kann man zunächst annehmen, daß zwei secundäre Kreise vorhanden sind, einmal der eigentliche nutzbare Arbeitskreis, und daneben einer, welcher dieselbe Arbeit aufnehmen würde, als die Eisenmassen.

Wenn der imaginäre secundäre Kreis w_3 Windungen hat und J_3 seine maximale Stromstärke ist, so ist seine magnetomotorische Kraft

$$F_3 = J_3\,w_3$$

318   Transformatoren.

und zwar muß gelten
$$J_3 = \frac{2 W_3}{E_3}$$
oder
$$J_3 w_3 = \frac{W_3 \, 10^8}{\pi n B}$$

worin W_3 die im imaginären Kreise verbrauchte Energie in Watt ist. Die Werthe von W in Erg können aus der Formel $W = \eta \cdot B^{1,6}$ ausgerechnet werden, vgl. (68). Für $\eta = 0{,}00277$ sind die Werthe in folgender Tabelle zusammengestellt.

Magnetische Induction im Eisen (Kraftlinien/qcm)	Für einen vollen Wechsel werden im ccm Eisen verbraucht
3 000	1200 Erg.
4 000	1600 „
5 000	2300 „
6 000	3000 „
7 000	3700 „
8 000	4500 „
9 000	5500 „
10 000	7000 „

Nimmt man nun statt der früheren F_2 die Summe $F_2 + F_3$, so erhält man ein neues F und entsprechend veränderte Werthe für alle übrigen Größen.

(**413**) **Theorie mit Berücksichtigung der Vorgänge im Eisen.** Die Vorgänge im Eisen und die Wirkung der Hysteresis können besser berücksichtigt werden, wenn man annimmt, daß sie sich dadurch wahrnehmbar machen, daß sie zwischen der resultirenden magnetomotorischen Kraft und der magnetischen Feldstärke einen Phasenunterschied θ hervorrufen.

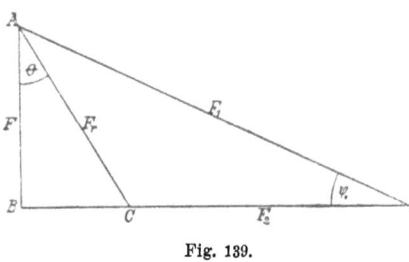

Fig. 139.

Es ist dann, Fig. 139, die wirkende magnetomotorische Kraft nicht F, sondern $F_r = \dfrac{F}{\cos \theta}$ und sie setzt sich aus F_1 und F_2 derart zusammen, daß

$$F_r{}^2 = F_1{}^2 + F_2{}^2 - 2 F_1 F_2 \cos \psi.$$

F ist dann die scheinbare magnetomotorische Kraft, d. h. diejenige Größe, welche, wenn $\theta = 0$ wäre, dieselbe magnetische Feldstärke hervorbringen würde.

Im Uebrigen bleibt das in (412) Gesagte bestehen. Diese Theorie läßt sich aber nicht nur zur annähernden Verfolgung der Vorgänge im Transformator verwenden, sondern auch zur directen Berechnung aus den Beobachtungsgrößen.

Wir benutzen dabei die in (274) angegebene Messungsmethode und setzen voraus, daß am Transformator die drei Messungen ausgeführt sind

Transformatoren.

mittleres Quadrat der primären Stromstärke $\dfrac{J_1{}^2}{2} = a$

„   „   „   secundären   „ $\dfrac{J_2{}^2}{2} = b$

mittlerer Werth ihrer Resultante . . . . $\dfrac{J_1 J_2 \cos\psi}{2} = c.$

Außerdem sind die Constructionsgrößen r_1, r_2, w_1, w_2 sowie der secundäre äußere Widerstand r_2' bekannt. Dann ist zunächst nach (274)

$$\cos\psi = \frac{c}{\sqrt{ab}}.$$

ψ ist aber der Phasenunterschied zwischen primärer und secundärer Stromstärke, und daher auch jener zwischen F_1 und F_2. Die Maximalwerthe J_1 und J_2 gehen aus a und b hervor, es ist

$$J_1 = \sqrt{2a} \qquad J_2 = \sqrt{2b}$$

so daß man entsprechend (412) für die übrigen Größen erhält:

$$F_1 = w_1 J_1 \qquad F_2 = w_2 J_2$$
$$F_r{}^2 = w_1{}^2 a + w_2{}^2 b - 2 w_1 w_2 c$$
$$E_2 = r J_2$$
$$E_i = \frac{w_1}{w_2} J_2 r$$
$$E_1 = \varrho_1 J_1$$
$$P_1{}^2 = 2\left(\varrho_1{}^2 a + r^2 \frac{m^2}{n^2} E + 2 \varrho_1 r \frac{m}{n} c\right)$$

wo $r = (r_2 + r_2')$.

Die letzte Größe kann man sich im Anschluß an Fig. 139 verdeutlichen, indem man überlegt, daß jeder EMK eine magnetomotorische entspricht. Es ist $F_1 = w_1 J_1 = \dfrac{w_1 E_1}{\varrho_1}$ und ebenso $\dfrac{w_1 P_1}{\varrho_1} = F_{p_1}$; der E_i entspricht, ebenfalls eine magnetomotorische Kraft, und zwar ist diese $F_{i_1} = \dfrac{w_1}{\varrho_1} \dfrac{w_1}{w_2} J_2 r.$

Vervollständigt man also die Fig. 139 dadurch, daß man CD über D bis E verlängert, so daß $DE = F_{i_1}$ ist, und verbindet E mit A, so ist $EA = F_{p_1}$ und das Dreieck ADE ist jenem ähnlich, welches aus den drei EMKräften E_1, E_i und P_1 gebildet werden könnte; es haben daher φ und $(\psi - \varphi)$ dieselbe Bedeutung wie in (412).

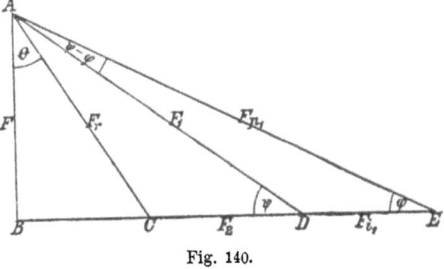

Fig. 140.

Der Winkel der magnetischen Verzögerung θ läßt sich aus Fig. 140 verschiedentlich berechnen, am bequemsten direct aus a, b, c:

$$\operatorname{tg} \theta = \frac{c - \frac{w_2}{w_1} b}{\sqrt{ab-c^2}}.$$

Der Wirkungsgrad kann ebenfalls durch a, b, c ausgedrückt werden:

$$G = \frac{r_2 b}{r_1 a + r b + r \left(\frac{w_1}{w_2} c - b\right)}.$$

Darin ist $r \left(\frac{w_1}{w_2} c - b\right)$ der Verlust im Eisenkerne, das ist das W_3 in (412).

(**414**) **Vergleichung.** Näher betrachtet sind beide Methoden, die Wirkung der Hysteresis zu berücksichtigen, gleich. In (412) nimmt man an, daß das Eisen einen zweiten secundären Kreis bildet, welcher keine Selbstinduction besitzt, und daß daher seine Größen gleiche Phasen mit denen des eigentlichen secundären Kreises besitzen. Seine magnetomotorische Kraft F_3 kann algebraisch zu F_2 addirt werden, so daß die gesammte secundäre magnetomotorische Kraft $F_2 + F_3$ ist. Wiederholt man nun die Construction auf Seite 316, d. h. construirt man ein rechtwinkliges Dreieck, dessen Hypotenuse F_1 und eine Kathete $F_2 + F_3$ ist, so wird F die resultirende magnetomotorische Kraft. F_r ist also die nur aus beiden elektrischen Kreisen resultirende magnetomotorische Kraft.

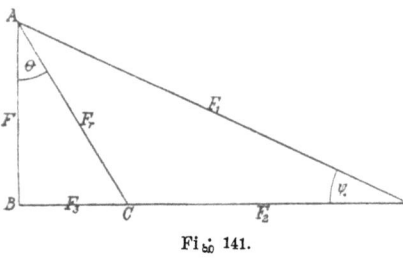

Fig. 141.

Ergiebt sich für einen gewissen Fall, $_{\text{daß}}$ die algebraische Summe $F_2 + F_3$ nicht die gesammte secundäre magnetomotorische Kraft darstellt, so deutet dieses darauf hin, daß der Eisenkreis eine magnetische Selbstinduction darbietet; es kann dann die Hysteresis nicht als einfache Function der magnetischen Feldstärke ausgedrückt werden. Im ersteren Falle bleibt θ constant bei constanter secundärer EMK — im zweiten, selteneren Falle nicht.

Die meisten Transformatoren werden mit fast constanter secundärer EMK betrieben. Es ist dann B auch constant und daher F und F_3 ebenfalls. Nimmt dann r_2 zu, so wird F_2 kleiner, F_1 nimmt, wenn auch langsamer, ab, und ψ wird größer. F_{i_1} bleibt constant, F_{p_1} wird kleiner und φ größer, aber weniger schnell als ψ. Bei $r_2 = \infty$ fällt F_1 mit F_r zusammen; ψ wird gleich $\left(\frac{\pi}{2} - \theta\right)$ und $(\psi - \varphi)$ erreicht sein Maximum.

Setzt man in den Ausdruck für den Energieverlust im Eisen aus (413) die betreffenden Werthe ein, so ergiebt sich

$$W_3 = \frac{E_2}{2w_2} F_3.$$

Es folgt daraus, daß der Verlust im Eisen unabhängig ist vom secundären Widerstand, daß er also bei allen Belastungen derselbe bleibt.

(415) Günstige Arbeitsbedingungen. Jeder Transformator hat gewisse günstigste Arbeitsbedingungen, für welche er gebaut ist. Es ist leicht, dieselben zu erkennen. Die maßgebenden Betriebsgrößen sind Stromstärke, Spannung und Wechselzahl.

Die maximale Stromstärke ist durch die Drahtquerschnitte gegeben, dabei darf der innere Spannungsverlust nicht zu groß werden, sowohl wegen der Stromwärmeverluste, als in Rücksicht auf Erhaltung constanter Spannung.

Die maximale Spannung ist durch die Magnetisirungscurve gegeben; so lange bei offenem secundären Kreis die secundäre EMK proportional oder schneller zunimmt, als der primäre Strom, so lange nimmt die Leistungsfähigkeit des Apparats zu ohne Abnahme des Wirkungsgrades. Sobald die EMK hinter der magnetomotorischen zurückbleibt, fängt auch das Eisen an, gesättigt zu werden und der Wirkungsgrad würde von dort an abnehmen.

Hohe Wechselzahl entspricht hoher Leistungfähigkeit des Transformators. Jedoch wächst der Verlust im Eisen mit zunehmender Wechselzahl. Je weniger Eisen im Apparat, desto höher kann man die Wechselzahl wählen. Man könnte Transformatoren mit genügender Leistungsfähigkeit und gutem Wirkungsgrad gänzlich ohne Eisen construiren, sobald man etwa 600 bis 1000 Wechsel in der Secunde verwenden wollte.

Man ersieht daraus, daß der Wirkungsgrad eines Transformators von der Wahl aller dieser Größen abhängt. Jeder noch so schlecht und unvortheihaft construirte Transformator kann bei jeder Wechselzahl mit gutem Wirkungsgrad betrieben werden, sofern er nur mit geringer Spannung und entsprechend geringer Leistung beansprucht wird. Mit zunehmender Wechselzahl wird dann innerhalb weiter Grenzen die günstigste Spannung fast proportional größer, und damit die Leistung.

Ein Transformator, welcher bei einer gewissen Leistung und 150 Wechseln einen Wirkungsgrad von nur 75 %, zeigte, gab bei 300 Wechseln dieselbe Leistung mit etwa 90 %. Sollte er mit 150 Wechseln dennoch einen Wirkungsgrad von 90 % ergeben, so mußte die Spannung auf die Hälfte reducirt werden, wobei er aber dementsprechend nur die Hälfte der früheren Leistung zu liefern vermochte.

Bei Wahl der Betriebsgrößen wird natürlich wie bei allen elektrischen Apparaten, auf Dauerhaftigkeit, Rentabilität etc. Bezug genommen werden müssen. Je höher die Leistung für die Masseneinheit, desto geringer die Dauerhaftigkeit; je höher der Wirkungsgrad — d. h. je geringer die in der Maschine aufgewendete Arbeit — desto größer die Dauerhaftigkeit u. s. w.

(416) Betrieb und Schaltung. Transformatoren können wie Gruppen von Glühlampen betrachtet werden; es ist daher von vornherein klar, daß man sie neben- oder hintereinander schalten kann.

Die Hintereinanderschaltung wurde am frühesten von Gaulard angewandt. Dabei bildete jede secundäre Wickelung eine Art Unterstation. Jedoch eignen sich Transformatoren sehr wenig zu derartigem Betrieb; in der That ist dabei Bedingung, daß bei constanter primärer Stromstärke die secundäre EMK fast unabhängig sei vom secundären Widerstand; dies erfordert aber, daß die magnetische Feldstärke constant bleibt, während die resultirende magnetomotorische Kraft sich stark ändert; es muß daher das Eisen stark gesättigt sein und der Phasenunterschied zwischen primärer Stromstärke und primärer Spannung mit abnehmender Belastung zunehmen. Bei solchem Betrieb würden die Dynamomaschinen der Centrale stets mit vollem Strome und dabei meist mit sehr geringer Belastung laufen; die Stromwärmeverluste im primären Kreis wären bei geringer Belastung dieselben wie bei voller Belastung.

Die Parallelschaltung bietet keinerlei Schwierigkeit; die einzelnen secundären Kreise sind von einander vollkommen unabhängig.

Schaltet man die primären und die secundären Kreise parallel, so vertheilt sich die Belastung gleichmäßig auf alle Transformatoren. (Vgl. im Abschnitt: Vertheilungssysteme.)

(417) Anwendung. Transformatoren dienen überall da, wo periodische Ströme gegebener Spannung in solche anderer Spannung verwandelt werden sollen. Sie werden da mit Vortheil angewendet, wo billige Betriebskräfte in nicht unbedeutender Entfernung zur Verfügung stehen, welche zu Beleuchtungszwecken verwendet werden sollen. Man erzeugt in der Nähe der Betriebskraft hohe Spannungen, entweder direct durch Wechselstrommaschinen oder dadurch, daß man die niedrige Spannung einer Wechselstrommaschine durch Transformatoren in hohe Spannung verwandelt; bedeutende elektrische Energien können dann mit geringer Stromstärke durch oberirdische Leitung bis zum Verbrauchsort geleitet werden und dort durch Reductions-Transformatoren in starke Ströme geringer Spannung verwandelt und als solche verwendet werden. Die Anwendung von Kabeln verringert die Vortheile einer derartigen Kraftübertragung, da die Kosten der Isolirung und Verlegung sich bei geringeren Querschnitten stark geltend machen.

Sollen Kabel verwendet werden, so müssen zusammengehörige Hin- und Rückleitungen in einem Kabel vereinigt sein, da sonst die Eisenhülle der Bewehrung unter dem Einfluß des Wechselstromes Verluste verursacht.

Die Capacität der Kabel hätte für sich allein einen nachtheiligen Einfluß; wenn auch kein Energieverlust dadurch hervorgebracht wird, so wird doch die Stromstärke in der Nähe der Maschine größer als jene am Verbrauchsort und macht die Verwendung größerer Maschinenformen nothwendig; da jedoch bei Anwendung von Transformatoren Selbstinduction mit in Rechnung kommt, so kann unter Umständen die Phasenvoreilung der Capacität durch die Phasenverzögerung der Induction aufgehoben werden (419).

Gegen oberirdische Leitungen sprechen hauptsächlich die Schwierigkeit, dauerhafte Isolation zu erreichen, und die Gefahr der

Berührung. Können diese in genügender Weise beseitigt werden, so sind oberirdische Leitungen, besonders außerhalb der Städte, entschieden vorzuziehen. Die Leitungen dürfen naturlich nicht aus Eisen sein, sondern aus Kupfer oder Siliciumbronze.

Die Nachtheile der Wechselströme sind in (402) erwähnt worden.

(418) Constructionsformen. Außer der historisch wichtigen Form der Gaulard und Gibbs'schen Secundärgeneratoren, welche Kupferbleche verwendet, bieten alle anderen Formen fast nur Unterschiede in der Anordnung der Eisenmassen.

Zipernowsky-Déri nehmen einen ringförmigen Kern aus dünnen Eisenblechen und wickeln darum die Kupferdrähte beider Kreise.

Westinghouse, Siemens und andere — neuerdings auch Zipernowsky-Déri — verfertigen erst die Kupferwickelungen von ovaler Ringform und bauen um jene aus passend gestanzten Eisenblechen das Eisengerüst auf.

Ferranti und andere bilden einen stabförmigen Kern aus Eisenblechen oder Draht, umwickeln nur die Mitte desselben mit den Kupferdrähten und biegen die einzelnen Bleche oder Drähte des Kernes derart um, daß sie die Wickelung vollkommen umschließen.

Swinburne schlägt aus den in (410) ausgeführten Gründen einen Mittelweg ein zwischen den ältesten Gaulard-Apparaten mit sehr wenig Eisen und gänzlich offenem Eisenkreis und den neueren Transformatoren. Er baut den stabförmigen Kern etwas länger als die Spulen und spreizt die hervorragenden Eisendrahtenden besenartig auseinander, so daß die äußere Polfläche eine Halbkugel bildet (Hedgehog, Stachelschwein); er erleichtert dadurch die Schließung des magnetischen Kreises durch die Luft.

Fast alle Dynamomaschinen-Formen können übrigens zu Transformatoren, verwendet werden. Auch mehrpolige Transformatoren, werden besonders zur Transformation von Mehrphasenströmen verwendet, sie sind entsprechenden Formen von mehrpoligen Maschinen nachgebildet.

Inductionsrollen und Condensatoren.

(419) Die Wirkung einer Inductionsrolle in Wechselstromkreisen beruht auf ihrer Selbstinduction, die Wirkung eines Condensators auf seiner Capacität. Beide Wirkungen bestehen darin, daß sie eine neue EMK in dem Kreise hervorrufen. Die Inductionsrolle, deren Selbstinductionscoefficient L ist, bringt in einem Kreise, dessen Stromcurve die Form hat $i = J \sin mt$ (Wechselanzahl $m = 2\pi n$), eine elektromotorische Gegenkraft hervor

$$e_L = -\, m L J \cos m t.$$

Der Condensator, dessen Capacität C, fügt eine EMK hinzu

$$e_C = + \frac{1}{mC} J \cos m t,$$

Die Eigenschaften von Inductionsrollen sind nach den für Transformatoren gegebenen Theorien zu behandeln, indem der Widerstand des secundären Kreises gleich ∞ gesetzt wird; sie bringen eine Phasenverzögerung des Stromes gegenüber der EMK hervor.

Ein Condensator wirkt wie eine Inductionsrolle mit negativem Coefficienten und bewirkt eine Phasenvoreilung des Stromes gegenüber der EMK.

Daher bietet die gleichzeitige Verwendung von Inductionsrollen und Condensatoren in gewissen Fällen Vortheile.

(420) Condensator-Transformatoren. Die Combination eines Condensators mit einem Selbstinduction besitzenden Kreise kann zur Transformation von Wechselströmen benutzt werden. Sei eine Wechselstromquelle durch einen Leiter, dessen Selbstinductionscoefficient L und dessen Widerstand R sind, geschlossen. Im Nebenschluß zu diesem Leiter sei ein Condensator von der Capacität C angebracht, so gelten folgende Verhältnisse:

Ist $C = 0$, so ist die Stromstärke in dem Erzeuger J_e gleich derjenigen im Leiter J also

$$\frac{J_e}{J_1} = 1.$$

Ist $L = 0$ so ist

$$\frac{J_e}{J_2} > 1$$

und zwar ist

$$\left(\frac{J_e}{J_1}\right)^2 = 1 + C^2 R^2 m^2.$$

Sind weder C noch L gleich Null und setzen wir S für den scheinbaren Widerstand $\sqrt{R^2 + L^2 m^2}$, so ist $J_e \gtreqless J$ wenn

$$C \gtreqless \frac{2L}{S^2}.$$

J_e ist am kleinsten im Verhältniß zu J, wenn

$$C = \frac{L}{S^2}.$$

Dieser Fall ist derjenige, welcher zur Transformation von schwachen Strömen in starke, gleich den Inductionstransformatoren, sich eignet. Es ist dabei

$$\left(\frac{J_e}{J}\right) = \frac{R}{S}.$$

In dem früher (271) erwähnten Fall, daß $e = 100 \sin 500\, t$ Volt, $R = 2{,}5$ Ohm, $L = 0{,}005$ Q, würde das größte Transformationsverhältniß gefunden werden für

$$C = 400 \text{ Mikrofarad.}$$

Es wird dann sein $J_e = 0{,}707\, J$.

Man ersieht daraus, daß entweder sehr große Capacitäten oder sehr hohe Wechselzahlen und Inductionscoefficienten nothwendig sind, um zu einigermaßen brauchbaren Transformationscoefficienten zu gelangen.

Wäre im erwähnten Fall $L = 0,05 \, Q$, so fände man ungefähr
und
$$C = 80 \text{ Mikrofarad}$$
$$J_2 = \frac{1}{10} J.$$

(421) Condensator als Mittel, die Wirkung der Selbstinduction einer Rolle aufzuheben. Nach (418) hat die durch Einschaltung eines Condensators hervorgebrachte EMK umgekehrtes Zeichen, als die durch Inductionsrollen hervorgebrachte.

Beide neutralisiren sich, wenn

$$C = \frac{1}{L \, m^2}.$$

Schaltet man also einen passenden Condensator parallel zu einer Inductionsrolle, so kann dieselbe in ihrer Wirkung wie ein inductionsfreier Widerstand sich verhalten.

Ist z. B., wie oben, der Widerstand der Rolle 2,5 Ohm, der Selbstinductionscoefficient $L = 0,05 \, Q$ und hat die EMK die Form $e = 100 \sin 500 \, t$ Volt, so würde der Maximalwerth der Stromstärke betragen

$$J = \frac{100}{\sqrt{2,5^2 + 0,05^2 \, 500^2}} = \text{ungefähr } 4 \text{ A.}$$

Bringt man aber im Nebenschluß zur Rolle einen Condensator an, dessen Capacität

$$C = \frac{1}{L^2 \, m^2} = 80 \text{ Mikrofarad,}$$

so wird die Selbstinduction aufgehoben, und es wird nunmehr sein

$$J = \frac{100}{2,5} = 40 \text{ A.}$$

Es entspricht dieser Fall dem in (420) angegebenen Beispiel.

Diese Eigenschaft der Condensatoren ist sehr werthvoll, wenn es sich darum handelt, die Phasenverschiebungen, welche durch Selbstinduction hervorgerufen werden, zu neutralisiren. Sie gestatten es zum Beispiel, dem in (416) erwähnten Uebelstand abzuhelfen, daß Transformatoren mit offenem Stromkreise selbst bei Leerlauf den Betrieb großer Wechselstrommaschinen erfordern.

(422) Condensatoren zur Erzeugung zweiphasiger Ströme. Schaltet man in einen von zwei parallelen Zweigen eines Stromkreises einen Condensator ein, während in dem anderen Inductionsrollen sich befinden, so können die Selbstinductionscoefficienten und die Capacität so gewählt werden, daß in dem einen die Phase des Stromes gegenüber derjenigen der EMK verzögert wird, in dem anderen aber voreilt und zwar derart, daß zwischen beiden Strömen eine viertel Periode Phasenunterschied existirt. Die zwei so erhaltenen Ströme eignen sich zum Betrieb von zweiphasigen Motoren und können einer gewöhnlichen Wechselstromleitung entnommen werden.

Sind L_1, L_2 und C_1 die Coefficienten beider Kreise, so ist im ersten der Phasenunterschied zwischen EMK und Strom

$$\varphi_1 = \frac{1}{m} \text{ arc tg } \frac{m}{R_1}\left(L_1 - \frac{1}{m^2 C_1}\right)$$

m zweiten Kreis

$$\varphi_2 = \frac{1}{m} \text{ arc tg } \frac{m}{R_2} L_2$$

L_1 und L_2 sind meist gegeben und C muß so gewählt werden, daß φ_1 eine Voreilung und daß

$$\varphi_2 - \varphi_1 = \frac{\pi}{2\pi} = \text{Viertelperiode.}$$

Derartige Motoren sind von Leblanc und Stanley construirt worden.

(423) **Nachtheile.** Bei allen diesen Anwendungen der Condensatoren ist die Hauptschwierigkeit die Herstellung betriebsfähiger und billiger Condensatoren. Der hohe Preis wird durch das große Volumen des Condensators, welches großen Materialverbrauch und bedeutende Arbeitslöhne mit sich bringt, die Unsicherheit des Betriebs wird durch mangelhafte Isolation, Erwärmung durch Absorption (analog der Hysteresis) und damit verbundenem Energieverlust und oft Zerstörung des Condensators verursacht. Es ist außerdem zu berücksichtigen, daß in den obigen Ableitungen vorausgesesetzt wurde, daß die Selbstinductionscoefficienten constant sind; dies ist wegen der Hysteresis etc. nicht der Fall, so daß auch der günstigste Werth von C keine constante Größe ist, sondern von den Belastungsverhältnissen etc. abhängt.

---

(424) Tabellen ausgeführter Transformatoren.
======================================

Ganz & Co., Budapest.

Leistung in 1000 Watt	Widerstand		Magnetisation in %	Wirkungsgrad bei		
	primär in %	secundär in %		voller	halber	viertel
				Belastung		
1	1	1	6	92,7	88,6	80,0
2,5	0,8	1	3,6	94,8	92,2	86,6
5	0,6	1,1	3,0	95,4	93,4	88,6
10	0,65	1	2,2	96,2	94,8	91,3

Uebersetzungsverhältniß: 900, 1800, 2700, 3600 V primär, 100 V secundär.

„Helios", Actiengesellschaft für elektrisches Licht und Telegraphenbau, Köln-Ehrenfeld.

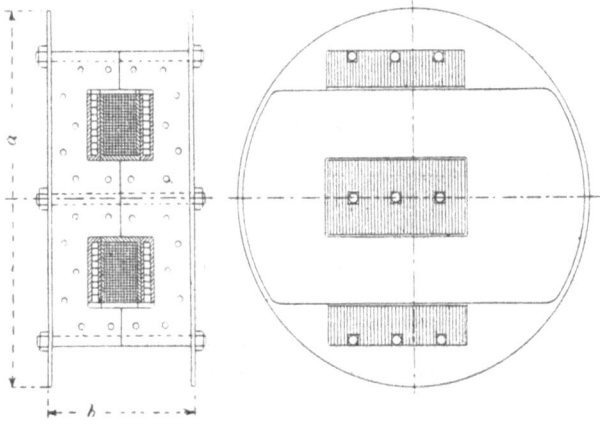

Fig. 142.

Leistung in 1000 Watt	Gewicht kg	Verlust in beiden Wickelungen bei voller Leistung	Verlust durch Magnetisirungsarbeit bei 5000 Wechseln in 1 Minute	Wirkungsgrad bei voller Leistung	Maſse in Millimetern	
					a	b
1,25	157	2 %	5 %	93 %	580	270
2,5	209		3	95	620	295
5	285		2,5	95,5	620	300
10	469		2	96	700	380
25	1000		1,5	96,5	980	400

Schuckert & Co., Nürnberg.

Leistung in 1000 W	Gewicht kg	Verlust in % im		Bemerkungen.
		Eisen	Kupfer	
0,5	35	4,8	7,2	Die Verluste in Kupfer und Eisen stehen bei verschiedenen Verwendungen der Transformatoren in verschiedenem Verhältniſs; sie werden in jedem einzelnen Falle so vertheilt, daſs der durchschnittliche Wirkungsgrad möglichst hoch ausfällt.
1	55	4,0	6,0	
2	82	3,0	4,5	
3,5	115	2,4	3,6	
5	150	2,2	3,3	
10	250	1,8	2,7	
15	340	1,7	2,5	
20	430	1,6	2,4	
25	510	1,5	2,2	
30	575	1,4	2,1	
40	690	1,3	1,9	
50	775	1,2	1,8	

Maschinenfabrik Oerlikon, Oerlikon bei Zürich.

Drehstrom-Transformatoren.

Leistung in 1000 Watt	1	3	5	10	20	32	45	65
Gewicht in kg	75	135	180	280	520	800	1050	1500

Leistung in 1000 Watt	90	130	170	200	260	330	650	
Gewicht in kg	2000	2750	3400	4000	5000	6200	12000	

Wechselstrom-Transformatoren.

Leistung in 1000 Watt	0,5	1	1,5	3	5	7	10	20
Gewicht in kg	60	80	100	165	250	340	400	700

III. Abschnitt.
Galvanische Elemente.

Primäre Elemente.*)

Zusammensetzung der gebräuchlichsten Elemente.

(425) Bei der nachfolgenden Zusammenstellung wird Rücksicht auf Elemente, bei denen starke Polarisation eintritt, nicht genommen, weil dieselben für die Praxis eine Bedeutung nicht haben.

Die (mehr oder weniger constanten) Elemente mit Depolarisation lassen sich als Elemente mit zwei Metallelektroden, mit einer Metall- und einer Kohlenelektrode oder einer Elektrode, welche aus Kohle und dem festen Depolarisator besteht, unterscheiden; mit Rücksicht auf die Füllung zunächst als Elemente mit saurer Füllung, mit Füllung gelöster Salze, oder theilweise fester Salze, oder aber als Elemente mit einer Flüssigkeit, mit zwei Flüssigkeiten und mit theilweise festen Salzen.

Eine besondere Abtheilung bilden die sogenannten Trockenelemente.

Aus der sehr großen Zahl der vorkommenden Elemente sind nur die bekanntesten und am meisten in der Praxis verwendeten hervorgehoben worden. Eingehende Angaben findet man in „Traité de la pile électrique" von Niaudet, Hauck, galvan. Batterien und „Traité des piles électriques" von Tommasi.

(426) **Elemente mit einer Flüssigkeit.** Bei den am meisten verwendeten Elementen mit einer Flüssigkeit wird diese aus einer Mischung von Schwefelsäure und einer Lösung von doppelt chromsaurem Kali gebildet. Eine Abweichung bietet das in neuerer Zeit angewendete Pabst'sche Element, welches Eisenchlorid enthält. Die Elektroden sind Zink und Kohle.

1. Chrombatterie von **Bunsen.** Elektroden sind Platten von amalgamirtem Zink und von Gaskohle in einer Lösung von doppelt chromsaurem Kali mit verdünnter Schwefelsäure.

Mischungsverhältniß der Füllung: 1 Gewichtstheil doppelt chromsaures Kali, 2 Theile Schwefelsäure, 12 Theile Wasser.

---

*) Unter dieser Abtheilung sind der Uebersichtlichkeit halber auch die Thermoelemente aufgenommen worden.

Die Batterie wird meistens als Tauchbatterie benutzt, und es sind dann an einem Rahmen Paare von Zink- und Kohlenplatten befestigt, welche in hohe cylindrische Gläser mehr oder weniger tief hinabgelassen werden können. An Stelle des Kaliumbichromates läßt sich mit Vortheil Natriumbichromat verwenden; letzteres ist billiger, auch löst sich der im Element gebildete Alaun leichter.

2. Batterie von **Trouvé**. Die Batterie von Trouvé ist ähnlich eingerichtet. Es werden abwechselnd große Zink- und Kohlenplatten zusammengestellt und mehrere (gewöhnlich drei) gleichartige Elektroden miteinander verbunden, so daß Elemente von großer Oberfläche gebildet werden. $E = 1,9 - 2$ V.

3. Element von **Grenet** (Flaschenelement). Zwei Kohlenelektroden sind an einem Deckel befestigt und reichen in das kolbenförmige Gefäß hinab. Die zwischenstehende Zinkelektrode kann herausgehoben werden. Mischungsverhältniß: 1000 Theile Wasser, 100 Theile doppelt chromsaures Kali, 300 Theile Schwefelsäure.

4. Element von **Pabst**. Die Elektroden bestehen aus Kohle, welche mit Eisenoxyd präparirt ist, und aus einem Eisenkolben. Beide Elektroden tauchen in eine Eisenchloridlösung ein (9 bis 10%). Die Eisenelektrode soll 2—3 Jahre halten. $E = 0,78$ V.

Zu erwähnen ist übrigens, daß das Pabst-Element große Aehnlichkeit mit dem Element von Ponci hat (Eisen in Lösung von Eisenchlorür, Kohle in Eisenchlorid).

Ein anderes Element von Pabst besteht aus einer mit Zinkoxyd präparirten Kohlenplatte und einem Eisenblock. Beide Elektroden tauchen in eine Lösung von Eisenchlorür. $E = 1$ bis $1,2$ V.

(**427**) **Elemente mit zwei Flüssigkeiten.** Bei einer großen Classe dieser Elemente bestehen die Elektroden aus Kupfer und Zink, während als Flüssigkeiten eine Lösung von Kupfervitriol und verdünnte Schwefelsäure, an Stelle deren auch Zinkvitriol, Bittersalz oder Kochsalz benutzt wird, dienen. Bei der Verwendung von Zinkvitriol ist ein Diaphragma nicht nothwendig.

1. **Daniell**-Element. Kupfer in Kupfervitriollösung. Zink in verdünnter Schwefelsäure. Diaphragma zwischen den Flüssigkeiten. Concentration der Kupferlösung verschieden.

2. Abänderung von **Becquerel**. Zink in Zinkvitriollösung, sonst wie 1.

3. Abänderungen von **Siemens**. Zwischen Kupfer und Zink Diaphragma aus Papiermasse, welche zuerst mit concentrirter Schwefelsäure, dann mit Wasser behandelt und schließlich stark ausgepreßt wird. Die Papiermasse schließt die am Boden des Glases befindliche Kupferelektrode ab. Durch die Masse reicht ein Glas- oder Thoncylinder bis zum Kupfer, der Poldraht geht durch den mit Kupferstücken gefüllten Cylinder. Der Zinkring steht oben auf der Papiermasse. Füllung wird mit reinem Wasser bewirkt, beim Zinkring mit etwas Säure oder Kochsalz gemischt.

4. Abänderung von **Callaud**. Kupferplatte am Boden in Kupfervitriollösung. Als Poldraht dient ein angenieteter Guttaperchadraht. Der Zinkring hängt an drei Nasen auf dem Glasrand in

Bittersalz- oder Zinkvitriollösung. Element der französischen Telegraphenverwaltung.

5. Abänderung von **Krüger**. Die Kupferelektrode ist durch eine Bleiplatte mit Bleistange als Poldraht ersetzt. Sonst wie bei Callaud. Element der Reichs-Telegraphenverwaltung.

6. Abänderung von **Meidinger**. Beim Meidinger-Element gewöhnlicher Form steht auf dem Boden des mit Bittersalzlösung gefüllten Glases ein kleineres Glas, worin sich die Kupferelektrode befindet, deren Poldraht isolirt durch die Flüssigkeit führt. In das untere Glas ragt ein Trichter, welcher mit Kupfervitriolstücken gefüllt wird. Bei einer anderen Form — dem sogenannten Sturzflaschen-Element — ragt der enge Theil eines ballon- oder flaschenartigen Gefäßes, welches auf das Glas gesetzt wird, in das am Boden befindliche kleine Glas hinein. Der Ballon wird mit Stücken von Kupfervitriol gefüllt.

Die andere viel verwendete Classe der Elemente mit zwei Flüssigkeiten hat entweder Zink und Platin, Zink und Kohle oder Zink und Eisen als Elektroden, das letztere als passives Eisen.

Flüssigkeiten sind Schwefelsäure und Salpetersäure, an Stelle der letzteren tritt auch eine Mischung von doppelt chromsaurem Kali oder Natron mit Schwefelsäure.

7. Element von **Grove**. Platin in Salpetersäure, Zink in verdünnter Schwefelsäure. Poröser Thoncylinder als Diaphragma.

8. Abänderung nach **Bunsen**. Cylinder oder Platten aus Retortenkohle in Salpetersäure, Zink in verdünnter Schwefelsäure. Poröser Thoncylinder als Diaphragma.

9. Abänderung nach **Hawkin**. Passives Eisen in concentrirter Salpetersäure, sonst wie bei 7. Die Eisenelektrode hat einen kreuzförmigen Querschnitt. Salpetersäure im Thoncylinder.

Uelsmann hat im Zink-Eisen-Element anstatt des gewöhnlichen passiven Eisens Siliciumeisen verwendet (Gußeisen mit etwas Silicium). Das Element arbeitet noch bei einem geringeren Säuregehalt als das mit gewöhnlichem Eisen.

10. Abänderung von **Poggendorff**. Kohle in einer Lösung von doppelt chromsaurem Kali mit verdünnter Schwefelsäure (Mischungsverhältniß wie (426) angegeben, sonst wie bei 7.

(428) Elemente mit theilweise festen Salzen. 1. Element von **Clark**. Elektroden Zink und Quecksilber. Das Quecksilber liegt auf dem Boden, auf dem Quecksilber befindet sich eine dickflüssige Paste aus schwefelsaurem Quecksilberoxydul mit concentrirter Zinkvitriollösung, in welche der Zinkstab eintaucht. Ein Glasrohr mit Platindraht führt zum Quecksilber.

2. Element von **Marié Davy**. Elektroden Kohle und Zink. Zink in Wasser, Kohle in Brei von schwefelsaurem Quecksilberoxydul.

3. Element von **Warren de la Rue**. Elektroden Silberdraht, von einem Cylinder aus geschmolzenem Chlorsilber umgeben und Zinkcylinder. Füllung Salmiaklösung.

4. Element von **Pinkus**. Elektroden kleiner Becher von Silberblech, gefüllt mit Chlorsilber in Pulverform und eine Zinkplatte. Füllung verdünnte Schwefelsäure oder Kochsalzlösung.

332   Primäre Elemente.

5. Element von Leclanché. Elektroden Zink und Kohle, Flüssigkeit Salmiaklösung, fester Depolarisator Braunstein (Manganhyperoxyd). Bei der einen Form des Elementes befindet sich die Kohlenelektrode in einem Thoncylinder, von kleinen Braunsteinstückchen umgeben, bei der anderen Form wird ein sog. Braunsteincylinder (oder Platte) ohne Anwendung eines Thoncylinders in die Salmiaklösung gesetzt. Die Braunsteinelektroden werden aus 40 Theilen Braunstein, 55 Theilen Gaskohle und 5 Theilen Schellack angefertigt und bei 100° C. unter 300 Atm. Druck in stählernen Formen ausgepreßt.

6. Element von Edison. (nach Lalande). Als negative Elektrode wird Zink, als positive Elektrode schwarzes Kupferoxyd verwendet, das durch Rösten von Drehspähnen als feines Pulver erhalten und zu harten Tafeln zusammengepreßt wird. Die Tafeln werden durch Rahmen von Kupferblech eingefaßt. Füllung Kali- oder Natronlösung. EMK 0,9 Volt, fällt aber je nach der Beanspruchung bis auf etwa 0,7. Widerstand ist gering, die Constanz soll erheblich sein. (Elektrot. Ztschr. 1890, S. 377).

(429) Trockenelemente. 1. Element von Scrivanoff. Auf einer Kohlenplatte am Boden des Gefäßes liegt eine Paste (gewonnen durch Zusammenschmelzen von 10 Th. Ammoniumquecksilberchlorid, 3 Th. Kochsalz und $1/4$ Th. Chlorsilber); die Mischung wird gepulvert und mit Zinkchlorid zu einem Brei angerührt. Auf der Paste liegt Asbest oder Löschpapier, darauf die Zinkelektrode. $E = 1{,}5—1{,}6$ V.

2. Element von Gaiffe. Elektroden bestehen aus einer Silber- und einer Zinkplatte, zwischen denen Schichten von Chlorsilber und mit Zinkchloridlösung (1 : 100) getränktes Filtrirpapier liegen.

3. Element von Dun. Elektroden Zink und Kohle. Zur Füllung kocht man eine Lösung von Aetznatron (1 Theil auf 3 Theile Wasser) mit Stärke. Die flüssige Masse wird in das Glas (etwa 1 cm hoch) eingegossen. Nach dem Erstarren stellt man den Kohlencylinder ein, hängt den Zinkcylinder auf und gießt das Gefäß mit der Lösung bis nahe zum Rande des Cylinders aus. Die Lösung erstarrt bald. Der nur oben offene Kohlencylinder ist seitlich mehrfach durchbohrt, mit einem Stück Pergamentpapier umgeben und mit Kohlenstückchen und übermangansaurem Kali gefüllt. In den Cylinder wird schließlich Natronlauge gegeben, der Cylinder durch Pergamentpapier abgeschlossen, mit der Stärkegelatine bedeckt und erhält endlich eine Lage Gyps oder Paraffin zum völligen Abschluß des Elementes.

Bei den im elektrot. Labatorium in Darmstadt ausgeführten Messungen betrug die elektromot. Kraft (bei isolirten Polen) bei einem mit Paraffin geschlossenen Element 1,313 V. Bei Stromschluß (mit 68 Ohm) sank die Spannung nach etwa 20 Stunden auf 1 Volt.

4. Element von Gafsner. In einem cylindrischen Gefäß aus Zink steht ein Kohlenblock. Die in dem Zwischenraum befindliche Füllung ist eine Mischung von Zinkoxyd mit Gyps.

5. Element von Lessing. Leclanché-Trockenelement. Viereckiges Zinkgefäß mit Kohlenelektrode. Constanten wie die eines Leclanché-Elementes.

Primäre Elemente. 333

(430) **Normalelemente.** 1. Normalelement Daniell (sog. **Post office standard cell**). In einem Glase gesättigte Lösung von Zinkvitriol und amalgamirte Zinkplatte. Ein besonderes poröses Gefäß mit gesättigter Kupfervitriollösung steht, wenn das Element nicht benutzt wird, in einer zweiten mit Wasser gefüllten Abtheilung des Gefäßes. Wird das Element in Gebrauch genommen, so setzt man das Gefäß mit der Kupferelektrode und dem Kupfervitriol in die Abtheilung mit der Zinkvitriollösung. $E = 1{,}07$ V.

2. Element von **L. Clark**. Auf dem Boden eines Glases liegt eine Schicht Quecksilber, auf welcher eine dickflüssige Paste von schwefelsaurem Quecksilberoxydul (gekocht in einer Lösung von gesättigtem Zinksulfat) gegossen ist. Zum Quecksilber führt ein in eine Glasröhre eingeschmolzener Platindraht, dessen unteres zu einem Kreise gebogenes Ende in das Quecksilber taucht. Ein kürzerer Zinkstab taucht in die Paste ein, welche vollständig von der Zinkvitriollösung durchdrungen sein muß. Nach dem Aufgießen der Paste auf das Quecksilber wird das Element bis zur Siedhitze erwärmt, um die Luft auszutreiben, dann die Paste mit Paraffin übergossen und das enge Glas mit einem Paraffinstöpsel, durch den die Enden der Elektroden hindurchgehen, verschlossen.

Die elektromotorische Kraft des Elementes nimmt mit steigender Temperatur ab. $E = 1{,}438 - 0{,}0010 \cdot (t - 15)$ Volt.

3. Element von **Warren de la Rue**. Chlorsilbercylinder mit eingeschmolzenem Silberdraht und umwickelt mit Pergamentpapier; Zinkstab; beide Elektroden in Salmiaklösung. Das Element wird durch einen Paraffinstöpsel luftdicht verschlossen.

Das Element von Warren eignet sich besonders zu Kabelmessungen. $E = 1{,}04$ V.

(431) **Thermoelemente.** Die Thermoelemente besitzen für die Praxis mit Rücksicht auf ihre geringe elektromotorische Kraft geringe Bedeutung und werden nur in vereinzelten Fällen zur Gewinnung von Metallniederschlägen benutzt. Die gebräuchlichsten Säulen sind:

Säule von Noë. Positive Elektrode: Stäbchen aus einer Legirung von Antimon und Zink; negative ein mit der Legirung vergossenes Bündel von Neusilberdrähten. Die einzelnen Elemente sind auf einem Ebonitring angeordnet und mit Heizstiften versehen, sodaß die Heizstifte gegen den Mittelpunkt des Ringes convergiren. Heizung durch einen Bunsenbrenner. Abkühlung durch spiralförmig gebogene, vertical stehende Kupferbleche, welche außen an die Elemente angelöthet sind. E für jedes Element etwa 0,06 V.

Säule von Rebizek (Patent Noë-Rebizek). Abänderung der Säule von Noë. Querschnitt der positiven Legirung in eine quadratische Form gebracht; als negatives Metall wird ein Blechstreifen aus einer besonderen Legirung benutzt. Kupferne Heizstifte. Aeußere Form im Wesentlichen wie die der Noë'schen Säule. E für das Element etwa 0,1 Volt, Säule von 50 El. großen Modells: $E = 4{,}3$ V.; $w = 0{,}778$, für das Element 0,015 Ohm. Gasverbrauch 0,54 cbm in der Stunde (Ztschr. f. Elektrot. 1884, S. 179).

Säule von Clamond. Eisenblechstreifen und Legirung von Zink mit Antimon oder Wismuth mit Antimon. Elemente angeordnet in Form eines hohlen Cylinders. $E =$ etwa 0,02 für jedes Element. Mit einer Clamond'schen Säule der üblichen Größe schlägt man bei 170 l Gasverbrauch pro Stunde 20 g Kupfer nieder.

Säule von Chaudron. Aehnlich wie die von Clamond construirt; Elektroden Eisen bezw. Legirung von Antimon und Zink. E für jedes Element etwa 0,06 V. Aus je 10 Elementen werden strahlenförmige Kränze gebildet, die in Reihen übereinander durch Asbest isolirt sind. Eine Säule für galvanoplastische Zwecke besteht aus 50 Elementen. $E = 2,9$ V. Widerstand $= 0,38$ Ohm. Nutzleistung 5 W. Gasverbrauch 200 l in der Stunde.

Säule von Gülcher (Elektrot. Zeitschr. 1890, S. 188 und 434). Positive Elektroden bestehen aus dünnen Röhrchen von chemisch reinem Nickel, in zwei Reihen auf einer Schiefertafel befestigt. Leuchtgas tritt aus einem unterhalb der Platte befindlichen Canal in die Röhrchen. Am Ende der Röhren tritt das Gas aus Oeffnungen von Specksteinhülsen und wird dort angezündet. Die Flammen erwärmen ein kreisförmiges Verbindungsstück der beiden Elektroden. Die negativen Elektroden haben die Form cylindrischer Stäbe und bestehen aus einer antimonhaltigen Legirung.

Eine Säule von 50 Elementen hat eine EMK $= 3,9$ Volt, einen inneren Widerstand (in erwärmtem Zustande) von 0,48 Ohm. Bei einem Gasverbrauch von 250 l in der Stunde war die Maximalleistung der Batterie 8,22 W. Betriebskosten 3—3,5 Pf. für die Stunde.

Elektromotorische Kraft einiger Elemente.

(432) Die elektromotorische Kraft sowohl als der Widerstand von Elementen können stets nur als Näherungswerthe gelten, da während der Schließung niemals Constanz herrscht, der innere Widerstand (auch die elektromotorische Kraft) mit der Temperatur sich ändert. Genaue und constante Werthe für die elektromotorische Kraft eines Elementes erhält man nur dann, wenn die Messungen bei offenem Element (isolirten Polen) mittels des Elektrometers oder mit Condensator ausgeführt werden. Die für Elemente gleicher Construction erhaltenen Werthe weichen dennoch untereinander ab, was auf die Beschaffenheit der verwendeten Materialien zurückzuführen bleibt.

Die in der nachstehenden Tabelle aufgeführten Zahlen können daher ebensowenig, wie die in anderen Werken angegebenen, auf Genauigkeit Anspruch machen, sondern nur als Durchschnittswerthe für den praktischen Gebrauch angesehen werden. Dasselbe läßt sich auch von den angeführten sogen. Normalelementen sagen. Ein wirkliches Normalelement, d. h. ein solches, welches während der Schließung bezüglich seiner elektromotorischen Kraft oder seines Widerstandes vollständig constant bleibt, giebt es nicht. Die Normalelemente sind daher nicht für den Stromschluß, höchstens bei schwachen Strömen als Vergleichsapparate zulässig, sonst nur unter Benutzung von Elektrometern oder Condensatoren, deren Anwendung keinen Stromschluß erfordert. Der innere Widerstand eines Elementes ist beim Gebrauch jedesmal besonders zu bestimmen, da er mit den Größenverhältnissen der Elemente und der Beschaffenheit der Füllung wesentlich schwankt.

Primäre Elemente.

(Die Zahlenangaben bei den Lösungen bedeuten Gewichtstheile.)

Nr.	Element	Zusammensetzung		Volt
1.	Daniell	Amalgam. Zink 1 Schwefels., 12 Wasser	Kupfer Concentr. Lösung von salpetersaur. Kupfer	0,99—1
2.	„	Amalgam. Zink 1 Schwefels., 4 Wasser	Kupfer Concentr. Lösung von Kupfervitriol	1,068-1,07
3.	„	Amalgam. Zink 1 Schwefels., 12 Wasser	Kupfer Concentr. Lösung von Kupfervitriol	0,97
4.	„	Amalgam. Zink Zinkvitriol	Kupfer Kupfervitriol	0,94
5.	„	Amalgam. Zink 1 Chlornatr., 4 Wasser	Kupfer Concentr. Lösung von Kupfervitriol	1,05
6.	Siemens	Pappelement		0,9
7.	Callaud	Element der Französ. Telegr.-Verw.		0,98—1,02
8.	Krüger	Element der Reichs-Telegr.-Verw.		0,99—1
9.	Grove	Amalgam. Zink 1 Schwefels., 4 Wasser	Platin in rauchender Salpetersäure	1,93
10.	„	Amalgam. Zink 1 Schwefels., 12 Wasser	Platin in Salpetersäure (spec. Gew. 1,33)	1,79
11.	„	Amalgam. Zink Salzwasser	Platin in Salpetersäure (spec. Gew. 1,33)	1,88
12.	„	Amalgam. Zink Schwefels. Zink	desgl.	1,66
13.	Bunsen	Zink in verd. Schwefels. 1 Schwefels., 12 Wasser	Kohle in Salpetersäure (rauchender)	1,96
14.	Poggendorff	Zink 1 Schwefels., 12 Wasser	Kohle in Lösung von 12 Th. doppelchroms. Kali auf 100 Wasser	2—2,2
15.	Leclanché	Zink	Kohle mit Braunstein in Salmiaklösung	1,46
16.	Marié-Davy	Zink in verd. Schwefel- säure 1 Schwefels., 12 Wasser	Kohle in Brei von schwe- felsaurem Quecksilber- oxydul	1,52
17.	Clark	(siehe Normalelement)		1,44
18.	Warren de la Rue	(siehe Normalelement)		1,04
19.	Lalande (Edison)	Zink in Kalilauge	Kupfer mit Kupferoxyd	0,71—0,9
20.	Scrivanoff	Zink Quecksilberpaste mit Zinkchlorid als Zwischenlage	Kohle	1,5—1,6
21.	Gaiffe	Zink Chlorsilber mit Zinkchlorid	Silber	1,02
22.	Gaßner	Zinkgefäß Zinkoxyd mit Gyps, Rundzelle	Kohlenblock, Flachzelle	1,52 1,32

Angaben über Behandlung, Gebrauch und Schaltung von Elementen.

(433) Amalgamirung der Zinkelektroden in Elementen. 1. 200 g Quecksilber werden in 1000 g Königswasser (250 g Salpetersäure und 750 g Salzsäure) unter vorsichtigem Erhitzen aufgelöst. Nach Auflösung giebt man unter Umrühren langsam 1000 g Salzsäure zu. Die zu amalgamirenden Zinkelektroden werden einige Secunden lang in die Flüssigkeit getaucht und dann abgewaschen.

2. Verfahren nach Reynier. Hiernach wird dem Zink in geschmolzenem Zustande 4% Quecksilber beigemischt. Beim Zugießen ist große Vorsicht zu beobachten, um ein Spritzen des geschmolzenen Metalles zu verhüten. Zinkelektroden aus solchem legirten Zink sollen sich sehr langsam abnutzen.

3. Nach Tommasi erhält man sehr gute Zinkelektroden, indem mittels einer Bürste eine Paste aus Quecksilberbisulfat, feinem Sand und verdünnter Schwefelsäure aufgerieben wird.

(434) Verwendbarkeit einiger Elemente. 1. Betrieb kleinerer Motoren. Bunsen, Lalande.

2. Galvanoplastik, Elektrotypie etc. Daniell, Bunsen, Poggendorff, Lalande, Thermosäule von Gülcher.

3. Elektrotherapie. Trouvé, Grenet, Bunsen.

4. Telegraphie. Daniell, Callaud, Krüger, Lalande, Meidinger's Sturzflaschenelement, Pabst.

5. Betrieb von Mikrophonen. Leclanché, Lalande, Pabst, Dun, Trockenelemente.

6. Haustelegraphen, Wecker. Leclanché, Daniell, Meidinger (Sturzflasche), Pabst, Gaßner.

7. Elektrische Messungen (Kabel). Daniell, Meidinger, Lessing, Normalelemente.

8. Für transportable Apparate. Marié-Davy, Trockenelemente.

(435) Batterieschaltungen. Ist e die EMK, w der innere Widerstand eines Elementes, L der Widerstand des Schließungskreises, sind n Elemente nebeneinander und h Gruppen hintereinander geschaltet, so ist

$$J = \frac{he}{\frac{h}{n}w + L} \quad \text{oder} \quad \frac{e}{\frac{w}{n} + \frac{L}{h}}$$

für reine Hintereinanderschaltung ($n = 1$)

$$J = \frac{he}{hw + L} \quad \text{oder} \quad \frac{e}{w + \frac{L}{h}}$$

für reine Nebeneinanderschaltung ($h = 1$)

$$J = \frac{e}{\frac{1}{n}w + L}.$$

Primäre Elemente.

Schaltung einer gegebenen Zahl z von Elementen für einen gegebenen Widerstand L auf Maximalleistung.

Aus dem Werthe $hn = z$ (Zahl der Elemente) und der Bedingung $\dfrac{h}{n} w = L$ ergiebt sich

$$h = \sqrt{\frac{zL}{w}}; \quad n = \sqrt{\frac{zw}{L}}; \quad J = \frac{e}{2}\sqrt{\frac{z}{wL}}; \quad E = he = e\sqrt{\frac{zL}{w}}.$$

Schaltung zur Erlangung eines Stromes von bestimmter Stärke bei einem bestimmten Güteverhältniß der Batterie.

Werden aus z Elementen z/n hintereinandergeschaltete Gruppen gebildet, so daß je n Elemente nebeneinander sich befinden, so ist die Stromstärke J und das Güteverhältniß γ

$$J = \frac{\dfrac{n}{z} e}{\dfrac{z}{n^2} w + L}; \quad \gamma = \frac{L}{\dfrac{z}{n^2} w + L}.$$

Durch Elimination von z und durch Einsetzung in den Werth J erhält man

$$n = \frac{Jw}{e(1-\gamma)}; \quad z = \frac{wLJ^2}{e^2 \gamma (1-\gamma)}.$$

Aus den Formeln für n und z läßt sich die Zahl und Schaltung einer bestimmten Art von Elementen berechnen, wenn die Stromstärke J bei einem Güteverhältniß γ in einem Nutzwiderstand L gefordert wird. Soll die Batterie auf maximale Leistung beansprucht werden (wobei $\gamma = \dfrac{1}{2}$ wird), so wird

$$z = \frac{4wLJ^2}{e^2}.$$

Für die Praxis ist die Forderung eines hohen Güteverhältnisses von um so wesentlicherer Bedeutung, wenn man bei bestimmter Stromstärke eine länger andauernde Benutzung der Batterie verlangt. Bei der Berechnung verfährt man zweckmäßig in der Weise, daß man zuerst anstatt z den Werth n berechnet, denselben nach oben auf eine ganze Zahl abrundet und diesen Werth dann in die aus J sich ergebende Formel

$$z = \frac{n^2 JL}{en - iw}$$

einsetzt. Dadurch erhält man ein etwas höheres Güteverhältniß als das geforderte.

Primäre Elemente.

(436) Ersatz einer dynamoelektrischen Maschine durch eine Batterie. Bezeichnet man

mit E die elektromotorische Kraft der Maschine,
" e die eines Elementes,
" W den Widerstand der Maschine,
" w den Widerstand eines Elementes,

so muß zunächst die Anzahl der hintereinandergeschalteten Gruppen

$$h = \frac{E}{e} \text{ sein.}$$

Sind n Elemente nebeneinandergeschaltet, so muß auch

$$\frac{h}{n} w = W$$

sein. Da ferner die Zahl der Elemente $z = hn$, so ist

$$z = \frac{E^2}{W} : \frac{e^2}{w}.$$

(437) Berechnung des Materialverbrauches einer Batterie für die Pferdekraftstunde. Aus dem Werthe für die Leistung

$$A = \frac{J \cdot E}{736} \text{ P}$$

ergiebt sich als Anzahl der Coulombs für die Pferdekraftstunde, da nach (140) 1 P = 736 W, also 1 Pferdekraftstunde = 736 · 3600 W-Sec. (Volt-Coulomb),

$$J = \frac{736 \cdot 3600}{E}$$

und da das verbrauchte Gewicht des fraglichen Materiales, wenn n Aequivalente desselben im Elemente (bezogen auf 1 Aeq. der Flüssigkeit) in Reaction treten, für 1 Coulomb sich aus dem Werthe

0,000010386 $a \cdot n$ Gramm

berechnet, wo a das chemische Aequivalent bedeutet, so ist das Gewicht für die Pferdekraftstunde

$$G = 27{,}5 \frac{a \cdot n}{E} \text{ Gramm}$$

Weil der Verbrauch an Material in Folge der inneren Vorgänge in der Batterie unberücksichtigt bleibt, so liefert die Formel keine genauen Ergebnisse, ermöglicht aber eine annähernde Vergleichung der Elemente untereinander.

Sammler oder Accumulatoren.

(438) Constructionen. Als Material zur Herstellung der Sammler ist am wichtigsten das Blei und die Art, in welcher es chemisch in Thätigkeit gesetzt wird. Danach unterscheidet man:

I. Sammler mit reinen Bleiplatten.
II. Sammler mit Bleiverbindungen als Füllmasse leitender Platten.
III. Sammler mit Platten aus anderem Material.

Die erste Classe, welche die älteste ist, wird gegenwärtig wenig mehr gebraucht; die Herstellung der Zellen durch „Formiren" ist sehr langwierig, die Aufnahmefähigkeit der Zellen im Verhältniß zum Gewicht ist gering; dagegen besitzen diese Sammler die Eigenschaft, sehr starke Entladungen vertragen zu können. Letztere Eigenschaft ist manchmal von besonderer Bedeutung, so bei dem Benardos'schen Löthverfahren.

Der zweiten Classe gehören die meisten der technisch gebräuchlichen Sammler an. Die Zelle enthält gegossene oder gepreßte Gitter oder geriefte Platten aus Blei, deren Zwischenräume mit Bleiverbindungen ausgefüllt werden. Das „Formiren" fordert bei diesen Platten kürzere Zeit als bei den älteren, die Umsetzung dringt tiefer ein, die Aufnahmefähigkeit wird größer. Eine Art dieser Sammler wird nach einem gemischten Verfahren hergestellt; die positiven Platten werden zuerst als reine Bleiplatten formirt und schließlich mit Bleiverbindungen bestrichen.

Die wichtigsten Sammler dieser Classe werden nachstehend beschrieben.

Die dritte Classe enthält Accumulatoren mit den verschiedenartigsten Elektroden in verschiedenen Flüssigkeiten; dieselben sind bis jetzt noch ohne besondere technische Bedeutung.

(439) Technisch wichtige Sammler. Die Elektroden bestehen in der Regel aus Bleigittern oder gerieften Bleiplatten; in die Zwischenräume der positiven Platten wird Mennige, meist mit verschiedenartigen Bindemitteln vermischt, eingestrichen oder eingepreßt und nachher durch Elektrolyse in Bleisuperoxyd verwandelt. In die Zwischenräume der negativen Platten wird Bleiglätte, ebenfalls mit Bindemitteln vermischt, eingebracht; eine Formirung ist nicht erforderlich. Statt der Mennige für die positiven und der Bleiglätte für die negativen Platten wird auch ein Gemisch von Mennige und Bleiglätte für die einen oder die anderen verwendet.

Die de Khotinsky'schen Sammler enthalten die active Masse in langen Streifen; als Träger dienen längliche, schmale und flache Formen aus Blei.

Bei einer neueren Construction (Schoop) hat man die flüssige Schwefelsäure durch eine gelatinöse, mit Schwefelsäure getränkte Masse ersetzt.

Die Fabriken leisten für die Güte und Dauerhaftigkeit ihrer Erzeugnisse in der Regel mehrjährige Garantie unter der Bedingung, daß die Sammler vorschriftsmäßig behandelt werden. Auch übernehmen die Fabriken zu bestimmten, nach dem Anschaffungspreis der Batterie bemessenen Sätzen — etwa 3—6% —

die fortdauernde Unterhaltung der Sammler, den Ersatz schadhaft werdender Theile und verpflichten sich außerdem, die Batterie nach einem bestimmten Zeitraum in bestem Zustande zu übergeben.

Sammler mit Gitterplatten.

1. Sammler der **Electrical Power Storage Co.**, (*EPS*.) in Deutschland bisher von der Allgemeinen Elektricitäts-Gesellschaft fabricirt. Die Platten bestehen aus einem Bleigitter mit quadratrischen Zwischenräumen. Die Maschen des Gitters erweitern sich nach beiden Seiten; sie werden mit der activen Masse gefüllt, welche auf diese Weise doppeltconische Pflöckchen bildet. Die letzteren sind dem Abbröckeln und Herausfallen sehr ausgesetzt, die Platten verbiegen sich verhältnißmäßig leicht.

2. Sammler von **Huber**. Derselbe besitzt das Bleigitter der *EPS*.-Accumulatoren, welches aus Hartblei ($4^0/_0$ Antimon, $96^0/_0$ Blei, sogen. Julien-Metall), gegossen wird. In den engen Maschen des Gitters sitzen gelochte Pfropfen activer Masse. Die Durchbohrung dieser Pfropfen wirkt in zweierlei Hinsicht vortheilhaft; einmal gewinnt die active Masse Raum zur Ausdehnung bei der Ladung, und dann wird die Oberfläche der Platten bedeutend vergrößert. Die Vergrößerung der Oberfläche bei gleichem Plattengewicht bewirkt, daß eine verhältnißmäßig größere Masse der Platten in Thätigkeit tritt; es wird hierdurch die Capacität und die Stromstärke, bezogen auf 1 kg Plattengewicht, erhöht.

3. Sammler von **Correns**. Um das Herausfallen der Masse aus den Gitterplatten zu verhindern, verwendet Correns eine Gitterdoppelplatte; zwei gegeneinander versetzte Gitter mit rechtwinkligen Maschen stehen in geringer Entfernung einander gegenüber und sind durch zahlreiche Stege an den Kreuzungsstellen der Maschen sowie an den Rändern verbunden; das Innere der Platte wird mit der activen Masse angefüllt.

Nach Angaben der Fabrik sollen diese Platten sehr hohe Stromdichte vertragen; auch soll die Spannung bei der Entladung nach den ersten zehn Minuten nur von 2,0 bis zur Entladungsgrenze auf 1,9 V fallen.

4. Sammler von **Gottfried Hagen**. Die Platten bestehen wie die vorigen aus Doppelgittern, die aber nicht gegeneinander versetzt sind; die beiden Gitter einer Platte sind durch zahlreiche Stege miteinander verbunden.

Sammler mit massiven Platten.

5. **Tudor'**sche Sammler. Dieselben bestehen aus Platten mit gerippter Oberfläche, welche mit der activen Masse bestrichen sind; die positiven Platten werden vorher längere Zeit auf elektrochemischem Wege „formirt". Diese Sammler sind schwerer als Accumulatoren anderer Bauarten und gleicher Leistung; dafür sind sie auch zuverlässiger, weil die vollen Bleiplatten sich viel weniger verbiegen können, als Gitter: sie zeichnen sich auch dadurch aus, daß ungeeignete Behandlung — zu starker Strom, zu weitgehende Entladung — ihnen wenig schadet.

Sammler oder Accumulatoren. 341

6. **Heyl** bestreicht die positiven Platten mit chromsauren Bleisalzen. Ein Theil des Chroms geht bei der Formirung als chromsaures Chromoxyd in Lösung. Das Superoxyd dieser Platten soll besonders hart und doch porös sein.

Sammler mit Streifenplatten.

7. **de Khotinsky**'sche Sammler. Die Elektroden bestehen aus Platten mit angesetzten ziemlich hohen Rippen; am Außenrand tragen die Rippen Verbreiterungen, so daß zwischen je zwei Rippen ein länglicher kastenförmiger Raum entsteht; in diese Zwischenräume wird die active Masse eingestrichen. Die Platten enthalten entweder nur wenige Streifen übereinander (niedrige Bauart), oder es werden mehrere dieser schmalen Platten zu einer höheren Platte vereinigt.

Sammler mit halbfestem Elektrolyt.

8. **Schoop**'sche Sammler. Die Elektroden befinden sich in einer gallertartigen Masse, welche gegenseitige Berührung der Platten sehr erschwert. Die Sammler bieten noch den weiteren Vortheil, daß sie bequem tragbar sind, wodurch sie sich zum Betrieb von Straßenbahnen, zur Zugbeleuchtung u. dergl. vorzüglich eignen, sowie daß beim etwaigen Bruch eines Gefäßes keine völlige Unterbrechung des Stromes eintritt.

Eigenschaften der Sammler.

(**440**) **Elektromotorische Kraft und Klemmenspannung.** Die EMK einer Zelle beträgt rund 2 Volt; sie ist abhängig von der Säuredichte; nach Heim ist für Säuren von 15—35% und für geladene Zellen:

	bei 15 proc.	35 proc. Säure
die EMK	2,00 V	2,15 V
die Klemmenspannung	1,95	2,08

Die Spannung ist ferner abhängig von dem Zustande der Ladung; die Klemmenspannung fällt während der Entladung allmälig von 1,95 bis 1,85 V.

Für die Ladung rechnet man als erforderliche Klemmenspannung für jede Zelle 2,5 bis 2,65 V.

(**441**) **Innerer Widerstand.** Derselbe ist bei guten Sammlerzellen sehr gering, für die geladene Zelle etwas kleiner als für die entladene; das Product aus innerem Widerstand und Stromstärke der Ladung oder Entladung ist bei den gebräuchlichen Sammlern 0,10 bis 0,15; man kann demnach einen annähernden Werth für den inneren Widerstand nach der Formel $w = 0{,}15/i$ berechnen, worin i die Gebrauchs-Stromstärke bedeutet. Eine Berechnung aus den Abmessungen des Sammlers und dem Leitungsvermögen der Schwefelsäure ist nicht möglich, weil der größere Theil des Widerstandes an der Berührungsfläche der Platten mit der Flüssigkeit liegt.

(**442**) **Stromstärke und Stromdichte.** Die Stromstärke der Ladung und Entladung wird von den Fabriken, welche die Sammler liefern, angegeben. Meist kommt auf 1 kg Gewicht der Elektroden 2,4 bis 2,9 A; die Tudor'schen Sammler leisten indeß nur etwa 0,7 A für 1 kg Plattengewicht. Die Stromdichte drückt man durch die auf 1 qdm der positiven Platten entfallende Stromstärke aus, sie beträgt meist 0,6 bis 1,0, bei den Tudor'schen Zellen 0,4 bis 0,5. Stromstärke und -dichte nimmt man möglichst hoch, wo es auf leichte Zellen ankommt, also für Straßenbahnen, Zugbeleuchtung, u. dgl.; geringe Stromstärke und -dichte, welche die Haltbarkeit und den Wirkungsgrad begünstigen, verwendet man in feststehenden Anlagen.

(**443**) **Capacität.** (Aufnahmefähigkeit). Dieselbe wird bestimmt durch die Zahl der Ampère-Stunden, welche der geladene Sammler bis zu einem Spannungsabfall von 10% ausgiebt. Nach v. Waltenhofen findet man die normale Capacität durch Entladung bis zu 10% Spannungsabfall mit einer Stromstärke von 1 A für 1 kg Plattengewicht. Heim hält es für besser, nur 7% Spannungsabfall zuzulassen, weil der weitere Abfall bis 10% für den praktischen Betrieb zu rasch erfolge.

Die meisten Sammler zeigen eine Capacität von 4 bis 8 AS für 1 kg Plattengewicht. Huber'sche Zellen zeigen eine Capacität von 14 bis 15 AS für 1 kg Plattengewicht. Auch hier macht man den Unterschied zwischen Zellen, welche fortbewegt werden, und solchen, welche an ihrem Orte stehen bleiben.

(**444**) **Wirkungsgrad.** Man hat hier zwei verschiedene Größen zu unterscheiden. Der eigentliche Wirkungsgrad ist das Verhältniß der aus dem Sammler entnommenen Energiemenge (in Wattstunden) zu der bei der Ladung vom Sammler aufgenommenen; man hat bei der Ladung und bei der Entladung Klemmenspannung und Stromstärke fortlaufend zu messen und hieraus die an den Klemmen des Sammlers aufgewandte und wiedererhaltene Arbeit zu berechnen. Außerdem pflegt man auch anzugeben, wieviel von der ganzen Elektricitätsmenge, die der Sammler aufnimmt, bei der Ladung zurückgewonnen wird. Der Wirkungsgrad wird jetzt bei guten Sammlern meist zu 77 bis 83%, manchmal auch höher[*]), gefunden; die wiedererhaltene Strommenge beträgt 88 bis 92% der aufgewandten.

Der Verlust an Energie von 20%, den man bei Verwendung von Sammlern erleidet, bedeutet nicht eine Erhöhung der Kosten des Stromes um 20%; denn es werden hauptsächlich nur die Kosten für die Kohlen, die bekanntlich einen verhältnißmäßig geringen Theil der Gesammtkosten ausmachen, um 20% erhöht; dagegen kann man die aufgespeicherte Elektricität weit wirthschaftlicher erzeugen und ausnutzen, so daß man den Verlust wieder einbringt.

Aufstellung und Bedienung einer Batterie.

(**445**) **Allgemeines.** Der Batterieraum soll luftig genug sein, daß die bei der Ladung entwickelten Dünste einen Weg ins

---

[*]) vgl. die an einer Correns'schen Batterie 1891 in Hamburg angestellten Messungen, wo der Wirkungsgrad bei normaler Beanspruchung bis zu $87,5\%$ gefunden wurde.

Sammler oder Accumulatoren. 343

ins Freie finden; die Größe des Raumes muß erlauben, vor jedem Batteriegestell 0,75 bis 1 m zur Bedienung der Zellen frei zu lassen. Außerdem muß der Raum trocken und verhältnißmäßig kühl sein. Decke und Wände müssen so beschaffen sein, daß Kalk, Mörtel u. s. w. nicht in die Elemente fällen können. Hölzerne Fußböden werden gut getheert. Vor unmittelbarem Sonnenlicht sind die Elemente zu schützen. In der Nähe der Batterie bringt man an langen Schnüren und geeigneten Handhaben einige Glühlampen an, mittels deren die Batterie abgeleuchtet werden kann; bei der Aufstellung ist genügende Rücksicht darauf zu nehmen, daß man jede Zelle genau besichtigen kann.

(446) **Isolation.** Bei der Aufstellung ist besonders Sorgfalt auf gute Isolation der Zellen sowohl untereinander als auch von der Erde zu verwenden. Man benutzt ein Batteriegestell aus Holz, in dem die Zellen in Reihen übereinander stehen und das geräumig genug ist, um über und zwischen den Zellen jeder Reihe einen größeren Zwischenraum zu lassen; unter die Füße des Gestelles kommen Porzellanschalen, welche mit gut isolirendem Oele gefüllt werden. Das Gestell selbst wird mehrmals sorgfältig geölt oder heiß getheert. Die Theile des Gestelles sollen nicht durch metallene Schrauben, Bolzen u. s. w., sondern durch Holzpflöcke verbunden werden, da das Metall unter dem Angriff der zerstäubten Säure bald leidet. Das Gestell darf nicht mit dem Mauerwerk in Berührung kommen, auch nicht durch eiserne Klammern an einer Mauer befestigt werden. Die einzelnen Zellen erhalten nochmalige besondere Isolation; entweder werden sie auf Holzuntersätze mit Glas- oder Porzellanfüßen gestellt, oder man legt (bei kleineren Sammlern) unter die Zellen zwei Ebonitröhren, die einander parallel mit Hilfe einiger Holzklemmen auf dem Gestell befestigt werden; die Ebonitröhren sind in größeren Längen billig im Handel zu haben.

(447) **Zusammensetzen der Zellen.** Wo dies nicht von der Fabrik ausgeführt wird, erhält man in der Regel die nöthigen Anweisungen, die für die vorliegende Bauart der Batterie am geeignetsten sind. Im Allgemeinen ist zu beachten, daß in jeder Zelle die Zahl der negativen (grauen) Platten um 1 größer ist, als die der positiven (braunen bis schwarzen); die äußersten Platten sind immer negativ, dann kommen abwechselnd positive und negative. Die Platten werden einander im richtigen Abstand gegenübergestellt; zum Auseinanderhalten dienen meist Glasröhren von passendem äußeren Durchmesser; zum Zusammenhalten werden Gummiringe oder Bleiklammern benutzt, die man um die Platten einer Zelle herumlegt; auch kann man zwischen die äußersten Platten und die Gefäßwand Holzkeile einschieben.

Zwischen dem unteren Rande der Platten und dem Boden des Gefäßes soll ein ganz freier Raum bleiben, der die abfallenden leitenden Theile aufnehmen kann; es ist nicht zweckmäßig, die Platten mit dem unteren Rande aufzustützen, weil sich auf der Unterlage immer Ueberleitungen bilden. Am besten scheint sich die nebenstehend

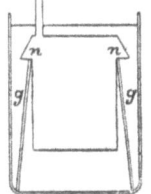

Fig. 143.

abgebildete Anordnung zu bewähren; *n* ist eine an die Platten angegossene Nase, welche sich auf die steil gestellte Glasplatte *g* auflegt; für jede Zelle braucht man zwei Glasplatten. An dem Rande, auf welchen sich die Elektroden auflegen, ist die Schnittkante des Glases nach innen, die Bruchkante nach außen zu nehmen.

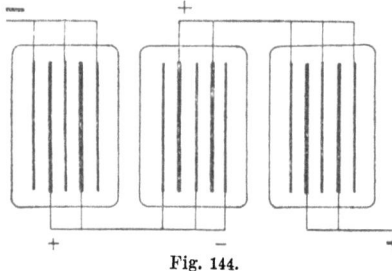

Fig. 144.

An den Platten befinden sich Zapfen, an denen die Verbindungen der Platten untereinander ausgeführt werden. An jeder Zelle müssen die Zapfen der positiven Platten nach der einen, die der negativen Platten nach der entgegengesetzten Seite stehen, damit man durch übergelöthete Bleistreifen die Verbindungen leicht herstellen kann. Die Zellen werden nach Fig. 144, welche eine Ansicht von oben bildet, in Reihen aufgestellt; die positiven Platten sind durch die stärkeren, die negativen Platten durch die schwächeren Striche angedeutet.

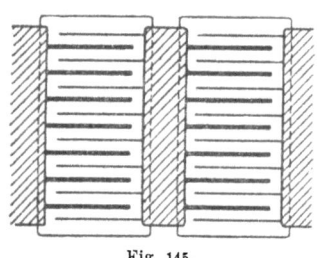

Fig. 145.

Durch die übergelötheten Bleistreifen werden die positiven Platten der ersten Zelle untereinander und mit den negativen Platten der zweiten Zelle verbunden u. s. w. Bei größeren Zellen wählt man eine andere Anordnung, welche in Fig. 145 dargestellt wird; zur Verbindung dienen breite Bleileisten. Die Löthungen müssen ohne Verwendung von Zinn mit dem Gebläse ausgeführt werden; nur wo Kupferdrähte in die Bleistreifen einzulöthen sind, gebraucht man Zinn, das aber nach außen vollständig mit Blei zu überdecken ist.

Positiven und negativen Pol einer Zelle versieht man mit verschiedenfarbigem Anstrich. Die Zellen bedeckt man zweckmäßig mit Glasplatten, um die Verdunstung und das Versprühen der Säure zu verringern.

(448) Schwefelsäure. Die Säure muß ganz rein, besonders frei von Arsen, Salpeter- oder Salzsäure sein. Sie wird mit reinem Wasser verdünnt; das Wasser muß kalkfrei sein; am besten verwendet man destillirtes oder Regenwasser; Brunnen- oder Leitungswasser muß vor der Verwendung abgekocht werden. Zur vollkommenen Reinigung der Säure von schädlichen Beimengungen setzt man etwas Schwefelbaryum zu. Das Mischen der Säure mit Wasser wird in großen Gefäßen vorgenommen; man gießt die Säure langsam und nach und nach unter Umrühren zum Wasser (nicht umgekehrt!); die Mischung erhitzt sich beträchtlich. Das specifische Gewicht soll etwa 1,15 bei 18° C betragen; die Vorschriften hierüber sind etwas verschieden.

Sammler oder Accumulatoren. 345

Specifisches Gewicht und Procentgehalt verdünnter Schwefelsäure bei 15° C.

(Landolt u. Börnstein, Tabellen S. 140.)

Bei Erhöhung der Temperatur um 1° C. nimmt das spec. Gewicht durchnittlich um 0,0006 zu.

Beaumé-grade	Specif. Gewicht	100 Gew.-Th. enth. H^2SO^4	1 l enth. H^2SO^4 in g
2	1,014	2,8	28
4	1,029	4,8	49
6	1,045	6,8	71
8	1,060	8,8	93
10	1,075	10,8	116
12	1,091	13,0	142
14	1,108	15,2	168
16	1,125	17,3	195
18	1,142	19,6	224
20	1,162	22,1	258
22	1,180	24,5	289
24	1,200	27,1	325

Häufig setzt man der Säure noch etwas Soda, besser saures schwefelsaures Natrium zu, wodurch die störende Bleisulfatbildung vermieden wird,

(**449**) **Dichte der Säure.** Dieselbe nimmt bei der Ladung zu, bei der Entladung ab. Die Vorschriften über die Dichte bei vollendeter Ladung sind etwas verschieden, meist wird indeß als größte Dichte 1,18 (22° Beaumé) angegeben. Die Dichte ist von Zeit zu Zeit bei allen Zellen nach Vollendung der Ladung zu messen und aufzuschreiben; zeigt sich die Dichte bei allen Zellen zu gering, so verwendet man eine Zeit lang ganz schwache Säure zum Nachfüllen der Zelle statt des reinen Wassers. Ist die Dichte nur bei einzelnen Zellen zu gering, so empfiehlt es sich, eine starke Ueberladung der Batterie vorzunehmen; eine solche wird von manchen Fabriken alle zwei Monate verlangt.

Zum Messen der Säuredichte benutzt man ein Aräometer mit flachgedrücktem Körper.

Die Dichte giebt ein ungefähres Maß für die verbrauchte und die noch vorhandene Strommenge. Es zeigt z. B. das Aräometer vor dem Beginn der Ladung 1,150 und nach Beendigung 1,180; bei der folgenden Entladung wurde zu irgend einer Zeit die Dichte zu 1,165 gefunden; dann ist $\dfrac{1,165 - 1,150}{0,030}$ = der Hälfte der Strommenge noch in der Batterie enthalten.

(**450**) **Schoop'scher gelatinöser Elektrolyt.** Derselbe besteht aus verdünnter Schwefelsäure, in der Kieselsäure gallertartig ausgeschieden ist, mit einer Beimengung von Asbest. 3 bis 4,5 l Schwefelsäure vom spec. Gew. 1,22 werden mit 1 l Wasserglaslösung vom spec. Gew. 1,20 gemischt, indem man das Silicat in die Säure gießt;

der Asbest, der vorher gehörig zerrieben und fein zertheilt (in Wasser zerkocht) worden ist, wird in kleinen Mengen beigefügt. Je mehr Wasserglas man nimmt, desto fester wird die Gelatine; der Asbest soll die Bildung von Spalten und Rissen verhindern. Die Platten werden vorher mehrere Stunden lang in Schwefelsäure vom spec. Gew. 1,22 gestellt. Der gelatinöse Elektrolyt wird gleich nach der Zubereitung in die Zellen eingegossen, wo er bald erstarrt; nach einigen Stunden ist er genügend fest, so daß mit der Ladung begonnen werden kann. Die Platten müssen von dem Elektrolyt völlig bedeckt sein; um das Austrocknen zu verhüten, ist öfter destillirtes Wasser nachzugießen, so daß die Gelatine immer mit einer Schicht Flüssigkeit bedeckt bleibt. Besitzt die Zelle keinen Deckel, so gießt man zweckmäßig geschmolzenes Paraffin auf, welches nach dem Erstarren einen guten Abschluss bildet; eine Oeffnung zum Entweichen der Gase und zum Nachfüllen von Wasser muß bleiben. Die Lade- und Entladestromstärke der Sammler mit gelatinösem Elektrolyt ist geringer, als die gleichgroßer mit flüssiger Schwefelsäure gefüllter Zellen; bei stärkerem Strom fällt der Wirkungsgrad beträchtlich geringer aus.

(451) **Erste Ladung.** Man läßt die Maschine anlaufen, bis sie die erforderliche Spannung (2,5 V für jede Zelle) besitzt, gießt dann erst die Säure (spec. Gew. 1,15) ein und schließt sofort den Strom. Es ist dabei zu beachten, daß der positive Pol der Maschine mit dem positive Pole der Batterie verbunden wird. Die Platten dürfen ungeladen nicht in der Säure stehen. Die Säure muß bis 10—15 mm über dem oberen Plattenrand stehen. Das erste Mal lädt man so lange, bis von allen Platten Gasblasen aufsteigen; man nennt dies das „Kochen" der Zellen. Die Farbe der positiven Platten muß dann dunkelbraun, die der negativen hellgrau sein.

(452) **Tägliche Besichtigung.** Die Batterie muß jeden Tag genau nachgesehen werden. Man hat sich davon zu überzeugen, daß die Säure in allen Fällen genügend hoch steht, daß in keiner Zelle ein Kurzschluß besteht, daß die Gasblasen am Ende der Ladung bei allen Zellen gleichzeitig und gleich stark auftreten. Die positiven Platten müssen dunkelbraun und die negativen hellgrau aussehen.

Zum Nachfüllen der Zellen benutzt man reines Wasser, oder [s. unter (449)] stark verdünnte Säure. Kurzschluß einer Zelle zeigt sich außer durch genaue Besichtigung daran, daß einige Stunden nach beendeter Ladung die betreffende Zelle nur noch sehr geringe Spannungen, meist nur 0,1 bis 0,3 Volt, besitzt; man untersucht die Zellen am bequemsten mit Hilfe einer kleinen Lampe für 4 Volt, mit deren Zuleitungen man je zwei nebeneinander liegende positive und negative Pole der Zellen berührt; da zwischen je zweien dieser Pole zwei Zellen mit 4 Volt Spannung liegen, kommt die Lampe in helle Gluth, wenn beide Zellen in gutem Zustande sind; glüth die Lampe nur schwach, so ist eine oder beide Zellen schlecht, was man mit Hilfe derselben Lampe und genauer Besichtigung leicht feststellen kann. Eine Lampe für 2 Volt zur Untersuchung aller einzelnen Zellen ist weniger bequem. Zum Zwecke der Prüfung die beiden Pole einer Zelle durch einen Metalldraht zu verbinden, ist durchaus zu verwerfen.

Zellen, die einen Kurzschluß haben, oder bei denen die Gasentwicklung zu spät oder gar nicht eintritt, müssen genau untersucht werden. Kann man die Ursache, welche meist in metallischer Verbindung der positiven und negativen Platten besteht, nicht durch Ausputzen der Zelle beseitigen, so muß die letztere aus der Batterie entfernt werden; an ihrer Stelle wird ein starker Kupferdraht eingesetzt. Die herausgenommene Zelle wird entleert, auseinandergenommen und untersucht. Verbogene Platten richtet man wieder gerade, indem man sie mit Holzbrettern abwechselnd schichtet und dann preßt. Ehe man die Zelle wieder in die Batterie einschaltet, ist es zu empfehlen, dieselbe mehrmals zu laden und zu entladen und zu beobachten, ob nun Alles in Ordnung ist.

Bei der Bedienung der Accumulatoren sind einige Vorsichtsmaßregeln zu empfehlen: man trage Wollenkleider (die Wolle wird von der Schwefelsäure wenig angegriffen), eine mit Packtuch gefütterte Flanellschürze. Die Schuhe müssen mit Paraffin oder Wachs bestrichen werden. In der Nähe der Batterie stellt man einen Behälter mit Wasser und ein wenig Soda auf, in dem man sich von Zeit zu Zeit die Hände abspült.

(453) **Ladung und Entladung.** Die Klemmenspannung einer Zelle ist während der Ladung anfänglich 2,0 und steigt bis 2,5, auch bis 2,7 Volt; man braucht zur Ladung eine Nebenschlußmaschine, deren Spannung gefunden wird, indem man die Zahl der Zellen mit 2,5 multiplicirt. Im Schenkelkreis der Maschine befindet sich ein Widerstandsregulator, mittels dessen die Spannung im Anfange der Ladung niedriger gehalten wird. Die Zellen werden meist mit constanter Stromstärke geladen, welche von den Fabriken für jede Zellengröße angegeben wird. Es ist zu empfehlen, von einer Ladespannung von etwa 2,4 V für die Zelle ab mit vermindertem, schließlich mit halbem Maximalstrom zu laden. Vor die Batterie schaltet man einen elektromagnetischen selbstthätigen Ausschalter, welcher bei zu starkem Strom die Leitung unterbricht. Nach Beendigung der Ladung läßt man die Spannung der Maschine etwas herabgehen, bis der Strom nahezu Null wird; dann unterbricht man zuerst den Hauptstrom und dann den Schenkelkreis der Maschine. Soll zur Ladung eine Maschine mit gemischter Wickelung benutzt werden, so ist die Ladeleitung von den Bürsten abzuzweigen. Häufig ist es zweckmäßig, der Dynamomaschine, welche zur Speisung der Beleuchtungsanlage dient, für die Ladung der Batterie eine kleinere Maschine vorzuschalten, welche den Ladestrom dauernd aushalten und etwa die Hälfte der Ladespannung liefern kann.

Bei der Entladung giebt die Zelle in den ersten Minuten 2,5 Volt; die Spannung sinkt rasch auf 1,9 (auch 1,95) und dann ganz langsam auf 1,8 (bez. 1,85) Volt. Wenn die Spannung rascher zu fallen beginnt (vgl. Fig. 76, Seite 207), hört man mit der Entladung auf; weitere Stromentnahme verdirbt die Zellen.

Sollen Zellen parallel geschaltet werden, so muß dafür gesorgt werden, daß die parallelen Theile gleichviel Strom erhalten oder liefern; es ist demnach in jeden Zweig ein Strommesser und ein kleiner regulirbarer Widerstand einzuschalten. Die Parallelschaltung lasse man nur während des Betriebes bestehen und

348 Sammler oder Accumulatoren.

hebe dieselbe während der Ruhe der Batterie wieder auf, damit die Theile der Batterie sich nicht ineinander entladen.

Es ist zu beachten, daß die Farbe der positiven Platten eine dunkelbraune sein muß. In Zellen, welche zu weit oder mit zu starkem Strome entladen wurden, oder bei denen ein Isolationsfehler oder ein Kurzschluß vorliegt, wie auch in Zellen, welche längere Zeit ungeladen stehen, werden die positiven Platten grau bis weiß, indem sich ein Ueberzug von Bleisulfat bildet. Diesen kann man, nachdem der etwaige Fehler der Zelle beseitigt ist, durch fortgesetztes Laden und Entladen wieder in die braune Masse der positiven Platten verwandeln.

Wenn es nöthig ist, die Accumulatoren für längere Zeit unbenutzt stehen zu lassen, so müssen dieselben vorher voll geladen werden, und man muß darauf achten, daß die Platten ganz mit Flüssigkeit bedeckt sind. Wenn möglich soll etwa alle 14 Tage ein Mal so lange geladen werden, bis Gasblasen entweichen.

(454) **Elektrische Messungen.** Es ist für einen sicheren Betrieb vortheilhaft, fortlaufende Messungen nach Art der in (315) angegebenen anzustellen. Dieselben sollen zur Beobachtung der Sammler dienen und die Ueberwachung eines regelmäßigen Betriebes ermöglichen. Zu solchen Messungen empfehlen sich besonders Registrirapparate, welche selbstthätig den Verlauf der Ladung und Entladung aufzeichnen.

(455) **Apparate für Anlagen mit Sammlerbatterien.** Man braucht einen (u. U. auch mehrere) Strom- und einen Spannungsmesser und einen Stromrichtungsanzeiger; zu empfehlen ist außerdem die Verwendung von Registrirapparaten für Strom und Spannung. Zur Sicherung der Zellen gegen zu starken Strom dient ein selbstthätiger elektromagnetischer Ausschalter (daneben noch eine Bleisicherung). Nahe den Polen der Batterie sitzt ein zweipoliger Ausschalter, um die Batterie von der übrigen Anlage trennen zu können; zwischen diesem und der Batterie werden noch besondere Zellenschalter (470), (472) angebracht, durch welche man die Anzahl der Zellen während der Ladung und Entladung zum Zwecke der Regulirung verändern kann. Häufig schaltet man auch einen elektromagnetischen selbstthätigen Umschalter ein, welcher den Stromkreis schließt, sobald die Spannung der Maschine den erforderlichen Werth hat, und unterbricht, wenn die Spannung zu niedrig wird. Ferner ist es zu empfehlen, in die Hauptleitung einen Alarmapparat einzuschalten, welcher zu hohe Stromstärke meldet. Zur Prüfung der Sammler im Einzelnen wird ein kleiner Spannungsmesser (1,5 bis 3 V in Zehntel-Volt) oder auch eine Glühlampe für 4 Volt mit passender Zuleitung benutzt. Die Dichte der Säure mißt man mit dem Aräometer.

Weiteres über Accumulatorenanlagen s. im Abschnitt: Leitung und Vertheilung.

(456) **Technische Verwendungen.** Die Sammler werden hauptsächlich in folgenden Fällen verwendet:

1. zur Aufspeicherung von Elektricität, wenn man auch nach dem Aufhören des Maschinenbetriebes noch Strom zur Verfügung haben will. In größeren Beleuchtungsanlagen pflegt der Anspruch an die Leistungen der Maschinen ein sehr ungleichmäßiger zu

sein; nach einer bestimmten Zeit großen Stromverbrauchs brennen in später Nacht- und früher Morgenstunde nur noch wenige Lampen. Muß man dafür die ganze Anlage in Betrieb erhalten, so kann man nur mit schwerem Nachtheil arbeiten; besitzt man aber eine Accumulatorenbatterie, welche man einige Zeit vor Beginn des Betriebes geladen hat, so kann man mit dem Maschinenbetrieb aufhören, sobald der Stromverbrauch dauernd unter einen bestimmten Betrag heruntergegangen ist. Bei Beleuchtung einer Fabrik, wenn die Maschinenanlage der letzteren auch die Kraft für die Dynamomaschine liefert, tritt ein dem vorigen ähnlicher Fall ein, wenn Beleuchtung verlangt wird, auch nachdem der Maschinenbetrieb eingestellt ist.

2. zur Aufspeicherung der Elektricität, welche erzeugt wird, wenn überflüssige Betriebskraft vorhanden ist; die aufgespeicherte Elektricität wird dann zu Zeiten verwendet, wenn die vorhandene Betriebskraft nicht ausreicht, den Bedarf zu decken. Ein solches System ist sehr ökonomisch für größere Anlagen. Zur Zeit des stärksten Betriebes der Beleuchtung arbeiten Dynamomaschine und Accumulatoren zusammen; läßt der Stromverbrauch nach, so stellt man den Maschinenbetrieb ein, so daß die Sammler allein den Strom liefern. Statt dessen kann man auch die Maschine und die Batterie etwas stärker wählen, um die Beleuchtungsanlage lediglich mit Accumulatoren zu speisen und während des letzteren Betriebes die Maschinen abzustellen.

3. zur Ausnutzung einer constanten Betriebskraft, z. B. einer Wasserkraft; man kann dann die Stunden, in denen der Werkbetrieb still steht, zur Aufspeicherung von Betriebskraft benutzen.

4. für Zwecke der Kraftübertragung bei elektrischer Fortbewegung von Fahrzeugen, als Straßenbahnen und Booten.

5. als Regulatoren für constante Spannung; wenn die Geschwindigkeit der Maschine nicht vollkommen constant ist, sondern im raschen Tempo auf- und abwärts schwankt, schaltet man eine kleine Accumulatorenbatterie der Maschine parallel; dieselbe wirkt im Sinne einer Dämpfung der Zuckungen.

Man kann in solchem Falle auch die Maschine mit schwankender Geschwindigkeit die Accumulatoren laden lassen und später erst den Strom aus letzteren entnehmen.

6. als Gleichstromtransformatoren, um z. B. den Strom elektrischer Centralanlagen von 110 Volt für galvanoplastischen Betrieb in einen Strom von 5 bis 20 Volt zu verwandeln. 40 Zellen werden hintereinander geladen und nachher in passende Gruppen getheilt durch die Bäder entladen.

7. als Sicherung des Betriebes gegen Störungen, z. B. bei Theaterbeleuchtungen.

8. zum Betrieb von Telegraphenleitungen auf großen Aemtern oder an solchen Stellen, wo geringer Batteriewiderstand gefordert wird. Näheres im Abschnitt Telegraphie.

(457) Tabellen ausgeführter Sammler.

Accumulatoren-Fabrik Actiengesellschaft, Hagen i. W. früher Müller und Einbeck.

Tudor'sche Sammler.

Die Fabrik garantirt für die unter a bis d angegebene Capacität, wenn der Entladestrom die dabei angegebene Grenze nicht übersteigt; die Entladezeit dauert für die Zellen a $3^h 20^{min}$, b 5^h, c $6^h 40^{min}$, d $8^h 20^{min}$. Die Zellen Nr. 1 bis 10 werden in Glasgefäßen, Nr. 11 bis 39 in mit Blei ausgeschlagenen, säurebeständig imprägnirten Holzkästen geliefert, Nr. 9 und 10 werden für das Ausland nicht in Glasgefäßen, sondern in Holzkästen geliefert. Außenmaße $290 \times 410 \times 550$ und $330 \times 410 \times 550$.

Nr.	a Capacität	a Entladestrom	b Capacitat	b Entladestrom	c Capacität	c Entladestrom	d Capacität	d Entladestrom	Ladestrom	Aufsenmafse der Gefäfse in mm lang	breit	hoch mit Isolator	Gewicht kg	Säuremenge in l
1	28	8,5	35	7	40	6			7	160	260	370	17	8
2	42	13	52	10	60	9			10	200	260	370	21	10
3	56	17	70	14	80	12			14	250	260	370	26	12
4	70	21	87	17	100	15			18	250	260	370	31	14
5	96	28	111	22	126	19	138	16	24	230	360	420	40	19
6	128	38	150	30	168	25	184	22	32	270	360	420	50	23
7	160	48	187	37	210	31	230	27	40	300	360	420	61	28
8	192	57	225	45	252	37	276	33	48	350	360	440	72	35
9	230	69	270	54	300	45	330	39	57	350	400	530	85	42
10	276	82	324	65	360	54	396	47	69	350	400	530	100	42
11	322	96	378	75	420	63	462	55	80	370	410	550	126	45
12	368	110	432	86	480	72	528	63	92	410	410	550	142	50
13	414	124	486	97	540	81	594	71	103	450	410	550	158	55
14	460	138	540	108	600	90	660	79	115	490	410	550	175	60
15	505	151	595	118	660	99	725	86	126	530	410	550	190	70
16	550	165	650	129	720	108	790	94	138	570	410	550	205	75
17	600	179	700	140	780	117	860	102	149	610	410	550	220	80
18	645	193	755	151	840	126	925	110	161	650	410	550	240	85
19	690	207	810	162	900	135	990	118	172	700	420	560	255	90
20	735	221	865	173	960	144	1055	126	184	740	420	560	275	95
21	780	234	920	184	1020	153	1120	134	195	780	420	560	290	100
22	830	248	970	194	1080	162	1190	142	207	820	420	560	310	105
23	875	262	1025	205	1140	171	1255	150	218	860	420	560	325	110
24	920	276	1080	216	1200	180	1320	158	230	900	420	560	345	115
25	965	289	1135	226	1260	189	1385	165	241	940	420	560	360	120
26	1010	303	1190	237	1320	198	1450	173	253	980	420	560	380	130
27	1060	317	1240	248	1380	207	1520	181	264	1020	420	560	395	135
28	1105	331	1295	259	1440	216	1585	189	276	1060	420	560	415	140
29	1150	345	1350	270	1500	225	1650	197	287	1100	420	560	430	145
30	1195	358	1405	280	1560	234	1715	205	299	1140	420	560	445	150

Tabellen ausgeführter Sammler.

Tudor'sche Sammler.

Nr.	a Capacität	a Entladestrom	b Capacität	b Entladestrom	c Capacität	c Entladestrom	d Capacität	d Entladestrom	Ladestrom	Aufsenmafse der Gefäfse in mm lang	breit	hoch mit Isolator	Gewicht kg	Säuremenge in l
31	1240	372	1460	291	1620	243	1780	213	310	1180	420	560	465	155
32	1290	386	1510	302	1680	252	1850	221	322	1220	420	560	480	160
33	1335	400	1565	313	1740	261	1915	229	333	1260	420	560	500	165
34	1380	414	1620	324	1800	270	1980	237	345	1300	420	560	515	170
35	1425	427	1675	334	1860	279	2045	244	356	1340	420	560	535	175
36	1470	441	1730	345	1920	288	2110	252	368	1380	420	560	550	180
37	1520	455	1780	356	1980	297	2180	260	379	1420	420	560	570	185
38	1565	469	1835	367	2040	306	2245	268	391	1460	420	560	585	190
39	1610	483	1890	378	2100	315	2310	276	402	1500	420	560	605	195

Transportable Accumulatoren

in offenen Hartgummi-Zellen mit gelatinösem Elektrolyt. Sämmtliche transportable Accumulatoren gelangen für das Inland nur in fertig gefülltem und geladenem Zustande zum Versand.

Nr.	Garantirte Capacität in Ampère-Stunden	Maximal-Stromstärke bei Ladung	Maximal-Stromstärke bei Entladung	Aufsenmafse des Hartgummikastens in mm lang	breit	hoch	Gewicht in kg	Mehrere Elemente in gemeinsam. Holzkasten fertig montirt Anzahl der Elemente	Aufsenmafse des Kastens in mm lang*)	breit	hoch	Ungefähres Gesammtgewicht pr. Kasten
T1 a/b	24/30	1—7	9/6	60	190	300	7,8	8	570	240	340	72
T2 a/b	36/45	1—10	13,5/9	80	190	300	10,7	6	570	240	340	74
T3 a/b	48/60	1—14	18/12	100	190	300	13,5	5	570	240	340	77
T4 a/b	60/75	1—18	22,5/15	120	190	300	16,2	4	545	240	340	75
T5 a/b	72/90	1—22	27/18	140	190	300	19,0	3	495	240	340	65
T6 a/b	84/105	1—25	31,5/21	160	190	300	21,8	3	545	240	340	75
T7 a/b	96/120	1—28	36/24	180	190	300	24,4	3	600	240	340	83
T8 a/b	108/135	1—32	40,5/27	200	190	300	27,3	2	455	240	340	64
T9 a/b	120/150	1—36	45/30	220	190	300	30,0	2	495	240	340	69
T10 a/b	132/165	1—40	49,5/33	240	190	300	32,7	2	545	240	340	75

*) Anmerkung: Für Ueberstehen der Klemmen und Handgriffe sind in der Länge pro Holzkasten 50 mm zuzugeben.

Electriciteits-Matschappy Systeem de Khotinsky, Rotterdam und Gelnhausen.

de Khotinsky'sche Sammler.

Zellen für rasche Entladung (R) und für langsame Entladung (L); die Ladung oder Entladung einer R-Zelle darf in kürzestens 3,5 Stunden, die einer L-Zelle in kürzestens 8 Stunden ausgeführt werden.

Bezeichnung	R - Zellen								L - Zellen							
	Capacität	Zulässiger Lade- und Entladestrom	Außenmaße in mm			Gewicht der Elektroden kg	Gewicht ohne Säure kg	Säuremenge in l	Capacität	Zulässiger Lade- und Entladestrom	Außenmaße in mm			Gewicht der Elektroden kg	Gewicht ohne Säure kg	Säuremenge in l
			Länge	Breite	Höhe						Länge	Breite	Höhe			
A_1	28	7	110	320	340	7	11	6	45	5,5	110	320	340	8	12	5
A_2	55	14	140	320	340	12	17	7	90	11	170	320	340	16	22	9
A_3	85	21	170	320	340	17	23	9	135	17	200	320	340	24	30	11
A_4	112	28	200	320	340	22	30	11	180	22	230	320	340	32	39	12
A_5	140	35	230	320	340	28	35	13	225	28	270	320	340	39	48	14
A_6	170	42	270	320	340	33	42	15	270	34	300	320	340	47	57	16
A_7	200	50	300	320	340	38	49	17	315	39	320	320	340	55	66	17
A_8	225	56	320	320	340	44	55	20	360	45	460	510	260	59	84	26
B_9	250	62	420	510	260	47	70	24	400	50	490	510	260	64	92	28
B_{10}	280	70	460	510	260	52	78	27	450	56	520	510	260	74	100	30
B_{11}	310	77	490	510	260	57	86	30	500	60	560	510	260	81	110	32
B_{12}	340	85	520	510	260	62	92	32	540	67	600	510	260	88	118	36
B_{13}	365	91	560	510	260	67	100	34	585	73	630	510	260	96	128	38

Tabellen ausgeführter Sammler.

B_{14}	B_{15}	B_{16}	B_{17}	B_{18}	B_{19}	B_{20}	C_{16}	C_{17}	C_{18}	C_{19}	C_{20}	C_{21}	C_{22}	C_{23}	C_{24}	C_{25}	C_{26}	C_{27}	C_{28}	C_{29}	C_{30}	C_{31}	C_{32}	C_{33}
40	42	44	47	50	52	55	58	62	65	67	70	72	75	80	82	84	87	90	92	95	97	100	103	105
140	146	155	164	168	178	192	204	215	228	240	255	267	279	290	304	315	328	340	350	363	375	386	398	410
103	110	118	125	126	135	145	155	164	174	184	193	203	212	222	232	241	250	260	270	280	290	300	310	320
260	260	260	260	320	320	320	320	320	320	320	320	320	320	320	320	320	320	320	320	320	320	320	320	320
510	510	510	510	530	530	530	530	530	530	530	530	530	530	530	530	530	530	530	530	530	530	530	530	530
690	720	760	800	670	700	740	770	810	870	900	940	970	1000	1050	1100	1140	1170	1200	1240	1280	1320	1360	1400	1440
78	84	90	95	97	105	112	120	127	135	142	150	157	165	172	180	187	195	202	210	217	225	232	240	250
630	675	720	765	780	840	900	960	1020	1080	1140	1200	1260	1320	1380	1440	1500	1560	1620	1680	1740	1800	1860	1920	2000
36	38	40	42	43	46	49	50	52	55	58	62	64	66	69	72	75	78	80	84	86	88	90	92	94
106	112	120	127	134	140	148	153	163	172	180	190	200	210	220	230	240	250	258	267	275	285	296	306	315
72	77	82	87	92	97	102	108	114	121	128	134	140	147	154	160	166	173	180	186	192	198	205	212	218
260	260	260	260	260	260	260	260	320	320	320	320	320	320	320	320	320	320	320	320	320	320	320	320	320
510	510	510	510	510	510	510	510	530	530	530	530	530	530	530	530	530	530	530	530	530	530	530	530	530
600	630	660	690	720	760	800	670	700	740	770	810	840	870	900	940	970	1000	1050	1070	1100	1140	1170	1200	1240
97	105	112	119	125	132	140	145	152	162	170	180	187	197	207	215	225	235	242	250	260	270	280	290	300
390	420	450	475	500	530	560	580	610	650	680	720	750	790	830	860	900	940	970	1000	1040	1080	1120	1160	1200

Grawinkel-Strecker, Hilfsbuch. 3. Aufl.

Berliner Accumulatorenwerke Actiengesellschaft vorm. E. Correns & Co., Charlottenburg.

Die Zellen A sind für 3 stündige, B für 5-, C für 7- und D für 10 stündige Entladung. Die Zellen H sind 230 mm breit und 320 mm hoch, Q 2 bis Q 11 325 mm br., 360 mm h., Q 12 bis Q 17 365 mm br., 370 mm h., Q 18 bis Q 29 375 mm br. und h., Q 30 bis Q 35 380 mm br. und h., 2 G 18 bis 2 G 22 665 mm br., 470 mm h., 2 G 22 bis 2 G 30 675 mm br., 475 mm h.

Bezeichnung	Zulässiger Ladestrom	Länge der Zelle	Gewicht der Elektroden	Gewicht der Zelle ohne Säure	Menge der Säure von 1,15 sp. G.	A		B		C		D	
						Capacität	Zulässiger Entladestrom	Capacität	Zulässiger Entladestrom	Capacität	Zulässiger Entladestrom	Capacität	Zulässiger Entladestrom
	A	mm	kg	kg	l	AS	A	AS	A	AS	A	AS	A
H 1	5	70	5,4	8,1	3,5	18	6	23	5	26	3,75	30	3
H 2	9	105	9	12,2	5,5	36	12	45	9	52	7,5	60	6
H 3	14	145	12,6	16,2	8	54	18	68	13,5	78	11,25	90	9
H 4	18	175	16,2	20,4	9,6	72	24	90	18	104	15	120	12
H 5	23	210	19,8	24,3	11,6	90	30	115	23	130	18,75	150	15
H 6	28	240	23,4	28,3	13,3	108	36	140	28	156	22,5	180	18
Q 2	22	110	16	21	8,7	90	30	110	22	119	17	130	13
Q 3	33	145	22,4	27,5	12,4	135	45	165	33	178	26	195	19,5
Q 4	44	180	28,8	34,5	15	180	60	220	44	238	34	260	26
Q 5	55	215	35,2	41,5	18,2	225	75	275	55	297	43	325	32,5
Q 6	66	245	41,6	48,5	21	270	90	330	66	357	51	390	39
Q 7	77	275	48	55	23,6	315	105	385	77	416	60	455	45,5
Q 8	88	310	54,4	62,5	26,7	360	120	440	88	476	68	520	52
Q 9	99	340	60.8	70	29,4	405	135	495	99	535	76	585	58,5
Q 10	111	375	67,2	77,5	32,1	450	150	550	110	595	85	650	65
Q 11	121	405	73,6	85	35,3	495	165	605	121	654	94	715	71,5
Q 12	132	465	80	105	37,2	540	180	660	132	714	102	780	78
Q 13	143	500	86,4	112	40,3	585	195	715	143	773	111	845	84,5
Q 14	154	535	92,8	119	43,5	630	210	770	154	833	119	910	91
Q 15	165	565	99,2	127	46	675	225	825	165	892	128	975	97,5
Q 16	176	595	105,6	135	48,7	720	240	880	176	952	136	1040	104
Q 17	187	630	111	142	51,8	765	255	935	187	1011	145	1105	110,5
Q 18	198	675	117	150	60,7	810	270	990	198	1071	153	1170	117
Q 19	209	705	124	159	64,3	855	285	1045	209	1130	162	1235	123,5
Q 20	220	740	130	166	67,8	900	300	1100	220	1190	170	1300	130
Q 21	231	770	136	173	70,7	945	315	1155	231	1249	179	1365	136,5
Q 22	242	800	143	181	73,7	990	330	1210	242	1309	187	1430	143
Q 23	253	830	149	189	76,6	1035	345	1265	253	1368	196	1495	149,5
Q 24	264	860	156	198	79,5	1080	360	1320	264	1428	204	1560	156
Q 25	275	890	162	206	82,2	1125	375	1375	275	1487	213	1625	162,5
Q 26	286	925	168	213	86	1170	390	1430	286	1547	221	1690	169
Q 27	297	955	175	221	89	1215	405	1485	297	1607	230	1755	175,5
Q 28	308	990	181	228	92,5	1260	420	1540	308	1666	238	1820	182
Q 29	319	1020	187	235	95,5	1305	435	1595	319	1725	247	1885	188,5
Q 30	330	1060	194	243	99	1350	450	1650	330	1785	255	1950	195
Q 31	341	1090	200	250	103	1395	465	1705	341	1844	263	2015	201,5
Q 32	352	1120	207	258	106	1440	480	1760	352	1904	272	2080	208
Q 33	363	1155	213	266	109	1485	495	1815	363	1963	281	2145	214,5
Q 34	374	1185	220	274	113	1530	510	1870	374	2023	289	2210	221
Q 35	385	1215	226	281	116	1575	525	1925	385	2082	298	2275	227,5
2 G 18	396	675	237	293	146	1620	540	1980	396	2142	306	2340	234
2 G 19	418	705	249	297	153	1710	570	2090	418	2261	323	2470	247
2 G 20	440	740	262	311	161	1800	600	2200	440	2380	340	2600	260
2 G 21	462	770	275	325	168	1890	630	2310	462	2499	357	2730	273
2 G 22	484	800	288	339	175	1980	660	2420	484	2618	374	2860	286
2 G 23	506	840	301	353	182	2070	690	2530	506	2737	391	2990	299
2 G 24	528	870	313	368	189	2160	720	2640	528	2856	408	3120	312
2 G 25	550	900	326	382	196	2250	750	2750	550	2975	425	3250	325
2 G 26	572	930	339	396	204	2340	780	2860	572	3094	442	3380	338
2 G 27	594	960	352	411	211	2430	810	2970	594	3215	459	3510	351
2 G 28	616	995	365	425	219	2520	840	3080	616	3332	476	3640	364
2 G 29	638	1030	377	439	226	2610	870	3190	638	3451	493	3770	377
2 G 30	660	1065	390	454	234	2700	900	3300	660	3570	510	3900	390

Tabellen ausgeführter Sammler.

Kölner Accumulatoren-Werke Gottfr. Hagen, Kalk bei Köln a. Rh.

Die Zellen a sind für 3 stündige, b für 5-, c für 7- und d für 10 stündige Entladung. Die Zellen A sind 310 mm breit und 335 mm hoch, B 240 mm breit, 235 mm hoch, G 16 bis G 23 410 mm breit, G 24 bis G 40 420 mm breit, alle G 500 mm hoch.

Bezeichnung	Zulässiger Ladestrom	Länge einer Zelle	Gewicht der Elektroden	Gewicht der Zelle ohne Säure	Menge der Säure von 1,17 sp. G.	a Capacität	a Zulässiger Entladestrom	b Capacität	b Zulässiger Entladestrom	c Capacität	c Zulässiger Entladestrom	d Capacität	d Zulässiger Entladestrom
	A	mm	kg	kg	l	AS	A	AS	A	AS	A	AS	A
B_2	6	116	5,5	10,0	3	22	7,5	27	5,4	32	4,6	36	3,6
B_3	9	144	7,7	13,0	4	33	11	40	8	48	7	54	5,4
B_4	12	172	10,0	17,3	5	45	15	54	11	64	9,2	72	7,2
B_5	15	200	13,2	21,5	6	56	19	68	13,6	80	11,5	90	9
A_3	18	165	16,8	26,5	9,5	68	23	82	16,5	96	14	108	10,8
A_4	24	200	21,6	34,5	12	90	30	109	22	128	18,5	144	14,5
A_5	30	235	26,4	42,0	14	113	38	137	27,5	160	23	180	18
A_6	36	270	31,2	49,0	16,5	135	45	164	33	192	27,5	216	21,6
A_7	42	305	36,0	55,5	19	158	53	191	38,2	224	32	252	25,2
A_8	48	340	40,8	62,0	21	180	60	218	43,6	256	36,6	288	28,8
A_9	54	375	45,6	68,5	23,5	203	68	245	49	288	41,2	324	32,4
A_{10}	60	410	50,4	74,5	26	225	75	273	54,6	320	45,7	360	36
A_{11}	66	450	55,2	89	28	248	83	300	60	352	50,3	396	39,6
A_{12}	72	484	60	97	30	270	90	328	65,6	384	55	432	43,2
A_{13}	78	518	64,8	105	32,5	292	97,5	355	71	416	59,5	463	46,8
A_{14}	84	552	69,6	113	35	315	105	382	76,5	448	64	504	50,4
A_{15}	90	586	74,4	121	37	338	112,5	409	81,8	480	68,5	540	54
A_{16}	96	630	79,2	129	39,5	360	120	436	87,2	512	73	576	57,6
A_{18}	108	698	88,8	143	42	405	135	490	98	576	82	648	64,8
A_{20}	120	766	98,4	157	44	450	150	545	109	640	91,5	720	72
A_{22}	132	834	108	171	46,5	495	165	600	120	704	101	792	79,2
A_{24}	144	902	117,6	185	49	540	180	655	131	768	110	764	86,4
A_{26}	156	970	127,2	199	53	585	195	710	142	832	119	936	93,6
A_{28}	168	1038	136,8	213	58	630	210	764	153	896	128	1008	100.8
G_{16}	181	710	165	242	80	680	227	823	165	967	138	1088	109
G_{17}	192	748	175	255	85	723	241	875	175	1028	147	1156	116
G_{18}	204	786	185	269	90	765	255	926	185	1088	155	1224	122
G_{19}	215	824	195	282	95	808	269	978	196	1149	164	1292	129
G_{20}	227	862	205	295	100	850	283	1029	206	1209	173	1360	136
G_{21}	238	900	215	309	105	893	297	1081	216	1270	181	1428	143
G_{22}	249	938	225	322	110	935	312	1132	226	1330	190	1496	150
G_{23}	261	976	235	335	115	978	326	1184	237	1391	199	1564	156
G_{24}	272	1014	245	349	120	1020	340	1235	247	1451	207	1632	163
G_{25}	284	1052	255	362	125	1063	354	1287	257	1512	216	1700	170
G_{26}	295	1090	265	375	130	1105	368	1338	268	1571	224	1768	177
G_{27}	306	1128	275	389	135	1148	383	1390	278	1632	233	1836	184
G_{28}	217	1166	285	403	140	1190	387	1441	288	1692	242	1904	190
G_{29}	329	1204	295	416	145	1233	411	1493	299	1753	250	1972	197
G_{30}	340	1242	305	429	150	1275	425	1544	309	1813	259	2040	204
G_{31}	351	1280	315	443	155	1318	439	1596	319	1874	268	2108	211
G_{32}	363	1318	325	456	160	1360	453	1646	329	1934	276	2176	218
G_{33}	374	1356	335	469	165	1403	468	1698	339	1995	285	2244	224
G_{34}	385	1394	345	483	170	1445	482	1749	350	2055	294	2312	231
G_{35}	397	1432	355	496	175	1488	496	1801	360	2116	302	2380	238
G_{36}	408	1470	365	509	180	1530	510	1852	370	2176	311	2448	245
G_{37}	419	1508	375	523	185	1573	524	1904	381	2237	319	2516	252
G_{38}	431	1546	385	536	190	1615	538	1955	391	2297	328	2584	258
G_{40}	453	1622	405	563	200	1700	567	2058	412	2418	345	2720	272

Accumulatorenfabrik Actiengesellschaft, Zweigniederlassung in Oerlikon bei Zürich.

Sammler für Zugbeleuchtung

mit gelatinösem Elektrolyt. Die Zellen a sind für 3 stündige, b für $5^{1}/_{2}$ stündige, c für 10 stündige Entladung. Die Zellen sind 165 mm breit und 250 mm hoch.

Bezeich-nung	Zulässiger Ladestrom A	Länge der Zelle mm	Gewicht der gefüllten Zelle kg	a Capacität AS	a Zulässiger Entlade-strom A	b Capacität AS	b Zulässiger Entlade-strom A	c Capacität AS	c Zulässiger Entlade-strom A
Z 505	4	70	10,5	20	6	22	4	28	3
Z 509	8	130	16	40	12	44	8	56	6
Z 511	10	160	18,8	50	15	55	10	70	7,5
Z 515	14	220	23	70	21	77	14	98	10
Z 519	18	275	28	90	27	100	18	126	13

Schweizerische Accumulatorenbau-Actiengesellschaft in Marly bei Freiburg (Schweiz).

Sammler von J. L. Huber.

Bezeichnung	Material der Kasten	Stromstärke in A für die Ladung	Stromstärke in A für die Ent-ladung	Capacität in Ampère-Stunden	Aufsenmafse der Kasten in mm Tiefe	Aufsenmafse der Kasten in mm Breite	Aufsenmafse der Kasten in mm Höhe	Gewicht in kg der Elek-troden	Gewicht in kg der Säure	Gewicht in kg der vollst. Zelle
7 S p	Glas	4— 8	bis 8	54	160	78	230	3,8	1,7	7,5
11 „	„	7—13	„ 13	90	160	110	230	6	2,2	10,5
15 „	„	9—18	„ 18	126	160	140	230	8	3	14
23 „	„	16—28	„ 28	198	160	210	230	12,6	4,5	20,5
31 „	„	22—38	„ 38	270	160	270	230	17	6,5	28
45 „	Hartgummi (dreizellig)	30—53	„ 53	378	160	360	230	24,5	5,8	34
7 G p	Glas	8—12	„ 15	154	280	130	350	11	8	25
11 „	„	15—20	„ 25	255	280	175	350	17,5	11	35
15 „	„	21—28	„ 35	360	280	220	350	23,5	13,5	45
23 „	„	36—44	„ 55	565	280	320	350	36	20	66
31 „	„	50—60	„ 75	770	280	420	350	49	26,5	98

Die S-Platten werden namentlich für Zugbeleuchtung, Straßenbahnbetrieb, elektrische Böte etc., die G-Platten dagegen ausschließlich für stationäre Anlagen verwendet.

Tragbarer Sammler aus 3 Zellen 15 Sp im Ebonitgefäß für 15 A Lade- und Entladestrom und 120 AS. Aeußere Abmessungen: 160 mm breit, 380 mm lang, 230 mm hoch, Gewicht 33 kg.

Sammler für **Zugbeleuchtung**, 3 Zellen 45 Sp, 120 AS, 15 A, 18 V, 105 kg.

IV. Abschnitt.
Leitung und Vertheilung.

Vertheilungssysteme.

(458) Directe und indirecte Vertheilung. Die Vertheilungssysteme kann man eintheilen in solche, bei denen der Stromerzeuger mit den Verbrauchsstellen in einem und demselben Stromkreise liegt, und in solche, wo Stromerzeuger und Verbrauchsstellen in getrennten Stromkreisen liegen. Die erste Art nennt man directe, die zweite Art indirecte Vertheilung; in beiden Fällen kann man Gleich- oder Wechselstrom verwenden; bei der indirecten Vertheilung gebraucht man zur Vermittelung zwischen dem Kreise des Stromerzeugers und dem Kreise der Verbrauchsstellen besondere Apparate, Transformatoren.

Ein Mittelding zwischen directer und indirecter Vertheilung bieten die Systeme, welche Sammlerbatterien benutzen. Der eigentliche Stromerzeuger ist die Dynamomaschine; in vielen Fällen speist dieselbe die Sammler und zugleich die Verbrauchsstellen; oft auch werden die Sammler für sich geladen und haben erst nach Einstellung des Maschinenbetriebes die Aufgabe, den Verbrauchsstellen Strom zu liefern.

In jeder dieser Arten von Vertheilungssytemen kann man die Verbrauchsstellen in verschiedener Weise schalten.

(459) Schaltung der Verbrauchsstellen. Reihenschaltung. Die Verbrauchsstellen werden in einfachem Stromkreise hintereinander verbunden; im ganzen Kreise herrscht dieselbe Stromstärke. Bei dieser Schaltung braucht man verhältnißmäßig wenig Leitungsmaterial, da der leitende Querschnitt für die eine bestimmte Stromstärke, die außerdem meist gering ist, berechnet wird. Die Leitung wird von einer Verbrauchsstelle zur nächsten gezogen, so daß auch in diesem Punkte die Reihenschaltung am sparsamsten ist. Der Nachtheil dieser Verbindungsweise ist, daß eine Stromunterbrechung an einer Stelle sogleich den ganzen Betrieb aufhebt.

Parallelschaltung. Die Hauptleitung (positiv und negativ) durchzieht die ganze Anlage und entsendet an den geeigneten Stellen Abzweigungen. Die Verbrauchsstellen erhalten hier alle wesentlich dieselbe Klemmenspannung. Die Stromstärke in der Anlage ist wechselnd; der Leitungsquerschnitt muß für die größte vorkommende Stromstärke berechnet werden; während bei der

Reihenschaltung die Stromstärke in der ganzen Leitung so groß ist, wie in einer Verbrauchsstelle, hat man bei der Parallelschaltung das Vielfache dieser Stromstärke, so daß die Querschnitte sehr erheblich werden. Dazu bedingt die Führungsweise der Leitungen eine größere Länge derselben. Die Anlagekosten sind bei dieser Schaltung beträchtlich; der wesentliche Vortheil ist die Unabhängigkeit der einzelnen Verbrauchsstellen.

Gemischte Schaltung. Um die Vortheile der beiden vorigen Schaltungsarten zu vereinigen, hat man dieselben in zweierlei Weise gemischt.

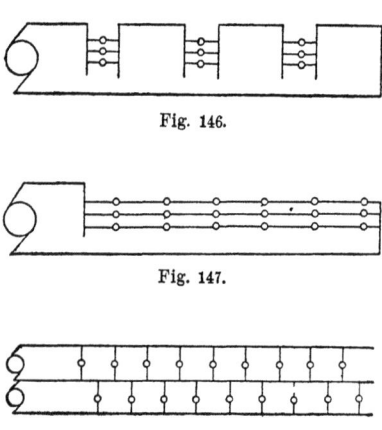

Fig. 146.

Fig. 147.

Fig. 148.

Bei der Reihenschaltung von Gruppen, Fig. 146, werden je eine Anzahl von Verbrauchsstellen, z. B. von Glühlampen, parallel verbunden und solche Gruppen von gleichen Lampenzahlen hintereinander geschaltet. Verlöscht in einer Gruppe eine Lampe, so erhalten die übrigen einen zu starken Strom und es muß daher jeder Lampe eine selbstthätige Umschaltevorrichtung beigegeben werden, welche im gegebenen Falle einen Widerstand oder eine Ersatzlampe einschaltet; da diese Umschalter kostspielig sind, so kann das System nur bei sehr langen Leitungen verwendet werden.

Bei der Parallelschaltung von Reihen, Fig. 147, verbindet man je eine bestimmte, große oder kleine, Anzahl von Lampen hintereinander und schaltet die erhaltenen Reihen parallel. Die Reihen sind von einander unabhängig; aber die Lampen einer und derselben Reihe sind von einander abhängig. Jede Lampe erhält eine Kurzschlußvorrichtung, welche im Falle einer Beschädigung der Lampe den Stromkeis selbstthätig wieder schließt. Die Regulirung der Stromstärke der einzelnen Zweige geschieht in der Maschinenstation.

Dreileitersystem, Fig. 148. Diese Schaltung bildet die Veinigung der beiden vorhergehenden. Die Verbrauchsstellen werden in zwei Hälften getheilt, und für jede Hälfte eine besondere Anlage mit eigener Stromquelle gezeichnet, jedoch so, daß beide Anlagen einen Leiter gemeinsam haben. Der Vortheil dieses Systems ist eine bedeutende Ersparniß an Leitungsmaterial, während die einzelnen Verbrauchsstellen von einander unabhängig bleiben. Die Vertheilung in die beiden Hälften der Anlage muß aber so ausgeführt werden, daß zu allen Zeiten in beiden Hälften nahezu gleich viel Strom gebraucht wird; diese Bedingung ist schwierig zu erfüllen. Die Ersparniß an Anlagekosten für die Leitung dürfte sich gegenüber der einfachen Parallelschaltnng auf etwa 30 % stellen.

Neuerdings wird auch das Fünfleitersystem angewandt, welches eine Verdoppelung des Dreileitersystems darstellt.

Directe Vertheilung.
Parallelschaltungs-Systeme.

(460) **Maschinen und Lampen.** In Parallelschaltungsanlagen verwendet man Nebenschlußmaschinen oder Maschinen mit gemischter Wickelung; erstere hauptsächlich in großen Anlagen, wenn die Regulirung der Spannung durch einen Maschinenwärter erfolgt, letztere vorzugsweise in den kleineren Anlagen. Die Spannung beträgt meistens 100 bis 120 Volt, oft auch 65 Volt; ausnahmsweise sind auch Spannungen von 150 Volt verwendet worden, doch macht die Herstellung einer Glühlampe für so hohe Spannungen Schwierigkeiten. Bogenlampen können den Glühlampen parallel gebrannt werden; es eignen sich dazu am besten Nebenschlußlampen. In Anlagen von 105 Volt und mehr schaltet man 2 Bogenlampen und einen Zusatzwiderstand hintereinander, in Anlagen von 65 Volt giebt man jeder Bogenlampe einen Zusatzwiderstand.

(461) **Edison'sches** System, einfache Parallelschaltung. Fig. 149 und 150. Von den beiden Polen der Stromquelle führen die positive und die negative Leitung nebeneinander durch die ganze Anlage; sie verzweigen sich nach dem vorhandenen Bedürfniß, ohne einer bestimmten Regel zu folgen.

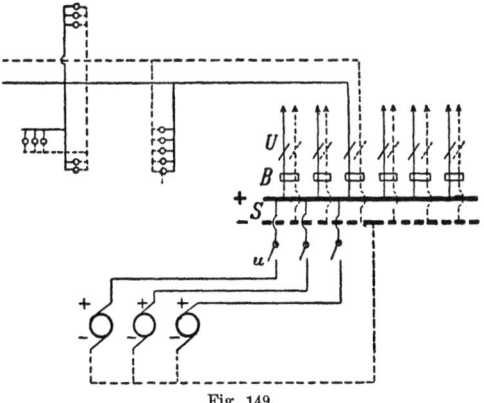

Fig. 149.

Gewöhnlich wird im Maschinenraum ein Schaltbrett angebracht; an demselben befinden sich die Sammelschienen S (+ und —), wo die von den Dynamomaschinen gelieferten Ströme sich vereinigen, und von wo die Leitungen (je eine + und —) nach den verschiedenen Theilen der Anlage führen. Am Schaltbrett werden

360 Vertheilungssysteme.

ferner die Unterbrecher *u* für die einzelnen Dynamomaschinen und *U* für die Leitungen, ferner die Bleisicherungen *B* und die Strom- und Spannungsmesser angebracht; in unmittelbarer Nähe werden die Regulirwiderstände für die Dynamomaschinen und, wo erforderlich, für die Hauptleitungen aufgestellt. In kleineren Anlagen verzweigt sich jede der vom Schaltbrett abgehenden Leitungen in der Art, wie in Fig. 149 für eine derselben angegeben wird. Bei großen Anlagen, besonders bei Centralen (Fig. 150) läßt man die vom Schaltbrett der Centrale ausgehenden Leitungen unverzweigt bis zu den Vertheilungskästen, deren Lage durch die Vertheilung der zu speisenden Lampen im Bezirk bestimmt wird, gehen; dort schließen sich die Vertheilungsleitungen an, welche unter sich eine Art Ringleitung bilden, und von denen

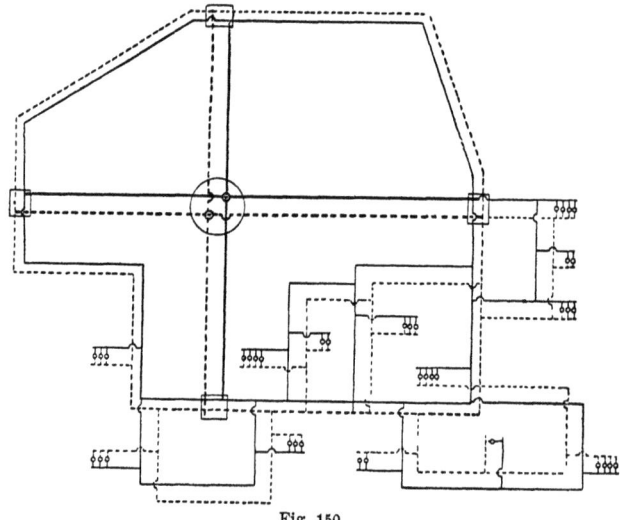

Fig. 150.

an den passenden Stellen nach Bedarf die Leitungen in die einzelnen Häuser führen. Dies ist schematisch in einem Theil der Fig. 150 angegeben. Man sieht, daß die Leitungen zum großen Theil wieder in einander zurücklaufen; dies hat den Vortheil geringen Spannungsverlustes in der Leitung und größerer Sicherheit, da bei Beschädigung einer Leitung immer ohne Weiteres Ersatz vorhanden ist.

(**462**) **Regulirung.** In einer Anlage nach Fig. 150 herrscht nicht überall die gleiche Spannung. Wenn in einem Theil der Anlage viele Lampen brennen, so ist der Spannungsverlust nach dieser Seite groß; nach einer anderen Seite, wo zufällig nur ein geringer Theil der angeschlossenen Lampen brennt, ist der Spannungsverlust gering; im Laufe des Betriebes kehrt sich das Verhältniß oft um. Es entsteht hierdurch das Bedürfniß, die Spannung im Vertheilungsnetz zu reguliren. Dies kann in zweierlei Weise geschehen.

Vertheilungssysteme. 361

Widerstandseinschaltung. In die Hauptleitungsstränge werden (in der Centrale) Rheostaten von passendem Querschnitt und Widerstand eingeschaltet; von den Vertheilungskästen werden Spannungsleitungen (gewöhnlich in den Kabeln schon vorgesehen) gezogen und zu einem Umschalter geführt, durch den sie nach Belieben mit einem Spannungsmesser verbunden werden können. Man schaltet nun so viel Widerstand in die Hauptleitungen ein, daß die Spannung in allen Vertheilungskästen einen und denselben vorher bestimmten Werth hat. Rheostaten für diesen Zweck werden im Abschnitt V berechnet.

Lahmeyer's Fernleitungs-Dynamomaschine. In jeden Hauptleitungsstrang wird eine kleine Dynamomaschine eingeschaltet, durch deren Schenkel- und Ankerbewickelung der zu regulirende Strom fließt, Fig. 151. Der Anker wird von den Dampfmaschinen der Centrale getrieben; er erzeugt eine Spannung, welche dem Strom, der die Schenkel durchfließt, proportional ist; diese Spannung addirt sich zu der in der Centrale herrschenden. Da der Verlust in der Leitung gleichfalls diesem Strom proportional ist, so kann man die Maschine so wählen, daß sie den Verlust in der Leitung in jedem Augenblicke gerade ersetzt; die Spannung in den Vertheilungskästen ist dann immer gleich derjenigen, welche die Stromerzeuger in der Centrale besitzen. Die Hilfsmaschine muß mit sehr geringer magnetischer Sättigung des Eisens arbeiten. Dieses Regulirungsmittel kann nur in beschränktem Umfange mit Vortheil verwendet werden; wo viele Hauptleitungsstränge sind, würde die große Zahl der Hilfsmaschinen den Betrieb nur erschweren.

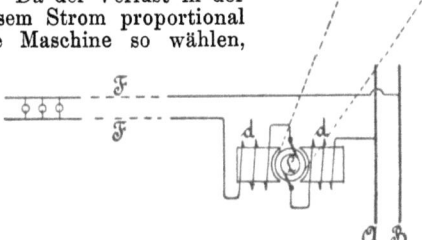

Fig. 151.

(463) **Fritsche's Ringsystem**, Fig. 152, benutzt gleichfalls einfache Parallelschaltung; durch den zu beleuchtenden Bezirk oder das zu beleuchtende Gebäude zieht sich möglichst nahe an den Orten, die für die Lampen bestimmt sind, eine in sich geschlossene Vertheilungsleitung, welche an bestimmt berechneten Punkten durch Hauptleitungen mit der Maschinenstation verbunden wird.

C_1 und C_2 sind die positive und die negative Sammelschiene der Centrale, von welcher die Hauptleitungen $C_1 A_1$, $C_1 A_3$, ..., $C_2 A_2$, $C_2 A_4$, ... abführen; alle diese Hauptleitungsstränge haben gleiche Widerstände; entweder sind sie gleich lang und dick, oder die längeren Kabel (z. B. $C_2 A_6$) haben größeren, die kürzeren, wenn es angeht, geringeren Querschnitt, oder schließlich, man schaltet in die kürzeren Kabel Widerstände ein (z. B. in $C_1 A_1$ und $C_2 A_8$). Die Anschlüsse der Hauptleitungen werden an der positiven und negativen Vertheilungsleitung gegeneinander versetzt, so daß ein Anschluß an der negativen Vertheilungsleitung der Mitte zwischen zwei Anschlüssen auf der positiven

Vertheilungssysteme.

gegenüberliegt. Die Theile der Leitung zwischen zwei Anschlüssen haben untereinander gleiche Widerstände, also $A_1\ A_3 = A_2\ A_4 = A_3\ A_5$ u. s. f.; die Mittel, dies zu erreichen, sind dieselben, wie für die Hauptleitungen. An die Vertheilungsleitungen schließen sich die zu den Lampen oder (bei Centralen) zu den Haus-Beleuchtungsanlagen führenden Leitungen an.

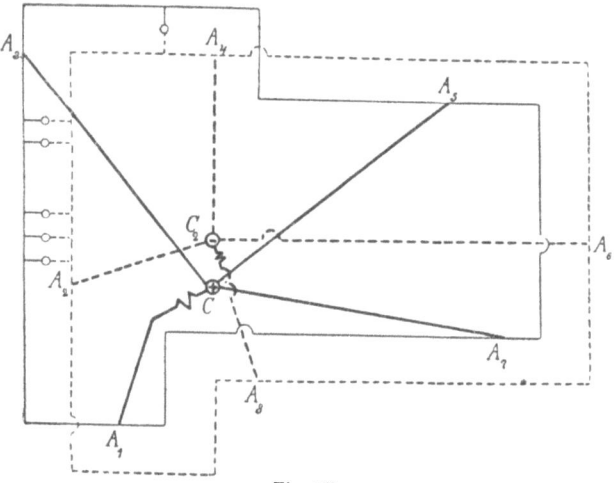

Fig. 152.

Die Leitungen werden so berechnet, daß der größere Theil des Spannungsverlustes in die Hauptleitungen, der geringere in die Vertheilungsleitungen fällt.

Regulirung. Von den Anschlußpunkten werden Meßleitungen (alle von gleichem Widerstand) nach der Centrale gezogen und dort die positiven Meßdrähte mit der einen, die negativen mit der anderen Klemme eines Spannungsmessers verbunden; man mißt dann die mittlere Netzspannung. Regulirt man die Spannung der Stromerzeuger in der Centrale so, daß der Spannungsmesser immer dieselbe Netzspannung anzeigt, so erhalten alle Lampen in der ganzen Anlage praktisch die gleiche Spannung.

Reihenschaltungs-Systeme.

(464) **Maschinen und Lampen.** Als Stromquelle benutzt man Hauptstrommaschinen. Von Bogenlampen eignen sich am besten die Differentiallampen für die Reihenschaltung. Die Glühlampen werden für niedere Spannung bis 10 und 11 A construirt; stärkeren Strom kann man einer Glühlampe in der Regel nicht zuführen, weil die Durchtrittstelle der Leitung durch das Glas der Lampe Schwierigkeiten bereitet.

(465) **Bogenlampen in Reihen** werden auf öffentlichen Plätzen und Straßen, in Bahnhofshallen, Gasthäusern, großen Gärten und dgl. benutzt; in der Regel werden in denselben Stromkreis keine Glüh-

Vertheilungssysteme. 363

lampen eingeschaltet. Gewöhnlich brennt eine Reihe Bogenlampen (z. B. 12 Lampen in einer Reihe) ohne Aenderung der Zahl; sollen einzelne Lampen gelöscht werden, so werden Ersatzwiderstände eingeschaltet. Für jede Lampenreihe hat man eine Maschine; ein Umschalter erlaubt, jede Maschine mit jeder beliebigen Lampenreihe zu verbinden. Dieser Umschalter, Fig. 153, besteht aus

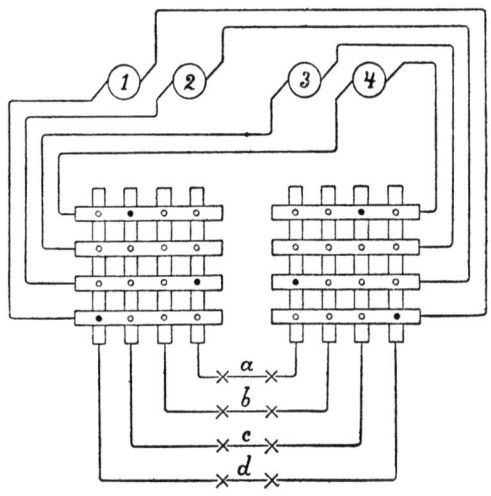

Fig. 153.

zwei Gruppen von parallelen Schienen, die in verschiedenen Höhen angeordnet sind; an den Punkten, wo die Kreuzungen stattfinden, kann man durch Stöpsel die Längs- und die Querschienen passend verbinden. Fig. 153 zeigt Maschine 1 im Stromkreis d, Maschine 2 in a, 3 außer Betrieb und 4 im Kreis c.

In jeden Stromkreis wird ein Strommesser eingeschaltet.

(466) **Bernstein's System.** Bei der Hintereinanderschaltung von Glühlampen besteht die große Schwierigkeit, zu verhindern, daß beim Durchbrennen einer Lampe sämmtliche übrigen Lampen verlöschen; jede Lampe muß eine selbstthätige Kurzschlußvorrichtung erhalten; Bernstein erreicht dies in einfachster Weise, indem in seiner Lampe beim Bruch der Kohle die beiden Zuführungsdrähte sich aneinander legen. Näheres über die Glühlampe vgl. Abschnitt VI.

Bernstein schaltet eine Hauptstrommaschine von einer Spannung bis zu 1500 Volt und einem Strome von 10 A mit den Glühlampen in Reihe. Die Dynamomaschine wird von einer Dampfmaschine ohne Centrifugalregulator angetrieben; diese Verbindung hat das Bestreben, durch Aenderung der Geschwindigkeit constanten Strom zu liefern, vorausgesetzt, daß der Dampfdruck constant ist; um in dieser Beziehung nachzuhelfen, wird ein elektromagnetischer Regulator für den Dampfzufluß benutzt. Diese Regulirungsweise ist eine sehr ökonomische. Sollen sehr viele Lampen gespeist werden, so werden mehrere getrennte Stromkreise gebildet; dies muß besonders geschehen, wenn Privathäuser zu beleuchten sind, wo man die Spannung nicht höher als 500 Volt nehmen wird.

Wenn die Anzahl der zu speisenden Lampen so groß ist, daß man zu viele Stromkreise von 500 Volt erhalten würde, so benutzt man eine andere Anordnung mit Gleichstromtransformatoren, vgl. (478).

Systeme mit gemischter Schaltung.

(**467**) **Dreileitersystem.** Das Wesentliche ist bereits in (459) mitgetheilt worden. Die Regulirung geschieht ebenso, wie bei der gewöhnlichen Parallelschaltung.

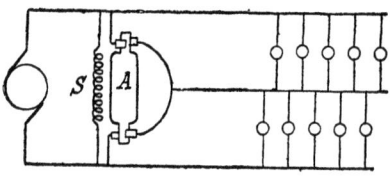

Fig. 154.

Eine besondere Regulirungsweise hat E. Thomson angegeben, Fig. 154. Die äußeren Leitungen werden mit einer Maschine entsprechend hoher Spannung verbunden; S ist die Nebenschluß-Schenkelbewickelung, A der Anker einer Hilfsmaschine; der letztere besitzt zwei gleiche Bewickelungen von sehr geringem Widerstande und zwei Stromabgeber, deren Schaltung die Figur ergiebt. Sie hat die Aufgabe, das Potential des Mittelleiters genau in der Mitte zwischen den Potentialen der äußeren Leiter zu halten.

So lange in beiden Hälften der Anlage gleich viel Lampen brennen, fließt durch den Anker A nur so viel Strom, als zur Aufrechterhaltung der Drehung nöthig ist. Werden auf einer Seite Lampen gelöscht, so würde auf dieser Seite die Spannung an den Lampen steigen; aber die parallel geschaltete Ankerhälfte nimmt soviel Strom auf, daß die Spannung constant bleibt. Da beide Ankerhälften sich mit derselben Geschwindigkeit in demselben Feld drehen, so erzeugen sie gleiche EMK; das Potential des Mittelleiters bleibt also in der Mitte zwischen den äußeren Leitern. Die Differenz der Ströme in den Ankerhälften wird dem Mittelleiter zugeführt.

(**468**) **Fünfleitersystem.** Dasselbe kann als Verdoppelung des Dreileitersystems nach Fig. 148, besser aber als Verdoppelung der Schaltung nach Fig. 154 ausgeführt werden; letzteren Fall stellt Fig. 155 dar. In der Maschinenstation unterhält man eine Spannung von etwa 440 V und vertheilt die letztere nach dem

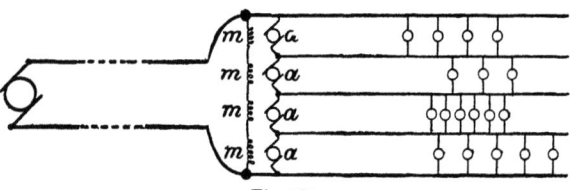

Fig. 155.

gewöhnlichen Zweileitersystem; die Vertheilungspunkte, wo die Hauptleitungen endigen, werden als Regulirungsstationen eingerichtet; von hier aus führen je fünf Drähte weiter. Zur Regulirung dienen vier kleine Dynamomaschinen, deren Feldmagnete m von den Hauptleitungen aus gespeist werden, und deren Anker a auf einer gemeinsamen Welle sitzen; die Ankerwiderstände sind möglichst niedrig. Die Wirkungsweise der Regulirung ist die in (467) beschriebene. Wo die Ungleichmäßigkeiten der Stromvertheilung nicht zu groß sind, kann man mit Vortheil zum Reguliren Sammlerbatterien verwenden.

(469) **Parallelgeschaltete Reihen** benutzt Edison zur Straßenbeleuchtung. Die Maschine erzeugt 1200 Volt, die Lampen verbrauchen 4 A; es werden mehrere Reihen solcher Lampen parallel geschaltet. Wenn eine Lampe verlöscht, so schließt sich der Stromkreis selbstthätig; in der Centralstation zeigt ein Strommesser das Anwachsen des Stromes an; es wird zunächst in der Centrale eine andere Lampe in den Stromkreis eingeschaltet und später die verlöschte Lampe ersetzt.

(470) **Unterstationen.** Dieses von Edison angegebene System erinnert an das Dreileitersystem. Von der Centrale aus werden mehrere hintereinander geschaltete Vertheilungsstationen gespeist; für jede der letzteren steht in der Centrale eine Dynamomaschine; zwischen je zwei Maschinen und zwei Stationen werden Ausgleichsleiter gezogen. Von den Stationen führen Meßdrähte zur Centrale, wo nach den Angaben der Spannungszeiger die Maschinen regulirt werden. — Der große Vortheil dieses Systems ist, daß man die Centrale weit außerhalb des zu beleuchtenden Bezirkes auf billigem Grund und Boden

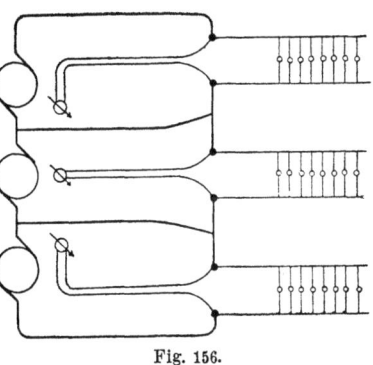

Fig. 156.

und in der Nähe des Wassers und der Eisenbahn erbauen kann.

Systeme mit Sammlerbetrieb.*)

(471) **Regulirung der Batteriespannung. Zellenschalter.** Da die Spannung einer Sammlerbatterie während der Entladung abnimmt, so muß die Zahl der Zellen der Batterie bei fortschreitender Entladung allmälig vergrößert werden. Dazu dient der Zellenschalter, Fig. 157. Von dem äußersten Pol der Batterie führt eine Leitung

---

*) Brochüren der Accumulatorenfabrik Actiengesellschaft, Hagen, und der Allgemeinen Elektricitätsgesellschaft in Berlin.

366 Vertheilungssysteme.

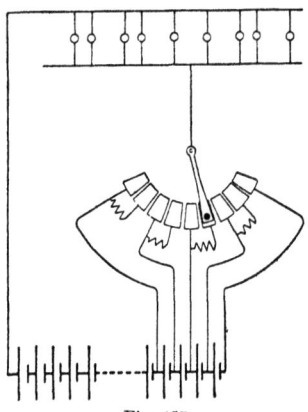

Fig. 157.

zum letzten Contact des Umschalters; von den Verbindungsstellen zwischen zwei benachbarten Zellen führen Leitungen zu je zwei Contacten; in den einen Zweig wird ein kleiner Widerstand eingeschaltet, welcher verhindern soll, daß der Contacthebel bei seiner Bewegung einzelne Zellen kurz schließt; die Widerstände werden so bemessen, daß der Strom, der einen Augenblick lang hindurchgeht, geringer ist als der normale Entladungsstrom der Zellen.

Statt dieser Anordnung kann man auch eine andere wählen, bei welcher der Widerstand im Schalthebel selbst angebracht ist, während die Zahl der Contacte der Zahl der umzuschaltenden Zellen gleich ist. Der Schalthebel besteht dann aus zwei Theilen, zwischen welche der Widerstand eingeschaltet wird; schleifen die beiden Theile auf einem und demselben Contactstück, so ist der Widerstand ausgeschaltet, berührt der eine Theil den Contact der einen, der andere Theil den Contact der Nachbarzelle, so ist der Widerstand in derselben Weise eingeschaltet, wie es nach Fig. 157 geschieht. In großen Anlagen verwendet man selbstthätige Zellenschalter.

(**472**) **Wahl der Dynamomaschine und der Batterie.** Wenn die Spannung an den Glühlampen und der tägliche Strombedarf festgesetzt sind, kann man zunächst die Größe der Zellen, die Zahl derselben und die Spannung der Maschine bestimmen. Hinsichtlich des Strombedarfs kommen in Frage die größte vorkommende Stromstärke und die ganze während eines Tages der Batterie zu entnehmende Strommenge. Mit Hilfe der unter (457) aufgeführten Tabellen kann man die Wahl der richtigen Zellengröße leicht treffen; man wähle indeß die Zelle lieber etwas zu groß, weil dies einmal die Haltbarkeit der Batterie vermehrt, und dann, weil sich die Beanspruchung gewöhnlich bald steigert. Die Zahl der Zellen ergiebt sich, indem man die Lampenspannung durch 2 dividirt und dann noch 10 % hinzufügt. Die Maschine muß eine Nebenschlußmaschine sein; ihre Spannung wird gefunden, indem man die Zahl der Zellen mit 2,7 multiplicirt. Soll die Maschine auch allein oder mit der Batterie zusammen die Lampen speisen, so ist es nöthig, daß ihre Spannung um 30 % erniedrigt werden kann; dies geschieht durch Aenderung der Drehungsgeschwindigkeit oder durch Einschalten von Widerstand in den Schenkelkreis.

(**473**) **Batterie mit der Maschinenanlage verbunden.** Zunächst kommen die Fälle in Betracht, in denen die Batterie außer der eigentlichen Beleuchtungszeit geladen wird; es brennen dann während der Ladung keine oder nur wenige Lampen, z. B. an Orten, wo ununterbrochen Licht erfordert wird. Fig. 158 zeigt eine einfache Anordnung dieser Art. Werden während der Ladung niemals

Vertheilungssysteme. 367

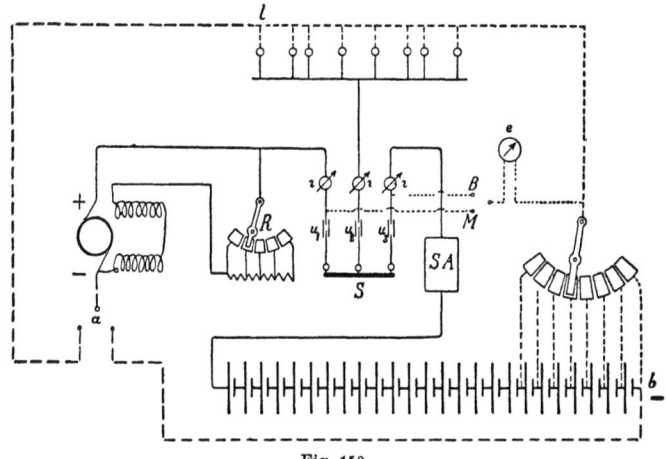

Fig. 158.

Lampen gespeist, so brauchen nur 10 % der Zellen an den Zellenschalter angeschlossen zu werden; ferner braucht man in diesem Falle die Leitung vom negativen Maschinenpol zum negativen Batteriepol (Leitung ab) nicht. Sollen auch während der Ladung Lampen brennen, so sind 35 % der Zellen mit dem Zellenschalter zu verbinden; in diesem Falle kann man die Ladung vom negativen Maschinenpol unmittelbar zu den Lampen (Leitung al) entbehren.

Will man so viel Lampen anschließen, daß zur Zeit des höchsten Strombedarfes die Maschine mit der Batterie parallel geschaltet werden muß, so braucht man alle in Fig. 158 angegebenen Leitungen.

In die positive Batteriezuführung wird der selbstthätige Ausschalter SA eingeschaltet. In jede dieser Leitungen wird ein Strommesser i, ein Ausschalter u und eine Bleisicherung (zwischen S und u) eingeschaltet; e ist ein Spannungsmesser.

Sollen während der Ladung keine Lampen brennen, so ist der Betrieb so einfach, daß eine Erläuterung nicht nöthig erscheint.

Werden während der Ladung Lampen gebrannt, so ist die Zahl derselben (da die Ladung nicht während der Beleuchtungszeit stattfindet) gering; der Strom für die Lampen soll von der Maschine geliefert werden. Die Umschalter u_1, u_2', u_3 werden geschlossen, die Kurbel bei a nach rechts gestellt; die Spannung der Maschine wird mittels des Regulirwiderstandes R auf die erforderliche Höhe gebracht, so daß die Batterie den vorgeschriebenen Entladestrom empfängt; der Zellenschalter wird so gestellt, daß die Lampen die vorgeschriebene Spannung erhalten.

Ist die Anzahl der zu speisenden Lampen so groß, daß zu gewissen Zeiten Maschine und Batterie parallel Strom liefern müssen, so kann das Laden der Batterie wie in den vorigen Fällen ausgeführt werden. Um Maschine und Batterie parallel zu schalten, bringt man sie auf dieselbe Spannung; die Spannung der Batterie wird dabei zwischen dem positiven Pol und dem Zellenschalter gemessen. Man schließt darauf den betreffenden Umschalter bei S und regulirt am Widerstand R und am Zellenschalter so, daß die Maschine ihre größte Stromstärke liefert. Soll die Maschine oder die Batterie abgeschaltet werden, so wird zunächst so regulirt, daß der abzuschaltende Theil möglichst wenig Strom liefert; darauf öffnet man den betreffenden Ausschalter bei S.

Ausführung der Schaltungen nach Fig. 158.

1. Schaltung zur Ladung: Kurbel bei a nach rechts. Spannungsmessung an der Maschine: Zellenschalter nach rechts, Spannungsmesser auf M. Spannungsmessung an der Batterie: Zellenschalter wie vorher, Spannungsmesser auf B; nöthigenfalls regulirt; darauf u_1 und u_3 geschlossen.

2. Schaltung zur Entladung: Spannungsmesser auf B, Zellenschalter so weit nach links, bis der Spannungsmesser die Spannung, welche für die Lampen paßt, zeigt; darauf u_2 und u_3 geschlossen.

3. Maschine ist in Betrieb, Batterie hinzuzuschalten. Kurbel bei a steht links, u_1 und u_2 sind geschlossen. Maschinenspannung: Spannungsmesser auf M; darauf Spannungsmesser auf B und am Zellenschalter regulirt, bis die Ablesung dieselbe ist wie vorher. Nun u_3 geschlossen und an R wie am Zellenschalter regulirt, daß die Maschine ihren Maximalstrom liefert.

4. Batterie ist in Betrieb, Maschine hinzuzuschalten: Kurbel bei a nach links. u_2 und u_3 sind geschlossen. Batteriespannung: Spannungsmesser auf B. Darauf Spannungsmesser auf M und bei R so regulirt, das die Ablesung dieselbe ist, wie vorher. Nun u_1 geschlossen und weiter wie unter 3.

Bei dieser Betriebsart dienen die letzten Zellen der Batterie nur zur Regulirung und werden nicht völlig entladen; außerdem erhalten sie bei der Ladung einen stärkeren Strom als die übrigen Zellen, ihre Ladung ist deshalb auch rascher beendigt, als die des größeren Theiles der Batterie. Wünscht man die letzten Zellen auch abschalten zu können, sobald ihre Ladung beendet ist, so ändert sich die Anordnung etwas. In dem Falle, daß während der Ladung der Batterie niemals Lampen brennen und wenn niemals Maschine und Batterie parallel geschaltet werden sollen, kann die Schaltung nach Fig. 158 beibehalten, die Leitung $a\,b$ entbehrt werden. In allen anderen Fällen benutzt man den Doppel-Zellenschalter; die rechte untere Ecke der Fig. 158 erhält dann das Aussehen, welches Fig. 159 zeigt.

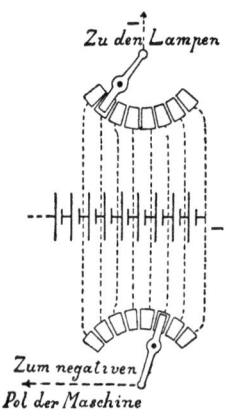

Fig. 159.

Unter Umständen nimmt man die letzten Zellen etwas größer, als die der übrigen Batterie, damit sie den stärkeren Strom gut aushalten können.

Die Verbindungen zum Spannungsmesser sind bei Verwendung des Doppel-Zellenschalters etwas anders anzulegen, als in Fig. 159 angegeben.

Vertheilungssysteme. 369

(**474**) **Ladung während der Beleuchtungszeit.** Dieser Fall ist die Ausnahme; er kommt dann in Betracht, wenn eine Beleuchtungsanlage mit großer Maschine vorhanden ist, und nachträglich eine Sammlerbatterie aufgestellt wird, welche zu einer Zeit, in der die Hauptmaschine stillsteht, eine geringe Anzahl Lampen speisen soll. Am meisten empfiehlt es sich, Lampen von niedrigerer Spannung durch die Batterie speisen zu lassen; in diesem Falle ist die Anlage der in Fig. 158 sehr ähnlich; von der Sammelschiene führen hier getrennte Leitungen zu den Lampen hoher und denen niederer Spannung; während der Ladung schaltet man vor die Batterie einen Regulirwiderstand. Der Betrieb der Anlage ist äußerst einfach.

Müssen von den Lampen niedriger Spannung während der Ladung einige brennen, so ist ein Doppel-Zellenschalter anzuwenden. Kann man nicht Lampen von niederer Spannung verwenden, so muß die Sammlerbatterie während der Ladung in zwei Hälften parallel geschaltet und jeder Reihe ein Vorschaltewiderstand gegeben werden.

(**475**) **Vorschaltemaschinen.** Wenn man die Spannung der Lademaschine nicht genügend erhöhen kann oder aus irgend welchen Gründen nicht erhöhen will, so benutzt man die Schaltung Fig. 160*) mit Vorschalte- oder Zusatzmaschine. Letztere wird entweder von der Haupttriebmaschine oder durch einen Elektromotor angetrieben. M ist der Haupt-Stromerzeuger, m die Zusatzmaschine, R und r sind die Regulirwiderstände; SA ist der selbstthätige Ausschalter, i Strommesser, u Stromschlüssel; bei × sitzen Stromrichtungszeiger. Man kann bei dieser Schaltung die Batterie laden und gleichzeitig Lampen speisen oder Maschine und Batterie parallel schalten.

Besonders vortheilhaft wird die Verwendung von Vorschaltewiderständen bei Centralen mit großen Maschineneinheiten.**)

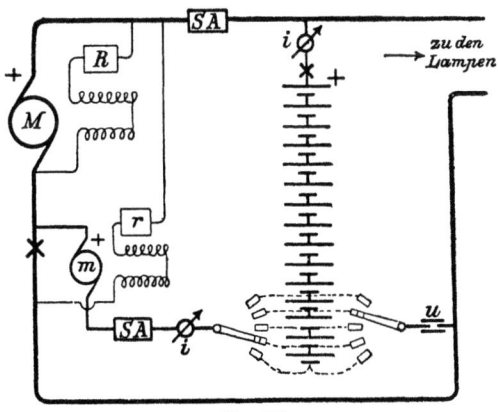

Fig. 160.

---

*) Nach einer von den Berliner Accumulatorenwerken Actiengesellschaft vorm. E. Correns & Co. mitgetheilten Schaltungsskizze.
**) Von Dr. Pirani mitgetheilt.

370   Vertheilungssysteme.

1. Befindet sich die Batterie in der Centrale selbst, so lege man bei m, Fig. 160, eine Maschinengruppe (Dampf- und Dynamomaschine) an, welche die höchste Ladestromstärke bei $1/_5$ der vollen Ladespannung geben kann. Die Dampfmaschine muß dabei ohne Regulator laufen und nur eine Vorrichtung zur Absperrung des Dampfes bei übermäßiger Geschwindigkeit haben. Wird dann am Anfang der Ladung der Dampfzufluß und die Umlaufsgeschwindigkeit so geregelt, daß die passende Ladestromstärke und Spannung vorhanden ist, so bleibt die Ladestromstärke constant und die Tourenzahl der Maschine nimmt selbstthätig mit der Ladezeit so zu, daß die nothwendige Ladespannung stets vorhanden ist. Eine Aenderung des Dampfzuflusses ändert die Ladestromstärke.

Diese Methode hat den großen Vortheil, daß die Bürstenstellung der Zusatzmaschine während der ganzen Ladung nicht verändert zu werden braucht. Es bedarf also die Ladegruppe sehr geringer Beaufsichtigung.

2. Befindet sich die Batterie in Unterstationen, oder kann man über keine geeignete Dampfmaschine verfügen, so bewegt man die Vorschaltemaschine durch einen elektrischen Motor. Das Ganze bildet dann einen Gleichstromtransformator. In diesem Fall ist die Regulirung durch selbstthätige Geschwindigkeitsveränderung nicht erreichbar.

In beiden Fällen ist der Hauptvortheil der, daß eine einzige Maschinengruppe den Beleuchtungsdienst und den größten Theil des Ladedienstes versieht. Bei der zweiten Methode ist der Transformationsverlust nur bei etwa $1/_6$ der gesammten Ladungsenergie hinzuzurechnen. Bei der ersten wird ein Bruchtheil der Ladung durch eine zur Batterie passend gewählte Maschine geliefert, welche daher in guten Betriebsverhältnissen läuft.

Beide Methoden sind bei allen Systemen verwendbar, bei welchen die Centralanordnung zweileitig ist (Zweileiter, Fünfleiter). Beim Dreileiter-System sind derartige Schaltungen verwickelter und nur für große Batterien empfehlenswerth. Für kleinere empfiehlt sich folgende Anordnung:

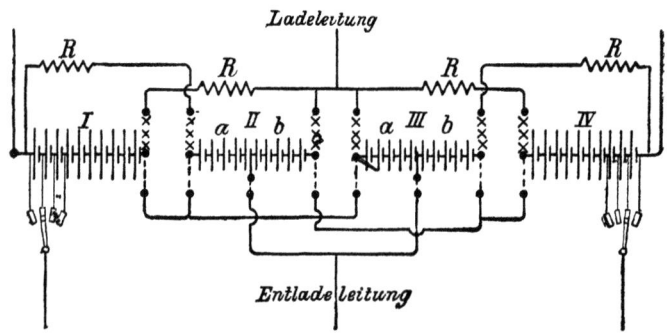

Fig. 161.

Vertheilungssysteme. 371

Die Batterie erfordere für die Entladung $2n$ Zellen. Man bildet sie aus $\frac{4n}{3}$ Zellen voller Capacität und $\frac{4n}{3}$ Zellen halber Capacität. Aus ersterer bildet man die Abtheilungen I und IV, aus letzterer die Abtheilungen II und III. Die Verbindungen ××× gelten für die Ladung, — — — für die Entladung. Bei der Ladung sind I und II parallel, III und IV parallel; bei der Entladung liegt II a neben III a und diese beiden hinter I; ebenso II b neben III b, beide zusammen hinter IV. Ein achtfacher Umschalter dient zum Uebergang von Ladeschaltung zu Entladeschaltung nach dem Schema. Bei der Ladung regelt man durch Widerstände R, bei der Entladung durch Zellenschalter.

(**476**) **Gegenzellen.***) Bei dieser Anordnung wird ein kleiner Theil der Batterie durch einen besonderen Umschalter bald dem größeren Theil entgegen-, bald gleichgeschaltet. Dazu dient ein besonderer Umschalter, vgl. Fig. 162. Die gezeichnete Stellung des Hebels bringt folgende Verbindung hervor: Die Maschine ist im Begriffe, den Haupttheil der Batterie zu laden; zugleich wird von diesem Stromkreis die Leitung zu den Lampen abgezweigt, welche gleichfalls Strom erhalten sollen. Der Lampenstrom tritt in das äußere halbkreisförmige Stück des Umschalters, von da zu einem der kleinen Stücke, auf welchem das Ende des Contacthebels aufliegt und durch die gestrichelt angegebene Verbindung zu den Gegen-

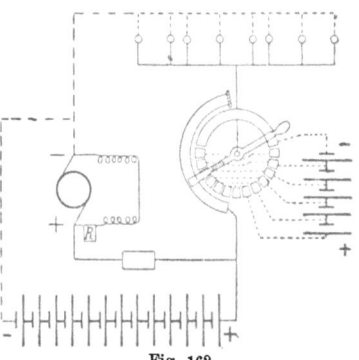
Fig. 162.

zellen; der Strom tritt hier zwischen der dritten und vierten Zelle (vom + Pol an gezählt) ein und durchfließt die vierte und fünfte Zelle, welche durch den Lampenstrom geladen werden und den Ueberschuß an Spannung aufnehmen. Vom negativen Pol der Gegenzellen geht die Verbindung zum inneren Halbkreis und von da durch den Contacthebel, dessen vorderes Ende vom übrigen Theil isolirt ist, zum Drehpunkt, wo sich die Lampenleitung anschließt. Durch Drehen am Contacthebel im Sinne des Uhrzeigers würde man weniger, bei entgegengesetzter Drehung mehr Gegenzellen einschalten. Steht der Contacthebel genau wagerecht, so ist der äußere Halbkreis unmittelbar mit den Lampen verbunden; in der senkrechten Stellung wird der Strom unterbrochen.

Speist man die Lampen aus der Batterie allein, so wird der Hebel aus der gezeichneten Lage in der Uhrzeigerdrehung herumgedreht; ist er um 90° gedreht, so verbindet das isolirte Ende den positiven Pol der Hauptbatterie mit dem negativen Pol der Gegenzellen; die beiden Theile der Batterie sind also hinter-

---

*) Huber, Die Behandlung von Accumulatoren etc., Biel 1889.

einander geschaltet; von dem positiven Pole einer der Gegenzellen führt die Leitung zum Drehpunkt des Hebels und von da zu den Lampen. — Um nur die Batterie zu laden, stellt man den Hebel wagerecht. — Sollen Maschine und Batterie gemeinschaftlich die Lampen speisen, so kann man den Hebel wagerecht stellen; man kann aber auch die gezeichnete Stellung verwenden, wenn die Gegenzellen geladen werden sollen.

Die Zahl der Gegenzellen ist $1/7$ der ganzen Batterie.

(**477**) **Batterien in Unterstationen.***) Die Maschinenstation wird innerhalb oder außerhalb des zu beleuchtenden Bezirkes gewählt. Der letztere wird passend in Unterbezirke getheilt; für jeden Unterbezirk wird eine Sammlerbatterie in Kellerräumen (unterkellerten freien Plätzen oder dgl.) aufgestellt. Die Batterien kann man hinter- oder nebeneinander oder gemischt schalten. Die Maschinenstation hält man täglich 20 Stunden lang in vollem Betriebe; man kann dann fünfmal so viel Lampen anschließen, hat also für das Leitungsmaterial nur $1/5$ der Kosten wie bei unmittelbarer Stromlieferung. Außerdem ist der Betrieb bei gleichmäßig höchster Belastung der Maschinenanlage hinsichtlich des Kohlenverbrauchs wesentlich sparsamer, als der Betrieb mit stark wechselnder Belastung einer Anlage ohne Sammler. Die Bedienung der Stromerzeugungsanlage und der Batterieanlagen erfordert verhältnißmäßig wenige Kräfte.

Indirecte Vertheilung.

Vertheilung durch Gleichstrom.

(**478**) **Bernstein's Vertheilungssystem.** Um das unter (466) beschriebene Reihenschaltungssystem für große Anlagen, z. B. Städtebeleuchtung zu verwenden, schaltet Bernstein eine Anzahl Gleichstromtransformatoren hintereinander in den Kreis einer Hauptstrommaschine und läßt durch die secundären Bewickelungen der Transformatoren die einzelnen Gruppen von Lampen speisen. Die Transformatoren bestehen aus zwei Ankern im gemeinschaftlichen magnetischen Felde, welches durch den primären Strom erregt wird. Der letztere wird in der in (466) beschriebenen Weise constant gehalten; der secundäre Strom wird dann in jedem Transformator von selbst constant sein. Die Drehungsgeschwindigkeit jedes Transformators richtet sich von selbst nach der Anzahl der zu speisenden Lampen. Die Bürstenstellung bleibt dauernd dieselbe; sorgt man noch für selbstthätige Schmierung, so bedarf der Gleichstromtransformator fast keiner Wartung. Der Strom in der primären Leitung wird so hoch gewählt, daß man mit einer Spannung von 5—600 Volt ausreicht, um die erforderliche Energiemenge in die Anlage zu liefern. Sollen sehr viele Lampen gespeist werden, so theilt man dieselben passend in Gruppen zu 1000 bis 1500 und bildet mehrere getrennte Stromkreise. Als Verbrauchsmesser in den einzelnen Anlagen dient ein Zählwerk, welches die Umdrehungen des Ankers des Transformators registrirt.

---

*) Nach der Seite 366 angeführten Brochüre der Hagener Accumulatorenfabrik.

Vertheilungssysteme. 373

Vertheilung durch Wechselstrom.

(479) Bei Verwendung der Wechselstromtransformatoren benutzt man in der Regel Parallelschaltung im primären und im secundären Kreis. Hält man die primäre Spannung constant, so bleibt auch die secundäre gleich, vorausgesetzt, daß die inneren Widerstände der Transformatoren klein sind. Die Reihenschaltung wird nur in besonderen Fällen verwendet, wenn die Belastung der Transformatoren immer die gleiche ist. Vgl. hierzu (416).

Für die Parallelschaltung hat man mehrere Anordnungen, von denen die wichtigsten in Fig. 163 bis 166 dargestellt werden.

System von Zipernowsky und Déri. Fig. 163. Die primäre Leitung sendet an den Stellen, wo sie nahe bei den zu speisenden Lampengruppen vorüberführt, Zweigleitungen aus, in welche die primären Spulen von Transformatoren eingeschaltet werden. Die secundären Spulen speisen die Lampengruppen. Die Anordnung ist eine einfache Parallelschaltungsanlage nach Fig. 149 mit der Aenderung, daß unmittelbar vor den Lampen die Transformatoren sitzen, und daß die Leitungen bis zu den Transformatoren geringen Querschnitt erhalten. Für jede Hausbeleuchtungsanlage wird mindestens ein Transformator gebraucht.

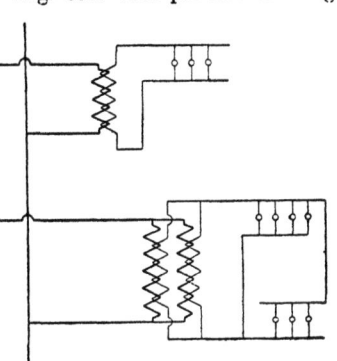

Fig. 163.

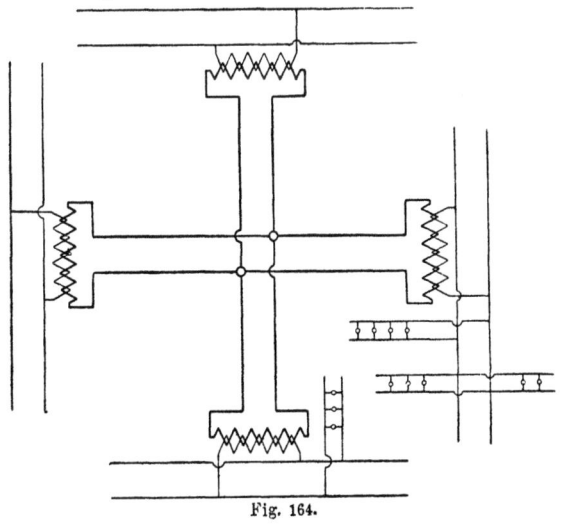

Fig. 164.

374 Vertheilungssysteme.

System von Siemens und Halske, Fig. 164, für Centralanlagen. An Stelle der Vertheilungskästen in Fig. 150 werden große Transformatoren (in Kellerräumen oder dgl.) angeordnet, deren secundäre Spulen kleine Vertheilungsnetze speisen. Die Zahl der Transformatoren ist hier verhältnißmäßig gering.

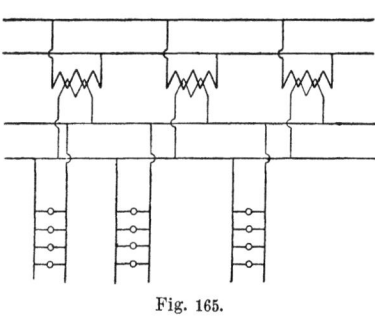

Fig. 165.

System von Westinghouse, Fig. 165. Die primäre Leitung durchzieht den zu speisenden Bezirk und enthält in passenden Abständen die Transformatoren, deren secundäre Spulen gleichfalls parallel geschaltet werden. Von der secundären Leitung führen die Abzweigungen in die Häuser. Dies hat den Vortheil, daß die Transformatoren sich gegenseitig ergänzen können.

System von Kennedy und Dick, Fig. 166. Die Wechselstrommaschine liefert niedrige Spannung, welche in der Centrale durch einen

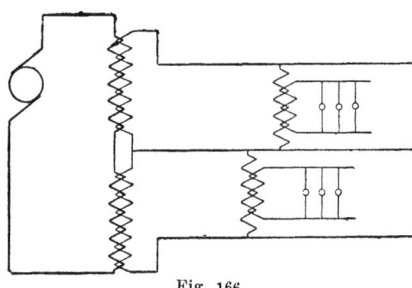

Fig. 166.

Transformator in hohe Spannung verwandelt wird; dieser Transformator speist die Vertheilungsleitung, in welcher die hohe Spannung durch abermalige Transformation auf niedere Spannung zurückgebracht wird. Es ist vortheilhafter, von der Maschine niedere Spannung erzeugen und diese durch den Transformator erhöhen zu lassen, als gleich durch die Maschine die hohe Spannung hervorzubringen. Die Fig. 166 zeigt eine Anlage nach dem Dreileitersystem.

(**480**) Bei diesen Systemen wird gewöhnlich eine sehr hohe Spannung, 1500 Volt und mehr, verwendet. Diese Spannung birgt erhebliche Gefahren für das Leben derjenigen in sich, die mit dem Stromkreise in Berührung kommen. Bei dem Systeme von Zipernowsky wird die hohe Spannung bis ins Haus geliefert; Siemens und Halske verwenden die hohe Spannung nur bis zur Vertheilungsleitung; das letztere gilt auch von dem Westinghouseschen System. Bei Kennedy und Dick wird keine bestimmte Anordnung in dieser Beziehung gegeben; der Stromkreis mit hoher Spannung ist hier ganz in sich geschlossen und kann nach außen vollkommen isolirt sein. Die Hauptgefahr besteht darin, daß die primäre Leitung einen Isolationsfehler bekommt, so daß die secundäre Leitung mit der primären irgendwie in Berührung geräth. Dann ist jeder, der die secundäre Leitung berührt, der

Gefahr ausgesetzt, einen Schlag von der primären Leitung zu erhalten, wenn die letztere nicht vorzüglich isolirt ist. Bei diesen Anlagen ist (wie bei allen Anlagen mit hoher Spannung) eine vorzügliche Isolation und dauernde Fürsorge für Aufrechterhaltung derselben unbedingtes Erforderniß. Bei sehr hoch gespannten Wechselströmen erhält auch eine gut isolirt aufgestellte Person bei Berührung nur einer Leitung durch Ladung elektrische Schläge.

Herstellung elektrischer Beleuchtungs-Anlagen.

Wahl des Vertheilungssystems.

(**481**) Als erster Grundsatz ist zu beachten, daß die Anlage um so billiger und die Vertheilung um so wirthschaftlicher wird, je höher man die Spannung der Anlage wählt. Beliebig hoch kann man auf der anderen Seite die Spannung nicht machen aus Rücksichten für den Betrieb. Bei 1500—2000 Volt macht die Isolation schon Schwierigkeiten; besonders aber sind so hohe Spannungen lebensgefährlich. Dagegen erlaubt die Verwendung von Mehrleitersystemen, Drei- und Fünfleiter, Spannungen bis zu 400 V anzuwenden. Bei Kraftvertheilungsanlagen für Gleichstrom kann man Spannungen von mehreren hundert Volt verwenden (z. B. Straßenbahnen in Bremen und Halle, 500 V.) Kraftvertheilung mit Wechselströmen ist bis zu 30000 V gelungen; die Frage der Lebensgefahr und der Störung benachbarter Betriebe läßt indeß hier noch kein Urtheil über die zulässige Grenze der Spannung zu. Bei Beleuchtungsanlagen des Parallelschaltungssystems kann man nicht über 200 V gehen, weil man Glühlampen für höhere Spannung nicht hat; die meisten derartigen Anlagen werden mit 100—110 V betrieben. Beleuchtungsanlagen mit sehr hoher Spannung werden in der Regel mit Wechselstrom und Transformatoren betrieben. Die Reihenschaltung hat ihre großen Bedenken wegen der Möglichkeit der Unterbrechung des Stromkreises; ist es bei Verwendung der vorhandenen Sicherungen auch sehr unwahrscheinlich, daß durch gewöhnliche Betriebsvorkommnisse eine Unterbrechung eintritt, so giebt man doch auf der anderen Seite jedem Abnehmer die Möglichkeit, die Leitung, sei es aus Unvorsichtigkeit, sei es aus böser Absicht, zu unterbrechen. Elektrolytische oder galvanoplastische Anlagen erfordern meist eine sehr geringe Spannung, die in der Regel weit unter 100 V bleibt.

Befindet sich die Maschinenanlage weit von der Verwendungsstelle des Stromes, so ist es besonders wichtig, hohe Spannung zu wählen; dies ist z. B. der Fall, wenn eine Wasserkraft ausgenutzt werden soll, welche einige Kilometer weit von einer Stadt entfernt liegt.

Städtebeleuchtungen werden immer nach dem Parallelschaltungssystem ausgeführt; gegenwärtig wird meistens das Dreileitersystem oder das Fünfleitersystem angewandt. Die Spannungen betragen bei der einfachen Parallelschaltung 100 V, im Dreileitersystem im Ganzen 200 V, beim Fünfleitersystem im Ganzen 400 V.

Bei kleinen Anlagen, Beleuchtung einzelner Häuser, kleinen Kraftübertragungen u. dgl. wählt man niedere Spannung; für Glühlampenanlagen beträgt dieselbe 65 oder 100 V.

Straßenbeleuchtung oder Beleuchtung großer Hallen, Gärten und dgl. mit Bogenlampen erfordert meist Stromkreise von 600 bis 700 Volt Spannung (12 Bogenlampen in Reihe).

Die Verwendung von Accumulatoren, welche stets Gleichstrom voraussetzt, empfiehlt sich da, wo die Maschinenstation während längerer Zeit nur einen geringeren Theil ihrer möglichen Leistung zu liefern hat, sowie da, wo es auf besondere Betriebssicherheit ankommt, wie z. B. bei Theaterbeleuchtungen. Im Uebrigen vgl. (456).

Maschinenanlage.

(482) Größe der Dynamomaschinen und Reserve. Nach dem Vorigen kennt man die Spannung und die Stromstärke, welche im Ganzen von der Anlage gefordert werden. Bei kleinen Anlagen stellt man nur eine Maschine auf, welche im Stande ist, die ganze Leistung zu bewältigen. Bei großen Anlagen gebraucht man mehrere Maschinen, die je nach den Betriebserfordernissen parallel geschaltet werden. Sehr viele kleinere Maschinen in einer Anlage aufzustellen hat den Nachtheil sehr umständlicher Bedienung; auch kosten mehrere kleinere Maschinen mehr als eine große Maschine, die ebensoviel leisten kann, wie die kleinen zusammen; dagegen werden die gerade im Betriebe befindlichen kleineren Maschinen wirthschaftlich besser ausgenutzt und man braucht als Reserve auch nur eine kleinere Maschine. Wenige große Maschinen sind verhältnißmäßig einfach zu bedienen und sind billiger, als viele kleine; dagegen müssen sie oft einen Strom liefern, der nur einen geringen Bruchtheil ihrer ganzen Leistungsfähigkeit beansprucht, und sie arbeiten in diesem Fall sehr wenig wirthschaftlich; ferner muß man als Reserve eine ebenso große Maschine haben, welche niemals oder selten in Betrieb kommt. Es ist also je nach den vorliegenden Umständen die Wahl der richtigen Größe und Zahl der Maschinen zu treffen.

(483) Betriebskraft für die Dynamomaschine. Bei vielen Anlagen ist bereits eine bestimmte Kraftquelle vorhanden, welche leicht so weit gesteigert werden kann, daß man ihr die erforderliche Betriebskraft für die elektrische Anlage noch entnehmen kann. Dies ist besonders häufig bei kleinen Beleuchtungsanlagen der Fall. Wo angängig, empfiehlt es sich, für eine Beleuchtungsmaschine einen besonderen Motor aufzustellen, nicht die Dynamomaschine von einer Haupttransmission aus anzutreiben, welche zugleich eine wechselnde Zahl anderer Maschinen in Bewegung setzt.

Eine vorhandene Wasserkraft ist mit Vortheil zu benutzen, wenn sie bedeutendes Gefälle hat; am geeignetsten betreibt man mit derselben eine Turbine.

Ist für den Betrieb eine Kraftquelle noch nicht vorhanden, so wird man unter Berücksichtigung aller Verhältnisse eine Wahl zu treffen haben. Dampfmaschinen bedürfen einer Concession

Herstellung elektrischer Beleuchtungs-Anlagen. 377

und umständlicher Wartung; sie sind für kleine Anlagen wenig zu empfehlen. Gasmotoren können in Städten überall aufgestellt werden, ihre Bedienung ist einfach, sie erfordern wenig Raum; dieselben werden für die Zwecke der elektrischen Beleuchtung besonders gebaut (Zwillingsmotoren).

Bei großen Anlagen hat man bisher fast immer Dampfmaschinen verwendet. Man wählt dazu gewöhnlich rasch laufende Maschinen mit etwa 200 Umläufen in der Minute für Riemenbetrieb oder auch Maschinen mit derselben oder höherer Geschwindigkeit, mit denen man die Dynamomaschinen direct kuppeln kann. In den Berliner Centralstationen werden jetzt 500- und 1000 pferdige Dampfmaschinen verwendet, die mit vielpoligen Dynamomaschinen direct gekuppelt sind. Große Gasmotoren für Beleuchtungsanlagen werden von der Deutzer Fabrik hergestellt. Die deutsche Continentale Gas-Gesellschaft hat in Dessau eine Centrale mit 2000 Lampen errichtet, welche mit vier Gasmotoren betrieben wird, von denen zwei 60 P, einer 30 P und einer 8 P leistet; der letztere wird zugleich zum Anlassen der großen Motoren benutzt; die Motoren machen 140 Umläufe in der Minute, die Transmission, auf welche sie gemeinsam arbeiten, 250. Auch in vielen anderen größeren und kleineren Anlagen sind Gasmotoren von 60 P in Gebrauch.

Die Gasanstalten besitzen durch ihre Gasleitungen weitverzweigte und billige Vertheilungsleitungen in den Bezirken, in welchen am häufigsten elektrische Beleuchtung eingeführt wird; errichtet man in den einzelnen Häuservierteln kleine Blockstationen mit Gasmotoren, deren Betrieb keiner kostspieligen Wartung bedarf, so ist man von den Concessionen der Gemeinden und den Abgaben an die letzteren frei; man braucht nicht ein großes Anlagecapital in einer theuren Centralstation festzulegen, über deren Rentabilität man sich noch täuschen kann, sondern man erbaut die kleinen Stationen von Fall zu Fall nach dem eintretenden Bedürfniß. Während sich die Centralstationen in der Regel die besten Stadttheile aussuchen und dabei kleinere und entlegenere Viertel, in welchen ebenfalls das Bedürfniß nach elektrischem Licht vorhanden ist, nicht berücksichtigen können, ist es bei Benutzung der Gasleitungen möglich, überall wo das Bedürfniß hervortritt, es auch zu befriedigen.

Berechnung der Leitungen.

(484) **Größter und kleinster Querschnitt.** Die mechanischen Anforderungen der Festigkeit und Biegsamkeit setzen die Grenzen für die absolute Größe des Querschnittes fest; Drähte unter 1 qmm Querschnitt sind im Allgemeinen zu schwach, sie zerreißen beim Verlegen leicht; Leiter über 1000 qmm Querschnitt sind zu steif, um aufgerollt zu werden, ihr Transport ist deshalb zu umständlich.

(485) **Zusammenhang zwischen Querschnitt und Verlust.** Der Querschnitt einer Leitung wird berechnet nach der maximalen Stromstärke, welche die Leitung im regelmäßigen Betriebe zu ertragen hat, unter Umständen auch nach der zulässigen Erwärmung, und

378   Herstellung elektrischer Beleuchtungs-Anlagen.

immer nach dem zulässigen Spannungsverlust. Die hierzu erforderlichen Formeln sind in (97) und (104) abgeleitet worden. Bedeutet

p den zulässigen Verlust längs der Leitung in V,
i die maximale Stromstärke in A,
q den zu ermittelnden Querschnitt in qmm,
l die Entfernung der Verwendungsstelle von der Stromquelle, die einfach gemessene Länge der Leitung in m (d. h. Hin- und Rückleitung zusammen = $2\,l$),

so ist:

$$q = \frac{1}{27{,}5} \cdot \frac{il}{p}.$$

Um diese Rechnung zu erleichtern, gebraucht man die Tafel Fig. 1, S. 12. Die Abscissen enthalten das Product $i \cdot l$, d. i. Ampère $\times$ Meter für den zu leitenden Strom, die Strahlen geben den zulässigen Spannungsverlust in Volt, die Ordinaten liefern den Querschnitt des Leiters; neben letzterem ist außerdem der zugehörige Durchmesser eines runden Drahtes angegeben.

Ist das Product Ampère $\times$ Meter größer als 1500, so schneidet man so viel Stellen ab, daß der Rest kleiner als 1500 wird, sucht für die erhaltene Zahl den Querschnitt und hängt an die Zahl, welche den Querschnitt angiebt, so viel Nullen, bezw. versetzt das Decimalkomma um soviel nach rechts, als man vorher Stellen abgeschnitten hat.

Umgekehrt kann man auch an ein kleines $l\,i$ Nullen ansetzen, um etwas genauer rechnen zu können, hat dann im Resultat wieder ebensoviel Nullen abzuschneiden. Für derartige Berechnungen enthält der rechte Rand der Tafel die Durchmesser zu den Querschnitten 10 bis 100 qmm, welche man am linken Rande nicht ablesen kann.

Berechnung eines Diagrammes nach Fig. 1, in welchem als Abscissen das Product Lampenzahl $\times$ Entfernung aufgetragen ist.

Man schreibe auf ein Blatt Millimeterpapier von 100 mal 150 mm die Zahlen für die Querschnitte (und Durchmesser) und für die Producte Lampenzahl $\times$ Entfernung genau wie dies auf Fig. 1 mit den Querschnittszahlen und Ampère $\times$ Meter geschehen ist. Um die Schnittpunkte der Strahlen mit den horizontalen Linien zu finden, dient die Gleichung $q = \frac{1}{27{,}5} \cdot \frac{i \cdot n \cdot l}{p}$, worin i die Stromstärke einer Lampe, n die Zahl der Lampen bedeutet. In dem Diagramm wird an der obersten Horizontalen $n \cdot l$ aufgetragen; dort treffen auch die Strahlen p ein, wenn $q = 10$ gesetzt wird. Daraus erhält man die Gleichungen $q = 10 = \frac{1}{27{,}5} \cdot \frac{i \cdot n \cdot l}{p}$ oder $nl = 275 \cdot \frac{p}{i}$; die Größe i ist eine Constante, in Fig. 1 $= 1$, für 16kerzige Lampen zu 100 Volt z. B. $= 0{,}53$; für Fig. 1 ist $n \cdot l = 275\,p$, also für $p = 4$ Volt: $nl = 4 \cdot 275 = 1100$, d. h. wo

$n \cdot l = 1100$ ist, da schneidet der Strahl 4 Volt die oberste Horizontale; in dieser Weise werden die Schnittpunkte aller Strahlen berechnet.

(486) **Erwärmung.** Der nach dem Vorigen bezeichnete Querschnitt muß so groß sein, daß der Leiter nicht erheblich erwärmt wird; in der Regel läßt man 5° C. Erwärmung zu, je nach Umständen kann man auch höher gehen. Die Erwärmung berechnet man nach der Formel

$$t = 2\varrho \cdot \frac{i^2}{r^3},$$

worin t die Erwärmung über die Umgebung, ϱ den specifischen Widerstand, i die Stromstärke in A und r den Radius in mm bedeutet (104).

(487) **Abnahme der Spannung längs einer verzweigten Leitung.***) Ist die Spannung zwischen dem positiven und negativen Draht einer Leitung an einer Stelle bekannt, sind ferner die Stromstärken in dieser Leitung und ihren sämmtlichen Seitenzweigen gegeben, so kann man die Abnahme der Spannung längs der Hauptleitung zeichnen. Es sei die Spannung im Anfang O der Leitung E, und die Abzweigungen führen die Stromstärken i_1, i_2 u. s. w. Auf der Abscissenaxe eines rechtwinkligen Coordinatensystems trägt man die auf einander folgenden Strecken der Hauptleitung, und zwar die Länge der Hin- und Rückleitung, von einer Abzweigungsstelle bis zur nächsten gerechnet, auf: OP_1, P_1P_2, P_2P_3 u. s. w.

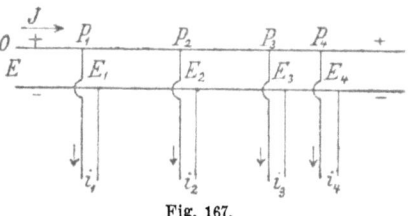

Fig. 167.

An der Ordinatenaxe bezeichnet OJ_1 die Stromstärke in der ersten Leiterstrecke OP_1, $OJ_2 = i_1$ die in P_1 abzweigende Stromstärke, J_1J_2 die Stromstärke in P_1P_2, $J_2J_3 = i_2$ den in P_2 abzweigenden Strom, J_1J_3 den Strom in P_2P_3 u. s. w. Die Maße für die Leiterlängen und die Stromstärken sind willkürlich. Durch J_1 wird eine zur Abscissenaxe parallele Gerade gelegt und auf derselben $J_1C=$ Querschnitt $\times$ specifischem Leitungsvermögen ($Q_1 \cdot K_1$) für die erste Leiterstrecke OP_1 abgemessen. Zieht man nun OC und die Ordinate in P_1, so ist $P_1p_1 : OP_1 = J_1O : J_1C$ oder $P_1p_1 = L_1 \cdot J_1/Q_1 K_1$ und dies ist der Spannungsverlust längs OP_1; L_1 bedeutet die Länge der Hin- und Rückleitung. Für

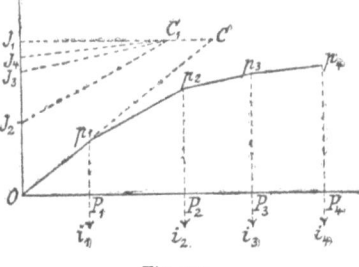

Fig. 168.

---

*) Hier wie im Folgenden an mehreren Stellen ist der sehr beachtenswerthe Aufsatz von Hochenegg, Zeitschrift für Elektrotechnik (Wien) 1887, S. 11, 62 benutzt worden.

380 Herstellung elektrischer Beleuchtungs-Anlagen.

die zweite Strecke $P_1 P_2$ sei der Querschnitt ein anderer als für OP_1, so daß $Q_2 K_2 = J_1 C_1$ wird: ziehe nun $J_2 C_1$ und hierzu die Parallele durch p_1, so ist $P_2 p_2$ der Verlust von O bis P_2. Bleibt für die dritte Strecke Q derselbe wie für $P_1 P_2$, so zieht man $J_3 C_1$, parallel dazu $p_2 p_3 : P_3 p_3$ Verlust von O bis P_3 u. s. w. Bei passend gewählten Maßstäben kann man die Ordinaten ohne Weiteres in Volt ablesen; dazu ist erforderlich, daß 1 A und 1 V durch die gleiche Länge, und 1 m Leiterlänge wie 1 qmm Leitungsquerschnitt durch eine und dieselbe Länge dargestellt werden.

Erhält der Leiter OX von beiden Seiten Stromzuführung, so ist zunächst zu ermitteln, welcher Theil des ganzen Stromes von der einen, welcher von der anderen Seite zuströmt. Man wiederholt die obige Construction, indem man auf der Axe OX nicht mehr die Längen, sondern L/Q aufträgt; an der Ordinatenaxe werden die Stromstärken so aufgetragen, als wenn die Stromzuführung nur auf dieser Seite stattfände. Der Punkt C wird im Abstand $= K$ (specifisches Leitungsvermögen) von der Ordinatenaxe beliebig, am praktischsten nahe der Mitte von OJ gegenüber gewählt. Die Ausführung der Construction nach dem Vorigen giebt die nachstehende Figur 169; zieht man durch den letzten Punkt der aufeinanderfolgenden Linien Op_1, $p_1 p_2$ u. s. w., durch p_n eine Gerade nach O und zu Op_n eine Parallele durch C, so wird die Stromstärke OJ in zwei Theile zerlegt, von denen

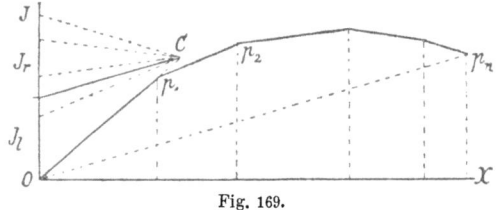

Fig. 169.

J_l bei O, J_r auf der anderen Seite zugeführt wird. Verlegt man den Theilungspunkt von J_r und J_l nach O, wählt C im richtigen Abstand ($= K$) in der Axe OX, so findet man durch eine neue Construction den richtigen Spannungsverlust längs der Leitung, der an beiden Enden Null sein muß, sowie auch die Stromstärken für jeden Theil der Leitung in leicht ersichtlicher Weise.

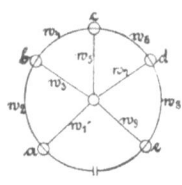

Fig. 170.

(488) **Berechnung eines Netzes.***) Fig. 170 möge die eine (z. B. positive) Leitung eines Netzes vorstellen. Es wird zunächst angenommen, in c werde der höchste vorkommende Strom, an allen anderen Punkten kein Strom verbraucht. Legt man nun einen Schnitt durch die Hauptleitung w_5, welcher die Speiseleitung ae aufschneidet, so sollen die beiden Hälften des Netzes vom Mittelpunkt aus bis zu c gleiche Widerstände besitzen; w_5 hat

---
*) Dihlmann, Elektrot. Ztschr. 1889, S. 148.

Herstellung elektrischer Beleuchtungs-Anlagen. 381

man sich dabei in zwei Leitungen vom Widerstande $2w_5$ zerspalten zu denken. Jede Hälfte des Netzes soll die Hälfte des in c verbrauchten Stromes J führen.

Solche verzweigte Widerstände, wie in Fig. 171 werden in folgender Weise graphisch behandelt. Auf der Geraden mn, Fig. 172, wird zunächst die Summe $w_1 + w_2$ als Loth aufgetragen; in beliebigem Abstand davon wird auf mn das Loth w_3 errichtet; zieht man die Diagonalen, so ist r_1 der Widerstand der Zweige

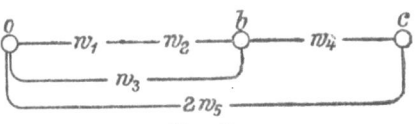

Fig. 171.

bis b. Zu r_1 addirt man w_4, errichtet ein neues Loth von dieser Länge und im Abstande $^1/_2 J$ ein Loth von der Länge $2w_5$. Die Diagonalen ergeben r_2 als Widerstand von 0 bis c, das ist der einen Hälfte des Netzes. In derselben Weise führt man die Construction für die andere Hälfte des Netzes aus; der erhaltene Widerstand r_2' soll r_2 nahezu gleich sein. Erforderlichen Falles wird an den Widerständen w geändert, bis $r_2' = r_2$ ist.

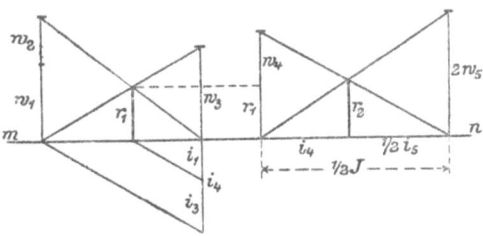

Fig. 172.

Die Zeichnung ergiebt zugleich die Vertheilung des Stromes $^1/_2 J$ auf w_5 und w_4; den Strom in w_4, i_4, trägt man an der ersten Zeichnung als Verlängerung von w_3 an, verbindet die Endpunkte von w_1 und i_4 und zieht zu dieser Linie durch den Fußpunkt von r_1 die Parallele; man erhält so die Ströme in w_1 und w_3. Ebenso führt man die Construction für die andere Netzhälfte aus. Durch Multiplication der Widerstände und Ströme erhält man die Spannungen; zwischen a und c soll unter den angenommenen Bedingungen keine zu hohe Spannung herrschen.

Die Construction wird für mehrere Schnitte durch das Netz ausgeführt, und die Widerstände werden so lange geändert, bis die Bedingungen: Gleichheit der Widerstände der Netzhälften und geringe Spannung längs der Vertheilungsleitung genügend erfüllt sind.

(489) **Schnittmethode von Herzog und Stark.**[*] Die Bestimmung der Stromvertheilung für die geschlossene Leitung kann in folgender Weise rechnerisch erfolgen. — Man denkt sich den Ring an einem beliebigen Knotenpunkte, etwa 3, aufgeschnitten. Stellt man die Bedingungsgleichung für die Gleichheit des Spannunsgefälles auf

---

[*] Elektrot. Zeitschrift, 1890, S. 221 u. 445; mitgetheilt von Herrn Herzog.

382   Herstellung elektrischer Beleuchtungs-Anlagen.

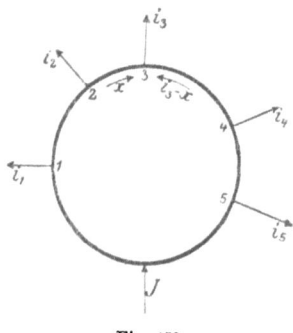

Fig. 173.

dem Wege $\overline{J1, 2, 3} = \overline{J5, 4, 3}$ auf, so läßt sich der Werth des Stromes x nach Größe und Richtung ermitteln. Dadurch sind auch bereits alle Ströme in den einzelnen Theilen des Ringes bestimmt. — Ein Beispiel soll zur Klarstellung dienen. Im Kellergeschoß eines Gebäudes liegt eine geschlossene Grundleitung, an welche sich drei Steigleitungen 1, 2 und 3 für 130, 110 und 150 A anschließen. Bei A, Fig. 174, tritt der Strom ein. — Von A bis 1 ist eine runde Kupferstange von 20 mm, im übrigen eine solche von 18 mm Durchmesser verwendet. —

Man denke sich die vorläufige Theilung an einem beliebigen Punkte z. B. in 1 vorgenommen; man erhält sodann für diesen Punkt die Gleichungen

$$x_1 + y_1 = 130$$

$$x_1 \frac{60}{60 \cdot \frac{20^2 \pi}{4}} = y_1 \frac{70 + 70 + 30}{60 \cdot \frac{18^2 \pi}{4}} + 110 \frac{70 + 30}{60 \cdot \frac{18^2 \pi}{4}} + 150 \frac{30}{60 \cdot \frac{18^2 \pi}{4}},$$

woraus

$$x_1 = +172, \quad y_1 = -42 \text{ Ampère},$$

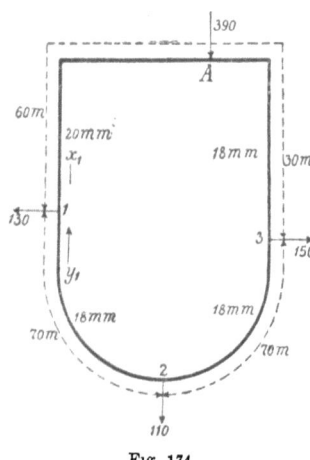

Fig. 174.

d. h. in der Theilstrecke A—1 fließt ein Strom von 172 Ampère bis zu der Abzweigungsstelle 1, hier werden 130 Ampère abgenommen, und 42 Ampère fließen in der Theilstrecke 1—2 weiter bis zu dem Punkte 2, wo 110 Ampère abgenommen werden, die sich mit 68 Ampère von 3 aus ergänzen müssen; zwischen 2 und 3 fließen daher 68 Ampère gegen 2 und auf der Strecke A—3 demnach $68 + 150 = 218$ gegen 3. — Man sieht, daß 2 der Punkt ist, an dem man die geschlossene Leitung öffnen kann, indem man vom Abnahmestrome in 2 der linksseitigen Leitung 42 und der rechtsseitigen 68 Ampère zutheilt.

Das Verfahren läßt sich auf beliebige Netze anwenden. Die Anzahl der Schnitte und damit der unbekannten Ströme ist gleich der Anzahl der geschlossenen Theile oder Maschen. Die genannte Methode gibt ein Mittel, den Einfluß von Belastungsänderungen auf die Stromvertheilung zu berechnen, was bei Stadtnetzen von großer Wichtigkeit ist. —

Herstellung elektrischer Beleuchtungs-Anlagen. 383

Berechnung von Anlagen.

(490) Wirthschaftlicher Spannungsverlust. In der Leitung wird eine Wärmemenge erzeugt, welche nach (104) in der Secunde $0{,}24\,i^2\,w$ g-cal beträgt. Die dieser Wärmemenge gleichwerthige Elektricitätsmenge muß in der Dynamomaschine erzeugt werden; da sie ohne praktischen Nutzen an die Umgebung abgegeben wird, so stellt sie einen Betriebsverlust dar. Man kann diese Wärmeerzeugung verringern durch Verwendung stärkerer Leitungen; allein für letztere hat man wieder höhere Anlagekosten aufzuwenden, deren jährliche Zinsen und Tilgung als Betriebskosten in Rechnung gesetzt werden müssen. Zwischen den beiden Extremen: dünne Leitungen, d. i. geringe Anlagekosten und großer Betriebsverlust, und starke Leitungen, d. i. große Anlagekosten und geringer Betriebsverlust, ist die richtige Mitte, das Minimum der Summe beider Kostenpunkte zu suchen.

Während des Jahres wird in der Leitung eine gewisse Energiemenge in Wärme verwandelt, welche von der maximalen Stromstärke J und der Art und Dauer des Betriebes abhängt; diese Energiemenge sei $= TJ^2 r$ Wattstunden $= \frac{1}{500}\,TJ^2 r$ Pferdestunden, worin T eine gewisse Anzahl von Betriebsstunden angiebt. Es wird hier angenommen, das 1 Pferd 500 Watt liefert; dies trifft im Allgemeinen zu, da ja die Maschinen während des Betriebes oft längere Zeit hindurch nur verhältnißmäßig geringen Strom zu liefern haben; dann kommt aber die ganze Leerlaufsarbeit auf eine geringe Nutzleistung. Die Zahl 600 Watt für 1 P dürfte demnach hier zu hoch gegriffen sein.

Bestimmung von T. Wollte man die Wärmemenge, welche im Jahr in der Leitung erzeugt wird, genau berechnen, so müßte man das Integral $\int i^2\,dt$ ausrechnen; dies wäre aber unausführbar, besonders da es sich in der Regel nicht um eine Bestimmung aus vorliegenden Betriebsberichten, sondern um eine Veranschlagung nach muthmaßlichen Verhältnissen handelt. Es ist demnach an Stelle der mathematisch strengen Berechnung ein praktisches Näherungsverfahren zu setzen. Schreibt man zunächst $\int i^2\,dt = J^2 \cdot \int \left(\dfrac{i}{J}\right)^2 dt$, und setzt fest, daß als Zeitelement dt eine Stunde gilt, so wird verlangt, daß man für alle Betriebsstunden die vorhandene Stromstärke im Verhältniß zur maximalen Stromstärke kennt; diese Anforderung ist aber für jeden einzelnen Fall mit genügender Genauigkeit durch Abschätzung zu erfüllen; man stellt also einen muthmaßlichen Betriebsbericht auf, welcher für das ganze Jahr das Verhältniß der vorhandenen Stromstärke zur maximalen i/J enthält; dabei kann man sich auf eine kleine Zahl von Tagen, die gleichmäßig über das ganze Jahr vertheilt werden, beschränken. Für jede Stunde bildet man das Quadrat des Verhältnisses i/J; darauf summirt man alle Quadrate und dies giebt den Werth des Integrals $\int \left(\dfrac{i}{J}\right)^2 dt$ mit der erforderlichen Genauigkeit. Als Beispiel diene die nachfolgende Tabelle, nach deren Schema die Berechnung jedes vorliegenden Falles mit beliebiger Ausführlichkeit angestellt werden kann; die Zahlen dieses Beispiels sind willkürlich zusammengestellt.

Herstellung elektrischer Beleuchtungs-Anlagen.

Tages-stunden	kürzester Tag 21. Decemb.		5. Februar		22. März		7. Mai		längster Tag 21. Juni		6. August		21. Septemb.		6. November	
	Betriebs-strom	Qua-drate	Betriebs-strom	Qua-drate	Betriebs-strom	Qua-drate	Betriebs-strom	Qua-drate	Betriebs-strom	Qua-drate	Betriebs-strom	Qua-drate	Betriebs-strom	Qua-drate	Betriebs-strom	Qua-drate
Nachmittag																
2—3	0,3	0,09	0,1	0,01											0,1	0,01
3—4	0,4	0,16	0,3	0,09	0,1	0,01	0,1	0,01			0,1	0,01	0,1	0,01	0,3	0,09
4—5	0,6	0,36	0,5	0,25	0,3	0,09	0,2	0,04			0,2	0,04	0,3	0,09	0,5	0,25
5—6	0,7	0,49	0,6	0,36	0,6	0,36	0,4	0,16			0,4	0,16	0,6	0,36	0,6	0,36
6—7	0,8	0,64	0,7	0,49	0,7	0,49	0,8	0,64	0,1	0,01	0,8	0,64	0,7	0,49	0,7	0,49
7—8	0,9	0,81	0,9	0,81	0,9	0,81	0,9	0,81	0,2	0,04	0,9	0,81	0,9	0,81	0,9	0,81
8—9	1,0	1,00	1,0	1,00	1,0	1,00	1,0	1,00	0,3	0,09	1,0	1,00	1,0	1,00	1,0	1,00
9—10	1,0	1,00	1,0	1,00	1,0	1,00	0,9	0,81	0,6	0,36	0,9	0,81	1,0	1,00	1,0	1,00
10—11	0,9	0,81	0,9	0,81	0,9	0,81	0,9	0,81	0,9	0,81	0,9	0,81	0,9	0,81	0,9	0,81
11—12									0,8	0,64						
Mitternacht																
12—1	0,8	0,64	0,8	0,64	0,7	0,49	0,7	0,49	0,6	0,36	0,7	0,49	0,7	0,49	0,8	0,64
1—2	0,6	0,36	0,6	0,36	0,5	0,25	0,4	0,16	0,3	0,09	0,4	0,16	0,5	0,25	0,6	0,36
2—3	0,4	0,16	0,3	0,09	0,2	0,04	0,1	0,01	0,1	0,01	0,1	0,01	0,2	0,04	0,3	0,09
3—4	0,2	0,04	0,1	0,01											0,1	0,01
4—5	0,1	0,04														
5—6																
	6,57		5,92		5,35		4,13		2,41		4,13		5,35		5,92	

Summe: In 8 Tagen 39,78 giebt fürs ganze Jahr $\frac{365}{8} \cdot 39{,}78 = 1800$.

Die im Jahre in der Leitung verlorene Energie beträgt $1800 \cdot \frac{1}{500} J^2 \tau$ Pferdekraftstunden.

Herstellung elektrischer Beleuchtungs-Anlagen. 385

Setzt man in diesem Beispiel etwa $J = 100$ A, $r = 0{,}04$ Ohm, so geht jährlich verloren:

$$\frac{1800}{500} \cdot 100^2 \cdot \frac{4}{100} = 1440 \text{ Pferdestunden.}$$

(**491**) Nachdem T ermittelt worden, ist es leicht, die gesammten Betriebskosten der Leitung durch den Querschnitt auszudrücken. Da $r = \varrho \cdot \frac{l}{q}$, so ist die verlorene Energiemenge $= \frac{1}{500} T \cdot J^2 \cdot \varrho \cdot \frac{l}{q}$ Pferdestunden, und wenn eine Pferdestunde m Mark kostet, so ist der Werth dieser verlorenen Energiemenge

$$\frac{\varrho \cdot m}{500} \cdot TJ^2 \cdot \frac{l}{q} \text{ Mark.}$$

Die Anlagekosten betragen $l \cdot P$, worin P der Preis von 1 m der Leitung bedeutet. Bei stärkeren Leitungen (von 10—20 qmm an) lässt sich P darstellen als $a \cdot q + b$, worin a und b nur von der gewählten Isolation abhängen. Von den Anlagekosten hat man jährlich einen bestimmten Theil als Zins- und Tilgungsbetrag in Rechnung zu setzen; dieser Theil sei mit z bezeichnet (z. B. 12%: $z = 0{,}12$). Dann sind die gesammten jährlichen Kosten der Leitung

$$\frac{\varrho \cdot m}{500} \cdot TJ^2 \cdot \frac{l}{q} + zl(aq + b),$$

worin Alles, außer q bekannt und gegeben ist. Dieser Ausdruck wird ein Minimum für

$$q = \sqrt{\frac{\varrho \cdot m}{500} TJ^2 \cdot l \cdot \frac{1}{z \cdot l \cdot a}} = J \cdot \sqrt{\frac{\varrho\, m\, T}{500\, za}}.$$

Die Größe $\sqrt{\dfrac{\varrho\, m\, T}{500\, za}}$ giebt demnach eine Constante, mit der die Stromstärke (in A) zu multipliciren ist, um den Querschnitt (in qmm) zu erhalten. Ist z. B. $T = 1800$, $\varrho = 1/55$, $m = 0{,}1$, $z = 0{,}1$, $a = 1/30$, so wird diese Constante $= 1{,}4$, d. h. für jedes Ampère ist 1,4 qmm Kupferquerschnitt zu rechnen. Man hat hiernach nicht eine allgemein gültige Zahl von etwa 2 A auf das Quadratmillimeter, sondern eine je nach den Betriebsverhältnissen (m und T), der Wahl des Kabels (a) und der Beschaffung der Anlagekosten (z) abhängige Größe, welche für jede Anlage einen dieser eigenthümlichen Werth besitzt.

Der mit diesen Constanten berechnete Querschnitt heißt der „rentable Querschnitt"; ebenso giebt es auch einen rentabelen Spannungsverlust, welcher sich aus dem ersteren leicht berechnen läßt. Es ist nämlich

$$p_r = J \cdot r_r = J \cdot \varrho \cdot \frac{l}{q_r} = \frac{\varrho\, l}{\sqrt{\dfrac{\varrho\, m\, T}{500\, za}}} = l \cdot \sqrt{\frac{500\, za\varrho}{mT}}.$$

Der Verlust beträgt also für jedes Meter: $\sqrt{\dfrac{500\, z a \varrho}{mT}}$ Volt, z. B. für die oben angegebenen Werthe der Constanten für 1 m 0,013 V. Dieser rentable Spannungsverlust ist unabhängig von der Spannung, mit welcher die Anlage betrieben wird.

(**492**) **Entwurf der Leitungen.** Demselben muß eine genaue Grundrißzeichnung der betreffenden Baulichkeit bezw. bei einer größeren Anlage des ganzen Bezirks zu Grunde gelegt werden; u. U. werden auch Theile von Aufrißzeichnungen nothwendig. In dem Grundriß vermerkt man zunächst die Verbrauchsstellen mit ihrem Bedarf; darauf bestimmt man den Ort des Stromerzeugers, indem man sich vorstellt, die Zahlen, welche den Strombedarf jeder Verbrauchsstelle angeben, stellten die Größe einer dort vorhandenen Masse vor; der Schwerpunkt dieses Massensystems, den man am besten durch Abschätzung sucht, ist der geeignetste Ort für die Aufstellung der Stromquelle. Oft ist indeß eine andere Rücksicht für letztere maßgebend, so daß man den Schwerpunkt überhaupt nicht zu suchen braucht.

Nachdem nun die Stelle der Stromquelle und die Verbrauchsstellen bestimmt sind, handelt es sich um die Verbindung beider. Bei einfacher Reihenschaltung ist dies eine rein geometrische Aufgabe, vielleicht mit einigen Bedingungen elektrischer Natur. Bei Parallelschaltung vereinigt man nahegelegene Lampen zu Gruppen mit gemeinschaftlicher Leitung, mehrere benachbarte Gruppen führt man wieder in eine größere Leitung zusammen. Dabei bedenke man indeß, daß das Ideal einer Parallelschaltungsanlage in Bezug auf die genaue Regulirung darin besteht, daß jede einzelne Verbrauchsstelle von der Maschine aus ihre eigene Leitung erhält; so wenig man dies in der Praxis ausführen wird, so mag man doch die Vereinigung der Verbrauchsstellen zu Gruppen mit gemeinschaftlicher Leitung nicht allzuweit treiben.

Bei Parallelschaltungsanlagen entsteht die Aufgabe, den Spannungsverlust von der Stromquelle bis zu den verschiedenen Verwendungsstellen möglichst in der ganzen Anlage gleich zu machen. Die gebräuchlichen Vertheilungs- und Regulirungsarten findet man unter (460) bis (479).

(**493**) **Berechnung.** Sind die Leitungen im Plane eingezeichnet, so bestimmt man die Stromstärken in denselben und die Längen; ist nach (491) der rentable Spannungsverlust für die Längeneinheit bestimmt, so erhält man nun die Spannungsverluste für die Leitungsstrecken, aus welchem man mit Hilfe der Tafel, Fig. 1, Seite 12, den Leitungsquerschnitt bezw. Durchmesser ermittelt. Diese ganze Rechnung richtet man sich so ein, daß man die Ausführung rein mechanisch nach bestimmter Schablone bewirken kann; denn andernfalls ermüdet man sich unnöthig. Vor Allem vergesse man bei diesen Rechnungen nicht, daß die geforderte Genauigkeit nur eine geringe ist. Hat man schließlich die Zahlen für die Querschnitte gefunden, so ist es doch unmöglich, die Leitungen genau nach diesen Zahlen auszuführen, weil man sich nach den im Handel vorkommenden Querschnitten richten muß; man verändert also die berechneten Zahlen doch wieder um mehrere Procent und es hat deßhalb wenig Werth, bei der

Herstellung elektrischer Beleuchtungs-Anlagen. 387

Berechnung der Leitungen genauer als auf etwa 5% zu rechnen. Jedenfalls ist der Rechenschieber das geeignetste und brauchbarste Hilfsmittel hierbei.

Ist die Rechnung durchgeführt, so kann man sich nach den (488, 489) angegebenen Methoden davon überzeugen, ob die Widerstände für eine gleichmäßige Netzspannung richtig berechnet sind.

Stromschlüssel.

(**494**) **Um- und Ausschalter.** Dieselben dienen zu raschen Veränderungen in der Vertheilung der Ströme, zum Ausschalten ganzer Theile eines Stromkreises und zum Einrücken anderer. Sie haben meist den Bedürfnissen des regulären Betriebes zu entsprechen, bieten aber häufig auch die letzte Möglichkeit, schwere Betriebsstörungen abzuwenden. Besonders aus letzterem Grunde ist es erforderlich, auf ihre Construction und ihren Platz in der Leitungsanlage besondere Sorgfalt zu verwenden.

Die Contactflächen sollen groß und eben sein; sie sollen einander nicht langsam von einem oder wenigen Punkten anfangend berühren, sondern es ist nöthig, daß die Berührung sich sehr rasch über eine größere Fläche ausdehnt. In Contact müssen die Flächen mit großer Kraft festgehalten werden. Die Unterbrechung hat möglichst rasch zu geschehen, um die Bildung der Funken zu verringern; oft läßt man den äußersten Theil der Contactstücke, da wo die Funken zum Vorschein kommen, aus einem schwachen Blech bestehen, welches leicht ersetzt werden kann, wenn es durch häufigen Gebrauch rauh geworden ist.

Man kann im Allgemeinen auf je 5 A Stromstärke des zu unterbrechenden Stromes 1 qcm einseitige Contactfläche rechnen.

(**495**) **Selbstthätige Ausschalter.** Dieselben dienen dazu, die Leitung zu unterbrechen, wenn die Stromstärke zu groß wird; sie verhindern eine zu starke Erwärmung durch den Strom. Man läßt meist die Leitung sich um höchstens 70° C. erwärmen; ist sie durch irgend einen außergewöhnlichen Umstand bis zu diesem Punkt gekommen, so muß der Ausschalter in Thätigkeit treten. Die Lampen werden durch diese Ausschalter nicht geschützt.

Bleisicherungen. Dies ist die gewöhnlichste Form des selbstthätigen Ausschalters. Ein Bleidraht oder ein Streifen aus Bleiblech ist in die Leitung eingeschaltet; sein Querschnitt ist so abgepaßt, daß er bei der Stromstärke, welche als obere zulässige Grenze gilt, durchschmilzt. Die Sicherungen, welche nicht fortwährend unter Aufsicht stehen, sondern in Wohnräumen, Bureaux, Magazinen u. s. w., öfter an feuchten oder wohl gar an feuergefährlichen Orten in die Lichtleitungen eingeschaltet sind, müssen mit Rücksicht auf vollkommene Isolation und Feuersicherheit in Porzellandosen eingeschlossen werden. Hierbei ist noch besondere Rücksicht darauf zu nehmen, ob etwa vorhandene brennbare Gase durch den erglühenden Bleistreifen entzündet werden können, und mit Bezug darauf ist es nothwendig, den Bleistreifen luftdicht in den ausgehöhlten Dosendeckel einzugypsen oder in einen besonderen, in die Dose leicht einsetzbaren Gypsknopf einzuschließen.

25*

388 Herstellung elektrischer Beleuchtungs-Anlagen.

Formeln für den Querschnitt dieser Bleisicherungen kann man nicht aufstellen, weil die äußeren Umstände, unter denen sie sich befinden — im Edison'schen Bleistöpsel, als Bleifolie u. dgl. — zu sehr wechseln; um eine rohe Annäherung zu haben, verwende man die Formeln in (486), worin $\theta = 330$ und $e = 4{,}5$ gesetzt wird.

Siemens und Halske rechnen bei frei in der Luft senkrecht ausgespannten Bleistreifen

bei Strömen von 1—100 A 6 A auf 1 qmm
„   „   „ 100—200 „ 5 „ „ 1 „
„   „   „ 200—500 „ 4 „ „ 1 „

Elektromagnetische Ausschalter sind in mannichfachen Ausführungen bekannt; dieselben müssen auf die richtige Stromstärke eingestellt werden. In den Zuleitungen zu Sammlerbatterien muß man elektromagnetische Ausschalter verwenden, weil die Bleisicherungen nicht rasch genug wirken.

Die selbstthätigen Ausschalter sind entweder zweipolig oder einpolig; die ersteren verwendet man zum Schutze stärkerer und wichtigerer Linien. Die einpoligen Ausschalter müssen in der ganzen Leitung überall in derselben — z. B. alle in der positiven — Leitung angebracht werden.

(496) Schaltbrett. Bei jeder größeren Anlage ist es erforderlich, die Leitungen welche vom Stromerzeuger herkommen, und diejenigen, welche nach den verschiedenen Stromkreisen hinführen, an einem Orte zu vereinigen. Dort bringt man zugleich die Meß- und Signalapparate für den Betrieb der Anlage, die Ausschalter und Sicherheitsvorrichtungen an. Ist ein Regulator für die Dynamomaschine vorhanden, so wird derselbe ebenfalls hier aufgestellt. Das Schaltbrett ist so anzuordnen, daß es eine leichte und sichere Uebersicht der Stromvertheilung in der Anlage gewährt; es muß leicht zugänglich sein; der am Schaltbrett Stehende muß möglichst gut die Vorgänge bei der Dynamomaschine und dem dieselbe treibenden Motor überblicken und dabei selbst möglichst gut gesehen werden können. Das Schaltbrett ist der Schlüssel der ganzen Anlage; eine falsche Bewegung kann die ganze Leitung, Maschinen, Lampen gefährden, richtige Handhabung im Falle der Gefahr empfindliche Betriebsstörungen vermeiden.

Am Schaltbrett verwendet man für starke Ströme meist Leiter von rechteckigem Querschnitt, die man häufig aus mehreren Blechstreifen mit Luftzwischenräumen zusammensetzt.

Die Anordnung der einzelnen Theile ist zu sehr von den eigenartigen Bedürfnissen jeder Anlage abhängig; auch die gewählte Construction der Umschalter hat bedeutenden Einfluß darauf; deshalb ist es nicht möglich, hier mehr als die allgemeinen Punkte für die Construction anzugeben. Bezüglich der Meßapparate sei noch bemerkt, daß man dieselben gegen unregelmäßige Einflüsse der Ströme in den Leitungen schützen, bezw. so aufstellen muß, daß man auch in der That richtig messen kann.

Herstellung elektrischer Beleuchtungs-Anlagen. 389

Ausführungsarbeiten bei Hausbeleuchtungs-Anlagen.

Die Ausführung einer elektrischen Beleuchtungsanlage wird an der Hand einer Installationszeichnung bewirkt. Die Grundlage zu letzterer bildet ein Beleuchtungsplan oder eine Aufnahme und die Bestimmung und Berechnung des zur Verwendung kommenden Materials.

Plan und Vorarbeiten.

(**497**) **Der Beleuchtungsplan** wird für größere Anlagen von einem Ingenieur in Gemeinschaft mit einem Vertreter des Auftraggebers aufgestellt, und umfaßt:
1. die mit Beleuchtung zu versehenden Räume und die Anzahl und Art der in denselben zur Verwendung kommenden Lampen,
2. den Ort für die Aufstellung der Dynamomaschine und deren Zubehör,
3. besondere durch örtliche Verhältnisse begründete und bei der Ausführung zu berücksichtigende Umstände, endlich
4. Specialconstructionen.

Bei kleineren Anlagen genügt eine einfache Aufnahme zur Feststellung der erforderlichen Lampenzahl.

Auf Grund des Beleuchtungsplanes bezw. der Aufnahme wird die Bestimmung des Leitungsmaterials und Querschnitts nach (484) flg. ausgeführt.

(**498**) **Installationszeichnung.** Die Ergebnisse der Aufnahme und der angestellten Berechnungen werden in der Installationszeichnung niedergelegt; dieselbe giebt dem Ausführenden daher Aufschluß über die Lampenzahl, die Vertheilung von Glüh- und Bogenlicht, die Anzahl der Lampen jedes einzelnen Raumes, über die Art und Weise, in welcher diese Lampen anzubringen und ob sie einzeln oder in Gruppen ein- und auszuschalten sind, über Leitungsquerschnitt und Führung der Leitungen und die Anbringung von Sicherheitsvorrichtungen und Ausschaltern, über die Art der Verlegung dieses Materials. Entsprechende Bezeichnungen bezw. die Fabriknummern des sämmtlichen zur Verwendung gelangenden Materials werden ebenfalls eingetragen. Einen zweiten Theil der Installationszeichnungen bildet die Dispositionszeichnung für die Aufstellung der Dynamomaschine und deren Zubehör. Aus derselben ist zu ersehen, in welcher Weise die Fundirung der Dynamomaschine und deren Verbindung mit dem Motor erfolgen soll, ebenso wie etwaige Zubehörtheile, als Regulatoren, Schaltbretter angebracht und mit dem Leitungsnetz verbunden werden.

(**499**) **Vorarbeiten.** Dieselben bestehen in der rechtzeitigen Absendung der zunächst erforderlichen Materialien, Anordnungen über den Beginn der Arbeiten, Beschaffung eines Raumes zur Aufbewahrung des Materials, der Werkzeuge u. s. w., der möglichst zugleich als kleine Werkstatt dienen kann; ferner gehört zu den Vorarbeiten die Anwerbung der Hilfsarbeiter.

Arbeitet man nicht mit vorzüglich geschultem Personal, bei dem mündliche Instructionen genügen, so ist es erforderlich, die

390 Herstellung elektrischer Beleuchtungs-Anlagen.

Leitungswege in den Räumen vorzuzeichnen. Es geschieht dies nach der bekannten einfachen Methode der Zimmerleute, durch Anwendung einer mit Kreide oder Kohle bestrichenen Schnur, die an zwei in gerader Linie liegenden Punkten der Leitung angehalten, straff gespannt und dann gegen die Wand oder Decke geschnellt wird. Mauerdurchbrüche, sowie Einstemmungen müssen ebenfalls und unter Angabe ihrer Dimensionen bestimmt werden. Ein Gleiches gilt für die zur Anbringung der Leitung dienenden Befestigungsmittel, sowie für Sicherheitsvorrichtungen, Ausschaltungen und Lampen.

Verlegung der Leitungen.

(500) **Wahl des Ortes für die Drähte.** Ueber die Verlegung der Drähte können nur wenige allgemeine Regeln gegeben werden, da man in jedem Fall zu sehr von den örtlichen Verhältnissen abhängig ist. Die Berliner Elektricitäts-Werke haben die Bestimmungen für die Drahtverlegung in nebenstehender Tabelle festgesetzt, und diese Vorschriften haben sich durchgängig als zweckmäßig erwiesen.

Im Allgemeinen ist es gut, die Leitungen so zu führen, daß sie einer Untersuchung jederzeit leicht zugänglich, andererseits aber auch vor unbefugtem Berühren geschützt sind. Wo es aus praktischen oder ästhetischen Gründen geboten erscheint, die Leitungen dem Auge zu entziehen, lassen sich bei sorgfältiger Ausführung der Arbeit stichhaltige Gründe gegen Verlegung der Drähte in den Verputz der Decken und Wände oder gegen eine Verschalung derselben nicht geltend machen. Oft ist es zweckmäßig, die Leitungen von Räumen, die oberhalb der zu beleuchtenden liegen, zuzuführen. Jedoch sollte dies nur da geschehen, wo eine Inanspruchnahme des Fußbodens in ausgedehntem Maße nicht erforderlich ist, da die beim Reinigen den Fußboden durchdringende Feuchtigkeit oftmals Störungen der Isolation zur Folge hat. Sicherheitsschaltungen jedoch müssen jederzeit leicht zugänglich bleiben; unzulässig ist die Befestigung derselben an Decken und Wänden, so daß zu ihrer Bedienung die Anwendung von Leitern nothwendig wäre. Hier empfiehlt es sich, auch auf die Gefahr eines geringen Mehrverbrauchs an Draht, Sicherheitsschaltungen jederzeit so anzubringen, daß durch sie verursachte Störungen sofort beseitigt werden können. Gegen unberufene Berührung schützt man sich durch geeignete Vorrichtungen.

(501) **Werkzeug.** Eine Werkzeugkiste für eine Gruppe von 3—4 Leuten wird versehen mit:
2 schweren, 2 leichten Hämmern,
1 Kneifzange,
2 größeren, 2 kleineren Flachzangen,
1 größeren, 2 kleineren Beißzangen,
1 größeren, 1 kleineren Rundzange,
1 Holzraspel (halbrund), 1 Holzraspel (rund),
1 flachen Vorfeile und Schlichtfeile, 1 halbrunden Vorfeile,
 1 Dreikantvorfeile, 1 Dreikantschlichtfeile,
1 Fuchsschwanz, 1 Stichsäge,
1 Hobel (ev.),
2 Stemmeisen, 2 Stechbeuteln,

Herstellung elektrischer Beleuchtungs-Anlagen.

Bezeichnung der Leitungen	Verwendungsort						
	Erdboden oder unter Putz	Außenräume	Trockene Räume	Feuchte Räume	Räume von Gasen oder Dämpfen erfüllt	Beleuchtungs-körper
Blanker Kupferdraht	Verwendung ausgeschlossen	Porzellan-Glocken	Verwendung ausgeschlossen	Verwendung ausgeschl.	Verwendung ausgeschlossen	Verwendung ausgeschlossen
Umsponnener Kupferdraht, verzinnt	Verwendung ausgeschlossen	Porzellan-Glocken	Porzellan-Glocken " Rollen " Klemmen	Verwendung ausgeschl.	Verwendung ausgeschlossen	Verwendung ausgeschlossen
Isolirter Kupferdraht, verzinnt	In trockenem Putz in Metallrohr (mit Luftzutritt) verlegt	Porzellan-Glocken	Porzellan-Glocken " Rollen " Klemmen Holzleisten Heftzwecken	Porzellan-Glocken Porzellan-Rollen	Porzellan-Glocken	Lose im Innern der Rohre, außen durch Metallstreifen oder Isolirband befestigt
Blankes Bleikabel	Verwendung ausgeschlossen	Holz-klemmen Metall-klemmen } mit weicher Unterlage	Holzleisten Holzklemmen Metall } m. weicher " } Unterlage	Verwendung ausgeschl.	Verwendung ausgeschlossen	Verwendung ausgeschlossen
Asphaltirtes Bleikabel	In trockenem Boden oder Putz in Metallrohr verlegt	Holzklemmen Metall "	Holzleisten klemmen " Metallklemmen	Verzinnte Metall-klemmen	Verwendung ausgeschlossen	Lose im Innern der Rohre, außen durch Metallstreifen oder Bindedraht befestigt
Asphaltirtes und eisenarmirtes Bleikabel	direct zu verlegen	wie asphaltirtes Kabel	wie asphaltirtes Kabel	wie asphaltirtes Kabel	Verwendung ausgeschlossen	wie asphaltirtes Kabel

Herstellung elektrischer Beleuchtungs-Anlagen.

4—6 Steinmeiseln verschiedener Stärke,
2—4 Steinbohrern desgl.,
6 Schraubenziehern desgl.,
4 Lochbohrern desgl.,
1 Löthkolben, 1 Löthlampe, 1 Löthofen (ev.), 1 Gefäß zur Aufbewahrung von Kolophonium,
1 dichtschließenden Gypsgefäß,
2 eisernen flachen Gefäßen zum Einrühren, 2 kleinen Kellen zum Einbringen des Gypses,
1 Bandmaß, 1 Zollstock,
1 Galvanoskop mit Batterie und den nöthigen Verbindungsdrähten und Klemmen.

(502) **Beaufsichtigung. Messung.** Während der Installationsarbeiten ist vor Allem darauf zu achten, daß das in der Installationszeichnung vorgeschriebene Material an der richtigen Stelle verwendet wird. Die Ausgabe der Materialien bietet zunächst eine gewisse Controle, die jedoch durch öfteres Nachmessen des Durchmessers der verlegten Drähte zu verschärfen ist.

Nach Verlegung eines in sich abgeschlossenen Theiles der Leitung ist dieser einer Prüfung zu unterziehen. Es dient hierzu das oben als Bestandtheil des Werkzeugkastens aufgeführte Galvanoskop nebst Batterie. Es werden neuerdings derartige Apparate fertig zusammengestellt in den Handel gebracht. Dieselben bestehen aus einem Holzkästchen, in welchem sich unten eine kleine Batterie, oben unter Glasdeckel das Galvanoskop befindet. Beschreibung und Gebrauch vgl. (237).

Die vorerwähnten Prüfungen beziehen sich zunächst auf Feststellung der Leitungsfähigkeit des verlegten Drahtes; es wird dabei constatirt, ob Drahtbrüche oder mangelhafte Verbindungen vorhanden sind. Durch die weitere Messung auf Isolationswiderstand soll einmal genügende Isolation der Drähte gegen die Erde, das andere Mal genügende Isolation des positiven gegen den negativen Draht (Messung auf Kurzschluß) nachgewiesen werden. Die Gasleitung giebt in der Regel eine weniger gute Erdverbindung, die Wasserleitung dagegen eine vorzügliche.

(503) **Holzleisten.** Die vielfach verwendeten Holzleisten bestehen aus einer mit zwei Nuthen zum Einlegen des Drahtes versehenen Unterleiste, auf welche eine Deckleiste zum Festhalten und zum Schutz des Drahtes aufgeschraubt wird. Diese Art der Verlegung findet Anwendung, wenn es sich darum handelt, die Leitungen dem Auge zu entziehen, oder aber wenn dieselben eines besonderen Schutzes gegen Beschädigung bedürfen. Verlegung der Holzleisten unter dem Putz oder in feuchten Räumen ist jedoch unstatthaft.

Dübellöcher sind mindestens von 50 zu 50 cm einzustemmen, und es ist darauf zu sehen, daß hernach die Oberkante des Dübels mit der Wandfläche gleich ist, damit die Holzleiste überall fest aufliegt und ein Federn derselben vermieden wird.

Sämmtliche zur Verwendung kommenden Dübel, soweit sie zur Aufnahme nur einer Schraube dienen, sollen die Form einer abgestumpften Pyramide mit quadratischer Grundfläche haben. Sie werden mit der größeren Fläche nach unten eingesetzt und vergypst. Auf das Vergypsen ist große Sorgfalt zu verwenden, damit nicht Fehler in der Behandlung und Verwendung des Gypses Ursache zur Lockerung der Dübel werden. Nach Herstellung der Ausstemmung und dem Einbringen der Dübel beginnt das Verlegen der Holzleisten. Dieselben werden mit Schrauben an den Dübeln befestigt, die einzelnen Leisten stumpf, aber möglichst dicht aneinander gestoßen. Macht die Bahn einen Winkel, so sind an dieser Stelle die Leisten auf Gehrung zu schneiden und dicht aneinander zu fügen. Die hierbei in den Hohlkehlen sich bildenden scharfen Kanten werden verrundet. Verfolgen mehrere Leisten nebeneinander denselben Weg, so ist ein der Breite der Bahn entsprechender Dübel einzusetzen.

Nach Fertigstellung der Leistenbahn beginnt das Einlegen des Drahtes. Derselbe wird zunächst in die Hohlkehlen der Leisten gebracht und durch aufgeschraubte kleine Stücke Deckleiste, die sich in Entfernungen von ca. $1^1/_2$ m folgen, festgehalten. Dann erst erfolgt unter gleichzeitiger Wegnahme der kleinen Befestigungsstücke das Aufschrauben der Deckleiste. Seitliche Abzweigungen der Leitung stellt man dadurch her, daß man die Unter- oder die Deck-Leiste entsprechend durchbohrt und die Abzweigung von unten oder oben einführt. Ein besonderer Schutz für die Abzweigstellen durch kleine Holzkästchen ist erforderlich. Um unnöthigen Verschnitt zu vermeiden, verlegt man den Draht, indem man ihn direct von dem ganzen Drahtring abwickelt; damit dieser jedoch nicht in Unordnung geräth, legt man ihn auf eine leichte Holztrommel von der Form eines abgestumpften Kegels auf.

Oftmals empfiehlt es sich, in fertigen bewohnten Räumen Holzleisten zu verwenden, deren Deckel in entsprechender Weise profilirt ist.

(504) **Porzellanrollen.** Die Verwendung von Porzellanrollen zur Verlegung von Draht bietet mehr Schwierigkeiten wie die vorhergehende. Gut und schnell kann in dieser Art nur von einem vorzüglich geschulten Personal installirt werden. Porzellanrollen sind überall da empfehlenswerth, wo Feuchtigkeit ungünstig auf den Isolationswiderstand einwirken kann, dann auch da, wo es nicht darauf ankommt, die Leitungen ängstlich zu verstecken. Wie vorher beginnt man mit dem Einstemmen der Dübellöcher in Entfernungen von ca. 50 cm. Wenn nicht eine größere Anzahl Leitungen parallel nebeneinander geführt werden, erhält jede Rolle einen besonderen Dübel. Neuerdings werden vielfach Eisendübel verwendet, die den Vorzug haben, sich nicht durch Trocknung zu lockern. Nach Einbringen der Dübel werden die Rollen aufgeschraubt und zwar beträgt die seitliche Entfernung zweier Rollen meist 5 cm. Sind in den Räumen eiserne Träger zur Deckenconstruction angewendet, so kann man die Isolirrollen auf eisernen oder hölzernen Schellen befestigen, die wiederum an den Trägern festzuklammern sind. Das Drahtziehen erfolgt vortheilhaft mit Hilfe eines kleinen Flaschenzuges, der den Draht längs des ihm durch die Rollen angewiesenen Weges spannt. Der gespannte Draht wird mit starkem Kupfer-Bindedraht in kunstgerechter Weise mit der Rolle verbunden. An der Stelle, an welcher der Bindedraht die Leitung festhält, ist ein kleiner Bund von Isolirmaterial aufzulegen.

394 Herstellung elektrischer Beleuchtungs-Anlagen.

Abzweigungen werden am einfachsten dadurch hergestellt, daß von dem einen Draht direct seitlich abgegangen, von dem zweiten, der eine Ueberschneidung nothwendig macht, die erste Rolle der Abzweigleitung entsprechend höher gelegt wird. An der Kreuzungsstelle sind beide Drähte mit einem starken Bund von Isolirmaterial oder mit einer unverrückbaren isolirenden Zwischenlage gut zu schützen. Auf sorgfältiges und gleichmäßig festes Anbinden des Drahtes an die Rollen ist besonders zu achten, da sonst der Draht leicht schlapp wird, oder aber einzelne Rollen über Gebühr beansprucht werden.

(505) **Holzklammern.** Dieselben bestehen aus Ober- und Unterklemme; letztere hat zwei Einschnitte zur Aufnahme des Drahtes. Die Verwendung der Klammern sollte sich nur auf trockene Räume, in denen keine Gefahr der Beschädigung zu befürchten ist, erstrecken. Die Verlegung gestaltet sich in ähnlicher Weise, wie die vorbeschriebene, ist nur in sofern schwieriger, als Hin- und Rückleitung gleichzeitig gezogen und angeklemmt werden müssen. Die Unterklemme soll mindestens so groß sein, daß sie mit zwei Schrauben für sich auf dem Dübel befestigt werden kann, die Oberklemme wird dann von einer dritten Schraube gehalten. Gleichzeitiges Befestigen der Klammer und Festhalten des Drahtes mit einer Schraube ist unbedingt zu verwerfen. Die Stellen, an welchen der Draht in den Klammern festgelegt wird, sind mit Isolirband zu umwickeln. Abzweigungen werden mit Hilfe besonders vorbereiteter kleiner Brettchen, unter denen der Abzweigdraht geführt wird, hergestellt.

(506) **Anstiften.** Es kommt häufig vor, daß bewohnte Räume, die elegant ausgestattet sind, installirt werden sollen; in solchem Falle handelt es sich darum, den Draht ohne Beschädigung der vorhandenen Decorationen, aber auch möglichst wenig sichtbar zu verlegen. Man ist dann genöthigt, einer sehr beliebten und zweckmäßigen Methode zu folgen, der des Anstiftens der Leitungen direct auf Wänden und Decken. Diese Verlegungsart sollte jedoch nur unter Verwendung eines vorzüglich isolirten Drahtes statthaben. Als Befestigungsmittel dienen hufeisenförmige Zwecken. An den Befestigungsstellen wird der Draht besonders geschützt. Als empfehlenswerth muß die Verwendung derartiger Heftzwecken überall da bezeichnet werden, wo es in trockenen Räumen nothwendig ist, eine große Anzahl Drähte auf kleinem Raum zu vereinigen und daher eine Verwendung von Porzellanrollen oder Holzklemmen nicht anhängig ist. Die Leitungsunterlage bildet eine ununterbrochene Bahn von Brettern, auf welcher die Drähte in seitlicher Entfernung bis zu 1 cm herunter angestiftet werden. Die Heftzwecken sind je nach der Drahtstärke in Entfernungen von 15—30 cm einzuschlagen und eventuell gegeneinander zu versetzen. Will man die Bretterunterlage sparen, so kann man Dübel, welche der Breite der Leitungsbahn entsprechen, in die Wand einlassen, jedoch derart, daß die Oberkante der Dübel mindestens 2 cm über der Wandfläche vorsteht. Die Entfernung derselben kann bis zu 50 cm betragen, es muß aber da, wo die Drähte vor äußerer Beschädigung nicht vollständig gesichert sind, eine Verschalung derselben eintreten. Abzweigungen führt man durch Aufsetzen

kleiner ca. 2 cm hoher Stege auf die Bretterunterlage oder die Dübel aus.

(507) Papierröhren. Die Firma S. Bergmann &. Co. in Berlin verwendet zur Unterbringung der Leitungen Röhren aus einer Papiermasse, welche in die Wände und Decken der mit Leitnngen zu versehenden Räume eingelegt werden; in diese Röhren werden die Kupferleiter eingezogen. Die Rohre werden in 3 m Länge und in Durchmessern von 7, 9, 11, 17, 23, 29, 36 und 48 mm lichter Weite hergestellt. Sie bestehen aus Papier und sind mit einem bei hoher Temperatur schmelzbaren Kohlenwasserstoff durchtränkt. Diese Masse ist von außerordentlich hoher Isolirfähigkeit, geruchlos und in Wasser und Säuren, sowie in den in Kalk enthaltenen Alkalien nicht löslich. Die in manchen Cementarten enthaltene Aetzlauge greift das Rohr nach längerer Einwirkung an; in diesem Falle verwendet man Papierröhren mit einem Mantel aus Stahl- oder Messingblech. Oft genügt statt des Metallmantels eine aus Gyps hergestellte Schutzhülle. Die einzelnen Rohrlängen werden mittels gezogener Metallmuffen aneinander gefügt, indem die Muffe leicht erwärmt und auf das Rohr aufgesteckt wird; hierauf wird die Muffe mittels einer eigenen Zange gewürgt, wodurch eine wasserdichte Verbindung erzielt wird. Die Röhren können nach gelindem Erwärmen gebogen werden; hierdurch und mit Hilfe von Ellbogen- und Kröpfungsstücken ist man im Stande, die Rohre fast jeder Oertlichkeit anzupassen. An geeigneten Punkten der Leitung werden Abzweige- und Zwischendosen eingesetzt, an denen die Leitung dauernd zugänglich bleibt. Zwischendosen sind zu verwenden, wenn in einer Leitung mehr als vier stärkere Biegungen vorkommen. In diesen Dosen kann man die Bleisicherungen und Ausschalter anbringen.

Die Rohre können in den meisten Fällen ohne erhebliches Einstemmen verlegt werden. Das Eingypsen von Holzdübeln zu deren Befestigung fällt ganz weg. Zur Befestigung dient ein aus zwei Litzen zusammengedrehter Eisendraht, welcher mit einem Drahtstift direct an dem Mauerwerk festgehalten wird. Bei offener Montage der Rohre (auf dem Putz) werden Rohrschellen oder Messingbandschleifen verwendet.

In den fertiggestellten Rohrstrang werden die Leitungen in folgender Weise eingezogen: man bläst etwas gepulverten Speckstein in die Rohre ein und schiebt dann ein am vorderen Ende mit einer kleinen Kugel versehenes Stahlband von genügender Länge in das Rohr. Am andern Ende des Stahlbandes befindet sich eine Oese, an welcher der Leitungsdraht befestigt und eingezogen wird.

Als Leitungsmaterial empfiehlt es sich, Litzen zu verwenden. Man kann Hin- und Rückleitung in ein- und dasselbe Rohr legen; hierbei braucht man gut von einander isolirte Leitungen. Man kann auch für jeden Draht ein Rohr benutzen; in diesem Falle genügt ein mit getränkter doppelter Umklöppelung versehener Draht, da das Rohr allein schon eine sehr hohe Isolirung gewährt. Bei Haupt- und Steigleitungen ist für jeden Draht ein besonderes Rohr zu verwenden. Löthstellen dürfen nicht in die Rohre gelegt werden.

(508) Erd- und Luftleitungen. Luftleitungen werden mit blankem Draht auf Porzellanisolatoren, in gleicher Weise wie bei Telegraphenanlagen üblich hergestellt.

Sind Drähte von mehr als ca. 30 qmm Querschnitt über Terrain zu führen, so ist deren Verlegung in Form von Erdleitungen angezeigt. Als solche haben in neuerer Zeit Bleikabel ausgedehnte Verwendung gefunden. Ihre Haltbarkeit ist bedingt von der Zusammensetzung des Bodens, in welchem sie eingebettet liegen; man sollte daher ohne eine eingehende Untersuchung in dieser Richtung eine Entscheidung über Anwendung von Bleikabeln nicht treffen. Um das Kabel widerstandsfähiger zu machen, ist dasselbe mindestens mit einer getheerten Juteumspinnung zu versehen, wo jedoch, wie in Straßen, eine Gefahr durch öfteres Aufgraben erwachsen kann, soll auch eine Eisenbewehrung nicht fehlen. Bei der Verlegung, die sich im Allgemeinen leicht bewerkstelligen läßt, ist eine stete genaue Messung der Kabelisolation erforderlich. Auf die Herstellung von Verbindungen muß die allergrößte Sorgfalt verwendet werden; dieselbe sollte nur mit besonders geschulten Leuten vorgenommen werden. Vor der Zuschüttung ist es gut, Verbindungsstellen einige Zeit der Witterung auszusetzen und sich durch wiederholte Messungen von ihrem Verhalten zu überzeugen.

Bei Hausinstallationen werden Bleikabel meist mit einer getheerten Juteumspinnung verwendet.

(509) Ausschalter, Sicherheitsvorrichtungen, Mauer-Durchbrüche. Wo Sicherheits- und Ausschaltungen in die Leitung eingefügt werden, muß die Art ihrer Anbringung auch den für die Leitung maßgebenden Bedingungen hinsichtlich der Isolation entsprechen.

Die Sicherheitsschaltungen sollen auf feuersicherer Unterlage montirt sein. Bei Neubauten, in feuchten Räumen, ist es nothwendig, daß, bei Verwendung erstgenannter Art, entweder eine Gummischeibe unter die Platte gelegt wird, oder aber daß durch untergeschobene durchlochte Porzellanplättchen, für welche die Befestigungsschrauben zugleich als Führung dienen, eine Luftisolation hergestellt wird. Die Befestigungsschrauben werden in diesem Falle besonders isolirt. In trockenen Räumen können Bleischaltungen ohne Weiteres auf der Wand befestigt werden. Ist eine größere Anzahl derselben an einer Stelle vereinigt, so montirt man dieselben auf einem besonderen Brett. In Räumen, die nicht unter steter Aufsicht, aber stark besucht sind, wird man die genannten Vorrichtungen durch aufgesetzte verschließbare Kasten schützen, oder sie in eisernen Kasten in die Wand einlassen. Eisenkasten bestehen zweckmäßig aus einem starken mit Thür versehenen eisernen Rahmen, der Löcher für die Drahteinführungen enthält, und dessen Boden durch ein eingesetztes starkes Holzbrett gebildet wird. Vgl. auch (495).

Das für die Sicherheitsschalter Gesagte gilt in gleicher Weise für die Ausschalter. Auch bei Mauerdurchgängen muß für gute Isolation des Drahtes gesorgt werden. Wo der Raum es gestattet, macht man den Durchbruch so groß, daß man einen viereckigen Holzcanal, der den Leitungen einen bequemen Durchgang gestattet, einsetzen kann. Für kleinere Durchbrüche bilden eingeschobene Röhren aus Glas, Porzellan oder Hartgummi, durch welche die Drähte gezogen werden, eine gute Isolation. In beiden Fällen ist die größte Aufmerksamkeit auf ordentliche Ausführung der Uebergangstellen zu verwenden.

Herstellung elektrischer Beleuchtungs-Anlagen. 397

(510) **Drahtverbindungen und Abzweigungen.** Drahtverbindungen werden entweder durch Verschraubung oder durch Verlöthung bewerkstelligt. Bei nachlässiger Ausführung bergen derartige Stellen eine nicht zu unterschätzende Gefahr in sich. Der Uebergangswiderstand verursacht eine starke Erwärmung, die sich bis zur Bildung eines Lichtbogens steigern kann. Eine möglichste Verminderung solcher Verbindungen muß daher in jeder Installation angestrebt werden. Vor Herstellung einer Schraubenverbindung ist darauf zu achten, daß die Contactflächen metallisch rein sind. Der Draht wird zu einer Oese gebogen unter die Schraube gelegt, jedoch so, daß beim festen Anziehen derselben die Oese nicht auseinander gepreßt wird. Wo es angängig ist, empfiehlt sich nachträgliche Verlöthung. Sind größere metallische Flächen, deren Verlöthung Schwierigkeiten bereitet, mit einander zu verbinden, so hilft man sich beim Verschrauben durch Zwischenlegen von Zinnfolie, um einen innigen Contact zu erreichen. Drahtverbindungen sollten ausschließlich durch Verlöthung hergestellt werden, bei der Löthsäure und Löthwasser ausgeschlossen, dagegen Kolophonium oder Paraffin zu verwenden ist. Dünne Drähte werden an den zu verbindenden Stellen von der Isolation befreit, metallisch blank gemacht, dann beide Enden über einander gekreuzt und der rechte Draht auf dem linken, der linke auf dem rechten aufgerollt. Bei der Verlöthung muß das Zinnloth gehörig die Windungen durchfließen. Stärkere Drähte feilt man beiderseitig schräg an, so daß sie bei dem Aufeinanderlegen die ursprüngliche Drahtstärke ungefähr erreichen. Die zusammengelegten Enden werden zunächst mit Bindedraht umwickelt, dann gut verlöthet. Die Löthstellen sind der Drathisolation entsprechend entweder durch Aufziehen eines Stückes Gummischlauch oder durch Umwickeln mit Isolirband zu schützen. Abbildungen von Drahtverbindungen s. Elektrot. Ztschr. 1885 S. 472, 1886 S. 379, 435.

(511) **Montirung von Beleuchtungkörpern.** Bei Glühlichtanlagen werden vielfach die für Gaseinrichtungen vorhandenen Beleuchtungskörper zur Anbringung der Lampen benutzt. Sollen erstere unverändert bleiben, so daß sie jederzeit ihrer ursprünglichen Bestimmung zurückgegeben werden können, so müssen die Leitungen auf der Außenseite der Beleuchtungskörper geführt werden. Gut umsponnene und mit Guttapercha isolirte Drähte bieten auch bei directem Anbringen an den Metalltheilen eine ausreichende Sicherheit. Anbinden derselben mit Draht oder Bindfaden sollte vermieden werden. Eine praktische Befestigung bilden dünne Messingblechstreifen, ca. 5 mm breit und 20 mm lang, die in Entfernungen von 5—20 cm an dem Beleuchtungskörper so angelöthet werden, daß sie in der Mitte gehalten sind. Der Draht wird durch Umbiegen der beiden Enden des Messingstreifchens befestigt. Ein kleiner Bund von Isolirmaterial dient der Umspinnung zu besonderem Schutz. Scharfe Biegungen des Drahtes müssen vermieden werden; scharfe Kanten an dem Beleuchtungskörper sind zu verrunden, da in beiden Fällen Durchscheuern der Isolation zu befürchten ist. Wird der Draht im Innern der Röhren geführt, so sind die Dimensionen der Röhren so zu wählen, daß der Draht ohne Zwang durchgezogen werden kann; auch hier

398   Herstellung elektrischer Beleuchtungs-Anlagen.

sind scharfe Kanten und der Grat, der sich beim Bohren von Löchern ansetzt, zu entfernen.

Bei Herstellung der Verbindungen zwischen Draht und Lampenhalter ist auf gute Verschraubung bezw. Verlöthung zu achten. In letzterem Falle sind namentlich die sogenannten „Zinnnasen", d. h. scharfe Spitzen, die sich durch abtropfendes Zinn an der Löthstelle bilden, wegzufeilen. Bei drehbaren Wandarmen wird der Leitungsdraht an der betr. Stelle zu einer kleinen Spirale aufgewickelt.

Vor dem Anschluß eines Beleuchtungskörpers an die allgemeine Leitung sind die oben beschriebenen 3 Messungen auf Leitungsfähigkeit, Isolationswiderstand und Kurzschluß vorzunehmen und eventuelle Fehler vorher zu beseitigen. Es empfiehlt sich, die Beleuchtungskörper von der eventuell vorhandenen Gasleitung isolirt aufzuhängen.

Schlußarbeiten.

(512) Nach Beendigung sämmtlicher Isolationsarbeiten werden zunächst alle Sicherheitsschaltungen untersucht, ob sie mit dem für die betr. Drahtsorte bezw. Lampengruppe bestimmten Bleistreifen versehen sind. Soweit möglich werden sämmtliche Schraubenverbindungen nochmals controlirt. Bei größeren Anlagen und namentlich bei solchen, bei welchen es darauf ankommt, kleine Störungen, wie Durchbrennen von Lampen oder Bleistreifen, sofort zu beseitigen, empfiehlt es sich, eine Nummerirung der Lampen und Bleisicherungen vorzunehmen. Bei letzteren ist anzugeben, welche Lampennummer die betr. Bleisicherung umfaßt. Bogenlampen werden zunächst ohne Kohle eingehängt. Hierauf erfolgt die Schlußmessung des ganzen mit einander verbundenen Leitungsnetzes, von dem Punkt aus, an welchem die Dynamomaschine angeschlossen werden soll.

(513) **Erdschluß und Kurzschluß.** Ergiebt die Schlußmessung das Vorhandensein eines Fehlers, so ist bei einem gut disponirten Leitungsnetz die Auffindung des Fehlers in kurzer Zeit möglich. Man löst der Reihe nach die Verbindungen der Hauptleitungen; hat man unter diesen die fehlerhafte gefunden, so trennt man deren einzelne Zweigleitungen ab und kommt in dieser Weise fortschreitend sehr bald zur Fehlerquelle. Liegt der Fehler in einem Leitungszweig und man kann durch äußere Untersuchung eine Beschädigung nicht finden, so muß man zu einer Halbirung dieses Theiles schreiten und dieselbe so lange fortsetzen, bis der Fehler entdeckt ist.

Nach beendeter Messung werden die Glühlampen und die Kohlen der Bogenlampen eingesetzt.

Aufstellung der Dynamomaschine.

(514) Inzwischen ist auch die Aufstellung und Prüfung der Dynamomaschine erfolgt. Dieselbe beginnt mit der Herstellung der Fundirung. Ein Loch von ca. $^1/_2$ m Tiefe wird eingegraben, dasselbe ungefähr bis zur Hälfte mit einer Betonschicht ausgefüllt und auf letztere aus guten Ziegelsteinen mit Cementmörtel das

Herstellung elektrischer Beleuchtungs-Anlagen. 399

Fundamentmauerwerk aufgeführt. Die Maschine selbst wird auf einen Rahmen aus Fichtenholz aufgesetzt, der entweder bis zu ³/₄ seiner Höhe eingemauert oder aber im Fundament-Mauerwerk verankert wird. Er dient einestheils zur vollständigen Isolation der Maschine, anderntheils zur Befestigung von Gleitschienen, die ein Verschieben der Maschine während des Betriebes gestatten. Die Verschiebung wird durch Stellschrauben bewirkt, die auch zugleich der Maschine den nötigen Halt gewähren. Die Höhe des Fundaments muß so bemessen sein, daß nach Aufstellung der Dynamomaschine Bürsten und Collector handlich bedient werden können. Ragt das Fundament über den Fußboden hervor, so wird es zweckmäßig mit einem eisernen Rahmen umgeben. Die Schrauben, mit welchen die Gleitschienen am Holzrahmen befestigt sind, dürfen das Mauerwerk nicht berühren.

Kleinere Dynamomaschinen werden als Ganzes auf das Fundament aufgesetzt, bei größeren, deren Montage erst an Ort und Stelle erfolgen kann, wird den Installateuren von den betr. Fabrikanten die nöthige Anweisung gegeben. Zeichnungen zu Fundamenten s. (409).

Ist die Maschine montirt, so wird sie einer eingehenden Prüfung unterzogen. Durch Messung wird zunächst festgestellt, ob die Isolation des Ankers und der Schenkelbewickelung den vom Fabrikanten gemachten Angaben entspricht. Des Weiteren untersucht man, ob die Verbindungen der Schenkel unter sich und mit dem Anker zu Ausstellungen keinen Anlaß bieten, worüber eventuell auch eine Messung des Leitungswiderstandes der Magnetschenkel und des Ankers Aufklärung giebt.

(515) **Inbetriebsetzung.** Bevor man den Riemen auflegt, versichert man sich durch mehrmaliges Umdrehen des Ankers mit der Hand, daß derselbe frei geht. Nach dem Auflegen des Riemens läßt man die Maschine zunächst einige Zeit leer laufen, um sich von dem ordnungsmäßigen Zustand des Riemens und der Lager zu überzeugen. Stark schlagende Riemen müssen ausgetauscht werden, eine Erwärmung der Lager ist entweder durch ganz geringe Lockerung des Lagerdeckels oder durch Nachschaben zu beseitigen. Dann erst erfolgt der Anschluß der Maschine an das Leitungsnetz.

Läßt man hierauf die Maschine mit Strom arbeiten, so schaltet man zunächst eine kleine Anzahl Lampen ein, die man nach und nach entweder durch Erhöhung der Tourenzahl oder durch Verringerung des Widerstandes der Schenkelbewickelung zur normalen Spannung bringt. Um den Wärter der Dynamomaschine auf Spannungsänderungen sofort aufmerksam zu machen, empfiehlt sich die Verbindung des Spannungszeigers mit einem akustischen Signalapparat (278). Während des Betriebes ist die größte Sorgfalt auf richtige Behandlung der Bürsten und des Collectors zu verwenden.

Abnahme der Anlage.

(516) Zeigen sich bei dieser ersten Probe keine Fehler, so kann die Inbetriebsetzung der Gesammtanlage erfolgen. Mit kleinen Gruppen beginnend, schaltet man nach und nach sämmtliche Lampen ein, indem man von Fall zu Fall Mängel, durch schlecht befestigte oder fehlerhafte Lampen verursacht, beseitigt. Ist die

400   Herstellung elektrischer Beleuchtungs-Anlagen.

Anlage eine Zeit lang in Betrieb, so werden sämmtliche Verbindungsstellen, sowie die Bleisicherungen und Ausschalter nachgesehen, ob nirgends eine außergewöhnliche Erwärmung eintritt. Etwaiges Nachreguliren der Bogenlampen hat während dieses event. auf mehrere Male ausgedehnten Probebetriebes stattzufinden. Ebenso ist die Spannung an den Klemmen der Glüh- und Bogenlampen, für letztere auch die Stromstärke zu messen.

Hat der Probebetrieb den ordnungsmäßigen Zustand der Anlage erwiesen, so kann man zur Abnahme derselben schreiten, die auf Grund eines mit dem Auftraggeber verabredeten mehrstündigen Betriebes geschieht. Gleichzeitig wird eine genaue Aufnahme des verbrauchten Materials, ein Aufmaß der Leitungen und eine Feststellung der aufgewendeten Arbeitszeit vorgenommen, die gemeinsam die Grundlage für die Abrechnung der Anlage bilden.

Leitungen aufserhalb der Häuser.

(**517**) **Leitungsmaterial.** Zu den Leitungen wird meistens Kupfer verwendet. Zu Luftleitungen gebraucht man Silicium- oder Phosphorbronce, welche größere Tragfähigkeit hat und sich nicht, wie das Kupfer, stark verlängert. (Tabellarische Angaben hierzu vgl. im Abschnitt: Telegraphie.) Wenn es erforderlich ist, der Leitung einen besonders großen Widerstand zu geben, z. B. bei Bogenlampen in Parallelschaltung, denen man in der Regel Widerstand vorschalten muß, nimmt man auch Leitungen aus Eisen oder aus Neusilber.

(**518**) **Isolation.** Wo man die Leitungen frei durch die Luft und überall mehrere Meter von Gebäuden oder dem Boden entfernt spannen kann, ist es unnöthig, den Drähten eine Umhüllung zu geben; dieselben werden an Porzellanisolatoren auf Stangen befestigt und nur in der Nähe ihrer Ein- und Austrittsstelle bei Gebäuden sorgfältig isolirt.

Wenn solche Leitungen Telegraphen- oder Telephonleitungen kreuzen, so soll die Kreuzung unter rechtem Winkel erfolgen; die Telegraphen- oder Telephonleitung bleibt einige Meter oberhalb der Starkstrom-Leitung, welche an der Kreuzungsstelle besonders zu isoliren ist; durch einen zwischen den sich kreuzenden Leitungen gespannten stromlosen Draht wird die Berührung im Falle des Bruches der oberen Leitung vermieden.

In allen anderen Fällen muß der Leiter eine isolirende Umhüllung besitzen, die auch im Wasser noch dicht hält. Die isolirten Leitungen erhalten noch besonderen Schutz durch Blei- und Eisenmäntel; der Bleimantel schützt gegen das Eindringen der Feuchtigkeit, besonders gegen chemische Wirkungen von Säuren und Dämpfen; der Eisenmantel, den Bleimantel umgiebt, dient zum Schutz gegen mechanische Angriffe. Beide Schutzmittel kommen vorzugsweise bei unterirdischen Leitungen zur Verwendung.

(**519**) **Verlegung der Leitungen.** Beim Verlegen in die Erde müssen die Leitungen gegen chemische und mechanische Einflüsse geschützt werden. Ein bandarmirtes Bleikabel von Siemens und Halske widersteht so ziemlich allen Angriffen; weniger gut geschützte Leitungen, einfache Bleikabel, können da verwendet werden, wo mechanische Einflüsse, wie Aufreißen des Bodens und dgl. ausgeschlossen sind; eine gewisse Vorsicht ist indessen in diesem Falle zu gebrauchen; es hat sich gezeigt, daß die Ratten sehr gerne die Bleiröhren benagen und unter Umständen Löcher in dieselben fressen. Solche Leitungen werden in der Regel ca. 65 cm tief in das Erdreich verlegt. Jede Verbindungsstelle in einem Kabel beeinträchtigt die Isolation; deßhalb ist die Zahl solcher Stellen möglichst zu beschränken. Auch ist es dringend erforderlich, während der Verlegung fortwährend den Zustand des Kabels zu untersuchen.

Mit der Benutzung von Canälen, die nicht ganz luftdicht sind, hat man schlechte Erfahrungen gemacht; dieselben nehmen aus dem Straßenuntergrund das den Gasleitungsröhren an undichten Stellen entströmende Leuchtgas auf, so daß leicht Explosionen vorkommen können. Von dieser Gefahr frei sind eiserne Röhren, die eine fortlaufende Röhrenleitung bilden und in welche man die elektrischen Leitungen einzieht. Das Röhren-Leitungsnetz muß aus lauter geraden Strecken bestehen; wo eine Biegung erforderlich ist, wird ein Untersuchungs- und Einführungsbrunnen angelegt. Zum Zwecke des Einziehens wird beim Verlegen der Röhren ein verzinkter Eisendraht in dieselben gebracht, an dem man darauf ein Drahtseil und mittels des letzteren das Kabel einzieht. Um in ein fertig verlegtes Rohr, in dem sich kein Draht befindet, das Drahtseil einzubringen, verfährt man folgendermaßen: Eine größere Zahl Gasrohrstücke von 1 m Länge werden zum Aneinanderschrauben eingerichtet; von einem Untersuchungsbrunnen der Rohrleitung aus schiebt man eine dieser dünnen Röhren nach der anderen in den betreffenden Rohrstrang ein, indem man sie an einander schraubt; ist man am anderen Ende angekommen, so werden dort die Röhren wieder von einander getrennt; an der letzten ist das Drahtseil befestigt.

Bei der Verlegung der Leitungen hat man Rücksicht darauf zu nehmen, daß dieselben zum Zwecke der Ausbesserung zugänglich gemacht werden können, ohne daß die übrigen, in der Nachbarschaft untergebrachten Kabel gestört werden. Die einfache Verlegung in die Erde und das Einziehen in Röhren ermöglicht dies bis zu einem gewissen Grade, so lange die Zahl der im gleichen Strang liegenden Kabel gering ist. Die Verlegungsarten, bei welchen die Kabel in mehreren Schichten mit Zwischenwänden über einander liegen, sind weniger brauchbar, weil man zu den tiefer liegenden Leitungen nur gelangen kann, wenn man die oben liegenden auf einer langen Strecke weghebt.

(520) Verbindungen der Leitungen. Bei starken Leitungen stellt man die Verbindungen und Abzweigungen am besten vermittels entsprechender Klemmen her. Die Leitungen müssen an den Verbindungsstellen von ihren Umhüllungen befreit, und nach Herstellung der Verbindung wieder von Neuem mit Isolation versehen werden; beim Verlegen in die Erde umschließt man außerdem die Verbindungsstellen mit besonderen Muffen, die man mit isolirendem Material ausgießt. Die Verzweigungsstellen größerer Leitungsnetze werden durch eiserne Kästen geschützt; dieselben sind von außen zugänglich, die Verbindungen liegen dort frei,

402   Herstellung elektrischer Beleuchtungs-Anlagen.

und die Leitungen können von diesen Stellen aus untersucht werden. — Schwächere Leitungen verbindet man durch Löthen vgl. (510).

Muffen für Bleikabel von Siemens & Halske.

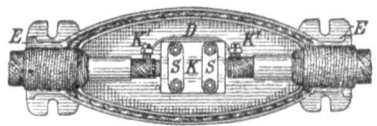

Fig. 173.

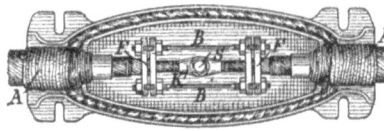

Fig. 174.

Die Muffen selbst, d. h. die gußeisernen Gehäuse, sind für alle Patent-Bleikabel — mit Ausschluß der Telephon- und mehradrigen Kabel für Telegraphenzwecke — der Form nach gleich und unterscheiden sich nur durch ihre von der Stärke der Kabel abhängige Größe. — Der Hauptunterschied liegt in der Form und Größe der zur Verbindung der Kupferleiter dienenden Klemmen, so wie in der Anwendung oder Nichtanwendung der zur Verbindung der Prüfdrähte dienenden Prüfdrahtklemmen. Hiernach sind zu unterscheiden:

1. Gerade Muffen für Patent-Bleikabel ohne Prüfdraht,
2. Gerade Muffen für Patent-Bleikabel mit Prüfdraht, } Fig. 173.
3. Gerade Muffen für Patent-Blei-Doppelkabel ohne Prüfdrähte,
4. Gerade Muffen für Patent-Blei-Doppelkabel mit Prüfdrähten, } Fig. 174.

Aehnlich wie die geraden Muffen werden die T Muffen eingetheilt, nur tritt bei den für die Patent-Blei-Doppelkabel gebrauchten T Muffen die Trennung in Einschalte- und Abzeigungsmuffen ein.

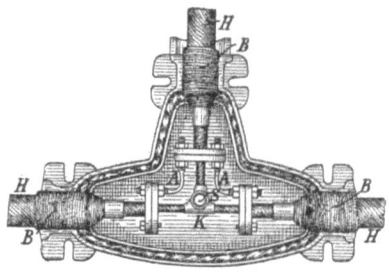

Fig. 175.

Fig. 175 stellt eine Abzweigungsmuffe für Doppelkabel dar; soll dieselbe als Einschaltemuffe verwendet werden, so wird die innere Leitung des seitwärts abgehenden Kabels nicht zu K geführt, sondern mit dem äußeren Leiter des rechts eintretenden Kabels verbunden, während die in der Zeichnung vorhandene Verbindung bei A rechts aufgehoben wird. Bei Verwendung einfacher Kabel fällt die äußere Leitung des Doppelkabels mit ihren Verbindungsklemmen weg.

Herstellung elektrischer Beleuchtungs-Anlagen.

(521) Endverschlüsse der Bleikabel. (Siemens & Halske).

Da an den Enden der Kabel die Kupferleitung und die Isolirhüllen aus den Bleirohren heraustreten, so erhält die Feuchtigkeit an diesen Stellen freien Zutritt zu der Isolirschicht, wenn dieses nicht durch besondere Vorrichtungen verhütet wird.

Diese Vorrichtungen bestehen aus den Endverschlüssen, deren Construction nach der Art der mit ihnen zu versehenden Kabel sehr verschieden ist.

1. Endverschlüsse zu den Patent-Bleikabeln ohne Prüfdraht und mit massiven Leitern sind aus vulcanisirtem Gummi hergestellt, Fig 176; der Theil a umschließt den Kupferleiter, der Theil b legt sich um das Blei und umgiebt die Isolirhülle und der Theil c wird über die Asphaltirung gezogen und fällt bei den Endverschlüssen an blanken Patent-Bleikabeln fort.

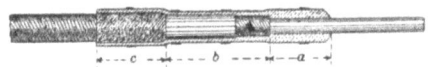

Fig. 176.

2. Endverschlüsse zu Patent-Bleikabeln ohne Prüfdraht mit litzenförmigen Leitern. Die Endverschlüsse zu den Kabeln mit Kupferleitern unter 100 qmm Querschnitt (Fig. 177) bestehen aus einem verzinnten Messingrohr V von 65 mm Länge mit dem massiven, 100 mm langen cylindrischen Ansatze V' und einem 175 mm langen Gummischlauche G, welcher sich über das Messingrohr schieben läßt, und dasselbe dicht umschließt. Das

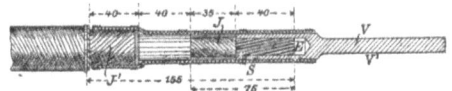

Fig. 177.

Messingrohr, dessen Wandungen mit vier spitzen Klemmschrauben S aus gehärtetem Stahl versehen sind, hat eine dem Durchmesser des betreffenden Kupferleiters entsprechende lichte Weite, während sein äußerer Durchmesser dem des betreffenden Bleimantels gleich ist. Die Bohrung des Rohres ist ca. 55 mm tief.

Die Endverschlüsse für Kabel mit Kupferleitern über 100 qmm Querschnitt, wie sie z. B. bei Abzweigungen verwendet werden, unterscheiden sich von den vorigen nur in der Form des Messingstückes V. Letzterem fehlt bei den Endverschlüssen zu Kabeln von über 100 qmm Kupferquerschnitt der oben erwähnte Ansatz V', an dessen Stelle hier die eingefräste, mit der Kopfschraube K versehene Fläche F tritt, vgl. Fig. 178.

3. Endverschlüsse zu Patent-Bleikabeln mit litzenförmigen Leitern und mit Prüfdraht zu Kabeln mit Kupferleitern unter 100 qmm Querschnitt sind wie die in Fig. 177 gezeichneten gebildet, indem noch ein Endverschluß aus Gummi hinzutritt. Das Messingstück V dieser Endverschlüsse unterscheidet

404 Herstellung elektrischer Beleuchtungs-Anlagen.

sich indessen von demjenigen der Fig. 177 dadurch, daß der Ansatz V zur Durchführung des Prüfdrahtes in der Richtung seiner Längsaxe durchbohrt ist. Der Endverschluß dient dazu, die Feuchtigkeit von dem hervortretenden Prüfdrahte abzuhalten und die Dichtung an der Spitze zu bewirken.

Die Endverschlüsse zu Kabeln mit Kupferleitern über 100 qmm Kupferquerschnitt (Fig. 178) unterscheiden sich wesentlich von den vorigen dadurch, daß bei ihnen hinter der angefrästen Fläche F ein kleiner Hartgummicylinder H eingesetzt ist, welcher die zum Einklemmen des Prüfdrahtes bestimmte Messingschraube S' isolirt und zur Aufnahme des Prüfdrahtleiters in der Achsenlinie des Messingstückes, also rechtwinklig zur Schraube S', eine über diese hinausgehende, aber an der entgegengesetzten Seite nicht austretende Bohrung hat.

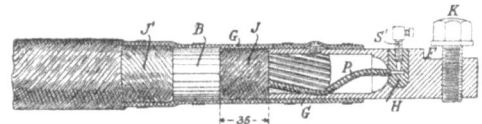

Fig. 178.

4. Endverschlüsse zu Patent-Blei-Doppelkabeln mit massivem inneren Leiter (also ohne Prüfdraht) bestehen aus den durch Schrauben zusammengehaltenen Klemmbacken BB' wie in Fig. 179, welche zur Aufnahme der äußeren Leitung dienen, ferner aus dem Gummischlauch G, welcher die Abdichtung zwischen B und dem Bleimantel bewirkt, dem Gummischlauch G', welcher den Eintritt der Feuchtigkeit zwischen B und B' verhindert und endlich aus dem Endverschluß, welcher zur Abdichtung zwischen dem freigelegten Kupferleiter und der Klemmbacke B' dient.

5. Endverschlüsse zu Patent-Blei-Doppelkabeln mit Prüfdrähten bestehen nach Fig. 179 aus den Klemmbacken

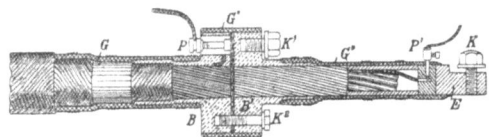

Fig. 179.

B und B', von denen B mit der zur Aufnahme des Prüfdrahtes der äußeren Leitung bestimmten Vorrichtung P versehen ist; aus dem Endverschluß E, welcher wie die unter 3. aufgeführten Endverschlüsse construirt und zur Aufnahme des inneren Leiters mit seinem Prüfdrahte bestimmt ist; aus dem Gummischlauch G zur Abdichtung zwischen Bleimantel und B; dem Gummischlauch G' zur Abhaltung von Feuchtigkeit von BB' und endlich dem Gummischlauch G'' zur Abdichtung zwischen E und B'.

Herstellung elektrischer Beleuchtungs-Anlagen. 405

Bewegliche Beleuchtungsanlagen.

(522) Fahrbare Beleuchtungswagen. Zu nächtlichen Arbeiten benutzt man häufig das elektrische Bogenlicht. Wenn die Beleuchtung bald an diesem, bald an jenem Orte, immer nur kurze Zeit gebraucht wird, so empfiehlt es sich, besonders wenn man in größerer Entfernung von verfügbarer Maschinenkraft zu arbeiten hat, eine Vereinigung einer Locomobile mit einer Dynamomaschine nebst einer oder mehreren Bogenlampen auf zusammenlegbaren Masten zu verwenden. Wagen dieser Art, welche besonders auch zum nächtlichen Verladen von Truppen benutzt werden, finden sich beschrieben in: Centralbl. f. Elektrot. 1887, S. 799. — ebenda 1888, S. 204. — ebenda 1888, S. 332. — ebenda 1888, S. 638. — Ztschr. f. Elektrot. (Wien) 1889, S. 105.

(523) Bei **elektrischer Beleuchtung von Eisenbahnzügen** sind folgende Systeme möglich:

Betrieb während der Fahrt	beim Stillstand	beim Abtrennen der Locomotive oder einzelner Wagen
1. mit besonderem Motor	mit besonderem Motor	mit Accumulatoren
2. von der Axe aus	mit Accumulatoren	desgl.
3. mit Accumulatoren	desgl.	desgl.

Das System 1 erfordert Einrichtungen zur Zuführung des Dampfes aus der Locomotive zum Motor, was während der Kuppelung des Wagens, in dem sich Motor und Dynamomaschine befindet, umständlich ist. Das System 2 setzt ziemlich verwickelte mechanische oder elektrische Hilfsmittel voraus, da unterhalb einer gewissen Fahrgeschwindigkeit die Abtrennung der Sammler von der Dynamomaschine nothwendig wird.

Bei dem System 3 sind Ladestationen vorzusehen.

Schwierigkeiten bietet auch die Leitungsführung von Wagen zu Wagen mit Rücksicht auf bequeme und sichere Kuppelung und Entkuppelung.

Alle drei Systeme sind versuchsweise zur Anwendung gelangt, auf deutschen Bahnen hat sich jedoch noch keines dauernd eingebürgert; auf den preußischen Bahnen ist das System von Loebbecke und Oesterreich (Nr. 2) versuchsweise in Betrieb gewesen, auf württembergischen Bahnen die von der Cannstätter Fabrik nach (2) angegebene Einrichtung. Man ist jedoch wieder zur Fettgasbeleuchtung übergegangen. (Wegen Einzelheiten vergl. Ztschr. d. Ver. d. Ing. 1887, S. 316, und Elektrot. Rundschau 1887, Juliheft.) Auf den Reichseisenbahnen ist das System 3 versuchsweise zur Anwendung gelangt.

Die Kosten für die elektrische Beleuchtung stellen sich bei 2100 Brennstunden für die Stunde und Lampe von 12,5 Kerzen auf 2,60—3,66 Pf. Bei Fettgasbeleuchtung kostet die Stunde 3,13 bis 5,75 Pf. bei den einzelnen Bahnen (vergl. Ztschr. d. Ver. deutsch. Ing. 1888, S. 158).

406 Herstellung elektrischer Beleuchtungs-Anlagen.

Auch auf fremdländischen Bahnen befindet sich die elektrische Zugbeleuchtung noch im Stadium der Versuche.

Nach dem Western Electrician (Bd. 4, S. 21) hat sich erst neuerdings die Pullmann-Compagnie in Amerika entschlossen, ihre Wagen mit Maschinen von Eickemeyer für 80 Volt und 80 A unter Zuhilfenahme von Sammlerbatterien zu betreiben. Die Maschinen werden von besonderen dreicylindrigen Dampfmaschinen angetrieben.

Eine eigenthümliche Einrichtung zur Beleuchtung der Wagen beim Durchfahren von Tunnels hat Carswell angegeben. Zwischen den Schienen wird eine gute isolirte Hilfsschiene angebracht, welche mit dem einen Pol einer Dynamomaschine verbunden ist; der andere Pol der letzteren ist mit dem Schienenstrang in Verbindung. Die Leitung im Wagen steht einerseits mit den Rädern, andrerseits mit einer auf der Hilfsschiene laufenden Rolle in Verbindung, die Hilfsschiene liegt so hoch, daß sie von der Rolle berührt werden muß.

Bezüglich der Einzelheiten der vielfachen angestellten Versuche zur Beleuchtung von Eisenbahnzügen muß auf die „Fortschritte der Elektrotechnik" verwiesen werden.

(524) Beleuchtung von Seeschiffen. Bei der Einrichtung der Beleuchtung eines Seeschiffes hat man ganz besondere Rücksicht darauf zu nehmen, daß der Compaß durch die Anlage nicht beeinflußt wird. Die Maschine muß weit von den Compassen am besten in einem unteren Raume des Schiffes, und weit von ausgedehnten Eisenmassen, die nach dem Deck zu verlaufen, aufgestellt werden. Die Maschine ist von solcher Construction zu wählen, daß keine bedeutende magnetische Streuung stattfindet; man darf also nicht suchen, besonders leichte Maschinen aufzustellen. Wird eine Wechselstrommaschine verwendet, so kann der Schiffskörper als Rückleitung dienen. Benutzt man aber eine Gleichstrommaschine, so ist es unter allen Umständen unzulässig, den Schiffskörper in die Leitung einzuschalten, vielmehr muß die Anlage mit zwei gut isolirten Leitungen ausgerüstet werden. Am besten würde es sein, zu den Leitungen concentrische Doppeldrähte zu verwenden; doch genügt es meist, zwei einfache Drähte nahe neben einander und in solchem Abstande vom Compaß zu führen, daß die Entfernung des letzteren von den Leitungen ein hohes Vielfaches der Entfernung der beiden Leitungen von einander ist. Die benachbarten Leitungen sollen immer gleich starke Ströme führen. Je stärker die Ströme in der Leitung sind, desto größer muß ihr Abstand von den Compassen gewählt werden. Auf gute Isolation ist besonders sorgfältig zu achten. Zur Prüfung verwendet man eine Glühlampe in der Nähe der Maschine, wie in (276) beschrieben.

Der Abnahme einer Schiffs-Beleuchtungsanlage muß eine Prüfung hinsichtlich etwaiger Störungen vorausgehen. Die Prüfung kann leicht folgendermaßen ausgeführt werden: Zunächst läßt man die Maschine nur ganz wenige Lampen speisen und unterbricht plötzlich den Feldmagnetkreis; bringt dies eine Ablenkung des Compasses hervor, so ist die Maschine ungeeignet aufgestellt; die Beobachtung wird wiederholt, nachdem man den Compaß durch einen genäherten kleinen Magnet um 45° nach der einen und dann um ebenso viel nach der anderen Seite abgelenkt hat. Dann vermehrt man die Zahl der zu speisenden Lampen bis zum Maximum und unterbricht plötzlich den Strom in der Hauptleitung; auch dies wird bei den drei Stellungen der Compaßnadel ausgeführt, und es darf keine Ablenkung der letzteren von irgend erheblichem Betrage beobachtet werden; andernfalls sind die Leitungen ungeeignet geführt. Noch deutlicher zeigt sich ein Einfluß der Leitungsführung, wenn man den Hauptstrom nicht unterbricht, sondern durch einen Umschalter plötzlich seine Richtung wechselt; auch dieser Versuch wird in den drei Stellungen der Compaßnadel ausgeführt.

(525) Tabellen über Leitungsmaterial.

Leitungen von Siemens & Halske.

I. Patent-Bleikabeln für Hausinstallationen (JK):

1. *JKB:* Blanke Bleikabel für Verlegung an Orten, wo weder schädliche chemische Einflüsse noch mechanische Verletzungen zu befürchten sind.
2. *JKA:* Asphaltirte Bleikabel verwendbar an Orten, wo mechanische Verletzungen ausgeschlossen sind.
3. *JKEA:* Bleikabel mit offener Drahtarmatur und Asphaltirung, verwendbar wie die asphaltirten Kabel und da, wo die Kabel einem Zuge in der Längsrichtung ausgesetzt sind.
4. *JKEEA:* Bleikabel mit geschlossener Drahtarmatur und Asphaltirung, verwendbar an Orten, wo mechanische Verletzungen zu befürchten sind.

II. Normalleitungen für Hausinstallationen:

L: Kupferleitungen,
BS: Biegsame Kupferseile,
EL: Eisenleitungen

werden entweder blank: B oder mit folgenden Isolationen angefertigt:

U: für trockene Räume und zwar:
1. mit weißer, flammensicherer Umklöppelung für trockene Räume oder
2. mit schwarzer, asphaltirter Beklöppelung für Räume, in denen Feuchtigkeit nicht ganz ausgeschlossen ist.

J: für feuchte Räume.
JU: für nasse und warme Räume.
Die Construction der Isolirhüllen ist aus den Tabellen ersichtlich.

Hiernach sind:
LB: Blanke Kupferleitungen.
LU: Kupferleitungen mit Umspinnung und getränkter Umklöppelung, isolirt für trockene Räume.

LJ: Kupferleitungen mit einer Gummilage, getränkter Bandbespinnung und zweckentsprechenden Zwischenlagen isolirt für feuchte Räume.

LJU: Kupferleitungen mit zwei Gummilagen, getränkter Umklöppelung und zweckentsprechenden Zwischenlagen für nasse, warme Räume.

Biegsame Kupferseile und Eisenleitungen werden mit denselben Isolationen versehen; die Bezeichnung entspricht der für die Kupferleitungen angegebenen, indem L durch BS und durch EL ersetzt wird.

Außerdem werden für nasse, warme Räume vulcanisirte Gummileitungen angefertigt.

Gummileitungen (*H*): die Kupferleiter sind verzinnt und mit vulcanisirtem Gummi und einer imprägnirten Bandbespinnung isolirt.

Gummileitungen (*HU*): die vorige Leitung mit einer imprägnirten Baumwoll-Umklöppelung.

III. Patent-Bleikabel für unterirdische Leitungsnetze (*K*):

KB: blanke Patentbleikabel, d. h. ohne jede Umhüllung.

KA: asphaltirte Patentbleikabel, d. h. mit Umspinnung von getheerter Jute, die zwischen Asphaltlagen gebettet sind.

KEEA: eisendrahtarmirte asphaltirte Patentbleikabel, bei welchen das blanke Kabel mit spiralförmig gewundenen Eisendrähten zum Schutze gegen äußere Beschädigungen umgeben ist.

KBA: bandarmirte asphaltirte Patentbleikabel, bei welchen das blanke Kabel mit doppelten, spiralförmig gewundenen, zwischen Jute und Asphalt gebetteten Eisenbändern umgeben ist, zum Schutze gegen äußere Beschädigungen.

Mittlerer Leitungswiderstand 17,45 Ohm für 1 qmm Kupfer und 1000 m Länge, reducirt auf die mittlere Temparatur von 15° C. mit ± 5 % Toleranz in den einzelnen Längen.

Die Kupferleiter werden entweder aus einem einzelnen Drahte als massive Leiter, oder aus mehreren Drähten als litzenförmige Leiter hergestellt. Die massiven Leiter werden in der Regel zu den Querschnitten bis 25 qmm verwendet, zu den stärkeren bis zu 1000 qmm gehenden Querschnitten werden ausnahmslos litzenförmige Leiter verwendet.

Die unter III aufgeführten Kabel werden, wenn Anderes nicht besonders gewünscht wird, stets mit Prüfdraht und zwar mit folgenden Normalquerschnitten angefertigt:

25; 35; 50; 70; 95; 120; 150; 185; 240; 310; 400; 500; 625; 800 und 1000 qmm.

In ihrer Construction weichen die Patent-Bleikabel für Hausinstallationen wesentlich von denen für unterirdische Leitungsnetze ab.

Kabel mit anderen als den Normalquerschnitten werden auf Verlangen angefertigt, bedingen aber gewöhnlich längere Liefertermine.

Tabellen über Leitungsmaterial.

Patent-Bleikabel für Hausinstallationen.

Nummer und Querschnitt in qmm	Anzahl der Drähte	Durchmesser jedes der Drähte mm	Leitungswiderstand v. 1000 m bis 15° C. Ohm	Fabricationslänge bis m	JKB Aeußerer Durchmesser des Kabels mm	JKB Nettogewicht von 1000 m kg	JKA Aeußerer Durchmesser des Kabels mm	JKA Nettogewicht von 1000 m kg	JKEA Aeußerer Durchmesser des Kabels mm	JKEA Nettogewicht von 1000 m kg	JKEEA Aeußerer Durchmesser des Kabels mm	JKEEA Nettogewicht von 1000 m kg
1	1	1,13	17,45	900	5,2	180	12,0	274	13,0	350	15,0	680
1,5	1	1,38	11,63	850	5,4	195	12,0	293	13,0	370	15,0	707
2,5	1	1,79	6,98	760	5,8	225	13,0	329	14,0	410	16,0	763
4	1	2,26	4,36	650	6,3	270	14,0	380	15,0	468	17,0	840
6	1	2,77	2,91	600	6,8	309	14,0	429	15,0	519	17,0	909
10	1	3,57	1,745	520	7,6	387	15,0	525	16,0	617	18,0	1042
16	1	4,52	1,090	440	8,7	498	16,0	656	17,0	753	19,0	1223
25	1	5,65	0,698	360	9,9	650	17,5	828	18,5	935	20,0	1450
35	19	1,54	0,499	280	12,1	877	19,5	1097	20,5	1217	23,0	2072
50	19	1.84	0,349	330	13,6	1112	21,0	1357	22,0	1492	25,0	2417

Kupferleitungen.

Nummer und Querschnitt in qmm	Anzahl der Drähte	Durchmesser jedes der Drähte mm	Leitungswiderstand v. 1000 m bis 15° C. Ohm	Lagerlänge m	LB*) Aeußerer Durchmesser der Leitung mm	LB*) Nettogewicht von 1000 m kg	LU Aeußerer Durchmesser der Leitung mm	LU Nettogewicht von 1000 m kg	LJ Aeußerer Durchmesser der Leitung mm	LJ Nettogewicht von 1000 m kg	LJU Aeußerer Durchmesser der Leitung mm	LJU Nettogewicht von 1000 m kg
1	1	1,13	17,45	250	1,13	9	3,2	20	3,9	20	5,5	22
1,5	1	1,38	11,63	250	1,38	13,5	3,4	27	4,1	25	5,8	27
2,5	1	1,79	6,98	250	1,79	22,5	3,8	40	4,5	35	6,2	37
4	1	2,26	4,36	250	2,26	36	4,3	60	5,0	50	6,7	53
6	1	2,77	2,91	250	2,77	54	4,8	80	5,5	70	7,2	74
10	1	3,57	1,745	250	3,57	90	5,6	125	6,3	110	8,0	118
16	1	4,52	1,090	250	4,52	144	6,5	190	7,3	168	8,9	175
25	1	5,65	0,698	250	5,65	225	7,7	280	8,4	252	10,1	266
35	19	1.54	0,499	200	7,70	315	9,7	393	9,9	353	11,6	366
50	19	1,84	0,349	200	9,20	450	11,2	545	11,4	495	13,1	508
70	19	2,18	0,250	200	10,90	630	12,9	747	13,1	682	14,8	700
95	19	2,54	0,184	200	12,70	855	14,7	990	14,9	918	16,6	928

---

*) Lagerlänge für LB 1 bis LB 25 unbestimmt.

Biegsame Kupferseile.

Nummer und Querschnitt in qmm	Anzahl der Drähte	Durchmesser jedes der Drähte mm	Leitungswiderstand v. 1000 m bis 15° C. Ohm	Lagerlänge m	BSB Aeußerer Durchmesser der Leitung mm	BSB Nettogewicht von 1000 m kg	BSU Aeußerer Durchmesser der Leitung mm	BSU Nettogewicht von 1000 m kg	BSJ Aeußerer Durchmesser der Leitung mm	BSJ Nettogewicht von 1000 m kg	BSJU Aeußerer Durchmesser der Leitung mm	BSJU Nettogewicht von 1000 m kg
1	7	0,43	17,45	250	1,3	9	3,3	20	4,0	20	5,7	30
1,5	7	0,52	11,63	250	1,6	14	3,6	28	4,3	25	6,0	35
2,5	7	0,68	6,98	250	2,1	23	4,1	42	4,8	35	6,5	45
4	19	0,52	4,36	250	2,6	37	4,6	62	5,3	51	7,6	64
6	19	0,68+0,62	2,91	250	3,3	55	5,3	87	6,0	71	7,7	85
10	49	0,52	1,745	250	4,7	93	6,7	140	7,4	113	9,1	130
16	75	0,52	1,090	250	5,7	149	7,7	207	8,5	173	10,1	198
25	75	0,68+0,62	0,698	250	7,4	233	9,4	305	10,1	260	11,8	292
35	173	0,52	0,499	200	8,8	328	10,8	414	11,1	366	12,8	400
50	145	0,52+0,68	0,349	200	10,8	472	12,8	574	13,0	517	14,7	550
70	189	0,68	0,250	200	12,6	662	14,6	780	14,8	714	16,7	750
95	271	0,68	0,184	200	14,8	897	16,8	1033	17,1	960	18,8	990

Eisenleitungen.

Nummer und Querschnitt in qmm	Anzahl der Drähte	Durchmesser jedes der Drähte mm	Leitungswiderstand v. 1000 m bis 15° C. Ohm	Lagerlänge m	ELB*) Aeußerer Durchmesser der Leitung mm	ELB*) Nettogewicht von 1000 m kg	ELU Aeußerer Durchmesser der Leitung mm	ELU Nettogewicht von 1000 m kg	ELJ Aeußerer Durchmesser der Leitung mm	ELJ Nettogewicht von 1000 m kg	ELJU Aeußerer Durchmesser der Leitung mm	ELJU Nettogewicht von 1000 m kg
1,5	1	1,38	100	250	1,38	12	3,4	24	4,1	24	5,8	26
2,5	1	1,79	60	250	1,79	20	3,8	36	4,5	33	6,2	35
4	1	2,26	37,5	250	2,26	32	4,3	53	5,0	46	6,7	49
6	1	2,77	25	250	2,77	48	4,8	76	5,5	62	7,2	68
10	1	3,57	15	250	3,57	80	5,6	115	6,3	102	8,0	108
16	7	1,70	9,4	250	5,10	130	7,1	182	7,8	158	9,5	161
25	7	2,13	6,0	250	6,40	202	8,4	266	9,1	235	10,8	233

*) Lagerlänge für ELB 1,5 bis ELB 10 unbestimmt.

Tabellen über Leitungsmaterial.   411

Gummileitungen.

Nummer und Querschnitt in qmm	Anzahl der Drähte	H		HU	
		Äußerer Durchmesser mm	Netto-Gewicht pro 1000 m kg	Äußerer Durchmesser mm	Netto-Gewicht pro 1000 m kg
0,8	1	3,6	23	4,6	30
1,2	1	3,8	27	4,8	35
2,1	1	4,2	38	5,2	47
3,25	1	4,6	51	5,6	63
5,5	1	5,2	75	6,2	90
9,2	14	6,6	118	7,6	132
16,4	14	8,1	193	9,1	210
24,3	37	9,4	278	10,4	300

Leitungen für besondere Zwecke.

Bezeichnung	Widerstand von 1000 m bei 15° C. in Ohm	Nettogewicht von 1000 m kg
Mit Gummi und imprägnirter Bespinnung isolirte Kupferleitung GB 0,70 für Glühlichtarmaturen mit Kupferdraht von 0,9 mm	26,5	7,7
Doppelleitung $BGSU$ 2 (2×1) aus 2 isolirten Seilen BS 1, welche flach nebeneinander gelegt sind	17,45	55
a) mit gegerbter oder gefärbter Baumwolle beklöppelt		
b) mit farbiger Seide beklöppelt . . .		
Doppelleitung $BSGU$ 1,2 ($2 \times 0,6$) aus 2 mit Gummi und Baumwolle isolirten Seilen BSB 0,6, die entweder verseilt und gemeinsam umklöppelt oder einzeln umklöppelt und dann verseilt sind	27,7	18

Doppeladriges Aufzugsseil $BSJE$ 5 ($2 \times 2,5$) bestehend aus einem Eisenseil mit ca. 170 kg Bruchfestigkeit und 2 parallel zu demselben liegenden biegsamen Kupferseilen BSJ 2,5; zum Aufhängen von Bogenlampen bis zu 6 A für Rollen nicht unter 100 mm Durchmesser.

Doppeladriges Aufzugsseil $BSJE$ 12 (2×6) bestehend aus einem Eisenseil mit ca. 500 kg Bruchfestigkeit und 2 parallel zu demselben liegenden biegsamen Kupferseilen BSJ 6; zum Aufhängen von Bogenlampen bis 12 A (für Rollen nicht unter 150 mm Durchmesser).

Tabellen über Leitungsmaterial.

Patentbleikabel.

Die nachfolgend aufgeführten Kabel sind die gangbaren Sorten.

Ia. Einfache Patentbleikabel mit massivem Leiter für Gleichstrom bis 2000 Volt.

Kupfer-Querschnitt in qmm	Nettogewicht von 1000 m in kg			Fabricationslängen in m
	KB	KA	KEEA	
1	320	488	1170	520
1,5	340	515	1190	500
2,5	370	550	1270	475
4	445	635	1385	400
6	490	690	1470	380
10	570	785	1810	350
16	720	950	2020	285
25	880	1130	2300	255

Ib. Einfache Patentbleikabel mit litzenförmigem Leiter für Gleichstrom bis 2000 Volt.

Kupfer-Querschnitt in qmm	Nettogewicht von 1000 m in kg			Fabricationslängen in m
	KB	KA	KBA	
25	1 035	1 315	2 355	295
35	1 260	1 560	2 680	250
50	1 515	1 840	3 300	225
70	1 860	2 210	3 760	190
95	2 300	2 685	4 330	160
120	2 745	3 160	4 915	140
150	3 260	3 710	5 570	124
185	3 950	4 450	6 465	105
240	4 700	5 240	7 780	250
310	5 740	6 335	9 055	216
400	7 320	7 990	10 985	173
500	8 720	9 435	12 915	150
625	10 410	11 195	14 930	134
800	12 720	13 570	17 650	115
1000	15 490	16 415	20 800	100

Außer diesen Kabeln werden noch folgende als gangbare Formen gefertigt:

II. Einfache Patentkabel mit massivem bezw. litzenförmigem Leiter für Gleichstrom bis 3000 V in den Querschnitten von 1—1000 qmm.

Patentbleidoppelkabel.

	für	geprüft unter	in den Querschnitten von
III.	Gleichstrom bis 1000 V Wechselstrom bis 500 V		2 × 10 bis 2 × 500 qmm
IV.	„ „ 1000 „	1500 V	2 × 10 „ 2 × 500 „
V.	„ „ 2000 „	3000 „	2 × 10 „ 2 × 400 „
VI.	„ „ 3000 „	5000 „	2 × 10 „ 2 × 310 „

Tabellen über Leitungsmaterial. 413

Dreifache Patentbleikabel.

	für	geprüft unter	in den Querschnitten von
VII.	{Gleichstrom 2 × 500 V {Drehstrom 3 × 150 V		3 × 10 bis 3 × 310 qmm
VIII.	„ 3 × 1000 „	3 × 1500 V	3 × 10 „ 3 × 310 „
IX.	„ 3 × 2000 „	3 × 3000 „	3 × 10 „ 3 × 150 „
X.	„ 3 × 3000 „	3 × 5000 „	3 × 10 „ 3 × 95 „

Leitungen von Felten & Guilleaume, Carlswerk. Mülheim a. Rhein.

I. Flammensichere oberirdische Leitungen für trockene Räume.
   Der Kupferdraht bezw. die Litze hat eine asphaltirte Baumwollgarn-Umwickelung und eine flammsichere imprägnirte Baumwollgarn-Umflechtung.
II. Asphaltirte oberirdische Leitungen für feuchte warme Räume.
   a) Der Kupferdraht bezw. die Litze hat eine Gummiband-Umwickelung, eine Baumwollgarn-Umwickelung und eine asphaltirte Baumwollgarn-Umflechtung.
   b) Der Kupferdraht bezw. die Litze hat eine Baumwollgarn- und eine Gummiband-Umwickelung, nochmals eine Baumwollgarn-Umwickelung und eine asphaltirte Baumwollgarn-Umflechtung.
III. Elektrisch-Licht-Bleikabel (Gleichstrom).
   A. mit imprägnirter Isolation, mit einfachem Bleimantel.
   B. mit imprägnirter Isolation, mit doppeltem Bleimantel.
   C. wie B, über dem Bleimantel eine Compoundhülle.
   D. wie A, über dem Bleimantel eine Compoundhülle.
   E. wie B, über dem Bleimantel doppelte Eisenbandarmatur, darüber Compoundhülle.
IV. Concentrische Doppelkabel für Wechselstrom.
   Litze aus Kupferdrähten mit imprägnirter Isolation, Rückleitungsdrähten mit imprägnirter Isolation, doppeltem Bleimantel, Compoundhülle, doppelter Bewickelung mit verzinktem Bandeisen, Compoundhülle.

Die Kabel unter III und IV sind für unterirdische Verlegung bestimmt; die Kabel ohne Eisenbewehrung werden in Kasten, Trögen oder Röhren verlegt; die mit Eisenbewehrung in Sand oder steinfreier Erde ohne Kästen oder dgl., sie werden mit Holzbohlen oder Ziegelsteinen abgedeckt. — Die Kabel der beiden letzten Tabellen werden auch mit Prüfdrähten geliefert.

V. Gummiadern für feuchte warme Räume.
   Die Gummiader hat eine mit Kautschucklack getränkte Hanfgarn-Umflechtung.

Für die Leitungen I, IIa und b, III A, B, C, D und V gelten die in nachfolgender Tabelle vereinigten Zahlen:

Tabellen über Leitungsmaterial.

Kupfer-querschnitt	Zahl und Dicke der Kupferdrähte	Leitungs-widerstand bei 15° C.	I		IIa		IIb		III			
			Fabrik-Nr.	Gewicht von 1000 m	Fabrik-Nr.	Gewicht von 1000 m	Fabrik-Nr.	Gewicht von 1000 m	Gewicht von 1000 m in kg			
qmm	mm	Ohm		kg		kg		kg	A	B	C	D
0,5	0,8	36,35	1773	9	7286	10	3589	12	5208	110	240	270	130
1,0	1,13	18,18	7312	14	7287	16	7300	18	2835	130	280	310	150
1,5	1,38	12,09	7313	20	7288	21	7301	23	5209	150	310	340	170
2,5	1,79	7,25	7314	30	7289	32	7302	35	5210	210	420	460	240
4,0	2,26	4,53	7315	46	7290	48	7303	51	5207	250	490	530	280
6,0	2,77	3,02	7316	66	7291	68	7304	71	5211	300	560	610	340
10	3,57	1,81	7317	104	7292	107	7305	110	5212	410	760	810	460
16	4,52	1,13	7318	161	7293	166	7306	169	5213	530	930	990	590
25	5,65	0,72	7319	245	7294	251	7307	255	5214	750	1280	1250	820
35	6,68	0,52	7344	340	7342	345	7343	350	5218	950	1550	1630	1020
35	7×2,55	0,52	7370	361	7369	370	7368	377					
35	19×1,53	0,52							2840	1150	1900	1990	1230
50	19×1,83	0,36	7321	502	7296	512	7309	520	5174	1450	2310	2410	1550
70	19×2,17	0,26	7322	697	7297	709	7310	718	5176	1970	3060	3180	2080
95	19×2,53	0,20	7323	939	7298	953	7311	963	5216	2330	3510	3640	2450

Tabellen über Leitungsmaterial. 415

Unterirdische Lichtkabel für Gleichstrom.

Kupfer-Querschnitt qmm	Leitungs-widerstand bei +15° Cels. Ohm	mit doppeltem Bleimantel und über demselben Compoundhülle Construction III C.		mit doppeltem Bleimantel, doppelter Eisenbandarmatur, darüber Compoundhülle Construction III E.	
		Nummer des Kabels	Ungefähres Gewicht von 1 Kilometer kg	Nummer des Kabels	Ungefähres Gewicht von 1 Kilometer kg
5,50	3,30	858	630	4004	1000
12,37	1,47	2540	980	4009	1400
21,99	0,83	863	1410	4014	2320
33,57	0,542	2518	1950	4023	3180
59,70	0,305	869	2700	4028	4170
100,87	0,180	2549	3940	4034	5740
152,82	0,119	2514	5270	4040	7320
204,29	0,0890	2812	6810	4069	9630
261,55	0,0695	2817	8840	4075	11950
355,98	0,0511	2771	10430	4065	13750
464,94	0,0391	2823	13050	4082	16700
588,46	0,0308	5254	15000	5663	18870
726,50	0,0250	5259	17210	5668	21360

Concentrische Doppelkabel, Construction IV.

Kupfer-Querschnitt qmm	Nummer des Kabels	Ungefähres Gewicht von 1 Kilometer kg
10	5864	6100
25	5865	8350
35	5866	9000
50	5867	11000
70	5868	12600
100	5869	14400
120	5870	15400
150	5871	16800
180	5872	18500
200	5873	19400
220	5874	20300

Die Kabel werden auch für höhere Spannungen angefertigt.

Tabellen über Leitungsmaterial.

V. Patent-Gummiadern.

Zahl und Dicke der Drähte mm	Kupfer-querschnitt qmm	Leitungs-widerstand von 1 km bei 15° C. Ohm	Isolation 50 Millionen SE Dicke der Ader mm	Isolation 50 Millionen SE Fabrik-Nummer	Isolation 50 Millionen SE Gewicht von 1 km kg	Isolation 250 Millionen SE Dicke der Ader mm	Isolation 250 Millionen SE Fabrik-Nummer	Isolation 250 Millionen SE Gewicht von 1 km kg	Isolation 500 Millionen SE Dicke der Ader mm	Isolation 500 Millionen SE Fabrik-Nummer	Isolation 500 Millionen SE Gewicht von 1 km kg	Isolation 1000 Millionen SE Dicke der Ader mm	Isolation 1000 Millionen SE Fabrik-Nummer	Isolation 1000 Millionen SE Gewicht von 1 km kg
1,0	0,79	22,66	5,0	3551	30	5,5	8343	38	6,0	9095	43	6,2	9132	47
1,2	1,13	15,74	5,2	8774	36	5,8	8362	43	6,2	9096	47	6,4	8509	52
1,4	1,54	11,56	5,5	8837	42	6,0	8465	50	6,4	7837	54	6,7	9133	62
1,5	1,77	10,07	5,5	8425	45	6,2	8778	53	6,5	9097	58	6,8	9134	65
1,6	2,01	8,85	5,5	8838	49	6,3	8363	57	6,6	7838	63	7,0	8373	68
1,8	2,54	6,99	5,8	8839	55	6,4	8804	63	7,0	7839	72	7,2	9135	75
2,0	3,14	5,66	6,0	8426	63	6,7	8344	75	7,2	9098	80	7,5	9136	85
2,5	4,91	3,63	6,8	8427	88	7,5	8779	98	7,7	9099	103	8,0	9137	109
3,0	7,07	2,52	7,5	8775	114	8,0	8345	124	8,3	9100	130	8,7	8486	138
3,5	9,62	1,85	8,0	8428	143	9,0	8780	159	9,0	9101	163	9,5	9138	174
4,0	12,57	1,42	8,5	8776	177	9,5	8346	193	9,8	9102	199	10,2	8487	209
4,5	15,90	1,12	9,0*	8777	212	10,0*	8781	237	10,5	9103	243	11,0	9139	258
5,0	19,63	0,91	9,8*	8429	257	11,0*	8782	280	11,2	9104	288	11,7	9140	301
3×0,5	0,59	30,50	5,5	8840	30	5,5	8805	38	6,0	9105	42	6,3	9141	46
3×0,6	0,85	21,20	5,8	8841	36	6,0	8806	44	6,3	9106	48	6,5	9142	55
3×0,7	1,15	15,70	6,0	8842	40	6,2	3704	48	6,5	9107	53	6,8	9143	60
7×0,5	1,37	13,20	6,5	8843	42	6,2	8807	50	7,0	9108	55	7,0	9144	62
7×0,6	2,00	9,00	6,5	8844	50	6,4	8788	59	7,0	9109	68	7,2	9145	71
7×0,7	2,70	6,73	6,8	8845	62	6,8	8596	73	7,2	7470	79	7,5	9146	84
7×0,8	3,52	5,06	7,2	8846	76	7,2	8808	86	7,5	9110	91	8,0	9147	96
7×0,9	4,45	4,07	7,5	8847	87	7,5	3142	98	8,0	9111	103	8,2	9148	109

* Die Kupferdrähte sind verzinnt; nur bei den mit * bezeichneten Leitungen tritt an Stelle der Verzinnung eine getränkte Bandumwickelung.
Diese Adern werden auch mit größerem Querschnitt angefertigt.

Tabellen über Leitungsmaterial.

VI. Besondere Construction.

Zwillingsleiter für Bergmann'sche Röhren.

Eine Gummiader, mit feiner Baumwolle umflochten, mit Paraffinlack getränkt. Rückleitungs-Kupferdrähte mit Baumwolle umpflochten mit Paraffinlack getränkt.

Zahl und Dicke der Drähte jeder Leitung sowie Dicke der Ader	Kupferquerschnitt	Ungefährer äußerer Durchmesser der Leitung	Ungefähres Gewicht von 1 km	Fabrik-Nummer der Leitung
mm	qmm	mm	kg	
7 × 0,52/2,6	2 × 1,5	4,6	43	9380
7 × 0,67/3,2	2 × 2,5	5,4	66	9381
12 × 0,65/3,8	2 × 4,0	6,0	98	9382
19 × 0,64/4,4	2 × 6,0	6,6	142	9383

Bühnen-Versatzkabel.

Jeder Kupferleiter ist zunächst mit gewachster Baumwolle umsponnen und mit Gummiband und gewachstem Band umwickelt; sodann sind die 2 resp. 4 Leiter zusammen mit Hanfgarn, welches mit Wachs und Schellack getränkt ist, umflochten.

Zahl und Dicke der Kupferdrähte	Kupferquerschnitt jeder Litze	Leitungs-Widerstand jeder Litze von 1 km bei + 15° C.	Ungefähres Gewicht von 1 km	Fabrik-Nummer des Kabels
mm	qmm	Ohm	kg	
2×19×0,55	4	4,50	223	7266
2×19×0,65	6	3,00	266	7419
2×19×0,85	10	1,80	380	7267
2×27×0,90	16	1,13	534	7268
2×37×0,95	25	0,72	754	7269
4×19×0,55	4	4,50	490	7270
4×19×0,85	10	1,80	824	7271
4×27×0,90	16	1,13	1141	7272
4×37×0,95	25	0,72	1594	7273

Tabellen über Leitungsmaterial.

Biegsame Doppelleitungen für transportable Lampen,
für Lagerräume, Kellereien, Brau- und Brennereien u. s. w.

2 Litzen aus dünnen Kupferdrähten, einzeln mit Baumwolle doppelt umsponnen und mit vulcanisirtem Gummi isolirt, verseilt und getrennt, Beflechtung mit Hanfgarn, getränkt mit Paraffinlack Bewickelung mit einem verzinkten Eisendraht, spiralförmig mit 5 mm Abstand.

Zahl und Dicke der Kupferdrähte jeder Leitung mm	Kupfer-Querschnitt jeder Leitung qmm	Ungefähres Gewicht von 1 km kg	Fabrik-Nummer der Leitung
30 × 0,15	0,5	99	9563
24 × 0,2	0,75	113	9564
32 × 0,2	1,0	125	9565
48 × 0,2	1,5	149	9566
64 × 0,2	2,0	211	9567
43 × 0,3	3,0	239	9568
57 × 0,3	4,0	298	9569

Maschinenkabel A.

Des Kupferleiter hat eine Beflechtung mit farbigem Hanfgarn und farbigem Eisengarn.

Zahl und Dicke der Kupferdrähte mm	Kupferquerschnitt qmm	Leitungs-Widerstand von 1 km bei + 15° C. Ohm	Ungefähres Gewicht von 1 km kg	Fabrik-Nummer der Kabel
77 × 0,5	15	1,200	173	8444
128 × 0,5	25	0,720	277	8154
182 × 0,5	35	0,520	386	8445
259 × 0,5	50	0,360	551	8055
378 × 0,5	75	0,240	775	8446
480 × 0,5	95	0,200	1000	8056
513 × 0,5	100	0,180	1066	8057
768 × 0,5	150	0,120	1581	8058
1023 × 0,5	200	0,090	2089	8059
1221 × 0,5	240	0.075	2486	8060
1295 × 0,5	250	0,072	2637	8061
1536 × 0,5	300	0,060	3046	8424
2058 × 0.5	400	0.045	4459	8062

Tabellen über Leitungsmaterial.

Maschinenkabel B.

Der verzinnte Kupferleiter hat eine Umwickelung mit Baumwollband, Gummiband und Baumwollband, und eine Beflechtung mit asphaltirtem und gewachstem Banmwollgarn.

Zahl und Dicke der Kupferdrähte mm	Kupferquerschnitt qmm	Leitungs-Widerstand von 1 km bei + 15° C. Ohm	Ungefähres Gewicht von 1 km kg	Fabrik-Nummer des Kabels
100 × 0,7	38,5	0,467	430	8669
88 × 0,9	56,0	0,321	611	8664
84 × 1,0	65,9	0,273	713	8665
90 × 1,0	70,7	0,254	762	8670
84 × 1,1	79,8	0.226	855	8666
84 × 1,2	95,0	0,200	1013	8671
86 × 1,3	114,1	0,158	1203	8672
94 × 1,3	124,7	0,145	1312	8673
113 × 1,3	150,0	0,120	1564	8674
133 × 1,2	176,5	0,102	1831	8675

V. Abschnitt.
Widerstandsregulatoren.

Regulirwiderstände im einfachen Stromkreise.

(526) Widerstände für Bogenlampen (in Parallelschaltungsanlagen). Bedeutet E die Spannung der Hauptleitung, e die Spannung der einen oder der beiden hintereinandergeschalteten Bogenlampen in V, i den Strom in A, für den die Bogenlampe bestimmt ist, so muß in die Leitung der Widerstand $\frac{E-e}{i}$ Ohm eingeschaltet werden. Dieser Widerstand wird häufig in die Leitung verlegt (517). Den Querschnitt des Widerstandsdrahtes nehme man reichlich, weil die Stromstärke oft beträchtlich über den normalen Betrag steigt.

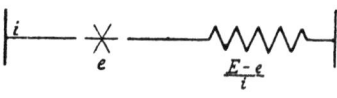

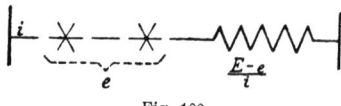

Fig. 180.

(527) Kleiner Widerstand mit continuirlicher Einschaltung. An einer Wand oder einem langen Brett zieht man einen Widerstandsdrath oder -Band als langgestreckte Schleife; auf derselben verschiebt man einen Contact, welcher beliebige Stücke des Widerstandes ausschaltet.

Fig. 181.

Regulatoren für Dynamomaschinen.

(528) Nebenschlufsmaschine, Regulator für constante Klemmenspannung. Derselbe wird in den Schenkelkreis geschaltet. Neben der Regulirung während des Betriebes hat er auch die Aufgabe, die EMK beim In-Gang- und Außer-Betrieb-Setzen der Maschine in weiten Grenzen zu verändern. Der ganze Widerstand des Regulators wird je nach Erforderniß zwei- bis viermal so groß gemacht, als der der Schenkel allein. Davon dienen 10—20 °/₀ zum Reguliren während des Betriebes; sie werden in viele Abtheilun-

Widerstandsregulatoren. 421

gen von sehr kleinem Widerstande zerlegt, um möglichst genau-reguliren zu können. Der Rest des Regulators dient zum Verändern der EMK innerhalb weiter Grenzen; eine feinere Eintheilung wird hier nicht gefordert. Diesen Verhältnissen der Widerstände entspricht, daß durch das Einschalten der ersten Abtheilungen die Stromstärke im Schenkelkreis nur wenig geändert wird, während die späteren Abtheilungen eine bedeutende Schwächung des Stromes hervorbringen; trägt man die Nummern der Abtheilungen als Abscissen auf, so erhält man eine Curve, wie QJ in Fig. 182; der genaue Verlauf kann nur an der Hand von Versuchen oder theoretischer Erwägungen für jede einzelne Maschinenform festgestellt werden. Die Stromstärke nimmt ab vom Maximum $OQ = J$

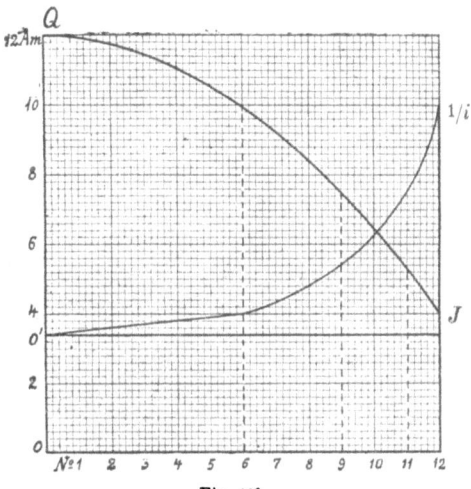

Fig. 182.

(bei ausgeschaltetem Regulator) bis zu $^1/_3 J$; die Klemmenspannung der Maschine wird durch den Regulator constant gehalten, sie ist gleich e; der Widerstand der Schenkel $= W$. Also ist $J = e/W$ und $i = e/(W+R)$, wenn man den Regulationswiderstand R hinzugefügt hat; i ist durch die Curve vorgeschrieben, R gesucht.

$$R = \frac{e}{i} - W = e\left(\frac{1}{i} - \frac{1}{J}\right).$$

Diese Gleichung benutzt man zur Construction. Man berechnet mit Hilfe der Reciprokentafel oder des Rechenschiebers eine Anzahl der reciproken Werthe der Ordinaten und trägt dieselben, mit einem passenden constanten Factor (100, 200, 1000 etc.) multiplicirt, in dasselbe Coordinatennetz ein; sie liefern die Curve $^1/i$. Wo diese Curve die Ordinatenaxe schneidet (O^1), zieht man eine neue Abscissenaxe; dann stellt die Curve $^1/i$, bezogen auf die neue Axe, die Regulatorwiderstände dar. Der erste Theil dieser Curve kann als gerade Linie angesehen werden. — Um den Querschnitt und die Länge des Widerstandsdrahtes festzustellen, verfährt man folgendermaßen: Der Rheostat wird aus Draht oder Drahtnetz, oder Blechband oder dgl. hergestellt; von diesem Material hat man verschiedene Nummern, welche für bestimmte Stromstärken gebraucht werden können; z. B. von Drähten:

Nr.	Draht	Zu gebrauchen für	Länge von 1 Ohm
1	1 zu 0,5 mm	0— 1 A	0,44 m
2	0,7	1— 2	0,86
3	0,9	2— 3	1,41
4	1,1	3— 4	2,25
5	1,4	4— 6	3,45
6	2 zu 1,1	6— 8	4,5
7	{ 1 zu 1,4 / 1 zu 1,1	8—10	5,7
8	2 zu 1,4	10—12	6,9

Ist beispielsweise $J = 12$ A, so giebt die Curve i, bezogen auf die alte Abscissenaxe, nun leicht Aufschlufs, welche Drahtnummern für die verschiedenen Abtheilungen zu wählen sind; die punktirten Ordinaten geben an, daß

für die Abtheilungen 1—6 die Drahtnummer 8,
„   „   „   7—9   „   „   7,
„   „   „   10 u. 11 „   „   6,
„   „   „   12   „   „   5

zu nehmen ist.

Nunmehr trägt man in eine Tabelle die abgemessenen Längen der Ordinaten von $1/i$, bezogen auf die neue Abscissenaxe, ein.

Nummer der Abtheilungen	Länge der Ordinaten mm	Widerstand des Regulators Ohm	Widerstand der Abtheilungen Ohm	zu verwendende Drahtnummer	Länge der Drähte m	erforderlicher Draht im Ganzen
1	2	3	4	5	6	7
1	0,5	0,25	0,25	8	1,72	
2	1,0	0,50	0,25		1,72	
3	1,5	0,75	0,25		1,72	
4	2,0	1,00	0,25		1,72	
5	2,5	1,25	0,25		1,72	
6	3,0	1,50	0,25		1,72	10,32 m Nr. 8
7	4,5	2,25	0,75	7	4,3	
8	6,8	3,40	1,15		6,5	
9	9,6	4,80	1,40		8,0	18,8 m Nr. 7
10	13,7	6,85	2,05	6	9,2	
11	21,5	10,75	3,90		17,6	26,8 m Nr. 6
12	33,0	16,50	5,75	5	20	20 m Nr. 5

33 mm = 16,5 Ohm.

Dabei kann man die ersten 6 Ordinaten als die einer geraden Linie ansehen (Spalte 2). Die letzte Ordinate bedeutet den gesammten Widerstand des Regulators, welcher bekannt ist, da man

Widerstandsregulatoren. 423

durch Versuche festgestellt hat, wievielmal er den Widerstand der Schenkel übertreffen soll; im vorliegenden Beispiel sei $W =$ 8,25 Ohm, der gesammte Regulatorenwiderstand doppelt so groß; also giebt die letzte Ordinate den Maßstab für die Widerstände: 33 mm = 16,5 Ohm. Danach kann man die gemessenen Ordinaten in Ohm umrechnen (Spalte 3). Man bildet jetzt die Differenzen der aufeinanderfolgenden Widerstände und erhält hierdurch die Widerstände der einzelnen Abtheilungen (Spalte 4); die für letztere zu verwendenden Drahtnummern sind bereits festgestellt (Spalte 5) und es erübrigt nur noch, die Widerstände der Abtheilungen mit den entsprechenden Zahlen aus der letzten Spalte der vorigen Tabelle zu multipliciren, um auch die Länge des zu verwendenden Drahtes zu erhalten (Spalte 6.)

(529) **Maschine mit gemischter Wickelung.** Der Regulator enthält gewöhnlich nur 30—40 % des Widerstandes der Nebenschlußwickelung, welche in eine größere Zahl gleicher Abtheilungen getheilt werden. Der Drahtquerschnitt ist für den ganzen Regulator derselbe. Der Zweck des letzteren ist, bei der allmäligen Erwärmung des Schenkeldrahtes die Widerstandszunahme auszugleichen.

Hauptstrommaschine. Der Regulator von großem Widerstande wird zur Schenkelwickelung parallel gelegt. Die Rechnung wird ähnlich der in (528) geführt. — Bei diesen Maschinen benutzt man meist andere Regulirungsweisen.

Regulator für Glühlampen.

(530) Um die Helligkeit der Glühlampen von ihrem normalen Betrage bis zum Verlöschen reguliren zu können, muß man Spannung und Stromstärke derselben vom normalen Werthe bis herunter zu $1/3$ oder $1/5$ derselben verändern können. Dies geschieht durch Einschalten eines Rheostaten in die Zuleitung der zu regulirenden Gruppe von parallel geschalteten Lampen. Wird ein Rheostat mit Abtheilungen verwendet, so ist die Zahl derselben festzustellen und so groß zu bemessen, daß beim Ein- und Ausschalten der Widerstände kein Zucken der Lampen zu bemerken ist; man wähle die Zahl zwischen 20 und 30. Ferner muß in diesem Fall auch die Größe der einzelnen Abtheilungen und der Querschnitte der Leiter berechnet werden. Kommt ein Rheostat mit continuirlicher Einschaltung zur Verwendung, so ist nur der Gesammtwiderstand und event. der veränderliche Querschnitt zu berechnen.

(531) **Abstufungen der Leuchtkraft.** Das Zuschalten einer Abtheilung des Rheostaten soll die vorhandene Helligkeit in einem constanten Verhältniß abschwächen; d. h. die Helligkeiten nach dem Einschalten der verschiedenen Abtheilungen des Regulators sollen in geometrischer Reihe stehen. Man regulirt auf diese Weise z. B. in 20 Abtheilungen von der anfänglichen normalen Leuchtstärke λ bis auf $1/25\,\lambda$ herab, so daß man hat

$$\lambda \cdot \varrho^{20} = \frac{1}{25}\lambda \text{ oder } \varrho = \sqrt[20]{\frac{1}{25}} = 0{,}85.$$

424 Widerstandsregulatoren.

Für die weitere Abschwächung bis zum völligen Verlöschen fügt man außerdem noch einige, 3—6, Abtheilungen hinzu.

(532) Berechnung der Widerstände. Die an einer oder mehreren der zu regulirenden Lampen angestellten photometrischen Messungen werden in Curven dargestellt; die Abscissen sind die Spannungen, Ordinaten einmal die Leuchtkräfte und für die zweite Curve die Stromstärken. Die beistehend gegebene Berechnung bezieht sich auf 16 kerzige Glühlampen zu 100 Volt, welche nach der obigen Festsetzung in 20 Abtheilungen bis auf $^1/_{25}$ von $16 = 0{,}64$ Kerzen herabregulirt werden sollen. An der Ordinatenaxe des unteren Theiles der Zeichnung, Fig. 183, $\overline{O_1\ 16}$, bezeichnet man die Leuchtkräfte: 13,6 — 11,5 — 10,0 u. s. f., und sucht die entsprechenden Stellen der Curve für λ; nachdem man diese Punkte, die zum Theil etwas unregelmäßige Abstände zeigen, nach dem Augenmaß richtig gesetzt hat (vgl. Figur), denkt man sich durch jeden derselben ein Loth gezogen und bezeichnet die zu den angezeichneten Punkten der Curve λ gehörigen Spannungen (auf der Abscissenaxe) und Stromstärken (auf der Curve i); diese beiden Größenreihen trägt man in eine Tabelle ein (Spalten 2, 3).

Nr. der Abtheilungen	Leuchtkraft	Spannung	Strom	$\dfrac{1}{i}$	Widerstand der Abtheilungen
1	2	3	4	5	6
0	16,0	100	0,53	1,89	0,0
1	13,6	97,5	0,52		4,8
2	11,5	95,2	0.50	2,00	4,8
3	10,0	93,0	0,49		4,8
4	8,3	90,3	0,48		4,8
5	7,2	88,0	0.46		5,0
6	6,1	85,3	0,45	2,22	5,1
7	5,1	82,8	0,43		5,3
8	4,3	80,8	0,42		5,6
9	3,7	78,7	0,41		6,0
10	3,2	77,0	0,40	2,50	6,4
11	2,7	75,2	0,39		6,8
12	2,3	73,5	0,38		7,2
13	2,0	71,2	0,37	2,70	7,7
14	1,7	69,5	0,36		8,4
15	1,4	67,0	0,34		9.2
16	1,3	65,0	0,33	3,00	10,4
17	1,1	62,5	0,32		11,5
18	0,8	60,0	0,30	3.33	12,8
19	0,7	57,5	0,29	3,45	14,6
20	0,6	55,0	0,27	3,70	16,8
					158,0

Die Spannungen zeichnet man in ein neues Coordinatensystem, in dem die Nummern der Abtheilungen die Abscissen

Widerstandsregulatoren.

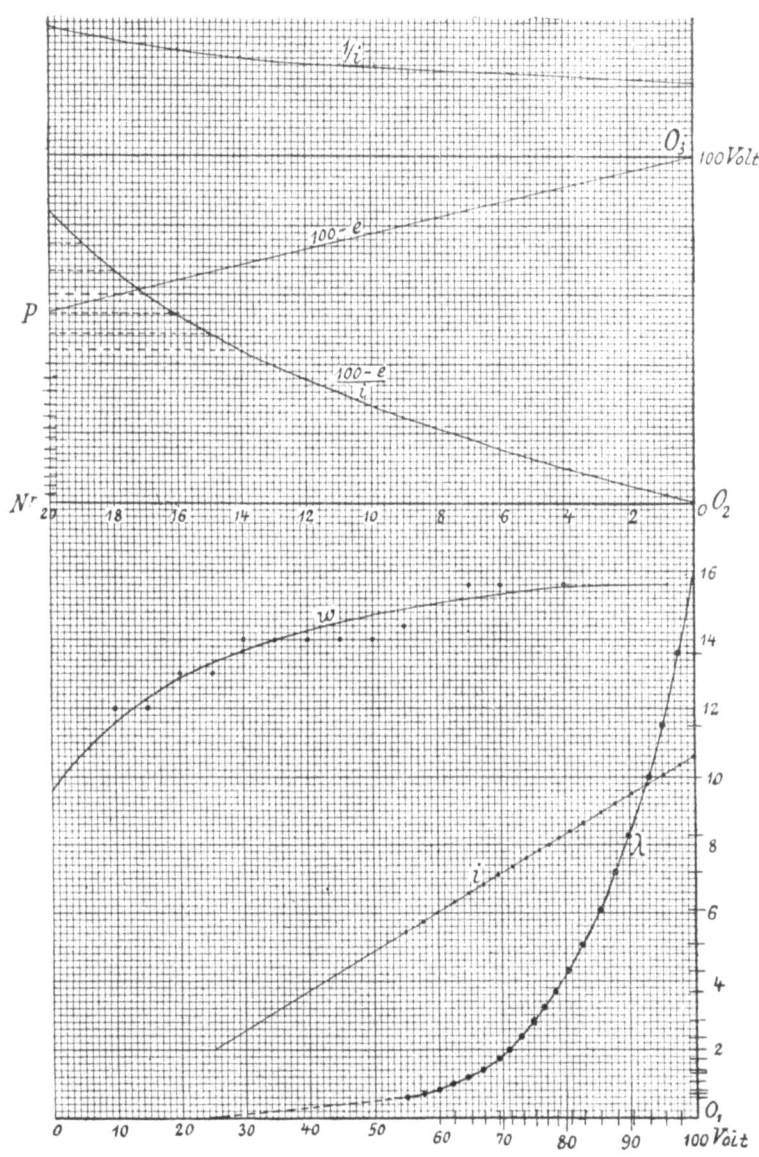

Fig. 183.

426 Widerstandsregulatoren.

sind; man erhält sehr nahe eine Gerade O_3P. Zieht man durch den Punkt 100 Volt dieser Curve eine neue Axe, so geben die Abstände zwischen dieser Axe und der Geraden O_3P die Spannungen $100-e$, welche durch den Widerstand des Regulators R weggenommen werden sollen. Da man die Stromstärke für jeden einzelnen Fall kennt (i Sp. 4), so ist der Widerstand R leicht zu berechnen: $R = (100-e)/i$; es wird also zu einigen Werthen der Spalte i der reciproke Werth $1/i$ gesucht (Sp. 5) und diese Werthe zu einer neuen Curve $1/i$ (bezogen auf die Axe O_3) vereinigt. Nun multiplicirt man einige Werthe von Ordinaten der Curve $1/i$ und $100-e$ und erhält die Curve $(100-e)/i$, welche den Rheostatenwiderstand in Summa vorstellt; den Maßstab geben die Endwerthe der Curven: 44 V, 0,27 A, daher $44:0,27 = 163$ Ohm als gesammten Widerstand der 20 ersten Abtheilungen des Rheostaten für eine Lampe. Zum Schluß zieht man die (punktirten) Linien, welche die Schnittpunkte der Curve $(100-e)/i$ mit der Ordinatenaxe verbinden und deren Abstände die Widerstände der einzelnen Abtheilungen angeben. Diese kann man zum Zwecke des Ausgleichs der Zeichenfehler nochmals in vergrößertem Maßstabe aufzeichnen (vgl. Figur, Curve w, bezogen auf Axe O_2, Maßstab 1 mm $= 0,4$ Ohm); sie werden darauf in die Tabelle eingetragen (Sp. 6).

Die weiteren 3—6 Abtheilungen des Regulators erhält man durch willkürliche Verlängerung der Curve $(100-e)/i$, da an der Eintheilung derselben nicht mehr viel gelegen ist. Wichtig ist, daß man die Grenzen der Spannung feststellt, bis zu der herab regulirt werden soll, z. B. hier 25 V und 0,1 A; zu diesen Werthen gehört ein gesammter Widerstand von $\dfrac{100 \text{ V}}{0,1 \text{ A}} = 1000$ Ohm, wovon der Widerstand der Lampe mit $\dfrac{25 \text{ V}}{0,1 \text{ A}} = 250$ Ohm abzuziehen ist; die noch zuzufügenden Abtheilungen müssen demnach ca. 600 Ohm Widerstand besitzen.

Aus dem für eine Lampe berechneten Regulator enthält man den Rheostaten für eine **Gruppe von n Lampen**, indem man Sp. 1 und 3 wiederholt, die Zahlen der Sp. 2 und 4 mit n multiplicirt, die von Sp. 6 mit n dividirt. Zu der berechneten Stromstärke fügt man darauf, wie in dem Beispiel (528), die Nummern oder Bezeichnungen der passenden Leitersorten und rechnet in derselben Weise wie dort die erforderlichen Längen aus.

Das hier angegebene Verfahren hat den Vortheil großer Uebersichtlichkeit und Sicherheit; Rechenfehler sind so gut wie ausgeschlossen, da sie sich sofort bei dem Zeichnen der Curven zeigen müssen.

(533) Algebraische Lösung. Nach (536) ist $\lambda = c \cdot e^\vartheta = c_1 \cdot i^\vartheta$. Bezeichnet man die Leuchtstärke der Lampe nach Einschaltung der m^{ten} Abtheilung des Regulators mit λ_m, so ist

$$\lambda_m = \lambda_o \cdot \sqrt[n]{\varrho^m}$$

worin wie im vorigen Beispiel $\sqrt[n]{\varrho} = 0,85$ gesetzt werden mag.

Es verhält sich nun
$$\lambda_o : \lambda_m = e_o{}^6 : e_m{}^6 = i_o{}^6 : i_m{}^6.$$
Auf den Drahtwiderstand der m ersten Abtheilungen kommt die Spannung $e_o - e_m$ und die Stromstärke i_m, daher ist derselbe

$$= \frac{e_o - e_m}{i_m} \text{ Ohm}.$$

Da nun $e_m{}^6 = e_o{}^6 \cdot \sqrt[n]{\varrho^m}$, also $e_m = e_o \cdot \sqrt[6n]{\varrho^m}$ und $i_m = i_o \cdot \sqrt[6n]{\varrho^m}$, so wird der Widerstand der ersten m Abtheilungen

$$= \frac{e_o}{i_o} \cdot \frac{1 - \varrho^{\frac{m}{6n}}}{\varrho^{\frac{m}{6n}}} = \frac{e_o}{i_o} \left(\frac{1}{\varrho^{\frac{m}{6n}}} - 1 \right).$$

Der Widerstand der ersten $m + 1$ Abtheilungen ist

$$\frac{e_o}{i_o} \cdot \left(\frac{1}{\varrho^{\frac{m+1}{6n}}} - 1 \right),$$

also ist der Widerstand der $(m+1)$ten Abtheilung

$$\frac{e_o}{i_o} \cdot \left[\varrho^{-\frac{m+1}{6n}} - \varrho^{-\frac{m}{6n}} \right],$$

$\frac{e_o}{i_o}$ ist eine Constante, z. B. für die im vorigen Beispiel gebrauchten Lampen $= \frac{100}{0{,}53} = 188$.

ϱ ist bestimmt durch die Festsetzung, daß durch die ersten n Abtheilungen die Leuchtkraft der Lampe von λ bis auf einen bestimmten Bruchtheil von λ herab regulirt werden soll; $\varrho^{-\frac{m}{6n}}$ ist also durch diese Feststellung bekannt, z. B. im vorigen Beispiel $= 1{,}0272$. Bildet man die auf einander folgenden Potenzen dieser Zahl von der ersten bis zur zwanzigsten, so geben die Differenzen, multiplicirt mit 188, die Widerstände der Abtheilungen, z. B. den Widerstand der 11. Abtheilung $=$

$$188 \cdot (1{,}0272^{11} - 1{,}0272^{10}) = 188 \cdot 0{,}035 = 6{,}6 \text{ Ohm}.$$

Dies stimmt mit genügender Genauigkeit mit dem aus den Beobachtungen erhaltenen Resultat.

(534) Rheostat für die Hauptleitung einer Centralanlage.

Wenn die verschiedenen Hauptleitungsstränge einer großen Centrale, die auf gleichen Verlust bei Vollbetrieb berechnet sind, ungleichmäßig beansprucht werden, so ist es u. U. nothwendig, in den weniger beanspruchten Leitungen den Verlust von der Centrale bis zum Vertheilungskasten, in dem die Leitung endigt, durch Einschalten von Widerstand künstlich zu erhöhen. Dazu dienen Rheostaten, am besten aus dünnem Neusilber-, Nickelin-, Manganin-, Thermotanblech (0,2—0,3 mm stark), die entweder continuirlich einzuschalten sind, oder deren Abtheilungen nach den folgenden Regeln berechnet werden.

Der Querschnitt aller Abtheilungen muß derselbe sein, nämlich der für die größte mögliche Stromstärke geeignete; denn die Stromstärke wird nicht von der Centrale aus regulirt, sie kann sich sehr rasch ändern, so daß leicht die schwächeren Theile des Rheostaten zu starken Strom erhielten.

Man kann den Regulator nicht so groß machen, daß der nothwendige Spannungsverlust bei jeder noch so geringen Lampenzahl herbeigeführt werden kann. Es ist vielmehr festzustellen, bis zu welchem Bruchtheil aller Lampen, welche an eine Hauptleitung angeschlossen sind, regulirt werden soll, etwa bis $^1/_{10}$ der ganzen möglichen Zahl herab; bei geringerer Zahl der brennenden Lampen wird man entweder die zu hohe Spannung der Lampen nicht völlig reguliren, oder man schaltet die zu wenig belastete Leitung völlig aus, so daß der Strom zu den betreffenden Lampen durch eine andere Hauptleitung geführt wird.

Ist der Verlust bei Vollbetrieb $= p$ Volt, so ist er bei $^1/_{10}$ des maximalen Stromes $J'\dfrac{p}{10}$ Volt. Die zu regulirende Differenz beträgt demnach im Maximum $\dfrac{9p}{10}$ Volt; macht man $\dfrac{1}{2}p$ Abtheilungen, so kommt auf jede 1,8 Volt. Allein in einem verzweigten Netz ist die gleichzeitige Wirkung der Regulirung auf die Nachbarleitungen zu berücksichtigen, welche den Erfolg der Regulirung vergrößert, man wird deshalb die Zahl der Abtheilungen größer als $\dfrac{1}{2}p$, etwa $= \dfrac{2}{3}p$ wählen, wenn auf 1 Volt genau regulirt werden soll, es sei also die Zahl der der Abtheilungen $= m =$ nahezu $\dfrac{2}{3}p$.

Der Widerstand des ganzen Rheostaten berechnet sich aus dem Verlust p und der geringsten

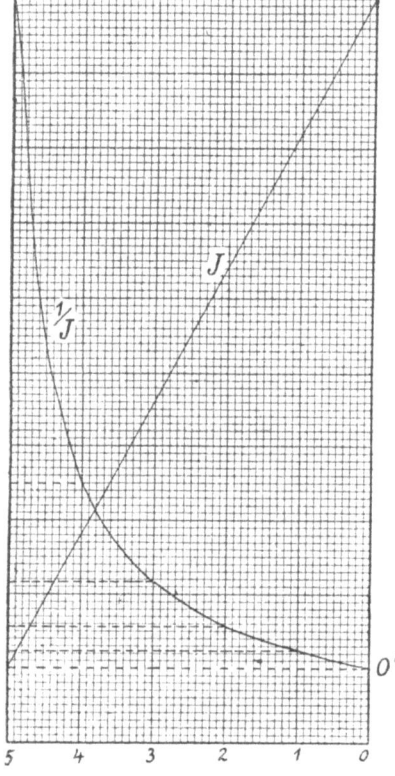

Fig. 184.

Widerstandsregulatoren.

Stromstärke $^1/_{10}$ J' zu $10\,p/J'$; der Widerstand der Leitung ist $= p/J'$, also muß der des Regulators $= 9\,p/J'$ Ohm betragen. Die Berechnung geschieht graphisch. Beispiel: $p = 7$ Volt. $m =$ nahe $^2/_3 \cdot 7 = 5$. Aller Widerstand wird ausgeschaltet (Rheostat auf Null), wenn in der Leitung die maximale Stromstärke J' herrscht, vgl. Fig. 184; beträgt der Strom nur $^1/_{10}$ J', so wird der ganze Rheostat eingeschaltet; die beiden entsprechenden Punkte, durch eine Gerade verbunden, geben an, bei welchen Stromstärken die verschiedenen Abtheilungen des Regulators gebraucht werden. Der Verlust, der herbeigeführt werden muß, ist

$$p = i\,(w + R)$$

woraus

$$R = \frac{p}{i} - w = p \cdot \left(\frac{1}{i} - \frac{1}{J}\right),$$

construirt man die Curve $1/i$, so geben die Ordinaten derselben, bezogen auf eine neue Axe, die durch O' geht, die Widerstände des Regulators an, die größte Ordinate entspricht dem Widerstand $9\,p/J$ Ohm und liefert den Maßstab; die Widerstände der einzelnen Abtheilungen erhält man als Differenzen der Ordinaten.

Die Längen verhalten sich wie

$$2{,}2 : 3{,}7 : 5{,}9 : 13 : 65.$$

Wollte man nur bis $^1/_5$ J reguliren, so würde man fast die ganze letzte Abtheilung, d. i. $^2/_3$ des Rheostaten weglassen können.

VI. Abschnitt.

Elektrische Beleuchtung.

Lampen.

Glühlampen.

(535) **Construction.** Der Kohlebügel oder -Faden wird auf sehr verschiedene Arten hergestellt, entweder aus künstlichen Materialien, die zu Fäden gezogen oder gepreßt und dann getrocknet und verkohlt werden, oder aus Pflanzenfaser, Papier u. dgl. mehr, die ebenfalls nach der Herstellung der geeigneten Gestalt durch Stanzen, Ziehen, Schneiden u. s. w. verkohlt werden. Die erhaltenen Kohlenfäden werden jetzt meist noch in einem gasförmigen oder flüssigen Kohlenwasserstoffe erhitzt, wobei sich ein sehr fester und dichter Kohleüberzug bildet. Für jede Art Kohlenbügel muß durch Versuche festgestellt werden, welche Stromstärke ein bestimmter Querschnitt aushalten kann, so daß die daraus hergestellte Lampe eine genügend hohe Lebensdauer besitzt; solche Versuche ergeben eine Lampe von bestimmter Leuchtkraft λ bei der Spannung e, welche für diese Lampe als normal anzusehen ist; bei dieser Spannung e ist die Stromstärke i; die Länge des Kohlenfadens sei l, der Durchmesser D. Die so hergestellte Lampe (Musterlampe) bildet nun die Grundlage für ein System von Lampen verschiedener Leuchtkraft, Spannung, Oekonomie u. s. w.; aus den Dimensionen der Musterlampe kann man die entsprechenden Größen einer anderen Lampe derselben Herstellungsart von verschiedener Leuchtkraft λ_1, und gleicher Oekonomie berechnen nach den folgenden Formeln (Elektr. Rundschau 1887, S. 91):

1. vorgeschrieben: die Spannung e_1 der zu construirenden Lampe

$$d_1 = d \cdot \sqrt[3]{\left(\frac{e \cdot \lambda_1}{e_1 \cdot \lambda}\right)^2}; \quad l_1 = l \cdot \sqrt[3]{\frac{e_1{}^2 \lambda_1}{e^2 \lambda}}; \quad i_1 = i \cdot \frac{e}{e_1} \cdot \frac{\lambda_1}{\lambda}.$$

Lampen. 431

2. vorgeschrieben: die Stromstärke i_1 der zu construirenden Lampe

$$d_1 = d \cdot \sqrt[3]{\left(\frac{i_1}{i}\right)^2}; \quad l_1 = l \cdot \frac{\lambda_1}{\lambda} \cdot \sqrt[3]{\left(\frac{i}{i_1}\right)^2}; \quad e_1 = e \cdot \frac{i}{i_1} \cdot \frac{\lambda_1}{\lambda}.$$

Soll zugleich die Oekonomie der Lampe von $\eta = \dfrac{ei}{\lambda}$ auf η_1 geändert werden, so ist

$$d_1 = d \cdot \left(\frac{\eta_1}{\eta}\right)^{1/6} \cdot \sqrt[3]{\left(\frac{e}{e_1} \cdot \frac{\lambda_1}{\lambda}\right)^2}; \quad l_1 = l \cdot \left(\frac{\eta_1}{\eta}\right)^{2/3} \cdot \sqrt[3]{\left(\frac{e_1}{e}\right)^2 \cdot \frac{\lambda_1}{\lambda}}; \quad i_1 = \frac{\eta_1 \lambda_1}{e_1}.$$

Hierbei wird vorausgesetzt, daß alle Lampen auf gleiche Art hergestellt werden. — Eine Aenderung der Oekonomie läßt man aus zweierlei Gründen eintreten; einmal wenn die Kosten der Betriebskraft erheblich geändert werden: z. B. besitzen Lampen für Maschinenbetrieb eine Oekonomie von ungefähr $\eta = 3{,}0$, während solche für Betrieb mit primären Batterien eine günstigere Oekonomie, kleineres η haben sollen; dann auch giebt man den Lampen mit stärkerem Faden eine bessere Oekonomie als denjenigen mit dünnem, weil der dickere Kohlenbügel widerstandsfähiger ist, als der schwächere.

Lampen von wesentlich verschiedener Oekonomie kann man nicht parallel in derselben Anlage brennen, weil sie verschiedene Farbe besitzen.

(536) **Verhalten im Betrieb.** Die Leuchtstärke λ, die Spannung e und die Stromstärke i werden durch die Gleichung

$$\lambda = \mathrm{const.} \cdot (ei)^3$$

verbunden; dieselbe ist nahezu richtig in ziemlich weiten Grenzen. Die Stromstärke ist fast genau proportional der Spannung, so daß man statt der vorigen Gleichung auch schreiben kann

$$\lambda = \mathrm{const.} \cdot e^6 \text{ oder } = \mathrm{const.} \cdot i^6.$$

Die Leuchtkraft ändert sich sechsmal so rasch als die Spannung oder die Stromstärke.

Den Quotient $\eta = \dfrac{ei}{\lambda}$ kann man die Oekonomie der Glühlampe nennen; er giebt an, wie viel Watt für 1 NK Leuchtkraft aufgewendet werden. Die gebräuchlichen Glühlampen geben jetzt allgemein $\eta = 3{,}0$ bis $3{,}3$. Die Oekonomie verbessert sich (d. h. η wird kleiner) bei wachsender Spannung; η ist der 4. Potenz von e umgekehrt proportional.

Lebensdauer. In welchem Zusammenhange Lebensdauer und Spannung stehen, ist noch nicht mit Sicherheit festgestellt worden, gewiß ist, daß eine höhere als vorgeschriebene Spannung die Lebensdauer erheblich herabsetzt, so daß man für den geringeren Kraftbedarf bei der höheren Spannung bedeutend größere Kosten des Lampenersatzes aufzuwenden hat. Man verlangt jetzt für Lampen, die mit Dynamomaschinen betrieben werden, eine durchschnittliche Lebensdauer von 1000 Brennstunden.

Für die de Khotinsky'schen Lampen wird von der Fabrik bei verschiedener Beanspruchung folgende mittlere Lebensdauer garantirt:

W für 1 K	1,5	2,0	2,5	3,0	3,5	4,0	4,5	5,0
Lebensdauer	250	350	500	700	1000	1200	1500	2000.

Lampen für theure Betriebsarten, wie für Betrieb mit primären Batterien, sollen eine günstigere Oekonomie und kürzere Lebensdauer besitzen, als Lampen für Maschinenbetrieb.

(537) Selbstthätiger Kurzschlufs. Bei Glühlampen in Reihen braucht man Apparate, welche die beim Bruche eines Lampenfadens drohenden Störungen verhüten. In der Regel hat man Stromkreise von erheblicher Spannung; brennt ein Kohlefaden durch, so entsteht in der Lampe ein Lichtbogen, der ein Zerplatzen der Glaskugel herbeiführt; oft tritt dann auch eine Unterbrechung des Stromkreises hinzu. Um dies zu vermeiden, bringt man an oder in der Glühlampe einen selbstthätigen Kurzschließer an, der sehr mannichfach gestaltet sein kann. In einigen Constructionen wird der Kurzschluß dadurch bewirkt, daß beim Bruch des Fadens in Folge der hohen EMK des Kreises eine dünne Isolirung zwischen den Lampenpolen durchschlagen wird; in anderen läßt man den Lichtbogen sich zwischen den Zuführungsdrähten bilden und diese mit einander verschmelzen. Eine sehr einfache Einrichtung ist die von Bernstein (466); der Kohlestab ist gerade; die Zuführungsdrähte sind so an ihm befestigt und so gebogen, daß sie beim Bruch des Fadens gegeneinander federn und in gegenseitige Berührung kommen; sie schließen dann den durchgebrannten Stab kurz.

(538) Prüfung der Glühlampen. Um zu untersuchen, ob ein bestimmtes Fabricat oder eine bestimmte größere Sendung von Glühlampen gut sei, kann man nicht eine Zahl davon in regulären Betrieb nehmen, weil eine solche Probe monatelang dauern würde; man schlägt ein abgekürztes Verfahren ein, indem man die Lampen bei einer Spannung brennt, welche 10%/₀ oder in anderen Fällen 15%/₀, auch 25%/₀ über der normalen Spannung der Lampen liegt; die Probe wird mit einer größeren Zahl von Lampen (3—5) ausgeführt.

Steigert man die Spannung um 25%/₀, so nimmt die Leuchtkraft sehr rasch ab; man kann der Abnahme mit photometrischen Messungen nicht folgen. In diesem Falle erhält man Aufschluß über einige besondere Fehler der Lampen, wie z. B. schlechte Kohlenbügel, die schon nach ganz kurzer Zeit durchgebrannt sind, geringe Haltbarkeit des Kohlenüberzuges der Bügel; wenn die Bruchstellen der durchgebrannten Bügel zum größeren Theile an derselben Stelle liegen, so liegt irgend ein Fabricationsfehler vor. Eine solche Probe ist meist in wenigen Stunden zu Ende.

Bei einer Steigerung der Spannung um 10%/₀ und um 15%/₀ kann man die Veränderung der Leuchtkraft durch Messung verfolgen, man läßt die Lampen bei der gesteigerten Spannung

Lampen.

jedesmal eine Stunde brennen und photometrirt dann wieder, häufige Controle der Spannung der Lampen ist erforderlich; im späteren Verlaufe dieser Untersuchung kann man Zwischenräume von mehreren Stunden wählen. Im Anfang beobachtet man häufig eine Zunahme der Leuchtkraft, später eine fortgesetzte Abnahme; zugleich bemerkt man an den Bügeln solche Veränderungen, welche sich im regulären Betrieb auch zeigen würden. Eine Umrechnung auf die Verhältnisse des letzteren ist nicht möglich; nur kann man annehmen, daß bei einer derartigen Probe um so zuverlässigere Resultate erhalten werden, je weniger man die Spannung der Lampen über ihr normales Maß steigert. Den richtigen Maßstab für die Beurtheilung derartiger Versuche kann nur die Erfahrung geben.

Einige Fehler, die an Glühlampen vorkommen, lassen sich leicht auffinden. Ungenügendes Vacuum erkennt man an der Trägheit der Schwingungen des Bügels, wenn man die Lampe erschüttert. Schwache Stellen des Kohlenbügels kommen zum Vorschein, wenn man die Lampe mit schwächster Rothgluth brennt; wo der Bügel ein wenig zu dünn ist, erglüht er heller als die benachbarten Theile. Etwaige Fehler im Kohleüberzug des Bügels werden bei aufmerksamem Betrachten im reflectirten Licht leicht gefunden.

(539) **Sortiren der Glühlampen.** Bei der Fabrication fallen die Lampen nicht alle gleich aus; man kann aber nur solche Glühlampen parallel schalten, welche bei einer und derselben Spannung für die Einheit der Oberfläche des Kohlefadens die gleiche Lichtmenge aussenden, d. i. bei gleicher Größe der Fäden gleiche Leuchtkraft besitzen. Daher müssen alle Lampen photometrirt. und nach der Spannung, bei welcher sie die vorgeschriebene Leuchtkraft besitzen, sortirt werden. Das Verfahren bei den Messungen vgl. (336) und (337).

(540) Die nachfolgende Zusammenstellung enthält lediglich die gebräuchlichsten Lampengrößen, welche von den betreffenden Firmen fortwährend fabricirt werden. Es werden außerdem auf Bestellung auch beliebige andere Größen angefertigt. Die Lampen werden mit geeigneten, in die Fassungen passenden Füßen versehen; nach Umständen ist darauf bei Bestellungen zu achten.

Lampen von Siemens & Halske, Berlin.

Für Reihenschaltung. Stromstärke 11 A.

Die Lampen besitzen eine selbstthätige Kurzschlußvorrichtung.

Bezeichnung	Lichtstärke	Spannung	Watt für 1 K
H^1	20	5	2,75
H^2	50	10	2,20
H^3	100	20	2,20

Für Parallelschaltung.

Spannung	Lichtstärke	5	8	10	16	25	35	50	100	200	300	400	500
	Bezeichnung	IA	I	II	IV	VI	VIII	XII	A¹	B¹	C¹	D¹	E¹
25	Stromstärke .. Watt für 1 K	0,70 3,50											
50	Stromstärke .. Watt für 1 K		0,56 3,50		1,04 3,25	1,50 3,00		3,00 3,00					
65	Stromstärke .. Watt für 1 K			0,54 3,51	0,80 3,25	1,25 3,25	1,62 3,01	2,30 2,99	3,84 2,50	7,69 2,50	11,54 2,50	15,38 2,50	19,23 2,50
	Bezeichnung							X	A²	B²	C²	D²	E²
100	Stromstärke .. Watt für 1 K			0,39 3,90	0,57 3,56	0,87 3,48	1,14 3,26	1,50 3,00	2,50 2,50	5,00 2,50	7,50 2,50	10,00 2,50	12,50 2,50
120	Stromstärke .. Watt für 1 K				0,48 3,60	0,73 3,50	0,95 3,26						
	Bezeichnung				IVa	VIa	VIIIa	Xa					
150	Stromstärke .. Watt für 1 K				0,38 3,56	0,59 3,54	0,70 3,00	1,00 3,00					

Lampen der Größen II bis VIII einschließlich werden auch für geringeren Kraftvorbrauch, als in der Tabelle angegeben, geliefert.

Lampen.

Allgemeine Elektricitäts-Gesellschaft, Berlin.

A. Glühlampen für Centralstationen und isolirte Lichtanlagen.

Leuchtkraft in NK	5	10	13	16	20	25	32	50	100
Mittl. Kraftverbrauch in Watt für 1 NK:	3,6 (bei 45—70 V) / 4,0 (bei 95—115 V)	2,6 / 3,1 / 3,6					2,8		

Spannungen, für welche die Lampen vorräthig gehalten werden:
45 bis 55 Volt
60 „ 70 „
95 „ 115 „

B. Glühlampen für Accumulatorenbetrieb.

Leuchtkraft in NK	½	1	2	3	6	10	16
Mittl. Kraftverbrauch in Watt für 1 NK:	3,1	3,1	3,1	3,1	2,5	2,25	2,00
Spannungen in Volt:	3,5—4	7—8	7—8	12—16	12—16 / 24—32		

C. Glühlampen für Specialzwecke.

Bezeichnung:	Kerzen-Lampen		Röhren-Lampen	Focus-Lampen	
Leuchtkraft in NK:	4	6	5	6	30
Mittl. Kraftverbrauch in Watt für 1 K:	3,6	3,6	3,6	2,5	3,1
Spannungen in Volt:	18—26	30—38	45—55 / 60—70	10—15	45—55

Kerzenlampen: In spitzer Form als Ersatz der Wachskerzen.

Röhrenlampen: Zum Ausleuchten von Fässern, für spectralanalytische Untersuchungen, objective Spiegelablesung etc.

Focuslampen: Zur Concentration des Lichtes auf eine bestimmte Fläche (z. B. Gemälde) oder zur intensiven Beleuchtung auf weite Entfernungen.

Electriciteits-Maatschappy, Systeem de Khotinsky, Rotterdam und Gelnhausen.

Die Gesellschaft liefert Lampen jeder gewünschten Art innerhalb folgender Grenzen:

Licht- stärke	Spannung bei		Licht- stärke	Spannungen bei	
	1,5 W für 1 K	2,0 W für 1 K		1,5 W für 1 K	2,0 W für 1 K
8	16—40	16—50	100	50—100	50—120
16	16—80	16—100	150	50—120	50—150
20	50—100	50—120	200	50—200	65—200
32	50—150	50—150	250	65—200	100—200
50	50—100	50—120			

Lebensdauer vgl. (536).

Lampen von höherem Kraftverbrauch in jeder gangbaren Spannung und Leuchtkraft bis 250 K.

Bogenlampen.

(541) **Lichtkohlen.** Bei den mit **Gleichstrom** betriebenen Bogenlampen nimmt man als obere, positive Kohle eine Dochtkohle, als untere eine homogene Kohle. Die Verwendung der Dochtkohle macht das Licht ruhiger und geräuschlos. Für die Erhöhung der Leuchtkraft ist es vortheilhaft, die untere Kohle dünner zu nehmen, als die obere; diese wählt man nach der beabsichtigten Brenndauer (man verbraucht etwa $^3/_4$ g der oberen Kohle für 1 Ampère-Stunde), jene nach der Stromstärke. Von der negativen Kohle verbrennt nur etwa halb so viel, wie von der positiven.

Zu **Wechselstrom**-Bogenlampen nimmt man oben und unten dieselbe Kohle.

Kohlenstärken und -Längen. Siemens und Halske geben folgende Maße:

Gleichstrom.

Stromstärke in A		1	1,5	2	3	4,5	6	9	12	15	20	35
Oben Dochtkohle Durchmesser in mm		6	8	9	11	13	16	18	20	20	22	25
Unten Homogenkohle Durchmesser in mm		4	5	6	7	8	10	12	13	13	14	18
Brenndauer in Stunden, wenn die Länge jeder Kohle in mm beträgt	200	6	7,5	7,5	8,5	10	10	10	10	10	10	10
	250				11	13	13	13	13	13	13	13
	325				15	18	18	18	18	18	18	18

Lampen.

Wechselstrom.

Stromstärke in A		2	3	4,5	6	9	12	15	20	35
Spannung in V				26	26	26	26	26	27	28	30
Wechselstromkohle Durchmesser in mm				7	8	9	10	12	14	16	20
Brenndauer in Stunden, wenn die Länge jeder Kohle in mm beträgt	200			7	7	7	7	7	9	9	9
	250			9	9	9	9	9	12	12	12
	325			12,5	12,5	12,5	12,5	12,5	16	16	16

(542) **Betrieb der Bogenlampen.** Reihenschaltung. Dies ist die einfachste Art des Betriebes, welche sich überall da eignet, wo man nur Bogenlicht verwendet; unter Umständen kann man auch Glühlampen mit Bogenlampen hinter einander schalten. Näheres über solche Anlagen s. (464) u. folg.

Bogenlampen in Parallelschaltung mit Glühlampen brauchen einen vorgeschalteten Ballastwiderstand, der für jede Lampe mindestens 10—15 V in Anspruch nimmt; vgl. (526).

Für die gewöhnliche Beleuchtung nimmt man Bogenlampen von 4—12 A. Man betreibt gemischte Anlagen (Bogen- und Glühlicht) entweder mit 65 V oder mit 105—110 V; bei der ersteren Spannung schaltet man die einzelnen Bogenlampen den Glühlampen parallel, bei der größeren Spannung verbindet man je zwei Bogenlampen hinter einander und schaltet diese Paare den Glühlampen parallel. Die letztere Schaltungsweise läßt sich mit geringerem Ballastwiderstand ausführen.

Den Ballastwiderstand kann man in die Leitung selbst verlegen, indem man dieselbe aus Eisendraht herstellt; wo dies nicht angeht, schaltet man in die Leitung einen Widerstand aus Drahtspiralen ein, der sich auf verhältnißmäßig geringem Raum unterbringen läßt. Will man hier Eisen verwenden, das allerdings geringere Materialkosten verursacht, so braucht man weit mehr Platz und mehr Befestigungsmittel; auch ist das Anbringen der Widerstände manchmal mit so viel Arbeit verbunden, daß eben deßhalb ein Widerstand aus Eisendraht theurer werden kann, als ein solcher aus einem schlechter leitenden und theureren Material. Krapp (Elektrot. Ztschr. 1891, S. 277) schlägt vor, den Vorschaltewiderstand für Hauptstrom- und Differentiallampen aus Kohle, für Nebenschlußlampen aus Eisen zu wählen; etwaige Stromschwankungen werden dadurch vergrößert und die Regulirung empfindlicher. Bei Nebenschlußlampen kann man zu ähnlichem Zwecke in den Nebenschluß einen Kohlenwiderstand einschalten.

Nach Weinhold (Elektrot. Zeitschr. 1891, S. 321) verwendet man mit Vortheil Kohlewiderstände im Nebenschluß von Differential- und Nebenschlußlampen vor dem Elektromagnet; der Widerstand des letzteren muß erheblich kleiner sein, als der des Kohlefadens, und der Faden muß mäßig rothglühend werden.

Heim (Elektrot. Ztschr. 1892, S. 375) hat gefunden, daß man in einer Anlage von 100—110 V einer einzelnen Bogenlampe einen Vorschaltewiderstand aus mehreren nebeneinander geschalteten Glühlampen geben kann. Die Bogenlampe muß sehr gut reguliren; dann sind die Schwankungen der Leuchtkraft bei den Glühlampen sehr gering, so daß man sie zur Beleuchtung benutzen kann. Zum Schutze der Glühlampen ist die Verwendung eines Ballastwiderstandes nöthig, der etwa 5 V verzehrt und nur in den ersten 5 Minuten des Betriebes, so lange die Bogenlampe noch unruhig brennt, eingeschaltet wird.

(543) Construction.*) An einer Bogenlampe sind folgende wesentliche Theile zu unterscheiden: 1. Kohlenhalter; dieselben greifen in den übrigen Mechanismus der Lampe ein, sind aber häufig noch für sich verschiebbar, damit man nach dem Herausnehmen der niedergebrannten Kohlen neue lange Kohlen einsetzen kann. 2. Vorrichtung, um die Kohlen zusammenzuführen, wenn kein Strom in der Lampe ist, und sie auf eine bestimmte Entfernung aus einander zu ziehen, sobald der Strom zu Stande kommt. 3. Vorrichtungen zum Nachschub der Kohlen nach dem Maße des Verbrauchs. 4. Regulirvorrichtung, um die Geschwindigkeit, mit der die Kohlen vorangeschoben werden, niemals zu groß werden zu lassen.

Dazu kommen noch bei besonderen Constructionen: 5. Vorrichtung, um den Lichtbogen an derselben Stelle zu halten. 6. Vorrichtung zum selbstthätigen Auswechseln der Kohlenstäbe und 7. selbstthätige Kurzschließer für Lampen in Reihenschaltung, um den Stromkreis wieder herzustellen, wenn eine der Lampen den Dienst versagt.

Die Vorrichtung, welche beim Eintritt des Stromes die Kohlen aus einander führt, ist meist ein im Hauptstrom liegender Elektromagnet, an dessen Anker der eine der beiden Kohlenhalter sitzt. Verschwindet der Strom, so reißt gewöhnlich eine Feder den Anker des Elektromagnetes ab, so daß sich die Kohlen wieder berühren. Oft wird zum Zusammenbringen der Kohlen eine im Nebenschluß zum Lichtbogen liegende elektromagnetische Vorrichtung benutzt, welche beim Zusammentreffen der Kohlen kurz geschlossen wird; zum Auseinanderführen wird dann meist die Schwerkraft verwendet. Das Gewicht des Kupfers auf dem im Hauptstrome liegenden Elektromagnet besträgt meist etwa 0,5 bis 2 kg, der Widerstand der Bewickelung 0,05 bis 0,2 Ohm.

Der Nachschub der Kohlen wird bei den meisten Bogenlampen auf elektromagnetischem Wege vermittelt; ein Elektromagnet löst eine Kraft, meist die Schwerkraft der oberen Kohle, aus oder hält dieselbe an. Dieser Elektromagnet oder statt dessen oft eine Spule mit beweglichem Eisenkern liegt mit seiner Bewickelung entweder im Hauptstrom, oder im Nebenschluß zum Lichtbogen, oder die Bewickelung besteht aus zwei einander entgegen wirkenden Theilen, deren einer im Hauptstrom, deren anderer im

---

*) Silv. Thompson, Arc lights and their mechanism. Telegr. Journ. and Electr. Rev. Bd. 24, S. 300 flg. Elektr. Ztschr. 1889, S. 308. Dieser ausfuhrliche Aufsatz enthält viele Abbildungen.

Nebenschluß liegt: Hauptstrom-, Nebenschluß-, Differentiallampen. In den letzteren können auch zwei getrennte Magnete oder Spulen verwendet werden, von denen der eine im Hauptstrom, der andere im Nebenschluß liegt.

Die Hauptstromlampen reguliren auf constanten Strom und eignen sich am meisten zum Einzelbetrieb; die Nebenschlußlampen reguliren auf constante Spannung und werden am besten in Parallelschaltungsanlagen verwendet; sie erhalten bei solcher Verwendung einen Vorschaltewiderstand; die Differentiallampen reguliren auf constanten Widerstand und lassen sich am besten in Reihenschaltung betreiben.

Der Nachschub der Kohlen wird in vielen Fällen dadurch bewirkt, daß beim Nachlassen der magnetischen Kraft des regulirenden Elektromagnetes die Fassung der oberen Kohle vorübergehend gelockert wird, so daß die obere Kohle ein wenig nachsinken kann. Von großem Vortheil ist, wenn der Regulirungsmechanismus die Kohlen nicht nur einander nähern, sondern auch ein wenig von einander entfernen kann.

In anderen Lampen wird ein Räderwerk benutzt, in welches der obere Kohlenhalter als Zahnstange eingreift. Die Bewegung wird entweder an ein Uhrwerk übertragen, welches dieselbe regelt, und nachdem die Kohlen genügend genähert sind, durch Sperrung wieder aufgehalten; oder man benutzt ein Bremsrad, welches unter dem Einfluß des regulirenden Elektromagnetes gebremst oder losgelassen wird. Eine weitere Art der Regulirung ist die durch Rolle und Schnur; an der letzteren hängen die beiden Kohlen und passende Eisenkerne, die von Solenoiden angezogen werden. In wieder anderen Lampen besorgt ein kleiner Elektromotor die Bewegung der Kohlen. Außer diesen giebt es noch andere Vorrichtungen.

Außer diesen gewöhnlichen Bogenlampen giebt es noch sog. elektrische Kerzen (ohne Regulirung, Jablochkoff, Jamin, hauptsächlich für Wechselstrom verwendet), Lampen mit unvollkommenem Contact der Kohlen, oder mit glühend gemachten Nichtleitern; in manchen Lampen werden wagrechte oder gebogene Kohlen gebraucht. Es ist nicht möglich, auf die große Mannichfaltigkeit der Constructionen hier näher einzugehen.

(544) **Prüfung von Bogenlampen.** Man verlangt von einer Bogenlampe eine gewisse Genauigkeit der Regulirung; Nebenschlußlampen sollen constante Spannung, Differentiallampen (bei constanter EMK der Maschine) constanten Strom halten. Nach Messungen von Uppenborn (Centralbl. El. 1888, S. 102) kann man von gut regulirenden Nebenschlußlampen eine innerhalb 1 V constante Spannung, von Differentiallampen einen bis auf etwa 2 % constanten Strom verlangen. Auch die Lichtbogenlänge soll annähernd constant bleiben, was man mit Hilfe des Krüß'schen Flammenmaßes (334) beobachtet; bemerkt man periodische Schwankungen, so kann man auf zu schweren Regulirungsmechanismus schließen (Uppenborn a. a. O.). Die photometrischen Beobachtungen ergeben nichts für die Construction der Bogenlampe, sondern lediglich für die Wahl der Kohlenstäbe.

(545) **Leuchtkraft der Bogenlampen.** Dieselbe hängt von der Spannung und Stromstärke (auch Bogenlänge), außerdem von der

440 Lampen.

Stärke und Beschaffenheit der Kohlenstäbe ab. Wenn man bei einer und derselben Lampe die Bogenlänge (Spannung) ändert und den Strom constant läßt, so bleibt die Oekonomie der Lampe (536) ungefähr constant (Vogel, Centralbl. El. 1887, S. 189, 216). Läßt man Spannung und Strom constant und wählt Kohlen von anderer Stärke, aber derselben Beschaffenheit, so bekommt man bei den dünneren Kohlen eine höhere Leuchtkraft, bei den dickeren eine geringere; und zwar gilt die Regel, daß die mittleren räumlichen Lichtstärken unter der Horizontalen sich umgekehrt verhalten, wie die Kohlendurchmesser. (Schreihage, Centralbl. El. 1888, S. 591.)

Die Oekonomie der Bogenlampen, d. i. der Verbrauch an elektrischer Energie für 1 NK, läßt sich nur in ganz roher Annäherung angeben. Derselbe ist günstiger bei Lampen, die mit starker Gluth der Kohlen (großer Stromdichte) arbeiten, als bei solchen, deren positive Kohlen nur in der Mitte des gebildeten Kraters glühen. Die gewöhnlich vorkommenden Werthe liegen zwischen 0,2 und 0,4 Watt für 1 NK; der erste Werth gilt für Kohlen, welche verhältnißmäßig dünn gewählt sind, aber noch nicht so dünn, daß sie auf ihrer ganzen Länge in Gluth gerathen; der Werth 0,4 gilt für etwas dickere Kohlen; noch ungünstigere Verhältnisse erhält man, wenn nur der mittlere Theil der Kohle in hohe Gluth kommt. Genauere Zahlen lassen sich nicht angeben; während ein Beobachter bei einer Stromdichte von 0,07 A auf 1 qmm der positiven Kohle eine Oekonomie von 0,24 findet, mißt ein anderer bei derselben Stromdichte etwa 0,5.

(**546**) **Ungleichmäfsige Lichtausstrahlung.** Der frei brennende Lichtbogen sendet unter verschiedenen Neigungen verschieden große Lichtmengen aus. Die höchste Leuchtkraft besitzt bei Gleichstrom-Bogenlampen die positive Kohle, welche gewöhnlich die obere ist; nach oben wirft sie selbst, nach unten die untere Kohle Schatten. Um den letzteren möglichst zu beschränken, wählt man die untere Kohle dünn. Die größte Helligkeit wird in einer Richtung von etwa 40—60° unter dem Horizont ausgestrahlt (vgl. Fig. 83, Seite 220). Bei Wechselstromlampen hat man zwei Maxima, das eine etwa 60° unter, das andere ebenso hoch über dem Horizont.

(**547**) **Schutzglocken, Laternen.** Theils um die Lichtausstrahlung gleichmäßiger zu machen, theils um die scharfen Schatten zu mildern, theils auch um die blendende Wirkung des Lichtbogens zu vermeiden, umgiebt man die Bogenlampen mit Glocken aus mattem oder opalisirendem Glas. Diese Laternen haben außerdem die Aufgabe, den Lichtbogen und die Lampe gegen Witterungseinflüsse zu schützen; nach Erforderniß bekommen sie ein wetterdichtes Regen-Schutzdach. Unter der Laterne oder Glocke befindet sich eine Aschenschale aus Metall zur Aufnahme abfallender glühender Theile der Kohlen; die Glocken werden meistens mit einem Drahtgeflecht umstrickt.

(**548**) **Lichtverlust durch matte Glasglocken.** v. Hefner-Alteneck giebt den Verlust bei mattgeschliffenem und Alabasterglas zu 15 %, bei Opalglas zu über 20 %, bei Milchglas über 30 % an. An den Lampen, welche in Berlin Unter den Linden brennen (Differentiallampen von 14—15 A), hat Wedding Messungen ausgeführt; die Verminderung der mittleren räumlichen Lichtstärke unter der Horizontalen betrug bei den drei verwendeten Glasglocken 40, 41 und 53 %; wenn über der günstigsten Glocke noch ein Reflector angebracht wurde, so betrug die Verminderung nur 32 %.

(549) Spannung an der Bogenlampe. Für dieselbe gilt die Formel

$$P = a + b \cdot l$$

worin a und b Constanten, l die Lichtbogenlänge (in mm) bedeuten. Die Formel gilt zunächst für eine bestimmte Stromstärke und für bestimmte Kohlendurchmesser; für andere Werthe der letzteren haben auch a und b wieder andere Werthe, und zwar nehmen beide ab, wenn die Stromstärke wächst. a nimmt auch ab, wenn dickere Kohlen verwendet werden. Die absoluten Werthe für die Constanten sind noch nicht mit genügender Sicherheit ermittelt worden; dieselben hängen außer vom Kohlendurchmesser und der Stromstärke auch noch von der Beschaffenheit der Kohle ab.

Für a erhält man bei den geringeren Stromstärken (bis etwa 10 A) 41 bis 39 V, für stärkere Ströme und dickere Kohlen sinkt a, nach vorliegenden Messungen bis etwa 31 V; der Werth von b liegt meist zwischen 2 und 3. Eine allgemeine Formel läßt sich nicht angeben; es soll hier nur auf die Veröffentlichungen verwiesen werden, wo über die ausgeführten Messungen berichtet wird. Die Beobachter haben meistens über den Durchmesser und chemische Beschaffenheit der Kohle keine Angabe gemacht, so daß sich ihre Zahlen oft zu widersprechen scheinen. Die wichtigsten Arbeiten sind: Frölich, Elektrot. Ztschr. 1883, S. 150, — Peukert, Ztschr. f. Elektrot. (Wien) 1885, S. 111. — Cross und Shepard, Telegr. J. and Electrical Review, Bd. 19, S. 298, 321. — Nebel, Centralbl. f. Elektrot. 1886, S. 619 — Uppenborn, Centalbl. f. Elektrot. 1888, S. 102.

Nur um eine Vorstellung von der Größe der beiden Constanten a und b der obigen Formel zu geben, werden hier die Ergebnisse der Untersuchungen von Cross und Shepard und von Nebel mitgetheilt.

Beobachter	Kohlenstärke	bei 5 A		bei 7 A	bei 8 A	bei 10 A	bei 12 A	bei 14 A	bei 16 A	bei 18 A	bei 20 A	bei 24 A
Cross u. Shepard	?	$a=$40,2 $b=$ 2,1		40,1 1,5	39,6 1,6	37,5 1,6						
Nebel	10 mm	$a=$ $b=$					39,3 2,2	39,4 2,0	39,2 2,0	39,2 1,8		
„	12 mm	$a=$ $b=$					35,2 2,6		35,1 1,4		38,0 1,9	38,6 2,1
„	14 mm	$a=$ $b=$				30,7 3,6	32,4 2,8	33,8 2,3	34,1 2,8		34,4 2,1	34,9 1,9

Nebel verwandte Kohlen von Gebr. Siemens in Charlottenburg, positive Dochtkohle, negative Homogenkohle.

Uppenborn fand bei 10 mm Kohlen und 7,7 A bei 5 verschiedenen Kohlen a zwischen 35,4 und 45,4, b zwischen 1,7 und 3,2.

Beleuchtung.

Berechnung der erforderlichen Leuchtkraft.

(550) Bei der Projectirung einer Beleuchtungsanlage wird durch den Zweck der zu beleuchtenden Räume meist schon eine bestimmte Forderung an die Helligkeit und die Vertheilung gestellt. Für einige Zwecke verlangt man die Beleuchtung kleiner Bezirke des Raumes, für andere eine gleichmäßige Beleuchtung größerer wagrechter Flächen, für wieder andere eine allgemeine Erhellung des ganzen Raumes. Für erstere verwendet man mit Vortheil Glühlampen, für letztere Bogenlampen.

Gewöhnlich wird die erforderliche Lampenzahl und Leuchtkraft nach Tabellen festgestellt, in denen bestimmte Verhältnisse zwischen der Größe der Bodenfläche und der Summe der Lichtstärken aller Lampen angenommen werden; dabei werden stillschweigend oder ausdrücklich noch bestimmte Voraussetzungen über die Höhe der Lampen über der Bodenfläche gemacht. Dieses Verfahren ist bequem und häufig ausreichend; es ist indeß nicht ganz sachgemäß. Richtiger ist es, die verlangte Beleuchtung in jedem einzelnen Falle einer Berechnung zu Grunde zu legen, durch welche man die Zahl und Vertheilung der zu verwendenden Lampen ermittelt. Dazu dienen die folgenden Gleichungen:

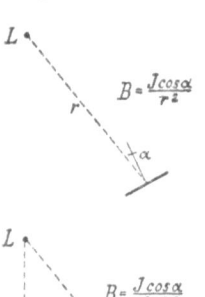

L sei die Lichtquelle, r die Entfernung von dem zu beleuchtenden Punkte P in Metern, α der Winkel, welchen die von L kommenden Strahlen mit dem Loth auf die Ebene bilden, in der der Punkt P liegt, J die Leuchtkraft von L in Normalkerzen, B die Beleuchtung, welche P empfängt, in Meterkerzen.
Dann ist

$$B = \frac{J \cos \alpha}{r^2}$$

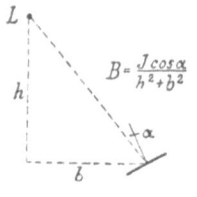

Ist die senkrechte Höhe von L über $P = h$ m, die wagrechte Entfernung des Fußpunktes unter L von $P = b$ m, so ist

$$B = \frac{J \cos \alpha}{h^2 + b^2}$$

(551) Wagrechte Ebene. Liegt die Ebene von P wagrecht, so ist

$$B = \frac{J}{h^2} \frac{1}{\left(1 + \frac{b^2}{h^2}\right)^{3/2}}$$

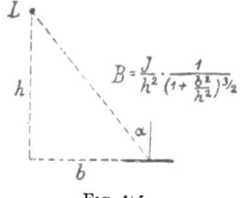

Fig. 185

Die günstigste Beleuchtung in P bei constantem b wird erzielt, wenn man $\alpha = 55°$, $h = 0{,}7 \cdot b$ wählt; ist eine Kreisfläche zu beleuchten, so bringt man die Lampe über der Mitte des Kreises in der Höhe = dem 0,7 fachen des Radius desselben an. Dies geschieht bei der

Beleuchtung eines wagrechten Arbeitsplatzes, z. B. eines Schreib-, Zeichen- oder Lesetisches, eines Werktisches und ähnl., wenn nur ein beschränkter Platz mit einer Lampe beleuchtet werden soll. Bringt man die Lampe so an, daß $h = 0{,}7 \cdot b$ ist, b der Radius der zu beleuchtenden horizontalen Fläche, so ist

in der Mitte: $B_M = \dfrac{2\,J}{b^2}$ Meterkerzen,

am Rande: $B_R = \dfrac{0{,}385\,J}{b^2}$ Meterkerzen.

Unter Beibehaltung der Festsetzung $h = 0{,}7 \cdot b$ erhält man für die Beleuchtung einer horizontalen Kreisfläche mit einer 16 kerzigen Glühlampe folgende Verhältnisse:

Vorgeschriebene Beleuchtung in der Mitte des Kreises	Höhe der Glühlampe über der Fläche	Beleuchtung am Rande des Kreises	
		vom Radius $b = \dfrac{h}{0{,}7}$	in Meterkerzen
Meterkerzen*)	Meter	Meter	
50	0,56	0,8	9,6
40	0,63	0,9	7,6
30	0,70	1,0	6,1
25	0,79	1,1	4,8
20	0,89	1,3	3,8
15	1,02	1,5	2,9
10	1,25	1,8	1,9

Durch Anbringen von weißen oder blanken Schirmen und Reflectoren über der Lampe kann man die Vertheilung der Beleuchtung gleichmäßiger machen; im Allgemeinen muß der Schirm um so flacher werden, je größer die Fläche ist, auf welcher gleichmäßige Beleuchtung gewünscht wird. (Cohn.)

(552) Sind große Flächen zu beleuchten, ohne daß es auf besondere Gleichmäßigkeit ankommt, so verwendet man starke Lichtquellen; es bleibt $h = 0{,}7 \cdot b$.

In diesem Falle wird man am Rande des Bodenkreises eine gewisse Beleuchtungsstärke verlangen; hat man eine horizontale Fläche zu beleuchten, so gilt für B_R dieselbe Formel wie vorher. Soll eine bestimmte Lampengröße verwendet werden, so wird b gesucht; ist die Zahl der Lampen gegeben, z. B. eine Lampe, so wird J gesucht; b und J können aus der Formel gefunden werden. Ueber die erforderliche Beleuchtungsstärke B_R muß man sich nach den Verhältnissen des einzelnen Falles ein Urtheil bilden. Wenn mit den Augen gearbeitet werden soll, muß B_R zwischen 10 und 50 Meterkerzen liegen; handelt es sich lediglich um eine Erhellung des Raumes, so kann man unter 10 MK heruntergehen.

Beispiel: Mit einer Lampe von 500 NK Leuchtkraft (mittlere räumliche) kann man beleuchten

---

*) Einige praktisch vorkommende Beleuchtungsstärken vgl. (338)

444   Beleuchtung.

mit mindestens Meterkerzen	einen Bodenkreis vom Radius in m
1	13,8
2	9,8
4	7,0
6	5,7
8	4,9
10	4,3
15	3,6
20	3,1
25	2,8
30	2,5
35	2,3
40	2,2
50	1,9

Hat man Lampen in Reihen über einer längeren Strecke aufzuhängen, in der das Minimum der Beleuchtung = m MK sein soll, so findet man den Abstand der Lampen aus der vorigen Tabelle auf folgende Weise: Es sei $m = 8$, dann hat jede von zwei benachbarten Lampen 4 MK zu liefern, dazu der Radius 7,0; folglich ist der Abstand der Lampen von 500 NK Leuchtkraft = 14,0 m. In der That wird man denselben dann etwas kleiner machen, um einen Sicherheitscoefficienten einzuführen.

(553) **Senkrechte Ebene.** Die Berechnungen für die Beleuchtung senkrechter Ebenen sind denen für wagerechte Ebenen ähnlich. Es ist

$$B = \frac{J}{h^2} \cdot \frac{b}{h} \cdot \frac{1}{\left(1 + \frac{b^2}{h^2}\right)^{3/2}}$$

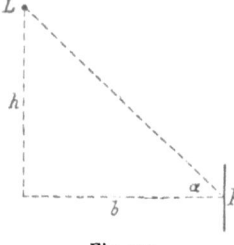

Fig. 186.

Soll eine senkrechte Fläche von einer Lichtquelle beleuchtet werden, so stellt man die letztere der Mitte der Fläche gegenüber in einem Abstand $= 0{,}7 \cdot b$, worin b den Radius der Fläche bedeutet. Ist die Leuchtkraft der Lichtquelle nach den verschiedenen Richtungen sehr ungleichmäßig vertheilt, so muß man darauf natürlich Rücksicht nehmen. Oft kann man die Lichtquelle nicht der Mitte der Fläche gegenüberstellen, z. B. bei Gemälden, auch wird häufig gerade bei den senkrechten Flächen eine größere Gleichmäßigkeit verlangt; dann wählt man den Abstand der Lichtquelle groß und wendet Reflectoren an, die das Licht auf die zu beleuchtende Fläche concentriren.

(554) **Strafsenbeleuchtung.** Die Lampen werden am geeignetsten nicht wie die Gaslaternen am Rande der Bürgersteige angebracht, sondern über der Mitte der Straße hoch aufgehängt; rechnet man auf die Bodenbeleuchtung 2 MK (was reichlich ist), so erhält man einen Abstand von nahezu 50 m der Lampen; dieselben müßten dann aber 35 m hoch aufgehängt werden. Da letzteres bei uns

Beleuchtung.

in Städten nicht üblich ist, man vielmehr schwerlich über 15 m Höhe hinausgehen wird, so ist hier die andere Formel

$$B_R = \frac{J}{h^2} \cdot \frac{1}{\left(1 + \frac{b^2}{h^2}\right)^{3/2}}$$

zu verwenden, die weniger bequem zur Berechnung ist.

Durch Einsetzen bestimmter Werthe von h, J und B_R findet man die Zahlen folgender Tabelle.

Abstand zweier Strafsenlaternen in Metern.

Minimum der Beleuchtung einer horizontalen Fläche in Meterkerzen	$J=500$			$J=600$			$J=700$			$J=800$			$J=900$			$J=1000$		
	$h=6$	10	14	$h=6$	10	14	$h=6$	10	14	$h=6$	10	14	$h=6$	10	14	$h=6$	10	14
$1/2$	44	50	54	47	54	58	50	57	62	52	60	67	54	64	68	56	65	71
1	34	38	39	37	41	43	39	44	46	41	46	49	43	48	52	44	50	54
2	26	28	26	28	30	30	30	33	32	32	35	35	31	36	37	34	38	39

Eine senkrechte Fläche, welche sich in der beleuchteten Straße befindet und welche dem Licht voll zugekehrt ist, erhält eine Beleuchtung, welche nicht unbeträchtlich stärker ist, als die Beleuchtung der wagerechten Ebene.

(555) Freie Plätze. Die Lampen, welche zur Beleuchtung von freien Plätzen dienen, werden in die Ecken von gleichseitigen Dreiecken gestellt; stärkere Lichtquellen bei größerem Abstande sind hier vortheilhafter als schwächere bei kleinerem Abstande; die Höhe der Lampe über der zu beleuchtenden Ebene wird so gewählt, daß das Minimum der Beleuchtung, welches im Schwerpunkt des gleichseitigen Dreiecks liegt, den an die Beleuchtung zu stellenden Anforderungen entspricht, also z. B. 0,5, oder 1, oder 1,5 u. s. w. Meterkerzen beträgt. Es ist für horizontale Flächen

$$B_{\min} = 3 \cdot \frac{J}{h^2} \cdot \frac{1}{\left(1 + \left(\frac{a}{3h}\right)^2\right)^{3/2}},$$

worin $B_{\min}$, J und a (Seite des Dreiecks) gegeben, h gesucht ist. Die Lösung einer derartigen Gleichung läßt sich graphisch leicht ausführen.

Bequemer, und meist ausreichend ist es, senkrechten Einfall der Strahlen vorauszusetzen; man nimmt dann $B_{\min}$ etwas größer an, als für die vorige Formel und hat

$$B^1{}_{\min} = 3 \cdot \frac{J}{h^2 + \frac{1}{3} a^2}; \quad h = \sqrt{\frac{3J}{B^1} - \frac{1}{3} a^2}.$$

Ist h vorgeschrieben, so ist $a = \sqrt{3\left(\frac{3J}{B^1} - h^2\right)}$.

(556) Gleichmäfsige Beleuchtung. Soll eine größere Fläche gleichmäßig beleuchtet werden, so nimmt man eine größere Zahl von

446 Beleuchtung.

Lampen mäßiger Leuchtkraft; dafür eignen sich Glühlampen. Die größte und die kleinste Helligkeit auf der zu beleuchtenden Fläche werden vorher festgesetzt; rechnet man mit einfachen punktförmigen Lichtquellen und bringt bei der Ausführung geeignete Glas- oder Blechschirme über den Lampe an, so ist die erzielte Beleuchtung in der Regel gleichmäßiger und stärker als die berechnete.

Beispiel. Beleuchtung einer langen Tischfläche durch 16 kerzige Glühlampen, welche in einer Reihe über der Mitte des Tisches angebracht sind. Geforderte Beleuchtung 40 bis 50 Meterkerzen. Breite der Fläche = 0,8 m, Abstand der Lampen von einander $= d$, Höhe $= h$. Beleuchtung senkrecht unter einer Lampe:

$$B_{max} = \frac{16}{h^2} + 2 \cdot \frac{16}{h^2} \cdot \frac{1}{\left(1 + \frac{d^2}{h^2}\right)^{3/2}} = 50$$

$$3{,}1 \cdot h^2 = 1 + \frac{2}{\left(1 + \frac{d^2}{h^2}\right)^{3/2}}.$$

Die minimale Beleuchtung werde zu 30 MK angesetzt, indem man auf die spätere Verbesserung durch übergesetzte Schirme rechnet. Der am schwächsten beleuchtete Punkt liegt am Rande der Fläche, der Mitte zwischen zwei Lampen gegenüber. Dort ist:

$$B_{min} = 2 \cdot \frac{16}{h^2} \cdot \frac{1}{\left(1 + \frac{b^2 + d^2}{4\,h^2}\right)^{3/2}} = 30$$

$$0{,}9 \cdot h^2 = \frac{1}{\left(1 + \frac{b^2 + d^2}{4\,h^2}\right)^{3/2}}.$$

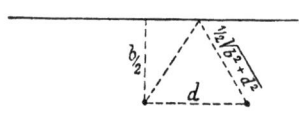

Fig. 187.

Aus den beiden Gleichungen erhält man nach dem graphischen Verfahren die Lösung

$$h = 0{,}7 \text{ m}$$
$$d = 0{,}8 \text{ m}.$$

Derartige Berechnungen sind meist etwas umständlich; doch wird man sie bei sachgemäfsem Verfahren im Veranschlagen nicht ganz entbehren können.

(557) Raumbeleuchtung. In den meisten Fällen hat man nicht wagrechte oder senkrechte Ebenen zu erleuchten, sondern Gegenstände, welche sich in solchen Ebenen befinden und deren Flächen alle möglichen Richtungen besitzen. Die mathematische Lösung der Aufgabe, in solchen Fällen die Beleuchtung zu berechnen, ist gewöhnlich unmöglich, mindestens aber höchst umständlich. Nach Wybauw's Vorschlag hilft man sich dadurch, daß man die Vertheilung der Lichtquellen einmal so berechnet, als wären nur wagerechte Flächen zu beleuchten, das andere Mal so, als ob man nur senkrechte Flächen vor sich hätte; aus den Ergebnissen nimmt man Mittelwerthe.

Es ist dabei immer zu berücksichtigen, daß die angebrachten Reflectoren, sowie die Decken und Wände des Raumes, die Wände der Häuser auf den Straßen die Vertheilung der Beleuchtung wesentlich beeinflussen, auch hat man in der Praxis niemals leuchtende **Punkte**, die nach allen Seiten gleichviel Licht ausstrahlen; man kann also nicht darauf rechnen, daß man aus den angegebenen Formeln mehr erhält, als brauchbare Fingerzeige.

VII. Abschnitt.

Elektrische Kraftübertragung.

Theorie.

(558) Wirkungsgrad einer Uebertragung. Ist eine Vordermaschine oder Stromerzeuger, D_1, mit einer Hintermaschine oder Elektromotor, D_2, verbunden, so sind die elektrischen Verhältnisse folgende:
Die elektromotorischen Kräfte und Klemmenspannungen seien E und e mit Index 1 und 2. Die Stromstärke in der verbindenden Leitung (Widerstand W) sei J, die Widerstände der beiden Maschinen m_1 und m_2 (bei directer Wickelung $a+d$, bei Nebenschlußwickelung $\frac{a \cdot n}{a+n}$).

Empfängt der Stromerzeuger A P, so erzeugt er eine elektrische Leistung F Watt, und ein Theil von A wird für Reibungswiderstände und Aehnliches verbraucht; der letztere Theil soll sich zu F verhalten, wie $\theta : 1$, worin also θ einer kleiner echter Bruch ist; demnach

$$A = \frac{F(1+\theta_1)}{736}.$$

Davon verzehren die elektrischen Widerstände der Maschine $J^2 \cdot m_1$. Die Leistung $F - J^2 m_1$ wird an die Leitung abgegeben; dort wird $W \cdot J^2$ verbraucht, so daß der Motor $F - (m_1 + W) J^2$ erhält; die elektrischen Widerstände verwandeln hier $m_2 J^2$ in Wärme; von den noch verbleibenden $F - (m_1 + m_2 + W) J^2$ geht abermals ein Theil in Reibungswiderständen verloren, und in mechanische Arbeit wird verwandelt

$$[F - (m_1 + m_2 + W) J^2] (1 - \theta_2)$$

dies liefert an der Riemenscheibe des Motors a P. Dann ist der Wirkungsgrad der ganzen Uebertragung

$$\frac{a}{A} = \frac{F - (m_1 + m_2 + W) J^2}{F} \cdot \frac{1 - \theta_2}{1 + \theta_1}$$

$$= \left[1 - \frac{J^2}{F} \cdot (m_1 + m_2 + W)\right] \frac{1 - \theta_2}{1 + \theta_1}$$

448 Elektrische Kraftübertragung.

und wenn dieser Werth nicht zu sehr von 1 abweicht, auch etwas einfacher

$$\frac{a}{A} = 1 - \frac{J^2}{F} \cdot (m_1 + m_2 + W) - (\theta_1 + \theta_2).$$

Bei Hauptstrommaschinen ist $F = E_1 \cdot J$; bei Nebenschlußwickelung ist der Ankerstrom von J verschieden, in D_1 größer, in D_2 kleiner als J; besitzen die beiden Maschinen nahezu gleiche Verhältnisse der Widerstände, so verschwindet der angegebene Unterschied aus der Formel und es bleibt allgemein

$$\frac{a}{A} = 1 - \frac{J}{E_1}(m_1 + m_2 + W) - (\theta_1 + \theta_2).$$

Diese Gleichung gestattet, in der einfachsten Weise die Bedingungen einer vortheilhaften Kraftübertragung abzulesen.

Bei genauerer Rechnung für einen bestimmten Fall setze man

$$\frac{a}{A} = \left[1 - \frac{J}{E_1}(m_1 + m_2 + W)\right] \cdot \frac{1 - \theta_2}{1 + \theta_1}.$$

Wenn die zu übertragende Leistung gegeben ist, so steht die Wahl der Spannung und Stromstärke noch frei. Die vorigen Gleichungen zeigen, daß der Wirkungsgrad um so größer wird, je geringer der Bruch J/E_1 ist; man hat also eine hohe Spannung und niedrige Stromstärke zu wählen.

Je höher die Spannung, desto größer der Wirkungsgrad.

(559) **Zugkraft.***) Eine Riemenscheibe vom Durchmesser d Meter leistet mit einer Zugkraft K kg-Gewicht am Umfang und bei n Umdrehungen in der Minute

$$\frac{K \cdot \pi \cdot d \cdot n}{4500} \text{ P.}$$

Der Stromerzeuger liefert hierfür $E_1 J_1$ Watt $= \dfrac{E_1 J_1}{736}$ P und es ist

$$\frac{K \pi d_1 n_1}{4500} = \frac{E_1 J_1}{736} \cdot (1 + \theta_1).$$

Der Motor verwandelt $E_2 J_2$ in mechanische Energie und es ist

$$\frac{k \pi d_2 n_2}{4500} = \frac{E_2 J^2}{736} \cdot (1 - \theta_2).$$

Nach einigen Ausrechnungen ist

$$K = 1{,}94 \cdot \frac{E_1 J_1}{d_1 n_1} \cdot (1 + \theta_1)$$

$$k = 1{,}94 \cdot \frac{E_2 J_2}{d_2 n_2} \cdot (1 - \theta_2).$$

Für eine bestimmte Maschine ist d und θ constant; daher kann man $1{,}94 \, (1 \pm \theta)/d = c$ setzen. Dann ist

$$k = c \cdot \frac{EJ}{n}$$

---

*) Vergl. Fröhlich, Die dynamoelektrische Maschine

Zu beachten: E ist die elektromotorische Kraft, nicht die Klemmenspannung.

Directe Wickelung. Die Gleichung $E = \dfrac{2}{10^8 \cdot 60} N \cdot n \cdot z$ (342) oder die Frölich'sche Formel $E = fMn$ (373) zeigt, daß E/n proportional der Zahl der Kraftlinien oder dem wirksamen Magnetismus ist. Dieser ist aber bei der Hauptstrommaschine nur abhängig von der Stromstärke und der Sättigung des Eisens; die Zugkraft ist demnach ebenfalls nur eine Function dieser beiden Größen; vgl. (561) u. Fig. 188.

Nebenschlußwickelung. z bezw. M sind abhängig von dem Quotienten der Klemmenspannung durch den Widerstand der Wickelung und ebenso von der magnetischen Sättigung. Danach bleibt die Zugkraft abhängig von der Klemmenspannung und der Stromstärke und zwar von dem Product dieser beiden.

Bei der Hauptstrommaschine als Motor bleibt die Zugkraft constant, so lange die Stromstärke constant ist; bei der Nebenschlußmaschine bleibt die Zugkraft constant, so lange die zugeführte Leistung constant bleibt. Die Zugkraft ändert für die Hauptstrommaschine mit dem Quadrat der Stromstärke, für die Nebenschlußmaschine mit der Leistung nach der Magnetisirungscurve der Maschine.

(560) Geschwindigkeit. Unter Benutzung der Gleichung

$$E = \dfrac{2}{10^8 \cdot 60} \cdot N \cdot n \cdot z \text{ erhält man } n = \dfrac{10^8 \cdot 60}{2 N} \cdot \dfrac{E_2}{z},$$

worin E_2 aus e_2 und den Widerständen und Stromstärken zu berechnen ist.

Bleibt bei einem Hauptstrommotor die Stromstärke, oder bei einem Nebenschlußmotor die Klemmenspannung constant, so ist das magnetische Feld der Maschine constant; in diesen Fällen ändert sich also bei einem Hauptstrommotor die Geschwindigkeit wie die Spannung, während die Geschwindigkeit des Nebenschlußmotors constant bleibt.

Daraus folgt, daß ein Nebenschlußmotor, der mit constanter Spannung gespeist wird, bei Aenderungen der Belastung, die naturgemäß eine Aenderung der Stromstärke herbeiführen, seine Geschwindigkeit (nahezu) beibehält; ein Hauptstrommotor, der mit constantem Strom gespeist wird, ändert dagegen bei Veränderung der Belastung seine Geschwindigkeit wesentlich. Näheres über Regulirung unter (563).

Wenn große Massen in Bewegung zu setzen sind, so verwendet man Hauptstrommotoren bei constanter Spannung, so daß die Zugkraft beim Angehen groß, die Geschwindigkeit gering ist. Arbeitsleistungen in Fabriken, an Werkzeugmaschinen, Mühlen u. dergl. erfordern meist constante Geschwindigkeit; dann ist der Nebenschlußmotor am Platze.

(561) Geschwindigkeit eines Hauptstrommotors. Um für einen Hauptstrommotor die Abhängigkeit der Umdrehungszahl von der Stromstärke sowie den Zusammenhang der letzteren mit der Leistung zu berechnen, kann man sich eines graphischen Verfahrens be-

450 Elektrische Kraftübertragung.

dienen. Nachstehend wird als Beispiel eine derartige Berechnung für einen Hauptstrommotor, der mit constanter Spannung gespeist wird (Straßenbahnmotor), mitgetheilt.*)

Zur Abscisse wird die Stromstärke gewählt; die Curve z bedeutet die Zahl der durch den Anker gehenden Kraftlinien; um dieselbe zu finden, kann man die Charakteristik des Motors, wenn er als Stromerzeuger gedreht wird, benutzen; dies setzt voraus, daß der Einfluß des Ankerstroms auf das Feld vernachlässigt werden kann. Bei gut gebauten Motoren sollte das letztere zutreffen; ist aber dennoch ein Einfluß bemerkbar, so muß man ihn in Rechnung setzen; man beachte dabei, daß bei Motoren der Einfluß des Ankerstroms das Feld verstärkt, während er es bei Stromerzeugern schwächt.

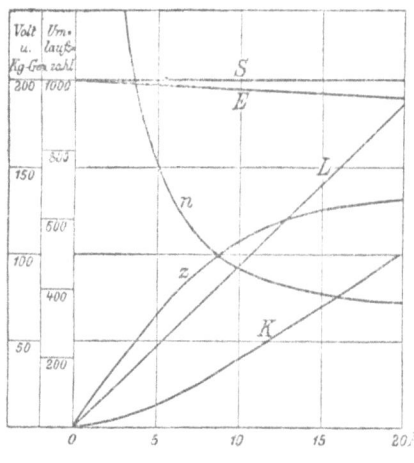

Fig. 188.

Die zur Abscissenaxe parallele Gerade S stellt die zur Speisung benutzte Spannung (beispielsweise 200 V) dar. Zwischen dieser und der jeweiligen Stromstärke J, sowie der vom Motor erzeugten EMGegenkraft E und dem Widerstand r des Motors giebt es die Beziehung: $S - E = Jr$, woraus $E = S - Jr$; es sei $r = 0.5$ Ohm, J im Maximum $= 20$ A; dies ergiebt für E die geneigte Gerade. Zwischen E und z besteht die Beziehung: $E = \frac{2}{60} \cdot \frac{1}{10^8} \cdot N \cdot z \cdot n$, worin N sich auf die Ankerwickelung bezieht (342).

Bezeichnet man die Zahl $\frac{2}{60} \cdot \frac{1}{10^8} \cdot N$ mit a, so ist $n = E/(az)$; dies kann man in der Figur construiren und erhält die Curve n. Der Werth von a ergiebt sich aus der obigen Formel; ist N nicht mit Sicherheit bekannt, so kann man statt der Curve z gleich az auftragen.

Die Leistung des Motors ist $= \frac{EJ}{1+\theta}$, worin θ dieselbe Bedeutung hat, wie in (558); nimmt man θ zu 0,05 an, so erhält man für die Leistung die Curve L, welche im Betriebsbereich des Motors eine Gerade ist. Die Leistung ist auch $= \frac{K \pi d n}{4500} P$ nach

---

*) Im Wesentlichen nach Sprague, El. World, Bd. 12, Suppl.

(559); da hierin d und n bekannt sind, läßt sich K berechnen; es ist nämlich $K = \dfrac{E J}{1+\theta} \dfrac{4500}{736 \cdot \pi\, d\, n}$.

(562) **Drehungsrichtung.** Beim Hauptstrommotor ist die Drehungsrichtung des Ankers als Stromerzeuger entgegengesetzt der als Motor; bei der Nebenschlußmaschine sind die Drehungsrichtungen gleich. Bei Hauptstrom- und Nebenschlußmaschinen als Motoren ist die Drehungsrichtung unabhängig von der Richtung des zugeführten Stromes.

(563) **Regulirung.***) Der Nebenschlußmotor behält, wenn er mit constanter Spannung gespeist wird, bei wechselnder Belastung seine Geschwindigkeit auf etwa 2—5 % ungeändert bei. Wünscht man eine Aenderung der Geschwindigkeit herbeizuführen, so ist der Widerstand im Schenkelkreis zu ändern.

Um eine genauere Selbstregulirung (bis auf 2 %) zu erhalten, giebt man dem Feldmagnet eine Hauptstromwickelung von einigen Windungen, welche der Nebenschlußwickelung entgegen wirken. Die Zahl der Nebenschlußwindungen sei n, ihr Widerstand (im Betriebe, warm) r_n, die Zahl der Hauptstromwindungen h, ihr Widerstand r_h, der Ankerwiderstand r_a, so ist zu wählen:

$$h : n = (r_a + r_h) : r_n.$$

Ein Nebenschlußmotor, der mit constantem Strom gespeist wird, ändert seine Geschwindigkeit mit der Belastung. Zur Regulirung benutzt man einen Rheostaten im Schenkelkreis.

Der Hauptstrommotor bedarf einer besonderen Regulirung, wenn seine Geschwindigkeit nicht wechseln soll; das gebräuchlichste Mittel ist, die Magnetbewickelung in getrennten Lagen zu wickeln und so viel davon aus- und einzuschalten, daß die Geschwindigkeit constant bleibt; das Ein- und Ausschalten besorgt ein Centrifugalregulator, der einen Arm über die zu den Magnetbewickelungen führenden Contacte bewegt.

Statt des Centrifugalregulators kann man zur Bewegung des Contactarmes auch eine elektrodynamische oder elektromagnetische Vorrichtung (Solenoid u. dgl.) verwenden.

Kommen sehr große Aenderungen der erforderlichen Zugkraft vor, z. B. bei Straßenbahnmotoren, so windet man die Spulen auf den Feldmagneten in Abtheilungen, die man parallel und hinter einander schalten kann. Außerdem kann man noch den Anker einmal in Reihe und einmal parallel zu den Feldmagneten schalten.

Für Regulirung innerhalb der gewöhnlichen Betriebsgrenzen empfiehlt sich noch ein zur Magnetbewickelung parallel geschalteter Rheostat, der ebenso aus- und eingeschaltet wird, wie oben die Theile der Bewickelung. Statt dessen kann man auch einen magnetischen Nebenschluß zu den Feldmagneten anlegen, der selbstthätig verändert wird, oder noch besser den Anker in der Richtung seiner Axe verschieben, um die Stärke des Feldes, in dem sich der Anker dreht, zu verändern.

---

*) Eine ausführliche Abhandlung über den Gegenstand, die hier benutzt wurde, rührt her von Crocker, Telegr. Journal and El. Review, Bd. 24, S. 687.

Elektrische Kraftübertragung.

Bürstenverschiebung und Aehnliches empfiehlt sich nicht wegen der Funkenbildung.

Zu beachten ist, daß ein Hauptstrommotor immer einen Regulator erfordert; ließe man denselben weg, so würde beim Wegnehmen der Belastung die Geschwindigkeit sich so weit steigern, daß der Motor in Stücke fliegt.

(564) **Einschalten der Motoren.** So lange der Motor noch in Ruhe ist, besitzt er keine EMGegenkraft; schaltet man ihn ohne Weiteres in eine Stromvertheilungsanlage für constante Spannung, so wird der Anker oder der ganze Motor zerstört. Um dies zu vermeiden, verwendet man einen Vorschaltewiderstand, der in dem Maße, wie der Motor anläuft und die Stromstärke sinkt, vermindert und schließlich ausgeschaltet wird.

Anwendungen der elektrischen Kraftübertragung.

(565) **Ueberwindung grofser Entfernungen.** Wenn eine größere Betriebskraft auf eine erhebliche Entfernung zu übertragen ist, so benutzt man hierzu mit Vortheil den elektrischen Strom. Bei einigermaßen bedeutenden Entfernungen kommt neben diesem nur noch das Drahtseil als Uebertragungsmittel in Betracht. Von größeren Anlagen dieser Art liegen Messungen vor: In Kriegstetten (Schweiz) ist eine Wasserkraft von 30—50 P verfügbar, welche auf 8 km Entfernung nach Solothurn übertragen wird. Die Leitung aus nacktem Kupferdraht von 6 mm Dicke hat 9 Ohm Widerstand und wird auf Oelisolatoren geführt. Die primäre Spannung betrug bei den Messungen bis 2000 V, die Stromstärke bis 14 A. Die Anlage besaß einen Wirkungsgrad von 75 % bei Uebertragung von 31 P.

Die Kraftübertragung von Lauffen a. Neckar nach Frankfurt a. Main (170 km) entnahm mittels Turbinen dem Neckar bis zu 197 P und lieferte an den Klemmen des letzten Transformators in Frankfurt 72 bis 75 % der aufgenommenen Energie.

(566) **Kraftvertheilung.** Dieselbe geschieht entweder aus Centralstationen, von denen der Strom in derselben Weise wie zur Beleuchtung geliefert wird, oder in kleinerem Maßstabe in Fabriken, Bergwerken, auf Schiffen u. dgl. Die Vortheile der elektrischen Kraftvertheilung sind der nahezu geräuschlose, bei mäßiger Vorsicht ungefährliche, äußerst reinliche Betrieb und die bequeme Bedienung, wodurch der Elektromotor sich für die Haus- und Kleinindustrie vorzüglich eignet. Dazu kommt in Fabriken die Leichtigkeit des Anschlusses jedes beliebigen Elektromotors an die Hauptleitung, welche die langen Transmissionen entbehrlich macht. In erhöhtem Maße gilt dies für den Betrieb auf Schiffen.

Für Bergwerke und Arbeiten unter der Erde überhaupt ist besonders wichtig, daß der Elektromotor keinen Sauerstoff verzehrt und keine verbrauchten Gase oder Rauch ausstößt.

Elektrische Kraftübertragung. 453

(567) **Bewegung von Fahrzeugen. Elektrische Bahnen.** *) Dieselben werden hauptsächlich als Straßenbahnen, manchmal auch als Localbahnen zur Verbindung mehrerer Orte gebaut; auch in Bergwerken gebraucht man elektrische Bahnen zur Förderung. Die Vortheile des elektrischen Betriebes vor dem Pferdebetrieb in Städten sind die große Reinlichkeit, Geräuschlosigkeit, leichtes und sicheres Anfahren, Reguliren und Halten, geringeres Raumerforderniß, Schonung des Pflasters u. a. m. Man unterscheidet

Systeme für gemeinsamen Betrieb aller Wagen (directe Systeme),

bei welchen der Strom der Maschine unmittelbar den Wagen zugeführt wird, und zwar

Systeme mit oberirdischer Zuführung und
Systeme mit unterirdischer Zuführung;

außerdem

Systeme für Einzelbetrieb aller Wagen oder einzelner Züge (indirecte Systeme),

bei welchen von der Maschine Accumulatoren geladen werden, die man in den Wagen aufstellt; hierunter unterscheidet man wieder, ob jeder Wagen seine Batterie bekommt, oder ob man die Sammler auf Locomotiven aufstellt.

Die gebräuchlichsten Systeme benutzen directe Stromzuführung und Parallelschaltung aller Wagen. Besonders günstig ist eine Anordnung der Art, daß man eine Centralanlage zur Speisung der Straßenbahn und zur Lichtlieferung erbaut. Der Sammlerbetrieb hat bis jetzt noch keine genügenden Erfolge erzielt.

(568) **Stromzuführung.** Bei oberirdischer Stromzuführung kann man zwei Leiter verwenden; einfacher und bei niedriger Spannung (etwa unter 500 V.) nicht gefährlich ist die Benutzung der Schienen (Erde) als Rückleitung. Der Contact der Wagenleitung mit der Zuführung wird meist durch eine von unten an die Leitung gedrückte Rolle vermittelt; die Rolle sitzt am Ende einer Stange, die auf dem Wagendeck in schräger Richtung angebracht ist und vom Wagenführer herabgezogen werden kann. Dieser Contactarm muß wegen der unvermeidlichen Niveauunterschiede und um den Krümmungen folgen zu können, nach oben und unten sowie nach beiden Seiten frei beweglich sein. Die Leitungen werden auf Pfosten geführt; am geeignetsten stellt man die letzteren in die Reihe der Straßenlaternen oder vereinigt sie mit diesen.

Um die Leitung selbst dünn wählen zu können, legt man parallel zu derselben ein wohl isolirtes Kabel in den Boden und verbindet dasselbe alle 100—200 m mit der Zugführungsleitung.

---

*) Eine Zusammenstellung der wichtigsten Constructionen giebt Schräder in der Elektrot. Ztschr. 1890, S. 169. Im Uebrigen wird auf die „Fortschritte der Elektrotechnik" verwiesen.

454   Elektrische Kraftübertragung.

Bei unterirdischer Zuführung kann man gleichfalls zwei isolirte Leitungen oder nur eine solche mit Erde als Rückleitung verwenden. Der oder die beiden Leiter werden in einem Canal auf Isolatoren angeordnet, der mitten zwischen den Schienen oder seitwärts derselben im Boden oder auch unter oder mit der einen Schiene verlegt wird. Die Stromzuführung zum Wagen erfolgt durch einen besonderen Contactarm, der von oben durch einen schmalen Schlitz in den Canal reicht; dieser Schlitz ist der schwache Punkt des Systems, da durch ihn leicht Schmutz und Feuchtigkeit ins Innere des Canals gelangen.

Werden die Schienen in den Stromkreis eingeschaltet, so ist für gute leitende Verbindung der Schienenstrecken unter einander zu sorgen; man klemmt an die benachbarten Enden Kupferdrähte an, welche die Stoßstellen überbrücken und dabei nicht gespannt sind. Zur Vermeidung des chemischen Angriffes emfiehlt es sich, den $+$ Pol des Stromerzeugers an Erde zu legen und ihn nicht mit den Schienen metallisch zu verbinden; der $-$ Pol kommt an die von der Erde isolirte Leitung.

(569) **Einrichtung und Betrieb der Wagen.** Die Elektromotoren werden in der Regel unter dem Wagen angebracht; sie werden mit dem Joch an der Radaxe und mit Verlängerungen der Polschuhe an Federn aufgehängt. Die Uebertragung der Kraft auf die Radaxe geschieht meist durch Zahnräder, in der Regel mit doppelter Uebersetzung. Der Elektromotor muß bis zum Fünffachen dessen leisten können, was bei regelmäßigem Betrieb auf ebener gerader Strecke von ihm verlangt wird. Zur Regulirung benutzt man eine der in (553) angegebenen Methoden; in der Regel handelt es sich um Hauptstrommotoren bei Speisung mit constanter Spannung; die Magnetbewickelung wird in mehrere Theile getrennt und diese nach Bedürfniß in beliebiger Zahl hinter einander oder auch, bei besonders starker Beanspruchung, parallel geschaltet. Als Bürsten werden mit Vortheil Kohleplatten verwendet; der Bürstenhalter muß erlauben, die Bürsten je nach der Drehungsrichtung des Ankers einzustellen.

Die Wagen werden mit Vortheil dadurch gehemmt, daß man den Motor kurz schließt und als Stromerzeuger treiben läßt; bei geeigneter Einrichtung kann man den beim Bremsen gewonnenen Strom der Hauptleitung zuführen und auf diese Weise wieder gewinnen.

Ueber die erforderliche Zugkraft s. (570).

Außer dem Betriebe von Bahnen wird der Elektromotor auch zum Voranbewegen von Schiffen, von Omnibusen u. dgl. benutzt.

(570) **Zugkraft und Leistung eines Strafsenbahnwagens.** Zugkraft $K =$ ungefähr $15\,w\,(1 + 12{,}5\sin\theta)$ kg-Gew. (Siemens und Halske),

$$\text{oder } K = \frac{1}{6}\,a \cdot n\,w\,(1 + 100\sin\theta)\text{ kg-Gew. (Huber).}$$

Beim Anziehen eines stehenden Wagens ist die erforderliche Kraft viel höher. Auf derselben Strecke wechselt dieselbe stark nach den Witterungsverhältnissen, auch nach dem Alter der Schienen.

Elektrische Kraftübertragung. 455

Leistung $= \dfrac{w \cdot n}{4600} \cdot (K \pm 1010 \sin \theta)$, (Snell)

oder $= \dfrac{w \cdot n}{4200} \cdot (K \pm 910 \sin \theta)$, (Sprague)

$w =$ Last in Tonnen, $n =$ Geschwindigkeit des Wagens in m/min, $K =$ Zugkraft für 1 t Last auf ebener Bahn in kg. Dieselbe beträgt nach Snell für erhabene Schienen 5,5—9, für vertiefte 13 bis 25. In der Huber'schen Formel bedeutet a einen Coefficienten, der für günstige Verhältnisse $= 1$, für ungünstige bis 1,5 ist.

Es mögen noch folgende Versuchsergebnisse hier mitgetheilt werden:

Bei der elektrischen Bahn von Frankfurt a. M. nach Offenbach, welche eine Fahrgeschwindigkeit von 12 km in der Stunde (= 200 m in der Min.) benutzt, wurde die Leistung für einen besetzten Zug von zwei Wagen, zusammen 8,35 t schwer, elektrisch gemessen, gefunden zu:

	am Wagen	am Stromerzeuger
Eben	3,92 P	6,56 P
Steigung 1 : 45 ohne Curve	8,11 „	13,7 „
„ „ mit „	9,83 „	16,9 „
Anfahrend: „ 1 : 150	10,3 „	26,8 „

Leistung von 2 Pferden vor einem Straßenbahnwagen mit Fahrgästen im Gesammtgewicht von 4,5 t; die Zugkraft $= 13,6$ kg für 1 t Gesammtgewicht. (El. Rev. Bd. **17**, S. 2. El. Ztschr. 1886, S. 8. Centrbl. El. 1885, S. 767.)

Geschwindigkeit des Wagens in 1^h	Steigung	Pferd
11,2 km	1 : ∞	2,52
9,6 „	1 : ∞	2,16
9,6 „	1 : 75	4,32
8,0 „	1 : 37	5,4
6,4 „	1 : 37	4,32
4,8 „	1 : 25	4,32
6,4 „	1 : 25	5,76
8,0 „	1 : 25	9,2
4,8 „	1 : 18	5,4

Bei Curven und beim Anziehen beträchtlich mehr; beim Anziehen ist die Leistung viermal so groß als während der Fahrt.

Bei neueren Versuchen in England wurden folgende Resultate gefunden (vgl. Engin. Bd. **44**, S. 125). Der Wagen war ausgerüstet mit 80 Accumulatoren von Tatham, welche 1500 kg wogen und einem 10 P - Motor von Immisch im Gewichte von 280 kg. Die Uebertragung geschah mit 2 Stahlketten und einem Vorgelege, die Tourenzahl des Motors betrug 1000 (bei 40 A und 160 V), die der Radaxe den zehnten Theil. Der ausgerüstete und mit 20 Fahrgästen besetzte Wagen wog 5 t.

Elektrische Kraftübertragung.

Ampère	Volt	Steigung ↗ und Gefälle ↘	Geschwindigkeit in km/St.	El. Leistung $\frac{ei}{736}$
35	80	1 : ∞	10,4	3,8
41	80	1 : 120 ↗	8,0	4,9
31	80	1 : 100 ↘	19,2	3,4
40	80	1 : 150 ↗	11,2	4,4
55	138	1 : 80 ↗	13,6	10,3
83	120	1 : 30 ↗	6,4	13,6
45	150	1 : 132 ↘	24,0	9,2
55	140	1 : 21 ↘	6,4	10,5

An der Pferdebahn in Frankfurt a. M. fand Lindley folgende Werthe; Gewicht des besetzten Wagens 3,9 t.
Die bei regelmäßiger Fahrt ausgeübte Zugkraft betrug:

auf ebener Bahn . . . . 30 bis 50 kg-Gew.
auf Curven (200 m bis 16 m Radius) 100 „ 200 „
auf einer Steigung von 1,87 % bei
3,3 m Geschwindigkeit . . . .   150 „

Die beim Ingangsetzen des Wagens erforderliche Zugkraft war:

auf ebener Bahn . . . . 200 bis 220 kg-Gew.
auf Steigungen . . . . 200 „ 250 „
in Curven und Weichen . . . . 250 „ 300 „
in einer Curve von 16,2 m Radius
bei 1 % Steigung . . . .   360 „

VIII. Abschnitt.

Anwendungen der Elektrolyse.

Die Anwendungen der Elektrolyse erstrecken sich auf die verschiedensten Gebiete der Metall- und chemischen Industrie. Von besonderer Bedeutung ist außer der Verwendung zur Herstellung von metallischen Ueberzügen und plastischen Abbildern die Verwendung zur Läuterung von Rohmetallen und zur Gewinnung einzelner Metalle aus den bearbeiteten Erzen selbst, zur Verarbeitung von Metallabfällen, zur Gewinnung einzelner Metalle aus geschmolzenen Salzen, zur Reinigung von Abwässern, zum Gerben, endlich die Anwendung zur Darstellung von Farbstoffen. Die wichtigsten Anwendungen sind nachstehend zusammengestellt.

Stromarbeit, Elektrodenspannung und Zellenwiderstand bei elektrolytischen Processen.

(571) Enthält ein Stromkreis mit der elektromotorischen Kraft E und dem Widerstande R noch eine Zersetzungszelle mit dem Widerstand z, und der elektromotorischen Gegenkraft e, so ist

$$\frac{E-e}{R+z} = i.$$

Wird der Elektrolyt durch einen metallischen Leiter ersetzt und dessen Widerstand r so bemessen, daß auch

$$\frac{E}{R+r} = i,$$

so muß $r = z + \dfrac{e}{i}$ sein.

Da die im Widerstand z geleistete Wärmearbeit $w = i^2 z$ ist, so ergiebt sich

$$w = i^2 r - ie \text{ und } i^2 r = i^2 z + ie.$$

Der letztere Ausdruck bestimmt die Größe der bei gleichem Strom und gleichem übrigen Widerstand des Stromkreises (R) in r bezw. z hervorgebrachten äquivalenten Leistungen, von welchen

458 Stromarbeit bei elektrolytischen Processen.

i^2z der Betrag der Wärmearbeit im Elektrolyten, ie die Zersetzungsarbeit, welche der Verbindungswärme des Elektrolyten gleichwerthig ist, bedeutet. Die im Elektolyten verbrauchte Spannung wird also ausgedrückt durch

$$V = iz + e.$$

Bei einem zweckmäßigen elektrolytischen Betriebe muß der in der Arbeit enthaltene Betrag i^2z, welcher die Erwärmung des Elektrolyten darstellt, durch geeignete Anordnung der Zellen auf einen möglichst geringen Werth gebracht werden. Dies ist einerseits zu erreichen durch die bis auf das eben zulässige Maß zu bewirkende Näherung der Elektroden, andererseits durch Erhöhung der Leitungsfähigkeit des Elektrolyten.

Für einen speciellen elektrolytischen Prozeß kommen in Betracht:

1. der Werth der elektromotorischen Gegenkraft e;
2. der Zellenwiderstand z;
3. die Stromdichte d, nämlich die Stromstärke in Ampère für ein Quadratdecimeter Elektrodenoberfläche.

Die elektromotorische Gegenkraft der zu trennenden Verbindung läßt sich annähernd aus den Aequivalentwärmen (S. 40) berechnen; doch liefert diese Rechnung nicht stets genaue Ergebnisse, weil die im chemischen Proceß frei werdende Energie nicht völlig in Elektricität, sondern zum Theil in Wärme übergeführt wird, theils auch, weil die chemischen Processe nie einfach sind und weil man die Aequivalentwärmen nicht genau kennt, endlich, weil die Wirkungen der Lösungsmittel wesentliche sind. Bezüglich der bei einem Processe anzuwendenden Spannung ist man daher auf Versuche angewiesen.

Der Widerstand läßt sich aus den Abmessungen des Bades und der Leitungsfähigkeit des Elektrolyten durch Rechnung nicht genau bestimmen, da außer dem Widerstand des Elektrolyten auch der Uebergangswiderstand von den Elektroden zu dem Elektrolyten in Frage kommt.

Zur Ermittelung des geeigneten Zellenwiderstandes und der Stromstärke bezw. Spannung verwendet man ein Probebad. Dieser Versuch darf nicht in zu kleinem Maßstabe angestellt werden, da bei kleinen Flächen die Spannung und der Niederschlag am Rande der Elektroden sich wesentlich anders gestaltet als in der Mitte der Fläche, während die Erscheinungen am Rande größerer Flächen unter sonst gleichen Verhältnissen denen in der Mitte kleiner Flächen gleich kommen. Das Probebad wird daher zweckmäßig Elektroden von einem oder mehreren Quadratdecimeter Flächen enthalten.

Der Widerstand der Probezelle ist nach einer für Elektrolyte anwendbaren Meßmethode zu bestimmen. Die Stromstärke wird so lange verändert, bis ein passender Niederschlag und die gewünschte Menge des Niederschlages in der bestimmten Zeit erzielt wird. Durch diese Versuche erhält man den Werth für die Stromdichte bezw. Spannung. Ist die Stromdichte zu d und der Widerstand für 1 qdm Elektrodenfläche zu z bestimmt, so ist die erforderliche Spannung

$$V = e + dz.$$

Aus der nach dem geforderten Gewicht des Niederschlages zu berechnenden Gesammtstromstärke und der Spannung ergiebt sich die nothwendige Leistung.

Die Schaltung der Bäder bedingt bezüglich der aufzuwendenden elektrischen Arbeit keinen Unterschied (bei n hintereinanderzuschaltenden Bädern ist die Spannung die $n$fache, bei Nebenschaltung die Stromstärke die $n$fache eines einzelnen Bades), ebenso ist es bezüglich der Abmessungen theoretisch gleichgültig, ob man größere oder kleinere benutzt, sobald nur bei gleichem procentischen Spannungsverlust in den Leitungen auf ein qdm Fläche die passende Stromstärke entfällt bezw. die richtige Spannung gewählt ist. Für die Praxis entsteht insofern ein wesentlicher Unterschied, als zwar sehr große Bäder in geringer Zahl einfacher und billiger herzustellen sind, aber für die starken Leitungen größere Kosten verursachen, während bei kleineren auf Spannung geschalteten Bädern die letzteren nicht so ins Gewicht fallen. Die Frage der Schaltung der Bäder hängt ferner (z. B. bei der Galvanoplastik und Galvanostegie) besonders davon ab, ob die Fläche der Gegenstände in den gleichartigen Bädern nicht wesentlich sich ändert. Ist der Betrieb in dieser Beziehung regelmäßig, so können gleichartige Bäder hintereinander geschaltet werden. Bei unregelmäßigen Betrieben ist die Nebeneinanderschaltung nothwendig.

Die Qualität und Quantität des Niederschlages in einer gegebenen Zeit wird nicht allein durch die Spannung und Stromdichte bestimmt, sondern hängt auch von secundären Vorgängen im Elektrolyten, sowie von der Wanderung der Ionen ab, wodurch die Concentration der Lösung sich verändert. Solche Einflüsse sind unter Umständen durch Bewegung der Lösung unschädlich zu machen.

Bei Einrichtung von größeren elektrolytischen Processen ist außer den Fragen, unter welchen Verhältnissen die beste Qualität des gewünschten Niederschlages erzielt wird, und wie innere Vorgänge, welche die Qualität und Quantität des Niederschlages zu verändern vermögen, stattfinden, noch zu untersuchen, unter welchen Bedingungen der Proceß den geringsten Arbeitsaufwand erfordert. Die bei dem Probebad vorzunehmenden elektrischen Messungen haben darzuthun, wie sich die durch die angewendete Stromstärke in einer bestimmten Zeit hervorgebrachte Niederschlagsmenge zu der aus der Stromstärke berechneten Menge verhält; die erstere ist stets geringer als die letztere, der Unterschied liegt in den secundären Processen und ein Hauptzweck der Versuche besteht in der möglichsten Vermeidung der secundären Processe. [Wegen Berechnung der Niederschläge aus der Stromstärke vergl. (105).] Ferner ist die der Menge des Niederschlages entsprechende Arbeit mit der aus Stromstärke und Spannung berechneten Arbeit zu vergleichen.

Aus dem für gut befundenen Probebad kann man eine beliebige Anlage berechnen, ohne die Gegenkraft und den (wahren) Widerstand des Bades zu kennen; man hat nur dafür zu sorgen, daß bei der Anlage Spannung, Stromdichte und Entfernung der Elektroden dieselben sind wie bei dem Probebad.

Elektrolytische Gewinnung von Metallen.

(572) Kupferläuterung. Das Rohmetall (Raffinirkupfer mit ca. 1 % oder Schwarzkupfer mit bis zu 10 % Unreinigkeit) wird als Anode benutzt, während die abwechselnd mit den Anoden einzuhängenden dünnen Platten aus reinem Kupfer die Kathoden bilden. Die Zersetzungszellen (hölzerne Bottiche) werden mit einer Lösung von Kupfersulfat und verdünnter Schwefelsäure gefüllt. Leitungen sind aus reinem Kupfer herzustellen. Die Bottiche sind meist mit Blei ausgekleidet, jedoch verwendet man auch Harzmasse. Die Zellen werden gewöhnlich auf Spannung geschaltet. Stärke der einzuhängenden Kathoden 1 mm. Entfernung zwischen Anoden und Kathoden 5—6 cm.

Nach Sprague soll die Stromdichte nicht über 0,3 A für das qdm betragen. Widerstand etwa 0,0001—0,0003 Ohm für 1 qdm Anodenoberfläche. Als beste Kupferlösung wird eine von 16—18° Beaumé bezeichnet. Bewegung der Lauge ist wichtig für die Qualität des Niederschlages. Das reine Kupfer wird auf der Kathode niedergeschlagen, die fremden Bestandtheile bleiben theils als zu Boden fallender Schlamm zurück, theils gehen dieselben in Lösung über. Ein wesentlicher Vortheil des Verfahrens besteht darin, daß die im Rohkupfer enthaltenen Edelmetalle zu Boden fallen und aus dem Schlamm gewonnen werden. Die Lauge muß nach einiger Zeit, wenn ihr Gehalt an schädlichen Substanzen, z. B. Arsen, ein gewisses Maß überschreitet, regenerirt oder durch frische ersetzt werden.

In Oker (Einrichtung der Firma Siemens & Halske) sind sowohl ältere Maschinen (C_1) mit geringer Spannung und starkem Strom, als neuere (C_{18}, F_8, H_7) mit größerer Spannung und geringerem Strom in Thätigkeit. Dem letzteren System giebt man in neuerer Zeit den Vorzug, weil Maschinen und Leitungen bedeutend billiger werden und die Contactfehler an den Leitungen weniger in Betracht kommen. Die Spannung an einem Bade beträgt durchweg 0,10—0,25 Volt, die Stromdichte 0,3 A auf 1 qdm. Das Rohkupfer enthält $^1/_2$ % Unreinigkeit.

Aelterer Betrieb (C_1).

Klemmenspannung . . . . 4 Volt
Stromstärke . . . . 1000 A
Anzahl der Bäder 12
Kupferniederschlag in 24 Stunden . . . 350 kg
Kraftverbrauch . . . . 7 P
Oberfläche der Kathoden in einem Bad . 35 qm.

Neuerer Betrieb (cH_7).

Klemmenspannung . . . . 20 Volt
Stromstärke . . . . 240 A
Anzahl der Bäder 65
Kupferniederschlag in 24 Stunden . . . 440 kg
Kraftverbrauch . . . . 8 P
Oberfläche der Kathoden in einem Bad . 8 qm.

Elektrolytische Gewinnung von Metallen. 461

Die Anlagekosten eines neueren Betriebes (ausschl. Motor, Gebäude, Kupferbleche) betragen ungefähr:

Maschinen	ℳ	1700
Bäder	„	7200
Leitungen und Instrumente	„	1000
Pumpen, Bleiröhren, Reservoire	„	2000
Lauge	„	6600
Monteurkosten	„	500
	ℳ	19000

In Deutschland werden mittels Maschinen von Siemens & Halske täglich etwa 11000 kg Reinkupfer erzeugt, unter Verbrauch von etwa 200 P.

(**573**) **Bleiläuterung** (Keith). Aus dem zu raffinirenden Werkblei werden Platten gegossen (1,22 m lang, 0,38 breit, 0,003 stark) und als Anoden in Musselinsäcken in die Bäder gehängt. Die zwischenhängenden Kathoden bestehen aus reinem Blei. Als Füllung des Bades dient Bleiacetat oder -Chlorid; während des Processes wird die Lösung in Circulation erhalten. Das auf den Kathoden sich bildende Blei ist krystallinisch, fällt von den Blechen ab und wird später zu Kuchen gepreßt. Das Verfahren ist nicht vortheilhaft. (Borchers, Elektrometallurgie, S. 135.)

(**574**) **Gewinnung des Kupfers nach Marchese.** Die Kupfererze wergeröstet (wobei es wünschenswerth ist, daß neben den Oxyden des Kupfers und Eisens noch Schwefel an Eisen und Kupfer gebunden bleibt), dann der auslaugenden Wirkung des Elektrolyts (Sulfat) und der beim Rösten gewonnenen Schwefelsäure etwa 48 Stunden lang unterworfen. Der Rückstand der Auslaugung, enthaltend die unzersetzten Sulfüre und das unzersetzte Oxyd, wird in einem Kupolofen geschmolzen und zu Anodenplatten geformt. Die Kathoden werden aus dünnen Kupferblechen gebildet.

Nach den Angaben des Werkes in Sestri Levante (wo das Verfahren früher angewendet wurde) speiste eine Maschine (Siemens C_{18}) 12 hintereinander geschaltete Bäder (je 2 m lang, 1 m hoch, 1 m breit) mit einer Spannung von 15 Volt und einer Stromstärke von 250 A. Die innen mit Blei ausgeschlagenen Holzkästen enthalten 15 Anoden und 16 Kupferplatten als Kathoden. Die Dicke der Anoden beträgt 3 cm, die der Kathoden 3 mm, die Oberfläche jeder Elektrode 0,8 qm.

Die theoretischen Ausführungen von Marchese sind in neuerer Zeit bestritten worden. Ferner ist der praktische Erfolg zweifelhaft, namentlich scheint die Bereitung der Lauge, welche mit dem Niederschlagen des Kupfers Schritt halten muß, viele Kosten zu verursachen.

Verfahren von Siemens und Halske. Nach einem neueren Verfahren von Siemens und Halske werden zunächst die gepulverten, gerösteten oder geschmolzenen Kupfererze mittelst Ferrisulfates, welches in den Bädern selbst erzeugt wird, ausgelaugt. Die erzeugte Kupfer- und Ferrosulfatlauge wird zur Ausfällung des Kupfers zu den Kathoden geführt, welche von den Anoden durch Pergamentpapier getrennt sind, und gelangt dann zu den Kohlenanoden, um wieder zu Ferrisulfat oxydirt zu werden. Bei diesem Verfahren soll die Spannung am Bade nur 0,7 V betragen. (Vgl. Fortschr. d. Elektrot. 88, 612.)

Verfahren von Höpfner. Die Lauge aus den nach der Röstung ausgelaugten Erzen wird mit Sulphiden oder andern nicht chlorhaltigen Verbindungen vermischt und die Chloride in Chlorüre übergeführt. Diese werden unter Anwendung von Kohlenelektroden zersetzt.

(575) Gewinnung des Zinkes. Verfahren von Blas und Miest. Die Zinkblende wird zunächst fein gekörnt (bis auf etwa 5 mm Korndurchmesser), in Formen einem Drucke von 100 Atm. ausgesetzt, dann auf 600° erhitzt, von Neuem gepreßt und schnell abgekühlt. Die so präparirten Platten werden an Eisenstangen befestigt und in die Bäder gehängt, wo sie mit dem + Pol der Maschine verbunden werden. Als Kathoden dienen unlösliche Metallplatten. Die Bäderlösung ist Zinksulfat, Zinknitrat oder Zinkchlorid. Das Verfahren leidet an dem Nachtheil, daß die Bäderlösung nicht constant bleibt, wodurch ein ungünstiges Verhältniß in Bezug auf die nothwendige elektromotorische Kraft entsteht.

Verfahren von Létrange. Bei dem Verfahren, welches auf Blende mit Galmei und oxydirten Producten angewendet wird, werden die Erze mäßig geröstet, um Zinksulfat zu erhalten, wobei die sich entwickelnden schwefligsauren Dämpfe durch Ueberleiten über feucht gehaltene Erze zur Benutzung gelangen. Dies gebildete Zinksulfit geht später an der Luft in Sulfat über.

Nach Ueberführung der Producte in Sulfat wird dasselbe langsam ausgelaugt und in die Bäder geleitet, wo die Zersetzung durch den Strom stattfindet. Die durch die frei gewordene Schwefelsäure angesäuerte Flüssigkeit fließt dann wieder über Erzschichten, so daß von Neuem Zinksulfat sich bildet, welches wiederum zersetzt wird. Zur Verwendung der entstehenden angesäuerten Flüssigkeit wird bei dem Verfahren ein vollständiger Kreislauf erhalten und an einem Punkte desselben die Flüssigkeit mechanisch gehoben. Nach einem angestellten Versuch waren zur Niederschlagung von 1,475 kg Zink 133 Kilogrammmeter Arbeit während 4 Stunden 15 Minuten erforderlich, was für 1 kg und 1 Stunde 5 Pferdekräfte ergiebt. Da theoretisch 2,6 Pferdekraft für 1 kg und 1 Stunde zu rechnen sind, so beträgt die Nutzleistung etwa 0,40.

Läuterung des Rohzinks ist auf ähnliche Weise wie die Läuterung des Rohkupfers versucht worden. Das Verfahren besteht in der elektrolytischen Behandlung in einem Bade von verdünnter Essigsäure oder einer andern Säure. (Fortschr. d. Elektrot. 87, 1119; 88, 615, 1791; 89, 646.)

(576) Gewinnung der Aluminiumbronce. Verfahren von Cowles. Auf den Boden eines rechteckigen Schmelzofens kommt eine Schicht feingepulverter, mit Kalkwasser befeuchteter und dann getrockneter Holzkohle.

Die Elektrodenkohlen werden durch Oeffnungen in den beiden Querseiten des Ofens eingebracht und nahe gegenübergestellt, bis zu den Elektroden reicht die Kohlenschicht. In den Ofen wird dann ein oben und unten offener Eisenblechkasten eingesetzt, der Zwischenraum zwischen den Ofen- und Kastenwänden wird mit Holzkohlenpulver ausgefüllt.

Soll Aluminiumbronce hergestellt werden, so wird der innere Raum mit einem Gemisch gekörnten Kupfers (7—8 kg), gepulvertem Korund (5—6 kg) und grober Holzkohle beschickt. Dann wird der eingelassene Blechkasten herausgezogen, Kohle zur Ausfüllung des Ofens zugegeben und der letztere mit einem schweren gußeisernen Deckel, welcher Oeffnungen zum Entweichen der Gase besitzt, geschlossen. Darauf wird der Strom zugeführt.

Der Widerstand des Stromkreises muß so bemessen werden können, daß die Stromstärke nicht über 1600 A steigen kann. Zu Anfang schwankt die Stromstärke bedeutend; ist dieselbe auf etwa 1000 A gestiegen, so erhält sie sich auf dieser Höhe. Nach einiger Zeit entstehen im Ofen Kohlenoxydgase, welche mit der Luft des Ofens ein explosives Gemenge bilden. Durch Entzünden der durch Oeffnungen des Deckels ausströmenden Gase erfolgt eine Reihe unschädlicher Explosionen. Hiernächst steigt der Strom auf etwa 1200 A, der Widerstand des Kreises wird nun verringert, bis die Stromstärke 1500 A erreicht, dann werden die Elektroden auseinandergeschoben, um neues Material in die Strombahn zu bringen; dies wird bis zur Beendigung der Reduction der Beschickung fortgesetzt.

Die Bronce enthält 65—85% Cu und 35—15% Al. Auf 1 kg Al entfallen etwa 60 P Stunden.

Verfahren von Héroult. Nach dem von der Aluminium-Industrie-Actien-Gesellschaft zu Neuhausen (Schweiz) angewendeten Héroult'schen Verfahren wird Thonerde geschmolzen und durch den Strom zerlegt. Die Schmelzung erfolgt in Tiegeln (Kästen) aus Kohle, welche mit Metallhüllen umgeben sind, letztere stehen mit dem negativen Pol in Verbindung. Der Tiegel dient zugleich als Leiter. Ein in den Tiegel hineinragendes Kohlenbündel ist mit dem positiven Pol verbunden. Zu Beginn der Operation wird zerkleinertes Kupfer eingebracht; sobald dasselbe geschmolzen den Boden bedeckt, wird Thonerde zugefüllt. Je nach dem Fortschreiten der Zerlegung wird das Kohlenbündel gehoben. Man erhält so unmittelbar Aluminiumbronce. Auch Legierungen mit andern Metallen, welche bei dem Schmelzpunkt der Thonerde sich nicht verflüchtigen, lassen sich herstellen.

Die positive Elektrode wird bei dem Verfahren von Héroult proportional dem ausgeschiedenen Aluminium verzehrt. Eine Stromstärke von 12000 A bei 12—15 V Spannung soll am zweckmäßigsten sein. Näheres findet man im Bericht über die Anlagen der genannten Gesellschaft, Januar 1890, Angaben über verwendete Spannung und Stromstärke fehlen jedoch. (Vergl. auch Fortschr. d. Elektrot. 89, 639; Ztschr. d. Ver. deutscher Ing. 1889, S. 801.

Die Pittsburg Reduction Company stellt Aluminium durch Elektrolyse eines Bades aus Al_2O_3, das in geschmolzenem Aluminiumfluorid gelöst ist, her. Das mit Kohle ausgelegte Gefäß bildet die negative Elektrode, die positive wird durch Kohlencylinder gebildet. Das reducirte Metall lagert sich am Boden des Gefäßes ab. (Das Verfahren zur Herstellung des Reinaluminiums wird von den Fabrikanten geheim gehalten, so daß über diesen wichtigen Proceß nähere Angaben nicht gemacht werden können.)

(577) Gewinnung des Magnesiums aus geschmolzenem Carnallit. (Patent von Grätzel in Hannover, vergl. Dingler's Journal 1884 und 1885.) Die Schmelzgefäße bestehen aus schmiedbarem Gußstahl, dienen als Zersetzungszellen und bilden zugleich die eine Elektrode, die andere besteht aus Kohle. Die letztere ist in einem besonderen Einsatz aus feuerfester Masse eingeschlossen und mit diesem durch eine Oeffnung des Abschlußdeckels in das Schmelzgefäß eingesetzt. An dessen unteren Theil hat der Einsatz Oeffnungen, durch welche die geschmolzene Masse mit der Kohle in Berührung treten kann. An Stelle des Schmelzgefäßes wird nach dem verbesserten Verfahren eine besondere Elektrode ebenfalls mittels Einsatzes eingeführt.

Bei einer Stromdichte von etwa 10 A auf 1 qdm Kathodenfläche und 100 A auf 1 qdm eintauchender Anode (Kohle) Oberfläche werden etwa 8 Volt Spannung gebraucht. Für die Pferdekraftstunde kann man auf 0,0336—0,0472 kg Magnesium rechnen. (Vergl. Borchers, Elektrometallurgie S. 36.)

Magnesium gewann Montgelas durch Zersetzung einer Chlorzink-Chlormagnesiumlösung von 18° Beaumé. Das Zink schlug sich in Büschelform, Magnesium körnig nieder. Nach dem Einschmelzen unter einer Kochsalzdecke wurde das Zink durch Verflüchtigung entfernt. (Fortschr. d. Elektrot. 88, 2919.)

(578) Gewinnung von Zinn aus Weißblechabfällen. (Näheres vergl. Dinglers Journal 1885, S. 329.) Als elektrolytische Flüssigkeit wird verdünnte Schwefelsäure benutzt (60° B. mit 9 Vol. Wasser), die Kathoden sind verzinnte Kupferplatten, die Anoden werden durch die Abfälle (mit 3 bis 9 % Zinn) gebildet. Die letzteren werden in Körbe verpackt und in die Bäder gesenkt, die Kathoden (120 cm × 95 cm × 1,5 mm) auf beiden Seiten der Anoden in Entfernung von je 10 cm senkrecht angebracht. Bewegung der Flüssigkeit durch beständige Auf- und Abbewegung der Anoden, welche nicht fest verpackt sein dürfen, ist erforderlich. Bäderkasten sind Holzbottiche, mit Kautschuk ausgeschlagen. So lange die Flüssigkeit im Bade sehr sauer ist, scheidet sich Zinn in schwammiger Form ab, später wird es pulverig und sogar krystallinisch.

Bei der von J. Smith errichteten Anlage waren 8 Bäder (150 × 70 × 100 cm) in Reihe geschaltet und mit einer Maschine von Siemens & Halske von 15 Volt und 240 A betrieben. Stündlich wurde etwa 2,12 kg Zinn erhalten, während theoretisch 4,25 kg sich abscheiden sollen.

Nach dem Verfahren von Fenwick wird nur die Hauptmasse des Zinns auf elektrolytischem Wege gelöst, der Rest wird mit Salzsäure entfernt. Als Kathoden werden mit Graphit überzogene Zinnbleche benutzt. Die Schnitzel befinden sich in Körben mit Flechtwerk. Als Flüssigkeit wird Zinnchloridlösung benutzt. (Vergl. Chem. Ztg. 1887, S. 1502.) Nach Borchers ist das Verfahren nicht zweckmässig.

(579) **Gewinnung von Gold und Silber.** 1. Amalgamirung von Gold wird nach einem von Molloy angegebenen Verfahren bewirkt. Als Kathode benutzt man eine Quecksilberschicht in einer flachen Pfanne. Auf dem Quecksilber schwimmt eine flache Scheibe, über der sich ein poröses Gefäß mit einer Bleianode in Natriumsulfatlösung befindet. Der Erzbrei kommt zwischen das Gefäß und die Scheibe, welche gedreht wird, so daß das Erz sich zum Quecksilber bewegt. (Fortschr. d. Elektrot. 87, 1106.)

2. Liepmann löst Gold aus Erzen, indem das gepulverte Erz mit der Lösung eines Chlorids übergossen wird; aus letzterem wird durch den Strom Chlor abgeschieden. (Fortschr. d. Elektrotechnik 88, 1790.)

Ein ähnliches Verfahren zur Chlorirung hat sich Stolp in Santiago patentiren lassen. Die gemahlenen Erze werden mit reiner Chlornatriumlösung übergossen und dann elektrolytisch chlorirt, demnächst aus den Chlormetallen elektrolytisch niedergeschlagen. (Dingl. Journ. 1888, S. 120)

3. Nach dem Verfahren von Much wird Gold gewonnen, indem die in einer umlaufenden Trommel befindlichen feinzerkleinerten Erze mit Wasser und nicht genannten Chemikalien unter einem Dampfdruck von 100 Pf. auf den Quadratzoll behandelt werden. Das Golderz soll durch elektrische Wirkung entschwefelt werden. Das freigewordene Gold wird amalgamirt. (Fortschr. d. Elektrotechnik 88, 2915.)

4. Nach einem in Chelsea (Amerika) angewendeten Verfahren wird Gold und Silber aus armen Erzen durch Mischung des gepulverten Gesteins mit Quecksilberchloridlösung und Elektrolysirung der Mischung gewonnen. Darauf wird amalgirt. (Fortschritte d. Elektrot. 88, 4033.)

5. Gold und Silber hat Moebius elektrolytisch aus salpetersaurer Lösung geschieden. (Fortschr. d. Elektrot. 88, 2914.)

(580) **Silicium** hat Warren aus Siliciumeisen, welches als Anode mit einer Kathode von Platin sich in verdünnter Schwefelsäure befand, amorph erhalten. Durch Glühen mit Kohlenoxyd, Legirung mit Zink und Behandlung der Legirung mit Salzsäure erhält man krystallisirtes Silicium. (Fortschritte der Elektrot. 88, Nr. 1796.)

(581) **Antimon** hat Borchers durch Elektrolyse von Lösungen der Zusammensetzung $2\ (Na_2\ Sb\ S_4 + 9\ H_2O) + 2\ Na\ OH$ (oder $Sb_2\ S_3 + 3\ Na_3\ S$) von 10—12° Beaumé unter Zusatz von 2—3% $Na\ Cl$ gewonnen. Zellen von Eisen dienten als Kathoden, Anoden bestanden aus Blei. Spannung 2—2,5 V. Ausscheidung des Antimons erfolgt in Pulverform oder in Schuppen. (Fortschritte d. Elektrot. 87, Nr. 2771.)

Elektrolyse bei chemischen Fabricationen.

(582) **Darstellung von Sauerstoff und Wasserstoff.** d'Arsonval construirte 1885 einen Apparat zur elektrolytischen Darstellung von reinem zum Einathmen bestimmtem Sauerstoff. Er wendet eine Reihe cylinderförmiger eisenblechener Gefäße an, in welchen je ein durchlöcherter eisenblechener Cylinder von geringerem Durchmesser steht, der von einem baumwollenen oder leinenen

Beutel umhüllt ist. Beide die Elektroden bildenden Gefäße sind mit einer 30 procentigen Lösung von kaustischem Kali gefüllt. Beim Durchgehen des Stromes durch die erwärmte Flüssigkeit sammelt sich der aus dem inneren Gefäße entweichende Sauerstoff oder Wasserstoff über Wasser an, während der aus dem äußeren Gefäße entweichende Wasserstoff oder Sauerstoff getrennt aufgefangen wird. 1889 hat Renard einen ebenfalls ähnlichen Apparat zur industriellen Erzeugung von Sauerstoff und Wasserstoff aus Wasser construirt, bei welchem die beiden einander nahe stehenden Elektroden durch poröse Scheidewände von einander getrennt und statt der früher angewandten sauren Elektrolyten auch eine Aetznatronlösung (von 13% Gehalt), sowie zu beiden Elektroden Eisen, Gußeisen oder Stahl verwendet werden. Die Gase können nachher in Stahlröhren auf 120 Atmosphären comprimirt werden.

(583) **Darstellung von Phosphor.** Readmann und Parker erzeugten Phosphor durch Reduction von Calciummetaphosphat mit Hilfe von auf elektrischem Wege intensiv erhitzter Kohle. In jede Seitenfläche des aus feuerfestem Material hergerichteten Ofens geht ein gußeisernes Rohr, durch welches je ein mittels Schraubenmechanismus verschiebbares Kohlenelektrodenbündel in den Ofen bis in das zu erhitzende Gemisch von Metaphosphat und Bruchkohle hineinreicht, welches durch den Voltabogen so stark erhitzt wird, daß das phosphorsaure Salz reducirt und sein Phosphor frei gemacht wird. Gase und Dämpfe werden in großen Condensatoren vom Phosphor befreit, ehe sie in die Luft sich verbreiten. Der durch ein einmaliges Umschmelzen gereinigte Phosphor ist vollkommen durchscheinend und blaßgelb. Der geringe Verlust rührt hauptsächlich von gebildetem unterphosphorsaurem Eisen her. (Vergl. Elektrotechnische Zeitschr. 1892 S. 144).

(584) **Gewinnung von Natriumhyposulfit.** Villon stellt das durch Schützenberger gefundene Natriumhyposulfit in der Weise elektrolytisch dar, daß er eine mit Deckel versehene abgekühlte Wanne aus Tannenholz in zwei durch eine poröse Thonwand getrennte Zellen theilt, von welchen die doppelt große Abtheilung mit negativen Kohlen- oder vergoldeten Kupferelektroden-Platten versehen und mit einer Lösung von Natriumbisulfit von 35° Baumé gefüllt ist, während die kleinere Zelle die positive Elektrode und verdünnte Schwefelsäure (1:10) enthält. Der an der negativen Elektrode frei werdende Wasserstoff bewirkt die Umwandlung des Bisulfits in Hyposulfit.

(585) Zur Darstellung von Zinnober wird der Boden eines Bottichs mit einer die negative Elektrode bildenden mit galvanisirtem Eisen überzogenen Kupferplatte belegt, worauf eine Quecksilberschicht gelagert wird. Der Bottich wird mit einer Lösung gefüllt, welche auf 100 Gewichtstheile Wasser je 8 Gewichtstheile salpetersaures Ammoniak und salpetersaures Natron enthält. In der Flüssigkeit schweben, ungefähr in mittlerer Höhe, zwei Metallscheiben als positiver Pol. Durch den Deckel gehen zwei Röhren, von welchen die eine zur Ableitung der Gase, die andere zum constanten Zufluß der durch Reduction den Schwefel liefernden Schwefelsäure dient. Der sich bildende Zinnober sammelt sich auf dem Boden an.

(586) Bleiweiß wird von Bottome in der Weise hergestellt, daß Bleielektroden durch die Wirkung des Stromes in einer Lösung, der fortwährend freie Kohlensäure zugeführt wird, aufgelöst werden. Die Lösung besteht aus 200 g salpetersaurem Natron und 200 g salpetersaurem Ammoniak. Die Stromdichte soll 15 A auf einen engl. Quadratfuß Elektrodenfläche betragen (etwa 1,7 A auf 1 qdm). Nach den Berechnungen des Erfinders sind die Herstellungskosten des Bleiweißes geringer als bei dem bisherigen Verfahren (Elektr. Zeitschr. 1890, S. 466; Fortschr. d. Elektrot. 1890, 843).

(587) Aetznatron und Chlor wird nach Greenwood durch Elektrolyse einer Lösung von Kochsalz oder Salzsoole dargestellt. Als Kathode dient ihm ein Gefäß aus Gußeisen oder aus mit elektrolytisch niedergeschlagenem Kupfer bedeckter Kohle, als Anode ein engerer darin stehender Cylinder aus mit einer Kohlenschicht bedecktem Metalle. Beide Elektroden sind durch ein aus einer Anzahl Vförmiger Porzellantröge zusammengesetztes Diaphragma getrennt, dessen Zwischenräume mit Asbestfasern oder mit Specksteinpulver ausgefüllt sind. Als Diaphragma können auch jalousienähnliche Schieferstreifen Verwendung finden, deren Zwischenräume mit Asbest ausgefüllt sind. Das freiwerdende Chlor findet seinen Abzug durch ein im Porzellandeckel angebrachtes Rohr und wird zu Chlorkalk oder sonst auch direct zum Bleichen verwendet. Die Aetznatronlösung wird durch Abdampfen concentrirt und das unzersetzte Kochsalz durch Auskrystallisiren davon getrennt.

Julius Marx in Sachsenhausen bei Frankfurt a. M., entfernt das bei der Elektrolyse von Chlorüren der alkalischen Metalle, zum Beispiel des Natriumchlorürs sich bildende und bei einem gewissen Concentrationsgrade den galvanischen Strom beeinflussende Aetzalkali aus der elektrolytischen Flüssigkeit mit Hilfe von Kohlensäuregas. Die beiden Zersetzungskammern mit Anode und Kathode sind durch flüssige Diaphragmen, das heißt durch eine zwischen durchlöcherten Platten, Gittern oder Geflechten befindliche Salzlösung von einander getrennt. Das zu elektrolysirende Salz findet sich auf seitlichen Trägern der Elektrodenkammern im Vorrathe gelagert und löst sich nur nach und nach auf, so daß die Flüssigkeit auf ihrem constanten Concentrationsgrade erhalten bleibt. Aus einem in den Kathodenraum eintretenden unten rechtwinklig gebogenen durchlöcherten Rohre tritt Kohlensäuregas in die Flüssigkeit ein, so daß sich Natriumbicarbonat oder bei gleichzeitiger Anwesenheit von Magnesia das Natrium-Magnesiumcarbonat ausscheidet, welche durch eine Transportschnecke in einen Nebenbehälter und von da durch ein Becherwerk in den Sammelbehälter befördert werden. Ueberschüssige Kohlensäure und elektrolytischer Wasserstoff entweichen aus der Kathoden-, das freiwerdende elektrolytische Chlorgas aus der Anodenkammer. Da das flüssige Diaphragma einen Zusatz von Kalk erhält, so wird das Ueberdiffundiren der Kohlensäure nach der Anodenkammer verhindert.

Marx wendet auch einen Doppelapparat zur getrennten Elektrolyse und Fällung an, indem er die elektrolytische Flüssigkeit eine Reihe von Anoden- und Kathoden-Kammern durchfließen läßt, und hernach erst in besonderen Gefäßen fällt, worauf der Flüssigkeit das durch Elektrolyse und Fällung weggenommene Salz wieder ersetzt wird, um sie von Neuem der Elektrolyse zu unterwerfen. Das Natriumchlorat der Anodenflüssigkeit wird durch Zusatz von Chlorkalium in gelöst bleibendes Kochsalz und in sich abscheidendes Kaliumchlorat verwandelt.

W. Spilker und C. Löwe füllen in den vom Kathodenraume durch ein Diaphragma getrennten Anodenraum eine Lösung der Halogenverbindung des Alkalimetalls, den Kathodenraum mit einer neutralen oder schwach sauren, am besten kohlensauren Salzlösung des betreffenden Alkalis. Der Anodenraum verliert bei der Elektrolyse seinen Alkaligehalt unter gleichzeitiger Chlorentwicklung, während der Kathodenraum an Alkali zunimmt, das mit dem vorhandenen Sesquicarbonat neutrales Carbonat bildet. Eine Reihe elektrolytischer Bäder sind treppenförmig so aufgestellt, daß Kathoden- und Anodenräume untereinander communiciren. In den Kathodenraum des obersten Bades leiten sie Kohlensäure in continuirlichem Strome, in den Anodenraum hingegen lassen sie fortwährend Chlorürlösung fließen. Aus dem untersten Bade fließt immerfort Carbonatlösung ab; aus dem Anodenraume strömt Chlorgas aus.

In der chemischen Fabrik zu Griesheim wird durch Elektrolyse einer Chlorkaliumlösung Aetzkali und Chlor gewonnen und letzteres entweder in Form von Chlorkalk oder von flüssigem Chlor in den Handel gebracht.

(588) **Rectification des Alkohols.** Naudin rectificirt mit Hilfe der Elektrolyse den Alkohol, welcher nicht aus reiner Zuckerlösung, sondern aus Abfällen der Rübenzuckerfabrication, aus Melasse, Rübensaft, Kartoffeln, Gerste oder Weizen erhalten wurde und deßhalb nicht nur Aethylalkohol, sondern auch Fuselöl enthält.

Naudin verwendet eine Kufe, in welcher sich als Elektroden mit Kupfer überzogene abwechslungsweise gerade und wellenförmige Zinkplatten befinden. Läßt man durch das eingefüllte alkoholhaltige Destillat den galvanischen Strom gehen, welcher unter + 5° nicht, über + 35° aber unter Entwicklung von Wasserstoff am negativen, von Sauerstoff am positiven Pole wirkt. so reagirt der Wasserstoff auf die nach Naudin eine Hauptschuld an der Verunreinigung tragenden Aldehyde ein und verwandelt sie in Alkohole, während der Sauerstoff das Zink oberflächlich in Oxyd verwandelt, das von Zeit zu Zeit durch sehr verdünnte Salzsäure wieder entfernt wird. Nach der elektrolytischen Operation folgt eine fractionirte Destillation.

(589) **Verbesserung des Weines.** Mengarini verbessert durch Elektrolyse die sauer gewordenen Weine, das heißt er reducirt die gebildete Essigsäure mit Hilfe des elektrolytischen Wasserstoffs. Beide Elektroden sind aus Kohle. De Méritens macht durch vorherigen Zusatz von Natriumbisulfit Schwefligsäuregas frei, welches Aldehyde und Acetone gleichzeitig reducirt, freilich unter Bildung von Natriumsulfat. Als Elektroden dienen ihm Cylinder von verzinntem Kupferblech.

Elektrolyse zu anderen Zwecken.

(590) **Gerberei.** Nach einem von Groth gefundenen und von S. Rideal und A. P. Trotter praktisch geprüften, das Leder schon in 8 bis 10 Tagen erzeugenden Verfahren, werden die auf Rahmen gespannten Häute in einem einer Maischtrommel ähnlichen trommelförmigen Gefäße, welches mit der höchstens $4^1/_4\%$ Tannin enthaltenden Gerbflüssigkeit gefüllt ist, untergebracht. Während des Durchleitens des Stromes befindet sich die Trommel in Umlauf. Nach dem Verfahren von Worms und Balé werden die wie bei allen elektrolytischen Gerbverfahren gerade wie bei der gewöhnlichen Gerbmethode vorerst gereinigten, enthaarten und mit Aetzkalklösung behandelten Häute in großen cylindrischen um ihre horizontale Achse sich drehenden und mit der Gerbflüssigkeit gefüllten Trommeln der Wirkung des elektrischen Stromes ausgesetzt. Dieser wird den beiden als positive und negative Elektrode dienenden Enden der Drehungsachse zugeführt, von welchen aus je acht Kupferdrähte die innere Fläche der hölzernen Trommel in abwechselnder Reihenfolge überziehen. Die Trommel darf sich nur langsam drehen, die Temperatur nicht über 25° steigen. Zu vollständiger, wohlgelungener Gerbung leichter Kalb-, Schaf- und Ziegenfelle sind nur 24, zu der von Pferde- und Kuhhäuten 72—96 Stunden nöthig. Die Spannung des Stromes beträgt 100 Volt bei 8 A Stärke.

Eine Erklärung der rascheren Gerbung bei Mithilfe des Stromes liegt wohl darin, daß durch den galvanischen Strom ein Transport von Flüssigkeit vom einen Pole zum anderen und durch den hierdurch veranlaßten Druck eine leichtere Durchdringung der Häute bewirkt wird. Jedenfalls aber ist auch beim elektrolytischen Gerben wie beim gewöhnlichen Verfahren das Ergebniß der Unverweslichkeit und Widerstandsfähigkeit des gewonnenen Leders gegen Atmosphärilien und Feuchtigkeit in der entstehenden Verbindung mit Gerbstoff zu suchen.

Die Wirkung des Stromes bei dem Verfahren ist übrigens auch bestritten worden.

(591) **Abwässer** sollen nach dem Plan von Webster in folgender Weise zu reinigen sein: Elektroden aus Eisen sind in einem Canal angebracht, durch den die Abwässer fließen. In Behältern setzen sich die festen Bestandtheile ab. Nach dem Patent begründet sich das Verfahren wesentlich auf chemische Reactionen und zwar auf die des auftretenden Ammoniaks des Sauerstoffs und Chlors. (Fortschr. d. Elektrot. 88, 626; 89, 650.)

(592) **Chemische Analysen** verschiedener Art lassen sich durch Elektrolyse ausführen. Dahin gehören z. B. Arsenproben, Silber- und Goldbestimmungen, Nachweis von Grubengas, Prüfung der Härte des Wassers, Nachweis von Kupfer, von Quecksilber, Blei, Trennung von Zinn und Antimon u. a. (Classen, Anal. durch Elektrol.; Fortschr. d. Elektrot. 87, 1133—1139; 88, 628—631, 1799—1803, 4042, 4043; 89, 658, 659.)

(593) **Herstellung von Kupferröhren nach dem Verfahren von Elmore.** Gewöhnliche Chilibarren kommen als Anode in ein elektrolytisches Bad, das Kupfer wird auf einen umlaufenden Dorn niedergeschlagen, der Niederschlag durch einen gegenliegenden Achatstein

angepresst. Die gewonnenen Röhren besitzen eine hohe Zugfestigkeit (40 kg für das qmm).

(594) Herstellung von Kupferdraht nach dem Verfahren von Elmore. Elektrolytisch hergestellte Kupferröhren werden von einer Maschine in spiralförmige Streifen zerschnitten, so daß man einen Draht von quadratischem Querschnitt erhält, der durch Ziehen auf den gewünschten Durchmesser gebracht wird. Die mechanischen und elektrischen Eigenschaften der Drähte sind ausgezeichnet. Die Leitungsfähigkeit ist $4^0/_0$ höher als die des besten Handelskupfers.

Galvanoplastik und Galvanostegie.

Allgemeines.

(595) Schaltung der Bäder. Die Bäder können sowohl hintereinander als auch nebeneinander geschaltet werden. Die Parallelschaltung ist sehr gebräuchlich, weil man im Anfang der Entwicklung die Bäder nicht anders zu schalten wußte und die Nebenschaltung zur Gewohnheit wurde. Bei kleineren Anlagen ist die Schaltung auch recht zweckmäßig, weil die Bäder von einander unabhängig werden, bei größeren Anlagen ist aber auf Hintereinanderschaltung Bedacht zu nehmen, weil bei der Construction der Maschinen die Stromstärke ein bestimmtes Maximum nicht überschreiten darf, während bei der Nebenschaltung vieler Bäder der Strom sich entsprechend vermehren müßte. Bei der Hintereinanderschaltung ist aber die Oberfläche in jedem Bade möglichst constant zu halten, was durch Hinzufügung von Blechen als Kathoden erreicht werden kann.

Stromquellen. Als Stromquellen verwendet man Elemente, Dynamomaschinen oder Accumulatoren, letztere namentlich zur Verkupferung während der Nacht. Von Elementen finden am meisten Anwendung Bunsen-Elemente, seltener Meidinger-Elemente. Die Schaltung der anzuwendenden Batterien ist wesentlich abhängig von dem Widerstande der Bäder (Waarenoberfläche), der geforderten Spannung und Stromdichte, sowie davon, bei welchem Güterverhältniß die Batterie arbeiten soll [vergl. (435)].

Bei Verwendung von Dynamomaschinen (am besten Nebenschlußmaschinen) ist die Klemmenspannung so zu wählen, daß auch der Betrieb der die größte Spannung erfordernden Bäder möglich wird. Die Maschine ist mit einem Spannungsregulator zu versehen.

Es herrscht noch vielfach das Vorurtheil, bei Anwendung von Maschinen seien die Bäder anders zu behandeln, als bei Anwendung von Batterien (bei sauren Bädern sei z. B. eine stärkere Ansäuerung nothwendig, wenn Batterien verwendet werden).

Demgegenüber möge ausdrücklich hervorgehoben werden, daß die Eigenschaften des Niederschlages vollständig bestimmt sind durch Spannung und Strom, und daß es ganz gleichgültig ist, ob der Strom von einer Maschine oder von einer Batterie geliefert wird.

Regulirung der Stromverhältnisse. Sowohl bei Verwendung von Batterien als auch von Maschinen ist (bei nebeneinandergeschalteten Bädern für jedes Bad) ein Stromregulator erforderlich, welcher vor dem Bade eingeschaltet wird.

Galvanoplastik und Galvanostegie. 471

Der Regulator besteht aus einer Anzahl von Drahtspiralen, welche auf einem Brett ausgespannt und derart geschaltet sind, daß durch Stellen einer Kurbel auf Contacten die Widerstände nach und nach ein- oder ausgeschaltet werden können. Je nach Umständen wird die Zufügung mehrerer Regulatoren hintereinander nothwendig.

Zur Messung der Stromstärke verwendet man einen geaichten Strommesser, für die Spannung einen Spannungsmesser; die Spannung ist nach demselben constant zu halten.

Bei großen Betrieben ist es zweckmäßig, außer einem Strom- und Spannungsmesser an der Maschine selbst für jede Abzweigung, in welcher sich ein oder mehrere Bäder befinden, beide Instrumente zur Verfügung zu haben, bei kleineren Betrieben genügt die Einrichtung, durch eine einfache Schaltung einen Strom- bezw. Spannungsmesser jederzeit einschalten zu können.

Abmessungen der Zuleitungen. Bei Leitungen bis zu 20—25 m genügt ein Querschnitt von je 1 qmm für 3 A und zwar bis zu Stromstärken von 500 A. Sind die Leitungen länger, so hat man für je 1,5 bis 2 A 1 qmm zu rechnen. Bei großen Anlagen ist es zweckmäßig die rationelle Berechnung der Leitungen nach Maßgabe der Erläuterungen in (490) und (491) auszuführen.

Dauer eines elektrolytischen Prozesses. Verlangt man auf der Oberfläche eines Gegenstandes n cbcm Niederschlag vom spec. Gewicht δ ($n\,\delta$ g), bei einer Stromdichte d A für 1 qdm, ist die Oberfläche f qdm groß, und scheidet ein Stundenampère m g des betreffenden Metalles aus, so ist die Zeit in Stunden

$$t = \frac{n\,\delta}{d\,f\,m}.$$

Soll die Schicht die Dicke D haben, so ist $n = Df$ und $t = \dfrac{D\delta}{dm}$.

Aus der nachstehenden Tabelle (vergl. Fontaine, Elektrolyse S. 56) lassen sich die gebräuchlichsten Niederschläge berechnen.

Metall	m Gewicht des Niederschlages für das Stunden-Ampère	δ Specifisches Gewicht
Aluminium	0,51 g	2,57
Silber	4,05	10,47
Kobalt	1,11	8,51
Kupfer	1,19	8,88
Zinn	2,21	7,29
Eisen	1,05	7,80
Nickel	1,11	8,28
Gold	3,69	19,26
Platin	3,70	21,55
Blei	3,88	11,35
Zink	1,23	6,86

Herstellung kupferner plastischer Abbilder (Galvanoplastik, Elektrotypie).

(596) **Die Bäder.** Die Einrichtung ist entweder derart, daß eine große Zersetzungszelle selbst als Element benutzt wird, oder daß der Strom von einer Batterie oder Maschine zugeführt wird. Bäderkasten bestehen aus Holz oder Steingut und sind im ersteren Fall im Innern mit Blei oder Guttapercha überzogen.

Rechteckige und schmale Thonzellen sind zur Aufnahme flacher Zinkelektroden zu verwenden, und letztere an eine Leitungsstange zu hängen; sie werden verwendet, wenn die Zelle als Element dienen soll. Zu beiden Seiten werden an Leitungsstangen die Objecte gehängt. Die Größe der Zinkflächen soll der Oberfläche der Objecte ungefähr gleich sein. Die Zinkelektroden stehen in sehr verdünnter Schwefelsäure (1:30).

Für den Zellenapparat als Element empfiehlt Langbein gesättigte Lösung von reinem Kupfersulfat in kalkfreiem Wasser von 18—20° Beaumé. Der Kupfergehalt muß durch eingehängte Säckchen mit Sulfat constant erhalten werden. Säureüberschuß ist von Zeit zu Zeit durch Zusatz von Schlemmkreide zu beseitigen. Gyps ist abzufiltriren.

Zellen für besondere Stromzuführung. Die Bäder sind anzusäuern. Für flache sowohl wie tiefe Formen giebt Langbein folgende Vorschrift:

Kupfersulfat . . . 18° B. 100 l
Reine Schwefelsäure 66° B. 1,5—2 l.

Die Formen (Matrizen). Zur Herstellung der Formen dienen Mischungen aus plastischen, nicht leitenden Massen oder leicht schmelzbare Metallcompositionen. Die ersteren werden entweder durch sorgfältiges Ueberziehen mit geschlemmtem Graphit (mit Bürsten oder mit der Graphitirmaschine), oder durch Bestreichen der Oberfläche mit einer Lösung von salpetersaurem Silber in Alkohol leitend gemacht. Die Ränder der Metallformen und alle Stellen, welche frei bleiben sollen, werden mit Wachs überzogen. Nach dem Eintrocknen der Silberlösung läßt man Schwefelwasserstoff auf die Oberfläche einwirken oder die Oberfläche der Einwirkung des Verdunstens einer gesättigten Lösung von Phosphor in Schwefelkohlenstoff aussetzen.

Nach Urquhart wird eine gute Matrize aus folgender Mischung erhalten:

Wachs . . . . 9 kg
Venetianischer Terpentin 1,35 „
Feines Graphitpulver . . 0,225 „

Behandlung der Bäder. Der Elektrolyt muß während der ganzen Dauer des Processes in seinem Gehalt gleichmäßig sein. Zweckmäßig ist die dauernde Bewegung der Flüssigkeit, um die tieferen Schichten der Lösung nicht concentrirter werden zu lassen. Enthält das Bad zu viel Kupfervitriol, so wird der Niederschlag krystallinisch, bei zu geringem Gehalt porös.

Die Anoden müssen aus elektrolytischen Kupferplatten bestehen und ihre Oberfläche muß annähernd gleich der gesammten

Galvanoplastik und Galvanostegie. 473

leitenden Oberfläche der Formen sein. Die Temperatur ist auf 5—16° C. zu erhalten. Nach Sprague sind für 1 qdm 0,085—2,6 A Stromstärke zu wählen; das Gewicht des niedergeschlagenen Kupfers für die Stunde und qdm beträgt dann 0,1—3 g, die Anfangsspannung zum Decken 1—2 V, nachher regulirt man auf 0,5 V.

(597) Clichés. Zur Herstellung eines Clichés ist nach Stoeßer die mittlere Dauer 24 Stunden bei einer Stromstärke, welche dem Niederschlagen von 1 g auf die Stunde und das qdm entspricht ($^1/_3$ mm Stärke). Bei Anwendung einer Maschine läßt sich die Zeit auf $^1/_3$ der angegebenen abkürzen. Will man sehr starke Platten bis zu 5 mm Stärke erhalten, so kann die Zeit der Herstellung bedeutend abgekürzt werden, indem man die normale Stromdichte von etwa 2,5 A nur in der ersten Zeit des Processes wirken läßt, dann aber bis auf 30—60 A steigt.

Nach dem Abnehmen der Platten von den Formen und Ausschmelzen derselben wird das Kupfer auf der Rückseite verzinnt (während das Cliché mit der Zeichnung nach unten auf einer erhitzten Eisenplatte liegt), mit einer Composition von 91 Theilen Blei, 5 Theilen Antimon und 4 Theilen Zinn ausgegossen, die Ränder werden entfernt, die Kanten abgestoßen und das Cliché endlich auf eine Holzplatte montirt.

Nach Hube's Versuchen hat sich für Kupfer-Clichés als günstigste Stromdichte 1,3 A für das qdm bei Benutzung einer 20% Kupfersulfatlösung mit 3% Schwefelsäurezusatz ergeben.

(598) Verfahren der „Ordnance survey" zur Herstellung von Kupferdruckplatten. Die zu copirenden Platten werden in Pottaschelösung gereinigt, auf der Rückseite mit Wachs überzogen, die andere Seite wird im Cyanbade versilbert. Durch Behandlung mit Jodtinctur wird Jodsilber erzeugt, welches das Festhaften des niedergeschlagenen Kupfers verhindert. Die Platten werden mit der leitenden Seite nach abwärts in die Bäder gehängt. Zur Stromführung dient ein an der Rückseite befestigter Draht. Elektrodenentfernung 25 mm. Lösung enthält 5 Vol.-Proc. Säure bei spec. Gewicht von 1,15. Hin- und Herbewegung der Bottiche durch eine Dampfmaschine erzeugt die Bewegung der Lauge. Bäder sind hintereinander geschaltet. Stromdichte nicht über 0,65 A für das qdm (vergl. Engineering Bd. 45, S. 119, 157).

Herstellung eines metallischen Ueberzuges auf andern Gegenständen. (Galvanostegie.)

(599) Bearbeitung der Gegenstände. Die Bearbeitung ist theils eine mechanische, theils eine chemische und bezweckt wesentlich die Herstellung einer völlig reinen metallischen Oberfläche, oder es soll durch die mechanische Behandlung auch eine glatte, durch die chemische Behandlung in einzelnen Fällen auch eine sogenannte matte oder eine mattgekörnte Oberfläche erzielt werden. Wegen der zu solchen Zwecken anzuwendenden Verfahren, welche je nach der Beschaffenheit der Gegenstände sich verschieden gestalten, und der Zusammensetzung der verwendeten Beizen (sog.

474   Galvanoplastik und Galvanostegie.

Brennen) muß auf geeignete Specialwerke (Vollständiges Handbuch der galvanischen Metallniederschläge von Dr. G. Langbein; die Galvanoplastik von J. Weiß; die Galvanostegie von J. Schaschl; Elektrolyse von Fontaine) verwiesen werden.

Auf die praktischen Vorschriften des zuerst genannten Handbuches ist in dem Nachstehenden vorzugsweise Bezug genommen worden.

(600) **Verkupferung.** Zur Verkupferung werden die nachstehenden Bäder benutzt, während die sauren bei der Herstellung plastischer Abbilder dienen.

Kaltes Kupferbad (nach Roseleur) für alle Metalle.

Essigsaures Kupfer . . . . 1 kg
Soda . . . . 1 „
Doppelt schwefligsaures Natron . 1 „
Cyankalium (95—100%) . . . . 1 „
Wasser . . . . 50 l.

Die Abnahme des Gehaltes wird durch Zugabe einer Lösung von 5 l Wasser, 1 kg Cyankupfer, 1½ kg Cyankalium ergänzt, Stromdichte 0,4 A für qdm. Spannung 3—4 V. Elektrodenabstand 15 cm.

Das essigsaure Kupfer wird zuerst gelöst und dann die Soda zugesetzt, nach Zufügung der übrigen Substanzen wird filtrirt.

In der Christofle'schen Fabrik zu Paris wird zur Gewinnung dichterer Kupferniederschläge der Lauge etwas Gelatinelösung zugesetzt. (Fortschr. d. El. 1887, S. 720.)

Für Eisen- und Stahlwaaren empfiehlt Dr. Langbein als bestes (kaltes) Bad

Wasser . . . . 10 l
Kohlensaures Natron . . . . 250 g
Doppelt schwefligsaures Natron (krystall.) 200 „
Essigsaures Kupferoxyd (neutral) . . . 200 „
Cyankalium . . . . 250 „

Die beiden Natronsalze werden in der Hälfte des Wassers gelöst, ebenso das Kupfersalz; dann wird die Cyankaliumlösung zugesetzt, die Mischung filtrirt, eventuell auch vorher abgekocht. Stromdichte 0,4 A für das qdm, Spannung 3—5 V.

Nach den Erfahrungen von Langbein ist das Bad auch für andere Metalle, besonders warm für Zinkgegenstände geeignet (das Cyankalium wird in solchem Falle etwas vermehrt).

Als Anoden werden reine ausgeglühte Kupferbleche benutzt, deren Oberfläche = der doppelten Oberfläche der einzuhängenden Gegenstände gewählt wird. Von Zeit zu Zeit sind die Anoden herauszunehmen und durch eine Brenne blank zu machen.

Starke Kupferüberzüge auf Gyps, Wachs, Erzen u. s. w. nach Steinach. Die Einzelheiten des Verfahrens sind im El. Anz. 1888, S. 391, 410, 445 angegeben (vergl. auch Fortschr. d. Elektrot. 88, 2897). Stromdichte 0,3 A f. d. qdm, Spannung am Bade 0,5 V, Widerstand 0,01 Ohm.

(601) **Vernickelung.** Allgemeines. Bei den Nickelbädern kommt es vorzugsweise auf die möglichste chemische Reinheit der verwendeten Substanzen an, ebenso auf das stete Neutralhalten der

Lösungen (bei Anwesenheit organischer Säuren kann eine schwachsaure Reaction vorherrschen). Nach Angabe von Langbein empfehlen sich für Nickelbäder am besten die schwefelsauren Nickelsalze und die Salze mit organischen Säuren. Die Rostbildung bei Eisenwaaren im Nickelbade wird nur durch Anwesenheit des Chlorids und Nitrats begünstigt. Er verwirft ferner den Zusatz von schwefligsaurem Natron, essigsaurem Natron, oxalsaurem Baryt, salpetersaurem Ammoniak und schwefelsaurem Natron. Die beste Basis des Leitungssalzes ist das Ammoniak (schwefelsaures Ammoniak oder Salmiak).

Als Anoden werden Platten von weich gewalztem reinen Nickel verwendet und zwar je nach der Größe des Bades von 1—5 mm Stärke. Die eintauchende Fläche der Anoden muß mindestens der Waarenfläche gleich sein. Der Zwischenraum zwischen Anoden und den Objecten soll mindestens 10—15 cm betragen. Sprague rechnet 85 qdm Anodenoberfläche für 100 l Badflüssigkeit, Pérille 40 qdm. Die Temperatur der Bäder soll mindestens 16° C. sein, die Concentration nicht unter 8° und nicht über 10° B.

Stromverhältnisse. Nach Langbein ist die geeignetste Stromdichte 0,4—0,6 A für 1 qdm bei 3,5 V Spannung. Nach Sprague soll es zweckmäßig sein, mit 5 V zu beginnen und den Proceß mit 1 V zu beenden.

Kupfer und dessen Legirungen, Eisen und Stahl werden direct vernickelt, Zink, Zinn, Blei erst verkupfert oder vermessingt.

Langbein giebt zur Beurtheilung der Bäder folgende praktische Vorschriften:

1. Die Waare deckt sich nicht mit Nickel, sondern nimmt mißfarbige dunkle Töne an.
    Grund: zu schwacher Strom.
2. Vernickelung wird dunkel oder fleckig.
    Gründe: Bad ist alkalisch (Zusatz von Säure),
    oder: zu concentrirt (Zusatz von Wasser),
    oder: zu metallarm (Zusatz von Nickelsalz),
    oder: Entfettung und Reinigung der Gegenstände war ungenügend,
    oder: Bad ist nicht genügend leitungsfähig (Zusatz von Leitungssalz).
3. Ueberzug wird gelblich.
    Grund: Bad ist alkalisch.
    oder: Eisenwaaren nicht genügend metallisch rein.
4. Ueberzug wird schnell weiß, geht aber bald in Grauschwarz über.
    Grund: zu starker Strom.
5. Ueberzug ist weiß, blättert aber leicht ab.
    Grund: zu starker Strom,
    oder: zu großer Säuregehalt (Zusatz von Salmiakgeist oder kohlensaurem Nickeloxydul),
    oder: ungenügende Entfettung und Reinigung.
6. Einige Stellen bleiben unvernickelt.
    Grund: Berührung von Waaren im Bade oder eingeschlossene Luftblasen oder fehlerhafte Anordnung der Anoden.

Galvanoplastik und Galvanostegie.

7. Ueberzug enthält kleine Löcher.
Grund: Staubtheilchen auf den Waaren oder Gasbläschen.
8. Ueberzug zeigt sich auf den, den Anoden zunächst befindlichen Partien vollkommen, tiefere Partien bleiben unvernickelt oder werden schwarz.
Grund: ungenügende Leitungsfähigkeit (event. Behandlung der tiefen Partien mit der Handanode).

Beim gewöhnlichen Vernickeln rechnet man auf 2 g Niederschlag für 1 qdm entsprechend einer Stärke des Ueberzuges von 0,25 mm.

Bad nach Roseleur. Gesättigte Lösung des Doppelsalzes von schwefelsaurem Nickeloxydul-Ammoniak 400 g
Kohlensaures Ammoniak . . . 300 „
Dest. Wasser . . . . 10 l.

Man löst zuerst das Doppelsalz in warmem Wasser auf und fügt nach und nach soviel kohlensaures Ammoniak hinzu, bis die Lösung neutral ist oder schwach sauer reagirt.

Amerikanisches Nickelbad.

Schwefels. Nickeloxydul-Ammoniak . . 725 g
Schwefelsaures Ammoniak . . . . . 225 „
Citronensäure (kryst.) . . . . 50 „
Wasser . . . . 10 l.

Das Bad erfordert mindestens 2 Volt Spannung, liefert einen sehr dichten Niederschlag.

Bad nach Langbein.

Schwefels. Nickeloxydul-Ammoniak . . 600 g
Kohlensaures Nickeloxydul (chem. rein) 50 „
Borsäure (rein, kryst.) . . . . 300 „
Wasser . . . . 10—12 l.

Die beiden ersten Salze werden in Lösung zusammen bis zum neutralen Zustande gekocht, dann mit der Borsäure gekocht und filtrirt. Das Bad hält sich sehr lange. Spannung 3 Volt.

Für schnelles Vernickeln von Zinkwaaren empfiehlt Langbein:

Schwefels. Nickeloxydul . . . . 300 g
Citronensaures Kali . . . . . 200 „
Chlorammonium . . . . 300 „
Wasser . . . . 10—12 l.

Das schwefelsaure Nickeloxydul wird mit 100 g Citronensäure gelöst, dann mit Kali bis zur vollen Neutralisation behandelt.

Nickelbad nach Schaeffer, Lalance und Co. 680 l Wasser, 57 kg Nickelammoniumsulfat, 2 kg Kochsalz (5—8° Beaumé). Das Bad muß ganz schwach sauer sein. Stromdichte: 1 A f. d. qdm. Zeitdauer 1½ Stunden.

Nickelbad nach Kayser. 1 kg Nickeloxydulammonsulfat, 24 kg Wasser, 600 g Borsäure.

Zinkblechvernickelung. Die Bleche werden nach dem Schleifen, Poliren und Entfetten erst verkupfert und kommen dann in die Nickelbäder, welche von einer Dynamomaschine

Galvanoplastik und Galvanostegie.

gespeist werden. Gewöhnlich werden 6—8 Bleche zugleich in einem Bade vernickelt. Für eine solide Vernickelung genügen 1,4—1,5 A für das qdm und 5 V Spannung. Zeit 3 Minuten. Die Anodenfläche muß der Zinkfläche gleich sein. Abstand der Anoden von den Blechen 10—12 cm.

Für Eisenblechvernickelung empfiehlt Langbein den Strom so zu reguliren, daß die Vernickelung in 15—20 Minuten beendet ist.

Vernickelung von Clichés. Nach Angabe von Langbein hat sich die sog. Hartvernicklung am besten bewährt (durch 25—30 % Kobaltzusatz) und zwar nach folgenden Vorschriften:

Schwefelsaures Nickeloxydul-Ammoniak . . 600 g
„ Kobaltoxydul-Ammoniak . . 150 „
„ Ammoniak . . . . 250 „
Wasser . . . . 15 l,

oder an Stelle des schwefelsauren Ammoniaks 300 g krystallinische Borsäure. Für das erstere Bad werden die Salze in erwärmtem Wasser gelöst und zu stark saure Reaction durch Zusatz von Ammoniak beseitigt, bei der Bereitung mit Borsäure sind die Substanzen in kochendem Wasser gelöst und die Neutralisation ist durch Zusatz von kohlensaurem Nickeloxydul zu bewirken.

Durchschnittsdauer der Vernickelung 20 Minuten bei 2,8 bis 3 Volt Spannung. (Näheres vergl. Langbein, Handbuch der Metall-Niederschl., S. 107 ff.).

Nach Steinach wird von einem schwachen galvanischen Kupferpositiv ein schwaches Negativ bereitet. Dies überzieht man mit Silber, so daß es eben weiß ist. Dann wird es in ein schnell arbeitendes Nickelbad gebracht, ist der Nickelüberzug papierdick, in ein Kupferbad, bis die gewünschte Stärke erreicht ist.

(602) **Vergoldung.** Für Silber, Kupfer und dessen Legirungen.

Kaltes Bad (Roseleur):
Reines Cyankalium . . . . 200 g
Gold (Ducatengold) in 2 l Wasser als
Goldchlorid gelöst . . . . 100 „
Destillirtes Wasser . . . . 8 l.

Die Mischung wird ½ Stunde gekocht.

Warmes Bad von Pfanhauser:
Goldchlorid von . . . . 1 Duc.
Cyankalium . . . . 40—50 g
Wasser . . . . 10 l.

Warmes Bad von Roseleur (für kleine Gegenstände):
Phosphorsaures Natron . . . . 600 g
Schwefelsaures „ . . . . 100 g
Cyankaliumlösung . . . . . 10 l
Goldchlorid . . . . 10 l
Temperatur 50—80° C.

Das phosphorsaure Natron wird in 8 l Wasser gelöst, das Goldchlorid in 1 l gelöst und allmälig zugesetzt; Cyankalium und schwefelsaures Natron löst man in 1 l Wasser und mischt dann die Flüssigkeiten.

Eisen und Stahl werden vorher vernickelt; Zink, Zinn, Blei oder deren Legirungen ohne Kupfer werden vorher verkupfert. Als Anoden sind Goldbleche am besten zu verwenden.

Stromdichte 0,1 A für 1 qdm, Spannung 1 Volt, darf nicht so hoch werden, daß das Wasser zersetzt wird (andernfalls schlägt sich das Gold als braunes Pulver nieder). In einem Bade, welches 1 g Gold auf 1 l Lösung enthält, wird in einer Stunde im Durchschnitt 0,25 gr auf das qdm erzielt.

Rothvergoldung erzielt man durch Zusatz von Cyankupfer, welches in Cyankalium gelöst ist (auch durch Einhängen von Kupferanoden in das Bad).

Grünvergoldung durch Zusatz von Cyansilber in Cyankalium.

Rosavergoldung durch Mischung der vorgenannten Lösungen.

Die Tönung beim Vergolden überhaupt wird durch stärkeren oder schwächeren Strom hervorgebracht, stärkerer Strom bringt rötheren Ton, schwacher Strom blasseren Ton hervor.

(603) **Versilberung.** Gewöhnliche Versilberung (Pfanhauser):

Salpetersaures Silber . . . . . 150 g
Cyankalium (95—100 %) . . . . 250 g
Destillirtes Wasser . . . . . . 10 l.

Wenn beim Zusammengießen des gelösten Silbersalzes mit der Cyankaliumlösung der weiße Niederschlag sich nicht auflöst, so wird bis zum Klarwerden concentrirte Cyankaliumlösung zugesetzt unter fortwährendem Umrühren.

Gewichtsversilberung (Rosseleur):

Cyansilber . . . . 200 g
Reinstes Cyankalium . . . . . 400 g
Destillirtes Wasser . . . . . 10 l.

Anoden bestehen aus reinem Silber an Platindrähten und müssen ganz in das Bad eintauchen. Anodenentfernung 15 cm.

Nach Schaschl ergiebt sich bei einer Stromdichte von 0,2 bis 0,1 A und 0,5—1 V, nach Langbein bei 0,15—0,25 A und 0,5—0,75 V, ein sehr guter feinkörniger Niederschlag.

Die Gegenstände müssen im Bade etwas bewegt werden. Wenn der Niederschlag stark gemacht werden soll, so werden die Gegenstände nach je 2—4 Stunden aus dem Bade herausgenommen, gekratzt und amalgamirt.

Kupfer, Messing und alle Kupferlegirungen lassen sich nach Amalgamirung direkt versilbern; Eisen, Stahl, Nickel, Zink, Zinn und Blei müssen vorher verkupfert und dann amalgamirt werden.

Das Entfetten, Abbrennen und Amalgamiren ist mit besonderer Sorgfalt vorzunehmen.

Erkennung einer echten Versilberung.
(Vorschrift für Steuerbeamte nach dem Bundesrathsbeschluß vom 2. Juli 1885.)

Eine Stelle des Gegenstandes wird mit Aetheralkohol abgewaschen, mit Fließpapier getrocknet und mit 1 Tropfen einer 1—2 % Lösung von Zweifach-Schwefelnatrium betupft (dasselbe

Galvanoplastik und Galvanostegie. 479

wird hergestellt durch Kochen von 30 g krystallisirtem Schwefelnatrium, 4,2 g Schwefelblumen und 25 g Wasser und nachherigem Verdünnen bis zu 1 l Flüssigkeit). Der Tropfen bleibt 10 Minuten sitzen und wird dann mit Wasser abgespült, bei echter Versilberung bleibt ein runder gleichmäßig grauer Fleck.

(604) **Platinirung.** Bad nach Böttger und Langbein. 500 g Citronensäure in 2 l Wasser gelöst und mit Aetznatron neutralisirt. In die siedende Lösung wird der aus 75 g Platinchlorid frisch gefällte Platinsalmiak (dargestellt durch Zusatz von concentrirter Salmiaklösung zur Platinchloridlösung, bis in einer abfiltrirten Probe der Salmiak keinen gelben Niederschlag mehr bildet), gegeben, bis zur Lösung erhitzt und nach dem Erkalten bis 5 l Flüssigkeit mit Wasser verdünnt. Das Bad wird heiß (80—90° C.) benutzt. Anoden aus reinem Platin. Spannung 5—6 Volt. Von Zeit zu Zeit muß das Bad durch Zusatz von citronensaurem Natron und Platinsalmiak verstärkt werden.

Bad nach Wahl. Das Bad enthält: Platinoxydhydrat 57 g, Kali oder Natron 174 g, destill. Wasser 3780 g. Die Hälfte des Alkalis wird zunächst in dem vierten Theil des Wassers gelöst und nach und nach das Platinoxydhydrat zugesetzt; Flüßigkeit ist dabei umzurühren; dann wird der Rest des Alkalis und des Wassers zugegeben. Nothwendige Spannung 2 Volt. Geeignet für Herstellung einer Platinschicht auf Kupfer und Bronce. Nickel, Eisen und Zink müssen vorher mit einer Kupferschicht bedeckt werden. Ansäuerung des Bades mit Essigsäure beschleunigt das Verfahren.

Nach einem anderen Verfahren stellt man das Bad aus 28 g Platinoxydhydrat in 3,78 l Wasser, in dem sich 112 g Oxalsäure befinden, her. Lösung ist stets übersättigt zu halten. Temperatur von 66° darf nicht überschritten werden. Die hierdurch erhaltenen Niederschläge sollen sehr dauerhaft sein.

(605) **Neusilberniederschlag** (Fontaine). Neusilber wird in Salpetersäure gelöst und durch Zusatz von Cyankalium zur Lösung werden die Metalle als Cyanverbindungen gefällt. Der gewonnene Niederschlag wird gewaschen und in einer starken Cyankaliumlösung gelöst, dann wird die doppelte Menge Wasser zugesetzt. Zum Niederschlag ist starker Strom erforderlich.

(606) **Verzinnung** (Roseleur).

Geschmolzenes Zinnchlorür . . 50 g
Pyrophosphorsaures Natron . . 500 g
Destillirtes Wasser . . . . . . 50 l.

Die benutzte Wanne wird mit Zinnplatten ausgekleidet, welche mit dem + Pol verbunden werden. Das Natron wird als Lösung zuerst in die Wanne gegeben; dann das Zinnsalz mittels eines Kupfersiebes in die Lösung gebracht und bis zur Auflösung umgerührt. Der Gehalt wird während des Processes durch Zugabe des Natronsalzes und des Zinnsalzes ergänzt. Strom darf nicht stärker sein, als bis sich an den Kathoden eben Gasblasen entwickeln. Spannung 2—4 Volt. Temperatur der Bäder muß mindestens 20° C. betragen.

(607) **Vereisenung (Verstählung).** 100 g Chlorammonium werden in 1 l Wasser gelöst. In diese Lösung hängt man als Anoden Eisenblech und als Kathode ebenfalls ein Eisenblech oder ein

480   Galvanoplastik und Galvanostegie.

Kupferblech. Nach 5—6 Stunden Stromdurchgang ist das Bad fertig. Als Anoden für das Bad werden dann gebeizte Eisenbleche von großer Oberfläche benutzt. Entfernung der Anoden von den Gegenständen 10—12 cm.

Nach Langbein ist Anfangsspannung 1—1,25 V, später geht man auf 0,75—1 Volt herab. Das Bad kann zur Herstellung mäßig starker Ueberzüge benutzt werden.

Nach anderer Vorschrift wird eine Mischung von 1,6 kg Eisensulfat in 10 l Wasser und 2,4 kg Natriumcarbonat in 10 l Wasser nachträglich durch Schwefelsäure neutralisirt. Als Anode dient Eisen oder Stahl. (Fortschr. d. El. 1888, 1778.)

Bad nach Varrentrapp.

135 g schwefelsaures Eisenoxydul.
100 g Chlorammonium.
1 l Wasser.

Wasser ist vor dem Gebrauch gut auszukochen. Das Bad muß öfters filtrirt werden, da unter dem Einfluß der Luft Eisenoxydhydrat sich abscheidet. Spannung 1—1,25 V.

Verstählung von Druckplatten. Das Bad enthält eine Eisenchlorürlösung; zu beiden Seiten je einer Eisenanode werden Eisenkathodenplatten aufgehängt. Die zu verstählende Kupferplatte wird auf einer der Eisenkathoden angebracht. Innerhalb 4—5 Minuten erhält man eine genügende Verstählung. (Zeitschrift für Elektr., Wien 1887, S. 102.)

(608) Vermessingung. (Cuivre-poli). Bad für alle Metalle (Roseleur).

Kohlensaures Kupfer . . . . . 100 g
„   Zink . . . . . . 100 „
„   Natron . . . . . 200 „
Doppelt schwefligsaures Natron . 200 „
Cyankalium (95—100 %) . . . . 200 „
Arsenige Säure . . . . . .   2 „
Destillirtes Wasser . . . . . 10 l.

Zur Erhaltung des Bades wird die beim Kupferbad angegebene Cyankupferlösung mit einer Auflösung von 1 kg Cyanzink und 1,25 kg Cyankalium in 5 l Wasser zugesetzt.

Bad für Eisen (Roseleur).

Wasser . . . .   8 l
Schwefligsaures Natron . . . 200 g
Kohlensaures Natron . . . . 1000 „

Dazu giebt man eine Lösung von

Essigsaurem Kupfer . . . . . 125 g
Neutralem Zinkchlorür . . . . 100 „
Wasser . . . .   2 l.

Nach Angaben von Langbein soll folgendes Bad gute Ergebnisse liefern:

Kohlensaures Natron, kryst. . . . . 300 g
Doppelt schwefligsaures Natron, kryst. 200 „
Essigsaures Kupferoxyd (neutral) . . 125 „
Chlorzink, kryst. . . . . 125 „
Cyankalium (98 %) . . . . 400 „
Arsenige Säure . . . .   2 „
Wasser . . . . 10 l.

Die beiden ersten Salze werden in 4 l Wasser gelöst, das Kupfer und Zinksalz mit 2 l Wasser angerührt und zugegossen. Cyankalium wird in 4 l Wasser gelöst (in einem Theile der Lösung heiß die arsenige Säure) und zur ersteren Mischung zugegeben. Dann wird das Bad 1—2 Stunden lang abgekocht. Strom: 0,5—0,55 A für das qdm; 3—3,5 V Spannung. Anoden: ausgeglühte gewalzte Messingbleche. Anodenfläche doppelt so groß als Waarenfläche.

Soll Eisen vermessingt werden, so erhöht man den Zusatz an kohlensaurem Natron bis auf 1000 g für 10 l.

Durch Regulirung des Stromes kann man den Zink- oder Kupferniederschlag begünstigen, demnach verschiedene Tönung erzielen. Zu starker Strom giebt rothen, zu schwacher grünlichen Niederschlag. Schaschl erhielt mit der Mischung nach Roseleur bei 10 cm Anodenentfernung den besten Niederschlag und zwar bei 0,5 A für das qdm und 4 V Spannung.

(609) **Antimonniederschlag** (nach Langbein):
125 g kohlensaures Kali,
60 g Schwefelantimon,
1 l Wasser

werden unter Ersatz des verdampfenden Wassers 1 Stunde lang gekocht und filtrirt. Bad wird siedend angewendet, als Anode dient ein Stück Antimon. Spannung 3 Volt.

(610) **Magnesiumhaltiger Zinküberzug** als Schutzmittel gegen Rosten des Eisens wird nach Schaag erhalten, indem 18 Theile Zink, 4 Theile Magnesiumsulfat, 0,03 Theile Quecksilberchlorid in 100 Theilen Wasser gelöst und als Bad verwendet werden. Anode: Zinkplatte, auf 1 qdm Kathodenfläche kommen 2,5 A, Spannung 2 Volt.

(611) **Broncirung.** Bad nach Salzède.

Cyankalium . . . . . 50 Gew.-Th.
Kohlensaures Kali . . . 500 „
Zinnchlorür . . . . . 12 „
Chlorkupfer . . . . . 15 „
Wasser . . . . 5000 „

Die Temperatur darf 36° C. nicht übersteigen.
Bad von Elsner.

Wasser . . . . 1 l
Kupfervitriol . . . . 70 g
Zinnchlorid in Kalilauge . . . . 8 g

Als Anoden können Platten aus reiner Bronce verwendet werden.

Langbein verwendet Auflösungen von phosphorsaurem Kupfer und Zinnchlorür in pyrophosphorsaurem Natron. Anoden ebenfalls Bronceplatten.

(612) **Broncirung von Eisen und Stahl.** (Verfahren von Haswell in Wien.) Das Bad besteht aus 20 Theilen Ammoniumnitrat, 8 Theilen salpetersaurem Blei, 1000 Theilen Wasser. Die blank geputzten Gegenstände werden mit dem positiven Pol verbunden. Stromstärke 0,2—0,3 A. Die Gegenstände überziehen sich mit einer fest haftenden Schicht von Bleisuperoxyd.

Anwendung der Elektrolyse zum Färben und Bleichen.*)

A. Darstellung, Veränderung und Zerstörung der Farbstoffe.

I. Erscheinungen ohne Gegenwart der Fasern.

1. Reactionen an der positiven Elektrode.

(613) **Darstellung des Anilinschwarz.** Man leitet durch eine neutrale oder angesäuerte wässerige Lösung des Chlorhydrats oder -Sulfats des reinen Anilins den galvanischen Strom. Es erscheinen auf dem als positive Elektrode dienenden Platinbleche nacheinander schöne grüne, violette, blauviolette und dunkelviolettblaue Färbungen, worauf sich ein immer reichlicherer, in feuchtem Zustande dunkelindigblauer, glänzender, im trockenen Zustande dunkelschwarzer Absatz bildet, welcher ein Gemisch verschiedener Farbstoffe ist, als Hauptproduct jedoch Anilinschwarz enthält. Natur und Menge der anderen mitgebildeten Farbstoffe sind von der Natur und Concentration der elektrolysirten Flüssigkeit, sowie von der Stromstärke und der während der Elektrolyse obwaltenden Temperatur abhängig. Nach Behandlung des Rohproducts mit kochendem Wasser und Alkohol stellt das so gereinigte elektrolytische Anilinschwarz, dessen Base eine Formel hat, welche jedenfalls eine polymere von C^6H^5N ist, ein schönes sammetschwarzes Pulver dar, dessen Bildung nach Goppelsroeder durch folgende Gleichung zu erklären ist: $4\,[C^6H^5\cdot NH^2 + HCl] - 8H = [C^{24}H^{20}N^4 + HCl] + 3HCl$. Die Ausbeute an Anilinschwarz ist eine der theoretisch berechneten fast gleich kommende. Diese elektrolytische Reaction ist äußerst empfindlich. Ein Milligramm Anilinchlorhydrat, worin 0,000718 g Anilin enthalten sind, giebt, wenn es in 60 ccm Wasser gelöst ist, bei Einwirkung des Stromes in der Kälte schon nach zwei Stunden eine grüne Färbung auf der positiven Platinelektrode und, wenn es in 30 ccm Wasser gelöst ist, nicht nur die grüne, sondern auch die violette und zuletzt die indigoblaue Reaction.

Stellt man die elektrolytische Reaction unter dem Mikroskope an, so kann man noch die geringsten Spuren von Anilin durch die Bildung von Anilinschwarz erkennen. Kehrt man, wenn der grüne oder höchstens blauviolette Absatz erschienen ist, den Strom um, so findet an der nun negativen, vorher positiv gewesenen Elektrode Entfärbung statt, während die erwähnte Reihenfolge von Färbungen an der nun positiven, vorher negativ gewesenen Elektrode auftritt. Man kann dieses Auftreten und Wiederverschwinden der Färbungen beliebig oft wiederholen. Die Flüssigkeit, in welche die positive Elektrode eintaucht, nimmt

---

*) Hinsichtlich der Einzelheiten wird auf Goppelsroeder's Abhandlungen „Ueber die Darstellung der Farbstoffe sowie über deren gleichzeitige Bildung und Fixation auf den Fasern mit Hilfe der Elektrolyse" in der Zeitschrift „Oesterreich's Wollen- und Leinen-Industrie 1884—85", auf dessen 1889 erschienene „Farbelektrochemische Mittheilungen" bei Anlafs seiner an der Royal Jubilee Exhibition in Manchester 1887 ausgestellten Resultate, sowie auf seine in den Nummern 18 und 19 der 1891 bei Anlafs der Frankfurter Elektrotechnischen Ausstellung erschienenen illustrirten Separatausgabe der Elektrotechnischen Rundschau publicirten „Studien über die Anwendung der Elektrolyse zur Darstellung, zur Veränderung und zur Zerstörung der Farbstoffe, ohne oder in Gegenwart von vegetabilischen oder animalischen Fasern" verwiesen.

Anwendung der Elektrolyse zum Färben und Bleichen. 483

bei nicht zu großer Verdünnung sehr verschiedene, meistens eine violette Färbung an. Die negative Platinelektrode zeigt höchstens einen schwärzlich grauen Hauch, während die Flüssigkeit hier gelblich, röthlich oder fast farblos ist. Vom Anilinschwarz gelangte Goppelsroeder zur Anilinschwarzküpe, sowie zu verschiedenen anderen Farbstoffen.

Zur elektrolytischen Darstellung des Anilinschwarz kann man unter anderen Apparaten folgenden höchst einfachen anwenden: In zwei mit Anilinsalzlösung gefüllte gläserne Gefäße c und d taucht je ein Ende des mit derselben Lösung getränkten baumwollenen Dochtbündels e, zweitens in die eine Flüssigkeitshälfte die positive Platinelektrode a, in die andere die negative Platinelektrode b. Da, wo der Dochtbündel in die Luft ragt, ist er mit Pergamentpapier zur Verhütung des Eintrocknens umhüllt. Er kann durch einen Bündel von Filtrirpapier-, Baumwoll- oder Leinenzeugstreifen, durch Seidensträngchen oder irgend einen anderen die elektrolytische Flüssigkeit capillarisch aufsaugenden Conductor ersetzt sein; auch eine ∩ förmige mit derselben Lösung gefüllte Röhre kann dienen.

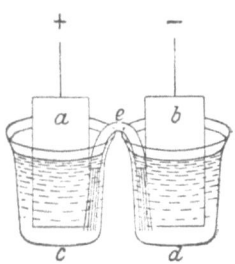

Fig. 189.

(614) **Verhalten der Lösungen der Salze der mit dem Anilin homologen Basen, sowie anderer aromatischer Substanzen.** Bei der Elektrolyse einer angesäuerten Lösung der Orthotoluidinsalze entstehen an der positiven Elektrode als Hauptproducte ein violetter und rother, bei derjenigen der Metatoluidinsalze ein brauner, rother, violetter und etwas gelber Farbstoff, während die Paratoluidinsalze neben einem braunen Hauptproducte ein wenig roth und sehr wenig gelb geben.

Durch gewisse Zusätze zu den Salzlösungen des Anilins oder seiner Homologen gelangt man an der positiven Elektrode zu verschiedenartigen Farbstoffen. Bei der Elektrolyse der Lösungen der Methylanilinsalze bilden sich an derselben Elektrode ein violetter und ein blauer, bei derjenigen der Aethylanilinsalze ein brauner, violetter und goldgelber Farbstoff. Die Lösungen der Diphenylaminsalze geben am positiven Pole ein blaues, die der Salze eines Gemisches von Diphenyl- und Ditolylamin ein noch schöneres rein blaues Product, während in der Flüssigkeit noch ein violetter Farbstoff enthalten ist. Die Elektrolyse der Lösung der Methyldiphenylaminsalze führt zu einem blauen Farbstoffe, neben welchem sich etwas violett, wenig grün und schwarz bilden. Phenollösung giebt am positiven Pole neben viel braunem noch orangerothen und eine Spur von gelbem Farbstoff. Auch hier führen Zusätze zu einer Reihe von Farbproducten. Die Naphtolisomerieen geben ein grün fluorescirendes goldgelbes Hauptproduct, sowie ein braunes und sehr wenig rothes Nebenproduct. Naphtylaminsalzlösungen liefern als Hauptproduct violetten Farbstoff, daneben geringe Mengen von braungelb und roth. Durch Zusatz von anderen Elektrolyten oder von auf secundäre Weise zersetzbaren Stoffen zu den Lösungen der Hauptelektrolyten

484 Anwendung der Elektrolyse zum Färben und Bleichen.

gelangt man in den entweder schon vorhanden gewesenen oder in den erst durch die Elektrolyse auf secundäre Weise sich bildenden Farbstoffen zu Substitutionen, zu welchen man auf rein chemischem Wege nur umständlicher gelangen würde.

2. Reactionen an der negativen Elektrode.

(615) a. **Bildung des Hydroanthrachinons.** Wird der galvanische Strom durch wässerige kochende Aetzkalilösung, in welcher fein gepulvertes Anthrachinon suspendirt ist, unter Umrühren geleitet, so entsteht an der negativen Elektrode intensive rothe Färbung, welche, durch Addition von Wasserstoff zum Moleküle des Anthrachinons, von der Bildung des an der Luft sich wieder rasch in Anthrachinon zurückverwandelnden Hydroanthrachinons $C^{14}H^{10}O^2$ herrührt. Am positiven Pole entweicht Sauerstoff. Beim Umkehren des Stromes verschwindet die rothe Färbung am früher negativen, nun positiv gewordenen Pole und tritt an dem jetzt zum negativen Pole gewordenen Platinbleche auf, welchen Wechsel man beliebig oft vornehmen kann. Die nach einiger Zeit in reichlicher Menge gebildete teigförmige rothe Masse giebt mit Wasser einen intensiv rothen Auszug.

b. **Bildung der Oxyderivate des Anthrachinons.** Läßt man, indem man der Masse von Zeit zu Zeit etwas Wasser zufügt, den Strom durch fast bis zum Schmelzen erhitztes mit Anthrachinon $C^{14}H^8O^2$ vermischtes Aetzkali gehen, so färbt sich dieselbe am negativen Pole zuerst wegen Bildung von Monooxyanthrachinonat $C^{14}H^7OKO^2$ roth, dann blauviolett, weil sich Alizarat $C^{14}H^6(OK)^2O^2$ gebildet hat, hernach rothviolett, wegen des nun vorhandenen Gemisches von Alizarat und Purpurat, schließlich roth, weil allein Purpurat $C^{14}H^5(OK)^3O^2$ vorhanden ist. Bei fortgesetzter Behandlung mit dem Strome wird die Masse gelblichbraun bis dunkelbraun, hernach immer heller und zuletzt weiß, indem sich Kaliumphtalat und schließlich Carbonat bildet. Wird in dem Augenblicke, wo die zweite auf die violette Phase folgende rothe Färbung erschienen ist, der Strom umgekehrt, so wird die Masse am nunmehrigen positiven, vorher negativen Pole wieder violett, hernach roth und schließlich graugelblich, weil nach einander Alizarat, Oxyanthrachinonat und Antrachinonat regenerirt werden.

Hinsichtlich jener Farbenerscheinungen, welche auf einem Eintritte von Sauerstoff in das Molekül des Anthrachinons beruhen und dennoch statt am positiven am negativen Pole, wo doch gewöhnlich der Wasserstoff entweicht und die Desoxydationen oder Hydrogenationen stattfinden, geschehen, wird auf die von Goppelsroeder in seinen oben citirten Publicationen aufgestellte Hypothese verwiesen. Man gelangt zu ihnen mit Hilfe des Apparates Fig. 190, d. h. einer das Gemisch enthaltenden

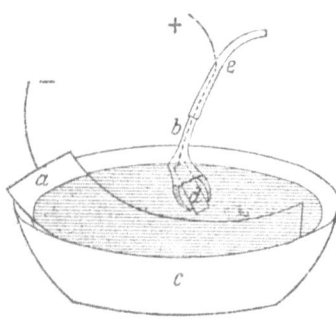

Fig. 190.

Anwendung der Elektrolyse zum Färben und Bleichen. 485

Porzellanschale c, worin die negative Elektrode a in Form eines größeren Platinbleches liegt, während der Pfeifenkopf b, welcher die positive Platinelektrode d einschließt, eben nur eintaucht. Der an letztere geschweißte mit dem positiven Pole verbundene Platindraht ist durch das Kautschuckröhrchen e hindurchgesteckt, durch welches die am positiven Pole auftretenden Gase bis in das Eudiometer abgeleitet werden können.

(616) c. **Umwandlung der Nitroverbindungen in Amidoderivate.** Dieselbe, z. B. diejenige des Nitrobenzols $C^6\,H^5\cdot NO^2$ in Amidobenzol oder Anilin $C^6\,H^5\cdot NH^2$, beruht auf einer **Sauerstoffentziehung** und auf einer nachfolgenden **Wasserstoffaddition**.

(617) d. **Darstellung der Indigoküpe auf elektrochemischem Wege.** Das Indigoblau oder Indigotin $C^{16}\,H^{10}\,N^2\,O^2$ verwandelt sich, wenn es in Aetzalkalilösung suspendirt ist, durch Einwirkung des galvanischen Stromes an der negativen Elektrode in das farblose Indigweiß $C^{16}\,H^{12}\,N^2\,O^2$, welches in der nun eine Küpe bildenden Lösung mit goldgelber Farbe gelöst bleibt. Am schnellsten geht diese Hydrogenation des Indigotins in der Siedehitze von statten. Der Strom darf nicht zu lange einwirken, weil durch eine verlängerte Einwirkung desselben das Indigweiß weitere **Metamorphosen erleiden** würde.

II. Erscheinungen in Gegenwart der Fasern.

Die an der einen oder anderen Elektrode stattfindenden Reactionen geschehen hier in Gegenwart von vegetabilischen oder animalischen Textilfasern, von Baumwoll-, Leinen-, Woll-, Seiden- oder gemischten Zeugen, oder auch in Gegenwart von Papier, Pergamentpapier oder anderen capillaren Medien, auf und in den Fasern, also bei innigem Contacte der Lösungen der Elektrolyten mit den Fasern. Die Farbstoffe bilden sich hier in Gegenwart von Fasern, welche sofort ihre Anziehung auf dieselben ausüben. Beim Tränken hingegen der Fasern mit Lösungen von Stoffen, bei deren Elektrolyse bleichende Producte auftreten, üben diese ihren bleichenden Einfluß auf die Farbstoffe der rohen oder der künstlich gefärbten Fasern aus. Die Cellulose der vegetabilischen Fasern kann hierbei, wenigstens zu einem Theile, in Oxycellulose verwandelt werden. Wird gefärbtes Zeug mit der Lösung von solchen Elektrolyten getränkt, bei deren Zersetzung durch den galvanischen Strom Producte auftreten, welche den Farbstoff zerstören, so geschieht deren Aetzung. Setzt man der Lösung eines auf solche bleichende Weise wirkenden Elektrolyten noch ein Chromogen, z. B. Anilinsalz zu, so tritt gleichzeitig mit der Wegätzung der alten Farbe die Bildung einer neuen Farbe, z. B. des Anilinschwarz auf. Unter gewissen Umständen wird ein aufgefärbter oder aufgedruckter Farbstoff in einen neuen, z. B. Türkischroth bei Anwendung der angesäuerten Lösung eines salpetersauren Salzes in Nitroalizarin übergeführt. Es können auf elektrochemischem Wege auch Metalle auf den Fasern abgelagert und Metalloxyde, wie z. B. die in der Färberei als Beizen dienenden fixirt, ferner auch die verschiedenen Farblacke, also die Verbindungen der Metalloxyde mit Farbstoffen gebildet und gleichzeitig solid befestigt werden. Folgende Reactionen mögen als Beispiele dienen:

(618) 1. Reactionen an der negativen Elektrode.

Hierher gehört das Niederschlagen mit Hilfe des elektrolytischen Wasserstoffs gewisser schwerer und edler Metalle aus ihren Salzlösungen, auf den mit diesen getränkten Fasern, das Niederschlagen der Metalloxyde, welche als Beizen dienen und nachher ausgefärbt werden können, aus ihren Salzlösungen, sowie die Bildung und gleichzeitige Fixation der Farbstofflacke mit Hilfe der Elektrolyse eines Gemisches von Metallsalzlösung und Farbstoff, die Reduction höherer Oxyde zu niederern, die Verwandlung von Nitroderivaten in Amidoderivate. Hierher gehören auch diejenigen Reactionen, welche sich auf das Anketten von Wasserstoff an die Farbstoffe stützen, durch welche diese sich in farblose Substanzen, in Leukobasen umwandeln, aus denen sie durch Wiederwegnahme des hinzugetretenen Wasserstoffs ebenfalls auf elektrolytischem Wege regenerirt werden können. Beim Umkehren des Stromes nämlich werden durch die Einwirkung des elektrolytischen Sauerstoffs und durch Wegnahme des hinzuaddirten Wasserstoffs die Leukobasen wiederum zu Farbstoffbasen.

Es können auch in den gewöhnlichen beim Färben anwendbaren Flüssigkeiten unlösliche, also nicht als solche zum Färben oder Bedrucken verwendbare Farbstoffe in eine Form übergeführt werden, in welcher sie sich in der anwesenden Flüssigkeit auflösen, so daß sie im gleichen Augenblicke, wo die Reduction und gleichzeitige Lösung geschieht, in hydrogenirter Form die Fasern durchtränken, um hernach an der Luft die aufgenommenen Wasserstoffatome durch Oxydation wieder zu verlieren und als ursprüngliche Farbstoffe fixirt zu bleiben. Legt man z. B. ein mit einer Mischung von höchst fein geriebenem Indigo mit einer wässerigen Alkali- oder Aetzkalk-Lösung getränktes weißes Zeug auf ein die eine Elektrode bildendes Metallblech, wird hierauf die zweite aus einem Metallplättchen bestehende Elektrode aufgelegt oder ein diese Elektrode bildendes metallisches Wälzchen auf dem Zeuge hin und her bewegt, so wird im Augenblicke, wo der Strom hindurchgeht, das Indigblau zu Indigweiß hydrogenirt, so daß sich die gelbe oder grüngelbe Indigküpe bildet, was man schon äußerlich an dem Kupferindigglanz und an dem Küpengeruch erkennt. Setzt man das auf solche Weise von einer Indigküpe durchdrungene Zeug der Einwirkung der Luft aus, so ist dasselbe nachher auch nach tüchtigem Waschen solid indigoblau gefärbt. Zu den Elektroden kann man sehr gut Platin oder Blei verwenden.

2. Reactionen an der positiven Elektrode.

(619) **a. Bildung und gleichzeitige Fixation des Persulfocyans oder Canarins auf den vegetabilischen und animalischen Fasern.** Beim Durchleiten des galvanischen Stromes in der Siedehitze durch eine wässerige Lösung von Schwefelcyan- oder Rhodankaliumlösung, wobei diese

an der positiven Elektrode stark sauer, an der negativen stark alkalisch wird, färbt sich die Flüssigkeit an der positiven Elektrode zuerst gelblich, worauf sie sich immer mehr trübt und einen reichlichen unter dem Mikroskope amorph und canarienvogelgelb aussehenden Farbstoff ausscheidet, welcher sich wie das Persulfocyan $C^3 N^3 S^3 H$ verhält, während die Flüssigkeit an der negativen Elektrode eine starke Gasentwicklung giebt und farblos bleibt. Tränkt man Baumwoll-, Leinen-, Woll- oder Seidenzeug oder auch ein gemischtes Zeug mit einer wässerigen Lösung von Rhodankalium- oder Rhondanammoniumlösung, legt man es auf ein die negative Elektrode bildendes Platinblech, indem man noch eine etwa achtfache mit derselben Lösung getränkte weiße Zeuglage zwischen Blech- und Zeugmuster zufügte, bringt man alsdann ein die positive Elektrode bildendes Platinblech darauf und läßt man nun den Strom durchgehen, so wird das Zeug sofort da, wo es von der positiven Elektrode berührt wird, canariengelb bis dunkelorange. Das Persulfocyan oder Canarin ist solid fixirt.

(**620**) **b. Bildung und gleichzeitige Fixation der Farbstoffe aus der aromatischen Reihe auf den vegetabilischen und animalischen Fasern, auf Papier, Pergamentpapier etc.** Um z. B. das Anilinschwarz auf Baumwoll-, Leinen-, Seiden- oder Wollzeug, oder auf Papier oder Pergamentpapier zu erzeugen so daß es darauf fixirt bleibt, tränkt man diese mit der wässerigen Lösung eines der zur elektrolytischen Erzeugung des Anilinschwarz passenden Anilinsalzes, am besten des Chlorhydrats. Hernach drückt man das Zeug oder Papier gut aus und legt es auf eine, von der am positiven Pole frei werdenden Säure oder von dem aus der Salzsäure frei werdenden Chlor nicht angreifbare Metallplatte, z. B. auf eine Bleiplatte oder auf ein Platinblech, welche mit dem negativen Pole der galvanischen Batterie oder einer dynamoelektrischen Maschine in Verbindung ist. Legt man alsdann auf das Zeug oder auf das Papier unter leisem Beschweren ein Platinblech, welches mit dem positiven Pole verbunden ist, und schließt man den Strom, so erhält man, je nach der Concentration der vom Zeuge oder Papiere aufgesaugten Anilinsalzlösung, je nachdem die Lösung mehr oder weniger angesäuert worden war, und je nachdem die Reaction kürzer oder länger gedauert hatte, Grün bis tiefstes dunkles Schwarz. Zwischen das Zeugmuster, auf welchem die Farbe erzeugt und fixirt werden soll, und die negative Elektrodenfläche legt man eine mit derselben Anilinsalzlösung getränkte vier- bis achtfache Zeugunterlage. Setzt man einen als positive Elektrode dienenden unten abgerundeten, oben mit einer den positiven Poldraht durchlassenden Schraube versehenen Goldstift auf, so kann man in schönem Grün oder Schwarz, fast mit derselben Schnelligkeit wie mit Feder und Tinte, schreiben oder zeichnen. Die Schrift oder Zeichnung ist solid fixirt. Einen Zirkel braucht man nur mit Hilfe einer Schraube mit dem positiven Pole zu verbinden. Nach Vollendung der Schrift oder Zeichnung wäscht man sofort mit kaltem oder besser mit kochendem Wasser aus und giebt, um ein tadelloses Weiß zu erzielen, noch ein kochendes Seifenbad, worauf wiederum mit kochendem Wasser behandelt wird. Nebenstehende Figuren mögen die Einfachheit der nöthigen Apparate zeigen.

488 Anwendung der Elektrolyse zum Färben und Bleichen.

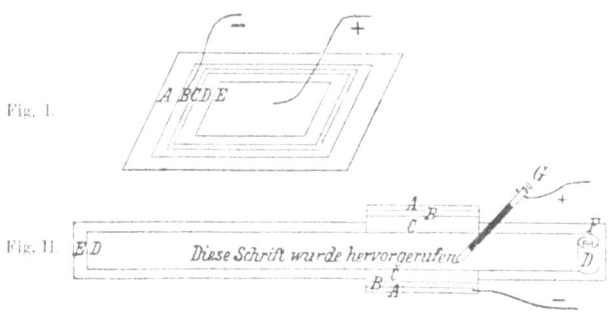

Fig. 191.

A isolirende Kautschuckplatte,
B Bleiplatte als negative Elektrode,
C getränkte Zeugunterlage,
D getränktes Zeugmuster,
E Platinblech als positive Elektrode.

Beim Apparat Fig. II läßt sich das Nachrücken von der Glasplatte *F* auf die Zeugunterlage *C* und das weitere Vorrücken eines langen getränkten und zu beschreibenden Zeugbandes *D* auf eine Glasplatte *E* ausführen, wobei auch mechanisch das stete Abwickeln des Zeugbandes *D* von einer unter *F* und das Aufwickeln desselben auf eine unter *E* angebrachte Rolle bewerkstelligt werden kann. *B* ist die negative Elektrode, *A* eine Kautschuck- oder Glasplatte, *G* der Metallstift als positive Elektrode. Von goldenen oder platinenen, vergoldeten oder platinirten Münzen und Medaillen als positive Elektrode erhält man scharfe Abdrücke, auch mit einem vergoldeten erhabenen Messingstempel oder mit einem Compositeur mit beliebig einzuschaltenden vergoldeten messingenen als positive Elektrode dienenden Lettern, mit einem fein gravirten vergoldeten Petschafte, mit fein gravirten vergoldeten kupfernen oder messingenen Platten oder mit einer vergoldeten als positive Elektrode dienenden glatten oder gravirten Walze aus Kupfer oder Messing, die man auf dem mit kalt gesättigter Anilinsulfatlösung getränkten Zeuge hin- und herführt. Als Unterlage bedient man sich bei diesen Versuchen vortheilhaft eines Filzzeuges. Will man den Versuch mit der gravirten vergoldeten Platte anstellen, so bedient man sich des folgenden Apparates:

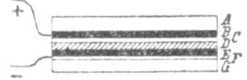

Fig. 192.

A eine feste hölzerne Platte,
G der feste hölzerne Boden einer Copirpresse,

Anwendung der Elektrolyse zum Färben und Bleichen. 489

B eine als positive Elektrode dienende gravirte vergoldete Kupferplatte,
C ein trocken aufgelegtes Baumwollzeugstück,
D mit kalt gesättigter Anilinsulfatlösung getränkte Filzzeugunterlage,
E eine nicht gravirte vergoldete Kupferplatte,
F eine als negative Elektrode dienende Bleiplatte.

Das Ganze kommt unter die Presse. Nachdem der Strom einige Secunden bis höchstens einige Minuten eingewirkt hat, zeigt das Baumwollzeug *C* auf grünschwarzem bis dunkelschwarzem Boden eine scharfe weiße Zeichnung, welche der Gravüre der Platte *B* entspricht. Nach diesem elektrochemischen Processe braucht man nur noch zu waschen, mit kochender Seifenlösung zu behandeln und wieder zu waschen, um ein reines Weiß zu erzielen.

(621) c. Weifsätzen der auf den Zeugen fixirten Farben. Legt man mit kaltgesättigter Salpeterlösung getränktes indigblaues Zeug auf eine durch eine ebenso getränkte vier- bis achtfache Zeugunterlage davon getrennte als negative Elektrode dienende Bleiplatte und legt man auf das Zeugstück eine positive Platinblechelektrode oder setzt man einen unten abgerundeten Platinstift als positive Elektrode auf, so erhält man in Folge Einwirkung der am positiven Pole frei werdenden Salpetersäure auf das Indigotin die Weißätzung des Indigblaus. Zuerst beobachtet man oft die Bildung eines gelben Umwandlungsproductes, welches jedoch beim Waschen sofort verschwindet; meist aber geschieht die Weißätzung sofort. Wendet man in gleicher Weise mit Salmiaklösung getränktes Türkischroth an, eine negative und eine positive Platinelektrode, so erhält man die Aetzung des Türkischroths eben so schön wie in den Fabriken auf bekanntem chemischem Wege. Beide Aetzungen geschehen sowohl bei neutralen als auch angesäuerten oder alkalisch gemachten Lösungen.

(622) d. Umwandlung der Cellulose in Oxycellulose. Wird Baumwoll- oder Leinenzeug mit neutraler, angesäuerter oder alkalisch gemachter Salpeter- oder Kochsalzlösung getränkt, auf eine mehrfache, ebenfalls getränkte Zeugunterlage gelegt, welche ihrerseits auf einem als negative Elektrode dienenden Platinbleche ruht, und berührt man das oberste Zeugstück mit einem als positive Elektrode dienenden Platinbleche, so verändert sich durch die während kürzerer oder längerer Zeit stattfindende Einwirkung des Stromes, das heißt durch die an der positiven Elektrode frei werdenden Producte, die Pflanzenfaser in der Weise mehr oder weniger stark, daß dieselbe nachher an allen von der positiven Elektrode berührt gewesenen Stellen gewisse Farbstoffe weit begieriger anzieht, als es die gewöhnliche Pflanzenfaser zu thun pflegt, nämlich gerade so als wäre sie an allen diesen Stellen gebeizt worden. Färbt man nachher das Baumwoll- oder Leinenzeug mit Methylenblau und behandelt man es nachher selbst mehrere Male mit kochendem Wasser, so sind die von der positiven Elektrode bedeckt gewesenen Stellen je nach der Dauer der Einwirkung des Stromes, je nach dem angewandten Elektrolyten, mehr oder weniger lebhaft bis dunkelblau, während rings um die veränderten Stellen herum die Baumwoll- oder Leinenfaser weit heller blau gefärbt ist, so daß auf mehr oder weniger hellem Grunde, je nach der Natur und der mehr oder weniger großen Reinheit der benützten Zeugfaser und je nach dem mit derselben geschehenen Bleichprocesse eine dunkelblaue Zeichnung erscheint. Durch Behandlung des an gewissen Stellen in Oxycellulose verwandelten und hernach mit Methylenblau oder Fuchsin ausgefärbten Baumwoll- oder Leinenzeuges mit einer kochenden Seifenlösung kann die bläuliche oder röthliche Färbung des Bodens fast zum Weiß entfärbt werden, während die auf den in Oxycellulose verwandelten Stellen befindliche Färbung kaum angegriffen wird, d. h. sich so verhält, als wäre die Pflanzenfaser vor dem Färben gebeizt und deshalb solid gefärbt worden. Auch bei dem Weißätzen von Indigblau und Türkischroth wird die Cellulose in Oxycellulose verwandelt.

(623) e. **Umwandlung der alten in neue Farbentöne.** Hierher gehört das örtliche Aetzen des Indigblaus und Türkischroths und das nachherige Ausfärben der an den betreffenden Stellen gebildeten Oxycellulose, wodurch neue Färbungen auf dem alten Grunde erscheinen. Ferner gehört hierher die Umwandlung des Alizarinroths oder Türkischroths in Alizarinorange, indem man das rothe Zeug mit der neutralen oder durch Schwefelsäure angesäuerten Salpeterlösung tränkt und zwischen den beiden Platinelektroden der Einwirkung des Stromes aussetzt. Am positiven Pole tritt der Salpetersäurerest NO^3 auf, worauf durch einen Drittheil seines Sauerstoffs ein Atom Wasserstoff aus dem Alizarinmolekül wegoxydirt und an dessen Stelle die Nitrogruppe NO^2 substituirt wird. Es entsteht so aus dem Alizarin $C^{14} H^8 O^4$ das β-Mononitroalizarin $C^{14} H^7 \cdot NO^2 \cdot O^4$.

Man kann auch eine Umänderung der alten Nüance dadurch bewirken, daß man statt auf weißem Zeuge die elektrolytische Entwickelung von Farbstoffen auf schon gefärbtem Zeuge vor sich gehen läßt, so z. B. diejenige des Canarins auf küpenblauem oder türkischrothem Zeuge; und, da das Canarin als Anziehungsmittel für andere Farbstoffe dienen kann, so kann man nach der elektrolytischen Reaction noch beispielsweise mit Methylgrün, Methylenblau oder Fuchsin ausfärben, wodurch man neue Nüancen sowohl auf den mit Canarin getränkten Stellen als auch auf dem dieselben umgebenden Boden erhält. Nimmt man auf gefärbtem Zeuge die Elektrolyse einer reinen Anilinsulfat- oder -chlorhydratlösung, womit das Zeug getränkt wurde, vor, so erhält man neue Farbentöne, z. B. braun auf Türkischroth, und setzt man der Anilinsalzlösung noch einen jener zum elektrochemischen Aetzen verwendeten Stoffe zu, so erhält man das reinste Anilinschwarz z. B. auf indigblauem oder türkischrothem Grunde. Stellt man auf gefärbten Zeugen die Elektrolyse von Metallsalzlösungen an, so erhält man durch die Bildung verschiedenartiger Metalloxyde neue Nüancirungen, zum Theil auch gänzliche Zerstörung der Farbentöne. Nach der elektrolytischen Fixation gewisser Metalloxyde kann man noch mit passenden Farbstoffen, beim Bleioxyd z. B. auch mit Chromatlösungen zu neuen Tönen ausfärben.

Anwendung der Elektrolyse zum Färben und Bleichen. 491

B. Bleichen mit Hilfe der Elektrolyse.

(**624**) Goppelsroeder schon versuchte während seiner langjährigen elektrochemischen Studien auch jene natürlichen Farbstoffe zu zerstören, welche man in dem einen der Processe der Bleicherei der vegetabilischen Fasern mit Hilfe der Rasenbleiche, also mit Hilfe des atmosphärischen Ozons und namentlich des Wasserstoffsuperoxyds und bei der künstlichen Bleiche mit Hilfe des Chlors, resp. des Chlorkalks zu zerstören pflegt. Wenn nämlich in derselben Weise wie auf türkisch-rothes oder indigblaues Zeug mit Hilfe der Elektrolyse einer neutralen, sauren oder alkalischen Lösung von Salmiak oder der Chlorüre der alkalischen oder erdalkalischen Metalle oder der salpetersauren Alkalien, womit man sie getränkt hatte, auf rohes ungebleichtes Baumwoll- oder Leinenzeug, welche man vorher mit alkalischer Lauge gebeucht hatte, operirt wird, so werden dieselben an der positiven Elektrode gebleicht. Man kann die rohen aus vegetabilischer Faser bestehenden Zeuge in ähnlicher Weise auch durch Elektrolyse von verdünnter Schwefelsäure oder besser Salzsäure, womit man sie getränkt hatte, an der positiven Elektrode bleichen.

Natürlich kann der nach dem Abflämmen der Haare die Bleicherei einleitende wichtige Proceß des Bleichens mit Lauge zur Entfettung und Entharzung etc. nicht umgangen werden. Es handelt sich hier einstweilen blos um den eigentlichen Entfärbungs- oder Bleichproceß, bis daß es einst gelungen sein wird das elektrolytische Bad, womit die zu bleichenden rohen Stoffe getränkt werden, von solcher Beschaffenheit herzustellen, daß Entfettungs-, Entharzungs- und eigentlicher Bleichprozeß zu gleicher Zeit, ohne der Festigkeit der Faser zu schaden, vor sich gehen können.

(**625**) Später gaben Tichomiroff und Lidoff ein Verfahren zum Bleichen von Baumwolle, Hanf und Flachs durch Elektrolyse von Chlorüren der Alkalimetalle und des Calciums an. Wirkt der galvanische Strom beispielsweise auf eine Lösung von Kochsalz ein, so zersetzt sich dieses in Natrium und Chlor, von welchen das erstere mit Wasser Aetznatron und Wasserstoffgas bildet, das letztere mit Aetznatron in Wechselwirkung tritt, wobei Natriumhypochlorit, Chornatrium und Wasser gebildet werden, nach der Gleichung: $2\,Na\,O\,H + 2\,Cl = Na\,Cl\,O + Na\,Cl + H^2O$. Die besten Ergebnisse lieferte Chlorkalium. Nach Bereitung der Bleichflüssigkeit, z. B. in cylindrischen emaillirten Gefäßen mit doppelten Wänden, zwischen welchen kaltes Wasser circulirt, so daß die Temperatur nicht über 40° Celsius geht, und unter Anwendung von Kohlenelektroden, welche zugleich eine in beständiger Bewegung befindliche Rührvorrichtung bilden, braucht man das durch Laugen vom Fette, Harze etc. befreite Gewebe nur einzutauchen, einige Zeit der Luft auszusetzen, schließlich noch durch sehr verdünnte Schwefelsäure oder Salzsäure zu ziehen und zu waschen, um das möglichst vollkommene Weiß zu besitzen. Statt Lösungen von reinen Chlormetallen kann man auch Rückstände von Salzseeen, Salzsoolen oder Meerwasser dem elektrischen Strome aussetzen. Auch Naudin und Bidet haben ein ähnliches Verfahren angegeben.

492 Anwendung der Elektrolyse zum Färben und Bleichen.

(626) Bleichverfahren von Hermite. Ein Bleichverfahren von Hermite beruht auf der Zerlegung einer gemeinschaftlichen Lösung von 0,5 % Chlormagnesium und 5 % Seesalz unter Zusatz einer geringen Menge frisch gefällter Magnesia. Die Zersetzungszellen enthalten zwei Reihen Anoden und Kathoden. Die Anoden bestehen aus einem Platindrahtsiebe, die Kathoden aus Zinkscheiben, welche auf langsam sich drehenden Wellen befestigt sind. Die elektrolysirte Flüssigkeit wird den zu bleichenden Stoffen, zum Beispiele der Papiermasse zugeführt. Nach dem Bleichen wird die Lösung von Neuem der Stromwirkung ausgesetzt, um abermals benutzt zu werden. Die Verluste sind von Zeit zu Zeit zu ersetzen.

Man kann auch nach Hermite eine Lösung von Chlormagnesium (5% $Mg\ Cl^2$ auf 95% Wasser) verwenden, aus welcher durch den galvanischen Strom an der positiven Elektrode sehr unbeständiges Magnesiumhypochlorit entsteht, während an der negativen Elektrode Magnesia unter Entweichen von Wasserstoffgas gebildet wird. In dem durch die Elektrolyse veränderten Bade wird die Pflanzenfaser unter Regeneration von Chlormagnesium gebleicht, das im Elektrolysator wiederum in Magnesiumhypochlorit übergeführt wird.

(627) Bei Fr. Kellner's Bleichverfahren wird z. B. die zu bleichende Papiermasse zuerst mit der Lösung des Chlornatriums durchtränkt, worauf man den Strom bei 60° C. einwirken läßt. Das entstehende Aetznatron desintegrirt die Pflanzenfaser, während das freiwerdende Chlor bleichend einwirkt. Läßt man mit derselben Salzlösung imprägnirte baumwollene oder leinene Stoffe zwischen zwei umlaufenden, z. B. mit Platin überzogenen, je als positive und als negative Elektrode wirkenden Walzen durchgehen, indem man je zwei Lagen Stoff durch eine Filzlage von einander trennt, so erhält man ebenfalls deren Bleichung.

IX. Abschnitt.
Anwendung des Magnetismus in der Metallurgie.

(628) **Scheidung der Erze.** Beim Siemens'schen Erzscheider bildet, mit Hilfe von aus Eisenstangen eigenthümlich geformten Hufeisenmagneten die Innenfläche einer geneigten Trommel eine ununterbrochene Reihenfolge von Nord- und Südpolen, welche die magnetischen Erztheile anziehen und festhalten. Während die nicht magnetischen Theile herausfallen, gelangen die magnetischen Metall- oder Erztheilchen durch die Umdrehung der Trommel nach oben, wo sie durch eine Abstreifvorrichtung in ein festliegendes Messingrohr abgestreift und von hier aus durch die Messingschraube einer umlaufenden Stahlachse hinausgeschraubt werden. Damit die Erzscheidung nicht schon an den ersten höchst gelegenen Magnetringen vor sich gehe und also nicht da schon eine Anhäufung von Erztheilen stattfinde, sind hier zwischen den Eisenringen nur wenige Windungen der den Strom führenden isolirten Drähte, während an den folgenden Eisenstangen immer mehr Windungen angebracht sind und zuletzt volle Wickelung vorhanden ist, so daß der Magnetismus von der Stelle an, wo die Erze eintreten, bis zum Austritte der magnetischen Theile immer mehr zunimmt.

Beim Edison'schen Apparate kommen die Elektromagnete nicht in Contact mit den Erzen, sondern es wird die magnetische Fernwirkung benützt. Von den aus einem Fülltrichter herabfallenden zerkleinerten Erzen fallen nur die nichtmagnetischen Theile senkrecht in einen untergestellten Kasten, während die magnetischen Theile durch einen parallel zur Fallebene aufgestellten Magnet von der geraden Richtung nach diesem hin abgelenkt werden, um sich getrennt in einem zur Seite aufgestellten zweiten Kasten anzusammeln.

In der Grube Friedrichssegen zwischen Oberlahnstein und Ems, wo unter Anderem Zinkblende und Spatheisenstein vorkommen, wird die elektromagnetische Aufbereitung in folgender Weise zu Hilfe gezogen. Nach dem Rösten des Gemenges von Zinkblende und Spatheisenstein bei Rothgluth, wobei die Kohlensäure aus dem Spatheisenstein (Ferrocarbonat) entweicht und sich magnetisches Eisenoxyduloxyd (Fe^3O^4) bildet, während die nicht magnetische Zinkblende ($Zn\ S$) größtentheils unverändert bleibt, wird das auf 50° Celsius etwa abgekühlte Gemenge mit Hilfe eines Schüttelwerks der Peripherie einer umlaufenden messingenen Trommel genähert, auf welcher nun die magnetischen Theile von den innerhalb der Trommel feststehenden Elektromagneten angezogen werden. Während die nicht magnetische Zinkblende u. s. w. sofort in einen Behälter fällt, gelangen die an der Peripherie der Trommel festgehaltenen Theilchen des magnetischen Eisenoxyds in Folge des Umlaufes der Trommel ausserhalb des Bereiches der feststehenden Elektromagnete und fallen auf der anderen Seite der Trommel in einen zweiten Behälter hinunter. Beide Theile werden nochmals einer magnetischen Trennung unterworfen.

Bei Vavin's magnetischem Erzscheider gelangt das Material durch einen Fülltrichter auf die vibrirende Schüttellade und von hier auf die Oberfläche zuerst eines ersten oberen und dann eines zweiten unteren umlaufenden Cylinders. Die Oberfläche der Cylinder ist aus vorspringenden durch Kupferstreifen von einander getrennten weichen Eisenringen gebildet, welche mit hufeisenförmigen Magneten in Verbindung stehen, um abwechslungsweise durch den einen oder anderen Pol magnetisirt zu werden. Auf diesen magnetisirten Eisenringen halten die magnetischen Erztheile fest, um nach der Halbdrehung der Cylinder auf der anderen Seite durch Bürsten abgestreift zu werden.

(629) **Reinigung der Porzellanmasse.** Pilliduyt & fils verwenden einen höchst einfachen Apparat zu der so sehr wichtigen Reinigung der Porzellanmasse von Eisentheilen. Die dünnflüssige Porzellanmasse wird an den Polen eines kräftigen Elektromagnetes in einer Rinne vorbeigeführt. Die Eisentheilchen werden hier zurückgehalten. Die Rinne wird von Zeit zu Zeit durch Abstellen des Stromes und durch Abspülen mit Wasser gereinigt.

(630) **Abscheidung von Eisentheilen.** Der von Heinr. Kessler construirte elektromagnetische Scheideapparat kann zu ähnlichen Abtrennungen, auch zur Abscheidung der Eisentheile aus Schlacken, Metallspähnen, Formsand, Lederabfällen, Getreide, Werkstättenkehricht, Thon- und Porzellanerde, Papierbrei und dergleichen dienen, indem seine magnetisirten Stifte das Gemenge durchwühlen, alles Eisen anziehen und nach einem hinter dem Apparate befindlichen Behälter führen, während die nicht magnetischen Theile sofort von der Schüttrinne niederfallen.

X. Abschnitt.
Telegraphie und Telephonie.

Bau der Linien und Leitungen.

Leitungen ohne isolirende Hülle.

Sollen blanke Drähte zur Herstellung der Leitung verwendet werden, so sind solche an besonderen Isolationsvorrichtungen, die an Stützpunkten befestigt werden, anzubringen.

Materialien.

(631) Hölzerne Stangen. Zur Verwendung gelangen die verschiedenen Arten Pinus und zwar P. larix, Lärche, P. silvestris, Kiefer, P. abies, abies excelsa, Fichte und P. picea, abies pectinata, picea vulgaris, Tanne; am meisten Kiefer, Lärche und Rothtanne. Seltener kommen Eichen zur Verwendung.

Stangenlängen: 7, $8^{1}/_{2}$ und 10 m, Durchmesser am Zopfende der geschälten Stange 15 cm, Verjüngung vom Stammende zum Zopfende auf 1 m Länge 0,7—1 cm, Durchmesser am Stammende

bei einer 7 m langen Stange 22 cm
„   „   8,5 „   „   „   23,5 „
„   „   10 „   „   „   25   „

7 m lange Stangen werden für Nebenlinien auch mit 12 cm Zopf verwendet. Sonstige wesentliche Bedingungen: Gerader Wuchs, gesunder Stamm, wirkliches Stammende eines Baumes, keine Astlöcher und Spaltstellen. Zweckmäßig ist die Imprägnirung der frischen, noch ungeschälten Stangen.

Imprägnirung mit Kupfervitriol. Eine Lösung von $1^{1}/_{2}$ Gewichtstheilen Kupfervitriol auf 100 Gewichtstheile Wasser wird durch den Druck einer Flüssigkeitssäule (mittels eines Fallrohres und eines auf 10 m hohem Gerüst stehenden Behälters) vom Stammende aus durch die Stange getrieben. Auf den Stammenden der Stangen werden Verpackungen angebracht, aus einem quadratischen Brett mit untergelegtem Hanfstrang oder Gummiring bestehend. Nach fester Anziehung des Brettes unter Zuhilfenahme von Klammern bleibt ein Zwischenraum zwischen Stammende und Brett, in welchen die Lösung eintritt. Das Kupfervitriol darf keine Eisensalze enthalten, das verwendete Wasser muß kalkfrei sein. Nach dem Fällen dürfen die Stangen höchstens 8—10 Tage unimprägnirt liegen bleiben.

Mittlere Dauer der Imprägnirung (nach der Statistik der Reichs-Post- und Telegr.-Verw. f. 1889):

für eine 7 m lange Stange 10 Tage
,, ,, 8,5 ,, ,, ,, $11^1/_3$,,
,, ,, 10 ,, ,, ,, $13^1/_2$,,

Die Kosten für die Imprägnirung eines Cubikmeters betragen 9—10 M.

Ein Cubikmeter Holz nimmt etwa 9,5 kg Kupfervitriol auf. Die Prüfung der Stangen auf völlige Durchdringung geschieht durch Bestreichen des Zopfendes mit einer Lösung von gelbem Blutlaugensalz (1 Gewichtstheil auf 100 Wasser), wonach sich rothbraune Färbung zeigt.

Die Dauer der mit Kupfervitriol imprägnirten Stangen kann man auf 12—15 Jahre annehmen.

Die Imprägnirung mit Kupfervitriol ist die am häufigsten angewendete.

Imprägnirung mit Zinkchlorid. In luftdichtem Cylinder werden die Stangen zunächst zwei Stunden lang der Einwirkung von Wasserdämpfen ausgesetzt (bis 100° C.). Diese Temperatur muß nach der ersten halben Stunde erreicht sein. Dann wird die Luft im Cylinder bis zu 523 mm Quecksilberstand verdünnt und zwar innerhalb 30 Minuten. Die Verdünnung wird 30 Minuten unterhalten. Hiernach wird die Chlorzinklösung eingeführt und ein Druck von 7 Atmosphären eine Stunde unterhalten. Die Chlorzinklösung muß am Beaumé'schen Aräometer 3° zeigen (aus 1 Theil Zinkchlorid von 1,8 spec. Gewicht mit 30 Theilen Wasser bestehen).

Bei Prüfung der imprägnirten Stange wird eine vom Zopf oder Stammende abgeschnittene Scheibe mit Schwefelammonium behandelt, mit Essigsäure abgewaschen und hierauf mit einer sauren Lösung von salpetersaurem Bleioxyd bestrichen. Die Flächen färben sich dann durch gebildetes Schwefelblei schwarz. Enthält das verwendete Chlorzink Eisensalze, so tritt beim Eintauchen der Probescheibe in Schwefelammonium eine dunkelgrüne Färbung ein.

Imprägnirung mit creosothaltigem Theeröl. Die Stangen werden in besonderen Kesseln unter Einwirkung einer Temperatur von 100—140° zuerst langsam und vollständig ausgetrocknet. Dann werden sie in andere Kessel übergeführt, welche wie bei der Imprägnirung mit Chlorzink evacuirt werden. Hierauf wird die auf etwa 50° erwärmte Flüssigkeit eingepumpt und ein Druck von 6—7 Atmosphären etwa 45 Minuten lang unterhalten.

Prüfung des Theeröls. Der Siedepunkt des Oels darf nicht unter 180° und nicht über 400° liegen. Gehalt an sauren

Bau der Linien und Leitungen. 497

in concentrirter Kalilauge löslichen Bestandtheilen soll 6—10 % betragen. Spec. Gewicht nicht unter 1,00 und nicht über 1,10.

Die Prüfung der Stangen wird in der Weise ausgeführt, daß durch Wägungen nach der Imprägnirung der Gehalt an aufgenommener Flüssigkeit bestimmt wird. Die Zunahme des Gewichtes soll für jedes Cubikmeter 5—6 kg betragen.

(632) Besondere Constructionen. Gekuppelte Stangen. Zwei Stangen werden durch Schraubenbolzen miteinander verbunden.

Doppelständer oder Bock. Zwei Stangen werden am Zopfende abgeschrägt und dort durch Bolzen verbunden. Die Fußenden werden durch eine Querverbindung auseinandergehalten. In der Mitte der Entfernung vom Boden bis zur oberen Kuppelung wird ein Querriegel eingesetzt und durch einen durchgehenden Bolzen mit den Stangen verbunden.

Doppelgestänge. Zwei Stangen werden 1,3—1,5 m von einander entfernt aufgestellt, so daß die von ihren Axen gebildete Ebene senkrecht zur Drahtrichtung steht. Die Fußpunkte erhalten eine Querverbindung (Riegel), ebenso wird eine solche zwischen Boden und Zopf angebracht. Außerdem erhält die Construction eine Diagonalverbindung in dem durch die Stangen und beiden Querverbindungen gebildeten Rechteck, so daß dieselbe als Strebe gegen den Drahtzug wirkt. Die oberen Enden der Stangen werden 14 cm von der Spitze ebenfalls mit einem Riegel versehen.

Verstrebungen werden aus Hölzern von 13—14 cm Durchmesser hergestellt und mit zwei 15 cm langen Schrauben an den Stangen festgelegt.

Anker werden aus 2—4 fachem 4 mm starkem Draht gefertigt und an der Stange durch einen eingeschraubten Haken gehalten. Den Fußpunkt bildet im Boden ein Pfahl oder schwerer Stein.

(633) Eiserne Stangen. Zu eisernen Stangen werden eiserne Röhren, einfaches und doppeltes T-Eisen verwendet.

Die Befestigung im Erdboden geschieht entweder unter Zuhilfenahme eines eisernen Dreifußes mit Stiefel, wie ein solcher bei Gascandelabern gebraucht wird, oder es erfolgt eine Fundirung mittels Steinquadern. Zur Befestigung auf Mauerkronen dient eine eiserne Mauerplatte mit Stiefel, welche mit Steinschrauben auf der Mauer zu befestigen ist. Auf Gurtungen von Brücken wird diese Platte je den Verhältnissen entsprechend festgeschraubt.

Für Telephonleitungen werden zweckmäßig schmiedeeiserne Röhren verwendet. Es genügt eine Wandstärke von 5 mm.

Zur Befestigung der eisernen Stangen am Dachgebälk dient eine mit Schrauben anzulegende Platte. Auf derselben wird ein Bügel mittels Bolzen und Muttern aufgeschraubt, innerhalb dessen Ausrundung die Stange zu stehen kommt, letztere ruht auf einen durch den Bügel gesteckten und bis in die Unterlagsplatte greifenden eisernen Dorn. Im oberen Lager ist die Befestigung dieselbe, nur daß der Dorn in Wegfall kommt. Die Träger der Isolationsvorrichtungen werden am besten aus zwei Flacheisen hergestellt, welche derartig zusammengenietet werden, daß ein lichter Zwischenraum von 4 cm bestehen bleibt. Die Nieten werden innerhalb dieses Zwischenraumes mit eisernen Ringen umgeben, um die Durchbiegung der Eisen zu verhindern.

Die Stützen für die Isolationsvorrichtungen sind gerade Stützen, welche durch die Flacheisen hindurchgreifen und mit Schraubenmuttern festgelegt werden. Im oberen Lager haben die Stützen einen Absatz, mit welchem sie auf dem oberen Flacheisen aufliegen. Zwischen den Flacheisen wird die Stütze, wie jedes Niet, mit einem Ring umgeben. Die Befestigung der Flacheisenträger an den Rohren erfolgt durch Anklammerung mittels eines an der entgegengesetzten Seite des Rohres aufzulegenden Bandeisens, das durch eine Platte vor dem Querträger greift.

Als Form der Stützen für die Isolatoren, welche unmittelbar an eisernen Röhren oder an T-Eisen zu befestigen sind, wird am zweckmäßigsten die U-Form gewählt. Der an den Träger zu befestigende Theil wird entsprechend abgeflacht (bei Röhren auch ausgerundet) und mittels zweier durchgehender Bolzen mit Muttern befestigt.

Bei abwechselnder Stellung der Stützen greift je ein Befestigungsbolzen durch den oberen Theil der einen und den untern Theil der folgenden Stütze.

(634) **Isolationsvorrichtungen.** Isolatoren. Am besten eignet sich die deutsche Doppelglocke, welche in drei Formen (mit I, II u. III bezeichnet) verwendet wird.

Nach in England im November und Dezember ausgeführten Messungen beträgt der Isolationswiderstand der deutschen Doppelglocke 438 Millionen Siemens-Einheiten = 413 Millionen Ohm.

Hiernach würde der Isolationswiderstand von 1 km Linie (mit 15 Stützpunkten) etwa auf 27 bis 28 Millionen Ohm bei ungünstiger Witterung zu veranschlagen sein.

Die nebenstehende Figur zeigt die Doppelglocke Nr. I. Nr. II besitzt geringere Abmessungen als Nr. I, Nr. III ist die kleinste Form, die zu Fernsprechleitungen in Städten Verwendung findet.

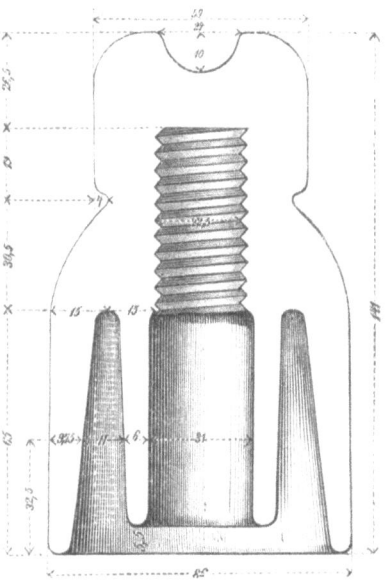

Fig. 193

Bau der Linien und Leitungen. 499

Stützen zu Isolatoren. Als Stützen für Holzstangen werden hakenförmige Schraubenstützen verwendet (siehe nachstehende Figur). In Betreff der Stützen bei eisernen Stangen siehe diese.

Prüfung der Isolatoren. Die Isolatoren müssen beim Anschlagen hell klingen, die Glasur muß frei von Sprüngen, Rissen und Blasen sein, ein Weiß zeigen, welches nur sehr wenig ins Blaue oder Gelbe spielt. Zerschlägt man eine Glocke, so muß die Bruchfläche gleichartig und glänzend weiß sein. Exemplare mit feinen Sprüngen lassen sich ermitteln, indem man die Isolatoren eine Zeit lang in angesäuertes Wasser setzt und die inneren Höhlungen mit letzterem ebenfalls füllt. Das Wasser darf außen und innen nur bis auf einige Centimeter vom Rande reichen. Man führt von der äußeren Flüssigkeit eine Zuleitung zu einem gewöhnlichen Galvanometer und von da zu einer kleinen Batterie. Den zum andern Pol führenden Leitungsdraht taucht man nacheinander in die innere Höhlung aller Isolatoren; erfolgt ein Ausschlag, so ist der betreffende Isolator fehlerhaft.

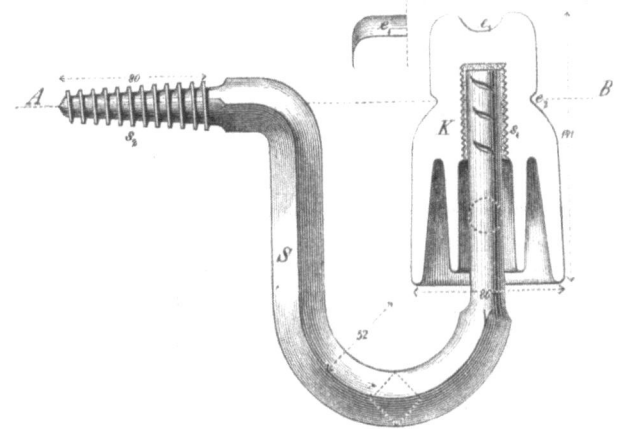

Fig. 194.

Zu bemerken ist, daß bei Anwendung dieser Methode und unter Benutzung eines empfindlichen Galvanometers keineswegs der Isolationswerth fehlerfreier Isolatoren bestimmt werden kann. Man mißt in erster Linie den Uebergangswiderstand über die nicht benetzten Flächen; die Messungen ergeben sehr schwankende unzuverlässige Werthe.

Nach der vom Ingenieur-Bureau des Reichs-Postamts angegebenen Methode wird der Widerstand der Isolatoren in folgender Weise bestimmt:

In einem mit Zink ausgekleideten Schrank werden mehrere der zu prüfenden Doppelglocken auf Stützen an Querträgern aus

Eisen befestigt. Auf dem Kopf oder am Hals der Glocken wird ein Stück Leitungsdraht vorschriftsmäßig befestigt, die einzelnen Stücke werden durch einen dünnen Kupferdraht miteinander verbunden, das eine Ende des letzteren führt frei durch eine in der schmalen Seitenwand des Schrankes befindliche runde Oeffnung. Von den Stützen bezw. dem Querträger führt ein Verbindungsdraht durch eine zweite Oeffnung. Der Draht setzt sich in einer isolirten Verbindung zu einem Meßsystem mit Spiegelgalvanometer fort. Die Stützen der Isolatoren sind mit der Wasserleitung verbunden. Im oberen Theile des Schrankes befindet sich ein Zinkgefäß mit siebartig durchlöchertem Boden; wird aus der Wasserleitung Wasser eingelassen, so entsteht ein feiner Regen, im untern Theile des Schrankes fließt das Wasser ab. Die Messungen können bei verschiedenen Feuchtigkeits- und Wärmegraden den wirklichen Verhältnissen entsprechend ausgeführt werden und liefern die richtigen Uebergangswiderstände.

(635) **Leitungsdraht.** Verzinkter Eisendraht. Am häufigsten verwendet werden Drähte von 5, 4, 3, 2½ mm Durchmesser, außerdem 2 mm Draht für die Bindungen, 1,7 mm zur Fertigung der Wickellöthstellen.

Nr. der Millimeter-Lehre	Durchmesser mm	Gewicht für 1000 m	Absolute Festigkeit kg	Anzahl der Torsionen auf eine Länge von 15 cm	Ungefährer Preis für 100 kg ℳ	Bemerkung
50	5	150	785	13	25,5—29,5	Nach Mittheilung der Firma Felten und Guilleaume zu Cöln.
40	4	100	502	14	27—31	
30	3	55	283	—	31—35	
25	2,5	38	196	20	34—38	
20	2	24	125	20	37,5—41,5	
17	1,7	18	90	22	41—45	

Bei der Prüfung auf Torsion wird ein gerades Drahtstück auf 15 cm freie Länge eingeklemmt und regelmäßig (gewöhnlich mit 15 Umdrehungen in 10 Secunden) tordirt. Bis ein Bruch eintritt, muß der Draht die in der Tabelle angegebene Zahl Torsionen aushalten.

Zinküberzug. Der Zinküberzug darf beim Biegen des Drahtes nicht abblättern, wenn ein Draht auf einen andern von gleicher Stärke auf 15 cm mit 6 fest anliegenden Gängen aufgewunden wird.

Der Ueberzug muß ferner 7 Eintauchungen von je einer Minute Dauer in eine Lösung von 1 Gewichtstheil Kupfervitriol in 5 Gewichtstheilen Wasser aushalten, ohne daß sich eine zusammenhängende Kupferhaut bildet.

Bau der Linien und Leitungen. 501

Leitungswiderstand (abgerundet) verschiedener eiserner Telegraphendrähte, auf 1 km und bei 15° C.

Durchmesser	Widerstand von 1 km in	
	SE	Ohm
2 mm	51,6	48,7
3 „	23,0	21,7
4 „	12,9	12,2
5 „	8,3	7,8
6 „	5,7	5,4

Broncedraht. In neuerer Zeit wird zu Fernsprechleitungen fast lediglich Broncedraht (Hartkupfer) benutzt. Die deutsche Reichs-Telegraphen-Verwaltung verwendet:

Broncedraht von 3 mm Durchmesser für Fernsprechverbindungsanlagen von 150 km Länge ab;
„ von 2 mm Durchmesser für Verbindungsanlagen von geringerer Länge;
„ von 1,5 mm Durchmesser für Anschlußleitungen in Städten und in Bezirksnetzen, sowie als Bindedraht.

Die absolute Festigkeit muß betragen:

bei dem Draht von 3 mm Durchmesser mindestens 350 kg
„ „ „ „ 2 „ „ „ 157 „
„ „ „ , 1,5 „ „ „ 120 „

Der Leitungswiderstand darf höchstens betragen:

bei dem Draht von 3 mm Durchmesser 2,9 SE
„ „ „ „ 2 „ „ 6,5 „
„ „ „ „ 1,5 „ „ 16,9 „

für das km.

Compounddraht. Diese Bezeichnung führen Leitungsdrähte, die aus einer mit Bronce umpressten Stahlseele bestehen und in der Weise hergestellt werden, daß ein starker, mit Bronce umgossener Stahlstab zu Draht ausgewalzt wird.

Die Fabrikanten Felten & Guilleaume in Mülheim (Rhein) fertigen Compounddrähte, bei denen sich die Querschnittsfläche des Stahles zu der Querschnittsfläche der Bronce wie 1 : 1,4634 verhält. Ein Compounddraht von 3 mm Durchmesser besteht danach:

aus einer Stahlseele von 2,87 qmm,
„ „ Broncehülle „ 4,20 „

Meistens werden Compounddrähte von 3 und 1,5 mm Durchmesser verwendet.

	Bruchfestigkeit für 1 qmm in kg-Gewicht	Leitungswiderstand bei + 15° C. in SE
3 mm	50	bis 4,3
1,5 „	60	„ 17,15.

(636) Vergleichende Zusammenstellung der Versuchsergebnisse mit Telegraphen- und Telephondrähten.
(Angestellt in der Fabrik von Felton & Guilleaume zu Mülheim a. Rh.)

Drahtsorten	Bruchfestigkeit für 1 qmm in kg	Bruchfestigkeit des Drahtes von				Widerstand für 1 km bei + 15° C.				Leitungsfähigkeit im Verhältnis zu Kupfer in %
		4 mm	2,5 mm	2 mm	1,25 mm	4 mm	2,5 mm	2 mm	1,25 mm	
		kg	kg	kg	kg	Ohm	Ohm	Ohm	Ohm	
Kupferdraht { weich	28	352	137	88	34	1,31	3,4	5,4	13,8	100
Kupferdraht { hart	45	566	221	141	55	1,38	3,6	5,7	14,5	95
Siliciumbronze- } für Telephonie	80	1005	393	251	98	3,1	8,2	12,8	32,8	42
draht } für Telegraphie	45	566	221	141	55	1,38	3,6	5,7	14,5	95
	56	720	275	176	69	1,6	4,3	6,7	17,2	80
Verzinkter schwedischer { weich	36	452	176	113	44	7,97	20,9	32,6	83,6	16,5
Hammereisendraht { hart	50	628	245	157	61					
Verzinkter schwedischer { weich	40	502	196	126	49	8,2	21,5	33,7	86,1	16
Bessemerstahldraht { hart	60	754	294	188	73					
Verzinkter deutscher { weich	40	502	196	126	49	9,4	24,6	38,5	98,5	14
Holzkohleisendraht { hart	55	690	270	173	67					
Verzinkter Siemens- } weich	42	528	206	132	51	9,9	25,9	40,5	103,6	13,3
Martin Flußeisendraht } hart	65	816	319	204	79					
Verzinkter Kokeseisendraht, weich	40	502	195	126	49	11,0	28,7	44,9	115	12
Verzinkter Patent- } weich	95	1193	466	298	116	12,5	32,8	51,3	131	10,5
Gußstahldraht } hart	140	1758	686	440	171	13,8	36,3	56,7	145,1	9,5

Bau der Linien und Leitungen. 503

(637) Tabellen über blanke Leitungsdrähte.

Broncedraht für Fernsprechleitungen.
von Felten & Guilleaume in Mülheim a. Rhein.

Qualität	Eigenschaften		Drahtstärke in mm								
			3	2,5	2,0	1,5	1,4	1,3	1,2	1,1	1,0
1	Specifisches Gewicht	8,89	Ungefähres Gewicht von 1000 m Draht in kg	63,00	43,75	28,00	15,75	—	—	—	—	—
2		8,87		62,70	43,50	27,85	15,70	—	—	—	—	—
3		8,70		—	—	—	15,35	13,45	11,50	9,80	8,20	6,80
4		8,88		—	—	—	15,70	13,75	11,80	10,05	8,50	7,00
5		8,88		—	—	—	15,70	13,75	11,80	10,05	8,50	7,00
1	Bruchlast für 1 qmm	kg 46	Bruchfestigkeit in kg-Gew.	325	226	144	82	—	—	—	—	—
2		50		354	246	157	89	—	—	—	—	—
3		70		—	—	—	124	108	93	79	67	55
4		70		—	—	—	124	108	93	79	67	55
5		80		—	—	—	142	123	106	90	76	63
1	Leitungsvermögen	% 96	Leitungswiderstand von 1000m in Ohm bei + 15° C.	2,5	3,6	5,6	10,0	—	—	—	—	—
2		85		2,8	4,1	6,3	11,2	—	—	—	—	—
3		60		—	—	—	16,0	18,3	21,25	25,0	29,7	35,9
4		40		—	—	—	23,9	27,5	31,8	37,4	44,5	53,9
5		30		—	—	—	31,9	36,6	42,5	49,9	59,4	71,8

Die Ausdehnung bis zum Bruch beträgt in Max. {bei 1 u. 2: 1,5%
„ 3, 4 u. 5: 1,0%.

Bau der Linien und Leitungen.

Doppelbroncedraht (Patent angemeldet)
der Firmen Felten & Guilleaume in Mülheim a. Rhein
und Carl Berg in Eveking.

Drahtdicke in mm	4	3	2,5	2	1,5	1,0
Gewicht für 1000 m in kg	112	63	43,8	28	15,7	7
Bruchfestigkeit f. 1 qmm in kg	50	53	53	53	70	70
Bruchfestigkeit für den Draht in kg	630	372	260	170	125	55
Biegungen auf 150 mm Länge u. um 5mm Rad.	6	9	10	12	23	35
Leitungswiderstand in Ohm bei + 15° Celsius	1,6	2,9	4,1	6,3	15	35
Ausdehnung in Procent.	1—1½ %	1—1½	1—1½	1—1½	½—1	½—1

Patent-Siliciumbronce-Draht von Lazare Weiller,

Telegraphen-Qualität A

für Ueberland-Telephonie, -Telegraphie, elektr. Licht, elektr. Kraft-Uebertragung, Tiefsee-Kabel etc. (Nach Mittheilung des Herrn J. B. Grief).

Durchmesser in mm	Querschnitt qmm	Gewicht für 1 km (abgerundet) in kg	Absolute Festigkeit des Drahtes (Minimum) kg-Gew. auf 1 qmm	Widerstand bei 0° C. (Maximum) Ohm
5	19,63	175	853	0,84
4,5	15,90	142	691	1,04
4	12,57	112	546	1,32
3,5	9,62	86	423	1,73
3	7,07	63	310	2,35
2,5	4,91	44	218	3,40
2	3,14	28	141	5,31
1,5	1,77	16	79	9,45
1,25	1,23	11	56	13,64
1,1	0,95	8	43	17,58
1	0,78	7	36	21,28

Absolute Festigkeit für das qmm 44—46 kg, Spec. Gew. 8,91, Leitungsfähigkeit bez. auf Kupfer 97—99 %.

Die schwächeren Durchmesser werden auch zum Festbinden der Leitung an den Isolatoren, dann als Wickeldraht beim Britannia-Bund, verwendet.

Bau der Linien und Leitungen. 505

Telephon-Qualität A extra

für Telegraphen- und Telephon-Netze in Städten, Eisenbahn-Blocksignal-Leitungen, Feuerwehrtelegraphen-Anlagen, Förderseile etc.

Durchmesser in mm	Querschnitt qmm	Gewicht für 1 km (abgerundet) in kg	Absolute Festigkeit des Drahtes (Minimum) kg-Gew. auf 1 qmm	Widerstand bei 0° C. (Maximum) Ohm
3	7,07	63	480	5,30
2,5	4,91	44	343	7,65
2	3,14	28	226	11,95
1,5	1,77	16	130	21,25
1,25	1,23	11	91	30,65
1,1	0,95	8	72	39,65
1	0,78	7	60	47,83

Absolute Festigkeit für das qmm 70—80 kg, Spec. Gew. 8,91, Leitungsfähigkeit bez. auf Kupfer 43%.

Die L. Weiller'schen Drähte werden für vielerlei technische Zwecke von 0,05 mm (selbst noch dünner) in allen Stärken hergestellt und in verhältnifsmäfsig sehr langen Stücken geliefert. — Wenn für Leitungszwecke stärkere Querschnitte — als in diesen Tabellen vorgesehen — bedingt sind, ist es rathsam, anstatt massiver Stangen entsprechende Seile aus schwächeren Drähten anzuwenden.

Bruchfestigkeit und elektrischer Widerstand von Kupfer- und Bronce-Draht

des Heddernheimer Kupferwerkes von F. A. Hesse Söhne.

Durchmesser der Drähte in mm	Weicher Kupferdraht		Hartkupferdraht und Broncedraht A		Broncedraht B	
	Festigkeit in kg-Gew.	Widerstand in Ohm für 1 km	Festigkeit in kg-Gew.	Widerstand in Ohm für 1 km	Festigkeit in kg-Gew.	Widerstand in Ohm für 1 km
1,0	18,5	20,63	35,3	20,63	55,0	48,00
1,1	22,8	17,05	42,7	17,05	66,5	39,67
1,2	25,2	14,34	50,9	14,34	77,2	33,31
1,3	31,9	12,27	59,7	12,27	92,9	28,35
1,4	36,9	10,52	69,3	10,52	107,8	24,48
1,5	42,4	9,15	75,5	9,15	123,7	21,30
1,6	48,2	8,06	90,5	8,06	140,7	18,75
1,7	54,5	7,14	102,2	7,14	158,9	16,61
1,8	61,0	6,38	114,5	6,38	178,0	14,80
1,9	68,2	5,71	127,8	5,71	198,8	13,27
2,0	75,4	5,16	141,3	5,16	219,8	12,01
2,1	83,0	4,68	155,7	4,68	242,2	10,89
2,2	91,2	4,26	171,0	4,26	266,0	9,92
2,3	99,7	3,90	187,0	3,90	290,8	9,08
2,4	108,5	3,58	203,4	3,58	316,4	8,34

Bruchfestigkeit und elektrischer Widerstand von Kupfer- und Bronce-Draht
des Heddernheimer Kupferwerkes von F. A. Hesse Söhne.

Durch-messer der Drähte in mm	Weicher Kupferdraht		Hartkupferdraht und Broncedraht A		Broncedraht B	
	Festigkeit in kg-Gew.	Widerstand in Ohm für 1 km	Festigkeit in kg-Gew.	Widerstand in Ohm für 1 km	Festigkeit in kg-Gew.	Widerstand in Ohm für 1 km
2,5	117,8	3,31	221,0	3,31	343,7	7,68
2,6	127,4	3,06	239,0	3,06	371,7	7,10
2,7	137,5	2,83	257,8	2,83	401,1	6,58
2,8	147,8	2,63	277,2	2,63	431,2	6,12
2,9	158,4	2,45	297,0	2,45	462,0	5,71
3,0	169,7	2,29	318,2	2,29	494,9	5,33
3,1	181,2	2,13	339,8	2,13	528,5	4,99
3,2	193,0	2,01	361,8	2,01	562,8	4,69
3,3	205,2	1,89	384,8	1,89	598,5	4,41
3,4	217,9	1,78	408,6	1,78	635,6	4,15
3,5	230,9	1,68	432,9	1,68	673,4	3,89
3,6	244,3	1,59	458,1	1,59	712,6	3,70
3,7	258,0	1,51	483,7	1,51	752,5	3,51
3,8	272,2	1,43	510,3	1,43	793,8	3,32
3,9	286,8	1,36	537,8	1,36	886,5	3,15
4,0	301,7	1,29	565,6	1,29	880,0	3,00

Der mittlere Widerstand des Kupferdrahtes, sowie des Broncedrahtes A von 1 qmm Querschnitt und 1 m Länge ist angenommen zu 0,0162 Ohm und der des Broncedrahtes B zu 0,0377 Ohm bei 0° Celsius.

Festigkeit des Broncedrahtes A für das qmm 45 kg,
„   „   „   B „ „   „   70 „
Leistungsfähigkeit des Broncedrahtes A beträgt 57 „
„   „   „   B „   25 „

in Bezug auf Quecksilber (97 bzw. 42 %, in Bezug auf Kupfer).

(638) Verbindungsstellen. Die Verbindungsstelle muß mindestens die absolute Festigkeit und Leitungsfähigkeit gewährleisten, wie der Draht selbst. Eine gute Verlöthung ist daher nothwendig.

Bei Eisendrahtleitungen ist die Wickellöthstelle (Britanniaverbindung) bequem. Beide Enden der Leitung werden unter rechtem Winkel umgebogen, bis auf 2 mm hohe Nocken abgefeilt und auf 7,5 cm übereinandergelegt, so daß die aufgebogenen Enden entgegengesetzt abstehen. Dann sind die Enden mit 1,7 starkem Wikeldraht in eng liegenden Windungen fest zu umwickeln, der Wickeldraht muß über die Nocken hinaus noch jedes Ende in 7—8 Windungen umgeben. Die Stelle ist zu verlöthen. (Löthzinn 3 Theile Blei, 2 Theile Zinn.)

Bei Bronceleitungen muß man Sorge tragen, daß die Verbindungsstelle nicht stark erhitzt wird, weil sonst der Draht an Festigkeit einbüßt. Man fertigt deshalb die Verbindungsstelle an einem Isolator, wo beide Drahtenden um den Hals des Isolators gelegt und dann um den Draht einigemale selbst gewunden werden; nur die bis vor den Isolator gebogenen Enden werden verlöthet.

(639) Materialienbedarfsangaben. 1. Stangen. Mit 16 Stangen reicht man im Durchschnitt für das Kilometer völlig aus. Die Abstände wählt man bei Anwendung von Eisendraht in gerader Linie bis zu 75 m, ausnahmsweise größer, in Curven je nach dem Krümmungsradius. Wird Stahldraht benutzt, so kann man sehr große Intervalle (400 bis 500 m) anwenden.

2. Draht. Es wiegen 1000 m Eisendraht von

				Bedarf beim Bau
5 mm	Durchmesser	150	kg	158,0 kg
4 „	„	100	„	102,0 „
3 „	„	55	„	56,0 „
2,5 „	„	38	„	41,0 „

Für 100 Bindungen gebraucht man etwa 3,5 kg Draht von 2 mm Stärke.

Gewicht des Broncedrahtes ist aus (637) ersichtlich.

3. An Streben und Ankern sind 25% der Stangenzahl zu rechnen, für jede Strebe 2 Befestigungsschrauben von 15 cm Länge, für jeden Anker ein Ankerhaken. Die Anker werden aus 2 bis 4 fache 4 mm Draht gefertigt.

4. Als Wickeldraht für die Wickellöthstellen bei Eisendraht wird Draht von 1,7 mm benutzt, für Broncedraht 1,5 mm starker Broncedraht.

Herstellung der Linien und Leitungen.

(640) Setzen der Stangen. Die Einsatztiefe beträgt:

in ebenem Boden . . . $1/5$ der Länge,
in Böschungen . . . . $1/4$ „ „
in Felsboden . . . . . $1/7$ „ „

(641) Ausrüstung der Stangen mit Isolatoren. Der oberste Isolator wird 3 cm von dem tiefsten Punkte der Abschrägung am Zopf eingeschraubt. Bei Anbringung mehrerer Isolatoren werden diese gewöhnlich wechselständig eingeschraubt, d. h. abwechselnd nach der einen und anderen Seite zu. Entfernung zweier Isolatoren von einander: 24 cm.

(642) Spannung des Drahtes. a) Bei gleicher Höhe der Stützpunkte. Bedeutet: a Spannweite, l die Länge des Drahtes, f den Durchhang (Pfeilhöhe) in m, g das Gewicht von 1 m Draht in kg, S die Spannung am tiefsten Punkt in kg, so gelten die Näherungsformeln

$$l = a + \frac{8f^2}{3a}; \quad l = a + \frac{g^2 a^3}{24 S^2}; \quad S = \frac{g a^2}{8f}; \quad f = \frac{g a^2}{8 S}.$$

An den Aufhängepunkten ist die Spannung $S_1 = S + gf$.

508 Bau der Linien und Leitungen.

b) Bei ungleicher Höhe der Stützpunkte.

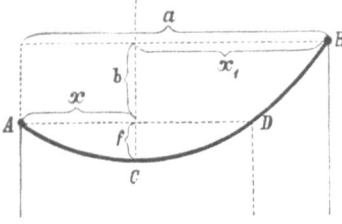

Der Durchgang ergiebt sich aus dem Werthe

$$x = \frac{ga^2 - 2Sb}{2ga}$$

indem man bei D einen ideellen Stützpunkt annimmt, sodaß b die Höhendifferenz bildet.

$$x_1 = \frac{ga^2 + 2Sb}{2ga}.$$

Fig. 195.

Durchhangstabelle für Eisendrähte.

Zur Bestimmung des Durchhanges benutzt man folgende abgerundete Angaben (für Draht von 4—5 mm):

Temperatur		Durchhang in cm (abgerundet) bei einer Spannung von				
R.	C.	100 m	75 m	60 m	50 m	40 m
− 20	− 25	97	55	35	24	16
− 15	− 18 bis 19	111	68	47	36	26
− 10	− 12 bis 13	123	78	57	45	34
− 5	− 6 bis 7	134	88	65	52	40
0°	0°	144	96	73	58	45
+ 5	+ 6 bis 7	153	104	79	64	50
+ 10	+ 12 bis 13	162	112	85	69	54
+ 15	+ 18 bis 19	171	119	91	74	58
+ 20	+ 25	179	125	97	79	62
+ 25	+ 30 bis 31	186	131	102	83	66

Durchhangs-Tabellen für Silicium-Broncedraht.
(Zeitschr. für Elektrotechn. 1886, S. 140.)

A. Silicium-Broncedraht für Telephon (1—1,5 mm).

Temperatur C.	Durchhang in cm für Spannungen von										
	300	275	250	225	200	175	150	125	100	75	50
	Meter										
− 25	330	280	230	185	146	112	82	56	36	20	8
− 20	353	299	246	197	156	120	88	60	39	21	9
− 15	377	318	262	209	167	128	94	64	42	23	9
− 10	400	330	278	220	177	130	100	68	44	24	10
− 5	424	349	294	239	188	144	106	72	47	25	11
0°	448	369	310	250	198	152	112	76	49	27	11
+ 5	472	388	327	264	209	160	118	80	52	29	12
+ 10	495	416	343	278	220	168	123	85	55	30	13
+ 15	506	422	349	282	226	171	126	87	57	32	14
+ 20	513	429	356	289	231	176	129	90	60	33	15
+ 25	521	436	362	294	235	180	133	93	62	35	15
+ 30	528	443	368	299	239	183	136	94	63	36	16

Bau der Linien und Leitungen.

B. Silicium-Broncedraht für Telegraphenleitungen
(1,5—2,5 mm).

Tempe-	Durchhang in Centimetern für Spannungen von						
ratur	150	125	100	75	60	50	40
C.				Meter			
— 25	137	94	62	34	22	16	10
— 20	148	101	66	36	23	17	10
— 15	156	108	71	39	25	18	11
— 10	167	115	75	41	26	19	12
— 5	175	122	79	43	28	20	13
0°	185	129	84	46	30	21	14
+ 5	197	135	88	49	31	22	15
+ 10	206	143	92	52	33	23	16
+ 15	212	147	95	54	35	25	17
+ 20	221	153	99	57	37	26	18
+ 25	228	158	102	59	39	27	20
+ 30	236	162	105	62	40	28	21

(**643**) Zulässige Maximalspannung bei Eisendrähten ($^1/_3$ der Festigkeit).
Bei 5 mm starker Leitung rund 260 kg
„ 4 „ „ „ „ 165 „
„ 3 „ „ „ „ 95 „
„ 2,5 „ „ „ „ 65 „

(**644**) Verhinderung des Tönens der Leitungen. Zur Verhinderung des Tönens der Leitungen ist vor Allem schlaffe Drahtspannung zu empfehlen.
Außerdem wird die Leitung bei der Bindung im seitlichen Drahtlager mit einem 10 cm langen, 15 mm starken, geschlitzten Gummicylinder umgeben, welcher mit Bleiblech (2 mm stark) umpreßt wird. Auf 1—1$^1/_2$ m Entfernung von jeder Seite des Isolators wird ebenfalls ein solcher Gummicylinder angebracht und mit Bindedraht befestigt. Ein weiteres Mittel bilden die sog. Preßleisten (30 cm lang, 5 cm breit, 2$^1/_2$ cm stark, aus Eichenholz). Zwischen je zwei wird die Leitung eingepreßt durch 6 starke Holzschrauben.
Das beste Mittel ist der sog. Kettendämpfer, d. h. die Zwischenschaltung einer 1 m langen Kette, deren Enden mit Laufringen versehen sind. Die Kette wird an einem Isolator befestigt; an den Laufringen endet beiderseits die Leitung. Ein Hilfsdraht zwischen den Enden der Leitung vermittelt die sichere Stromführung. (Näheres siehe Grawinkel, Telephonie und Mikrophonie, Berlin bei Springer).

Belastung der Constructionen.

(**645**) Vertical wirkende Belastung einer Stange. (Nach Zetzsche, Handbuch, III. Bd.)

P die zulässige Belastung in der Richtung der Stangenaxe in kg,

Bau der Linien und Leitungen.

h die mittlere Entfernung des Angriffspunktes vom Fußpunkt in cm,
E der Elasticitätsmodul,
J das Trägheitsmoment des Querschnittes der Stange (S. 28).

$$P = \frac{1}{n} \frac{E \cdot J \pi^2}{4 h^2}$$

wo $n = \frac{1}{10}$ (für Holz)

$$J = \frac{\pi d^4}{64} \, (d = \text{Durchmesser})$$

$$E = 110\,000 \text{ kg für 1 qcm.}$$

Kommen schmiedeeiserne Rohrständer zur Verwendung (bei Stadtfernsprecheinrichtungen), so ist

$n = \frac{1}{6}$, $E = 2$ Millionen kg für 1 qcm, $J = \frac{\pi}{64} (D^4 - d^4)$

wenn D der äußere, d der innere Durchmesser des Rohres ist.

(646) Horizontal wirkende Belastung. Winddruck. Trifft der Wind eine Fläche normal und bedeutet

F deren Inhalt in qm,
D den Druck in kg,
v die Geschwindigkeit in m in der Secunde,
g das Gewicht von 1 cbm Luft in kg,

so ist
$$D = F v^2 g \, C,$$

wenn C einen mit der Größe der Fläche etwas veränderlichen Coefficienten bedeutet. Näherungsweise setzt man $D = 0{,}122 \, v^2 \, F$. Ist die getroffene Fläche cylindrisch, so ist (nach d'Aubuisson)

$$D = 0{,}085 \, v^2 \, F^{1,1}.$$

Für Mitteleuropa kann man als größte Windgeschwindigkeit 16 m in der Secunde annehmen.

(647) Zug in Winkelpunkten. Bezeichnet R die resultirende Kraft, P_1 und P_2 die auf eine im Winkelpunkt stehende Stange ausgeübten Spannungen des Drahtes, a den von den Drähten gebildeten Winkel, so ist vgl. (16)

$$R = \sqrt{P_1{}^2 + P_2{}^2 + 2 P_1 P_2 \cos \alpha}$$

und wenn die Spannungen gleich sind, so daß $P_1 = P_2 = P$,

$$R = 2 P \cos \frac{\alpha}{2}.$$

In Curven bestimmt man den Winkel, welchen Stangen bilden, aus dem Intervall a und dem Curvenradius r durch die Formel

$$\cos \frac{\alpha}{2} = \frac{a}{2r} \text{ und } a = 2r \cos \frac{\alpha}{2}.$$

Bau der Linien und Leitungen. 511

In der Praxis wendet man meistens die Bestimmung der Ergebnisse durch Construction an.

Nachstehende Tabelle dient zur Auffindung des Factors $2 \cos \frac{\alpha}{2}$ (vgl. Zetzsche, Handbuch III).

α	$2 \cos \frac{\alpha}{2}$	α	$2 \cos \frac{\alpha}{2}$
0	2,000	110	1,147
10	1,992	120	1,000
20	1,970	130	0,845
30	1,932	140	0,684
40	1,879	150	0,518
50	1,813	160	0,347
60	1,732	165	0,261
70	1,638	170	0,174
80	1,532	175	0,087
90	1,414	180	0,000
100	1,286		

(648) **Zulässiger Abstand der Stangen in Curven.** Ist r der Curvenradius in m, W das Widerstandsmoment des Querschnittes, b die zulässige Beanspruchung des Materiales für die Querschnittseinheit, S die Drahtspannung und h die Länge des Hebelarms in cm, so berechnet sich der Abstand in m auf

$$\frac{r b W}{h S}.$$

Widerstandsfähigkeit der Constructionen.

(Nach Handbuch von Zetzsche, Bd. III.)

(649) **Stangen.** Wirkt eine Kraft P am Hebelarm h senkrecht zur Stangenaxe und eine Belastung v in der Richtung zur Axe, so ist die gesammte Beanspruchung des Querschnittes an der Befestigungsstelle

$$B = \frac{Ph}{w} + \frac{v}{Q},$$

wenn w das Widerstandsmoment des Querschnittes, Q den Querschnitt bedeutet. Der Werth w ist für

kreisförmigen Querschnitt $= \frac{\pi d^3}{32}$

ringförmigen „

(bei Rohrständern) $= \frac{\pi}{32} \frac{(D^4 - d^4)}{D}$

zu setzen.

512 Bau der Linien und Leitungen.

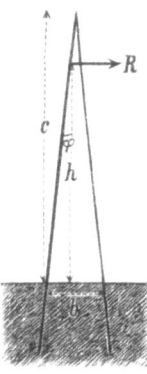

Fig. 196.

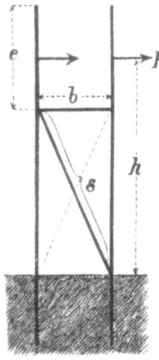

Fig. 197.

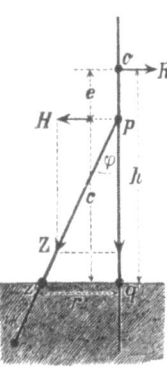

Fig. 198.

Die zulässige Inanspruchnahme (Grenze für B) ist

bei Holz . . . . . . 75 kg für das qcm
„ Schmiedeeisen 750 „ „ „ „

Die Beanspruchung ist in allen Formeln für die Querschnittseinheit ausgedrückt.

(650) Doppelständer. Ohne Mittelriegel ist

$$B = R\left(\frac{h\cos\varphi + b\sin\varphi}{bQ} + \frac{h(c-h)}{cw}\right),$$

wenn R die resultirende Angriffskraft, h die Entfernung derselben vom Boden, φ den Winkel, den jede Stange der Construction mit der in ihrem Fußpunkt auf dem Erdboden errichteten Senkrechten bildet, c die Projection der Stangenlänge vom Boden ab auf diese Senkrechte, b die Auseinanderstellung der Fußpunkte am Erdboden bedeutet.

(651) Doppelgestänge. Hierfür ist

$$B = R\left(\frac{e}{2w} + \frac{2h}{sQ}\right),$$

wenn

e die Länge der Stangen über dem Mittelriegel bis zum Zopf,

h die Entfernung des Angriffspunktes der Kraft vom Fußpunkte der Stange,

s die Länge der Diagonalstrebe.

(652) Anker. Die gesammte Beanspruchung eines Ankers ist

$$B = \frac{32\,Re}{d^3\pi} + \frac{4\cotg\varphi\,R\left(1+\frac{3e}{2c}\right)}{d^2\pi}.$$

Die Beanspruchung B_1 des Querschnittes des Ankers (für die Querschnittseinheit) darf nur

$$= \frac{R\left(1+\frac{3e}{2c}\right)}{i\sin\varphi}$$

sein, wenn i den Querschnitt bedeutet. (Maße in cm).

(653) Strebe. Der zulässige Druck D, den die Strebe aushalten kann, ist

$$D = \frac{1}{n}\frac{\pi^3 E d^4}{32 s^2},$$

Bau der Linien und Leitungen. 513

wenn d der Durchmesser der Strebe,
s die freie Länge derselben,
n für Holzconstruction = 10,
E der Elasticitätsmodul ist.

Streben von 13—14 cm Durchmesser genügen für gewöhnliche Verhältnisse.

Leitungen mit isolirender Hülle.

Sollen Leitungsdrähte nicht an Stützpunkten mittelst besonderer isolirender Vorrichtungen festgelegt, sondern an Mauern, unter Fußböden u. s. w., im Erdboden oder unter Wasser fortgeführt werden, so erhält der Leiter in seiner ganzen Ausdehnung eine isolirende Hülle. Der Leiter besteht in solchen Fällen in der Regel aus Kupfer. Zum Schutz gegen mechanische Beschädigungen wird die so gebildete isolirte Ader oder ein aus mehreren Adern vereinter Strang mit einer Schutzhülle umgeben. Eine besondere Classe dieser so gefertigten Kabel bilden die Luftkabel für Fernsprechzwecke, welche durch die Luft geführt und an Stützpunkten festgelegt werden.

Nachstehend sind die gebräuchlichsten gut isolirten Leitungen und Kabel zusammengestellt.

Bei der Zusammenstellung ist keine Rücksicht auf Kupferdrähte, welche nur mit Baumwolle oder Seide umsponnen sind, genommen, da derartige Drähte in den verschiedenartigsten Stärken je nach den besonderen Zwecken zur Verwendung gelangen.

---

(654) **Tabellen über isolirte Leitungen.**

Isolirte Drähte mit Umspinnung oder Umwickelung von Felten & Guilleaume in Mülheim (Rhein).

Für Apparat-Verbindungen, Einführungen u. s. w.

Beschreibung der Umhüllung	Nr.	Guttapercha-Adern		Gewicht für 1000 m
		Drahtdicke mm	Aeußerer Durchm. mm	kg
mit Hanfgarn einfach umflochten und getheert	538	1,2	2,4	20,5
	539	1,5	3,4	34,5
	545	1,5	4,3	43,0
	546	1,5	5,5	56,5
mit Baumwollgarn einfach umsponnen und mit Hanfgarn umflochten und getheert	501	1,2	2,4	25
	547	1,5	3,4	41
	548	1,5	4,3	52
	549	1,5	5,5	68

Bau der Linien und Leitungen.

Isolirte Drähte mit Umspinnung oder Umwickelung von Felten & Guilleaume.

Für Apparatverbindungen, Einführungen u. s. w.

Beschreibung der Umhüllung	Nr.	Guttapercha-Adern		Gewicht für 1000 m
		Drahtdicke mm	Aeußerer Durchm. mm	kg
mit gummirtem Band einfach umwickelt	519	1,5	3,4	31
	523	1,5	4,3	39
	524	1,5	5,5	51
mit gummirtem Band doppelt umwickelt	529	1,5	3,4	39,5
	531	1,5	4,3	50
	532	1,5	5,5	55,5
mit getheertem Band einfach umwickelt	553	1,5	3,4	27
	554	1,5	4,3	34
	649	1,5	5,5	44
mit getheertem Band doppelt umwickelt	556	1,5	3,4	31
	557	1,5	4,3	39
	650	1,5	5,5	51
einfach mit getheertem Jutegarn umsponnen und mit gummirtem Band umwickelt	551	1,5	4,3	49
umsponnen wie vorstehend und 2mal mit Band umwickelt	552	1,5	4,3	62
einzeln mit farbiger Baumwolle einfach umsponnen und zusammen mit gummirtem Band doppelt umwickelt	540	2 Adern	0,9/1,8	33,8
	541	3 „	0,9/1,8	47,6
	542	4 „	0,9/1,8	61,0
	543	7 „	0,9/1,8	92,5
	544	14 „	0,9/1,8	170,0

Mit Guttapercha isolirte Drähte von Siemens & Halske.

Der Leiter besteht aus einem Kupferdrahte — massiver Leiter — oder aus mehreren Kupferdrähten — Litzenleiter —, derselbe ist mit Guttapercha umpreßt. B bedeutet: mit getheerter Hanfumspinnung und asphaltirt. BG bedeuten: mit getheerter Hanfumspinnung und Bandbewickelung aus gummirtem Calico. U bedeutet: mit getheertem Hanf umklöppelt.

Bau der Linien und Leitungen. 515

Mit einer Lage Guttapercha

Guttapercha-Ader Nr.	Anzahl der Drähte	Durchmesser jedes Drahtes mm	Gesammt-Kupfer-Querschnitt qmm	Aeußerer Durchmesser der Ader mm	Widerstand bei 15° C. für 1000 m Ohm	Nettogewicht für 1000 m kg
104	1	1	0,785	2,5	22,5	11,20
104 B	„	„	„	4,00	„	19,22
104 BG	„	„	„	4,10	„	19,52
104 U	„	„	„	4,50	„	19,06
105	1	1,5	1,76	3,25	10,0	22,38
105 B	„	„	„	4,75	„	32,50
105 BG	„	„	„	4,85	„	32,79
105 U	„	„	„	5,25	„	32,53
150	1	1,5	1,76	4,25	10,0	28,27
150 B	„	„	„	5,75	„	41,23
150 BG	„	„	„	5,85	„	41,53
150 U	„	„	„	6,25	„	41,62
300	7	0,25	0,33	3,00	60,0	9,71
300 B	„	„	„	4,50	„	19,19
300 BG	„	„	„	4,60	„	19,21
300 U	„	„	„	5,00	„	19,21

Mit zwei Lagen Guttapercha.

Guttapercha-Ader Nr.	Anzahl der Drähte	Durchmesser jedes Drahtes mm	Gesammt-Kupfer-Querschnitt qmm	Aeußerer Durchmesser der Ader mm	Elektrische Eigenschaften für 1000 m bei 15° C.		Nettogewicht für 1000 m kg
					mittlerer Leitungs-Widerstand Ohm	Minimal-Isolation Millionen Ohm	
13	3	0,66	1	4,25	17,45	500	22,19
13 B	„	„	„	5,75	„	„	35,15
13 BG	„	„	„	5,85	„	„	35,45
13 U	„	„	„	6,25	„	„	35,45
70	7	0,66	2,40	5,20	7,23	500	40,50
70 B	„	„	„	6,70	„	„	56,19
70 BG	„	„	„	6,80	„	„	56,19
70 U	„	„	„	7,20	„	„	56,90
72	7	0,66	2,40	7,20	7,23	500	59,92
72 B	„	„	„	8,70	„	„	81,22
72 BG	„	„	„	8,80	„	„	81,28
72 U	„	„	„	9,20	„	„	82,52

33*

Bau der Linien und Leitungen.

Gummi-Adern.

Der Leiter besteht aus einem verzinnten Kupferdrahte — massiver Leiter — oder aus mehreren verzinnten Kupferdrähten — Litzenleiter —, derselbe ist mit vulkanisirtem Gummi umgeben. *UO* bedeuten: mit getheerter Hanfumklöppelung und ozokeritirt.

Gummi-Ader Nr.	Anzahl der Drähte	Durchmesser jedes Drahtes mm	Gesammt-Kupfer-Querschnitt qmm	Aeußerer Durchmesser der Ader mm	Widerstand bei 15° C. für 1000 m Ohm	Nettogewicht für 1000 m kg
I	1	1,25	1,22	4	15,0	28,0
I UO	„	„	„	5,6	„	46,0
II	1	1,40	1,54	4,6	12,0	36,0
II UO	„	„	„	6,0	„	57,1
III	1	1,40	1,54	6	12,0	58,0
III UO	„	„	„	7,6	„	86,0
IV	3	0,90	1,90	5,6	10,0	50,0
IV UO	„	„	„	7,2	„	75,0

Isolirte Drähte mit Bleihülle von Siemens & Halske.

Patent-Bleileitungen.

Der Leiter besteht aus einem massiven Kupferdraht, welcher mit in Isolationsmasse getränktem Gespinnst umgeben und mit Blei umpreßt ist. Es werden Leitungen von 1; 1,5 und 2,5 qmm angefertigt. Aeußerer Durchmesser 5,13; 5,38; 5,79 mm. Widerstand für 1000 m bei 15° C.: 17,45; 11,63; 6,98 Ohm. Isolationswiderstand im Minimum: 700 Millionen Ohm für 1000 m. Gewicht 190, 205, 235 kg.

Bleirohr-Kabel von Siemens & Halske.

Dieselben werden entweder mit der Guttaperchaader 104 *B* oder 150 *B* hergestellt [vergl. Tabelle S. 515] und enthalten 1 bis 7 Adern.

Aeußerer Durchmesser bei Ader 104 *B*: 5,5; 9,8; 10,6; 11,2; 12,9; 12,9 mm; bei Ader 150 *B*: 7,2; 13,8; 15,2; 16,7; 18,5; 18,5 mm.

Die Adern sind verseilt, mit Jute umgeben und gemeinsam mit einem Bleirohr umpreßt.

Patent-Bleikabel von Siemens & Halske.

Aus den Patent-Bleileitungen [vergl. die vorstehenden Angaben] werden 1—7 adrige Bleikabel hergestellt und zwar:
 a) nur asphaltirte Kabel,
 b) Kabel mit offener Drahtbewehrung,
 c)   „   „   geschlossener Drahtbewehrung,
 d)   „   „   Bandbewehrung.

Die Kabel unter a) sind nur mit asphaltirter Jute umgeben, bieten daher gegen äußere mechanische Beschädigungen keine Gewähr. Dieselben sind jedoch öfter für die Führung von Leitungen in Holzkanälen unter Fußboden und dergl. zweckmäßig zu verwenden. Handelt es sich darum, einen leichten äußeren Schutz zu schaffen, so empfiehlt sich die Bauart b), wobei dünne

Bau der Linien und Leitungen. 517

Eisenschutzdrähte mit in die obige Asphalthülle einzuformen sind. Soll aber ein vollkommener mechanischer Schutz, eine wirklich widerstandsfähige Hülle vorhanden sein, so wähle man z. B. in den meisten Fällen, wo die Kabel in den Boden eingelegt werden, die Bauart c). Bei dieser umgiebt das Kabel eine geschlossene Schutzhülle stärkerer Eisendrähte, deren einer den anderen berührt. Bandbewehrung wird benutzt, wenn der Anwendungsfall dieser Bauart den Vorzug geben läßt Für kürzere Längen ist die Ausführung mit geschlossener Drahtbewehrung vorzuziehen.

Die Patent-Bleikabel können der Wärme sowohl wie der Kälte ohne Nachtheil ausgesetzt werden, bedürfen daher eines Schutzes nur in sofern, als ihre mechanische Sicherheit in Frage kommt. Man bettet dieselben daher in einer geringen Tiefe von 30 bis 40 cm im Boden ein; über Brücken, an Mauerwänden und dergl. aber führt man die Kabel frei. Die Herstellung der Verbindungsstellen erfordert nicht wie bei den Guttaperchakabeln eine gewisse Handfertigkeit, sondern kann von jedem aufmerksamen Arbeiter nach ganz einfachen Anleitung erfolgen. An den Enden der Kabel muß die Isolirschicht da, wo sie aus dem Bleirohr heraustritt, durch Anbringung sogenannter Endverschlüsse aus vulkanisirtem Kautschuk geschützt werden, oder es wird ein biegsamer, wasserdichter Lacküberzug aufgebracht, die Stelle mit Isolirband umwickelt und nochmals lackirt.

Bleikabel mit Guttapercha-Adern von Felten & Guilleaume
für Hausleitungen (kleinere Telephon- und Klingelleitungen).

Die einzelnen Adern bestehen aus einem 0,9 mm starken Kupferdraht, welcher bis zu einer Dicke von 1,8 mm mit Guttapercha isolirt und mit getheerter Baumwolle umspannen ist. Bei den mehradrigen Kabeln erhalten die Adern noch eine gemeinsame Umwickelung mit getheertem Band. Die Kabel enthalten 1 bis 7 Adern und werden mit einfachem oder doppeltem Bleimantel hergestellt. Gewicht für das km bei einfachem Bleimantel: 100, 160, 220, 250, 280, 350, 360 kg; bei doppeltem Bleimantel; 230, 330, 440, 500, 540, 690, 700 kg.

Schwere Telegraphen-Bleikabel
mit Felten & Guilleaume's imprägnirter Faser-Isolation. Doppelter Bleimantel, darüber Compound. 7 Kupferdrähte von 0,7 mm Stärke in jeder Ader. Aeußerer Durchmesser der Ader 5,2 mm.

Fabrik-Nummer der Kabel	Anzahl der Adern	Dicke jedes Bleimantels mm	Ein Meter Kabel wiegt circa kg
929	1	0,8	0,55
2525	2	1,0	1,20
836	3	1,0	1,20
930	4	1,0	1,40
931	5	1,0	1,60
2832	6	1,1	1,90
932	7	1,1	1,95

Leichte Telegraphen-Bleikabel

mit Felten & Guilleaume's imprägnirter Faser-Isolation. Doppelter Bleimantel, darüber Compound. 7 Kupferdrähte von 0,6 mm Stärke in jeder Ader. Aeußerer Durchmesser der Ader 4,8 mm.

Fabrik-Nummer der Kabel	Anzahl der Adern	Dicke jedes Bleimantels mm	Ein Meter Kabel wiegt circa kg
933	1	0,8	0,50
5482	2	1,0	1,10
934	3	1,0	1,10
935	4	1,0	1,25
936	5	1,0	1,45
2831	6	1,1	1,75
937	7	1,1	1,80

Telegraphen-Bleikabel für Einführungen und Zimmerleitungen von Felten und Guilleaume.

Die Kabel werden mit 1 bis 7 Adern hergestellt. Die einzelnen Adern bestehen aus einem 1,5 mm starken Kupferdraht, welcher bis zu einer Dicke von 4,3 mm mit Guttapercha isolirt und mit Jutegarn umsponnen ist. Bei den mehradrigen Kabeln erhalten die Adern noch eine gemeinsame Umwickelung mit getheertem Band unter dem Bleimantel. Gewicht für das km: 210, 410, 570, 660, 750, 930 und 960 kg.

Isolirte Drähte mit eiserner Schutzhülle.

Die Kupferseele besteht aus mehreren (3 bis 7) Kupferdrähten, meistens 0,7 mm stark. Die Umhüllung mit Guttapercha wird, nachdem die Seele des Kabels vorher durch erwärmtes Chatterton Compound gezogen ist, in concentrischen Lagen von 0,75—1 mm Stärke mittelst Umpressungsmaschinen aufgebracht.

Schutzhüllen. Gewöhnlich aus Jute und Eisen bestehend.

Die Guttaperchaadern werden unter geringem Drall zusammengedreht und mit Jutefäden verseilt. Jute häufig mit Holztheer getränkt. Soll die Schutzumspinnung dazu dienen, einem stärkeren Zuge zu widerstehen, so wird Manila-Hanf angewendet.

Zahl und Durchmesser der eisernen Schutzdrähte, welche um die verseilte Seele gelegt werden, ist sehr verschieden (vgl. die Angaben in den nachstehenden Tabellen).

Telegraphen-Kabel mit Guttapercha-Adern von Felten & Guilleaume.

a) Leichte Erdkabel mit Guttapercha-Adern.

Bewehrung aus verzinkten runden Eisendrähten, darüber Compound. 7 Kupferdrähte von 0,6 mm Stärke in jeder Ader. Aeußerer Durchmesser der Ader 4,3 mm.

Bau der Linien und Leitungen. 519

Fabrik-Nummer der Kabel	Anzahl der Adern	Bewehrung		Ein Meter Kabel wiegt circa
		Zahl der Drähte	Dicke der Drähte mm	kg
300	1	12	2,0	0,45
397	2	20	2,0	0,80
311	3	18	2,5	1,05
312	4	18	3,1	1,60
331	5	20	3,1	1,80
342	6	16	3,8	2,00
313	7	16	3,8	2,00

b) **Schwere Erdkabel mit Guttapercha-Adern.**

Bewehrung aus verzinkten runden Eisendrähten, darüber Compound. 7 Kupferdrähte von 0,7 mm Stärke in jeder Ader. Aeußerer Durchmesser der Ader 5,1 mm.

Fabrik-Nummer der Kabel	Anzahl der Adern	Bewehrung		Ein Meter Kabel wiegt circa
		Zahl der Drähte	Dicke der Drähte mm	kg
301	1	12	2,5	0,65
405	2	20	2,5	1,20
302	3	18	3,1	1,60
303	4	20	3,1	1,80
332	5	16	3,8	2,00
340	6	18	3,8	2,30
304	7	18	3,8	2,30

c) **Mittelschwere Unterwasserkabel mit Guttapercha-Adern.**

Bewehrung aus verzinkten runden Eisendrähten, darüber Compound. 7 Kupferdrähte von 0,7 mm Stärke in jeder Ader. Aeußerer Durchmesser der Ader 7,2 mm.

Fabrik-Nummer der Kabel	Anzahl der Adern	Bewehrung		Ein Meter Kabel wiegt circa
		Zahl der Drähte	Dicke der Drähte mm	kg
305	1	10	5,5	2,55
2003	2	14	5,5	3,70
2086	3	14	5,5	3,70
4243	4	15	5,5	4,00
4608	5	16	5,5	4,30
4609	6	18	5,5	4,90
4378	7	18	5,5	4,90

520 Bau der Linien und Leitungen.

d) **Schwere Unterwasserkabel mit Guttapercha-Adern**
Bewehrung aus verzinkten runden Eisendrähten, darüber Compound. 7 Kupferdrähte von 0,7 mm Stärke in jeder Ader. Aeußere Durchmesser der Ader 7,2 mm.

Fabrik-Nummer der Kabel	Anzahl der Adern	Bewehrung		Ein Meter Kabel wiegt circa kg
		Zahl der Drähte	Dicke der Drähte mm	
306	1	10	8,5	5,7
2004	2	11	8,5	6,3
307	3	11	8,5	6,3
308	4	12	8,5	7,0
2087	5	12	8,5	7,0
2088	6	13	8,5	7,6
309	7	13	8,5	7,6

Telegraphen-Kabel von Siemens & Halske.

a) Erdkabel.

Guttaperchakabel	Anzahl der Adern	Bewehrung			Maximal-Fabrikations-Länge	Nettogewicht für 1000 m
		Anzahl der Schutzdrähte	Durchmesser jedes Schutzdrahtes mm	Aeußerer Durchmesser des Kabels mm	m	kg
Ader 13						
4120	1	12	2	10,3	2000	374
4120 A	1	12	2	13,0	2000	464
4320	3	20	2	14,9	1800	703
4320 A	3	20	2	18,0	1800	838
4420	4	22	2	16,2	1800	786
4420 A	4	22	2	20,2	1800	931
4520	5	24	2	17,5	1800	888
4520 A	5	24	2	21,0	1800	1048
4725	7	22	2,5	20,2	1800	1208
4725 A	7	22	2,5	24,0	1800	1393
Ader 70						
5126	1	12	2,6	13,1	2000	621
5126 A	1	12	2,6	15,1	2000	741
5331	3	18	3,1	20,9	1800	1401
5331 A	3	18	3,1	25,0	1800	1591
5431	4	20	3,1	23,0	1800	1583
5431 A	4	20	3,1	27,0	1800	1793
5738	7	18	3,8	26,5	1250	2172
5738 A	7	18	3,8	30,5	1250	2412

Die Nummern ohne Zusatzbuchstaben haben blanke Bewehrung mit verzinkten Eisenschutzdrähten; die Nummern mit dem Buch-

Bau der Linien und Leitungen.

staben A asphaltirte Bewehrung, zwei Lagen Asphalt getrennt durch eine Jutelage.

Die Ader 13 hat einen Widerstand von 17,45 Ohm für 1 km bei 15° C.
„   „   70 „   „   „   „   7,23 „   „   „   „   „
Minimal-Isolation 500 Mill. Ohm.

b) Fluß- und Seekabel.

Guttaperchakabel	Anzahl der Adern	Bewehrung			Maximal- Fabrikations- Länge	Nettogewicht für 1000 m
		Anzahl der Schutzdrähte	Durchmesser jedes Schutzdrahtes	Aeußerer Durchmesser des Kabels		
Ader 72			mm	mm	m	kg
7154	1	10	5,4	27,6	1000	2049
7154 A	1	10	5,4	22,6	1000	2254
7186	1	10	8,6	37,4	900	5136
7186 A	1	10	8,6	41,0	900	5476
7386	3	11	8,6	39,9	750	5886
7386 A	3	11	8,6	44,0	750	6246
7486	4	12	8,6	41,9	700	6460
7486 A	4	12	8,6	47,0	700	6840
7786	7	13	8,6	46,1	600	7229
7786 A	7	13	8,6	51,0	600	7644

Wegen der Erklärung der Nummern und Buchstaben vgl. die vorige Tabelle.
Die Ader 72 hat einen Widerstand von 7,23 Ohm für 1 km bei 15° C.
Minimal-Isolation 500 Mill. Ohm.

Telephonkabel der Firma Felten & Guilleaume.

Die für Fernsprechzwecke dienenden Kabel sind entweder für Einzelleitungen oder Doppelleitungen bestimmt und werden sowohl als Luft- wie auch als Erdkabel hergestellt. Die Adern der inductionsfreien Kabel erhalten jede eine Stanniolbewickelung, außerdem werden mit den Adern mehrere blanke Kupferdrähte als Erdleitungen verseilt.

Nachstehend sind die Einzelheiten der Construction näher angegeben.

Zimmerleitungskabel für Fernsprech-Aemter.

Die Kupferdrähte von 0,8 mm Dicke sind mit paraffinirtem Baumwollgarn auf 1,8 mm Dicke isolirt, jede Einzelleitung ist mit Stanniol umwickelt. Die Leitungen sind um eine blanke Kupferleitung als Erdleitung verseilt und mit gummirtem Band umwickelt. Anzahl der Adern: 6, 9, 12, 16, 20 oder 24; Gewicht für das km: 75, 106, 140, 180, 225, 265 kg.

Telephon-Bleikabel für Einführungen und Zimmerleitungen.

Die einzelnen Adern bestehen aus einem 1 mm starken Kupferdraht, welcher bis zu einer Dicke von 2,8 mm mit Guttapercha isolirt und mit Baumwolle umsponnen ist. Bei den mehradrigen Kabeln erhalten die Adern noch eine gemeinsame Umwickelung mit getheertem Band unter dem Bleimantel. Anzahl der Adern: 1 bis 7. Gewicht für das km: 120, 240, 300, 430, 530, 540 kg.

Inductionsfreie Telephon-Bleikabel für Luft- und Erdleitungen (Einzelleitungen).

Die Kupferdrähte von 0,8 mm Dicke sind einzeln mit imprägnirtem Baumwollgarn auf 2,1 mm isolirt, jede einzelne Leitung mit Stanniol bewickelt, sämmtliche Leitungen mit 3 bezw. 4 blanken Kupferleitungsdrähten für die Erdleitungen verseilt, zusammen mit imprägnirtem Band umwickelt, und dann mit zwei Bleimänteln umpreßt. Für Luftleitungen werden die Kabel mit Band umwickelt, welches mit Bleiweiß getränkt ist, für Erdleitungen erhalten sie ein Asphaltband oder Compound-Ueberzug oder sie werden durch verzinkte Eisendrähte und Compound-Ueberzug geschützt.. Anzahl der Adern: 7, 14, 19, 27 oder 52.

Telephon-Bleikabel für Doppelleitungen.

Gruppensystem.

Die Kupferdrähte von 0,8 mm Dicke sind zweimal mit imprägnirtem Baumwollgarn auf 1,8 mm isolirt; außer dem zweiadrigen Kabel sind die Leitungen in den übrigen Kabeln zu je 4 (eine Gruppe) verseilt. Diese Einzelgruppen werden dann nach Erforderniß weiter zusammen verseilt, mit imprägnirtem Band umwickelt und mit 2 Bleimänteln umpreßt.

Für Luftleitungen sind die Kabel mit Band, welches durch Bleiweiß imprägnirt ist, umwickelt. Für Erdleitungen sind die Kabel mit Asphaltband bewickelt oder mit Compound überzogen. Anzahl der Adern: 2, 4, 3×4, 4×4, 5×4, 7×4, 12×4, 14×4, 16×4 oder 19×4.

Telephon-Bleikabel.

Gruppensystem.
(auch als Einzelleitungen zu verwenden.)

Construction: 28 Kuferdrähte von 1 mm Dicke mit imprägnirtem Baumwollgarn auf 2,8 mm isolirt, dann mit Stanniol einfach umwickelt, je 4 dieser Leitungen um einen blanken Kupferdraht von 1 mm Dicke verseilt (1 Gruppe), 6 dieser Gruppen um die 7. verseilt. Das Ganze mit imprägnirtem Band umwickelt, mit 2 Bleimänteln umpreßt.

Diese Kabel werden entweder mit einem Compound-Ueberzug oder mit einer Schutzhülle aus flachen oder runden verzinkten Eisendrähten versehen.

Die Abmessungen der flachen Drähte sind $4,7 \times 4,3 \times 1,7$ mm, die Stärke der runden Schutzdrähte beträgt 3,9 mm. Die Kabel mit flachen Schutzdrähten haben ein geringeres Gewicht (4000 kg für das km) als die Kabel mit runden Schutzdrähten (5200 kg für das km), lassen sich auch bequemer in Rohrstränge einziehen. In neuerer Zeit haben die Fabrikanten Felten & Guillaume ein Telephon-Bleikabel mit Papier- und Luftisolation zum Patent angemeldet, dessen Capacität nur halb so groß ist, wie die der bisher verwendeten Kabel. Die Zusammensetzung kann in Gruppen oder in anderer Weise erfolgen.

Telephon-Bleikabel der Firma Siemens & Halske.

Die für den Fernsprechverkehr bestimmten Telephon-Bleikabel werden für Einfachleitungen und Doppelleitungen angefertigt. Damit die Kabel für Einfachleitungen gegebenen Falles auch für Doppelleitungen benutzt werden können, wird die Anzahl der Leitungen im Allgemeinen als ein Vielfaches von 4 gewählt, jedoch werden auch Telephon-Bleikabel mit 1, 2 und 3 Leitungen hergestellt.

Telephon-Bleikabel für Einfachleitungen.

1. Construction C/90. Jede Leitung besteht aus einem massiven Kupferdraht von 1 mm Durchmesser, der mit mehreren Lagen getränkten Jutegarns auf 2,8 mm Durchmesser und dann mit einer Lage Staniol auf 2,9 mm Durchmesser besponnen ist. Je 4 Leitungen sind mit einem nicht isolirten Kupferdraht von 1 mm Durchmesser verseilt, und die so gebildeten Litzen werden weiter zu einer Kabelseele vereint, welche mit getränktem Band umsponnen und mit einem absolut wasserdichten Bleimantel umpreßt ist.

Diese Kabel werden für 4, 8, 12, 16, 20, 24, 28 und 48 Leitungen hergestellt.

Für 1000 Meter beträgt bei 15° C.:

    der Leitungswiderstand jeder Ader ungefähr 24,5 Ohm,
    die Ladungscapacität höchstens 0,25 Microfarad,
    der Isolationswiderstand mindestens 100 Mill. Ohm.

2. Construction C/91. Diese Construction, welche dem Bedürfniß entsprungen ist, Telephonkabel mit niedriger Ladungscapacität zu besitzen, ist der vorherigenannten ähnlich; jede Leitung besteht aus einem massiven Kupferdraht von 1 mm Durchmesser, der mit einer imprägnirten Schnur und einer imprägnirten Papierhülle besponnen ist, die dann mit einer Staniolschicht umgeben wird, so daß der Durchmesser ca. 3 mm beträgt. Je 4 solcher Leitungen sind wieder mit einem nicht isolirten Kupferleiter zu einer Litze verseilt und die so gebildeten Litzen werden zu einer Kabelseele vereinigt, welche mit getränktem Band umsponnen und mit einem Bleimantel umpreßt ist. Die Abmessungen dieser Kabel weichen von denen der vorhergehenden Construction nur um ganz geringe Größen ab. Die Kabel werden mit derselben Anzahl von Leitungen wie die der vorhergehenden Construction angefertigt.

Für 1000 Meter beträgt bei 15° C.:

    der Leitungswiderstand jeder Ader ca. 24,5 Ohm,
    die Ladungscapacität höchstens 0,12 Microfarad,
    der Isolationswiderstand mindestens 100 Mill. Ohm.

Telephon-Bleikabel für Doppelleitungen.

1. **Telephon-Bleikabel für eine Doppelleitung (concentrisches Doppelkabel).** Ein massiver Kupferdraht von 1 mm Durchmesser ist auf 3 mm Durchmesser mit imprägnirter Jute besponnen. Hierauf folgt eine Lage Staniol, auf welche 7 Kupferdrähte von je 0,4 mm Durchmesser gewickelt sind; darüber lagert wieder eine isolirende Jutebespinnung mit einem Durchmesser von 4,6 mm, die mit einem Bleimantel umpreßt ist, so daß der Gesammtdurchmesser 7 mm beträgt.

2. **Telephon-Bleikabel für mehrfache Doppelleitungen.** Je 4 Kupferleiter aus massivem Kupferdraht von 1 mm Durchmesser sind zu einer Litze verseilt unter Isolirung der Adern gegen einander. Die so gebildeten und mit einer weiteren Isolirschicht umgebenen Litzen werden, wie die Telephonkabel für Einfachleitungen, zu einer Seele vereint, mit Band umsponnen und mit einem Bleimantel umpreßt.

Diese Kabel werden für 2, 4, 6, 8, 10, 12, 14, 28 und 38 Doppelleitungen, d. h. für 4, 8, 12 etc. Einfachleitungen angefertigt; einer Vermehrung der Leitungen bis zu 100 Doppelleitungen stehen technische Gründe nicht entgegen, jedoch ist eine solche Vermehrung nicht rathsam.

Für 1000 Meter beträgt bei 15° C.:

> der Leitungs-Widerstand jeder einzelnen Leitung ca. 24,5 Ohm,
>
> die Ladungscapacität durchschnittlich 0,04 bis 0,05 Microfarad, (gemessen Ader gegen zugehörige Ader, nur Blei liegt an Erde;)
>
> der Isolationswiderstand mindestens 100 Mill. Ohm.

Die Doppelkabel unterscheiden sich in den Abmessungen nur um weniges von den Einfachkabeln mit gleicher Leitungszahl, d. h. mit der gleichen Anzahl Sprechkreise.

Alle diese Telephon-Bleikabel werden je nach der Verwendungsart unterschieden als:

a) Telephon-Bleikabel, blank,
b) „ „ asphaltirt (mit Jute oder Band),
c) „ „ mit Eisen(Façon)-Draht-Bewehrung, blank,
d) Telephon-Bleikabel mit Eisen(Façon)-Draht-Bewehrung, asphaltirt.

Bei den Kabeln unter a) bleibt der Bleimantel ohne jede Hülle; solche Kabel finden ihre Verwendung an Orten, die gegen chemische Einflüsse und mechanische Beschädigungen geschützt sind, so in Häusern. Die Kabel unter b) sind mit einer asphaltirten Jute- oder Bandbespinnung versehen; sie werden verwendet, wenn nur ein Schutz gegen chemische Einwirkungen nothwendig ist. Die Kabel unter c) sind mit einer compoundirten Papierhülle und einer asphaltirten Jutebespinnung umhüllt, welche dann mit einer Bewehrung von verzinkten Eisen(Façon)-Drähten umschlossen ist; diese Kabel finden ihre zweckmäßige Verwendung in Röhren,

Bau der Linien und Leitungen. 525

Kanälen, in welche sie sich leicht einziehen lassen. Die unter d) genannten Kabel endlich führen über der Eisendraht-Bewehrung noch eine asphaltirte Jutebespinnung mit einem Kalküberzug und sind für die Einbettung in die Erde geeignet.

Zu den Angaben über die Ladungswerthe der Telephon-Bleidoppelkabel für mehrfache Leitungen bemerkt die Firma Siemens & Halske, dafs diese Art der Ladungsmessung „eine Ader gegen die zugehörige Ader, nur Blei liegt an Erde" deshalb benutzt worden ist, weil sie für Doppelkabel die dem Fernsprechbetriebe entsprechende zu sein scheint. Vergleichende Versuche, die zwischen Telephon-Einfachkabeln und -Doppelkabeln von der Firma Siemens & Halske angestellt worden sind, scheinen diese Annahme zu unterstützen.

Herstellung einer unterirdischen Linie.

(655) **Legen von Landkabeln.** Einbettung auf 1—1 $\frac{1}{2}$ m Tiefe, Sohlenbreite des Grabens je nach Zahl der Kabel. Bei der Verfüllung des Grabens ist darauf zu halten, dafs das Kabel zunächst mit einer steinfreien Erd- oder Sandschicht bedeckt wird. Wo es zum Schutz gegen Aufgrabungen des Bodens (in Städten) erforderlich ist, wird das Kabel über der ersten steinfreien Erdschicht mit Ziegeln bedeckt. Man verlegt in Theilstrecken von etwa 800—1000 m, welche auf einen Haspel gewickelt sind. Das Gewicht eines vollen Haspels beträgt etwa 3250 kg (Kabel 7 Adern). Wo Bauwerke (Durchlässe etc.) passirt werden müssen, sind dieselben entweder zu umgehen oder es ist das Kabel entsprechend tief unter dem Bauwerk hinwegzuführen.

An solchen Stellen wird das Kabel durch besondere Schutzmuffen, aus je zwei Halbrohren bestehend, welche durch einen aufgetriebenen Ring zusammengehalten werden, geschützt. Bettungen in Cement sind unter allen Umständen zu vermeiden.

(656) **Legung von Flufskabeln.** Zweckmäfsig ist es, vor der Legung eine Rinne im Flufsbett auszubaggern, welche nach Einsenkung des Kabels meistens versandet. Zuweilen bringt man Muffen mit Kugelgelenken auf, aus je zwei zusammenschraubbaren Halbrohren bestehend. Die an einem Ende befindlichen Hohlkugeln einer Muffe passen in die gröfseren Kugeln der folgenden. An den Flufsufern wird das Kabel von Kabelhaltern gefafst. Die Halter bestehen gewöhnlich aus zwei mit Bolzen zusammenschraubbaren und mit einer Quernuth versehenen Balken, zwischen denen das Kabel festgeschraubt wird. Die Halter legt man am Ufer des Flusses gegen kräftige Widerlager aus Holz.

(657) **Legung von Kabeln in Röhren.** Für das Rohrnetz wählt man 3 m lange Eisenrohre, welche entsprechend tief verlegt und in welche die Kabel mittels eines eingelegten Hilfsdrahtes eingezogen werden. Die Weite der Rohre ist reichlich zu bemessen, damit das Einziehen der Kabel keine Schwierigkeiten bietet.

Dichtungen der Rohre erfolgen mit getheertem Hanf und Blei. In Abschnitten von je 200 m mündet der Rohrstrang in gemauerte Brunnen, welche zum Einziehen neuer Kabel, zur Untersuchung und zur Aufnahme der Verbindungsstellen von je zwei Kabelstücken dienen. (Vgl. Elektrot. Ztschr. 1880. S. 377 und Archiv f. Post u. Telegraphie 1891, S. 389 ff.)

526 Bau der Linien und Leitungen.

(658) **Die Verbindung von Kabeln mit oberirdischen Leitungen.** Die Kabel werden am besten in eine sog. Ueberführungssäule, welche aus zwei neben einander gestellten Stangen oder Kanthölzern herzustellen ist, hinaufgeführt. Im oberen Theile wird die Holzconstruction zu einem Kasten mit gut schließender Thür ausgearbeitet. Die Kabeladern enden in dem Kasten an Doppelklemmen auf isolirender Unterlage. Von den Doppelklemmen gehen Guttaperchadrähte aus und durch eingesetzte Ebonitrohre mit Glocken bis zu den oberirdischen Leitungen, welche von einer nahe an die Säule gestellten Stange bis zu kleinen, unterhalb der Ebonitglocken eingeschraubten Isolatoren geführt sind. Die Zuführungsdrähte werden mit den Leitungen gut verlöthet. Die Doppelklemmen in der Säule ermöglichen jederzeit eine Untersuchung der Kabeladern, zu welchem Zwecke auch eine gute Erdleitung von vorn herein an der Säule anzubringen ist.

Erforderlich wird die Anbringung eines Stangenblitzableiters für jede Ader. Die Blitzableiter werden an der nahe der Säule stehenden Stange befestigt. Die oberirdischen Leitungen müssen einige Intervalle vor der Säule abgespannt und in leichtere Leitung übergeführt werden. In ähnlicher Weise kann man einen Ueberführungskasten einrichten, z. B. an Tunnelportalen, Mauern, und zu diesem die Kabel in hölzernen Rinnen hinaufführen. Säulen und Kasten sind gegen Eindringen von Feuchtigkeit zu schützen.

(659) **Spleißung.** Die wichtigste Arbeit bei der Spleißung ist die Verbindung der Guttapercha-Adern. Die Kabelenden werden in etwa 30 cm Entfernung gut abgebunden, Schutzdrähte aufgebogen, Umspinnungen entfernt und die einzelnen Adern in der Weise behandelt, wie dies in der Figur in 7 Stadien angedeutet ist.

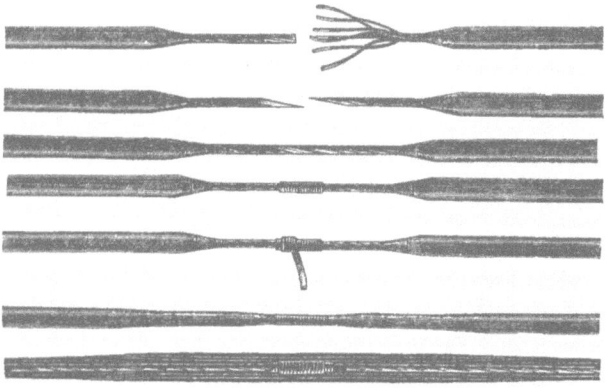

Fig. 199.

1. Adern abgeschnitten, von der Guttapercha befreit, auseinandergedreht und gereinigt.
2. Jedes Ende zu einem Draht verlöthet und abgeschrägt.
3. Sorgfältige Zusammenlöthung der abgeschrägten Enden.

Bau der Linien und Leitungen. 527

4. Erstmalige Bewickelung der Stoßstelle mit feinem Kupferdraht und Verlöthung.
5. Zweite Bewickelung mit feinem Kupferdraht, an beiden Ende über die erste Umwickelung hinaus und Verlöthung nur der übergreifenden Enden.
6. und 7. Aufbringung einer dünnen Schicht von Compound, dann von Guttaperchastreifen auf die Löthstelle, Vertheilung der Guttapercha nach Erwärmung unter Beihülfe von zugegebenem Compound.

Die Erwärmung geschieht mittels Naphta-Flamme. Jede Feuchtigkeit ist vorsichtig abzuhalten. Bildung von Luftblasen in der Masse ist sorgfältig zu vermeiden. Die einzelnen Löthstellen sind gegeneinander versetzt anzufertigen. Nach Verbindung der sämmtlichen Adern wird das Gespinnst in Ordnung gebracht, die Schutzdrähte werden entsprechend gebogen und passend umgelegt und die ganze Stelle mit Draht umwickelt. Zu größerem Schutz wird eine besondere aus zwei Längshälften bestehende Muffe aus verzinktem Eisen aufgesetzt und befestigt.

Bei der Verbindung zweier Adern wird ein kleiner Löthwinkel benutzt. Das Löthzeug besteht außer aus der Lampe aus einem Löthkolben und einem Glätteisen. Bei Spleißstellen in Unterwasserkabeln müssen die Schutzdrähte nach der Verlöthung so angeordnet werden, daß der Zug lediglich auf die Schutzdrähte einwirken kann. Die wechselseitig ineinander gelegten Schutzdrähte werden mit ihren über die beiden Wickelbunde (Abbindungen der Kabelenden) hinausstehenden Enden im rechten Winkel umgebogen, und dann wird zwischen den beiderseitigen Aufbiegungen eine dichte Umwickelung von starkem Draht hergestellt. Die Wickelung wird an den Enden durch eine zweite Lage Draht verstärkt, die Enden der Schutzdrähte werden rückwärts (nach der Mitte zu) ganz umgebogen und wieder mit Draht bewickelt. Prüfung während der Legung (siehe Kabelmessungen).

(660) **Legung von Bleirohrkabeln.** Bleirohrkabeln können im Erdboden mit oder ohne Verwendung von Rohrsträngen ausgelegt, auch an den Wänden befestigt oder unterhalb des Fußbodens in Canälen verlegt werden. Die Spleißung der Adern geschieht in ähnlicher Weise wie bei Adern der Landkabel unter Verwendung besonderer Muffen (siehe Luftkabel).

(661) **Die Aufhängung von Luftkabeln.** Die Luftkabel werden an Traglitzen aus Gußstahldraht aufgehängt. Die Traglitzen werden seitlich oder auf dem Kopfe der Stützpunkte befestigt und mit 2 % Durchhang gespannt. Zur Bestimmung des Querschnitts der Traglitze dient die Formel:

$$x = \frac{s\,g}{2 \cdot 4\,p - 0{,}008\,s}$$

wenn s die Spannweite in m, g das Gewicht von 1 m Kabel in kg, p den Durchhang in Procenten der Spannweite s bedeutet. In der Formel ist die Bruchfestigkeit des Drahtes mit vierfacher Sicherheit berechnet. Wird als Traglitze ein 7 adriges Seil verwendet, so ist der Querschnitt eines Drahtes $\frac{x}{7}$.

528 Betriebsstellen.

Zum Aufhängen des Kabels an der Traglitze dienen Traghaken aus verzinktem Bandeisen, welche in Abständen von 1 m aufgesetzt und am Kabel mit Bindedraht festgebunden werden. (Näheres vgl. Grawinkel, Telephonie und Mikrophonie, Seite 280 ff.)

(662) **Die Spleifsung der Luftkabel.** Die Spleißung der Luftkabel erfolgt unter Verwendung einer Muffe, welche nach der Spleißung übergeschoben und mit Isolationsmasse ausgegossen wird.

(663) **Die Einführung der Luftkabel.** An die Kabelenden kann man entweder unter Verwendung der Muffe ein Stück Kabel mit Gummiadern anspleißen, oder auf das Kabelende einen kleinen Trichter von Messing oder Weißblech, welcher mit einer Deckplatte aus Hartgummi mit entsprechenden Bohrungen für die Leitungen versehen ist, aufsetzen und mittels eines seitlich angebrachten Füllröhrchens mit einer Composition von 1 Theil Bienenwachs, 1 Theil Schellack und 4 Theilen Harz ausgießen.

Betriebsstellen.

(664) **Einführung.** Zur Einführung oberirdischer Leitungen in Telegraphenämter, die nicht mit Fernsprechern betrieben werden sollen, verwendet man am besten ein durch die Mauer geführtes Ebonitrohr mit Glocke. Unterhalb der letzteren enden die Leitungen an Isolatoren kleiner Form. Die Seele eines aus dem Zimmer durch Rohr und Glocke geführten Bleirohrkabels wird mit der Leitung gut verlöthet. Bei Fernsprechstellen erfolgt die Verbindung ebenfalls durch Bleirohrkabel, aber unter Verwendung einer Schutzglocke aus Ebonit, durch deren Kopf ein Draht führt, dessen oberes Ende mit der Leitung in Verbindung gebracht wird. Das umgebogene Bleikabel wird mit dem unteren, in der Höhlung der Glocke befindlichen Ende des Drathes verbunden, so daß der Mantel des Bleikabels sich noch innerhalb der Höhlung befindet. Das Bleirohrkabel wird ohne Verwendung eines Ebonitrohres nach außen geführt.

(665) **Zimmerleitung.** Für feuchte Räume verwendet man Bleirohrkabel, welches in Wandleisten oder mit Häkchen an der Wand befestigt wird. Ist von Feuchtigkeit Nichts zu befürchten, so nimmt man mit Baumwolle gut umsponnenen Kupferdraht von etwa 1,5 bis 2 mm Durchmesser. Unter allen Umständen ist bei Telegraphon-Anlagen das Ueberkleben der Drähte mit Tapete oder gar die Anbringung unter dem Kalkbewurf durchaus zu vermeiden, da hierdurch nur Fehlerquellen geschaffen werden und Schwierigkeiten bei Aufsuchung von Fehlern entstehen. Sollen die Leitungen nicht sichtbar sein, so müssen Rinnen im Verputz hergestellt oder ausgespart werden, in welche die Drähte oder Kabel zu liegen kommen und die mit Holzleisten bedeckt werden.

(666) **Tischleitung.** Wird entweder aus blankem oder umsponnenem Kupferdraht von 1,5 mm Durchmesser hergestellt.

(667) **Erdleitung.** Die beste Erdleitung für jede Anlage bildet die Wasserleitung, mit der ein Seil aus Kupferdrähten oder ein starker Kupferdraht gut zu verlöthen ist. Besondere Erdleitungen können in Eisen- oder Kupferplatten, auch in Drahtnetzen endigen

(vgl. Erdleitungen für Blitzableiter), die man in fließendes Wasser oder bis in das Grundwasser versenkt (u. U. in einen Brunnen).

Es ist ausdrücklich hervorzuheben, daß die in einzelnen Werken sich vorfindende Angabe, für Erdleitungen zu telegraphischen Zwecken bedürfe es keines **geringen Ausbreitungswiderstandes** (z. B. sei ein solcher bis 50 Ohm gestattet), **durchaus unrichtig ist**, weil die Erdleitung unbedingt auch wie eine **Blitzableiter-Erdleitung** wirken muß, wenn die in die Leitung gelangenden atmosphärischen Entladungen ohne Gefahr verlaufen sollen.

Der Widerstand ist daher so gering als möglich zu machen, u. U. durch verzweigte Erdleitungen.

Ueber die zweckmäßige Anordnung von Erdleitungen vergl. **Elektrot. Ztschr.** 1887, S. 115.

(668) Aufstellung der Batterie. Zur Unterbringung der Batterien ist weder ein feuchter, noch ein Raum zu wählen, wo im Winter das Einfrieren der Flüßigkeit etwa zu erwarten steht. Ebensowenig ist aber auch ein zu warmer oder ein dem beständigen Durchzug ausgesetzter Platz zu wählen, um das schnelle Verdunsten der Flüßigkeit zu hindern. Kleinere Batterien sind in Schränken, größere in Fachwerken unterzubringen.

Die gesammten Leitungen innerhalb eines Gebäudes müssen eine strenge Uebersichtlichkeit bieten, besonders sind Kreuzungen, wenn irgend möglich zu umgehen. Wenn dies nicht thunlich ist, und keine Bleirohrkabel zur Anwendung gelangen, sind kleine Holzplättchen zwischen den sich kreuzenden Drähten entsprechend anzubringen. Bei einer größeren Zahl von Leitungen ist die Anwendung von Führungsleisten erforderlich (in Telegraphenämtern stets).

Apparate.

(669) Allgemeines. Man kann Apparate benutzen, welche bleibende Schriftzeichen erzeugen oder welche die Zeichen dem Auge oder Ohr wahrnehmbar hervorbringen. Von der ersteren Classe werden am meisten benutzt die Systeme:

Morse
Estienne } für verabredete Schriftzeichen,
Siphon Recorder
Hughes oder Baudot für Typendruck.

Von der zweiten Classe:

Klopfer } für verabredete Zeichen,
Spiegelapparate
Mikrophone und Telephone für die Uebermittlung und Wiedergabe von Sprachlauten.

Zum Betriebe oberirdischer oder versenkter Leitungen kommen in der Regel Apparate nach den Systemen Morse, Estienne, Hughes, Baudot zur Verwendung, auch Delany's Vielfach-Apparat, Klopfer, Mikrophone und Telephone; für sehr lange versenkte Leitungen, besonders für Unterseeleitungen Siphon Recorder und Spiegelapparate. Zur automatischen Morsetelegraphie (Schnelltelegraphie) wird der Geber von Wheatstone mit polarisirtem Empfänger benutzt. Nachstehend sind einige Angaben über die über die genannten, sowie auch über andere neuere Systeme zusammengestellt.

Als Hilfsapparate treten für den Betrieb hinzu:

Galvanoskope, Umschalter, Relais, Blitzableiter, Wecker, Rheostaten, Condensatoren.

(670) Der Morseapparat. In Deutschland ist der sog. Normalfarbschreiber von Siemens am meisten in Gebrauch. Derselbe ist mit gebrochenem Hebel zur Einstellung für Arbeits- und Ruhestrom ausgestattet. Der Elektromagnet hat zwei hohle Schenkel von 16 mm äußerem Durchmesser und 5 mm Wandstärke. Anzahl der Drahtwindungen auf jedem Schenkel 6500 bis 7000. Stärke des Umwickelungsdrahtes jeder Rolle 0,2 mm, Länge 515 m, durchschnittlicher Widerstand 300 SE. Ein Normalfarbschreiber muß in einem Stromkreise von 5500 SE äußerem Widerstand mit 8 Meidinger-Elementen gut arbeiten. Geschwindigkeit des Streifens in der Minute etwa 160 cm, Laufdauer des Laufwerkes 23,7 Minuten. Das Alphabet besteht aus Punkten und Strichen, ein Strich soll die Länge von drei Punkten haben.

Das Morse-Alphabet.

Buchstaben

a	·—	o	———		
ä	·—·—	ö	———·		
b	—···	p	·——·		
c	—·—·	q	——·—		
d	—··	r	·—·		
e	·	s	···		
é	··—··	t	—		
f	··—·	u	··—		
g	——·	ü	··——		
h	····	v	···—		
ch	————	w	·——		
i	··	x	—··—		
j	·———	y	—·——		
k	—·—	z	——··		
l	·—··	å	·——·—		
m	——	ñ	—————		
n	—·				

Ziffern

1	·————
2	··———
3	···——
4	····—
5	·····
6	—····
7	——···
8	———··
9	————·
0	—————

Interpunktionen

Punkt	.	·····
Semikolon	;	—·—·—·
Komma	,	·—·—·—
Kolon	:	———···
Fragezeichen	?	··——··
Ausrufungszeichen	!	——··——
Bindestrich	-	—····—
Apostroph	'	·————·
Bruchstrich	—	——·———
Klammer	( )	—·——·—
Anführungszeichen	„ "	·—··—·

Betriebsstellen. 531

Dienstzeichen

Staats-Telegramm	s = · · ·
Eisenbahn-Betriebs-Telegramm	b = — · · ·
Amts-Telegramm	a = · —
Dringend	d = — · ·
Quittungszeichen	rrr = · — · · — · · — ·
Irrthum (Unterbrechung)	= · · · · · · · · · · · ·
Anruf	= — — · — · — ·
Schluß	= · — · · — ·
Verstanden	= · · · — ·
Warten	= · — · · ·
Neue Zeile (Alinea)	al = · — · — · ·
Unterstreichung (vor und hinter das Wort zu setzen)	unt = · · — — · —

Die Geschwindigkeit der Uebermittelung der Morsezeichen ist sehr schwankend und hängt nicht allein von der Geschicklichkeit des Beamten, sondern auch von der Empfindlichkeit, der genauen Einstellung der Apparate, von der Betriebsweise der Leitung (Arbeits- und Ruhestrom) und von den elektrischen Eigenschaften der Leitung ab.

Als mittlere Geschwindigkeit kann man 8—10 Worte in der Minute annehmen.

(671) Der polarisirte Doppelschreiber (System Estienne). Construirt nach dem System Morse, aber mit polarisirtem Anker: Besondere Schreibvorrichtung für den Punkt (Halbstrich) und für den Strich. Betrieb mit Wechselströmen von gleicher Dauer. Zu diesem Zwecke ist auch eine Doppeltaste vorhanden. Besondere Eigenthümlichkeit des Apparates ist die, daß er die Zeichen senkrecht zur Mittellinie des Papierstreifens liefert und zwar den Strich von doppelter Länge des Punktes (kurzen Striches). Durch die bequemere Stellung der Zeichen und die Zeichengebung bei gleich kurzer Dauer für Punkte und Striche wird eine größere Geschwindigkeit der Uebermittelung und bequemeres und schnelleres Ablesen der Telegramme erzielt.

(672) Der Siphon Recorder. Bei dem Siphon Recorder wird durch einen unter dem Einfluß eines feststehenden Magnetes leicht beweglichen Stromleiter der ganze zeitliche Verlauf von Wechselströmen auf einen gleichmäßig bewegten Papierstreifen aufgezeichnet. Unter Verwendung von Condensatoren werden dann Curvengebilde erhalten, aus denen das Alphabet nach Art der Morsezeichen zusammengestellt ist. (Siehe Fig. 200 Seite 532.)

(673) Der Typendrucker von Hughes. Hughes' Typendrucker wird für oberirdische und nicht sehr lange versenkte Leitungen sehr häufig verwendet. Jede Rolle des polarisirten Elektromagnetes besitzt 8500 Windungen, der Widerstand beider Rollen beträgt etwa 1000 SE.

Der sog. Schlitten des Apparates darf ohne Nachtheil für die Druckgeschwindigkeit so eingerichtet werden, daß die Lippe des Schlittens 4 Löcher der Stiftbüchse bedeckt, woraus hervorgeht, daß je der fünfte Buchstabe während eines Schlittenumlaufes gedruckt werden kann. Die Leistung des Apparates

34*

532   Betriebsstellen.

hängt nun von der Umlaufsgeschwindigkeit des Schlittens ab, welche in den Grenzen von 90—150 in der Minute (in der Regel 100—120) gehalten wird.

Die Dauer der Ströme im Hughes-Apparate hängt von der Umlaufsgeschwindigkeit und von der Länge der Lippe ab und beträgt, wenn die Lippe n Zwischenräume bedeckt:

$$D = \frac{n}{28\,u},$$

wenn u die Zahl der Umdrehungen für eine Secunde bedeutet.

Nach Blavier ist die theoretische Leistungsfähigkeit des Hughes auf 1,5 Buchstaben für jede Schlittenumdrehung zu veranschlagen. Dies ergiebt bei

100 Umdrehungen in der Minute 150 Buchstaben,
120   „   „   „   „   180   „

und wenn auf ein Wort durchschnittlich 5 Buchstaben und ein Trennungsintervall entfallen, bis zu 30 Worte. Die durchschnittliche Leistung ist geringer; sie beträgt etwa 60 Telegramme von 20 Worten in der Stunde, mit Rücksicht auf die nothwendigen Zusätze und Berichtigungen.

Das Alphabet des Recorders.

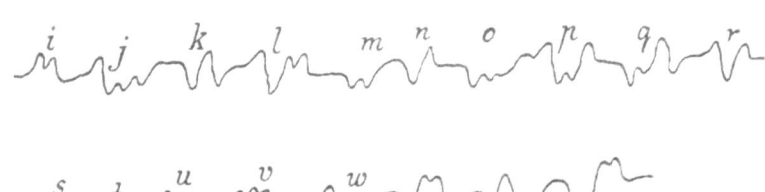

Fig. 200.

(674) **Der Typendrucker von Baudot.** Wird als doppelter oder vierfacher Typendrucker hergestellt und besteht aus dem Combinateur, dem Tastenwerk und dem Relais. Beruht auf Verwendung einer Vertheilerscheibe und Betrieb mit Strömen von abwechselnder Richtung. Das Tastenwerk besitzt 5 Tasten. Zum vierfachen Drucker sind erforderlich: ein vierfacher Vertheiler nebst Correctionsrelais, vier Gruppen von je 5 Relais, vier Druckapparate nebst vier Tastenwerken. Die Telegramme können alle in gleicher oder je zwei in entgegengesetzter Richtung abgegeben werden.

Betriebsstellen. 533

Bei 165 Umläufen der Scheibe soll die Sprechgeschwindigkeit betragen:

des Doppelapparates 3300 Worte in der Stunde,
„ Vierfachapparates 6600 „ „ „ „

(Näheres vgl. Elektrot. Ztschr. 1888, S. 329 ff.)

(675) Der Klopfer. Als Klopfer (sounder) werden laut anschlagende Relais benutzt, welche das Aufnehmen der Morsezeichen nach dem Gehör gestatten. Man kann dieselben unter Zuhilfenahme eines polarisirten Relais in einen Ortsstromkreis oder ohne Relais einschalten.

(676) Der Spiegelapparat. Construirt wie das Thomson'sche Spiegelgalvanometer. Der auf der Scala sich bewegende Lichtschein giebt je nach seinen Ausschlägen rechts oder links vom Nullpunkt der Scale die Elementarzeichen der Morseschrift, hervorgebracht durch Wechselstrom. Der Ausschlag links zeigt einen Punkt, der Ausschlag rechts einen Strich an.

(677) Der automatische Apparat von Wheatstone. Auf dem Lochapparat, welcher Löchergruppen in zwei Zeilen in den Papierstreifen stanzt, erfolgt die Vorbereitung der Telegramme. Die Abgabe der Telegramme bewirkt der Sender, durch den der Streifen mit regulirbarer Geschwindigkeit geleitet wird. Der Betrieb erfolgt mittels Wechselströmen, deren Abgabe in die Leitung zwei gegen den Streifen stoßende Hebel, welche einen Contacthebel beeinflussen, vermitteln. Als Empfänger wird ein polarisirter Farbschreiber mit regulirbarer Geschwindigkeit benutzt. Wesentliche Bedingung für den guten Betrieb ist eine Batterie mit geringem inneren Widerstand, am besten ist eine Sammlerbatterie. Die Anzahl der Worte, welche in der Minute übermittelt werden können, soll für Eisenleitungen $\frac{8\,800\,000}{C \cdot R}$ betragen, wo C die Capacität und R den gesammten Leitungswiderstand bedeutet. Als Maßwort gilt das Wort „Berlin". Zur Ausgleichung der Selbstinduction wird zweckmäßig zwischen Empfänger und Erde ein hoher Widerstand, zu dem ein Condensator im Nebenschluß liegt, geschaltet. Ist der Coefficient der Selbstinduction L, W der Widerstand und C die Capacität des Condensators, so soll $L = W^2 C$ sein. (Vergl. Elektrot. Ztschr. 1887, S. 480, sowie 1889, S. 214.)

(678) Der Undulator von Lauritzen (Zickzackschreiber) ist ein polarisirter Empfänger mit 4 Elektromagneten und wird besonders für Kabel bis 800 km Länge verwendet. Er arbeitet ebenso wie der Wheatstone mit Stromstößen wechselnder Richtung. Die Telegramme werden auch mit dem Sender von Wheatstone abtelegraphirt (automatisch). Der magnetische. hin- und hergehende Anker überträgt seine Bewegungen auf ein Schreibröhrchen, aus dem Anilintinte auf das Papier fließt. Empfindlichkeit ist sehr groß. (Elektrot. Ztschr. 1888, S. 507.)

(679) Der selbstthätige Typendrucker von Mallet. Durch eine Art Schreibmaschine werden auf steifen Karten die abzutelegraphirenden Zeichen als Punkte in unter einander liegenden Reihen dargestellt, welche auf der Rückseite erhaben erscheinen. Die Karten gelangen in den mit dem Empfänger synchron laufenden

Sender; bei dem Vorwärtsschieben der Karte wirken die erhabenen Stellen auf Contactnadeln und heben diese. Der Empfänger besitzt zwei umlaufende Typenräder, deren Typen den Contactnadeln entsprechen, zu jedem Typenrad gehört ein Druckelektromagnet und Druckanker. Zum Betriebe werden nicht allein Stromstöße wechselnder Richtung, sondern auch Dauerströme verwendet. Angeblich sollen bis zu 4500 Wörter in der Stunde gegeben werden können. Die Einrichtung des Apparates im Einzelnen sowie die Schaltung ist verwickelt. (Vgl. Elektrot. Ztschr. 1889, S. 591.)

(680) **Börsendrucker.** Werden bei Privaten aufgestellt und von einer Centralstelle aus betrieben, welche den Abonnenten Nachrichten über Course u. s. w. zukommen läßt. Die Empfänger sind gewöhnlich mit Selbstauslösung versehen, so daß der Apparat jederzeit zum Druck von Nachrichten bereit ist. Die Apparate drucken entweder auf einem fortlaufenden Streifen oder mehreren, welche neben einander liegen oder wie eine Schreibmaschine in unter einander liegenden Zeilen. Je nach der Einrichtung besitzen die Apparate nur ein Typenrad oder mehrere. Börsendrucker sind u. A. von Higgins, Wiley, Wright und Moore sowie von Siemens & Halske construirt worden. Vergl. Fortschritte d. Elektrot. 87, 4034, 4035, 4038; 89, 682; Elektrot. Ztsch. 1888, S. 263; 1889, S. 275, 606.

(681) **Delany's Vielfachtelegraphie.** Die Einrichtung derselben beruht auf der Benutzung des phonischen Rades (vgl. Kareis, das phonische Rad von La Cour). Auf jedem Amt befindet sich ein solches mit einem sog. Vertheiler. Der Synchronismus wird durch besonders von dem Vertheiler in die Leitung entsendete Correctionsströme aufrecht erhalten. Der Apparat ist zur gleichzeitigen Beförderung von Telegrammen sowohl mittels des Morse als auch mittels Typendruckers geeignet, und zwar sollen bis zu 72 Stromkreise betrieben werden können. Nach den von Houston bei Versuchen zwischen Boston und Providence erzielten Ergebnissen ist es gleich, ob die gleichzeitig beförderten Telegramme in derselben Richtung in den Leitungen befördert werden oder nicht.

Die Leistungen waren: in der Minute:
bei 6 facher Telegraphie (Morse) 40 Worte für das Appartapaar
„ 12 „ „ „ 20 „ „ „
„ 36 „ „ (Typendruck) 4—5 Worte „
„ 72 „ „ „ 2—3 „

(vgl. Elektrot. Ztschr. 1884, Nov. Dec.). Umdrehungs-Geschwindigkeit am Vertheiler 170 Umdrehungen in der Minute, Dauer eines Contactes 0,0021 Secunden. Ein sicherer Betrieb läßt sich auf oberirdischen Leitungen nur bis zu 400 km Entfernung erzielen, da über diese Grenze hinaus die wechselnden Ladungseinflüsse störend wirken. Wegen Uebertragung von einem Endamt in Nebenleitungen vergl. Elektrot. Ztschr. 1888, S. 66. Munier benutzt den Vertheiler, um von jedem Endpunkt einer Leitung aus den vierfachen Hughesbetrieb zu ermöglichen. Näheres vergl. Elektrot. Ztschr. 1890, S. 11 ff.

(682) **Stenotelegraphie von Cassagnes** beruht auf der Benutzung des mechanischen Stenographenapparates von Michela und des phonischen Rades mit Vertheilerscheibe. Das Tastenwerk des

Betriebsstellen. 535

gebenden Amtes besteht aus 20 Tasten, die abwechselnd mit dem + und — Pol einer Batterie, sowie mit den Contactstücken des Vertheilers verbunden sind. Auf dem Empfangsamt stehen die Contactstücke des Vertheilers mit polarisirten Relais in Verbindung. Die ankommenden Ströme setzen die Relais in Thätigkeit, deren Anker schließen eine Ortsbatterie, so daß die Druckstifte des Empfängers bewegt werden. Der Druckapparat enthält 20 Stifte, die den 20 Tasten entsprechen. Da bestimmte Tasten niemals zusammen combinirt werden, so ist der Apparat dadurch vereinfacht worden, daß verschiedene Tasten (eine sendet +, die andere — Strom) an dasselbe Contactstück des Vertheilers angeschlossen sind, wodurch die Zahl der Contacte auf 12 vermindert wird. Da der Vertheiler mehrere Gruppen von je 12 Contacten enthalten kann, so wird eine mehrfache Telegraphie möglich. Das System ist durch Umänderung zu einem automatischen Sender weiter ausgebildet worden. Das Tastenwerk wird zum Lochen eines Papierstreifens benutzt, der Streifen wird durch einen Sender geführt mit einer der Bewegung des Vertheilerarmes entsprechenden Geschwindigkeit. In dieser Weise sollen bei den Versuchen bis 350 km Entfernung 400 Worte, bis 650 km 285 Worte, bis 900 km 200 Worte in der Minute übermittelt worden sein. (Elektrot. Ztschr. 1890, S. 533 ff.)

(683) **Copirtelegraphen.** a) Apparat von Robertson. Die Copirtelegraphen (zur Nachbildung der Schrift des Absenders) sind in ihren bisherigen Formen für den Betrieb nicht brauchbar. In neuerer Zeit hat Robertson versucht, einen Apparat herzustellen, dessen Wirkung auf Aenderungen der Stromstärke durch wechselnden Druck zwischen Kohlencontacten beruht. Dieser wechselnde Druck wird durch Bewegung eines Griffels, der von dem Schreibenden innerhalb eines kleinen Vierecks zum Nachbilden der Zeichen benutzt wird, vermittelt, indem die Bewegung sich auf zwei unter rechtem Winkel stehende Führungsstangen überträgt, welche den Druck auf die Kohlen herbeiführen. Im Empfänger bewegen sich zwei Anker von Elektromagneten in entsprechender Weise und führen den Schreibstift auf einem chemisch präparirten Papierband. Die Lösung wird durch Wirkung eines Stromes zersetzt und färbt das Papier. Der Betrieb erfordert zwei Leitungen. (Elektrot. Ztschr. 1887, S. 346, 401; 1888, S. 307.)

b) Apparat von Gray. Im Telautograph von Gray wird ein Schreibstift durch zwei unter rechtem Winkel gespannte Fäden gehalten und sendet bei der Bewegung schnelle Stromimpulse in die beiden Leitungen, indem durch die Fäden ein Contactarm über je eine Scheibe mit leitenden und nicht leitenden Sectoren geführt wird. Die Stromimpulse beeinflussen zwei polarisirte Relais mit doppelten Elektromagnetsystemen und ertheilen einer ähnlich befestigten Feder gleiche Bewegungen. Die Linien der Schrift werden etwas wellenartig. (Elektrot. Ztschr. 1888, S. 506.)

(684) **Telephone und Mikrophone.** Ein Telephon kann entweder als Geber und Empfänger oder nur als Empfänger wirken. Im letzteren Fall bedarf es der Zugabe eines Mikrophons als Geber. Die primäre Spule des Mikrophons wird mit dem veränderlichen Contact und der Batterie in einen Kreis geschaltet, die secundäre Spule kommt mit dem Telephon in den Leitungskreis.

Die Telephone mit **Hufeisenmagnet** sind denjenigen mit Stabmagnet vorzuziehen, da die ersteren die Sprachlaute klarer und lauter wiedergeben.

Widerstand und Selbstinductionscoefficient einiger Telephone.

Laufende Nr.	Bezeichnung	Widerstand Ohm	Bei aufliegender Membran. Selbstinductionscoefficient	Bemerkung
\multicolumn{5}{c}{Fernsprecher mit Stabmagnet und einer Elektromagnetrolle.}
1	Berliner	190,8	0,210	
2	„	18,0	0,020	
3	Siemens & Halske	15,5	0,011	
4	„	11,8	0,007	
5	Naglo	147,4	0,133	
6	Bell-Blake	75,6	0,064	Der Magnet ist zu einem fast schliefsenden Ring gebogen.
7	„	108,1	0,122	
\multicolumn{5}{c}{Fernsprecher mit zwei Elektromagnetrollen.}
8	Ochorowitz	261,5	0,144	
9	„	245,1	0,098	
10	Ader	77,4	0,027	
11	Hartmann & Braun	203,0	0,243	Taschenuhrform
12	„	191,0	0,181	
13	Böttcher	331,7	0,398	Geber-Membran konnte nicht entfernt werden. Dieselbe berührte die Polschuhe nicht.
14	„	326,6	0,359	
15	Heller, Nürnberg	162,9	0,096	
16	Siemens & Halske	190,8	0,153	Mit grofser Bodenplatte.
17	„	187,0	0,146	Grofse Fernhörer.
18	„	190,9	0,134	
19	„	191,6	0,149	Kleine Fernhörer.
20	„	191,6	0,138	

Widerstand von Mikrophonen. Bell-Blake je nach der Einstellung der Contacte 1—100 Ohm. Zweckmäfsigste Einstellung ist vorhanden, wenn der Widerstand etwa 10 Ohm beträgt.

      Primäre Inductionsrolle . . . 0,5 Ohm
      Secundäre Rolle . . . . . 180 „
      Ader-Mikrophon. Widerstand 5 „
      Primäre Inductionsrolle . . . 1,5 „
      Secundäre Rolle . . . . . 150 „

Mikrophon mit Dämpfung. Construction ähnlich der des Ader-Mikrophons. Drei Kohlenwalzen in senkrecht stehenden Haltern. Dämpfervorrichtung (mittels Filz oder stählerner Federn) zum Anpressen der Walzen gegen die Halter, wodurch schnarrende Geräusche, welche in Folge von rollenden Bewegungen der Walzen auftreten, vermieden werden. Widerstand im Mittel 4,5 Ohm.

Primäre Spule { 250 Windungen (0,5 mm Draht) 1 Ohm Widerstand.

Secundäre Spule { 2900 Windungen (0,13 mm Draht) 200 Ohm Widerstand.

Vgl. Elektr. Ztschr. 1887, Heft 5.

Mikrophon von Berliner. a) mit einem Contact.
Widerstand . . . . 5 Ohm
Primäre Inductionsrolle . . 0,8 „
Secundäre Rolle . . . . . 150 „
b) mit drei Contacten.
Widerstand . . . . 1,8 „
Primäre Spule . . . . . . 0,6 „
Secundäre Spule . . . . . 150 „

Zum Betriebe eines Mikrophons genügen 2 Leclanché-Elemente. — In neuerer Zeit wird auch der von Berliner construirte sog. Universaltransmitter benutzt. (Näheres vgl. Elektr. Ztschr. 1887, Heft 8.)

(685) **Fernsprechgehäuse.** Sowohl für Verkehrszwecke als für Haustelegraphen werden Fernsprechgehäuse benutzt, welche ein Mikrophon, den Wecker, eine Wecktaste (u. U. auch Spindelblitzableiter) enthalten, während am Gehäuse ein oder zwei Telephone an Leitungsschnüren abnehmbar befestigt sind.

Hilfsapparate.

(686) **Galvanoskope.** Das Galvanoskop ist gewöhnlich zwischen Mittelschiene der Taste und der Leitung eingeschaltet, damit es sowohl den abgehenden als auch den ankommenden Strom anzeigt. Der Widerstand der gebräuchlichen Galvanoskope schwankt zwischen 15 und 30 Ohm.

(687) **Umschalter.** Umschalter sind entweder Linienumschalter zum Wechseln der in ein Amt eingeführten Leitungen, oder für besondere Zwecke eingerichtet.

Linienumschalter werden aus sich kreuzenden, von einander isolirten Messingschienen hergestellt, welche an ihren Kreuzungspunkten durchbohrt sind, so daß ein Messingstöpsel eingesetzt werden kann, wodurch die beiden Schienen leitend mit einander verbunden werden.

Legt man an die oberen Schienen die Leitungen, an die unteren die Zuführungen zu den Apparaten, so läßt sich jeder Wechsel vornehmen. Zuweilen werden die oberen Schienen mit besonderen isolirten Ansatzstücken versehen, welche durch einen Stöpsel mit den oberen Schienen verbunden werden. Die Ansatzstücke entsprechen dann den Apparaten. Die untere Schienenlage dient als Leitungsbrücke für Vornahme der Wechsel.

Die Umschalter zu besonderen Zwecken sind entweder aus festen, durch Stöpsel zu verbindenden kleinen Schienen construirt, oder aus theilweise beweglichen.

Von den letzteren wird am meisten der Kurbelumschalter und Stromwender benutzt, bei denen durch Bewegen eines Contactarmes bezw. Drehen von Contactstücken der entsprechende Contactwechsel vollzogen wird.

(**688**) **Relais.** Zweckmäßig verwendet man polarisirte Relais. Bei dem Siemens'schen wird die Thätigkeit der Abreißfeder durch Magnetismus ersetzt. Der Hebel (Zunge) des Relais bewegt sich zwischen den beiden gleichartig polarisirten Kernenden eines Elektromagnetes, während die Zunge selbst die entgegengesetzte Polarität hat und in der Ruhelage von dem einen näher liegenden Kernende angezogen gehalten wird. Beim Stromeintritt wird das nahe Kernende depolarisirt, das entferntere stärker polarisirt, so daß dann das letztere in seiner Wirkung auf die Zunge überwiegt. Das Relais ist, wenn die Zunge gleich weit von beiden Kernen eingestellt wird, auch für Wechselstrom brauchbar.

In der Reichs-Telegraphen-Verwaltung werden vielfach die deutschen polarisirten Relais (Hughes-Relais) benutzt, deren Elektromagnetkerne durch Aufsetzen auf die Pole eines flach liegenden Hufeisenmagnetes polarisirt sind. Der letztere kann durch einen Schwächungsanker in seiner Wirkung regulirt werden.

In neuerer Zeit verwendet man in der Reichs-Telegraphen-Verwaltung für den Betrieb unterirdischer Leitungen vorzugsweise das im Ingenieurbureau des Reichs-Postamts construirte neue polarisirte Relais, das sich durch hohe Empfindlichkeit (bei Gleichstrom folgt das Relais noch bei 60 Stromschließungen und Unterbrechungen in der Secunde) auszeichnet. (Vergl. Elektr. Ztschr. 1891, S. 693).

(**689**) **Blitzableiter.** Zum Schutz der Umwindungen der Apparate sind Blitzableiter nothwendig, welche vor dem Eintritt der Leitung zu den Apparaten einzuschalten sind. Sie sind als Platten-, Spitzen-, Schneiden- oder Spindelblitzableiter eingerichtet. Der mit der Leitung verbundenen Platte, Schneide oder Spitze steht in einer geringen Entfernung eine mit guter Erdleitung verbundene ähnliche Construction gegenüber. Die Spindelblitzableiter wirken dadurch, daß die Elektricität von starker Spannung, welche durch die Leitung fließt, einen Kupferdraht von sehr geringem Durchmesser, welcher isolirt auf eine Spindel gewickelt ist, durchläuft und denselben durch Abschmelzen oder Beschädigung der Umspinnung mit einem, mit der Erdleitung verbundenen Theil der Spindel in Berührung bringt. (Spindelblitzableiter als Schutz für Telephone außer den vorher einzuschaltenden Plattenblitzableitern). An der Verbindungsstelle von Kabeln mit oberirdischen Leitungen werden Stangenblitzableiter eingeschaltet. (Plattenblitzableiter in Gestalt einer Doppelglocke.)

(**690**) **Wecker.** Wecker werden sowohl Schreibapparaten als auch Fernsprechern beigegeben.

Will man gleichgerichtete Ströme verwenden, so benutzt man entweder Wecker mit Selbstunterbrechung oder Wecker mit

Selbstausschluß der Elektromagnetrollen. Die letzteren sind vorzuziehen, weil eine Anzahl derselben ohne Betriebsschwierigkeiten in einen Stromkreis hintereinander eingeschaltet werden kann, da die Bewegung des Klöppels bezw. des Ankers den Strom nicht unterbricht, sondern in einer gewissen Lage bei Annäherung an den Magneten die Rollen des Weckers selbstthätig ausgeschaltet werden. Die genannten Wecker lassen sich indessen auch mit Wechselströmen betreiben, sprechen also auch bei Verwendung von Inductionsmaschinen an. Der Widerstand eines Weckers beträgt in der Regel 90—100 Ohm. Bei Verwendung von kleinen Inductionsmaschinen an Stelle der Batterien kann man auch besondere Wecker für Wechselstrom (Klöppel zwischen zwei polarisirten Elektromagneten schwingend) benutzen.

(691) **Fallklappen** werden beim Betriebe von Fernsprechleitungen benutzt. Der Strom löst mittels eines Elektromagnetes die Klappe aus. Durch das Niederfallen wird eine Nummer sichtbar oder auch zugleich ein Weckerstromkreis geschlossen.

(692) **Umschaltevorrichtungen** für Fernsprechvermittelungsstellen. In Betreff derselben muß auf Specialwerke (Wietlisbach, Fernsprechtechnik; Grawinkel, Telephonie und Mikrophonie; Meier und Preece, das Telephon), verwiesen werden.

Stromquellen.

(693) **Allgemeines.** Als Stromquellen für den Telegraphenbetrieb werden primäre Elemente, Sammlerbatterien (Accumulatoren) und Dynamomaschinen verwendet. Für den deutschen Telegraphenbetrieb kommen nur die beiden erstgenannten Stromquellen zur Verwendung; der Maschinenbetrieb ist in Amerika bei verschiedenen großen Telegraphenanstalten eingerichtet.

(694) **Batterien aus primären Elementen.** Wegen der hohen Constanz und der bequemen und billigen Unterhaltung werden zum Betriebe von Schreib- oder Drucktelegraphen am häufigsten Elemente nach der Construction von Daniell, Meidinger, Callaud oder Krüger verwendet.

In der deutschen Telegraphen-Verwaltung ist das Krüger'sche Element in Gebrauch. Dasselbe gewährt einen sichern und billigen Betrieb; der Preis eines Elementes übersteigt nicht 70 Pf., die Unterhaltung einschl. Verzinsung und Amortisation kostet für das Element und das Jahr etwa 30 Pf. Bei oberirdischen Leitungen erhält man eine genügende Stromstärke, wenn man auf je 60 bis 70 Ohm ein solches Element nimmt und die Elemente hintereinander schaltet. Bei Berechnung des Widerstandes muß jedoch der Widerstand aller vom Strom durchlaufenen Apparate dem Leitungswiderstande hinzugerechnet werden.

Für Mikrophonbetrieb eignen sich Leclanché-Elemente mittlerer Form mit Braunsteincylindern nach Construction von Dr. Lessing in Nürnberg. Für ein Mikrophon genügen 2 Elemente.

Für den Betrieb von Weckern genügen je nach der Entfernung der anzurufenden Stelle von der rufenden 5—12 Leclanché-Elemente.

540   Betriebsstellen.

Allgemeine Regel für die Bemessung der Batterie in einer Telegraphenleitung. Ist n die Zahl der hintereinander zu schaltenden Elemente, welche bei einem Leitungswiderstande L einen Apparat regelmäßig zu betreiben vermag, so ist die Zahl N der Elemente, welche bei dem m fachen Leitungswiderstand z Apparate mit je u Widerstand zu betreiben vermag

$$N = \frac{n(mL + zu)}{L + u}.$$

Ist $m = z$, d. h. entspricht die Vervielfältigung des Leitungswiderstandes der Zahl der zu betreibenden Apparate, so wird

$$N = nm.$$

Gemeinschaftliche Batterien. Mit Abzweigung von mehreren Polen. Von einer Batterie, welche für den Betrieb der mit größtem Widerstande behafteten Leitung ausreicht, werden die übrigen, ebenfalls je nach dem Widerstande der Leitungen bemessenen Theilbatterien abgezweigt.

Die Zahl der gleichzeitig zu betreibenden Leitungen hängt bei oberirdischen Leitungen davon ab, inwieweit mit Rücksicht auf die Empfindlichkeit der Apparate die Ermäßigung der Stromstärke zulässig ist. Bezeichnet i die Minimalstromstärke für eine Leitung, so berechnet sich die Zahl n der Leitungen wie folgt: Es wird angenommen, daß alle Leitungen gleichen Widerstand L und zwar den der längsten haben. Dann muß beim gleichzeitigen Anlegen der n Leitungen

$$ni = \frac{E}{w + \dfrac{L}{n}} \text{ sein, woraus } n = \frac{E - iL}{iw}.$$

Da iL die zulässige Minimal-Klemmenspannung ist, so hängt n wesentlich von der Größe der Differenz der Klemmenspannung bei offener Batterie und der Klemmenspannung ab, welche beim Betriebe einer Leitung noch zureicht. Untere Grenze für i bei unmittelbarem Betriebe des Morse (ohne Relais) etwa 0.01 A.

Bei der Benutzung gemeinschaftlicher Batterien für Kabelleitungen fällt ins Gewicht, daß im ersten Augenblick des Anlegens der Batterie an das Kabel die Eigenschaft desselben als Condensator die Wirkung eines Kurzschlusses der Batterie hervorruft. Aus diesem Grunde lassen sich mehrere Kabelleitungen gemeinschaftlich oder in Gemeinschaft mit oberirdischen Leitungen nur aus Sammlerbatterien speisen.

Stufenbatterien. Zur Verminderung des inneren Widerstandes und Erhöhung der Anzahl der Leitungen wendet man auch die als „échelle d'Amsterdam" bezeichnete Schaltung an. Dieselbe besteht darin, daß die Batterie in mehrere Gruppen getheilt wird, welche aus einer Anzahl Reihen neben einander geschalteter Elemente besteht. Die der Erde zunächst liegende Gruppe enthält die größte Anzahl Elemente in jeder Reihe neben einander, jede folgende Gruppe enthält weniger in Nebenschaltung, die oberste Gruppe enthält nur einzelne Elemente hinter einander. Alle Gruppen werden in Reihe verbunden. (Vergl. Ann. télégr. 1888, S. 385.)

(695) **Sammlerbatterien.** Sammler von mäßiger Capicität eignen sich wegen ihres geringen innern Widerstandes vorzüglich zum gleichzeitigen Betriebe vieler Leitungen. Auch für grosse Aemter reicht eine Capacität von 8—10 A-Stunden aus.

Es ist jedoch selbst für ein großes Telegraphenamt nicht wirthschaftlich, zur Ladung der erforderlichen Sammler besondere Maschinen aufzustellen und zu benutzen, sondern man muß die Ladung einem öffentlichen Betriebsnetz zur Vertheilung von Elektricität entnehmen oder etwa zur Beleuchtung schon vorhandene maschinelle Einrichtungen benutzen. Ersteres geschieht mit gutem Erfolge auf dem Haupt-Telegraphenamt zu Berlin; die Einzelheiten der Einrichtung finden sich in der Elektrot. Ztschr. für 1890, Seite 629 beschrieben.

Ortsstromkreise speist man am besten aus einer besonders aufzustellenden Sammlergruppe, dagegen lassen sich oberirdische und unterirdische Kabelleitungen, die mit Arbeitsstrom betrieben werden, an eine gemeinschaftliche Gruppe legen. Ruhestromleitungen sollte man nicht aus Sammlern speisen.

Wie aus den im Haupt-Telegraphenamt gemachten Erfahrungen hervorgeht, ist der Stromverbrauch für die Arbeitsstromleitungen sehr gering, sodaß kleine Sammler von etwa 12 A-St. Capacität bei 1—2 A Entladungsstrom ausreichen. Nach den Vorschlägen des Ingenieur-Bureaus des Reichs-Postamts sind Sammler kleiner Form mit Erfolg verwendet worden. Dabei hat sich ergeben, daß unter bestimmten Betriebsverhältnissen diese kleinen Sammler mit wirthschaftlichem Vortheil auch durch eine Kupferbatterie geladen werden können, sodaß bei mittleren Aemtern der Sammlerbetrieb ohne Schwierigkeiten eingerichtet werden kann. Für n Kupferelemente (von der in der Reichs-Telegraphen-Verwaltung gebräuchlichen einfachen und billigen Form) betragen die jährlichen Kosten für Verzinsung, Amortisation und Unterhaltung auf 0,35 n Mark. Dieser Betrag darf durch die Verzinsung, Amortisation und Unterhaltung der Kupferelemente ersetzenden kleinen Sammler sowie der zugehörigen Ladungsbatterie nicht überschritten werden. (Näheres vgl. Elektrot. Ztschr. 1891 Seite 128 und 555 ff.).

(696) **Dynamoelektrische Maschinen.** Es lassen sich sowohl Maschinen, deren Felder besonders erregt werden, als auch Maschinen mit gemischter Wickelung für Gleichspannung verwenden. Sowohl die Western Union Comp. als auch die Postal Tel. Comp. haben auf verschiedenen Aemtern den Maschinenbetrieb eingerichtet. (Näheres vergl. Elektrot. Ztschr. 1888, S. 158, 185. 1890, S. 338. 1892, S. 142.

Die Postal Telegr. Comp. benutzt beim Amt in St. Louis 16 Edison-Maschinen in zwei Gruppen, von denen eine als Reserve dient. Jede Gruppe enthält zwei Maschinen für 350, zwei für 130, eine für 160, eine für 80, eine für 50 und eine Hilfsmaschine für 100 Volt.

542 Betriebsstellen.

Ein Edison-Motor von 10 P dient als Betriebskraft. Als Sicherheitswiderstände sind 3 Ohm für je 1 Volt vorgeschaltet.

Picard in Paris hat zwei Maschinen mit gemischter Wickelung für gleiche Klemmenspannung verwendet. Er schaltet beide Maschinen mit entgegengesetzten Polen einmal direct zur Erde, während die beiden andern Pole je durch einen Widerstand zur Erde führen. Von verschiedenen Punkten dieser Widerstände werden die entsprechenden Spannungen entnommen. Bei der Picard'schen Einrichtung entsprach einer Spannung von 2 Volt je 0,1 Ohm des Widerstandes.

In Deutschland hat man vom Maschinenbetriebe Abstand genommen, weil die zum Betriebe eines sehr großen Telegraphenamtes aufzuwendende Energie unter der Voraussetzung, daß die Leitungen gut isolirt und die Apparate zweckmäßig construirt sind, so gering ist, daß ein sehr ungünstiges Verhältniß zu der ständig zur Bewegung einer Anzahl von Maschinen aufzuwendenden Arbeit sich ergiebt.

Schaltungen für Einfachbetrieb.

Allgemeines. In Nachstehendem sind nur die einfachsten nnd am meisten vorkommenden Schaltungen angegeben. Ausführliches, besonders auch über Schaltungen für Kabel und andere als Morseapparate, findet man in „Betrieb und Schaltungen der elektrischen Leitungen" von Zetzsche, Halle bei Knapp.

(697) Schaltungen für oberirdische Leitungen mit Morsebetrieb. a) Ruhestromschaltung. Batterien liegen stets geschlossen im Leitungskreis und werden zweckmäßig auf die einzelnen Aemter nach

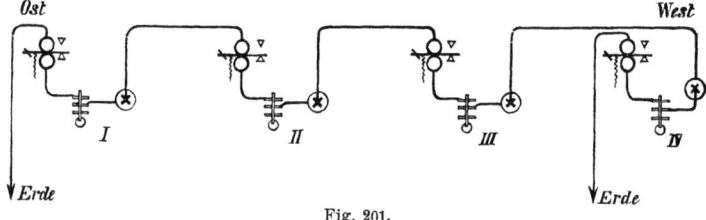

Fig. 201.

Maßgabe der Entfernungen vertheilt. Schluß der Batterie erfolgt über Körper und Ruheschiene der Taste (vgl. Fig. 201).

b) Amerikanische Ruhestromschaltung. Batterie ebenfalls im Leitungskreis, Schluß erfolgt aber über Körper und Arbeitsschiene der Taste. Wird die Taste nicht gedrückt, so ist der Stromschluß durch eine besondere Nebenschließung hergestellt, welche beim Telegraphiren aufgehoben wird. Anschlag des Empfängers wie bei Arbeitsstrom.

c) Arbeitsstromschaltung. Batterie mit einem Pole am Telegraphircontact, Apparat zwischen Erde und Ruhecontact der Taste, Leitung an der Mittelschiene (vgl. Fig. 202).

Betriebsstellen.

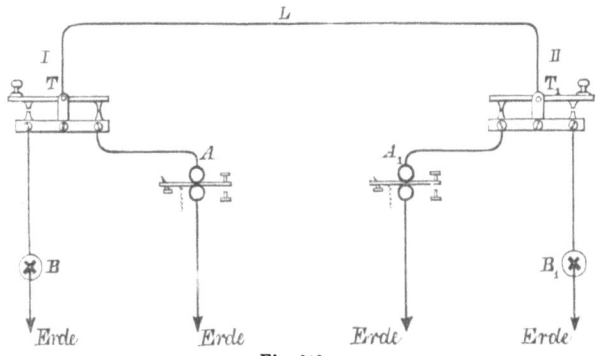

Fig. 202.

d) **Verwendung von Relais.** Bei Verwendung eines Relais ist eine besondere Ortsbatterie von 5—6 Kupferelementen nothwendig, welche zwischen dem Körper und dem einen Contact

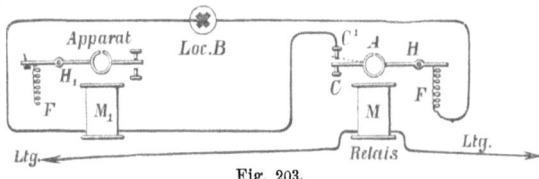

Fig. 203.

des Relaishebels mit dem Apparat zusammen eingeschaltet wird. Der Apparat arbeitet dann mittels der Ortsbatterie stets mit Arbeitsstrom. Figur 203 zeigt die Schaltung bei Ruhestrom, unter Verwendung eines Relais. Bei Arbeitsstrom geht die Verbindung zu M_1 anstatt von C_1 von C aus.

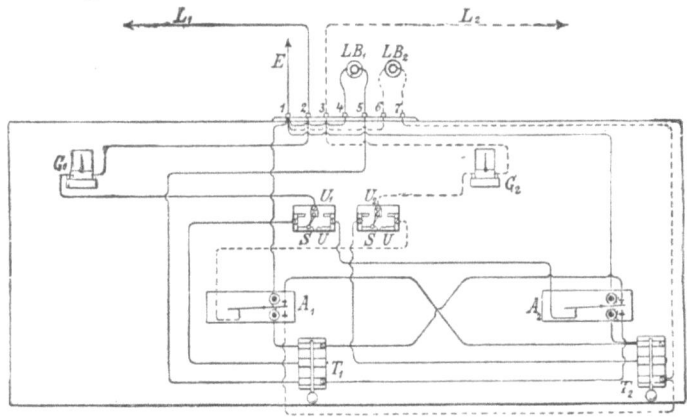

Fig. 204.

544   Betriebsstellen.

e) **Uebertragungen.** Uebertragungen von Ruhestrom auf Ruhestrom und von Ruhestrom auf Arbeitsstrom kommen sehr selten zur Anwendung. Am meisten wird die Uebertragung von Arbeitsstrom auf Arbeitsstrom (für Morse) nach der Figur 204 benutzt. Man kann mit Hilfe der Apparate selbst oder mit Relais übertragen.

(698) Schaltungen für unterirdische Leitungen mit Morsebetrieb. a) Betrieb mit Gleichstrom. Für den Betrieb längerer unterirdischer Leitungen mit Morseapparaten wird die Vorschaltung eines guten polarisirten Relais als Empfänger nothwendig. Eine Leitung von 300—400 km Länge läßt sich noch ohne Zwischenschaltung einer Uebertragung betreiben, bei längeren Linien werden wegen der Ladungseinflüsse ein oder mehrere Uebertragungen nothwendig. Will man längere Leitungen, als angegeben, ohne Uebertragung betreiben, so muß man zur Beseitigung der Ladungs- und Entladungseinflüsse entweder einen Nebenschluß zum Relais anlegen und diesen mit Hilfe der Uebertragungsvorrichtung am Apparat bei jedem Zeichen in Thätigkeit treten lassen, oder man schaltet zwischen Empfangsrelais und Erde einen hohen Widerstand ein, zu dem ein Condensator im Nebenschluß liegt. Dann lassen sich Leitungen bis zu 800 km betreiben. Näheres über diese Schaltungen findet man Elektrot. Ztschr. 1889, S. 556.

Eine andere Methode besteht darin, daß man auf beiden Aemtern vor dem Apparat einen Nebenschluß mit hoher Selbstinduction zum Kabel anbringt. Der Widerstand des Nebenschlusses muß im Vergleich zum gesammten Widerstand des Stromkreises klein sein.

b) Betrieb mit Wechselstrom. Vortheilhaft ist der Betrieb mit Wechselströmen gleicher Dauer mit Rücksicht auf die Wirkungen der Ladung. In neuerer Zeit hat hierfür Delany ein besonderes Verfahren angegeben, welches auf der Entsendung von Strömen abwechselnder Richtung mittels eines auf einer Vertheilerscheibe umgetriebenen Contactarmes beruht. Der Arm wird durch Taste und Ortsbatterie bewegt. Als Empfänger dient ein polarisirtes Relais (Elektrot. Ztschr. 1888, S. 412). Diese Einrichtung ist von Delany auch zur automatischen Versendung erweitert worden. (Elektrot. Ztschr. 1889, S. 188). Beide Verfahren können auf oberirdischen Leitungen Anwendung finden.

(699) Schaltung für oberirdische und unterirdische Leitungen mit Hughesbetrieb. Der Betrieb des Hughesapparates erfordert, daß der gebende Apparat zur Controle auch in Thätigkeit gesetzt wird und beide Apparate synchron arbeiten. Während der Empfangsapparat auf den ankommenden Strom ansprechen muß, soll der gebende auf den abgehenden ansprechen. Sowohl beim Betriebe oberirdischer als unterirdischer Leitungen bedingt dies besonders beim Richtungswechsel Schwierigkeiten.

Durch eine Schaltung des Ingenieur-Bureaus des Reichs-Postamts sind diese mittels folgender Einrichtung beseitigt worden: Der durch die Lippe bewegte Batteriehebel h legt sich, bevor er den Batteriecontact b erreicht, mit einer zweiten Feder f_1 gegen den Contact c und schaltet dadurch den Widerstand W parallel zu den Elektromagnetrollen. Der Stromantheil in letzteren läßt sich durch Reguliren von W auf die Stärke des am fernen Ende anlangenden Stromes bringen. Da im Empfangsapparat h in Ruhe, demnach f_1 von c getrennt bleibt, fließt der ankommende Strom ungetheilt durch die Rollen.

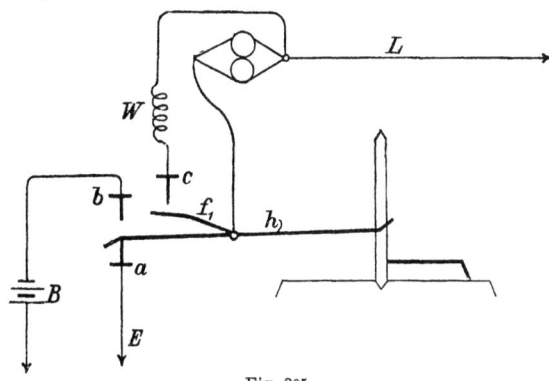

Fig. 205.

Die Einrichtung hat sich besonders vortheilhaft für den Betrieb langer unterirdischer Leitungen gezeigt.

Schaltungen für Mehrfachbetrieb.

(700) **Allgemeines.** Man unterscheidet Mehrfachbetrieb in derselben Richtung, in entgegengesetzter Richtung oder Vereinigung beider Arten.

Schaltungen für Mehrfachbetrieb leiden an dem Mangel, daß sie künstliche, häufig schwer regulirbare technische Einrichtungen erfordern, und daß die elektrischen Eigenschaften der oberirdischen Leitungen bei den wechselnden Witterungszuständen die Betriebssicherheit wesentlich stärker beeinflussen, als dies bei Schaltungen für den Einfachbetrieb eintritt.

Der Mehrfachbetrieb ist nur ein künstliches Aushilfsmittel für mangelnde Leitungen; im Interesse der Einfachheit und Sicherheit des Betriebes sind Schaltungen für den Einfachverkehr und ausreichende Leitungen unbedingt vorzuziehen. In der deutschen Telegraphie hat man wesentlich aus diesen Gründen von dem Mehrfachbetrieb abgesehen (ausgenommen von der Anwendung des Gegensprechens in vereinzelten Fällen).

Zum Betriebe langer einadriger Kabel kann man dagegen mit Vortheil eine geeignete Gegensprechmethode verwenden.

In Nachstehendem ist nur das Wichtigste über Mehrfachschaltungen angeführt; bezüglich der Schaltungen für vierfachen, sechsfachen und achtfachen Betrieb sowie der Einzelheiten der erläuterten Methoden muß auf Specialwerke verwiesen werden.

(701) **Gegensprechen.** Das Gegensprechen läßt sich in oberirdischen Leitungen sowohl wie in Kabelleitungen anwenden. Die für diesen Betrieb geeigneten Methoden sind sehr zahlreich, so daß im Folgendem nur die Grundzüge einiger Arten, welche von Bedeutung sind, angegeben werden.

Betriebsstellen.

Allgemein ist hervorzuheben, daß das Gegensprechen auf oberirdischen Leitungen nur auf Entfernungen von 350—400 km die Betriebssicherheit gewährleistet, weil die Isolations- und die Capacitätsverhältnisse der oberirdischen Leitungen zu sehr schwanken, daß ferner dem Gegensprechen auf Ueberlandleitungen die große Bedeutung wie früher nicht beiwohnt, weil die Leitungsnetze meistens so beschaffen sind, daß genügende Leitungen zur Verfügung stehen. Große Bedeutung besitzt der Gegensprechbetrieb aber für die Ausnutzung einadriger unterseeischer Kabel, weil die elektrischen Verhältnisse die Ausdehnung des Gegensprechens auf erhebliche Entfernungen gestatten.

Die älteste Methode — Compensationsmethode (Gintl 1853) — ist verlassen, es kommen nur noch Differentialmethoden, Brückenmethoden und einige andere Methoden, welche sich unter jene nicht einreihen lassen, in Betracht. Für alle Methoden gelten zwei wesentliche Bedingungen: a) der abgehende Strom darf den stets im Leitungskreis liegenden Empfänger des gebenden Amtes nicht beeinflussen, b) während der Bewegung der Taste (des Gebers) darf der Stromweg keine Unterbrechung erleiden.

Differentialmethode. Der abgehende Strom verzweigt sich, die beiden Theile werden zu entgegengesetzter Wirkung auf den eigenen Empfänger benutzt, so daß entweder gar kein Magnetismus oder nur ein sehr geringer entsteht. Eine sehr einfache Schaltung ist die von Canter, welcher die beiden Rollen trennt und den abgehenden Stromantheilen in den Rollen durch entsprechende Schaltung entgegengesetzte Richtung giebt. (Elektrot. Ztschr. 1887, S. 442.) Ueber die Schaltungen zum Gegensprechen unter Verwendung des Apparates von Wheatstone vergl. Elektr. Ztschr. 1889, S. 266.

Brückenmethoden. Gründen sich auf die Drathcombination von Wheatstone. Die bekanntesten sind die von Maron (ververbessert von Stearns) und die Methode der Doppelbrücke von Schwendler. Der Empfänger wird in die Diagonale der auf jedem Amt vorhandenen Halbbrücke geschaltet, die Leitung mit der Halbbrücke des zweiten Amtes bildet jedesmal einen Zweig der Brücke des ersten Amtes und umgekehrt, wie das nachstehende Schema zeigt, welches zugleich die Schaltung nach der Stearns'schen Anordnung wiedergiebt. R ist der Empfänger, c ein Condensator, t eine Hilfstaste, welche durch ein Ortsrelais bewegt wird.

Wie ersichtlich, bestehen auf jedem Amt zwei Diagonalen für eine Brücke, der Zweig cb für den abgehenden, der Zweig ab für den ankommenden Strom. Letzterer bleibt nicht stromfrei, wenn vom entfernten Amt Strom anlangt.

Die sog. Doppelbrücke von Schwendler ist derart angeordnet, daß nicht allein die Diagonale für den abgehenden Strom, sondern auch für den ankommenden Strom stromfrei bleibt, wenn einseitig Strom gesandt wird. In Folge der Anordnung kann jedes Amt unabhängig vom andern reguliren. Der Empfänger erhält $1/_8$ des Gesammtstromes. Zum Betrieb ist eine besondere Taste erforderlich. Die Verwendung von Condensatoren ist zweckmäßig, weil die Strömungsverhältnisse bei der Ladung und

Entladung der Leitung an den Eckpunkten der Diagonale gleich sein müssen, wenn der Empfänger nicht durch die Einwirkung der Ladung beeinflußt werden soll.

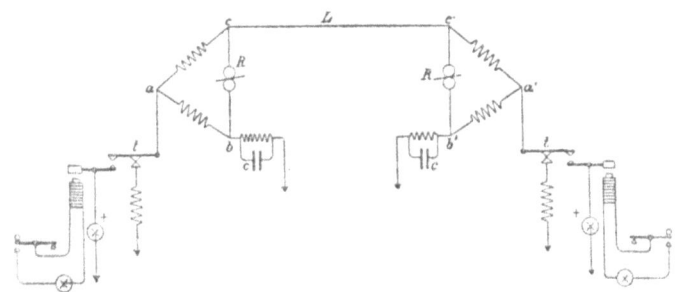

Fig. 206.

Soll ein langes Kabel (einadriges) mittels Gegensprechens betrieben werden, so wird anstatt des Widerstandes mit Condensator im Punkte b der Figur ein künstliches Kabel geschaltet; das Product aus Widerstand und Capacität desselben muß dem des Betriebskabels annähernd gleich sein (Methode von Muirhead und Taylor; vgl. Lum. électr. Bd. 27; 367). Als Empfänger kann ein Siphon Recorder dienen; vor demselben wird ein Condensator in die Diagonale geschaltet. (Wegen Einzelheiten über Gegensprechen vgl. Schellen, d. elektrom. Telegraph, S. 800—849.)

Andere Methoden. Tel.-Dir. Fuchs verwendet getrennte Elektromagnetrollen und Tasten mit einem Zusatzhebel. Die Batterien wirken in gleichem Sinne. Beim Gegensprechen summiren sich die Wirkungen der Batterien auf eine Rolle jedes Empfängers. (Elektrot. Ztschr. 1881, S. 18 ff.) Noch andere Methoden sind von Vianisi, Gattino und Santano in neuerer Zeit angegeben worden. (Elektrot. Ztschr. 1887, S. 369; 1888, S. 216; 1889, S. 490.)

(**702**) **Doppelsprechen.** Zur gleichzeitigen Versendung von zwei Telegrammen in derselben Richtung sind ebenfalls eine Anzahl von Methoden angegeben worden. Da sich diese auf die Benutzung von Strömen verschiedener Stärke gründen, haben sich die Schaltungen für Einfügung in den Betrieb nicht besonders praktisch erwiesen, ebensowenig die Verbindung derartiger Schaltungen mit Gegensprechschaltungen zur Ermöglichung des Doppelgegensprechens. In Amerika sind mit Rücksicht auf die unzureichende Zahl von Leitungen verschiedene Doppel- und Vierfach-Methoden in Gebrauch, die Einrichtungen sind ziemlich verwickelt · und fördern die Betriebssicherheit eben nicht (vgl. Schellen, S. 850 bis 881).

(**703**) **Mehrfache Telegraphie unter Verwendung des Telephons als Klopfer** (Phonoplex von Edison). Das System bildet einen Dreifachtelegraph. Jedes Amt erhält außer dem Morse (Klopfer mit Taste) noch zwei Geber und zwei phonische Empfänger. Jeder der beiden Geber liegt im Nebenschluß zu einer Spule mit hoher Selbstinduction. In dem einen Geberkreis wird durch Tastendruck ein Ortskreis geöffnet und gleich darauf unter Einschaltung eines hohen Widerstandes geschlossen. Die entstehenden Stromstöße wirken auf die Membrane eines Telephons, welche einen kleinen Ring durch die Schwingung emporschleudert, so daß mittels der so erzeugten Töne die Morsezeichen verständlich werden. Der andere Geber ist ein schwingender Selbstunterbrecher. Bei dem Druck einer Taste entstehen dann Stromwellen von sehr großer Schwingungszahl, welche auf ein kleineres Telephon mit Ring einwirken.

Damit der größere phonische Empfänger den undulirenden Strömen nicht folgt, wird zu demselben ein Condensator parallel geschaltet. (Näheres siehe Elektrot. Ztschr. 1887, S. 499.)

Der Phonoplex findet in Amerika im Betriebe Anwendung.

(704) **Phonopore von Langdon-Davies.** Auf dem Amt sind die Enden von zwei zusammen um einen Eisenkern gelegten Wickelungen an die Leitung gelegt, die beiden andern Enden der Wickelungen sind isolirt. Durch eine primäre Wickelung, die mit Taste, Batterie und Selbstunterbrecher zu einem Kreise geschaltet ist, werden bei jedem Tastendruck in der zweitheiligen Rolle, die sich ähnlich wie ein Condensator verhält, elektrische Wellen erzeugt. Der in gewöhnlicher Weise in die Leitung geschaltete Morseapparat wird von den Wellen nicht gestört. Auf dem Empfangsamt setzen die Wellen aber ein phonisches Relais, dessen Schwingungszahl der des Gebers entspricht, in Thätigkeit. In Folge der Schwingungen der Relaiszunge wird ein Ortskreis unterbrochen, so daß ein zweiter Morseapparat die phonoporisch gegebenen Zeichen wiedergeben kann, Das System ist mithin ein Doppelsprecher für beliebige Richtung (Journ. télégr. 1887, S. 62).

(705) **Vielfachtelegraphie.** Die meiste Bedeutung hat in neuerer Zeit das System von Delany erlangt. Angaben über dasselbe finden sich bei den Apparaten (681).

Besondere Schaltungen.

(706) **Telegraphiren nach und von fahrenden Eisenbahnzügen.** Zur Zeichengebung kann entweder die inductorische Wirkung einer zwischen den Schienen verlegten isolirten Leitung auf Drahtwindungen benutzt werden, welche parallel zur Leitung sich in einem Wagen auf einem senkrechten Rahmen befinden oder die Einwirkung der dem Wagendache mitgetheilten elektrischen Ladungen auf vorüberführende Leitungen. Das erste System wurde von Phelps angegeben, das zweite von Smith und Gilliland. Bei beiden Systemen werden durch die Einwirkung verschieden langer Reihen von Stromstößen auf ein Telephon die Morsezeichen dargestellt und nach dem Gehör aufgenommen. Das zweite System wird nur benutzt.

Zur Vermittelung dient eine besondere neben der Bahn hergeführte Leitung. Wenn metallische Wagendächer nicht vorhanden sind, werden unter der Dachkante eiserne oder messingene Stäbe oder Röhren von 12—13 mm Durchmesser angebracht.

Zur Entsendung von Telegrammen aus dem Wagen werden durch einen Unterbrecher Reihen von Stromstößen in einer primären Rolle erzeugt. Die secundäre Rolle ist einerseits mit dem Wagendach, andererseits mit den Rädern in Verbindung. Die wechselnden Ladungen des Daches beeinflussen die vorübergeführte Leitung und auf dem fernen Amt einen in Abzweigung zugeschalteten Condensator, sie können durch ein Telephon wahrgenommen werden. Aehnlich werden im Wagen Telegramme aufgenommen, da die durch die Leitung entsendeten Stromstöße wechselnde Ladungen im Empfangskreise hervorrufen.

Der Betrieb der primären Kreise im Wagen erfolgt mit 12 kleinen Elementen. Widerstand der primären Wickelung 3,5 Ohm, der secundären 250 Ohm.

Gilliland hat ein besonderes Empfangstelephon construirt, dessen Membrane nicht am Rande festgeklemmt ist, sondern unmittelbar auf dem Magnetpol liegt und durch eine Feder angepreßt wird. Widerstand 1000 Ohm. (Näheres vergl. Elektrot. Ztsch. 1889, S. 61.)

(**707**) **Gleichzeitiger Betrieb von Schreib- und Sprechapparaten in derselben Leitung.** System von Rysselberghe. Das System beruht auf der Einrichtung, die Telegraphirströme nicht plötzlich, sondern allmälig ansteigen und abfallen (graduiren) zu lassen, wodurch die Entstehung störender Geräusche im Telephon ausgeschlossen wird.

Zu diesem Zwecke verwendet Rysselberghe Elektromagnetrollen mit massivem Eisenkern und Condensatoren. Auf der Abgangsstation läßt man die Telegraphirströme die Drahtrollen JJ passiren, während gleichzeitig ein Condensator C geladen wird, welcher durch Abgabe seiner Ladung den verschwindenden Telegraphirstrom verzögert (vgl. die Figur).

Die Rollen haben je 500 Ohm Widerstand, der Condensator 2 Mikrofarad Capacität.

Die Combination von 2 Rollen mit Condensator nennt Rysselberghe einen „Antiinductor".

Befinden sich mehrere Leitungen an demselben Gestänge, so müssen die in dieselben eingeschalteten Aemter, welche Strom entsenden, in ähnlicher Weise ausgerüstet werden.

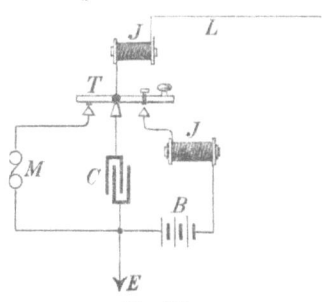

Fig. 207.

Die Telephone werden nicht direct in die Leitung, sondern in eine Abzweigung eingeschaltet. Vor dem Telephon wird ein Condensator von $1/2$ Mikrofarad Capacität eingesetzt.

Werden zwei Leitungen als Doppelleitung benutzt, so kommt das Telephon zwischen zwei Condensatoren in die Verbindung zwischen den beiden Leitungen.

Zum Anruf wird ein sog. phonisches Relais verwendet.

Zur Benutzung von Ruhestromleitungen wirken die ständig eingeschalteten Schreibapparate antiinductorisch, und es wird nur auf den Endämtern eine Rolle nebst Condensator einge-

550 Betriebsstellen.

schaltet (Dérivateur), auf den Zwischenstationen wird ein Condensator angebracht (Connecteur).

Das System Rysselberghe ist sehr kostspielig, vertheuert und erschwert den Betrieb. Die Herstellung besonderer Leitungen zur Abwickelung des Fernsprechverkehrs zwischen zwei Städten ist vorzuziehen. In den meisten Ländern ist das System von Rysselberghe bereits aufgegeben worden.

Fig. 208.

(708) **Telephonische Uebertragung.** Telephonische Uebertragung zwischen zwei Leitungsnetzen wird in der Weise ausgeführt, daß zwischen den beiden Vermittelungsämtern der Leitungsnetze eine Doppelleitung aus Bronce hergestellt und in diese auf jedem Amt die eine Spule eines Transformators eingeschaltet wird. Die zweite Spule wird mit der Leitung des betreffenden Theilnehmers verbunden.

Bei Herstellung der Apparate ist darauf zu sehen, daß ein geschlossener magnetischer Kreis vorhanden ist, und die Rollen geringe Capacität besitzen.

(709) **Telephonische Musikübertragungen.** Als Geber sind Adermikrophone mit mindestens zwei Contactabtheilungen zu verwenden, am besten für je eine Gruppe von Hörplätzen 2, welche passend für die beste Aufnahme der Schallwirkung aufzustellen sind. Zu Empfängern werden gute Telephone mit Hufeisenmagneten verwendet.

Die Leitungen sind aus Doppelleitungen zu bilden. Für jeden Hörplatz sind zwei Telephone nothwendig, von denen je eins in den Stromkreis eines Mikrophons eingeschaltet worden.

Als Elemente empfehlen sich die sog. großen Meidinger Sturzflaschen-Elemente. Die Batterien sind derartig mit den primären Inductionsspiralen der Mikrophone zu verbinden, daß der Strom in der einen Rolle entgegengesetzte Richtung hat, wie in der andern. In diesem Falle verlaufen die Inductionsströme in den beiden Doppelleitungen günstiger für die Lautwirkung, da die gegenseitige Induction der Leitungen aufeinander geschwächt wird.

Die Spannung und Stromstärke der Batterien für die Mikrophone ist nach der Entfernung der Hörplätze vom Standort der Mikrophone zu bemessen und durch Versuche zu regeln. Allgemeine Vorschriften dafür lassen sich nicht geben.

Verschiedene Betriebsangaben.

(710) **Stromstärke in Telegraphenleitungen.** Bei der Berechnung der Stromstärke hat man den abgehenden und ankommenden Strom zu unterscheiden; vgl. (308).

Betriebsstellen. 551

Der im Empfänger ankommende Strom wechselt in oberirdischen Leitungen in seiner Stärke wesentlich je nach der Länge und dem jeweiligen Isolationszustande der Leitung, welcher letztere wiederum durch die Bauart der Linie, Witterung, Klima sehr verschieden sein kann.

Für zweckmäßig construirte oberirdische Leitungen mit Arbeitsstrom oder Ruhestrom genügt bei unseren klimatischen und Witterungsverhältnissen eine Batterie, die einen Dauerstrom von 0,012 bis 0,014 A zu liefern vermag; gewöhnlich rechnet man 0,013 A. Wie indessen die Messungen auf dem Haupttelegraphenamt zu Berlin ergeben haben, wird diese Stromstärke in Arbeitsstromleitungen bei Weitem nicht erreicht. Jede der aus einer gemeinschaftlichen Sammlerbatterie gespeisten Leitungen verbraucht einen Dauerstrom von durchschnittlich 0,001 A.

Die Angaben über die in den einzelnen Ländern angewendeten Stromstärken sind sehr verschieden.

Hospitalier giebt die in Frankreich verwendete Stromstärke (abgehender Strom) auf 0,012 bis 0,020 A an, den ankommenden Strom auf 20 bis 70 % des abgehenden. Nach englischen Angaben beträgt die Stromstärke zum Betriebe eines Morse-Apparates 0,025 A, zum Betriebe eines polarisirten Relais 0,010 A. Nach den Angaben von Schwendler beträgt die bei der indischen Telegraphie angewendete mittlere Stromstärke (abgehender Strom) je nach der Jahreszeit 0,006 bis 0,013 A.

(711) Beurtheilung der Gebrauchsfähigkeit von Apparaten und Relais.
Die Empfindlichkeit eines Apparates hängt nicht nur von der zur Ingangsetzung nothwendigen elektrischen Leistung, sondern auch von dem Trägheitsmoment des Ankersystems ab. Indessen gewährleistet eine große Empfindlichkeit noch keineswegs die Herbeiführung einer hohen Sprechgeschwindigkeit, denn diese wird durch das Verhältniß der Stromstärke, die zum Anziehen des Ankers erforderlich ist, zu derjenigen Stromstärke bedingt, bei der der Anker wieder in seine Ruhelage zurückkehrt. Von besonderer Bedeutung ist dieses Verhältniß für den Betrieb längerer Kabelleitungen, sowie bei Ruhestromleitungen.

Auf Grundlage dieser Bedingungen wurden im Ingenieur-Bureau des Reichs-Postamtes für verschiedene Farbschreiber und Relais die in nachstehender Tabelle enthaltenen Ergebnisse gewonnen.

Von besonderer Bedeutung für die Beurtheilung sind die Angaben in den Spalten 8 und 9. Zur Gewinnung dieser Angaben wurden die Relais zunächst bei gleichbleibender Geschwindigkeit der Zeichenfolge so eingestellt, daß bei der höchsten Stromstärke von 0,01 A die Schriftzeichen noch scharf getrennt waren. Die Spalte 8 giebt die Stromstärke an, bei der die Zeichen eben noch vollständig ankommen. Die Stromstärken in der Spalte 9 lassen auf die Sprechgeschwindigkeit schließen, wenn der Strom in einem Kabel in Frage kommt. Sie zeigen die Grenze an, bei der der Relaisanker noch abfällt.

Die Angaben der Spalten 5, 6, 8 und 9 lassen die Ueberlegenheit des in der Reichs-Telegraphen-Verwaltung besonders für den Betrieb der Kabelleitungen verwendeten neuen Relais erkennen.

Betriebsstellen.

Apparate	Widerstand Ohm	Umwindungen im Ganzen Anzahl	Umwindungen auf 1 Ohm	Spricht noch an bei Milliampère	Energieverbrauch in Milli-Voltampère	Energieverbrauch Verhältniß	Bei Einstellung auf 10 Milliampère darf der Strom fallen bei Stromunterbrechung auf Milliampère	Bei Einstellung auf 10 Milliampère darf der Strom fallen bei Stromschwächung auf Milliampère
1	2	3	4	5	6	7	8	9
1. Normalfarbschreiber . .	511	12 900	25,2	1,10	0,62	1	1,40	8,18
2. Farbschreiber der Anglo-Indischen Linie . . .	1 240	15 359	14,0	1,41	2,47	4	2,10	6,64
3. Gewöhnliches Relais . .	319	12 024	37,7	1,15	0,42	0,7	4,12	7,76
4. Polarisirtes deutsches Relais kleiner Form (Schwächungsanker eingeschoben)	196	6 600	33,7	2,63	1,35	2,2	3,37	6,34
5. desgl. (großer Form) .	—	—	—	1,67	0,78	1,3	1,90	7,59
6. Polarisirtes Relais von Siemens	286	7 638	26,7	1,72	0,85	1,4	3,40	7,20
7. Standard-Relais (Englische Verwaltung) . . .	195	?	?	2,15	0,90	1,5	2,34	7,65
8. Neues Relais der Deutschen Verwaltung . .	310	13 473	43,5	0,90	0,25	0,4	1,20	8,80

Betriebsstellen. 553

(**712**) **Gegenseitige Induction in Telegraphenleitungen.** Laufen zwei Leitungen auf L Meter in einem Abstande von d Meter parallel, so ist der Coefficient der gegenseitigen elektromagnetischen Induction in technischem Maß:

$$M = -\frac{2L}{10^9}\left(\log \text{nat}\, \frac{2L}{d} - 1\right).$$

L und d in cm.

Ist der inducirende Strom ein Wechselstrom beliebiger Form von der Amplitude i_1, so erhält man die Amplitude der inducirten EMK e_2 aus der Formel

$$e_2 = M i_1.$$

Einwirkung elektrischer Leitungen aufeinander.

Elektrische Leitungen können störend aufeinander einwirken

1. durch Stromübergang aus einer Leitung in die andere,
2. durch Induction.

(**713**) **Mafsregeln gegen Stromübergang.** Stromübergang aus einer Leitung in die andere wird ermöglicht

a) durch unmittelbare Berührung von Leitung;
b) durch ungenügende gegenseitige Isolation benachbarter Leitungen;
c) durch die Benutzung oder Mitbenutzung der Erde zur Rückleitung.

a) Unmittelbare Berührung von Leitungen findet fast nur bei oberirdisch geführten blanken Leitungen statt. Dienen die sich berührenden Leitungen nur zum Nachrichtenverkehr oder zur Signalgebung, so entstehen mehr oder weniger erhebliche Störungen in der Thätigkeit der Apparate. Gelangen solche Leitungen mit Leitungen zu Beleuchtungs- oder Kraftübertragungszwecken in Berührung, so kann nicht nur eine Beschädigung der Leitungen, sondern auch der Apparate und der dieselben bedienenden Personen eintreten.

Blanke Leitungen zu Beleuchtungs- und Kraftübertragungszwecken müssen deshalb von Leitungen zum Nachrichten- oder Signalverkehr einen solchen Abstand besitzen, oder die Leitungen sind so zu führen, daß im Falle eines Umbruches von Stangen die beiderseitigen Anlagen nicht in Berührung gelangen können. Läßt sich dieser Abstand nicht durchweg inne halten, so müssen die den stärkeren Strom führenden Leitungen auf eine ausreichende Strecke entweder mit einer Isolirhülle (Isolirband) umkleidet werden, oder es sind zwischen den Anlagen geeignete Fangvorrichtungen anzubringen. (In Amerika werden die Luftleitungen für stärkere Ströme in ganzer Ausdehnung aus mit Kautschuk isolirten Drähten hergestellt).

Bei Kreuzungen ist es zweckmäßig, die den stärkeren Strom führenden Leitungen unterhalb der andern anzubringen und die Kreuzung im rechten Winkel zu bewirken. In dem Kreuzungsintervall sind die den stärkeren Strom führenden Leitungen mit Isolirhülle zu versehen.

Die isolirende Hülle muß so beschaffen sein, daß sie bei der Berührung mit einem zur Erde geführten Draht auch bei der höchsten zulässigen Betriebsspannung nicht durchschlagen wird.

Wenn Telegraphen-, Fernsprech- oder Signalleitungen oberhalb blanker Leitungen für stärkeren Strom geführt werden (z. B. bei elektrischen Bahnen mit oberirdischer Leitung), so müssen stets geeignete Fangvorrichtungen unterhalb der ersteren Anlagen angebracht werden (mehrere parallele durch Querdrähte verbundene starke Drähte).

b) Zwischen blanken Leitungen an demselben Gestänge findet stets ein Stromübergang statt, der sich je nach den Isolationsverhältnissen ändert. Bei Telegraphen- und Signalleitungen, die das gleiche Gestänge benutzen, wirkt dieser Stromübergang, falls gute Isolatoren (Doppelglocken) vorhanden sind, nicht störend, bei Fernsprechleitungen kann schon geringer Stromübergang störend einwirken.

Die Anbringung von Leitungen für stärkeren Strom mit Telegraphen-, Fernsprech- und Signalleitungen am gleichen Gestänge ist nicht allein mit Rücksicht auf die Schwierigkeit der Isolation, sondern auch wegen der Möglichkeit der Berührung nicht statthaft. Nähern sich unterirdische elektrische Leitungen für stärkeren Strom Telegraphen-, Fernsprech- oder Signalkabeln, so müssen die Leitungen durch eine besondere feuersichere Zwischenlage aus einem schlechten Wärmeleiter getrennt werden.

In der deutschen Reichs-Telegraphen-Verwaltung wird diese Sicherheitsmaßregel angewendet, wenn der Abstand der beiderseitigen Leitungen weniger als 50 cm beträgt. Die Maßregel ist nicht erforderlich, wenn die eine der beiden Leitungsarten in gemauerten Kanälen, Thon- oder Cementröhren liegt, oder wenn die Leitungen durch Mauerwerk von einander getrennt sind. Bei Kreuzungen unterirdischer Leitungen für stärkeren Strom mit Telegraphen- oder Fernsprechleitungen werden stets Schutzmaßregeln angewendet.

c) Wird für eine Leitung zu Beleuchtungs- oder Kraftübertragungszwecken die Erde oder ein mit der Erde in Verbindung stehender Leiter (bei elektrischen Eisenbahnen die Schienen, beim Dreileitersystem mit Kabeln ein unisolirter in der Erde liegender Mittelleiter) als Rückleitung benutzt und befindet sich in der Nähe der Rückleitung eine Erdleitung für Telephonleitungen, so kann bei plötzlichem Ansteigen des Stromes in der Leitung für den stärkeren Strom zwischen der benachbarten Erdplatte der Telephonleitung und der zweiten entfernten Erdplatte eine solche Potentialdifferenz entstehen, daß der in der Telephonleitung hervorgerufene Stromstoß den Fernsprechbetrieb stört. (Bei elektrischen Bahnen findet ein starkes Ansteigen des Stromes bei jedem Anlauf eines Wagens statt.)

Der Mittelleiter in einem Dreileitersystem, dessen Außenleiter aus Kabeln bestehen, sollte daher ebenfalls stets in seiner ganzen Ausdehnung gut isolirt sein.

Isolationsfehler in Anlagen für stärkere Ströme wirken ähnlich, wie die Benutzung der Erde

Betriebsstellen. 555

(**714**) **Mafsregeln gegen störende Inductionswirkungen.** Bei Näherung elektrischer Leitungen kann jede der beiden Leitungen durch elektromagnetische und durch elektrische Induction störend auf die andere einwirken. Die elektromagnetische Induction wird durch die Aenderungen der Stromstärke, die elektrische Induction durch die Aenderung der Ladung der inducirenden Leitung bedingt, hängt also von der Capacität der Leitung und der Spannung des Stromes ab. Je größer die absolute Aenderung der Stärke und Spannung des Stromes und je geringer die Zeit ist, in der die Aenderungen eintreten oder sich wiederholen, desto empfindlicher wird die Störung werden können.

Am meisten kommen Störungen von Fernsprechleitungen vor, doch vermögen auch Wechselströme von hoher Spannung in benachbarten Leitungen für Morse- oder Hughes-Betrieb störende Einflüsse hervorzurufen, wie bei der Kraftübertragung von Lauffen nach Frankfurt erwiesen worden ist. (Vgl. Elektrot. Ztschr. 1892, S. 7.)

A. Unterirdische Leitungen. Nebeneinander geführte unterirdische Leitungen, die mit Metallhüllen umgeben sind (metallische Bewehrung der Kabel, eiserne Röhren) üben nicht leicht störende inductorische Einwirkungen auf einander aus; bei eintretender Störung lassen sich die Wirkungen durch Anwendung von Schleifleitungen jedenfalls vermeiden.

Die mit Fernsprechern betriebenen Adern eines Fernsprechkabels sind gegeneinander hinreichend geschützt, wenn jede Kabelader mit einer Stanniolhülle umgeben ist und zwischen den Adern einige blanke Kupferdrähte liegen, die mit Erde verbunden sind (vgl. S. 521).

Unterirdische Leitungen, die mit Wechselströmen zur Beleuchtung oder Kraftübertragung betrieben werden, üben keinen störenden Einfluß aus, wenn die Hin- und die Rückleitung in einer gemeinschaftlichen metallischen Hülle liegen (z. B. concentrische Doppelkabel), und das Leitungsnetz gut isolirt ist.

B. Oberirdische Leitungen. Fernsprechleitungen gegen störende Inductionswirkungen aus anderen benachbarten Leitungen hinreichend zu schützen, bietet in vielen Fällen große Schwierigkeiten. Der Grund liegt wesentlich in der außerordentlichen Empfindlichkeit der Fernsprechapparate, welche die geringsten Inductionswirkungen als Geräusch oder Ton wiedergeben. Ob die Störungen dem Betriebe hinderlich werden, hängt wesentlich ab:

a) von der Größe und Geschwindigkeit der Aenderung in der Stärke und Spannung der inducirenden Ströme;

b) von der Enfernung, auf der die Leitungen nebeneinander laufen;

c) von dem Abstande der Leitungen [die Inductionswirkung steht nicht im einfachen Verhältniß zum Abstand der beiden Leitungen, vgl. die Formel (712)];

d) von der örtlichen Lage der Leitungen (Leitungen an demselben Gestänge oder an verschiedenen Gestängen).

556   Betriebsstellen.

Um die Induction in Fernsprechleitungen gering zu machen, muß man eine solche Anordnung treffen, daß nur Differenzen von Inductionen zur Wirkung gelangen. Dazu bieten sich verschiedene Mittel. Zunächst sind die Quellen der Induction und die äußeren Verhältnisse zu erforschen. Zu unterscheiden sind vier Fälle:

1. inducirte und inducirende Leitung sind einfache Leitungen;
2. die inducirte Leitung ist eine einfache, die inducirende eine doppelte Leitung;
3. die inducirte Leitung ist eine doppelte, die inducirende eine einfache Leitung;
4. die inducirte und die inducirende Leitung sind beide Doppelleitungen.

Leitungen für mehrphasigen Strom verhalten sich in Bezug auf Induction wie Doppelleitungen.

a) Im ersten Fall läßt sich die Induction, falls eine hinreichende Auseinanderlegung der Leitungen nicht ausführbar ist, nur dadurch vermindern, daß eine der beiden Leitungen als Doppelleitung hergestellt wird. Ist die Störung stark, so ist es im Allgemeinen zweckmäßiger, die inducirende Leitung als Doppelleitung herzustellen. Im Uebrigen ist der Kostenpunkt maßgebend.

Hierdurch wird der erste Fall auf den zweiten oder dritten Fall zurückgeführt.

In Städten werden meistens mehrere einfache Fernsprechleitungen an demselben Gestänge angebracht. Die Inductionsstörungen nehmen erfahrungsgemäß ab, wenn die Zahl der Leitungen zunimmt.

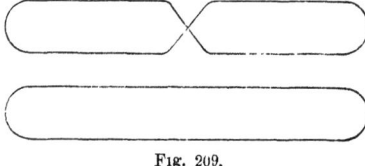

Fig. 209.

b) Im zweiten oder dritten Fall ist das nächste Mittel zur Verminderung der Induction die Kreuzung der bestehenden Doppelleitung in regelmäßigen Abständen. Genügt dies nicht, so ist auch die einfache Leitung als Doppelleitung herzustellen.

c) Im vierten Fall bleibt zur Verminderung der Induction nur die Kreuzung der Zweige der einen Doppelleitung oder beider Doppelleitungen übrig.

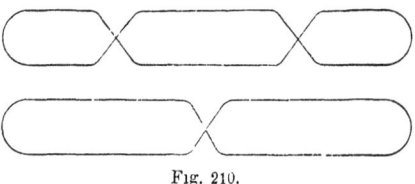

Fig. 210.

Bei der gleichzeitigen Kreuzung zweier paralleler Doppelleitungen müssen die Kreuzungspunkte der einen Leitung gegen die der andern passend versetzt werden.

Zur Kreuzung einer Leitung für mehrphasigen Strom giebt es zwei Wege. Soll eine Leitung für dreiphasigen Strom gekreuzt

Betriebsstellen. 557

werden, so ist die ganze Strecke in drei genau gleiche Abschnitte zu theilen, die Leitungen sind in Abschnitten I, II und III der Strecke nach Anleitung der Figur 211 zu gruppiren. Jede der Strecken läßt sich ähnlich behandeln.

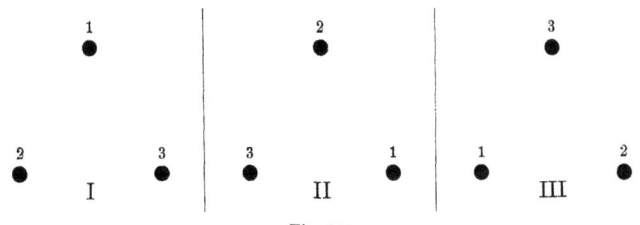

Fig. 211.

Statt dessen kann man die ganze Strecke in zwei Hälften zerlegen und nach der Anleitung der Figur 212 gruppiren. Auch hier läßt sich jede Hälfte wieder ähnlich behandeln.

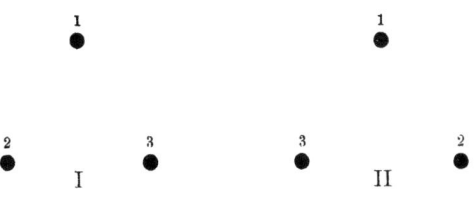

Fig. 212.

Die so ausgeführten Kreuzungen der Leitungen für mehrphasigen Strom führen nicht in allen Fällen eine genügende Herabminderung der Induction herbei. Der Grund liegt darin, daß die Gleichung für die Stromstärken in den Drehstromleitungen

$$i_1 + i_2 + i_3 = 0$$

nur dann gilt, wenn durch die Betriebsverhältnisse keine Phasenverschiebung herbeigeführt wird. Bei Arbeitsübertragungen erfolgt stets eine Phasenverschiebung, sobald die Stromerzeuger und der Motor nicht synchron laufen. Bei gesteigerter Belastung des Motors steigt daher der inducirende Einfluß. Dasselbe findet statt, wenn die einzelnen Zweige des Transformators einer Drehstromleitung ungleichmäßig beansprucht werden.

Zu Inductionsstörungen aus diesen Gründen giebt aber nicht allein das Nebeneinanderlaufen der Drehstrom- und Fernsprechleitungen Anlaß, sondern hauptsächlich auch eine Kreuzung der beiderseitigen Anlagen. Mit der Zahl der Kreuzungsstellen nimmt die Störung zu (vgl. Elektrot. Ztschr. 1892, S. 287).

Vielfach wird angenommen, daß eine Fernsprechleitung gegen alle und jede Induction dadurch hinreichend geschützt werden kann, daß sie als Doppelleitung hergestellt wird. Diese Annahme beruht auf Irrthum. Die doppelte Leitung unterliegt allerdings nur einer Differenz von Inductionen, es kommt aber darauf an, wie groß der Werth dieser Differenz ist.

558　Betriebsstellen.

Eine Fernsprechleitung wird gegen Induction aus andern Leitungen noch nicht unter allen Umständen allein dadurch genügend geschützt, daß man sie als Doppelleitung anlegt.

Um die günstigste Anordnung für zwei Leitungen, von denen mindestens eine als Doppelleitung hergestellt werden soll, zu finden, legt man durch die Doppelleitung $s_1 s_2$ eine Ebene $P_1 P_2$ und errichtet auf dieser in der Mitte zwischen den Zweigen der Doppelleitung eine zur ersteren Ebene senkrechte Ebene $Q_1 Q_2$. Eine in der letzteren Ebene liegende einfache oder doppelte Leitung wird am geringsten beeinflußt oder übt den geringsten Einfluß aus.

Der auf diese Weise erreichbare Schutz ist aber niemals vollkommen und nicht in allen Fällen für den Fernsprechbetrieb hinreichend.

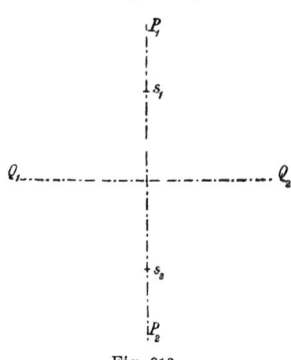

Fig. 213.

Zunächst ist die geforderte Anordnung in der Praxis niemals mit genügender Genauigkeit zu erzielen, außerdem wirken die Isolationsverhältnisse und die Ladungsfähigkeit der Leitungen ungünstig ein.

Sind mehr als zwei Leitungen nebeneinander zu führen, so lassen sich allgemein passende Vorschriften nicht geben. Im Nachstehenden werden die wichtigsten Fälle behandelt, wobei jedoch zu bemerken ist, daß sich die vorgeschlagenen Maßregeln nur auf längere Leitungen beziehen.

1. Drei doppelte Fernsprechleitungen lassen sich am günstigsten nach Maßgabe der Figur 214 anordnen. $s_1 s_2$ bedeutet die erste, $t_1 t_2$ die zweite, $T_1 T_2$ die dritte Schleife. Die Lage der letzteren läßt sich beliebig wählen, nur muß die Verbindungslinie $T_1 T_2$ senkrecht zur Linie $t_2 s_1$ stehen und die Zweige $T_1 T_2$ müssen gleichen Abstand von der Linie $t_2 s_1$ besitzen. Bedeutet c die Entfernung $s_1 s_2 = t_1 t_2$, so bestimmen sich die Abstände der Schleifenzweige durch die Gleichungen

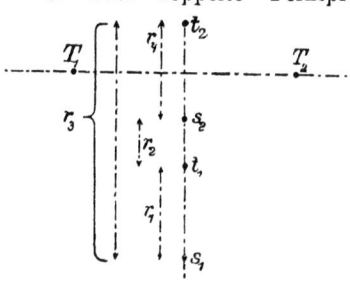

Fig. 214.

$$r_1 = 0{,}707\,c;\ r_2 = 0{,}292\,c;\ r_3 = 1{,}707\,c;\ r_4 = 0{,}707\,c.$$

Näheres vgl. Elektrot. Ztschr. 1891, S. 653 ff. Praktische Erfahrungen liegen jedoch noch nicht vor. Mehr als drei längere Leitungen lassen sich an demselben Gestänge annähernd inductionsfrei nicht anbringen.

2. Soll eine doppelte Fernsprechleitung an demselben Gestänge mit Telegraphen- und Signalleitungen angebracht werden, so erübrigt nur, die beiden Zweige in der Mitte der Strecke zu kreuzen. Aendert sich an verschiedenen Punkten die Zahl der Telegraphen- oder Signalleitungen, so ist an allen diesen Punkten, sowie in der Mitte zwischen je zwei derselben eine Kreuzung vorzunehmen.

Der Schutz, den die Fernsprechleitung in diesem Falle findet, ändert sich aber sehr mit den Isolationsverhältnissen **und ist nur für kurze Strecken und bei günstiger Isolation hinreichend.**

3. Sollen mehrere Fernsprechleitungen in der Nähe einer doppelten Leitung zu Beleuchtungs- oder Kraftübertragungszwecken geführt werden, so ist unter allen Umständen daran festzuhalten, daß für die Fernsprechleitungen ein besonderes Gestänge benutzt wird. Dieses Gestänge muß von der inducirenden Leitung möglichst weit entfernt sein.

Erprobte Vorschriften zur Verminderung der Induction lassen sich nicht geben; man ist vielmehr auf Versuche angewiesen. Im Allgemeinen dürfte sich folgendes Verfahren empfehlen:

Die Fernsprechleitungen werden so angeordnet, daß sie untereinander möglichst geringe Störung zeigen; der so erhaltene Leitungsstrang wird der inducirenden Leitung gegenüber möglichst in diejenige Lage gebracht, die man einer einzelnen einfachen Leitung geben würde.

Am günstigsten ist der Fall, daß beide Zweige der inducirenden Leitung $s_1 s_2$ (Fig. 213) übereinander liegen. Die Mittellinie des Leitungsstranges kommt dann in die Ebene $Q_1 Q_2$. Liegen die Zweige der inducirenden Leitung wagerecht nebeneinander und ist die Störung der Fernsprechleitungen erheblich, so ist die inducirende Leitung passend zu kreuzen.

4. Einer einfachen Leitung zu Beleuchtungs- und Kraftübertragungszwecken (elektrische Bahnen mit einem oberirdischen Stromleiter) gegenüber lassen sich einfache Fernsprechleitungen nicht schützen.

Die Störung wird vermindert, wenn man die Fernsprechleitungen als Schleifen anlegt. Die erreichbare Verminderung der Störung genügt aber erfahrungsmäßig in vielen Fällen nicht; ein wesentlicher Grund ist durch Isolationsverhältnisse bedingt.

(715) Berechnung des geringsten Querschnittes einer Kabelader, für welche das Product Widerstand mal Capacität (CR) einen bestimmten Werth P besitzen soll. Aus der Formel für die Capacität eines Kabels

$$C = \frac{0{,}024\, LK}{\log \dfrac{D}{x}} \text{ Mikrofarad,}$$

wo L die Länge in km, K die Dielektricitätsconstante bedeutet, folgt, wenn R der gesammte Kupferwiderstand ist

$$CR = P = \frac{0{,}024\, LK \cdot R}{\log \dfrac{D}{x}}.$$

560   Betriebsstellen.

Setzt man $0{,}024\,LK = A$ und berechnet R nach der Formel (98), worin $\varrho = 0{,}018$

$$R = \frac{1000\,L}{\dfrac{x^2}{4}\pi}\varrho = \frac{72\,L}{\pi \cdot x^2}$$

setzt $\dfrac{72\,L}{\pi} = a$ und führt diese Werthe in die Gleichung für P ein, so ergiebt sich als Werth für x, wenn D in Bezug auf x ein Minimum sein soll:

$$x = \sqrt{\frac{2\,a\,A}{m\,P}} \text{ in mm,}$$

worin $m = 0{,}4343$ ist.

(716) Fortpflanzungsgeschwindigkeit elektrischer Wellen in einer Leitung.
1. Nach Vaschy ist die Fortpflanzungsgeschwindigkeit am größten, wenn

$$L = \frac{10^9 \cdot C \cdot R^2 l^3}{16},$$

worin L den Coefficienten der Selbstinduction, C die elektrostatische Capacität, R den Widerstand und l die Länge der Leitung in Kilometern bedeutet.

2. Hagenbach bestimmt die Zeit, in welcher ein Zeichen l km Leitung von c Mikrofarad Capacität und r Ohm Widerstand durchläuft zu

$$t = 23 \cdot 10^{-8} \cdot c \cdot r l^2.$$

(717) Entfernungsgrenze für die Verständigung in Telephonleitungen.
Für alle Fälle läßt sich die Grenze für die Verständigung in Telephonleitungen rechnerisch nicht bestimmen.

Die Verständigung wird durch Widerstand, Selbstinduction, Capacität und Isolationszustand des Stromkreises, auch durch die Magnetisirbarkeit des Leitungsmateriales beeinflußt. Ferner sind die elektrischen Eigenschaften der Geber und Empfänger von Bedeutung. Endlich ist noch die gegenseitige Induction nebeneinanderliegender Leitungen zu beachten. Alle diese Factoren sind in Rechnung zu ziehen.

In doppelten oberirdischen Leitungen aus Eisendraht gelingt die Verständigung bis auf 400 km Entfernung, in doppelten Leitungen aus Kupfer oder Bronce auf Entfernungen von 1600 km; am zweckmäßigsten ist für lange Leitungen eine Schleife aus Kupfer- oder Broncedraht.

Für Kabel, sowie für Leitungen, die aus Kabelstrecken und oberirdischen Bronceleitungen bestehen, bildet das Product Widerstand mal Capacität ebenso wie für Telegraphenkabel einen allgemeinen praktischen Maßstab für die Güte der Verständigung; mit der Verringerung des Productes erhöht sich die Güte. Die Regel gilt jedoch nur, so lange der Quotient aus Selbstinduction durch Widerstand dem Product aus Widerstand mal Capacität gegenüber sehr klein ist.

Betriebsstellen. 561

Preece giebt folgende Vergleichszahlen:

CR (Widerstand mal Capacität).
= 15 000 Verständigung unmöglich,
= 12 500 „ möglich,
= 10 000 „ gut,
= 7 500 „ sehr gut,
= 5 000 „ ausgezeichnet,
= 2 500 und darunter vollkommen.

Die angegebenen Eigenschaften der Verständigung sind objectiv schwer festzustellen, im Allgemeinen darf man sagen, daß bis zu einer oberen Grenze von etwa 12 000 ein Betrieb möglich ist.

Versuche, welche vom Ingenieur-Bureau des Reichs-Postamts angestellt wurden, haben die Angaben im Allgemeinen bestätigt.

(718) **Geringste Stromstärke, welche noch einen hörbaren Ton erzeugt.** Nach einer im Ingenieur-Bureau des Reichs-Postamts ausgeführten Messung betrug bei dem schwächsten noch hörbaren Ton unter Verwendung eines Siemens'schen Telephons mit Hufeisenmagnet die Stromstärke annähernd

$$i = 7{,}8 \cdot 10^{-6} \text{ A}$$

und die Schwingungsweite der Platte $< 1{,}2 \cdot 10^{-6}$ mm. Vergl. Elektrot. Ztschr. 1890, S. 289.

(719) **Zweckmäfsigste Wickelung der Elektromagnete eines Morse-Apparates oder Relais.** Bezeichnet B den Widerstand der Batterie, L den Widerstand der Leitung, R den Widerstand der im Wickelungsraum eines Elektromagnetes befindlichen Windungen und n die Zahl der eingeschalteten Apparate, so soll

$$B + L = nR$$

sein.

(720) **Elektromagnete in Telephonleitungen.** Für die Beurtheilung der in der Leitung befindlichen Elektromagnetkerne kann man nach Rayleigh die Formel

$$t = \frac{4\pi\mu a^2}{(2{,}404)^2 r}$$

benutzen. Hierin bedeutet t die Zeit, in welcher ein Elektromagnetkern seine Magnetisirung bis auf $^1/_2$ verliert, $2a$ den Durchmesser des Kernes, μ die magnetische Durchlässigkeit, r den Widerstand. Für Eisen kann $\mu = 100$ gesetzt werden.

(721) **Leistungsfähigkeit der verbreitetsten Telegraphen-Apparate.**

	Worte in der Stunde
Morse	400—800
Hughes	1200—1500
Spiegelapparat	600
Siphon Recorder	500

Die Leistungsfähigkeiten bei Morse- und Hughes-Apparaten, welche in oberirdische oder nicht sehr lange Kabellinien eingeschaltet sind, sodaß ein rasches Arbeiten möglich ist, hängt in sehr hohem Grade von der Fertigkeit des Telegraphisten ab,

Grawinkel-Strecker, Hilfsbuch. 3. Aufl. 36

(722) Dauer der Uebermittelung eines Zeichens in einem Kabel. (Nach Sabine). Ist C die Capacität des Kabels in Mikrofarad, r der Widerstand in Ohm, so ist die Zeit, welche ein Zeichen bis zum Ausdruck im Empfangsapparat gebraucht

beim Morseapparat $\dfrac{414}{10^9} Cr$ Secunden

„ Hughesapparat $\dfrac{105}{10^9} Cr$ „

„ Spiegelapparat $\dfrac{47}{10^9} Cr$ „

(723) Coefficienten der Selbstinduction von Telegraphen-Apparaten.

Nach Messungen des Telegraphen-Ingenieur-Bureaus des Reichs-Postamts.

	Quadranten
Morseapparat (Normalfarbschreiber).	
1. Zwei Rollen ohne Eisenkern	0,7
2. Dieselben mit Eisenkern (ohne gegenüberliegenden Anker)	9
3. Rollen mit Eisenkern, Anker vom Kern abstehend	13
4. desgl., aber Anker aufliegend	18
Hughes-Apparat.	
5. Rollen mit Kern, Anker aufliegend	29
6. desgl., aber Anker abgestoßen	26
Estienne-Apparat.	
7. Rollen mit Kern	7
Wecker.	
8. Wecker auf eisernem Rahmen, zwei Rollen von 2500 und 2380 Umw. (je 85 Ohm) Anker entfernt	0,5
9. desgl., Anker etwa 0,5 cm vom Kern abliegend	1,2
10. desgl., Anker auf dem Kern liegend	2,2
Elektromagnet eines Klappenschrankes.	
11. Eine Rolle, 2500 Umw. 97 Ohm	0,4

Die Zahlen sind nur Näherungswerthe.

Gesetz über das Telegraphenwesen des Deutschen Reiches.
Vom 6. April 1892.

§ 1.
Das Recht, Telegraphenanlagen für die Vermittelung von Nachrichten zu errichten und zu betreiben, steht ausschließlich dem Reich zu. Unter Telegraphenanlagen sind die Fernsprechanlagen mit begriffen.

§ 2.
Die Ausübung des im § 1 bezeichneten Rechts kann für einzelne Strecken oder Bezirke an Privatunternehmer und muß an Gemeinden für den Verkehr innerhalb des Gemeindebezirks verliehen werden, wenn die nachsuchende Gemeinde die genügende Sicherheit für einen ordnungsmäßigen Betrieb bietet und das Reich eine solche Anlage weder errichtet hat, noch sich zur Errichtung und zum Betriebe einer solchen bereit erklärt.

Die Verleihung erfolgt durch den Reichskanzler oder die von ihm hierzu ermächtigten Behörden.

Die Bedingungen der Verleihung sind in der Verleihungsurkunde festzustellen.

§ 3.
Ohne Genehmigung des Reichs können errichtet und betrieben werden:
1. Telegraphenanlagen, welche ausschließlich dem inneren Dienste von Landes- oder Communalbehörden, Deichcorporationen, Siel- und Entwässerungsverbänden gewidmet sind;
2. Telegraphenanlagen, welche von Transportanstalten auf ihren Linien ausschließlich zu Zwecken ihres Betriebes oder für die Vermittelung von Nachrichten innerhalb der bisherigen Grenzen benutzt werden;
3. Telegraphenanlagen
   a) innerhalb der Grenzen eines Grundstücks,
   b) zwischen mehreren einem Besitzer gehörigen oder zu einem Betriebe vereinigten Grundstücken, deren keines von dem anderen über 25 Kilometer in der Luftlinie entfernt ist, wenn diese Anlagen ausschließlich für den der Benutzung der Grundstücke entsprechenden unentgeltlichen Verkehr bestimmt sind

§ 4.
Durch die Landes-Centralbehörde wird, vorbehaltlich der Reichsaufsicht (Art. 4 Ziff. 10 der Reichsverfassung), die Controle darüber geführt, daß die Errichtung und der Betrieb der im § 3 bezeichneten Telegraphenanlagen sich innerhalb der gesetzlichen Grenzen halten.

§ 5.
Jedermann hat gegen Zahlung der Gebühren das Recht auf Beförderung von ordnungsmäßigen Telegrammen und auf Zulassung zu einer ordnungsmäßigen telephonischen Unterhaltung durch die für den öffentlichen Verkehr bestimmten Anlagen.

Betriebsstellen.

Vorrechte bei der Benutzung der dem öffentlichen Verkehr dienenden Anlagen und Ausschließungen von der Benutzung sind nur aus Gründen des öffentlichen Interesses zulässig.

§ 6.

Sind an einem Orte Telegraphenlinien für den Ortsverkehr, sei es von der Reichs-Telegraphenverwaltung, sei es von der Gemeindeverwaltung oder von einem anderen Unternehmer, zur Benutzung gegen Entgelt errichtet, so kann jeder Eigenthümer eines Grundstücks gegen Erfüllung der von jenen zu erlassenden und öffentlich bekannt zu machenden Bedingungen den Anschluß an das Localnetz verlangen.

Die Benutzung solcher Privatstellen durch Unbefugte gegen Entgelt ist unzulässig.

§ 7.

Die für die Benutzung von Reichs-Telegraphen- und Fernsprechanlagen bestehenden Gebühren können nur auf Grund eines Gesetzes erhöht werden. Ebenso ist eine Ausdehnung der gegenwärtig bestehenden Befreiungen von solchen Gebühren nur auf Grund eines Gesetzes zulässig.

§ 8.

Das Telegraphengeheimniß ist unverletzlich, vorbehaltlich der gesetzlich für strafgerichtliche Untersuchungen, im Concurse und in civilprocessualischen Fällen oder sonst durch Reichsgesetz festgestellten Ausnahmen. Dasselbe erstreckt sich auch darauf, ob und zwischen welchen Personen telegraphische Mittheilungen stattgefunden haben.

§ 9.

Mit Geldstrafe bis zu eintausendfünfhundert Mark oder mit Haft oder mit Gefängniß bis zu sechs Monaten wird bestraft, wer vorsätzlich entgegen den Bestimmungen dieses Gesetzes eine Telegraphenanlage errichtet oder betreibt.

§ 10.

Mit Geldstrafe bis zu einhundertundfünfzig Mark wird bestraft, wer den in Gemäßheit des § 4 erlassenen Controlvorschriften zuwiderhandelt.

§ 11.

Die unbefugt errichteten oder betriebenen Anlagen sind außer Betrieb zu setzen oder zu beseitigen. Den Antrag auf Einleitung des hierzu nach Maßgabe der Landesgesetzgebung erforderlichen Zwangsverfahrens stellt der Reichskanzler oder die vom Reichskanzler dazu ermächtigten Behörden.

Der Rechtsweg bleibt vorbehalten.

§ 12.

Elektrische Anlagen sind, wenn eine Störung des Betriebes der einen Leitung durch die andere eingetreten oder zu befürchten ist, auf Kosten desjenigen Theiles, welcher durch eine spätere Anlage oder durch eine später eintretende Aenderung seiner bestehenden Anlage diese Störung oder die Gefahr derselben veranlaßt, nach Möglichkeit so auszuführen, daß sie sich nicht störend beeinflussen.

§ 13.

Die auf Grund der vorstehenden Bestimmung entstehenden Streitigkeiten gehören vor die ordentlichen Gerichte.

Das gerichtliche Verfahren ist zu beschleunigen (§§ 198, 202 bis 204 der Reichs-Civilproceßordnung). Der Rechtsstreit gilt als Feriensache (§ 202 des Gerichtsverfassungsgesetzes, § 201 der Reichs-Civilproceßordnung).

§ 14.

Das Reich erlangt durch dieses Gesetz keine weitergehenden als die bisher bestehenden Ansprüche auf die Verfügung über fremden Grund und Boden, insbesondere über öffentliche Wege und Straßen.

§ 15.

Die Bestimmungen dieses Gesetzes gelten für Bayern und Württemberg mit der Maßgabe, daß für ihre Gebiete die für das Reich festgestellten Rechte diesen Bundesstaaten zustehen, und daß die Bestimmungen des § 7 auf den inneren Verkehr dieser Bundesstaaten keine Anwendung finden.

XI. Abschnitt.
Eisenbahn-Telegraphen- und Signalwesen und Seesignalwesen.

Eisenbahn-Telegraphen- und Signalwesen.

Umfang der Einrichtungen.

(724) Grundlagen für die Ausrüstung. Für die Ausrüstung der Eisenbahnen mit elektrischen Telegraphen- und Signal-Einrichtungen bilden zunächst die von den staatlichen Aufsichtsbehörden erlassenen allgemeinen Bestimmungen über den Bau und den Betrieb der Eisenbahnen die Grundlage.

(Für die deutschen Bahnen sind dies:
    a) die Betriebsordnung für die Haupt-Eisenbahnen Deutschlands vom 1. Januar 1893;
    b) die Signal-Ordnung für die Eisenbahnen Deutschlands vom 1. Januar 1893;
    c) die Bahnordnung für die Neben-Eisenbahnen Deutschlands vom 1. Januar 1893).

Diese allgemeinen Bestimmungen enthalten in Bezug auf Verständigung in die Ferne und in Bezug auf die Mittheilung verabredeter Zeichen (Signale) Forderungen, welche das Maß desjenigen bilden, was mit den elektrischen Einrichtungen zum Mindesten und ohne Rücksicht auf sonstige Verhältnisse geleistet werden muß; der den bez. Anlagen über dieses Maß hinaus zu gebende Umfang bestimmt sich in jedem einzelnen Falle aus der Eigenartigkeit der Verkehrs- und Betriebsverhältnisse der betreffenden Bahn.

Im Allgemeinen können nachstehende Angaben über die den Bahnen zu gebende Ausrüstung als Anhalt dienen.

(725) Maßstab für den Umfang der Einrichtungen. Auf jeder Bahnlinie, gleichviel ob Hauptbahn oder Nebenbahn, ist erforderlich
    a) eine mit Morse-Apparaten ausgerüstete Sprechleitung, in welche sämmtliche Stationen der betreffenden Linie einzuschalten sind.
    (Auf solchen Nebenbahnen, auf denen mit einem einzigen täglich mehrere Male hin- und herfahrenden Zuge der Verkehr bewältigt wird, auf denen also ein Aufrennen oder Zusammenstoßen von Zügen ausgeschlossen ist, genügen statt der Morse-Apparate auch Fernsprecher.)

Eisenbahn-Telegraphen- und Signalwesen.

Auf jeder Hauptbahn ist weiter erforderlich
b) eine Läuteleitung, besetzt mit elektrischen Signal-Läutewerken bei den einzelnen Bahnwärterposten und mit magnetelektrischen Stromerzeugern (Inductoren) auf den Stationen.

Auf Nebenbahnen wird die durchgehende Sprechleitung auch zur Beförderung der Zugmeldungen benutzt; die Zahl der zu einem Schließungskreise verbundenen Stationen kann daher nur eine beschränkte sein, in der Regel nicht über 10. Ist die Gesammtzahl der Stationen größer, so theilt man diese Leitung in zwei oder mehrere Kreise und stellt außerdem noch

c) eine zweite mit Morse-Apparaten besetzte Sprechleitung her, welche außer den beiden End- und Kreisschlußstationen nur die hauptsächlichsten Stationen einschließt.

Auf Hauptbahnen stellt man dagegen
d) eine besondere Zugmeldeleitung her, gleichfalls mit Morse-Apparaten besetzt und mit Kreisschluß auf jeder Station; jedoch kann hierfür, wenn der Zugverkehr nicht ein sehr bedeutender ist, die ohnehin vorhandene Läuteleitung mitbenutzt werden; so daß also auf Hauptbahnlinien von geringer Länge (bis 50 km) und mit mäßigem Zugverkehr mit zwei Leitungen dem Bedürfniß genügt ist.

Auf Hauptbahnen von größerer Länge und solchen mit lebhafterem Zugverkehr ist außerdem zur Entlastung der sämmtliche Stationen einschließenden Morseleitung

e) eine zweite durchgehende Morseleitung erforderlich, in welche aber nur die hauptsächlichsten Stationen eingeschaltet werden.

In letzterem Falle dient die erste Morseleitung dem nachbarlichen Verkehr und wird dementsprechend je nach Erforderniß in zwei oder mehr Kreise abgetheilt, während die zweite Morseleitung dem Fern-Verkehr zu dienen hat.

Bei wachsendem Verkehr tritt dann zunächst hinzu
f) eine zweite Morseleitung für den nachbarlichen Verkehr, in welche man jedoch die kleinen Haltestellen nicht miteinschaltet,

und sofern dem Bedürfnisse auch dann noch nicht genügt ist,
g) eine zweite Morseleitung für den Fern-Verkehr, in welche dann nur die allerwichtigsten Stationen eingeschaltet werden, so daß diese Leitung vorwiegend dem großen Durchgangs-Verkehr zu dienen hat.

Auf solchen Strecken, auf denen sich Züge in kürzeren Zeitabschnitten folgen müssen, als nach der Größe der Stationsabstände möglich ist, werden zur Abkürzung des Stationsabstandes noch Signal-Zwischenstationen auf freier Strecke, sog. Blockstationen eingerichtet; in diesem Falle ist für die betreffende Strecke ferner erforderlich

h) eine Blockleitung, in welche die für den Blockdienst erforderlichen Apparate (Blockapparate) auf den Blockstationen und Stationen einzuschalten sind.

Auf stark geneigten Bahnstrecken — auf Hauptbahnen bis zu Neigungen von 1:200, auf Nebenbahnen bis zu Neigungen

568　Eisenbahn-Telegraphen- und Signalwesen.

von 1:100 — sowie in Curvenstrecken mit Radien von 250 m und darunter findet eine fortlaufende **Ueberwachung der Fahrgeschwindigkeit** auf elektrischem Wege statt; in diesem Falle ist für die betreffende Strecke erforderlich
  i) eine sog. Radtaster-Leitung zur Verbindung der Schienen-Contacte mit dem zugehörigen Registrir-Apparat.

Außer diesen über die ganze Strecke oder einen größeren Abschnitt derselben sich erstreckenden Einrichtungen sind an einzelnen Punkten, namentlich auf größeren Bahnhöfen noch die mannigfaltigsten elektrischen Signal- und Sicherheits-Einrichtungen nothwendig, deren jedoch an anderer Stelle Erwähnung geschehen soll.

Ausführung der erforderlichen Anlagen.

(**726**) **Herstellung der Drahtleitungen.** Mit Rücksicht auf die gleichzeitige Benutzung des Bahngeländes, meistens sogar desselben Gestänges seitens der Reichs- bezw. Staatstelegraphen-Verwaltung und der Bahnverwaltung zur Anlage der beiderseitigen Leitungen empfiehlt sich die Herstellung der Bahnleitungen nach den gleichen Vorschriften unter Verwendung gleichartigen Materials, wie solche für die Reichs- bezw. Staatstelegraphen-Verwaltung vorgeschrieben. Kabelrinnen zur Bergung der Kabel in Tunnels und auf Brücken, Kabellager im Bahnkörper sollen, soweit angänglich zur Ersparung von Anlage- und Unterhaltungskosten zweckmäßig dieselben sein; zu trennen sind nur die Ueberführungs-Säulen und Schränke, sowie event. die Stations-Einführungen. Für die Luftleitungen wird sich die Bahnverwaltung soweit irgend angänglich die bahnwärts gelegene Seite des Gestänges (bei Doppelgestänge die bahnwärts stehende Stange) für ihre Zwecke vorzubehalten haben. Weiteres über Leitungsbau und Unterhaltung siehe unter Telegraphie.

(**727**) **Die Morseleitungen im Allgemeinen.** Für Eisenbahn-Telegraphenleitungen ist naturgemäß der Betrieb mit **Ruhestrom** zu wählen. Die Apparate selbst sind grundsätzlich dieselben, wie solche in den Staats-Telegraphen-Betrieben für Ruhestrom zur Anwendung kommen, jedoch werden in neuerer Zeit fast ausschließlich Apparatzusammenstellungen nach Siemens-Halske'schem Muster (1871), sog. **Normal-Apparate** — Grundbrett mit Federschlußklinken — verwendet. (Vergl. Zetzsche. Handbuch der Telegraphie, Band IV. § XXI. Fig. 171 u. 172). Diese Anordnung gewährt den Vortheil leichter und bequemer Auswechselung durch die Apparatbeamten selbst, ohne Zuhilfenahme von Geräthen, sowie auch im Falle von Unbrauchbarkeit des einen Apparats die Möglichkeit, durch sofortiges Einsetzen eines anderen gerade unbenutzten Apparats den Betrieb aufrecht zu erhalten.

Die Apparate arbeiten durchgängig mit **Relais**, weil der Anschlag von sog. Directschreibern für Eisenbahnstationen nicht laut genug sein würde.

Allgemein werden bei der Eisenbahn heute **Farbschreiber** angewendet. **Stiftschreiber** sind wegen der meist ungünstigen Beleuchtung in den Diensträumen zu vermeiden.

Die **Schaltung** der Apparate ist aus Fig 215 ersichtlich.

Eisenbahn-Telegraphen- und Signalwesen. 569

Die **Widerstände** werden in der Regel in nachstehenden Größen gewählt:

Relais (*R*) 45—50 Ohm,
Galvanoskop (*G*) 5—8 Ohm,
Schreiber (*M*) 15 Ohm;

jedoch müssen die Widerstände der Relais für Apparate sehr langer Leitungen (300—500 km) wegen der vermehrten Gefahr des Auftretens von Nebenschließungen entsprechend höher (bis 200 Ohm) bemessen werden.

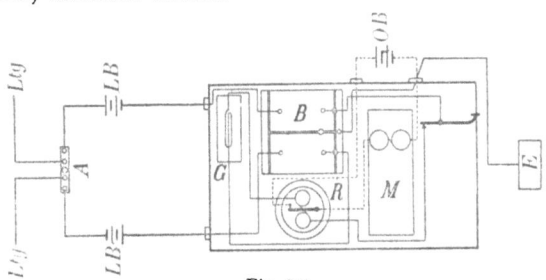

Fig. 215.

(728) Batterien. Zu den Batterien sind im Eisenbahndienste zweckmäßig Meidinger'sche Ballon-Elemente von etwa 22 cm Höhe zu verwenden. Offene Meidinger-Elemente sind deshalb weniger zweckmäßig, weil es den Eisenbahnbeamten an Zeit gebricht, rechtzeitig Kupfervitriolstücke nachzufüllen. Elemente von größeren Abmessungen als die bezeichneten zu verwenden, hat keinen Zweck, weil dieselben doch in der Regel nicht länger als 6 Monate diensttüchtig bleiben, was auch mit den kleineren bequem erreicht wird, und für die zum Betrieb erforderliche Stromstärke sind die kleineren mehr als ausreichend.

Ein solches Element hat einen Widerstand von durchschnittlich 6 Ohm und eine EMK von annähernd 1 Volt.

Die Batterien finden zweckmäßig in Wandschränken mit Glasthüren Aufstellung. Im Innern müssen diese Schränke mit weißem Oelfarben-Anstrich versehen sein, damit der Zustand der Elemente jederzeit von Außen leicht überwacht werden kann.

Für die **Leitungs-Batterien** (*L. B.*) ordnet man in den betreffenden Gefachen besondere Ausschalter (*A.*) an, mittels deren der Apparat einschließlich der Batterie ausgeschaltet werden kann, was die Feststellung von Fehlern in den Batterien und in solchem Falle die Aufrechterhaltung des ungestörten Betriebes der übrigen Stationen wesentlich erleichtert.

(729) Kreisschlüsse. Kreisschlüsse in Eisenbahn-Telegraphenleitungen sollten richtigerweise zur Fernhaltung von Unzuträglichkeiten für die die Apparate bedienenden Beamten stets **unlösbar** hergestellt werden. Lösbare Kreisschlüsse sind in der Hand der Apparat-Beamten nur eine Quelle fortwährender Streitigkeiten. Auch **Uebertragungs**-Einrichtungen sollten aus gleichen Gründen nur in den Leitungen für den großen Durchgangsverkehr angeordnet werden, aber auch da nur, wenn die Anzahl der in

570 Eisenbahn-Telegraphen- und Signalwesen.

die betreffenden Leitungen eingeschalteten Stationen eine beschränkte ist. Näheres über Uebertragungs-Vorrichtungen siehe Handbuch von Zetzsche, Bd. IV. § XXVIII.

(**730**) **Morseleitungen für den Zugmeldedienst.** Die Morseleitungen für den Zugmeldedienst müssen zur Fernhaltung von Verwechselungen und Mißverständnissen bei den Zugmeldungen Kreisschluß auf jeder Station haben, erfordern demnach auf jeder Station entweder einen doppelten Apparatsatz oder Umschaltevorrichtungen, vermittelst deren ein und derselbe Apparat, je nach Erforderniß in den einen oder den andern Kreis eingeschaltet werden kann. In letzterem Falle muß aber auf jeder Station für jeden der beiden anschließenden Leitungskreise je ein besonderer Wecker angeordnet werden, auf welchem der Ruf bei ausgeschaltetem Morse-Apparat wahrgenommen wird. Eine derartige von Siemens & Halske angegebene Anordnung ist in Fig. 216 dargestellt. Die Wecker bedürfen in diesem Falle

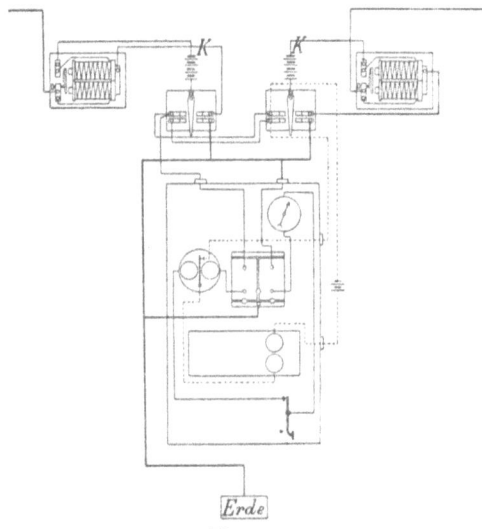

Fig. 216.

keiner besondern Batterie, sondern sind unmittelbar in die Leitung eingeschaltet. Im Zustand der Ruhe ist der Anker angezogen; sobald die Leitung unterbrochen wird, fällt er ab, schließt aber dadurch die eigene Leitungsbatterie zu einem kurzen Kreise, in welchem der Wecker als gewöhnlicher Selbstunterbrecher arbeitet. Die Umschalter bewirken zugleich die Unterbrechung der Ortsbatterie im Zustande der Ruhe. In Fig. 216 sind die Umschalter als Hand-Umschalter angenommen, dieselben werden aber nicht selten auch als Fuß-Umschalter angeordnet. Letztere gewähren den Vortheil, daß das Wiederausschalten des Morse-Apparats nach dem Gebrauch und damit

Eisenbahn-Telegraphen- und Signalwesen. 571

das Wiedereinschalten des Weckers nicht vergessen werden kann, weil die Umschaltevorrichtung nach Loslassen des Fußtrittes sofort selbstthätig wieder in die Ruheschaltung zurückschnellt, haben dafür aber auch den großen Nachtheil, daß der Beamte während der Aufnahme eines Telegramms, weil er den Umschaltertritt mit dem Fuße festhalten muß, den Apparat nicht verlassen kann, ohne die Aufnahme zu unterbrechen, was bei den mannigfachen Dienstverrichtungen auf den kleineren und mittleren Eisenbahnstationen nur sehr schwer durchführbar ist. Thatsächlich gewöhnen sich aber auch die Beamten, in Anbetracht der ihnen durch die Wecker gewährten Wohlthat stets sehr schnell an das rechtzeitige Zurückstellen der Hand-Umschalter.

(781) **Läutewerksleitungen.** Die Läutewerksleitung, bestimmt zur Mittheilung von Achtungssignalen an das Bahnbewachungspersonal bei dem Abgange von Zügen und bei sonstigen die Strecke berührenden Vorkommnissen, ist bei jedem Wärterposten mit einem Läutewerke besetzt, meist mit zwei, zuweilen auch mit einer oder mit drei Glocken. Die Läutewerke sind mit elektromagnetischer Auslöse-Vorrichtung versehen und geben bei jeder Auslösung eine Gruppe von Schlägen, meist fünf, zuweilen auch sechs und mehr, und zwar je nach der Anzahl der auf den Läutewerken angebrachten Glocken als Zweiklänge, Einklänge oder Dreiklänge. Die Auslöse-Vorrichtung muß unempfindlich sein gegen äußere Erschütterungen des Läutewerks, wie solche z. B. bei Vorüberfahrt eines Zuges entstehen; die Ankerabreißfeder muß daher möglichst stark angespannt werden,

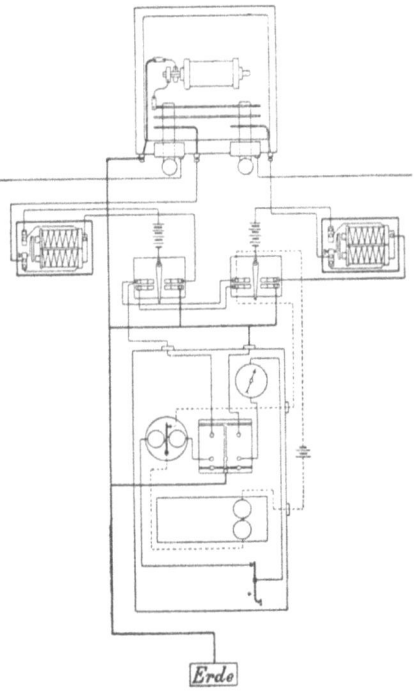

Fig. 217.

wodurch wiederum bedingt ist, daß die Stromquelle, welche die Auslösung bewirken soll, eine entsprechend kräftige sein muß. Aus diesem Grunde verwendet man als Stromquelle auch nicht Batterien, sondern für Gleichstrom geschaltete Siemens'sche Magnetinductionsapparate, sog. Läute-Inductoren. Die Einschaltung derselben in die Leitung erfolgt mittels der daran

572   Eisenbahn-Telegraphen- und Signalwesen.

angebrachten federnden Einschaltetasten, wie in Fig. 217 angedeutet. Läutewerke und Läute-Inductoren sind in Zetzsche's Handbuch der elektr. Telegraphie Bd. IV, Seite 386—393, Fig. 307—314, bezw. Seite 11, Fig. 8 näher beschrieben.

(732) Ausnutzung der Läutewerksleitung als Zugmeldeleitung. Der Umstand, daß die Läutewerke nur mittels starker Inductionsströme ausgelöst werden und auf Ströme, wie solche zum Telegraphiren in Anwendung stehen, nicht ansprechen, bietet den Vortheil, daß die Läutewerksleitung in den Zwischenzeiten, wo Signale nicht gegeben werden, noch für den telegraphischen Verkehr der unmittelbar benachbarten Stationen, hauptsächlich also für den Zugmeldedienst nutzbar gemacht werden kann, so daß es dann der Herstellung einer besonderen Zugmeldeleitung nicht bedarf. Die dadurch erzielte Ersparniß ist nicht unbedeutend, sie kann beispielsweise für die Preußische Staatsbahn-Verwaltung auf mehr als eine Million Mark veranschlagt werden.

In dem Schema Fig. 217 ist die Benutzung der Läutewerksleitung als Zugmeldeleitung unter Anwendung von Hand-Umschaltern dargestellt. Zu gleichem Zwecke lassen sich aber auch Fußumschalter verwenden.

Im Uebrigen wird auf die Erläuterungen in Zetzsche's Handbuch der elektr. Telegraphie, Bd. IV, S. 280 und 281 verwiesen.

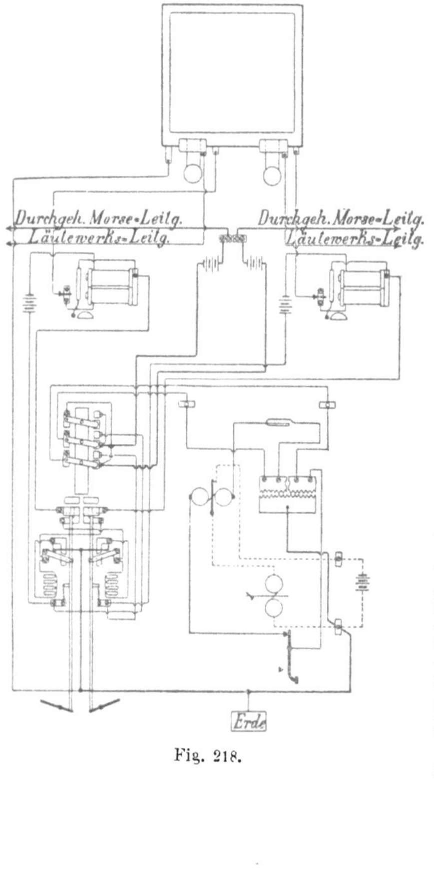

(733) Mitbenutzung der Apparate der durchgehenden Morse-Leitung für die Zugmelde-Leitung. Für Bahnlinien (Hauptbahnen) mit sehr geringem Verkehr ist es nicht gerade erforderlich, die Zugmelde-Leitung auf allen Stationen mit besonderen Morse-Apparaten zu besetzen; für die minder wichtigen Stationen ist es unter Umständen statthaft, den Apparat der durchgehenden Morse-Leitung für die Zugmeldeleitung mit zu benutzen. In diesem Falle wird an den Apparaten der durchgehenden Morse-Leitung eine Umschalte-Vorrichtung angebracht, welche es

Fig. 218.

Eisenbahn-Telegraphen- und Signalwesen. 573

ermöglicht, den Apparat aus der durchgehenden Leitung aus- und in die Zugmelde-Leitung nach der einen oder der andern Richtung je nach Erforderniß einzuschalten. Die Zugmelde-Leitung ist dann für jede Richtung, wie unter (570) angegeben, mit einem besondern Wecker als Rufglocke versehen.

Zu diesem Zwecke sind aber Fuß-Umschalter, welche selbstthätig die Rückschaltung der Apparate in die durchgehende Leitung bewirken, unerläßlich, weil andernfalls bei unterlassener Rückschaltung der Anruf auf der durchgehenden Leitung gar nicht wahrgenommen werden könnte.

Diese Anordnung ist in Fig. 218 dargestellt, wobei zugleich angenommen ist, daß die Läutewerksleitung als Zugmeldeleitung mitbenutzt wird.

Die gleiche Anordnung empfiehlt sich auch für solche Nebenbahnen, welche neben einer durchgehenden Morseleitung noch eine besondere Zugmeldeleitung haben müssen.

(734) Hilfssignal-Einrichtungen. Aus der Doppelbenutzung der Läutewerksleitung zum Läuten und zum Telegraphiren ergiebt sich für die Sicherstellung des Eisenbahnbetriebes der weitere sehr bedeutende Vortheil, daß man vermittels einfacher an den Läutewerken anzubringender Vorrichtungen von der freien Strecke her bezw. von jedem Bahnwärterposten aus Hilfssignale nach den beiden benachbarten Stationen gelangen lassen kann, welche dort auf den in die Läutewerksleitung eingeschalteten Morseapparaten aufgenommen werden können. Auf diese Weise kann gemeldet werden, daß für einen auf der Strecke festliegenden Zug oder aus irgend einem anderen Grunde (Dammrutschung, Schienenbruch, Schneeverwehung, Ueberfluthung u. dergl. m.) Hilfe erforderlich ist.

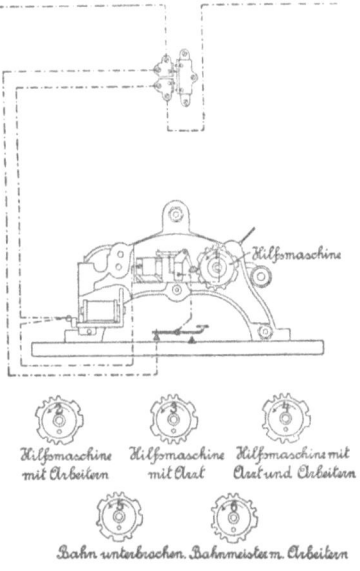

Fig. 219.

Diese von Siemens & Halske construirten Hilfssignal - Einrichtungen bestehen aus einem in die Leitung eingeschalteten, an der vorderen Platine des Läutewerks angebrachten kleinen Telegraphirtaster, welcher durch entsprechend verzahnte, auf eine am Läutewerk angebrachte Achse aufgesteckte und durch dieses in Umdrehung versetzte Scheiben in Thätigkeit gesetzt wird. Die Verzahnung auf diesen Scheiben stellt in Morseschrift das Nummerzeichen der betreffenden Bude und ein bestimmtes

574   Eisenbahn-Telegraphen- und Signalwesen.

Hilfszeichen dar. Zu jedem Läutewerk gehören 6 bis 8 solcher Scheiben mit verschiedenen Hilfssignalen. Die Bedienung dieser Einrichtungen setzt also keinerlei Fertigkeit im Telegraphiren voraus; alle Zeichen erfolgen selbstthätig. Behufs Abgabe eines Hilfssignals wird die mit der zutreffenden Aufschrift versehene Scheibe aufgesteckt, das Läutewerk vier Mal hintereinander mit der Hand ausgelöst, wobei die Hilfssignalscheibe ebensoviele Umdrehnngen macht und dadurch vermittels des kleinen Telegraphirtasters die dem betreffenden Hilfssignal entsprechenden Unterbrechungen und Schließungen der Leitung bewirkt. Auf beiden benachbarten Stationen ertönen die Wecker. Die Beamten werden dadurch veranlaßt, die Apparate nach der betreffenden Richtung einzuschalten und das Hilfssignal auf den Streifen aufzunehmen. Nachdem sich dann beide Stationen auf einer andern Leitung über die Bedeutung des Hilfssignals und über die zu ergreifenden Maßnahmen verständigt, giebt die eine der beiden das elektrische Gefahrsignal (Signal 4 der Deutschen Signal-Ordnung). Der das Hilfssignal abgebende Wärter erkennt daraus, daß das Hilfssignal verstanden ist und demselben entsprochen werden wird. Ein außerdem in der Läutewerksbude angebrachter Morsetaster gewährt für den des Telegraphirens Kundigen die Möglichkeit, nach Abgabe des Hilfssignals noch weitere ausführlichere auf den betreffenden Vorfall bezügliche Mittheilungen an die Stationen abzugeben.

Die Anordnung der Hilfssignal-Einrichtungen ist in Fig. 219 dargestellt.

Eine ausführliche Beschreibung dieser Einrichtungen findet sich in Zetzsche's Handbuch der Telegraphie Bd. IV, Seite 433 u. ff.

(735) **Telegraphische Hilfsstationen.** Auf solchen Strecken, auf denen Hilfssignal-Einrichtungen nicht vorhanden sind, müssen zum Herbeirufen von Hilfe in geeigneten Wärterbuden mit Morse-Apparaten ausgerüstete sog. telegraphische Hilfsstationen eingerichtet werden. Auch hierzu ist behufs Fernhaltung von Störungen in den durchgehenden Leitungen die Zugmeldeleitung zu benutzen; sofern dies jedoch gleichzeitig die Läutewerksleitung ist, müssen die Apparate der Hilfsstationen so eingerichtet sein, daß sie für gewöhnlich ausgeschaltet sind und nur im Falle der Benutzung eingeschaltet werden. Eine sehr zweckmäßige derartige Apparat-Zusammenstellung von Siemens & Halske ist in Zetzsche's Handbuch der Telegraphie, Bd. IV, Seite 316—318 beschrieben. In neuerer Zeit sind mehrfach Versuche gemacht, die Morse-Apparate der Hilfsstationen durch Fernsprecher zu ersetzen. Zu einem Abschluß sind diese Versuche jedoch noch nicht gelangt.

(736) **Stromstärke in den Morseleitungen.** Für den Betrieb der Morseleitungen ist ein Strom von 0,02 A in Anwendung zu bringen und zwar ist es nothwendig, daß die Stromstärke in allen Leitungen die gleiche ist, damit die Relais vor der Inbetriebnahme stets auf eine und dieselbe ganz bestimmte Stromstärke einregulirt, auch erforderlichenfalls innerhalb der Stationen jederzeit gegenseitige Auswechselungen der Apparatsätze vorgenommen werden können, ohne die Relais umreguliren zu müssen.

Bei Einrichtung der Zugmeldeleitung in der unter (732) oder (733) beschriebenen Weise mit Wecker und Umschalter ist es erforderlich, auf die für den Betrieb der Wecker erforderliche

Stromstärke Rücksicht zu nehmen. Die geringste Anzahl der zum ordnungsmäßigen Betrieb eines Weckers erforderlichen Meidinger'schen Elemente beträgt vier; hiernach darf in den einzelnen Kreisen der Zugmeldeleitung die Leitungsbatterie nicht unter acht Elemente bemessen werden; für Leitungskreise von mittlerer Länge ergiebt sich hieraus für den Betrieb der Morse-Apparate ein Strom von etwa 0,022 A; auch für den Betrieb der etwa eingeschalteten Hilfsstations-Apparate ist diese Stromstärke mindestens erforderlich. Es empfiehlt sich daher, diese Stromstärke für alle Morseleitungen als Grundlage zu nehmen. Bei Verwendung der unter (728) erwähnten Elementengröße zu 6 Ohm Widerstand würde sich danach diese Stromstärke ohne Weiteres ergeben, wenn für je 39 Ohm äußern Widerstand — der Batterie-Widerstand also nicht mitgerechnet — 1 Element angenommen wird.

Soweit bei der unter (732) oder (733) beschriebenen Anordnung der Zugmeldeleitung die einzelnen Leitungskreise so klein sind, daß sich bei 8 Elementen mit dem vorhandenen Widerstand die Stromstärke nicht auf 0,022 A herabdrücken läßt, muß zu diesem Zweck künstlicher Widerstand eingeschaltet werden. Auch ist es in diesem Falle gut, die Umschaltevorrichtung mit Widerständen gleich dem Widerstande des Morse-Apparats zu versehen, welche sich in der Leitung befinden, so lange der Morse-Apparat ausgeschaltet ist und mit dem Einschalten des Morse-Apparats aus der Leitung herausgehen. Diese Anordnung für Fuß-Umschalter ist aus Fig. 218 ersichtlich.

(737) Einrichtungen zur Ueberwachung der Fahrgeschwindigkeit auf elektrischem Wege. Die zur Ueberwachung der Fahr- und Aufenthaltszeiten der Züge seither construirten Apparate, welche auf den Zügen mitgeführt und an der·Locomotive befestigt, die vorgenannten Zeiten auf mechanische Weise aufzeichnen, entbehren bis jetzt noch der wünschenswerthen Zuverlässigkeit. Es werden deshalb auf denjenigen stark geneigten oder gekrümmten Bahnstrecken, sowie denjenigen Bahnhöfen, deren zu schnelles Befahren bezw. Durchfahren einerseits die Sicherheit der Züge gefährdet, andererseits starke Abnutzung des Oberbaues und der Betriebsmittel im Gefolge hat, längs des Geleises in angemessenen Abständen Contactvorrichtungen, sog. Schienencontacte oder Radtaster, angebracht, welche durch den darüber hinwegfahrenden Zug in Thätigkeit gesetzt, den Stromkreis einer auf der Ueberwachungsstation (gewöhnlich am Fuße der Gefällstrecke liegende) aufgestellte Batterie schließen, in welchem der Elektromagnet eines Registrir-Apparats mit genau gleichmäßig sich fortbewegendem Papierstreifen eingeschaltet ist. Der Elektromagnet zieht seinen Anker an und preßt die daran angebrachte Schreibvorrichtung gegen den Papierstreifen, wodurch auf demselben ein Zeichen hervorgerufen wird. Indem sich dieses Spiel bei jeder Contactvorrichtung der betreffenden Strecke wiederholt, läßt sich aus dem Abstande der einzelnen Zeichen mit Hilfe eines Maßstabes die Geschwindigkeit des Zuges genau feststellen.

Die Contactvorrichtungen werden meist in Abständen von 1000 m angebracht; jedoch werden auf sehr langsam zu befahrenden Strecken zur Erzielung größerer Genauigkeit auch 500 und selbst 250 m Entfernung gewählt.

576 Eisenbahn-Telegraphen- und Signalwesen.

Die Maßstäbe müssen so eingerichtet sein, daß vermittelst derselben unmittelbar die Geschwindigkeit in Kilometern für die Stunde abgelesen werden kann.

In Fig. 220 ist ein derartiger Maßstab dargestellt. Aus der Entfernung der beiden eingedruckten Contactzeichen a und b ergiebt sich die Zuggeschwindigkeit zu 70 km in der Stunde.

Die Schienen-Contacte kommen in den mannigfachsten Bauarten zur Anwendung, jedoch lassen sich zwei Hauptgattungen unterscheiden, solche, welche durch die darüber hinwegrollenden Räder unmittelbar bewegt werden und solche, deren Bewegung

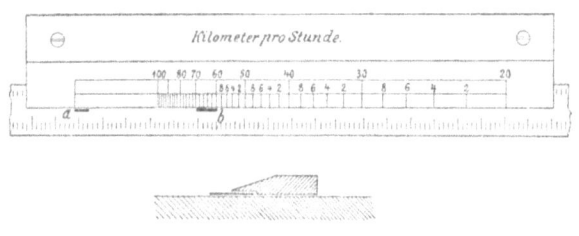

Fig. 220.

auf der Durchbiegung der Schienen beruht. Bei der ersten Gattung kommt es vor Allem darauf an, daß die bewegten Theile möglichst leicht gebaut sind, weil schwere Massen bei den heftigen Stößen, welchen diese Einrichtungen bei schnellfahrenden Zügen ausgesetzt sind, zu starkem Verschleiß unterworfen sein würden. Eine diesen Anforderungen in jeder Beziehung gerecht werdende Vorrichtung von Siemens & Halske ist in Fig. 223 abgebildet. (Außerdem siehe Zetzsche's Handbuch der Telegraphie Bd. IV, Seite 804.) Zu der zweiten Gattung von Schienen-Contacten gehören die folgenden:

Der in Fig. 221 abgebildete Schellens'sche Contactapparat (Jüdel & Co. in Braunschweig), bei welchem sich die von dem Hebelarm a aufgenommene Bewegung in vergrößertem Maße auf

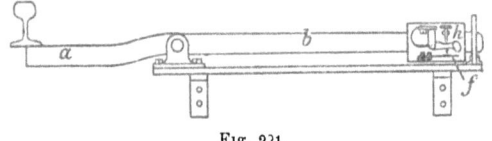

Fig. 221.

den mit dem Hebelarm b festverbundenen beweglichen Hammer h überträgt, wodurch derselbe in Schwingungen versetzt gegen die isolirt aufgeschraubte, die Verbindung zur Leitung vermittelnde Contactfeder f anschlägt.

Der in Fig. 222 dargestellte auf demselben Grundgedanken beruhende Contactapparat von Wiesenthal & Co., Aachen. Hier werden die vom Hebelarm a aufgenommenen Bewegungen durch die mit b verbundene senkrechte Stange c auf das Doppelpendel

Eisenbahn-Telegraphen- und Signalwesen. 577

pl übertragen, dessen in n bewegliche Linse l bei den Schwingungen des Pendels gegen die beiden isolirten mit der Leitung verbundenen Federn ss reibt.

Der Schienendurchbiegungs-Contact von Siemens & Halske — in Fig. 223 dargestellt —, bei welchem der Stöpsel d die Durchbiegung der Schiene auf eine den Hohlraum e deckende Blechplatte aa überträgt und dadurch aus diesem Hohlraum Quecksilber durch das Rohr f in den Kelch k preßt, in welchen Leitung Ll, in einer Gabel endigend, isolirt hineinragt. L wird dadurch mit Erde verbunden. (Vgl. Elektrot. Ztschr. 1886, S. 161.)

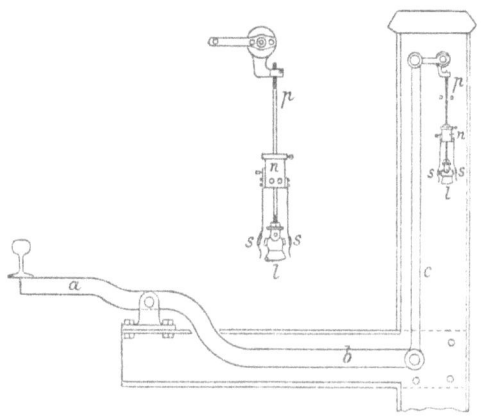

Fig. 222.

Die auf Durchbiegung der Schiene beruhenden Contacte werden in einer Entfernung von 1 m vom Schienen- bezw. Langschwellenstoß eingelegt, weil erfahrungsgemäß hier die Durchbiegung am stärksten ist; die betr. Stelle des Geleises ist in Kleinschlag zu betten und durch Anlage von Abzugsgräben gegen Verschlammung und feuchte Lage zu sichern.

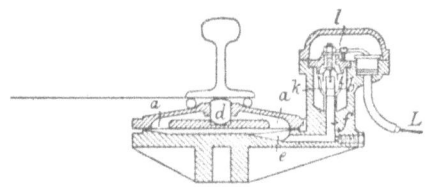

Fig. 223.

Die Schienen-Contacte nach Fig. 221 und 222 erhalten noch besondere die Hebel deckende Schutzkasten von Blech oder Holz. Als Erdleitung sind die Fahrschienen zu benutzen, mit welchen die Contactapparate entweder durch Befestigungsschrauben oder

Grawinkel-Strecker, Hilfsbuch. 3. Aufl. 37

Eisenbahn-Telegraphen- und Signalwesen.

durch besondere hinter die Köpfe der Laschenschrauben zu legende starke Eisendrähte von 4 bis 5 mm Durchmesser metallisch zu verbinden sind.

Die z. Z. am meisten in Verwendung stehenden Registrir-Apparate sind diejenigen von Siemens & Halske (vgl. Elektrotechn. Zeitschrift, Jahrg. 1886, S. 159 u. 160) und diejenigen von Hipp (vgl. Zeitschr. des Vereins deutscher Ingenieure, Bd. XXIX, 1885. S. 844 u. ff.). Bei ersteren wird ein gelochter und mit Zeiteintheilung versehener Papierstreifen verwendet, welchen eine mit Stiften besetzte Trommel abwickelt (Ablaufsgeschwindigkeit 12 mm in der Minute). Der Streifen läuft ununterbrochen. Bei letzterem kommt ein gewöhnlicher Morsestreifen zur Verwendung. Die Controle über die richtige Ablaufsgeschwindigkeit des Streifens wird bei dem Hipp'schen Apparat dadurch ermöglicht, daß die mit demselben verbundene Uhr jede Minute einen Contactschluß herstellt, wodurch unter dem Einfluß eines besonderen Elektromagnets eine gehärtete Stahlspitze gegen den Streifen geschnellt und dadurch ein kleines Loch in denselben geschlagen wird. Ablaufsgeschwindigkeit gewöhnlich 30 oder 40 mm, bei kurzen Entfernungen der Schienen-Contacte (500 m, 250 m) auch 60 bezw. 80 und 120 bezw. 160 mm in der Minute. Der Streifen läuft bei den Hipp'schen Apparaten nur im Falle des Gebrauchs nach erfolgter Auslösung des Werkes, während die den Gang des Werkes regelnde Uhr ihren regelmäßigen Fortgang hat. Ein derartiger Apparat in Verbindung mit einem Siemens-Halske'schen Radtaster ist in Fig. 224 dargestellt.

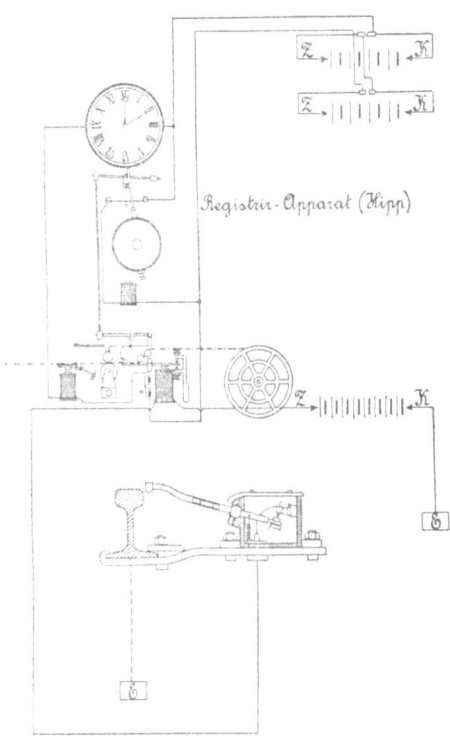

Fig. 224.

(738) **Strecken-Blocklinien.** Die Bestimmung der Betriebsordnung für die Haupt-Eisenbahnen Deutschlands, nach welcher Züge ein-

ander nur in Stationsabstand folgen dürfen, hat für solche Bahnstrecken, auf welchen Züge gleicher Fahrrichtung in Folge starken Verkehrs in möglichst rascher Aufeinanderfolge abgelassen werden müssen, zur Einschiebung von Signal-Zwischenstationen oder Blockstationen geführt, durch welche die betreffende Bahnstrecke in einzelne Abschnitte getheilt wird, innerhalb deren nach Bedeutung und in Befolgung von elektrischen und optischen Signalen sich immer nur ein Zug bestimmter Richtung bewegen kann. Die großen Stationsabstände werden hiernach durch eine solche Einrichtung in eine Anzahl kleinerer Stationsabstände gewissermaßen zerlegt. Die Zahl der Signalzwischenstationen und deren Entfernung von einander wird dem Bedürfnisse und den Steigungs- etc. Verhältnissen der betreffenden Strecke gemäß gewählt. Die Ausrüstung der eine solche Bahnstrecke begrenzenden beiden Stationen, sowie diejenige der Zwischenstationen, besteht aus einem Signalmast, durch dessen Stellung die Signale „Halt" und „Fahrt" dem Locomotiv- und Zugpersonal übermittelt werden, und aus einem elektrischen Apparat, mit welchem die Vornahme des Stellens der optischen Signale erlaubt bezw. direct bewerkstelligt wird. Jede der Stationen sperrt (blockirt), hinter einem vorfahrenden Zuge die Strecke durch Stellung des betr. Armes am Signalmast auf „Halt" für einen nachfolgenden Zug so lange, bis der vorgefahrene Zug die nächste Signal-Zwischenstation durchfahren hat, bezw. auf der Endstation angekommen ist, und von dieser aus die Beseitigung des Sperrsignals genehmigt bezw. bewirkt ist (Deblockirung). Mit Ausnahme einiger wenigen Bahnstrecken, auf welchen die Apparate der Blockstationen aus Morse-Apparaten bestehen, sind auf den deutschen Bahnen Siemens'sche Blockapparate in Gebrauch. Dieselben sind mit den Stellvorrichtungen der optischen Telegraphen derart gekuppelt, daß vor Abgabe eines elektrischen Signals der Arm am Signalmast der eigenen Station in die Haltestellung gebracht werden muß und durch die alsdann erfolgende Abgabe des elektrischen Signals der auf „Halt" stehende Signalmast der rückliegenden Station entriegelt (deblockirt) dagegen der auf „Halt" stehende Signalmast der eigenen Station unter Verschluß gelegt (blockirt) wird. Gleichzeitig wird in der Vorderwand des Gehäuses des Block-Apparates der rückliegenden Blockstation eine rothe Scheibe in eine weiße, auf der eigenen Station eine weiße Scheibe in eine rothe verwandelt. Für die Beamten der Stationen bedeutet hiernach eine weiße Scheibe: „Der zuletzt abgefahrene Zug hat die nächste Blockstation bezw. Station erreicht", eine rothe Scheibe dagegen: „Der zuletzt abgefahrene Zug hat die nächste Blockstation bezw. Station noch nicht erreicht". Mit den durch Wechselströme betriebenen Block-Apparaten sind besondere Wecker für Gleichstrom verbunden, womit gegenseitig Achtungs- und Erinnerungssignale gewechselt werden können. Die genaue Beschreibung der Block-Apparate findet sich in Zetzsche, Handbuch der elektr. Telegraphie, Bd. IV. Seite 692 bis 710.

Jede zwischen zwei benachbarten Stationen (ausschl. Haltepunkten) eingerichtete Blockstrecke muß in Bezug auf die Ausrüstung mit Apparaten als ein für sich bestehendes geschlossenes

580 Eisenbahn-Telegraphen- und -Signalwesen.

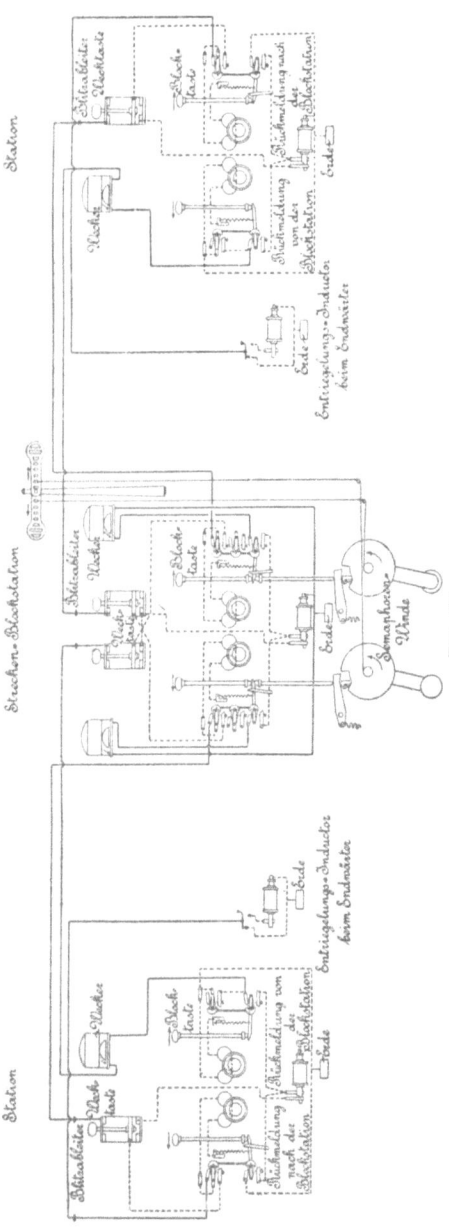

Fig. 225.

Ganzes betrachtet werden. Wenn daher an eine Station sich beiderseitig Blockstrecken anschließen, so muß auf der Station für jede Blockstrecke ein besonderer Blockapparat vorhanden sein.

Zur Verhinderung unzeitiger bez. vorzeitiger Freigabe der rückliegenden Blockstrecke ist das Blockfeld, mit welchem diese Freigabe vorgenommen werden muß, mit einer Sperrung zu versehen, welche beim Loslassen des Blockknopfes nach bewirkter Freigabe der Strecke in Thätigkeit tritt und ein wiederholtes Drücken des Knopfes verhindert. Die Beseitigung dieser Sperrung erfolgt demnächst nach Einfahrt des folgenden Zuges durch den Wärter an der Einfahrt des Bahnhofs mittels eines daselbst zu diesem Zweck anzubringenden einfachen Wechselstrom-Inductors auf einer zwischen Wärter und Station besonders herzustellenden Leitung, wodurch die Station gleichzeitig über den erfolgten Einlauf des Zugschlusses in Kenntniß gesetzt wird.

Die Siemens-Halske'schen Strecken-Blockapparate lassen

Eisenbahn-Telegraphen- und Signalwesen. 581

sich sowohl mit einer Leitung, wie auch mit zwei Leitungen betreiben. In letzterem Falle laufen die Signale jeder Fahrrichtung auf besonderer Leitung, was bei zweigeleisigen Bahnstrecken mit lebhaftem Verkehr zur Vermeidung von Verzögerungen in der Zugfolge unbedingt zu empfehlen ist. Für Blocklinien eingeleisiger Strecken genügt in allen Fällen eine Leitung.

Schaltungsschema für Strecken-Blocklinien mit zwei Leitungen siehe Fig. 225.

Die Strecken-Blockstationen werden zweckmäßig zugleich als telegraphische Hilfsstationen, vergl. (735), eingerichtet und mit einem sog. Wärterstations-Apparat ausgestattet, damit in Störungsfällen ein Verständigungsmittel zwischen Station und Blockstation vorhanden ist.

(**739**) **Selbstthätige Läutewerke für Schrankenwärter.** Die Vervollkommnung der Stellvorrichtungen für Bahnübergangs-Schranken ermöglicht die Bedienung der letzteren von entfernten Punkten aus und durch die Zusammenlegung mehrerer solcher Stellvorrichtungen nach einer Stelle die Verminderung des Bahnbewachungs-Personals. Hiermit ist indessen vielfach die Nothwendigkeit verknüpft, dem betreffenden Wärter, sei es, daß er das Herrannahen der Züge der Bahnkrümmungen wegen oder aus Veranlassung häufig auftretender Nebel etc. nicht mit Sicherheit zu beobachten vermag, sowohl den Zeitpunkt, zu welchem die entfernt von seinem Posten liegenden Schranken zu schließen sind, zu signalisiren, als auch ihm darüber Gewißheit zu geben, daß die Schranken vollständig geschlossen sind. Die zu dem Zwecke herzustellenden elektrischen Anlagen sind so anzuordnen, daß der Schrankenwärter über deren richtiges Arbeiten stets außer Zweifel bleibt, eintretende Störungen sich hiernach möglichst merkbar machen. Das Herannahen des Zuges wird zweckmäßig durch den Zug selbst durch Ueberfahren eines Contact-Apparates, welcher in einer Entfernung von 1000 bis 2000 m vor dem Uebergange einzulegen ist, signalisirt, der Schrankenschluß durch Oeffnung eines Ruhecontactes vom Schrankenbaum angezeigt. In Fig. 226 ist A das abgeänderte Pendel eines Wiesen-

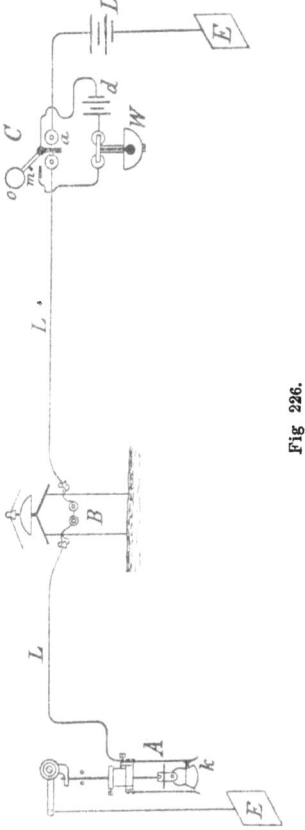

582 Eisenbahn-Telegraphen- und Signalwesen.

thal'schen Contact-Apparates (vgl. Fig. 222), welches in der Ruhestellung den Contact k geschlossen hält, B ein auf Ruhestrom geschaltetes Läutewerk, aufgestellt bei resp. vor dem Uebergange und bestimmt, herannahenden Fuhrwerken vor stattfindendem Schluß der Schranken Achtungs- und Warnungssignale zu geben, C ein beim Wärter befindlicher Apparat, bestehend aus Elektromagnet mit Fallscheibe o, welche bei angezogenem Anker festgehalten ist und aus Wecker W. Wird bei Befahren des Contact-Apparates A Contact k geöffnet, so löst B aus, ebenso C, dessen Fallscheibe o herunterfällt und durch Schluß der Localbatterie d den Wecker, welcher Selbstunterbrecher ist, so lange ertönen läßt, bis durch den Wärter, welcher auf dieses Signal hin die Schranken schließt, die Fallscheibe wieder in die gezeichnete Lage gebracht wird. Mangelhafter Contactschluß bei k, Unterbrechung der Leitung L, Fehler der Linienbatterie D haben die gleiche Wirkung, wie das Befahren von A, und führen wohl ein unnöthiges Schließen der Schranken herbei, sind aber niemals Veranlassung, daß dieses Schließen unterbleibt. Wird auch Localbatterie d untauglich, so fällt doch immerhin o noch ab. Durch Vereinigung der beiden Batterien D und d zu einer Batterie wird die Zuverlässigkeit der Einrichtung wesentlich beeinträchtigt. D ist aus Meidinger-, d aus Leclanché-Elementen zusammengesetzt. Widerstand der Elektromagnete von B und C je 75 Ohm, Stromstärke 0,02 Ampère.

Unter Fortfall von B und Ersatz von A durch einen an den Schrankenständern zu befestigenden Contact läßt sich die gleiche Einrichtung zur Benachrichtigung über erfolgten Schrankenschluß benutzen.

(740) **Telegraphische Verbindungen innerhalb der Bahnhöfe.** Auf Bahnhöfen von großer Ausdehnung liegt meistens die Nothwendigkeit vor, zwischen den den Rangirdienst leitenden Assistenten bezw. den die Güterzüge abfertigenden Beamten und dem Stationsbureau Telegraphen-Einrichtungen zum Zwecke gegenseitiger Verständigung herzustellen. Sofern auf und mit diesen Leitungen Aufträge auf Abgabe von Signalen oder Anordnungen über die Bewegung von Zügen gegeben werden, empfiehlt es sich zur Vermeidung von Mißverständnissen nur Morse-Apparate zu verwenden, die Benutzung von Fernsprechern aber auf diejenigen Anlagen zu beschränken, welche zu gegenseitigen Mittheilungen minder wichtiger Natur bestimmt sind. Sind mehr, wie zwei derartige mit dem Stationsbureau zu verbindende Stellen vorhanden, so empfiehlt sich die Verbindung von Stelle zu Stelle und Schaltung der Morse-Apparate in gewöhnlicher Weise; ein oder zwei derartige Stellen können auch unter Verwendung von Umschalter und Wecker zweckmäßig mit dem auf dem Stationsbureau bereits vorhandenen Apparat der Zugmeldeleitung verbunden werden. Ueber die Verwendung und Schaltung von Fernsprechern vergleiche Grawinkel, Lehrbuch der Telephonie, Wietlisbach, Fernsprechtechnik.

In Bahnhöfen mit ganz besonders lebhaftem Verkehr werden behufs Abkürzung des Verfahrens für die regelmäßigen Anfragen, Antworten und Meldungen im innern Bahnhofsdienst auch wohl Fallscheiben-Apparate statt der Morse-Apparate benutzt. Zur Erlangung eines bleibenden Nachweises ist es aber dann erforder-

Eisenbahn-Telegraphen- und Signalwesen. 583

lich, diese Meldungen außerdem durch einen Registrir-Apparat aufnehmen zu lassen.

(741) **Bahnhofs-Blocksicherungen.** Die Stellvorrichtungen zu den Signalmasten, durch welche den Zügen die Ein- und Ausfahrt in und aus den Bahnhöfen gestattet oder verwehrt wird, sind auf kleineren und einfach angelegten Bahnhöfen, deren Ein- und Ausfahrtswege weder von anderen Geleisen durchschnitten werden, noch durch spitz zu befahrende Weichen eine Ablenkung erfahren können, frei beweglich, dagegen auf solchen Bahnhöfen, auf denen derartige Durchkreuzungen und Ablenkungen der Ein- oder Ausfahrtswege vorhanden sind, mit den Stellvorrichtungen der Weichen zu kuppeln und durch mechanische oder elektrische Apparate zu verriegeln, derart, daß die Umstellung der Arme an den Signalmasten aus der Halt- in die Fahrtstellung erst nach erfolgter Entriegelung der Stellvorrichtung durch den Stations-Vorsteher und nach richtiger Einstellung der in Betracht kommenden Weichen durch den Wärter erfolgen kann, wobei alsdann die betr. Weichen in der ihnen gegebenen Lage festgelegt werden und für die Dauer der Fahrtstellung bleiben. Unter den elektrischen Apparaten, welche diesem Zwecke dienen, ist der am meisten geeignete und deshalb am häufigsten angewendete, der unter (738) erwähnte Siemens'sche Blockapparat, entsprechend ergänzt durch sachgemäße Mechanismen. Die Apparate, deren je einer für jeden zu blockirenden Signalarm, bezw. für jede zu blockirende Fahrstraße erforderlich ist, sind sowohl im Stationsbureau, wie bei dem Signalwärter in einem gemeinschaftlichem Gehäuse untergebracht. Construction und Handhabung dieser Apparate, deren Verbindung unter einander und mit den Stell-Apparaten, sowie das Spiel der Mechanismen, welche die gleichzeitige Abgabe sich widersprechender oder die Freigabe feindlich zu einander stehender Fahrstraßen verhindern, ist aus Zetzsche, Handbuch der elektrischen Telegraphie, Bd. IV, S. 769, zu ersehen. Außerdem siehe das Schaltungsschema Fig. 227.

Diese Apparate lassen sich ohne Ausnahme allen Anforderungen und den allerschwierigsten Verhältnissen anpassen; jede nur denkbare Abhängigkeit läßt sich damit erreichen.

Wo sich an einen mit Blocksicherung versehenen Bahnhof zugleich eine Streckenblocklinie anschließt, läßt sich bei Verwendung Siemens-Halske'scher Blockapparate durch zweckmäßige Verbindung beider Einrichtungen ohne besondere Mehrkosten die Sicherheit ganz wesentlich erhöhen.

Eine solche Verbindung schafft nämlich sofort den Zwang, daß von Seiten der betr. Station die Strecken-Blockstation nicht eher freigegeben werden, diese also einem Zuge nicht eher Fahrterlaubniß geben kann, als bis der vorangegangene Zug vollständig in den Bahnhof eingefahren und dieser durch das Signal „Halt" am Signalmast wieder vollständig gedeckt ist. Dieser Zwang wird dadurch erreicht, daß man nicht, wie oben bei der Besprechung der Streckenblocklinie angedeutet, einen besonderen Inductor beim Endwärter aufstellt, womit der letztere die Druckknopfsperrung des Blockfeldes zum Freigeben der Strecke im Stationsapparat nach erfolgter Einfahrt zu beseitigen hat, sondern die Schaltung so wählt, daß die nach

584 Eisenbahn-Telegraphen- und Signalwesen.

erfolgter Einfahrt und nach Wiederherstellung des „Halt" am Einfahrsignalmast behufs Sperrung des Signalhebels bei Bedienung des betreffenden Blockapparates seitens des Endwärters erzeugten Ströme nach Durchlaufen des entsprechenden Blockfeldes im

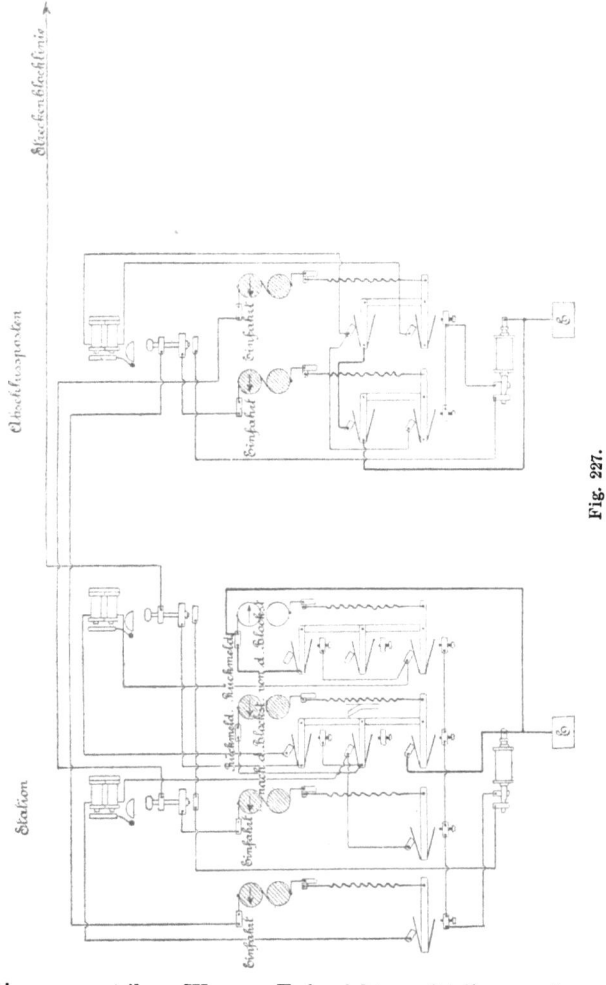

Fig. 227.

Stationsapparat ihren Weg zur Erde nicht unmittelbar, sondern nur durch das Blockfeld zum Freigeben der Strecken-Blockstation nehmen und hier gleichzeitig die Druckknopfsperrung beseitigen.

Sind auf dem betr. Bahnhofe Ausfahrtsignalmasten vorhanden, so kann für die umgekehrte Fahrrichtung bei Verbindung

Eisenbahn-Telegraphen- und Signalwesen.

von Bahnhofs-Blocksicherung und Streckenblocklinie der Zwang geschaffen werden, daß die Station keinem Zuge das Ausfahrtssignal zu geben vermag, so lange nicht der zunächst vorangegangene Zug die nächste Streckenblockstation durchfahren hat.

Zur Herstellung des Block-Verschlusses bei den Siemens-Halske'schen Blockapparaten ist nach Rückstellung des betr. Signalhebels in die Ruhelage in der Regel die besondere Ingangsetzung eines Inductors nothwendig, wo jedoch die besondern Verhältnisse dies bedingen, hat es keinerlei Schwierigkeiten, den Verschluß auch auf mechanischem Wege selbstthätig mit der Rückstellung des betr. Signalhebels bewirken zu lassen.

Neben den Siemens-Halske'schen Blockapparaten ist noch mehrfach der Loebbecke'sche Blockapparat (Maschinenfabrik Eßlingen elektrotechnische Abtheilung Cannstatt) zur Anwendung gekommen. Bei diesem Apparat ist die Signalabgabe und Wiederblockirung der Signal-Stellhebel dem Willen des Wärters entzogen und den Mechanismen des Stell-Apparates selbst übertragen, auch giebt der Apparat Controle über die jeweilige Stellung der Signalarme und gestattet die Herstellung von Abhängigkeits-Verhältnissen zwischen den zur Signalabgabe benutzten verschiedenen Signalgebern unter Fortfall der Mechanismen durch Leitungsschaltung. Der Apparat besteht für das Stationsbureau aus einer Reihe zu einem Tableau vereinigter Control-Apparate mit zugehörigem Signalgeber, deren Anzahl den in den Weichen und Signal-Stellwerken vorhandenen blockirten Signalhebeln entspricht und welche zu je zwei in einem gemeinschaftlichen, an der Wand zu befestigendem Gehäuse untergebracht sind. Fig. 228 zeigt die äußere Ansicht, Fig. 229 die Construction dieser Control-Apparate.

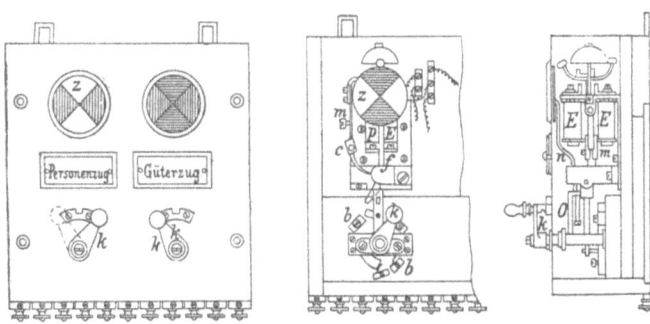

Fig. 228. Fig. 229.

Die Oeffnungen z in der Vorderwand des Gehäuses sind im Ruhezustande, d. h. bei blockirtem Signalhebel roth gedeckt, zeigen dagegen bei gezogenem Signal einen weißen Ausschnitt im rothen Felde. Die kleinen Hebel k werden zur Signalabgabe bezw. Deblockirung benutzt und aus ihrer Ruhestellung von links nach rechts oder auf die Mitte ihrer Führung gestellt. Im ersteren Falle giebt der allen Apparaten gemeinsame vorhandene Magnet-Inductor Wechselströme zum Zwecke der Auslösung der Verriegelung, im letzteren Falle Gleichströme für Weckersignale ab.

586   Eisenbahn-Telegraphen- und Signalwesen.

EE sind zwei hintereinander geschaltete Elektromagnete, zwischen deren Polen ein Hufeisenmagnet als Anker spielt. Durch eine von diesem Anker getragene Gabel läuft ein an *m* befestigter Stiftengang, der sich bei Stellung von *k* nach rechts unter Einwirkung der federnden Stange *o* beim Deblockiren durch die Gabel aufsteigend bewegt, bei Stellung des Hebelchens *k* nach links aber aus der Gabel herausfällt. Die Bewegung der Stange *m* überträgt sich auf *n* und dadurch auf das Schildchen *z*. Die Federn *f* schleifen auf einer auf ihrem Rande zum Theil mit Ebonit belegten Metallscheibe und dienen zur Leitungsverbindung bei Herstellung von Abhängigkeitsverhältnissen.

In den Weichenthürmen bezw. den Buden der Central-Weichen- und Signal-Wärter besteht die Ausrüstung aus sog. Verschluß-Apparaten und zwar in einer Anzahl, welche den im Stellwerk vorhandenen Signalhebeln entspricht. Die Apparate, auf gemeinschaftlicher eiserner Grundplatte montirt und in gemeinschaftlichem Gehäuse befindlich, sind, wie Fig. 230 zeigt, unmittelbar hinter den Signalhebeln auf eisernem Gestell derart befestigt, daß für jeden der Signalhebel, über seinem Handgriff eine durch Signalscheibe gedeckte Oeffnung vorhanden ist. Dieselbe ist in gleicher Weise wie die der Control-Apparate auf der Station bei verschlossenem Signalhebel roth gedekt und zeigt nach erfolgter Entriegelung des letzteren einen weißen Ausschnitt im rothen Felde. Die Verschluß-Apparate und Signalhebel sind mechanisch mit einander gekuppelt, so daß die

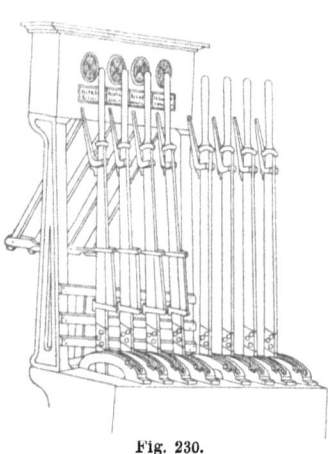

Fig. 230.

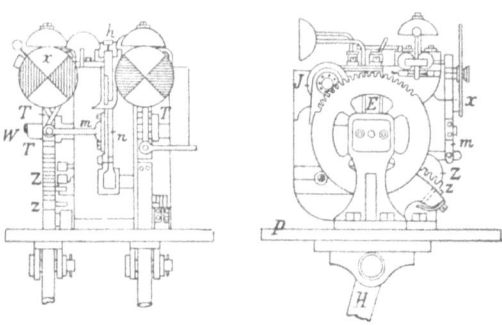

Fig. 231.

Eisenbahn-Telegraphen- und Signalwesen. 587

Bewegung eines der letzteren auch die Bewegung des betreffenden schwingenden Hebels H und damit diejenige der Mechanismen des Verschluß-Apparates bedingt. H greift bei seiner Hin- und Herbewegung mit seinem oberen segmentartig ausgebildeten und verzahnten Theile Zz (Fig. 231 und 232) in das Trieb T einer für gewöhnlich frei laufenden Welle W, und bringt durch diese den Inductor J zur Rotation. Die hierdurch erzeugten Wechselströme werden durch den seitlich am oberen Theile von H befestigten Schlitten S auf den Umschalter U und die mit diesem verbundenen Leitungen den Control-Apparaten der Station zugeführt. In den oberen segmentartig ausgebildeten Theil von H sind weiter noch drei starke Stifte eingesetzt, welche bei der Bewegung von H den mechanischen Verschluß dA passiren oder sich gegen denselben legen und im letzteren Falle die Bewegung von H und damit diejenige des Signalhebels verhindern. Die Auslösevorrichtung ist ähnlich wie die der Control-Apparate: E sind zwei hinter einander geschaltete Elektromagnete, zwischen deren Polen ein Hufeisenmagnet als Anker spielt.

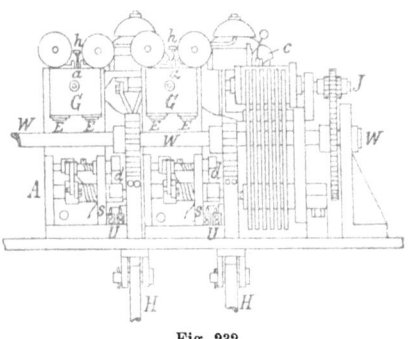

Fig. 232.

In der Gabel der letzteren liegt die Zahnstange o. Erhält E Wechselströme, so fällt o vermöge seiner Schwere aus der Gabel heraus, Verschluß dA wird hiedurch umgestellt bezw. geöffnet und das Schildchen x durch m verstellt. Die Zurückführung dieser Theile in ihre ursprüngliche Lage erfolgt bei Zurücklegung des Signalstellhebels in die Ruhelage auf mechanische Weise. Die Zahl der zur Verbindung der Control- und Verschluß-Apparate nöthigen Leitungen entspricht, wie bei den Siemens'schen Apparaten der Zahl der zu blockirenden Signalhebel, die Schaltung ist aus Fig. 233 ersichtlich. Die Schaltungsweise $CII-SII$ oder $CIII-SIII$ läßt die gleichzeitige Deblockirung mehrerer Signalhebel zu, bei der Schaltungsweise $CI-SI$ mit $CIV-SIV$ ist dieselbe unmöglich.

(742) Elektrische Einrichtungen zur Ueberwachung der Signalstellung innerhalb der Bahnhöfe. Auch dann, wenn Bahnhofs-Blocksicherungen nicht vorhanden sind, bestehen in den meisten Fällen wenigstens elektrische Einrichtungen, vermittels deren eine zuverlässige Uebermittelung der Aufträge zum Stellen der Ein- und Ausfahrsignale an die betr. Signalwärter ermöglicht wird. Die zu diesem Zwecke anzulegenden Leitungen werden entweder mit Siemens'schen Blockapparaten, welche nicht mit den Stellvorrichtungen der optischen Signale gekuppelt sind, oder mit einfachen Signalweckern besetzt. Unter letzteren verdienen für den erwähnten Zweck Wechselstrom Weckern den Vorzug, zumal deren Betrieb keinen Schwierig-

588   Eisenbahn-Telegraphen- und Signalwesen.

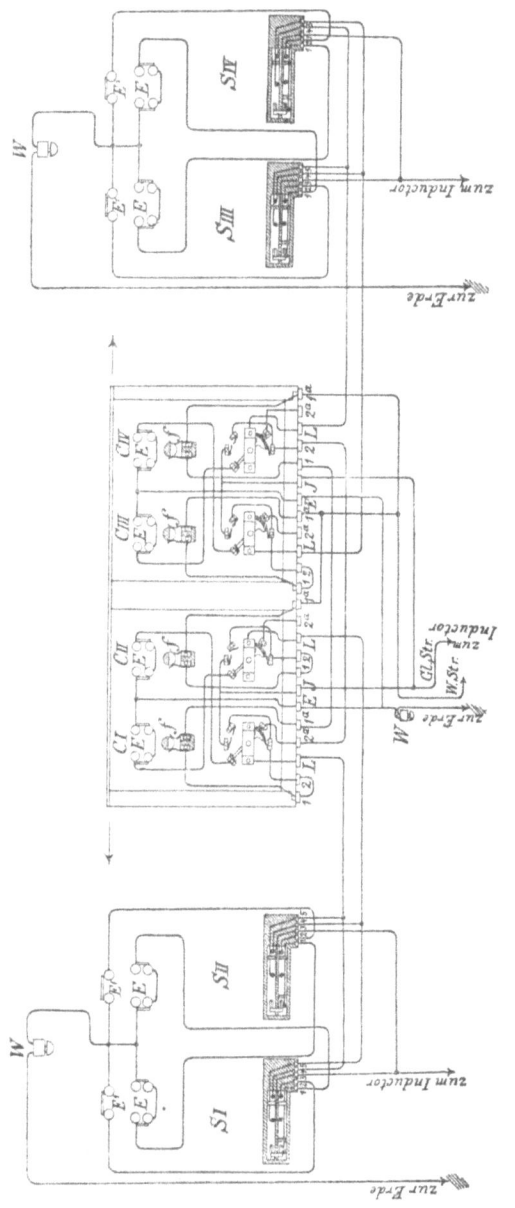

Fig. 233.

Eisenbahn-Telegraphen- und Signalwesen. 589

keiten unterliegt, wenn auf der Station ein Magnet-Inductor vorhanden ist, welcher auf die beliebige Abgabe von Gleichströmen oder Wechselströmen eingerichtet ist, oder nöthigenfalls daraufhin

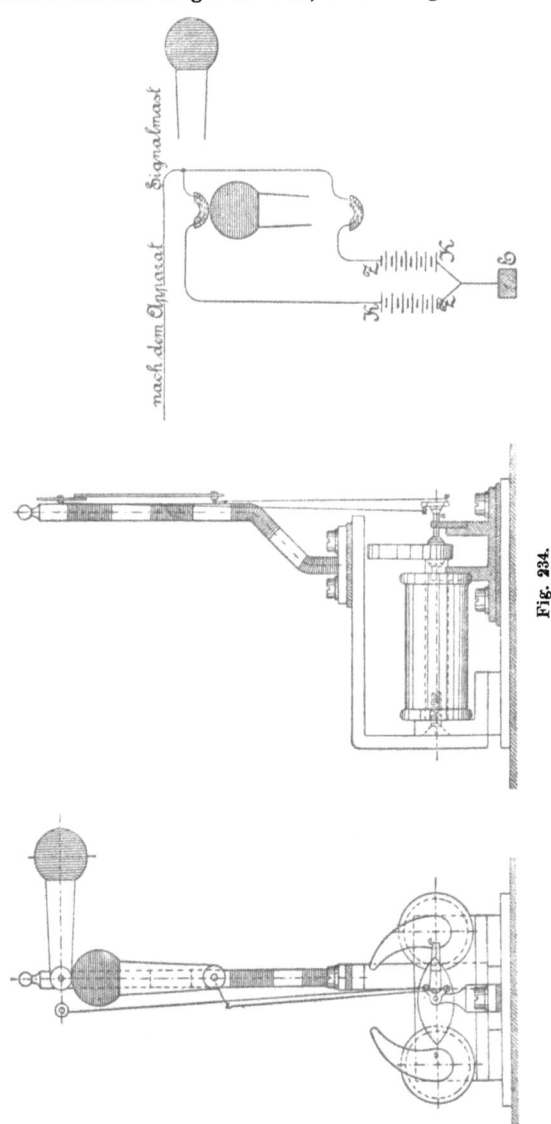

Fig. 234.

590 Eisenbahn-Telegraphen- und Signalwesen.

umgearbeitet werden kann. Da die Signalmasten in den meisten Fällen noch weiter von der Station entfernt stehen, wie die zu deren Bedienung berufenen Wärter, so ergiebt sich unter Umständen neben der Nothwendigkeit der Anlage der vorerwähnten Signalleitung auch die der Anlage einer Controlleitung, durch welche auf der Station die jeweilige Stellung der Arme des Signalmastes, sowie die hierauf bezügliche Thätigkeit des den betreffenden Signalmast bedienenden Wärters hörbar oder sichtbar angezeigt wird. Je nachdem die eine oder andere Controlweise gewählt wird, besteht die Ausrüstung einer solchen Controlleitung aus einem am Signalmast befestigten, durch die Bewegung der Arme desselben sich verstellenden Umschalter, einem Weckersystem und Batterie, oder aus dem vorerwähnten Umschaltung und einem elektrischen Signalnachahmer nebst

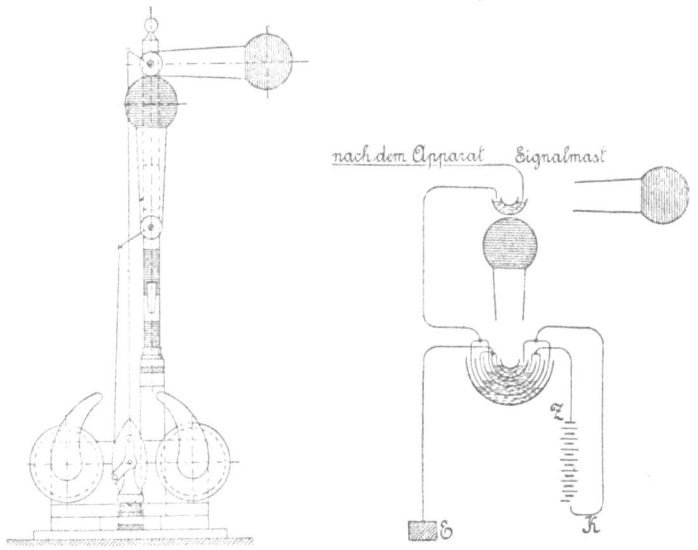

Fig. 235.

Batterie. Verschiedene Einrichtungen hörbarer Controsignale sind in Zetzsche, Handbuch der elektrischen Telegraphie, Seite 572—582, beschrieben, doch haben diese Einrichtungen, mit Arbeitsstrom geschaltet, den Nachtheil, daß sie bei Fehlern in der Leitung oder Batterie bezw. bei ungenügendem Contactschluß am Signalmast die Fahrtstellung nicht anzeigen und so die Station zu der irrigen Annahme veranlassen können, der Signalmast stehe auf Halt. Wird für die Einrichtung Ruhestrom gewählt, so bilden die bei der Haltestellung der Signalarme stets ertönenden Wecker eine auf die Dauer unerträglich werdende Belästigung der Beamten und des auf dem Bahnsteig sich aufhaltenden reisenden Publicums. Ein sichtbares Controlsignal, welches durch Erscheinen eines rothen oder schwarzen

Eisenbahn-Telegraphen- und Signalwesen. 591

Feldes vor einem Ausschnitte im Gehäuse des Apparates die Signalstellungen anzeigt, findet sich in dem vorgenannten Werke auf Seite 551 beschrieben. Bei dieser Einrichtung kann Ruhestrom angewendet werden, so daß die Fahrtstellung nur bei Unterbrechung der Leitung eintritt und event. Fehler in der Anlage die Annahme, das optische Signal sei ohne Auftrag ge-

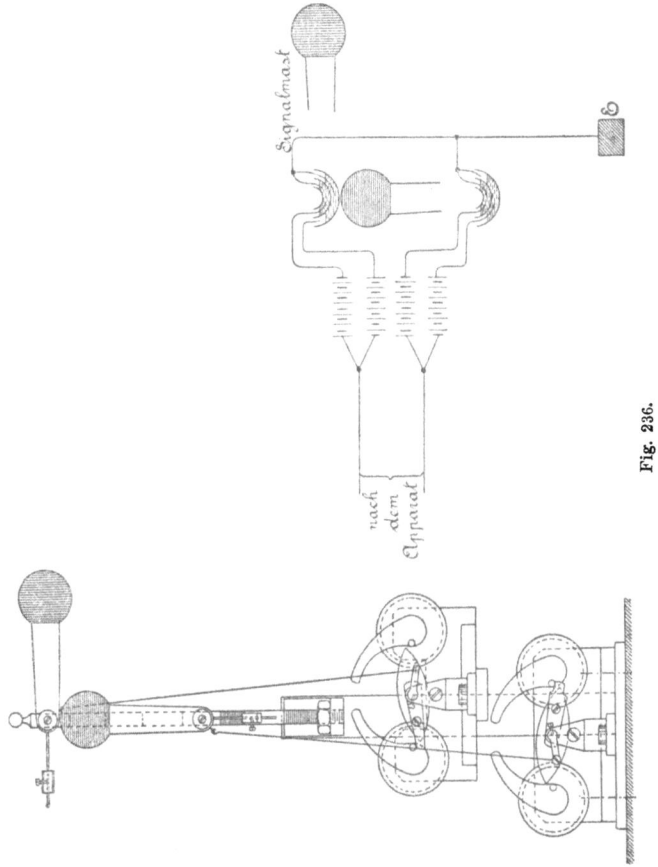

Fig. 236.

stellt, rechtfertigen und zu einer Revision des Bahnhofs und Wärters führen müssen. Neuerer Zeit werden für die sichtbaren Controlsignale Apparate gewählt, welche das Bild des betr. Signalmastes wiedergeben.

Ein vielfach angewendeter Apparat dieser Art ist der von Fink in Hannover construirte sog. Signal-Rückmelder (Pfaff, Hannover), dessen Einrichtung und Schaltung in den Figuren 234

592 Eisenbahn-Telegraphen- und Signalwesen.

bis 236 dargestellt ist; in Fig. 234 ist die Anordnung für Ruhestrom (Einfahrsignalmaste), in Fig. 235 für Arbeitsstrom (Ausfahrtsignalmaste) veranschaulicht. In beiden Fällen bedarf es nur einer Leitung und nur eines Elektromagnetsystems. Sollen die Apparate ein besonderes Zeichen für Störung geben, so wird die Anordnung, Fig. 236, gewählt, wobei aber für jeden Signalarm eine besondere Leitung und ein besonderer Elektromagnet erforderlich ist; Leitungsunterbrechungen, Nebenschlüsse, Stromschwächungen u. dergl. kennzeichnen sich dann beim oberen Signalarm durch dessen senkrechte Stellung nach oben, beim unteren Arm dnrch dessen wagrechte Stellung.

Das Spiel dieser Apparate beruht darauf, daß ein um seine Mittelaxe leicht beweglicher polarisirter Stahlanker a unter dem Einfluß eines Elektromagnets M aus seiner senkrechten Ruhestellung je nach der Richtung des Stromes bald nach der einen bald nach der anderen Seite um 90 Grad gedreht wird und bei diesen Drehungen vermittels feiner Zugstangen die Bewegungen der Signalärmchen bewirkt.

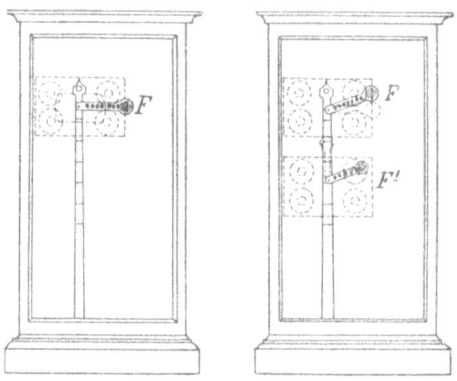

Fig. 237.

Als Mast-Contacte werden sowohl die Schellen'schem Quecksilber-Contacte mit der von Fink angegebenen Einrichtung als Stromwender, wie auch die von Schnabel & Henning in Bruchsal construirten Metallkugel-Contacte (Fig. 240 und 241) mit gleichgutem Erfolge in Anwendung gebracht.

In den Figuren 237, 238 und 239 ist eine von C. Th. Wagner in Wiesbaden getroffene dem gleichen Zwecke dienende Einrichtung dargestellt, welche gleichfalls mit Ruhestrom arbeitet. E, E^1 sind zwei Elektromagnete, zwischen deren Polen der leicht bewegliche, um eine Axe drehbare Anker A spielt und je nach seiner diagonalen Stellung nach der einen oder anderen Seite den Arm des Nachahmungstelegraphen F in die Halt- oder Fahrtstellung legt. Wird die Leitung in Folge eines Fehlers stromlos, so fällt A unter Einwirkung des Gegengewichts C in die gezeichnete Stellung und schließt durch den mit der Ankeraxe

Eisenbahn-Telegraphen- und Signalwesen.   593

befestigten Excenter x den Contact sm, wodurch ein im Localschluß zu betreibender Wecker in Thätigkeit gesetzt wird. Der Arm des Signalnachahmers nimmt hierbei eine Mittelstellung

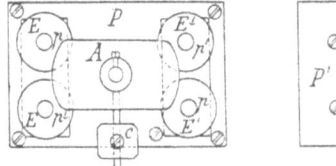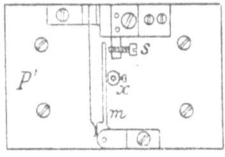

Fig. 238

ein, und es wird somit dem Beamten der Station sichtbar und hörbar die Unbrauchbarkeit der Einrichtung angezeigt. Figur 239 giebt das Leitungsschema, bei welchem die Verwendung

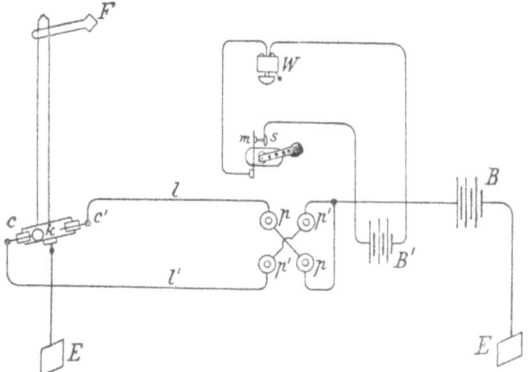

Fig. 239.

von Kugelcontacten (Schnabel & Henning, Bruchsal), an den Armen des Abschlußtelegraphen befestigt, angenommen ist. Dieser

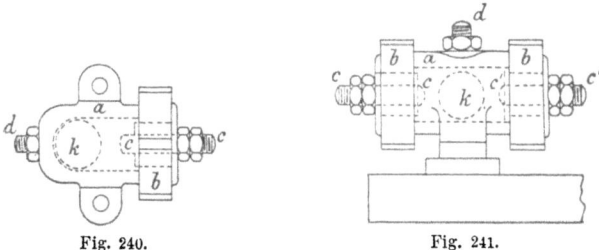

Fig. 240.   Fig. 241.

Contact, Figur 240 und 241, besteht aus einem genau cylindrisch gebohrten Metallstück, das an seinen Enden luftdicht verschlossen

Grawinkel-Strecker, Hilfsbuch. 3. Aufl.   38

ist. Durch die Schlußstücke reichen die isolirt eingesetzten Contactstifte $c\,c^1$ hindurch und in die Bohrung hinein. Eine innerhalb der Bohrung, je nach Stellung des Signalarmes nach der einen oder anderen Seite rollende Metallkugel k verbindet die Contactstifte c oder c^1, mit dem Körper des Umschalters bezw. mit der Erde.

Seesignale.

(**743**) **Wolkenbeleuchtung.** Zur elektrischen Signalgebung von und nach Schiffen sind verschiedene Anordnungen angegeben worden. Bemerkenswerth ist der Versuch, Zeichen durch intermittirende Beleuchtung der Wolken mittels elektrischen Lichtes zu geben (Fortschr. d. Elektrot. 88, 1992; 87, 4198). Bis auf 50 engl. Meilen (80 km) wurde Erfolg erzielt.

(**744**) **Elektrische Glühlampen** werden in verschiedenen Marinen verwendet. Die Lampen sind in 3 Laternen etwa 4 m von einander an den Masten angebracht. Jede Laterne enthält eine weiße und eine rothe Glühlampe, welche durch Umschalter ein- und ausgeschaltet werden. Der Signalgeber hat weiße und rothe Scheiben in derselben Anordnung; bei Nacht werden die Scheiben durch eine Glühlampe erleuchtet. Stellt man einen Zeiger auf ein Feld ein und drückt einen Knopf auf der Scheibe nieder, so ist die Lampe eingeschaltet. 6 Leitungen mit einer Rückleitung führen zu den Lampen. Die Combinationen durch die zeitweiligen, einige Secunden währenden Einschaltungen geben die Zahlen 0 und 1 bis 9, sowie mehrere einfache Worte: richtig, Antwort u. s. w. (vgl. Elektrot. Ztschr. 1888, S. 440).

XII. Abschnitt.
Feuerwehr- und Polizeitelegraphen.

Feuerwehrtelegraphen.

(**745**) **Leitungsnetz.** Dasselbe besteht aus einer oder mehreren Sprechlinien und aus den Meldelinien. Für größere Städte erfolgt die Anlage der Linien am besten unterirdisch.

Die Sprechleitungen bezwecken, die einzelnen Feuerwachen untereinander und mit der Hauptfeuerwache (Centralstation) zu verbinden; diese Leitungen werden mit Morseapparaten betrieben.

Die Meldeleitungen verbinden die in dem Bezirk einer Feuerwache belegenen Meldestellen mit der letzteren. Diese Leitungen enthalten an den Meldestellen automatische Meldeapparate, auf der Feuerwache einen Morseapparat mit Selbstauslösung.

Sprechleitungen. Wenn irgend thunlich, sind sämmtliche Feuerwachen in eine Sprechleitung einzuschalten. Auch für sehr große Städte läßt sich meist ohne Unbequemlichkeit diese Anordnung treffen u. U. in der Weise, daß die Hauptfeuerwache als Trennstelle in die Sprcchlinie eingeschaltet wird. Dies ist z. B. in Berlin der Fall, wo bis jetzt 14 Feuerwachen in der Sprechleitung liegen. Die Feuerwachen können dann mit der Centralstelle und unter sich in der bequemsten und schnellsten Weise verkehren.

Meldeleitungen. Jede Feuerwache erhält ein System von Meldeleitungen, in welche die Feuermelder eingeschaltet werden. Eine Meldeleitung kann eine größere Anzahl von Meldern enthalten; die Anlage und Zahl der Meldeleitungen für eine Feuerwache richtet sich nach der Anzahl und Vertheilung der Melder im Bezirk der Feuerwache.

(**746**) **Apparate.** Für die Sprechleitungen kommen Morsefarbschreiber (in der Hauptstation mit Selbstauslösung) zur Verwendung, zum Anruf dienen Wechselstromwecker, welche mittels eines Magnetinductors oder durch Batterieströme in Thätigkeit gesetzt werden. In letzterem Falle ist auf der anrufenden Stelle ein mit der Hand in Umlauf zu setzender Stromabgeber erforderlich.

Für die Meldeleitungen werden an den Meldestellen automatische Meldeapparate verwendet, je nachdem letztere in Straßen oder auf öffentlichen Plätzen oder in öffentlichen Gebäuden und Privathäusern aufgestellt sind, unterscheidet man Straßenmelder und Hausmelder.

Die Meldeapparate sind derart eingerichtet, daß durch Auslösung eines Gewichtes eine Scheibe in Umlauf versetzt wird, welche an ihrem Umfange Erhöhungen bezw. Ausschnitte von verschiedener Längenausdehnung besitzt. Dadurch, daß der Umfang der Scheibe an einem federnden Hebel vorbei schleift, werden Stromschließungen (bei Arbeitsstrom) oder Stromunterbrechungen herbeigeführt (bei Ruhestrom). Bei den Arbeitsstrommeldern steht die Leitung mit der isolirten Contactfeder in Verbindung, das Werk des Melders mit Erde, sodaß durch Berührung der Zeichenscheibe mit der Feder die Leitung geschlossen wird. Bei den Ruhestrommeldern ist der zweite Leitungszweig mit dem Werk verbunden. Auf dem mit Selbstauslösung versehenen Morseapparat der Feuerwache erscheinen dann Morsezeichen, welche das Zeichen des in Thätigkeit gesetzten Melders angeben.

Straßenmelder werden in verschiedenartigen Constructionen verwendet, können auch mit Fernsprecheinrichtungen versehen werden.

In der Regel wird der Straßenmelder erst nach Zertrümmerung einer Scheibe zugänglich. In Berlin ist die Anordnung derart, daß dann ein hinter der Scheibe liegender, an einem Kettchen befestigter Schlüssel das Oeffnen einer Thür gestattet. Durch Anziehen eines dadurch erreichbaren Knopfes wird das Gewicht ausgelöst und die Zeichenscheibe geräth in Umlauf, das Signal wird mehrmals hintereinander automatisch abgegeben. Die Thür läßt sich erst wieder schließen, wenn das Gewicht aufgezogen ist, letzteres erfolgt durch die Feuerwehr, welche zunächst sich zu der alarmirenden Meldestelle begiebt.

Unter den verschiedenen Constructionen der Hausmelder ist die von Siemens & Halske sehr verbreitet.

Nach Zertrümmerung einer Scheibe wird ein an einer Schnur befindlicher Handgriff zugänglich; durch einmaliges Anziehen desselben wird ein Gewicht ausgelöst und die Zeichenscheibe läuft mehrmals um. Nach abermaligem Ziehen des Handgriffes erfolgt das Gleiche, sodaß bis zum Ablauf des Gewichtes 4 bis 6 mal die Feuerwache hintereinander die Signale erhalten kann. Wird nach erfolgter Meldung eine Taste im Gehäuse dauernd gedrückt, so wird die Leitung durch ein Galvanoskop mit Erde verbunden, und es läßt sich an den Ausschlägen eines Galvanoskopes das von der Feuerwache gegebene Rücksignal erkennen. Die Taste und das Galvanoskop werden auch benutzt, um sich mit der Feuerwache telegraphisch durch Morsezeichen zu verständigen.

Es werden zuweilen Einrichtungen getroffen, um von der Straße aus einen solchen Melder zur Auslösung zu bringen.

Bei den vorzüglichen Feuerwehreinrichtungen in den großen deutschen Städten (besonders in Berlin) haben sich für deren Verhältnisse diese einfachen, bequem und sicher zu handhabenden Apparate sehr gut bewährt. Die oft verwickelten und künstlichen fremdländischen (besonders amerikanischen) Einrichtungen verschiedener Art haben daher in Deutschland keinen Eingang gefunden.

Feuerwehrtelegraphen. 597

(**747**) **Betrieb der Sprechleitungen.** Für den Betrieb der Sprechleitungen ist der amerikanische Ruhestrom sehr zweckmäßig, weil die Zeichen wie bei Arbeitsstrom zum Gehör gelangen.

Die Feuerwachen werden von der Centralstelle aus nicht mittelst des Morseapparates, sondern mittels Wechselstromwecker angerufen (durch Magnetinductor oder Batteriestrom). Im Ruhezustande sind auf den Feuerwachen nur die Wecker in die Leitung eingeschaltet. Wird eine Feuerwache angerufen, so schaltet dieselbe ihren Apparat in die Leitung ein. In Berlin erfolgt diese Umschaltung durch Treten auf den sog. Fußtritt-Umschalter, welcher mit einer Längsleiste, die am Boden zwischen den vorderen Tischfüßen liegt, in Verbindung steht.

So lange der Fuß auf der Leiste ruht, ist der Wecker aus- und der Apparat eingeschaltet. Auf der Centralstelle liegt ein Schreibapparat mit Selbstauslösung stets in der Leitung. Nach Niederdrücken des Fußtritt-Umschalters kann daher jede Feuerwache die Centrale anrufen. Will die Centralstelle eine Feuerwache wecken, so schaltet sie durch Druck einer Taste den Apparat aus und giebt Wechselströme in die Leitung ab.

Die einzelnen Feuerwachen können nach dem Gesagten nur durch Vermittelung der Centralstelle miteinander in Verbindung treten. Die betreffende Feuerwache theilt der Centralstelle den Wunsch mit, letztere weckt und demnächst verkehren die Wachen untereinander.

Dies ist zweckmäßig, weil die Centralstelle von jedem Verkehr der Feuerwachen untereinander Kenntniß zu nehmen hat und stets die ganze Sprechleitung zur sofortigen Verfügung haben muß. Die zum Betriebe der Sprechleitung erforderliche Batterie wird in der Centralstelle aufgestellt, damit die Feuerwachen der Unterhaltung von Theilbatterien überhoben sind.

(**748**) **Betrieb der Meldeleitungen.** In eine Meldeleitung kann man eine große Anzahl Melder einschalten; es ist nur dafür zu sorgen, daß die von den Meldern gegebenen Zeichen mit Sicherheit unterschieden werden können. Der Betrieb erfolgt mit Arbeits- oder Ruhestrom. Die Anwendung des Arbeitsstrombetriebes empfiehlt sich bei unterirdischen Leitungen und auch deßhalb, weil von irgend einem Punkte der Leitung aus ein Melder in eine einfache Abzweigung eingeschaltet werden kann, während bei Ruhestrombetrieb der Apparat in eine Schleife geschaltet werden muß.

Soll von der Leitung aus eine solche Abzweigung für einen Melder oder mehrere stattfinden, so geht man am besten von der Leitungsklemme eines in der Leitung liegenden Melders selbst aus. Dadurch wird eine Untersuchung der Zweigleitung, deren Endpunkt jetzt in dem benutzten Melder zugänglich ist, wesentlich erleichtert.

Der Ruhestrombetrieb bietet den Vortheil, daß sich die Meldeapparate etwas einfacher gestalten lassen und daß Unterbrechungen der Leitung auf der Wache sogleich bemerkt werden. Bei dem Betriebe mit Arbeitsstrom zeigen sich dagegen Nebenschlüsse auf der Feuerwache durch das Galvanoskop, stärkere durch Ingangsetzung des Apparates an. Weil in unterirdischen Leitungen häufiger Nebenschlüsse als Unterbrechungen eintreten, ist auch aus diesem Grunde der Arbeitsstrom vorzuziehen.

Erscheint auf einer Feuerwache ein Meldezeichen, so alarmirt der Telegraphist die Wache durch Ingangsetzung eines laut tönenden Weckers.

(Ausführliche Beschreibung und Zeichnungen von Apparaten und Schaltungen für Feuerwehrtelegraphen findet man in Schellen. der elektrom. Telegraph., VI. Aufl. Bearb. von Kareis. S. 1065 ff.)

Polizeitelegraphen.

(**749**) Leitungsnetz. Die verschiedenen Polizeibureaus werden unter sich und mit der Centralstelle durch Sprechlinien verbunden. Letztere sind zweckmäßig unterirdisch anzulegen. Am besten ist, wenn die von der Centralstelle ausgehenden Sprechleitungen Kreise bilden und zur Centralstelle zurückführen, weil in diesem Falle bei Eintritt einer Unterbrechung die Betriebsfähigkeit der Zweige und der Verkehr mit der Centralstelle durch Erdverbindung aufrecht erhalten werden kann, einzelne Nebenschlüsse aber nicht schädlich einwirken.

(**750**) Betrieb. Der Betrieb erfolgt mit Morseapparaten und Ruhestrom Der Anruf von der Centralstelle aus erfolgt durch Wechselstrom und Wecker. Die Sprechleitungen sind in die Feuerwachen einzuführen, damit letztere in der Lage sind, im Nothfalle ihren Apparat in den Polizeikreis einzuschalten.

(**751**) Es bildet eine wesentliche Bedingung für Feuerwehr- und Polizeitelegraphen, daß sämmtliche Einrichtungen und deren Handhabung so einfach als möglich ist und daß die größte Betriebssicherheit gewährleistet wird. Letztere wird durch Einfachheit der Apparate, Zusammenlegung der Batterien auf der Centralstelle und Verwendung mehradriger Kabel mit Vorrathsadern wesentlich gesteigert.

Außerdem ist es erforderlich, daß alle automattschen Melder einer fortlaufenden Prüfung durch zeitweise Ingangsetzung unterworfen werden. In dem Berliner Netz erfolgt diese Prüfung jeden zweiten Tag.

XIII. Abschnitt.
Haus- und Gasthofstelegraphen.

(**752**) **Allgemeines.** Die Anlagen sind entweder zur Uebermittelung von Nachrichten von einem Raume zu einem andern entferrten bestimmt oder sie dienen nur zu Signalzwecken.

Im ersteren Fall erfolgt der Betrieb meistens mittels Fernsprechern und Mikrophonen, im zweiten Falle werden verschiedenartige Signalapparate benutzt. Da im Abschnitt IX das für Fernsprechanlagen Erforderliche enthalten ist, so werden im Nachfolgenden nur die Anlagen zu Signalzwecken behandelt.

(**753**) **Gebeapparate.** Gewöhnlich verwendet man sog. Contactknöpfe, welche Druck- oder Zugcontacte sein und für Arbeitsoder Ruhestrom eingerichtet sein können.

Die Contactknöpfe für Druck (Druckknöpfe) bestehen aus einem kleinen runden Holzgehäuse, in welchem zwei Blattfedern sich befinden, von denen eine einen kleinen cylindrischen Körper (aus Holz, Knochen u. s. w.) aus der Oeffnung des Gehäuses herauszudrücken sucht. Durch Niederdrücken des Cylinders (Knopfes) berühren sich die beiden Federn (bei Arbeitsstrom), oder es wird der Contact zwischen den Federn aufgehoben (bei Ruhestrom).

Bei den Contactknöpfen für Zug (Zugcontacte) wird durch eine Zugstange der Contact hergestellt, indem gewöhnlich die Enden zweier isolirter Federn von einem isolirenden Ring gezogen werden und durch Berührung eines Metallringes Stromschluß herbeiführen. Eine starke Feder führt die Zugstange wieder in ihre Lage zurück.

Die Contactgeber lassen sich auch als Tretcontacte herstellen.

Die Geber können zur Befestigung an einem Gegenstand eingerichtet sein oder sie hängen an Leitungsschnüren.

(**754**) **Signalapparate.** Als solche dienen Wecker und Anzeigeapparate (Tableaux).

Wecker. Es werden Wecker für Selbstunterbrechung wie für Ausschluß der Elektromagnetrollen und polarisirte Wecker benutzt. (Vergl. hierüber 690.)

600   Haus- und Gasthofstelegraphen.

Anzeigeapparate. Dieselben dienen zum Erkennen der rufenden Stelle. In Folge Einwirkung des Stromes auf einen Elektromagnet läßt dessen Anker eine Scheibe los, durch deren Fall entweder eine Stelle mit Bezeichnung sichtbar wird, oder es trägt die aus einem Schlitz des Gehäuses herausfallende oder hinter einem Glasabschluß vortretende Scheibe selbst die Bezeichnung. Eine entsprechende Zahl solcher Elektromagnete mit Fallscheiben sind in einem Holzkasten angebracht. Zuweilen wird auch durch das Herabfallen der Scheibe ein Ortsstromkreis mit Wecker geschlossen, letzterer ertönt dann so lange, bis die Scheibe wieder in ihre Ruhelage gebracht wird. Meistens durchfließt aber jeder einen Elektromagnet in Thätigkeit setzende Strom gleichzeitig einen für alle Scheiben gemeinsamen Wecker, der so lange ertönt, als der Druckknopf den Contact herstellt.

Für einfache Anlagen kann man einen Wecker mit Fallscheibe benutzen, um festzustellen, ob gerufen worden ist, oder um einen zweiten Weckerkreis zu schließen.

Wegen der technischen Einrichtungen solcher Anzeigeapparate im Einzelnen muß auf besondere Werke verwiesen werden (z. B. Canter, Haus- und Hôteltelegraphen; Scharnweber, Haustelegraphie).

(755) **Stromquellen.** Als Stromquellen verwendet man in der Regel Elemente nach Construction der Leclanché oder Daniell Elemente, auch Trocken-Elemente (siehe 429.)

(756) **Schaltungen für Haus- und Gasthofssignale.** Es kann die Signaleinrichtung dazu dienen, um

a) von einer oder mehreren Rufstellen aus nach einer Richtung hin nur Weckrufe zu geben;

b) von der Empfangsstelle aus auch Rücksignale zu geben;

c) auf der Empfangsstelle nicht allein die Weckrufe zu erhalten, sondern auch aus einem sichtbar werdenden Zeichen die Lage der rufenden Stelle zu erkennen.

Zur Erreichung dieser Zwecke kann man Arbeits- oder Ruhestrom anwenden. Am häufigsten werden Arbeitsstromschaltungen benutzt.

a) Weckrufe nach einer Richtung (Arbeitsstrom).

1. Soll nur ein Wecker von einer Stelle aus betrieben werden, so werden die Batterie, der Druckknopf (Taste) und Wecker hintereinander geschaltet (Wecker mit Selbstunterbrechung). Sollen mehrere Wecker gleichzeitig, auf den Tastendruck einer Stelle ertönen, so verwendet man Wecker mit Selbstausschluß und schaltet diese hintereinander.

2. Sind mehrere Rufstellen vorhanden, so bildet man aus Batterie, Wecker und einem Druckknopf (dem am entferntest belegenen) einen Stromkreis, legt alle anderen Druckknöpfe mittels Zuleitungen zwischen die beiden Zweige der Hauptleitung, so daß auf jeder Rufstelle der Stromschluß herbeigeführt werden kann.

Haus- und Gasthofstelegraphen. 601

b) Weckrufe nach beiden Richtungen (sog. Correspondenzleitung).

1. Soll Ruhestrom verwendet werden, so sind die Wecker der rufenden und empfangenden Stelle mit der Batterie und den Druckknöpfen hintereinander zu schalten. Wecker und Druckknöpfe für Ruhestrom. Erforderlich Ortsbatterieen.

2. Soll Arbeitsstrom verwendet werden, so sind drei Leitungen erforderlich. Der Druckknopf der Stelle I, die Batterie und der Wecker der Stelle II sind in einen Stromkreis zu legen und als Nebenschluß zu diesem der Druckknopf der Stelle II und der Wecker der Stelle I zu schalten. Knopf II schließt den Kreis des Weckers I, Knopf I den des Weckers II.

c) Auf der Empfangsstelle soll die rufende Stelle erkennbar werden. Außer dem Wecker ist ein Anzeigeapparat mit Fallscheiben erforderlich. Man kann die Einrichtung so treffen, daß der Elektromagnet einer Fallscheibe jedesmal mit dem Wecker zugleich vom Strome beeinflußt wird, der Wecker also nur so lange tönt, als Stromschluß herrscht, oder daß durch das Fallen der Scheibe ein Ortsstromkreis, in dem der Wecker liegt, geschlossen wird. Der Wecker ertönt dann bis zur Abstellung der Scheibe. Von der Batterie aus kann man einen Leitungszweig mit Abzweigungen zu den Druckknöpfen und von jedem Druckknopf zurück eine besondere Leitung zu den Elektromagneten der Signaleinrichtung führen. Das andere Ende der Elektromagnetwickelungen liegt an einer mit dem zweiten Batteriepol verbundenen gemeinsamen Klemme des Signalapparates, so daß jeder Druckknopf den zugehörigen Elektromagnet in Thätigkeit setzt.

Will man in jedem Stockwerk einen besonderen Signalscheibenapparat betreiben, so wird der eine Zweig der Hauptleitung von der Batterie aus bis in das oberste Stockwerk geleitet, und von dieser Leitung werden Abzweigungen in die anderen Stockwerke geführt. Mit den Abzweigungen verbindet man die Druckknöpfe, andererseits führen von letzteren Leitungen zu den Signalapparaten. Vom zweiten Pol der Batterie führt eine Leitung mit Abzweigungen zu den gemeinschaftlichen Klemmen der Apparate. Zuschaltung eines Stockwerkzeigers erfolgt in der gemeinsamen Rückleitung.

Im Vorstehenden sind nur die Grundformen der vorkommenden Schaltungen angedeutet, bezüglich weiterer Einzelheiten vergl.: Canter, die Haus- und Hôteltelegraphen; Erfurth, Haustelegraphie, Telephonie und Blitzableiter in Theorie und Praxis.

(757) **Thürcontacte** sollen das Oeffnen einer Thür anzeigen, indem durch die Bewegung derselben ein Wecker in Thätigkeit tritt. Der Thürcontact schließt den Weckerkreis entweder so lange, als die Thür geöffnet bleibt, oder nur für eine kurze Zeit während des Oeffnens und Wiederschließens.

602 Haus- und Gasthofstelegraphen.

Die Constructionen für den ersten Fall sind verschiedenartig.

Am einfachsten ist die Anbringung eines mit Umbiegung versehenen Metallstückes am oberen Thürpfosten; gegen den zweimal rechtwinklig umgebogenen Theil legt sich ein federnder Streifen, der beim Schließen der Thür von einem am oberen Rahmen derselben angebrachten emporstehenden Stift abgedrückt wird. Das gebogene Metallstück und der federnde Streifen wird mit dem Stromkreis verbunden.

Häufig werden auch zwei miteinander verbundene federnde Metallstücke in den Thürpfosten eingelassen; so lange die Thür geschlossen ist, drückt die Kante der letzteren auf einen beweglichen isolirten Vorsprung des oberen Stückes und preßt dadurch das untere ab.

Wird die Thür geöffnet, so legt sich der hintere federnde Streifen mit seinem unteren Ende gegen den festgeschraubten Streifen und der Weckerkreis wird geschlossen.

Soll der Wecker nur kurze Zeit ertönen, so schraubt man am Thürpfosten zwei senkrecht gegen letzteren abstehende Federn an; die eine derselben wird mit einem länglichen Wulst versehen, gegen den die obere Thürkante schleift, und dadurch die Federn in Contact bringt.

Außer diesen einfacheren Vorrichtungen giebt es zahlreiche andere; bezüglich derselben muß auf die oben genannten Specialwerke für Haustelegraphie verwiesen werden.

(758) **Herstellung der Leitungen innerhalb der Räume.** Material. Zu den Leitungen innerhalb der Räume ist isolirter Kupferdraht zu wählen (je nach den Verhältnissen mit Baumwolle umsponnener und mit Wachs getränkter) oder mit Guttapercha isolirter Draht (mit Baumwolleumspinnung) oder Bleikabel.

Drahtstärke 0,8 bis 1 mm.

Die Wachsdrähte sind der Farbe der Wände entsprechend zu wählen, falls sie sichtbar geführt werden. Für den Anschlag rechnet man nach Erfurth (Haustelegraphie)

bei Wachsdrähten

175 m für das kg von 0,8 mm Stärke
145 „ „   „   „   „ 0,9 „   „
125 „ „   „   „   „ 1,0 „   „

bei Guttaperchadrähten mit Baumwolleumspinnung

155 m für das kg von 0.8 mm Stärke
110 „ „   „   „   „ 0,9 „   „
 90 „ „   „   „   „ 1,0 „   „

(759) **Befestigung der Leitungen.** Freiliegende Leitungen sind mittels verzinkter Eisenhaken oder Klammern zu befestigen. Beim Einschlagen ist mit Vorsicht zu verfahren, damit die isolirende Hülle nicht beschädigt werde. Zuweilen befestigt man auch kleine Porzellanröllchen mittelst eines Stiftes an den Wänden und wickelt um diese Röllchen die Leitungen. Sollen die Leitungen nicht sichtbar sein, so werden sie am zweckmäßigsten in schmale,

im Wandverputz hergestellte Rinnen verlegt. Es muß aber dann Guttaperchadraht verwendet werden. Ist das Mauerwerk feucht, so wird die Guttaperchaleitung mit einem Asphaltanstrich versehen.

Die eingelegten Drähte sollten nicht mit Kalk, Cement oder Gyps bedeckt werden, weil nicht allein daraus Fehlerquellen entspringen können, sondern auch eingetretene Fehler schwerer zu beseitigen sind. Ausfüllung der Rinne mit einer Holzleiste ist jedenfalls vorzuziehen.

Müssen die Leitungen durch Wände geführt werden, so ist in die Durchbohrung ein Porzellan- oder Ebonitrohr zu setzen.

Verbindungsstellen sind gut zu verlöthen und mittelst Guttaperchapapier zu isoliren. Bezüglich der Bleikabel vgl (654) ff.

(760) **Leitungen im Freien** werden nach den unter (640) ff. angegebenen Regeln hergestellt.

XIV. Abschnitt.
Elektrische Uhren, Registrirapparate und Fernmelder.

Uhren.

Zu unterscheiden sind selbständige Uhren und Nebenuhren.

(761) Bei den **selbständigen** Uhren wird die Triebkraft (Gewicht oder Feder) durch Einwirkung des elektrischen Stromes auf die Pendelschwingungen ersetzt. Diese Einwirkung ist entweder eine mittelbare oder unmittelbare. Bedingung regelmäßigen und zuverlässigen Ganges sind neben sorgfältiger Construction der Uhren-Mechanismen ruhiger und gleichmäßiger Contactschluß, Vermeidung der schädlichen Wirkungen der Extraströme auf die Contactstellen, Verhütung starker Stöße auf den Pendelgang und richtige Bemessung der auf den Gang des Pendels einwirkenden Kraft, welche dem Verlust, den dasselbe durch Reibung, Luftwiderstand und verrichtete Arbeit (Contactschluß) erleidet, proportional sein muß. Unter den verschiedenen Systemen entsprechen diesen Bedingungen wohl am meisten die elektrische Uhr der Stockholmer Sternwarte und die selbständige elektrische Uhr von Hipp. Bei ersterer ist die Einwirkung des elektrischen Stromes auf das Pendel eine mittelbare. Durch die in Folge Contactschlusses in jeder Secunde erfolgende Bewegung eines Elektromagnetankers wird ein kleines Gewicht g (Fig. 242), welches auf der Axe a an einer seidenen Schnur befestigt ist, aufgezogen und giebt dem Pendel P durch den an a befindlichen oberen Ansatz jedesmal einen weiteren Impuls, wenn der Axe a durch die Schwingungen des Pendels der Stützpunkt an Feder f durch b^1 genommen wird. b und b^1 sind Steine, welche an der Metallschiene BB

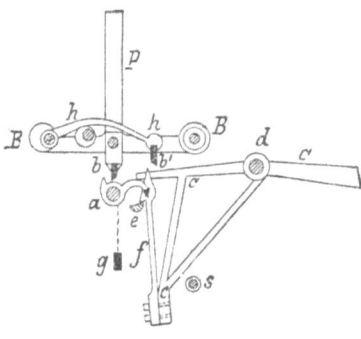

Fig. 242

bezw. dem Pendel P befestigt sind. b^1, in den um seine Axe drehbaren Arm h eingesetzt, ist beweglich. Der Contactschluß, durch welchen g wieder aufgezogen und die Wiedereinrückung der ausgelösten Theile bewirkt wird, erfolgt durch Axe a bei ihrer Drehung im Sinne des Gewichtsfalles (vgl. Merling, Elekt. Uhren, Bd. II).

Bei Hipp's Uhr ist die Einwirkung des elektrischen Stromes auf das Pendel eine unmittelbare. Pendel P (Fig 243) trägt an seinem unteren Ende einen Anker a, auf welchen die Polschuhe des Elektromagnetes E dann einwirken, wenn Contact c bei sich verlangsamendem Gange des Pendels durch dieses selbst geschlossen wird (Elektr. Ztschr., Bd. VI, Heft 11).

Die auf die Contactstellen schädlich wirkenden Einflüsse der beim Oeffnen des Contactes eintretenden Extraströme werden in den bei elektrischen Uhren zur Anwendung kommenden Contactvorrichtungen dadurch aufgehoben, daß vor der sich vollziehenden Trennung der Contactstellen ein Kurzschluß hergestellt wird, in welchem die Extraströme verlaufen können. In Schema Fig. 244 legt sich die Feder b an Contactschraube d an, bevor die Trennung von a stattgefunden hat.

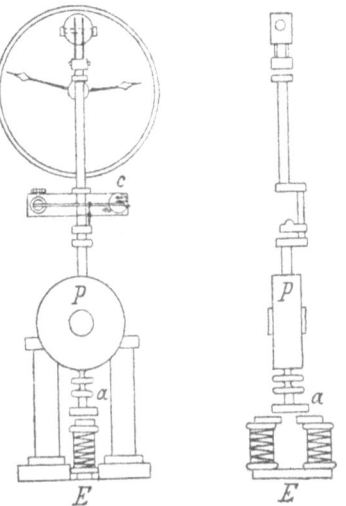

Fig. 243.

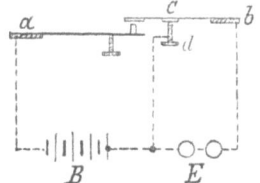

Fig. 244.

(762) **Nebenuhren** sind Zeigerwerke, auf welche die Bewegung eines Elektromagnet-Ankers in bestimmten Zeitabschnitten (Secunde — Minute) in der Weise einwirkt, daß sich der Secunden- bezw. Minutenzeiger um die für ihn bestimmte Zeittheilung weiterschiebt. Bei Uhren mit einem Zifferblatte wird die Bewegung unmittelbar auf das Steigrad, bei Doppeluhren auf eine die beiden Zeigerwerke verbindende Axe übermittelt. Bedingung für die Construction guter Nebenuhren ist möglichste Vermeidung der aus der Ankeranziehung sich ergebenden Stöße auf das Zeigerwerk, dessen Gang ein leichter und zuverlässiger sein soll, und richtige Bemessung der Elektromagnete. Für die Herstellung der letzteren ist die in der Nebenuhr zu überwindende Reibung, das für die Uebertragung der Ankerbewegung auf die Uhr gewählte Verhältniß, Widerstand der äußeren Leitung, Schaltungsweise und die zum Betriebe erforderliche Stromstärke maßgebend. Die Größe der Uhren, bis zu welcher noch sicheres Arbeiten bei

unmittelbarem Antriebe zu erwarten, ist nach den vorhandenen Systemen verschieden. Hipp (Neufchatel) geht bis 1,20 m, Grau-Wagner (Wiesbaden) bis 2 m Zifferblatt-Durchmesser.

Die Bewegung des Ankers kann durch Gleichstrom oder Wechselstrom vermittelt werden.

Im ersten Falle beruht sie auf einfacher Anziehung durch den Elektromagnet, während der Rückgang des Ankers mit Hilfe einer Feder oder eines Gewichtes erfolgt (Fig. 245).

Die Anwendung des Wechselstromes setzt polarisirte Werke voraus, deren Anker eine schwingende Bewegung ausführt. Einige der bekanntesten Wechselstromwerke sind in ihren Grundlagen nachstehend erläutert.

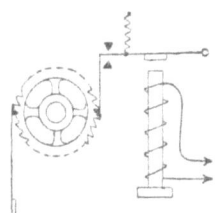

Fig. 245.

1. Uhr von Hipp (Fig. 246). Der um b drehbare Anker A sowie die Kerne $m\,m^1$ des Elektromagnetes sind polarisirt; $m\,m^1$ nordmagnetisch, Anker A südmagnetisch. A schwingt zwischen m und m^1, je nachdem durch Entsendung von Strömen wechselnder Richtung durch die Elektromagnetrollen der Nordmagnetismus in m oder m^1 überwiegt. Die Bewegung des Ankers hierbei beträgt 60°. $c\,c^1$ sind Anschlagstifte.

Fig. 246.

2. Uhr von Grau-Wagner (Fig. 247). Der Anker A besteht aus den beiden um 90° gegen einander gestellten Theilen $a\,a^1$ und $b\,b^1$, welche durch eine Messinghülse von einander getrennt auf einer Axe sich befinden, deren Zapfen in den Polen eines Danermagnetes gelagert sind. Demgemäß sind sie polarisirt, etwa $a\,a^1$ Nordpol, $b\,b^1$ Südpol. Polschuh p des Elektromagnets E ist unter Einwirkung von b ein Nordpol, Polschuh p^1 unter Einwirkung von a^1 ein Südpol. Wird die Polarität unter Einwirkung des durch E laufenden Stromes in p und p^1 umgekehrt, so wird p abstoßend auf b und anziehend auf a, p^1 abstoßend auf a^1 und anziehend auf b^1 wirken, so daß das ganze Ankersystem A sich unter Einwirkung dieser 4 Kräfte um 90° drehen muß.

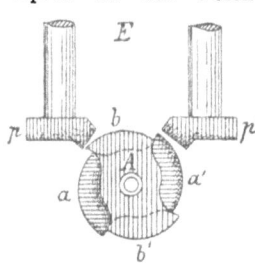

Fig. 247.

3. Uhr von Bohmeier. (Figur 248.)

Die Eisenkerne $a\,b$ stehen auf dem einen Pol eines Dauermagnetes $c\,d$; der Eisenanker $e\,f$ ist wegen der unmittelbaren Nähe des andern Poles entgegengesetzt magnetisirt. Die Enden von $a\,b$ sind halb gefeilt, dicht vor den Flächen liegt der drehbare Anker $e\,f$. Durch Ströme wechselnder Richtung wird entweder e nach a oder f nach b zu bewegt und in Folge dessen durch das Hebelwerk ih und die Sperrkegel nm das Minutenrad gedreht. Die Stifte o und p verhindern ein zu weites Vorschieben des Rades. Als geringste Stromstärke wird 0,005 A angegeben.

Die mit Wechselstrom betriebenen Nebenuhren sind den mit Gleichstrom betriebenen vorzuziehen, weil in ersteren die Ein-

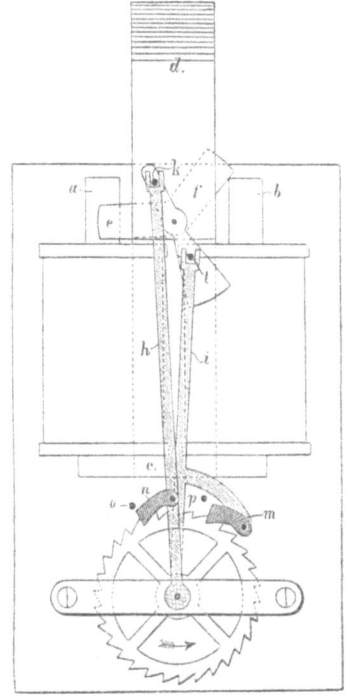

Fig. 248.

wirkung fremder Ströme (Gewitter), sofern sie gleichgerichtet sind und in nicht kürzeren Zeiträumen eintreten, als die Impulse der Betriebsbatterie, einen störenden Einfluß auf den Gang nicht ausüben können.

(763) Die Hauptuhr (Normaluhr) zum Betriebe der Nebenuhren. Für die zum Betriebe der Nebenuhren zu verwendende Haupt- oder Normaluhr ist untadelhafter Gang Erforderniß. Zweckmäßig werden gute Regulatoren mit Gewichtsbetrieb und Secundenpendel zur Anwendung gebracht, doch soll zur Vermeidung störender Einflusses auf den Gang der Uhr der Schluß der Contacte nicht im Uhrwerke selbst erfolgen, sondern es soll das Uhrwerk zu letzterem Zwecke ein mit ihm verbundenes besonderes Laufwerk alle Minute etc. auslösen, welches seinerseits alsdann den Contact-

608 Uhren.

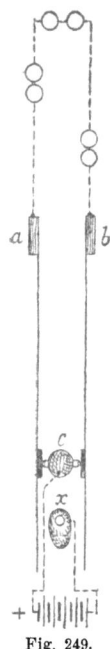

Fig. 249.

schluß bewirkt. Die hierzu verwendeten Vorrichtungen sind mannigfachster Art und entsprechen, je nachdem Gleichstrom oder Wechselstrom zur Anwendung kommt, der Schluß einer oder mehrerer Linien beabsichtigt ist, dem in Fig. 244 und Fig. 249 gegebenen Schema, oder einer Vereinigung beider. In Fig. 249 liegen die beiden die Verbindung zum Uhrenkreise vermittelnden Federn ab an dem mit $+$ der Batterie verbundenen Ständer c im Ruhezustande an. Excenter x, welcher durch das mit der Hauptuhr verbundene Laufwerk alle Minute um 180° gedreht wird, hebt bei seinem Umgange einmal a, das andere mal b von c ab, gleichzeitig a bezw. b mit — der Batterie verbindend. Bevor xa oder b wieder verläßt, ist zwischen a bezw. b und c der Contact wieder geschlossen und die Bildung des Oeffnungsfunken vermieden.

(**764**) **Schaltung der Nebenuhren.** Nebenuhren können sowohl in Reihen- als in Nebeneinanderschaltung betrieben werden.

Sollen Uhren verschiedener Größe betrieben werden, so empfiehlt sich die Nebeneinanderschaltung. Behufs Regulirung des Stromverbrauches sind aber dann passende Widerstände vorzuschalten oder die Wickelungen der einzelnen Elektromagnete verschiedener Größe sind so zu bemessen, daß sich für jeden dieselbe Klemmenspannung ergiebt.

Grau-Wagner (Wiesbaden) fertigt die Elektromagnete nach folgender Tabelle für eine Klemmenspannung von 9—10 Volt.

Durchmesser des Zifferblattes cm	Widerstand der Elektromagnete Ohm	Stromstärke Ampère	Klemmenspannung Volt
26	900	0,011	
40	600	0,016	
60	400	0,024	
80	300	0,032	9,6
100	240	0,04	
120	200	0,048	
160	150	0,064	
200	120	0,08	

(**765**) **Grofse Nebenuhren mit Auslösung.** Die Zeigerwerke größerer Nebenuhren (Thurmuhren) haben keinen directen elektrischen Antrieb, sondern sind mit einem besonderen durch Gewicht oder Feder gezogenen Laufwerk ausgerüstet, welches durch den elektrischen Strom alle Minute zur Auslösung gebracht, die Zeiger treibt.

(**766**) **Regulirung von Uhren durch den elektrischen Strom.** Die Regulirung erfolgt in bestimmten Zeiten zur vollen Stunde von einer

Hauptuhr aus, welche durch Leitungen mit den in den Uhren angebrachten elektromagnetischen Regulirungswerken verbunden ist. Wird der Strom zur bestimmten Zeit durch die Nebenuhr geschlossen, so erfolgt eine entsprechende Einstellung des Zeigers oder es wirkt der Strom beschleunigend bezw. hemmend auf das Pendel oder auf den Mechanismus selbst ein. Eine Anzahl solcher Regulirungssysteme ist bereits früher erdacht worden (vgl. Elektrot. Ztschr. 1886, S. 353).

In neuerer Zeit hat Osnaghi ein besonderes Regulirungssystem veröffentlicht, bei welchem die Hauptuhr von einer Normaluhr in ihrem Pendelgange elektrisch regulirt und in jede Uhrenlinie mit Hilfe der Hauptuhr alle 12 Stunden magnetelektrische Ströme zum Einstellen der Minutenzeiger entsendet werden (vgl. Fortschr. d. Elekt. 1887, 4252).

Nach dem System von Dumont und Lepante werden Nebenuhren mit Hilfe der Telegraphenleitungen geregelt, indem in Zwischenräumen von je 12 Stunden eine Minute lang Strom entsendet wird; der Elektromagnet der Nebenuhr hält letztere um 12 Uhr an, sodaß der mögliche Ausgleich 2 Minuten beträgt (vgl. Fortschr. d. Elektrot. 1889, 2106).

Mayrhofer hat die Benutzung der Fernsprechnetze in Städten zur Regulirung vorgeschlagen. Auf dem Vermittelungsamt wird zu bestimmten Zeiten ein Vertheiler ausgelöst, an die Leitungen geschaltet und Strom entsendet; der Elektromagnet der Nebenuhr stellt die Zeiger ein. Das Uhrwerk des Vertheilers kann elektrisch, pneumatisch oder mechanisch ausgelöst werden (vgl. Fortschr. d. Elektrot. 1889, 2107).

Literatur: Merling, Elektr. Uhren; Hartleben, Elektrot. Biblioth, Bd. XIII; Fortschr. d. Elektrot., Abschn. XI.

(767) **Zeitballstationen.** Die Zeitballstation giebt durch einen, Mittags 12 Uhr niederfallenden Ball die genaue Zeit an. Der Ball (ein Hohlkörper von etwa 1 m Durchmesser und dunkler Farbe) befindet sich auf einem weithin sichtbaren Gerüst und durchfällt, wenn er ausgelöst wird, eine Höhe von 3—5 Meter. Die Auslösung der Sperrung, wodurch der Ball festgehalten wird, erfolgt durch den Strom. Die technischen Einrichtungen zum Festhalten bezw. zur Auslösung des Balles sind verschieden. Bei dem Zeitball in Bremerhafen wird der Ball durch das Abfallen eines über letzterem befindlichen Fallklotzes, der auf eine den Ball haltende Scheere wirkt, frei. Das Tau des Fallklotzes ist auf einer Trommel mit gezahnter Scheibe aufgewickelt. In die Zähne greift ein horizontaler zweiarmiger Hebel, auf den ein durch den Strom in Thätigkeit gesetzter Auslösehammer niederfällt. Der Ball fällt an Führungsstangen abwärts auf einen Buffer und öffnet den Stromkreis, indem er durch Druck auf den Buffer einen Contact aufhebt. Der Eintritt dieser Unterbrechung giebt auf der zeitsendenden Stelle das Signal, daß der Ball gefallen ist. Der Strom kann entweder durch Vermittelung einer astronomischen Uhr, welche auf einer Sternwarte sich befindet, entsendet werden, oder ein nahe belegenes Telegraphen-Amt, dessen astronomische Uhr täglich durch Mittheilungen der Sternwarte berichtigt wird, giebt den Auslösestrom zur bestimmten

Zeit ab. Letztere Einrichtung besteht bei den deutschen Stationen in Bremerhafen, Cuxhaven, Swinemünde und Neufahrwasser (vgl. Schellen, d. elektrom. Telegraph., S. 1183; ferner die Beschreibung des Zeitballes in Lissabon, Elektrot. Ztschr. 1886, S. 423, wo die technischen Einzelheiten genau angegeben sind, ferner 1887, S. 272).

Registrirapparate und Fernmelder.

(768) Allgemeines. Die Registrirapparate können entweder dazu dienen, Aenderungen der Stärke oder Spannung eines Stromes fortlaufend aufzuzeichnen oder durch Vermittelung des Stromes Aenderungen anderer physikalischen Größen, z. B. der Temperatur, des Luftdruckes, Windgeschwindigkeit aufzuzeichnen oder endlich Zeitangaben zu markiren. Die Wirksamkeit der Registrirapparate beruht meistens auf der elektrodynamischen oder der elektromagnetischen Wirkung des Stromes. In Folge dieser Einwirkungen wird ein mit dem beweglichen Stromleiter oder dem Elektromagnetanker durch ein Hebelwerk in Verbindung stehender Schreibstift in Bewegung gesetzt, welcher auf einen vorbeigeführten Papierstreifen Aufzeichnungen macht.

Klobukow benutzt auch die chemische Wirkung des Inductionsfunkens. Der zeichnende Theil des Registrirapparates schleift dann nicht auf der Zeichnungsfläche hin, sondern befindet sich in geringem Abstande von der Fläche. Von einer am zeichnenden Theil angebrachten Spitze läßt man Inductionsfunken auf das vorbeigeführte Papier schlagen, letzteres ist mit einer zersetzbaren Lösung getränkt (Fortschr. d. Elektrot. 1888, 2065).

Von Registrirapparaten besitzen in der Elektrotechnik besondere Bedeutung die Stromschreiber und die Chronographen.

Die Anordnung der zu anderen Zwecken dienenden Registrirapparate, welche zuweilen mit Fernmeldern (Zeigerapparaten) verbunden sind, ist sehr verschieden. Bezüglich derselben wird auf die Fortschr. d. Elektrot. verwiesen.

(769) Der Rußschreiber von Siemens und Halske. Der Rußschreiber zeichnet, wie der Siphon Recorder, den Verlauf eines Stromes auf. Zwischen einem cylindrischen Eisenkern und einer den Kern umgebenden Platte wird ein gleichförmiges magnetisches Feld erzeugt. Ein Drahtröllchen mit horizontalen Windungen aus Aluminiumdraht ist an einer Spiralfeder aufgehängt; je nach der Richtung des die Windungen durchfließenden Stromes hebt oder senkt sich das Röllchen. Die Bewegungen werden durch ein Hebelwerk auf einen langen Schreibstift aus Aluminium übertragen, dessen Spitze an einem berußten, durch ein Laufwerk (mit regulirbarer Geschwindigkeit) getriebenen Papierstreifen hin- und herstreicht und den Ruß an den bestrichenen Stellen entfernt. Der Streifen wird zur Festlegung der Curven durch eine harzhaltige Lösung geführt und dann über einem erhitzten Blech getrocknet.

Besitzt das bewegliche Röllchen eine zweite Wickelung, so kann man diese in den Stromkreis eines Secundencontactes ein-

Registrirapparate und Fernmelder. 611

schalten und erhält dann in den vom Schreibstift gezeichneten Curven Zeitmarken.
(Vergl. Frölich, Elektr. und Magnet. S. 450).

(770) Der elektromagnetische Chronograph von Hipp. Der Apparat zeichnet mittels der Bewegung eines Elektromagnetes den Beginn und das Ende eines Stromes auf, dient demnach zur Messung der Dauer eines Stromes. Er wird mit 2 oder auch 3 Elektromagnetsystemen, deren Anker ebenso viele Federn bewegen, hergestellt.

Sämmtliche nach Art der Reißfedern construirte, mit Anilin zu füllende Federn liegen gegen den Papierstreifen, der durch ein Laufwerk mit regulirbarer Geschwindigkeit fortgezogen wird. Wird kein Elektromagnet erregt, so zeichnet jede Feder auf dem Streifen parallel zur Axe des letzteren eine gerade Linie. Wirkt ein Strom ein, so weicht die Feder seitwärts aus, beim Aufhören des Stromes kehrt sie in ihre Ruhelage zurück. Es entstehen Zeichen von der Form ‾‾‾_/‾‾__/‾‾___ .

Wird der zweite Elektromagnet in bestimmten Zeitabschnitten mit Hilfe eines Uhrcontactes erregt, so läßt sich durch Vergleichung beider Curven die Zeitdauer der Ströme feststellen. Ein dritter Elektromagnet kann zur Registrirung anderer, mit den ersten zu vergleichender Ströme dienen.

(771) Fernmelder sind in der Regel Zeigerwerke, welche die Art und Größe der Aenderung eines Vorganges an einem entfernten Orte sichtbar werden. Sie können auch mit Registrirapparaten verbunden werden. Die wesentlichste Bedeutung kommt in neuerer Zeit den Wasserstandsmeldern und den Temperaturmeldern zu. Erstere sollen den jedesmaligen Wasserstand eines Behälters anzeigen, letztere sind für Centralheizungen wichtig, um an der Centralstelle die Temperatur eines entfernten Raumes bestimmen zu können.

Wasserstandsmelder. Bei diesen Apparaten wird die Hebung und Senkung eines Schwimmers und die Uebertragung der Bewegungen durch eine Kette auf ein Rad benutzt, um Ströme in die Leitung zu entsenden. Entweder erfolgen durch die Drehung des mechanischen Werkes Contactschlüsse, wodurch Batterieströme in die Leitung gelangen, oder es werden in Folge der Bewegungen Inductionsströme erzeugt. Die Ströme wirken auf einen elektromagnetischen Zeigerapparat ein, dessen Zeiger je nach der Bewegung des Schwimmers vor- oder rückwärts schreitet.

Der Wasserstandszeiger von Siemens und Halske, sowie der der Züricher Telephongesellschaft arbeiten mit Inductionsströmen. Die Zeiger von Hipp, Heller und Dupré arbeiten mit Batterieströmen und werden häufig angewendet.

Die Anordnung der Apparate ist sehr verschieden.

Temperaturmelder lassen sich gleichfalls in verschiedenartiger Weise anordnen.

Man kann z. B. die Widerstandszunahme von Metalllegirungen benutzen, um in einer Wheatstone'schen Drahtcombination, deren einer Arm in dem Raume liegt, dessen Temperatur bestimmt werden soll, während in der Centralstelle der übrige Theil der Combination mit dem Galvanometer liegt, das Gleichgewicht zu stören, und nach dem geaichten Galvanometer die Temperatur bestimmen (Methode von Nippoldt, Fortschr. d. Elektrot. 1887, 3078).

In die Quecksilbersäule des Thermometers von Morin und Barthélemy ist ein Draht aus einer Platinlegirung (Widerstand 900 Ohm für das Meter) eingelassen, welcher einen Theil des Stromkreises bildet, so daß durch geringe Aenderungen des Quecksilberstandes bedeutende Aenderungen des Widerstandes des Stromkreises sich ergeben.

Bandel und Archat lassen den Zeiger eines Metallthermometers einen leicht beweglichen Schlitten verschieben. Eine an letzterem sitzende Feder schleift dann gegen eine Scala mit Metallstücken, welche von einander isolirt sind. Die in Folge Bildung der Contacte in die Leitung entsendeten Ströme wirken auf ein Zeigerwerk. Andere Temperaturmelder schließen nur bei bestimmten Temperaturgraden den Stromkreis und setzen Alarmapparate in Thätigkeit. Auch Barometerstände lassen sich in verschiedener Weise in die Ferne melden.

In Bezug auf die verschiedenen Constructionen derartiger Apparate, sowie auch der Geschwindigkeitsmesser, Umlaufsmelder u. s. w. wird auf die Fortschr. der Elektrot. verwiesen.

XV. Abschnitt.

Elektrische Minenzündung.[*]

(772) Allgemeines. Die elektrische Zündung von Minen ist erforderlich, wenn es sich um gleichzeitige Entzündung handelt, oder wenn nur aus der Ferne gezündet werden soll oder kann. Sie ist überall anwendbar, die Zündsicherheit eine sehr große. Der Sprengort ist nach der Sprengung oder bei einem Versagen ohne Gefahr sofort zugänglich.

Bei Beurtheilung des Kostenpunktes fällt wesentlich die Herstellung der Leitungen ins Gewicht. Diese lohnt sich aber bei Massensprengungen, da durch gleichzeitige Zündung mehrerer Schüsse bei richtiger Lage der letzteren an Zeit und Kosten gespart wird. Die Ersparniß an Sprengmaterial gegenüber der gewöhnlichen Zündweise darf man, da die Gesammtwirkung gleichzeitig explodirender Minen eine größere ist, als die Wirkung nacheinander explodirender Minen, auf 10—15 % veranschlagen. Auch tritt eine Verminderung der zur Lösung und zum Abräumen der Massen erforderlichen Arbeit ein.

Nach „Eissler, the modern high explosives" beträgt die Sprengwirkung bei gleichzeitiger Zündung eines Satzes von Schüssen das Doppelte der Wirkung bei Einzelzündung und die gesammte Ersparniß etwa 25 %.

Chalon (le tirage des mines) giebt für die Zündkosten (ausschl. des Sprengstoffes), welche beim Abteufen eines 500 m tiefen Schachtes entstehen, folgende Vergleichszahlen.

Zündweise	Kosten für den Schuß bei Pulverladung	Dynamitladung
	Mark	Mark
Elektrisch	0,091	0,131
Schwefelfaden Stoppine	0,054	0,090
Guttapercha-Zündschnur	0,200	0,236

---

[*] Vgl. „Die elektr. Minenzündung", ein Hülfsbuch für Militair- und Civil-Techniker. Von A. von Renesse, Hauptmann und Compagniechef im Pionier-Bataillon von Rauch.

614   Elektrische Minenzündung.

Allgemein gültige Angaben für den Vergleich von Zündarten kann man nicht aufstellen. (Ausführlicheres enthält „die Sprengtechnik im Dienst der Civiltechnik" von Mahler und Eschenbacher, Wien.)

Fälle, in denen elektrische Zündung vortheilhaft ist: Ausgedehnte Fels- und Gesteinsprengungen, besonders in der Montan-Industrie; Sprengungen unter Wasser (besonders in tiefem Wasser), Eisstauungen, Tiefbrunnenbohrungen, Sprengung von massiven Baulichkeiten und alten Fundamenten, Niederlegung großer Schornsteine, Zerstörung zusammenhängender Eisen- und Holzconstructionen, Sprengung starker Baumwurzeln, Entzündung des Gases (Gas, Petroleum, Benzin) bei Gasmotoren, Feuerwerkerei.

(773) **Arten der elektrischen Zündung.** 1. Glühzündung. Zur Zündung des Sprengsatzes wird ein durch letzteren geführter sehr dünner Draht von hohem Widerstande durch den Strom zum Glühen gebracht.

2. Funkenzündung. Zwischen den Enden zweier Leitungsdrähte innerhalb des Sprengsatzes läßt man elektrische Funken überspringen.

Die Glühzündung erfordert große Elektricitätsmengen, die Funkenzündung Elektricität von hoher Spannung.

Vortheile der Glühzündung: Möglichkeit der Prüfung einer Minenanlage durch einen schwachen Strom; geringe Isolationsfehler der Leitung ohne wesentlichen Einfluß.

Nachtheile: Anzahl der gleichzeitig zu zündenden Sprengsätze ist geringer als bei Funkenzündung; unbedingte Gleichzeitigkeit der Zündung nur bei starken Strömen gewährleistet, Zuleitungen und Zünder kostspielig.

Glühzündung ist vorwiegend für stabile Anlagen mit kurzen Leitungen geeignet.

Vortheile der Funkenzündung: Möglichkeit der gleichzeitigen Zündung einer großen Anzahl von Minen; Einfluß des Leitungswiderstandes unwesentlicher, Verwendung von Leitungen geringen Querschnittes, billige Zünder.

Nachtheile: Elektrische Prüfung der Anlage unmöglich, Fehler der Isolation von erheblichem Einfluß.

(774) **Stromabgeber für Glühzünder.** Zündbatterien: Zweckmäßig werden Elemente mit hoher elektromotorischer Kraft und geringem inneren Widerstand benutzt, in der Regel Zink-Kohlen-Elemente mit Chromsäurefüllung oder Leclanché-Elemente oder Gaßner-Elemente (vergl. (425) ff.).

(775) **Sammler (Accumulatoren)** sind ebenfalls mit großem Vortheil verwendbar (vgl. die Tabellen ausgeführter Sammler Seite 350 ff.)

Schaltung der Batterie ist nach (783) zu berechnen.

(776) **Dynamomaschinen.** Verwendet werden Magneto-Dynamomaschinen und selbsterregende (Reihenmaschine). Drehung erfolgt mit der Hand. Bei den letzteren Maschinen wird die kurz geschlossene Wickelung nach erlangter voller Geschwindigkeit des Ankers durch einen Tastendruck oder in anderer ge-

Elektrische Minenzündung. 615

geeigneter Weise geöffnet, sodaß dann erst der Strom in die mit den Polen verbundenen Zuleitungen eintreten kann.

Die Zündmaschine von Siemens, welche in dieser Weise wirkt, besitzt einen Doppelt-T-Anker und wiegt 29 kg.

Keiser und Schmidt verwenden einen zwischen 4 Feldmagneten umlaufenden Flachring, Stromstärke 6—7 Am bei 20 Volt. Gewicht der Maschine 30 kg. Preis 275 M. Maximalleistung, wenn 2 Kurbeldrehungen in 1 Sec. erfolgen, hiernach wird der Kurzschluß der Wickelung aufgehoben. Wendet man als Glühdrähte Platindrähte von 5 mm Länge und 0,04 mm Durchmesser an, so werden mit Sicherheit bis zur Rothglut erhitzt:

Zahl der parallel geschalteten Glühdrähte	bei einem Leitungswiderstand von Ohm
12	1
8	3
5	5

Die von Bürgin zu Zündzwecken construirte Maschine besitzt 16 im magnetischen Felde umlaufende Ankerspulen. Bei einem bestimmten Sättigungsgrade der Feldmagnete wird ein Anker gegen den Druck einer Feder angezogen, und dadurch ein Hebel bewegt, welcher den Kurzschluß der Wickelung beseitigt und den vollen Strom in die Leitungen gelangen läßt.

Diese Auslösung des Kurzschlusses gewährleistet, da die dem Auslösungsanker entgegenwirkende Feder regulirbar ist, die Entsendung eines Stromes von gewünschter Stärke. Gewicht der Maschine 19 kg. Sie gestattet, einen Platinzünder von 0,1 mm Stärke in einem Schließungskreise von 85 Ohm Widerstand zum Glühen zu bringen.

Der Apparat der Rand Powder Comp. in New-York (Construction nach Siemens und Wheatstone) besitzt einen Doppelt-T-Anker, welcher durch Abwärtsstoßen einer in ein Zahnrad eingreifenden Zahnstange in schnelle Drehung versetzt wird. Die Aufhebung des kurzen Schlusses erfolgt durch die Stange selbstthätig.

Die Maschine entzündet bis zu 12 Sprengsätze, Zünder 3 mm langer Platindraht, Zündsatz Knallquecksilber. Gewicht der Maschine 7,5 kg, Preis 107 M.

Funkengeber für Funkenzündung. Es werden Reibungsmaschinen, Influenzmaschinen, Inductoren nach Art des Ruhmkorff'schen Apparates, sowie Inductoren und Maschinen zur Benutzung des Oeffnungsfunkens verwendet.

(777) **Reibungsmaschinen.** Sehr leistungsfähig, leicht zu behandeln und billig, aber bei wechselnden Witterungsverhältnissen unzuverlässig. Sie vertragen die Anwendung sehr einfacher und grober Zünder. Die von der Maschine gelieferte Elektricität

wird von einem Condensator gesammelt und mittels eines Entladers der Uebergang in die Leitung vermittelt.

Nach der Einrichtung von Bornhardt wird die eine Zuleitung mit der äußeren Belegung des Condensators in Verbindung gebracht. Durch Druck auf den Knopf des Entladers nähert sich das mit der zweiten Minenzuleitung durch eine Spiralfeder verbundene metallische Ende des Entladers der Zuleitung zur inneren Belegung des Condensators, sodaß der Condensator durch die Minenleitungen entladen wird.

Die Maschine ist 50 cm lang, 19 cm breit, 36 cm hoch; Gewicht 13 kg, Preis 120 M. Funkenlänge 45—50 mm bei 20—25 Kurbelumdrehungen (80—100 Scheibendrehungen). Gleichzeitige Zündung von 15 Schüssen. Zünder mit 0,75 Spaltweite, Zündsatz chlorsaures Kali und Schwefelantimon. Die größere Maschine (54, 27, 41 cm, Gewicht 20 kg, Preis 168 M.) liefert eine Funkenlänge von 70—90 mm. 30 Schüsse werden gleichzeitig gezündet.

Bei anhaltender Benutzung der Maschinen ist jedoch nur auf eine Leistung von 7—8 Schüssen bei der kleineren und 15 Schüssen bei der größeren Maschine zu rechnen.

Vor Einschaltung der Maschinen bezw. des Condensators ist letzterer stets kurz zu schließen, damit ein etwaiges Residuum sich ausgleicht. Nach jeder Sprengung sind die Leitungsdrähte sogleich abzunehmen.

Prüfung der Maschinen. Am einfachsten geschieht die Prüfung durch Bestimmung des Verhältnisses der Funkenweite zur Anzahl der Kurbeldrehungen. Bei der kleinen Maschine von Bornhardt muß nach 18 Kurbeldrehungen ein kräftiger Funke die Scale durchlaufen. Man verwendet auch Funkenzieher mit Scale, Funkenmikrometer (Poggendorff), Quadrantenelektrometer von Henley, Lane'sche Flasche. Vergl. hierüber das Werk von Zickler S. 35.

(778) **Influenzmaschinen.** Wegen der complicirten Construction, der schwierigen Behandlung für gewöhnliche Zündzwecke wenig geeignet, verdienen nur für Sprengungen, bei denen hunderte von Minen gleichzeitig zu zünden sind, den Vorzug vor Reibungsmaschinen.

Bezüglich der Construction und Wirkungsweise muß auf Specialwerke (Wiedemann II. S. 197, Elektr. Zeitschr. 1888 S. 450) verwiesen werden. Die Construction nach Gläser scheint die brauchbarste zu sein (Elektrot. Zeitschr. 1888 S. 452).

(779) **Inductionsapparate.** 1. Zweckmäßig sind Apparate nach dem Muster des Ruhmkorff'schen Funkeninductors mit Einschaltung eines Condensators als Nebenschluß zum primären Kreis zur Schwächung des Oeffnungsfunkens am Unterbrecher.

Die richtige Einstellung des Unterbrechers ist von Wichtigkeit. Da letzterer für gewöhnliche Zündzwecke zum dauernden Gebrauch nicht genügend grob gearbeitet werden kann, so finden solche Apparate nur für besondere Zwecke, z. B. für Brunnensprengungen, Entzündung von Gasen, zur successiven Zündung einer Anzahl von Minen Verwendung.

Apparat von Keiser und Schmidt (Berlin).

Elektrische Minenzündung.

Funkenlänge in mm	Preis Mark	Gewicht kg	Zahl der Chromsäure-Elemente
10	45	3	2
20	90	5	3
45	150	7.5	4
80	225	14.5	6

Kohlenplatten der Elemente 20 cm Höhe. Die secundäre Spule ist in Einzelspulen zerlegt, welche beliebig geschaltet werden können. In der Oesterr. Marine wird der Zelleninductor von Wohlgemuth und Marcus verwendet. (Zeitschr. f. Elektrot. 1885. S. 225).

2. Bei Anwendung nur einer Spule zur Benutzung des Oeffnungsfunkens erhält man einen einfacheren, kleineren und leichteren Apparat, muß aber eine kräftige Batterie verwenden. Spulenwiderstand 70 Ohm.

Ein Condensator liegt parallel zum Stromschließer.

(780) Dynamomaschinen. Sind theurer und weniger wirkungsvoll, aber zuverlässiger und dauerhafter als Reibungsmaschinen. Geringere Funkenlänge als Volta-Inductoren, aber einfacher, weil Batterie nicht erforderlich ist.

Es können sowohl Magnetomaschinen als auch dynamo-elektrische Maschinen verwendet werden.

Maschine von Siemens mit Doppelt-T-Anker für gleichgerichteten Strom. Nach der 12. Ankerdrehung (2. Kurbeldrehung) unterbricht eine Auslösevorrichtung den kurzen Schluß der Maschine, und es gelangt der Oeffnungsstrom in die Leitung. Verstärkung durch einen Condensator.

Die Maschine hat 2000 Ohm Widerstand, Schlagweite 4—5 mm, wenn die beiden Kurbeldrehungen in $^2/_3$ Sec. erfolgen. Geschwindigkeit muß gleichmäßig oder am Schluß wachsend sein. Gleichzeitige Zündung von 30—35 empfindlichen Zündern. Unter gewöhnlichen Verhältnissen 10 Schüsse. Gewicht 24 kg. Preis 350 M.

Magnetoelektrische Maschinen für Funkenzündung leisten bei gleicher Größe und gleichem Gewicht nur halb so viel als dynamoelektrische und verlangen besonders empfindliche Zünder für gleichzeitige Zündungen.

Die Zünder.

(781) Glühzünder. Ein durch den Zündsatz geführter Draht wird zum Glühen gebracht.

Sehr geeignet sind Drähte aus den Legirungen:
Silber-Platin (1:2),
Iridium-Platin (1:2),
Silber-Palladium (3:2).

Nach Chalon sollen Drähte aus
Iridium-Platin (1:9)
am besten sein.

Elektrische Minenzündung.

Die gebräuchlichsten Drähte für Glühzündung sind reine Platindrähte:

stark	lang
0,05 mm	3 mm
0,04 „	5 „
0,033 „	6,5 „

Drähte werden gerade oder etwas gebogen eingespannt.

Bei größeren Längen wird der Draht in 3, 5 oder 7 Spiralwindungen gelegt.

Der in Deutschland am meisten benutzte Zünder ist der von 0,04 mm Stärke und 5 mm Länge, mit den Enden der Zuleitung durch einen Zinntropfen verlöthet. Durchschnittlicher Widerstand 0,49 Ohm, bei Rothglut 1,11 Ohm. Stromstärke 0,4 A. Größere Stromstärke ist zu empfehlen.

Zuleitungen zum Zünder sind Kupferdrähte, 0,5—1 mm stark, mit Guttapercha isolirt. Sie liegen im Zünderkopf 3—4 mm auseinander und ragen verschieden lang in die Zündmasse.

Als Zündmasse wird am häufigsten chlorsaures Kali und Schwefelantimon, fein gepulvert, zu gleichen Theilen verwendet. Am besten ist geriebene Schießbaumwolle, welche durch Schaben comprimirter Schießwolle gewonnen, fein gesiebt und mittels eines Pinsels mit Mehlpulver oder Kohle gemischt wird.

Herstellung der Glühzünder von annähernd gleichem Widerstand ist schwierig und nur durch Prüfung jedes Zünders vor Einbringung des Zündsatzes zu erproben.

Anwendung der Glühzündung findet in der civilen Technik selten statt.

Zur Prüfung der Glühzünder ist der Apparat von Burstyn geeignet. (Zeitschr. f. Elektrot. 1886. S. 210).

(**782**) **Funkenzünder.** Die Enden der Zünderdrähte sind bis auf gewisse Entfernung genähert, stecken in einem Pfropfen aus Schwefelguß, Gummi oder Guttapercha. Der Zündspalt kann bis auf 0,1 mm hergestellt werden und zwar durch einen Sägeschnitt in den ungebogenen Draht.

Ein Zünderkopf aus Papier oder Metall nimmt den Pfropfen und den Zündsatz auf. Für Zündungen unter Wasser wird eine kupferne Kapsel verwendet. Gute Abdichtung mit Wachs, Paraffin u. s. w. nothwendig. Wasserdichtes Klebmittel: Schellack in Weingeist gelöst oder Guttaperchalösung von Miersch in Berlin, Friedrichstr. 66.

Ueber das höchst zulässige Maß des Gesammtwiderstandes einer Anzahl hintereinandergeschalteter Zünder im Vergleich zur Maximalschlagweite des Zündapparates ist Zuverlässiges nicht bekannt. Das Verhältniß muß u. U. durch Proben gefunden werden.

Von der Spaltweite und der Leitungsfähigkeit der Zündmasse hängt der Widerstand des Zünders ab, welcher weder zu groß noch zu klein sein darf, wenn Versager ausbleiben sollen. Die meisten Versager sind auf zu geringen Widerstand der Zünder zurückzuführen.

Die Zündmasse muß den allgemeinen Bedingungen entsprechen, welche an einen guten Anfeuerungssatz zu stellen sind. Auf die Zündwahrscheinlichkeit hat sowohl die Wärmeentwickelung als auch die mechanische Wirkung des elektrischen Funkens Einfluß.

Elektrische Minenzündung. 619

Je nach der Spaltweite und der Empfindlichkeit des Zündsatzes werden Zünder für hohe, mittlere und niedere Spannung unterschieden.

	Spaltweite	Zündsätze
Für hohe Spannungen der Reibungsmaschinen . . .	0,5—1,0 mm	schlecht leitende
Für Spannungen der Inductoren bezw. Maschinen .	0,2—0,5 „	besser leitende
Für schwächere Spannungen magnetelektrischer Apparate	sehr geringe	gut leitende

Bei den sehr empfindlichen sogenannten Graphit- oder Brückenzündern wird ein Graphit- oder Bleistiftstrich als leitende Brücke zwischen den Drahtenden auf der Oberfläche des Isolirmaterials gezogen. Durch einen feinen Messerschnitt wird der Spalt gebildet. Zu den Brückenzündern gehören auch diejenigen Zünder, deren Spalt von einer Masse (z. B. Schwefelkupfer) überbrückt ist, welche als secundärer Leiter dient, sich bei dem Stromdurchgange entzündet und dadurch den eigentlichen Zündsatz (z. B. Knallquecksilber) zur Entzündung bringt.

Nach Ducretet werden (ungeladene) Zünder in der Weise geprüft, daß man eine Drahtrolle, den Zünder und ein Telephon hintereinanderschaltet. Im Nebenschluß zur Rolle wird ein umlaufender Stromunterbrecher und eine Batterie aus drei Leclanché-Elementen angebracht. Besteht im Zünder ein metallischer Contact, so erfolgt ein knatterndes Geräusch im Telephon, ist ein Contact nicht vorhanden, so bleibt das Telephon stumm; ist der Zünder geladen und der Strom geht durch die Zündmasse, so hört man ein schwaches Knistern. Einfachste Prüfung durch Probezündungen einer Anzahl hintereinandergeschalteter Zünder. Widerstand je nach Art des Zünders von 1500 bis 4 000 000 Ohm. Für trockene Bohrlöcher verwendet man sog. Stabzünder (Zünderfabrik von Kromer, Aschaffenburg), für nasse Bohrlöcher oder unter Wasser, auch für erzführendes Gestein Guttaperchazünder (Bornhardt, Braunschweig).

Leitungsanlagen.

(783) **Für Glühzündung.** Glühzündung erfordert Leitungen von geringem Widerstand und mit guter Isolation; zweckmäßig sind Kupferdrähte mit Guttaperchahülle (doppelte Hülle unter Wasser).

Rückleitung kann aus blankem Kupferdraht oder entsprechend starkem Eisendraht bestehen. Soll Erde als Rückleitung verwendet werden, so ist für gute Erdleitung zu sorgen. Zu submarinen Sprengungen werden Kabel verwendet. Der Querschnitt der Leitung bestimmt sich nach Zickler aus der Formel

$$q = \frac{200 L}{K \cdot p} \cdot \frac{z}{x^2 r},$$

wo $L =$ Länge der Hin- oder Rückleitung,
$K =$ Leitungsfähigkeit des Kupfers,
$p =$ Procentsatz des Energieverlustes in der Leitung,

Elektrische Minenzündung.

$x =$ Zahl der in einer Gruppe hintereinandergeschalteten Zünder,
$z =$ Gesammtzahl der Zünder,
$r =$ Widerstand eines einzelnen Zünders ist.

Reine Hintereinanderschaltung der Zünder kann man nur bei geringer Minenzahl und kräftiger Stromquelle ohne Nachtheil anwenden.

Bei größerer Minenzahl schaltet man Gruppen hintereinandergeschalteter Zünder parallel.

Reine Parallelschaltung wird in seltenen Fällen angewendet, wenn z. B. nach freier Wahl aus der Zahl der Minen eine bestimmte gesprengt werden soll.

Bedeutet

n die Zahl der hintereinandergeschalteten Elemente,
e die EMK eines Elementes,
u den Widerstand eines Elementes,
i die zur Zündung eines Zünders erforderliche Stromstärke,
z die Zahl der Zünder,
r den Widerstand eines glühenden Zünders und seiner örtlichen Verbindungen,
h den Widerstand der Hauptleitung,

so gelten folgende Beziehungen bei den verschiedenen Schaltungen.

a) Bei der Reihenschaltung.

$$i = \frac{ne}{nu+h+zr}; \quad z = \frac{ne-i(nu+h)}{ir}; \quad n = \frac{h+zr}{\frac{e}{i}-u}.$$

Nennt man ferner

l die Länge der Hauptleitung in m,
q den Querschnitt in qmm,
w den specifischen Widerstand,

so ist

$$l = \frac{q}{w}\left(\frac{ne}{i} - nu - r\right).$$

b) Bei der Parallelschaltung

$$i = \frac{ne}{z(nu+h+r)}; \quad z = \frac{ne-ir}{i(nu+h)}$$

$$x = \frac{zih+ir}{e-ziu}; \quad l = \frac{q}{w}\left(\frac{ne}{zi} - \frac{r}{z}\right).$$

c) Gruppenschaltung. Ist

x die Zahl der in einer Gruppe hintereinandergeschalteten Zünder,
y die Zahl der parallelen Gruppen,
$z = xy$,

so ist

$$i = \frac{ne}{y(nu+h)+xr}.$$

Elektrische Minenzündung. 621

Zickler entwickelt folgende Beziehungen, wenn

E die EMK
U der Widerstand $\Big\}$ der Stromquelle,
i die zur Zündung einer Gruppe nothwendige Stromstärke,
h der Widerstand der Hauptleitung,
r der Widerstand (Mittelwerth) eines Zünders im Augenblick des Entzündens mit Hinzurechnung der örtlichen Verbindungen ist,

$$x = \frac{E}{2\,r\,i}; \quad y = \frac{E}{2\,i\,(U+h)}; \quad z = \frac{E^2}{4\,r\,i^2\,(U+h)}.$$

Schaltung mit Relais. Zündbatterie und ein Relais werden am Minenort aufgestellt, das Relais tritt durch eine Fernleitung in Thätigkeit und schließt die Zündbatterie.

Benutzung eines Umschalters. Die Leitungen werden an den Umschalter gelegt und durch Bewegung eines Schleifcontactes nacheinander mit der Stromquelle verbunden.

(**784**) **Prüfung** fertiger Minenanlagen. Die Anlage wird wie eine Telegraphen-Anlage mittels schwachen Stromes auf Stromfähigkeit und Isolation geprüft.

(**785**) **Für Funkenzündung.** Länge und Querschnitt der Leitung haben geringen Einfluß auf den Zündstrom, da der Leitungswiderstand im Vergleich zum Widerstand der Zünder verschwindend gering ist.

Dagegen ist die beste Isolation nothwendig mit Rücksicht auf die angewendete hohe Spannung.

Gewöhnlich führt man dünnen ausgeglühten und verzinkten Eisendraht (von 1—2 mm Stärke) an Stangen isolirt fort. Eine gemeinschaftliche Hauptleitung für mehrere Arbeitsorte ist nicht zu empfehlen, da leicht Mißverständnisse und Unglücksfälle hervorgerufen werden.

Ist die Entfernung kurz, der Boden trocken und wendet man kräftige Zündapparate an, so darf man als Hin- und Rückleitung blanken Draht, der auf dem Boden liegt, verwenden.

U. U. ist die Hinleitung aus isolirtem Draht, die Rückleitung aus blankem Draht zu wählen. Unter Wasser sind sehr gut isolirte Drähte nothwendig. Blanker Draht darf nicht mit polirtem Pulver in Berührung kommen, mit Rücksicht auf dessen Leitungsfähigkeit. Gewöhnliches Sprengpulver leitet sehr wenig.

Die Schaltung bei der Funkenzündung ist die reine Hintereinanderschaltung. Bei wichtigen Sprengungen werden der Sicherheit halber je zwei Zünder für eine Mine benutzt und diese beiden in der Leitung hintereinander, bei großer Minenzahl jedoch parallel geschaltet. Diese Anordnung bietet größere Wahrscheinlichkeit, daß die Zündung nicht versagt.

XVI. Abschnitt.
Blitzableiter.

Material.

(786) Als solches ist Kupfer oder Eisen zu wählen, in Stabform oder als Drahtseil. Eisen ist nur verzinkt oder verzinnt anzuwenden.

Im Kupferdrahtseil darf der Durchmesser der einzelnen Drähte nicht unter 2 mm betragen.

Im Eisendrahtseil müssen die einzelnen Drähte verzinkt sein

	Querschnitt in qmm	Annäherndes Gewicht von 1 Meter kg
Kupfer	65— 70	0,6
Eisen	140—150	1,1

Bei der Seilform ist die Summe der Querschnitte der Einzeldrähte zu nehmen.

Sind die Leitungen mehrfach verzweigt, so darf man geringere Querschnitte wählen, jedoch bei

Kupfer nicht unter . . . . 30 qmm
Eisen „ „ . . . . 60—70 „

gehen.

Auffangestangen.

(787) **Material.** Verzinktes oder verzinntes Quadrat- oder Rundeisen. Querschnitt wie vorhin angegeben.

Die Spitze der Stange wird am besten aus Kupfer oder feinem Silber hergestellt (Aufsetzen eines Hütchens mittels Hartloth). Anwendung von Platinspitzen ist nicht zu empfehlen.

Die Spitzen brauchen nicht scharf zu sein. Vergoldung ist überflüssig.

(788) **Zahl der Auffangstangen** richtet sich nach Größe und Construction des Daches, der Bauart des Hauses und der Nebengebäude.

Es ist als Regel festzuhalten, daß mindestens eine je nach Umständen 2—4 m lange Auffangestange angebracht wird, da-

Blitzableiter. 623

neben aber die aus der Fläche des Daches besonders hervortretenden Theile mit Auffangespitzen zu versehen sind.

Die Länge der letzteren ist nicht unter 25 cm zu wählen.

Bei Dächern von größerer Ausdehnung sind mehrere Auffangestangen anzubringen.

Feststehende Flaggenstangen sind zu Auffangestangen durch Heraufführung einer entsprechenden in eine Spitze endigenden Leitung zu machen.

(**789**) **Schutzraum der Auffangestangen** nennt man einen kegelförmigen Raum, dessen Spitze mit der Stangenspitze zusammenfällt.

Je nachdem sich der Radius der Kegelbasis zur Höhe des Kegels wie $1:1$, $1^1/_2:1$, $2:1$, $3:1$, $4:1$ verhält, wird der Schutzraum als 1facher, $1^1/_2$-, 2facher u. s. w. benannt.

Nach den vom Elektrot. Verein zu Berlin erlassenen Rathschlägen sollen:

    a) die höchst gelegenen Ecken eines Gebäudes im einfachen bis $1^1/_2$fachen, die tiefer gelegenen im $2^1/_2$fachen,

    b) die höchsten Kanten im 2fachen, die tiefer gelegenen im 3fachen,

    c) alle Punkte der höchsten Dachflächen im 3fachen, oder, wenn solche durch Luftleitung gedeckt sind, im 4fachen

Schutzraum einer Auffangestange liegen;

    d) alle kleineren vorspringenden Theile eines Gebäudes sollen in den einfachen Schutzraum einer Auffangespitze fallen.

Die Zahl und Höhe der aufzustellenden Auffangestangen und Spitzen sind hiernach festzustellen.

Leitungen.

(**790**) **Wege der Leitung. Befestigung.** Die Leitung hat auf dem kürzesten Wege die Auffangestange mit der gewählten Erdleitung in Verbindung zu setzen.

Die Befestigung am Gebäude darf nicht mittels isolirender Vorrichtungen geschehen, auch nicht so, daß die Untersuchung erschwert wird. Starke Spannung der Seile ist zu vermeiden. Luftleitungen in Stangenform dürfen sich in den Haltern nicht festklemmen.

Sind vortretende Ecken und Kanten zu überspringen, so muß die Leitung entweder in schwachem Bogen herumgeführt, oder die scharfe Umbiegung muß mit einer Auslaufespitze versehen werden.

Sind mehrere Auffangestangen vorhanden, so müssen dieselben durch eine Leitung mit einander verbunden werden.

Metallmassen sind an ihren der Leitung zunächst gelegenen Punkten mit der Leitung zu verbinden. Dasselbe hat auch stattzufinden bei Metalldächern, Metallverzierungen größeren Umfanges, Schornsteinaufsätzen aus Metall und Wetterfahnen.

Gas- und Wasserleitungen, welche bis in die oberen Theile des Gebäudes reichen, müssen mit ihren höchsten Theilen ebenfalls mit der Leitung in Verbindung gebracht werden. Event.

ist die Leitungsfähigkeit der Bleirohre durch besondere Leitungen zu erhöhen.

(**791**) **Erdleitungen.** Die Erdleitung kann aus Kupfer oder Eisen bestehen und muß in Platten, Bändern, Röhren oder Drahtnetzen auslaufen.

Die Hauptbedingung ist, daß die Erdleitung mit stets nassem Erdreich in innigster, möglichst geringen Uebergangswiderstand bietender Verbindung steht.

Ist stehendes oder fließendes Wasser vorhanden, so ist hierin die Erdleitung zu verlegen oder, wenn das Grundwasser zu erreichen ist, in dieses. Für Brunnen können eiserne Platten mit eisernen Zuleitungen verwendet werden.

Ist das Grundwasser nicht zu erreichen, so kann man eine genügende Erdleitung durch Einbetten der Erdplatte in kleingeschlagenes und festgestampftes Coaks herstellen.

Anschluß der unteren Luftleitung an vorhandene Gas- und Wasserleitung ist unbedingt nothwendig. Die Verbindung ist haltbar zu verlöthen. Wenn nur weniger gut leitende Stellen sich für die Erdleitung gewinnen lassen, sind mehrere Erdleitungen zu verlegen, dieselben aber mit einander in leitende Verbindung zu bringen. Für eine im Wasser liegende Platte genügt eine Berührungsfläche von 1 qm einseitiger Oberfläche. Für blos feuchtes Erdreich sind 2 qm zu wählen.

Mehrere Erdplatten müssen zusammen den angegebenen Flächenabmessungen mindestens entsprechen. Kupferne Erdplatten sind 2 mm, eiserne 5 mm stark zu wählen. Stangen oder Röhren als Erdleitung müssen mindestens 5 m im Grundwasser stehen.

Wird Kupfer für die Erdleitung gewählt, so muß dasselbe verzinnt werden; Eisen ist ebenso, wie für die Luftleitung nur verzinkt anzuwenden

(**792**) **Verbindungsstellen.** Verbindungsstellen sind nicht allein sehr dauerhaft herzustellen, sondern auch so zu verlöthen, daß sie mindestens gleiche Leistungsfähigkeit, wie die Hauptleitung besitzen.

Alle Berührungsstellen verschiedener Metalle sind vor Zutritt von Feuchtigkeit zu schützen.

(**793**) **Prüfung der Anlage.** Zu empfehlen ist die Vornahme einer Prüfung im Frühjahre.

Die Luftleitungen sind genauer Besichtigung zu unterwerfen, u. U. mittels eines Fernrohres. Die Spitzen der Auffangestangen sind ebenfalls nachzusehen und auszubessern.

Die elektrische Prüfung der Luftleitung hat keinen besonderen Zweck, da es nicht allein schwierig ist, deren Widerstand festzustellen, sondern auch eine schadhafte Stelle (besonders bei Seilen) vorhanden sein kann, ohne daß der Ausschlag des benutzten Galvanometers sich wesentlich ändert. Die genaue Besichtigung ist daher vorzuziehen.

Dagegen ist der Widerstand der Erdleitungen [unter Anwendung einer der angegebenen Methoden zur Messung von Erdleitungen (300) ff.] auf das Sorgfältigste zu ermitteln.

Sachregister.

(Die Ziffern bedeuten die Seitenzahlen.)

Abwasserreinigung. 469.
Abzweigungen in Bel.-Anlagen. 402.
Abzweigungswiderstand nach Kohlrausch. 124.
Accumulatoren (Sammler). 339.
— von Correns. 340. 354.
— von Hagen 340.
— von Heyl. 341.
— von Huber. 340.
— von de Khotinsky. 341. 352.
— der Kölner Werke. 358.
— von Maily. 356.
— von Oerlikon. 356.
— von Schoop. 341. 345.
— von Tudor. 350.
— mit Gitterplatten. 340.
— mit halbfestem Elektrolyt. 341.
— mit massiven Platten. 340.
— mit Streifenplatten. 341.
— Tabellen ausgeführter. 550.
— technisch wichtige. 339.
— Apparate für Anlagen mit Batterien. 348.
— Aufstellung und Bedienung der Batterie. 342.
— tägliche Besichtigung. 346.
— Capacität. 342.
— Construction. 339.
— Dichte der Säure. 345.
— Eigenschaften. 341.
— EMK und Klemmenspannung. 341.

Accumulatoren Güteverhältniss. 206.
— Isolation. 343.
— erste Ladung. 346.
— Ladung und Entladung (Prüfung). 205. 357.
— Messungen. 196. 348
— Schwefelsäure. 344.
— Stromstärke und Stromdichte. 342.
— technische Verwendungen. 348
— innerer Widerstand. 341.
— Wirkungsgrad. 342.
— Zusammensetzen der Zellen. 343.
Aequivalentwärme. 39.
Aichung, indirecte. 124.
— von Messapparaten. 121.
— Nachprüfung m. ein. Thermoelement. 125.
— mit einem Normalelement. 126.
— einer Sinusbussole. 121.
— eines Spiegelgalvanometers. 121.
— einer Tangentenbussole. 121.
— eines Torsionsgalvanometers. 121.
— m. d. Voltameter. 121.
— m. d. Voltameter, Berechnung. 122.
— d. Torsionsgalvanometers m. d. Voltameter. 125.
Aichungscontrole durch ein Thermoelement. 125.
Alkalien, Dichte. 19.
Aluminiumbronce, Gewinnung. 462.
Amalgamirung von Zinkelektroden. 336.
Ampere. 84.

Sachregister.

Ampère-Schwimmerregel 72.
Amylacetatlampe von Hefner-Alteneck. 222.
Analysen, chem. 469.
Anilinschwarz. 482.
Anker in Gleichstrommaschinen 237.
— in Gleichstrommaschinen, mechanische Anforderungen. 244.
— Erwärmung. 238.
— Lüftung. 238.
— Stromdichte. 238.
— in Telegraphenlinien. 512.
Ankerabtheilungen in Gleichstrommaschinen. 238.
— in Gleichstrommaschinen, Schaltung. 243.
Ankerarten in Gleichstrommaschinen, Vergleichung. 244.
Ankerdrähte, Befestigung in Gleichstrommaschinen. 252.
Ankereisen, Erwärmung. 158.
— in Gleichstrommaschinen. 240
Ankergröfsen bei Elektromotoren, Bestimmung nach Frölich. 259.
Ankerströme, Einflufs auf das Feld. 158.
— bei Nebenschlufsmaschinen, Einflufs. 260.
Ankerwickelung in Gleichstrommaschinen. 241.
— Schaltung. 243.
Ankerwiderstand, Veränderung mit der Geschwindigkeit (nach Frölich). 260.
Anstiften den Leitungen in Beleuchtungs-Anlagen 394.
Antimongewinnung. 465.
Antimonniederschlag. 481.
Apparate, automatische f. d. Telegr. 533.
— f. d. Feuerwehr. 595.
— f. Haus-u Gasthofstelegr. 599.
— f. Telegr. und Telephonie. 529.
Araeometergrade, Umwandl. in spec. Gew. 19.
Arbeit. 21.
— elektrische. 85.
Arbeitsfähigkeit chem. Vorgänge. 71.
Arbeitsleistung von Elementen und Batterien. 203.
Arbeitsstrom. 542.
Astasirung. 166.
Atomgewichte, Tabelle. 69.
Auffangestangen für Blitzableiter. 622.

Auffangestangen, Schutzraum. 623.
Aufnahmevermögen, magnetisches. 49.
Ausdehnungscoefficienten, cubische. 42.
— lineare. 42.
Ausdehnung durch die Wärme. 42.
Ausfahrtstelegraphen. 585.
Ausschalter für Bel.-Anlagen. 387.
— selbstthätige, f. Bel.-Anlagen. 387.
Ausschaltung von Gleichstrommaschinen. 274.
Avoirdupois-System. 14.

Bäder bei der Elektrotypie. 472.
Bäderschaltungen. 470.
Bahnen, elektrische. 453.
— elektr. Zugkraft u. Leistung. 454.
Bahnhöfe, Blocksicherungen. 583.
— Signalstellung. 587.
— telegr. Verbindungen innerhalb derselben. 582.
Batterie von Bunsen. 328. 331.
— von Trouvé. 330.
— Arbeitsleistung. 203.
— f. d. Eisenbahntelegr. 569.
— als Ersatz einer Dynamomaschine. 338.
— f. d. Glühzündung. 614.
— Güteverhältnifs. 203.
— Materialverbrauch. 338.
— Prüfung. 204.
— f. Tel. Betriebsstellen, Aufstellung. 529.
— f. Tel.-Leitungen. 550.
Batterieschaltungen. 336.
Batteriestärken f. Tel.-Leitungen. 539.
Baumwollseile. 33.
Belastung der Construction für Tel.-Leitungen. 509.
Beleuchtung, elektrische. 430.
— elektr., von Eisenbahnzugen. 405.
— von Flächen. 35.
— gleichmäfsige, ein. Fläche 442.
— Messung. 228.
— von Seeschiffen. 406.
Beleuchtungsanlagen. 375.
— Abnahme. 399.
— Abzweigungen. 397.
— Anstiften d. Leitungen. 394.

Sachregister.

Beleuchtungsanlagen, Aufstellung der Maschine. 398.
— Ausschalter. 387. 396.
— Selbstthat. Ausschalter. 387.
— Berechnung. 383. 386.
— Betriebskraft. 376.
— bewegliche. 405.
— Bleikabel. 407. 412. 415.
— „ Endverschlüsse. 403.
— Bleikabel von Felten und Guilleaume 413.
— Bleikabel v. Siemens u. Halske. 407.
— Bleisicherungen. 387.
— Drahtverbindungen. 397.
— Aufstellung der Dynamomaschine. 398.
— Endverschlüsse f. Bleikabel. 403.
— Erd- und Luftleitungen. 395.
— Erdschluſs. 398.
— Herstellung. 375.
— Beaufsichtigung der Herstellung. 392.
— Holz-Klammern. 394.
— Holzleisten. 392.
— Inbetriebsetzung. 399.
— Installationszeichnung. 389.
— Isolation der Leitungen. 400.
— Kurzschluſs. 398.
— Leitungen auſserhalb der Häuser. 400.
— Entwurf der Leitungen. 386.
— Leitungen v. Felten u. Guillaume. 413 bis 416.
Beleuchtungsanlagen, Leitungen von Siemens und Halske. 407 bis 413.
— Leitungsmaterial, Tabellen. 407 bis 419.
— Berechnung der Leuchtkraft. 442.
— Luftleitungen. 400.
— Maschinen. 376.
— Mauerdurchbrüche. 396.
— Messung. 392.
— Montirung der Beleuchtungskörper. 397.
— Muffen für Bleikabel. 402.
— Plan und Vorarbeiten. 389.
— Beleuchtung freier Plätze. 445.
— Papierröhren 395.
— Porzellanrollen. 393.
— Raumbeleuchtung. 446.
— Schaltbrett. 388.
— Schluſsarbeiten. 398.
— Sicherheitsvorrichtungen. 396.
— wirthschaftlicher Spannungsverlust. 383.
— Straſsenbeleuchtung. 444.
— Stromschlussel. 387.
— Um- und Ausschalter. 387.
— Verbindungen der Leitungen 401.
— Verlegen der Leitungen. 390. 400.
— Werkzeuge zur Herstellung. 390.

40*

Beleuchtungsanlagen, Widerstandsregulatoren. 420.
Beleuchtungskörper, Montirung. 397.
Beleuchtungsplan 389.
Beleuchtungsstärke. 228.
Beleuchtungswagen 405.
Berechnung der Leitungen, Tafel zur. 12.
Berichtigungsgrofsen bei Messungen. 90.
Beruhigung bei Mefsinstrumenten. 93.
Betriebsgrofsen der Dynamomaschinen. 232.
Betriebsstellen f. Telegraphie. 528.
Betriebsverluste in Dynamomaschinen. 233.
Bewegung. 20.
Biegungsfestigkeit. 27.
Biot-Savart. Gesetz. 71.
Birmingham-Lehre. 15.
Bleichverfahren, elektrolytisches. 491.
Bleikabel fur Beleuchtungs-Anlagen. 407. 413.
— fur Bel.-Anlagen, Endverschlusse 403.
— fur Telegraphen-Anlagen. 516.
Bleiläuterung. 461.
Bleileitungen fur Telegraphen-Anlagen. 516.
Bleirohrkabel. 516.
— Legung. 527.
Bleisicherungen. 387.
Blitzableiter (f. Gebaude). 622.
— Auffangestangen. 622.
— Erdleitungen. 624.
— Leitungen. 623.
— Material. 622.
— Prufung. 624.
— f. d. Telegr. 538.
Blockapparat von Loebbecke. 585.
— von Siemens. 583.
Blockleitungen. 567.
Blocklinien. 578.
Blocksicherungen f. Bahnhöfe. 583.
Börsendrucker. 534.
Bogenlampen. 436.
— Betrieb. 437.
— Construction. 438.
— Leuchtkraft. 439.
— Lichtausstrahlung. 440.
— Lichtkohlen 436.
— Lichtverlust durch Glasglocken. 440.

Bogenlampen, Messungen an. 226.
— Parallelschaltung mit Gluhlampen. 437.
— Prufung. 439.
— Reihenschaltung. 437.
— Schutzglocken. 440.
— Spannung. 441.
— Verbrauch an Energie. 440.
Bürsten in Gleichstrommaschinen. 251.
— Reibungswiderstand. 159.
Bürstenstellung bei Gleichstrommaschinen. 253.
Brennpunkt. 37.
Brennweite. 37.
Broncedraht. 501.
Broncirung. 481
Brücke von Thomson. 149.

Calibrirung eines ausgespannten Drahtes. 145.
Calorimeter. 159.
Capacitat. 61.
— der Accumulatoren (Sammler). 342.
— magnetische, Formeln. 52.
— eines Kabels. 176. 195.
— einer oberirdischen Leitung. 195.
— absolutes Mafs. 85.
— absolute Messung. 152.
— Vergleichung. 152.
— Werthe. 61.
Carcellampe (französische). 222.
Cellulose, Umwandlung durch Elektrolyse. 489.
Central-Beleuchtungsanlagen, Rheostat für die Hauptleitung. 427.
Charakteristik, Vorausberechnung nach Kapp. 267.
— Vorherbestimmung nach Hopkinson. 264.
Chrombatterie. 329.
Chronograph v. Hipp. 611.
Clichés, Herstellung. 473.
Coercitivkraft. 50.
Commutor bei Gleichstrommaschinen, siehe Stromabgeber.
Compensation der erdmagnetischen Kraft beim Spiegelgalvanometer. 106.
Concavlinse. 37.
Condensatoren. 323.

Sachregister.   629

Condensatoren zur Erzeugung zweiphasiger Ströme. 325.
Condensator, Energie. 61.
— Entladung. 83.
— Ladung. 83.
— Vereinigung mit einem Widerstand. 83.
Constructionen fur Tel. - Linien, Belastung. 509.
— für Telegraphen-Linien, Widerstandsfähigkeit. 511.
Convexlinse. 37.
Convexspiegel. 37.
Copir-Telegraphen. 535.
Correctionsgröfsen siehe Berichtigungsgröfsen.
Coulomb. 84.

Dämpfung bei Mefsinstrumenten. 93.
Dichte. 17.
— der Flüssigkeiten. 18.
— der Gase. 19.
— der Hölzer. 18.
— versch. Körper. 17. 18.
— von Sauren, Alkalien und Salzen. 19.
Dielektricitatsconstanten. 56.
Differentialgalvanometer. 107.
— Prüfung. 108.
Doppelgestänge. 497.
Doppelglocken. 498.
Doppelschreiber (Estienne) 531.
Doppelsprechen. 547.
Doppelstander. 497.
Drahte, umsponnene, für Telegraphen-Zwecke. 513.
Drahtseile. 34.
Drahtspannung. 507.
Drehstrommotor. 280.
Drehstromsystem. 279.
Drehungsfestigkeit. 29.
Drehungserscheinungen (mechanische Stromwirkungen). 73.
Drehungsgeschwindigkeit, Bestimmung. 157.
Drehungsmoment. 20.
Drehungsrichtung bei Elektromotoren. 451.
Dreileitersystem. 358.
— für gemischte Schaltung. 364.
Druckfestigkeit. 29.

Durchhang von Tel.-Leitungen. 508.
Durchlassigkeit, magnetische. 49.
Dynamomaschinen. 231.
— Arten. 231.
— Bestimmung der Anker und Schenkelgröfsen nach Frölich. 257
— Bestimmung d. Drehungsgeschwindigkeit. 157.
— Betriebsgröfsen. 232.
— Betriebsverluste. 233.
— Charakteristik. 253. 264. 267.
— f. Funkenzundung. 617.
— f Gluhzundung. 614.
— Grundgleichungen nach Frölich. 256.
— Induction in. 78.
— Messungen. 155.
— Prüfung. 158.
— Regulirung. 271.
— selbstthätige Regulirung. 270.
— f. Telegr.-Ltgen. 541.
— Theorie v. Frölich. 256.
— Tabellen. 282.
— Verhalten im Betrieb, Gleichungen nach Frölich. 260.
— Wickelung 262.
— Widerstandsregulatoren. 420.
Dynamometer. 110.
— absolute. 110.
— technische. 110.
— v. Hefner-Alteneck. 155.

Effect, elektrischer. 85.
Einheitslampen. 222.
Einheitskerzen. 222.
Eisenbahnsignalwesen. 566.
Eisenbahntelegraphie. 566.
— Blockleitungen. 578.
— Lauteleitungen. 571.
— Morseleitungen. 568.
— Radtasterleitungen. 568.

Eisenbahntelegraphie, Sprechleitungen. 566.
— Zugmeldeleitungen 570.
Eisenbahnzüge, elektr.Bel. derselben. 405.
Eisen- und Kupferdrähte, Tabelle für Querschn. u. Gew. 15.
Eisenleitungen von Siemens und Halske für Bel.-Anlagen. 410.
Elasticität. 25.
Elasticitätsgrenze. 25.
Elasticitätsmodul. 25.
Elektricität bei Berührung von Flüssigkeiten mit Metallen. 57.
— b. Berührung v. Körpern. 56.
— durch Influenz. 56.
— durch Reibung. 56.
— Mafs. 60.
Elektricitätsmenge, absolutes Mafs. 84.
— Einheit. 60.
— Messung. 129. 135.
Elektricitatszähler von Aron. 170.
Elektrodenspannung bei der Elektrolyse. 457.
Elektrodynamik. 62.
Elektrodynamometer, Messungen. 160. 164.
Elektrolyse, Abwässerreinigung. 469.
— Aetznatron. 467.
— Alkohol, Rectification. 468.
— Aluminiumbronce. 462.
— Amidoderivate. 485.
— Anilinschwarz. 482.
— Antimongewinnung. 465.
— Versuch mit Antrachinon. 484.
— aromatische Substanzen. 483.
— Bleichverfahren. 491.
— Bleiläuterung. 461.
— Bleiweifsdarstellung. 467.
— Canarin. 486.
— chem. Analysen. 469.
— Chlor. 467.
— Darstellung von Farbstoffen. 482.
— Dauer eines Processes. 471.
— Elektrodenspannung. 457.
— Fixation d. Farbstoffe. 487.
— Gerberei. 469.
— Gewinnung von Gold und Silber. 465.
— Indigoküpe. 485.
— Kupferläuterung. 460.

Elektrolyse, Kupferdraht. 470.
— Kupferröhren. 469.
— Gewinnung des Kupfers. 461.
— Magnesiumgewinnung. 464.
— Gewinnung von Metallen. 460.
— Natriumhyposulfit. 466.
— Persulfocyan. 486.
— Behandlung der Schwefelmetalle. 461.
— Phosphorgewinnung. 466.
— Sauerstoffgewinnung. 465.
— Siliciumgewinnung. 465.
— Stromarbeit. 457.
— Umwandlung der Cellulose. 489.
— Umwandlung von Farbentönen. 490.
— Wasserstoffgewinnung. 465.
— Weifsätzen von Farben. 489.
— Zellenwiderstand. 457.
— Zinkgewinnung. 462.
— Zinngewinnung aus Weifsblechabfällen. 464.
— Zinnobergewinnung. 466.
Elektrolyte, Widerstand. 66.
Elektromagnet in Morseapparaten. 530.
— in Telephonleitungen. 536. 561.
Elektromagnetismus. 71.
— Satz von Thomson. 75.
Elektromagnet, magnetisches Moment. 47. 72.
Elektrometer. 117. 159.
— Messungen der Energie bei Wechselstrom. 163.
Elektromotoren, Bestimmung der Anker- und Schenkelgröfsen nach Frölich. 259.
— Drehungsrichtung. 451.
— Einschalten. 452.
— Geschwindigkeit. 449.
— Regulirung. 451.
— Zugkraft. 158.
Elektromot. Kraft, Bestimmung. 199.
— — Messung an Elementen. 196.
— — Ursachen. 55.
Elektrostatik. 60.
Elektrotypie. 472.
— Bäder. 472.
— Clichés. 473.

Elektrotypie, Formen (Matrizen). 472.
— Kupferdruckplatten. 473.
Elektr. Zustand, Dauer. 60.
Element von Becquerel. 330.
— (Chrom) von Bunsen. 329.
— (Kohlen) von Bunsen. 331.
— von Callaud. 330.
— von Clark. 333
— von Daniell. 330.
— von Dun. 332.
— von Edison-Lalande. 332.
— von Gaiffe. 332.
— von Gafsner. 332.
— von Grenet. 330.
— von Grove. 331.
— von Hawkin. 331.
— von Krüger. 330.
— von Lalande und Chaperon. 290.
— von Leclanché. 332.
— von Lessing. 332.
— von Marié Davy. 331.
— von Meidinger. 331.
— von Pabst. 330.
— von Pincus. 331.
— von Poggendorf. 331.
— von Scrivanoff. 332.
— von Siemens. 330.
— (Batterie) von Trouvé. 330.
— von Warren de la Rue. 331.
Elemente, Amalgamirung d. Elektroden. 336.
— Arbeitsleistung. 203.
— mit einer Flüssigkeit. 329.
— mit zwei Flüssigkeiten. 330.
— galvanische. 329.
— Güteverhältnifs. 203.
— Tabelle der EMK. 335.
— theoret. Berechnung d. elektrom. Kraft. 71.
— Messungen der Elektromot. Kraft. 199.
— Widerstandsmessungen. 196.
— primäre. 329
— Prüfung. 204.
— mit theilweise festen Salzen. 331.
— Schaltung. 336.
— trockene. 332.
— Verwendbarkeit. 336.
Endverschlüsse für Bleikabel in Bel.-Anlagen. 403.
Energie, Messungen an Wechselstromsystemen. 161.
Entladung der Accumulatoren. 347.

Entmagnetisirung von Eisenproben. 154.
Erdkabel f. Telegr.-Leitungen. 519. 521.
Erdleitung f. Telegr.-Leitungen. 528.
Erdleitungen (Bleikabel) für Bel.-Anlagen. 408. 413.
— Messung. 187.
— f. Blitzableiter. 624.
Erdmagnetismus. 53.
— horizontale Stärke, Tabelle. 54.
— Bestimmung der horizontalen Stärke. 95.
Erdschlufs in Bel.-Anlagen. 398.
Ergänzungs- oder Berichtigungsgröfsen bei Messungen. 90.
Erregungsarten von Gleichstrommaschinen, Vergleichung. 249.
Erwärmung eines Leiters durch den Strom. 67.
Erzscheidung durch Magnetismus. 493.
Extrastrom. 79.

Fahrgeschwindigkeit der Eisenbahnzüge, Messung. 575.
Fahrzeuge, elektrische. 453.
Fallbeschleunigung. 23.
Fallklappen. 539.
Farad. 85.
Faraday's Gesetz. 68.
Farbentöne, Umwandlung durch Elektrolyse. 490.
Farbstoffe, Darstellung d. Elektrolyse. 482.
— Fixation. 486.
Fehlerbestimmung in Kabeln. 178.
— in oberirdischen Leitungen. 185.
Feld, magnetisches. 48.
— — der stromdurchflossenen Leiter. 76.
— — Wirkung auf eine Magnetnadel. 49.
Feldmagnete in Gleichstrommaschinen, Eisen. 245.
— Bewickelung. 248.
— Erwärmung. 248.
— Form. 245.
— magnetisirende Kraft. 246
— Material. 245.
— Querschnitt. 245.
Feldstärke in Gleichstrommaschinen, Berechnung. 247.
— magnetische. 49.

632 Sachregister.

Fernewirkung, magnetische. 46.
Fernleitungs-Dynamomaschine von Lahmeyer. 361.
Fernmelder. 611.
Fernsprechgehäuse. 537.
Festigkeit. 25.
— zusammengesetzte. 29.
Festigkeitscoefficienten, Tabelle. 26.
Festigkeitsmodul. 25.
Feuerwehrtelegraphen. 595.
— Betrieb d. Leitungen. 597.
Flammenhöhe der Normalkerzen. 223.
Flammenmafs von Kruss. 224.
Flüssigkeitsdämpfung. 93.
Flüssigkeiten, Dichte. 18.
Flüssigkeitswiderstände. 141.
Flufskabel. 519. 521.
— Legung. 525.
Formeln u. Zahlen aus Mechanik und Physik. 34.
— u. Tabellen, rechnerische. 5.
Formen für die Elektrotypie. 472.
Frölich's Formel, Berechnung der Constanten. 259.
— — Bestimmungen d. Anker- und Schenkelgröfsen. 257.
— — Grundgleichungen. 256.
— — über das Verhalten der Maschinen im Betrieb. 260.
Frölich, Theorie der Dynamomaschine 256.
Fünfleitersystem. 364.
Fundamente. 34.
Funkengeber f. Funkenzündung. 615.
Funkenzünder. 618.
Funkenzündung. 614.
— Funkengeber. 615.
— Leitungsanlagen. 621.
— Schaltungen. 621.

Galvanometer, absolute. 96.
— mit empirischer Scale. 107.
— für vergleichende Strommessungen. 102.
Galvanoplastik. 470.
— Bäderschaltung. 470.
— Dauer des elektrol. Processes. 471.

Galvanoplastik, Stromquellen. 470.
— Stromverhältnisse. 470.
— Zuleitungen zu den Bädern. 471.
Galvanoskope. 537.
Galvanostegie. 473.
— Antimonniederschlag. 481.
— Broncirung. 481.
— Neusilberniederschlag. 479.
— Platinirung. 479.
— Vereisenung. 479.
— Vergoldung. 477.
— Verkupferung. 474.
— Vermessingung. 480.
— Vernickelung. 474.
— Versilberung. 478.
— Verzinnung. 479.
— Zinküberzug. 481.
Gase, Dichte. 19.
Gasthofstelegraphen. 599.
Gasvolumen, Reduction. 35.
Gebäude-Blitzableiter. 622
Gegensprechen. 545.
Gegenzellen. 371.
Gerberei. 469.
Gewichtsvoltameter. 112.
Gewindesystem, metrisches. 31.
Gleichspannungsmaschine, Wickelung und Abgleichung nach Frölich. 263.
Gleichstrommaschinen, Abbildungen m. Mafsangaben. 282—314
— Anker. 237.
— Ankerabtheilungen. 238. 243.
— Ankerbewickelung. 241.
— mechan. Anforderungen an den Anker. 244.
— Constructionsbedingungen. 236.
— Erwärmung, Stromdichte im Anker. 238.
— Schaltung der Ankerabtheilungen. 243.
— Zahl der Ankerabtheilungen. 238.
— Vergleichung der Ankerarten. 244.
— Befestigung der Ankerdrähte. 252.
— Ankereisen. 240.
— Ausschalten. 274.
— Bursten. 251.
— Bürstenstellung. 253.

Sachregister.

Gleichstrommaschinen, Kurzschlufs der Spulen durch die Bürsten. 239.
— Vergleichung der Erregungsarten. 249.
— Eisen der Feldmagnete. 245.
— Erwärmung der Feldmagnete. 248.
— Form der Feldmagnete. 245.
— magnetisirende Kraft der Feldmagnete. 246
— Material d. Feldmagnete. 245.
— Querschnitt der Feldmagnete. 245
— Wickelg. d. Feldmagnete. 248.
— Berechnung der Feldstärke. 247.
— mittlere EMK. 234.
— Schwankungen der EMK. 238.
— Lüftung. 238.
— Nebeneinanderschalten. 273.
— Anwendung des Ohmschen Gesetzes. 234.
— Polschuhe. 250.
— Querschnitt der Schenkelkerne. 245.
— Umfang von Schenkelkernen. 246.
— Stromabgeber. 251.
— Stromdichte. 238.
— graphische Theorie. 253.
— Verhalten im Betrieb. 249. 254.
— Verhalten bei Aenderungen der Umlaufszahl oder des Widerstandes. 249.
— Wickelung. 262.
Gleichstrommotoren. 275.
Gleichstromuhren. 606.
Glühlampen. 430.
— der Allgem. Elektricitäts-Gesellschaft in Berlin. 435.
— System Khotinsky. 436.
— von Siemens u. Halske. 433.
— Verhalten im Betrieb. 431.

Glühlampen, Construction. 430.
— Kurzschlufs. 432.
— Messungen. 225. 226.
— Messung der Lichtstärke 225.
— Prüfung. 432.
— als Seesignale. 594.
— Sortiren. 433.
— Widerstandsregulatoren. 420.
Glühzünder. 617.
Glühzündung. 614.
— Leitungsanlagen. 619.
— Schaltungen. 620.
— Stromquellen. 614.
Goldgewinnung. 465.
Graduirung von Galvanometern. 126.
— der Spannungsmesser. 128.
— der Strommesser. 128.
Graduirungsmethoden. 126.
Güteverhältnifs von Elementen und Batterien. 203.
Guttaperchaadern. 513.
Guttaperchawiderstände, Reductionstabellen. 10.

Hanfseile 33.
Hauptleitung einer Central-Bel.-Anlage. Rheostat. 427.
Hauptstrommaschine, Verhalten im Betrieb. 249. 255.
Hauptstrommotor, Geschwindigkeit. 449.
Haupturen. 607.
Hausbeleuchtungs-Anlagen, Ausführungsarbeiten. 389.
Hausmelder f. d. Feuerwehr. 596.
Haustelegraphen. 599.
Hebelwagen (Strommesser). 119.
Hilfssignale im Eisenbahnbetrieb. 573.
Hilfsstationen im Eisenbahnbetrieb. 574.
Hohlspiegel. 37.
Holzklammern für Bel.-Anlagen. 394.
Holzleisten für Bel.-Anlagen. 392.
Hölzer, Dichte. 18.
Hopkinson's Methode zur Vorherbestimmung der Charakteristik. 264.
— Beispiel. 265.
Hughesapparat. 531.
Hysteresis. 51.
— Arbeitsmenge. 51.
— bei Transformatoren. 317.

634 Sachregister.

Imprägnirung von Stangen. 495.
Indigoküpe. 485.
Induction. 59. 71. 77.
— in Dynamomaschinen. 78.
— gegenseitige. 151.
— Coefficient. 80.
— Gesetz. 77.
— in körperlichen Leitern. 81.
— in Leitungen, Beseitigung. 556.
— magnetische. 49.
— Richtung der EMK. 78.
— in Tel.-Leitungen. 553.
— in Telephon-Leitungen. 555.
— unipolare. 82.
Inductionsapparate. 81.
— f. Funkenzündung. 616.
Inductionscoefficienten. 151.
— Vergleichung. 151.
— Vergleichung mit einer Capacität. 151.
Inductionsrollen in Wechselstromkreisen 323.
Influenz. 56.
Influenzmaschinen f. Funkenzündung. 616.
Installationszeichnung für Bel.-Anlagen. 389.
Interpolation bei Widerstandsmessungen. 145.
Joule's Gesetz. 67.
Isolatoren, Prüfung. 499.
— für Tel.-Leitungen. 499.
Isolation der Leitungen in Bel.-Anlagen. 400.
Isolationswiderstand, Messung durch Ladung. 193.

Kabel, Fehlerbestimmung. 178.
— Bestimmung des Isolationswiderstandes. 175. 177. 193.
— Bestimmung der Ladungscapacität. 176.
— Bestimmung des Leitungswiderstandes. 174.
— Capacität. 176. 194.
— Eigenschaften. 174.
— Ladungsmessung. 176. 194.
— Ladungsperioden. 194.
— Ladungsverlust. 194.
— Leitungsfähigkeit der Kupferseele. 176.

Kabel, Prüfung während der Fabrication. 176.
— Prüfung während d. Legung. 177.
— Spleifsung. 526.
— Stromverhältnifs. 189.
— Verbindung mit oberird. Leitungen. 526.
Kabelader, geringster Querschnitt. 559.
Kabellegung. 525.
Kabelmessungen. 174.
Kabelröhren. 525.
Kabeltelegraphie, Dauer d. Zeichen. 562.
Kapp'sche Methode zur Berechnung von Maschinen. 267.
— — Beispiel einer Berechnung. 269.
Keile 29.
Ketten 34.
Kirchhoff, Gesetze. 62.
Klopfer. 533.
Knallgasvoltameter. 112.
Kraft. 20.
Krafteinheit. 20.
Kraft, elektromotorische, absolutes Mafs. 85.
— -Berechnung aus der Arbeitsfähigkeit chem. Vorgange. 71.
— -Messung. 137.
— -Ursachen. 55.
— magnetisirende, in Feldmagneten der Gleichstrommaschinen. 246.
Kräfte, Parallelogramm. 20.
Kraftlinien. 48.
Kraftlinien, Einfluss des weichen Eisens. 50.
Kraftübertragung, Anwendungen. 452.
— elektrische. 447.
— auf grofse Entfernungen. 452.
— Fahrzeuge. 444.
— Stromzuführung. 453.
— Theorie. 447.
— Wirkungsgrad. 447.
Kraftvertheilung. 452.
Kreis, magnetischer. 51.
Kreisstrom und Magnet. 72.
— Wirkung eines Elementes. 71.
Kugelspiegel. 37.
Kupferdämpfung. 93.
Kupferdraht. 505.
Kupferdruckplatten. 473.
Kupferläuterung. 460.
Kupferseele eines Kabels, Leitungsfähigkeit. 176.

Sachregister. 635

Kupfervoltameter. 114.
— Anwendung z. Aich. des Torsionsgalvanometers. 125
Kupferwiderstand (bei Kabelmessungen) Reduction auf 15°C. 9.
— bei versch. Temperaturen, Tabelle. 8.
Kurzschlufs in Bel.-Anlagen. 398.

Ladung der Accumulatoren. 347.
Ladungsperioden eines Kabels. 194.
Ladungsverlust eines Kabels. 194.
Lampen. 430.
Landkabel, Legung. 525.
Länge eines Drahtes von 1 Ohm, Tabelle. 6.
Läute-Inductoren. 571.
Läutewerke für Bahnübergänge. 581.
Läutewerksleitungen. 571.
Lautgebung in Telephonleitungen. 561.
Leistung. 21.
— elektrische. 85.
— aufgenommene mechanische, einer Maschine. 155.
— mechanische, eines Motors. 156.
Leiter und Nichtleiter d. Elektricität. 55.
— I. und II. Classe. 58.
— geschlossener, im magnet. Feld. 78.
— im magnetischen Feld (s. Induction). 77.
Leitungen mit Bleihulle. 516.
— mit isolirender Hulle. 513.
— f. Blitzableiter. 623.
— oberirdische, Capacität. 195.
— oberirdische, Fehlerbestimmung. 183. 185.
— allgemeine Formeln für die Untersuchung. 172.
— f. Haus- und Gasthoftelegr. 602.
— für Beleuchtungsanlagen, Berechnung. 377.
— f. Zundung, Berechnung des Querschnittes. 619.
Leitungsanlagen f. Funkenzündung. 621.
— f. Glühzündung. 619.
Leitungsdraht f. Tel.-Leitungen. 500.
— Vergleichende Versuchsergebnisse. 502.
Leitungsmaterial fur Bel.-Anlagen. 407 bis 41.
Leitungsvermögen. 64

Leitungswiderstand. 63.
— specifischer. 64.
— Tabelle. 65.
— bei verschied. Schaltungen. 66.
Leuchtkraft, Abstufung bei Glühlampen. 423.
— Berechnung. 442.
— der Bogenlampen. 439.
— Einheit. 221.
— Mafs. 36.
— Vergleichung. 223.
Licht, Brechung 36.
— farbiges. 37.
— Fortpflanzung. 35.
— Geschwindigkeit. 35.
— Reflexion. 36.
Linsen. 36.
Löthstellenprüfung in Kabeln. 177.
Löthstellen in Tel.-Leitungen, siehe Verbindungsstellen.
Luftdämpfung. 94.
Luftkabel, Aufhängung. 527.
— Einführung. 528.
— Spleifsung. 528.
Luftleitungen für Bel.-Anlagen. 400.

Magnesiumgewinnung. 464.
Magnete, Anziehung und Abstofsung. 46.
— haltbare. 46.
— Herstellung. 45.
— Tragkraft. 46.
— Wirkung eines — auf einen andern. 47.
Magnetische Vertheilung 46.
Magnetisirung, Stärke 48. 154.
— durch den Strom. 45. 74.
Magnetismus eines Poles, Mafs. 46.
— Anwendung in der Metallurgie. 493.
— Best. der horizontalen Stärke. 95.
— specifischer. 48.
— Vertheilung. 44.
Magnetmaschine, Verhalten im Betrieb. 254.
Magnetnadel, Schwingungsdauer. 54.
Magnetstab, Wirkung auf eine Nadel. 54.
Maschinenanlage f. Beleuchtungen. 376
Maschine mit besonderer Erregung, Verhalten im Betrieb. 254.
— mit gemischter Wickelung, Nebeneinanderschaltung. 274.

636 Sachregister.

Maschine mit directer Wickelung, Stromcurve. 257.
— mit Nebenschlufswickelung, Polspannungscurve. 258.
Maschinen-Technisches. 29.
Mafs, absolutes. 16
— absol. elektromagnetisches. 84.
Mafssystem, technisches. 17.
Materialbedarf f. Tel.-Leitungen. 507.
Matrizen für die Elektrotypie, siehe Formen.
Mauerdurchbrüche in Bel.-Anlagen. 396.
Mechanik. 17.
Mehrfachbetrieb von Tel.-Leitungen, Schaltungen. 545.
Mehrphasenstrom. 280.
Mehrphasenstrommotor. 280.
Mehrphasensystem. 279.
Meldeleitungen f. d. Feuerwehr. 597.
Mefsapparate, neuere, mit empirischer Theilung. 118.
Mefsbrücke von Edelmann. 148.
— von Hartmann und Braun. 148.
Mefsinstrumente, Aufstellung bei Spiegelablesung. 92.
— besondere Einrichtungen. 91.
Messungen an Accumulatoren. 205.
— an Bel.-Anlagen. 167.
— Beobachtungsfehler. 90.
— an Dynamomaschinen. 155.
— an Elementen. 196.
— an Erdleitungen. 187.
— Genauigkeit. 89.
— an Kabeln. 172. 178.
— magnetische. 153.
— der magnet. Induction. 154.
— an oberirdischen Leitungen. 172 183.
— von Stromstärken. 129.
— mit Stromverzweigung, Einflufs d. Temperatur. 131.
— technische 155
— an Transformatoren. 166.
— der Energie bei Wechselstrom. 161.
— an Wechselstromsystemen. 159.
— kleiner Widerstände. 148.
Messungsmethoden, Ergänzungs- oder Berichtigungsgröfsen. 90.
— Genauigkeit. 89.

Metallgewinnung, elektrolytische. 460.
Metallvoltameter. 113.
Mikrofarad. 85.
Mikrophone. 536.
Minenanlagen f. Glühzündung, Prüfung 621.
Minenzündung. 613.
Moment, magnetisches. 47.
— Bestimmung. 153.
— magnetisches, Abhängigkeit. von den Abmessungen d. Eisenkernes. 75.
— eines Elektromagnetes. 74.
— statisches. 20.
Morsealphabet. 530.
Morseapparat. 530.
— f. d. Eisenbahntelegr. 568.
— Wickelung der Elektromagnete. 561.
Morseleitungen für Eisenbahnen. 568.
Muffen für Bleikabel in Bel.-Anlagen. 402.
Musikübertragung, telephonische. 550.

Nadelgalvanometer, Vorzüge und Nachtheile. 109.
Nebeneinanderschaltung von Maschinen mit gemischter Wickelung. 274.
— von Gleichstrommaschinen. 273.
— von Nebenschlufsmaschinen. 273.
— von Reihenmaschinen. 273.
Nebenschlufsmaschinen, Einflufs des Ankerstromes n. Frölich. 260.
— Nebeneinanderschalten. 273.
— Polspannungscurve. 258.
— Verhalten im Betrieb. 255.
Nebenschlufsmotor, Geschwindigkeit 451.
Nebenschlufswickelung, Formeln nach Frölich. 261.
Nebenuhren. 605.
— mit Auslösung. 608.
— f. Gleichstrom. 606.
— Schaltung. 608.
— f. Wechselstrom. 606.

Sachregister. 637

Neusilberniederschlag. 479.
Neusilberwiderstände, Reductionstabelle. 9.
Niete. 29.
Normalelemente. 333.
Normalkerzen. 222.

Oekonomie der Bogenlampen. 440.
Ohm. 85
Ohm's Gesetz. 62.
—   — Beispiele. 63.
Optik. 35.

Parallaxe. 93.
Parallelschaltung von Edison. 359.
Parallelschaltungssysteme. 359.
Pentangasflamme von Harcourt. 222.
Permeabilitat. 49
Phasenunterschiede, Messungen in Wechselstromsystemen. 165.
Photometer von Bouguer. 215.
—   von Bunsen. 208.
—   von Elster. 213.
—   (Mischungs-) von Grofse. 215.
—   (Compensations-) v. Krüfs. 213.
—   von Lummer und Brodhun. 210.
—   von Lambert (Rumford). 216.
—   von Rousseau. 212.
—   von Weber. 211.
—   von Wild. 211.
Photometerschirm, Prufung. 218.
Photometertabelle. 13.
Photometrie. 208.
Photometriren, Hilfsmittel. 216.
—   bei Bogenlampen. 219.
—   bei Gluhlampen. 219.
Platineinheit. 221.
Platinirung. 479.
Platze, freie, Beleuchtung. 445.
Polarisation. 69.
—   Grofse der — bei einigen Körpern, Tabelle 70.
Polizeitelegraphen. 598.
Polschuhe in Gleichstrommaschinen. 250.
Polspannungscurve der Nebenschlufsmaschine 258.
Porzellanrollen für Beleuchtungs-Anlagen. 393.
Potential. 61.

Potentialmessungen mit dem Elektrometer. 117
Procefs, elektrolyt., Dauer. 471.

Quadrantenelektrometer. 117

Radtaster. 576.
Radtasterleitungen. 569.
Raumbeleuchtung. 446.
Reductionstabellen. 8—15.
Registrirapparate. 610.
—   zur Ueberwachung der Fahrgeschwindigkeit. 578.
—   für Strom und Spannung. 120
Regulatoren, selbstthatige, bei Dynamomaschinen. 272.
Regulirung von Dynamomaschinen. 271.
Regulirung von Elektromotoren. 451.
Regulirungsmittel fur Dynamomaschinen. 271.
Regulirungssysteme f. Uhren. 608.
Reibung. 23.
Reibungscoefficienten, Tabelle. 24.
Reibungsmaschinen f. Funkenzündung. 615.
Reibungswiderstände in Maschinen. 159.
Reihenmaschinen, Nebeneinanderschalten. 273.
Reihenschaltungssysteme. 362.
—   von Bernstein. 363.
Relais. 538.
Rheostaten, Abgleichung. 140.
—   aus Flussigkeiten. 141.
—   Genauigkeit. 139.
—   fur die Hauptleitung einer Central-Bel.-Anlage. 427.
—   Herstellung. 139.
—   aus Kohle und Graphit. 141.
—   aus metall. Leitern. 138.
—   fur schwache Strome. 138.
—   fur starke Ströme. 140.
Richtmagnet beim Spiegelgalvanometer. 106.
Richtungskraft. 21.
Riemen. 33.
Riemscheiben. 33.
Ringsystem (Vertheilung) von Fritsche. 361.
Ruhestrom, amerikanischer. 542.
—   deutscher. 542.

Sachregister.

Rufsschreiber von Siemens. 610.
Rysselberghe's System. 549.

Salze, Dichte. 19.
Sammellinse. 37.
Sammler siehe Accumulatoren.
— — Eigenschaften. 341.
— Ladung und Entladung (Prüfung). 347.
— Tabellen ausgeführter. 350.
Sammlerbatterien f. Telegr. Ltgen. 541.
Säuren, Dichte. 19.
Schall, Geschwindigkeit. 35.
Schaltbrett für Bel.-Anlagen. 388.
Schaltungen von Batterien. 336.
— f d. Eisenbahntelegraphie. 569.
— f. Haus- und Gasthofstelegr. 599.
— f. oberirdische Leitungen. 542.
— f. unterirdische Leitungen. 544.
— für Vertheilungssysteme mit Sammlerbetrieb. 365.
Schaltungsberechnungen für elektr. Zündungen. 620.
Schaltungsweise der Leiter. 66.
Scheerfestigkeit. 29.
Schenkelgröfsen bei Elektromotoren, Bestimmung nach Frölich. 259.
Schenkelkerne in Gleichstrommaschinen, Querschnitt. 245.
— in Gleichstrommaschinen, Umfang verschieden gestalteter. 246.
Schienencontacte zur Ueberwachung der Fahrgeschwindigkeit. 575.
Schienendurchbiegungscontacte. 577.
Schmelz- und Siedepunkte, Tabelle. 43.
Schrauben. 31.
Schraubenscala (metrische). 31.
Schraubenscale (Whitworth). 30.
Schutzraum f. Blitzableiter. 623.
Schutzglocken für Bogenlampen. 440.
Schwefelmetalle, elektrolyt. Behandlung. 461.
Schwefelsäure in Accumulatoren, Dichte. 344.
Schwimmerregel von Ampère. 72.
Schwingungsdauer. 23.
Schwingungszahl, des Tones a^1. 35.
Secundenpendel, Länge. 23.

Seekabel. 519. 521.
Seeschiffe, elektr. Bel. derselben. 406.
Seesignale. 594.
Seile. 33.
Selbstinduction. 79. 85. 152.
— Bestimmung aus dem scheinbaren Widerstand. 152.
— Coefficient. 79. 85.
— absolutes Mafs. 85.
— in Telegr.-Apparaten, Coefficienten. 562.
— Einflufs in Telegraphenleitungen. 196.
— Vergleichung mit einer Capacität. 152.
Sicherheitsmodul 27.
Sicherheitsvorrichtungen in Bel.-Anlagen. 387.
Siedepunkte. 39.
Siedetemperatur d. Wassers. 35.
Signalapparate in Bel.-Anlagen. 169.
Signal-Rückmelder v. Fink. 591.
Signalstellung in Bahnhöfen. 587.
Silbergewinnung. 465.
Silbervoltameter. 113.
Siliciumbronce. 504.
Siliciumgewinnung. 465.
Sinusbussole. 102.
— Aichung. 121.
Siphon Recorder. 531.
Solenoide, Verhalten. 75.
Spannung der Bogenlampen. 441.
Spannungsgesetz. 57.
Spannungsmesser von Cardew. 120.
— von Huber zum Registriren. 120.
— von Hummel (Schuckert). 119.
— für elektrolyt. Anlagen von Siemens. 119.
— für grofse Anlagen von Siemens. 120.
Spannungsmessung. 136.
— in Beleuchtungsanlagen. 168.
Spannungsreihe. 57.
Spannungsverlust, wirthschaftlicher, in Beleuchtungsanlagen. 383.
Spiegel. 36.
— ebener. 37.
Spiegelablesung. 91.
Spiegelgalvanometer. 102.
— Aichung. 121.
— Aufstellung. 105.

Sachregister.

Spiegelgalvanometer, Astasirung. 106.
— Compensation. 106.
— Aenderung d. Empfindlichkeit. 105.
— Richtmagnet. 106.
— Geltung des Tangentengesetzes. 105.
— Vorzüge und Nachtheile. 109.
Spitzenwirkung, elektrische. 60.
Spleifsung von Kabeln. 526.
Sprechfähigkeit f. Kabel. 560.
Sprechleitungen f. Eisenbahnen 566.
— f. d. Feuerwehr. 597.
Sprengwirkung, Vergleichsangaben. 613.
Stabmagnetismus, Mafs. 48.
Stangen, eiserne. 497.
— hölzerne. 495.
Stangenabstand in Curven. 511.
Stearinkerze, Münchener. 222.
Stenotelegraphie. 534.
Stimmung (Pariser). 35.
Störungen b.Widerstandsmessungen.146.
Strafsenbahnen, elektrische. 454.
— Wagenbetrieb. 453.
— Zugkraft und Leistung. 454.
Strafsenbeleuchtung 444.
Strafsenmelder f. d. Feuerwehr. 596.
Ströme, mechanische Wirkung auf einander. 75.
Stromabgeber bei Gleichstrommaschinen. 251.
Stromarbeit, bei der Elektrolyse. 404.
Stromcurve der Maschine mit directer Wickelung. 257.
Strommesser (Hebelwage) von Siemens. 119.
Strommessung. 129.
— mit Abzweigung. 131.
— in Beleuchtungsanlagen. 168.
— im Hauptstromkreis. 129.
Stromquellen für Galvanoplastik. 470.
— f. Glühzündung. 614.
— f. d. Telegr. 539.
Stromschlüssel. 387.
Stromstärke, absolutes Mafs. 84
— i. Eisenbahn-Telegraphen-Leitungen. 574.
— geringste f. einen Ton. 561.
— in Telegr.-Leitungen 550.
Stromstofs, Messung. 135.
— -Stärke. 82.

Stromstofs-Wirkung auf eine Magnetnadel. 73.
Stromwage (Feder-) v. Kohlrausch. 118.
— von Thomson. 110.
— von Guinand. 110.
Stromwender, Gebrauch bei Messungen. 92.
Stromwendung bei Widerstandsmessungen. 146.
Stromwirkung in Elektrolyten. 68.
— auf einen Magnet. 72.
— auf einen einzelnen Pol. 71.
Stromzuführung bei der elektr. Kraftübertragung. 453.
Stutzen für Doppelglocken. 499.
Susceptibilität. 49.

Tachograph. 157.
Tachometer. 157.
Tangentenbussole. 96.
— Constructionsbedingungen 101.
— von Edelmann. 100.
— von Gaugain. 98.
— von Kefsler. 99.
— von Obach. 100.
— Aichung. 121.
— Aufstellung. 97.
— günstiger Ausschlag. 97.
— Bedingung für die Herstellung. 101.
— Controle von H. 96.
— Empfindlichkeit. 98.
Tangentengesetz, Geltung für das Spiegelgalvanometer. 105.
Tel. Apparat von Baudot. 532.
— Delany. 534.
— Estienne. 531.
— Hughes. 531.
— Undulator v. Lauritzen. 533.
— Mallet. 533.
— Morse. 530.
— Wheatstone. 533.
— Börsendrucker. 534.
— Coefficienten d. Selbstinduction. 562.
— Gebrauchsfähigkeit. 551.
— Klopfer. 533.
— Leistungsfähigkeit. 261.
— Relais. 538.
— Siphon-Recorder. 531.

Telegraphen-Bleikabel von Felten und Guilleaume. 517.
— von Siemens u. Halske. 516.
Telegraphendraht, Widerstand. 500.
Telegraphenkabel, Legung. 525.
— mit eiserner Schutzhulle. 518
— Spleifsung. 526.
— Verbindung mit oberirdischen Leitungen. 526.
Telegraphenleitung, ankommender Strom, Grenzwerth. 192.
— Verhältnifs des ankommenden Stromes zum abgehenden. 191.
— Materialbedarf. 507.
— Strom- und Widerstandsverhältnisse. 189.
— Verständigung. 551.
Telegraphenmaterial. 495
Telegraphenstangen. 495.
Telegraphie. 495.
Telegraphiren von und nach Eisenbahnzugen. 548.
Telegraphiren und Telephoniren in derselben Leitung. 549.
Telephon-Bleikabel. 522—525.
Telephonbrücke. 148.
Telephone. 536.
Telephonkabel. 521.
Telephonleitungen, Elektromagnete in. 561.
— -Störungen. 553.
Temperaturdifferenz. 39.
Temperaturmelder. 611.
Temperaturscala. 39.
Thermoelemente. 333.
Thermoelektricität. 59.
Thermometrie. 39.
Thermosäule von Clamond. 333.
— von Chaudron. 334.
— von Gülcher. 334.
— von Noe. 333.
— von Rebiczek. 333.
Thomson'sche Brücke. 149.
Thomson, Satz. 75.
Thürcontacte. 601.
Tischleitung. 528.
Tönen der Leitungen. 509.
Torsionsdynamometer von Siemens. 111.

Torsionsgalvanometer. 102.
— Aichung. 125.
— Aichung mit d. Voltameter. 121.
Torsionsverhältnifs. 94.
Trägheitsmoment. 21.
— homogener Körper. 22
— Tabelle der äquatorialen u. polaren. 28.
Tragkraft, magnetische. 46.
Tragsicherheit. 27.
Transformatoren. 81. 315.
— Anwendung. 322.
— günstigste Arbeitsbedingungen. 321.
— Betrieb. 321.
— Construction. 323.
— graphische Darstellung. 318.
— Hysteresis. 317.
— Messungen. 166.
— Schaltung. 321.
— Wirkungsrad. 321.
— Tabellen. 326.
— theoretisches. 316.
— umlaufende. 275.
Trockenelemente. 332.
Typendrucker. 531.

Uebertragung, telegraphische. 543.
— telephonische. 550.
Uhren, elektr. 604.
— selbständige. 604.
Uhrenregulirung d. den Strom. 608.
Umrechnungstabelle, Engl. Mafs in Metermafs. 14.
— Metermafs in engl. 13.
— Ohm in SE. 11.
— SE in Ohm. 11.
Umschalter fur Bel.-Anlagen. 387.
— f. d. Telegr. 537.
— f. d. Telephonie. 539.
Undulator v. Lauritzen. 533.
Universalgalvanometer. 102.
Universalwiderstandskasten v. Siemens 147.
Unterstationen. 365. 372.

Verbindungsstellen in Blitzbableitern. 624.
— in Tel.-Leitungen. 506.

Sachregister.

Verbindungswärme 39.
Verbrauchsmessung in Beleuchtungsanlagen. 169.
Verbrauchsstellen, Schaltung. 357.
Vereinskerze, deutsche. 222.
Vereisenung. 479.
Vergoldung. 477.
Verkupferung. 474.
Vermessingung. 480.
Vermittelungsämter, Umschalter. 530.
Vernickelung. 474.
Versilberung. 478.
Verstrebungen. 497.
Vertheilung, gemischte Schaltung. 358. 364.
— durch Gleichstrom. 372.
— directe und indirecte. 357.
— durch Wechselstrom. 373.
Vertheilungssysteme. 537.
— von Bernstein durch Gleichstrom. 363
— von Edison. 359.
— von Fritsche 361.
— mit Sammlerbetrieb. 365.
— Wahl. 375.
— durch Wechselstrom von Kennedy und Dick. 374.
— durch Wechselstrom von Siemens und Halske. 374.
— durch Wechselstrom von Westinghouse. 374.
Vertheilungssystem durch Wechselstrom von Zipernowsky und Déri. 373.
Verzinnung. 479.
Verzweigungsrheostat. 145.
Vielfachtelegraph v. Delany. 534.
Vielfachtelegraphie. 545.
Volt. 85.
Volt-Ampère. 86.
Voltameter. 112.
— (Gewichts-). 112.
— Messung mit dem. 115.
Volt-Coulomb. 86.
Vorschaltemaschine. 369.

Wärme, specifische. 38.
— spec. fester und flüss. Körper, Tabelle 38.

Wärmeerzeugung in einem Widerstand. 67.
Wärmelehre. 38.
Wärmeleitung, innere. 42.
— äufsere. 44.
Wärmeleitungsvermögen, inneres. 44.
Warmemenge. 38.
Wärmetönung. 39.
— Tabelle. 40.
Wagenbetrieb bei elektrischen Bahnen. 454.
Walzenrheostat von Kohlrausch. 147
Wasserstandsmelder. 611.
Wasservoltameter. 112.
— v. Kohlrausch. 112.
— v. Kohlrausch, Umrechnung in A. 115.
— Anwendung zur Aichung des Torsionsgalvanometers. 125.
Wechselstrom, EMK. 82.
— Elektricitätsmenge. 82.
Wechselstrommaschinen. 276.
— Formen. 277.
Wechselstrommotoren 278.
Wechselstromsysteme, Messungen. 159
Wechselstromtransformatoren siehe auch Transformatoren. 315.
Wechselstromuhren. 606.
Wechselstromzähler von Shallenberger. 171.
Wecker. 538.
Weifsatzen von Farben. 489.
Wellen. 32.
— elektrische Fortpflanzungsgeschwindigkeit. 560.
Wellenlängen d. Lichtes. 37.
Werkzeug für Herstellung von Bel.-Anlagen. 390.
Wheatstone's Brucke, praktische Ausführungen. 147.
— — Tabelle d. Werthe $\frac{a}{100-a}$. 11.
— — verallgemeinerte von Frölich. 148.
Wickelung, bifilare, für Mefsinstrumente. 94.
— directe, Formeln nach Frölich. 262.
— d. Elektromagnets f. Morseapparate. 561.

Grawinkel-Strecker, Hilfsbuch. 3. Aufl.

Wickelung d. Feldmagnete bei Gleichstrommaschinen. 248.
— d. Maschinen nach Frólich. 262.
— Nebenschlufswickelung. 262.
Widerstände zur Abstufung der Leuchtkraft bei Gluhlampen. 424.
— zur Abstufung der Leuchtkraft bei Gluhlampen, algebraische Berechnung. 426.
— von Draht, Tabelle. 5.
— Herstellung kleiner. 67.
— absolutes Mafs. 85.
— specifisches. 64. 65.
Widerstandseinheit. 85.
Widerstandsfähigkeit von Constructionen für Tel.-Linien. 511.
Widerstandsmessung, Berechnung aus den Abmessungen. 137.
— an Elementen. 196.
— galvanische. 137.
— indirecte. 149.
— zersetzbarer Leiter. 149.
— Methoden. 142.
Widerstandsregulatoren für Bogenlampen. 420.
— für Dynamomaschinen. 420.
— für Gluhlampen. 423.
Winddruck. 510.
Winkelpunkte in Tel.-Linien. 510.

Wirkungsgrad der Accumulatoren. 342
— einer Kraftübertragung. 447.
— Vergleichung an zwei Maschinen 159.
Wolkenbeleuchtung als Seesignal. 594

Zapfen. 31.
Zeitballstationen. 609.
Zeitdauer eines Zeichens in einem Kabel. 562.
Zellenwiderstand bei der Elektrolyse. 457
Zimmerleitung. 528.
Zinkgewinnung. 462.
Zinküberzug. 481.
— auf Leitungsdrahten 500
Zinn, Gewinnung aus Weifsblechabfallen. 464
Zündbatterien. 614.
Zündung, elektr. Arten. 614.
Zugfestigkeit. 29.
Zugkraft bei Elektromotoren. 448.
— eines Elektromotors, Bestimmung. 156.
Zugmeldedienst, Läutewerksleitungen 571.
— Morseleitungen. 570.
Zugmeldeleitungen. 567.
— Benutzung der durchgehenden Morseleitung. 572
Zugtelegraphie. 548.
Zwischenlichter beim Photometriren. 224.

Verlag von Julius Springer in Berlin N.

E. Arnold. Die Ankerwicklungen der Gleichstrom-Dynamomaschinen. Entwicklung und Anwendung einer allgemein gültigen Schaltungsregel. Mit zahlreichen in den Text gedruckten Figuren. geb. in Leinwd. M. 5,—.

A. Beringer. Kritische Vergleichung der elektrischen Kraftübertragung mit den gebräuchlichsten mechanischen Uebertragungssystemen. Gekrönte Preisschrift. M. 2,40.

Thomas H. Blakesley. Die elektrischen Wechselströme. Zum Gebrauche für Ingenieure und Studirende. Aus dem Englischen übersetzt von Clarence P. Feldmann. Mit 31 in den Text gedruckten Figuren. geb. in Leinwd. M. 4,—.

A. Classen. Quantitative chemische Analyse durch Elektrolyse. Nach eigenen Methoden. Mit 43 Holzschnitten und 1 lithogr. Tafel. Dritte vermehrte und verbesserte Auflage.
geb. in Leinwd. M. 6,—.

M. Corsepius. Theoretische und praktische Untersuchungen zur Construction magnetischer Maschinen. Mit 13 Textfiguren und 2 lithographirten Tafeln. M. 6,—.

— Leitfaden zur Construction von Dynamomaschinen und zur Berechnung von elektrischen Leitungen. Mit 16 in den Text gedruckten Figuren und einer Tabelle. M. 2,—.

J. A. Ewing. Magnetische Induction in Eisen und verwandten Metallen. Deutsche Ausgabe von Dr. L. Holborn und Dr. St. Lindeck. (Unter der Presse.)

M. Faraday. Experimental-Untersuchungen über Elektricität. Deutsche Uebersetzung von Dr. S. Kalischer. In drei Bänden. Mit in den Text gedruckten Abbildungen, Tafeln und dem Bildniß Faradays.
    Erster Band.   M. 12,—; geb. in Leinwd. M. 13,20.
    Zweiter Band.   M. 8,—; geb. in Leinwd. M. 9,20.
    Dritter Band.   M. 16,—; geb. in Leinwd M. 17,20.

W. Fritsche. Die Gleichstrom-Dynamomaschine. Ihre Wirkungsweise und Vorausbestimmung. Mit 105 in den Text gedruckten Abbildungen. M. 4,—; geb. in Leinwd. M. 5,—.

O. Frölich. Die dynamoelektrische Maschine. Eine physikalische Beschreibung für den technischen Gebrauch. Mit 64 Holzschnitten. M. 8,—.

— Handbuch der Elektricität und des Magnetismus. Für Techniker bearbeitet. Mit vielen Holzschnitten und 2 Tafeln. Zweite verm. und verb. Aufl. M. 15,—; geb. in Leinwd. M. 16,20.

C. Grawinkel. Lehrbuch der Telephonie und Mikrophonie. Mit besonderer Berücksichtigung der Fernsprecheinrichtungen der Deutschen Reichs- Post- und Telegraphen-Verwaltung. Zweite, erweiterte Auflage. Mit 122 Holzschnitten.
M. 5,—; geb. in Leinwd. M. 6,—

C. Grawinkel und **K. Strecker.** Die Telegraphentechnik. Ein Leitfaden für Post- und Telegraphenbeamte. Mit 107 Textfiguren und 2 Tafeln.
(Dritte Auflage unter der Presse.)

Zu beziehen durch jede Buchhandlung.

Verlag von Julius Springer in Berlin N.

E. Hagen. Die elektrische Beleuchtung mit besonderer Berücksichtigung der in den Vereinigten Staaten Nord-Amerikas zu Central-Anlagen vorwiegend verwendeten Systeme. Im Auftrage des Magistrats der Kgl. Haupt- und Residenzstadt Berlin herausgegeben. Mit 93 Holzschnitten und 2 Tafeln.
M. 8,—; geb. in Leinwd. M. 9,—.

C. Hochenegg. Anordnung und Bemessung elektrischer Leitungen. Mit zahlreichen in den Text gedruckten Figuren.
(Unter der Presse.)

E. Hoppe. Die Accumulatoren für Elektricität. Mit zahlreichen in den Text gedruckten Abbildungen. Zweite vermehrte Auflage. M. 7,—; geb. in Leinwd. M. 8,—.

G. Kapp. Elektrische Kraftübertragung. Ein Lehrbuch für Elektrotechniker. Autorisirte deutsche Ausgabe nach der dritten englischen Auflage bearbeitet von Dr. L. Holborn und Dr. K. Kahle. geb. in Leinwd. M. 7,—.

E. Mascart und **J. Joubert.** Lehrbuch der Elektricität und des Magnetismus. Autorisirte deutsche Uebersetzung von Dr. Leopold Levy.
Erster Band. Mit 127 Abbildungen.
M. 14,—; geb. in Leinwd. M. 15,20.
Zweiter Band. Mit 137 Abbildungen.
M. 16,—; geb. in Leinwd. M. 17,20.

J. C. Maxwell. Lehrbuch der Elektricität und des Magnetismus. Autorisirte deutsche Uebersetzung von Dr. B. Weinstein. In 2 Bänden.
Erster Band. Mit zahlreichen Holzschnitten und 14 Tafeln.
M. 12,—; geb. in Leinwd. M. 13,20.
Zweiter Band. Mit zahlreichen Holzschnitten und 7 Tafeln.
M. 14,—; geb. in Leinwd. M. 15,20.

E. Müller. Der Telegraphenbetrieb in Kabelleitungen unter besonderer Berücksichtigung der in der Reichs-Telegraphenverwaltung bestehenden Verhältnisse. Mit 26 in den Text gedruckten Figuren. Zweite Auflage. M. 1,40.

H. Poincaré. Elektricität und Optik. Vorlesungen. Autorisirte deutsche Ausgabe von Dr. W. Jaeger und Dr. E. Gumlich, Assistenten an der Physikalisch-Technischen Reichsanstalt zu Berlin. In 2 Bänden.
Erster Band. Die Theorien von Maxwell und die elektromagnetische Lichttheorie. Mit 39 in den Text gedruckten Figuren. M. 8,—.
Zweiter Band. Die Theorien von Ampère und Weber — Die Theorie von Helmholtz und die Versuche von Hertz. Mit 15 in den Text gedruckten Figuren. M. 7,—.

Fr. Ross. Wie sollen wir unsere Elektricitätswerke bauen? Ein offenes Wort an die Stadtverwaltungen. Mit 6 Textfiguren und 5 lithographirten Tafeln. M. 2,—.
(Vergriffen. Neue Auflage in Vorbereitung.)

Zu beziehen durch jede Buchhandlung.

Verlag von Julius Springer in Berlin N.

L. Scharnweber. Die elektrische Haustelegraphie und die Telephonie. Handbuch für Techniker, Mechaniker und Bauschlosser. Zweite umgearbeitete und vermehrte Auflage von Dr. Otto Goldschmidt. Mit 111 Holzschnitten. M. 3,—.

Werner Siemens. Wissenschaftliche und technische Arbeiten.
Erster Band. Wissenschaftliche Abhandlungen und Vorträge. Mit in den Text gedruckten Abbildungen und dem Bildniß des Verfassers. Zweite Auflage. M. 5,—; geb. in Leinwd. M. 6,20.
Zweiter Band. Technische Arbeiten. Mit in den Text gedruckten Abbildungen. Zweite Auflage. M. 7,—; geb. in Leinwd. M. 8,20.

W. Thomson. Gesammelte Abhandlungen zur Lehre von der Elektricität und dem Magnetismus. (Reprint of Papers on Electrostatics and Magnetism.) Autorisirte deutsche Ausgabe von Dr. L. Levy und Dr. B. Weinstein. Mit 59 Abbildungen und 3 Tafeln. M. 14,—; geb. in Leinwd. M. 15,20.

J. Violle. Lehrbuch der Physik. Deutsche Ausgabe von Dr. E. Gumlich, Dr. L. Holborn, Dr. W. Jaeger, Dr. D. Kreichgauer, Dr. St. Lindeck, Assistenten an der Physikalisch-Technischen Reichsanstalt. In vier Theilen.
Erster Theil: Mechanik.
Erster Band. Allgemeine Mechanik und Mechanik der festen Körper Mit 257 in den Text gedruckten Figuren.
M. 10,—; geb. M. 11,20.
Zweiter Band. Mechanik der flüssigen und gasförmigen Körper. M. 10.—; geb. M. 11,20.

Wilhelm Weber's Werke. Herausgegeben von der Königl. Gesellschaft der Wissenschaften zu Göttingen.
Erster Band. Akustik, Mechanik, Optik und Wärmelehre.
M. 20,—; in Halbfranz geb. M. 22,50.
Zweiter Band. Magnetismus.
M. 14,—; in Halbfranz geb. M. 16,50.
Dritter und *vierter Band.* Galvanismus und Elektrodynamik.
(Unter der Presse.)
Fünfter Band. Wellenlehre auf Experimente gegründet.
Sechster Band. Mechanik der menschlichen Gehwerkzeuge.
(In Vorbereitung.)

Beschreibung, Aufstellung, Behandlung und Schaltung von Accumulatoren der Accumulatoren-Fabrik, Aktien-Gesellschaft, Hagen i. W. geb. M. 3,—.

Elektrische Beleuchtung von Theatern mit Edison-Glühlicht. Mit Holzschnitten und einer lith. Tafel. (Veröffentlichung der Deutschen Edison-Gesellschaft, II.) M. 1,40.

Die Versorgung von Städten mit elektrischem Strom. Nach Berichten elektrotechnischer Firmen über die von ihnen verwendeten Systeme. (Festschrift für die Versammlung deutscher Städteverwaltungen aus Anlaß der Internationalen elektrotechnischen Ausstellung zu Frankfurt a. M. vom 26. bis 29. August 1891.) Mit zahlreichen Figuren. geb. in Leinwd. M. 16,—.

Zu beziehen durch jede Buchhandlung.

Verlag von Julius Springer in Berlin N.

Elektrotechnische Zeitschrift.

(Centralblatt für Elektrotechnik.)

Organ des Elektrotechnischen Vereins.

Chefredakteur:

F. Uppenborn in Berlin.

Jährlich 52 Hefte.

Preis für den Jahrgang M. 20,—

Fortschritte der Elektrotechnik.

Vierteljährliche Berichte
über die
neueren Erscheinungen auf dem Gesammtgebiete der angewandten Elektricitätslehre
mit Einschluss des
elektrischen Nachrichten- und Signalwesens.

Herausgegeben
von
Dr. Karl Strecker.

Erster Jahrgang.	*Dritter Jahrgang.*
Das Jahr 1887. Preis M. 20,—.	Das Jahr 1889. Preis M. 23,—
Zweiter Jahrgang.	*Vierter Jahrgang.*
Das Jahr 1888. Preis M. 22,—.	Das Jahr 1890. Preis M. 26,—

Fünfter Jahrgang.
Das Jahr 1891. Heft 1, M. 6,—.

☞ **Zu beziehen durch jede Buchhandlung.** ☜

MIX
Papier aus verantwortungsvollen Quellen
Paper from responsible sources
FSC® C105338

If you have any concerns about our products,
you can contact us on
ProductSafety@springernature.com

In case Publisher is established outside the EU,
the EU authorized representative is:
**Springer Nature Customer Service Center GmbH
Europaplatz 3, 69115 Heidelberg, Germany**

Printed by Libri Plureos GmbH
in Hamburg, Germany